中国气候与生态环境演变评估报告

秦大河　总主编

丁永建　翟盘茂　宋连春　姜克隽　副总主编

中国科学院科技服务网络计划项目："中国气候与环境演变：2021"（KFJ-STS-ZDTP-052）
中国气象局气候变化专项："中国气候与生态环境演变"
联合资助

中国气候与生态环境演变：2021

第三卷　减　　缓

姜克隽　陈　迎　主编
周大地　主审

科学出版社
北　京

内 容 简 介

本书共包括13章，涵盖了近期气候变化减缓的主要议题。本书对2012年以来国内国际的相关研究进行了评估，反映了最新的研究进展。本书的主要内容包括我国温室气体排放的趋势和驱动力，排放情景和路径转型，主要行业的减排潜力和技术，城市减排的政策和技术路径，消费行为的减排选择，我国实现《巴黎协定》目标下的减排路径的政策选择，减排和可持续发展的关联，以及我国在气候变化领域的合作和国际战略等方面进行的评估。本书是全面认识中国未来温室气体减排相关研究进展的报告。

本书可以为气候变化、碳排放、生态环境方面的政策制定者、学术研究者、企业，以及大众了解和认识气候变化减缓提供学术认知基础。

审图号：GS (2021) 4892 号

图书在版编目（CIP）数据

中国气候与生态环境演变. 2021 第三卷 减缓/姜克隽, 陈迎主编. —北京: 科学出版社, 2021.9

（中国气候与生态环境演变评估报告/秦大河总主编）

ISBN 978-7-03-069780-6

Ⅰ. ①中…　Ⅱ. ①姜…　②陈…　Ⅲ. ①气候变化—中国　②生态环境—中国　Ⅳ. ①P468.2　②X321.2

中国版本图书馆CIP数据核字（2021）第187352号

责任编辑：朱　丽　郭允允　赵　晶 / 责任校对：何艳萍

责任印制：肖　兴 / 封面设计：蓝正设计

科学出版社 出版

北京东黄城根北街 16 号

邮政编码：100717

http://www.sciencep.com

北京九天鸿程印刷有限责任公司 印刷

科学出版社发行　各地新华书店经销

*

2021年9月第　一　版　开本：787×1092　1/16

2021年9月第一次印刷　印张：38 3/4

字数：914 000

定价：428.00元

（如有印装质量问题，我社负责调换）

丛书编委会

本卷编写组

组　　长： 姜克隽

副 组 长： 陈　迎　周大地

成　　员：（按姓氏汉语拼音排序）

白　泉　蔡闻佳　巢清尘　陈　莎　陈诗一　代春艳　董红敏　董文娟
段茂盛　冯升波　傅　莎　高　翔　高　云　康利平　李玉娥　李振宇
欧训民　彭　琛　孙振清　谭显春　滕　飞　田智宇　王　克　王文军
温宗国　杨　秀　杨芯岩　禹　湘　袁家海　张建国　张志强　周　胜
朱建华　朱松丽　庄贵阳

技术支持： 刘影影　朱　磊

总序一

气候变化及其影响的研究已成为国际关注的热点。以联合国政府间气候变化专门委员会（IPCC）为代表的全球气候变化评估结果，已成为国际社会认识气候变化过程、判识影响程度、寻求减缓途径的重要科学依据。气候变化不仅仅是气候自身的变化，而且是气候系统五大圈层，即大气圈、水圈、冰冻圈、生物圈和岩石圈（陆地表层圈层）整体的变化，因此其对人类生存环境与可持续发展影响巨大，与社会经济、政治外交和国家安全息息相关。

从科学的角度来看，气候变化研究就是要认识规律、揭示机理、阐明影响机制，为人类适应和减缓气候变化提供科学依据。但由于气候系统的复杂性，气候变化涉及自然和社会科学的方方面面，研究者从各自的学科、视角开展研究，每年均有大量有关气候系统变化的最新成果发表。尤其是近 10 年来，发表的有关气候变化的最新成果大量增加，在气候变化影响方面的研究进展更令人瞩目。面对复杂的气候系统及爆炸性增长的文献信息，如何在大量的文献中总结出气候系统变化的规律性成果，凝练出重大共识性结论，指导气候变化适应与减缓，是各国、各界关注的科学问题。基于上述原因，由联合国发起，世界气象组织 (WMO) 和联合国环境规划署 (UNEP) 组织实施的 IPCC 对全球气候变化的评估报告引起了高度关注。IPCC 的科学结论与工作模式也得到了普遍认同。

中国地处东亚、延至内陆腹地，不仅受季风气候和西风系统的双重影响，而且受青藏高原、西伯利亚等区域天气、气候系统的影响，北极海冰、欧亚积雪等也对中国天气、气候影响巨大。在与全球气候变化一致的大背景下，中国气候变化也表现出显著的区域差异性。同时，在全球气候变化影响下，中国极端天气气候事件频发，带来的灾害损失不断增多。针对中国实际情况，参照 IPCC 的工作模式，以大量已有中国气候与环境变化的研究成果为依托，结合最新发展动态，借鉴国际研究规范，组织有关自然科学、社会科学等多学科力量，结合国家构建和谐社会和实施“一带一路”倡议的实际需求，对气候系统变化中我国所面临的生态与环境问题、区域脆弱性与适宜性及其对区域社会经济发展的影响和保障程度等方面进行综合评估，形成科学依据充分、具有权威性，并与国际接轨的高水平评估报告，其在科学上具有重要意义。

中国科学院对气候变化研究高度重视，与中国气象局联合组织了多次中国气候变化评估工作。此次在中国科学院和中国气象局的共同资助下，由秦大河院士牵头实施的“中国气候与生态环境演变：2021”评估研究，组织国内上百名相关领域的骨干专家，历时 3 年完成了《中国气候与生态环境演变：2021（第一卷　科学基础）》、《中国气候与生态环境演变：2021（第二卷上　领域和行业影响、脆弱性与适应）》、《中国气候与生态环境演变：2021（第二卷下　区域影响、脆弱性与适应）》、《中国气候与生态环境演变：2021（第三卷　减缓）》及《中国气候与生态环境演变：2021（综合卷）》（中、英文版）等评估报告，系统地评估了中国过去及未来气候与生态变化事实、带来的各种影响、应采取的适应和减缓对策。在当前中国提出碳中和重大宣示的背景下，这一报告的出版不仅对认识气候变化具有重要的科学意义，也对各行各业制定相应的碳中和政策具有积极的参考价值，同时也可作为全面检阅中国气候变化研究科学水平的重要标尺。在此，我对参与这次评估工作的广大科技人员表示衷心的感谢！期待中国气候与生态环境变化研究以此为契机，在未来的研究中更上一层楼。

侯建国

中国科学院院长、中国科学院院士

2021 年 6 月 30 日

总序二

近百年来，全球气候变暖已是不争的事实。2020年全球气候系统变暖趋势进一步加剧，全球平均温度较工业化前水平（1850~1900年平均值）高出约1.2℃，是有记录以来的三个最暖年之一。世界经济论坛2021年发布《全球风险报告》，连续五年把极端天气、气候变化减缓与适应措施失败列为未来十年出现频率最多和影响程度最大的环境风险。国际社会已深刻认识到应对气候变化是当前全球面临的最严峻挑战，采取积极措施应对气候变化已成为各国的共同意愿和紧迫需求。我国天气气候复杂多变，是全球气候变化的敏感区，气候变化导致极端天气气候事件趋多趋强，气象灾害损失增多，气候风险加大，对粮食安全、水资源安全、生态安全、环境安全、能源安全、重大工程安全、经济安全等领域均产生严重威胁。

2020年9月，国家主席习近平在第七十五届联合国大会一般性辩论上郑重宣布，我国将力争于2030年前实现碳达峰、2060年前实现碳中和，这是中国基于推动构建人类命运共同体的责任担当和实现可持续发展的内在要求做出的重大战略决策。2021年4月，习近平主席在领导人气候峰会上提出了“六个坚持”，强烈呼吁面对全球环境治理前所未有的困难，国际社会要以前所未有的雄心和行动，勇于担当，勠力同心，共同构建人与自然生命共同体。这不但展示了我国极力推动全球可持续发展的责任担当，也为全球实现绿色可持续发展提供了切实可行的中国方案。

中国气象局作为IPCC评估报告的国内牵头单位，是专业从事气候和气候变化研究、业务和服务的机构，曾先后两次联合中国科学院组织实施了“中国气候与环境演变”评估。本轮评估组织了国内多部门近200位自然和社会科学领域的相关专家，围绕“生态文明”“一带一路”“粤港澳大湾区”“长江经济带”“雄安新区”等国家建设，综合分析评估了气候系统变化的基本事实，区域气候环境的脆弱性及气候变化应对等，归纳和提出了我国科学家的最新研究成果和观点，从现有科学认知水平上加强了应对气候变化形势分析和研判，同时进一步厘清了应对气候生态环境变化的科学任务。

我国气象部门立足定位和职责，充分发挥了在气候变化科学、影响评估和决策支撑上的优势，为国家应对气候变化提供了全链条科学支撑。可以预见，未来十年将是社会转型发展和科技变革的十年。科学应对气候变化，有效降低不同时间尺度气候变化所引发的潜在风险，需要在国家国土空间规划和建设中充分考虑气候变化因素，推动开展基于自然的解决方案，通过主动适应气候变化减少气候风险；需要高度重视气候变化对我国不同区域、不同生态环境的影响，加强对气候变化背景下环境污染、生态系统退化、生物多样性减少、资源环境与生态恶化等问题的监测和评估，加快研发相应的风险评估技术和防御技术，建立气候变化风险早期监测预警评估系统。

“十四五”开局之年出版本报告具有十分重要的意义，对碳中和目标下的防灾减灾救灾、应对气候变化和生态文明建设具有重要的参考价值。中国气象局愿与社会各界同仁携起手来，为实现我国经济社会发展的既定战略目标砥砺奋进、开拓创新，为全人类福祉和中华民族的伟大复兴做出应有的贡献。

中国气象局党组书记、局长

2021 年 4 月 26 日

总序三

当前，气候变化已经成为国际广泛关注的话题，从科学家到企业家、从政府首脑到普通大众，气候变化问题犹如持续上升的温度，成为国际重大热点议题。对气候变化问题的广泛关注，源自工业革命以来人类大量排放温室气体造成气候系统快速变暖、并由此引发的一系列让人类猝不及防的严重后果。气候系统涉及大气圈、水圈、冰冻圈、生物圈和岩石圈五大圈层，各圈层之间既相互依存又相互作用，因此，气候变化的内在机制十分复杂。气候变化研究还涉及自然和人文的方方面面，自然科学和社会科学各领域科学家从不同方向和不同视角开展着广泛的研究。如何把握现阶段海量研究文献中对气候变化研究的整体认识水平和研究程度，深入理解气候变化及其影响机制，趋利避害地适应气候变化影响，有效减缓气候变化，开展气候变化科学评估成为重要手段。

国际上以 IPCC 为代表开展的全球气候变化评估，不仅是理解全球气候变化的权威科学，而且也是国际社会制定应对全球气候变化政策的科学依据。在此基础上，以发达国家为主的区域（欧盟）和国家（美国、加拿大、澳大利亚等）的评估，为制定区域 / 国家的气候政策起到了重要科学支撑作用。中国气候与环境评估起始于 2000 年中国科学院西部行动计划重大项目“西部生态环境演变规律与水土资源可持续利用研究”，在此项目中设置了“中国西部环境演变评估”课题，对西部气候和环境变化进行了系统评估，于 2002 年完成了《中国西部环境演变评估》报告（三卷及综合卷），该报告为西部大开发国家战略实施起到了较好作用，也引起科学界广泛好评。在此基础上，2003 年由中国科学院、中国气象局和科技部联合组织实施了第一次全国性的“中国气候与环境演变”评估工作，出版了《中国气候与环境演变》（上、下卷）评估报告，该报告为随后的国家气候变化评估报告奠定了科学认识基础。基于第一次全国评估的成功经验，2008 年由中国科学院和中国气象局联合组织实施了“中国气候与环境演变：2012”评估研究，出版了一套系列评估专著，即《中国气候与环境演变：2012（第一卷　科学基础）》《中国气候与环境演变：2012（第二卷　影响与脆弱性）》《中国气候与环境演变：2012（第三卷　减缓与适应）》和由上述三卷核心结论提炼而成的《中国气候与环境演变：2012（综合卷）》。这也是既参照国际评估范式，又结合中国实际，从科学基础、影响与脆弱性、适应与减缓三方面开展的系统性科学评估工作。

时至今日，距第二次全国评估报告过去已近十年。十年来，不仅针对中国气候与环境变化的研究有了快速发展，而且气候变化与环境科学和国际形势也发生了巨大变化。基于科学研究新认识、依据国家发展新情况、结合国际新形势，再次开展全国气候与环境变化评估就成了迫切的任务。为此，中国科学院和中国气象局联合，于2018年启动了“中国气候与生态环境演变：2021”评估工作。本次评估共组织国内17个部门、45个单位近200位自然和社会科学领域的相关专家，针对气候变化的事实、影响与脆弱性、适应与减缓等三方面开展了系统的科学评估，完成了《中国气候与生态环境演变：2021（第一卷　科学基础）》《中国气候与生态环境演变：2021（第二卷上　领域和行业的影响、脆弱性与适应）》《中国气候与生态环境演变：2021（第二卷下　区域影响、脆弱性与适应）》《中国气候与生态环境演变：2021（第三卷　减缓）》《中国气候与生态环境演变：2021（综合卷）》（中、英文版）等系列评估报告。评估报告出版之际，我对各位参与本次评估的广大科技人员表示由衷的感谢！

中国气候与生态环境演变评估工作走过了近20年历程，这20年也是中国社会经济快速发展、科技实力整体大幅提升的阶段，从评估中也深切地感受到中国科学研究的快速进步。在第一次全国气候与环境评估时，科学基础部分的研究文献占绝大多数，而有关影响与脆弱性及适应与减缓方面的文献少之又少，以至于在对这些方面的评估中，只能借鉴国际文献对国外的相关评估结果，定性指出中国可能存在的相应问题。由于文献所限第一次全国气候评估报告只出版了上、下两卷，上卷为科学基础，下卷为影响、适应与减缓，且下卷篇幅只有上卷的三分之二。到2008年开展第二次全国气候与环境评估时，这一情况已有改观，发表的相关文献足以支撑分别完成影响与脆弱性、适应与减缓的评估工作，且关注点已经开始向影响和适应方面转移。本次评估发生了根本性变化，有关影响、脆弱性、适应与减缓研究的文献已经大量增加，评估重心已经转向重视影响和适应。本次评估报告的第二卷分上、下两部分出版，上部分是针对领域和行业的影响、脆弱性与适应评估，下部分是针对重点区域的影响、脆弱性与适应评估，由此可见一斑。对气候和生态环境变化引发的影响、带来的脆弱性以及如何适应，这也是各国关注的重点。从中国评估气候与生态环境变化评估成果来看，反映出中国科学家近20年所做出的努力和所取得的丰硕成果。中国已经向世界郑重宣布，努力争取2060年前实现碳中和，中国科学家也正为此开展广泛研究。相信在下次评估时，碳中和将会成为重点内容之一。

回想近三年的评估工作，为组织好一支近200人，来自不同部门和不同领域，既有从事自然科学、又有从事社会科学研究的队伍高效地开展气候和生态变化的系统评估，共召开了 8 次全体主笔会议、3 次全体作者会议，各卷还分别多次召开卷、章作者会议，在充分交流、讨论及三次内审的基础上，数易其稿，并邀请上百位专家进行了评审，提出了 1000 多条修改建议。针对评审意见，又对各章进行了修改和意见答复，形成了部门送审稿，并送国家十余个部门进行了部门审稿，共收到部门修改意见 683 条，在此基础上，最终形成了出版稿。

参加报告评审的部门有科技部、工业和信息化部、自然资源部、生态环境部、住房和城乡建设部、交通运输部、农业农村部、文化和旅游部、国家卫生健康委员会、中国科学院、中国社会科学院、国家能源局、国家林业和草原局等；参加报告第一卷评审的专家有蔡榕硕、陈文、陈正洪、胡永云、马柱国、宋金明、王斌、王开存、王守荣、许小峰、严中伟、余锦华、翟惟东、赵传峰、赵宗慈、周顺武、朱江等；参加报告第二卷评审的专家有陈大可、陈海山、崔鹏、崔雪峰、方修琦、封国林、李双成、刘鸿雁、刘晓东、任福民、王浩、王乃昂、王忠静、许吟隆、杨晓光、张强、郑大玮等；参加报告第三卷评审的专家有卞勇、陈邵锋、崔宜筠、邓祥征、冯金磊、耿涌、黄全胜、康艳兵、李国庆、李俊峰、牛桂敏、乔岳、苏晓晖、王遥、徐鹤、余莎、张树伟、赵胜川、周楠、周冯琦等；参加报告综合卷评审的专家有卞勇、蔡榕硕、巢清尘、陈活泼、陈邵锋、邓祥征、方创琳、葛全胜、耿涌、黄建平、李俊峰、李庆祥、孙颖、王颖、王金南、王守荣、许小峰、张树伟、赵胜川、赵宗慈、郑大玮等。在此对各部门和各位专家的认真评审、建设性的意见和建议表示真诚的感谢！

评估报告的完成来之不易，在此对秘书组高效的组织工作表达感谢！特别对全面负责本次评估报告秘书组成员王生霞、魏超、王文华、闫宇平、徐新武、王荣、王世金，以及各卷技术支持余荣和周蓝月（第一卷）、黄建斌（第二卷上）、魏超（第二卷下）、刘影影和朱磊（第三卷）、王生霞（综合卷）表达诚挚谢意，他们为协调各卷工作、组织评估会议、联络评估专家、汇集评审意见、沟通出版事宜等方面做出了很大努力，给予了巨大的付出，为确保本次评估顺利完成做出了重要贡献。

由于评估涉及自然和社会广泛领域，评估工作难免存在不当之处，在报告即将出版之际，怀着惴惴不安的心情，殷切期待着广大读者的批评指正。

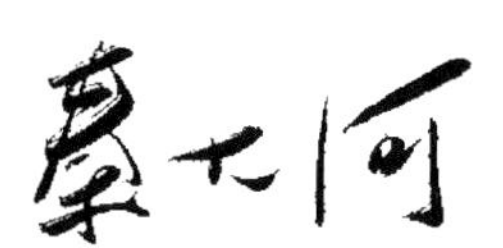

中国科学院院士

2021 年 4 月 20 日

前　言

气候变化已经被科学界广泛证明，气候变化的影响已经涉及自然环境的广泛领域、渗透到社会经济的方方面面，人类社会需要对气候变化进行应对。近期，世界各地在减排温室气体方面已经出现了积极的变化。2019 年 12 月欧盟公布 2050 年温室气体中和目标以来，中国、日本、韩国、加拿大等主要排放国家也陆续公布了碳中和目标。到 2021 年 3 月，占全球 CO_2 排放近 53% 的国家已经公布了碳中和目标。之后，美国拜登政府也公布了 2050 年碳中和目标，这样全球就有超过 65% 的 CO_2 排放国家设立了碳中和目标。联合国计划在 2021 年力促各国都公布类似目标。中国对全球的碳减排影响明显，本书就是针对中国温室气体减排方面国内国际的研究进展进行的系统性评估。

在中国科学院和中国气象局的共同资助下，由秦大河院士牵头实施的“中国气候与生态环境演变：2021”评估研究，组织了国内上百名相关领域的骨干队伍，历时 3 年完成了《中国气候与生态环境演变：2021（第一卷　科学基础）》《中国气候与生态环境演变：2021（第二卷上　领域和行业影响、脆弱性与适应）》《中国气候与生态环境演变：2021（第二卷下　区域影响、脆弱性与适应）》《中国气候与生态环境演变：2021（第三卷　减缓）》《中国气候与生态环境演变：2021（综合卷）》（中、英文版）等评估报告。本书为第三卷，主要评估中国温室气体减排的交叉性议题、排放趋势、未来排放情景，包括能源，城市，工业，交通，建筑，农业、林业和其他土地利用，可持续消费与低碳生活等行业和领域的减排潜力、技术和政策措施，我国的低碳发展政策，以及我国参与国际气候变化合作的角色，气候变化和可持续发展的关联等。本书全面涵盖了 2012 年以来相关研究进展，并进行了评估。

参加本书评估工作的有来自中国社会科学院、国家气候中心、国家发展和改革委员会能源研究所、北京大学、清华大学、中国人民大学、复旦大学以及北京工业大学等 38 个科研院所共 80 多名科研人员。本书由姜克隽、陈迎担任主编，周大地为主审。刘影影和朱磊为技术支持，负责本卷的协调、组织、沟通和技术支持工作。第 1 章为总论，陈迎、董文娟为主要作者协调人，周大地编审，朱磊、赵小凡为主要作者；第 2 章为温室气体排放的趋势和驱动力，谭显春、代春艳为主要作者协调人，朱松丽编审，戴瀚程、刘竹、顾佰和、常世彦为主要作者；第3章为排放情景和路径转型，姜克隽、傅莎为主要作者协调人，王克编审，余碧莹、戴瀚程、贺晨旻为主要作者；第4章为能源，周胜、袁家海为主要作者协调人，冯升波编审，肖新建、朱蓉、李佳为主要作者；第5章为城市，禹湘、杨秀为主要作者协调人，庄贵阳编审，马红云、丛建辉、李芬为主要作者；第6章为工业，温宗国、田智宇为主要作者协调人，白泉编审，李佳、张翼飞、曹馨、李晶晶为主要作者；第7章为交通，欧训民、李振宇为主要作者协调人，康利平编审，谭晓雨、周新军、李晓津为主要作者；第8章为建筑，彭琛、杨芯岩为主要作者协调人，张建国编审，谷立静、张时聪、郝斌为主要作者；第9章为农业、林业和其他土地利用（AFOLU），李玉娥、朱建华为主要作者协调人，董红敏编审，朱志平、秦晓波、张骁栋、曾立雄为主要作者；第10章为可持续消费与低碳生活，陈莎、张志强为主要作者协调人，孙振清编审，雷洁琼、王丹、温丹辉为主要作者，张孟蓉为贡献作者；第11章为低碳发展的政策选择，陈诗一、王文军为主要作者协调人，段茂盛编审，邵帅、李志青、张翼飞、刘瀚斌为主要作者；第12章为全球气候治理与中国的作用，巢清尘、高翔为主要作者协调人，高云编审，张永香、薄燕、刘哲、谢来辉为主要作者；第13章为应对气候变化与可持续发展，滕飞、蔡闻佳为主要作者协调人，朱婧、贺晨旻、朱守先、侯静为主要作者，翁宇威为贡献作者。

本书分别由部门和专家进行了评审，参加评审的部门有科技部、工业和信息化部、自然资源部、生态环境部、住房和城乡建设部、交通运输部、农业农村部、文化和旅游部、国家卫生健康委员会、中国科学院、中国社会科学院、国家能源局、国家林业和草原局等；参加评审的专家有卞勇、陈邵锋、崔宜筠、邓祥征、冯金磊、耿涌、黄全胜、康艳兵、李国庆、李俊峰、牛桂敏、乔岳、苏晓晖、王遥、徐鹤、余莎、张树伟、赵胜川、周楠、周冯琦等。不同部门和各位评审专家对本书提出了许多具有建设性的意见，各章作者根据评审意见也进行了认真修改。正是有了这些评审意见和修改建议，本书的质量才得到提升和保证。在此，对参加评审的部门和各位评审专家表示衷心感谢！

在本次评估过程中，来自不同部门、不同单位、不同领域的专家辛勤耕耘，共同研讨，反复修改，付出了巨大努力，在此对各位专家的辛勤工作和无私贡献表示衷心感谢。对技术支持工作者表示衷心感谢！

姜克隽　国家发展和改革委员会能源研究所研究员

陈迎　中国社会科学院研究员

2021年4月9日

目 录

第1章 总 论

主要作者协调人：陈 迎、董文娟
编 审：周大地
主 要 作 者：朱 磊、赵小凡

■ 执行摘要

自《中国气候与环境演变：2012》科学评估报告发布以来，国内外有关减缓气候变化的科学研究不断发展，推出了一系列科学评估报告。同时，全球政治经济形势发生了剧烈而深刻的变革，机遇与挑战并存。2015 年通过的《巴黎协定》确立了新的国际气候治理机制，《改变我们的世界：2030 年可持续发展议程》对国际气候治理具有重要影响。中国经过改革开放 40 多年的努力，社会经济发展步入了新时代，中国在国际气候治理中的角色也发生了重要变化，逐渐从参与者转变为重要的贡献者和引领者。生态文明建设被提升到国家战略高度，以环境治理和国际产业竞争为契机，中国经济发展的绿色低碳转型方兴未艾。在全球政治经济大变局以及中国绿色低碳转型的大背景下，中国减缓气候变化面临新形势和新挑战。近年来，减缓气候变化的理论和实践表明，气候变化与可持续发展之间的相互联系日益紧密，协同效应为减缓气候变化提供了新的动力，减缓气候变化的视野从减缓技术扩展到发展路径转型，可行性和不确定性成为减缓政策评估不容忽视的问题，这些科学新认识为减缓气候变化的科学评估提供了分析框架。

1.1 引　　言

全球气候变化已是不争的事实。适应与减缓是应对气候变化的两大重要途径，减缓特指通过减少温室气体排放或增加温室气体汇的各类措施和途径（IPCC，2015a）。

2002 年发布的《中国西部环境演变评估》中并未涉及减缓的相关内容。2005 年发布的第一次科学评估报告《中国气候与环境演变》中首次纳入减缓气候变化的内容，但篇幅较少，未独立成卷。

2012 年发布的第二次科学评估报告《中国气候与环境演变：2012》中的减缓气候变化内容首次独立成卷（第三卷），系统全面地对减缓措施、政策建议、国际合作等内容进行了评估。第三卷从低碳转型的挑战切入，对温室气体的排放情景、技术选择与经济潜力进行了分析，按照能源、工业、交通、建筑等部门的分类，对温室气体减排现状和趋势进行了评估。在政策层面，《中国气候与环境演变：2012》重点评估了可持续发展政策对气候变化的减缓效应，以及我国要发展低碳经济的政策选择问题。在国际合作层面，该报告评估了国际合作对减缓气候变化的作用和必然性，以及参与全球气候合作意愿的影响因素、中国参与国际合作的现状等内容。该评估报告还对地方政府和社会参与、综合应对气候变化等内容进行了详细的分析研究。

本次评估报告是对第三次中国气候和生态环境演变的科学评估，仍分为三卷，其中第一卷为科学基础，第二卷为影响、脆弱性与适应（分为领域和行业以及区域上下两部分），第三卷为减缓。本章是第三卷的开篇，重点回顾自第二次评估报告以来全球气候治理格局的新变化、中国国际地位的提升和绿色低碳转型的新形势，概要总结政府间气候变化专门委员会（IPCC）一系列科学评估报告中有关减缓的主要结论和第六次评估报告（AR6）的新进展，探讨对减缓气候变化的一些重要框架性问题的科学新认知，最后介绍本卷评估报告的重点领域和章节安排。

1.2 《中国气候与环境演变：2012》发布以来世界和中国经济社会发展的新变化

1.2.1 全球气候治理新格局

自《中国气候与环境演变：2012》发布以来，全球政治经济形势经历了深刻变革，气候治理在重重阻力中砥砺前行。2015 年通过的《巴黎协定》确立了 2020 年后全球应对气候变化国际合作的制度框架，规定了全球温升幅度的限制和温室气体减排的长期目标，提出了全球平均气温较工业化前水平升高幅度控制在 2℃之内、力争把升温控制在 1.5℃之内的新目标。《巴黎协定》是一份全面、均衡、有力度、体现各方关切的协定，是继《联合国气候变化框架公约》和《京都议定书》后，国际气候治理历程中第三个具有里程碑意义的文件（杜祥琬，2016）。《巴黎协定》建立了以“国家自主贡献”

为核心的行动机制，这标志着全球气候治理模式由“自上而下”的模式转向“自下而上”的模式（高翔和滕飞，2016）。为了弥补“自下而上”的模式可能导致的全球行动力度不足，《巴黎协定》还建立了以5年为周期的全球盘点机制，促进未来各国逐步提升减排力度。《巴黎协定》的签署标志着加强应对气候变化的行动已经在国际范围内取得了高度共识，全球应对气候变化从此进入历史性新阶段（何建坤，2016；Jacquet and Jamieson，2016）。2018年卡托维兹气候大会主要围绕落实《巴黎协定》的具体实施细则进行磋商。该会议通过以减缓为中心的统一规则体系，夯实了基于规则的气候治理框架，提升了《巴黎协定》的法律地位，但是在提升力度方面并没有实质进展（朱松丽，2019）。

2015年《改变我们的世界：2030年可持续发展议程》（简称《2030年可持续发展议程》）的发布使得气候变化议题在可持续发展的框架下得到强化，从而对全球气候治理产生积极影响（Bertram et al.，2018）。与其“前身”——千年发展目标（millennium development goals，MDGs）不同，《2030年可持续发展议程》将应对气候变化置于环境可持续发展中十分重要的地位，气候行动被列为17个可持续发展目标（sustainable development goals，SDGs）之一（目标13），另有多个目标与气候变化直接或间接相关，如目标7“经济适用的清洁能源”，即确保人人获得负担得起、可靠和可持续的现代能源。由于《巴黎协定》与《2030年可持续发展议程》都指向2030年，未来这两大目标的相互支持、同步实施，将促进气候变化问题与其他可持续发展问题的深度融合，实现协同效应（董亮和张海滨，2016；彭斯震和孙新章，2015）。

受全球化进程遇阻和美国等国家的影响，部分国家应对气候变化的态度出现动摇或行动迟缓，使得全球气候治理总体陷入低谷（刘元玲，2018）。随着主要国家贸易保护与民粹主义逐渐抬头，“去全球化”“逆全球化”进入一个集中爆发的时段，全球化进程放缓（李稻葵等，2017；刘明礼，2017；付随鑫，2017）。特别是2017年6月美国宣布退出《巴黎协定》，这对全球应对气候变化减缓、资金和治理带来巨大的负面影响及不确定性（苏鑫和滕飞，2019；Sanderson and Knutti，2017；何建坤，2017；傅莎等，2017；朱松丽等，2017）。以巴西为代表的发展中国家的气候政策也出现动摇：巴西在2018年政府换届后取消了主办气候大会的计划（Otavio，2018）。另外，各类非国家行为体近年来更加积极参与全球气候治理，全球“自下而上”的减排合作已成趋势。目前，已有越来越多的国家的政府、企业和投资者积极响应《巴黎协定》，如已有65个国家和欧盟，加上10个区域、102个城市、93家企业和12个投资者承诺在2050年实现CO_2净零（net-zero）排放（UN，2019）。2019年6月，英国新修订的《气候变化法案》正式生效，英国由此成为世界主要经济体中率先以法律形式确立“2050年实现温室气体净零排放”目标的国家。此外，国际主流多边开发投资机构均在其环境与社会政策中覆盖减缓气候变化议题（齐晔等，2019）。

科学研究、技术进步与政治议程的关系从未如此紧密。这一时期气候变化相关研究的蓬勃发展为全球气候治理以及各国政治决策提供了有力支撑，而政策决策者也从实践中不断提出新的研究问题，推动科学研究的进步。IPCC系列综合科学评估报告代表了全球学界对气候变化及其应对的整体判断，为全球、国家、地方政府、民间等各个层面政策决策提供了倾向性引导。欧盟于 2018 年发布了《欧盟建立繁荣、现代、具有竞争力和气候中性的经济长期发展战略愿景报告》，多家研究机构的长期工作为这一愿景提供了有力的支持和证据，研究指出，“欧盟向碳中和经济的转型预计会对 GDP 产生温和或积极的影响，估计对 2050 年 GDP 的影响为 –1.3%~2%，此外，转型过程中将创造约 100 万个新工作机会”（European Commision，2018）。这一研究结果颠覆了之前绝大多数研究都认为大幅度减少温室气体排放会给经济发展带来负面效果的结论（IPCC，2001，2015a）。另外，常规减排技术（如提高能效技术）和替代技术（如可再生能源、氢能技术）成本的不断下降以及突破性技术 [如碳捕获与封存（CCS）技术] 的不断涌现为各国政策制定提供了技术途径。目前，在各国提交的“国家自主贡献”和“长期温室气体低排放发展战略”中，所覆盖的温室气体范围已经从 CO_2 扩展到非 CO_2 温室气体减排与农林业及土地利用增汇，减排范围从能源、工业、建筑、交通等传统领域扩展到全经济尺度。此外，各国在气候治理中也更加关注与国内优先政策领域结合的协同效应。

在全球气候治理进入低谷期的背景下，中国政府应对气候变化的决心依然坚定。从《联合国气候变化框架公约》的谈判开始，中国就积极参与这一重要的国际治理机制的制定。中国政府高层站在建设“人类命运共同体”的高度积极推动联合国气候谈判，为《巴黎协定》的最终达成做出了积极的建设性贡献。中国先后于 2014 年、2015 年发布《中美气候变化联合声明》《中欧气候变化联合声明》《中美元首气候变化联合声明》《中法元首气候变化联合声明》等，国家主席习近平出席气候变化巴黎大会，表达了支持气候变化巴黎大会取得成功的重要政治意愿（朱松丽和高翔，2017；薄燕和高翔，2017；杜祥琬，2016）。党的十九大报告把气候变化列为全球重要的非传统安全威胁和人类面临的共同挑战，并提出中国要“引导应对气候变化国际合作，成为全球生态文明建设的重要参与者、贡献者、引领者”。这体现了习近平新时代中国特色社会主义思想在气候变化领域的新进展，并且反映出中国在全球气候治理格局中的地位转变（庄贵阳等，2018）。虽然国际社会对中国领导全球气候治理充满期待，但中国应有清醒认识，全面评估承担全球气候治理“引领者”的成本、效益和可行性，量力而行（傅莎等，2017）。

2019 年底开始暴发的新冠肺炎（COVID-19）疫情对各国的公共卫生系统、公众健康、经济活动和生活方式造成了严重的冲击，致使全球许多国家和地区的能源消费和碳排放水平大幅下降。2020 年第一季度全球 CO_2 排放下降了 5.2%（Liu et al.，2020）。全年来看，预计全球能源消费将下降 6%，其中煤炭消费将下降 9%，石油消费将下降 8%，电力消费将下降 5%，而可再生能源仍将保持增长。与此同时，2020 年全球 CO_2 排放预计将下降 8%，回到 10 年前的水平（IEA，2020）。远期来看，新冠肺炎疫情可能导致全球产业重构以及产业链的重新布局。全球应对气候变化进程很大程度上将取决于各国采取何种方式恢复经济。目前，各国相继提出了一系列经济刺激方案。联合国秘书长古特雷斯在彼得斯堡气候对话会上呼吁，各国应当以疫后经济恢复为契机，走上一条更能可持续发展的道路，以应对气候变化和保护环境，扭转生物多样性丧失的趋势，确保人类长期健康和安全（UN，2020）。

2019 年 12 月欧盟提出了 2050 年温室气体中和的目标，2020 年 9 月中国提出了努力争取 2060 年前实现碳中和的目标。这些目标的提出会改变国际合作格局。以往谈判中推诿强调责任的做法，可能会被经济竞争带来的驱动力而改变，形成竞相积极发展新的技术、新的产业，推进深度减排的格局。但是，实现碳中和又会带来新的地缘政治问题，碳中和目标下，化石能源需求明显下降，对传统石油供应造成的国际地缘政治问题带来了变革，中国和其他国家需要应对这样的变革，制定新的国际合作战略。

1.2.2　中国绿色低碳发展转型

经过三十年的高速增长，我国经济已经由高速增长阶段转向高质量发展阶段，这为我国减缓气候变化工作创造了有利条件（国家应对气候变化战略研究和国际合作中心，2018）。经济发展阶段的转型主要表现为：经济增速回落，从 10% 左右的高速增长转为 6.5% 左右的中高速增长；发展方式由规模速度型粗放增长向质量效率型集约增长转变；产业结构由中低端向中高端转换；增长动力由要素驱动向创新驱动转换等（张可云，2018；金碚，2015；李建民，2015；刘伟和苏剑，2014）。经济高质量发展对减缓气候变化的贡献主要体现在以下几个方面：第一，经济增长放缓，会降低能源消费增速，有利于降低国家碳排放峰值水平（何建坤，2017）。第二，经济结构与产业结构的升级有利于降低高碳行业的能源需求，提高能源利用效率（刘伟，2016；龚刚，2016）。第三，低碳产业发展进程加快，能源结构的低碳化进程加速，这同样有利于国家碳排放达峰（齐晔，2018）。

供给侧结构性改革作为我国经济高质量发展的关键，与我国应对气候变化工作具有很强的协同作用（蔡昉，2016）。供给侧结构性改革的核心是不断提高企业技术水平，合理调整供给结构，优化存量资源配置，扩大优质增量供给，创造消费引导需求，实现供需动态平衡，推动经济的高质量发展（贺力平，2018；贺强和王汀汀，2016；洪银兴，2016）。供给侧结构性改革与应对气候变化的协同效应主要体现在两个方面：一方面，应对气候变化工作可以成为促进供给侧结构性改革的重要推进措施之一。例如，我国政府在国家自主贡献中明确提出“二氧化碳排放在 2030 年左右达到峰值并争取尽早达峰；单位国内生产总值二氧化碳排放比 2005 年下降 60%~65%，非化石能源占一次能源消费比重达到 20% 左右”等低碳发展目标，其有利于倒逼国内转变经济增长方式，主动调整经济结构。另一方面，供给侧结构性改革有力支撑了应对气候变化工作的开展，如淘汰落后与过剩产能工作有效支持了国内能源消费总量控制和能源结构低碳化进程，从而有助于减缓气候变化（国务院发展研究中心，2015）。

我国经济社会发展同生态环境保护的突出矛盾是实现经济高质量发展的短板。在这一背景下，中国政府提出了生态文明战略思想来指导中国的绿色、低碳、可持续发展，从而促进经济的高质量发展。“生态文明”理念在中国共产党第十七次全国代表大会（2007 年）首次提出，并在 2012 年中国共产党第十八次全国代表大会明确要大力推进生态文明建设，努力建设美丽中国，实现中华民族永续发展，2016 年“十三五”规划更是将生态文明作为五年规划的重要部分。我国应对气候变化的行动与政策要基于生态文明建设的总体要求（陈吉宁，2015）。一方面，生态文明倡导绿色发展、低碳发展、循环发展的生产方式和生活方式，这对我国应对气候变化、保护生态、实现可持续发展具有重要指导意义（何建坤，2019）。另一方面，建设生态文明要求我国持续实施积极应对气候变化国家战略并深度参与全球环境治理，引导应对气候变化国际合作，推动建立公平合理、合作共赢的全球气候治理体系（王文涛等，2018）。我国应在生态文明思想的指导下实施具有气候恢复力的低排放发展路径，为全球应对气候变化提供中国智慧、方案和经验。

自《中国气候与环境演变：2012》发布以来，我国在应对气候变化和环境保护方面取得了长足进展。至 2018 年底，单位国内生产总值 CO_2 排放比 2005 年下降了 45.8%，已提前实现 2020 年比 2005 年下降 40%~45% 的目标[①]。空气污染水平显著下降，人口加权 $PM_{2.5}$ 年平均浓度已经从 2005 年的 66μg/m^3 降低至 2017 年的 53μg/m^3（Health Effects Institute，2019）。全国 CO_2 排放自 2000 年以来的快速增长态势得以扭转，2013 年之后排放增速明显放缓，2015~2017 年甚至出现了一个短暂的平台期，2018 年后排放增速反弹。另外，2017 年人均碳排放已经达到 7.7t，比世界平均水平高 62.4%。能源消费增速显著放缓，能源结构不断改善，2000~2018 年，煤炭占能源消费的比重下降了 9 个百分点，达到 60% 以下；同时非化石能源占比提高了 7 个百分点。

“十二五”和“十三五”规划中关于气候与环境的目标持续增加，反映了中国政府应对气候变化、改善环境所做的努力，以及对国际气候谈判承诺目标的落实。2009 年，中国政府提出到 2020 年单位国内生产总值 CO_2 排放比 2005 年下降 40%~45% 的目标。该目标作为约束性指标被纳入了“十二五”规划和“十三五”规划。此外，在“主要污染物排放总量减少（%）”指标中增加了氮氧化物（NO_x）排放，扩大了对大气污染物的控制范围。考虑到改善空气质量的迫切需求，中国政府在“十三五”规划中又增加了两个新的指标：“地级及以上城市空气质量优良天数比率（%）”和“细颗粒物（$PM_{2.5}$）未达标地级及以上城市浓度下降（%）”。《“十三五”节能减排综合工作方案》进一步提出了控制能源消耗总量的目标。

我国能源领域的政策主要体现在积极推动《能源生产和消费革命战略（2016—2030）》以及相关政策的进一步落实。2016 年，国家发展和改革委员会与国家能源局发布《能源生产和消费革命战略（2016—2030）》，首次从消费、供给、技术、体制、国际合作、掌握能源安全主动权六个方面，全面系统地部署推进我国能源革命。该战略提出了国家能源发展总量、结构调整和绿色低碳转型的目标和行动，提出 2020 年要根本扭转能源消费粗放增长方式，并首次提出了 2050 年非化石能源占能源消费总量超过一半的目标。为了推动能源转型在重点领域的率先突破，该战略还提出了一系列重大战略行动。

尽管我国在应对气候变化和改善环境质量方面已经取得积极进展，但在加速绿色低碳转型方面仍存在较大的不确定性和可行性的问题。2017 年以来全国煤炭消费量（包括华北地区）不降反升，而石油和天然气消费量增加得更快，连续出现 6% 以上的增速，这再次说明了能源转型的复杂性和艰巨性[②]。从当前大量的研究结果来看，我国可以实现 2015 年提交的自主减排贡献目标，并且很可能实现 2℃温升目标下的减排途径，

① 生态环境部 .2019.2018 中国生态环境状况公报 .
② 周大地 . 2019. 关于“十四五”能源规划问题的一些认识和建议 .

重点是实现 CO_2 排放达峰。实现深度减排的途径包括从能源供应到终端部门的协同、2050 年非化石能源占一次能源需求量的占比需要达到 50%~87%、终端部门电气化、CCS 技术等。

2020 年 9 月习近平主席在第七十五届联合国大会一般性辩论上的讲话中提出，中国将提高国家自主贡献力度，采取更加有力的政策和措施，二氧化碳排放力争于 2030 年前达到峰值，努力争取 2060 年前实现碳中和。2060 年前实现碳中和与《巴黎协定》中的 1.5℃温升目标相一致。

1.2.3 气候变化与环境的协同治理

2012 年以来雾霾频发等空气污染问题促使中国政府积极研究探索环境治理的有效途径，并在实践中摸索出了一条应对气候变化的新途径——气候变化与其他环境挑战，尤其是空气污染的协同治理（UNEP，2019）。大气污染物和温室气体具有同根同源的特性。在多数情况下，化石燃料燃烧是导致空气污染的主要原因，也是产生温室气体排放的源头。空气污染和气候变化涉及的污染物的二次反应存在交叉，以及多种形式的协同或者拮抗关系。因此，实施污染防治措施时，不仅要重视化石能源利用中污染物排放过程的末端治理，而且更应重视从源头上减少煤炭等化石能源的消费量，在终端利用环节加强以电代煤；加快新能源和可再生能源电力的发展，取代化石能源的终端消费。从源头减少化石燃料的使用能够同时减少 CO_2 和其他空气污染物的排放，带来气候和环境的协同利益，产生更高的成本效益。例如，如果在 2015~2050 年对 SO_2 和 NO_x 分别采取每五年减排 8% 和 10% 的排放控制政策，到 2050 年最多可以带来 200 亿 t CO_2 的协同减排（Nam et al.，2013）。如果中国在 2030 年全面实现国家自主贡献中的各项目标，届时的 SO_2、NO_x 和 $PM_{2.5}$ 排放也将比 2010 年分别降低 79%、78% 和 83%（Yang et al.，2018）。减缓气候变化采取的节能减排、发展非化石能源、结构调整、技术创新等行动所产生的协同效益不仅包含空气质量的改善，还包括空气质量改善而导致的死亡人数减少、医疗费用减少、公共卫生改善、城市宜居性和竞争力的提高等。

近年来，中国政府提出的中长期环境治理战略与应对气候变化战略步调一致，体现了协同治理的理念。党的十九大报告中提出了美丽中国的愿景，即 2035 年生态环境根本好转，美丽中国目标基本实现；2050 年把我国建成富强民主文明和谐美丽的社会主义现代化强国，生态文明将全面提升，人民将享有更加幸福安康的生活。其中，2035 年的中近期目标与中国落实《巴黎协定》下的 2030 年国家自主贡献减排承诺在时间上相互重叠，而 2050 年的长期目标又与全球努力实现 21 世纪中叶深度脱碳的目标在时间上一致。这为协调国内环境治理目标和《巴黎协定》下的气候变化治理目标提供了契机（UNEP，2019）。

具体来看，中国政府制定了《大气污染防治行动计划》《打赢蓝天保卫战三年行动计划》《“十三五”节能减排综合工作方案》等一系列协同应对空气污染和气候变化的政策，这些政策旨在通过优化能源结构、发展清洁能源、提高能源效率，最终减少化石燃料的使用，为实现美丽中国的目标奠定基础。例如，《京津冀及周边地区落实大气污染防治行动计划实施细则》要求北京市、天津市和河北省到2017年底相比2012年净削减煤炭消费共6300万t。实际上，北京市、天津市和河北省共完成煤炭削减7100万t，超额完成了目标。《"十三五"生态环境保护规划》进一步要求到2020年各地相比2005年削减原煤10%。北京市在此基础上制定了更加严格的目标，即到2020年煤炭消费量不超过500万t（UNEP，2019）。据估算，在一系列控制煤炭消费量措施的干预下，减少煤炭消耗而产生的SO_2减排量约为1518万t，减少CO_2排放超过20亿t（Yang and Teng，2018）。

1.3 《中国气候与环境演变：2012》发布以来 IPCC有关减缓的新进展

自《中国气候与环境演变：2012》科学评估报告发布以来，国内外关于减缓气候和生态环境变化的研究成果大量涌现。IPCC作为评估与气候变化相关科学的国际机构，基于大量文献陆续发布了一系列评估报告，包括2014年的第5次评估报告（AR5）和2018年10月以来发表的三个特别报告，其集中反映了气候变化领域的最新研究成果，为本次评估提供了重要参考。

1.3.1 IPCC AR5有关减缓的主要结论

2014年IPCC发布AR5第三工作组报告，报告指出，过去40年（1970~2010年），温室气体排放持续增长，这40年间所排放的温室气体占工业革命以来总人为排放量的一半左右，且78%的排放增长来自化石燃料燃烧和工业过程所排放的CO_2。对2010年温室气体排放的驱动力分析表明，若不采取明确行动，21世纪末人为温室气体排放将导致全球变暖超过4℃，未来如果积极采取减缓措施，仍有可能实现2℃温升目标。AR5对实现全球2℃温升目标的可行性和所需的转型路径以及减缓气候变化的理论基础、概念体系和政策机制进行了全面综合的评估，形成了一系列重要的结论。

一是经济和人口增长是驱动温室气体排放的主要因素。2000~2010年是全球温室气体排放增幅最大的十年，经济和人口增长是化石燃料相关温室气体排放增长的主要驱动因子，其中人口增长的贡献大致保持稳定，但经济增长的贡献大幅提升。尽管已经采取了很多减缓措施，但全球人为温室气体排放仍升至前所未有的水平，2010年达到490（±45）亿t CO_2eq。2000~2010年是排放绝对增幅最大的十年，年均温室气体排放增速从1970~2000年的1.3%增长到了2.2%。

二是实现2℃温升目标的成本最优排放路径要求：2030年全球排放量要低于2010年水平，并在2050年实现深度、大幅度的减排。科学测算表明，到21世纪末将温室气体浓度控制在450ppm①才有较大可能（66%）实现2℃温升目标。在此情景下，单就CO_2而言，全球2011~2100年的累积排放空间为6300亿~11800亿t，远小于全

① 1ppm=10^{-6}。

球 1870~2011 年的平均值 1.89 万亿 t（1.63 万亿 ~2.125 万亿 t）的累积排放量。在很可能（90%）实现 2℃温升目标情景下的成本最优排放路径要求：到 2030 年，全球温室气体排放限制在 300 亿 ~500 亿 t CO_2 eq 的水平（相当于 2010 年水平的 60%~100%）；到 21 世纪中叶，全球温室气体需减少至 2010 年水平的 40%~70%，到 21 世纪末减至近零。

三是 2℃温升的全球长期目标依然可能实现，但需要大规模改革能源系统并重视土地利用，CO_2 移除（CDR）技术成为关键的技术手段。要实现 2℃温升目标，需要对能源供给部门进行巨大改革，保障其 CO_2 排放在未来持续下降，在 2040~2070 年实现相对 2010 年水平下降 90% 或以上目标，在很多情景下甚至需要实现“负排放”。

四是电力生产深度脱碳是 2℃情景的重要特征之一，并需要到 2050 年实现超过 80% 的发电装置脱碳，可再生能源、核能、使用 CCS 技术的化石能源、采用生物质联合 CCS（BECCS）技术的零碳或低碳能源供给占一次能源供给的比重达到 2010 年水平（约 17%）的 3~4 倍。

五是大多数 2℃情景需要在 2050 年之后部署能够清除大气中 CO_2 的 CDR 技术，如 BECCS 技术和造林等。但 BECCS 技术和其他 CDR 技术的大规模应用还存在极大的不确定性和风险，包括常年储存在地下的 CO_2 所面临的各种挑战、土地竞争风险等。

六是减缓气候变化需要国际合作，共同行动。尽管目前国际气候变化合作机制存在多样化趋势，但《联合国气候变化框架公约》仍是国际气候合作的主渠道。减缓气候变化具有大量的协同效用，因此加强气候政策协同效应的管理可以更好地奠定减缓行动的基础。评价气候政策应以可持续发展和公平为基础。

七是应对气候变化需要改变现有投资构成。在有利的投资环境下，私营部门和公共部门可以一起在减缓融资中扮演重要的角色。初步估算，目前每年的气候融资规模为 3430 亿 ~3850 亿美元。2℃情景的实现需要投资构成的转变。2010~2029 年，化石能源开采和发电领域的年投资量将下降 20%（300 亿美元左右），而低碳能源领域（可再生能源、核能等）年投资规模将增加 100%（1470 亿美元左右）。

1.3.2 IPCC 三大特别报告有关减缓的结论

1.《IPCC 全球 1.5℃温升特别报告》

2018 年 10 月，IPCC 发布《IPCC 全球 1.5℃温升特别报告》（IPCC SR1.5），该报告全面评估了 1.5℃目标下的全球气候变化、影响、适应、减缓与可持续发展的关系，深化了对 1.5℃目标的认识。IPCC SR1.5 有关减缓的主要结论如下：

从工业化前到现在，人类活动造成的全球暖化温度大约比工业前水平高 1.0℃，为 0.8~1.2℃。如果全球暖化继续以目前的速度增长，则在 2030~2052 年可能会达到 1.5℃（高信度）。变暖趋势将持续几个世纪到几千年，并将继续导致气候系统的进一步长期变化，如海平面上升，并对自然和人类系统带来相关影响和风险（高信度）。这些风险取决于变暖的程度和速度、地理位置、发展水平和脆弱性，以及适应和减缓方案的选择和实施（高信度）。

根据《巴黎协定》提交的国家自主减排目标的全球排放结果估计，2030 年全球温室气体排放量为 52~58 Gt CO_2 eq/a（中等信度）。这些减缓方案不足以将全球变暖限制在 1.5℃以内，即使在 2030 年后，全球将面临严峻的经济增长挑战的情况下依然如此（高信度）。只有全球二氧化碳排放量在 2030 年之前开始大幅下降时（高信度），才能避免过度排放和过于依赖 CDR 技术。

为了实现全球 1.5℃温升目标，2030 年相比 2010 年二氧化碳排放量必须下降约 45%，并在 2050 年达到净零排放。各部门，特别是高排放部门必须做出根本改变。在能源方面，到 2050 年可再生能源将需要提供 70%~85% 的电力。如果化石燃料发电与 CCS 技术相结合，2050 年天然气发电比例约为 8%，而煤电接近于零。与 2010 年相比，能源密集型产业必须在 2050 年之前将其二氧化碳排放量减少 75%~90%，以便实现 1.5℃温升目标。建筑物和运输也需要大力转向绿色电力。到 21 世纪中叶，建筑物使用的绿色电力占其总能源的 55%~75%，而运输部门应将其低排放源占比提高到运输部门总排放的 65%。

能源系统转型需要大量投资。2015~2050 年，实现 1.5℃温升目标仅能源领域就需要每年约 9000 亿美元的投资，比 2℃高出约 12%，这 35 年间能源供给侧所需的总投资达到 1.6 万亿 ~3.8 万亿美元，能源需求侧总投资将达到 7000 亿美元至 1 万亿美元以上。

实现 1.5℃温升目标的相关路径和减缓方案与可持续发展目标之间存在多重协同和权衡作用。虽然可能的协同效应总数超过了权衡（trade-off）数量，但其净效应将取决于变化的速度和幅度、减缓组合的构成（高信度）。

2.《气候变化与土地特别报告》

2019 年 8 月，IPCC 发布了《气候变化与土地特别报告》（SRCCL）。该报告指出，土地在人类的不断开发利用下，日益不堪重负，而气候变化正在使这一情况雪上加霜。只有通过合理减少包括土地和粮食在内的所有行业的排放，才有可能将温升控制在远低于 2℃的目标内。SRCCL 中有关减缓的结论如下：

无论是从土地利用还是从气候变化的角度看，改变土地条件都会对全球和区域气候产生影响（高信度）。在区域层面，土地条件的改变能减少或者凸显气候变化带来的影响，表现在影响极端气候事件的强度、频率和持久度等方面。这种改变的层级和方向会随着地区和季节的变化而变化（高信度）。

针对气候变化适应和减缓做出的许多与土地相关的措施，同时也对治理荒漠化和土壤退化，以及提升粮食安全有益处。但这些潜在的措施是有适用条件的，如地区的适应能力等。与此同时，这些措施在减缓的效果上也还存在不确定性（高信度）。

大多数减缓措施都是从积极作用方面评价对可持续发展和其他社会发展目标的贡献（高信度）。许多措施都可以在没有新增土地需求的情况下使用，并可能提供复合收益（高信度）；还有一些措施具有减少土地需求的潜力。因此，减缓气候变化的土地措施能够提升针对其他目标，如荒漠化和土地退化等目标的政策潜力（高信度）。

尽管许多措施可以在没有新增土地的情况下使用，但有些措施会增加对土地用途转换的需求（高信度）。这种用途转换可能会对气候变化适应、荒漠化、土壤退化和粮食安全等产生一些副作用（高信度）。如果在有限比例的土地上运用这些措施，并且将其整合进土地规模的可持续管理中，那么这些副作用将会小得多，并且会产生一些积极的共同收益（高信度）。

可持续土地管理，如可持续森林管理，可以阻止和减少土地退化，保持土地生产力，并且有时还会将气候变化对土地退化的不利影响转变为积极作用（高信度）。这对减缓和适应气候变化也都有很大帮助（高信度）。

土地的进一步利用规划，部分取决于预期的气候结果以及应对措施的成效（高信度）。所有被评估的1.5℃和2℃情景下的减排路径模型都要求基于土地的减缓措施和土地利用方式的转变，如植树造林、减少森林砍伐和生物质能利用及其各种方式的相互结合（高信度）。少部分减排路径模型通过减少土地用途变更实现了1.5℃温升目标（高信度），从而减少了荒漠化、土地退化和粮食安全的不利影响（中等信度）。

3.《气候变化中的海洋和冰冻圈特别报告》

2019年9月，IPCC发布了《气候变化中的海洋和冰冻圈特别报告》（SROCC）。该报告是联合国气候小组首次就不同程度的气候变化如何影响海洋、海岸和极地地区提出自己的报告，报告概述了急剧变化的海洋、极地和冰川对自然和人类的影响和风险，强调人类所面临的危机。高山地区的6.7亿人口和低洼、沿海地区的6.8亿人口与海洋和冰冻圈系统息息相关，其中400万人生活在北极地区，小岛屿发展中国家有6500万人口。该报告中与减缓有关的结论如下：

气候变化正在改变海洋，海平面在加速上升，如果不削减温室气体排放量，到2100年，海平面的上升速度将是20世纪的10倍以上。温室气体的高排放将在2100年使冰川平均损失量达到1/3以上，对依赖冰川水供应的人群构成威胁。海洋生物已经受到海洋变暖的打击，并且将继续减少，减少温室气体排放量可以减轻对海洋生物的损害。现在，84%~90%的海洋热浪可归因于气候变化；多年冻土融化和海冰融化可能导致地球进一步变暖，进一步加速气候变化（高信度）。

从物理角度看，北极是全球气候系统重要的稳定器，北极和北部的多年冻土含有大量的有机碳，几乎是大气中碳含量的两倍，如果它们解冻，可能会显著增加大气中温室气体的浓度。迄今为止，海洋吸纳了气候系统中超过90%的多余热量。到2100年，如果全球变暖控制在2℃以内，海洋吸收的热量将是1970年到现在的2~4倍，如果排放量更高，海洋吸收的热量将是1970年到现在的5~7倍（高信度）。

气候变化对海洋和冰冻圈造成的影响正在对各国政府的执政效果形成挑战。无论是地方政府还是全球治理中，减缓措施的成效都受到了影响，甚至在一些情况下，这种影响已经达到了政策极限。那些受影响最大的人往往也是应对能力最弱的人（高信度）。

那些由海洋和冰冻圈生态系统自身产生的有效适应和减缓措施，能够被一些人为措施所支持，如保护和修复措施、对可再生能源使用的基于生态系统的预防性管理、减少环境污染和破坏行为等（高信度）。水资源管理的整合（中等信度）和基于生态系统的适应措施（高信度）将降低当地的气候风险，并且会提供多重的社会效益。然而，这些行动都存在着生态的、财政的、机构间的和政府间的各种制约（高信度），并且在很多情况下，基于生态系统的减缓措施只能在最低水平的变暖情景下才能使用（高信度）。

沿海国家和地区在海平面上升问题上，是制定具有针对性的减缓措施还是整体性方案面临选择的挑战。它们要权衡可选择方案的成本、收益，还要对方案进行适时的调整（高信度）。所有环节，如保护、安置、基于生态系统的适应、沿海地区的扩张和收缩等，都会对这些减缓方案产生重要影响（高信度）。

应对气候变化能力和可持续发展能力的提升严重依赖于及时的和积极的减排措施，以及持续的、协调性的和越来越主动的减缓措施（高信度）。主要的减缓措施包括在管理的空间范围和规划层面加强管理职责的协调和相互合作，教育和气候知识、监测和预测、所有相关知识源的运用，数据共享，政府财政支持，注重社会脆弱性和平等性，相关机构支持等。这些领域的投入将提升能力建设水平、社会认知程度和参与度，也将提升在减少短期气候风险和建设长期韧性与可持续性方面的权衡能力，以及对存在的共同收益的认知水平（高信度）。

《气候变化中的海洋和冰冻圈特别报告》反映的是在低排放情景路径（1.5℃）下海洋和冰冻圈的情况，其中有些内容已经在早前的 IPCC 与生物多样性和生态系统服务政府间科学政策平台（IPBES）报告中做过评估。

1.3.3 IPCC AR6 的进展和关注重点

2019 年 4 月和 10 月，IPCC AR6 第三工作组分别在英国和印度召开两次工作会议，2020 年将在第一稿评估报告和专家评审意见的基础上编写第二稿报告，正式报告将于 2021 年发布。与 IPCC AR5 相比，IPCC AR6 试图更为紧密地将科学与政策联系在一起，在关注新知识的同时也强调科学不确定性。

首先，报告内容更加综合和聚焦。IPCC AR6 计划将篇幅控制在 1000 页以内，比 IPCC AR5 减少 1/3。其次，报告更加关注跨学科和跨领域的研究成果。例如，IPCC AR6 报告新增第 12 章“跨部门前景”（cross sectoral perspectives），其将为各个行业之间减缓措施的协同或权衡取舍提供新的、更具针对性的科学认识。再次，报告更加注重创新和技术发展。IPCC AR6 第 16 章试图从技术创新和科技发展的重要性入手，对世界各个地区和国家的研发投入、科技成果转化的能力和面临的主要挑战、决策者决策促进可持续发展等进行系统评估。最后，报告更加关注减缓气候变化与推动落实可持续发展目标之间的关系。IPCC AR6 在框架性问题、各部门的评估以及国际合作等各章节都强调减缓气候变化与可持续发展的联系，并在最后新增第 17 章专门讨论可持续发展背景下的加速转型。

此外，IPCC AR6 还有一些新的关注点，如首次新增第 5 章讨论“需求、服务和减缓的社会问题”，从消费者的不同视角评估减排潜力和相关社会问题；增加了第 8 章“城市体系和其他人居”，讨论气候变化对城市等人居的影响以及城市在减缓、适应气候变化上面临的特殊机遇与挑战；将富有争议的地球工程（geoengineering）问题，根据不同的具体技术特点，分散到能源、工业、跨部门前景和国际合作等相关章节具体讨论。

2020 年初，新冠肺炎疫情暴发并迅速蔓延全球。为防控疫情，各国不同程度地采取“封城”“封国”的措施，使经济活动大幅度下降，引发世界金融动荡和国际油价暴跌，对世界经济和国际秩序造成严重冲击。与此同时，各国为对冲疫情对经济的不利影响，在防控疫情的同时积极复工复产，纷纷推出经济复苏和刺激计划。IPCC AR6 还将补充评估新冠肺炎疫情对全球应对气候变化的多方面的影响，促进各国在应对危机的同时抓住绿色转型的机遇（Hanna et al.，2020）。

IPCC AR5 针对 2℃温升情景的分析相对比较全面，行业的减排潜力支持了综合评估模型给出的实现 2℃温升的减排途径。而这些分析在 IPCC SR1.5 中显得较弱。IPCC SR1.5 提出了“可行性”的分析框架，但是并没有很好地就可行性分析框架中的关键因素进行分析，主要原因是评估时间过短，同时相关研究也很不充足。IPCC SR1.5 从启动到发布仅有一年半的时间，可能是 IPCC 史上最短的评估报告，导致报告发布后政策制定者对实现 1.5℃温升目标下的转型途径仍然有疑虑。在面临这些问题的状况下，IPCC AR6 承担了要把 1.5℃温升目标下减排途径打通的任务，这也体现了这个系列报告的转型，即从以前报告以实现目标的路径主导，到更加着重于分析实现路径的方式方法和对策。总体来讲，IPCC AR6 重点包括两个问题：一是 2℃和 1.5℃温升目标下的减缓途径是否可行；二是如何采取政策措施实现以上减缓途径并展示政策可行性（姜克隽，2020）。

1.4　关于气候变化减缓的新认知

1.4.1　气候变化与可持续发展

2015 年 9 月，联合国可持续发展峰会通过了《2030 年可持续发展议程》，制定了 17 个可持续发展目标和 169 个子目标，为未来 15 年全球发展指明了方向。与千年发展目标重点关注消除贫困、改善教育、保护妇女儿童权益等人类基本问题不同，可持续发展目标更加强调社会、经济、环境三个维度的协同发展，环境目标的重要性得到了显著提升。在《2030 年可持续发展议程》中，气候行动被列为 17 个可持续发展目标之一（目标 13）；而同年 12 月通过的《巴黎协定》中，气候变化议题又在可持续发展的框架下得到强化（Bertram et al.，2018）。《巴黎协定》的签订意味着国际社会第一次就可持续发展的优先领域达成协议，并制定到 2030 年的可行方案。

《2030 年可持续发展议程》的 17 个可持续发展目标旨在以平衡的方式，构建一个促进社会发展、经济增长和环境保护的议程：如果忽视气候变化和环境等威胁，将很难实现社会经济收益；而促进可持续发展目标之间的协同效应、减轻或消除目标间的权衡对于实现《巴黎协定》的温升控制目标至关重要（Gomez-Echeverri，2018）。从议程目标来看，可持续发展定位于解决全人类的发展问题，而应对气候变化则着力于解决全球生态危机，这两项议程的最终目标仍是实现可持续发展。从全球来看，自《巴黎协定》生效后，各国应对气候变化的行动已经成为实现其他可持续发展目标的关键推动因素（UNCC，2017）。世界资源研究所的一项研究表明，来自全球 162 个国家的国家自主贡献（NDC）文件的气候宗旨、目标、政策及措施都分别对应于17个可持续发展目标，其中共有154项分别对应于169个子目标（Northrop et al.，2016）。

2018年中国的指数得分为70.1分，在全球156个受评国家中排名第54位。总的来看，尽管2016年以来中国的可持续发展目标指数在全球整体排名中呈逐步上升趋势，但生态环境相关指标依然面临严峻挑战（周全等，2019）。具体来看，中国当前已在减少贫困和饥饿、增加就业机会、促进经济增长、投资基础设施建设等方面与可持续发展目标契合的工作上产生了积极的成果，并在健康和福祉、性别平等方面取得了长足的进步。然而，在碳排放减量、污染物控制、收入平等、缩小城乡差距、保护海洋生态系统方面，中国距离实现可持续发展目标仍然有很长的路要走（Lu et al.，2019）。如何将气候变化纳入更为广泛的、旨在实现可持续发展的战略设计，加强政策实施的效果，是中国政府面临的巨大挑战。

1.4.2 减缓气候变化的协同效应

从20世纪90年代开始，协同效应的概念就出现在学术研究和官方文件中，但是直到2001年的IPCC第三次评估报告中才正式将其定义为“减缓温室气体排放的政策所产生的非气候效益”（IPCC，2001）。与IPCC的协同效应的定义相似，经济合作与发展组织（OECD）和欧洲环境署都从应对气候变化的角度出发，将协同效应定义为“减缓温室气体排放政策所产生的其他效益”，包括环境效益、健康效益、能源节约、经济收益等（Bollen et al.，2009；EEA，2017）。日本环境省的协同效应的定义则明确地从发展中国家的角度和立场出发，立足于经济发展，关注“气候变化领域的协同效应可使发展中国家在减少温室气体排放的同时满足其发展目标”（OECC，2008）。2018年，IPCC进一步将协同效应的概念扩大到“针对某一目标的政策或措施对其他目标产生的积极影响，从而增加社会或环境的总收益”（IPCC，2018）。

IPCC AR5指出，为实现2℃温升目标而采取的减缓行动可降低保护空气质量和保障能源安全的成本。减缓行动对保护人类健康、生态系统和自然资源，维持能源系统稳定性等都有显著的协同效应，能源终端部门因减缓行动所带来的协同效应超过其潜在的负面影响；但这些情景中还没有对其他协同效应或其他负面影响给出定量结论（中等信度）（IPCC，2015b；邹骥等，2014）。2018年IPCC发布的《IPCC全球1.5℃温升特别报告》进一步指出，实现控制全球温升在1.5℃的目标对于气候变化和实现其他发展目标都至关重要，减缓措施与可持续发展目标存在多项协同效应和负面影响，并且协同效应的数量大于负面影响的数量；而适应措施对于消除贫困、减少一般不平等以及可持续发展目标的影响预计基本上是积极的（IPCC，2018）。

对协同效应认识的不断深入为应对气候变化提供了新的政策视角。尽管不同机构和学者对于协同效应的定义和描述并不一致，但是都无一例外地强调了两个方面：①协同效应是通过实施一项政策可以达到不止一个目标的双赢或多赢战略，通过一项政策的设计和实施，同时可以为另一项政策提供机遇；②协同效应强调气候变化政策与其他政策所形成的合力。从政策实施的经济性来看，协同效应的考量可以实现部分成本节约，从而有利于在全局形成成本最优的政策措施。因此，协同效应最根本最直观的意义在于全面考量政策实施的效果及成本，对综合成本进行优化，有利于提高政策措施的经济性（Deng et al.，2017；谭琦璐等，2018）。

在所有国家中，气候政策最重要的驱动力不仅来自避免气候变化的长期影响，还包括实现近期的可持续发展目标，其中最为紧迫的就是解决国内空气污染问题（IPCC，2015a）。由于空气污染和气候变化的来源和影响紧密相连，因此，寻求能够减缓气候变化并同时减少空气污染等多重协同效益的政策或行动方案，将使各国能够更好地连接近期可持续发展目标和远期全球减缓气候变化目标，从而采取更有雄心的减排行动。近年来，中国的大气污染治理在重点区域（京津冀地区、长江三角洲地区、珠江三角洲地区）取得了显著的协同效益。以京津冀地区为例，2013~2017 年，$PM_{2.5}$ 年平均浓度下降了 39.6%，北京、天津和河北三地的碳强度则分别下降了 28%、24% 和 15%。另外，以智利、芬兰、挪威为代表的一些国家通过治理短寿命污染物，也取得了显著的环境与气候变化效益（UNEP，2019）。

1.4.3 减缓气候变化途径与排放路径转型

对于减缓气候变化途径的认识也经历了不断深化的过程。最初对减缓途径的认知局限于减排技术和措施，而近年来对减缓途径的认知逐渐上升到发展路径的层面，其内涵不仅包含了排放路径转型，而且包含了如何在发展的层面上看待减缓问题。从直接的理解来看，减缓途径已经扩展到整个经济社会的系统转型，其中包括能源结构低碳化、城镇化和基础设施转型、产业结构调整升级、终端用能方式变革、基于自然的气候变化解决方案、低碳生活方式倡导，以及二氧化碳去除设施等。《2030 年可持续发展议程》的出台，更是在全球范围内将减缓气候变化与可持续发展从认知到应对措施都紧密地结合在一起。

从 IPCC AR5 到《IPCC 全球 1.5℃温升特别报告》，它们分别评估了至 2100 年实现与 2℃温升目标和 1.5℃温升目标相对应的累积排放空间和转型路径，并将总体排放目标与各个主要经济部门的排放潜力、减排成本和目标之间建立了联系，评估了在部门层面实现减排目标的可行性（IPCC，2015a，2018）。由于对煤炭的高度依赖，中国在 2006 年首次超过美国，成为最大的二氧化碳排放国，其排放转型路径对全球减缓气候变化起着十分重要的作用（IEA，2019）。在 2014 年的《中美元首气候变化联合声明》中，中国首次提出明确的排放转型路径：计划 2030 年左右二氧化碳排放达到峰值且将努力早日达峰，并计划到 2030 年非化石能源占一次能源消费比重提高到 20% 左右。

这一时期的研究主要围绕碳排放达峰及其实现条件展开。一些研究表明，如果实施有力的低碳转型措施，中国有可能提前实现二氧化碳排放峰值，达峰时间可提前至 2025 年左右，需要采取的措施包括经济发展绿色转型、产业结构调整升级、低碳技术市场化利用、绿色低碳消费、发展绿色低碳建筑和交通、控制住房总建设规模、限制高耗能产品出口、推行绿色低碳城市化发展等（Jiang et al.，2013；Teng and Jotzo，2014；Green and Stern，2017；中国尽早实现二氧化碳排放峰值的实施路径研究课题组，2017）。同时也有研究认为，如果缺少坚实有力的气候和能源政策，中国的碳排放在 2030 年达峰还面临挑战（Grubb et al.，2015）。还有研究认为，中国碳排放峰值出现的时间与幅度还存在不确定性，很大程度上取决于当前和今后发展方式与政策导向，也取决于未来科技创新和发展方式转变的力度（何建坤，2016）。作为二氧化碳排放达峰的必要条件，煤炭消费达峰问题备受关注（Qi et al.，2016）。

《巴黎协定》的签署极大地推动了中国排放转型路径研究。第一个显著的特点是转型路径研究清晰化，近年来的模拟中常见的情景设定均清晰地对应于《巴黎协定》下的国家自主贡献目标强化和温升控制目标（IEA，2018；中国石油技术经济研究院，2016；戴彦德等，2017；Jiang et al.，2016，2018）。第二个特点是涵盖温室气体范围和部门范围扩大，在近期的研究中，所涵盖的温室气体范围已经从二氧化碳扩展到甲烷、N_2O 等非二氧化碳温室气体；减排路径所涉及的部门也从传统的能源、工业、建筑、交通扩展到农业、林业和其他土地利用，另外还涉及了一些跨部门的研究，如对于消费、新型城镇化发展的研究等。第三个特点是目前关于 2℃尤其是 1.5℃情景的研究还很不充分，并且在主要的结论方面并不一致，还难以为政策制定提供研究支持。1.5℃情景是全球碳预算约束情景，在此情景下需要约束所有的能源与排放部门的碳排放，其核心问题在于从全球总预算到国家 / 部门间如何分配，而目前对于 1.5℃情景下中国的碳预算研究还严重不足。第四个特点是尽管转型成本是政策制定者最为关注的问题，但是目前关于转型成本的研究还严重缺乏（柴麒敏等，2019）。第五个特点是尽管排放路径转型是一个系统性问题，涉及社会与经济的整体的转型，但目前关于排放路径转型的研究却大多聚焦于能源和终端用能部门，还未能与发展路径紧密关联起来。

1.4.4 气候变化研究中的可行性与不确定性

气候变化问题的一个显著特征是其时间空间尺度的超巨大性和超复杂性，这使得不同温升目标下可行性分析成为一个远远超越“是”或“否”的简单答案。IPCC 提出了一个包含了六个维度的可行性评估框架来理解在 1.5℃温升目标下，不同的减缓气候路径所对应的不同条件和可能产生的影响。这六个维度分别是：地球物理可行性、环境 – 生态系统可行性、技术可行性、经济可行性、社会 – 文化可行性、制度可行性。需要注意的是，这六个维度以复杂的方式相互影响（包括系统影响、动态影响和空间影响），并且其相互影响方式因地而异，在不同的维度之间可能存在协同和权衡。另外，是否可以创造有利的政策实施条件也会影响可行性路径选择，也可以放大或减少不同措施间的协同效应（IPCC，2018）。由于地区和国家研究文献不足，此外还存在着诸多认知上的差距，IPCC 并未给出全球性的 1.5℃温升目标的可行性分析结果。

IPCC AR5 中则明确指出，实现全球 2℃温升目标的社会经济成本有限，不会对经济增长产生重大影响；实现不同浓度目标所对应的减缓的经济成本的估算各不相同，不确定性很大，但成本普遍随着减缓力度的加大而增加。但是该评估报告是以模型模拟所支撑的研究为主体，而大多数有可能实现 2℃温升目标的情景模拟中的假设条件都包括：所有国家即刻减排、具有运转良好的全球统一碳价市场机制、关键技术均可得可用。这与大多数国家尤其是发展中国家的实际情况相差甚远，因此，这一结论并不适用于所有国家。

气候变化问题的超复杂性所导致的另一个问题是不确定性。首先是科学不确定性，地球系统模式、排放空间、减排路径及减排方案的研究仍然存在不确定性。由于预估未来气候变化的地球系统模式仍然存在不确定性，目前研究中关于温升与累积排放之间的关系也具有较大的不确定性，因而导致不同分配方案下的碳排放空间具有较大的不确定性（滕飞等，2013；王利宁和陈文颖，2015）。其次是技术不确定性，1.5 ℃温升目标和很多 2℃温升目标的实现依赖于 2050 年后负排放术的部署，使得从大气中移除二氧化碳的技术成为未来不可或缺的技术手段。这些技术的有效性尚未得到大规模验证，有些可能会给可持续发展带来大风险。最后，还有发展路径和政策导向的不确定性等，目前全球经济仍处于下行通道，受经济形势和就业等社会因素影响，低碳转型的政策易出现反复。

1.5 本次评估报告的逻辑主线和主要内容

1.5.1 评估目标和逻辑主线

中国气候与生态环境科学评估采用类似 IPCC 的评估方法和工作流程，秉承全面、客观、公开、透明的原则，依据科学、技术、社会经济有关信息开展科学评估。自 2012 年发布第二次科学评估报告以来，国内外学者围绕中国减缓气候变化相关问题开展了大量研究工作，科学文献大量涌现，为本次评估报告提供了很好的基础。本次评估报告是第三次有关中国气候和生态环境演变的科学评估，包括三卷以及综合报告，本卷侧重减缓。

本次评估的目标是在第二次评估报告以来，在全球气候治理和中国社会经济发展的新形势下，客观、平衡评估中国减缓气候变化领域的研究进展和政策含义，为推动中国应对气候变化提供科学信息咨询和政策支撑。评估的逻辑主线包括：明确中国温室气体排放的趋势和驱动力，评估全球 2℃和 1.5℃情景下中国可能的碳排放空间、减排技术、成本和转型发展路径，并针对中国能源、工业、建筑、交通、城市、农林及土地利用、可持续消费和低碳生活等具体领域或部门进行具体分析，同时评估减缓相关低碳发展政策，以及国际气候治理及中国发挥的作用，进一步强调在可持续发展框架下综合应对气候变化的战略。

本次评估与 IPCC AR6 同步，力求突出与 2℃和 1.5℃情景的关联，目前国际气候变化领域的研究已经给出了全球 2℃和 1.5℃情景下的减缓措施和政策需求，中国要积极促进本国研究与国际标准和研究范式的对接，逐步走出现在的研究思路，形成更国际化、更具可比性的研究成果，推动中国在减缓气候变化领域的研究方式向世界主流研究方式的转变，能够清晰、准确地表达中国在全球减缓行动中的任务和作为，从而为实现全球 2℃和 1.5℃温升目标贡献中国智慧和中国方案。

1.5.2 评估报告的主要内容

本卷大致分为四部分，共设置了 13 章，力求全面、系统、客观、平衡地反映中国在减缓气候变化领域的研究进展和政策含义。

第一部分开篇，包括第 1 章“总论”，总结回顾第二次评估报告以来全球气候治理新格局和中国社会经济发展的新形势，概述国内外气候变化科学评估有关减缓的主要结论，基于科学新认知，就气候变化与可持续发展、减缓气候变化的协同效应、减缓气候变化途径与排放路径转型、气候变化研究中的可行性与不确定性等问题为评估提供分析框架，并明确评估报告的逻辑主线和主要内容。

第二部分包括第2章和第3章，侧重排放路径的总体评估。第2章“温室气体排放的趋势和驱动力”，从历史视角，在全球和主要国家层面，采用多指标比较评估2012~2019年温室气体年排放量和累积排放量，重点评估中国温室气体年排放量的时空变化、主要排放源类型及地区分布，多维度剖析排放的趋势及其驱动力。

第3章“排放情景和路径转型”，面向未来，评估全球和中国在2℃和1.5℃情景下的碳排放空间，重点分析了全国、各省及其行业的温室气体排放情景，减排成本及经济影响，转型路径及减排途径与SDGs的关联。

第三部分包括第4~第10章，侧重主要领域和部门的具体评估。其中，第4章“能源”，能源供应部门是全球最大的温室气体排放源，能源是减缓气候变化的重点部门。能源系统转型面临技术、经济、社会接受度等多方面的障碍和挑战。评估重点是揭示能源部门的排放现状和趋势，减排政策和存在的障碍，在全球2℃和1.5℃情景下的减排潜力、减排成本及其政策含义等。

第5章“城市”，城市是人口和人类活动聚集的地区，城市碳排放占全球总排放的70%以上。相比其他国家，中国大规模的快速城市化进程具有独特性，对碳排放和生态环境具有重要影响。评估重点是中国城市的排放现状和趋势，城市形态、空间规划及基础设施与减缓的关系，在全球2℃和1.5℃情景下城市减缓气候变化影响的技术和潜力、体制机制与政策、城市减缓的协同效应等。

第6章“工业”，中国工业部门是主要耗能温室气体排放大户，工业低碳转型任务繁重。评估重点是勾画在全球2℃和1.5℃情景下中国工业低碳转型路径，评估产业结构调整和需求减量、高耗能行业的工艺革新与技术进步以及工业能源结构调整等措施的减排潜力、减排成本和政策含义。

第7章“交通”，人类交往活动日益频繁使得交通部门温室气体快速增长，交通部门减排面临巨大挑战。评估重点是明确交通部门排放的现状和趋势，勾画全球2℃和1.5℃情景下中国交通低碳发展转型路径，综合评估管理性转型和消费性提升等措施的减排潜力、减排成本和政策含义。

第8章“建筑”，伴随中国快速城镇化进程，居住和商业活动的需求使得建筑部门温室气体排放快速增长，建筑部门减排面临巨大挑战。评估重点是明确建筑部门排放的现状和趋势，比较中外建筑能耗和排放，勾画在全球2℃和1.5℃情景下中国建筑低碳转型路径，综合评估城市规划、建筑低碳技术创新和应用等措施的减排潜力、减排成本和政策含义。

第9章“农业、林业和其他土地利用（AFOLU）”，农林部门和土地利用的变化一方面排放温室气体，另一方面也是重要的碳汇。评估重点是明确AFOLU的生产与消费现状，综合评估各种减排和固碳措施的潜力、成本、协同效应及相关政策。评估在全球2℃和1.5℃情景中包含大量负排放技术应用的条件下，中国农林部门的可能贡献和挑战等。

第10章“可持续消费与低碳生活”，从消费侧视角，分析气候变化和减缓措施在可持续消费和低碳生活中的作用，以及影响可持续消费和低碳生活的因素，通过案例研究和对比分析总结了国内外的经验和最佳实践。

第三部分侧重政策评估。第11章“低碳发展的政策选择”，聚焦国内政策，回顾总结了2012~2020年我国低碳政策的应用与成效，从市场减排机制、低碳产业政策、城市低碳政策、部门减排政策等角度评估政策的选择和政策的协同效应。

第12章“全球气候治理与中国的作用”，聚焦国际合作，从中国对《联合国气候变化框架公约》进程的推动、对国际科学评估的贡献、在《联合国气候变化框架公约》外多边进程中的作用以及“一带一路”和南南合作的角度，评估中国参与国际气候治理并发挥的重要作用，并对后巴黎进程中气候治理进行展望。

第四部分总结，包括第13章“应对气候变化与可持续发展”。概括总结全卷的关键要点，综合评估应对气候变化与可持续发展的关系，适应和减缓行动与可持续发展的关系与协同，强调在可持续发展框架下应对气候变化的路径和政策选择。

在评估中存在一些交叉性问题，如第1章强调的可持续发展、协同效应等理念和分析框架能否在后续章节具体落实，第3章宏观情景分析与各部门的减排潜力之间如何对接，地球工程包含的太阳辐射管理（SRM）和CDR等新兴或未来技术如何在不同章节有所体现等，需要章节之间的协调。

知识窗

不确定性的表述方法

本卷在写作过程中将沿用IPCC在2010年7月发布的《IPCC第五次评估报告主要作者关于采用一致方法处理不确定性的指导说明》中的相关处理方法。简单而言，本卷作者团队将基于对基础科学认识的评估，以两种衡量标准来表述重要发现的确定性程度，一是根据证据的类型、数量、质量、一致性（如对机理认识、理论、数据、模式、专家判断），以及达成一致的程度，对某项发现有效性的信度，以定性方式表示；二是对某项发现的不确定性进行量化衡量，用概率表示（基于对观测资料或模式结果的统计分析或专家判断）。

我们将使用下列术语评估某一发现的有效性：证据的类型、数量、质量表述为“有限”、“中等”或“确凿”，达成一致的程度表述为“低”、“中等”或“高”，使用不同的限定词表示信度水平：“低”、“中等”和“高”。信度综合了作者团队对于结果有效性的判断，通过评价证据和一致性而确定。一般情况下，当具有多条独立的高一致性、高质量证据时，证据最为确凿，如图1-1所示。但需要说明的是，对于某个给定的证据和一致性陈述赋予的信度水平可能具有灵活性，如信度“低”的结果在主要关注的领域内被提出，并且作者团队将审慎地解释提出这些结论的理由。

	证据（类型、数量、质量）→		
一致性水平↑	一致性高 证据有限	一致性高 证据中等	一致性高 证据确凿
	一致性中等 证据有限	一致性中等 证据中等	一致性中等 证据确凿
	一致性低 证据有限	一致性低 证据中等	一致性低 证据确凿

信度等级↑

图 1-1　证据和一致性说明及其信度的关系

通过“可能性”量化不确定性的方法主要用于表示某一时间或结果发生概率的估值。“可能性”的大小是基于当前证据的统计分析，见表 1-1，采用“可能”描述某一结果出现的可能性时，意味着该结果的出现概率区间是 66%~100%，这同时也表明所有其他结果是“不可能”的。根据一定的标准，通过使用经校准的不确定性语言阐述关于某一变量（如某一测量的、模拟的或推导的量或其变化）的特征。当证据十分充分时，作者团队也会明确给出某一结果出现的概率值，而不再使用可能性术语。

表 1-1　可能性范围

术语	结果的可能性
几乎确定	99%~100% 的概率
很可能	90%~100% 的概率
可能	66%~100% 的概率
或许可能	33%~66% 的概率
不可能	0%~33% 的概率
很不可能	0%~10% 的概率
几乎不可能	0%~1% 的概率

■ 参考文献

薄燕，高翔 . 2017. 中国与全球气候治理机制的变迁 . 上海：上海人民出版社 .
蔡昉 . 2016. 从中国经济发展大历史和大逻辑认识新常态 . 数量经济技术经济研究，33（8）：3-12.
柴麒敏，傅莎，温新元，等 . 2019. 中国实施 2030 年应对气候变化国家自主贡献的资金需求研究 . 中国人口 · 资源与环境，29（4）：1-9.
陈吉宁 . 2015. 为建设美丽中国筑牢环境基石 . 求是，（14）：54-56.
戴彦德，田智宇，杨宏伟，等 . 2017. 重塑能源：中国面向 2050 年能源消费和生产革命路线图 . 北京：

中国科学技术出版社 .
董亮，张海滨 . 2016. 2030 年可持续发展议程对全球及中国环境治理的影响 . 中国人口 · 资源与环境，26（1）：8-15.
杜祥琬 . 2016. 应对气候变化进入历史性新阶段 . 气候变化研究进展，12（2）：79-82.
付随鑫 . 2017. 美国的逆全球化、民粹主义运动及民族主义的复兴 . 国际关系研究，（5）：34-46.
傅莎，柴麒敏，徐华清 . 2017. 美国宣布退出《巴黎协定》后全球气候减缓、资金和治理差距分析 . 气候变化研究进展，13（5）：415-427.
高翔，滕飞 . 2016.《巴黎协定》与全球气候治理体系的变迁 . 中国能源，（2）：29-32，19.
龚刚 . 2016. 论新常态下的供给侧改革 . 南开学报（哲学社会科学版），（2）：13-20.
国家应对气候变化战略研究和国际合作中心 . 2018. 新常态下我国碳排放达峰形势分析 . http://www.ncsc.org.cn/yjcg/zlyj/201801/P020180920508766067159.pdf. [2020-04-25].
国务院发展研究中心 . 2015. 当前我国产能过剩的特征、风险及对策研究——基于实地调研及微观数据的分析 . 管理世界，（4）：1-10.
何建坤 . 2016.《巴黎协定》新机制及其影响 . 世界环境，（1）：16-18.
何建坤 . 2017. 全球气候治理形势与我国低碳发展对策 . 中国地质大学学报（社会科学版），17（5）：1-9.
何建坤 . 2019. 全球气候治理变革与我国气候治理制度建设 . 中国机构改革与管理，82（2）：39-41.
贺力平 . 2018. 从制度层面推进供给侧结构性改革 . 国际金融研究，380（12）：3-9.
贺强，王汀汀 . 2016. 供给侧结构性改革的内涵与政策建议 . 价格理论与实践，（12）：13-16.
洪银兴 . 2016. 准确认识供给侧结构性改革的目标和任务 . 中国工业经济，（6）：14-21.
姜克隽 . 2020. IPCC 第三工作组第六次评估报告：全球减缓走向何方 . 气候变化研究进展，16（2）：251-252.
金碚 . 2015. 中国经济发展新常态研究 . 中国工业经济，（1）：5-18.
李稻葵，胡思佳，石锦建 . 2017. 经济全球化逆流：挑战与应对 . 经济学动态，（4）：111-121.
李建民 . 2015. 中国的人口新常态与经济新常态 . 人口研究，39（1）：3-13.
刘明礼 . 2017. 西方国家“反全球化”现象透析 . 现代国际关系，（1）：32-37，44.
刘伟 . 2016. 经济新常态与供给侧结构性改革 . 管理世界，（7）：1-9.
刘伟，苏剑 . 2014.“新常态”下的中国宏观调控 . 经济科学，（4）：5-13.
刘元玲 . 2018. 新形势下的全球气候治理与中国的角色 . 当代世界，（4）：50-53.
彭斯震，孙新章 . 2015. 后 2015 时期的全球可持续发展治理与中国参与战略 . 中国人口 · 资源与环境，25（7）：1-5.
齐晔 . 2018. 能源革命北京下各国低碳转型加速 . 电力设备管理，27（12）：92-94.
齐晔，董文娟，郭元方，等 . 2019. 政策性银行“一带一路”绿色投融资标准和规范研究 . http://coalcap.nrdc.cn/datum/info?id=99&type=1. [2020-04-25].
苏鑫，滕飞 . 2019. 美国退出《巴黎协定》对全球温室气体排放的影响 . 气候变化研究进展，15（1）：74-83.
谭琦璐，温宗国，杨宏伟 . 2018. 控制温室气体和大气污染物的协同效应研究评述及建议 . 环境保护，46（24）：53-59.

滕飞，何建坤，高云，等 . 2013. 2℃温升目标下排放空间及路径的不确定性分析 . 气候变化研究进展，9（6）：414-420.

王利宁，陈文颖 . 2015. 全球 2℃温升目标下各国碳配额的不确定性分析 . 中国人口 · 资源与环境，25（6）：30-36.

王文涛，滕飞，朱松丽，等 . 2018. 中国应对全球气候治理的绿色发展战略新思考 . 中国人口 · 资源与环境，28（7）：1-6.

张可云 . 2018. 新时代的中国区域经济新常态与区域协调发展 . 国家行政学院学报，（3）：102-108.

张希良，齐晔 . 2017. 中国低碳发展报告（2017）. 北京：社会科学文献出版社 .

中国尽早实现二氧化碳排放峰值的实施路径研究课题组 . 2017. 中国碳排放：尽早达峰 . 北京：中国经济出版社 .

中国石油经济技术研究院 . 2016. 2050 年世界与中国能源展望 . 国际石油经济，（8）：109.

周全，董战峰，吴语晗，等 . 2019. 中国实现 2030 年可持续发展目标进程分析与对策 . 中国环境管理，11（1）：23-28.

朱松丽 . 2019. 从巴黎到卡托维兹：全球气候治理中的统一和分裂 . 气候变化研究进展，15（2）：206-211.

朱松丽，高世宪，崔成 . 2017. 美国气候变化政策演变及原因和影响分析 . 中国能源，39（10）：19-24，31.

朱松丽，高翔 . 2017. 从哥本哈根到巴黎：国际气候制度的变迁和发展 . 北京：清华大学出版社 .

庄贵阳，薄凡，张靖 . 2018. 中国在全球气候治理中的角色定位与战略选择 . 世界经济与政治，（4）：4-27.

邹骥，滕飞，傅莎 . 2014. 减缓气候变化社会经济评价研究的最新进展——对 IPCC 第五次评估报告第三工作组报告的评述 . 气候变化研究进展，10（5）：313-322.

Bertram C，Luderer G，Popp A，et al. 2018. Targeted policies can compensate most of the increased sustainability risks in 1.5℃ mitigation scenarios. Environmental Research Letters，13：064038.

Bollen J，Guay B，Jamet S，et al. 2009. Co-Benefits of Climate Change Mitigation Policies：Literature Review and New Results. Paris: OECD Publishing.

Deng H M，Liang Q M，Liu L J，et al. 2017. Co-benefits of greenhouse gas mitigation：A review and classification by type，mitigation sector，and geography. Environmental Research Letters，12（12）：123001.

EEA（European Environment Agency）. 2017. What Actions Can Be Taken to Reduce Greenhouse Gas Emissions. http://www.eea.europa.eu/themes/climate/faq/what-actions-can-be-taken-to-reduce-greenhouse-gas-emissions. [2020-03-24].

European Commission. 2018. A Clean Planet for All—A European Strategic Long-Term Vision for a Prosperous，Modern，Competitive and Climate Neutral Economy. https://ec.europa.eu/knowledge4policy/publication/depth-analysis-support-com2018-773-clean-planet-all-european-strategic-long-term-vision_en. [2020-05-31].

Gomez-Echeverri L. 2018. Climate and development: Enhancing impact through stronger linkages in the implementation of the Paris Agreement and the Sustainable Development Goals (SDGs). Philosophical

Transactions of the Royal Society, 376 (2119): 20160444.

Green F, Stern N. 2017. China's changing economy: Implications for its carbon dioxide emissions. Climate Policy, 17 (1-4): 423-442.

Grubb M, Sha F, Spencer T, et al. 2015. A review of Chinese CO_2 emission projections to 2030: The role of economic structure and policy. Climate Policy, 15 (S1): S7-S39.

Hanna R, Xu Y, Victor D. 2020. After COVID-19, Green Investment Must Deliver Jobs to Get Political Traction. https://www.nature.com/articles/d41586-020-01682-1.[2020-06-15].

Health Effects Institute. 2019. State of Global Air 2019. www.stateofglobalair.org. [2019-03-24].

IEA . 2018. World Energy Outlook 2018. Paris: International Energy Agency.

IEA . 2019. CO_2 Emissions from Fuel Combustion 2019. Paris: International Energy Agency.

IEA. 2020. Global Energy Review 2020: The Impacts of the COVID-19 Crisis on Global Energy Demand and CO_2 Emissions. Paris: International Energy Agency.

IPCC. 2001. Climate Change 2001-Mitigation: Contribution of Working Group III to the Third Assessment Report of the Intergovernmental Panel on Climate Change. Cambridge: Cambridge University Press.

IPCC. 2015a. Climate Change 2014: Synthesis Report. Contribution of Working Groups I, II and III to the Fifth Assessment Report of the Intergovernmental Panel on Climate Change. Cambridge: Cambridge University Press.

IPCC. 2015b. Climate Change 2014: Mitigation of Climate Change. Contribution of Working Group III to the Fifth Assessment Report of the Intergovernmental Panel on Climate Change. Cambridge: Cambridge University Press.

IPCC. 2018. Global Warming of 1.5℃: An IPCC Special Report on the Impacts of Global Warming of 1.5℃ Above Pre-industrial Levels and Related Global Greenhouse Gas Emission Pathways, in the Context of Strengthening the Global Response to the Threat of Climate Change, Sustainable Development, and Efforts to Eradicate Poverty. Cambridge: Cambridge University Press.

Jacquet J, Jamieson D. 2016. Soft but significant power in the Paris Agreement. Nature Climate Change, 6 (7): 643-646.

Jiang K J, He C, Dai H, et al. 2018. Emission scenario analysis for China under the global 1.5℃ target. Carbon Management, 9 (5): 1-11.

Jiang K J, Zhuang X, He C M, et al. 2016. China's low-carbon investment pathway under the 2℃ scenario. Advances in Climate Change Research, 7 (4): 229-234.

Jiang K, Zhuang X, Miao R, et al. 2013. China's role in attaining the global 2 degrees C target. Climate Policy, 13 (sup1): 55-69.

Liu Z, Deng Z, Ciais P, et al. 2020. COVID-19 causes record decline in global CO_2 emissions. ArXiv, 2004: 13614.

Lu Y, Zhang Y, Cao X, et al. 2019. Forty years of reform and opening up: China's progress toward a sustainable path. Science Advances, 5 (8): eaau9413.

Nam K M, Waugh C J, Paltsev S, et al. 2013. Carbon co-benefits of tighter SO_2 and NO_x regulations in China. Global Environmental Change, 23 (6): 1648-1661.

Northrop E，Biru H，Lima S，et al. 2016. Examining the Alignment Between the Intended Nationally Determined Contributions and Sustainable Development Goals（Working Paper）. Washington DC：World Resources Institute.

OECC. 2008. Co-Benefits Approach to Climate Change and CDM in Developing Countries. Tokyo：Overseas Environmental Cooperation Center.

Otavio C. 2018. From political to climate crisis. Nature Climate Change，8（8）：663-664.

Qi Y，Stern N，Wu T，et al. 2016. China's post-coal growth. Nature Geoscience，9：564-566.

Sanderson B M，Knutti R. 2017. Delays in US mitigation could rule out Paris targets. Nature Climate Change，7（2）：92-94.

Teng F，Jotzo F. 2014. Reaping the economic benefits of decarbonization for China. China & World Economy，22（5）：37-54.

UN（United Nations）. 2019. In Face of Worsening Climate Crisis，United Nations Summit Delivers New Pathways，Practical Actions to Shift Global Response into Higher Gear. https://www.un.org/press/en/2019/envdev1995.doc.htm. [2020-03-24].

UNCC（United Nations Climate Change）. 2017. Climate Action Plays Central Role in Achieving the Sustainable Development Goals. https://unfccc.int/news/climate-action-plays-central-role-in-achieving-the-sustainable-development-goals. [2020-03-24].

UNEP（United Nations Environment Programme）. 2019. Synergizing Action on the Environment and Climate：Good Practice in China and Around the Globe. https://www.unep.org/news-and-stories/story/policies-tackle-climate-and-air-pollution-same-time-can-raise-global-climate. [2020-03-22].

UN（United Nations）. 2020. Parallel Threats of COVID-19，Climate Change，Require 'Brave，Visionary and Collaborative Leadership'：UN Chief. https://news.un.org/en/story/2020/04/1062752 . [2020-05-31].

Yang J，Li X，Peng W，et al. 2018. Climate，air quality and human health benefits of various solar photovoltaic deployment scenarios in China in 2030. Environmental Research Letters，13（6）：064002.

Yang X，Teng F. 2018. Air quality benefit of China's mitigation target to peak its emission by 2030. Climate Policy，18（1）：99-110.

第2章 温室气体排放的趋势和驱动力

主要作者协调人：谭显春、代春艳
编　　　审：朱松丽
主　要　作　者：戴瀚程、刘　竹、顾佰和、常世彦

执行摘要

1970~2018年，全球碳排放的大趋势是平稳增加。21世纪以来，全球碳排放的增长速率开始明显提高。2008~2018年，碳排放的增长速率开始平稳下降。中国及各省份二氧化碳年排放总量2000年快速增长，2011年开始缓慢增长，“东高西低”“南稳北增”，呈现出明显的空间异质性。二氧化碳人均排放量2000年快速增长，2006年超过了全球平均水平；2012年开始，逐渐稳定甚至呈波动下降的趋势，2017年达到7.72t/人（高信度）。各部门碳排放2011年增速开始放缓，到2015年，除建筑和交通部门外，其他所有部门的碳排放都有所下降；2016年发电、其他工业、建筑、交通部门的碳排放进一步下降；2017年各部门碳排放重新上升，发电部门的碳排放占比稳步增加，近年来稳定在41%左右（高信度）；其他工业部门自2010年以来碳排放占比持续下降；除2016年外，交通和建筑部门碳排放2010年以来整体呈上升趋势，预计这种上升趋势还将持续。中国非二氧化碳温室气体排放中，能源活动是甲烷（CH_4）排放的主要来源，占总排放量的46%（高信度）；垃圾填埋场产生的CH_4排放也是CH_4排放的主要排放源，占总排放量的12%（高信度）。

进入21世纪以来，经济发展仍然是影响全球和中国碳排放的首要驱动力（高信度）。在中国，工业化和城镇化发展所带来的碳排放增长尤其显著（高信度）。而伴随着产业结构、能源结构升级和新技术开发应用的进一步推进，结构转型和技术进步的减排作用已经较为突出，我国实行各类气候与非气候政策的直接效果

和协同效益也较为显著（高信度）。虽然技术进步可能由于促进了高碳强度产业的发展而使得部分地区的排放量增加；但对于大多数地区而言，技术进步带来的能效提高和排放因子的降低仍然是排放量下降的主导因素，中国的减排工作体现出成效与挑战并存的局面（高信度）。涉及能源和相关部门的气候与非气候政策在降低排放强度和排放量方面一直发挥着重要的作用，特别是严格的空气污染治理政策，极大地促进了区域能源利用的清洁低碳转型，从而在一定程度上减缓了二氧化碳排放（高信度）。此外，空间差异和空间效应、长寿命化石能源设施投资以及消费模式和生活方式等因素，也逐渐成为新的重要驱动力，需要引起更多的政策关注（高信度）。

减缓温室气体行动，以零排放的可再生能源或者其他清洁的能源替代传统化石能源的使用，会提高清洁能源的供应，从效果上来讲，也会同时减缓 SO_2、NO_x 等常规污染物排放，从而改善空气质量（高信度）。中国的气候行动与实现可持续发展目标具有显著协同效益，温室气体减排行动与政策为清洁能源供应、城市可持续发展、消除贫困等提供了新的思路和方法（高信度）。同时，可持续发展定位于解决全人类的发展问题，其 17 个目标旨在以平衡的方式，构建一个促进社会发展、经济增长和环境保护的议程。如何将应对气候变化纳入更为广泛的、旨在实现更加可持续的发展道路的战略设计，加强政策实施的效果，是一个值得思考的问题。

2.1　引　　言

人类活动造成的二氧化碳排放（特别是化石能源燃烧和工业生产过程的排放）是推动目前全球持续变暖的主要原因，同时也是目前学界研究和国际机构核算的重点。准确可靠的能源活动的二氧化碳排放数据是减排政策和目标制定的基准，对碳排放和减排的相关研究和政策制定至关重要（IPCC，2018，2014；刘竹等，2018；Liu，2016a；Liu Z et al.，2016）。本章将厘清全球主要国家、中国及其区域和部门的温室气体排放总量、排放结构、排放趋势和排放的驱动力。

本章讨论的温室气体排放总量包括化石燃料燃烧和工业过程产生的二氧化碳排放，农业、林业和其他土地利用（AFOLU）产生的二氧化碳、CH_4、N_2O 排放。温室气体的不确定度估计范围从相对较低的化石燃料二氧化碳（±8%），到 CH_4 和氟气体的中间值（±20%），再到较高的 N_2O 值（±60%）及来自林业和其他行业土地利用的二氧化碳（50%）。根据 IPCC AR5，使用示例性估算来估算整体温室气体排放的不确定性，约为 10%（IPCC，2014）。2012 年的评估报告只是在情景设置时，分别对经济情景、人口情景、能源情景、排放情景、技术政策进行了简要回顾和评价。本次评估将温室气体排放趋势和驱动力独立成章，将比 2012 年评估报告更系统地分析温室气体排放趋势与驱动力，同时将重点评估 2012 年之后的最新变化，为第 3 章排放情景设计奠定基础。排放趋势方面，本章重点评估全国年度排放量、累积排放量、排放强度、部门排放变化趋势，以了解全国、特定区域、特定行业排放的新变化，分析是否有成功的政策干预证据，对实现 2℃或者 1.5℃温升目标的影响。同时本章也会对 CH_4、SO_2、NO_x、人为源氨（NH_3）和挥发性有机物（volatile organic compounds，VOCs）排放进行评估。排放驱动力方面，本章从社会（人口增长和人口特征、城市化及城市形态因素）、经济（经济和消费增长、产业结构转型、消费结构升级）、技术（技术进步、能源结构变化）、气候和非气候政策（含协同效益影响）、空间集聚与空间不平等效应、消费行为和生活方式、化石能源设施投资等方面展开评估，并对能源、交通、建筑等主要部门的驱动力做了单独分析评估。

通过评估，本章将回答以下几个问题：①排放的主要驱动力是什么？排放驱动的主体是谁？是什么原因主导驱动力？②目前的核心结论是什么？近十年驱动力和以前有什么区别？主要变化有哪些方面？与 2012 年评估报告及 IPCC AR5 相比，一些没有被提及的次要驱动因素，如城市化、非气候政策、技术突破等将得到重视。

目前，中国碳排放数据库（CEADs）、全球大气研究排放数据库（EDGAR）、美国能源部二氧化碳信息分析中心（CDIAC）、国际能源署（IEA）和美国能源信息署（EIA）、全球碳项目（GCP）等排放数据库对世界各国开展基于领土排放量的温室气体排放量核算。EDGAR 在行业和气体方面提供了较全面的全球数据集（Andrew and Peters，2019）；IEA 提供了包括基于部门法和参考法两套核算方法的二氧化碳排放值；GCP 核算了基于生产端和消费端的二氧化碳排放。但由于数据来源、统计口径、排放因子和核算范围的不同，各研究机构核算结果有所差异。除此之外，根据《联合国气候变化框架公约》的要求，联合国每年会接收由各缔约国编制的国家温室气体排放清单。

本章的全球主要国家排放趋势和特征部分主要使用 EDGAR，并参照了 IEA、GCP 等机构的核算值，对有关温室气体排放趋势和驱动因素的文献进行了一致的评估。在中国全国及区域碳排放量核算的研究中，由于数据来源、统计口径、排放因子和核算范围的不同，不同碳排放数据库的核算结果存在较大差异，使得中国的碳排放量在不同程度上被高估或低估。本次评估根据国家统计局出版的《中国能源统计年鉴》公布的逐年的国家级和省级的能源平衡表进行核算，并与 EDGAR、CEADs、CDIAC、IEA、EIA、GCP 做比对，进行综合性评估。在部门排放部分，2016 年以前的数据，我们使用了 EDGAR 的数据，2017 年的数据引用了 IEA 的数据。AFOLU 的二氧化碳排放量未见报道，FOLU 的二氧化碳排放量来自 Houghton 和 Nassikas（2017）与 Hansis 等（2015）发表的两个簿记模型。

本章包括三部分内容，第一部分是排放趋势分析，主要评估分析全球、中国、区域及部门温室气体和污染物排放趋势和特征。第二部分是驱动力分析，识别全国、各省市、部门碳排放、大气污染物排放的关键驱动因子，并分别比较区域和部门差异。第三部分是温室气体减排与可持续发展目标。

2.2 排放趋势

2.2.1 全球及主要国家排放

1. 基于领土排放核算的年度特征和累积趋势

针对本国拥有行政管辖权的国家领土和近海区域内产生的温室气体的排放量进行核算的方法，称为基于领土的排放量核算方法（Kennedy et al.，2010）。这种排放量核算方法主要关注本国生产活动造成的温室气体排放，有效地反映了本国的生产活动水平和排放强度。

20 世纪 50 年代起，二氧化碳排放量开始进入快速增长时期，每十年的年平均二氧化碳排放量不断增加。60 年代，全球二氧化碳年均排放量权为 113.67 亿 ±0.73 亿 t，其中 3/4 的排放来自欧洲和北美地区。到 2008~2017 年，全球二氧化碳年均排放量翻了三倍，二氧化碳年均排放量增长至 344.67 亿 ±1.83 亿 t，而且排放主要集中在东亚和南亚地区（Ciais et al.，2019）。与此同时，二氧化碳排放量的增长速率曾有所放缓，年均增长率由 60 年代的 4.5% 逐步下降至 90 年代的 1.0%（Le Quéré et al.，2018）。进入 21 世纪以来，中国和印度等发展中国家的经济快速发展推动了能源消费的快速增长，全球二氧化碳排放的增长速率开始加快（图 2-1）。2000~2010 年二氧化碳排放量年均增长率上升至 3.2%。从 2008 年开始，二氧化碳排放量增长速率开始逐年下降至平均每年 1.5%（截至 2017 年），甚至在 2014~2016 年经历了三年无增长或低增长时期（2015 年和 2016 年分别仅为 0 和 0.4%）。受全球能源需求增长的影响，2017 年和 2018

年全球二氧化碳排放量分别增加了 1.3% 和 1.7%。然而，经历了 2017~2019 年的缓慢增长后，2019 年底暴发的新冠肺炎疫情对全球能源需求造成了巨大冲击。各国为遏制疫情的进一步扩散，陆续采取停工停产等“封城”措施，大大降低了能源、工业、交通等部门的能源需求。据估计，受新冠肺炎疫情和各国“封城”措施影响，2020 年前 4 个月相比 2019 年同期的全球二氧化碳减排量超过 8%，造成了第二次世界大战结束以来最大的二氧化碳减排量（Liu et al.，2020；Le Quéré，2020）。

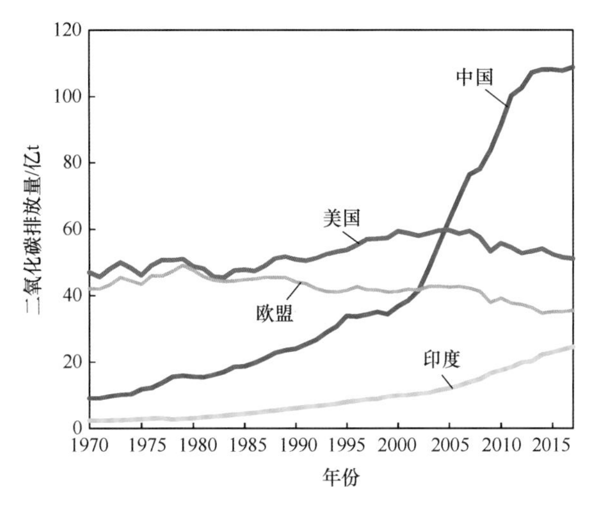

图 2-1　1970~2017 年主要国家和组织二氧化碳排放量（化石能源燃烧和工业生产过程排放）（Muntean et al.，2018）

美国曾是全球年二氧化碳排放量最大的国家。根据 EDGAR 数据，1970~2018 年美国的累积碳排放量高达 2563 亿 t CO_2，相比中国同一时期的累积碳排放量高 20%；根据 CDIAC 和 GCP 数据，自工业革命以来，美国的累积碳排放量高达 3970 亿 t，约是中国累积碳排放量的 2 倍。作为累积碳排放量最大的国家，美国是造成全球温室气体浓度上升的主要责任国之一，在碳减排和减缓全球变暖方面有着更大的责任。尽管进入 21 世纪，美国的碳排放量相对稳定甚至呈波动下降的趋势，同时以中国和印度为代表的发展中国家的排放增长更快，美国的碳排放量从 1950 年占全球总量的 42.46% 减少到 2008 年的 17.62%。虽然天然气替代煤炭和可再生能源发电厂导致的发电煤耗减少（BP，2018），美国在 2015 年和 2016 年的二氧化碳排放总量分别减少了约 3.1% 和 1.9%，但是美国的人均二氧化碳排放量一直远高于其他地区的人均二氧化碳排放量（Apergis and Payne，2017）。目前，美国仍是世界上第二大的二氧化碳排放国。欧洲各国中，德国、英国、意大利、法国和西班牙位于全球碳排放总量的前 20 位，欧盟也是世界上第三大碳排放体。英国最早开启工业化进程，也是最早的煤炭采用国之一，在工业革命初期曾是全球碳排放量最大的国家。然而，随着煤炭消费比例在一次能源消费中占比逐渐降低，英国的碳排放总量逐年下降。根据 EDGAR 的数据，2017 年英国包括化石能源燃烧和工业过程排放在内的碳排放总量已跌至全球第 20 位，其他欧盟国家的碳排放量也总体呈下降趋势。受全球金融危机的冲击，工业活动大量减少，

2008~2013 年欧盟各国碳排放量急剧下降，2014~2018 年，欧盟的碳排放量略有上升（Muntean et al.，2018）。2019 年由于可再生能源的增加和煤改气，欧盟各国碳排放量继续下降，其中与能源相关的碳排放为 29 亿 t，比 2018 年减少 1.6 亿 t，降幅为 5%。电力行业排放量减少了 1.2 亿 t，降幅为 12%（IEA，2019a）。目前欧盟各国的人均二氧化碳排放量仍高于世界平均水平。

在中国全国及区域碳排放量核算的研究中，由于数据来源、统计口径、排放因子和核算范围的不同，不同碳排放数据库的核算结果存在较大差异，使得中国的碳排放量在不同程度上被高估或低估，表 2-1 是中国气候变化国家信息通报与不同数据库（CDIAC、EDGAR、GCP、CEADs、BP、IEA、EIA 等）对中国 2000~2018 年二氧化碳排放的估算。

表 2-1 中国气候变化国家信息通报与不同数据库对中国 2000~2018 年二氧化碳排放的估算

（单位：亿 t）

年份	基于生产端的二氧化碳排放核算											基于消费端的二氧化碳排放核算
	包括能源活动和工业生产过程		包括能源活动和水泥生产过程				仅能源活动					
	国家信息通报	EDGAR	CDIAC	EDGAR	GCP	CEADs	国家信息通报	BP	IEA	EIA	CEADs	GCP
2000		35.7	34.0	33.5	33.5	30.0		33.6	31.0	35.2	28.3	29.6
2001		37.6	34.9	35.3	34.3	32.5		35.3	32.6	36.9	30.6	31.1
2002		40.6	38.5	38.1	37.9	34.7		38.5	35.1	39.6	32.6	33.6
2003		47.0	45.4	44.3	44.6	40.9		45.3	40.7	46.3	38.4	38.2
2004		54.4	52.3	51.5	51.3	46.8		53.4	47.4	53.8	44.0	43.3
2005	63.8	61.5	59.0	58.3	57.8	54.0	56.7	61.0	54.1	61.1	50.9	48.3
2006		68.3	65.3	64.6	63.8	60.1		66.8	59.6	67.4	56.5	51.7
2007		75.1	67.0	70.9	68.7	65.5		72.4	64.7	70.4	61.5	55.7
2008		76.8	75.5	72.3	73.8	67.6		73.8	66.7	75.0	63.5	59.9
2009		82.1	75.6	77.3	77.6	73.3		77.1	71.3	81.9	68.6	66.3
2010	87.0	89.6	87.8	84.7	85.1	79.0	76.2	81.4	78.3	87.8	73.6	72.4
2011		98.5	97.3	93.2	94.0	87.4		88.1	85.7	98.3	81.3	79.5
2012	98.8	100.7	100.3	94.9	96.4	90.8	86.9	89.9	88.2	103.6	84.5	82.0
2013		105.2	102.6	99.0	98.0	95.3		92.4	91.9	108.0	88.3	83.2
2014	102.6	106.1	102.9	99.8	98.3	94.4	89.3	92.2	91.3	107.0	87.1	83.2
2015		105.5	101.4	99.3	97.2	92.7		91.7	91.0	105.1	85.8	83.5
2016		107.0	98.9	100.7	97.1	92.2		91.2	90.6	105.0	85.2	84.7
2017		108.1		101.8	98.5	93.4		92.3	92.6	104.2	86.6	85.5
2018		109.7		103.2	100.7			94.3				

自 2012 年以来根据 CEADs 开展了针对能源消费和水泥生产过程的二氧化碳排

放量核算（Liu et al.，2015；Shan et al.，2018）。与当前多个被广泛引用的国际机构发布的数据相比，CEADs 与国家清单数据库的数据较为一致，而多数国际机构公布的相关数据大多高于国家清单数据（Liu et al.，2015）。例如，《中华人民共和国气候变化第一次两年更新报告》和《中华人民共和国气候变化第二次两年更新报告》分别发布了我国 2012 年和 2014 年的国家温室气体清单。《中华人民共和国气候变化第一次两年更新报告》显示，2012 年中国能源活动（不考虑水泥生产等工业过程）相关的二氧化碳排放量为 86.9 亿 t，CEADs 的估算为 84.5 亿 t，二者相差仅为 2.8%，且在彼此的不确定性范围之内（CEADs 不确定性 –7%，国家报告 –5%）；《中华人民共和国气候变化第二次两年更新报告》显示，2014 年中国能源活动相关的二氧化碳排放量为 89.3 亿 t，CEADs 的估算为 87.1 亿 t，二者相差仅为 2.5%，且在彼此的不确定性范围之内。

中国是最大的发展中国家。在经济快速增长的拉动作用下，2005 年中国超过美国，成为世界上年碳排放量最大的国家。2008 年金融危机之后，中国的生产结构发生了巨大变化（Mi et al.，2017）。近年来，中国经济进入新常态，转向结构稳增长，碳排放总量年平均速率约为 3%。中国的碳排放量增长主要来源于化石能源特别是煤炭的消费以及工业生产过程（Zhang et al.，2017；Liu，2016b；Liu et al.，2012b）。中国是世界上最大的煤炭生产国和消费国，煤炭产量和消费量自 20 世纪 60 年代以来均增长了 10 倍，根据 IEA 数据，2017 年中国的煤炭消费量占全球煤炭消费量的 48%。同时，中国也是世界上最大的水泥生产国，水泥产量约占全球水泥产量的 44%。2012 年，中国的碳排放总量已接近美国与欧洲碳排放总量之和。从体量和增长趋势上看，中国的碳排放将对全球碳排放趋势产生关键影响，因此，中国也是全球开展碳减排和低碳发展的最主要区域（Liu et al.，2013）。但由于发展程度、生产结构及城乡消费模式的差异，中国国内不同区域的排放特征存在着显著不平衡（Wiedenhofer et al.，2016；Guan et al.，2014；Liu et al.，2012c）。

印度作为世界第二大人口国，目前已成为全球第三大二氧化碳排放国，贡献了全球全年二氧化碳排放总量的 7%（Le Quéré et al.，2018）。在 1996 年以来的 20 年间，印度二氧化碳排放以年均约 5% 的增长速度快速增长；2016 年印度二氧化碳排放总量相比 2006 年约翻了一番。印度大力发展电力工业以解决电力短缺的问题，过去 20 年间印度的发电量以超过 6% 的年均增速增长。其中，约七成的电力由火力发电生产，煤炭也成为印度最关键的能源，占能源供应总量的 44%。

2. 基于消费排放量的年度与累积趋势和特征（按区域、部门、温室气体等）

基于消费的排放核算是从“消费者责任”的视角出发，核算由本国消费造成的排放总量。在计算上，基于消费的排放核算等于基于领土的排放量减去出口本土生产产品的排放，加上进口他国生产产品在其生产过程中所产生的排放（Davis and Caldeira，2010）。其中，进口其他国家产品的相关排放称为隐含排放。基于消费的排放核算考虑了隐含排放并加入了区域间贸易的因素，考虑了发达国家的温室气体减排所可能引发的发展中国家排放量增长的“碳泄漏”问题（Peters et al., 2009）。另外，相比基于领土的排放量核算方法，基于消费的排放量核算方法所得的结果能够提供额外的信息，以帮助了解排放的贸易驱动因素，量化各国之间商品贸易造成的排放转移（Lin et al., 2016；Peters et al., 2011），并且反映了全球贸易驱动的地球表面排放运动。基于消费的排放量核算方法可用于制定气候变化的国际政策、协调贸易和气候政策。

研究发现，全球超过两成的二氧化碳排放是由国际贸易造成的，并且主要隐含在中国或其他新兴市场为满足发达国家的消费需求的出口之中（Mi et al., 2018；Liu et al., 2015；Meng et al., 2016；Peters et al., 2012）。在全球贸易中，贸易中隐含碳排放净输出越小的国家，其基于消费端核算的碳排放量越大，也理应承担更多的减排任务（钟章奇等，2018）。例如，瑞士、瑞典、奥地利、英国和法国等西方发达国家，超过三分之一的碳排放隐含在满足本国消费的进口商品之中，这些国家通过全球贸易规避了大量的碳减排责任。

基于消费的排放核算方法已逐渐被学界所接受，在 GCP 发布的《2018 年全球碳预算》报告中，通过一个反映各国家和各部门之间的全球供应链的关系模型，基于全球贸易分析（GTAP）项目的经济和贸易数据与 CDIAC 的水泥排放，核算了 1990~2016 年包括 57 个行业与 141 个国家和地区的基于消费的二氧化碳排放量。其结果表明，2016 年，全球基于消费端的碳排放量绝对贡献最大的依次是中国（25%）、美国（16%）、欧盟（12%）和印度（6%）；而同年基于生产端的碳排放量绝对贡献最大的依次是中国（27%）、美国（15%）、欧盟（10%）和印度（7%）。

虽然基于消费的排放量核算方法与基于领土的排放量核算方法所得到的全球碳排放总量应是相同的，但是各国基于领土和消费排放之间的差异在 1990~2005 年逐渐增加，2005 年之后这一差异保持相对稳定。各国基于消费的排放量与基于领土的排放量的差异实际上是通过国际贸易实现的净排放转移的表征（Chen et al., 2018）。实际上，大多数发达国家的基于消费的排放量的增加速度超过其基于领土的排放量（Peters et al., 2011）。

2.2.2 中国的排放

1. 全国碳排放

中国碳排放总量增长呈现出一定的阶段性：1990~2000 年，中国二氧化碳排放量平稳增长，年均增速为 3.3%；自 2000 年以来呈现快速增长态势，2000~2013 年，年均增速高达 8.6%。而 2013 年之后，碳排放增速明显放缓，2015 年排放总量甚至出现了下降趋势，2016~2018 年二氧化碳排放虽有增加，但年均增速保持在 2% 左右。可以看出，从 2013 年开始中国的二氧化碳排放进入一个高低起伏的平台期。一方面，中国在能源结构调整和技术进步方面的进展有效抑制了碳排放总量的上升，特别是全国煤炭消费总量的控制措施有效地抑制了中国碳排放快速上涨的趋势；另一方面，中国 GDP 比重中的第三产业比重增加也促进了中国碳排放强度的相对下降。

受 2020 年新冠肺炎疫情的影响，中国能源消费量和二氧化碳排放强度在 2020 年前 4 个月均有下降，据此估计的中国碳排放总量在同期约有 8% 的下降，预计中国全年的碳排放将出现较明显的下降。在全国范围内，与 2019 年同期相比，由于强隔离政策的影响，在 2 月 6 日 ~3 月 12 日，全国二氧化碳排放连续 36 天同比负增长。新冠肺炎疫情对中国碳排放减少的影响在 2 月底尤为明显。2019 年的春节假期为 2 月 4~10 日，而 2 月底是春节假期结束后，各项社会活动步入正轨的时间，加之 2 月底也是高校学生返校的高峰，因此中国的二氧化碳排放在 2019 年 2 月底维持了较高水平。相比之下，2020 年的春节假期来得更早（1 月 24 日 ~2 月 2 日），但是由于疫情的影响，强有力的隔离政策导致复工和复学没有施行，全国二氧化碳排放在春节假期后没有反映出较强的回升趋势，导致 2 月底尤为明显的碳排放减少情况。随着全国范围的复工复产，全国二氧化碳排放有明显的回升趋势。在全国大面积（除武汉地区）解除隔离到武汉地区解除隔离期间，相比 2019 年，全国平均单日碳排放减少量为 0.8 Mt CO_2。而在 2020 年 4 月 8 日武汉地区也解除隔离后，中国碳排放水平已经恢复甚至超过了 2019 年同期水平（Liu et al.，2020；Le Quéré，2020）。

联合国环境规划署（UNEP）在《2019 年碳排放差距报告》中对全球碳排放的研究指出，如果全球碳排放 2018 年达峰，还有可能实现 1.5℃温升目标。中国的减排努力，为 1.5℃温升目标实现创造了可能性。

从人均碳排放来看（图 2-2），中国的人均碳排放从 1990 年的 2.04t 增至 2017 年的 7.72t，比世界平均水平高 62.36%（Muntean et al.，2018）。

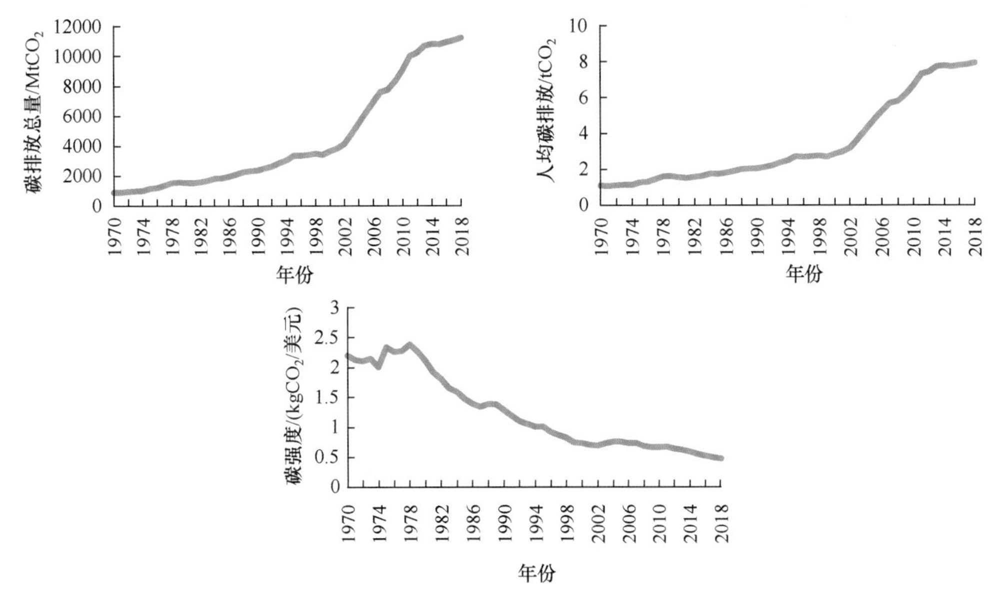

图 2-2　中国的碳排放总量、人均碳排放和碳强度
资料来源：Muntean et al.，2018；GCP 数据库

从碳强度来看，1980 年以来中国的碳强度总体来说呈现不断下降的趋势，从 1980

年的 2.1kg CO_2 / 美元下降到 2017 年的 0.5kg CO_2 / 美元，其中，1980~1989 年的平均降速为 4.8%，1990~1999 年的平均降速为 5.9%，属于快速下降阶段。2000~2009 年的平均降速为 1.1%，属于低速下降阶段。其中，受 1998 年亚洲金融危机的影响，中国的经济增速放缓，并且自 2001 年加入世界贸易组织（WTO）以来，中国成为“世界工厂”，2002~2004 年中国的碳强度曾出现了短暂的上升，但随后 GDP 增速再次超过碳排放增速。2010 年之后，中国碳强度变化进入了一个新的阶段，2010~2017 年，碳强度以较快速度下降，平均降速为 3.6%/a，特别是从 2012 年以来，每年的降速都在 4% 以上，平均降速达到 5.3%/a，在节能减排方面取得了一定成效。2009 年，中国确定到 2020 年碳强度比 2005 年下降 40%~45% 的自主行动目标。根据《中国应对气候变化的政策与行动 2018 年度报告》内容，2017 年中国碳强度比 2005 年下降约 46%，已经提前实现并超过了 2020 年碳强度下降 40%~45% 的目标。

从累积排放的角度看，1970~2017 年，中国二氧化碳历史累积排放占同一时期全球排放总累计量的 17%，与欧盟相当，但低于美国的 21%。若根据 CDIAC 和 GCP 的数据，自工业革命以来，中国二氧化碳历史累积排放占同一时期全球排放总累计量的 13%，远低于美国的 25% 和欧盟的 22%。从全球治理的角度看，人均历史累积排放虽然可以作为一个指标进行研究，但不具有现实操作性。

2. 区域和省级碳排放

进入 21 世纪以来，随着中国经济快速发展、居民收入水平逐年增加以及对外贸易稳步增长，中国总体及各省份[①]的二氧化碳年排放量都有明显的增长（Cai et al.，2018b；Shan et al.，2018；Du et al.，2017；Li et al.，2016）。1997~2017 年，由部门法核算的全国二氧化碳排放量总体呈增长趋势，从 1997 年的 29.4 亿 t 增长至 2017 年的 98.7 亿 t（Shan et al.，2020，2018）。2000 年，中国各省二氧化碳排放量均低于 3 亿 t，当年排放量最高的省份为河北，排放量为 2.37 亿 t；而到 2017 年，山东以 8.06 亿 t 的排放量位居全国二氧化碳排放量首位，其次是江苏（7.36 亿 t）和河北（7.26 亿 t），共有 14 个省份二氧化碳排放量超过 3 亿 t。2001~2011 年，多数省份的二氧化碳排放量表现出持续增长的特征；而 2012~2017 年，除安徽、江西、新疆的二氧化碳排放量持续增长外，不少省份均出现了二氧化碳排放量的波动或下降，排放量进入了一个平台期。

与此同时，中国各省份的二氧化碳排放量及增长速度呈现出明显的空间差异，总体表现为“东高西低”，且近年来有“南稳北增”的趋势。1995~2007 年，中国的二氧化碳排放量已经表现出东部最高、中部次之、西部最小的特点（方精云等，2019）；2008 年以后，中国东部和中部地区的二氧化碳排放量则明显高于西部（图 2-3）。同一地区内的不同省份也呈现出不同的增长格局。东部各省份二氧化碳排放增量进入 21 世纪后差异显著；中部省份中，河南和山西的二氧化碳排放量在 2005 年以后有大幅的增长，其余各省份基本与全国平均值接近；在西部地区，内蒙古排放量最高、增长最快并

① 统计数据中不包括西藏自治区、台湾省、香港特别行政区和澳门特别行政区，下同。

于 2015 年达到近 6 亿 t。从南北对比来看，中国碳排放的热点地区表现出向北部地区移动的特征；“十一五”和“十二五”期间，中国的碳排放热点地区向北部已经扩大了 28.5%、南方则缩减了 18.7%，主要原因可能是北部的西部大开发项目促进碳排放量增长，而华南地区由于节能减排政策和经济的集约化转型而热点地区范围缩小（Cai et al.，2018a）。

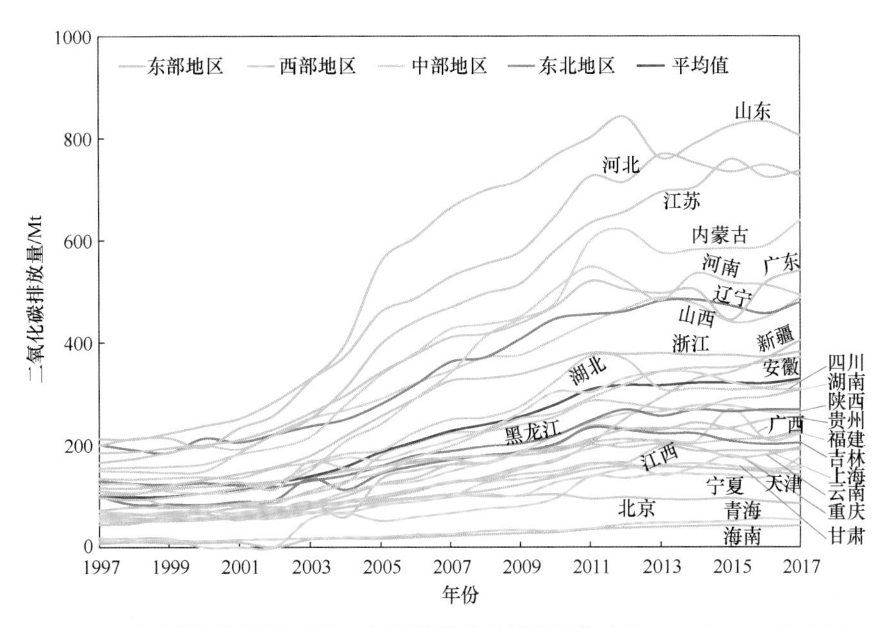

图 2-3　1997~2017 年中国四区域各省份二氧化碳排放量年际变化（Shan et al.，2020，2018a，2016）

各省份二氧化碳累积排放量同样呈现出较大的差异（图 2-4）。1997~2017 年，东部和中部部分省份，如山东、河北，是二氧化碳累积排放量较高的省份，累积排放量超过 10000Mt；海南、青海、宁夏、北京四地的累积排放量则处于全国最低水平。1997~2017 年，山东、河北、江苏、广东、河南、内蒙古、辽宁、山西、浙江 9 个省份的二氧化碳累积排放量总和超过全国的 50%，进一步体现出我国二氧化碳排放的省际不均匀性。

各省份的人均碳排放量也表现出明显的时空变化特征，但人均碳排放量高值区域与社会经济发展较快地区的重合度不如碳排放总量那么高。与东部地区排放量和排放强度高于西部地区相反，2012 年，西北和北部省份的人均碳排放量和排放强度高于中部和东南沿海地区，尤其是内蒙古、宁夏、山西、新疆和辽宁五个省份，人均碳排放量均超过 10t（Shan et al.，2016）。中国各省的人均碳排放量在 1990~2010 年都显著增加，人均碳排放量的范围从各省均在 7t 以内变化为 3.21~20.64t，其中 2010 年人均碳排放量较高的省份有辽宁、内蒙古、北京、天津、上海、山西、宁夏等，较低的省份包括广西、海南、江西、四川、云南等（Li et al.，2012）。

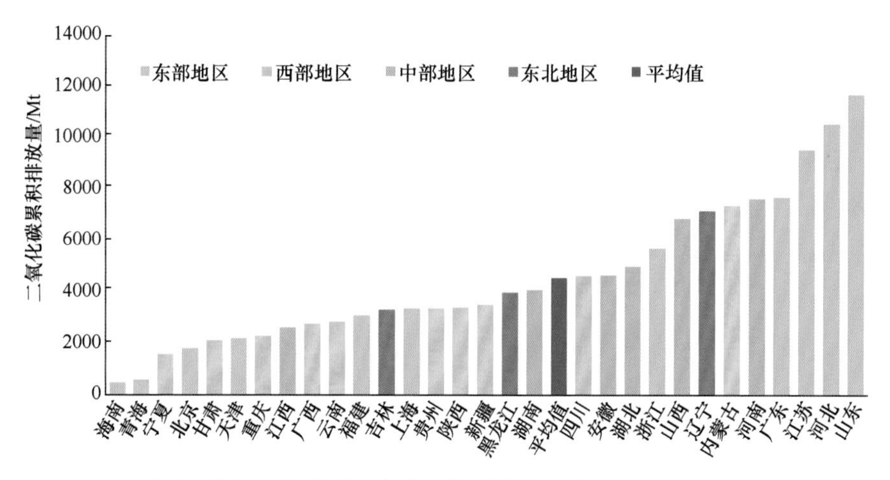

图 2-4　1997~2017 年中国四区域各省份二氧化碳累积排放量（Shan et al.，2020，2018a，2016）

3. 城市碳排放

随着城市化进程的推进，城市碳排放的影响和贡献日益重要，占城乡总排放的比重有所增加（Meng et al.，2014）。与此同时，中国各城市的碳排放量同样表现出显著的城市间差异，并且与不同城市的社会经济发展状况和能源利用情况有较大关联。以部门法统计的 2010 年中国 122 个地级市与能源活动相关的二氧化碳排放分布跨度很大，总量范围为 0.23~273Mt、人均排放量范围为 0.09~174.8t、排放强度范围为 0.017~8.43 t/ 万元 GDP（Chen et al.，2017）。

在中国城市碳排放量及其差异的时间变化方面，研究表明，大部分城市在过去 20 年间的碳排放量有较为明显的增长，不过也有部分城市的碳排放量或碳排放强度有所下降（Wang H et al.，2012；Yu et al.，2012）。高排放城市数量增多，同时出现从东部沿海地区逐渐向中西部地区扩展的趋势（Liu X et al.，2018）；并且，城市碳排放量增速与排放量绝对值大小之间表现出一定的负相关关系。2000~2013 年，中国西部和北部的部分欠发达城市二氧化碳排放量平均年增长率超过 10%；而除了湖南、江西和山东外，大多数东部和中部城市的增长率则较低。对于城市碳排放的差异，有研究指出，在 2000 年前后的 20 年间，各城市二氧化碳排放量空间差异在增加和扩大（Liu X et al.，2018；Zhou and Wang，2018）；然而也有研究给出了相反的结论，认为中国省际和市际碳排放量差异都随年份有所减小（Shi et al.，2019）。

在碳排放的空间格局上，省级碳排放较为相似的是，中国城市碳排放总体呈现出“东高西低”的态势（Cai et al.，2019；Liu X et al.，2018；Cai et al.，2017）；人均碳排放的相对高低水平与城市总碳排放分布基本一致，不过更主要表现出“南高北低”的特点（Cai et al.，2019，2017）。拥有较高 GDP 水平和人口数，或能源密集的大城市（主要是东部城市），如北京、天津、上海、唐山、邯郸、重庆、武汉等的碳排放量始终居于全国前列（Cai et al.，2019，2017）。中部地区城市的碳排放量占比总体相对较小（Liu X et al.，2018）；但一些中部地区城市的碳排放量相对较高。例如，2000~2014

年，拥有全国 6.57% 的人口和 7.91% 的 GDP 的我国 18 个中部城市的化石燃料燃烧和工业生产过程产生的二氧化碳排放量占全国的比重达到 13%（Xu et al.，2018）。西部地区有少数城市（如鄂尔多斯）的二氧化碳总排放量和人均排放量都位居前列，但大部分西部地区城市排放量处于很低的水平（Jing et al.，2018）。此外，城市对周边环境有较为明显的影响，城市层面的二氧化碳排放具有明显的空间集聚效应，且集聚效应有所增加（Liu X et al.，2018）。根据空间自相关分析，1997 年以来，华北平原一直是一个高排放城市聚集区，而西藏、青海、甘肃、云南、贵州的部分城市则存在低排放聚集区（Shi et al.，2019）。

4. 部门碳排放

分部门来看，中国碳排放的结构以电力和热力生产部门及制造业和建筑业为主导，在碳排放来源中生产部门占据了绝对优势，消费部门碳排放所占比重较低但近年来有所上升（Yang et al.，2019；马丁和陈文颖，2016；陈洁等，2016；Zhang，2013）。2016 年，中国电力和热力生产部门碳排放占化石能源碳排放总量的 48.19%，其次是制造业和建筑业，占比为 31.31%，再次是交通部门（9.35%），随后是建筑部门（5.79%），如图 2-5 所示。

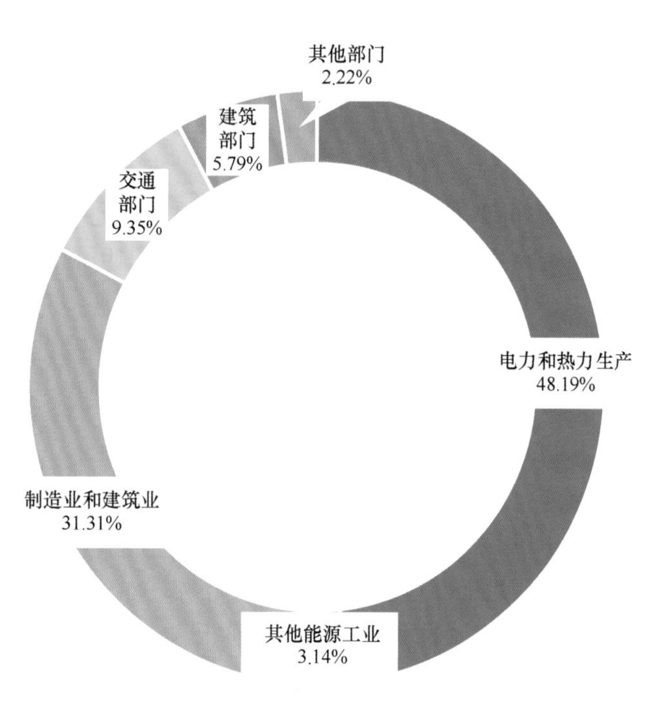

图 2-5　部门碳排放占比

从碳排放趋势来看，各部门碳排放自 1970 年以来都经历了一个较为平稳的增长过程，进入 21 世纪，各部门碳排放增长加快。2000~2011 年，电力工业和其他工业部门的碳排放年均增速分别达到 9.90% 和 10.60%。2011 年之后，各部门碳排放增速放缓，到 2015 年，除建筑部门和交通部门外，其他部门的碳排放都出现了负增长，这直接导致 2015 年中国整体碳排放出现了下降。2016 年电力工业、其他工业、建筑部门、交通部门的碳排放进一步下降，2017 年各部门碳排放重新回到上升通道，如图 2-6 所示。

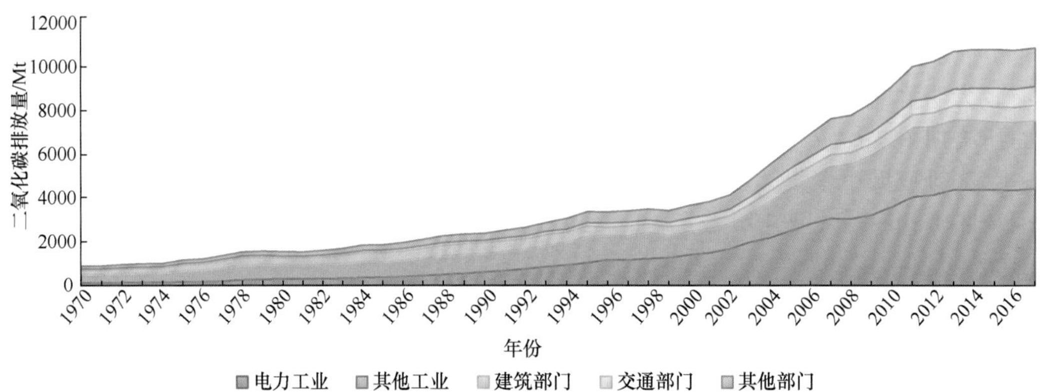

图 2-6　1970~2017 年中国分部门二氧化碳排放量（Muntean et al.，2018）

5. 其他温室气体排放

1）CH_4

CH_4 是除二氧化碳外造成全球气候变暖的最重要的温室气体，也是中国非二氧化碳温室气体排放的重要组成部分。根据《中华人民共和国气候变化第二次两年更新报告》，2014 年中国 CH_4 排放 5529.2 万 t，占中国温室气体排放总量的 10.4%[包括土地利用、土地利用变化和林业（LULUCF）]。其中能源活动排放占 44.8%，农业活动排放占 40.2%，废弃物处理排放占 11.9%，土地利用、土地利用变化和林业排放约占 3.1%。从具体的排放源来看，固体燃料的逃逸排放（2101.5 万 t）、动物肠道发酵（985.6 万 t）、水稻种植（891.1 万 t）和固体废弃物处理（384.2 万 t）的贡献最大。从空间分布来看，各省 CH_4 排放量地区差异明显，排放量较大的区域主要集中在我国的东北、华中、华北以及西南地区，西北地区排放量较低（乐群等，2012）。

2）N_2O

尽管 N_2O 也是重要的温室气体，但目前对中国及各省份 N_2O 排放的研究还相对较少。根据《中华人民共和国气候变化第二次两年更新报告》，2014 年中国 N_2O 排放 196.8 万 t，其中农业活动排放 117.0 万 t，占 59.5%，为最重要的排放源；能源活动排放 36.7 万 t，占 18.6%；工业生产过程排放 31.1 万 t，占 15.8%；废弃物处理排放 12.0 万 t，占 6.1%。我国 N_2O 在排放量和地理分布上有很大的不确定性，研究显示中国东部和中部地区的 N_2O 排放量高于西部和北部地区（Zhou et al.，2014）。

3）含氟气体

根据《中华人民共和国气候变化第二次两年更新报告》，2014 年中国含氟气体排放 2.91 亿 t CO_2 eq，全部来自工业生产过程。其中，氢氟碳化物排放 2.14 亿 t CO_2 eq，占 73.5%；六氟化硫排放 0.61 亿 t CO_2 eq；全氟化碳排放 0.16 亿 t CO_2 eq。从排放源来看，卤烃和六氟化硫生产排放 1.50 亿 t CO_2 eq，占 51.5%；卤烃和六氟化硫消费排放 1.26

亿 t CO_2eq，占 43.3%；金属冶炼排放 0.15 亿 t CO_2eq，占 5.2%。

氢氟碳化物作为消耗臭氧层物质（ODS）的替代品，过去几十年被广泛使用在冰箱、空调的制冷剂中。作为氢氟碳化物的主要生产国和消费国，中国的生产量和表观消费量在 2005~2015 年以年均 20% 的速度快速增长。2015 年，全球氢氟碳化物的产量达到 56.7 万 t，中国的贡献近 70%（浙江省化工研究院有限公司，2017）。同时，按全球升温潜势加权的中国氢氟碳化物排放量占全球氢氟碳化物排放量的比例从 2005 年的 3% 增加到 2012 年的 17%（Fang et al.，2016）。从区域分布来看，中国城市地区氢氟碳化物的大气浓度高于整个北半球的背景浓度，并且以更高的速率增长（Fang et al.，2012，Wu et al.，2018）。但是，氢氟碳化物是具有高全球变暖潜能（GWP）的温室气体，因此自 1997 年以来已被列为《京都议定书》的受控温室气体之一。旨在逐步淘汰氢氟碳化物的《基加利修正案》，于 2019 年 1 月生效，其设定了淘汰氢氟碳化物的时间表。作为第 5 条第一类国家，《基加利修正案》要求中国在 2024 年将氢氟碳化物的消费量冻结在基准水平，并逐步降低其消费量。

6. 大气污染物排放

伴随着经济和工业活动强度的增加，中国各地区的大气污染物排放量都有明显的增长（Ding et al.，2017；Wu et al.，2016a；Shi et al.，2014），且排放量及其增速存在较大的空间差异。东部地区的 NO_x、SO_2、VOCs 等大气污染物排放明显高于西部地区（Wu et al.，2016a；Shi et al.，2014）。其中，华北地区尤其是京津冀地区为中国空气污染严重程度和污染物排放量的高值区域（Kourtidis et al.，2018；Liu F et al.，2016），也是研究的热点地区。华北地区的 NO_2 排放达到全球人为 NO_2 排放的 2%~3%（Zhao et al.，2012）。不过，由于日益严格的标准和燃烧效率的提高，我国华北地区的 SO_2 年排放量已经从 2006 年的 INTEX-B 清单到 2010 年的 MEIC10（或 2012 年的 MEIC12）清单下降了 34%（或 26%），MEIC10（或 MEIC12）的 VOCs 排放量则比 INTEX-B 清单低 20% 左右；NO_x 的排放量则从 INTEX-B 清单到 MEIC10（或 MEIC12）清单增加了 53%（或 58%），主要贡献者从发电部门变为工业部门（Ma et al.，2018）。2013 年，京津冀地区 SO_2、NO_x、$PM_{2.5}$、PM_{10}、CO、非甲烷挥发性有机物（NMVOC）、NH_3、黑碳（BC）和有机碳（OC）的总排放量分别为 2.31Mt、2.69Mt、1.09Mt、1.49Mt、2.06Mt、2.21Mt、0.62Mt、0.16Mt 和 0.25Mt；京津冀地区的大气污染物排放主要分布在东部和南部地区，主要来自北京、天津、石家庄、唐山、邯郸等城市（Liu H et al.，2018；Qi et al.，2017）。

中国东部地区大气污染物排放量高，但近年来已有一定的下降趋势；中部和西部地区大气污染物排放量相对较低，但增长迅速。2000~2010 年，中国 31 个省（自治区、直辖市）的 NO_x 排放均有所增加，其中内蒙古、宁夏、陕西分别增加到 2000 年的 4.18 倍、3.15 倍和 2.78 倍（全国增加到 2.06 倍）（Shi et al.，2014）。2006~2010 年，除北京、上海外的 29 个省（自治区、直辖市）NO_x 排放均在增加；而 2010~2013 年，大部分省（自治区、直辖市）排放已在下降，但内蒙古、广西、贵州、新疆等仍有较明显的上升趋势（Ding et al.，2017）。东部地区是此前的关键控制区域，NO_x 排放已经减少；中部地区已成为目前排放量最高的区域；新疆、西藏和青海等西部地区可能是潜在的高排放区域。

与氮氧化物、硫氧化物等不同的是，由于 NH_3 排放集中在城市化程度较低、农村和农业活动较多的地区，因此中国 NH_3 排放并没有像其他污染物一样具备明显的“东高西低”的特征，而是较多地集中于南部地区和农业发达的区域。京津冀地区 2010 年 NH_3 排放总量约为 1.57Mt，其中石家庄、邯郸等地排放量较高（Zhou et al.，2015）。河南 2015 年的 NH_3 排放总量为 1.03Mt（Wang C et al.，2018）。珠江三角洲地区 2006 年的总 NH_3 排放量为 0.20Mt（Zheng et al.，2012）。福建的 NH_3 年排放量相对较低且变化不大，2009 年为 0.218Mt，2015 年为 0.228Mt（Wu et al.，2017）。

作为导致臭氧污染的元凶之一，VOCs 的排放量也受到了研究人员的关注。中国人为源 VOCs 高排放区主要集中在渤海经济圈、长江三角洲、珠江三角洲和四川盆地；2008~2012 年，高排放区规模不断扩大，污染严重的城市群逐渐形成（Wu et al.，2016b）。上海、江苏和广东是中国 VOCs 排放量较高的省（直辖市），其他华北地区的省份也有着很高的 VOCs 排放量，而海南、宁夏、青海和西藏的排放量较低（Niu et al.，2016）。

2.3 排放的驱动力

排放的驱动力指的是直接或间接影响温室气体与空气污染物排放的因素。驱动力的划分并无统一和明确的标准，对驱动力进行归类时也无法完全避免不同类别驱动力之间的重叠或交互影响。因此，在探讨排放的驱动力时，有必要明确所讨论的层级和角度。对排放量进行分解一般有两种方法，其一是根据被广泛应用的 Kaya 分解公式，可将碳排放量分解为人口、人均 GDP、单位 GDP 能源消耗量和单位能耗排放量等因素的乘积，分别用于表征人口增长、经济增长、经济结构中的能源强度以及能源结构中的碳强度等驱动力，并基于分解方法解析每种因素变化对于排放量变化的定量影响；其二则是分解为不同部门的排放量的加和。因此，我们也从这两个角度探讨排放的驱动力。2.3.1~2.3.8 节将讨论宏观层面的驱动力，围绕人口增长、经济增长、技术进步等直接驱动力以及与之相关的城市化、政策、行为因素等间接驱动力分别论述；在 2.3.9 节则将分电力、工业、建筑、交通等部门，探讨不同部门的驱动力及其变化。

不同的驱动力因素影响温室气体和空气污染物排放的渠道和机制有所不同，其在各个国家和地区、各时期所扮演的角色也不相同（Wu et al.，2019a）。本节将评估影响中国排放的各类驱动力，指出影响中国排放的主要驱动力，并分析驱动的主体和驱动原因。

2.3.1 人口增长和人口特征

1. 人口增长

作为各国能源消耗增加和碳排放增加的重要驱动因素，人口增长对碳排放量的影响已经被大量研究关注和证实（Ou et al.，2019；Fan et al.，2018；Jiang et al.，2017；

Liu et al.，2012a）；研究表明，当控制其他因素的影响时，碳排放将与人口基本上保持同比例增长（Liddle，2015；O’Neill et al.，2012）。对于中国各地，碳排放与人口增长之间同样存在着密切的相关性（Cai et al.，2018b；Yang et al.，2015）。1997~2012 年，中国平均每年人口增长数量达 785 万人，无论在东部、中部还是西部地区，人口数量的增长对于碳排放的增加都有很好的解释力（Wang Y et al.，2017）。在京津冀地区，人口增长对碳排放的影响超过了城市规划和土地利用等因素的影响（Cai et al.，2018b）。

2. 人口特征

不同年龄层次、不同住户类型的人口在能源的使用量和使用方式等方面存在一定的差异，因此，人口的年龄结构、家户数量和规模等因素同样对碳排放有重要影响。人口年龄结构对中国东部省份的碳排放有显著的正向影响，对中部和西部地区则有负向影响（Wang Y et al.，2017；Zhou and Liu，2016）。一项针对北京碳排放的回归分析研究指出，年轻人口减少、中老年人口增加已经并将持续带来更高的碳排放压力，而人口流动性的增加和家庭户规模的减小则有助于碳排放下降（Yang et al.，2015）。

2.3.2　城市化及城市形态因素

城市化是碳排放和污染物排放的驱动因素之一。一方面，城市是能源消耗和工业生产的重要主体。首先，城市化进程与经济和人口的增长相互伴随、相互作用；土地开发、经济增长引致的土地和经济城市化有促进碳排放量增长的影响（Wang S J et al.，2018），城市化进程驱动的水泥生产和其他工业产品生产过程中也会产生大量的碳排放（Shan et al.，2019；Xu et al.，2018；Wang Q et al.，2018；Cai et al.，2018a；Liu，2016b）。另外，城市化意味着人口集聚和资源需求的提升。在控制经济增长因素时，城市化本身也可能成为地区能源消费和碳排放的一个正向驱动因素。实证研究指出，过去十几年来中国城市化进程继续快速推进，而这也推高了全国许多省市的能源消费和碳排放（Zhou and Liu，2016；Fang et al.，2015；Ren et al.，2015；Yang et al.，2015；Li et al.，2012；Wang Z H et al.，2012）。

另一方面，城市化进程也为碳排放降低带来了新的机遇。伴随中国城市化进程所出现的能源消费模式变化、效率提高、生活消费方式改善和文化水平提高等因素促进了碳排放量的降低（Wang S J et al.，2018）。城市形态布局和功能组织、城市聚集度、城市用地类型等因素对碳排放也有重要影响；大量针对中国城市的研究表明，较高的城市紧凑度和城市空间 – 交通组织耦合度将有助于提高碳排放效率、降低碳排放（Wang S J et al.，2019a，2017；Cai et al.，2018a；Fan et al.，2018；Fang et al.，2015）；在城市化进程中不断发展的绿色交通、绿色建筑、绿色市政、循环经济等也能对碳减排起到积极作用（He et al.，2020；Hunter et al.，2019；Mohareb and Kennedy，2014；Yang and Li，2013）。例如，基于当地“十二五”规划提出的“绿色北京”发展战略，北京通过强化城市空间规划、推动绿色基础设施建设等措施实现了特大城市管理运行的优化，使其在 2010~2015 年保持经济和人口增长的同时降低了 8% 的碳排放量；另有研究指出，在 2010~2015 年，深圳通过推动低碳城市交通出行帮助其降低了 0.21Mt

的碳排放量（Dong et al.，2018）。

可以看出，城市化过程通过复杂多样的机制影响着中国的碳排放和污染物排放。在本书第 5 章还有对于城市碳排放及其驱动力的进一步探讨。总体来看，城市化及城市形态等相关因素对碳排放的驱动作用表现出两面性，也正因如此，城市化对排放的影响在中国各地区存在差异。城市化进程明显推动了中国西部地区的碳排放量增加，而在中部或东部地区，城市化进程可能有一定程度的减排作用，但影响相对较小或不显著（Wang and Zhao，2018；Wang Y et al.，2017；Wang et al.，2016a）。

2.3.3 经济增长和结构转型

1. 经济和消费增长

经济增长驱动能源消费量的增加和工业生产规模的扩张，从而推高碳排放和污染物排放。在经济体早期和快速发展的阶段，经济规模的扩大往往成为相应地区碳排放增长的最重要因素（Cai et al.，2018a；Zhou and Wang，2018；Jiang et al.，2017；Wang S J et al.，2017，2016）。研究指出，经济发展与排放水平的关系符合倒“U”形或环境库兹涅茨曲线（Xu B et al.，2019；Stern et al.，1996），即经济体发展前期随着经济的增长，污染物排放量将持续增加；而当经济体的人均收入达到一定水平后，由于结构调整或技术水平等因素的影响，碳排放量或空气污染物排放量将不再随人均收入的增长而增加，反而将出现下降，即表现为排放量与经济增长的“脱钩”。排放量与经济增长的脱钩意味着碳排放的驱动力由经济主导向由能源政策等其他因素主导转变，其可被视为经济从高速度、高排放发展向高质量发展转变。

在全球层面，经济增长至今仍是碳排放的重要驱动力，即使是发达经济体，也有少数未能完全实现经济与排放的脱钩。根据 IEA 的估计，全球经济产出每增加 1%，全球二氧化碳排放量增加近 0.5%。例如，经济增长也是欧盟碳排放变化的主要驱动因素之一，欧盟温室气体排放趋势基本与经济增长情况一致。在全球金融危机以前，GDP 增长驱动着碳排放量增长，尽管欧盟的碳排放量由于能源和排放强度的改善而大致稳定，但基于消费的碳排放在 1999~2006 年有大幅增加。自 2008 年金融危机以来，由于经济增速下降，欧盟碳排放量先急剧下降后波动下降；2014~2017 年，随着经济的逐步复苏和新的经济增长点拉动，欧盟的碳排放量再次回升。

中国经济增长与碳排放之间的关系经历了较为复杂的变化过程；近十年来，虽然有一定程度的波动，但经济增长总体仍然对中国碳排放增长表现出重要的驱动作用。2003~2013 年，中国 GDP 年均增速达到 10.3%，经济的快速增长也导致了碳排放的快速增加；2013 年以后，中国经济进入了“新常态”时期，更强调经济增长的质量；2014~2016 年，中国经济仍保持约 7% 的增速增长，二氧化碳排放量则在三年间分别下降了 1.0%、1.8% 和 0.4%，进入平台期；然而自 2017 年开始，中国碳排放又出现一定程度的反弹。在全球贸易方面，2001 年中国加入世界贸易组织对中国贸易相关的生产碳排放快速增长有明显的促进作用（Levitt et al.，2019；Andersson，2018）。人均 GDP 增长同样是中国 $PM_{2.5}$ 排放的最重要的正向驱动因素，并在 2000~2005 年主导了中国

$PM_{2.5}$ 排放的增加。其中，出口又是各最终需求大类中唯一主导 $PM_{2.5}$ 排放增加的因素，其影响超过了政府消费、居民消费和资本形成三类需求变化所带来影响的总和；不过，2005 年以后，能源效率增长带来的负效应已经能够抵消经济增长的影响，促使中国 $PM_{2.5}$ 排放出现了较为明显的下降趋势（Guan et al.，2014）。一项分析中国改革开放以来可持续发展进程的研究（Lu et al.，2019）指出，自 2015 年以来，在生态文明发展理念的指导下，中国的主要污染物排放已经与经济增长脱钩，然而二氧化碳排放却仍未与经济增长脱钩，保持了持续增长的趋势。

对于中国各地区、各省市而言，经济增长对碳排放和污染物排放的贡献同样十分重要。20 世纪末至 21 世纪初，中国各地尤其是东部地区经济发展迅速，同时碳排放和污染物排放的增长也很显著。研究表明，碳排放、能源消费和经济增长之间存在长期的正相关关系，并有直接或间接的因果关系（Wang S J et al.，2016）。许多研究指出，经济活动是中国各省市碳排放和 NO_x 等空气污染物排放的最主要驱动力（Ding et al.，2017；Du et al.，2017；Fan and Lei，2017；Mi et al.，2016；Wang Q et al.，2015；秦翊和侯莉，2013），且在东部地区的影响明显大于西部地区（Ding et al.，2017）。近年来，有研究指出，中国部分省市已表现出碳排放和经济增长脱钩的特征，或认为脱钩情况可能在年际间有所波动（Wu S M et al.，2019），但类似的研究并未给出一致的结论。

2. 产业结构转型

由于不同产业的碳排放强度差异明显，经济体产业结构的转型和升级将对碳排放产生重要的影响。一般来说，伴随着经济体的经济发展和结构转型，第一产业在经济结构中的比重将逐渐降低，第三产业即服务业的比重将逐渐升高，第二产业的比重则将经历先上升、后下降的倒“U”形过程。而在各产业中，第一产业主要带来较高的 NH_3 排放（农业、畜牧业）和 CH_4 排放（畜牧业）（Qi et al.，2017；Yu et al.，2012；Zheng et al.，2012），二氧化碳和其他污染物排放强度则相对较低；第二产业是三大产业中碳强度最高的产业，因此，工业比重是驱动碳排放和空气污染物排放增加的一个重要因素（Shi et al.，2019；Chen et al.，2017；Li et al.，2016）；研究指出，高碳排放城市许多都拥有煤炭开采等高强度产业和制造业，而第三产业发达的地区碳排放量则通常比以工业为主导产业的地区更低（Hu et al.，2017）。若按产业结构将地级市划分为服务型城市、制造型城市和其他类型城市，则中国服务型城市碳排放总量相对较高，但人均碳排放量明显低于工业主导的城市（Chen et al.，2017）。因此，结构转型过程中，主导产业的变化无疑对碳排放强度和排放量有重要的影响。

长期以来，工业化建设主导了中国的碳排放和空气污染排放，且直到目前仍然是中国工业城市和地区排放的重要驱动力。1970~2010 年全球化石燃料燃烧和工业过程的排放量占温室气体总排放量的 78% 左右。工业比重同时是中国各省份、各城市碳排放的主要驱动力之一，工业比重的差异对省级碳排放量的差异有很强的解释力（Shi et al.，2019）。自 20 世纪 90 年代一直到 2010 年以后，工业排放始终是导致中国城市碳排放增加的重要因素（Wang et al.，2019b）。2013 年，工业部门是京津冀地区 SO_2、NO_x、$PM_{2.5}$、PM_{10}、CO 和 NMVOC 等空气污染物的最大排放源，对各种污染物的贡献均接近或超过 50%（Qi et al.，2017）。

进入 21 世纪，中国已经进入工业比重开始下降、服务业比重加速上升的转型阶段，GDP 结构比重、工业内部结构比重逐渐优化。自 2007 年以后，中国的产业结构逐步升级，高新技术制造业和服务业的增加值已经从 2007 年全国的 64.4% 增长到 2016 年的 71.9%，服务业对全国 GDP 的贡献从 2013 年的 50.5% 增长到 2017 年的 51.6%，达到 1952 年以后历史最高。2016 年以来，中国着力推进供给侧结构性改革，落后产能加速退出、产业结构明显改善，到 2018 年上半年服务业比重达到 54.3%，消费成为经济增长的主要驱动力。伴随着产业的优化升级，中国一次能源消费中煤炭所占的比例也从 2007~2013 年的 68% 左右降低到 2016 年的 62%。这种结构转型过程对温室气体和污染物减排产生了十分重要的影响，在产业结构升级、煤炭在能源消费中的比例下降以及能源效率提升的综合作用下，中国的碳排放进入下降趋势（Zheng et al.，2019；Guan et al.，2018b）。并且，到 2010~2013 年，产业结构升级对减缓碳排放的作用已超过了能源效率提高的减排作用。研究指出，2007~2012 年，清洁服务业的发展对广东七种污染物减排的贡献不断增加（Ou et al.，2017）。具体到中国各省市，由于不同地区产业结构转型进程不同，结构转型对碳排放的影响也表现出不同的发展趋势。2006~2012 年，中国东部沿海发达城市第三产业占比增加、第二产业占比减少而导致碳排放减少；中西部区域第二产业占比仍处于增加趋势，导致碳排放增加（Du et al.，2017）。

3. 消费结构升级

产业结构影响基于生产的碳排放量，消费结构则影响基于消费的碳排放量。近年来，中国基于消费的碳排放量随收入增加而增加，且城市地区人均消费及基于消费的碳排放量均高于农村（Tian et al.，2018）。近年来，伴随着城镇化的推进，中国居民的消费结构和相应的碳排放量都有所变化，并且单位消费支出所产生的碳排放量在城市地区中总体表现出下降趋势，而在农村地区仍保持上升趋势（Wang et al.，2016b），这体现了消费结构的差异性变化。有研究指出，2002~2007 年，尽管人均消费量有所增加，但中国城市居民消费结构的转变帮助降低了 442Mt 的碳排放量（Wang Z et al.，2019）；但在中国总体层面，消费结构的变化导致间接碳排放的增加。

从具体消费部门来看，与建筑住房相关的消费需求，以及对交通、通信等的需求主导了消费引起的排放并引致较高的省际或城市间碳排放转移（Ou et al.，2017；Mi et al.，2016）；而伴随着中国西部大开发战略和中部崛起战略的推进，中国居民消费结构快速升级，对交通、通信以及能源、健康等高碳排放强度部门产品和服务的需求量快速增加，主导了基于消费的碳排放量升高（Yuan et al.，2015）。对北京地区 2012 年的研究指出，北京基于消费的碳排放量驱动力主要是对住房、家庭用品和服务的需求，并且这些碳排放大部分隐含在省际出口中（Tian et al.，2018）；同时，随着人均收入的增加，居民对服务的消费量有所增加，并正在逐渐取代能源消费成为重要的能源需求以及碳排放来源。

2.3.4　技术进步和能源结构变化

1. 技术进步

技术进步对全球和中国的碳排放量有着双重影响，对于不同地区以及同一地区的不同发展阶段，技术进步对碳排放的影响表现出时空异质性。在部分地区，技术进步提高了工业生产率和回报率，从而推进了第二产业的发展，促进了碳排放增长（Li et al.，2012）。

但更为重要的是，技术进步提高了能源效率、降低了单位产出能耗，帮助降低碳强度、推动碳排放量下降。从全球来看，2000 年以后，由于能源强度和碳排放强度的早期下降趋势已终止或逆转，加之全球人口和 GDP 的持续增长，全球碳排放再次增长（Raupach et al.，2007）。近年来，伴随着能源效率提高、煤炭需求下降和低碳技术部署，全球经济和碳排放出现了脱钩现象；2014~2016 年，虽然全球经济在继续扩张，但碳排放量这期间并没有显著增长；而 2017 年和 2018 年全球再次出现碳排放量的反弹，并且 2018 年全球碳排放量达到 331 亿 t 的历史高值，这主要是由于近几年全球能源强度没有明显下降，全球经济增长继续驱动中国、美国、印度等国家的能源需求，尤其是电力需求大量增长，而能效进步和其他低碳方案的减排效应已不足以继续抵消经济发展带来的碳排放增长（IEA，2019b）。

对于中国及中国各省市，研究表明，在过去的近十五年中，能源效率的提高是推动碳排放和污染物排放增速下降的重要因素（Guan et al.，2018a；田中华等，2015；Wang H et al.，2012），而各地区应用节能技术的速度不同是影响碳减排的主要障碍（Liu，2016a）。对于北京、广州、深圳、天津等几个特大城市，技术进步减排的贡献很大（Du et al.，2017）；同时也有研究指出，能效和技术的进步在中国大部分城市抵消了经济发展导致的 NO_x 排放增加（Ding et al.，2017）。与技术进步相关的公共研发投资也是推动降低中国城市二氧化碳排放量的重要因素；基于 2012 年中国城市面板数据的研究表明，当研发投入增加 1% 时，中国城市的二氧化碳排放量对应减少 0.21%（Cai W et al.，2018）。不过，研发投入对碳排放的影响将取决于具体的研发方向。一项针对上海 1994~2011 年碳排放驱动因素的研究指出，研发强度具有明显的碳减排效应，而投资强度和研发效率则具有整体的碳排放增长效应且存在一定的波动性；其中研发效率指的是各部门单位研发投入带来的产值，其在总体上推高了碳排放是因为研发投入并不都用于减排和改善能源效率，还有较大部分是用于提高生产率，从而引致后续的产出和资本增长（Shao et al.，2016）。

生产生活、商业活动的各类技术对能源需求、排放强度和排放量有深刻的影响。在工业方面，煤炭加工和能源转换技术在很大程度上影响着中国的碳排放和污染物排放量。我国是世界上最大的煤炭生产与消费国，燃煤发电量占比一直保持在 70%~80%，并且以煤为主导的生产和消费结构在很长的一段时间内并不会发生根本性改变。然而，煤炭开采业长期以来存在集约开采程度低、回采率低等问题；煤炭加工业仍面临着洗选、脱灰降硫等工艺的技术瓶颈；煤炭使用环节排放了大量二氧化碳和大气污染物。因此，在推动煤炭使用减量化的同时，煤炭工业中大力推广各类清洁煤技术，如提高煤炭洗选率的煤炭加工技术，提高燃煤转化效率的燃煤发电技术和工业锅炉高效燃煤技术，以及燃煤污染物控制和治理技术等，是解决当前能源资源紧缺和环境污染等问题的重要途径。截至 2018 年底，我国达到超低排放水平的煤电机组累计已达 8.1 亿 kW 以上，已提前超额完成 5.8 亿 kW 的总量改造目标；节能改造累计已完成 6.89 亿 kW，提前超额完成“十三五”改造目标①。

交通运输部门碳排放量的增长趋势显著，且在所有部门中对化石能源的依赖程度最高（Jochem et al.，2018）；随着城镇化进程的加快和生产生活运输需求的提升，交通碳排放将越来越成为影响城市减排的重点和难点。过去，燃油经济性的提高有效降低了我国交通碳排放和空气污染物排放，2016 年，油品加速升级行动带来了约 1280 万 t 大气污染物（主要是 SO_2）的减排（何建坤等，2018）。当前，全球新能源汽车发展步入快车道，以电动汽车、混合动力汽车为代表的新能源汽车正在加快普及；2017 年全球新能源乘用车销量总计达到 122.4 万辆（黄晓勇，2018），中国新能源汽车销量为 77.7 万辆②。推行新能源汽车发展的政策可能增加其他空气污染物的排放量，但对碳减排具有显著影响。研究表明，电动汽车引起的碳排放对能源来源变化的敏感性较小，即使电厂燃煤发电的比例较高，电动汽车仍可以减少碳排放。例如，在以燃煤发电为主的中国，电动汽车政策可以实现 20% 的碳减排，但 PM_{10}、$PM_{2.5}$、NO_x 和 SO_2 排放量分别增加 360%、250%、120% 和 370%（Requia et al.，2018）。如果结合清洁发电技术的运用，则新能源汽车的普及将进一步促进减排。一项基于全生命周期温室气体排放测算的研究表明，在以煤电为主的中国，电动汽车相比传统汽油车可减少 42% 左右的温室气体排放，而在电网相对清洁的欧盟和加拿大，这一比例可分别达到 76% 和 83%。基于对未来中国电力行业和电动汽车行业发展的合理预期，到 2025 年，电动汽车政策将能够带来 2920 万 t 的碳减排，但同时仍会分别增加 PM_{10}、NO_x 和 SO_2 的排放量 2 亿 t、7 亿 t 和 36 亿 t（Wu and Zhang，2017）。

碳捕获、利用和封存（carbon capture，utilization and storage，CCUS）技术是目前最具潜力的碳减排技术，也是实现净零排放甚至负排放的关键技术。该技术将火电、煤化工、水泥和钢铁行业等排放源产生的二氧化碳收集起来，或将大气中的二氧化碳进行捕获，输送到封存地或投入新的生产过程以循环利用，减少二氧化碳排放量，减缓气候变暖。IPCC 认为，实现 1.5℃温升目标的大部分路径都依赖于使用 CCUS 等负排放技术消除大气中过量的二氧化碳。IEA 曾预测，CCUS 技术需在 2015~2020 年贡献全球碳减排总量的 13%，以实现不超过 2℃温升的目标。目前，全球共有 19 座正在运行的大规模 CCUS 设施，集中在发电厂、钢铁厂和水泥厂等能源密集型产业，主要对化石能源燃烧和工业生产过程中产生的二氧化碳进行捕获并利用，减少了超过 3000 万 t CO_2 的排放。美国是 CCUS 技术起步较早的国家，目前已封存超过 1600 万 t 二氧化碳。中国虽然在 CCUS 技术上起步晚，但是得到了政府的强力推进。中国还将煤

① 国务院 . 中国应对气候变化的政策与行动 2019 年度报告 .
② 国务院 . 中国应对气候变化的政策与行动 2018 年度报告 .

电碳捕集创新基地纳入了“2030 煤炭清洁高效利用重大项目”实施方案之中，并拟建设百万吨级 CCUS 示范工程。值得注意的是，直接从空气捕获（direct air capture，DAC）二氧化碳设施的大规模部署和应用能够有助于实现限制温升目标，但是这些设施本身也有大量的能源需求，到 2100 年其能源需求可能占全球能源需求总量的 1/4（Realmonte et al.，2019）；此外，相关技术的有效性仍未得到大规模的验证，CCUS 技术的应用仍有较大的风险和不确定性。

大数据、云存储与云计算、人工智能等信息技术在近年来的快速发展，推动相关产业进入了新的增长阶段，也带来了新的机遇和挑战。一方面，信息技术的发展和运用带来用电需求的增长，假如数据设备的能源效率没有提高，而发电结构仍以化石燃料为主，意味着碳排放和污染物排放也将随之大幅增加。从全球范围来看，信息和通信技术的总耗电量大约占目前全球耗电总量的 8%。其中，数据中心、云计算模式都属于高能耗项目，全球数据中心的年耗电量约为 3000 TW · h，相当于 300 个核电厂的总发电量；Google 的 Cloud 数据中心的年功耗高达近 2.03 亿 kW · h，而美国数据中心的总电力消耗量在 2000~2005 年增长了近 90%，到 2014 年，数据中心的电力消耗量占美国电力消费的 1.8%（Shehabi et al.，2016）。深度学习、神经网络等技术的研发所需的模型和服务器运行也具有较高的排放强度。研究指出，对一类自然语言处理模型进行训练的碳排放大致相当于一次跨美国飞行（Strubell et al.，2019）。随着云数据规模的扩大，物理服务器和数据中心将可能导致高碳排放和环境问题（Xu B et al.，2019；Rashid and Noraziah，2017）。在中国，大数据产业规模不断扩大，企业的大数据、数据中心应用率也已经普遍提高。工业和信息化部发布的《大数据产业发展规划（2016—2020 年）》提出了到 2020 年大数据相关产品和服务业务收入超过 1 万亿元的目标。不过，最新的研究指出，近年来，随着更有效的制冷和通风技术的采用，信息技术行业的用能效率有较为明显的提高，正是由于这一因素，2010~2018 年全球数据中心的服务需求增长了 55%，但这些设施的能源消费仅增长了 6%（Masanet et al.，2020）。可以预见，未来数据中心的发展速度、设备能源效率、所消耗电力的清洁化程度等，将共同决定该产业相关的碳排放和污染物排放。

另一方面，信息技术的发展也可能为碳减排和污染物减排带来新的思路和方案。例如，伴随信息技术发展而不断涌现的智能家居、电子产品虽然可能有着较高的隐含碳排放（Sajid et al.，2020；Morley et al.，2018）或可以推高能源需求量（Strengers and Nicholls，2017），但新型和具有新功能的智能设备还能够起到“以一代多”的功能，从而减少资源消费量（Grubler et al.，2018）。麦肯锡全球研究院 2018 年的报告《智慧城市：使未来更加宜居的数字化解决方案》中提到，建筑中的自动化体系和部分移动设备能够降低 10%~15% 的碳排放量。新的信息技术也带来了新的办公和生活方式。例如，远程视频会议得到了日益广泛的应用，这类技术能够帮助减少长途旅行产生的碳足迹（Coroama et al.，2012）。信息技术的变革还能从更宏观的角度促进碳减排，如通过协助制定科学高效的生态环境基础规划与城乡规划（Choi et al.，2020；Chen，2020；Ravi et al.，2019；Soomro et al.，2019；McVittie et al.，2015；Gret-Regamey et al.，2013），促进智慧城市和生态文明的共同演化。近年来，区块链这一数字化技术也成为新的研究热点。区块链技术是一种并不依赖于第三方（中央银行）、通过自身分布式节点进行网络数据的存储、验证的技术，是比特币（一种起源于2009年的数字货币）的底层技术。《联合国气候变化框架公约》指出，区块链技术能够在完善碳排放权交易、促进清洁能源贸易、加强气候资金流动、跟踪温室气体排放、促进建立碳普惠公众参与机制等方面推进气候行动和温室气体减排。研究分析指出，区块链技术能够为碳市场带来灵活性和透明性，降低服装等制造行业的生命周期碳排放（Fu et al.，2018）；能够帮助建立碳市场中买卖双方之间的数据核算与共享网络，减少碳市场的不确定性，还可以为宏观政策提供新的框架，如利用中央银行数字货币（CBDC）影响气候市场，将气候风险数字化并纳入金融体系等（Chen，2018）。这项技术还可能更好地跟踪企业的碳足迹和绿色证书交易行为，推动碳税政策和绿色证书政策的落实（Saberi et al.，2019；Imbault et al.，2017）。同时，区块链技术还能够促进智能电网和分布式能源的部署与运用、增加能源系统的需求响应能力（Miller and Mockel，2018），以及协助进行智慧城市规划（Sun and Zhang，2020），帮助降低碳排放。研究指出，到2030年，信息和通信技术（information and communication technology，ICT）的发展将可能为全球降低12%的温室气体排放量（Jens and Pernilla，2015）。由此可见，信息技术、数字化技术的发展对碳排放和污染物排放的影响将具有两面性；信息技术的影响具体是积极的还是消极的，将取决于信息技术发展所引致的用电需求是否能被绿色电力的推广所抵消，以及信息技术带来的减排潜力能够在多大程度上被落实。

2. 能源结构变化

能源结构变化将在较大程度上影响温室气体排放量。工业革命以来全球碳排放的增长，主要是由于能源消费量，尤其是化石能源消费的大幅度增长。作为一种廉价、量大、易获取的固体燃料，煤炭在全球能源消费结构中长期居主导地位。煤炭的直接消费和燃煤发电是全球能源生产部门和重工业部门温室气体排放与空气污染的主要驱动因素（Oberschelp et al.，2019；Tian et al.，2019），在2018年占全球能源相关二氧化碳排放量的44%（IEA，2019b）。

近年来，从煤到天然气和其他清洁能源的能源结构转换有助于促进能源消费碳排放的降低。根据IEA的估计，在经济和政策的推动下，2018年天然气的使用减少了近6000万t的煤炭需求，减少了约9500万tCO_2的排放。BP发布的《BP世界能源统计年鉴2019》指出，2018年煤炭在一次能源消费中的占比下降至27.2%，为近15年来的最低值。中国煤炭消费占比也不断下降，在一次能源消费中的比重从2000年的68.5%下降至2017年的60.4%，与过去几十年来煤炭作为推动快速工业化主要能源的情况形成了鲜明对比。

以可再生能源的开发利用（如生物质能、水电、地热、太阳能、风能和海洋能）来替代传统化石能源燃烧是影响未来全球能源生产、消费和排放量的关键（Horst and Hovorka，2009；Panwar et al.，2011；Youm et al.，2000）。可再生能源的发展可以显著降低碳排放，并带来空气污染物减排的协同效益（Cheng et al.，2015；Li and Patino-Echeverri，2017；Rui et al.，2016；Wang P et al.，2015）。例如，广东提高可再生能源比例，可使碳排放强度在 2005~2020 年下降约 38%，2020 年 SO_2、NO_x 分别减少为 2010 年的 73%、74%（Cheng et al.，2015）。

目前，全球能源消费结构正在从化石能源主导逐渐向以水电、太阳能和风能为主体的可再生能源消费结构转变。2015 年，全球可再生能源发电新增装机容量已经超过传统能源发电新增装机容量；2017 年，可再生能源发电量占全球发电量的 26.5%。可再生能源发电成本持续快速下降，水电、生物质能和地热发电等技术较早就具备了成本竞争力，近年来太阳能和风能发电成本也持续下降，在近几年的全球竞标项目中最低投标价已经低至每兆瓦 30 美元以下（国家可再生能源中心和国家发展和改革委员会能源研究所可再生能源发展中心，2018）。根据 IEA 估计，电力等高能耗部门中的可再生能源的使用，使得 2018 年全球二氧化碳排放减少了 2.15 亿 t。

我国可再生能源整体发电规模和消费量在近年来持续增加，对碳减排和污染减排起到了重要作用。根据生态环境部发布的《中国应对气候变化的政策与行动 2018 年度报告》，截至 2017 年底，中国可再生能源发电装机达到 6.5 亿 kW，约占全部电力装机的 36.6%；水电、风电、太阳能发电量为 1.6 万亿 kW · h。根据《BP 世界能源统计年鉴 2019》，中国 2007~2017 年可再生能源消费量年均增长 41.4%，到 2018 年达到 14350 万 t oe（油当量），自 2016 年起成为全球第一大可再生能源消费国。2018 年，中国可再生能源发电量增长占全球增长的 45%，超过经济合作与发展组织所有成员国的总和。

然而，尽管全球可再生能源的渗透率不断提高，但发电燃料结构却仍没有明显优化，全球煤炭消费量和电力行业碳排放量仍在继续增长。可再生能源虽然部分抵消了新增电力需求的碳排放增加，但电力需求的快速增长仍然使得电力行业短期内难以实现脱碳，电力产业碳排放量在过去三年大幅增长。《BP 世界能源统计年鉴 2019》指出，鉴于电力需求的增长情况，如果只考虑可再生能源，则可再生能源的增速需要提高两倍以上才能使碳排放量维持在 2015 年的水平，此外也需要注意可再生能源全生命周期的碳排放。有研究提出，虽然利用太阳能可以减少碳排放，但是光伏产品的生产消耗了大量能源进而产生大量碳排放，而且光伏产品的国际贸易也带来了不公平的环境效益。例如，我国 2016 年光伏贸易对全球碳减排贡献超过 1300 万 t，其中印度和荷兰是主要受益国家（Liu D et al.，2019）。

2.3.5　气候与非气候政策

1. 气候政策

全球气候变化使人类面临的风险和挑战受到广泛关注，各国已通过国际谈判协调商议共同制定气候变化减缓的方案，相应的讨论、谈判、政策与行动在曲折中逐渐推进。在全球层面，1997 年《联合国气候变化框架公约》第三次缔约方大会完成谈判并制定了《京都议定书》，提出了各国减排目标和义务，首次以法律形式限制温室气体排放；2004 年 12 月，俄罗斯通过该条约后，《京都议定书》正式于 2005 年 2 月开始生效。到 2005 年 8 月，全球共 142 个国家签署该议定书，积极加入碳减排行动。不过，

《京都议定书》仅对附件 1 中的发达国家提出了减排要求，对于发展中国家的温室气体排放没有任何的约束和限制；此外，《京都议定书》在执行过程中也受到挫折，美国、加拿大等国家再后来相继退出了这一协定。在这样的背景下，21 世纪初，全球碳排放持续上升，气候变化应对面临较大的不确定性。

随着《联合国气候变化框架公约》的 196 个缔约方签署的《巴黎协定》于 2016 年 11 月正式生效，国际社会对共同应对气候变化问题重新树立了信心。《巴黎协定》中提出全球各国应共同努力确保将温升控制在 2℃以内，并争取控制在 1.5℃以内。若要将温升控制在 2℃左右，2030 年全球需要在 2010 年的基础上减排 20%，2075 年实现净零排放；而若要将温升控制在 1.5℃，全球二氧化碳净排放需要在 2030 年比 2010 年减少 45%，2050 年实现净零排放。这也意味着全球在能源、土地、城市与基础建设（包括交通和建筑），以及工业等领域需要有快速和大规模的转型。

截至 2016 年 4 月，共有 189 个缔约方签署了《国家自主贡献预案》（占《联合国气候变化框架公约》缔约方总数的 97%），这 189 个缔约方的碳排放量覆盖了全球二氧化碳排放总量的 95.7%。在这一框架下，截至 2019 年 9 月，全球已有超过 160 个国家向《联合国气候变化框架公约》提交了国家自主贡献目标[①]，并有 12 个国家向《联合国气候变化框架公约》提交了到 2050 年的气候变化长期战略[②]。各国针对国家自主贡献承诺所落实的气候政策已经在控制温室气体排放方面展现出了一定的成效；若各国均实现其国家自主贡献承诺，全球碳排放将得到有效的遏制。然而，研究指出，既有的各国国家自主贡献目标在长期尚不足以确保实现 1.5℃或 2℃温升目标（Wei et al., 2018），并且部分国家和地区现有的努力不足以完成其自主贡献目标（den Elzen et al., 2019），未来全球气候政策的力度和效果尚不明朗。

中国、欧盟和美国是全球温室气体排放量排名前三位的国家或组织，温室气体排放量占全球排放总量的一半以上。作为目前世界上最大的温室气体排放国，中国向联合国提交的中国国家自主贡献承诺中提出到 2020 年碳强度下降 40%~45%，到 2030 年碳强度下降 60%~65%，CO_2 排放在 2030 年左右达峰，并努力尽早达峰[③]。基于这一承诺，中国出台了一系列针对能源、建筑、交通等部门的具体政策，并采取了减排措施。同时，中国政府将气候行动目标纳入了国民经济和社会发展的五年规划中，并颁布了相应的法律法规，加强了应对气候变化和控制温室气体排放的工作力度。例如，“十五”期间，国家重点发展“气代油”“煤气化”“煤变油”和洁净煤技术；“十一五”发展规划中提出要加强可再生能源的发展；“十二五”期间出台了各类可再生能源发展专项规划和《能源发展战略行动计划（2014—2020 年）》；2016 年，国务院印发了《“十三五”控制温室气体排放工作方案》。在国家发展和改革委员会发布的《可再生能源发展“十三五”规划》中，中国制定了实现 2020 年非化石能源占一次能源消费量的 15% 的战略目标，加快了对化石能源的替代过程。

自 2013 年起，中国先后启动了包括广东和上海在内的 7 个地方碳排放权交易市

① https://www4.unfccc.int/sites/submissions/indc/Submission%20Pages/submissions.aspx.
② https://unfccc.int/process/the-paris-agreement/long-term-strategies.
③ https://www4.unfccc.int/sites/submissions/INDC/Published%20Documents/China/1/China's%20INDC%20-%20on%2030%20June%202015.pdf.

场试点，在发电部门率先启动并逐步扩大了参与碳市场的行业范围。2014 年国家发展和改革委员会颁布了《碳排放权交易管理暂行办法》，明确了全国统一碳市场的基本框架；自 2018 年开始，中国进一步启动了全国碳市场建设，相关制度不断完善。截至 2019 年 6 月 30 日，中国 7 省市试点碳市场配额现货累计成交量约为 3.3 亿 t CO_2，累计成交金额约 71.1 亿元[①]。研究指出，中国碳排放权交易的实施将能大幅降低二氧化碳和多种空气污染物排放（Chang et al.，2020；Dai et al.，2018；Liu H et al.，2018；Cheng et al.，2015）。有研究分析了湖北省试行碳排放权交易的影响，并指出碳排放权交易制度帮助降低了碳排放强度、减少了 1% 的碳排放量（Liu et al.，2017）；另有实证研究指出，2013~2015 年，中国试点的碳排放权交易已经显著促进了所涵盖行业的碳减排，并且这种影响整体呈现出增强的趋势（Zhang et al.，2019）。与此同时，中国建立了控制温室气体排放目标责任考核与评估体系[②]，于 2014 年发布《单位国内生产总值二氧化碳排放降低目标责任考核评估办法》，将碳强度下降目标落实到各省份，并在“十三五”期间不断完善考核办法和评分细则，推动了各地区应对气候变化工作的落实。

从实践来看，尽管中国碳排放量峰值仍未出现，但中国应对气候变化所提交的国家自主贡献承诺，以及中国在多个五年计划及相关政策措施中的气候政策与目标，已经帮助中国在温室气体减排工作中取得明显成效。目前，中国初步扭转了温室气体排放快速增长的局面。在“十二五”期间，中国实现了可再生能源使用的快速增长，可再生能源消费量约占一次能源消费量的 10%；到 2018 年，中国非化石能源消费比重已经达到了 14.3%，接近 2020 年目标。生态环境部发布的《中国应对气候变化的政策与行动 2018 年度报告》中提出，中国政府在调整产业结构、优化能源结构、节能提高能效、控制非能源活动温室气体排放、增加碳汇等方面做出了卓有成效的行动，在地方推行低碳省市试点、探索创新低碳发展模式和碳排放达峰路径等措施，推进近零碳排放、气候适应型城市试点建设、低碳产品认证示范、CCUS 等试点示范工作，已经有效降低了中国的碳强度。2019 年中国碳强度比 2005 年累计下降约 48.6%，已超过 2020 年碳强度下降 40%~45% 的目标。与此同时，中国所实行的气候政策也体现出了减少空气污染物排放、减轻大气污染和健康损失的重要协同效益（Ramaswami et al.，2017），并且这种协同效益在未来或将日益重要（ Li et al.，2019；Dong et al.，2015 ）。

欧盟是建立全球应对气候变化的国际机制的重要推动者，在排放限额和交易政策方面处于领导地位。欧盟已经建立了针对电力和能源密集型产业（如钢铁、水泥和造纸业）的碳排放权交易市场，该市场也是世界上第一个多边碳排放权交易市场。欧盟于 2009 年颁布了《2020 气候和能源一揽子计划》相关法规，制定了欧盟应对气候变化的“三个 20%”战略目标，即在 1990 年的基础上，到 2020 年欧盟的温室气体排放量减少 20%、可再生能源在能源消耗比重中提高到 20%、能效提高 20%。欧盟发布的《2030 气候和能源框架》相比“三个 20%”的战略目标，分别将目标比例提升至 40%、32% 和 32.5%。2018 年底，欧盟发布了一项长期愿景[③]，目标是到 2050 年实现碳中和。另外，欧

① 中华人民共和国生态环境部 . 2019. 中国应对气候变化的政策与行动 2019 年度报告 .
② https://unfccc.int/sites/default/files/resource/chnbur1.pdf.
③ https://ec.europa.eu/clima/policies/strategies/2050_en.

盟各国也出台了应对气候变化的长期战略，并积极探索各类减排政策。例如，德国提出了到2050年实现温室气体净零排放的目标，目前德国的可再生能源发电量已占总发电量的38%，并计划在2038年前放弃煤炭[①]；英国推行了“立法为主，补贴为辅，全面推进，最终建立低碳社会”的模式，明确了以5年为一期的碳预算体系来管理和执行温室气体减排计划，所签署的《2008年气候变化法案（2050年目标修正）》2019年法令已于2019年6月生效，其中提出2050年至少净零排放；法国在2015年通过了《绿色增长能源转型法》，对能源消费进行结构性调整，促进可再生能源和环保产业进一步发展、向低碳经济转型，并且正修改其低碳战略，希望将其纳入2050年前实现碳中和的目标。

作为曾经世界上碳排放量最大的国家，美国在减排和防治污染方面有着先行探索和十分健全的法律体系。但是，由于政府更迭，美国对待气候变化国际谈判的态度表现出很大的不确定性。1990年美国就发布了《清洁空气法案》，对汽车尾气和电厂排放等采取类似于限额与排放权交易措施，取得了很好的效果；2009年，美国政府发布了旨在降低美国温室气体排放的《美国清洁能源安全法案》。然而，布什政府和特朗普政府分别退出了《京都议定书》和《巴黎协定》，拒绝承认全球变暖及其人为成因。特朗普政府所实施的气候政策对美国低碳发展和温室气体减排进程产生了消极影响；不过，美国州际与城市层面的气候行动仍在继续落实[②③]（李慧明，2018）。特朗普当政以来，美国的减排仍然是历史上最好的时期，2019年也是美国减排最大的一年。

2. 非气候政策

空气污染控制措施和政策会直接影响空气污染物的排放。有研究指出，空气污染物排放的变化趋势受到生产活动相关政策的重要影响，如电厂和关键行业严格控制SO_2使得SO_2排放量大幅下降，而对PM_{10}、$PM_{2.5}$、VOCs和CO排放控制较少，导致其排放量持续增长（Li et al.，2019；Ou et al.，2017）。

21世纪初，中国针对京津冀以及华北平原其他地区制定的空气污染控制政策已经对空气污染减排、空气质量改善起到了重要的推动作用。2013年，国务院发布的《大气污染防治行动计划》（简称“大气十条”）提出十条措施，明确经过五年努力使全国空气质量总体改善、重污染天气较大幅度减少，京津冀、长江三角洲、珠江三角洲等区域空气质量明显好转。其中提出的政策措施中，发展清洁能源、控制煤炭消费，以及淘汰落后燃油车是重要部分。实施“大气十条”有力地推进了我国能源结构的改善，对二氧化碳排放的控制有明显的贡献。到考核年2017年，中国已超额实现了“大气十条”目标，338个及以上城市的PM_{10}平均浓度为75μg/m^3，较2013年下降了22.7%。有研究通过耦合排放清单和大气化学传输模型指出，2013~2017年，本地减排、周边减排和气象条件变化对北京2013~2017年$PM_{2.5}$浓度下降的贡献分别为65.4%、22.5%和12.1%。在北京本地各项减排措施中，燃煤锅炉整治、民用燃料清洁化和产业结构调整

① http://news.cri.cn/20190623/68a8ab6a-82c1-2500-3c7f-c8d665863127.html.
② https://www.usclimatealliance.org/alliance-principles.
③ https://nacto.org/program/american-cities-climate-challenge/.

是最为有效的三项措施（Vu et al.，2019）。

2018 年，国务院发布的《打赢蓝天保卫战三年行动计划》进一步提出，将经过三年努力大幅减少温室气体和主要大气污染物排放，主要措施包括：调整优化产业结构，推进产业绿色发展；加快调整能源结构，构建清洁低碳高效能源体系；积极调整运输结构，发展绿色交通体系；优化调整用地结构，推进面源污染治理；实施重大专项行动，大幅降低污染物排放；强化区域联防联控，有效应对重污染天气。针对这一计划，政府和环境保护部门又随之出台了一系列配套政策和措施，如 2019 年 10 月，生态环境部、国家发展和改革委员会等部门发布了《京津冀及周边地区 2019—2020 年秋冬季大气污染综合治理攻坚行动方案》，明确京津冀及周边地区 2019~2020 年秋冬季期间 $PM_{2.5}$ 平均浓度同比下降 4%，重度及以上污染天数同比减少 6% 的目标。可以预见，随着相应政策的落实，中国的空气污染物和碳排放会进一步得到控制。

正如气候政策可带来空气质量改善的协同效益一样，空气污染控制措施也对温室气体减排有促进作用。例如，北京从 2000 年开始采取了一系列具体措施，包括控制能源密集型行业和迁出许多能源密集型或重污染工业设施（如炼油厂和钢铁厂），对大部分燃煤锅炉和家用炉灶进行煤改气改造，以及加快黄标车淘汰、实行单双号限行制度等，这些措施主要的目的是抑制空气污染物排放，不过也对碳减排起到了较大的促进作用。此外，研究指出，北京在 2008 年出现的碳排放下降，主要也是由于与 2008 年奥运会相关的空气质量保障措施的实施（Wang H et al.，2012）。

2.3.6　空间集聚与空间不平等效应

空间效应对碳排放量也有重要的影响。许多研究都已表明，一个地区的碳排放水平对周边地区的碳排放量有着较为明显的影响。在中国不同区域碳排放量差异降低的同时，中国区域或城市层面的碳排放量表现出明显的空间集聚和空间溢出效应。研究指出，中国东部沿海地区、北部沿海地区和南部沿海地区都由于溢出效应而在其他地区造成了大量的碳排放（Ning et al.，2019；Wang et al.，2019b）。中国各省、城市的碳排放量也表现出明显的空间溢出效应，某一省份或城市对周边邻近省份或城市的碳排放影响较大（Su et al.，2018；Tong et al.，2018）。一项针对中国 283 个城市的研究指出，1992~2013 年，中国各城市的平均碳排放强度有所下降、碳强度差异总体减小，同时中国城市碳排放量的空间集聚性十分显著，且集聚度逐渐增强（Wang et al.，2019b）。

地区经济发展和收入不平等可能对碳排放量产生另一类空间效应的影响。关于这一因素，国际上针对土耳其、印度、美国等国家的研究并未给出一致的结论。有研究认为，收入不平等可能由于减少总体能源消费而使碳排放量降低（Demir et al.，2019）；但更多研究指出，收入不平等对碳排放和污染物排放升高有促进作用（Bhattacharya，2019；Uzar and Eyuboglu，2019；Zhu et al.，2018）；也有研究指出，收入不平等加剧会在短期内增加美国的碳排放量，但从长期来看却能够促进碳减排（Liu C et al.，2019）；此外，还有研究认为，相关研究存在较多混杂因素的干扰、评估变量的选择和测量不够有效等问题，因此研究的信度应被质疑（Mader，2018）。

2010 年中国的基尼系数相比 1974 年增加了 55%，2017 年全国居民人均可支配收入基尼系数为 0.467，中国的收入差距有所扩大。一项以中国 403 个地级市为研究对象的研究则指出，收入分布的空间效应对二氧化碳排放会产生影响，收入差距的不断扩大，特别是收入空间分布的不平衡，将对二氧化碳排放增加有促进作用（Liu Q et al.，2019）。尽管目前的研究结论不尽相同，但收入不平等的影响或许值得被进一步讨论和关注。

2.3.7 消费行为和生活方式

个体和消费者同样是能源消费和碳减排的重要主体。随着人口和财富的增长、人口年龄结构的变化，中国城乡居民的消费需求不断升级，私人家庭消费模式也在发生深刻变化，这种变化也影响着生产、能源消费和碳排放。研究指出，城市居民对高碳强度部门的产品或服务的消费显著高于农村居民。2012 年，中国城市居民消费的二氧化碳排放量在消费导致的二氧化碳排放量中占比达到 75%（Wu et al.，2019a）。

中国居民消费模式、消费偏好和生活方式的改变，会影响甚至主导消费导致的间接碳排放量变化。研究指出，2007~2012 年，中国城乡地区 90% 的新增碳排放都来自增加的用电和供暖需求（Wang Z et al.，2019）。近年来，低碳经济和低碳消费的理念得到较多关注和宣传。低碳消费、节能减排的倡导和实施对碳减排有重要的促进作用，且更加经济可行。例如，分析指出，若对发电设施进行投资，1 万元所能提供的电力供给仅为 1kW 左右；而同样的投资若致力于节能改造，则其能够节约的电力将达数十甚至上百千瓦（何建坤等，2018）。此外，当家庭支出从物质产品、交通运输需求更多地转向对服务型产品的消费时，将可节约大量的二氧化碳排放（Dai et al.，2012）；交通出行方式向低碳化的转变也将对减少碳排放量有重要的贡献。除此之外，饮食结构的变化也将对碳排放产生影响。不少研究指出，提倡素食饮食、减少肉制品消费将使全球牲畜数量减少，也将使得畜牧业产生的 CH_4 排放量降低（Biesbroek et al.，2014；Scarborough et al.，2014；Vieux et al.，2012）。近年来，素食主义对减少温室气体排放、改善健康等方面的影响被更多公众关注。有研究指出，中国佛教徒的素食饮食相当于减少了 3968 万 t CO_2eq 的温室气体，分别相当于 2012 年英国和法国温室气体排放量的 7.2% 和 9.2%（Tseng，2017）。

2.3.8 化石能源设施投资

由于具有较长的使用寿命、提前退役的可能性有限，化石能源设施往往都将在其投资安装和建成运行后的很长一段时间内带来持续的、“可预见的”碳排放。因此，对长寿命化石能源设施的投资是重要的碳排放驱动力。已有研究分析了现存和计划的长寿命化石能源设施投资可能带来的影响，并认为根据当前和可预见的投资情况，这些投资将导致大量的碳排放，极大地增加实现气候目标的难度。例如，有研究指出，如果与历史上的运行情况一致，则现存的全球化石能源设备将在未来继续排放约 658Gt CO_2（取决于假设寿命和使用率，这一数量的范围为 226~1479Gt），其中一半以上将来自电力部门的排放，中国、美国和欧盟 28 国将分别贡献这一排放量的 41%、9% 和

7%；如果计划新建的发电厂得到落实，则这些新建的发电厂将再额外增加 188Gt 的碳排放。这些现存和计划中的化石能源设施产生的可预见碳排放将超过以 50%~66% 概率实现 1.5℃温升目标所对应的剩余碳排放空间（420~580Gt CO_2），并达到 2℃温升目标对应剩余碳排放空间的 2/3（Tong et al.，2019）。此外，还有研究指出，虽然化石能源设施导致的可预见碳排放量的增长已有所减缓，但全球现存及计划新建的煤电和天然气电厂带来的碳排放量将远超 1.5~2℃温升目标所允许的额外碳排放量，甚至即使所有新建计划被取消，全球仍需提前使 20% 的装机容量退役以实现《巴黎协定》的目标（Pfeiffer et al.，2018）。

不过，也有研究表明了更加乐观的态度，认为如果积极采取减缓措施，高碳强度的能源技术设施从 2018 年底开始按设计的使用年限退役，则全球最高温升将有 64% 的可能性被控制在 1.5℃以下（Smith et al.，2019）。

2.3.9　部门排放驱动力

碳排放和污染物排放均产生于各个生产和消费部门。因此，除了从宏观角度识别和分析人口、城市化、经济增长、技术进步等排放的驱动力以外，从部门角度探讨各部门排放的驱动力及其变化趋势，对于进一步理解排放驱动力也有重要的作用。本节的讨论将着眼于电力，工业，建筑，交通，农业、林业和其他土地利用（AFOLU）及废弃物处理等主要部门，分别探讨这些部门排放的驱动力及影响因素。

1. 电力部门

至少到目前，电力仍属于即发即用的产品，发电量的多少主要取决于电力消费量，而电力消费量则主要由社会经济发展所驱动。从经济社会的角度来看，人口规模、经济规模、产业结构、生活消费是驱动电力部门碳排放变化的主要因素（Gu et al.，2015；侯建朝和史丹，2014；Zhang，2013）。近年来，中国经济的持续快速发展，大型企业的兴建，居民生活水平提高，都促进了电力部门温室气体排放量的增多。

从电力系统内部来看，电力消费量、发电量、发电结构、发电效率、厂用电率以及线路损失率是碳排放的重要驱动因素（侯建朝和史丹，2014；Zhang，2013）。发电结构调整是最为重要的减少电力和全社会 CO_2 排放的措施之一。到 2019 年，我国可再生能源发电装机达到 7.94 亿 kW，和 2010 年的 2.51 亿 kW 相比增长了 216%；其中，水电装机 3.56 亿 kW、风电装机 2.1 亿 kW、光伏发电装机 2.04 亿 kW、生物质发电装机 0.24 亿 kW。2019 年，可再生能源发电量达 2.04 万亿 kW · h，和 2010 年的 7658 亿 kW · h 相比增加了 166%；可再生能源发电量占全部发电量的比重为 27.9%。其中，水电 1.3 万亿 kW · h，风电 0.41 万亿 kW · h，光伏发电 0.22 万亿 kW · h，生物质发电 0.11 万亿 kW · h。自 2016 年起中国成为全球第一大可再生能源消费国。2016~2018 年每年新增可再生能源装机占全球一半左右。2018 年，中国可再生能源发电量增长占全球增长的 45%，超过经济合作与发展组织所有成员国的总和。

我国核电发展也在全球处于遥遥领先位置。2019 年核电装机 4874 万 kW，我国运行的核电机组达47台，次于美国、法国，位列全球第三。和2014年的2008万kW相比增加了143%。核电总装机容量占全国电力装机总量的2.42%。发电量从2014年的1332亿kW · h增加到2019年的3487亿kW · h，占全国发电量的4.88%。2019年在建核电机组13台，总装机容量1387万kW，连续保持世界第一。

非化石能源发电占电力的比重由2010年的19.7%提高到2019年的32.6%。天然气发电占比从2010年的1.7%提高到2019年的3.9%，同时燃煤发电煤耗从2010年的335g ce/（kW · h）下降到2019年291g ce/（kW · h）。这些因素使得电力排放系数从2010年的0.74kg CO_2下降到2019年的0.49kg CO_2，相当于2019年减少CO_2排放17.6亿t。

2. 工业部门

除电力部门以外的工业部门（主要为制造业部门）也是温室气体排放的重要来源，其排放主要来自生产过程中的化石能源消耗，还包括化学、冶金和矿物冶炼过程中的排放。过去的近20年间，中国经济发展迅速，1997~2016年底，中国GDP总量增长了9.4倍。而与此同时，工业发展是过去这一阶段中国经济增长的重要源泉；在GDP结构中，工业份额大幅增加，相应地，使得物质材料消耗、能源消费和气体排放大幅增加。

工业部门中高耗能行业发展是我国能源需求增长的主要因素。2000~2014年，我国新增能源需求的70%左右来自工业的高耗能部门，包括钢铁、建材、有色金属、化工等。这也是我国在2020年CO_2排放快速上升的主要原因。2014年之后，我国高耗能工业发展速度明显下降，甚至进入下降阶段，这也成为我国2014年后CO_2排放进入平台期的关键因素（周大地，2019）。

提高能源利用效率是当前工业部门最重要的减排手段，其关键在于降低资源密集型行业的能源强度，能源强度作为对比不同国家和地区能源综合利用效率的最常用指标之一，体现了能源利用的经济效率（Peng et al.，2016；Ren et al.，2014），并促使近年来中国工业部门的能源强度持续下降（Wang Q et al.，2018；Xu et al.，2014）。相对于高排放行业而言，生产技术效应对中低排放行业的积极作用更为显著（罗良文和李珊珊，2014）。同时，技术进步也对制造业经济发展存在回报效应。

工业内部的行业结构调整对温室气体排放也有一定影响，但受中国工业化进程的影响，行业结构调整的减排效果短期内不明显，远期减排潜力预期较大（Ren et al.，2014；王迪和聂锐，2012）。

3. 建筑部门

根据清华大学建筑节能研究中心所著的《中国建筑节能年度发展研究报告2018》，2016年，中国建筑碳排放总量为19.6亿t CO_2。其中，公共建筑碳排放量为7.43亿t CO_2，占建筑碳排放总量的37.9%；城镇居住建筑碳排放量为8.09亿t CO_2，占比41.3%；农村居住建筑碳排放量为4.08亿t CO_2，占比20.8%（清华大学建筑节能研究中心，2018）。中国建筑行业的快速和持续增长可能危及中国政府2030年前后碳排放达峰的承诺（Huo，2018；Hong et al.，2016）。自 2010 年以来，中国新增建筑数量占全球新增建筑数量的近一半，但相比其他发达国家，中国人均建筑面积仍低得多（美国 $92m^2$，德国 $67m^2$，德国 $50m^2$，中国仅 $36m^2$）。因而，随着中国城市化的快速驱动和经济发展，未来建筑存量和面积将会继续增加（Fan et al.，2017）。此外，中国在建建筑的舒适条件、隔热保温的完整性等显著低于发达国家水平。因而，随着中国人民经济水平的提升，建筑能耗也会进一步增加（Zhou and Wang，2018）。

建筑部门碳排放的驱动因素包括人口规模、城镇化、居民收入水平、居民消费水平、居民消费结构、能源利用效率、能源消费结构、户均或人均建筑面积等（Jiang，2016；Lin and Liu，2015；Wang Z H et al.，2015；王莉等，2015）。其中，居民收入水平提高、居民消费水平增加是促进碳排放增加的最主要因素，能源利用效率提升是碳减排的最主要驱动因素。长期来看，能源消费结构的清洁化将是建筑部门碳减排的有效手段（Tan et al.，2018；Wang and Lin，2017）。此外，也有研究考察了气候、人口流动等因素对建筑碳排放的影响。夏季日均最高气温的增加将推动居民建筑部门碳排放的增加（Zhao et al.，2019），人口流动促进了城市地区碳排放的增加（Lin and Liu，2015）。从居民消费结构来看，中国居民生活的消费结构整体呈现以“衣”“食”为主转向以“住”“行”“服务”为主的趋势（Zhang and Wang，2016），因此人们对公共服务的需求量在增加，导致公共建筑的温室气体排放比重增加。

4. 交通部门

交通部门排放主要来源于公路、铁路、航空和海上运输所消耗的化石能源。世界上几乎所有（95%）用于运输的能源都来自石油，主要是汽油和柴油。过去几十年来，交通运输业的快速发展，以及运输能源中较高的燃油比例推高了交通部门的碳排放量；2010 年，交通部门的碳排放量约占全球温室气体排放量的 14%。

交通出行模式转变、人口增长、贸易全球化、交通强度效应、工业化水平和能源结构等是中国交通部门碳排放的主要影响因素。其中，交通出行模式转变、人口增长和工业化水平是主要的增排因素。20 世纪 80 年代以来，中国经济一直呈现近 10% 的涨幅，而机动车数量已经以每年 12%~14% 的速度在增长，远远超过 GDP 的增长速度（Mao et al.，2012）。交通出行模式的转变（越来越倾向于便捷化和高耗能的出行方式）以及人口的增长也是推动交通部门 CO_2 排放增长的主要原因（Wang et al.，2011）。中国经济的快速发展和贸易日益全球化推动了商品产出和对外贸易的增长，货运需求自然也在增加。由于水路承接 90% 以上的外贸货运量，其能源消耗和碳排放量也相应增加（Lin and Xie，2014）。工业化水平是影响中国交通部门碳排放增长的主要因素之一。工业发展过程中，需要运输大量的原材料与产品，这会促进交通运输业的发展，从而增加能耗和碳排放（Dai et al.，2014；Li et al.，2013）。

交通强度效应和交通服务共享效应，以及能源结构的低碳化，则是中国 CO_2 排放量降低的主要驱动力（Tan et al.，2018）。近些年，因为中国在降低交通运输排放方面采取了有效措施和政策，如提高燃料质量、开发新技术、改善交通基础设施和推广替代燃料等，公路交通运输碳排放增长逐渐趋缓。

5. 农业、林地和其他土地利用（AFOLU）及废弃物处理

AFOLU 活动既是 CO_2 的排放源（如毁林、泥炭地排干等），又是 CO_2 的吸收汇（如造林、土壤碳固持管理等）。除化石燃料燃烧和工业过程的排放量外，AFOLU 的变化是全球温室气体排放的第二大贡献者。1970~2010 年，该部门的温室气体排放量从 9.9Gt CO_2 eq 增加到了 12Gt CO_2 eq；2010 年，AFOLU 占 2010 年全球温室气体排放量的 20%~25%，且主要来自农业、畜牧业和森林砍伐的排放（IPCC，2014）。在农业活动中，温室气体排放量为 8.30 亿 t CO_2 eq，占中国温室气体排放总量（不包括 LULUCF）的 6.7%，农业活动 CH_4 排放量为 4.67 亿 t CO_2 eq，占中国 CH_4 排放总量的 40.2%，N_2O 排放 3.63 亿 t CO_2 eq，占中国 N_2O 排放总量的 59.5%。在 LULUCF 中，2014 年净吸收温室气体 11.15 亿 t CO_2 eq，其中 CO_2 净吸收量 11.51 亿 t CO_2 eq，同时，LULUCF 活动也排放 CH_4，2014 年的排放量为 0.36 亿 t CO_2 eq。AFOLU 相关排放的主要驱动力包括与动物制品产量增加相关的畜牧数量增加、农业用地的变化、肥料使用、灌溉情况和森林退化等（IPCC，2014）。

废弃物处理部门是全球非二氧化碳温室气体排放的第三大贡献源，在 2005 年贡献了全球 13% 的非 CO_2 温室气体排放（Cai W et al.，2018）。相较 1970~2010 年全球废弃物排放的翻倍，2000~2010 年这一时期，来自废弃物的碳排放增长率有一定程度的下降，但增幅仍然达到 13%[①]。废弃物的产生与人口数量、城镇化率和地区富裕程度（如人均 GDP、人均能源消费等指标）都密切相关。

2.4 GHG 减排与可持续发展目标

联合国《2030 年可持续发展议程》体现了人类实现可持续发展的共同愿景，所提出的 17 个目标是实现可持续发展具有普遍共识的优先领域，也是一份促进社会发展、经济增长和环境保护的行动清单。在《2030 年可持续发展议程》中，“气候行动”被列为第 13 个目标，这一安排既体现出气候行动是可持续发展目标不可或缺的组成部分，也强化了气候行动与其他可持续行动的协同。促进可持续发展目标之间的协同效应，减轻或消除目标间的权衡，对于实现可持续发展目标至关重要。很多研究表明，气候行动与可持续发展目标中的其他目标，如“经济适用的清洁能源”、“可持续城市和社区”和“无贫穷”等具有一定协同性。

自 2000 年以来，中国对于能源、环境与气候协同治理的重视程度逐步加强，在战略规划、制度建设和管理机制等方面采取了系列卓有成效的措施，从而在能源消费总量控制、非化石能源发展、二氧化碳减排、主要污染物减排和空气质量改善等方面取得了显著成效。中国发布的国民经济和社会发展五年规划纲要等主要政策中体现协同治理理念的目标数量逐步增加，政策力度总体增强，已基本形成了较为完善的引导气候、能源、环境协同治理的目标体系（表 2-2）。“十一五”时期，中国把能源消耗强度

① JRC/PBL. 2013. Emission Database for Global Atmospheric Research（EDGAR），Release Version 4.2.

降低和主要污染物排放总量减少确定为国民经济和社会发展的约束性指标，以能源消费年均 6.6% 的增速支撑了国民经济年均 11.2% 的增长，单位国内生产总值能源消耗降低 19.1%，SO_2 排放总量减少 14.3%。“十二五”时期，中国提出了单位国内生产总值 CO_2 排放降低 17% 的目标。这一时期，单位国内生产总值 CO_2 排放实际降低了 19.3%。与此同时，全国单位国内生产总值能源消耗降低 18.2%、SO_2、NO_x 排放总量分别减少 18.0%、18.6%。“十三五”时期，中国将落实“国家自主贡献”纳入国家战略和规划，提出了单位国内生产总值 CO_2 排放降低 18% 的目标，把应对气候变化作为转变经济增长方式和社会消费方式、加强环境保护和生态建设的重要驱动力。2020 年单位国内生产总值 CO_2 排放比 2015 年实际下降了 18.8%，超额完成了目标。同期，在能源发展、环境保护等方面也取得了显著进展。

表 2-2　“十五”以来涉及环境与气候协同发展的经济与社会发展目标

主要目标	规划目标					实现情况		
	“十五”（2001~2005 年）	“十一五”（2006~2010 年）	“十二五”（2011~2015 年）	“十三五”（2016~2020 年）	“十四五”（2021~2025 年）	“十五”（2001~2005 年）	“十一五”（2006~2010 年）	“十二五”（2011~2015 年）
单位国内生产总值能源消耗降低 /%		20.0①	16.0①	15.0①	13.5①		19.1①	18.2①
非化石能源占一次能源消费的比例 /%			11.4②	15.0②				12.0②
单位国内生产总值 CO_2 排放降低 /%			17.0①	18.0①	18①			19.3①
SO_2 排放总量减少 /%	10.0①	10.0①	8.0①	15.0①		–27.8①	14.3①	18.0①
NO_x 排放总量减少 /%			10.0①	15.0①				18.6①
地级及以上城市③空气质量优良天数④比率 /%				>80②	87.5			
细颗粒物（$PM_{2.5}$）未达标地级及以上城市浓度下降 /%				18.0①				
森林覆盖率 /%	18.2②	20.0②	21.66②	23.04②	24.1②	18.2②	20.36②	21.66②
森林蓄积量 / 亿 m^3			143②	165②				151②

①五年累积量；②“五年”规划期间最终完成量；③地级及以上城市包括地级市、地区、自治州和盟；④空气质量优良天数指空气质量指数（AQI）在 0~100 的天数。

资料来源：何建坤等，2020。

2.4.1 GHG 减排与清洁能源供应

中国 GHG 减排的重要着力点是节能和能源结构的调整，通过大力调整能源结构，提高了清洁能源供应比例，因此，GHG 减排与清洁能源供应具有很高的协同性。根据中国电力企业联合会的核算[①]，截至 2016 年底，中国累计关停小火电机组达到 1.1 亿 kW（2007 年以来）。中国风电和太阳能发电装机容量由 2005 年的 105.6 万 kW 增长至 2019 年的 4.13 亿 kW；发电量由 2005 年的 16.4 亿 kW · h 增长至 2019 年的 6290 亿 kW · h。2019 年，非化石能源发电量占总发电量的比例达到 32.7% 左右，非化石能源发电装机容量占总装机容量的比例达到 42%。以 2005 年为基准年，2006~2019 年电力行业累计减少 CO_2 排放约 159.4 亿 t。其中，供电煤耗降低对电力行业 CO_2 减排贡献率为 37%，非化石能源发展贡献率为 61%（中国电力企业联合会，2020）。欧训民等（2018）研究发现，2006~2015 年，仅煤电的“上大压小”这一措施就产生了 5 亿 t 的温室气体减排效果，同时带来约 1990 万 t 的 SO_2、1210 万 t 的 NO_x、180 万 t 的 $PM_{2.5}$ 的污染物减排效果。

从能源品种来看，中国清洁能源供应的重心是减少煤炭的消费量。滕飞（2015）的研究表明，2012 年煤炭消费对全国 $PM_{2.5}$、SO_2、NO_2 年均浓度的平均贡献均在一半以上。从行业分布上看，煤炭消费主要集中在电力热力生产供应业、燃煤锅炉、非金属矿物制品业和黑色金属冶炼业等重点行业，上述行业 SO_2、NO_x、烟粉尘排放量分别约占全国排放总量的 90%、70% 和 80%。从地区分布上看，煤炭消费主要集中在中东部省份，京津冀地区、山东、河南、安徽以及长三角区域以占全国 9.2% 的区域面积，消费了全国 38.2% 的煤炭，排放了全国 33.3% 的 SO_2、39.6% 的 NO_x 和 31.8% 的烟粉尘。为加强大气污染治理，2013 年 9 月国务院出台了《大气污染防治行动计划》，提出了细化和严格的大气污染治理措施，并且明确提出国家煤炭消费总量控制目标，到 2017 年，煤炭占能源消费总量比重要降低到 65% 以下。2017 年，中国煤炭占能源消费总量比重实际下降到了 60.6%，2020 年这一比例更进一步下降到 56.8%。按照每吨标准煤 2.64t CO_2 计算，燃煤 CO_2 排放量 2020 年与 2013 年基本持平。严格的煤炭消费控制政策促进了碳排放的减缓。

在清洁取暖方面，中国于 2017 年实施了《北方地区冬季清洁取暖规划（2017—2021 年）》，鼓励北方地区根据其资源禀赋、经济实力、基础设施等，采用各类清洁供暖方式，替代城镇和乡村地区的取暖用散烧煤。截至 2019 年底，北方地区清洁取暖面积达 116 亿 m^2，清洁取暖率达 55%，相比 2016 年提高了 21 个百分点[②]。在解决无电人口用电方面，通过持续推进农网建设、改造和升级，2015 年中国已经全面解决无电人口用电问题，实现了人人享有电力的目标，还在持续实施农网改造升级工程，进一步提高农村电网供电可靠性和供电能力[③]。以上这些措施，很大程度上促进了中国居民生活消费用煤量的减少。2010~2019 年，居民生活消费用煤下降了约 2600 万 t，相应 CO_2

① 中国电力企业联合会 . 2017. 中国煤电清洁发展报告 .
② 中华人民共和国国务院新闻办公室 . 2020. 新时代的中国能源发展 .
③ 中华人民共和国生态环境部 . 2019. 中国应对气候变化的政策与行动 2019 年度报告 .

排放量下降了约 29%。

随着中国碳排放权交易试点工作的开展，一批农村温室气体自愿减排交易项目也涵盖了清洁能源替代的内容。例如，2014 年，通山县人民政府与美国环保协会等合作开发了湖北省通山县农村户用沼气项目。该项目通过建造沼气池，安装沼气灶回收利用牲畜粪便产生的沼气，从而代替燃煤用于炊事和供热，为农户提供清洁、可再生的生物质能源。该项目覆盖通山县 12 个乡镇、122 个村共计 13162 户农户，预计第一计入期（7 年）大约可以产生 20 万 t 减排量①。

2.4.2 GHG 减排与可持续城市

在 GHG 减排与可持续城市建设的探索方面，中国开展了低碳城市、新能源示范城市、气候变化适应型城市、海绵城市等试点，这些试点城市具有不同的试点目标和工作方式，为探索协同治理新领域和新手段提供了思路、积累了经验（何建坤等，2020）。

城市空气质量改善是实现可持续城市的重要内容。应对气候变化和城市空气污染治理具有显著的协同性，可以实现协同效益。减少 GHG 排放的行动，大多会同时减缓 SO_2、NO_x 等常规污染物排放，从而实现空气质量的改善，反之亦然。越来越多的研究认为，将全球性、长期性的应对气候变化效益对应到更为局部区域性、短期的空气质量改善上，将有助于更好地提高应对气候变化的公众意愿（Shindell et al., 2018）。以北京为例，北京的地区生产总值从 1998 年到 2017 年增长了 1078%、人口和机动车保有量分别增长了 74% 和 335%，但是空气质量却得到明显改善，SO_2、NO_2 和 PM_{10} 年均浓度分别下降 93.3%、37.8% 和 55.3%。燃煤源污染控制在其中发挥了很大作用，北京煤炭消费量由 1998 年的约 2700 万 t 下降至 2017 年的 500 万 t 以下。北京通过加强电厂清洁能源替代、燃煤锅炉污染治理和民用散煤污染治理来实现燃煤源污染控制。根据 UNEP（2019）的研究，与 1998 年相比，2017 年北京电厂 $PM_{2.5}$、SO_2 和 NO_x 排放量分别下降了 1. 68 万 t、5.23 万 t 和 5.3 万 t，燃煤锅炉 $PM_{2.5}$、PM_{10}、SO_2、NO_x 排放分别减少了 2.1 万 t、3.5 万 t、16.5 万 t 和 5.6 万 t，民用散煤 $PM_{2.5}$、PM_{10}、SO_2、NO_x 排放量分别减少了 2.1 万 t、3.2 万 t、4.6 万 t 和 1.6 万 t。按照每吨标煤 2.64t CO_2 计算，同一时期，北京燃煤排放的 CO_2 下降约 4200 万 t，空气质量改善的同时碳减排效益明显。

对中国 286 个城市 2000~2015 年的碳排放与空气质量变化进行分析，发现协同减排的趋势逐渐增强（图 2-7）。2000~2005 年，72% 城市的 CO_2 排放强度和 $PM_{2.5}$ 浓度呈现共同增长趋势，只有三个城市呈现 CO_2 排放强度和 $PM_{2.5}$ 浓度协同减排趋势。2005~2010 年，45% 城市的 CO_2 排放强度和 $PM_{2.5}$ 浓度呈现协同减排趋势。2010~2015 年，58% 城市的 CO_2 排放强度和 $PM_{2.5}$ 浓度呈现协同减排趋势，较 2005~2010 年增长了 13 个百分点，这说明中国 GHG 减排与城市空气质量改善取得了显著协同效益（何建坤等，2020）。

① http://www.cet.net.cn/plus/list.php?tid=17.

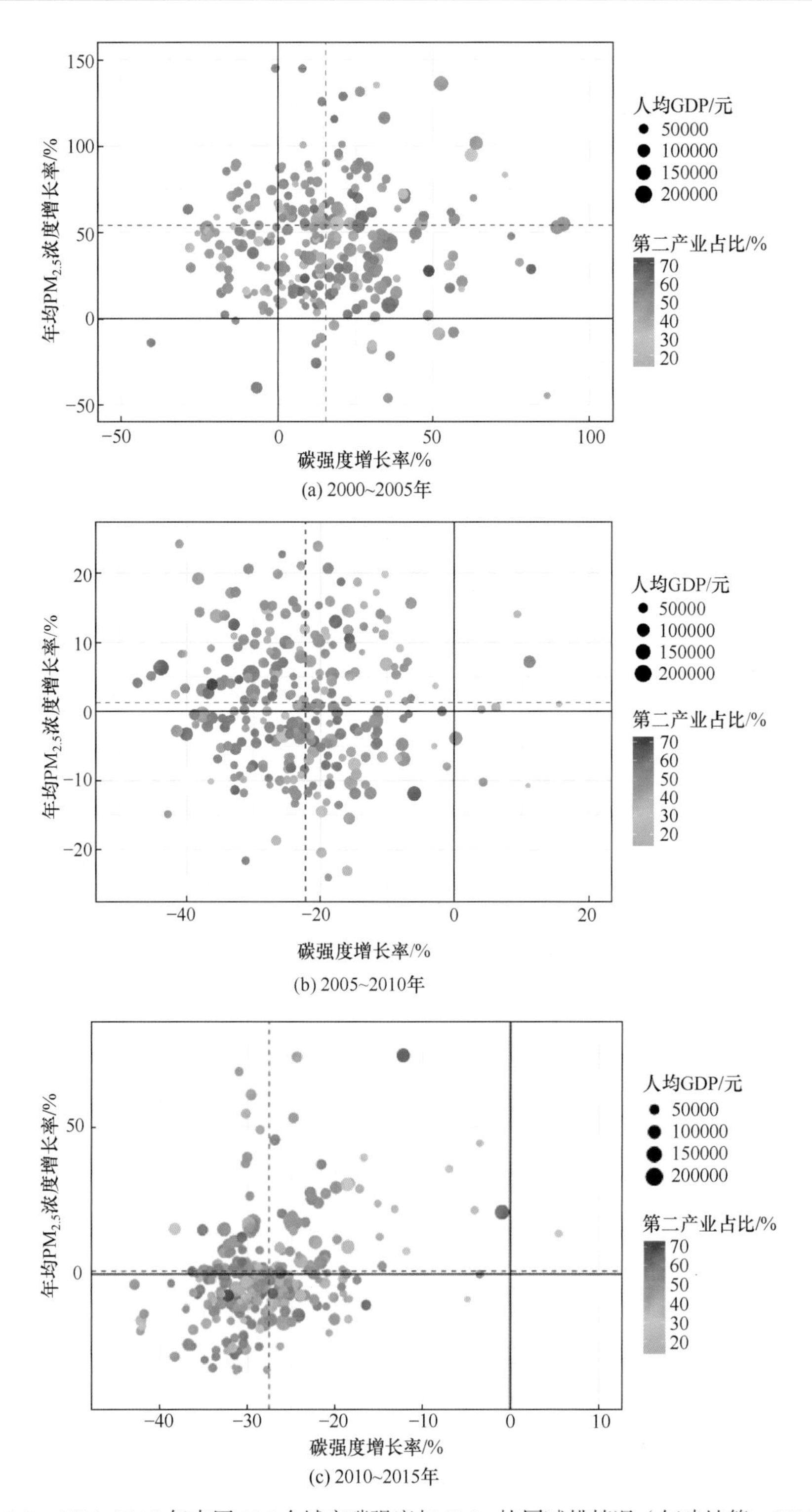

图 2-7　2000~2015 年中国 286 个城市碳强度与 $PM_{2.5}$ 协同减排情况（何建坤等，2020）

2.4.3　GHG 减排与消除贫困

“消除贫困”是可持续发展的主要目标之一。近年来，中国的贫困人口大幅减少，对全球减贫事业贡献巨大。按照 2010 年标准[①]，1978 年末我国农村贫困人口 7.7 亿人，农村贫困发生率高达 97.5%。2012 年末中国农村贫困人口下降至 9899 万人，农村贫困发生率降至 10.2%。到 2020 年底，现行标准下 9899 万农村贫困人口也全部脱贫，中国完成了消除绝对贫困的艰巨任务。

中国的扶贫政策是从救济式扶贫到开发式扶贫再到精准扶贫。碳排放权交易、碳汇等 GHG 减排政策为精准脱贫提供了新的思路和方法。2015~2017 年，湖北贫困地区的农林类中国核证自愿减排量（CCER）累计成交 71 万 t，为农民增收 1016 万元[②]。2015 年，“湖北省通山县竹子造林碳汇项目”正式通过国家发展和改革委员会的备案审核，成为首个进入国内碳市场的竹林碳汇类核证减排量项目。该项目在湖北省通山县燕厦乡宜林荒山分三年实施毛竹碳汇造林，计入期内该项目的预计年均减少温室气体排放量为 0.66 万 t，总量为 13.11 万 t，预计将为当地农民带来 200 万元的收入[③]。2018 年，贵州启动了“单株碳汇精准扶贫试点”，把贵州深度贫困村建档立卡贫困户种植的树编上特有的身份号码，测算出碳汇量后，把相关数据传输到贵州单株碳汇精准扶贫平台上，再面向个人、企事业单位和社会团体进行销售，获得的资金全额进入贫困农户的个人账户，从而实现精准扶贫[④]。

发挥可再生能源优势助力脱贫攻坚是中国的一项重要扶贫措施。2014 年，国家能源局、国务院扶贫开发领导小组办公室决定利用 6 年时间组织实施光伏扶贫工程。到 2019 年全国累计建成 2636 万 kW 光伏扶贫电站，惠及近 6 万个贫困村、415 万贫困户，每年可产生发电收益约 180 亿元，相应安置公益岗位 125 万个。农村水电是贫困山区的重要能源和民生工程，据统计，2016 年全国 832 个贫困县中有 700 个拥有农村水能资源，农村水能资源占全国总量的 56%。2016 年，国家发展和改革委员会、水利部联合印发《农村小水电扶贫工程试点实施方案》，选取部分水能资源丰富的国家级贫困县，开展农村小水电扶贫工程试点，采取将中央预算内资金投入形成的资产折股量化给贫困村和贫困户的方式，探索“国家引导、市场运作、贫困户持续受益”的扶贫模式，建立贫困户直接受益机制。项目资金筹措主要包括国家投资和企业自筹（含银行贷款）两部分。中央安排预算内补助投资每千瓦 4000 元。到 2018 年底农村水电扶贫工程实施三年，国家累积安排中央预算内投资 13 亿元，建设扶贫装机 32.4 万 kW，已有 3 万多建档立卡贫困户受益。

① 指按 2010 年价格确定的每人每年 2300 元的贫困标准，是与小康社会相适应的稳定温饱标准。
② http://www.qhrb.com.cn/articles/236915.
③ http://www.hbets.cn/view/585.html.
④ http://www.greentimes.com/greentimepaper/html/2018-06/20/content_3322774.htm.

▪ 参考文献

陈洁，焦建玲，李方一，等 . 2016. 行业减排的优先次序与差别对策研究 . 资源科学，38（7）：1373-1382.

方精云，朱江玲，岳超，等 . 2019. 中国及全球碳排放：兼论碳排放与社会发展的关系 . 北京：科学出版社 .

国家可再生能源中心，国家发展和改革委员会能源研究所可再生能源发展中心 . 2018. 国际可再生能源发展报告 2018. 北京：中国环境出版集团 .

何建坤，齐晔，李政著 . 2020. 环境和气候协同行动：中国及其他国家的成功实践 . 大连：东北财经大学出版社 .

何建坤，周剑，欧训明，等 . 2018. 能源革命与低碳发展 . 北京：中国环境出版集团 .

侯建朝，史丹 . 2014. 中国电力行业碳排放变化的驱动因素研究 . 中国工业经济，（6）：44-56.

黄晓勇 . 2018. 世界能源发展报告（2018）. 北京：社会科学文献出版社 .

乐群，张国君，王铮 . 2012. 中国各省甲烷排放量初步估算及空间分布 . 地理研究，31（9）：1559-1570.

李慧明 . 2018. 特朗普政府“去气候化”行动背景下欧盟的气候政策分析 . 欧洲研究，36（5）：43-60.

刘竹，关大博，魏伟 . 2018. 中国二氧化碳排放数据核算 . 中国科学：地球科学，28（7）：878-887.

罗良文，李珊珊 . 2014. 技术进步、产业结构与中国工业碳排放 . 科研管理，35（6）：8-13.

马丁，陈文颖 . 2016. 中国 2030 年碳排放峰值水平及达峰路径研究 . 中国人口 · 资源与环境，26（S1）：1-4.

欧训民，袁杰辉，彭天铎 . 2018. 重大能源行动的降碳减排协同效益分析方法及中国案例研究 . 北京：经济管理出版社 .

秦翊，侯莉 . 2013. 广东能源消费碳排放影响因素分解分析——基于 LMDI 方法 . 科技管理研究，33（12）：231-234.

清华大学建筑节能研究中心 . 2018. 中国建筑节能年度发展研究报告 2018. 北京：中国建筑工业出版社 .

滕飞 . 2015. 煤炭的真实成本，如此之大？环境经济，Z1：24-25.

田中华，杨泽亮，蔡睿贤 . 2015. 广东省能源消费碳排放分析及碳排放强度影响因素研究 . 中国环境科学，35（6）：1885-1891.

王迪，聂锐 . 2012. 中国制造业碳排放的演变特征与影响因素分析 . 干旱区资源与环境，26（9）：132-136.

王莉，曲建升，刘莉娜，等 . 2015. 1995—2011 年我国城乡居民家庭碳排放的分析与比较 . 干旱区资源与环境，29（5）: 6-11.

浙江省化工研究院有限公司 . 2017. 中国氟化工行业氢氟烃（HFCs）逐步削减趋势研究 . http://www.efchina.org/Reports-zh/report-20170710-3-zh. [2017-12-31].

中国电力企业联合会 . 2020. 中国电力行业年度发展报告 2020. 北京：中国建材工业出版社 .

钟章奇，姜磊，何凌云，等 . 2018. 基于消费责任制的碳排放核算及全球环境压力 . 地理学报，73(3)：

442-459.

周大地 . 2019. 我国尽早达峰研究 . 北京：中国计划出版社 .

Andersson F N . 2018. International trade and carbon emissions：The role of Chinese institutional and policy reforms. Journal of Environmental Management，205：29-39.

Apergis N，Payne J E. 2017. Per capita carbon dioxide emissions across U.S. states by sector and fossil fuel source：Evidence from club convergence tests. Energy Economics，63：365-372.

Bhattacharya H. 2019. Environmental and socio-economic sustainability in India：Evidence from CO_2 emission and economic inequality relationship. Journal of Environmental Economics and Policy，9（1）：57-76.

Biesbroek S，Bueno-de-Mesquita H B，Peeters P H M，et al. 2014. Reducing our environmental footprint and improving our health：greenhouse gas emission and land use of usual diet and mortality in EPIC-NL：A prospective cohort study. Environmental Health，13（1）：27.

BP. 2018. Statistical Review of World Energy. London: BP Amoco.

Cai B F，Guo H，Cao L，et al. 2018a. Local strategies for China's carbon mitigation：An investigation of Chinese city-level CO_2 emissions. Journal of Cleaner Production，178（20）：890-902.

Cai B F，Li W，Dhakal S. 2018b. Source data supported high resolution carbon emissions inventory for urban areas of the Beijing-Tianjin-Hebei region：Spatial patterns，decomposition and policy implications. Journal of Environmental Management，206（15）：786-799.

Cai B F，Lou Z Y，Wang J N，et al. 2018c. CH_4 mitigation potentials from China landfills and related environmental co-benefits. Science Advances，4（7）：eaar8400.

Cai B F，Lu J，Wang J N，et al. 2019. A benchmark city-level carbon dioxide emission inventory for China in 2005. Applied Energy，233-234：673-695.

Cai B F，Wang J N，Yang S，et al. 2017. Carbon dioxide emissions from cities in China based on high resolution emission gridded data. Chinese Journal of Population Resources & Environment，15（1）：58-70.

Cai B F，Wang X，Huang G，et al. 2018d. Spatiotemporal changes of China's carbon emissions. Geophysical Research Letters，45（16）：8536-8546.

Cai W，Hui J，Wang C，et al. 2018. The *Lancet* Countdown on $PM_{2.5}$ pollution-related health impacts of China's projected carbon dioxide mitigation in the electric power generation sector under the Paris Agreement：A modelling study. Lancet Planetary Health，2（4）：e151.

Cai W，Wang C，Chen J，et al. 2011. Green economy and green jobs：Myth or reality? The case of China's power generation sector. Energy，36（10）：5994-6003.

Cao Q，Kang W，Xu S，et al. 2019. Estimation and decomposition analysis of carbon emissions from the entire production cycle for Chinese household consumption. Journal of Environmental Management，247：525-537.

Chang S，Yang X，Zheng H，et al. 2020. Air quality and health co-benefits of China's national emission trading system. Applied Energy，261: 114226.

Chang S，Zhuo J，Meng S，et al. 2016. Clean coal technologies in China：Current status and future perspectives. Engineering，2（4）：447-459.

Chen D B. 2018. Utility of the blockchain for climate mitigation . The JBBA，1（1）：1-9.

Chen Q，Cai B F，Dhakal S，et al. 2017. CO_2 emission data for Chinese cities. Resources，Conservation and Recycling，126：198-208.

Chen X. 2016. Economic potential of biomass supply from crop residues in China. Applied Energy，166：141-149.

Chen Z B. 2020. Evaluating sustainable liveable city via Multi-MCDM and Hopfield Neural Network. Mathematical Problems in Engineering，2020：1-11.

Chen Z M，Ohshita S，Lenzen M，et al. 2018. Consumption-based greenhouse gas emissions accounting with capital stock change highlights dynamics of fast-developing countries. Nature Communications，9（1）：3581.

Cheng B，Dai H，Peng W，et al. 2015. Impacts of carbon trading scheme on air pollutant emissions in Guangdong Province of China. Energy for Sustainable Development，27：174-185.

Choi C，Choi J，Kim C，et al. 2020. The smart city evolution in South Korea：Findings from big data analytics. Journal of Asian Finance Economics and Business，7（1）：301-311.

Christiaensen L，Heltberg R. 2014. Greening China's rural energy：New insights on the potential of smallholder biogas. Environment and Development Economics，19（1）：8-29.

Ciais P，Tan J，Wang X，et al. 2019. Five decades of northern land carbon uptake revealed by the interhemispheric CO_2 gradient. Nature，568（7751）：221-225.

Coroama V C，Hilty L M，Birtel M. 2012. Effects of Internet-based multiple-site conferences on greenhouse gas emissions. Telematics and Informatics，29（4）：362-374.

Dai H，Masui T，Matsuoka Y，et al. 2012. The impacts of China's household consumption expenditure patterns on energy demand and carbon emissions towards 2050. Energy Policy，50：736-750.

Dai H，Xie Y，Liu J，et al. 2018. Aligning renewable energy targets with carbon emissions trading to achieve China's INDCs: A general equilibrium assessment. Renewable and Sustainable Energy Reviews，82: 4121-4131.

Dai J，Chen B，Sciubba E. 2014. Extended exergy based ecological accounting for the transportation sector in China. Renewable and Sustainable Energy Reviews，32（19）: 229-237.

Davis S J，Caldeira K. 2010. Consumption-based accounting of CO_2 emissions. Proceedings of the National Academy of Sciences of the United States of America，107（12）：5687-5692.

Demir C，Cergibozan R，Gok A. 2019. Income inequality and CO_2 emissions：Empirical evidence from Turkey. Energy & Environment，30（3）：444-461.

den Elzen M，Kuramochi T，Hoehne N，et al. 2019. Are the G20 economies making enough progress to meet their NDC targets. Energy Policy，126：238-250.

Ding L，Liu C，Chen K，et al. 2017. Atmospheric pollution reduction effect and regional predicament：An empirical analysis based on the Chinese provincial NO_x emissions. Journal of Environmental Management，196：178-187.

Dong D，Duan H，Mao R，et al. 2018. Towards a low carbon transition of urban public transport in megacities：A case study of Shenzhen，China. Resources，Conservation and Recycling，134：149-155.

Dong H J，Dai H C，Dong L，et al. 2015. Pursuing air pollutant CO-benefits of CO_2 mitigation in China：A provincial leveled analysis. Applied Energy，144（15）：165-174.

Du K，Xie C，Ouyang X. 2017. A comparison of carbon dioxide（CO_2）emission trends among provinces in China. Renewable and Sustainable Energy Reviews，73：19-25.

Fan C，Tian L，Zhou L，et al. 2018. Examining the impacts of urban form on air pollutant emissions：Evidence from China. Journal of Environmental Management，212（15）：405-414.

Fan F，Lei Y. 2017. Factor analysis of energy-related carbon emissions：A case study of Beijing. Journal of Cleaner Production，163：S277-S283.

Fan J L，Zhang Y J，Wang B. 2017. The impact of urbanization on residential energy consumption in China：An aggregated and disaggregated analysis. Renewable and Sustainable Energy Reviews，75：220-233.

Fang C，Wang S，Li G. 2015. Changing urban forms and carbon dioxide emissions in China：A case study of 30 provincial capital cities. Applied Energy，158：519-531.

Fang X K，Velders G J M，Ravishankara A R，et al. 2016. Hydrofluorocarbon（HFC）emissions in China：An inventory for 2005—2013 and projections to 2050. Environmental Science & Technology，50（4）：2027.

Fang X K，Wu J，Xu J H，et al. 2012. Ambient mixing ratios of chlorofluorocarbons，hydrochlorofluorocarbons and hydrofluorocarbons in 46 Chinese cities. Atmospheric Environment，54：387-392.

Fu B，Shu Z，Liu X. 2018. Blockchain enhanced emission trading framework in fashion apparel manufacturing industry. Sustainability，10（4）：1105.

Gret-Regamey A，Brunner S H，Altwegg J，et al. 2013. Facing uncertainty in ecosystem services-based resource management. Journal of Environmental Management，127：S145-S154.

Grubler A，Wilson C，Bento N，et al. 2018. A low energy demand scenario for meeting the 1.5 ℃ target and sustainable development goals without negative emission technologies. Nature Energy，3（6）：515-527.

Gu B，Tan X，Zeng Y，et al. 2015. CO_2 emission reduction potential in China's electricity sector：Scenario analysis based on LMDI decomposition. Energy Procedia，75：2436-2447.

Guan D，Klasen S，Hubacek K，et al. 2014. Determinants of stagnating carbon intensity in China. Nature Climate Change，4：1017-1023.

Guan D，Meng J，Reiner D M，et al. 2018. Structural decline in China's CO_2 emissions through transitions in industry and energy systems. Nature Geoscience，11（8）：551.

Hansis E，Davis S J，Pongratz J. 2015. Relevance of methodological choices for accounting of land use change carbon fluxes. Global Biogeochemical Cycles，29：1230-1246.

He B，Zhao D，Gou Z. 2020. Integration of low-carbon eco-city，green campus and green building in China//Gou Z. Green Building in Developing Countries. Green Energy and Technology. New York: Springer：49-78.

Hong L，Zhou N，Feng W，et al. 2016. Building stock dynamics and its impacts on materials and energy demand in China. Energy Policy，94：47-55.

Horst H V D G，Hovorka A J. 2009. Fuelwood：The “other” renewable energy source for Africa. Bioenergy and Bioenergy，33（11）：1605-1616.

Houghton R A，Nassikas A A. 2017. Global and regional fluxes of carbon from land use and land cover change 1850—2015. Global Biogeochemical Cycles，31：456-472.

Hu X，Nateghi R，Mukherjee S. 2017. A multi-paradigm framework to assess the impacts of climate change on end-use energy demand. PLoS One，12（11）：e0188033.

Hunter G W，Sagoe G，Vettorato D，et al. 2019. Sustainability of low carbon city initiatives in China：A comprehensive literature review. Sustainability，11：4342.

Huo T F. 2018. China's energy consumption in the building sector：A statistical yearbook-energy balance sheet based splitting method. Journal of Cleaner Production，185：665-679.

IEA. 2019a. CO_2 Emissions from Fuel Combustion. Paris: International Energy Agency.

IEA. 2019b. Global Energy & CO_2 Status Report 2019. Paris: International Energy Agency.

Imbault F，Swiatek M，Beaufort R，et al. 2017. The Green Blockchain：Managing Decentralized Energy Production and Consumption. Milan：2017 IEEE International Conference on Environment and Electrical Engineering and 2017 IEEE Industrial and Commercial Power Systems Europe .

IPCC. 2014. Climate Change 2014：Mitigation of Climate Change. Contribution of Working Group III to the Fifth Assessment Report of the Intergovernmental Panel on Climate Change. Cambridge：Cambridge University Press.

IPCC. 2018. Global Warming of 1.5℃. Cambridge：Cambridge University Press.

Jens M，Pernilla B. 2015. Exploring the effect of ICT solutions on GHG emissions in 2030. Paris: Atlantis Press.

Jiang J. 2016. China's urban residential carbon emission and energy efficiency policy. Energy，109：866-875.

Jiang J，Ye B，Xie D，et al. 2017. Provincial-level carbon emission drivers and emission reduction strategies in China：Combining multi-layer LMDI decomposition with hierarchical clustering. Journal of Cleaner Production，169：178-190.

Jing Q，Bai H，Luo W，et al. 2018. A top-bottom method for city-scale energy-related CO_2 emissions estimation：A case study of 41 Chinese cities. Journal of Cleaner Production，202：444-455.

Jochem P，Ploetz P，Ng W S，et al. 2018. The contribution of electric vehicles to environmental challenges in transport. Transportation Research Part D-Transport and Environment，64：1-4.

Kennedy C，Steinberger J，Gasson B，et al. 2010. Methodology for inventorying greenhouse gas emissions from global cities. Energy Policy，38（9）：4828-4837.

Kourtidis K，Georgoulias A K，Mijling B，et al. 2018. A new method for deriving trace gas emission inventories from satellite observations：The case of SO_2 over China. Science of the Total Environment，612：923-930.

Le Quéré C. 2020. Temporary reduction in daily global CO_2 emissions during the COVID-19 forced confinement. Nature Climate Change，10：647-653.

Le Quéré C，Andrew R M，Friedlingstein P，et al. 2018. Global Carbon Budget 2018. Earth System Science Date，10（1）：405-448.

Levitt C J，Saaby M ，Sørensen A. 2019. The impact of China's trade liberalisation on the greenhouse gas emissions of WTO countries. China Economic Review，54：113-134.

Li H Q，Lu Y，Zhang J，et al. 2013. Trends in road freight transportation carbon dioxide emissions and policies in China. Energy Policy，57: 99-106.

Li H N，Mu H L，Zhang M，et al. 2012. Analysis of regional difference on impact factors of China's energy-related CO_2 emissions. Energy，39（1）：319-326.

Li J，Luo R，Yang Q，et al. 2016. Inventory of CO_2 emissions driven by energy consumption in Hubei Province：A time-series energy input-output analysis. Frontiers of Earth Science，10（4）：717-730.

Li M Q，Patino-Echeverri D. 2017. Estimating benefits and costs of policies proposed in the 13th FYP to improve energy efficiency and reduce air emissions of China's electric power sector. Energy Policy，111：222-234.

Li M W，Zhang D，Li C T，et al. 2019. Co-benefits of China's climate policy for air quality and human health in China and transboundary regions in 2030. Environmental Research Letters，14（8）：9.

Li Y，Du W，Huisingh D. 2017. Challenges in developing an inventory of greenhouse gas emissions of Chinese cities：A case study of Beijing. Journal of Cleaner Production，161：1051-1063.

Liddle B. 2015. What are the carbon emissions elasticities for income and population? Bridging STIRPAT and EKC via robust heterogeneous panel estimates. Global Environmental Change，31：62-73.

Lin B Q，Liu H X. 2015. CO_2 emissions of China's commercial and residential buildings：Evidence and reduction policy. Building and Environment ，92：418-431.

Lin B Q，Xie C P. 2014. Reduction potential of CO_2 emissions in China's transport industry. Renewable and Sustainable Energy Reviews，33: 689-700.

Lin J，Tong D，Davis S，et al. 2016. Global climate forcing of aerosols embodied in international trade. Nature Geoscience，9：790.

Liu C，Jiang Y，Xie R. 2019. Does income inequality facilitate carbon emission reduction in the US. Journal of Cleaner Production，217：380-387.

Liu D，Liu J C，Wang S K，et al. 2019. Contribution of international photovoltaic trade to global greenhouse gas emission reduction：The example of China. Resources Conservation and Recycling，143：114-118.

Liu F，Zhang Q，van der A R J，et al. 2016. Recent reduction in NO_x emissions over China：Synthesis of satellite observations and emission inventories. Environmental Research Letters，11（11）：3945-3950.

Liu H，Wu B，Liu S，et al. 2018. A regional high-resolution emission inventory of primary air pollutants in 2012 for Beijing and the surrounding five provinces of North China. Atmospheric Environment ，181：20-33.

Liu Q，Wang S，Zhang W，et al. 2019. Examining the effects of income inequality on CO_2 emissions：Evidence from non-spatial and spatial perspectives. Applied Energy，236：163-171.

Liu X，Duan Z，Shan Y，et al. 2019. Low-carbon developments in Northeast China：Evidence from cities.

Applied Energy，236：1019-1033.

Liu X，Ou J，Wang S，et al. 2018. Estimating spatiotemporal variations of city-level energy-related CO_2 emissions：An improved disaggregating model based on vegetation adjusted nighttime light data. Journal of Cleaner Production，177：101-114.

Liu Y，Tan X，Yu Y，et al. 2017. Assessment of impacts of Hubei pilot emission trading schemes in China—A CGE-analysis using TermCO_2 model. Applied Energy，189：762-769.

Liu Z，Ciais P，Deng Z，et al. 2020. COVID-19 Causes Record Decline in Global CO_2 Emissions. https：//arxiv.org/abs/2004.13614.[2020-12-31].

Liu Z，Davis S J，Feng K，et al. 2015. Targeted opportunities to address the climate-trade dilemma in China. Nature Climate Change，6：201.

Liu Z，Feng K，Davis S J，et al. 2016. Understanding the energy consumption and greenhouse gas emissions and the implication for achieving climate change mitigation targets. Applied Energy，184：737-741.

Liu Z，Geng Y，Lindner S，et al. 2012a. Uncovering China's greenhouse gas emission from regional and sectoral perspectives. Energy Policy，45（1）：1059-1068.

Liu Z，Geng Y，Lindner S，et al. 2012b. Embodied energy use in China's industrial sectors. Energy Policy，49：751-758.

Liu Z，Guan D，Crawford-Brown D，et al. 2013. A low-carbon road map for China. Nature，500：143.

Liu Z，Liang S，Geng Y，et al. 2012c. Features，trajectories and driving forces for energy-related GHG emissions from Chinese mega cites：The case of Beijing，Tianjin，Shanghai and Chongqing. Energy，37（1）：245-254.

Liu Z. 2016a. China's Carbon Emissions Report 2016. Cambridge: Report for Harvard Belfer Center for Science and International Affairs.

Liu Z. 2016b. National carbon emissions from the industry process：Production of glass，soda ash，ammonia，calcium carbide and alumina. Applied Energy，166：239-244.

Lu Y，Zhang Y，Cao X，et al. 2019. Forty years of reform and opening up：China's progress toward a sustainable path. Science Advances，5（8）：eaau9413.

Ma X，Sha T，Wang J，et al. 2018. Investigating impact of emission inventories on $PM_{2.5}$ simulations over North China Plain by WRF-Chem. Atmospheric Environment，195：125-140.

Mader S. 2018. The nexus between social inequality and CO_2 emissions revisited：Challenging its empirical validity. Environmental Science & Policy，89：322-329.

Mao X Q，Yang S Q，Liu Q，et al. 2012. Achieving CO_2 emission reduction and the co-benefits of local air pollution abatement in the transportation sector of China. Environmental Science and Policy，21：1-13.

Masanet E，Shehabi A，Lei N，et al. 2020. Recalibrating global data center energy-use estimates. Science，367（6481）：984-986.

McVittie A，Norton L，Martin-Ortega J，et al. 2015. Operationalizing an ecosystem services-based approach using Bayesian Belief Networks：An application to riparian buffer strips. Ecological Economics，110：15-27.

Meng J, Liu J, Xu Y, et al. 2016. Globalization and pollution: Tele-connecting local primary $PM_{2.5}$ emissions to global consumption. Proceedings Mathematical Physical and Engineering Sciences, 472 (2195): 1-17.

Meng L, Graus W, Worrell E, et al. 2014. Estimating CO_2 (carbon dioxide) emissions at urban scales by DMSP/OLS (Defense Meteorological Satellite Program's Operational Linescan System) nighttime light imagery: Methodological challenges and a case study for China. Energy, 71: 468-478.

Mi Z, Meng J, Green F, et al. 2018. China's "exported carbon" peak: Patterns, drivers, and implications. Geophysical Research Letters, (12): 4309-4318.

Mi Z, Meng J, Guan D, et al. 2017. Chinese CO_2 emission flows have reversed since the global financial crisis. Nature Communications, 8 (1): 1712.

Mi Z, Zhang Y, Guan D, et al. 2016. Consumption-based emission accounting for Chinese cities. Applied Energy, 184: 1073-1081.

Miller D, Mockel P. 2018. Using Blockchain to Enable Cleaner, Modern Energy Systems in Emerging Markets. Washington DC: World Bank.

Mohareb E A, Kennedy C A. 2014. Scenarios of technology adoption towards low-carbon cities. Energy Policy, 66: 685-693.

Morley J, Widdicks K, Hazas M. 2018. Digitalisation, energy and data demand: The impact of Internet traffic on overall and peak electricity consumption. Energy Research & Social Science, 38: 128-137.

Muntean M, Guizzardi D, Schaaf E, et al. 2018. Fossil CO_2 Emissions of All World Countries-2018 Report. https://ec.europa.eu/jrc/en/publication/eur-scientific-and-technical-research-reports/fossil-CO2-emissions-all-world-countries-2018-report. [2018-12-31].

Ning Y, Miao L, Ding T, et al. 2019. Carbon emission spillover and feedback effects in China based on a multiregional input-output model. Resources Conservation and Recycling, 141: 211-218.

Niu H, Mo Z, Shao M, et al. 2016. Screening the emission sources of volatile organic compounds (VOCs) in China by multi-effects evaluation. Frontiers of Environmental Science & Engineering, 10 (5): 1-11.

O'Neill B C, Liddle B, Jiang L, et al. 2012. Demographic change and carbon dioxide emissions. The Lancet, 380 (9837): 157-164.

Oberschelp C, Pfister S, Raptis C, et al. 2019. Global emission hotspots of coal power generation. Nature Sustainability, 2 (2): 113.

Ou J, Meng J, Shan Y, et al. 2019. Initial declines in China's provincial energy consumption and their drivers. Joule, 3 (5): 1163-1168.

Ou J, Meng J, Zheng J, et al. 2017. Demand-driven air pollutant emissions for a fast-developing region in China. Applied Energy, 204: 131-142.

Panwar N L, Kaushik S C, Kothari S, et al. 2011. Role of renewable energy sources in environmental protection: A review. Renewable and Sustainable Energy Reviews, 15 (3): 1513-1524.

Peng B B, Fan Y, Xu J H. 2016. Integrated assessment of energy efficiency technologies and CO_2 abatement cost curves in China's road passenger car sector. Energy Conversion and Management, 109: 195-212.

Peters G P，Davis S J，Andrew R. 2012. A synthesis of carbon in international trade. Biogeosciences，9（8）：3247-3276.

Peters G P，Marland G，Hertwich E G，et al. 2009. Trade，transport，and sinks extend the carbon dioxide responsibility of countries：An editorial essay. Climatic Change，97（3-4）：379-388.

Peters G P，Minx J C，Weber C L，et al. 2011. Growth in emission transfers via international trade from 1990 to 2008. Proceedings of the National Academy of Sciences，108（21）：8903-8908.

Pfeiffer A，Hepburn C，Vogt-Schilb A，et al. 2018. Committed emissions from existing and planned power plants and asset stranding required to meet the Paris Agreement. Environmental Research Letters，13（5）：054019.

Qi C，Wang Q，Ma X，et al. 2018. Inventory，environmental impact，and economic burden of GHG emission at the city level：Case study of Jinan，China. Journal of Cleaner Production，192：236-243.

Qi J，Zheng B，Li M，et al. 2017. A high-resolution air pollutants emission inventory in 2013 for the Beijing-Tianjin-Hebei region，China. Atmospheric Environment，170：156-168.

Ramaswami A，Tong K K，Fang A，et al. 2017. Urban cross-sector actions for carbon mitigation with local health co-benefits in China. Nature Climate Change，7（10）：736-742.

Rashid M，Noraziah A. 2017. Review on green technology implementation challenges in university data centre. Advanced Science Letters，23（11）：11134-11137.

Raupach M R，Marland G，Ciais P，et al. 2007. Global and regional drivers of accelerating CO_2 emissions. Proceedings of the National Academy of Sciences of the United States of America，104（24）：10288-10293.

Ravi N，Rani P V，Harinarayan R R A，et al. 2019. Deep learning-based framework for smart sustainable cities：A case-study in protection from air pollution. International Journal of Intelligent Information Technologies，15（4）：76-107.

Realmonte G，Drouet L，Gambhir A，et al. 2019. An inter-model assessment of the role of direct air capture in deep mitigation pathways. Nature Communications，10（1）：3277.

Ren L，Wang W，Wang J，et al. 2015. Analysis of energy consumption and carbon emission during the urbanization of Shandong Province，China. Journal of Cleaner Production，103：534-541.

Ren S，Yin H，Chen X H. 2014. Using LMDI to analyze the decoupling of carbon dioxide emissions by China's manufacturing industry. Environmental Development，9：61-75.

Requia W J，Mohamed M，Higgins C D，et al. 2018. How clean are electric vehicles? Evidence-based review of the effects of electric mobility on air pollutants，greenhouse gas emissions and human health. Atmospheric Environment，185：64-77.

Saberi S，Kouhizadeh M，Sarkis J，et al. 2019. Blockchain technology and its relationships to sustainable supply chain management. International Journal of Production Research，57（7）：2117-2135.

Sajid M J，Qiao W，Cao Q，et al. 2020. Prospects of industrial consumption embedded final emissions：A revision on Chinese household embodied industrial emissions. Scientific Reports，10（1）：1826.

Scarborough P，Appleby P N，Mizdrak A，et al. 2014. Dietary greenhouse gas emissions of meat-eaters，fish-eaters，vegetarians and vegans in the UK. Climatic Change，125（2）：179-192.

Shan Y，Guan D，Zheng H，et al. 2018. China CO_2 emission accounts 1997—2015. Scientific Data，5：170201.

Shan Y，Huang Q，Guan D，et al. 2020. China CO_2 emission accounts 2016—2017.Scientific Data，7(1): 54 .

Shan Y，Liu J，Liu Z，et al. 2016. New provincial CO_2 emission inventories in China based on apparent energy consumption data and updated emission factors. Applied Energy，184：742-750.

Shan Y，Liu J，Liu Z，et al. 2019. An emissions-socioeconomic inventory of Chinese cities. Scientific Data，6：190027.

Shao L，Li Y，Feng K，et al. 2018. Carbon emission imbalances and the structural paths of Chinese regions. Applied Energy，215：396-404.

Shao S，Yang L，Gan C，et al. 2016. Using an extended LMDI model to explore techno-economic drivers of energy-related industrial CO_2 emission changes：A case study for Shanghai (China) . Renewable and Sustainable Energy Reviews，55：516-536.

Shehabi A，Smith S，Sartor D，et al. 2016. United States Data Center Energy Usage Report. https://www.osti.gov/servlets/purl/1372902.[2020-01-25].

Shi K，Yu B，Zhou Y，et al. 2019. Spatiotemporal variations of CO_2 emissions and their impact factors in China：A comparative analysis between the provincial and prefectural levels. Applied Energy，233-234：170-181.

Shi Y，Xia Y F，Lu B H，et al. 2014. Emission inventory and trends of NO_x for China，2000—2020. Journal of Zhejiang University Science A：Applied Physics & Engineering，15 (6)：454-464.

Shindell D，Greg F，Karl S，et al. 2018.Quantified，localized health benefits of accelerated carbon dioxide emissions reductions. Nature Climate Change，8 (4)：291-295.

Smith C J，Forster P M，Allen M，et al. 2019. Current fossil fuel infrastructure does not yet commit us to 1.5 ℃ warming. Nature Communications，10 (1)：101.

Soomro K，Bhutta M N M，Khan Z，et al. 2019. Smart city big data analytics：An advanced review. Wiley Interdisciplinary Reviews-Data Mining and Knowledge Discovery，9 (5)：e1319.

Stern D I，Common M S，Barbier E B. 1996. Economic growth and environmental degradation：The environmental Kuznets curve and sustainable development. World Development，24 (7)：1151-1160.

Strengers Y，Nicholls L. 2017. Convenience and energy consumption in the smart home of the future：Industry visions from Australia and beyond. Energy Research & Social Science，32：86-93.

Strubell E，Ganesh A，McCallum A J. 2019. Energy and Policy Considerations for Deep Learning in NLP. Florence：Proceedings of the 57th Annual Meeting of the Association for Computational Linguistics.

Su W，Liu Y，Wang S，et al. 2018. Regional inequality，spatial spillover effects，and the factors influencing city-level energy-related carbon emissions in China. Journal of Geographical Sciences，28 (4)：495-513.

Sun M，Zhang J. 2020. Research on the application of block chain big data platform in the construction of new smart city for low carbon emission and green environment. Computer Communications，149：332-342.

Tan X C, Zeng Y, Gu B H, et al. 2018. Scenario analysis of urban road transportation energy demand and GHG emissions in China—A case study for Chongqing. Sustainability, 10 (6): 2033.

Tian J, Andrade C, Lumbreras J, et al. 2018. Integrating sustainability into city-level CO_2 accounting: Social consumption pattern and income distribution. Ecological Economics, 153: 1-16.

Tian J, Shan Y, Zheng H, et al. 2019. Structural patterns of city-level CO_2 emissions in Northwest China. Journal of Cleaner Production, 223: 553-563.

Tong D, Zhang Q, Zheng Y, et al. 2019. Committed emissions from existing energy infrastructure jeopardize 1.5 ℃ climate target. Nature, 572 (7769): 373-377.

Tong X, Li X S, Tong L, et al. 2018. Spatial spillover and the influencing factors relating to provincial carbon emissions in China based on the spatial panel data model. Sustainability, 10 (12): 17.

Tseng A A. 2017. Reduction of greenhouse-gas emissions by Chinese buddhists with vegetarian diets: A quantitative assessment. Contemporary Buddhism , 18 (1): 1-19 .

UNEP. 2019. A Review of 20 Years' Air Pollution Control in Beijing. Nairobi, Kenya: United Nations Environment Programme.

Uzar U, Eyuboglu K. 2019. The nexus between income inequality and CO_2 emissions in Turkey. Journal of Cleaner Production, 227: 149-157.

Vieux F, Darmon N, Touazi D, et al. 2012. Greenhouse gas emissions of self-selected individual diets in France: Changing the diet structure or consuming less. Ecological Economics, 75: 91-101.

Vu T V, Shi Z, Cheng J, et al. 2019. Assessing the impact of clean air action on air quality trends in Beijing using a machine learning technique. Atmospheric Chemistry and Physics, 19 (17) : 11303-11314.

Wang A L, Lin B Q. 2017. Assessing CO_2 emissions in China's commercial sector: Determinants and reduction strategies. Journal of Cleaner Production, 164 (15): 1542-1552.

Wang C, Yin S, Bai L, et al. 2018. High-resolution ammonia emission inventories with comprehensive analysis and evaluation in Henan, China, 2006—2016. Atmospheric Environment, 193:11-23.

Wang H, Zhang R, Liu M, et al. 2012. The carbon emissions of Chinese cities. Atmospheric Chemistry and Physics, 12 (14): 6197-6206.

Wang P, Dai H, Ren S, et al. 2015. Achieving Copenhagen target through carbon emission trading: Economic impacts assessment in Guangdong Province of China. Energy , 79 (79): 212-227.

Wang Q, Chiu Y, Chiu C. 2015. Driving factors behind carbon dioxide emissions in China: A modified production-theoretical decomposition analysis. Energy Economics, 51: 252-260.

Wang Q, Liang Q M, Wang B, et al. 2016a. Impact of household expenditures on CO_2 emissions in China: Income-determined or lifestyle-driven? Natural Hazards, 84 (1): 353-379.

Wang Q, Wu S D, Zeng Y E, et al. 2016b. Exploring the relationship between urbanization, energy consumption, and CO_2 emissions in different provinces of China. Renewable and Sustainable Energy Reviews, 54: 1563-1579.

Wang Q, Zhao M, Li R, et al. 2018. Decomposition and decoupling analysis of carbon emissions from economic growth: A comparative study of China and the United States. Journal of Cleaner Production, 197: 178-184.

Wang S J，Huang Y Y，Zhou Y Q. 2019a. Spatial spillover effect and driving forces of carbon emission intensity at the city level in China. Journal of Geographical Sciences，29（2）：231-252.

Wang S J，Liu X P，Zhou C S，et al. 2017. Examining the impacts of socioeconomic factors，urban form，and transportation networks on CO_2 emissions in China's megacities. Applied Energy，185：189-200.

Wang S J，Wang J Y，Fang C L，et al. 2019b. Estimating the impacts of urban form on CO_2 emission efficiency in the Pearl River Delta，China. Cities，85：117-129.

Wang S J，Zeng J Y，Huang Y Y，et al. 2018. The effects of urbanization on CO_2 emissions in the Pearl River Delta：A comprehensive assessment and panel data analysis. Applied Energy，228：1693-1706.

Wang S J，Zhou C S，Li G D，et al. 2016. CO_2，economic growth，and energy consumption in China's provinces：Investigating the spatiotemporal and econometric characteristics of China's CO_2 emissions. Ecological Indicators，69：184-195.

Wang W W，Zhang M，Zhou M. 2011. Using LMDI method to analyze transport sector CO_2 emissions in China. Energy 36（10）: 5909-5915.

Wang Y，Kang Y，Wang J，et al. 2017. Panel estimation for the impacts of population-related factors on CO_2 emissions：A regional analysis in China. Ecological Indicators，78：322-330.

Wang Y，Zhao T. 2018. Panel estimation for the impacts of residential characteristic factors on CO_2 emissions from residential sector in China. Atmospheric Pollution Research，9（4）：595-606.

Wang Z，Cui C，Peng S. 2019. How do urbanization and consumption patterns affect carbon emissions in China? A decomposition analysis. Journal of Cleaner Production，211：1201-1208.

Wang Z H，Liu W，Yin J H. 2015. Driving forces of indirect carbon emissions from household consumption in China：An input-output decomposition analysis. Natural Hazards，75（2）：257-272.

Wang Z H，Yin F C，Zhang Y X，et al. 2012. An empirical research on the influencing factors of regional CO_2 emissions：Evidence from Beijing city，China. Applied Energy，100：277-284.

Wei Y M，Han R，Liang Q M，et al. 2018. An integrated assessment of INDCs under shared socioeconomic pathways：An implementation of C3IAM. Natural Hazards，92（2）：585-618.

Wiedenhofer D，Guan D，Liu Z，et al. 2016. Unequal household carbon footprints in China. Nature Climate Change，7：75.

Wu H X，Chen H，Wang Y T，et al. 2018. The changing ambient mixing ratios of long-lived halocarbons under Montreal Protocol in China. Journal of Cleaner Production，188：774-785.

Wu R，Bo Y，Li J，et al. 2016b. Method to establish the emission inventory of anthropogenic volatile organic compounds in China and its application in the period 2008—2012. Atmospheric Environment，127：244-254.

Wu R，Dai H，Geng Y，et al. 2016a. Achieving China's INDC through carbon cap-and-trade: Insights from Shanghai. Applied Energy，184（15）：1114-1122.

Wu S M，Lei Y L，Li S T. 2019. CO_2 emissions from household consumption at the provincial level and interprovincial transfer in China. Journal of Cleaner Production，210：93-104.

Wu S P，Zhang Y J，Schwab J J，et al. 2017. High-resolution ammonia emissions inventories in Fujian，China，2009—2015. Atmospheric Environment，162：100-114.

Wu Y，Shen L，Zhang Y，et al. 2019a. A new panel for analyzing the impact factors on carbon emission：A regional perspective in China. Ecological Indicators，97：260-268.

Wu Y，Tam V，Shuai C，et al. 2019b. Decoupling China's economic growth from carbon emissions：Empirical studies from 30 Chinese provinces（2001—2015）. Science of the Total Environment，656：576-588.

Wu Y，Zhang L. 2017. Can the development of electric vehicles reduce the emission of air pollutants and greenhouse gases in developing countries. Transportation Research Part D-Transport and Environment，51：129-145.

Xu B，Zhong R，Hochman G，et al. 2019. The environmental consequences of fossil fuels in China：National and regional perspectives. Sustainable Development，27（5）：826-837.

Xu S C，He Z X，Long R Y. 2014. Factors that influence carbon emissions due to energy consumption in China: Decomposition analysis using LMDI. Applied Energy，127：182-193.

Xu X，Huo H，Liu J，et al. 2018. Patterns of CO_2 emissions in 18 central Chinese cities from 2000 to 2014. Journal of Cleaner Production，172：529-540.

Xu X，Zhang Q，Maneas S，et al. 2019. VMSAGE：A virtual machine scheduling algorithm based on the gravitational effect for green Cloud computing. Simulation Modelling Practice and Theory，93：87-103.

Yang L，Li Y. 2013. Low-carbon city in China. Sustainable Cities and Society，9：62-66.

Yang Y，Qu S，Wang Z，et al. 2019. Sensitivity of sectoral CO_2 emissions to demand and supply pattern changes in China. Science of the Total Environment，682（10）：572-582.

Yang Y，Zhao T，Wang Y，et al. 2015. Research on impacts of population-related factors on carbon emissions in Beijing from 1984 to 2012. Environmental Impact Assessment Review，55：45-53.

Youm I，Sarr J，Sall M，et al. 2000. Renewable energy activities in Senegal：A review. Renewable & Sustainable Energy Reviews，4（1）：75-89.

Yu W，Pagani R，Huang L. 2012. CO_2 emission inventories for Chinese cities in highly urbanized areas compared with European cities. Energy Policy，47：298-308.

Yuan B，Ren S，Chen X. 2015. The effects of urbanization，consumption ratio and consumption structure on residential indirect CO_2 emissions in China：A regional comparative analysis. Applied Energy，140: 94-106.

Zhang H, Duan M, Deng Z. 2019. Have China's pilot emissions trading schemes promoted carbon emission reductions?—The evidence from industrial sub-sectors at the provincial level. Journal of Cleaner Production，234：912-924.

Zhang N，Liu Z，Zheng X，et al. 2017. Carbon footprint of China's belt and road. Science，357（6356）：1107.

Zhang X C，Wang F L. 2016. Hybrid input-output analysis for life-cycle energy consumption and carbon emissions of China's building sector. Building and Environment，104: 188-197.

Zhang Y. 2013. The responsibility for carbon emissions and carbon efficiency at the sectoral level：Evidence from China. Energy Economics，40：967-975.

Zhao B，Wang P，Ma J Z，et al. 2012. A high-resolution emission inventory of primary pollutants for the

Huabei region, China. Atmospheric Chemistry and Physics, 12 (1): 481-501.

Zhao J C, Ji G X, Yue Y L, et al. 2019. Spatio-temporal dynamics of urban residential CO_2 emissions and their driving forces in China using the integrated two nighttime light datasets. Applied Energy, 235: 612-624.

Zheng J, Mi Z, Coffman D M, et al. 2019. Regional development and carbon emissions in China. Energy Economics, 81: 25-36.

Zheng J, Yin S, Kang D, et al. 2012. Development and uncertainty analysis of a high-resolution NH_3 emissions inventory and its implications with precipitation over the Pearl River Delta region, China. Atmospheric Chemistry and Physics, 12 (15): 7041-7058.

Zhou C, Wang S. 2018. Examining the determinants and the spatial nexus of city-level CO_2 emissions in China: A dynamic spatial panel analysis of China's cities. Journal of Cleaner Production, 171: 917-926.

Zhou F, Shang Z, Ciais P, et al. 2014. A new high-resolution N_2O emission inventory for China in 2008. Environmental Science & Technology, 48 (15): 8538-8547.

Zhou N, Khanna N, Feng W, et al. 2018. Scenarios of Energy Efficiency and CO_2 Emissions Reduction Potential in the Buildings Sector in China to Year 2050. Nature Energy, 3 (11): 978-984.

Zhou Y, Cheng S, Lang J, et al. 2015. A comprehensive ammonia emission inventory with high-resolution and its evaluation in the Beijing-Tianjin-Hebei (BTH) region, China. Atmospheric Environment, 106: 305-317.

Zhou Y, Liu Y. 2016. Does population have a larger impact on carbon dioxide emissions than income? Evidence from a cross-regional panel analysis in China. Applied Energy, 180: 800-809.

Zhu H M, Xia H, Guo Y W, et al. 2018. The heterogeneous effects of urbanization and income inequality on CO_2 emissions in BRICS economies: Evidence from panel quantile regression. Environmental Science and Pollution Research, 25 (17): 17176-17193.

第3章 排放情景和路径转型

主要作者协调人：姜克隽、傅　莎
编　　　　审：王　克
主　要　作　者：余碧莹、戴瀚程、贺晨旻

▪ 执行摘要

排放情景和转型路径指明了未来可能的排放途径，特别是实现气候变化目标下的减排途径，其是分析未来的政策行动需求，以及升温和影响的基础。自2012年以来，我国排放情景的研究有了显著进展。全球针对2℃温升目标和1.5℃温升目标下的情景研究占据主流。针对中国的减排情景，包括实现国家自主贡献的情景、2℃温升情景、1.5℃温升情景也大量出现。这些情景分析了实现这些目标的可行性、社会经济成本、分行业减排途径、关键技术发展，以及与其他发展目标的协同。研究表明，我国可以实现承诺的国家自主贡献目标，并有很大可能实现全球2℃温升目标下的减排途径。这些情景也展示了实现2050年净零排放的多种途径。这些研究成果支撑了相关的研究，并支持了政策制定进程。

3.1 引　言

本章将主要评述中国在减排目标下的温室气体排放情景，以及实现这样排放情景的转型路径。类似于 IPCC 评估报告中的排放情景章节，本章在第三卷减缓的论述中将扮演核心角色，以评估实现各种减排目标下的排放情景。考虑到 2012 年以来我国气候变化应对的进展，本卷的重点将放在评述实现《巴黎协定》气候变化目标的实现途径和政策方面。本章将以与《巴黎协定》相关的减排情景为主进行评述，主要包括三类情景，即能源政策情景、全球 2℃温升情景、全球 1.5℃温升情景。结合这些情景的分析也将给出与长期减缓情景和途径相关的因素，如碳预算、模型工具和方法、减排对可持续发展目标的关联、地球工程的应用等。在本卷的章节安排中，后续的行业和领域章节将对本章的情景做出对比分析，以分析这些情景的可实现性，进而给出减排目标实现的可行性。

目前本章的主要内容包括，排放情景和路径转型评估模型工具、全球排放情景及其特征、2℃和 1.5℃情景下全球和中国的碳排放空间、中国减排情景和路径、分部门排放情景、减排成本及经济影响、转型途径、减排途径和 SDGs 的关联、地球工程等。

3.2 排放情景和路径转型评估模型工具

要认知未来的排放格局，一般采用情景分析方法。情景分析是在对各种其他相关因素判断的情况下，给出未来年份温室气体排放量。情景分析包括定性分析，但更多是定量分析。为了得到定量分析结果，需要将模型作为工具进行研究。模型是采用一定数学方法给出方程进行相关因素的计算，以得到未来温室气体排放量为目的。数学方程的确定，可以依据多种原理给出，一般常见的是采用经济学中的宏观和微观发展原理、技术经济学发展原理，以及社会、经济、技术展望等方式确定。

温室气体排放情景分析自 20 世纪 80 年代开始，到目前已经经过了 30 多年的研究，研究方法已经很成熟，研究领域也扩展了很多。80 年代初最为有名的分析温室气体情景的 WRE 模型，到目前的大规模综合评估模型、国家或区域排放分析模型、行业分析模型等，已经出现了巨大的进步。模型分析的进步主要体现在以下方面。

综合评估模型：已经从高集成度简单模型扩展成大规模的评估模型。在与气候变化相关的各个方面，大规模综合评估模型已经将各个环节的分析细致深入化。例如，原来 DICE 模型仅用 13 个数学方程描述的全系统的评估，大大扩展到如今 IMAGE 模型涵盖高精度全球气候模式、大气化学模型、大气海洋耦合模型、网格化复杂因素土地利用排放模型、能源系统温室气体排放模型等。研究目的也从原来的指导世界要进行减排，转为减排特别是深度减排的详细途径分析，以及减排可行性分析方面。

国家、区域和行业分析模型：模型分析的因素明显扩大和深入，主要进行能源转型、工业排放控制、土地利用减排的技术和政策研究，研究团队固定，能够长期进行模型研究，并被应用到决策过程中。

国际综合评估模型委员会（Integrated Assessment Model Consortium，IAMC）也再次明确定义了什么是综合评估模型。综合评估模型是用于分析气候变化应对成本效益的分析工具，将气候系统和社会经济系统相结合，综合分析气候变化的损失、减排的成本，以及适应的成本，为决策者提供研究基础。综合评估模型应具有以下特征：分析的范围是全球，覆盖所有排放源，分析到 2100 年。不具有这些特点的均列入国家或者区域分析模型，以及行业分析模型中。

针对中国或者中国区域、城市的分析，可以有综合评估模型、国家或区域分析模型，以及行业分析模型。由于中国的重要性，基本所有的大规模综合评估模型都将中国作为一个单独区域给出，或者中国作为东亚中央经济国家（包括中国、蒙古、越南、朝鲜、柬埔寨等），在这种情况下，中国占据该区域能源和排放的 92% 以上，所以也基本可以看作是中国的情景分析。

本章对中国排放情景的评估注重于针对中国的研究，特别是国家或区域分析模型的分析结果。在 IPCC AR5 之后，特别是 IPCC《IPCC 全球 1.5℃温升特别报告》发布以后，排放情景模型研究进入一个新的阶段，也即第三阶段，全面分析如何实现《巴黎协定》减排目标的可行性以及实施路径、政策评估等。如何走向实现《巴黎协定》气候变化目标的减排途径，也是 IPCC AR6 的核心内容（姜克隽等，2020）。

对于中国减排途径分析而言，排放情景分析模型更为重要。排放情景分析模型一般包括能源系统分析模型，以及土地利用排放分析模型。能源系统分析模型和土地利用排放分析模型一般都包括动态经济模型、一般均衡模型或部分均衡模型，以及技术经济分析模型。目前研究成果较多的是技术经济分析模型和一般均衡模型。

3.2.1 技术经济分析模型

技术经济分析模型主要包括技术描述模型、技术优化模型和系统优化模型等，是一种重要的综合评估模型工具。用于分析中国未来能源排放情景的常用的技术经济分析模型有长期能源可替代规划系统（long-range energy alternatives planning system，LEAP）模型、能源供需集成系统（the integrated MARKAL-EFOM system，TIMES）模型和亚太评估模型的能源模型（Asia-Pacific integrated model/Enduse model，AIM/Enduse）等。LEAP 模型是由斯德哥尔摩环境研究所研发的，用于综合能源系统规划和减缓气候变化评估。LEAP 模型结构灵活，用户可以根据不同的需求构建能源结构、设定参数和情景。LEAP 模型被广泛用于中国能源需求和碳排放预测及节能和减排潜力的研究中（Li J F et al.，2018）。TIMES 模型是国际能源署（IEA）将技术市场优化模型（market allocation of technologies model，MARKAL）模型和能源流优化模型（energy flow optimization model，EFOM）整合而成的，在 MARKAL 模型的基础上构建的中国模型被广泛用于中国低碳转型的研究中。AIM/Enduse 模型由日本国立环境研究所开发，用于研究气候变化政策、成本和低碳发展路径。基于 AIM/Enduse 模型构建的中国模型被广泛用于研究中国能源系统节能减排技术优化路径的研究中（Jiang et al.，1998，2013，2018a）。

近期这些模型的进展主要包括模型对于能源部门的涵盖更加详细，研究非 CO_2 排放、大气雾霾相关气体排放，并加入了新的产业和技术 [氢经济，以及生物能源与碳捕获和储存（BECCS）]（Jiang et al.，2018a，2021）。有些模型组扩展能源模型可以分析和水需求的关联（Li J F et al.，2018）。从研究产出上，近期研究更多地分析实现《巴黎协定》目标下中国的减排途径，包括 2℃温升目标和 1.5℃温升目标。也有很多研究是针对行业部门的减排路径和技术分析，如钢铁、建筑、电力部门等。技术经济模型进展的一个重要特点是驱动因素的分析更加细致、技术参数庞大，如 IPAC-AIM 技术模型目前已经覆盖 55 个部门、800 多种技术（Jiang et al.，2013，2018a）。PECE 模型包括 30 多个部门、400 多种技术。China TIMES 模型包括 11 个终端部门，以及详细的能源供应和转换部门。这些技术分析模型目前也正在扩展模型以覆盖更多新的技术和产业，如 BECCS 技术、制氢技术、氢动力运输工具、新型氢基化工工艺、氢还原炼铁技术、直接碳捕获技术等。一些行业分析模型近期也得到了发展，如钢铁行业模型、建筑行业模型、电力行业减排模型等。

根据过去 20 多年的模型应用历程，技术经济分析模型有着相对较好的支持政策制定的能力。中国的政策体系，特别是能源和环境政策体系基本采用政令政策。技术经济分析模型中纳入的政策，如补贴、标准、配额、规划目标等，可以较好地和政策制定者的期望结合到一起。

3.2.2 “自上而下”模型

Top Down 也称为“自上而下”的模型方法，这种方法侧重于将宏观全局作为研究出发点，主要包括可计算一般均衡（computable general equilibrium，CGE）模型、宏观经济模型和投入产出法等。

CGE 模型中明确定义了经济系统内各个主体（消费者、生产者等）的需求（效用）函数和生产函数，运用数量化的方式模拟经济系统运行和市场机制运作，实现对整个经济系统的定量评估。CGE 模型的长处是分析一些经济政策对未来排放的影响，如碳定价政策包括碳税、碳排放权交易等。近期 CGE 模型在国内发展迅速，很多模型组利用 CGE 模型进行排放分析。

国内已经有多个利用 CGE 模型组进行气候变化减排的相关研究，主要进行经济政策对减排的贡献分析。CGE 模型较为擅长分析温室气体减排的税收政策、碳价政策等对减排和经济的影响。CGE 模型的一个好处是能够分析整个经济系统下的温室气体减排的响应。

近期我国的模型组在进行全球多区域、中国省际多区域分析、递归动态化、空气污染、人群健康等方面对 CGE 模型进行了扩展研究，有了不少进展。同时，CGE 模型组在模拟现有或未来政策对技术进步、各种能源竞争、全球视角下对中国经济产生的影响等方面也进行了不少分析（Zhang D et al.，2013；Qi et al.，2016；Cheng et al.，2016；Tian et al.，2011；Wu et al.，2017；Yang T et al.，2017；Dai et al.，2018a，2016；Wang P et al.，2015；Xu et al.，2017；Liu M et al.，2017；Zhou N et al.，2018）。

CGE 模型的应用领域包括气候变化对能源环境、土地利用等方面的全球影响（Wei et al.，2018），对关键政策进行模拟分析，包括经济增长、产业发展、劳动力市场、减贫、财税改革、灾害评估等领域，碳市场潜在影响评估包括国家“十三五”规划指标测算、国家中长期经济社会发展及能源展望和国内外重大政策对我国的影响等，碳排放权交易的具体制度设计（Fan et al.，2016；Wu et al.，2016），能源 – 环境 – 经济的复杂影响，碳减排政策以及水资源管理政策评估（Li et al.，2015；林伯强和牟敦国，2008；Lin and Jia，2018a，2018b；Jiang et al.，2021）。

3.2.3　综合评估模型

虽然国际上针对综合评估模型的研究进行了很长时间，但在我国进行全球、全排放范围、研究年限到 2100 年的综合评估模型的研究还很有限。国内的研究组主要包括能源研究所的 IPAC 模型（Jiang and Hu，2006）、中国科学院科技战略咨询研究院的 MRICES 模型、清华大学的全球 CGE 模型、北京理工大学的 C3IAM 模型。

国际上综合评估模型的研究进展基本上已经进入第三代大型复杂模型阶段，具有代表性的有 IMAGE、GCAM、AIM、MESSAGE、ReMIND 模型等。第一代综合评估模型在 20 世纪 90 年代起到重要作用，被称为高集成度模型，该模型比较简单，覆盖了排放、浓度、升温、影响等方面。这些模型在分析全球是否要应对气候变化方面扮演重要角色，其主要结论是应对气候变化带来的效益要远大于成本，从而推动了 90 年代的气候变化国际合作进程。其成果主要在 IPCC AR2 和 IPCC AR3 中得到反映。近期这些研究的成果就很少了。

第二代综合评估模型则在 2000 年之后发展迅速。由于政策需求已经进入减排的实施阶段，第一代综合评估模型已经难以满足决策者的需求，综合评估模型开始了大型化和详细化进程。其主要特征是综合评估模型中的能源模型和土地利用模型大量纳入部门、技术经济分析，更多地和能源转型政策需求接近，技术参数越来越详细，国别和区域研究深入。气候模型较多采用简化的气候模型，如人为温室气体排放评估（MAGGIC）模型就是一个单独分析排放后的浓度、辐射强迫、升温的气候模型。其研究成果主要在 IPCC AR3、AR4 中进行了评估。

2010 年之后，综合评估模型进入了第三代阶段，在排放、浓度、辐射强迫、升温、影响、适应等能够在模型中反映的环节上，一方面在模型规模上进一步扩展，如纳入 GCM 模型、大气化学模型、海洋动力模型等；另一方面在区域化、网格化方面不断扩展，目前这些模型可以给出 0.25° × 0.25° 的网格化分析结果，同时这些模型也纳入更多相关影响因素，如和大气质量、水需求、社会经济就业率等的关联，以及和 SDGs 的关联等。由于在 IPCC AR4 后对全球实现温升目标确定的需求很强，国际上综合评估模型的分析更多针对低温升目标，如 2℃温升和 1.5℃温升目标的研究方面，支持了《巴黎协定》目标的提出。

综合评估模型大型化和复杂化，需要的模型参数和结果也越来越复杂，使得模型的透明化成为一个问题。为了能够更好地展示综合评估模型的结果，2011 年成立了综合评估模型委员会，从而促进综合评估模型更加系统化的发展。目前综合评估模型在提升模型结果的可信性、透明性方面采取的措施是模型的对比和诊断、建立数据库、设置专题研究。一些重大研究议题基本上国际上的综合评估模型组都会参加，模型数据库的参数也从最开始的 150 个左右扩展到目前的 700~1000 个。模型组如果要发表论文，同时也需要在模型数据库中公开模型数据。2010 年以来，国际上开始一些大型项目研究，如 RoSE、LIMIT、ADVANCE、CD-LINK、MILEs、COMMIT、ENGAGE 等欧盟资助的项目，这些项目基本都由国际上的综合评估模型组参加。为了提升国别研究，这些项目也都有主要国家的模型组参与进行国别研究，并将国家模型组的研究结果和综合评估模型研究结果进行对比。

综合评估模型的研究在支持全球气候变化合作进程中十分重要，主导了全球减排目标的设置。

由于中国是全球最大碳排放国，国际上的综合评估模型一般都将中国作为其中一个区域。近期综合评估模型针对中国的研究较多地邀请中国模型组参与进行模型诊断，将全球模型和中国模型的参数和结果进行对比分析。我国研究团队能够参加全球重大研究的还很有限（Jiang and Hu，2006），特别是近期综合评估模型的大型化需要很多研究资金的长期支持，我国研究团队的全球和区域排放途径研究需要在未来得到更多的持续性支持。

3.3 全球排放情景及其特征

2012 年以来，全球排放情景的研究进展主要体现在将全球温升 2℃和 1.5℃作为代表排放途径。2014 年出版的 IPCC AR5，评估了 2℃温升目标下的多种排放情景（IPCC，2014），其评估结果支持了 2015 年《巴黎协定》中温升目标的出台。2018 年 10 月 IPCC 出版的《IPCC 全球 1.5℃温升特别报告》，则对 2018 年 6 月之前发表的减排情景进行了评估。图 3-1 给出了这些排放情景的展示。

图 3-1 中给出的情景是在大量原有共享社会经济路径（SSP）情景的框架下，针对不同的辐射强迫水平给出的排放情景。这些排放情景主要来自十几个全球综合评估模型组的全球情景结果。IPCC AR4 没有成功地评估针对 2℃温升的情景，导致 2009 年的哥本哈根气候变化大会上没有就全球 2℃温升目标下的减排目标达成一致。2010 年 IPCC AR5 启动后，就向全球的模型组发出召集新的情景的要求，要求各个模型组在 2013 年 IPCC AR5 评审论文的截止日期之前提交情景并发表论文，特别是针对 2℃温升的情景。自 2012 年以来，大量的情景研究更多是基于 2℃温升下的情景。

2015 年巴黎气候变化大会通过了《巴黎协定》，其中提出了 1.5℃温升的目标。2016 年，应 UNFCCC 的要求，IPCC 启动《IPCC 全球 1.5℃温升特别报告》，同时要求全球模型组提交针对 1.5℃温升的减排情景。到 2018 年 6 月报告评估论文截止时，模型情景数据库中已经有 1000 多个针对 1.5℃温升的情景。

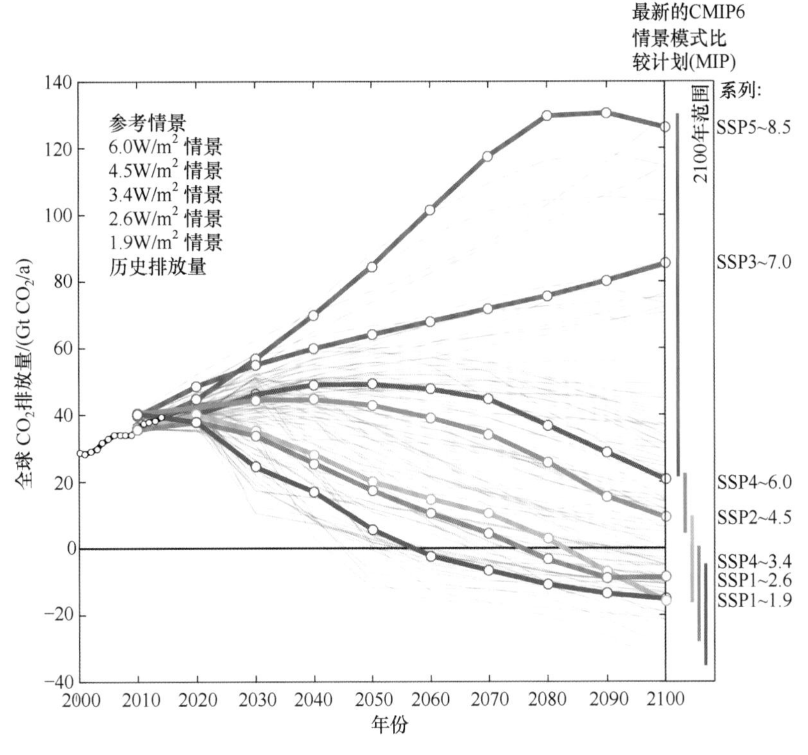

图 3-1　全球排放情景

全球要实现 2℃温升目标，从全球情景分析来看，主要特点如下。

有多种减缓路径可将大气变暖限制在相对于工业化前水平的 2℃以下。这些路径要求在未来几十年大幅减排，并在 21 世纪末实现 CO_2 和其他长寿命 GHG 的排放接近于 0。这些减排措施的实施会对技术、经济、社会和体制带来巨大的挑战，如果推迟额外的减缓以及可用的关键技术不能及时出现，那么这些挑战就会加剧。将变暖限制在更低或更高的温度水平会带来类似的挑战，只是时间尺度有所不同而已。

如果不努力减少 GHG 排放而停留在目前已有的行动水平上，可以预计，在全球人口增长和经济活动增长的驱动因素下，全球 GHG 排放将持续增加。一些基准情景下，对于多数气候响应来说，2100 年的全球地表平均温度上升的范围是 3.7~4.8℃（相对于 1850~1900 年的平均值）。在考虑气候不确定性情况下，升温范围是 2.5~7.8℃。

到 2100 年 GHG 浓度达到大约 450ppm CO_2 eq 或者更低的排放情景有较大可能（大于 66% 的可能性）将 21 世纪的变暖限制在工业化前水平的 2℃以下。这些情景的特征是：与 2010 年相比，到 2050 年全球人为 GHG 排放量减少 40%~70%，到 2100 年排放水平接近 0 或更低。在到 2100 年达到约 500ppm CO_2 eq 浓度水平的减缓情景中，多半可能（大于 50% 的可能性）将温度变化限制在 2℃以下，除非这些情景在 2100 年前暂时超过约 530ppm CO_2 eq 的浓度水平，这种情况下这些情景或许可能（50% 左右的可能性）将温度变化限制在 2℃以下。在这些 500ppm CO_2 eq 的情景中，2050 年的全球排放水平比 2010 年低 25%~50%。2050 年排放水平增高的情景在 21 世纪中叶之后更加依赖 CDR 技术（反之亦然）（图 3-2）。有可能将变暖限制在相对于工业化前水平 3℃以下的排放途径的减排速度比将变暖限制在 2℃以下的轨迹更慢。目前到 2100 年多半可能将变暖限制在 1.5℃以下情景的研究数量有限；这些情景的特征是：浓度到 2100 年低于 430ppm CO_2，而 2050 年比 2010 年减排 70%~95%。排放情景特征、情景的 GHG 浓度、情景对限制升温范围的可能性见表 3-1。

表 3-1　2℃和 1.5℃温升目标下全球累积排放空间和排放路径

情景类别	子情景	情景数量	累积 CO_2 排放（不包括 LULUCF）/Gt CO_2		相对 2010 年 CO_2 排放的下降率/%		CO_2 排放年均下降率/%		实现碳排放峰值时间	实现碳中和的时间
			2010~2050 年	2010~2100 年	2030 年	2050 年	2020~2030 年	2030~2050 年		
1.5℃情景	全部情景	37	690（540~850）	460（160~580）	37（16~59）	89（79~112）	3.1（1.5~4.0）	4.0（3.1~5.7）	2015 年前（2015 年前~2020 年）	2060 年（2050~2075 年）
2℃情景	全部情景	249	960（670~1290）	1020（690~1250）	17（−25~50）	63（21~83）	1.5（−1.0~5.1）	2.7（1.3~.3）	2015 年（2015 年前~2030 年）	2080 年（2060~2100 年后）
	现有政策路径	37	1140（960~1290）	1030（880~1250）	−17（−25~−11）	67（21~83）	−0.4（−1.0~0.1）	3.6（1.9~4.3）	2030 年（2020~2030 年）	2070 年（2060~2100 年后）
	NDC 路径	37	1100（940~1180）	1020（690~1250）	3（−5~11）	57（36~79）	0.7（−0.1~1.7）	2.9（1.9~3.9）	2020 年（2015 年前~2030 年）	2070 年（2060~2090 年）
	强化 NDC 路径	99	970（850~1080）	1020（810~1250）	16（3~23）	60（42~80）	1.5（0.4~3.6）	2.7（1.7~3.8）	2015 年前（2015 年前~2020 年）	2080（2065~2100 年后）
	最小成本路径	76	850（670~960）	920（810~1240）	30（23~50）	65（48~83）	2.1（1.0~5.1）	2.4（1.3~3.3）	2015 年前（2015 年前~2020 年）	2100 年（2070~2100 年后）

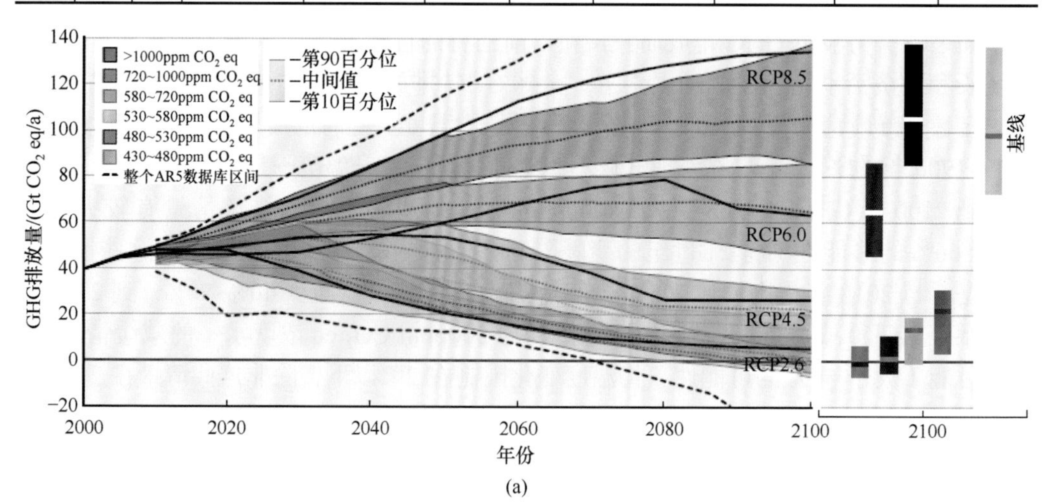

(a)

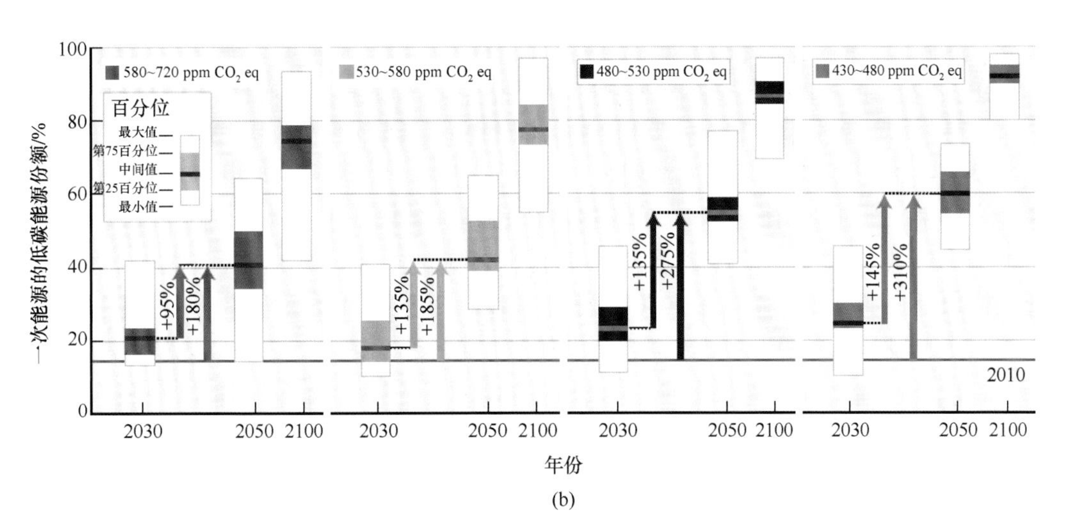

图 3-2 不同长期浓度水平下基准情景和减缓情景中的全球 GHG 排放量（a），以及在减缓情景中，到 2030 年、2050 年和 2100 年（相对于 2010 年水平）相关扩大低碳能源规模增长的需求（占一次能源的百分比）（b）

引自 IPCC AR5 综合报告凡在 2100 年达到大约 450ppm CO_2 eq 的减缓情景（对应于可能使升温保持在比工业化前水平高 2℃以内）

一般会暂时超越 450ppm 的大气浓度值，许多在 2100 年达到 500~550ppm CO_2 eq 的情景也是如此。根据超越的程度，超越浓度过高的情景一般都可依赖于 21 世纪下半叶 BECCS 技术的成熟程度和推广利用的普及程度，以及依赖于造林等碳汇措施。此类 CDR 技术和方法的成熟与否以及规模大小具有不确定性，CDR 技术在不同程度上面临挑战和风险。在许多没有超越的情景中，CDR 技术也很常见，可用于抵消一些减缓成本更高的部门的剩余残留排放。

减少非二氧化碳气体的排放量是减缓战略的重要因素。尽管长期变暖主要是由二氧化碳排放驱动的，目前所有的 GHG 排放和其他强迫因子都会影响未来几十年内气候变化的速率和程度。非二氧化碳强迫因子的排放通常是用“二氧化碳当量排放”来表示，但选择计算这些排放的计量方法单位及削减各类气候强迫因子的重点和时机，都取决于其应用、政策环境，并依据不同的价值判断。

情景研究表明，将更多的减缓行动推迟至 2030 年将极大地增加实现 2℃温升目标的难度。这要求 2030~2050 年大幅提高减排速率；需要在该时段加速扩展低碳能源利用规模；长期而言，需要更加依赖 CDR 技术；转型影响会加大，经济的长期影响会持续性加大。根据《坎昆承诺》估算的 2020 年全球排放水平，与低成本、高成效的减缓途径轨迹不一致，这类减缓途径有可能将温升控制在比工业化前水平高 2℃以内。

太阳辐射管理（SRM）包括大规模地降低气候系统吸收的太阳能数量的方法。SRM 尚未经过测试，所以没有纳入任何减缓情景中。SRM 技术尚不成熟，对潜在的综合影响的评估还不充分，其具有高风险性和高不确定性，同时也带来国际治理的挑战。SRM 不会降低海洋酸度，而 SRM 一旦停止，表面温度会极快上升，从而影响对快速变化具有脆弱性的生态系统。

IPCC 发布的《IPCC 全球 1.5℃温升特别报告》，对 1.5℃温升目标下的排放情景进行了评估。根据 1.5℃温升目标下的排放情景的特点，将这些情景进行了分类，包括高超越情景、低超越情景、无超越情景。在 1.5℃低超越情景中，到 2030 年全球人为二氧化碳净排放量比 2010 年水平下降约 45%（40%~60%），2050 年前后达到净零排放（2045~2055 年范围）。为了将全球变暖限制在 2℃以内，到 2030 年大多数情景的二氧化碳排放量将下降 25%，并在 2070 年左右（2065~2080 年）达到净零排放。

将全球变暖限制在 1.5℃范围内，低超越情景或无超越情景需要包括多种减排措施组合，可以在降低能源和资源强度、脱碳率以及二氧化碳去除之间达到不同的平衡。不同的选择的组合都会面临不同实施挑战，以及潜在的协同作用和与可持续发展之间的权衡。

在低超越情景或无超越情景中，CH_4 和黑碳排放大幅减少（相对于 2010 年，到 2050 年减少 35% 或以上）。这些减排路径也会减排大部分制冷气溶胶，部分抵消了 20~30 年的减缓效应。非二氧化碳排放的计算，由于能源部门采取了广泛的减排措施，减少了化石燃料的使用，这不仅减排了二氧化碳，同时也减排了气溶胶前驱物的排放。此外，针对非二氧化碳的减排措施可以减少农业排放的 N_2O 和 CH_4、垃圾处理部门的 CH_4，以及一些黑碳源和氢氟碳化合物排放。在这些情景中，需要大量的生物质能，其有可能在 1.5℃减排情景中增加 N_2O 的排放。非二氧化碳排放减少，改善了空气质量，为人口健康带来了间接和直接的好处。

在低超越情景或无超越情景中，将全球升温限制在 1.5℃，需要在能源、土地、城市和基础设施（包括运输和建筑物）以及工业系统方面实现迅速而深远的转型。这些系统的转型在量上是前所未有的，但不一定是速度方面的，这意味着在所有部门都有大幅的排减量，有各种各样的减排选择，并大量增加对这些减排选择的投资。

在低超越情景或无超越情景中，全球升温限制在 1.5℃的范围内，与 2℃相比，未来 20 年系统变化更加迅速和显著。历史上曾在特定部门、技术和空间范围内出现过与将全球升温限制在 1.5℃范围内类似的系统变化速率，但缺少历史案例说明其大小。

在能源系统中，情景中的全球路径将通常以较低的能源使用满足能源服务需求，包括通过提高能源效率，终端能源中电气化速度比 2℃减排途径要高很多。在 1.5℃路径中，低排放能源所占的份额高于 2℃路径，特别是在 2050 年以前。在 1.5℃减排路径中，到 2050 年可再生能源将提供 70%~85% 的电力。CCS、核能的比例在大多数 1.5℃的路径中都是上升的。在 1.5℃路径中，到 2050 年，CCS 技术的使用将使天然气发电所占全球电力的份额大约为 8%（3%~11%），而煤炭的使用在所有情景中都大幅减少，并将降低到接近 0。在考虑各种选择和国情之间差异的同时，过去几年中太阳能、风能和储能技术的政治、经济、社会和技术可行性有了很大的改善。这些改善标志着发电系统有可能发生转变。

根据预测，实现 1.5℃温升，将 2050 年与 2010 年相比，工业碳排放预计降低 65%~90%，而 2℃温升目标下为 50%~80%。这种减排可以通过结合新的与现有的技术和做法来实现，其中包括电气化、氢的利用、可持续的生物基原料、产品替代以及碳捕获、利用和储存。从技术上来说，这些减排方案在不同程度上已经得到了验证，但其大规模普及可能会受到经济、资金、人员能力和特定情况下的体制制约，以及大型工业设施的具体条件的限制。在工业领域，能源和工艺效率的减排本身不足以将升温限制在 1.5℃的范围内。

全球升温限制在 1.5℃以下，与将全球变暖限制在 2℃以下的路径相比，运输和建筑物的排放量减少幅度更大。大幅度减少排放的技术措施和做法包括各种能源效率选择。全球变暖限制在 1.5℃范围内，到 2050 年建筑物的能源需求中的电力占比为 55%~75%，而 2050 年 2℃全球变暖为 50%~70%。在运输部门，低排放能源所占的比例将从 2020 年的不到 5% 上升到 2050 年的 35%~65%，而全球升温 2℃中的比例为 25%~45%。经济、体制和社会文化方面的障碍可能会妨碍这些城市和基础设施系统的转型。

全球和区域土地使用的转型，用于粮食和饲料作物的非农业用地从减少 400 万 km^2 到增加 250 万 km^2，牧场从减少 0.5 万 ~1100 万 km^2 到转化为种植能源作物的农业用地。2050 年和 2010 年相比，森林面积的变化从减少 200 万 km^2 到增加 950 万 km^2。在 2℃路径中土地利用的转型和 1.5℃路径中的类似。这种巨大的转型对人类住区、粮食、牲畜饲料、纤维、生物能源、碳储存、生物多样性和其他生态系统服务各种需求的可持续管理提出了巨大的挑战。减少对土地需求的方法包括可持续地强化土地利用、恢复生态系统和改变资源密集程度较低的饮食方式。基于土地的减排办法将需要克服不同区域之间的社会经济、体制、技术、资金和环境障碍。

2016~2050 年，为实现 1.5℃温升目标，与能源相关的额外年均投资估计为 8300 亿美元（6 个模型 1500 亿 ~17000 亿美元）。与之相应，2016~2050 年，每年能源供应平均投资为 14600 亿 ~35100 亿美元；每年能源需求平均投资总额为 6400 亿 ~91000 亿美元。与能源有关的投资总额在 1.5℃路径中相对于 2℃路径增加了大约 12%（3%~24%）。与 2015 年相比，到 2050 年，低碳能源技术和能源效率方面的年度投资增加了大约 6 倍（范围为 4~10 倍）。

低超越情景或无超越情景中给出了 21 世纪全球平均边际减排成本的范围。它们比 2℃以下的路径高出 3~4 倍。经济分析文献中区分了边际减排成本和经济中的总减排成本。关于 1.5℃减排路径的总减排费用的文献有限，目前无法对其进行评估。升温限制在 1.5℃的途径分析中对经济的总体的成本和效益方面的分析仍然存在知识差距。

在 21 世纪，所有温升限制在 1.5℃的低超越情景或无超越情景途径中，CDR 技术的使用需要达到 100~1000Gt CO_2 的去除量。CDR 技术将用于补偿剩余 CO_2 排放。在多数情况下，CO_2 排放在达到峰值后减排，之后达到净负排放，2050 年左右有可能温升超过 1.5℃，之后再使全球温升恢复到 1.5℃。去除数千亿吨的 CDR 技术利用会受到多种制约。在不依赖 BECCS 的情况下，短期可以通过大幅减少能源和土地需求的措施实现减排，并使对于 BECCS 的需求控制在每年 100 亿 t CO_2 的范围内。

3.4 2℃和1.5℃情景下全球和中国的碳排放空间

3.4.1 全球碳预算

根据IPCC AR5第三工作组报告，在很可能实现2℃温升目标的情景（即450ppm CO_2 eq情景，相当于RCP2.6）下，全球2011~2050年的累积CO_2排放空间为5300亿~13000亿t CO_2，2011~2100年的全球累积CO_2排放空间为6300亿~11800亿t CO_2，已远小于全球1870~2011年的18900亿t（16300亿~21250亿t）的累积CO_2排放量，仅可支持全球按照当前的排放水平排放17~31年（2012年全球CO_2排放量约为376亿t CO_2）。这一结论与IPCC第一工作组的相关结论基本一致。在第一工作组报告中，基于CMIP5地球系统模式模拟，RCP2.6情景下2012~2100年的累积CO_2排放空间为9900亿t（5100亿~15050亿t）CO_2，两者大致可比。存在差异的原因在于第三工作组与第一工作组在采用的模型（综合评估模型和地球系统模型）、计算温升的起始年（1861~1880年和1850~1900年）、情景数量（第三工作组收集了更为广泛的情景）、气体口径（是否包含森林和土地利用相关的CO_2）等方面不同。

2018年IPCC发布的《IPCC全球1.5℃温升特别报告》从方法学、温升定义、非二氧化碳排放贡献、剩余排放空间大小等多个方面，与AR5相比均有较大变动。《IPCC全球1.5℃温升特别报告》指出，要实现2℃温升目标，全球2030年排放相对于2010年要减少约20%，2075年左右实现近零排放，1.5℃温升目标下减排力度要在此基础上大大提高，包括非二氧化碳排放，其中要求全球2030年相对于2010年减排约45%，2050年左右实现净零排放，CH_4和黑碳2050年排放相比2010年需下降35%以上。《IPCC全球1.5℃温升特别报告》还指出，截至2017年，实现1.5℃温升目标的全球碳预算已经用去了约2.2万亿t CO_2，如果用AR5的“全球地表气温”（SAT）的概念，全球剩余的碳预算还有5800亿t（50%的概率）或4200亿t（66%的概率），如果采用本书中的“全球平均表面温度”[①]的概念，全球剩余的碳预算则还有7700亿t（50%的概率）或5700亿t（66%的概率），但上述空间受多种因素影响，存在巨大不确定性，包括气候响应（±3200亿t）、历史温升贡献（±2500亿t）、不同的非二氧化碳减排水平（±2500亿t）等。即便不考虑温升定义，《IPCC全球1.5℃温升特别报告》给出的排放空间相比AR5也要大一些，主要是因为考虑了历史温升贡献等不确定性因素。

除了IPCC，也有其他研究基于不同的情景筛选标准对2℃和1.5℃温升目标下全球碳排放空间进行评估。2℃温升目标下，全球2010~2050年累积碳排放为960Gt CO_2（670~1250Gt CO_2），2010~2100年累积碳排放为1020Gt CO_2（690~1250Gt CO_2）。1.5℃温升目标对全球累积碳预算的约束更为严格，2010~2050年累积碳排放为690Gt CO_2（540~850Gt CO_2），相对2℃温升目标削减30%左右；2010~2100年累积碳排放为460Gt CO_2（160~580Gt CO_2），相对2℃温升目标削减一半以上。以图3-3中的对角线

① 地表气温和海表温度的平均值，相比全球地表气温的观测值略低0.1℃。

为界，对角线左上区域代表 2010~2100 年累积碳排放高于 2010~2050 年累积碳排放，也即意味着 2050~2100 年的累积碳排放为正值；而对角线右下区域则与之相反，意味着 2050~2100 年的累积碳排放为负值。2℃情景中各有一部分情景位于对角线左右，而所有 1.5℃情景都位于对角线下方，意味着 1.5℃温升目标下所有情景 2050~2100 年的累积碳排放都为负值，即整个 21 世纪下半叶期间，不仅不能再向大气中排放 CO_2，还需要通过负排放技术从大气中吸收 CO_2，才能实现 1.5℃温升目标（崔学勤等，2017）。

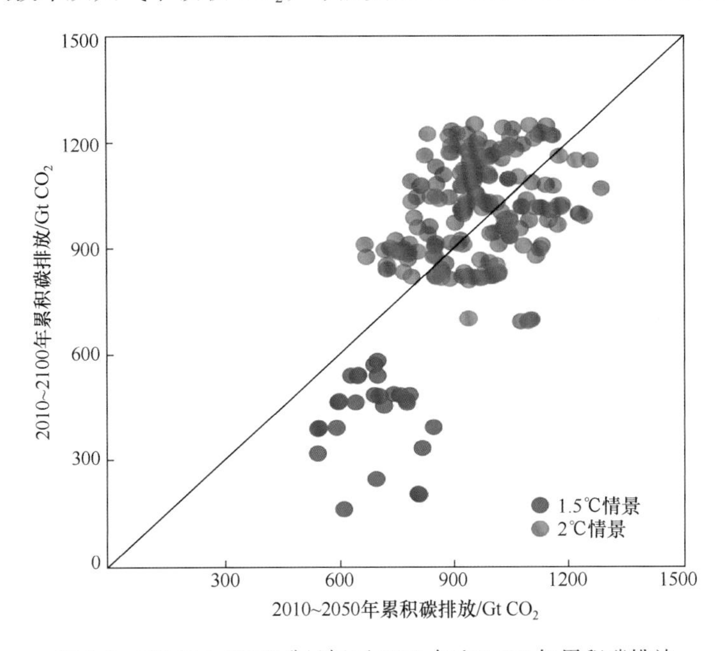

图 3-3　2℃和 1.5℃温升目标下 2050 年和 2100 年累积碳排放

2℃和 1.5℃温升目标下严格的碳预算约束意味着全球剩余碳排放空间将很快耗竭。根据最新的全球 CO_2 排放数据，2016 年能源燃烧和工业过程相关的 CO_2 排放为 37.0 Gt CO_2（Boden et al.，2017）。因此，如果全球排放维持在 2016 年的水平上，则 2℃温升目标下的全球剩余碳预算仅够排放 30 年左右，而 1.5℃温升目标下全球剩余碳预算的耗竭时间还不到 15 年。需要强调的是，尽管温升与累积碳排放之间存在近似线性关系，但比例参数存在较大不确定性，其上下限差距可能达到 2 倍以上。因此，将 2℃和 1.5℃温升目标转换为全球及各国的减排目标和政策行动时，不能简单地依赖一组情景选取碳预算的某一个值，而需要充分考虑累积碳排放的不确定性。

3.4.2　碳排放配额分配方案

1. 分配方案的含义

全球温室气体减排的分配方案，主要可以划分为两大类（IPCC，2014）。

（1）resource-sharing scheme，本书将其称为排放量分配方案：分配的是由特定气候目标所确定的全球排放空间或碳预算。

（2）burden-sharing scheme，本书将其称为减排量分配方案：分配的是全球需要付出的减排努力，即全球基准情景（BAU）排放与实现特定气候目标所允许的排放量之间的差值。

以上两者统称为"努力分担方案"（effort-sharing scheme），这两种方案的出发点和依据的理论基础不同。如果将气候变化问题视为集体行动下公共资源消耗的"公地悲剧"问题，那么排放量分配方案是自然的出发点，通过对碳排放空间这一公共物品的使用进行合理和公平的分配，来解决公共资源过度消费的问题；如果将气候变化问题视为集体行动时的"搭便车"问题，那么减排量分配方案则具有更自然的出发点，通过对减排努力和减排责任进行公平分配，来解决公共物品供给的"搭便车"和供给不足问题。

从实际操作的角度看，排放量分配方案更加直接，只需要确定公平原则和估计实现气候目标的全球碳预算；减排量分配方案还需要额外估计全球基准情景下的排放量。从最终分配结果来看，排放量分配和减排量分配这两种方案是互补的。在特定温升目标下，对未来碳排放空间的分配，可以转换为对未来减排量的分配。

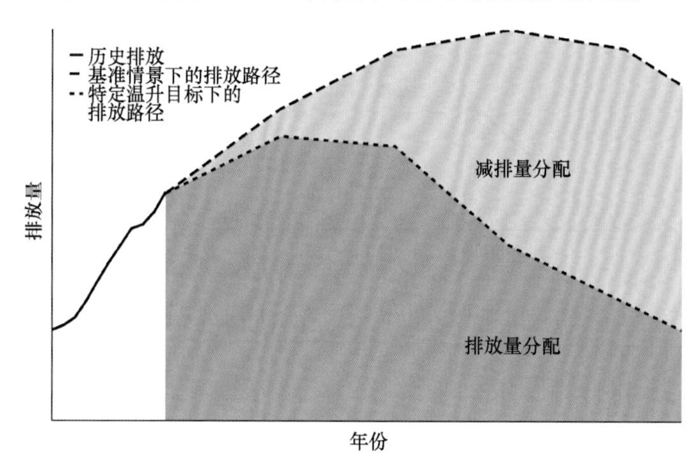

图 3-4 排放量分配和减排量分配示意图

需要强调的是，分配方案下，一个国家得到的碳排放配额并不必然与这个国家最终的实际排放相等。根据科斯定理，如果存在全球碳排放权交易市场，且假定信息完全透明、交易成本为零，则不论碳排放权的初始分配如何，各国实际排放量的最终状态都是相同的，即各国排放将维持在使得各国边际减排成本相等的水平上，且全球加总的排放量满足实现特定气候目标的要求。如此，就能实现全球总减排成本的最小化，也即实现了减排的经济有效性。但是，经济有效的减排方案并不必然意味着就是公平的。事实上，由各国边际减排成本相等得到的各国对应的减排目标分配，通常都是缺乏公平考虑的（Manne and Stephan，2005）。排放配额的公平分配是建立在对气候公平的规范标准基础上的制度安排。当一个国家的国内减排成本较高时，可以通过向其他国家购买碳排放配额的方式来抵消其超出配额部分的排放；反之，当一个国家的国内减排成本较低时，也可以出售多余的排放配额。通过购买或出售碳排放配额，最终各国都能够在符合公平标准的前提下实现成本有效的低碳转型。

排放量分配方案和减排量分配方案在逻辑出发点上的区别，导致两者在分配方法和分配结果的特点上也存在本质差别。

排放量分配方案下，各个国家以某个特定比例（如人口占比、现有排放量占比等）从全球允许的排放量中获取该国的排放配额。由于这个比例总是为正值，因此只要全球允许的排放量为正值，则各个国家获得的碳排放配额也总为正值；与排放量分配方案不同，减排量分配方案下，各个国家以某个特定比例（如GDP占比、历史累积排放占比）从全球所需要付出的减排努力中获取该国的减排量份额，再与该国基准情景下的排放量相减，得到该国的碳排放配额。对于某些发达国家，其应当承担的减排量份额可能较高，超出其基准情景下的排放量。因此，即便全球允许的排放量为正值，某些国家在减排量分配方案下所能够获得的碳排放配额也可能为负值。这表明这些国家在过去过多挤占了其他国家的排放空间，已经提前透支自身未来的排放空间，并欠下了碳债务（carbon debt）或气候债务（climate debt）（Pickering and Barry，2012；Matthews，2015）。

2. 分配方案的分类

现有研究已经提出了数量众多的分配方案，采用各国现有排放规模、人均排放均等、减排能力、历史责任、成本有效性等不同的原则及其组合，将未来全球碳预算分配到各个国家（Meyer，2000；Baer et al.，2009；den Elzen and Höhne，2010；Winkler，2013；Höhne et al.，2014；Raupach et al.，2014；Meinshausen et al.，2015；陈文颖等，2005；潘家华和陈迎，2009；刘世锦和张永生，2009；丁仲礼等，2009）。

IPCC AR5归纳了现有分配方案中主要依据的原则，包括平等、责任、能力和需求、成本有效性（IPCC，2014）。

“平等”在《国际法》中的理解通常为：每个个体都具有相同的道德价值（moral worth），因此也应当拥有相同的权利。将“平等”的理念应用于全球公共资源的获取方面，如温室气体排放空间的分配，平等原则强调，每个个体不分国籍、性别、年龄、能力和地位，都拥有权利排放同等数量的温室气体，亦即有权利获得同等数量的排放份额（Agarwal and Narain，1991）。这种均等的排放权，可以通过不同的趋同时间和趋同路径来实现（Meyer，2000；Höhne et al.，2006）。人人均等的排放权除了应用于目前和未来的排放量外，同时也有一些研究将其应用于累积的排放量（陈文颖等，2005；刘世锦和张永生，2009；丁仲礼等，2009；滕飞等，2010）。

在气候变化背景下，责任原则是被广泛接受的、将造成气候变化的责任与解决气候问题的责任相关联的基础性原则。责任原则，通常被认为是对《联合国气候变化框架公约》中“共同但有区别责任”的一种解释。现有公平分配文献中对历史责任计量起始年的处理存在不同观点。许多学者，尤其是来自发展中国家的学者，坚持应当对历史责任进行完整的追溯，即从工业革命开始计算；也有很多学者，尤其是发达国家的学者，认为应当将从温室气体排放的负面影响被人们完整知晓的时间，通常是1990年左右作为计量起点。还有许多研究认为，不同的排放在转换为“责任”时并不完全等同，一些学者区分了“生存排放”、“发展排放”和“奢侈排放”的概念（Agarwal and Narain，1991；Shue，1993；Baer et al.，2009；Rao and Baer，2012）。

能力和需求原则通常意味着有更多支付能力的人，应当付出更多的成本。能力和需求原则在公共物品的供给或维持中应用较广，如多数国家在所得税上都设置了累进税率，在税负上支付能力越高的人群，支出的税额也越高。在气候变化背景下，能力意味着对解决气候问题做出贡献的能力（Shue，1999；Caney，2010），其中最重要的是为温室气体减排行动付费的能力（ability to pay）。GDP 通常被用作对能力的衡量指标（Smith et al.，1993），也有学者将人类发展指数（HDI）作为指标来衡量能力（Winkler et al.，2011）。考虑到贫困人口和欠发达国家满足基本生活需求的优先性，许多研究提出应当设定一个满足基本生活水平的收入阈值，低于该收入阈值的人群的收入不计入该国的减排能力（Kartha and Dooley，2016；Baer et al.，2010）。这样的处理方法，豁免了贫困人口承担减排责任的义务，保障了其实现可持续发展的权利和机会。

成本有效性原则强调根据各国的减排潜力来分配排放配额，减排潜力大的国家承担更大的减排份额。边际减排成本通常作为衡量成本有效性的指标。符合成本有效性原则的减排目标分配，将使得各国的边际减排成本相等，也即实现了全球减排成本最小化。

基于以上所述的平等、责任、能力和需求、成本有效性原则或不同原则的组合，IPCC AR5 对这些方案进行了总结和分类：①考虑责任的分配方案，即考虑各国对全球历史排放和温升的共同但有区别的责任，如《巴西案文》；②考虑能力和需求的分配方案，即考虑各国不同的减缓气候变化能力或支付能力以及基本发展需求，如基于人均 GDP 分配；③考虑平等的分配方案，即考虑所有人具有平等的排污权利和不受污染的权利，如考虑人均排放趋同的紧缩趋同方案；④考虑成本有效原则的分配方案，即考虑各国减排潜力和成本最优的减排方案，如全球单一碳价方案；⑤综合考虑责任、能力和需求的方案，如温室气体排放发展权利方案（GDR）；⑥综合考虑责任和平等的方案，即碳预算和人均累积排放均等方案；⑦综合考虑责任、平等、能力和需求的分阶段方案，包括多阶段方案（M6）、共同但有区别趋同方案（CDC）、多指标趋同方案（MCC）、以人均收入水平为阈值的多阶段方案（MS-AP）、基于行业减排的 Triptych 方案、G8 方案和南北对话方案等（图 3-5 和表 3-2）。

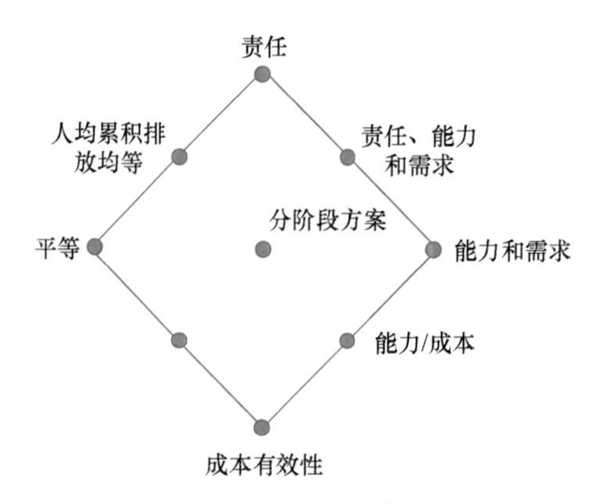

图 3-5　IPCC AR5 中的分配方案分类（IPCC，2014）

表 3-2　全球主要分配方案

分类	考虑的要素				描述	方法应用	指标应用（举例）
	责任	能力和需求	平等	成本有效			
责任	√				用造成气候变化的历史影响定义责任	《巴西案文》	（人均）累积排放
能力和需求		√			基于各国 GDP/HDI 水平或者 GDP 损失分配。有些方案也考虑排除了基本需求排放	各国能源强度 / 排放强度趋同； 发达国家 / 发展中国家承担同样的减排成本 / 损失（成本趋同方案）； 同样收入水平的人承担同样的减排义务	人均 GDP；HDI；单位 GDP 排放；GDP 贫困程度；国民收入分布
平等			√		人均排放趋同，以紧缩趋同方案为主，趋同年份不同。也有一些研究将基本可持续排放需求与紧缩趋同方案结合起来考虑	不同形式的人均排放趋同方案	人均排放
责任，能力和需求	√	√			使用责任和能力作为分配依据	温室气体发展权利； 责任、能力和可持续发展；	人均 GDP； 国家收入分配； 贫困人口
人均累积排放均等	√		√		将全球累积碳排放空间基于不同指标分给特定国家的特定年份，如采用人均累积碳排放趋同的方案	碳预算； 人均累积排放均等	碳预算； 人均累积排放
分阶段方案	√	√	√		包含各国在不同时间段采取有区分的承诺的方案，也包括基于部门的分配方案（如 Triptych 方案），以及等比例减排方案（祖父原则方案）	多阶段； 共同但有区别趋同； 技术水平趋同的部门减排方案	多指标混合； 不同部门的具体指标，如电力部门 2050 年可再生能源和非化石能源排放的比重
成本最优方案				√	基于各国的减排潜力进行分配	边际减排成本均等	全球单一碳价情景或者成本最优情景下的分配结果

资料来源：IPCC，2014。

3. 中国碳预算

不同的分配方案对碳预算的地区分配结果有着重要影响。IPCC AR5 总结了成本最优情景和各分配方案下各区域（OECD1990 国家、经济转轨国家、亚洲、中东和非洲、拉丁美洲）2030 年和 2050 年的减排要求。

在作为对比基准的成本最优情景下，为实现 430~530 ppm 浓度目标，即以 >66% 的概率实现 2℃温升目标，南亚（主要是印度）2030 年的排放量可大幅高于 2010 年水平，在 2010 年的基础上继续上升 50%~60%；OECD1990 国家的 2030 年排放量需要相对 2010 年下降约 32%（23%~40%）；经济转轨国家下降约 32%（18%~40%）；拉丁美洲 2030 年的排放量需要相对 2010 年下降约 35%（16%~59%）；中东和非洲 2030 年的排放量则需略低于 2010 年水平；而东亚（主要是中国）则需要大幅低于 2010 年水平，下降 0%~40%。

若综合各种公平分配方案（包含考虑责任、平等、能力和需求等不同评价指标的不同分配方法，未考虑成本最优方案），碳预算的分配结果有所不同。为实现 450 ppm 目标，OECD 1990 国家 2030 年的排放量需要在 2010 年的基础上下降约 50%（37%~75%），经济转轨国家需要下降约 1/3（28%~53%）。中东和非洲国家 2030 年的排放量可略高于 2010 年水平（下降 7%~ 上升 24%），而拉丁美洲 2030 年的排放量需低于 2010 年水平（下降 15%~49%）。亚洲（主要是中国）2030 年的排放量需要基本回到并略低于 2010 年的排放水平（下降 33%~ 上升 7%）（图 3-6）。

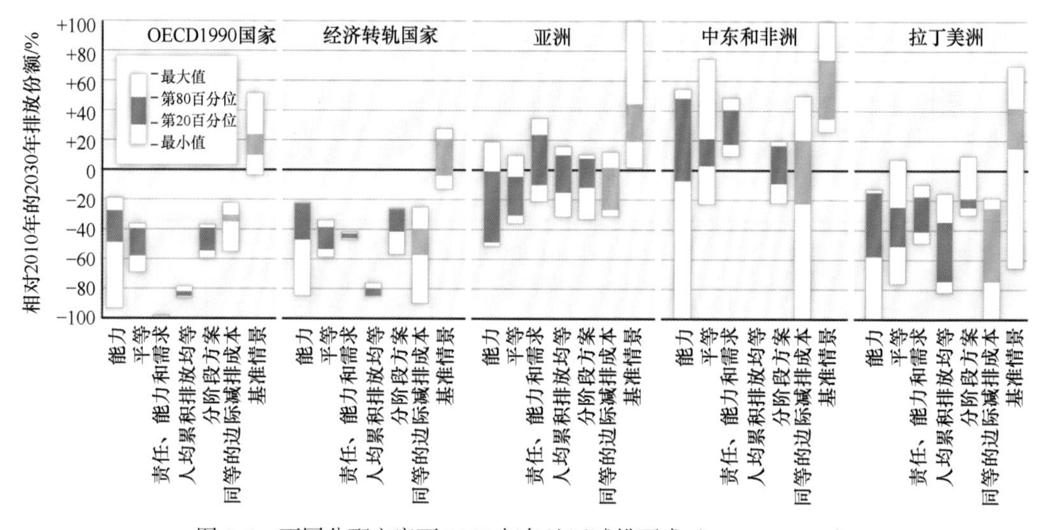

图 3-6 不同分配方案下 2030 年各地区减排要求（IPCC，2014）

与成本最优情景相比，在公平分配框架下，受其历史责任和能力优势等影响，亚洲（主要是中国）的减排力度有小幅增加。需要注意的是，如上述将全球排放空间和减排责任分摊到各区域需要基于一系列的评价指标和分配方法学。指标选取会对应用分配方案的结果产生很大影响。例如，在描述历史责任时，以 1750 年为起始年还是以 1990 年为起始年，会对各国历史排放分布产生重要影响（傅莎等，2014）。而在 IPCC 报告总结公平分配方案结果所引用的文献中，在描述历史责任时，大多以 1990 年而非 1750 年作为计算历史累积排放的起始年。例如，Baer（2013）、Baer 等（2008）、Höhne 和 Moltmann（2008，2009）在构建公平分配方案时，取的都是 1990 年以来的历史责任，这将在很大程度上对分配结果产生影响。

根据 McCollum 等（2017）的研究，在全球 10000 亿 t CO_2 排放碳预算情景下，2010~2050 年中国累积碳排放空间范围为 1700 亿 ~4230 亿 t CO_2。

在考虑技术发展和全球成本分布的情况下，针对 2℃温升目标，中国 2010~2050 年的碳预算较多研究采用 2900 亿 ~3200 亿 t 的范围。实现 1.5℃温升目标下我国 2010~2050 年的碳预算为 1900 亿 ~2300 亿 t。

du Pont 等（2017）以 2℃和 1.5℃温升目标下全球综合评估模型（IAMs）模拟的

成本最优排放路径为分配基础，同样遵循 IPCC AR5 对公平分配方案的分类，在平等、责任、能力和需求、人均累积排放均等和多阶段方案这五个类别下各选取了一种代表性方案，计算各方案下各国获得的碳排放配额，并与各国国家自主贡献目标对应的排放进行对比，评估各国减排目标的力度和公平性。评估结果表明，中国现有国家自主贡献比五种公平分配方案中的任何一种的减排力度要求都更弱；印度现有国家自主贡献与其中两种公平分配方案的力度要求相符；而欧盟和美国与其中三种公平分配方案的力度要求相符。中国现有国家自主贡献在四个国家中减排力度的相对水平最低。

Pan 等（2017）采用的方法与 du Pont 等（2017）采用的方法较为相似，不同之处在于 Pan 等（2017）的公平分配方案分为六类，增加了“责任方案”这一类别。同时在每个类别下选取若干个代表性方案，而非每个类别下仅选取一个代表性方案，总计选取了 13 个代表性方案，这使现有公平分配方案的代表性和覆盖面有所提升。在全球排放路径上，Pan 等（2017）分别选取了一组 2℃路径（RCP2.6）和一组 1.5℃路径（Rogelj et al.，2016），没有考虑排放路径的不确定性。评估结果表明，中国现有国家自主贡献比所有 13 种公平分配方案中的任何一种的减排力度要求都小；印度若能实现其现有国家自主贡献目标的减排力度上限，可以基本认为与 2℃温升目标下的公平分配要求相符；美国和欧盟现有国家自主贡献分别与 1 种和 2 种公平分配方案所要求的力度相符。中国现有国家自主贡献在四个国家中减排力度的相对水平最低。

但是以上研究之所以得出对中国极为不利的结论，并不完全因为中国国家自主贡献目标的力度确实偏弱，大部分原因在于这些研究所采用的方法学存在指标选取不当的问题。du Pont 等（2017）研究中，“责任”类别下的方案对历史排放的计算均是以 1990 年而非 1750 年或 1850 年为起始点，这大大减小了发达国家的历史责任；而 Pan 等（2017）的研究中强调历史责任的方案仅仅作为纳入考虑的 13 种分配方案的一种，其结果被其他公平分配方案所掩盖。且 Pan 等（2017）在计算历史责任时，对历史排放取每年 1.5% 的贴现率。对历史排放贴现的处理，会使得发达国家的历史责任大大减少（刘昌义等，2014）。

3.4.3　各国未来减排展望

长期以来，在《联合国气候变化框架公约》下，各国的减排目标一直是十分具有争议的议题。因而，分担方案的设计就至关重要，也贯穿于目前的谈判核心议题中。但是最近也出现了一些新的变化，其有可能会改变气候变化谈判格局。

2019 年 12 月欧盟提出的 2050 年温室气体中和的目标，以及 2020 年 9 月中国提出的 2060 年前碳中和的目标，加速了全球走向《巴黎协定》2℃和 1.5℃温升目标的进程。之后日本、韩国提出了 2050 年碳中和目标，美国很可能在 2021 年提出 2050 年碳中和目标，加上之前已经提出该目标的加拿大、新西兰、南非等，使得占全球近 65% 的国家在走向实现《巴黎协定》目标的路上，而且这些国家占据了零碳技术主导地位，可以展望，国际社会已经开始走向实现《巴黎协定》2℃温升目标的路上，甚至是 1.5℃温升目标的路上，从而展示了国际社会一起努力实现一个有力度的气候变化减缓目标的愿景①。

① 姜克隽，冯升波 . 2020. 欧盟绿色新政对我国的启示 .

根据 IPCC AR5 和《IPCC 全球温升 1.5℃特别报告》，如果要实现 2℃和 1.5℃温升目标，全球需要在 2050~2080 年实现碳中和。尽管 2020~2050 年的减排速度决定了未来温升的超越程度，但是 IPCC 报告中对实现 2℃和 1.5℃温升目标路径的要求和目前承诺的实现碳中和的减排目标还是相匹配的。因此，全球实现未来《巴黎协定》温升目标基本已经确定。我们已经在走向实现《巴黎协定》目标的路上。联合国 2021 年的一个重要目标是努力推动所有国家制定 21 世纪中期碳中和的目标 。

要实现 2℃和 1.5℃温升目标，不仅是能源转型，更重要的是背后的技术和经济竞争。各国已经竞相设定强有力的目标，更多的是在推进本国技术和经济的转型。因而未来各国，特别是主要经济体的减排目标会更加有力度，分担方案的方法会大大弱化。这也将改变未来气候变化谈判的格局。

3.5 中国减排情景和路径

2012 年之后，针对中国的排放情景也有很大进展。全球排放情景中一般也都包括中国，因此在全球情景数据库中有不少关于中国的情景。国内的研究机构，以及一些国际研究机构也对中国的能源和排放情景进行了不少研究。

近期的研究主要包括针对 1.5℃温升目标下的减排途径研究。情景中也包括工艺过程排放，以及土地利用排放等。针对非 CO_2 气体排放的研究也开始增多。

图 3-7 给出了国内模型组的能源情景。图 3-8 给出了 CO_2 排放情景。

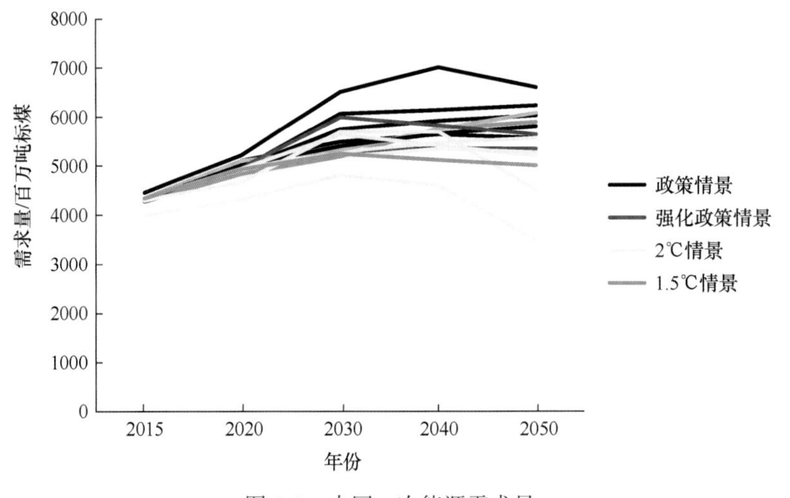

图 3-7 中国一次能源需求量

目前，国内情景研究能够和全球 2℃温升目标下中国碳预算相匹配的还不多，能够实现较大概率（66% 以上）2℃温升目标下的情景研究非常有限。有一些情景可以实现 2℃温升目标，但是可能性只能达到 50% 或以上。针对 1.5℃温升目标下的中国情景研究仅有 IPAC 模型组和清华大学模型组。

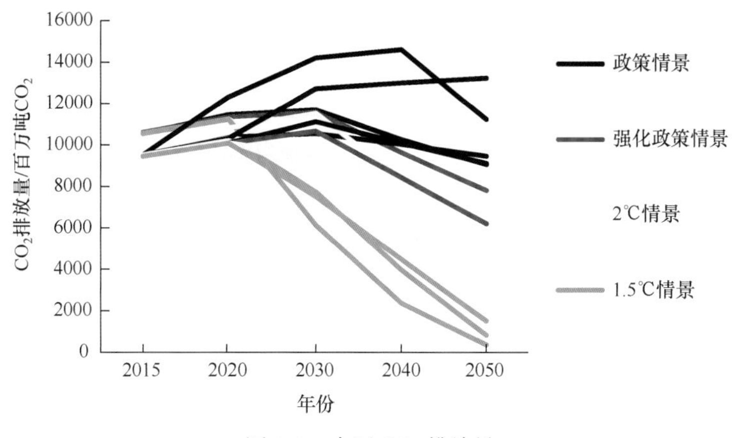

图 3-8　中国 CO_2 排放量

通过分析这些情景发现一些共同点，包括一次能源中可再生能源比例大幅度提高，到 2050 年占一次能源比例为 43%~81%。核电发电量都在增加，但是增加幅度差别很大。2050 年核电装机容量为 140~510GW。其中，IPAC 模型的 1.5℃情景中核电装机容量到 2050 年达到 510GW，占 2050 年发电量的 42%。在高比例可再生能源情景中，2050 年可再生能源占到一次能源需求的 70% 以上，基本实现可再生能源化。与 IPAC 模型结果不同的是，其核电装机到 2050 年只有 1.5 亿 kW 左右（Jiang et al.，2013，2018b）。

3.6　分部门排放情景

能源系统转型在减缓全球气候变暖、实现气候协议目标中发挥着核心作用（Zhao et al.，2021）。能源系统通过各种能源载体将供应端与消费端连接起来，涵盖一次能源供应、能源加工转换、运输储存、终端能源使用等环节（Gambhir et al.，2019；Rogelj et al.，2018a）。本节以实现中国国家自主贡献行动方案、全球 2℃和 1.5℃温升目标为基础，考虑到近期应对气候变化的进展，利用最新情景研究结果，对中国的能源系统转型路径进行了量化描述，并比较了各转型路径在不同气候目标下的差异，重点关注了能源系统中的一次能源供应部门、电力行业、终端部门（工业、建筑、交通）以及农业、林业和土地利用部门，展示了其能源消费和 CO_2 排放等指标的未来变化情况，这里给出的结果是众多情景的组合集。通过将中国气候变化应对进展与这里的情景指标进行比较，有助于了解《巴黎协定》背景下中国当前的行动力度，为国家和行业未来的政策规划提供目标指导和路径设计。

3.6.1　一次能源供应

中国一次能源消费量和 CO_2 排放量位居世界第一，两者在 2015 年分别占全球总量的 21.8% 和 28%（IEA，2017a，2017b）。图 3-9 展示了三种目标约束下（中国国家自主贡献方案、全球升温 2℃、全球升温 1.5℃），中国未来的一次能源供应及碳排放的演变路径。CO_2 是导致温室效应的主要气体，未来总的排放趋势是大幅减少 [图 3-9（a）]。在中国国家自主贡献方案情景（即在 2030 年或 2030 年之前实现中国碳排放达峰，简称参考情景）下，CO_2 排放量在 2030 年达峰，由 2020 年的 89 亿 t（以中位数为基准，下同）增加到 2030 年的 97 亿 t（毕超，2015；段宏波和杨建龙，2018；段宏波和汪寿阳，2019；霍健等，2016；刘宇等，2014；马丁和陈文颖，2017；王利宁等，2018；Chai and Xu，2014；Duan et al.，2018；Elze et al.，2016；He，2014；Jiang and Green，2018；Liu et al.，2016；Liu Q L et al.，2018；Wang Z et al.，2016；Weng and Zhang，2017；Xu et al.，2017，2019；Yang et al.，2016；Yang X et al.，2017；Yu et al.，2018a；Yuan et al.，2014；Zhang X et al.，2016）。在中国 2060 年碳中和目标的牵引和约束下，全国碳达峰时间有望提前至 2025 年左右（余碧莹等，2021）。相比于参考情景，实现全球升温 2℃情景（即 2100 年全球平均气温升幅控制在较工业化前水平高 2℃以内，简称 2℃情景）和全球升温 1.5℃情景（即 2100 年全球平均气温升幅限制在较工业化前水平高 1.5℃以内，简称 1.5℃情景）需要更加快速的减排。在 21 世纪中叶可以看到 2℃情景和 1.5℃情景路径之间的明显差异，CO_2 排放量在 2℃情景下由 2030 年的 104 亿 t 下降到 2050 年的 38 亿 t，在 1.5℃情景中则下降至 2050 年的 5.1 亿 t。在所有的 2℃情景中，最早于 2050 年出现了碳排放总量的负排放，到 2100 年约 52.8% 的情景实现了负排放（Jiang et al.，2018a；Kriegler et al.，2015；Pan et al.，2017，2018a；Riahi et al.，2015，2017）。1.5℃情景路径比 2℃情景路径更快更全面地实现了碳中和，1.5℃情景的实现重点依赖于负排放技术的实施，到 2060 年所有的情景均实现了负排放（自然资源保护协会，2018；Riahi et al.，2015，2017；Rose et al.，2017；Tong et al.，2019）。到 2100 年两种情景下的 CO_2 排放量分别为 –4 亿 t（2℃情景）、–12 亿 t（1.5℃情景）。需要说明的是，2℃情景或 1.5℃情景下的 CO_2 排放中位数结果可能会出现大于参考情景的情况，这是由于不同的气候目标所参考的情景有差异，但是从未来整个时间序列的排放路径和排放空间来看，越是严苛的气候目标，越需要更强有力的减排。

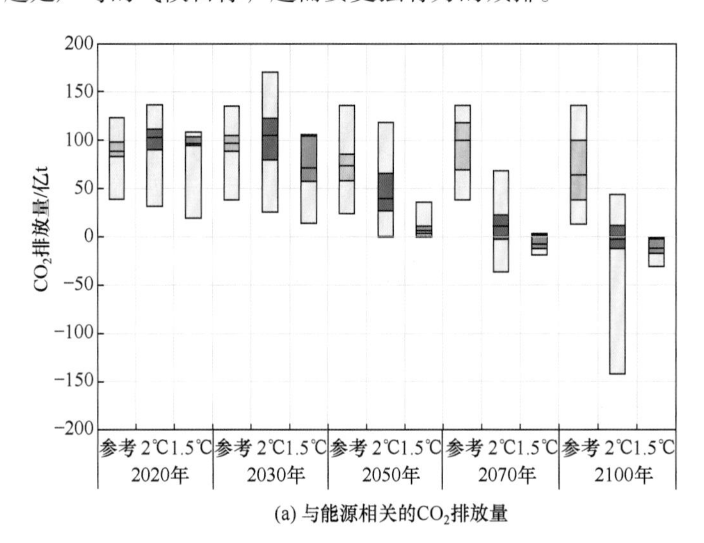

(a) 与能源相关的CO_2排放量

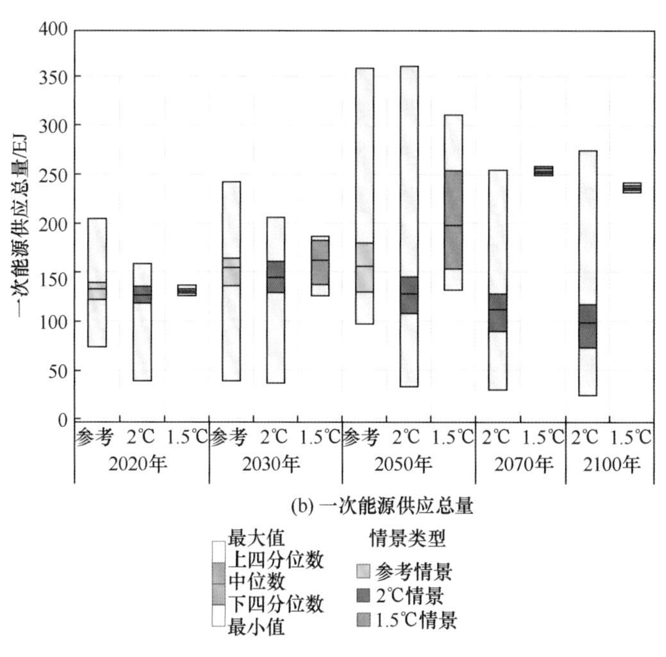

图 3-9　全国一次能源供应及 CO_2 排放路径

在参考情景中，一次能源供应总量短期内持续上升，由 2020 年的 135.9EJ [①]增加到 2030 年的 157.9EJ，2030 年之后趋于稳定。2℃情景下一次能源消费在 2030 年达到 148EJ 的峰值，此后不断减少，到 2100 年下降到 101.4EJ，可见 2℃情景的实现需要限制能源需求的增加（何建坤，2013；杜祥琬等，2015；Jiang et al.，2019；Kriegler et al.，2015；IEA，2016，2018；Fragkos and Kouvaritakis，2018；Wang and Watson，2010；Wang and Chen，2019a；Mouratiadou，2016；van Vuuren et al.，2016；Wei et al.，2018）。与 2℃情景相比，1.5℃情景下的一次能源供应情况差别显著，由 2020 年的 130EJ 持续增加到 2050 的 201.3EJ，届时约是同期 2℃情景的 1.5 倍；此后能源消费总量逐渐稳定，到 2100 年约是同期 2℃情景的 2.37 倍。之所以 1.5℃情景对能源消费没有加以明显限制，是由于可再生能源、CCS 技术以及 BECCS 技术在其中发挥着重要作用。到 2050 年，可再生能源发电和核电占发电总量的 80%，所有的煤电厂和天然气电厂均加装了 CCS 设施，碳捕获量占总排放量的 90% 以上（姜克隽等，2016）。生物质发电量占 2100 年发电总量的 10%~16%（2000~3250TW · h），到 21 世纪末 BECCS 技术将累计贡献 43%~56%（950 亿 ~1380 亿 t CO_2）的碳捕获量（Pan et al.，2018a）。

我国能源供应端的能源种类丰富，2015 年化石能源、可再生能源、核能分别占一次能源供应量的 94%、5.5%、0.5%（NBS，2017）。在三种目标约束下，未来化石能源消费量总的趋势是大幅减少 [图 3-10（a）]。在参考情景和 2℃情景下，化石能源消费量均在 2030 年达到 129EJ 的峰值，此后快速下降。1.5℃情景下的一次能源供应主要来自非化石能源（即核能和可再生能源），化石能源消费量在 2020 年已经达峰。到 2050 年三种目标约束下的化石能源消费量依次为 93.7EJ（参考情景）、86.7EJ（2℃情景）和

① 1EJ=3410Mt ce。

46.8EJ（1.5℃情景），分别是2020年的80%、75%、41%。煤炭、石油、天然气的发展趋势各不相同。石油在参考情景和2℃情景下会在2030年达峰，1.5℃情景下已经在2020年达峰。煤炭在2030年之后下降显著，到2050年煤炭消费量为47EJ（参考情景）、32.6EJ（2℃情景）、20.5EJ（1.5℃情景），分别是2020年的58.3%（参考情景）、44.2%（2℃情景）、27.3%（1.5℃情景）[图3-10（b）]。2050年石油消费量为26.9EJ（参考情景）、26.2EJ（2℃情景）、8.1EJ（1.5℃情景），分别是2020年的105.5%（参考情景）、85%（2℃情景）、32.9%（1.5℃情景）[图3-10（c）]。2℃情景下，到2100年石油消费量为1.6EJ，四分位数范围为0.7~4.7EJ，这归因于交通部门的结构转型，到2050年新能源汽车将占到客运汽车总量的60%以上（刘强等，2017）。在2050年之前，三种目标约束下的天然气供应量均在不断增加，到2050年（参考情景和2℃情景）要比2020年翻一番[图3-10（d）]。2050年之后，天然气消费量开始下降，2℃情景下由2050年的18EJ下降到2100年的7.3EJ。煤炭和天然气的使用倾向于结合CCS技术来控制碳排放，2℃情景下到2100年分别有893TW · h（煤电CCS）和1130TW · h（天然气CCS）的发电量需要加装CCS技术（Pan et al.，2017）。

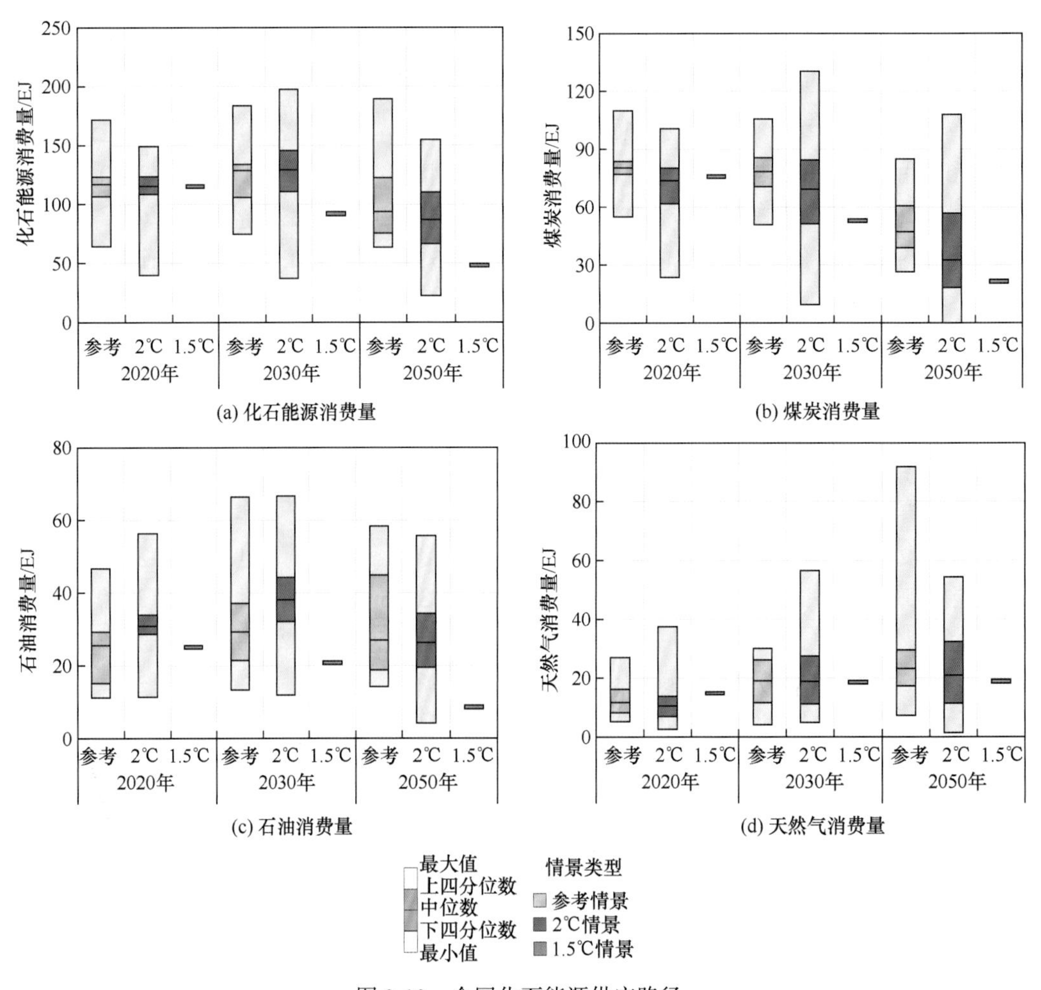

图3-10 全国化石能源供应路径

非化石能源在所有的情景路径中均出现不同程度的增长，1.5℃情景下到 2050 年大约有 21% 的电力来自核能、60% 的电力来自可再生能源（Xiao and Jiang，2018）。核能在不同模型情景中的发展情况存在很大差异，到 2050 年核能消费量为 20.5EJ（参考情景）、6.7EJ（2℃情景）和 43EJ（1.5℃情景）。截至 2017 年 8 月，中国已启动 37 座核反应堆，总装机容量达到 35820MW（Xiao and Jiang，2018）。在部分模型情景中，未来某一时期核电的发电量呈现下降趋势（Kim et al.，2014），发生这种变化的原因之一是核电的部署受到了社会偏好的限制（Rogelj et al.，2018a）。由于中国国家自主贡献目标的实现主要依赖于大力发展非生物质可再生能源和大幅削减煤炭生产，因此生物质能在 2030 年之前发展缓慢，到 2030 年生物质能消费量是 2020 年的 1.6 倍（参考情景）、0.92 倍（2℃情景）、0.91 倍（1.5℃情景）[图 3-11（b）]。生物质能的作用将在 2030 年之后开始发生增长式的变化。到 2050 年，2℃和 1.5℃情景下的生物质能 [图 3-11（b）] 消费量分别为 15.7EJ 和 17EJ，分别是 2030 年的 2.1 倍和 6.2 倍。到 2100 年，生物质能消费量分别达到 31~55EJ（2℃情景）和 28~59EJ（1.5℃情景）（Pan et al.，2018a）。图 3-11（b）中 2020 年 2℃情景的生物质能消费量明显高出参考情景和 1.5℃情景，主要是由于模型选择的基准年是 2000 年，高估了生物质能的发展速度，而低估了非生物质可再生能源的发展（Kriegler et al.，2015）。

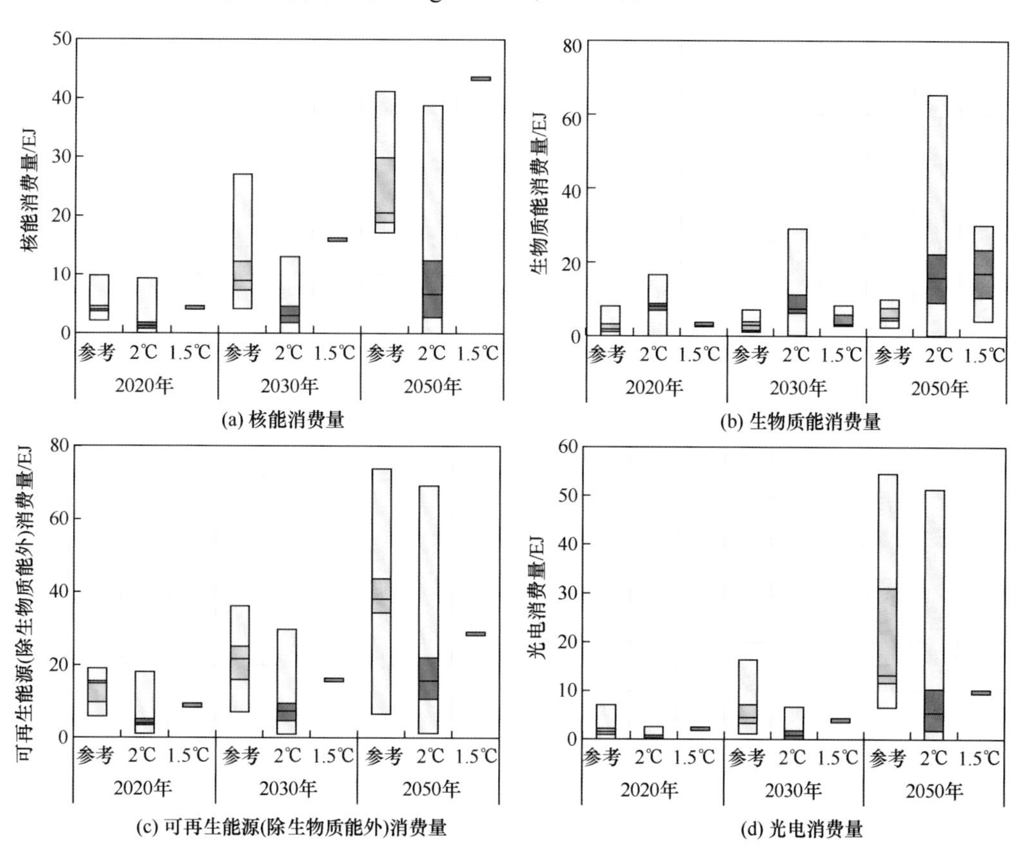

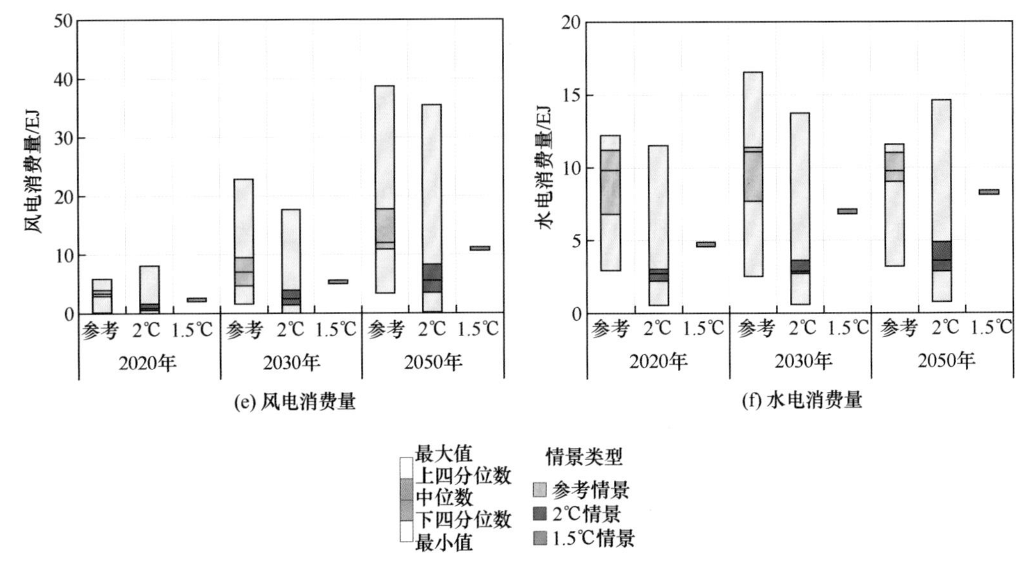

图 3-11 全国非化石能源供应路径

中国更新的国家自主贡献方案提出到 2030 年非化石能源比重达到 25% 的目标，激励着可再生能源的大规模发展（Mu et al.，2018）。到 2030 年，可再生能源（除生物质能外）消费量是 2020 年的 1.5 倍（参考情景）、1.8 倍（2℃情景）、1.8 倍（1.5℃情景）[图 3-11（c）]，2050 年的消费量是 2020 年的 2.6 倍（参考情景）、3.9 倍（2℃情景）、3.3 倍（1.5℃情景），2100 年的消费量是 2020 年的 5.2 倍（2℃情景）。太阳能光伏发电和风能发电在电力行业中的发展极为迅速，两者分别占 2015 年可再生能源发电量的 3% 和 13%。2030 年光电消费量是 2020 年的 2.74 倍（参考情景）、3.2 倍（2℃情景）、2 倍（1.5℃情景）[图 3-11（d）]，2050 年的消费量是 2020 年的 8.1 倍（参考情景）、21.3 倍（2℃情景），2100 年的消费量是 2020 年的 43.6 倍（2℃情景）。2030 年风电消费量是 2020 年的 2.1 倍（参考情景）、2.8 倍（2℃情景）、2.5 倍（1.5℃情景）[图 3-11（e）]，2050 年的消费量是 2020 年的 3.6 倍（参考情景）、6.3 倍（2℃情景）、5.2 倍（1.5℃情景），2100 年的消费量是 2020 年的 6.6 倍（2℃情景）。由于可变性和间歇性的问题，向电网增加供应风电和光电仍然是一个挑战，应加快建立健全可再生能源电力消纳机制，解决好弃风弃光问题，确保可再生能源在气候目标实现过程中发挥重要作用（Zhou et al.，2018b）。水电已经是最成熟的可再生能源，占 2015 年可再生能源发电量 80%。未来水电的发展较为缓慢 [图 3-11（f）]，2050 年水电消费量为 3.6EJ（2℃情景）和 8.1EJ（1.5℃情景），分别是 2020 年的 1.3 倍和 1.8 倍。

3.6.2 电力行业

电力行业在能源系统转型中扮演着重要角色，全球温升目标的实现重点依赖于电力碳强度的快速下降和终端能源消费电气化率的增加（Rogelj et al.，2018a）。电力行业是最大的碳排放部门，占 2015 年中国碳排放总量的 40%~44.5%（Meng et al.，2016；Shan et al.，2018）。在大部分的参考情景和 2℃情景中，电力行业的碳排放会在 2020~2030 年达峰，2030 年之后快速下降（Jiang et al.，2018b；Khanna et al.，2016，2019；Liu et al.，2019a；Lugovoy et al.，2018；Tao et al.，2019；Wang Z X et al.，2014；Wang and Chen，2019b；Yang and Teng，2018；Zhou N et al.，2013）。参考情景下电力行业的 CO_2 排放量由 2030 年的 37 亿 t 下降到 2050 年的 19 亿 t[图 3-12（a）]；2℃情景下 CO_2 排放量由 2030 年的 43 亿 t 下降到 2050 年的 6.7 亿 t。1.5℃情景下，电力行业的碳排放目前已经达峰，由 2020 年 46 亿 t 持续下降到 2050 年的 –2 亿 t。到 2100 年，电力行业的 CO_2 排放量为 –19 亿 t（1.5℃情景）、–2.6 亿 t（2℃情景）。1.5℃情景要求电力行业在 2050 年实现碳中和，2℃情景要求在 2070 年之前实现碳中和，这个目标的实现需要电力行业重视碳排放权交易机制和大力开展 CCS 技术（Liu Q et al.，2018；Viebahn et al.，2015）。

未来全国总发电量持续增加，参考情景和 2℃情景下的总发电量中位数相近，到 2050 年达到 39EJ，比 2020 年增加了 58%[图 3-12（b）]。1.5℃情景下的总发电量增长迅猛，2050 年发电量 64.3EJ，比 2020 年增加了 140%。可再生能源（除生物质外）在电力生产中的份额不断扩大 [图 3-12（c）]，到 2050 年三种目标约束下的可再生能源发电量（除生物质外）达到了 15.3EJ（参考情景）、13.9EJ（2℃情景）、33.4EJ（1.5℃情景），分别大约占当年总发电量的 40%（参考情景）、36%（2℃情景）、52%（1.5℃情景）。尽管生物质能发电量 [图 3-12（d）] 和天然气发电量 [图 3-12（e）] 增长速度较快，但是在电力行业中的占比仍然较小。绝大多数的目标情景均显示化石燃料在电力行业的作用正在下降（张小丽等，2018；Chen et al.，2016；Khanna et al.，2016；Kriegler et al.，2015；Liang et al.，2019；Luderer et al.，2014；Tang et al.，2018，2019a；Wang Z X et al.，2014；Zhou et al.，2018a，2018b；Zhou N et al.，2019）。未来煤炭发电量将持续减少 [图 3-12（f）]，由 2020 年的 15EJ 下降到 2050 年的 13.7EJ（参考情景）、8.4EJ（2℃情景）、2.6EJ（1.5℃情景），分别占 2050 年总发电量的 35.7%、21.6%、4%。

3.6.3　终端使用部门

减缓和应对气候变化，不仅需要能源供应端的结构转型和电力行业的脱碳，还需要能源需求端的消费控制和电气化程度的扩散。由于 2℃情景和 1.5℃情景中电力行业分别在 2050 年和 2070 年左右实现了脱碳，因此这两种情景路径的主要差异将体现在终端部门（Rogelj et al.，2018a；Li L et al.，2019）。在绝大部分的参考情景和 2℃情景下，终端部门的 CO_2 排放量将在 2030 年达峰，此后快速下降（刘强等，2017；魏一鸣 等，2018；Chen，2017；Liu Q et al.，2017；Lugovoy et al.，2018；Yang and Teng，2018；Li N et al.，2019）。参考情景下终端部门 CO_2 排放量由 2030 年的 93 亿 t 下降到 2050 年的 62 亿 t[图 3-13（a）]；2℃情景下终端部门 CO_2 排放量由 2030 年的 51 亿 t 下降到 2050 年的 31 亿 t；1.5℃情景下终端部门 CO_2 排放量目前已经达峰，由 2020 年 52 亿 t 持续下降到 2050 年的 4.8 亿 t。到 2100 年，终端部门 CO_2 排放量为 0.62 亿 t（1.5℃情景）和 8.4 亿 t（2℃情景）。这些目标可以通过规模效应、技术效应和结构效应三种组合策略来实现，即减少能源需求、提高能源效率以及调整产业结构和能源结构（Gambhir et al.，2013；Yu et al.，2018b）。

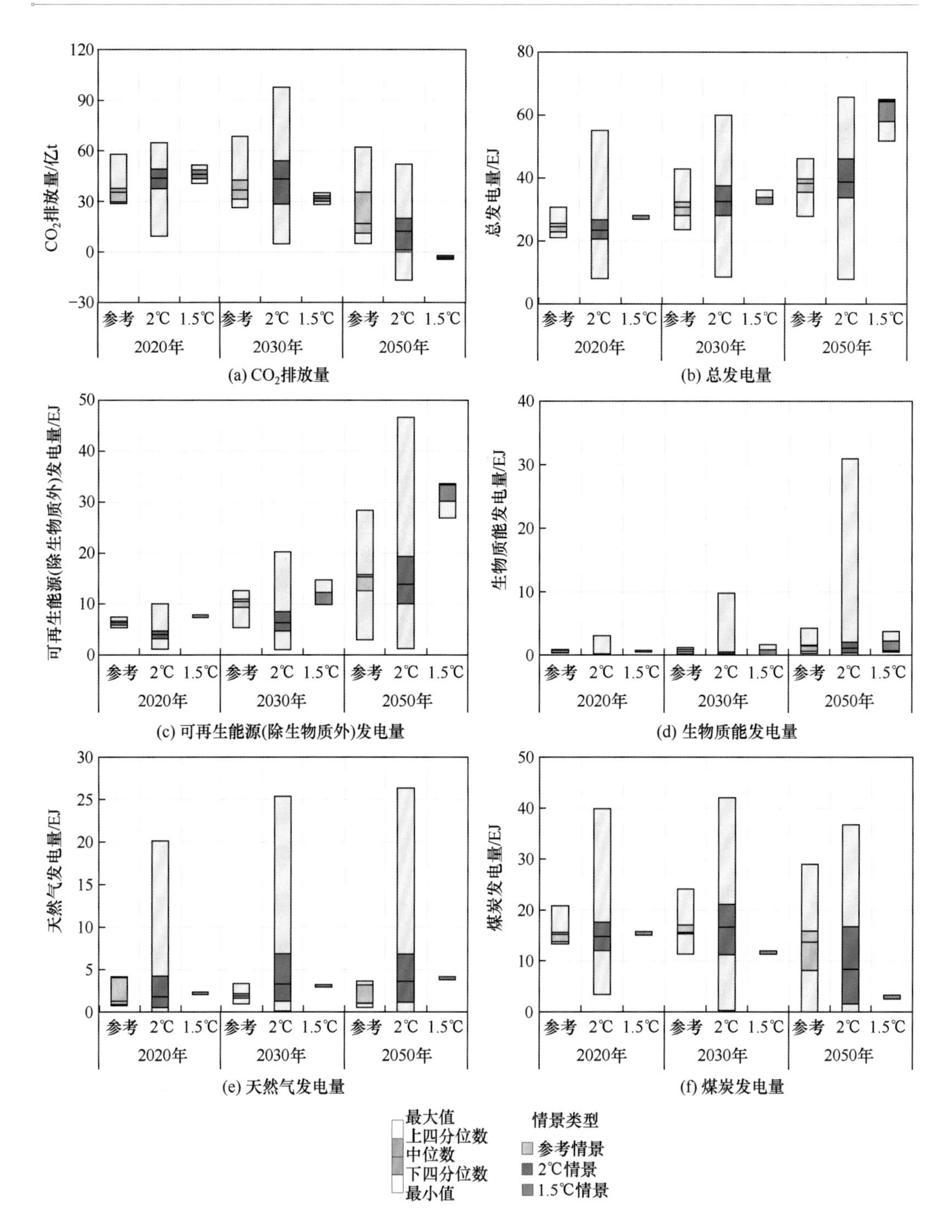

图 3-12　电力行业发电量及 CO_2 排放路径

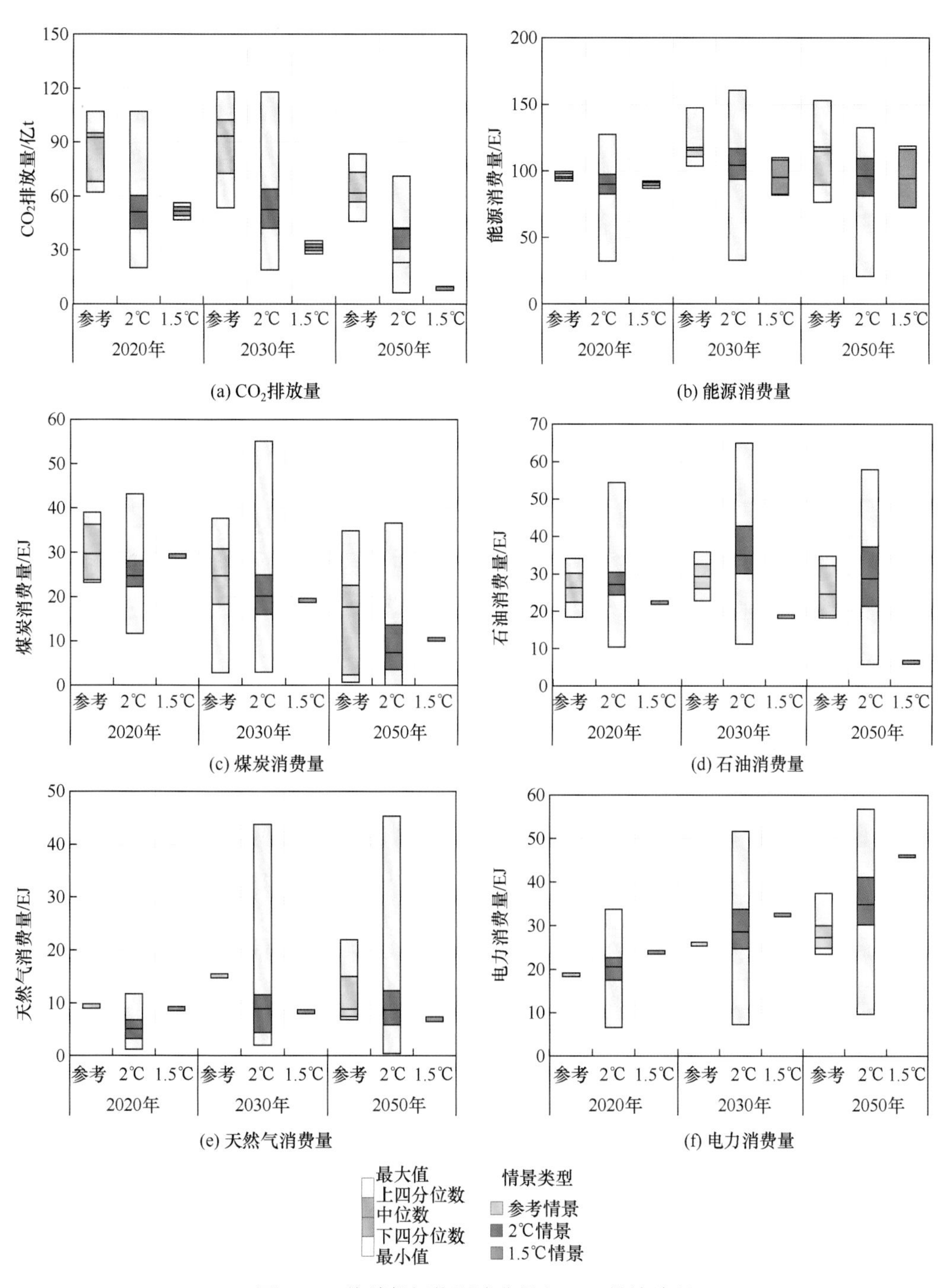

图 3-13　终端部门能源消费量和 CO_2 排放路径

减少能源需求是减少终端部门碳排放的关键，能源消费侧的节能减排潜力巨大，可能是能源供应侧改革（如提高可再生能源和核能比例）带来的碳减排量的几倍到几十倍。未来终端部门能源消费量的变化趋势是先增加后减少 [图 3-13（b）]，大部分的参考情景和 2℃情景中终端部门能源消费量将在 2050 年之前达峰。参考情景下终端部门能源消费量由2020年的95.7EJ将增加到达峰年（2040年）的121.4EJ；2℃情景下由2020年的90.2EJ增加到达峰年（2030年）的104.2EJ；1.5℃情景下，终端部门能源消费量预计在2030年达峰，2050年下降到72.9EJ。根据各气候目标的严苛程度，终端部门需求的下降幅度各有不同。到21世纪末，终端部门的能源消费总量分别为97.6EJ（参考情景）和78EJ（2℃情景）。从终端部门能源结构来看，可以得出未来化石燃料减少和电气化率提高的趋势［图3-13（c）~图3-13（f）］，并且这种趋势在1.5℃情景下比在2℃情景和参考情景下更加显著。终端部门煤炭消费目前已经达峰，到2050年终端部门煤炭消费量比2020年终端部门减少40.5%（参考情景）、70%（2℃情景）、65.3%（1.5℃情景）。由于交通部门对石油的依赖程度较高，终端部门石油消费量在参考情景和2℃情景下短期内将呈上升趋势，并且在2035年之前达峰（Pan et al.，2018b）。1.5℃情景下的终端部门石油消费量将持续减少，由2020年的21.8EJ下降到2050年的6EJ。由于气源供应等问题，终端部门天然气消费量在三种目标路径中均变动不大（Zou et al.，2018）。未来终端部门能源消费更多地转向电力，各目标路径下2050年终端部门电力消费量分别比2020年增长了49.1%（参考情景）、69.4%（2℃情景）、94%（1.5℃情景）。电气化是使终端部门脱碳的主要手段，2050年三种目标约束下电力消费量分别占终端部门能源消费量的23.7%（参考情景）、36.2%（2℃情景）、62.7%（1.5℃情景）。

1. 工业部门

工业部门是终端部门中最大的能源消费和温室气体排放部门，其能源消费量和直接碳排放量分别占2015年终端部门能源消费量和全国能源相关的碳排放总量的50%（IEA，2017b）和39.4%（Shan et al.，2018）。终端部门的碳减排量主要来自工业部门。在三种目标约束下，未来工业部门CO_2排放的变化趋势是持续减少［图3-14（a）］（王勇等，2017；van Vuuren et al.，2016；Wang D et al.，2019；Wang H et al.，2019）。相比于2℃情景和参考情景，1.5℃情景需要更加大幅的工业碳减排，2050年工业部门CO_2排放量比2020年下降了39.2%（参考情景）、56.4%（2℃情景）、92.1%（1.5℃情景）。到2100年，工业部门CO_2排放量为2.7亿t（2℃情景）、–0.25亿t（1.5℃情景），这归功于工业部门能效的持续提升和CCS技术的大力实施。在工业部门的子行业中，CCS技术的累计碳捕获量从大到小依次是钢铁、化工和水泥（Zhou N et al.，2013）。

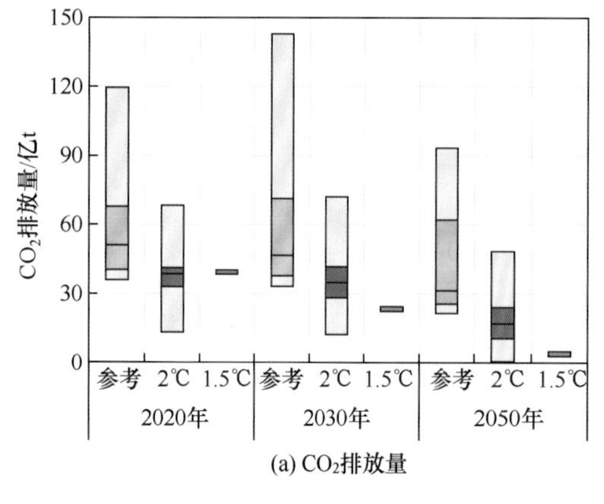

(a) CO_2排放量

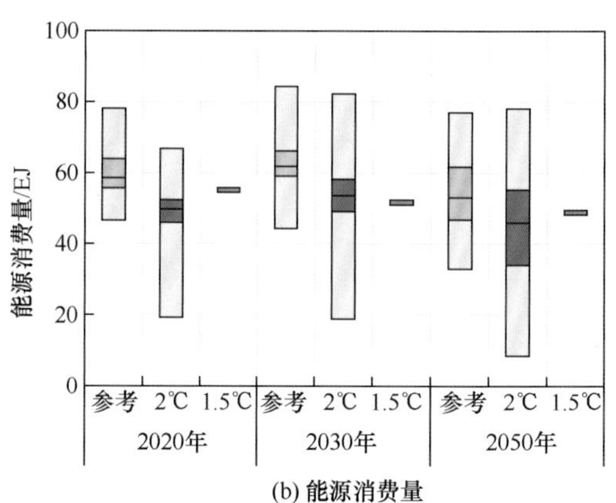

(b) 能源消费量

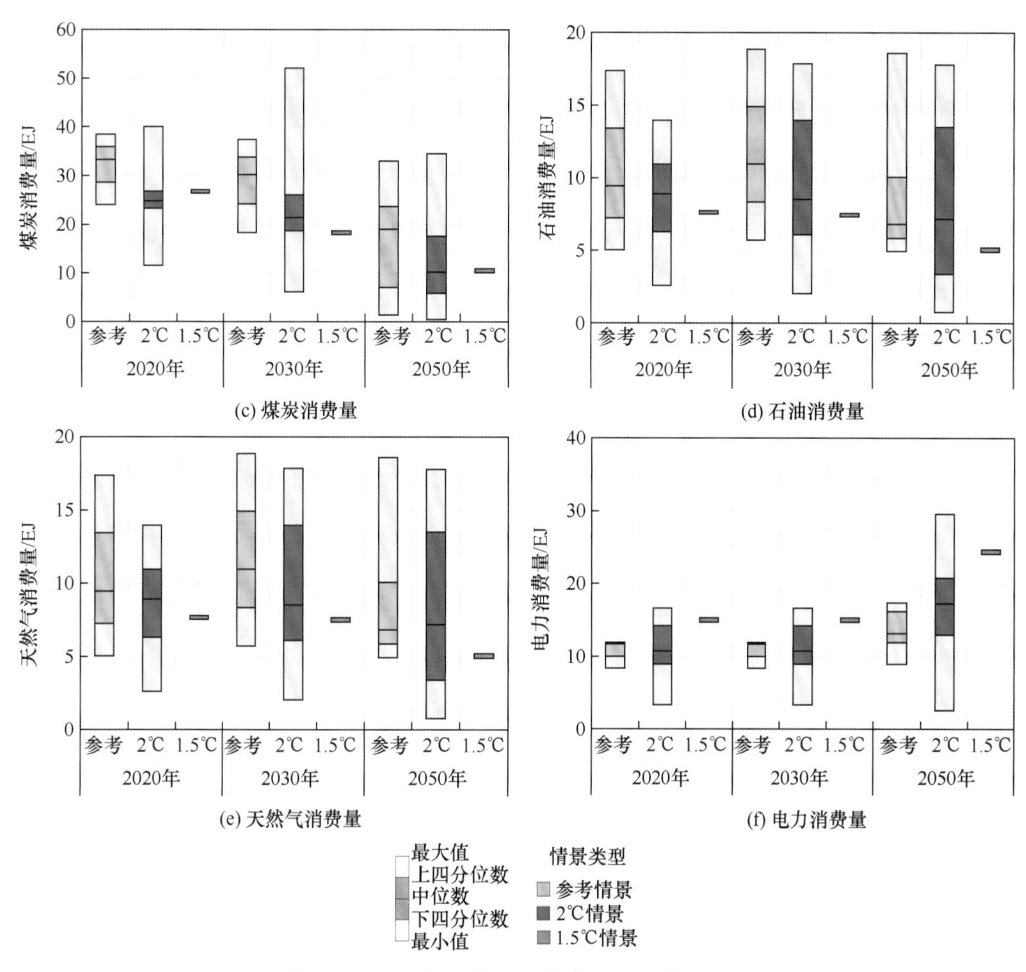

图 3-14　工业部门能源消费量及 CO_2 排放路径

在绝大部分的参考情景和 2℃情景中，工业部门能源消费将保持缓慢增长态势，预计在 2025~2040 年达峰，此后缓慢下降 [图 3-14（b）]。到 2050 年，工业部门能源消费量比 2020 年减少了 9.4%（参考情景）和 7.3%（2℃情景）。在 1.5℃情景下，工业部门能源消费量目前已经达峰，将由 2020 年的 54.9EJ 不断下降到 2050 年的 48.2EJ。工业部门碳强度的减少主要依赖于化石燃料的快速淘汰和电气化的发展。未来工业部门煤炭消费量大幅下降，2050 年煤炭消费量比 2020 年减少了 42.7%（参考情景）、59%（2℃情景）、61.6%（1.5℃情景）[图 3-14（c）]。工业部门石油消费量的控制速度落后于煤炭，在参考情景下先增后减，预计 2030 年达峰，在 2℃和 1.5℃情景下则持续下降 [图 3-14（d）]。到 2050 年，工业部门石油消费量比 2020 年减少了 27.6%（参考情景）、19.2%（2℃情景）、34.7%（1.5℃情景）。天然气是最清洁的化石燃料，工业部门天然气消费量在参考情景、1.5℃情景以及 2℃情景下，中短期内将快速增加；而从长期来看，由于碳中和目标的约束将限制天然气的使用 [图 3-14（e）]。在部分的 2℃情景中，工业部门天然气消费量在 2030~2050 年达峰，这是考虑到常规天然气生产将很快达峰，再加上非常规天然气开采进展缓慢以及天然气进口安全等因素（Zou et al.,

2018）。工业部门电力消费量快速增长，到 2050 年工业部门电力消费量比 2020 年分别增加了 12.3%、60%、63.5%[图 3-14（f）]。工业部门电力消费量占比不断增加，到 2050 年三种目标约束下工业部门电力消费量占工业能源消费总量的 24.8%（参考情景）、37.4%（2℃情景）、49.8%（1.5℃情景）。

工业部门的减缓措施可以归纳为六个方面：①减少能源需求；②提高能源效率；③改善产业结构；④改善能源结构；⑤部署 CCS 技术；⑥实施碳定价。为了提高能源效率，需要在技术进步和政策制定方面付出努力，优先针对那些能耗较高的工艺过程进行研发创新，如钢铁中的高炉炼铁工艺、水泥中的熟料煅烧、铝行业的氧化铝和电解铝过程、乙烯中的蒸汽裂解制乙烯工艺方式等（An et al.，2018；Chen et al.，2018；Yu et al.，2019a；Zhang et al.，2021）。通过高耗能产业向高新技术产业转移，可达到改善能源强度的目的。通过提高电气化率、逐步淘汰煤炭消费，进行工业部门的深度脱碳。CCS 技术是一种具有成本优势的降低工业部门温室气体排放的重要手段。采取合理的碳排放定价方法和环保税，以激励企业进行减排（Rogelj et al.，2018a；Wang and Chen，2019b；Zhang et al.，2017；Zhou S et al.，2013）。

2. 建筑部门

建筑部门（包括商业和居民部门）目前是终端部门中第二大能源消费和温室气体排放部门，其能源消费量和直接碳排放量分别占 2015 年终端部门能源消费量和全国能源相关的碳排放总量的 20%（IEA，2017b）和 14.5%（Shan et al.，2018）。在三种目标约束下，未来建筑部门 CO_2 排放量的变化趋势是先增加后减少，大多数情景表示在 2030~2040 年达峰（曲建升等，2017；Li J F et al.，2018；Yang et al.，2019；Zhou N et al.，2018）。在参考情景下，到 2030 年建筑部门 CO_2 排放量将比 2020 年增加 9.5%~44.6%（四分位数范围）[图 3-15（a）]，到 2050 年建筑部门 CO_2 排放量将比 2030 年减少 13.2%~27.3%（四分位数范围）。在 2℃和 1.5℃情景下，到 2030 年建筑部门 CO_2 排放量将比 2020 年分别增加 43.6% 和 17.2%（中位数），到 2050 年将比 2030 年分别减少 21.1% 和 37.9%。

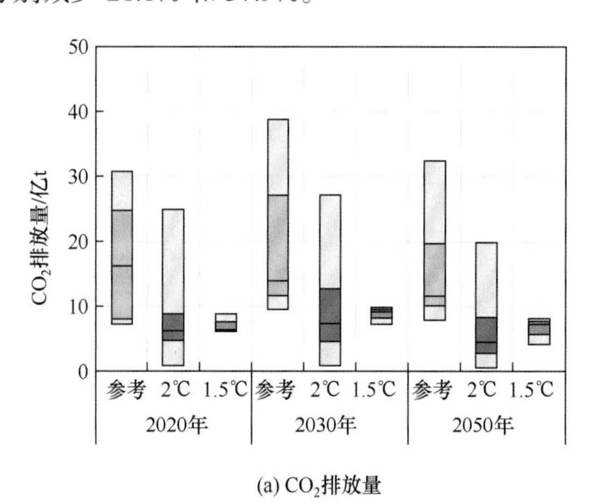

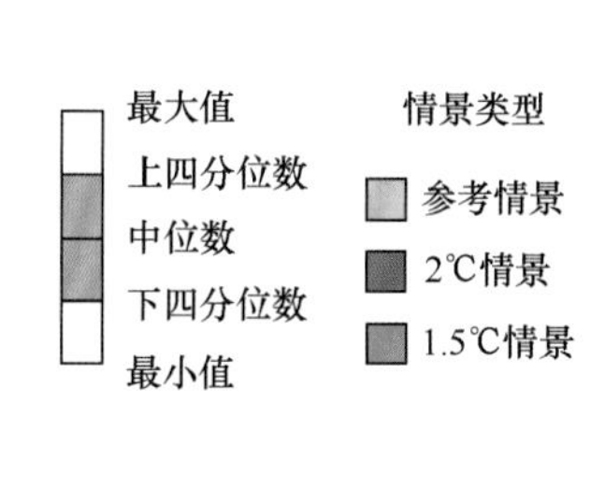

(a) CO_2排放量

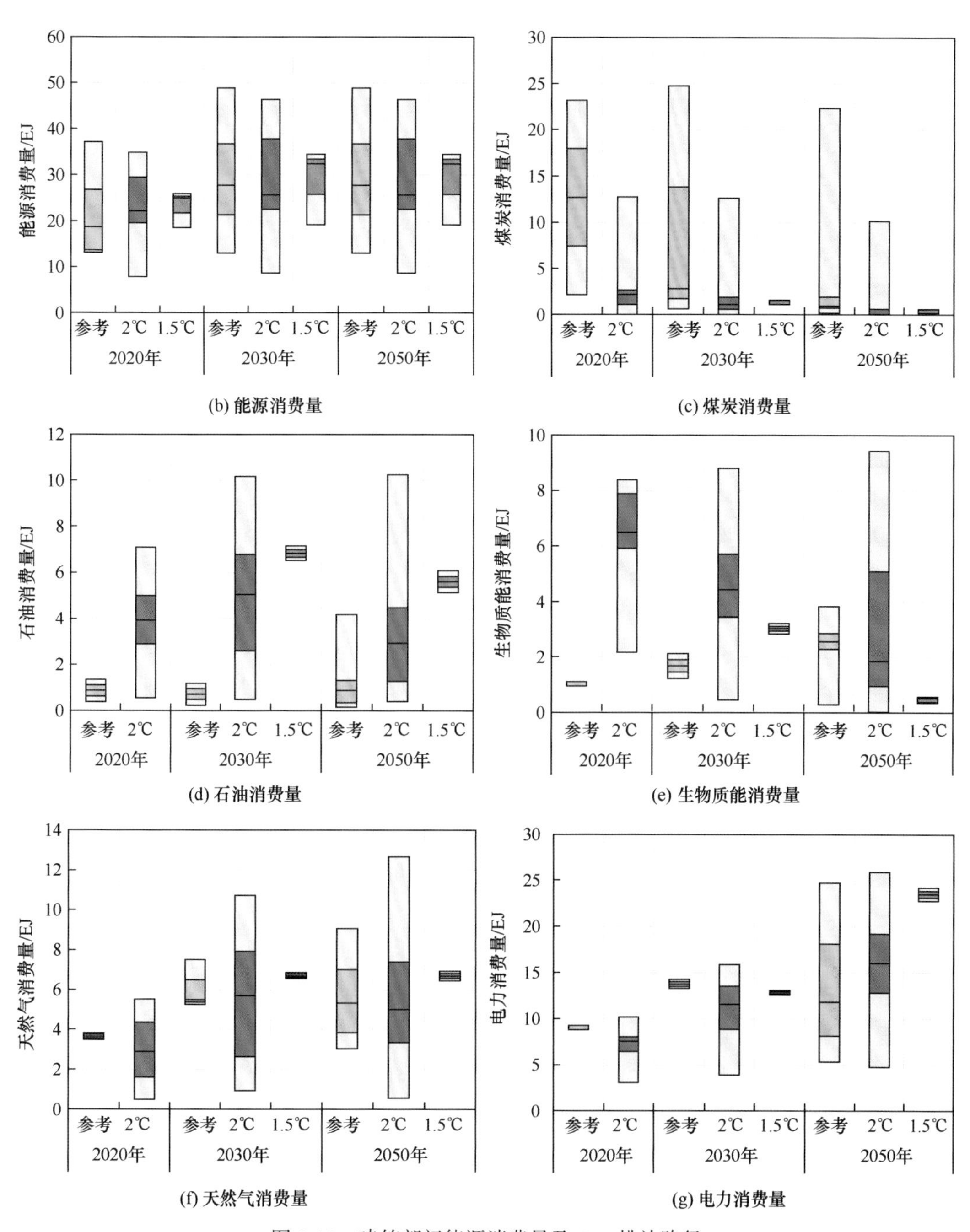

(b) 能源消费量

(c) 煤炭消费量

(d) 石油消费量

(e) 生物质能消费量

(f) 天然气消费量

(g) 电力消费量

图 3-15 建筑部门能源消费量及 CO_2 排放路径

随着城市化的快速发展、居民的日益富裕和电力供应的改善，中国的建筑部门能源消费量将会增加，并且这种趋势在未来会持续（Rogelj et al.，2018a；Zhou N et al.，2018）。到 2030 年建筑部门能源消费量将比 2020 年增加 47.6%（参考情景）、15.7%（2℃情景）、29.7%（1.5℃情景），在 2030 年之后建筑部门能源消费量变动较小［图 3-15（b）］。随着大部分传统生物质能的使用向电力和低碳燃料转移，建筑部门的能源结构发生着巨大变化。未来建筑部门煤炭消费量大幅下降，到 2050 年三种目标约束下的煤炭消费量比 2020 年减少 90% 以上，到 2100 年煤炭消费量接近淘汰 [图 3-15(c)]。未来建筑部门石油消费量变动幅度较小 [图 3-15(d)]。在 2℃情景和 1.5℃情景下，生物质能燃料大幅减少，2050 年比 2030 年分别下降 58.4% 和 86.7%[图 3-15（e）]。由于天然气存在成本高和供应短缺的风险，加上目前城市居民建筑中天然气的使用比例已经相当高，因此未来天然气的增长速度将受到限制，未来天然气的增长主要来源于农村和商业建筑中的天然气使用（Yang T et al.，2017）。预计建筑部门天然气消费量在 2050 年之前达峰 [图 3-15（f）]，2030 年天然气消费量比 2020 年增长 49.9%（参考情景）、98%（2℃情景），2050 年比 2030 年减少 3.1%（参考情景）、12.2%（2℃情景）。三种目标约束下，天然气消费量占建筑部门能源消费量的比例由 2015 年的 10% 增长到 2050 年的 20% 左右。电力是建筑部门的主要能源消费品种，当与电力系统的快速脱碳相结合时，可以进一步减少该部门的间接 CO_2 排放，因此未来建筑部门的电气化率会持续增加。到 2050 年，建筑部门电力消费量将比 2030 年增加 39.1%（2℃情景）~83.4%（1.5℃情景）[图 3-15（g）]。电力消费量占建筑部门能源消费量的比例将由 2015 年的 25% 增长到 2050 年 44%（参考情景）、60%（2℃情景、1.5℃情景）。

从能源活动来看，居民能耗以烹饪和供暖为主，其次是电器、热水、制冷、照明；商业建筑以照明耗能最多，其次是设备运行、供暖、制冷、热水（郑新业等，2017；Yu et al.，2019a）。通过若干方式可以实现建筑部门的深度减排，空间制冷供热系统改造和建筑围护结构改善是其中的重点，这两项措施可带来近一半的建筑部门节能量。推广高效率设备、燃料向电力和清洁能源转换、消费者行为选择及时间利用均能显著影响建筑部门能源消费（Chen et al.，2019；Yang T et al.，2017；Zhou N et al.，2018；Xing et al.，2018；Yu Z et al.，2018；Yu et al.，2019b）。

3. 交通部门

交通部门是能耗最少的终端部门，其能源消费量和直接碳排放量占 2015 年终端部门能源消费量和全国能源相关的碳排放总量的 15%（IEA，2017b）和 7.3%~9%（Pan et al.，2018b；Shan et al.，2018）。在三种气候目标约束下，交通部门碳排放达峰的时间依次在 2050 年（参考情景）、2030 年（2℃情景）、2020 年（1.5℃情景）。交通部门的 CO_2 排放量 2030 年比 2020 年分别增加 31.2%（2℃情景）~35.8%（参考情景）或减少 3.1%（1.5℃情景）[图 3-16（a）]（刘俊伶等，2018；Li and Yu，2019；Liu L et al.，2018；Pan et al.，2018b；Tang et al.，2019b；Wang et al.，2017；Zhang H et al.，2016）。

未来交通周转量持续增加，到 2050 年客运周转量和货运周转量分别达到 24.9 万亿人公里和 54 万亿吨公里（Liu Q et al.，2017）。参考情景下交通部门能源消费量将会持续上升，到 2030 年交通部门能源消费量将比 2020 年增加 35.6%[图 3-16(b)]。1.5℃和 2℃情景下交通部门能源消费量预计在 2030 年达到 16.1EJ（1.5℃情景）、17.5EJ（2℃情景）的峰值，此后不断下降，但是变化缓慢。目前，90% 的中国交通能源消费是由石油产品组成的，这是交通部门深度脱碳面临的主要挑战（IEA，2017b）。预计参考情景和 2℃情景下的交通部门石油消费量会在 2050 年之前达峰 [图 3-16（c）]，峰值为 21EJ 左右。而在 1.5℃情景下交通部门石油消费量已经在 2020 年达峰，到 2050

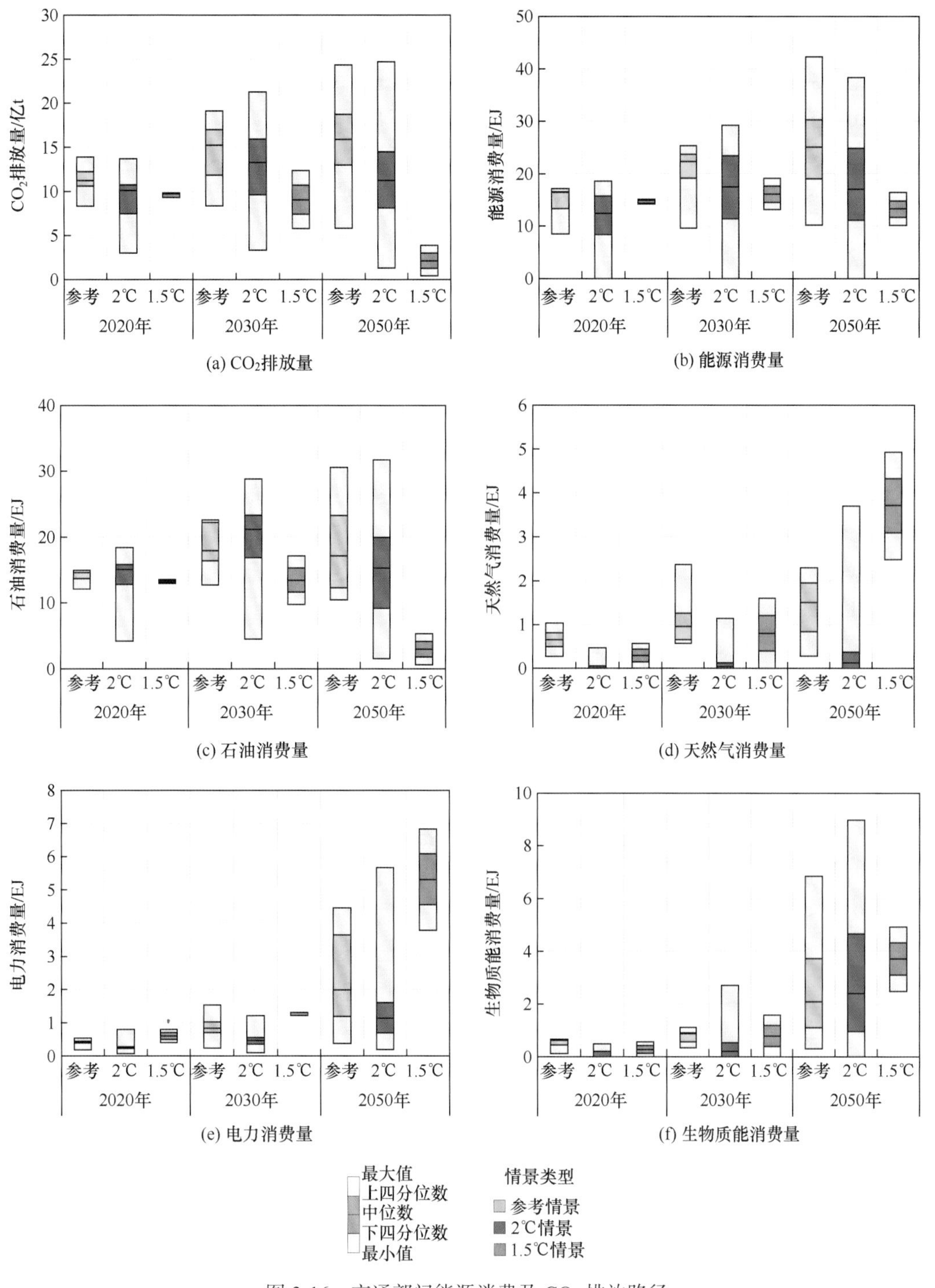

图 3-16　交通部门能源消费及 CO_2 排放路径

年石油消费量在交通部门能源消费量中的占比已经下降到22.6%，到2080年左右完全淘汰。这表明1.5℃情景的实现需要石油消费量的快速下降，对应的变化是燃料向清洁能源转移。未来交通部门天然气、电力、生物质能消费量均快速增加，到2050年三种目标约束下2050年天然气消费量分别是2020年的2.3倍（参考情景）、8.9倍（2℃情景）、12.9倍（1.5℃情景）[图3-16（d）]，电力消费量分别是2020年的4.6倍（参考情景）、4.3倍（2℃情景）、8.8倍（1.5℃情景）[图3-16（e）]，生物质能消费量分别是2020年的3.3倍（参考情景）、数十到几百倍（2℃情景、1.5℃情景）[图3-16（f）]。

虽然交通部门难以脱碳，但是仍存在较大的节能减排潜力。交通部门的减缓措施可以归纳为三个方面：①优化交通运输模式；②提高燃油经济性；③推广清洁能源汽车（Peng et al.，2018）。从运输结构来看，公路运输分别占2015年客运和货运交通能耗的80%和90%，其次是水运、航空、铁路、管道。未来交通运输模式的转变在很大程度上取决于基础设施建设和物流系统（Pan et al.，2018b；Wang et al.，2017）。提高燃油经济性标准和推动燃料转变，对提高能源效率和减少碳排放至关重要，这需要适度推进交通部门的税收和补贴等政策性工具（Lyu et al.，2015；Zheng et al.，2015）。

3.6.4 农业、林业及土地利用

2015年农业和林业能源消费量占全国能源消费量总量的2.1%（IEA，2017b）。需求变化、生产效率和政策规划三个因素的驱动，引发了各种土地利用功能的转换（Popp et al.，2014）。1990~2010年，中国土地利用变化累计贡献了人为碳排放总量的15%（Lai et al.，2016）。

在2℃情景下，未来农业耕地面积和草地面积进一步减少，分别由2020年的133万km^2（耕地）和238.8万km^2（草地）下降到2100年的118.7万km^2（耕地）和200.9万km^2（草地）[图3-17（a）、图3-17（b）]。林业面积缓慢增加，由2020年的237.5万km^2增加到2100年的291.7万km^2[图3-17（c）]。中国面临着严重的土地利用不确定性，这些不确定性在很大程度上取决于全球气候目标情景下的人口变化、粮食产量和生物质能需求（高霁，2012；Dong et al.，2018；Harper et al.，2018）。未来中国土地利用变化引起的CO_2排放量总体呈下降趋势，由2020年的–2.8亿~2.2亿t变化至2100年的–7.9亿~0.2亿t[图3-17（d）]。

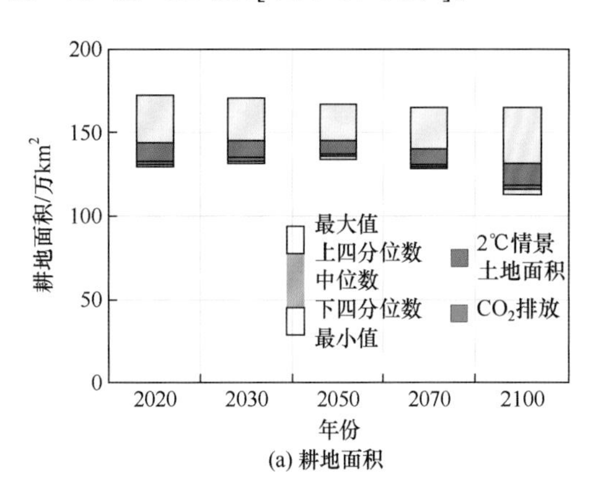

(a) 耕地面积

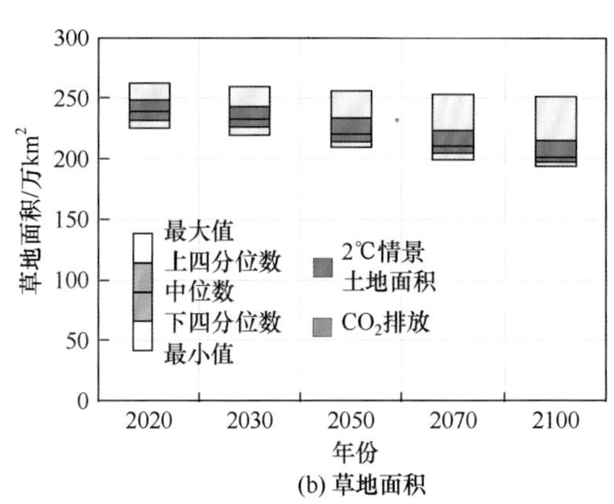

(b) 草地面积

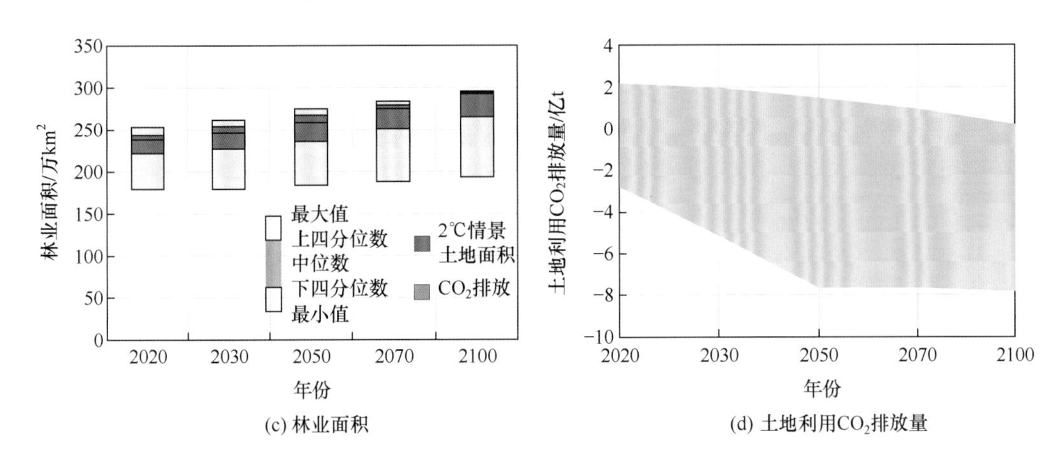

(c) 林业面积　　　(d) 土地利用CO_2排放量

图 3-17　2℃情景下土地利用排放路径

3.7　减排成本及经济影响

“减排成本”直观表现为某地区 / 部门减少一单位碳排放所需要花费的成本，它既反映了该地区 / 部门碳的影子价格，也体现了该地区 / 部门对减排设备 / 措施的减排投资成本。因此，本节使用“碳排放配额交易价格”和“减排投资成本”作为衡量碳减排成本的两大关键指标。此外，在一般的宏观经济术语中，“经济影响”可被认为是某项政策对某地区国内生产总值（GDP）的影响，抑或对某部门总产出的影响，这几项指标被普遍用于经济分析文献中。此外，本节还选取了气候变化经济学中常用的“居民福利”和“贸易”作为评估经济影响的关键指标。

3.7.1　碳价格

CO_2 排放作为一种物品，也可以被赋予一个价格，称为碳定价。碳价格的产生，可以通过碳税的设置，以及通过碳排放权交易市场来得到。碳排放权交易价格反映了实现碳排放约束所需的边际减排成本，其是由多种因素决定的，可以分为外生因素和内生因素两类。外生因素与碳排放限额供给和需求之间的关系有关，如社会经济假设、减排目标、各缔约方履约情况和碳排放空间等。总体而言，碳排放配额越稀缺，碳价就越高。而内生因素是相对复杂的，包括技术进步、能源结构、能源价格和能源效率等。

在全球层面，不同的社会经济发展路径所需的减排成本不尽相同。在区域竞争路径 SSP3-RCP6 情景中，2100 年碳价为 90 美元 /t，而在中间路径 SSP2-RCP6 中碳价仅为 62 美元 /t。同样地，在 SSP2-RCP5 的情景下，碳价约为 260 美元 /t，而在可持续发展路径 SSP1-RCP5 的情景下，碳价约为 178 美元 /t，其中 SSP3 达不到 RCP5 的缓解目标（Wei et al.，2018）。

减排目标也是碳价的重要决定性因素之一。基于不同的方法和假设估算的碳价结果不同，但都呈现出一致的趋势：随着减排力度的提高，碳价增加。全球减排成本在 RCP1.9 和 RCP2.6 情景之间大幅增加，也反映出较高的边际减排成本（Rogelj et al.，

2018b）。

各缔约方履约情况和由此带来的排放空间大小的变化也将影响到碳价的高低。有研究显示，美国退出《巴黎协定》将使其自身的碳价显著下降；另外，也将显著压缩包括中国、印度、日本和欧盟等在内其他地区的碳排放空间，从而导致其他缔约方实现国家自主贡献和2℃温升目标要付出更高的减排成本、承受更高的碳价。为实现国家自主贡献目标，2030年中国的碳价将从美国完全履行其《巴黎协定》承诺情景下的23美元/t增加至完全退约情景的28美元/t；在2℃温升目标下，2030年我国的碳价将从93美元/t增加至108美元/t（Dai et al.，2017，2018b）。

负排放技术的发展和取消化石能源补贴等将有利于碳价的降低。在2℃温升目标下，DAC技术的采用可以使得2100年全球碳价降低19%~35%不等（Marcucci et al.，2017）。取消化石能源的补贴将使实现适度气候目标（即到2100年时相较工业革命前升温2~2.3℃）所需的2020~2050年全球平均碳价降低2%~12%，或在低油价下每吨CO_2降低0.7~2.1美元（Jewell et al.，2018）。

同样地，就国家层面而言，在不同的减排目标、可再生能源发展水平和碳配额分配方式等条件下，相关研究对我国碳价的估算结果也不尽相同。不同的社会经济假设和研究方法也会导致碳价有所差异。

有研究显示，为实现国家自主贡献目标，我国2030年碳价约为37美元/t（Qi and Weng，2016），另有研究结果为72美元/t（2007年不变价）左右（Yu Z et al.，2018）。在2℃温升目标下，碳价将显著上升，到2030年碳价约为132美元/t（Yu Z et al.，2018）。

推行新能源政策和碳排放权交易政策、节能技术的发展，扩大碳市场的规模和参与范围，加入全球碳市场等可以显著地降低碳价（崔连标等，2013；Qi et al.，2016；Wu et al.，2017；Dai et al.，2018a；Liu Z et al.，2018；Yu Z et al.，2018）。若在全国推行统一的碳市场，各省市碳减排成本均会有不同程度的降低，如2030年上海实现国家自主贡献目标的均衡碳价将从400美元/t左右下降至200美元/t；而如果所有部门都加入碳排放权交易市场，2030年我国实现国家自主贡献目标的均衡碳价将从420美元/t下降至140美元/t；若继续推行新能源鼓励政策，碳价将继续下降至70美元/t左右（Fan et al.，2016；Liu Z et al.，2018）。需要注意的是，不同研究的结果差异较大，一些研究认为，全国施行统一碳市场条件下2030年均衡碳价将从71元/t降至38元/t（崔连标等，2013；Wu et al.，2017），也有研究认为仍高达200元/t左右（Zhang D et al.，2013）；结合新能源政策后，有研究中的碳价甚至可以降为2元/t。同时有研究指出，当我国并行实施碳排放权交易和新能源激励政策时，碳减排约束应比单一碳排放权交易政策严格约0.3%（Wu et al.，2017）。

在省级层面也有类似的结论。以上海为例，由于碳排放上限的收紧，以及受可再生能源价格上涨和低碳技术可获得性降低等不利的内生因素影响，在国家自主贡献目标下，2020~2030年，上海各部门均衡碳排放权交易价格几乎将翻一番，从38美元/t增至69美元/t（Wu et al.，2016）。同样地，在广东，相对于2020年碳强度相比2010年下降34%的减排目标，在更严格的减排政策（2020年碳强度降低40%）下，各部门减排成本显著增加（Wang P et al.，2015）。

此外，我国各省份的边际减排成本差异较大。为完成“十二五”碳强度目标，根据分类确定的省级碳排放控制目标，各省的碳价为 16~60 美元 /t 不等（2007 年不变价）。一般来说，东部地区的减排成本远高于中西部地区，2000~2009 年东部和中西部地区的平均边际减排成本分别为 151 元 /t 和 76 元 /t（He，2015）。

在部门层面，碳排放配额交易价格和交易量对不同的配额分配方案非常敏感（Wu et al.，2016）。在给定碳配额方式后，碳价主要受到各部门间异质性的影响，这一异质性主要体现在各部门减排潜力的不同，这一特征可以由碳强度自然下降率来指征，即无碳减排约束条件下各部门碳强度下降的幅度。各部门碳强度自然下降率越大，其减排成本就越低。有研究指出，在动态分配碳配额方法下，我国金属冶炼部门自主减排潜力较高，其碳价就相对较低，约为 100 美元 /t，而航空业自主减排潜力较低，其碳价相对较高，约为 650 美元 /t（Yu Z et al.，2018）。以上海为例，上海航空运输和炼油炼焦行业减排成本较高，在 2030 年分别为 308 美元 /t 和 258 美元 /t，将成为碳排放权交易市场主要的买家；相反，2030 年碳减排成本最低的钢铁行业为 33 美元 /t，钢铁行业将是最大的卖家（Wu et al.，2016）。同样地，以广东为例，在国家自主贡献目标下，当对钢铁、冶金、电力、水泥部门实行碳排放限额政策时，由于不同部门减排潜力的差异，它们可能将分别面临每吨二氧化碳 138 美元、17 美元、16 美元和 5 美元的边际减排成本；若实行更严格的减排政策（2020 年碳强度降低 40%），则这些部门减排成本分别增至每吨二氧化碳约 180 美元、153 美元、29 美元和 26 美元（Wang P et al.，2015）。

有研究指出，我国建筑部门的减排潜力非常广阔，到 2030 年我国建筑部门的总碳减排潜力为 5 亿 t 左右，低碳技术的平均碳减排成本约为 19 美元 /t（He et al.，2014）。农业部门也有着巨大的碳减排潜力，2020 年最多可减少 4.02 亿 t CO_2，其中 1.76 亿 t CO_2 减排量所对应的减排成本低于 100 元 /t、1.35 亿 t CO_2 减排量的减排成本为零甚至为负（Wang Z X et al.，2014）。

碳定价是利用市场机制减缓气候变化的重要机制，也是降低碳排放和减排幅度的重要调控手段。碳价的形成机制较为复杂，在不同的社会经济发展情况下，各个地区各个部门的碳价存在很大差异。化石能源补贴政策的退出、能效的提高以及其他减排行动的协调和配合有利于降低减排对高碳价的依赖性，进而减轻碳市场对经济产生的负面冲击。

3.7.2　减排投资成本

实现气候目标将拉动对资本密集型的可再生能源设施建设和技术革新的需求，这将使得全球各部门低碳领域的投资需求增加，并带来相应的减排投资成本（Wu et al.，2017）。具体投资需求大小则取决于气候目标和气候政策的严格性。例如，在 RCP2.6 情景下，2015~2030 年、2030~2050 年和 2050~2095 年，全球电力部门平均每年投资需求分别约为 3000 亿美元、6740 亿美元、9100 亿美元；相比无气候政策的基准情景，该情景下 2015~2095 年的累积额外投资需求约为 15 万亿美元，相比 RCP3.7 的减缓情景，发电投资需求也几乎翻了一番（Chaturvedi et al.，2014）。化石燃料发电设备的提前报废将带来较大的减排投资成本，在 2℃温升目标下，中国、欧盟、印度和美国四个地区将由于设备的提前报废而产生 5410 亿美元的“搁浅投资”；其中，中国的投资额为 3580 亿美元，占四个地区总搁浅投资的 66%（Kefford et al.，2018）。

除减排目标的严格性之外，减排时机的把握也可能成为影响投资需求的关键因素。尽早采取减排措施也有助于降低减排投资成本。与 2030 年开始实施国家自主贡献目标下的措施相比，由于避免能源系统的突然转变和利用更便宜的减排空间，2020 年起开始采取减排措施并允许碳排放权交易能使得 2050 年能源系统成本降低 10% 左右（Wang and Chen，2019a）。

良好的制度设计将有助于降低减排投资成本。例如，构建国际低碳联盟就有可能是一种较好的降低减排投资成本的方式。当融资需求巨大的发展中国家加入俱乐部并与俱乐部内的发达国家保持一致时，发展中国家面临的低碳投资信贷条件将得到改善（Pauw et al.，2018）。建立碳排放权交易市场也可以使得全球气候减缓相关减排投资成本降低。在 2℃温升目标（RCP2.6）的排放路径下，建立全球碳市场能在 2011~2050 年降低 0.4%~2.6% 的减排投资成本（Wang et al.，2018）。

未来，全球技术进步及其渗透模式也将在很大程度上影响相应的投资成本。技术进步带来的能效提高将有利于降低减排投资成本，例如，在 2℃情景（RCP2.6）下，能源效率的改进将使得全球发电减排投资成本减少 24 万亿美元（以 2007 年价格计算）（Chaturvedi et al.，2014）。CCS 技术这项负排放技术的成熟和应用将可能降低全球减排投资成本；有研究指出，如果没有 CCS 技术，减排投资成本将急剧增加（Chaturvedi et al.，2014）。同时，技术学习效应和溢出效应也将影响减排投资成本，从电力部门来看，到 2050 年，在不考虑技术学习效应的情况下，实现 2℃温升目标对应的全球电力部门投资成本为 GDP 的 0.97%；若考虑技术学习效应，则最优路径下的电力部门投资成本将进一步增加 0.1% 左右（Huang et al.，2017）。

研发（R&D）在未来的低碳技术发展路径中也将扮演重要的角色。若仅通过针对科研部门发展的相关政策来影响碳减排并实现 2℃温升目标，则全球主要国家和地区科研部门的投资成本占 GDP 的比重将在 2050 年达到或接近 9%，在 2100 年达到或接近 9.5%；而若需要实现 1.5℃温升目标，则该比例在 2025 年以后将超过 21%，中国需要比基准情景增加 590 万亿美元（2005 年计价）的额外投入（Gu and Wang，2018）。

值得注意的是，与气候减缓相关的投资需求表现出较强的区域异质性。就发电投资而言，在未来减排情景下，中国、印度、东南亚和非洲将成为发电投资的主要目的地（Chaturvedi et al.，2014）。有研究指出，我国和欧洲在低碳投资方面将有较大的投资需求，为达到 2℃温升目标，中国和欧洲的低碳投资分别将增加 65% 和 38%；而在更为严格的 1.5℃温升目标下，中国和欧洲投资将分别增加 149% 和 79%。这样高的投资需求既可能意味着较高的成本，但也可能带来广阔的投资前景，因此需要强有力的政策激励和良好的制度设计来提高投资效率（Zhou W et al.，2019）。

在国家层面，随着减缓气候变化力度的提高和面临的气候变化风险的增加，应对气候变化资金需求也呈现快速增长的趋势。为了实现我国自主减排贡献目标，2016~2030 年我国总投资需求约为 56 万亿元，年均 3.7 万亿元。与现有资金投入规模相比，我国每年将面临约 1.4 万亿元的资金缺口（Chai et al.，2019）。国家自主贡献文件中提出了四个方面的减缓目标：达峰时间、碳强度、非化石能源占比和森林碳汇。

有研究表明，2016~2030 年，低碳能源领域新增投资需求约为 17.58 万亿元，造林、再造林和森林管理方面的资金需求约为 1.31 万亿元，直接节能项目和间接能力建设投入的累积需求约为 13 万亿元，以上为我国减缓气候变化的资金需求，共计 31.89 万亿元，相当于年均 2.13 万亿元。而适应气候变化的资金需求则包括加强水资源保护与利用、海洋灾害防护、海岸带综合管理、森林和生态系统的保护和治理以及气候变化监测预警与风险管理等类别，共计需求约为 24.08 万亿元，相当于年均 1.61 万亿元。年均应对气候变化的资金需求将从“十三五”时期的 2.93 万亿元，增加到“十四五”时期的 3.76 万亿元，再到“十五五”时期的 4.49 万亿元，而用相同方法测算“十二五”期间应对气候变化投资年均额度约为 2.37 万亿元，据此，日后的资金缺口将会越来越大（Chai et al.，2019），需要进一步加强低碳投资力度。但也有学者对此持乐观态度，其研究结果表明，低碳投资仅占我国总 GDP 的很小份额，如在 2℃温升目标下，2020 年、2030 年和 2050 年，我国低碳总投资约为 2.8 万亿元、2.8 万亿元和 2.9 万亿元，分别约占当年总 GDP 的 2.5%、1.3% 和 0.6%；其中，能源部门的投资分别为 1.2 万亿元、1.0 万亿元和 1.4 万亿元，节能投资分别为 1.6 万亿元、1.8 万亿元和 1.5 万亿元（Jiang et al.，2016）。无气候政策下，2016~2040 年我国发电投资需求占总 GDP 的 0.5%~1.0%，此后 2040~2100 年占 0.5% 以下；而在 RCP3.7 情景下，2016~2060 年占 0.5%~1.0%，在 2060 年之后降到 0.5% 以下；在气候政策较为严格的 RCP2.6 情景下，2041 年前的投资相对于无气候政策情景增长更快，2016~2055 年占 0.5%~1.3%，此后逐渐降低到 0.5% 以下（Chaturvedi et al.，2014）。

在省级层面，以北京为例，在 1.5℃温升目标约束下，到 2050 年北京电力部门需实现零排放，即所有基于化石燃料的发电设备都应安装 CCS 技术，总固定投资约为 298 亿元（He et al.，2019）。

在部门层面，有研究指出，为了实现碳减排目标，我国 2030 年建筑部门所需要的累计投资成本大约为 935 亿美元（He et al.，2014）。也有别的研究得到不一样的投资预估：在强于国家自主贡献的减排情景下，中国建筑部门在能效技术和能源结构调整等方面的累计投资需求在 2016~2020 年为 1069.0 亿元，2021~2030 年为 1894.5 亿元，2031~2050 年为 1291.7 亿元，共计 4255.2 亿元，2016~2050 年相比基准情景累计新增投资 2694.3 亿元（均为 2013 年不变价）；各时期新增投资需求占 GDP 的比重最高不超过 0.26%，具有较强的经济可行性（Liu et al.，2019b）。未来我国在可再生能源领域有巨大的投资前景（Jiang et al.，2013），并且随着减排力度的加大，相应的投资也将增加。相较于 2℃情景，在 1.5℃目标情景下，2030 年、2050 年我国电力部门投资将分别增加 16% 和 39.8%，分别达到约 2910 亿美元、3820 亿美元（Jiang et al.，2018a）。

3.7.3 经济影响

1. 经济增长

若要实现《巴黎协定》中所约定的减排目标，很多研究表明，全球经济发展显然会受到一些负面影响（IPCC，2014；Huang et al.，2017；Wei et al.，2018），而不同的减排路径则会带来不同程度的经济影响，如 1.5℃温升目标下的全球经济将会比 2℃温升目标承受更大的损失（Vrontisi et al.，2018），这主要是由于各国根据约定的自主减排承诺而采取低碳行动，进而承担了额外的减排成本（Dai et al.，2012）。从全球范围来看，促进国际合作、推广碳市场和低碳技术普遍有助于减少碳减排带来的 GDP 损失（Qi et al.，2016；Huang et al.，2017；Marcucci et al.，2017；Wang et al.，2018；Paroussos et al.，2019）。国际合作能够带来更低成本的气候融资、更高效的技术扩散以及缩小贸易壁垒，据评估，这可以使参与者的 GDP 损失降低约 0.6%（Paroussos et al.，2019）。总体来看，碳减排会在一定程度上给全球经济造成负面影响，但积极的国际合作与合适的低碳政策有助于减少 GDP 损失。

实现国家自主减排承诺不仅意味着我国需要承担额外的经济成本和 GDP 损失，而且也是我国实现经济“换挡升级”“低碳转型”的一次机遇（Dai et al.，2012；Lin and Jia，2018a；Weng et al.，2018）。中国经济这几年来正经历结构转型的攻坚期，虽然过去的高速发展模式给我国带来了“量”的增长，但在经济发展的“质”上却存在着不少问题，如能源结构以媒为主与环境污染严重。我国于 2015 年前后递交了最新的国家自主减排承诺，承诺中提出了四大减缓目标：峰值时间、碳强度、非化石能源占比和森林碳汇，分别在 2020 年和 2030 年两个时间点上有着明确的要求。截至 2017 年，我国已经在碳强度削减方面提前完成了 2020 年下降 40%~45% 的目标。继续推行低碳转型将有利于使经济增长不再单纯依靠投资和出口，而是通过鼓励更多的低碳产品和服务消费（Dai et al.，2012）、鼓励服务业出口（Wu et al.，2016）等措施优化经济增长模式；能源消费不再过度依赖化石能源（林伯强和孙传旺，2011），而是鼓励使用更多的新能源，并提升能源使用效率（林伯强和牟敦国，2008；He et al.，2012）。从另一种角度分析，一些低碳政策也有助于降低碳减排所造成的经济损失（Cheng et al.，2016；Dai et al.，2018a；Lin and Jia，2018b；Liu Z et al.，2018；Mu et al.，2018；Yu Z et al.，2018）。在全国推广碳排放权交易被认为有利于实现“低碳价，低损失”，尤其是结合减排约束、合适的初始配额制度以及合理的新能源鼓励政策等配套措施之后。简而言之，碳市场范围越广、新能源发展程度越高，GDP 损失也就越低。但值得提醒的是，如果新能源政策成本以税收形式转嫁给消费者，那么额外损失也许会增加（Wu et al.，2017）。此外，单一的碳排放限额和碳税政策被认为会增加 GDP 损失（Duan et al.，2018；Lin and Jia，2018a）。

但是也有研究表明，实现《巴黎协定》目标下的减排可以促进经济发展。欧盟在实现 2050 年温室气体中和目标下，2050 年可以增加 GDP 1.7%~2.1%（EC，2019）。这些研究较多来自于考虑了进口天然气的减少、技术进步等因素。一项针对中国的研究表明，在 1.5℃温升目标下，2050 年实现净零排放，GDP 也可以增加 1.7% 左右，主要是因为减少能源进口支出、总体能源价格下降、技术出口增加，以及经济效率提高等（Jiang et al.，2021）。

对于中国各省市和地区而言，单一的碳排放限额和碳税政策对地区经济增长的影响同样是负面的（Dong et al.，2017；Lin and Jia，2018a），不过引入碳减排交易系统可以减少 GDP 损失，尤其是建立全国统一的碳排放权交易体系和鼓励发展清洁能源（林伯强和孙传旺，2011；Li et al.，2015；Wu et al.，2016）。结合我国东、中、西部发展程度不均衡的事实，全国统一的碳排放权交易市场也有助于弥补地区间的经济发展差异（Fan et al.，2016）。因为一旦交易实施，中西部凭借其更高的森林覆盖率和更大的土地面积而更容易成为主要卖家，获取更多的正收益，而东部则倾向于成为主要买家。

2. 居民福利

碳减排行动会对全球居民消费产生一些负面影响，但若从社会总效用的角度出发，其影响或许是正面的，也可能是负面的，并不存在非常一致的结论（Wu et al.，2016；Gu and Wang，2018；Vrontisi et al.，2018；Wei et al.，2018）。虽然碳减排造成一定程度的 GDP 损失，但如果考虑减缓气候变化所带来的直接收益，许多国家（如中国、印度、俄罗斯，或者主要经济体以外的其他高 / 中 / 低发展水平国家整体）的社会总福利相比基准情景是增加的。但也有观点认为，以碳排放限额形式推动实现 2℃温升目标意味着在低碳技术领域进行大量投资，而这些投资的高成本将增加能源系统运行成本，进而导致社会福利的损失。若考虑技术进步、跨区域的技术扩散以及集群效应，这一损失可能降低（Huang et al.，2017）。不过碳减排所带来的大量的健康效益也应属于社会总效用的范畴，它可以抵消 42.1%~162.3% 的成本（Mu et al.，2018）。

碳约束会使碳价上升，进而导致化石能源价格上涨，短期内确实意味着以消费计量的居民福利会有所损失，这在中国及其各省市无一例外，且约束越严格，居民福利损失越大（Qi et al.，2016；Wu et al.，2016；Weng et al.，2018）。但施行碳排放权交易市场可以降低我国各省市的居民福利损失，不过各省市改善幅度存在差异（Zhang D et al.，2013；Fan et al.，2016；Dai et al.，2018a；Yu Z et al.，2018）。据估算，全国性碳排放权交易市场可以使我国 2030 年整体居民福利损失减少近四个百分点，中部地区（如山西、东北和安徽）的改善幅度比较大，而东、西部次之。此外，新能源鼓励政策有可能会使我国居民福利损失增大（Wu et al.，2017），这是因为政策成本预计会以税收的形式转嫁给消费者。

3. 部门产出

碳排放限额政策将对全球以及中国的部门产出造成负面冲击，尤其对于能源密集型行业来说更是如此。此外，碳约束越严格，负面冲击越大，亦有可能对区域产业竞争力造成影响（Wu et al.，2016；Qi et al.，2018；Weng et al.，2018）。例如，电力、钢铁、煤炭开采和金属冶炼等属于受到的负面影响较大的典型行业，而农业、纺织业、通信和服务业等受到的负面影响较小，非化石能源则会相对吸引更多投资，进而增加其产出（娄峰，2014；Dai et al.，2016；Qi et al.，2016）。

设立碳排放权交易市场可以有效缓解部门产出的损失，但因为不同部门的初始减排成本不同，所以碳排放权交易下部门产出损失的改善幅度会有所不同（Fan et al.，2016；Wu et al.，2016；Dai et al.，2018a；Liu Z et al.，2018；Yu Z et al.，2018）。例如，建筑业和航空业凭借其较高的减排潜力、市场上比较低的碳价和刚性社会需求，其部门产出损失能够得到程度较大的减缓。另外，新能源鼓励政策对部门总产出存在两个方面的影响：①对新能源的投资逐步增加，能源替代效应发生，故部门总产出损失降低；②新能源鼓励政策的成本很可能通过用电成本转嫁给消费者，进而导致居民电力需求降低，电力及相关部门总产出受损（Fan et al.，2016；Wu et al.，2017；Dai et al.，2018a；Liu Z et al.，2018；Yu Z et al.，2018）。

4. 贸易

气候减缓政策会使得化石燃料价格上涨，进而导致全球贸易量有所损失。对于我国而言，能源密集型产品的国际和省际贸易量都将因此而减少（Qi et al.，2016；Wu et al.，2016）。有研究测算，对比无政策情景，2030 年我国国家和省际总贸易量的下降范围为 0.6%~3%，其中我国电力部门出口甚至减少近 87%。不过引入碳排放权交易系统有助于我国及各省市降低其能耗成本，降低减排目标对省际和国际贸易的负面影响（Wang P et al.，2015；Qi and Wang，2016a；Wu et al.，2016）。

3.8 转型途径

3.8.1 排放途径

若延续 IPCC 情景数据库要求的全球平均水平，则在 2℃和 1.5℃温升目标下，中国 2030 年排放需要在 2010 年的基础上下降 0%~40% 和 40%~50%，2050 年的排放需要在 2010 的基础上分别下降 40%~70% 和 80%~90%（表 3-3）。

表 3-3 2℃和 1.5℃温升目标下中国排放途径

目标	相对 2010 年减排 /%		碳中和年份	
	2030 年	2050 年	CO_2 eq	CO_2
2℃	0~40	40~70	2100	2070
1.5℃	40~50	80~90	2060	2050

若综合考虑各种分配方案，中国 2050 年的排放要求差异巨大，1.5℃温升目标下为从增排 7.5% 到减排 95.6%。2℃温升目标下为从增排 18.3% 到减排 92.4%（表 3-4）。

表 3-4 2℃和 1.5℃温升目标下中国排放途径（分配方案）

分配方案	指标	2050 年相对 2010 年减排 /%	
		1.5℃	2℃
责任	第 10 百分位	−73.5	−16.2
	第 90 百分位	7.5	18.3
	中位数	−21.1	4.5
能力	第 10 百分位	−96.6	−76.5
	第 90 百分位	−41.5	−20.3
	中位数	−68.0	−40.3

续表

分配方案	指标	2050 年相对 2010 年减排 /%	
		1.5℃	2℃
平等	第 10 百分位	–88.5	–74.6
	第 90 百分位	–75.0	–56.5
	中位数	–86.9	–66.6
未来累积排放空间人均趋同	第 10 百分位	–95.6	–92.4
	第 90 百分位	–46.4	–54.0
	中位数	–71.0	–85.1
责任和能力	第 10 百分位	–77.5	–38.2
	第 90 百分位	34.6	41.6
	中位数	–15.9	–12.1
分阶段	第 10 百分位	–87.6	–80.7
	第 90 百分位	–23.2	–12.0
	中位数	–75.1	–63.2
全部	低限	–95.6	–92.4
	高限	7.5	18.3

有学者研究了发达国家的历史排放轨迹后发现，主要发达国家人均排放达到峰值对应的人均 GDP 水平为 2.0 万 ~2.5 万美元（基于 2010 年美元汇率），人均峰值水平为 10~22t CO_2（图 3-18），说明中国有望也有必要成功实现转型，开创一条比美欧等发达国家和地区更为低碳的发展路径，以更低的收入水平达到更低的峰值（邹骥等，2015）。

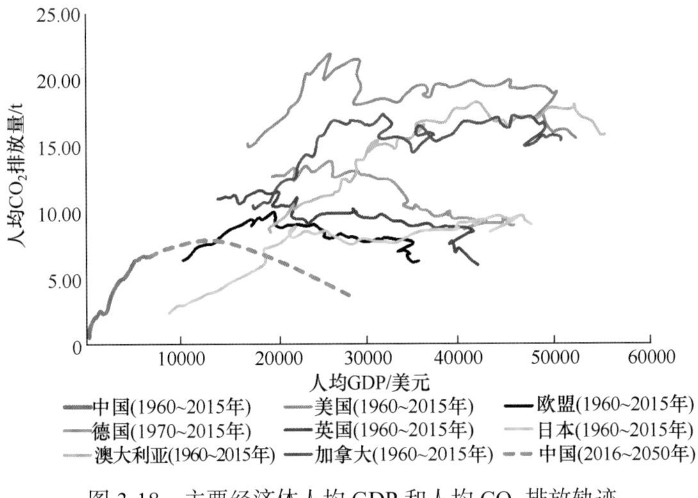

图 3-18　主要经济体人均 GDP 和人均 CO_2 排放轨迹

基于 2010 年美元汇率

综合来看，中国的“低碳”情景有需要尽早达到一个相对较低的 CO_2 排放峰值，并在达峰后实现大幅减排，2050 年的排放水平将比 2005 年的排放水平下降 25%~40%，并在 2075 年左右达到碳中和。

3.8.2 能源转型途径

与 IPCC AR5 结论类似，众多国内研究也认为，提高能效以及通过结构变革和可持续消费降低能源服务需求、提高终端电气化率和电力系统脱碳化是中国实现能源和低碳转型的主要途径。具体包括：

2020 年前，实施能源消费总量管理制度，力争煤炭消费量先达峰，实现非化石能源比例的稳步提升，加强能源输配网络和储备设施建设，以低碳能源为突破口加快能源体制改革。一是实施分区域煤炭消费总量控制。协同大气污染治理，出台严格的煤炭消费总量控制措施，全面遏制化石能源特别是煤炭消费过快增长的势头。建设“无煤城市”，东部沿海地区尽快建立严格的煤炭准入制度，严格控制高耗煤行业的发展，实现煤炭消费总量负增长。二是加快煤炭清洁化技术的全面部署。推动燃煤清洁高效发电技术的发展及应用，新建电厂要求采用超超临界和超低排放燃煤机组，到 2020 年超临界和超超临界机组发电量占比超过 60%。三是加强有利于非化石能源电力发展的电网、电力运行管理体制，电力价格机制等方面的建设。

2020~2030 年，着力发展低碳能源，形成煤、油、气、核、可再生能源多轮驱动的能源供应体系，带动传统能源低碳化和低碳能源产业化，推动高碳能源消费在 2030 年左右达峰。一是协调并强化能源消费总量控制和碳排放总量控制两大总量控制手段。以碳排放峰值和非化石能源目标倒逼能源系统和产业结构加速低碳转型，进一步破除分布式非化石能源在建筑、交通领域规模化应用的技术瓶颈和体制机制障碍，使非化石能源规模化推广的商业模式日益成熟。二是通过技术创新和体制改革，大幅降低非化石能源的成本。加强对分布式电源、智能电器、分布式智能控制器、综合系统优化、低成本储能等技术的研发，并在电力系统中形成规模应用，全面提高低碳能源的市场竞争力。三是积极推进能源领域的对外开放。能源发展战略从主要依据国内资源的“自我平衡”逐步转变到国际化战略，充分利用国内外两种资源、两个市场，实现能源结构的国际化，实现开放条件下的能源安全。

2030~2050 年，加快推进能源技术创新、产业创新、商业模式创新，推动非化石能源占比大幅提升，低碳能源成为主力能源，为建成气候友好型能源体系奠定基础。一是实现经济发展与化石能源消费的脱钩。能源消费年增长率控制在 1% 以下，新增能源消费基本由非化石能源满足。二是构建大规模非化石能源发展的基础设施网络。化石能源的电能替代得到全面推进，能源清洁化、低碳化水平显著提升，非化石能源电力在发电装机和发电量中的占比分别进一步提升至 80% 和 60% 的水平，单位发电量碳排放因子实现大幅下降。三是建设先进的能源互联网系统。全面推动智能电网、智能燃气网、智能热力网、智能交通、智能建筑等基础设施建设，实现多网融合、互动，建立以信息技术、智能电网技术、储能技术为基础，并具备灵活、互动、自愈、兼容等特点的跨区域国际新型电力系统。

3.8.3　政策途径

在目前的排放情景和转型途径的研究中，实现这些减排和转型途径都和政策措施相关联。情景分析中的政策一般也因模型方法的不同而不同。经济分析模型，如 CGE 模型一般报告的政策主要是经济财政政策，如碳税、财政支出等，技术分析模型报告的政策则比较广泛，包括经济税收政策，以及行业政策等，如碳税、补贴、节能标准、排放标准、规划目标、技术和产业准入等。

还有一些研究和评估认为气候变化谈判中的承诺也是政策之一。近期的研究更多地分析更新的自主贡献的目标，以及 2050 年的低排放战略。这些是《联合国气候变化框架公约》要求各国在近期提交的。但是减排目标一般可以来自情景分析的结果，特别是针对《巴黎协定》温升目标下的减排路径的目标。

在实现《巴黎协定》温升目标的减排途径中，碳税是较多被研究的政策。CGE 模型主要依赖纳入碳税来促进经济发展模式出现变化，从而实现减排，这需要较大的碳税来实现，因而 CGE 模型报告的碳税比较大。而技术分析模型中碳税和补贴的作用类似，都是对技术的运行成本产生影响，即使得使用化石燃料发电的电力成本更高。而由于技术模型中对技术选择产生影响的还包括补贴、准入、规划等因素，因此碳税在其中扮演的角色就相对较小，技术模型报告的碳税就会较低。另外一个重要因素是技术评估模型更多地考虑了未来低碳或者零碳技术成本的下降，因而碳定价的作用可能会逐渐变弱。

根据对近期研究的分析，实现 2℃温升目标下的碳税 2030 年为 50~300 元 /t CO_2，2050 年为 50~2300 元 /t CO_2。

技术评估模型给出的政策较为广泛。根据对几个技术评估模型组的减排情景和转型途径的分析，主要的政策总结如下。

（1）控制能源消费增长，设置总量目标，加大清洁能源的发展，大力推进我国实现能源转型。

（2）强化节能力度，在已有的大力推进节能的成效之上，进一步提升节能标准、推进低能源低碳消费、开发节能技术。

（3）不再安排任何新建燃煤电站，一体化煤气化联合循环发电（IGCC）技术电厂除外。这样可以让燃煤电站自然淘汰，有序实现煤炭工业的转型。

（4）全面推进低能耗、低排放建筑，采用国际最先进建筑标准，使低能耗、低排放建筑在近期占据新建建筑的主要部分。到 2020 年全部新建建筑符合低能耗、低碳建筑要求。

（5）根据不同城市规模，大力发展轨道交通、公共交通，以及构建慢行绿色交通体系。促进电动汽车发展，构建适合电动汽车发展的基础设施。到 2030 年全部城市建成低碳交通体系，不再销售燃油汽车。2050 年交通体系近零排放。

（6）在 2020 年之前尽早采取经济财税政策，如碳定价政策，促进节能和清洁能源发展。我国长期采取政令措施，效果已经大大弱化，需要转向以财税为主的政策体系，推动能源转型。

（7）大力促进可再生能源发展，提供各种政策支持，包括补贴、配额制等，以使可再生能源能够在未来几年实现较高装机目标。

（8）大力推进核电发展，每年达到 1500 万 kW 的新增装机规模，2050 年达到 4 亿 ~ 4.5 亿 kW 装机规模。

（9）制定我国能源发展的路线图，推动能源转型的逐步落实，设计平稳转型规划，避免能源转型对经济和就业带来的负面影响，在国家可以接受和制度安排的条件下实现转型。

（10）要注重对化石能源的投资，在全球已经走向低碳能源的格局下，煤炭、石油在 2050 年之前会大幅度减少，导致其价格长期处于低位，目前对煤炭和石油的投资风险极大，如对煤化工、国外油田的投资等，国家需要制定明确的政策对其进行控制。

（11）促进低碳生活和消费，鼓励公众低碳出行，购买采用碳标识的产品和服务，培养节约型消费观念。

（12）在未来能源消费增长缓慢、清洁能源大力发展的格局下，能源基地的安排需要重新被考虑，特别是对某些依赖能源的地区，如新疆等，需要重新考虑其经济发展格局，避免一个区域过度依赖化石能源，而未来可能出现重大转变带来的区域问题。

一些研究也分析了我国支持全球实现 1.5℃温升目标下的减排途径，并给出了实现的途径。实现 1.5℃温升目标基本需要我国在 2050 年左右实现碳净零排放。我国实现 2060 年之前碳中和的主要途径包括：

（1）在 2050 年前实现电力系统的零排放，甚至负排放。从“十四五”开始，加大对可再生能源的规划，每年新增光伏 7000 万 kW、风电 3000 万 kW、水电 1000 万 kW 以上，“十五五”每年新增光伏 1 亿 kW、风电 5000 万 kW。“十四五”期间每年新增 8~10 台核电机组，容量为 1000 万 ~1200 万 kW。2030 年之后提升到每年 13 台、容量 1500 万 kW。煤电机组到寿命期（30 年寿命）就淘汰，同时煤电机组 2025 年之后进入调峰阶段，调峰机组上网电价提升到 0.6 元 /（kW · h），可以确保煤电机组的盈利水平。2030 年之后煤电机组年发电利用小时下降到 3300h。由于光伏等可再生能源上网电价可以下降到 0.3 元以下，核电上网电价下降到 0.35 元 /（kW · h）以下，总体上上网电价平均水平下降。电网可以在不提升供电电价的情况下实现电力系统的深度减排。

（2）电网强化发展，构建适合近零排放的电力供应系统。在 2050 年近零排放情景下，电力需求明显上升，电网煤供电结构可再生能源中光伏和风电等间歇电源占到 52% 左右，水电和生物质能发电占到 15% 左右，核电占 35%，其他化石能源电力占 7% 左右。这样的电源结构需要一个强化电网的支持。基荷电源、峰荷电源，以及储能电源需要电网匹配。同时，由于终端部门完全电力化或者高度电力化，需求侧的负荷曲线会出现很大变动，加剧峰谷差，安全可靠的电力供应需要电网的支撑。“十四五”期间，要根据电网长期发展目标，开始有计划地构建适合碳中和的电网系统。

（3）交通部门完全清洁能源化。小汽车、大巴车基本以电动汽车为主，中小型货车也以电动汽车为主，部分重型货车采用氢动力燃料电池。小型船舶利用电池驱动，大型船舶采用氢燃料电池技术。难以电气化的铁路使用氢燃料电池技术。小型支线飞机使用电池驱动，大型飞机采用氢动力驱动系统，考虑到氢动力飞机研发到商用周期，2050年既有燃油飞机需要采用生物燃油替代航空煤油。“十四五”期间继续推进电动汽车发展，2025年之后电动汽车价格低于燃油汽车，不再需要补贴。“十四五”期间鼓励一些碳先锋城市停止销售燃油汽车，并采取措施鼓励电动汽车的使用，如设立仅供公交和电动汽车行驶区域，以及逐步从市区搬离加油站等。同时加大对新型技术的研发，如燃料电池驱动技术，以及氢燃料飞机的研发。

（4）建筑部门基本完全电力化。“十四五”期间明确鼓励写字楼、酒店、餐饮业采用电炊（具有多重效益，如安全性），加强室内利用天然气带来的室内污染和小区污染的宣传，鼓励居民采用电炊方式。“十四五”期间明显加大推进超低能耗建筑。采暖方式以电采暖、工业余热采暖、核电厂供热、低温核供热、可再生能源供热为主。

（5）工业大幅度提升电力化水平。更新生产工艺，推动工业窑炉和锅炉供热采用电力供热。设立工业园集中供热，利用天然气和煤炭供热的大型热力设施，安装CCS设备。对于难以减排的行业，如钢铁、水泥、石化、化工、有色等，采用氢作为还原剂和原料。氢通过可再生能源和核电电解水制氢，或者其他零碳过程制氢得到。

（6）实现净零排放，需要创新技术，如氢基工业、氢动力飞机、高效低成本电解水制氢技术、新型材料等，也需要即刻开始安排研发投入，以确保我国在新的技术竞争中处于前端。

（7）实现净零排放需要战略准备，会给经济带来明显影响。未来产业布局会受到低成本可再生能源和核电的明显影响，甚至会出现我国工业再布局，需要做好规划准备。

（8）未来能源转型和经济转型过程中，需要重视公平转型。有一些受到负面影响的行业，会有近1500万的职工受到影响，进而会对近4000万人的生计产生影响。欧盟计划投入3万亿欧元在公平转型方面，做到“不落下一个人”。我国的转型也需要做这样的安排。我国到2050年累计GDP可以达到6000万亿元，可以用10万亿元用于公平转型。碳中和路径中基于生物质能的CCS技术在2040年后将会扮演重要角色，需要在早期进行技术准备，同时也需要对直接空气捕获技术进行技术准备。

有些研究分析现有政策存在的问题后得出，在制定转型政策措施时应重点考虑思路的转变，从当前以五年规划调整为主要方式的“强度主导型”政策体系，转变为中长期目标分解与倒逼的“峰值引导型”政策体系。

各类研究提出的政策选择包括：一是政策延续，现有行之有效的一些政策手段，如严格的目标分解考核制度、区域低碳发展试点示范、可再生能源及新能源汽车补贴、淘汰落后产能、节能标识和补贴、新增投资节能评估等需要在未来持续执行；二是政策强化，在当前各部门、各行业、各区域设定2020年目标和政策的基础上，逐步强化实施力度，对重点工业产品能耗限额标准、机动车燃油经济性标准、强制性建筑节能标准等及时根据技术进步予以更新；三是政策创新，更好地发挥市场机制和政府作用，建立碳排放总量管理制度，完善碳排放权交易市场机制，创新气候投融资和消费类政策；四是政策协调，加强国家应对气候变化领导小组的协调作用，从并行、互补、冲突的角度，分类统筹相关政策实施，共享基础设施，避免重复建设，最大化政策间的协同效应（柴麒敏等，2018）。

具体来看，如在政策创新方面，应致力于创新能源宏观调控体系，建立健全能源法制体系，改革和完善促进低碳发展的财税金融等政策体系、能源产品价格形成机制和资源、环境税费制度。加强能源市场机制改革，建立公正公平有效竞争和统一开放的市场结构和市场体系，既要破除某些领域的市场垄断，也要纠正和避免市场的无序竞争。要强化节能技术标准和产品能效标识及产业准入政策，推行企业用能权和节能量交易制度。以国家中长期战略和目标为导向，强化政府约束性目标、强制性标准和财税金融等政策，与市场机制相结合，健全推动能源革命和低碳发展的制度保障。在政策协调方面，研究发现，基于内生政策优化的结果表明，要实现我国自主贡献方案中的碳排放达峰和非化石能源发展目标，政策组合的效果显著优于任意单一政策，而整体上看，组合政策中碳定价的政策力度需数倍于补贴政策，尤其对于碳排放达峰目标而言。对于碳排放达峰目标，具体的达峰时间取决于政策组合方式和预期的峰值水平两大因素，低峰值水平的目标达成要求政策组合中较高的碳定价政策力度；对于非化石能源发展目标，政策组合中补贴的作用效力越强，实现 2030 年非化石能源比例目标的可能性越大。非化石能源发展和碳排放达峰两大目标的实现过程既存在冲突性，同时也体现出显著的协同性，这取决于政策的优化和组合选择。排放控制目标越严格，碳排放路径如期达峰的可能性越大，同时组合政策中碳定价的作用越占优，而相应的非化石能源发展目标越难实现；当政策组合中补贴政策的作用效果足够显著时，非化石能源比例目标和碳排放达峰目标均可如期实现。因此，认识到不同国家自主贡献目标间可能存在的潜在关系，同时利用好其中的政策协同关系是完成既定政策任务的关键（段洪波和杨建龙，2018）。

3.9 减排途径和 SGDs 的关联

1992 年达成的《联合国气候变化框架公约》提出人类需要共同采取行动来应对气候变化，最终目标是实现“将大气中温室气体的浓度稳定在防止气候系统受到危险的人为干扰的水平上”。全球升温 2℃的研究（IPCC，2014）从一定程度上回复了什么样的温室气体浓度为“危险的人为干扰”水平。2015 年 12 月在巴黎气候大会上，195 个缔约方达成了新的全球气候协议——《巴黎协定》，确定各方将加强对气候变化威胁的全球应对，把全球平均气温较工业化前水平升高控制在 2℃之内，并为把升温控制在 1.5℃之内而努力。这意味着 2℃温升目标在科学和政治上得到了基本的共识。

同时，在 2015 年联合国可持续发展峰会上，通过了 SDGs，其成为世界各国在 MDGs 之后新的全球发展目标。与 MDGs 相比，SDGs 包含 17 个目标、169 个具体子目标。SDGs 针对导致贫穷的根本原因，致力于满足实现发展的普遍需求，确保社会进步人人享有，因此其涉及范围更广，目标也更加长远。新的可持续发展目标涵盖可持续发展的三个维度：经济增长、社会包容和环境保护。

气候变化是可持续发展所面临的巨大挑战中的一部分。因此，只有当气候政策纳入更为广泛的、旨在实现更加可持续的国家和区域发展道路的战略设计中时，这种气候政策的效果才能够得到加强。一个重要的挑战是识别“双赢”战略，即实现气候变化减缓目标的路径在减少温室气体排放的同时又不能破坏减少贫困和提高人类福利等。

我国已经将应对气候变化作为国家战略，同时公布要实现我国的 SDGs。两者存在高一致性（IPCC，2014），但在政策制定和行动落实中，则有可能存在两类战略目标在政策设计和实施决策等过程中的不协调，如两类战略目标所对应的政策在实施过程当中表现出政策之间重叠和 / 或冲突、成本的浪费等。为了避免这些不协调导致的政策低效率现象的发生，有必要对气候变化减缓和 SDGs 这两者之间的关联机制进行讨论和分析。

一方面，从政策需求的角度，如何在政策设计层面，更好地将气候变化减排政策和实现 SDGs 的政策协调一致，避免气候变化减缓目标战略与 SDGs 战略之间的不协调问题的产生。另一方面，从学术需求的角度，两类战略目标之间的关联机制研究是回复政策需求的基础，其相对应的两类战略目标之间具体存在哪些方面的关联、关联机制是什么、相互关联的程度是多少、如何进行定性和定量的分析等，对其提出了诸多学术需求。

近年来，对于 SDGs 的研究较多，其中，以气候变化减缓为出发点，对 SDGs 的关联和影响的讨论也是重要的一部分。

一些相关研究是在大量已有关于气候变化减缓的共生效应的研究基础上，来讨论气候变化减缓和其他某一个或几个目标的可持续性产生的影响。然而，对于在广泛的发展框架下讨论气候变化减缓路径的研究，也就是关于气候变化减缓与多个 SDGs 的系统性的研究还较为有限。

有研究者提出过往将能源和发展联合考虑的研究大都假设“能源是发展所需的一个重要组成”，但是没有更多地分析能源可以以什么方式和什么结构形态使其更好地支持经济发展。这样的研究显示出讨论的不足包括：①关于稀缺资源的讨论是缺乏的；②能源消费产生的外部性没有得到重视；③能源 / 用能部门的投资对技术轨迹的锁定效应显著，如果之后要进行外部性的控制或其他方面需求的改造，则需要高昂的成本等。他们的研究提出，有必要将能源政策放在一个广泛的可持续发展框架下进行评价，将包括温室气体排放在内的市场失灵和其他发展目标联合考虑。能源供应在人类福祉方面的评价可以围绕着一些特别的政策案例的评估而构建，这些政策案例同一些反映主要可持续发展维度的焦点指标关联。组织这类分析的一种方式就是为政策评估建立目标函数，包括一些争论的关于人类福利的关键点，如可以反映：①成本、效益和其他总体经济影响；②总体收入和收入分配；③能源供应和分配；④环境影响；⑤健康影响以及可得的健康服务；⑥教育；⑦地方参与政策实施。

如图 3-19 所示，该研究从模型拓展的角度，给出了综合能源模型框架中可以与可持续发展的指标对应的示意图，并给出判断。在现有的定性和定量的分析方法中，对部门和家庭层面的政策选择进行福利指标的评估，要比在宏观经济层面更为容易。因为上述提到的关键点直接影响到个人或家庭的自由和权利。因此，在进行气候减排与发展目标的关联研究中，需要更多的微观和部门层面的详细信息。

图 3-19　综合能源模型框架和对应的可持续发展的指标

Nerini 等（2018）利用映射研究，对能源与 SDGs 间的协同和权衡进行了关联，识别出其中 113 个子目标的实现将需要对能源系统的转型，并且已有文献支持实现 SDGs7（可负担的清洁能源）和 143 个子目标之间的关系（143 个协同和 65 个权衡）。他们的研究方法是利用文献回顾和专家启示法对发表的和一些前沿的灰色文献（如联合国报告等）进行了回顾，如图 3-20 所示。

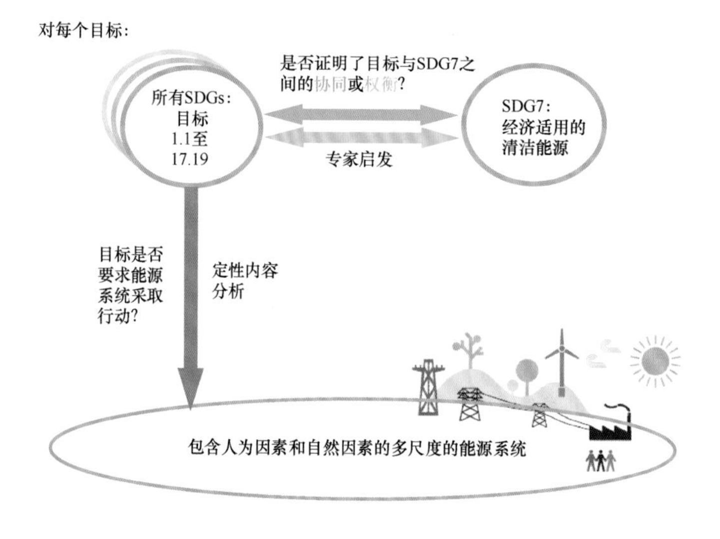

图 3-20　能源系统转型和 SDGs 关联评估方法（Nerini et al.，2018）

IPCC 发布的《IPCC 全球 1.5℃温升特别报告》中得出，实现全球温升 1.5℃路径下的减缓选择与 SDGs 存在多项协同及权衡（图 3-21），并且协同的数量大于权衡。这些协同和权衡的最终效果取决于影响的方向和程度、减缓措施的内容，以及转型管理。

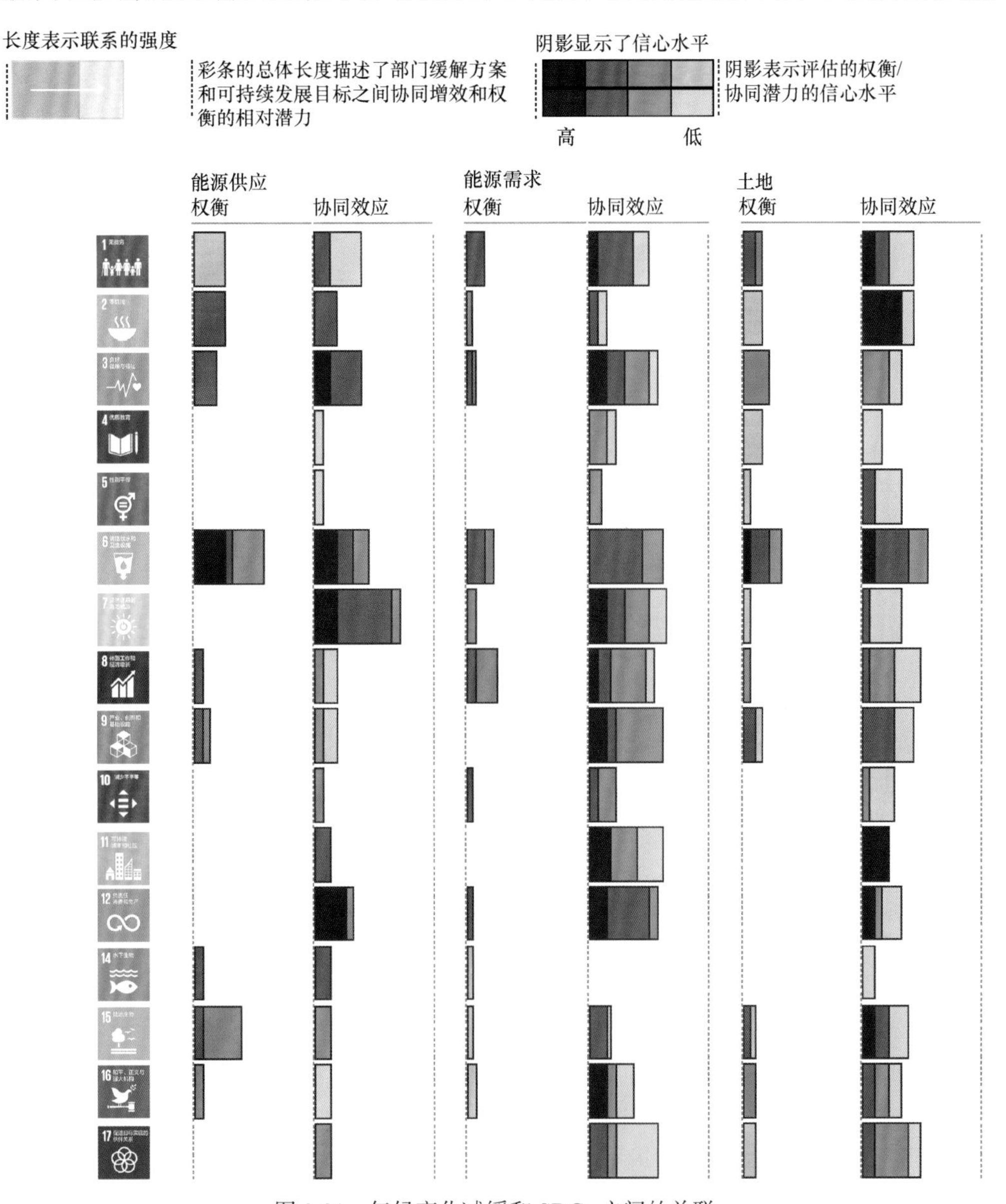

图 3-21 气候变化减缓和 SDGs 之间的关联

我国减排情景和 SDGs 关联的研究正在进行中。表 3-5 给出了我国实现 2℃温升目标和 SDGs 的关联（He et al.，2019）。在已经识别出关联的 SDGs 指标中，目前完成了对 10 个直接关联指标的定量分析，见表 3-5。

表 3-5 中国实现气候变化减缓 2℃目标路径下部分 SDGs 指标的结果

关联的 SDGs 指标		单位	2010 年	2015 年	2030 年
7.1.1 可获得电力的人口比例		%	—	100	100
7.1.2 主要依赖清洁燃料和技术的人口比例		%	46.1	52.7	65.9
7.2.1 可再生能源在最终能源消费总量中所占比例		%	10.5	15.7	27.0
7.3.1 以一次能源和国内生产总值衡量的能源强度		t oe/ 百万美元（2005 年）	501	387	185
8.1.1 实际人均国内生产总值年均增长率		%	17.7	11.1	6.2
8.4.2 国内资源消耗量、人均国内资源消耗量、每 GDP 国内资源消耗量		t/ 百万美元（2005 年）	638	523	135
		t	2.08	2.65	1.74
9.1.2 按运输方式划分的客运量和货运量	客运－公路	10^9 人 · km	3980	5339.5	10634
	客运－铁路		752	912	1385
	客运－航空		360.4	606.8	1841.9
	客运－船舶		7	7	7
	货运－公路	10^9t · km	3565	5209	10713
	货运－铁路		2692	3347.5	5576
	货运－航空		12	20.5	70
	货运－船舶		7949	10122.5	18136
	货运－管道		209	430	1540
9.4.1 单位增加值二氧化碳排放量		kg CO_2/ 美元（2005 年）	1.92	1.23	0.44
12.2.2 国内资源消耗量、人均国内资源消耗量、每 GDP 资源消耗量		t oe/ 百万美元（2005 年）	457	335	135
		t oe	1.49	1.69	1.74
12.5.1 全国回收率，资源回收量		10^6t	—	1142.9	1314.4

3.10 地球工程

地球工程在 IPCC AR5 的编写过程中已经被要求需要进行评述。但是到目前为止，关于地球工程的研究还处于初级阶段，一般是在实验室进行研究。但是未来地球工程的进展可以在不同程度上助力人类响应气候变化的进程。地球工程提供了更多的选择，也为人类无法及时进行大规模减排提供了一些补救措施。由于在情景研究中一般还没有考虑地球工程，本章将主要进行介绍式的评估。

由于担心气候变化的上升速率会很快，以及到目前为止全球各国仍没有采取一致行动实现全球温升目标下的减排途径，一些科学家提出地球工程技术可能会帮助人类应对难题。

地球工程技术是通过人工的方法使 CO_2 浓度下降或是让地球升温暂时停止的技术。不久前，欧洲一个通过将 CO_2 固定在玄武岩中来实现“负排放”的工厂就已经开工。

但是科学家们还制定了一个更激进的方案——直接让地球降温，简单说来，就是给地球“撑把伞”，让抵达地球地面的太阳光减少。

若向大气层注入 SO_2 气体，那么海洋表面温度将在 2069 年之前出现明显降低。听起来似乎很有效，但是这个方法并非没有风险。也有观点认为，这种地球工程技术对于太阳辐射的管理并非没有效果，但是它的副作用并不可知。从目前来看，人为使地球变冷可能扰乱地区气候模式，导致气候异常。同时太阳辐射的减弱可能极大地削弱亚非澳地区的季风，但是这里的人们靠着季风来进行农业生产活动。

SRM 是大规模地减少或者降低气候系统吸收的太阳能的措施方法。SRM 尚未经过测试，所以没有纳入任何减缓情景中。如果使用 SRM，可能会带来各种不确定性、负面效应、风险、缺点，尤其会产生一定的管理和道义上的影响。SRM 不会降低海洋酸度，但 SRM 一旦停止，表面温度会极快上升，从而影响对快速变化具有脆弱性的生态系统。

在近期的气候变化响应评估里，地球工程开始越来越引人注目。在已经发布的减排情景中，CCS 技术以及碳汇是重要的应对选择。目前已经有大量的关于 CCS 技术的研究，全球和中国减排情景评估中已经使用了大量的 CCS 技术。特别是在针对 2℃和 1.5℃温升目标的情景中，CCS 技术是一种重要的实现负排放的技术。在 1.5℃情景中，全球需要在 2050 年就进入净零排放。在 IPCC 的 1.5℃情景中，2050 年中国就需要利用生物质能发电和 CCS 技术来存储 16 亿 t CO_2（Jiang et al.，2018b）。而碳汇则是一个传统的减排手段，模型情景分析中一般都报告未来碳汇的潜力。

但是，除 CCS 和碳汇以外的地球工程技术目前还都在讨论之中。由于担心地球工程可能带来的负面效果，全球如何推动地球工程的实质性进展，还有待全球管理机制和合作机制的确定（陈迎和沈维萍，2020）。

关于 CCS 技术的讨论会在第 4 章和第 6 章进一步评估。

但是，近期对于 DAC 技术的讨论越来越多，这主要是由于 BECCS 技术的难以实施，以及可再生能源发电成本越来越低，使得分布式小规模 DAC 技术越来越有可能实施，并且成本更低。分布式 DAC 技术可以安排在距离居住区遥远的地方实施，从而避免一些公众的担心。

DAC 技术是碳捕集的一种重要的负排放方式，与传统 CCUS 技术相比，它有许多优势：①传统 CCUS 设施只能建设在化石燃料电厂、化工企业、钢铁企业等大型 CO_2 排放源附近，而 DAC 装置受地点约束较少，布置更加灵活；② CO_2 的捕集与封存密切相关，为了防止其封存时泄露，CO_2 封存对地点有严格要求，DAC 装置可以布置在适合封存的地点，从而减少从捕集到封存过程中产生的运输成本，这样有利于推动碳捕集技术的发展；③ DAC 技术可以解决小规模的、分散的排放源造成的碳排放问题；④ DAC 技术能够直接降低空气中 CO_2 浓度，各个环节也可以独立控制，以达到负排放。但是，空气中的 CO_2 的浓度远低于化石燃料电厂等大型排放源的 CO_2 浓度，DAC 技术也需要消耗更多的能量。从空气中将含量约为 390 ppm 的 CO_2 移除并浓缩至纯净流（> 90%）意味着大量的能量输入，并且需要处理比从 CO_2 集中排放源捕集的大得多的气体。例如，从环境空气中捕集 CO_2 所需的热力学最小能量约为 20kJ/mol，而从天然气和燃煤发电温度为65℃的烟气中捕获浓度为5%和12%的CO_2，所需的热力学最小能量分别约为8.4kJ/mol和5.3kJ/mol。此外，DAC技术实际消耗的能量必将大于热力学最小值。基于MEA浓缩源方式的大规模CO_2捕集过程所需能量为181kJ/mol，远大于热力学最小能量需求。

近几十年来，在航天和深潜领域，为了保持宇宙飞船和潜艇内CO_2含量的安全水平，直接空气捕集已经得到了小规模的应用，尽管这些空间内的CO_2浓度明显高于环境空气。根据吸附材料以及工作温度的不同，DAC可以被分为高温化学吸收捕集和低温吸附捕集。虽然两个捕集过程都需要能量来再生吸附剂，但能量需求与捕集获得的CO_2的质量成正比，而与所需处理的空气体积大小无关。

目前研究的DAC技术能耗相差很大，按目前已知的最少能耗计算，从空气中捕集1t CO_2大约需要3000kW · h的电能。按照我国2050年在1.5℃情景下捕获15亿t CO_2，则需要4.5万亿kW · h的电力，以适宜光伏发电地区的利用小时数1400h，适宜风力发电平均年利用小时数2200h计算，大概需要16亿kW的光伏和10亿kW的风电。

▪ 参考文献

毕超. 2015. 中国能源CO_2排放峰值方案及政策建议. 中国人口 · 资源与环境，25（5）：20-27.

柴麒敏，傅莎，祁悦，等. 2018. 应对气候变化国家自主贡献的实施、更新与衔接. 中国发展观察，（10）：27-31.

陈文颖，吴宗鑫，何建坤. 2005. 全球未来碳排放权“两个趋同”的分配方法. 清华大学学报：自然科学版，45（6）：850-853.

陈迎，沈维萍. 2020. 地球工程的全球治理：理论、框架与中国应对. 中国人口 · 资源与环境，30（8）：1-12.

崔连标，范英，朱磊，等. 2013. 碳排放交易对实现我国“十二五”减排目标的成本节约效应研究. 中国管理科学，21（1）：37-46.

崔学勤，王克，傅莎，等. 2017. 2℃和1.5℃目标下全球碳预算及排放路径. 中国环境科学，37（11）：4353-4362.

丁仲礼，段晓男，葛全胜，等. 2009. 2050年大气CO_2浓度控制：各国排放权计算. 中国科学：地球科学，39（8）：1009-1027.

杜祥琬，杨波，刘晓龙，等. 2015. 中国经济发展与能源消费及碳排放解耦分析. 中国人口 · 资源与环境，25（12）：1-7.

段宏波，汪寿阳. 2019. 中国的挑战：全球温控目标从2℃到1.5℃的战略调整. 管理世界，35（10）：50-63.

段宏波，杨建龙. 2018. 政策协同对中国国家自主贡献目标的影响评估. 环境经济研究，8（2）：18-33，72.

傅莎，邹骥，张晓华，等. 2014. IPCC第五次评估报告历史排放趋势和未来减缓情景相关核心结论解读分析. 气候变化研究进展，（5）：15-22.

高霁 . 2012. 气候变化综合评估框架下中国土地利用和生物能源的模拟研究 . 北京：首都师范大学 .
何建坤 . 2013. CO_2 排放峰值分析：中国的减排目标与对策 . 中国人口 · 资源与环境，23（12）：1-9.
何建坤，卢兰兰，王海林 . 2018. 经济增长与二氧化碳减排的双赢路径分析 . 中国人口 · 资源与环境，28（10）：9-17.
霍健，翁玉艳，张希良 . 2016. 中国 2050 年低碳能源经济转型路径分析 . 环境保护，44（16）：38-42.
姜克隽，贺晨，庄幸，等 . 2016. 我国能源活动 CO_2 排放在 2020—2022 年之间达到峰值情景和可行性研究 . 气候变化研究进展，12（3）：167-171.
林伯强，牟敦国 . 2008. 能源价格对宏观经济的影响——基于可计算一般均衡（CGE）的分析 . 经济研究，（11）：88-101.
林伯强，孙传旺 . 2011. 如何在保障中国经济增长前提下完成碳减排目标 . 中国社会科学，（1）：64-76.
刘昌义，潘家华，陈迎，等 . 2014. 温室气体历史排放责任的技术分析 . 中国人口 · 资源与环境，24（4）：11-18.
刘俊伶，孙一赫，王克，等 . 2018. 中国交通部门中长期低碳发展路径研究 . 气候变化研究进展，14（5）：513-521.
刘强，陈怡，滕飞，等 . 2017. 中国深度脱碳路径及政策分析 . 中国人口 · 资源与环境，27（9）：162-170.
刘世锦，张永生 . 2009. 全球温室气体减排：理论框架和解决方案 . 经济研究，（3）：4-13.
刘宇，蔡松锋，张其仔 . 2014. 2025 年、2030 年和 2040 年中国二氧化碳排放达峰的经济影响——基于动态 GTAP-E 模型 . 管理评论，26（12）：3-9.
娄峰 . 2014. 碳税征收对我国宏观经济及碳减排影响的模拟研究 . 数量经济技术经济研究，（10）：84-109.
马丁，陈文颖 . 2017. 基于中国 times 模型的碳排放达峰路径 . 清华大学学报（自然科学版），57（10）：1070-1082.
潘家华，陈迎 . 2009. 碳预算方案：一个公平、可持续的国际气候制度框架 . 中国社会科学，（5）：83-98, 206.
曲建升，刘莉娜，曾静静，等 . 2017. 中国居民生活碳排放增长路径研究 . 资源科学，12（39）：183-192.
滕飞，何建坤，潘勋章，等 . 2010. 碳公平的测度：基于人均历史累计排放的碳基尼系数 . 气候变化研究进展，6（6）：449-455.
王利宁，杨雷，陈文颖，等 . 2018. 国家自主决定贡献的减排力度评价 . 气候变化研究进展，14（6）：613-620.
王勇，毕莹，王恩东 . 2017. 中国工业碳排放达峰的情景预测与减排潜力评估 . 中国人口 · 资源与环境，（10）：131-140.
魏一鸣，廖华，余碧莹，等 . 2018. 中国能源报告（2018）：能源密集型部门绿色转型研究 . 北京：科学出版社 .
余碧莹，赵光普，安润颖，等 . 2021. 碳中和目标下中国碳排放路径研究 . 北京理工大学学报（社会科学版），23（2）：17-24.
张小丽，刘俊伶，王克，等 . 2018. 中国电力部门中长期低碳发展路径研究 . 中国人口 · 资源与环境，

28（4）：71-80.
邹骥，傅莎，陈济，等 . 2015. 论全球气候治理：构建人类发展路径创新的国际机制 . 北京：中国计划出版社 .
郑新业，魏楚，虞文华，等 . 2017. 中国家庭能源消费研究报告 2016. 北京：科学出版社 .
自然资源保护协会 . 2018. 中国实现全球 1.5℃目标下的能源排放情景研究 . 北京：自然资源保护协会 .
Agarwal A，Narain S. 1991. Global Warming in an Unequal World: A Case of Environmental Colonialism. New Delhi：Centre for Science and Environment.
An R，Yu B，Li R，et al. 2018. Potential of energy savings and CO_2 emission reduction in China's iron and steel industry. Applied Energy，226：862-880.
Baer P. 2013. The greenhouse development rights framework for global burden sharing：Reflection on principles and prospects. Wiley Interdisciplinary Reviews：Climate Change，4：61-71.
Baer P，Athanasiou T，Kartha S，et al. 2008. The Greenhouse Development Rights Framework：The Right to Development in a Climate Constrained World. Berlin and Albany：Heinrich Böll Foundation，Christian Aid，EcoEquity，and the Stockholm Environment Institute.
Baer P，Athanasiou T，Kartha S，et al. 2009. Greenhouse development rights：A proposal for a fair global climate treaty. Ethics Place and Environment，（3）：267-281.
Baer P，Athanasiou T，Kartha S，et al. 2010. Greenhouse Development RightsFrame-work：The Right to Development in a Climate Constrained World. New York：Oxford University Press.
Boden T A，Marland G，Andres R J. 2017. Global，Regional，and National Fossil-Fuel CO_2 Emissions. Oak Ridge：Carbon Dioxide Information Analysis Center，Oak Ridge National Laboratory.
Caney S. 2010. Climate change and the duties of the advantaged. Critical Review of International Social and Political Philosophy，13（1）：203-228.
Chai Q M，Fu S，Wen X Y，et al. 2019. Financial needs in implementing China's nationally determined contribution to address climate change by 2030. China Population Resources and Environment，29（4）：1-9.
Chai Q M，Xu H Q. 2014. Modeling an emissions peak in China around 2030：Synergies or trade-offs between economy，energy and climate security. Advances in Climate Change Research，5（4）：169-180.
Chaturvedi V，Clarke L，Edmonds J，et al . 2014. Capital investment requirements for greenhouse gas emissions mitigation in power generation on near term to century time scales and global to regional spatial scales. Energy Economics，46：267-278.
Chen H，Tang B J，Liao H，et al. 2016. A multi-period power generation planning model incorporating the non-carbon external costs：A case study of China. Applied Energy，183：1333-1345.
Chen H，Wang L，Chen W. 2019. Modeling on building sector's carbon mitigation in China to achieve the 1.5℃ climate target. Energy Efficiency，12（2）：483-496.
Chen J H. 2017. An empirical study on China's energy supply-and-demand model considering carbon emission peak constraints in 2030. Engineering，3（4）：512-517.
Chen J M，Yu B，Wei Y M. 2018. Energy technology roadmap for ethylene industry in China. Applied

Energy, 224: 160-174.

Cheng B B, Dai H C, Wang P, et al. 2016. Impacts of low-carbon power policy on carbon mitigation in Guangdong Province, China. Energy Policy, 88: 515-527.

Dai H, Masui T, Matsuoka Y, et al. 2011. Assessment of China's climate commitment and non-fossil energy plan towards 2020 using hybrid AIM/CGE model. Energy Policy, 39 (5): 2875-2887.

Dai H, Masui T, Matsuoka Y, et al. 2012. The impacts of China's household consumption expenditure patterns on energy demand and carbon emissions towards 2050. Energy Policy, 50: 736-750.

Dai H, Xie X, Xie Y, et al. 2016. Green growth: The economic impacts of large-scale renewable energy development in China. Applied Energy, 162: 435-449.

Dai H, Xie Y, Liu J, et al . 2018b. Aligning renewable energy targets with carbon emissions trading to achieve China's INDCs: A general equilibrium assessment. Renewable and Sustainable Energy Reviews, 82: 4121-4131.

Dai H, Xie Y, Zhang H, et al. 2018a. Effects of the US withdrawal from Paris Agreement on the carbon emission space and cost of China and India. Frontiers in Energy, 12 (3): 1-14.

Dai H, Zhang H, Wang W. 2017. The impacts of U.S. withdrawal from the Paris Agreement on the carbon emission space and mitigation cost of China, EU, and Japan under the constraints of the global carbon emission space. Advances in Climate Change Research, 8 (4): 226-234.

den Elzen M, Höhne N. 2010. Sharing the reduction effort to limit global warming to 2℃. Climate Policy, 10: 247-260.

Dong H, Dai H, Geng Y, et al. 2017. Exploring impact of carbon tax on China's CO_2 reductions and provincial disparities. Renewable and Sustainable Energy Reviews, 77: 596-603.

Dong N, You L, Cai W, et al. 2018. Land use projections in China under global socioeconomic and emission scenarios: Utilizing a scenario-based land-use change assessment framework. Global Environmental Change, 50: 164-177.

du Pont Y R, Jeffery M L, Gütschow J, et al. 2017. Equitable mitigation to achieve the Paris Agreement goals. Nature Climate Change, 7 (1): 38-43.

Duan H, Mo J, Fan Y, et al. 2018. Achieving China's energy and climate policy targets in 2030 under multiple uncertainties. Energy Economic, 70: 45-60.

EC. 2019. A Clean Planet for All: A European Long-Term Strategic Vision for A Prosperous, Modern, Competitive and Climate Neutral Economy. Brussels: European Conmission.

Elze M, Fekete H, Höhne N, et al. 2016. Greenhouse gas emissions from current and enhanced policies of China until 2030: Can emissions peak before 2030. Energy Policy, 89: 224-236.

Fan Y, Wu J, Xia Y, et al. 2016. How will a nationwide carbon market affect regional economies and efficiency of CO_2 emission reduction in China. China Economic Review, 38: 151-166.

Fragkos P, Kouvaritakis N. 2018. Model-based analysis of intended nationally determined contributions and 2℃ pathways for major economies. Energy, 160: 965-978.

Gambhir A, Rogelj J, Luderer G, et al. 2019. Energy system changes in 1.5℃, well below 2℃ and 2℃ scenarios. Energy Strategy Reviews, 23: 69-80.

Gambhir A，Schulz N，Nap T，et al. 2013. A hybrid modelling approach to develop scenarios for China's carbon dioxide emissions to 2050. Energy Policy，59：614-632.

Gambhir A，Tse L K C，Tong D L，et al. 2015. Reducing China's road transport sector CO_2 emissions to 2050：Technologies，costs and decomposition analysis. Applied Energy，157：905-917.

Gu G，Wang Z. 2018. Research on global carbon abatement driven by R&D investment in the context of INDCs. Energy，148：662-675.

Harper A B，Powell T，Cox P M，et al. 2018. Land-use emissions play a critical role in land-based mitigation for Paris climate targets. Nature Communications，9（1）：2938.

He C，Jiang K，Chen S，et al. 2019. Zero CO_2 emissions for an ultra-large city by 2050：Case study for Beijing. Current Opinion in Environmental Sustainability，36：141-155.

He J K. 2014. An analysis of China's CO_2 emission peaking target and pathways. Advances in Climate Change Research，（4）：155-161.

He J K，Yu Z W，Zhang D. 2012. China's strategy for energy development and climate change mitigation. Energy Policy，51：7-13.

He X. 2015. Regional differences in China's CO_2 abatement cost. Energy Policy，80：145-152.

He X，Wei Q ，Wang H. 2014. Marginal abatement cost and carbon reduction potential outlook of key energy efficiency technologies in China's building sector to 2030. Energy Policy，69：92-105.

Höhne N，den Elzen M, Escalante D. 2014. Regional GHG reduction targets based on effort sharing: A comparison of studies. Climate Policy，14：122-147.

Höhne N，den Elzen M，Weiss M. 2006. Common but differentiated convergence（CDC）：A new conceptual approach to long-term climate policy. Climate Policy，6：181-199.

Höhne N，Moltmann S. 2008. Distribution of Emission Allowances under the Greenhouse Development Rights and Other Effort Sharing Approaches. Germany：Heinrich-Böll-Stiftung.

Höhne N，Moltmann S. 2009. Sharing the Effort under a Global Carbon Budget. Cologne：ECOFYS Gmbh.

Huang W，Chen W，Anandarajah G. 2017. The role of technology diffusion in a decarbonizing world to limit global warming to well below 2℃：An assessment with application of global TIMES model. Applied Energy，208：291-301.

IEA. 2016. World Energy Outlook 2016. Paris：International Energy Agency.

IEA. 2017a. Key World Energy Statistics 2017. Paris：International Energy Agency.

IEA. 2017b. World Energy Balances 2017. Paris：International Energy Agency .

IEA. 2018. World Energy Outlook 2018. Paris：International Energy Agency .

IPCC. 2014. Climate Change Mitigation，AR5 of IPCC WGIII . Cambridge：Cambridge University Press.

Jewell J，McCollum D，Emmerling J，et al. 2018. Limited emission reductions from fuel subsidy removal except in energy-exporting regions. Nature，554（7691）：229-233.

Jiang K. 2014. Secure low-carbon development in China. Carbon Management，3（4）：333-335.

Jiang K，Chen S，He C，et al. 2019. Energy transition，CO_2 mitigation，and air pollutant emission reduction：Scenario analysis from IPAC model. Natural Hazards，99（3）：1277-1293.

Jiang K，He C，Dai H，et al. 2018a. Emission scenario analysis for China under the global 1.5℃ target. Carbon

Management, 9（2）: 1-11.

Jiang K, He C, Xu X, et al. 2018b. Transition scenarios of power generation in China under global 2℃ and 1.5℃ targets. Global Energy Interconnection,（4）: 477-486.

Jiang K, Hu X. 2006. Energy demand and emissions in 2030 in China: Scenarios and policy options. Environmental Economics and Policy Studies, 7（3）: 233-250.

Jiang K, Hu X, Matsuoka Y, et al. 1998. Energy technology changes and CO_2 emission scenarios in China. Environmental Economics and Policy Studies,（2）: 141-160.

Jiang K, He C, Jiang W, et al. 2021. Transition of the Chinese economy in the face of deep greenhouse gas emissions cuts in the future. Asian Economic Policy Review, 16: 142-162.

Jiang K, Qiang L, Xing Z, et al. 2010. Technology roadmap for low carbon society in China. Journal of Renewable and Sustainable Energy, 2（3）: 296-334.

Jiang K, Zhuang X, He C H, et al. 2016. China's low-carbon investment pathway under the 2℃ scenario. Advances in Climate Change Research, 7(4): 229-234.

Jiang K, Zhuang X, Miao R, et al. 2013. China's role in attaining the global 2℃ target. Climate Policy, 13（1）: 55-69.

Jiang X, Green C. 2018. China's future emission reduction challenge and implications for global climate policy. Climate Policy, 18（7）: 889-901.

Kartha S, Dooley K. 2016. The Risks of Relying on Tomorrow's "Negative Emissions" to Guide Today's Mitigation Action. New York: Stockholm Environment Institute.

Kefford B M, Ballinger B, Schmeda-Lopez D R, et al.2018. The early retirement challenge for fossil fuel power plants in deep decarbonisation scenarios. Energy Policy, 119: 294-306.

Khanna N, Fridley D, Zhou N, et al. 2019. Energy and CO_2 implications of decarbonization strategies for China beyond efficiency: Modeling 2050 maximum renewable resources and accelerated electrification impacts. Applied Energy, 242: 12-26.

Khanna N Z, Zhou N, Fridley D, et al. 2016. Quantifying the potential impacts of China's power-sector policies on coal input and CO_2 emissions through 2050: A bottom-up perspective. Utilities Policy, 41: 128-138.

Kim S H, Wada K, Kurosawa A, et al. 2014. Nuclear energy response in the EMF27 study. Climatic Change, 123（3）: 443-460.

Kriegler E, Bauer N, Baumstark L, et al. 2018. Pathways limiting warming to 1.5℃: A tale of turning around in no time. Philosophical Transactions, 376（2119）: 20160457.

Kriegler E, Riahi K, Bauer N, et al. 2015. Making or breaking climate targets: The Ampere study on staged accession scenarios for climate policy. Technological Forecasting and Social Change, 96: 322-326.

Lai L, Huang X, Yang H, et al. 2016. Carbon emissions from land-use change and management in China between 1990 and 2010. Science Advances, 2（11）: e1601063.

Li J F, Ma Z Y, Zhang Y X, et al. 2018. Analysis on energy demand and CO_2 emissions in China following the energy production and consumption revolution strategy and China dream target. Advances in Climate

Change Research，9（1）：16-26.

Li L，Wang J，Gallachoir B O，et al. 2019. Energy-intensive manufacturing sectors in China：Policy priorities for achieving climate mitigation and energy conservation targets. Climate Policy，19（1-5）：598-610.

Li M，Zhang D，Li C T，et al. 2018. Air quality co-benefits of carbon pricing in China. Nature Climate Change，8（5）：398.

Li N，Chen W，Rafaj P，et al. 2019. Air quality improvement co-benefits of low-carbon pathways toward well below the 2℃ climate target in China. Environmental Science & Technology，53（10）：5576-5584.

Li N，Shi M，Shang Z，et al. 2015. Impacts of total energy consumption control and energy quota allocation on China's regional economy based on a 30-region computable general equilibrium analysis. Chinese Geographical Science，25（6）：657-671.

Li X，Yu B. 2019. Peaking CO_2 emissions for China's urban passenger transport sector. Energy Policy，133: 110913.

Liang Y，Yu B，Wang L. 2019. Costs and benefits of renewable energy development in China's power industry. Renewable Energy，131：700-712.

Lin B，Jia Z. 2018a. Impact of quota decline scheme of emission trading in China：A dynamic recursive CGE model. Energy，149：190-203.

Lin B，Jia Z. 2018b. The energy，environmental and economic impacts of carbon tax rate and taxation industry：A CGE based study in China. Energy，159：558-568.

Liu J，Wang K，Zou J，et al. 2019a.The implications of coal consumption in the power sector for China's CO_2 peaking target. Applied Energy，253:113518.

Liu J，Xiang Q，Wang K，et al. 2019b. Mid-to long-term low carbon development pathways of China's building sector. Resources Science，41（3）：509-520.

Liu L，Wang K，Wan S，et al. 2018. Assessing energy consumption，CO_2 and pollutant emissions and health benefits from China's transport sector through 2050. Energy Policy，116：382-396.

Liu M，Huang Y，Jin Z，et al . 2017. Estimating health co-benefits of greenhouse gas reduction strategies with a simplified energy balance based model：The Suzhou City case. Journal of Cleaner Production，142：3332-3342.

Liu Q，Chen Y，Teng F，et al. 2017. Pathway and policy analysis to China's deep decarbonization. Chinese Journal of Population Resources and Environment，15（1）：39-49.

Liu Q，Chen Y，Tian C，et al. 2016. Strategic deliberation on development of low-carbon energy system in China. Advances in Climate Change Research，7：26-34.

Liu Q，Zheng X Q，Zhao X C，et al. 2018. Carbon emission scenarios of China's power sector：Impact of controlling measures and carbon pricing mechanism. Advances in Climate Change Research，9（1）：27-33.

Liu Q L，Lei Q，Xu H M，et al. 2018. China's energy revolution strategy into 2030. Resources，Conservation and Recycling，128：78-89.

Liu Z，Geng Y，Dai H，et al. 2018. Regional impacts of launching national carbon emissions trading market：A case study of Shanghai. Applied Energy，230：232-240.

Luderer G, Krey V, Calvin K, et al. 2014. The role of renewable energy in climate stabilization: Results from the EMF27 scenarios. Climatic Change, 123 (3): 427-441.

Lugovoy O, Feng X Z, Gao J, et al. 2018. Multi-model comparison of CO_2 emissions peaking in China: Lessons from CEMF01 study. Advances in Climate Change Research, 9 (1): 1-15.

Lyu C, Ou X, Zhang X. 2015. China automotive energy consumption and greenhouse gas emissions outlook to 2050. Mitigation and Adaptation Strategies for Global Change, 20 (5): 627-650.

Manne A S, Stephan G. 2005. Global climate change and the equity-efficiency puzzle. Energy, 30 (14): 2525-2536.

Marcucci A, Kypreos S, Panos E. 2017. The road to achieving the long-term Paris targets: Energy transition and the role of direct air capture. Climatic Change, 144 (2): 181-193.

Matthews H D. 2015. Quantifying historical carbon and climate debts among nations. Nature Climate Change, 6 (9): 60-65.

McCollum D, Gomez Echeverri L, Busch S, et al. 2017. Connecting the Sustainable Development Goals by Their Energy Inter-Linkages. Laxenburg: IIASA Working Paper WP-17-006, International Institute for Applied Systems Analysis.

Meinshausen M, Jeffery L, Guetschow J, et al. 2015. National post-2020 greenhouse gas targets and diversity-aware leadership. Nature Climate Change, 5: 1098-1106.

Meng M, Jing K, Mander S. 2016. Scenario analysis of CO_2 emissions from China's electric power industry. Journal of Cleaner Production, 142: 3101-3108.

Meyer A. 2000. Contraction & Convergence: The Global Solution to Climate Change. Cambridge: Green Books.

Mouratiadou I, Luderer G, Bauer N, et al. 2016. Emissions and their drivers: Sensitivity to economic growth and fossil fuel availability across world regions. Climatic Change, 136 (1): 23-37.

Mu Y, Wang C, Cai W G R, et al. 2018. The economic impact of China's INDC: Distinguishing the roles of the renewable energy quota and the carbon market. Renewable and Sustainable Energy Reviews, 81: 2955-2966.

NBS. 2017. China Energy Statistical Yearbook 2017. Beijing: China Statistics Press.

Nerini F F, Tomei J, To L S, et al. 2018. Mapping synergies and trade-offs between energy and the Sustainable Development Goals. Nature Energy, 3 (1): 10-15.

NEA. 2011. National 11th Five Year Plan on Energy. Beijing: National Administration of Energy.

Pan X, Chen W, Leon E C, et al. 2017. China's energy system transformation towards the 2℃ goal: Implications of different effort-sharing principles. Energy Policy, 103: 116-126.

Pan X, Chen W, Wang L, et al. 2018a. The role of biomass in China's long-term mitigation toward the Paris climate goals. Environmental Research Letters, 13 (12): 124028.

Pan X, Wang H, Wang L, et al. 2018b. Decarbonization of China's transportation sector: In light of national mitigation toward the Paris Agreement goals. Energy, 155: 853-864.

Paroussos L, Mandel A, Fragkiadakis K, et al. 2019. Climate clubs and the macro-economic benefits of international cooperation on climate policy. Nature Climate Change, 9: 542-546.

Pauw W P, Klein R J T, Mbeva K, et al. 2018. Beyond headline mitigation numbers: We need more transparent and comparable NDCs to achieve the Paris Agreement on climate change. Climatic Change, 147：23-29.

Peng T，Ou X，Yuan Z，et al. 2018. Development and application of China provincial road transport energy demand and GHG emissions analysis model. Applied Energy，222：313-328.

Pickering J，Barry C. 2012. On the concept of climate debt: Its moral and political value. Critical Review International Social and Political Philosophy, 15(5): 667-685.

Popp A，Humpenöder F，Weindl I，et al. 2014. Land-use protection for climate change mitigation. Nature Climate Change，4（12）：1095.

Qi T，Weng Y. 2016. Economic impacts of an international carbon market in achieving the INDC targets. Energy，109：886-893.

Qi T，Winchester N，Karplus V J，et al.2016. An analysis of China's climate policy using the China-in-Global Energy Model. Economic Modelling，52：650-660.

Qi Y，Dai H，Geng Y，et al. 2018. Assessment of economic impacts of differentiated carbon reduction targets：A case study in Tianjin of China. Journal of Cleaner Production，182：1048-1059.

Rao N D，Baer P. 2012. "Decent living" emissions: A conceptual framework. Sustainability，4（4）：656-681.

Raupach M R，Davis S J，Peters G P，et al. 2014. Sharing a quota on cumulative carbon emissions. Nature Climate Change，4（10）：873-879.

Riahi K，Kriegler E，Johnson N，et al. 2015. Locked into Copenhagen pledges-implications of short-term emission targets for the cost and feasibility of long-term climate goals. Technological Forecasting and Social Change，90：8-23.

Riahi K，van Vuuren D P，Kriegler E，et al. 2017. The shared socioeconomic pathways and their energy, land use，and greenhouse gas emissions implications：An overview. Global Environmental Change，42：153-168.

Rogelj J，Michiel S，Friedlingstein P，et al. 2016. Differences between carbon budget estimates unravelled. Nature Climate Change，6：245-252.

Rogelj J，Popp A，Calvin K V，et al.2018b. Scenarios towards limiting global mean temperature increase below 1.5℃. Nature Climate Change，8：325-332.

Rogelj J，Shindell D，Jiang K et al. 2018a. Mitigation Pathways Compatible with 1.5℃ in the Context of Sustainable Development. An IPCC Special Report. Cambridge：Cambridge University Press.

Rose S K，Richels R，Blanford G，et al. 2017. The Paris Agreement and next steps in limiting global warming. Climatic Change，142（1）：255-270.

Shan Y，Guan D，Zheng H，et al. 2018. China CO_2 emission accounts 1997—2015. Scientific Data，5：170201.

Shue H. 1993. Subsistence emissions and luxury emissions. Law & Policy，15（1）：39-60.

Shue H. 1999. Global environment and international inequality. International Affairs，75（3）：531-545.

Smith K R，Swisher J，Ahuja D R，et al. 1993. Who Pays to Solve the Problem and How Much? The Global Greenhouse Regime；Who Pays? Science，Economics and North-South Politics in the Climate

Change Convention. Costa Rica：Instituto Interamericano de Cooperación para la Agricultura.

Tang B J，Li R，Yu B Y，et al. 2018. How to peak carbon emissions in China's power sector：A regional perspective. Energy Policy，120：365-381.

Tang B J，Li R，Yu B Y，et al. 2019a. Spatial and temporal uncertainty in the technological pathway towards a low-carbon power industry：A case study of China. Journal of Cleaner Production，230：720-733.

Tang B J，Li X Y，Yu B Y，et al. 2019b. Sustainable development pathway for intercity passenger transport：A case study of China. Applied Energy，254：113632.

Tao Y，Wen Z，Xu L，et al. 2019. Technology options：Can Chinese power industry reach the CO_2 emission peak before 2030？Resources，Conservation and Recycling，147：85-94.

Tian H Z，Zhao D，Wang Y. 2011. Air pollutant emission inventory from biomass burning in China. Acta Scientiae Circumstantiae，31（2）：349-357.

Tong D，Zhang Q，Zheng Y，et al. 2019. Committed emissions from existing energy infrastructure jeopardize 1.5℃ climate target. Nature，572（7769）：373-377.

van Vuuren D P，van Soest H，Riahi K，et al. 2016. Carbon budgets and energy transition pathways. Environmental Research Letters，11（7）：075002.

Viebahn P，Vallentin D，Holler S. 2015. Prospects of carbon capture and storage（CCS）in China's power sector-an integrated assessment. Applied Energy，157：229-244.

Vrontisi Z，Luderer G，Saveyn B，et al. 2018. Enhancing global climate policy ambition towards a 1.5℃ stabilization：A short-term multi-model assessment. Post-Print，13（4）：044039.

Vuuren D P V，Stehfest E，Gernaat D E H J，et al. 2016. Energy，land-use and greenhouse gas emissions trajectories under a green growth paradigm. Global Environmental Change，42：237-250.

Wang D，He W，Shi R. 2019. How to achieve the dual-control targets of China's CO_2 emission reduction in 2030? Future trends and prospective decomposition. Journal of Cleaner Production，213：1251-1263.

Wang H，Chen W，Zhang H，et al. 2019. Modeling of power sector decarbonization in China：Comparisons of early and delayed mitigation towards 2-degree target. Climatic Change，162：1843-1856.

Wang H，Chen W. 2019b. Modeling of energy transformation pathways under current policies，NDCs and enhanced NDCs to achieve 2-degree target. Applied Energy，250：549-557.

Wang H，Chen W. 2019a. Modelling deep decarbonization of industrial energy consumption under 2-degree target：Comparing China，India and Western Europe. Applied Energy，238：1563-1572.

Wang H，Ou X，Zhang X. 2017. Mode，technology，energy consumption，and resulting CO_2 emissions in China's transport sector up to 2050. Energy Policy，109：719-733.

Wang L，Chen W，Pan X Z，et al. 2018. Scale and benefit of global carbon markets under the 2 ℃ goal：Integrated modeling and an effort-sharing platform. Mitigation and Adaptation Strategies for Global Change，23（8）：1207-1223.

Wang P，Dai H C，Ren S Y，et al. 2015. Achieving Copenhagen target through carbon emission trading：Economic impacts assessment in Guangdong Province of China. Energy，79：212-227.

Wang Q，Liang Q M，Wang B，et al. 2016. Impact of household expenditures on CO_2 emissions in China:

Income-determined or lifestyle-driven? Natural Hazards，84（1）：353-379.

Wang S，Wang H M，Fa H，et al. 2011. Mercury emission characteristics from coal-fired power plants based on actual measurement. Environmental Science，32（1）：33-37.

Wang T，Watson J. 2010. Scenario analysis of China's emissions pathways in the 21st century for low carbon transition. Energy Policy，38（7）：3537-3546.

Wang W，Koslowski F，Nayak D R，et al. 2014. Greenhouse gas mitigation in Chinese agriculture：Distinguishing technical and economic potentials. Global Environmental Change：Human and Policy Dimensions，26：53-62.

Wang X Y，Yan L，Lei Y，et al. 2016. Estimation of primary particulate emission from steel industry in China. Acta Scientiae Circumstantiae，36（8）：3033-3039.

Wang Y J，Ji J，Yi H，et al. 2015. Study on characteristic of black carbon emission from diesel vehicles in China in 2013. Environment and Sustainable Development，40（2）：45-47.

Wang Z，Zhu Y S，Zhu Y B，et al. 2016. Energy structure change and carbon emission trends in China. Energy，115：369-377.

Wang Z X，Zhang J J，Pan L，et al. 2014. Estimate of China's energy carbon emissions peak and analysis on electric power carbon emissions. Advances in Climate Change Research，5（4）：181-188.

Wei Y M，Han R，Liang Q M，et al. 2018. An integrated assessment of INDCs under shared socioeconomic pathways：An implementation of C3IAM. Natural Hazards，92：585-618.

Weng Y，Zhang X. 2017. The role of energy efficiency improvement and energy substitution in achieving China's carbon intensity target. Energy Procedia，142：2786-2790.

Weng Z，Dai H，Ma Z，et al. 2018. A general equilibrium assessment of economic impacts of provincial unbalanced carbon intensity targets in China. Resources，Conservation and Recycling，133：157-168.

Winkler H，Letete T，Marquard A. 2011. A South African Approach-Responsibility，Capability and Sustainable Development. Equitable Access to Sustainable Development: Contribution to the Body of Scientific Knowledge. Beijing，Brasilia，Cape Town and Mumbai: BASIC Expert Group.

Winkler H，Letete T，Marquard A. 2013. Equitable access to sustainable development: Operationalizing key criteria. Climate Policy，13（4）：411-432.

Wu J，Fan Y，Xia Y. 2017. How can China achieve its nationally determined contribution targets combining emissions trading scheme and renewable energy policies. Energies，10（8）：1166.

Wu R，Dai H，Geng Y，et al. 2019. Impacts of export restructuring on national economy and CO_2 emissions：A general equilibrium analysis for China. Applied Energy，248：64-78.

Wu R，Dai H，Geng Y，et al. 2016. Achieving China's INDC through carbon cap-and-trade：Insights from Shanghai. Applied Energy，184：1114-1122.

Xiao X J，Jiang K J. 2018. China's nuclear power under the global 1.5 ℃ target：Preliminary feasibility study and prospects. Advances in Climate Change Research，9（2）：138-143.

Xing R，Hanaoka T，Kanamori Y，et al. 2018. Achieving China's intended nationally determined contribution and its co-benefits：Effects of the residential sector. Journal of Cleaner Production，172：2964-2977.

Xu G, Schwarz P, Yang H. 2019. Determining China's CO_2 emissions peak with a dynamic nonlinear artificial neural network approach and scenario analysis. Energy Policy, 128: 752-762.

Xu L, Chen N, Chen Z. 2017. Will China make a difference in its carbon intensity reduction targets by 2020 and 2030. Applied Energy, 203: 874-882.

Yang T, Pan Y, Yang Y, et al. 2017. CO_2 emissions in China's building sector through 2050: A scenario analysis based on a bottom-up model. Energy, 128: 208-223.

Yang W, Li J, Zhu L. 2013. Comparison of anthropogenic emission inventories of China mainland. Research of Environment Science, 26 (7): 703-711.

Yang X, Teng F. 2018. Air quality benefit of China's mitigation target to peak its emission by 2030. Climate Policy, 18 (1): 99-110.

Yang X, Teng F, Wang X, et al. 2017. System optimization and co-benefit analysis of China's deep decarbonization effort towards its INDC target. Energy Procedia, 105: 3314-3319.

Yang X, Wan H, Zhang Q, et al. 2016. A scenario analysis of oil and gas consumption in China to 2030 considering the peak CO_2 emission constraint. Petroleum Science, 13 (2): 370-383.

Yang X, Zhang S, Xu W. 2019. Impact of zero energy buildings on medium-to-long term building energy consumption in China. Energy Policy, 129: 574-586.

Yu B, Zhang J, Wei Y M. 2019b. Time use and carbon dioxide emissions accounting: An empirical analysis from China. Journal of Cleaner Production, 215: 582-599.

Yu B, Zhao G, An R. 2019a. Framing the picture of energy consumption in China. Natural Hazards, 99 (3): 1469-1490.

Yu S, Zheng S, Li X. 2018a. The achievement of the carbon emissions peak in China: The role of energy consumption structure optimization. Energy Economics, 74: 693-707.

Yu S, Zheng S, Li X, et al. 2018b. China can peak its energy-related carbon emissions before 2025: Evidence from industry restructuring. Energy Economics, 73: 91-107.

Yu Z, Geng Y, Dai H, et al. 2018. A general equilibrium analysis on the impacts of regional and sectoral emission allowance allocation at carbon trading market. Journal of Cleaner Production, 192: 421-432.

Yuan J, Xu Y, Hu Z, et al. 2014. Peak energy consumption and CO_2 emissions in China. Energy Policy, 68: 508-523.

Zhang C Y, Yu B, Chen J M, et al. 2021. Green transition pathways for cement industry in China. Resources, Conservation and Recycling, 166: 105355.

Zhang D, Rausch S, Karplus V J, et al. 2013. Quantifying regional economic impacts of CO_2 intensity targets in China. Energy Economics, 40: 687-701.

Zhao G, Yu B, An R, et al. 2021. Energy system transformations and carbon emission mitigation for China to achieve global 2℃ climate target. Journal of Environmental Management, 292: 112721.

Zhang H, Chen W, Huang W. 2016. TIMES modelling of transport sector in China and USA: Comparisons from a decarbonization perspective. Applied Energy, 162 (6): 326-329.

Zhang N, Qin Y, Xie S D. 2013. Spatial distribution of black carbon emission in China. Chinese Science Bulletin, 58 (31): 3830-3839.

Zhang S H, Worrell E, Crijns-Graus W, et al. 2016. Modeling energy efficiency to improve air quality and health effects of China's cement industry. Applied Energy, 184: 574-593.

Zhang X, Karplus V J, Qi T, et al. 2016. Carbon emissions in China: How far can new efforts bend the curve. Energy Economics, 54: 388-395.

Zhang X, Zhao X, Jiang Z, et al. 2017. How to achieve the 2030 CO_2 emission-reduction targets for China's industrial sector: Retrospective decomposition and prospective trajectories. Global Environmental Change, 44:83-97.

Zheng B, Zhang Q, Borken-Kleefeld J, et al. 2015. How will greenhouse gas emissions from motor vehicles be constrained in China around 2030. Applied Energy, 156: 230-240.

Zhou N, Fridley D, Khanna N Z, et al. 2013. China's energy and emissions outlook to 2050: Perspectives from bottom-up energy end-use model. Energy Policy, 53: 51-62.

Zhou N, Khanna N, Feng W, et al. 2018. Scenarios of energy efficiency and CO_2 emissions reduction potential in the buildings sector in China to year 2050. Nature Energy, 3 (11): 978-984.

Zhou N, Price L, Yande D, et al. 2019. A roadmap for China to peak carbon dioxide emissions and achieve a 20% share of non-fossil fuels in primary energy by 2030. Applied Energy, 239: 793-819.

Zhou Q, Yabar H, Mizunoya T, et al. 2017. Evaluation of integrated air pollution and climate change policies: Case study in the thermal power sector in Chongqing City, China. Sustainability, 9 (10): 1741.

Zhou S, Kyle G P, Yu S, et al. 2013. Energy use and CO_2 emissions of China's industrial sector from a global perspective. Energy Policy, 58: 284-294.

Zhou S, Wang Y, Yuan Z, et al. 2018a. Peak energy consumption and CO_2 emissions in China's industrial sector. Energy Strategy Reviews, 20: 113-123.

Zhou S, Wang Y, Zhou Y, et al. 2018b. Roles of wind and solar energy in China's power sector: Implications of intermittency constraints. Applied Energy, 213: 22-30.

Zhou W, McCollum D, Fricko O, et al. 2019. A comparison of low carbon investment needs between China and Europe in stringent climate policy scenarios. Environmental Research Letters, 14 (5): 54017.

Zhuang X, Jiang K. 2012. A Study on the roadmap of electric vehicle development in China. Automotive Engineering, 34 (2): 91-97.

Zou C, Zhao Q, Chen J, et al. 2018. Natural gas in China: Development trend and strategic forecast. Natural Gas Industry B, 5 (4): 380-390.

第4章 能　　源

主要作者协调人：周　胜、袁家海
编　　　　审：冯升波
主　要　作　者：肖新建、朱　蓉、李　佳

▪ 执行摘要

能源供应部门是最大的温室气体排放部门，其排放量占我国温室气体排放量的1/3以上。能源系统在大幅度低碳转型过程中，面临着较大的技术、经济或者社会接受性方面的障碍和挑战。其中，尽管目前化石能源占能源供应的主导地位，但面临着能源供应安全、环境污染和需求总量逐渐减少的压力。可再生能源得到快速发展，但是除水电外，其他可再生能源面临着政策支持或者财政补贴逐渐退坡的压力，同时面临着电力供应不稳定与间歇性的技术和成本的挑战。核电是一种成本具有竞争力的成熟低碳技术,但面临着公众可接受性的不确定性风险。电力行业是最可能首先在2050年实现零排放的，但不可避免地面临着高比例可再生能源发电并网带来的系列挑战和煤电逐渐退出的电力系统成本增加的压力。CCS和BECCS是典型的低碳技术，目前还处于研发和示范阶段，短期内（2030年前）难以大规模商业化应用，同时面临着增加额外成本和降低能源利用效率的挑战。总体来说，我国能源政策主要体现在积极推动能源生产和消费革命战略以及相关政策进一步落实。在2℃或者1.5℃温升控制目标减排情景下，需要大幅度提升可再生能源、核电等零碳能源开发力度。对于实现1.5℃温升控制目标，基于生物能源利用的CCS技术也需要得到大力开发。

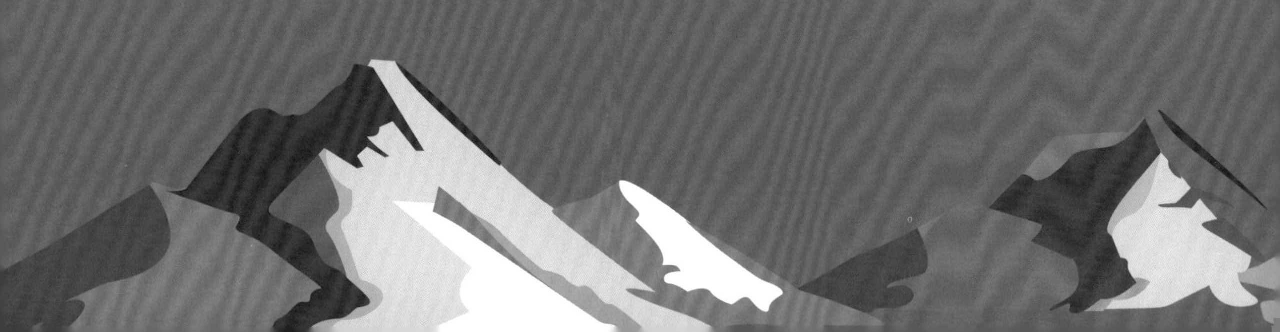

4.1 引　　言

能源供应部门把一次能源转化成其他能源，即电、热、油品、焦炭、天然气、精煤等终端能源，其包括能源开采、转换、存储和输配环节，可以为终端部门（工业、建筑、交通、农林业等）提供能源。

能源供应部门是最大的温室气体排放部门。1990~2018 年，全球能源供应部门的 CO_2 排放呈加速趋势，主要原因在于经济的快速增长和燃煤比例的增加。2018~2050 年，如果不采取减排措施，能源供应部门 CO_2 排放将持续增加，增加幅度为 10%~30%，从而无法将大气中 CO_2 浓度控制在较低水平（IPCC，2014，2018；IEA，2019）。能源系统低碳转型是实现《巴黎协定》温升控制目标的关键，但面临着较大的技术、经济或者社会接受性方面的障碍和挑战。

本章主要评估不同减排目标下我国能源供应低碳转型路径，包括能源消费和 CO_2 排放现状、减排技术、减排潜力和减排成本等。首先简要评估能源低碳转型国际背景（4.2 节）；然后对我国能源低碳转型进行总体评估（4.3 节）；再进一步针对化石能源、可再生能源、核电进行分能源类型逐项评估（4.4 节、4.5 节和 4.6 节）；考虑到电力部门、能源部门 CCS/BECCS 在能源低碳转型中的重要性，分别将其单独作为一节进行评估（4.7 节、4.8 节）；最后针对我国能源低碳转型中的政策选择和实施措施进行评估，分析相关情景实施的现实性和可行性（4.9 节）。本章主要基于《巴黎协定》温升控制目标的评估情景包括三类，即峰值情景（PEAK）、2℃温升目标情景（T20）和 1.5℃温升目标情景（T15）。

4.2 全球能源转型

4.2.1 全球能源消费和 CO_2 排放现状

全球能源消费总量和 CO_2 排放持续增加，单位能源 CO_2 排放强度下降缓慢。2018 年，全球能源消费总量为 210 亿 t ce，是 1971 年的 2.6 倍左右，年平均增加速度 2.0%。与此同时，全球与能源相关的 CO_2 排放为 331 亿 t，是 1971 年的 2.4 倍，年平均增加速度 1.8%（IEA，2019）。从单位能源 CO_2 排放强度来看，2018 年为 1.72 t CO_2/t ce，比 1971 年下降 8% 左右，平均年下降速度 0.2%。

化石燃料在全球能源供应中占主导地位，能源低碳转型进展缓慢。2018 年，全球煤、油、天然气、核能和可再生能源占比分别为 26%、31%、23%、5% 和 15%。其中，化石能源（煤、油、气）占比为 80%，非化石能源占比为 20%（IEA，2018a，2018b，2018c，2019）。与 1971 年相比，全球煤炭比例几乎没变，石油比例大幅度减少 14 个百分点，而天然气、核能和可再生能源分别增加 7 个百分点、4 个百分点和 1 个百分点（IEA，2018a，2018b，2018c，2019）。

OECD 国家的能源低碳转型速度高于全球平均水平。1971~2018 年，OECD 国家的能源消费总量基本保持不变，CO_2 排放减少 8% 左右。其中，煤、油、核能分别减少 20%、3% 和 13%，而天然气、可再生能源分别增加 22% 和 63%（IEA，2018a，2018b，2018c，2019）。也就是说，OECD 国家燃煤和核能大幅度减少，而天然气和可再生能源大幅度增加。单位能源 CO_2 排放从 1971 年的 1.88t CO_2/t ce 下降到 2018 年为 1.49t CO_2/t ce，下降比例为 20.7%，平均年下降速度 0.4%。

4.2.2 《巴黎协定》对全球能源系统碳排放约束

为了应对气候变化威胁，全球各参与方于 2015 年 12 月签署《巴黎协定》，并设定 21 世纪末全球平均温度控制在 2℃甚至 1.5℃之内的温升目标。根据该协定，从 2023 年开始，每五年将对全球温室气体减排行动总体进展进行一次盘点，以帮助各国提高减排力度、加强国际合作。该机制表明世界各国将采取积极措施应对气候变化，全球应对气候变化将成为常态化。

《巴黎协定》中，在全球各参与方国家自主贡献的承诺下，全球总体排放到 2030 年比参考情景低 10%~20%。其中，全球主要排放国家和地区（欧盟、日本、中国、印度、俄罗斯等）都进行了绝对减排、相对减排、碳强度减排等形式的承诺。例如，2030 年碳排放绝对量，欧盟比 1990 年下降 40%，日本比 2013 年下降 26%，俄罗斯比 1990 年下降 25%~30%；2030 年碳排放强度，中国比 2005 年下降 60%~65%，印度比 2005 年下降 33%~35%；2030 年碳排放量相比参考情景（REF），印度尼西亚下降 29%~41%，韩国下降 37%，墨西哥下降 30% 等（UNFCCC，2018）。

但是，目前各国国家自主贡献的承诺努力，难以实现《巴黎协定》中的全球温升控制目标。要实现该温升控制目标，2030 年，国家自主贡献的承诺努力下的全球 CO_2 排放缺口高达 1.2~1.7Gt CO_2（Zhang and Pan，2016；Rogelj et al.，2016）。实际上，要实现全球 2100 年 2℃温升控制目标，与 2010 年相比，2030 年全球 CO_2 排放需要减少 25% 左右（10%~30%），到 2070 年（2065~2080 年）需要实现净零排放（IPCC，2014，2018）。要实现全球 2100 年 1.5℃温升控制目标，与 2010 年相比，到 2030 年，全球 CO_2 排放需要减少 45% 左右（40%~60%），到 2050 年，与能源活动相关的 CO_2 排放量要接近于零排放。与 2℃温升控制目标相比，全球要实现 1.5℃温升控制目标，能源系统近零排放提前 20 年左右（IPCC，2014，2018）。因此，世界各国都需要大幅提高减排目标，加大减排力度，尽早达到全球排放峰值，并促进全球能源系统低碳转型。

2019 年 12 月，欧盟宣布 2050 年实现温室气体中和目标，并于 2020 年 9 月将 2030 年目标修正为下降 55%。2020 年 9 月，中国宣布 2030 年之前 CO_2 排放达峰，2060 年之前实现碳中和。欧盟和中国的目标使得全球 1.5℃温升目标有可能成为现实可行的目标。欧盟和中国的行动已经使得温室气体减排成为经济发展的动力和经济竞争的优势。其他发达国家大概会很快公布碳中和目标。这些目标进而会大幅度提升能源转型的速度和力度。

4.2.3 全球能源低碳转型路径

能源低碳转型是实现《巴黎协定》目标的关键。要实现《巴黎协定》温升控制目标，全球能源系统需要进行大幅度实质性低碳转型。主要减排措施包括：提高能源利用效率、减少终端能源需求、增加低碳 / 零碳能源供应（可再生能源、核能、化石能源 CCS 或者 BECCS）。

低碳能源比例将大幅度增加。要实现 2℃ 温升控制目标，到 2050 年，全球低碳能源占一次能源的比例需要从 2010 年的 15% 左右，增加到 2050 年的 50%~70%、2100 年的 90%。燃煤大幅度减少到 1%~7%，并以煤 +CCS 的方式进行利用；燃油消费减少 39%~77%；天然气消费减少 13%~62%；可再生能源大幅度增加到 52%~67%，CCS 大幅度增加，到 2050 年前的累计储存量为 0~300Gt CO_2；生物能源供应量为 40~310EJ/a，核能为 3~66EJ/a（IPCC，2014）。要实现 1.5℃ 温升控制目标，到 2050 年，煤电大幅度减少到 0（0%~2%），可再生能源发电大幅度增加到 70%~85%，天然气 CCS 发电比例增加到 8%（3%~11%），储能技术得到快速发展（IPCC，2018；Grubler et al.，2018）。

电力部门低碳化是实现该目标的关键措施。在多数模型评价中，电力部门低碳化比工业、建筑和交通部门更加快速。低碳电力比例（可再生能源、核电和 CCS）将从 2010 年 30% 增加到 2050 年 80%，电力部门 2050 年接近零排放，不含 CCS 的化石能源发电到 2100 年将全部被淘汰（IPCC，2014）。全球电力碳排放强度从 2020 年的 500g CO_2/（kW · h）下降到 2050 年的 –330~+40g CO_2/（kW · h），下降比例超过 90%。

氢能有可能得到大规模利用。氢能是一种二次能源，氢有多种生产方式，包括化石能源制氢、可再生能源制氢和核能制氢等，其在减排温室气体和高比例可再生能源应用方面具有较大的应用前景。到 2050 年，其应用潜力可以占到终端能源的 10%~20%（Walspurger et al.，2014）。但是，氢能发展面临着较大的不确定性，其最终发展规模需要与核电、可再生能源、CCS 技术相互竞争和相互影响 。

4.2.4 主要国家和地区能源低碳转型路径

全球主要国家和地区包括中国、美国、印度、欧盟、俄罗斯、日本，其 CO_2 排放总量 2018 年占全球 70% 左右，其未来能源低碳转型路径非常典型和具有代表性，基本上反映了发达、发展中国家和地区的未来能源低碳转型的特点和趋势（IEA，2019）。

全球主要国家和地区一次能源消费总量减少或者增速降低。根据 IEA 的研究，在 2℃温升目标情景下，与 2017 年相比，2040 年，一次能源消费总量美国、欧盟、日本下降 20%~30%，俄罗斯下降 10%，中国基本持平；印度增加 50% 左右（IEA，2018a）。

全球主要国家和地区能源供应大幅度低碳化。在 2℃温升目标情景下，与 2017 年相比，2040 年，美国、欧盟和日本燃煤大幅度减少 70%~90%，石油减少 50%~70%，天然气减少 20%~50%，核电持平或者少量增加，水电增加 20%~70%，生物质能增加50%~70%，其他可再生能源增加2~6倍；俄罗斯煤、油、气分别减少60%、20%、20%，核电增加60%，水电增加70%，生物质能增加3倍，其他可再生能源大幅度增加；印度煤、油、气分别持平、增加30%和3倍，核电增加6倍，水电增加2倍，生物质能和可再生能源大幅度增加；中国燃煤减少60%，石油减少20%，天然气增加2倍，核电增加5倍，水电增加50%，生物质能增加80%，其他可再生能源增加8倍。总之，OECD国家煤电几乎完全淘汰，天然气发电主要作为备用电源来平衡可再生能源的间歇性。核电或者低碳能源得到大幅度发展。电力部门到2050年排放几乎为零，全部依靠低碳发电技术：化石燃料CCS、核电、可再生能源、氢能（IEA，2018a；Gracceva and Zeniewski，2014）。

欧盟公布了2050年温室气体中和目标后快速行动，2020年6月以来，已经在能源综合系统、欧洲电网发展、氢基产业发展方面设立了短期计划，这些计划与2050年目标相一致。

4.3 中国能源低碳转型

4.3.1 中国能源消费和CO_2排放现状

中国能源消费总量和CO_2排放为全球第一。改革开放以来，中国经济持续高速增长，成为世界第二大经济体，工业化和城镇化进程不断加快，人民生活水平不断提高，能源消费和CO_2排放也随之快速增长。2006年和2009年，中国CO_2排放和能源消费总量先后超过美国，成为世界第一。2017年，中国一次能源消费总量45亿t ce（发电煤耗），是1980年的7.44倍，是同期美国能源消费总量的1.4倍。与能源相关的CO_2排放，2017年为93亿t，是1980年的7.3倍，平均年增长速度为5.5%。从逐年增长速度来看，2004年中国CO_2排放增长速度达到峰值16%以后，增长速度逐年下降。与2013年相比，2014年、2015年和2016年CO_2排放量逐年略为下降，2017年和2018年小幅反弹（国家统计局，2019；IEA，2019）。总体上，2013年之后，中国CO_2排放量开始处于平台期。

中国能源消费增速放缓。自2011年开始，中国经济增速开始放缓，从原来年均超过10%的高速增长转向个位数的中高速增长。随着经济增速的放缓，中国能源消费也逐渐进入低速增长阶段。能源消费平均年增长速度，2001~2005年平均为12.30%，2006~2010年平均为6.68%，2011~2015年平均为3.60%，2016年为1.38%，2017年为3.02%，2018年为3.30%（国家统计局，2019）。研究表明，中国能源消费的低速增长并逐渐达到峰值将是一个长期趋势。其主要原因在于，目前中国高耗能行业基本上已经达到峰值，工业部门能耗整体进入饱和期，建筑和交通部门能耗尽管继续增长，但占比相对较小。

中国能源结构长期以煤为主，燃煤比例逐渐下降（图4-1）。1980年煤、油、天然气和非化石能源比例分别为72%、21%、3%和4%，其中非化石能源全部为水电。到2017年，所占比例分别60%、19%、7%和14%，其中非化石能源中核电、水电和其他可再生能源占比分别为2%、8%和4%。可以看出，1980~2017年，中国燃煤比例下降12个百分点，石油比例下降2个百分点。天然气、核电、水电和其他可再生能源分别增加4个百分点、2个百分点、4个百分点和4个百分点，能源结构逐渐实现低碳转型（国家统计局，2018a，2018b）。

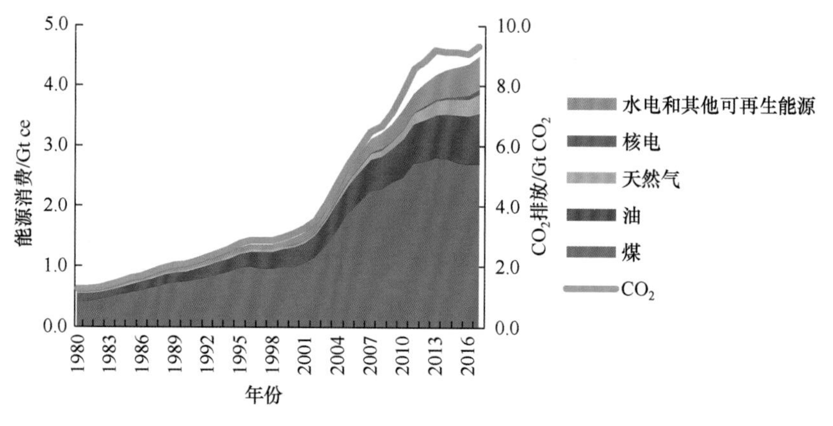

图4-1　中国能源消费和CO_2排放

我国能源消费结构中，2017年煤炭消费比例为60%，远高于OECD的16%。2017年，我国GDP占世界15%左右，人均GDP远低于发达国家人均水平。但是，我国能源消费总量占世界23%，CO_2排放量占全球27%，人均CO_2排放量7t左右，与欧盟人均CO_2排放量基本相当，已经高于全球人均水平40%。如果考虑到农村人均能耗和人均CO_2排放量相对较低，我国城镇人口的人均能耗和人均CO_2排放量实际上已经达到或者高于OECD国家人均平均水平（国家统计局，2018a）。因此，中国能源低碳转型和CO_2减排对全球实现《巴黎协定》目标具有非常重要的作用。

4.3.2 《巴黎协定》对中国能源系统碳排放约束

我国在全球应对气候变化中发挥积极的建设性作用。2015年6月，我国提交了应对气候变化国家自主贡献文件《强化应对气候变化行动——中国国家自主贡献》，承诺中国的CO_2排放峰值目标和减排目标，即2030年CO_2排放达到峰值且将努力早日达峰，单位GDP的CO_2排放比2005年下降60%~65%，非化石能源消费比重占20%等。《国家应对气候变化规划（2014—2020年）》中提出，积极应对气候变化，加快推进绿色低碳发展，是实现可持续发展、推进生态文明建设的内在要求。

我国签署了《巴黎协定》，因此《巴黎协定》目标也是我国未来温室气体的控制目标，即我国温室气体减排要支持全球2℃和1.5℃温升目标。因此，我国长期能源转型需要在这样的目标下进行。

针对《巴黎协定》温升控制目标，考虑到未来能源消费和排放的不确定性，相关研究通常设置3个情景进行分析，即峰值情景（PEAK）、2℃温升目标情景（T20）和1.5℃温升目标情景（T15）。不同情景目标对我国的能源系统的碳排放约束具有明显区别。

PEAK 情景下，我国碳排放峰值比 2017 年增加 10%~30%。基于不同的模型方法，特别是对未来排放趋势、碳排放达峰的条件、排放路径的不同判断，我国碳排放峰值年份为 2020~2035 年，峰值排放水平集中在 100 亿 ~120 亿 t CO_2，其中，2030 年达峰的各个情景的排放均值为 110 亿 t CO_2。排放峰值年份越推迟，排放峰值越高（Lugovoy et al.，2018；Yu et al.，2018；姜克隽等，2016；马丁和陈文颖，2017；Mi et al.，2017；He，2018；Liu Q et al.，2017；Liu et al.，2015；Tollefson，2016）。一些研究认为我国可以在 2025 年甚至 2022 年之前达峰（国家发展和改革委员会能源研究所，2018）

要实现《巴黎协定》2℃或者 1.5℃温升控制目标，即 T20 情景和 T15 情景，我国未来 CO_2 排放需要大幅度下降。与 2017 年相比，到 2030 年，我国 CO_2 排放分别持平或者减少 20%；到 2050 年，中国 CO_2 排放需要大幅度减少 30% 或者 90%。我国在 2075 年或者 2055 年开始负排放，CO_2 排放达峰时间需要提前到 2025 年甚至 2020 年。（IPCC，2014，2018；Jiang et al.，2018a，2018b；Zhou et al.，2018）。

4.3.3 中国能源低碳转型路径

影响中国碳排放和能源低碳转型的主要因素包括：人口、经济发展水平、产业结构、能源强度、能源结构和能源技术进步等（姜克隽等，2012；Jiang et al.，2018a；Liu Q et al.，2017；Dong et al.，2018；Yu et al.，2018；Zhou et al.，2018）。

能源低碳转型的关键在于提高供应侧能源效率和增加低碳能源供应比例。其主要措施包括：①控制能源消费总量，特别是煤炭消费总量，降低燃煤消费比例（Wang et al.，2018；Wang and Li，2017；Lee et al.，2018）；②能源供应向多元化、低碳化、清洁化转化；③增加非化石能源供应，大力发展可再生能源电力及核电技术，提高低碳 / 无碳发电供应比例（Niu et al.，2016）。

能源消费总量将进入长期低速增长阶段。从绝对量来看，中国一次能源消费 2015 年为 43 亿 t ce（发电煤耗），随后缓慢增长，2030 年为 51 亿 ~55 亿 t ce。到 2050 年，一次能源消费总量为 56 亿 ~61 亿 t ce，T15 情景一次能源消费总量更高，原因在于非化石电力增加较快和以发电煤耗折算电力所对应的能耗（Jiang et al.，2018b）。

能源消费结构需要大幅度低碳化、清洁化和多元化。2030 年前，我国一次能源消费结构在三种情景下将以燃煤消耗为主，燃煤比例超过 50%，但逐渐降低，与此同时，非化石能源比例逐渐增加（图 4-2）。2015 年，我国燃煤比例为 64%，到 2030 年，燃煤比例明显下降，为 37%~51%；到 2050 年，燃煤比例进一步下降到 9%~45%（含煤电 CCS）。与此同时，天然气比例从 2015 年的 6% 上升到 2030 年的 8%~9%、2050 年的 7%~10%（含天然气发电 CCS）。而非化石能源（核电和可再生能源）比例，从 2015 年的 12%（发电煤耗）增加到 2030 年的 22%、25% 和 35%，2050 年进一步增加到的 28%、44% 和 68%。也就是说，T20 和 T15 情景下，到 2050 年，中国燃煤比例大幅度下降，而非化石能源比例大幅度上升（中国能源模型论坛 · 中国 2050 低排放发展战略研究项目组，2021；国家发展和改革委员会能源研究所，2018；Jiang et al.，2018a）。

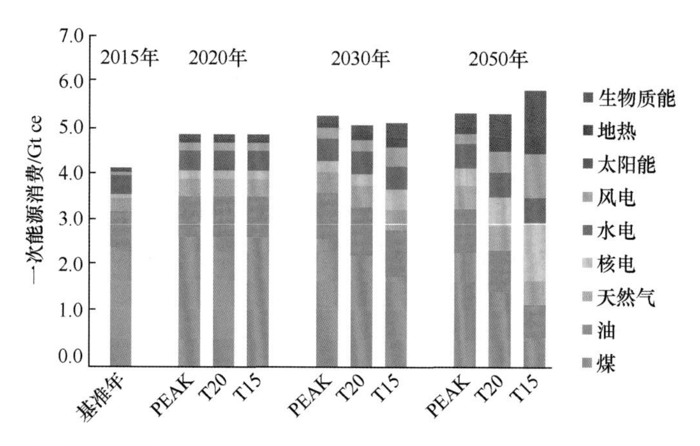

图 4-2 一次能源消费（PEAK 情景、T20 情景和 T15 情景）

电力需求持续增加，电力结构逐渐低碳化（图 4-3）。从电力总量来看，2015 年，我国电力供应量为 5.9 万亿 kW · h；到 2030 年，将增长到 8.5 万亿~9.6 万亿 kW · h，增长幅度为 45%~65%；2050 年达到 9.3 万亿 ~15.2 万亿 kW · h，增长幅度为 60%~120%（EIA，2018；IEA，2018b；Jiang et al.，2018a）。从人均电力需求来看，2015 年，我国人均电力需求 4300kW · h，相当于 OECD 国家 2015 年人均电力需求的 50% 左右（WB，2018）。到 2050 年，我国 2050 年人均电力需求为 7300~10000kW · h。其中，2030 年，T20 情景的电力需求略低于 PEAK 情景，原因在于，碳减排力度大幅度增加，终端电力需求减少。T15 情景中电力需求上升到 14.8 万亿 ~15.2 万亿 kW · h（Jiang et al.，2018a，2018b）。

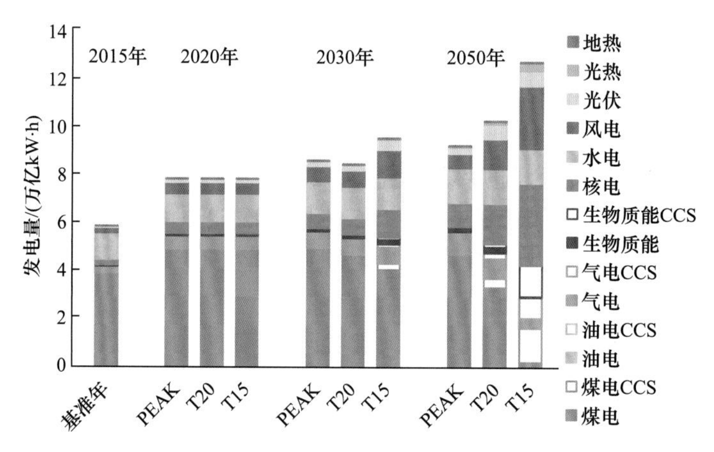

图 4-3 电力供应和电力结构（PEAK 情景、T20 情景和 T15 情景）

火电 2030 年前仍然占主导地位，所占比例超过 50%，但比例缓慢下降。三种情景下，火电占比从 2015 年的 71% 下降到 2030 年的 43%~65%。到 2050 年，火电比例进一步下降到 10.9%~60%（含煤电 CCS、气电 CCS）（姜克隽等，2012；Jiang et al.，2018a，2018b）。

低碳电力比例大幅度增加。三种情景下，到 2050 年，核电比例由 2015 年的 3%

分别增加到 11%、17% 和 27%；非水电可再生能源比例由 2015 年的 6% 分别增加到 12%、23% 和 39%；水电比例由 2015 年的 19% 分别下降到 16%、14% 和 11%；CCS 电力比例由 2015 年的 0 分别增加到 1%、7% 和 28%。在 T20 情景下，2050 年 BECCS 电力比例为 1% 左右，但在 T15 情景下，BECCS 比例大幅度增加，达到 10% 左右。也就是说，为了达到全球 1.5℃温升控制目标，BECCS 技术需要进行大规模开发和推广，到 2050 年低碳电力 CCS 和非化石电力比例大幅度提高到 90% 以上（姜克隽等，2012；中国能源模型论坛 · 中国 2050 低排放发展战略研究项目组，2021；Jiang et al.，2018a，2018b）。

4.3.4 煤炭消费总量控制

我国要控制温室气体排放总量和能源消费总量，重点在于对煤炭消费进行总量控制。其主要措施包括降低工业部门煤炭消费比重、鼓励工业部门燃煤替代、较高比例地实现建筑部门直燃散烧煤的替代（Shuai et al.，2018；Wang et al.，2018）。到 2050 年，燃煤比例将大幅度下降，特别是在 2℃温升情景和 1.5℃温升情景下，燃煤消费总量将分别大幅度下降到 25 亿 t 和 10 亿 t，并主要用于煤电 CCS 和难以替代的工业用煤。

煤炭消费总体上呈下降趋势。在经济增速放缓、能源结构调整和治理大气污染的多重作用下，我国煤炭消费总量 2013 年达到峰值，从 2014 年开始呈持续下降趋势，且下降幅度呈扩大趋势。尽管 2017 年和 2018 年出现少量反弹，但我国煤炭消费长期趋势性下降并没有改变（国家统计局，2019；Wang and Li，2017）。

4.3.5 低碳能源可以满足我国的新增能源需求

经过三十年的努力，我国低碳能源供应取得巨大进展，非化石电力的发展可以基本满足今后长时间电力需求的增长。其中，水电和核电每年可以分别平均增加 1000 万 kW 装机容量，风电太阳能每年可以新增 2000 万 ~3000 万 kW 的装机容量。在控制煤炭消费的同时，通过加快可再生能源和核电等非化石能源发展，可以基本满足我国新增能源的消费需求[①]。

4.4 化石能源

4.4.1 化石能源资源潜力

中国能源资源以“煤炭丰富，缺油少气”为特征，已探明的能源储量为煤 94%、石油 5%、天然气 0.6%（Li and Hu，2017）。2018 年，中国石油对外依存度高达 71%。中国拥有一定的非常规石油资源。干酪根和沥青可在 300~600℃的高温下发生转化，产生页岩油。潜在页岩油资源的总储量约为 433 亿 t（Pan et al.，2016）。尽管我国天然气储存资源不足，但非常规天然气资源丰富（Guo et al.，2016）。我国页岩气可开采资源

① 国家发展和改革委员会 . 2016. 能源生产和消费革命战略（2016—2030）.

是世界上最多的，高达 31 万 m^3，但地质复杂、埋存深、开采成本高。2018 年，我国页岩气产量达到 109 亿 m^3。中国首个大型页岩气田——中国石化涪陵页岩气田，截至 2018 年底，已累积生产页岩气 214.52 亿 m^3（国家能源局，2019）。据《BP 世界能源统计年鉴 2018》，截至 2017 年底，中国石油探明储量 35 亿 t，每日产量 3846×10^3 桶；天然气探明储量 5.5 亿万 m^3，产量 1492 亿 m^3；煤炭探明储量 1388.19 亿 t，产量 35.24 亿 t。

4.4.2 生产、消费和进出口

中国能源消费位居世界第一，是全球煤炭生产和消费最大的国家、第二大石油消费国（仅次于美国），以及第三大天然气消费国（美国、俄罗斯之后）。2018 年，中国化石能源消耗量占总耗能量的 85.7%，其中煤炭消费主要是火电，煤电装机容量为 10.1 亿 kW，天然气发电装机容量为 0.8 亿 kW。根据《能源生产和消费革命战略（2016—2030）》，到 2030 年，我国一次能源消费量将控制在 60 亿 t ce 以内，非化石能源比例为 20%，即化石能源占比下降到 80% 左右。

中国能源消费以煤为主。据国家统计局统计，2018 年煤炭比例高达 59%，远高于全球煤炭平均水平 27%。中国每年与能源有关的 CO_2 排放有接近 80% 来自燃煤，燃煤是我国 CO_2 排放的主要来源。研究表明，未来中国燃煤占比将逐渐下降，到 2050 年燃煤比例将下降到 40%~10%（Wang et al.，2018；Wang and Li，2017；Lee et al.，2018）。

中国石油消费 2018 年为 6.4 亿 t，对外依存度接近 70%。研究表明，我国石油消费量 2030 年前后将达到峰值，届时消费规模将增长到 7.1 亿 t~7.3 亿 t，随后缓慢下降，到 2050 年，下降到 5.5 亿 t~6.5 亿 t。以目前国内石油产量 2 亿 t 估计，届时石油消费对外依存度仍然为 60%~70%（罗佐县等，2019）。

中国天然气占比较低。2018 年天气消费量为 2830 亿 m^3，其中国内产量为 1600 亿 m^3，对外依存度为 44%，在一次能源消费中占比为 8% 左右，同全球平均水平 23% 还有较大差距。根据《天然气发展“十三五”规划》及《能源生产和消费革命战略（2016—2030）》，到 2030 年，天然气需求量将达 4800 亿 m^3，占比 13%~14%；到 2050 年，天然气需求量将达 6000 亿 ~7000 亿 m^3（罗佐县等，2019）。

4.4.3 煤炭高效清洁化利用

近年来，中国煤炭和石油消费量占全部能源消费的比重一直维持在 80% 左右，在这种模式下，为改善环境质量，化石能源的清洁利用就显得极为重要。鉴于我国的煤炭能源禀赋，煤炭能源消费占化石能源消费的 50% 以上，煤炭的清洁利用是最主要的改进手段（相晨曦，2018）。

洁净煤技术（CCT）是指从煤炭开采（注重开采中的污染物控制和生态环境保护）、煤炭加工到转化利用全过程，通过减少污染排放与提高利用效率的加工、燃烧、转化及污染控制等技术，实现不同煤炭资源的清洁高效低碳利用，同时还要实现不同利用方式的清洁化和高效化。根据新形势下对洁净煤技术的需求和技术发展，洁净煤炭生产和利用的相关技术包括煤炭加工技术领域（洗选、配煤、型煤、水煤浆）、煤炭高效燃烧及先进发电领域（煤气化联合循环发电）、煤炭转化领域（煤制油、煤制气、煤制烯烃等）、污染控制与资源化利用领域等（樊金璐，2017）。

近年来，煤制烯烃（CTO）在中国发展迅速。煤制烯烃，即煤基甲醇制烯烃，是指以煤为原料合成甲醇后再通过甲醇制取如烯烃、甲醛、乙酸、二甲醚（DME）和芳烃等。由于中国能源资源特点和当地政策影响，大约 70% 的甲醇来自煤炭的转化（Xu et al.，2017）。据预测，到 2020 年，煤制烯烃的生产能力将超过 1500 万 t/a，其对应的甲醇消耗量可能达到 4500 万 t/a（Xu et al.，2017）。

作为一种替代的石油供应，煤制油 [又称为煤液化（CTL）] 近年来受到了广泛的关注。煤制油包括煤直接液化和煤间接液化。煤直接液化，又称煤加氢液化，是指煤炭在高压、高温、临氢的条件下，经催化剂的作用，进行加氢反应，直接转化为液化合成液态烃类燃料，并脱除硫、氮、氧等原子产物的工艺技术。煤炭液化技术虽然取得了很大的进步，但煤炭液化行业目前仍处于示范阶段，煤炭液化生产能力主要集中在神华集团等大型国有控股企业。截至 2019 年底，我国已经建成 5 个煤炭间接液化、1 个煤炭直接液化等项目，产能达到 823 万 t，示范项目均实现了长周期的稳定运行。随着示范工程的成功运行，煤制油的技术工艺得到了进一步的验证。

4.5 可再生能源

4.5.1 可再生能源发展现状和展望

2012 年以来，中国可再生能源发电迅速增长（图 4-4），相关产业开始全面规模化发展，风电、光伏发电累计并网装机容量均居世界首位。根据《可再生能源发展“十三五”规划》，到 2020 年，全部可再生能源发电装机 6.8 亿 kW，发电量 1.9 万亿 kW · h，占全部发电量的 27%。

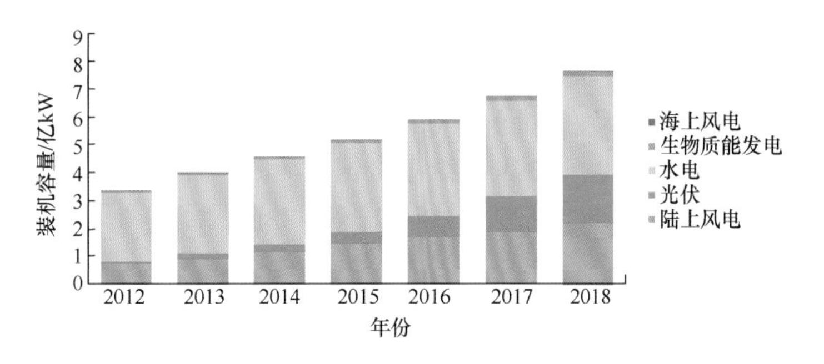

图 4-4　2012 年以来全国风电、光伏、水电和生物质能发电累计装机容量

资料来源：国家能源局网站公开数据

中国风电累计装机容量连续 9 年排名世界第一，风电已成为继煤电、水电之后的第三大电源。截至 2018 年底，全国累计并网装机容量达到 1.84 亿 kW，占全部发电装机容量的 9.7%。2018 年全国海上风电新增并网装机 161 万 kW，同比增长 140%，累计并网装机达到 363 万 kW，呈现加速发展的态势。2018 年全国风电发电量 3660 亿

kW · h，同比增长 20%，占全国总发电量的比例为 5.2%，平均利用小时数 2095h，为 2011 年以来最高值。根据《风电发展“十三五”规划》，到 2020 年底，风电累计并网装机容量确保达到 2.1 亿 kW 以上，其中海上风电并网装机容量达到 500 万 kW 以上；风电年发电量确保达到 4200 亿 kW · h，约占全国总发电量的 6%。《中国风电发展路线图 2050》设定了两种中国风电发展情景。在基本情景下，到 2020 年、2030 年 和 2050 年，风电装机容量将分别达到 2 亿 kW、4 亿 kW 和 10 亿 kW；在积极情景下，风电装机容量将分别达到 3 亿 kW、12 亿 kW 和 20 亿 kW，为中国的五大电源之一。

近 5 年，中国光伏累计装机容量已增长了近 10 倍。截至 2018 年底，全国光伏并网装机达到 1.74 亿 kW，其中集中式电站 1.24 亿 kW，分布式光伏 5061 万 kW，2018 年全国光伏发电量 1775 亿 kW · h，同比增长 50% 。根据《太阳能发展“十三五”规划》，“十三五”期间，我国将继续扩大太阳能利用规模，不断提高太阳能在能源结构中的比重，提升太阳能技术水平，降低太阳能利用成本。到 2020 年底，太阳能发电装机容量达到 2.4 亿 kW 以上，其中，光伏发电装机容量达到 2.3 亿 kW 以上；太阳能热发电装机容量达到 1000 万 kW。太阳能热利用集热面积达到 8 亿 m^2。

2020 年 8 月，光伏发电成本已经下降到比既有燃煤电站便宜的程度，已经有超过一半的申请项目不要求补贴。到 2020 年 8 月，光伏发电装机容量已经达到 2.3 亿 kW。预计到 2022 年，光伏发电成本全面低于燃煤发电。

2012 年以来，中国水电平稳发展，平均每年增长 6%。截至 2018 年底，我国累计水电装机容量 3.52 亿 kW，约占全国发电总装机容量的 18%。2018 年水电发电量 1.2 万亿 kW · h，同比增长 3.2%。根据《水电发展“十三五”规划（2016—2020 年）》，到 2020 年我国水电总装机容量将达到 3.8 亿 kW，其中常规水电 3.4 亿 kW，抽水蓄能 4000 万 kW，年发电量 1.25 万 kW · h，在非化石能源消费中的比重保持在 50% 以上。到 2030 年，我国常规水电装机容量将达 4.3 亿 kW，年发电量 18530 亿 kW · h。其中，东部地区 3550 万 kW，占全国的 8% 左右；中部地区 6800 万 kW，约占全国的 16%；西部地区总规模为 3.26 亿 kW，约占全国的 76%，其开发程度达到 69%，四川、云南、青海的水电开发基本结束，西藏水电还有较大的开发潜力。到 2050 年，我国常规水电装机容量将达 5.1 亿 kW，年发电量 14050 亿 kW · h。其中，东部地区 3550 万 kW，约占全国的 7%；中部地区 7000 万 kW，约占全国的 14%；西部地区 4.06 亿 kW，约占全国的 86%，其开发程度达 86%，新增水电主要集中在西藏，西藏东部、南部地区河流干流水力开发基本完毕。

中国人口众多、人均耕地面积少，生物质资源的主要来源是社会生产活动过程中产生的剩余物和废弃物。2006~2018 年，我国生物质能及垃圾发电装机容量逐年增加，由 2006 年的 480 万 kW 增加至 2018 年的 1887 万 kW，年均复合增长率达 12.2%。2018 年我国生物质能发电 923 亿 kW · h，同比增长 15.5%。中国未来生物质能产业的发展将坚持“不与人争粮、不与粮争地”的基本原则。根据《中国可再生能源发展路线图 2050》，生物质能的利用总量在 2020 年、2030 年、2040 年和 2050 年分别达到 1.1 亿 t ce、2.4 亿 t ce、3.1 亿 t ce 和 3.4 亿 t ce。但是生物质能利用技术面临大气污染物排放无法达标的问题，在一些地区被列为高污染技术。

4.5.2 可再生能源资源开发潜力

可再生能源是我国最大的能源，远大于化石能源资源量。其开发潜力巨大，虽然储量分布不均匀，但完全能够满足能源结构调整和未来能源消费对可再生能源的需求。

中国地形复杂，2/3 的土地是山地，导致风能资源分布非常不均匀。根据国家气候中心风能资源评估结果，中国陆上 100m 高度风能资源技术可开发量为 39 亿 kW（其中低风速资源技术开发量 5 亿 kW），中国近海（离岸 50km 范围内）100m 高度风能资源技术开发量为 3.6 亿 kW。风能资源丰富区主要分布在西北、华北和东北、东南沿海、青藏高原和云贵高原；风能资源贫乏区主要分布在新疆塔里木盆地和准噶尔盆地、四川盆地等地势低的地区（图 4-5）。中国风能资源时空分布特征与季风气候和地形作用密切相关。隆起的高原使其顶部产生较大的风速，如内蒙古高原、青藏高原、云贵高原上风速时间变化基本一致；三北地区如新疆、甘肃、宁夏、内蒙古、河北、黑龙江、吉林和辽宁，其月平均风速变化趋势和幅度非常一致；东南沿海在海陆季风的作用下形成了较高的风速，冬季风速明显大于夏季。新疆塔里木盆地和准噶尔盆地的地势较低，常年风速偏低。四川盆地处于青藏高原东侧的背风区中，是中国年均风速最低的地区。

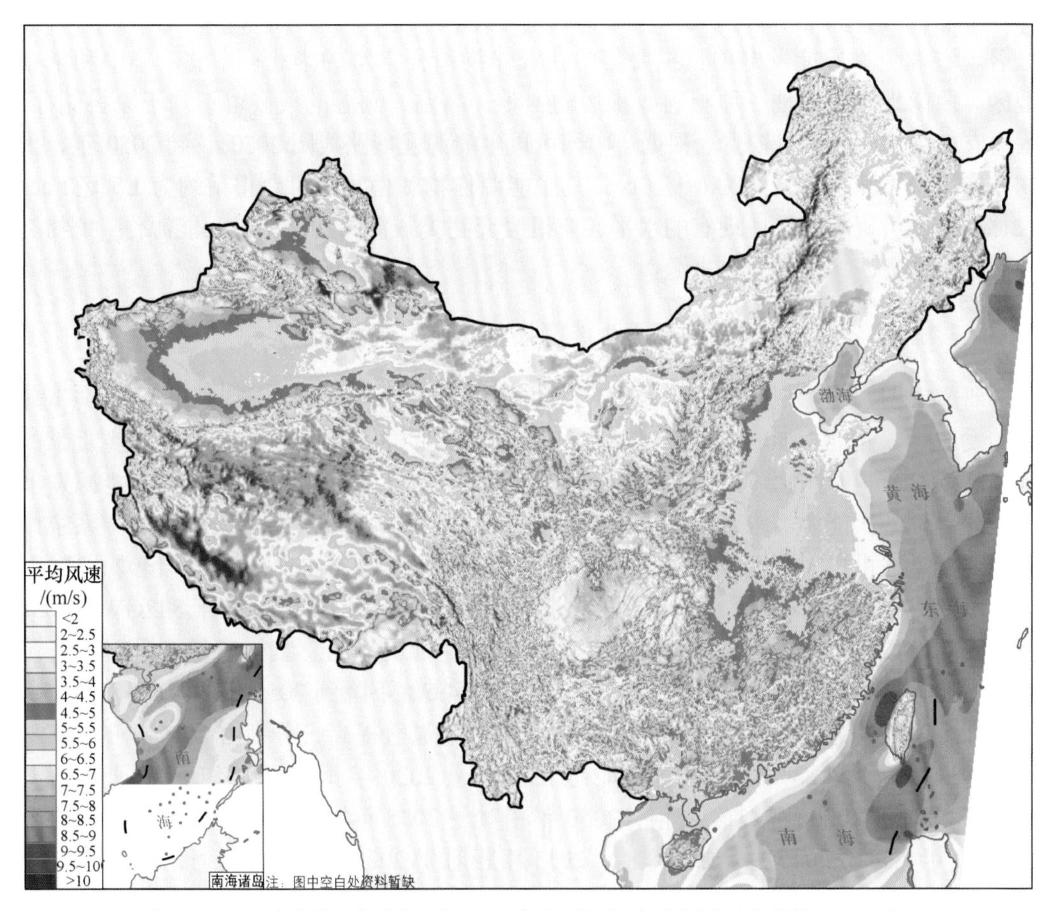

图 4-5 中国陆域及部分海域 100m 高度平均风速分布图（朱蓉等，2020）

中国太阳能资源具有西高东低的分布特征。根据水平面总辐射年辐照量的多少，可将全国太阳能资源划分为最丰富区、很丰富区、丰富区和一般区。青藏高原及内蒙古西部是中国太阳能资源最丰富区 [大于 1750（kW · h）/m^2]，占国土面积的 22.8%；以内蒙古高原至川西南一线为界，其以西、以北的广大地区是资源很丰富区，普遍有 1400~1750（kW · h）/m^2，占国土面积的 44.1%；东部的大部分地区，资源量一般有 1050~1400（kW · h）/m^2，属于资源丰富区，占国土面积的 29.8%；四川盆地由于海拔较低且全年多云雾，一般不足 1050（kW · h）/m^2，是资源一般区，占国土面积的 3.3%。中国气象局风能太阳能资源评估中心结果显示，综合考虑土地性质、开发成本、送出条件等因素，中国集中式光伏发电站可开发潜力为 26 亿 kW。中国分布式光伏装机潜力达到 9.5 亿 kW，其中建筑分布式光伏发电装机潜力为 5.4 亿 kW，其他分布式光伏装机潜力为 4.1 亿 kW①。

中国水能资源丰富，不论是水能资源蕴藏量，还是技术可开发的水能资源，均居世界首位，但主要集中在西南地区。全国水能资源的技术开发量为 5.42 亿 kW，可发电 24740 亿 kW · h；经济开发量为 4.02 亿 kW，可发电 17534 亿 kW · h；水能资源主要集中在四川、重庆、云南、贵州和西藏，占全国水能资源的 66.7%。

中国能源作物、农林废物及畜禽粪污等生物质能开发潜力巨大，其地域分布特点显著。农林生物质能发电项目主要集中在农作物秸秆丰富的华北、东北、华中和华东地区。西南地区多山地，原材料收集运输困难，高温、潮湿的气候也不利于原料储存，因而农林生物质能项目较少。根据《中国可再生能源发展路线图 2050》，到 2050 年，生物质能资源可获得总量约为 6 亿 t ce，其中能源作物和植物的可获得量约为 1.5 亿 t ce；农林剩余物类资源将保持现有的水平，有机废弃物类资源将有所增长，能源作 / 植物类资源是未来资源增量的主要来源。

4.5.3 “低于 2℃”情景下的可再生能源展望

研究表明，在“低于 2℃”情景下，2020~2035 年，中国风能和太阳能需要突飞猛进的发展，以建立 2050 年清洁、低碳、安全、高效的能源系统并超越国家自主贡献的承诺。《中国可再生能源展望 2018》分析了《巴黎协定》“低于 2℃”情景的能源发展路径，得到一次能源需求量将在 2025 年前达峰，风能和太阳能将逐渐成为能源系统中的主要能源。可再生能源需求量分别为 2020 年 448 × 10^2 万 t ce、2035 年 1492 × 10^2 万 t ce、2050 年 2104 × 10^2 万 t ce；可再生能源总装机容量分别为 2020 年 842GW、2035 年 4362GW、2050 年 6159GW（表 4-1）。水能和生物质能的总装机容量在可再生能源中的占比显著下降，分别由 2017 年的 50.4% 和 24.6% 下降到 2050 年的 8.6% 和 0.9%；风能和太阳能的总装机容量在可再生能源中的占比显著提高，分别由 2017 年的 26.2% 和 20.9% 提高到 43.3% 和 46%。风能总装机容量 2020 年相对于 2017 年增加 1.4 倍，2035 年相对于 2020 年增加 7.3 倍，2050 年相对于 2035 年增加 46%。太阳能总装机容量 2020 年相对于 2017 年增加 1.8 倍，2035 年相对于 2020 年增加 7.7 倍，2050 年相对

① 中国再生能源学会，国家发展和改革委员会能源研究所，国家可再生能源中心 .2014. 中国太阳能发展路线图 2050（2014 年版）.

于 2035 年增加 42% 倍。

对于实现 1.5℃温升目标的情景，到 2050 年可再生能源占一次能源的比例超过 54%。其中，水能、风能和太阳能发电装机容量分别为 5.3 亿 kW、14.5 亿 kW、24 亿 kW 以上。水能、风能、太阳能发电成本分别为 0.2 元 /（kW · h）、0.21 元 /（kW · h）、0.15 元 /（kW · h）以下，使得在可再生能源具有很强的成本竞争性（Jiang et al., 2018a，2018b）。

表 4-1 “低于 2℃”情景下不同发展阶段可再生能源的需求总量和总装机容量

能源	2020 年		2035 年		2050 年	
	一次能源需求总量 /10^2 万 t ce	总装机容量 /GW	一次能源需求总量 /10^2 万 t ce	总装机容量 /GW	一次能源需求总量 /10^2 万 t ce	总装机容量 /GW
水能	153	343	199	454	225	532
风能	61	221	634	1826	935	2664
太阳能	47	229	378	2000	570	2836
生物质能	165	48	206	64	218	57
地热能	22	1	72	5	144	20
海洋能	0	0	3	13	12	50
可再生能源	448	842	1492	4362	2104	6159

4.6 核　　电

4.6.1 发展现状

中国核电自 20 世纪 70 年代起步，经历了八九十年代小规模发展的历程，至 2000 年左右，全国核电装机规模占全国电力装机比重仅 1% 左右。21 世纪以来，中国经济社会发展使得对电力需求快速增长，核电迎来发展机遇期，中国政府也提出积极发展核电方针。2007 年出台《核电中长期发展规划（2005—2020 年）》，明确 2020 年的核电发展目标。2008 年前后中国实施了积极发展核电的战略，核准并开工建设了一批核电项目。2011 年日本福岛核事故的发生，对世界和中国核电发展产生了巨大影响（肖新建，2012），为深入研究和吸收福岛核事故的经验教训，中国放缓核电发展步伐，明确提出安全高效发展核电的战略。

1. 核电装机和发电量稳步增长

福岛核事故之前中国开工建设的核电站陆续在“十二五”“十三五”时期投产，导致近年来中国核电装机容量和发电量呈现快速增长态势。2000~2018 年，中国核电装机总容量由 227 万 kW 快速增长至 4465 万 kW，年均增速 18%。截至 2018 底，全国投入商业运行的核电机组共 44 台（不含中国台湾省核电信息），装机容量达到 4465 万 kW（额定装机容量），占全国电力装机总容量的 2.4%。其中，2018 年 AP1000 和 EPR 全球首堆建成投产。中国核电总装机规模已居世界第三，仅次于美国、法国；在建机组装机容量居世界第一（伍浩松和戴定，2019）。中国核电发电量也呈快速增长态势，由2000年的167亿kW · h，快速增至2018年的2944亿kW · h，年平均增长17.3%，显著高于同期中国能源及电力消费增长速度（图4-6和图4-7）。至2018年，全国核电发电量占全国发电总量的4.33%（中国核能行业协会，2019）。

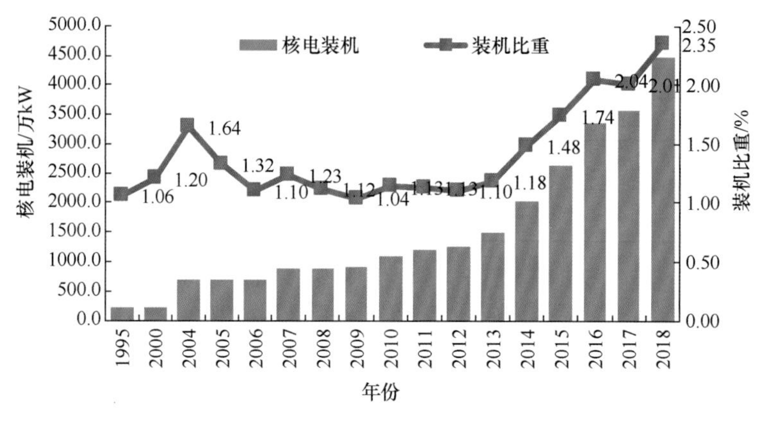

图4-6　中国核电装机增长情况

资料来源：国家统计局

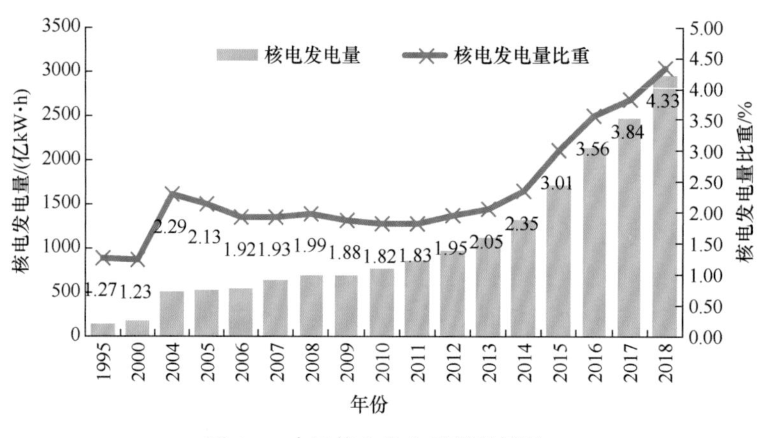

图4-7　中国核电发电量增长情况

资料来源：国家统计局

2. 初步形成沿海地区核电带

截至2019年3月底，中国核电建设主体仍处于东部沿海地区，已运行的核电机组共45台、4590万kW，位于浙江、广东、江苏、福建、辽宁、山东、海南和广西等省份；在建机组共11台、1206万kW，位于广东、福建、浙江、江苏、广西、辽宁和山东等省份。中部地区江西、湖南、湖北获“小路条”共6台机组、750万kW，具备开工建设AP1000三代核电站的条件（胡雪琴，2009）。此外，内陆地区完成了核电站前期工作的地区还有重庆、安徽、吉林、河南等（叶邦角，2006；吴刚等，2007；郭勇和郑砚国，2008；胡杰等，2013；黄欢等，2019）。随着中国三代核电建设的推进，这些中部地区甚至西部地区（如重庆、甘肃、青海等）有望发展核电。

3. 核电安全运行情况良好，走在世界前列

长期以来，中国核电厂严格控制机组的运行风险，保持了机组安全、稳定运行，总体运行情况走在世界前列。2018 年全年，各商业运行核电厂严格控制机组的运行风险，继续保持安全、稳定运行，未发生国际核事件分级（INES）2 级及以上的安全事故。各商业运行核电厂未发生较大及以上环境事故、辐射污染事故，未发生火灾爆炸事故，未发生职业病危害事故，主要运行技术指标保持国际前列，在建核电工程安全质量受控。1~12 月，核电设备平均利用小时数为 7500h，设备平均利用率为 86%（中国核能行业协会，2019）。与燃煤发电相比，2018 年中国核能发电相当于减少燃烧标准煤 8825 万 t，减少排放 CO_2 2.31 亿 t，减少排放 SO_2 75 万 t，减少排放 NO_x 65 万 t。中国核电的安全稳定运行，为国家生态文明建设做出了巨大贡献。

4.6.2 面临问题和挑战

核电发展面临着经济性下降、社会接受度难以大幅提升、电力市场竞争加剧等诸多挑战。

1. 中国在建和在运行的三代核电经济性

中国在建的二代改进型核电机组正常建设成本约为 1.2 万元 /kW，首堆在建四台三代 AP1000 核电机组由于工程延期，造价增长（郑宝忠等，2014）。据中国核能行业协会研究，按现行的核电电价条件测算，首批三代 AP1000 及 EPR 项目的上网电价均在 0.5 元 /（kW · h）左右，近期批量化建设的“华龙一号”、CAP1000 三代核电上网电价将在 0.43 元 /（kW · h）左右，预期规模化建设的三代核电项目上网电价将降至 0.4 元 /（kW · h）左右（中国核能行业协会，2019）。未来，三代核电批量化建设后，成本可控制在 2.0 万元 /kW 以内，同时国家对核电发展政策进行适当调整，如乏燃料处理费用和退役费用等延缓提取、保障核电年运行小时超过 7000h 以上等，中国三代核电可做到比当前东部沿海地区燃煤标杆电价水平稍低，三代核电将具备一定的竞争性（黄峰和岳林康，2019），但比起目前在运行的核电机组来说，未来新建设的核电机组竞争力已经大为减小。考虑到未来可再生能源电力随着技术进步，其成本会大幅下降，届时中国核电的经济竞争性可能略低于太阳能发电和风电等，但明显低于煤电。

2. 公众核电接受度存在不确定因素

目前，制约中国核电大规模发展的最大因素是来自对核电安全的担忧（曾志伟等，2014；陈润羊，2015；罗立，2017；姜子英，2018），中国在提升公众核电接受度方面存在较大障碍，首先，对核电大规模发展的必要性缺乏战略共识。不同省市、不同部

门、不同专家、不同群体等都对核电的作用缺乏共识，尤其是福岛核事故后，对核电发展的地位和作用缺乏深刻认识。其次，公众对核电安全的科学认知不足。公众对核电安全认知存在误区和盲区，而且较普遍，部分专家也缺乏理性、科学的核安全观。再次，核电宣传工作存在不足。核电科普规模小，没有上升到全社会层面，对新兴媒体的核电科学宣传方式重视有限。第四，相关利益保障机制不健全。这是导致公众核电接受度分化的最主要原因。有利益保障的公众对核电接受度明显提高（肖新建等，2017）。

为此，要实现 2℃或 1.5℃温升目标下中国核电发展规模，必须大规模提升中国公众核电接受度。这就必须做到以下几点：第一，要坚定核电发展的决心，统一核电发展共识、建立科学决策机制。要充分认识到核电在保障能源安全、应对全球气候变化、治理大气污染等方面的重要作用。第二，增强科普宣传教育，提高公众核电认知水平。例如，将核电科普纳入国民义务教育体系，制定形象生动、通俗易懂的宣传方式等。第三，完善法律体系，建立多层次的利益补偿与互惠机制。第四，加强核电信息公开与公众参与，获取广泛支持。这方面核电企业一直在努力推进，部分地区成效明显，可以适当推广（Xiao and Jiang，2018）。

3. 电力市场对核电运行提出挑战

中国步入经济社会发展新常态，能源及电力需求增速较前些年下降，能源及电力供应相对宽松，加之可再生能源成本大幅下降，全国电力市场对核电发展提出了较大的挑战（李昂和高瑞泽，2015；段勇刚，2017）。

在国家发展和改革委员会、国家能源局 2015 年 11 月印发 6 个电力体制改革配套文件[①]中规定，“核电在保障安全的情况下兼顾调峰需要安排发电”，将核电列入二类优先保障。经济新常态和新一轮电力体制改革的重新开启，市场化改革的推进，使核电发展的外部环境发生了新的变化。据中国核能行业协会统计，2014~2016 年，中国核电设备平均利用小时数持续减少，而燃煤发电标杆电价持续下调，不仅使核电的经济效益受到影响，也导致核电的经济竞争力遭遇挑战。

4.6.3 战略定位

核能在中国具有重要的战略地位和作用（杜祥琬和周大地，2011；邓向辉等，2012；康晓文，2014），发展核能是中国生态文明建设的重要抓手，是中国产业转型升级、高质量发展的重要内容，是维护中国能源及电力安全的战略保障。

1. 发展核能是中国生态文明建设的重要抓手

生态文明建设对中国能源发展提出了新的要求，主要表现为：一要大幅减少能源活动的常规污染物排放，改善环境质量，避免生态破坏；二要积极应对全球气候变化问题，控制和约束温室气体的排放规模。而发展核能是近中期适应生态文明这些新要

① 《风能发展“十三五”规划》《可再生能源“十三五”规划》《生物质能发展“十三五”规划》《水电发展“十三五”规划》《太阳能发展“十三五”规划》《关于有序放开发用电计划的通知》。

求的重要抓手。

中国调整和优化能源结构，从一次能源供应角度，中国要加快建立清洁能源供应体系，体现为：一是在化石能源与非化石能源之间，将更多地利用可再生能源、核电、水电等清洁的非化石能源；二是在化石能源内部，将更多地利用天然气等清洁能源；三是在煤炭利用上，将更多地依赖清洁煤技术使用。从这方面来看，大力发展核能是推动中国清洁能源替代发展的最重要的现实抓手。对于中国清洁低碳能源来说，其发展均受到各种现实条件的制约，如天然气受资源和价格因素制约，水电受环保因素影响开发接近上限、发展空间有限，风能和太阳能等可再生能源受短期价格较高及调峰所需的储能成本较高等综合因素制约。核电发展成为近中期最有可能大规模利用的清洁替代能源，因此可作为发展的重要抓手。

2. 发展核能是中国产业转型升级、高质量发展的重要内容

当前我国正步入中等收入国家并处于跨越中等收入陷阱的时期。全球发达国家和发展中国家研究表明，一个发展中国家步入中等收入时期、正向高收入时期迈进时，最重要的是具有高附加值的产业支撑。当前，中国产业转型升级已迫在眉睫，必须要改变简单、粗放的经济发展方式，实现由中国制造向中国创造的转变，保障产业实现可持续发展。综合来说，中国产业转型升级，从全球的中低端产业链环节上升到高端产业链环节，必须要在以下几个行业里向上跃升，占据全球产业的有力竞争位置，如汽车、飞机、高铁、核电等。核能产业资金和技术密集型特点、带动性强在重大装备制造业转型升级、基础原材料科研及产业提升、其他非动力核技术产业发展、核军工产业发展等几方面具有带动作用。因此，从近中期来看，核能产业可以促进中国产业升级。此外，核电价格相对低的优势对中国跨越中等收入陷阱起重要作用。

从全球产业链竞争角度看，核电是提升中国国际核心竞争力的产业，也是中国的新兴产业，资金密集型、技术密集型产业，支撑中国能源重大科技创新的产业。第一，核电带动重大装备制造业转型升级。核电设备几乎体现于中国装备制造业的每一个环节，2007 年中国大力发展核电，集中批准多个核电项目建设以来，中国装备制造业获得巨大发展，已建成广州南沙、上海临港、大连基地三个新装备制造基地，装备制造能力已经处于国际前列。第二，带动基础原材料科研及产业提升。核电设备，尤其是核级设备标准要求较高，从根源上需要高质量的基础原材料增强制造设备的高可靠性。这就要求加大基础原材料方面的研究和投入，从而促进基础原材料科研及产业的提升。第三，带动其他非动力核技术产业发展。核电站所有设备中，平均 40% 以上的设备为非核级设备，与常规火电设备相同。当前，由于常规火电厂建设相对减少，发展核电可使部分火电设备生产厂商在核电发展过程中获得非核级设备的订单。这对于中国火电设备来说，在中国减少火电厂建设中，仍可以有充足的核电非核级设备的市场空间。这样，通过建设核电站，可以有效支撑火电设备及技术和相关产业的发展，从而支持中国常规电力装备能力保持稳定发展。

3. 发展核能是维护中国能源及电力安全的战略保障

中长期来看，核电是低碳电力供应的重要保障。根据对发达国家迈入高收入时期的历史比较，到2020年，中国人均电力消费水平达到5500kW · h左右，可以支撑中国基本完成工业化进程，实现全面建成小康社会的目标。考虑到节能及技术进步等综合因素，到2030年中国人均电力消费水平达到7500kW · h，相当于日、德、英、法等发达国家在2005年的水平。按此预期，到2030年中国电力需求总量可达到11.3万亿kW · h。届时中国包括水电、风电、太阳能发电、天然气发电，以及其他可再生能源发电的非煤非核电力将有望达到3.5万亿kW · h。因此，需要煤电和核电的供应量将达到7.8万亿kW · h。若考虑其中核电替代（剩余煤电和核电总量）15%的规模，则需要到2030年建成核电装机1.5亿kW左右，则届时核电发电量将占全国发电总量的10.4%，占低碳清洁电力的25%，成为低碳电力的重要支柱。

核电是重点区域的基荷电力供应安全保障。根据资源禀赋，中国一次能源匮乏地区为中东部地区，尤其是华东地区、华中地区、华南地区、京津冀地区。当前京津冀地区电力来源的1/3需要从内蒙古、山西等周边地区调入，未来也将可能大规模调入。由于京津冀地区严重的环境污染及大规模的雾霾天气影响，加之该地区在中国政治经济社会中突出的重要性，该地区的清洁能源（包括核电）存在较大的发展空间。华东地区和华南地区是中国经济较为发达的地区，对电力需求量较大，能源资源贫乏，能源及电力供应风险较大。华中地区是中国人口聚集区，资源贫乏，能源及电力供应需要从区外调入。这些重点地区的电力供应安全均存在巨大挑战，需要增加基荷电力，核电无疑是较优的选择，初步预测未来这四个地区的核电总量将占全国的80%。

4.6.4 核电发展前景和展望

根据国家《核电中长期发展规划（2005—2020年）》要求，2020年核电运行装机容量达到5800万kW，在建装机容量达到3000万kW以上。2016年以来至2019年3月底，中国已经有17台机组投入运行，根据核电工程建设进度，预计2019年4月至2020年底，还将有5台机组投产。“十三五”期间核电投产22台，这将是中国投运核电机组数最多的五年（中国核能行业协会，2019）。届时，中国将成为仅次于美国的世界核电第二大国，实现二代技术向三代技术的转型升级，为建设世界核电强国打下坚实的基础。

1. 2020年核电规划目标有望延后两年实现

2016~2018年是中国核电机组投入运行的高峰期，共有16台机组投入运行，总装机容量1822万kW（图4-8）。根据核电建设进程，预计2021~2022年将有7台机组投入运行，总装机容量671万kW。到2020年，中国在运行核电机组达到50台，总装机容量5115万kW。到2022年在运行核电机组56台，总装机容量5795万kW，基本实现核电规划2020年的目标（中国核能行业协会，2019）。

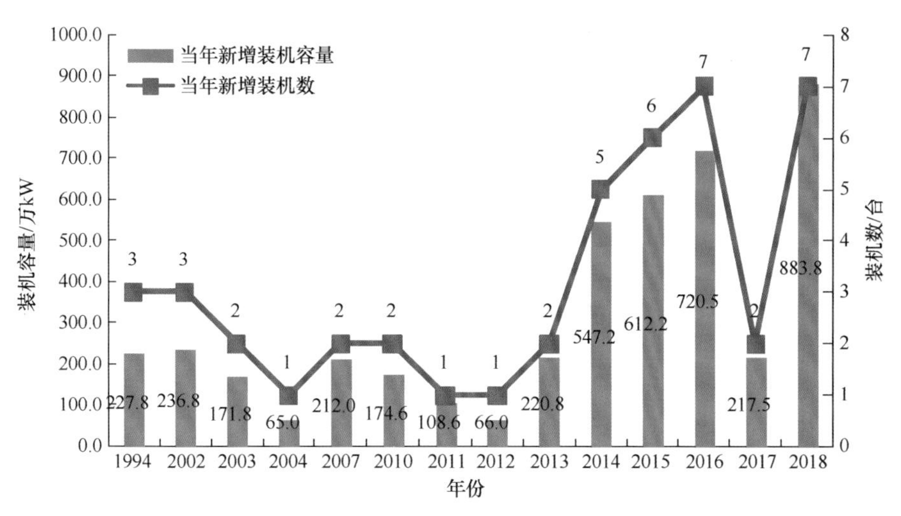

图 4-8 中国历年投产核电新增装机容量和装机数

2. 2035 年有望达到 1.5 亿 kW 的装机规模，核电产业处于全球领先地位

当前，中国核电发展正处于由二代向三代转变的关键时期。近年来，通过实施核电重大科技专项，完成了 AP1000 引进消化吸收再创新的任务，成功投运了四台 AP1000 核电机组，并形成了具有自主知识产权“华龙一号”和 CAP1400 先进大型压水堆核电技术。但中国核电在基础科研、关键设备及材料、核心软件、标准体系等方面还存在一定的短板（黄峰和岳林康，2019）。

根据中国核电设备制造施工能力和核安全保障水平，考虑到避免核电设备制造业大起大落，预计每年均新开工和投产 4~6 台三代核电机组，到 2035 年中国在运行核电装机可达到 1.5 亿 kW 左右（肖新建，2012），并有望在沿海地区三代核电运行取得经验后，研究并适时启动内陆三代核电项目建设，实现中国三代核电的合理布局与可持续均衡发展。

3. 发展环境得到优化，核电与其他能源品种协调发展

未来，中国将主动适应经济新常态和电力市场化改革的新要求，通过完善电价机制，推动相关政策的制定和落实，建立核电与其他能源品种互为补充、相互支撑的协调发展机制，促进能源多元化保障。

通过不断完善公众沟通、信息公开、利益共享机制，配套完善相关政策，使相关地方和群众切实感受到核电发展带来的利益，使核电项目“建设一个，造福一方，共享发展，共同受益”，凝聚社会共识，促进形成核电发展的良好外部环境（肖新建等，2017；陈润羊，2015）。

4. 实现碳中和目标下，核电扮演重要角色

根据实现《巴黎协定》目标下的情景研究，到 2050 年核电装机容量达到 4.2 亿 kW 以及 5.6 亿 kW 以上的装机容量。随着我国第三代核电技术、第四代核电技术的

商业运行和研发的不断发展，核电技术会越来越成熟、成本会越来越低、安全性得到信任和被接受，因此实现高核电目标具有可行性（Xiao and Jiang，2018；Jiang et al.，2018a，2018b）。

4.6.5 减排技术、减排潜力和减排成本

初步测算，1 台百万千瓦核电机组建成后，预计年发电量约 75 亿 kW · h，与同等规模的煤电站相比，运行一年相当于减少标准煤消耗约 250 万 t、减少 CO_2 排放约 600 万 t、减少 SO_2 排放约 5.5 万 t、减少 NO_x 排放约 3.8 万 t，相当于种植森林 1.8 万 hm^2。到 2035 年，若中国核电装机达到 1.5 亿 kW，运行一年相当于减少 CO_2 排放 9 亿 t、减排 SO_2 825 万 t、减排 NO_x 570 万 t。

未来中国核电建设主要为三代机组，到 2035 年新增核电达到 1 亿 kW，按批量化建设成本 2 万元 /kW 计算，核电建设总投资达到 2 万亿元，全国年均核电建设投资为 1250 亿元左右，相当于近年核电建设年投资 400 亿 ~450 亿元的 3 倍。

4.7 电力部门

4.7.1 温升目标对电力需求的影响

相较于常规能源消费情景，温升目标下的 2℃和 1.5℃情景中电力消费量会被显著推高。研究表明，2℃和 1.5℃情景中对低碳能源供应量有着很高的要求。一些 2℃情景中，到 2050 年全球平均可再生能源供应量占一次能源供应总量的比例可以达到 67% 以上，其中用于发电的比例将超过 85%，意味着电力消费量在终端能源消费量中的占比将从 2015 年的 20% 上升至 40%（IRENA，2018）。对于中国而言，该情景下电力消费量在终端能源消费量中的占比将为 47%（黄晓勇，2019）。1.5℃情景下，该比例将进一步提高。在常规政策情景下，2050 年中国电力需求量会达到 10.7 万亿 ~11.6 万亿 kW · h（Li et al.，2018；Khanna et al.，2016）；而 2℃和 1.5℃情景下，电力需求量将分别达到 11.75 万亿 kW · h 和 14.86 万亿 kW · h（姜克隽等，2012；Jiang et al.，2013，2018a，2018b）。低碳情景显著推高了电力需求。

需要认识到，温升目标推高电力需求存在供应侧资源承受力不足的风险，提高能效有助于优化投资。2℃和 1.5℃情景下低碳电力装机规模需求较大，2050 年风电、光伏、水电和核电的装机规模需求分别达到 9.3 亿 kW、10.4 亿 kW、5.2 亿 kW、4.3 亿 kW 和 14.86 亿 kW、22.46 亿 kW、6.4 亿 kW、5.54 亿 kW（Jiang et al.，2018a）。研究表明，在当前的资源成本和资源承载力约束下，着力提升能效会显著降低温升目标推动下的电力需求增加量，优化电力投资（张博庭，2018；袁家海，2016；国网能源研究院，2018）。

4.7.2 电力系统转型情景及路径

中国是当前世界上最大的能源消费国（BP，2018）。面对能源发展面临的一系列新

挑战，中国政府推动“能源革命”战略，加快构建清洁、高效、安全、可持续的现代能源体系。在气候变化及生态环境恶化的双重风险下，电力系统转型备受关注。

以水电、核电作为边际条件上限，采取相应政策措施大幅提高可再生能源装机容量和发电占比是当前主流的转型情景及路径。实现“美丽中国”目标，政策情景和低于2℃情景下，2050年非化石能源装机占比应分别达到90%和92%，2020年以后应以新增风光（风电和光伏）为代表的可再生能源发电装机为主。国际研究认为，2℃情景下，中国2050年可再生能源在一次能源供应中的占比应达到69%，可再生能源装机占比应达到94%，电气化率应达到54%（IRENA，2018）。诸多文献认为，可再生能源大规模并网是电力系统转型的关键路径（顾佰和等，2015；苏燊燊等；2015；刘铠诚等，2018；霍沫霖等，2014）。

火电机组的碳捕捉和封存改造升级以及协同储能、电动汽车等需求侧的灵活性资源是转型的重要抓手。国际能源署通过大量情景模拟发现，2035年非化石能源发电装机占比达74%，发电量占比达72%，火电装机的15%加装CCUS，风能和太阳能发电总量占比达35%（IEA，2018b）。优化系统运行方式、激活需求侧资源、促进系统灵活性运行对于加速中国电力系统转型至关重要。

相比于2℃情景，1.5℃情景电力转型具有挑战性，除需启动内陆核电计划之外，火电机组CCUS安装比例也需大幅提高。实现1.5℃情景下的减排途径最关键的措施是使电力系统到2050年实现负排放，并在终端部门实现电气化。其主要措施包括高比例的可再生能源和核能发电，大幅度实现与生物质能发电相匹配的CCS系统。此种情景下，2050年可再生能源和核能发电量需占发电总量的87.2%，其中核电占28.1%，可再生能源发电占59.1%（姜克隽等，2012；Jiang et al.，2013，2018a，2018b）。

针对电力系统转型情景及路径，普遍认为，温控约束下未来不同发展情景下可再生能源发电渗透率较高，这对电力系统实际运行而言颇具挑战；水电发展规模及定位已普遍达成一致，发展上限较为明确；核电发展规模仍存在分歧，主要集中在是否要在内陆发展核电方面；气电发展优势凸显，但成本高依然是阻碍其发展的主要原因（表4-2）。

表4-2　不同机构不同情景下的电源装机容量与可再生电源装机占比

机构	电源装机容量/GW			可再生电源装机占比/%		
	2020年	2035年	2050年	2020年	2035年	2050年
国家可再生能源中心	1925	3117	4651	42.3	73.5	86.4
国家可再生能源中心	2215	4242	5967	50.5	84.1	92.8
IRENA						94.0
IEA		3294			55.6	
IEA		3772			68.3	
国家发展和改革委员会能源研究所	2083		5800	42.3		82.4

4.7.3 煤电技术潜力、退出路径及影响

中国已建成全球最大的清洁煤电系统，未来煤电技术仍有一定进步空间。通过2014年以来煤电机组超低排放改造，超低排放水平的煤电机组已经达到8.1亿kW；现役超（超）临界燃煤机组超过500台，其中1000MW超超临界机组超过100台，发电效率均处于世界先进水平；目前商业运行的循环流化床（CFB）锅炉总容量超过100GW，基于流态重构的低能耗CFB锅炉技术使得CFB技术在市场上更具有竞争力（国家能源局，2019；Li et al.，2013）。随着超（超）临界机组、CFB机组、多联产技术等实现大规模商业化应用，中国已建成全球最大的清洁煤电供应体系，SO_2、NO_x、烟尘年排放量大幅下降，供电标准煤耗也呈现明显下降趋势。同时煤电行业创新并未停止，630℃二次再热、超超临界CFB锅炉、煤电灵活性改造、全污染物一体化脱除、煤电与可再生能源耦合发电等技术均处于进一步实践中，700℃材料应用、CCS/CCUS等技术的开拓创新，都正在为未来更高参数、更高效率、更加环保的燃煤发电技术的研发应用夯实基础。但需要明确的是，煤电的清洁高效发展并不意味着还需要从规模上继续大力发展煤电。按照我国向联合国提交的碳减排承诺，温室气体排放达峰后，碳排放总量要实现逐步降低。届时，如果CCUS仍不能以可承受的经济代价减碳，煤电规模必然大幅度下降（袁家海，2019）。

中国从多方面控制煤电装机增长，引导煤电理性发展。煤电审批权下放后电力供给与用电量需求出现偏差，产能过剩使得煤电发展面临严峻挑战和搁浅资产风险。Carbon Tracker Institute（2016）的报告认为，中国若继续新建燃煤电厂则将多耗费5000亿美元的资金；2017年，牛津大学估算中国煤电搁浅资产规模3.1万亿~7.2万亿元，相当于我国GDP的4.1%~9.5%。Xu等（2020）研究发现，无论是2℃还是1.5℃情景，煤电装机规模均需尽早达峰且2020年以后CCS技术和煤电－生物质能发电解耦技术的应用均需加快步伐。近期，美国马里兰大学发布的一份报告认为，如果中国不再新建燃煤电厂，存量电厂有序退出，则不会产生过高的搁浅资产风险[①]。为了化解煤电过剩带来的潜在风险，国家采取了一系列措施“急刹车”。2015~2018年累计淘汰落后煤电产能3800万kW；按照“取消一批、缓核一批、缓建一批”的工作思路，取消了1240万kW不具备建设条件的煤电项目，缓核部分省区除民生热电外的自用煤电项目，停缓建煤电项目1.5亿kW；随着新能源占比的提高，为吸纳更多的新能源，煤电开展灵活性改造试点2.2亿kW；特高压输电大大提升了我国电网的输送能力，2018年累计输送电量11458亿kW·h，未来依托特高压和智能电网能够把西部北部清洁的电力送到“三华”地区，有效控制“三华”地区煤电装机增长；要求严控新建燃煤自备电厂，全面清理违法违规燃煤自备电厂，不再新（扩）建燃煤自备电厂；充分挖掘现役亚临界燃煤发电机组节能潜力，科学做好机组改造、延寿与退役工作，积极参与系统调峰，部分机组封存备用；全国竞争电力市场的推进和碳市场交易也将对燃煤电厂

① 美国马里兰大学全球可持续发展中心，国家发展和改革委员会能源研究所，华北电力大学，等.2020.加快中国燃煤电厂退出：通过逐厂评估探索可行的退役路径.

退出产生推动作用[①]。各级地方政府也积极响应燃煤电厂退出。北京成为首个告别燃煤电厂的城市；海南、广东等地区已明确不再新建任何煤电；京津冀地区、长江三角洲、珠江三角洲等大气污染治理重点地区禁止配套建设自备燃煤电站；郑州等多个主城区开展煤电清零工作。

4.7.4 高比例可再生能源的并网挑战及应对策略

高比例可再生能源发电带来的电力系统新特征正在成为全球广泛关注的未来电力系统场景。全新场景下，电力系统基本特征发生了显著变化，随机波动的风能和太阳能成为主力电源，“基荷”电厂可能会消失，常规火电机组在日内启停，并通过水电厂、燃气电厂、储能等灵活资源调节，实现对可再生能源随机波动性的互补（IEA，2011）。

电力电量平衡概率化、电力系统运行方式多样化、电网潮流双向化、电力系统稳定机理复杂化、电力系统灵活资源稀缺化、电力系统源荷界限模糊化等高比例可再生能源电力系统新特征使得可再生能源并网要求对电力系统带来了新的挑战（康重庆和姚忠良，2017）。高比例可再生能源情景下，传统机组不再独立满足负荷需求，在电力电量平衡中，可再生能源将由“锦上添花”的角色变为与常规能源“平分秋色”的角色，电力系统电力电量平衡以及容量充裕度的概念与方法将由目前确定性的思路向概率性的思路转变。同时，由于在源端和荷端存在较大的不确定性，电力系统的“边界条件”将更加多样化，电网结构形态需要具有更大的“可行域”以满足整个系统的安全性，需要充分引入并评估源端和荷端的不确定性（康重庆等，2011）。在配电网中，当局部地区可再生能源的瞬时出力大于负荷时，配电网将会发生潮流反转，向主网倒送功率，这样可能会产生严重的过电压问题（Wang et al.，2016）；在输电网中，正常情况下联络线传输功率保持相对恒定，而为了跨区消纳可再生能源，联络线潮流可能要“随风而动”，导致联络线功率波动或双向流动，形成跨区电网互济。此外，电力电子装备的不断增加，导致系统惯性降低，其稳定机理发生变化，致使电力系统的暂态特性难以用现有的经典理论解释与分析（白建华等，2015）。当可再生能源占比较高时，扣除可再生能源出力后的电力系统“净负荷”短时波动将非常明显，光伏比例大的电力系统可能出现“鸭子曲线”等，对于调频、负荷跟踪能力的需求大大增加，这就需要更多的灵活性资源协同配合（Majzoobi and Khodaei，2017）。可再生能源并网消纳存在难点，直接原因是风电、太阳能发电等自身具有间歇性、波动性的特点以及局部地区输电通道不足，更深层的原因还在于中国现行电力部门运行仍延续计划经济特点，跨省跨区电力市场交易存在障碍，没有形成适应风电、太阳能发电等可再生能源特点的灵活电力系统和市场机制。因此，针对高比例可再生能源并网潜在的挑战，建立面向系统灵活性的中长期电力规划、构建中国能源－电源系统典型结构形态及布局场景、建立适应高比例可再生能源集群送出的输电网结构形态、建立高渗透率分布式电源和储能接入的配电网形态、采用高效的优化求解算法提高预测精度、开发源－网－荷－储协同的商业模式和市场机制、建立促进系统灵活性和可再生能源消纳的现

① 国家发展和改革委员会，国家能源局 . 2016. 能源生产和消费革命战略（2016—2030）.

代电力市场体系等被认为是优化的解决方案（肖云鹏等，2018；Liu J K et al.，2017；康重庆和姚忠良，2017；Forfia et al.，2016；鲁宗相等，2016；张宁等，2015）。

4.7.5 电网对低碳电力转型的影响

坚强可靠的电网是促进低碳电力转型的客观需要，加快推动中长期电网规划对低碳转型意义重大。低碳电力转型规划的四个关键步骤如下：①长期发电计划（通常跨越 20~40 年）；②跨区输电规划（通常跨越 5~10 年）；③调度模拟（通常跨越数周至数年）；④电网技术研究（通常长达 5 年）（IRENA，2017）。电网规划要充分考虑地区之间的资源互补、需求增长，且往往要先于电源建设。以特高压输电技术、柔性直流输电技术和电网智能化技术为支撑的跨区电网互联，可以促进可再生能源大规模开发利用，充分实现资源优化配置，支撑以电为中心的能源转型（潘尔生等，2017）。为实现远距离可再生能源的接入和送出，欧洲许多国家和地区已纷纷提出了构建适应大规模可再生能源并网的跨地区电网规划（姚美齐和李乃湖，2014）。

电网可实现清洁电力“集中式”跨区输送与“分布式”就地消纳。中国能源资源和负荷中心呈逆向分布，而 76% 的煤炭资源分布在北部和西北部，80% 的水能资源分布在西南部，陆上风电的 80% 分布在西北、华北、东北地区，太阳能资源也集中分布在西北地区及西藏、内蒙古，而 70% 以上的能源需求集中在东中部经济较发达地区（曾慧娟，2014）。跨区优化具有很大的协同效益：通过远距离跨区输电网络将可再生能源和煤电打捆输送至东部地区，可使得全国空气污染相关死亡人数减少 16%，且碳排放要比仅集中输送煤电减少 300% 以上（Peng et al.，2017）。需要在更大范围内促进清洁能源高效开发利用，电网规划建设与电源基地协同助力“西电东送”。预计到 2050 年，中国跨区输电通道容量将达到 5 亿 kW（国网能源研究院，2018）。在环保标准日益严格的东中部地区，落后煤电机组淘汰、新建煤电机组放缓留出的电力供应缺口，除了“集中式”跨区输送工程，还需要本地可再生能源“分布式”就地消纳来填补。智能电网的发展和配电网运行方式的不断优化，可实现高渗透率分布式电源的大规模消纳（龚思宇等，2017；李文汗等，2017）。

电网推动电力系统实现源网荷储协调发展，加快低碳转型进程。电网具有其他能源输配网络无法比拟的优势：互联互通范围更广、资源配置能源更强、管理效率更高、与用户互动潜力更大。电网是联通纵向源网荷储协调和横向多能互补的核心纽带，以电为中心的能源转型需要依靠电网来实现电能的输送、转换、配置和互动（曾鸣等，2016）。区域电网可以实现不同资源条件和负荷特性的地域间跨时区净负荷时序互补，通过扩大联网范围有效平抑波动，实现等效调峰效果。

4.8 能源部门 CCUS/BECCS

4.8.1 发展现状

CCUS 作为一种以 CO_2 为碳替代原料，同时减少额外化石资源消耗的潜在技术而逐渐受到关注（Abanades et al.，2017）。随着中国在 CCUS 研发示范方面的努力和经验积累，CCUS 在中国燃煤电厂的应用将有可能成为中国控制碳排放的重要选择（Chen et al.，2016）。

根据化石燃料工艺过程，目前有三种技术可用于从固定排放源捕集 CO_2：燃烧后捕集技术、燃烧前捕集技术、富氧燃烧捕集技术（翟明洋等，2014；Zhang et al.，2018）。三种主要碳捕集技术之间的比较见表 4-3（Tabbi et al.，2019）。

表 4-3 三种主要碳捕集技术之间的比较

项目	燃烧后捕集	燃烧前捕集	富氧燃烧捕集
优点	适合改造现有燃煤电厂，不影响现有燃煤电厂运行	气体体积小，压力大，CO_2 浓度高，CO_2 分离过程能耗较低，耗水量也较少	污染物减少，与其他类型的燃料兼容，重建改造也很简单
缺点	烟气中的低 CO_2 分压导致的分离限制	吸附剂再生导致高能量损失	净功率输出减少
成本	成本非常高	IGCC 成本高于燃煤电厂	分离空气的技术成本非常高

CO_2 分离技术可用于在运输前将 CO_2 从烟道 / 燃料气流中分离出来。现已经开发出的分离技术包括：湿式洗涤器、干燥可再生吸附剂和变温吸附等。其中，基于水合物的 CO_2 分离，是先将含有 CO_2 的废气在高压下暴露于水中形成水合物，然后与其他气体分离的过程（Dennis et al.，2014）。

捕集分离后，CO_2 通常以密相压缩方式输送到地质储层或工业利用场所。通常，存储或利用站点与排放源之间的距离非常长。根据所涉及的数量大小，有几种运输方式，如管道、船舶、铁路等（Dennis et al.，2014）。为提高 CO_2 的运输安全性，通过识别并分析 CO_2 中的杂质对 CO_2 的压缩、液化和运输影响，选择相应的解决方案（Wetenhall et al.，2014）。与其他 CO_2 运输方式相比，管道输送有一定的优势：由于较低的密度和摩擦损失，CO_2 被压缩至 15MPa，以维持 CO_2 管道输送的超临界相状态，管道能以更经济的方式运输 CO_2（Zhang et al.，2018）。

CO_2 管道输送在我国起步较晚，目前国内还没有完整的 CO_2 长输送管道投入使用，仅有大庆油田建设了 6.5km 的气相 CO_2 输送管道。在建项目有延长油田一期 85km 超临界 / 密相 CO_2 输送管道，输送量为 36 万 t/a；延长油田二期 460km 超临界 / 密相 CO_2 输送管道，输送量为 400 万 t/a（陈兵等，2018）。

可用于 CO_2 地质封存的潜在选择包括深部盐水层、枯竭的油气藏、深海储存和不可开采的煤层。据 IEA 估算，目前全球枯竭油气田可用于封存 CO_2 的潜力达 9200 亿 t，深部盐水层可用于封存 CO_2 的潜力达 4000 亿 ~100000 亿 t；我国 1000~3000m 深部含盐水层的 CO_2 储存潜力可达 1600 亿 t，300~1500m 深煤层的 CO_2 储存潜力达 121 亿 t，油气田 CO_2 储存潜力约 89 亿 t。截至 2017 年 4 月，我国 CO_2 地质封存项目成功运行的有：吉林油田长岭封存点，已成功封存 CO_2 超过 110 万 t；神华集团在鄂尔多斯盆地建设了 CO_2 封存项目，封存量已超过 10 万 t（陈兵等，2018）。

生物质能作为一种碳中性能源，在电力、热力、化工和交通运输中存在较大的应用潜力。生物质能来自生物质，它不但是一种可再生能源，也能够在生长过程中作为碳汇。BECCS 是应对气候变化的负排放技术之一。研究表明，与其他减排技术相比，BECCS、造林和直接空气捕集具有更高的负排放潜力，更为突出的是 BECCS 提供了负排放和无碳能源的双重优势（Pour et al.，2018a）。中国目前对 BECCS 的研究不多，BECCS 项目主要位于北美和欧洲。目前，有五个 BECCS 项目正在运行，其负排放规模为 0.1~1Mt CO_2/a（Finley，2014）。另外，由于缺乏经济可行性，有五个 BECCS 项目被取消。其余 BECCS 项目正处于规划或者评估过程中（Jasmin，2015）。

4.8.2 处于研发和示范阶段

CCUS 成本较高，绝大多数处于研发和示范阶段，缺乏经济可行的商业模式。CCUS 不仅是减排活动，而且是企业的商业活动。由于政府的激励不足，CCUS 缺乏经济利润激励，因此很少有公司会主动采用 CCUS 技术（Vikovi et al.，2014）。但是，如果没有工程实践和经验积累，CCUS 的商业模式很难自发产生。因此，迫切需要相应的政策激励措施和适当的商业模式促进 CCUS 项目的良性发展（Yao et al.，2018）。

我国 CCUS 在近期（2030 年前）处于研发和示范阶段，其成本及技术的不确定性较大（李小春等，2018）。另外，在电厂分离和捕集 CO_2 过程中将增加能源消耗，这不仅额外增加了单位发电量的 CO_2 排放量，而且大幅度地降低了能源系统的效率，这是目前电厂 CO_2 捕集技术的重要障碍和争议焦点。

另外，在 CO_2 运输与封存过程中存在突然渗滤和缓慢渗滤的风险（张鸿翔等，2010）。捕集到的 CO_2 流中存在的杂质会影响后续 CO_2 管道及船运运输。由于 CO_2 来源以及捕集 CO_2 的装置不同，CO_2 中存在的潜在杂质的范围和水平也将有所不同。但是，关于可能进入运输和存储系统的潜在 CO_2 渗滤风险，国内外处于研究相对不足的状态（Wetenhall et al.，2014）。在中国，目前 CO_2 运输以低温储罐为主，没有发展管道运输业务。与国外相比，中国运输技术的差距主要包括 CO_2 源匹配网络的规划和优化设计技术、大排量压缩机等管道关键设备、安全控制和监控技术等（Ming et al.，2014）。

BECCS 由两部分技术组成，分别为生物质能利用和 CCS 技术，这两类技术都存在成熟度的问题。例如，生物质能气化联合循环发电处于示范性阶段，海洋封存则处于研究阶段，未来的发展具有较大的不确定性。在大多数应用中，BECCS 的效率不是很高，需要大量的土地来种植生产能源所需的植物，这可能会导致全球粮食和水资源的短缺。在我国，生物质、污泥与二氧化碳捕集相结合的项目仍处于空白，即使在国外，该类项目也处于概念性阶段。

另外，BECCS 供应链有多个阶段，从种植、收获、处理和运输生物质到能源转换过程，再到 CO_2 捕集、压缩、运输和储存，需要考虑整个生命周期，以确保项目总体上是真正的负排放。此类评估取决于各种未知和已知的假设，涉及多种变量，并且数据可获得性和可利用性有限。因此，通过借助生命周期评价（LCA）方法及对关键参数的敏感性分析，有利于 BECCS 系统的优化，其对了解 BECCS 的生命周期环境影响至关重要。

4.8.3 未来发展前景

CCUS 可以减少 CO_2 排放，提供社会效益、增加就业、改善环境等（Zhang et al.，2013）。首先，中国有许多适合 CO_2 捕集的大规模点源排放源，主要来自电力行业，有可能通过规模化和工艺集成来降低成本。其次，中国具有相当大的 CCS 储存潜力。最后，中国有多种 CO_2 利用方法。其中，利用 CO_2 提高采收率（EOR）10% 或更多，可以提高中国数十亿吨低品位石油资源的回收利用率，这都提供了很好的 CCUS 发展机会（Fan et al.，2018）。

CCUS 的发展将在实现我国深度低碳转型中发挥重要作用，对中国碳减排的贡献将在 2030 年后逐渐显现出来。经估算，我国要实现 2030 年 CO_2 排放达到峰值目标，CCUS 减排贡献率可达到 3% 以上，到 2050 年 CCUS 技术减排贡献可达到 19%（程一步和孟宪玲，2016）。如果主要的 CCUS 技术 [二氧化碳提高石油采收率（CO_2-EOR）、二氧化碳驱替煤层气（CO_2-ECBM）、二氧化碳强化深部咸水开采（CO_2-EWR）等] 可以在未来 20~30 年内实现商业化，那么预计每年可减少 CO_2 排放达到数亿吨，工业生产总值超过 3000 亿元。研究发现，通过设定适当碳价，CCUS 是减少电力行业 CO_2 排放和低碳转型的重要因素之一（Liu et al.，2016，2018）。

在高碳价下，BECCS 减排潜力巨大。研究表明，在 1.5℃情景下，中国 2050 年 BECCS 年减排潜力超过 8 亿 t CO_2（Jiang et al.，2018a）。当碳价为 50 欧元 /t CO_2 时，全球电力行业和交通行业的 BECCS 减排潜力为 35 亿 t CO_2/a 和 31 亿 t CO_2/a（Pour et al.，2017）。为实现 2050 年净零碳排放目标，到 2050 年，英国 BECCS 减排潜力为 5100 万 t CO_2 排放（Daggash et al.，2019）。澳大利亚 BECCS 减排潜力为 2500 万 t CO_2 排放（Pour et al.，2018b）。

总体来看，考虑中国自身的能源结构和经济发展阶段，以及人口基数大的特点，未来中国将面临更大的温室气体减排压力。从长远来看，为实现《巴黎协定》温升控制目标，中国应尽早将 BECCS 技术纳入中国应对气候变化战略框架，增强在 BECCS 方面的示范研究，从而促进 BECCS 的未来发展（郑丁乾等，2020）。

4.8.4 减排成本和面临障碍

高减排成本是 CCUS 和 BECCS 发展面临的主要障碍。CCUS 成本取决于不同的工厂类型、捕集技术、存储或利用方案。CCUS 减排成本为 35~70 美元 /t CO_2（Lilliestam et al.，2012），而 BECCS 的减排成本更高。经估算，欧洲钢铁厂使用的 BECCS 的减排成本为 80 欧元 /t CO_2（Mandova et al.，2019）。英国用于电力部门的 BECCS 的减排成本为 190 英镑 /t CO_2（Daggash et al.，2019）。

抵消或者降低减排成本的一个措施是将 CCUS 和 BECCS 纳入碳排放权交易系统（ETS）。但是，CCUS 减排成本与 ETS 碳价之间存在较大差距。中国 ETS 覆盖范围包括电力、水泥、钢铁等高耗能行业，其正式实施为电力行业 CCUS 和 BECCS 的发展提供可能。但是，目前 ETS 最高碳价格水平为 8~15 美元 /t CO_2，远低于 CCUS 和 BECCS 减排成本。因此，除了 ETS 外，还必须提供额外的激励政策或者措施，才能促进电力企业对 CCUS 和 BECCS 的投资。研究发现，电价补贴可以帮助吸引更多和更早的 CCUS 投资和项目建设。电价补贴从 0.01 美元 /（kW · h）提升至 0.05 美元 /（kW · h），可使 2030 年 CCUS 减排潜力大幅度提高（Chen et al.，2016）。

4.9 能源政策选择

4.9.1 中国能源政策现状及其执行效果

长期以来，中国形成了以各类战略和相关规划为核心的能源政策体系（国务院发展研究中心课题组，2013；王衍行等，2012；杜祥琬，2015）。

1）中国能源政策制定过程

中国能源政策体系主要由各类能源发展战略和相关规划组成。通常由国务院投资管理部门及能源管理部门（国家发展和改革委员会、国家能源局等）牵头，一些国家或部委研究机构、企业研究机构以及行业协会等机构协助，共同制定能源发展各类战略和规划政策体系。中国能源政策制定过程如图 4-9 所示。

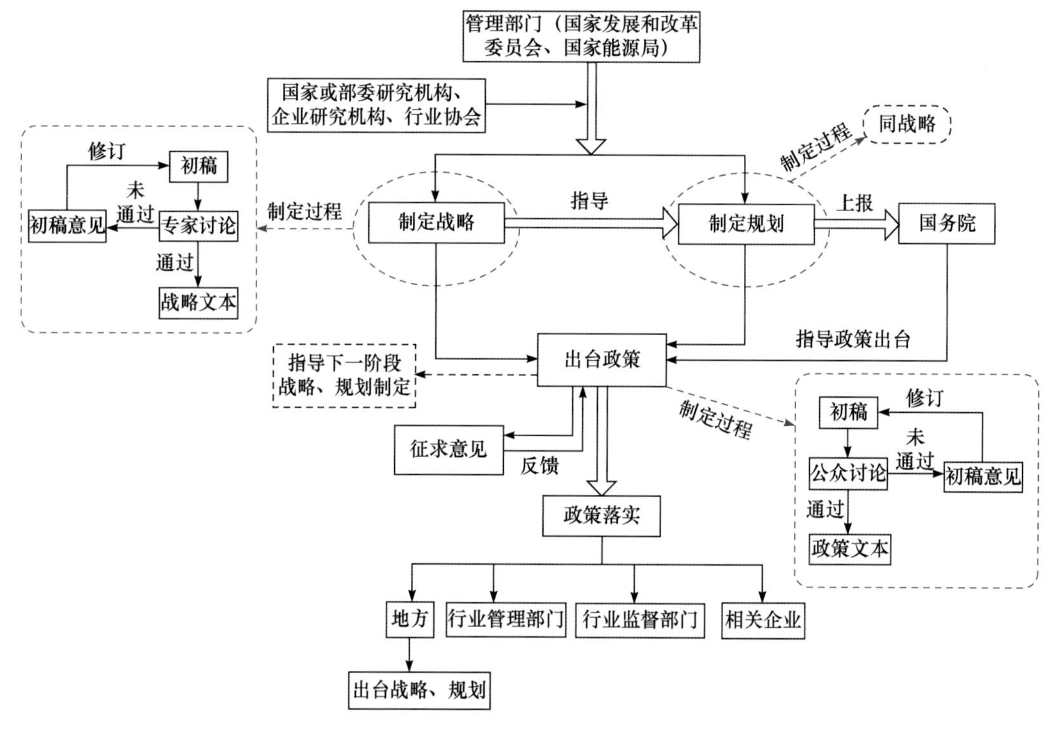

图 4-9　中国能源政策制定过程示意图

政策出台后，由行业管理部门、行业监管部门、企业以及地方政府等下级机构具体落实。各部门和地方政府继续出台适用于自身的战略和规划，以指导下级机构具体落实。

2）中国基本能源政策

中国是世界上最大的发展中国家，面临着发展经济、改善民生、全面建设小康社会的艰巨任务。维护能源资源长期稳定可持续利用是中国政府的一项重要战略任务。中国能源必须走科技含量高、资源消耗低、环境污染少、经济效益好、安全有保障的发展道路，全面实现节约发展、清洁低碳发展和安全高效发展。

2012年中国发表《中国的能源政策（2012）》白皮书，提出中国能源政策的基本内容是：坚持“节约优先、立足国内、多元发展、保护环境、科技创新、深化改革、国际合作、改善民生”的发展方针，推进能源生产和利用方式变革，构建安全、稳定、经济、清洁的现代能源产业体系，努力以能源的可持续发展支撑经济社会的可持续发展。

2017年4月中国公开发布的《能源生产和消费革命战略（2016—2030）》明确提出，要顺应世界能源发展大势，把推进能源革命作为能源发展的国策，筑牢能源安全基石，推动能源文明消费、多元供给、科技创新、深化改革、加强合作，实现能源生产和消费方式根本性转变，并明确“坚持安全为本、节约优先、绿色低碳、主动创新”的战略取向，提出“推动能源消费革命，开创节约高效新局面；推动能源供给革命，构建清洁低碳新体系；推动能源技术革命，抢占科技发展制高点；推动能源体制革命，促进治理体系现代化；加强全方位国际合作，打造能源命运共同体；提升综合保障能力，掌握能源安全主动权”等能源革命战略内容。能源生产消费革命战略是指导未来中国10~15年的能源发展的纲领性文件，是中国当前基本的能源政策。

中国能源生产和消费革命目标如下：

到2020年，全面启动能源革命体系布局，推动化石能源清洁化，根本扭转能源消费粗放增长方式，实施政策导向与约束并重。能源消费总量控制在50亿t ce以内，煤炭消费比重进一步降低，清洁能源成为能源增量主体，能源结构调整取得明显进展，非化石能源占比15%；单位国内生产总值CO_2排放比2015年下降18%；能源开发利用效率大幅提高，主要工业产品能源效率达到或接近国际先进水平，单位国内生产总值能耗比2015年下降15%，主要能源生产领域的用水效率达到国际先进水平；电力和油气体制、能源价格形成机制、绿色财税金融政策等基础性制度体系基本形成；能源自给能力保持在80%以上，基本形成比较完善的能源安全保障体系，为如期全面建成小康社会提供能源保障。

2021~2030年，可再生能源、天然气和核能利用持续增长，高碳化石能源利用大幅减少。能源消费总量控制在60亿t ce以内，非化石能源占能源消费总量比重达到20%左右，天然气占比达到15%左右，新增能源需求主要依靠清洁能源满足；单位国内生产总值CO_2排放比2005年下降60%~65%，CO_2排放2030年左右达到峰值并争取尽早达峰；单位国内生产总值能耗（现价）达到目前世界平均水平，主要工业产品能源效率达到国际领先水平；自主创新能力全面提升，能源科技水平位居世界前列；现代能源市场体制更加成熟完善；能源自给能力保持在较高水平，更好地利用国际能源资源；初步构建现代能源体系。

展望2050年，我国能源消费总量基本稳定，非化石能源占比超过一半，建成能源文明消费型社会；能效水平、能源科技、能源装备达到世界先进水平；成为全球能源治理重要参与者；建成现代能源体系，保障实现现代化。

4.9.2 实现 2050 年气候目标的能源政策情景

根据 4.2 节对三种情景参考情景、峰值情景、深度减排情景（2℃温升目标情景、1.5℃温升目标情景）的描述，中国推动能源革命情景，相当于 PEAK 情景，即自主贡献情景，其是比参考情景更为严格约束的情景，但考虑到经济社会发展阶段及发展要求，其又是比深度减排情景稍微缓和与宽松发展的情景。

1. 参考情景

参考情景是在没有气候政策的干预下，考虑了目前中国已出台的政策措施和正常目标，能源系统发展延续过去发展模式，能源技术没有重大突破，继续沿用现行相关政策和主流技术，能源政策没有重大变化，没有采取额外气候政策干预。

在此情景下，与中国特色社会主义“五位一体”总体布局建设是不相符的。中国强调推进生态文明建设，其实就已经考虑到在经济社会发展新常态下，中国的能源系统不能延续过去发展模式，必须推动能源生产和消费革命。因此，参考情景是比较保守的情景，在中国能源政策选择中不会被考虑和接受。

2. 峰值情景

2015 年 6 月，中国提交了应对气候变化国家自主贡献文件《强化应对气候变化行动——中国国家自主贡献》，承诺中国的 CO_2 排放峰值目标和减排目标，即 2030 年 CO_2 排放达到峰值且将努力早日达峰，单位 GDP 的 CO_2 排放比 2005 年下降 60%~65%，非化石能源比例占 20% 等。

在该情景目标下，中国推进新常态下经济发展，产业结构升级和优化，产业部门推进实施一系列低碳政策措施，更加强调可持续发展。能源结构更加低碳和优化，能源技术进步明显，采取更多的应对气候变化的政策和措施。

其中，中国已经承诺到 2030 年左右 CO_2 排放达到峰值且将努力早日达峰、非化石能源比例占 20% 等目标。2030 年以后，减排力度和减排措施保持不变。根据《能源生产和消费革命战略（2016—2030）》，中国的 2020 年、2030 年发展目标基本与自主贡献情景的指标相对接。在此情景下，中国能源政策选择首要的是积极推动能源生产与消费革命战略和相关政策进一步落实。

基于实现 2050 年能源革命目标可知，届时中国非化石能源占一次能源消费总量比重超过一半，表明中国能源生产和消费革命战略远期目标符合自主贡献情景要求，且略微超出自主贡献情景要求。因此，能源革命的 2050 年展望目标及远期的能源政策还有待于进一步落实和推进。

3. 深度减排情景

该情景要求严格控制能源消费总量，特别是煤炭消费总量；能源结构向低碳化、电气化、清洁化和多元化转变。电力比例大幅度增加，终端能源消费向电气化和低碳化转变。从目前来看，中国的相关能源战略和政策难以达到深度减排情景要求。

根据相关研究，一些学者对1.5℃目标进行研究，并给出了模拟结果，结果表明若想实现1.5℃温升目标，则全球碳排放量将在2050~2060年趋于零排放，之后开始负排放过程（van Vuuren et al.，2016）。国内学者研究分析了在全球1.5℃温升目标和碳排放预算下，2050年中国各种电力结构所发生的重大变化（Jiang et al.，2018a；国家发展和改革委员会能源研究所，2018）。研究认为，到2050年，可再生能源和核能将占总发电量的80%以上，其中核能发电、风电、太阳能发电、水力发电和生物质能发电分别占28%、21%、16.6%、14%和7.6%，而这些电力在2015年则分别占3%、3.3%、0.7%、17.7%和0.3%。

在此情景下，各种电源的装机容量发生显著变化，其中核电装机容量需要从2015年的26GW增长到2050年的554GW，考虑到核电年发电可以由7000h达到7500h以上，则到2050年中国核电装机容量应努力达到500GW左右，才可以满足1.5℃情景的要求。这对当前的核电政策提出巨大的挑战，需要当下解决“沿海和内陆核电”争论问题、“产业装备、建设与管理”发展瓶颈问题、核电经济性保障问题、公众核电接受度问题等众多问题，解决这些问题实际上是十分不容易的（Xiao and Jiang，2018）。因此，该情景下的能源政策选择和实施起来相当困难，可能需要付出较大的经济和社会管理代价。

4.9.3 适应未来技术发展趋势和能源政策选择

1. 参考情景下，技术发展趋势和能源政策选择

参考情景下，能源技术发展仍是跟随式发展，不宜成为中国未来的能源政策选择。

2. 自主贡献情景下，技术发展趋势和能源政策选择

自主贡献情景下，技术发展需要强力推进和突破。主要以绿色低碳为主攻方向，选择重大科技领域，按照“应用推广一批、示范试验一批、集中攻关一批”路径要求（杜祥琬，2015），分类推进技术创新、商业模式创新和产业创新。

从能源消费领域来看，广泛推进高效节能技术应用。主要以系统节能为基础，以高效用能为方向，将高效节能技术广泛应用于工业、建筑、交通等各领域。

从能源供给领域来看，要推广应用清洁低碳能源开发利用技术。主要是强化自主创新，加快非化石能源开发和装备制造技术、化石能源清洁开发利用技术应用推广。非化石能源技术和装备制造技术包括可再生能源技术及装备、先进核能技术及装备等；化石能源清洁开发利用技术包括煤炭清洁开发利用技术、油气开发利用技术等（国家发展和改革委员会能源研究所，2018）。

从新模式新业态来看，要大力发展智慧能源技术。主要是推动互联网与分布式能源技术、先进电网技术、储能技术深度融合。

从发展能源科技基础研究来看，要实施人才优先发展战略，重点提高化石能源地质、能源环境、能源动力、材料科学、信息与控制等基础科学领域的研究能力和水平。这些领域的突破，为深度减排情景下的能源政策选择打下基础（康晓文，2014）。

3. 深度减排情景下，技术发展趋势和能源政策选择

深度减排情景下，需要技术取得重大突破和创新。为此，必须开展前沿性创新研究和推动重大技术创新。

开展前沿性创新研究，包括加快研发氢能、石墨烯、超导材料等技术；突破无线电能传输技术、固态智能变压器等核心关键技术；发展快堆核电技术；加强煤炭灾害机理等基础理论研究，深入研究干热岩利用技术；突破微藻制油技术、探索藻类制氢技术；超前研究个体化、普泛化、自主化的自能源体系相关技术等。

推动重大技术创新，包括集中攻关可控热核聚变试验装置，力争在可控热核聚变实验室技术上取得重大突破；大力研发经济安全的天然气水合物开采技术；深入研究经济性全收集全处理的 CCUS 技术等。

▪ 参考文献

白建华，辛颂旭，刘俊，等 . 2015. 中国实现高比例可再生能源发展路径研究 . 中国电机工程学报，35（14）：3699-3705.

陈兵，肖红亮，李景明，等 . 2018. 二氧化碳捕集、利用与封存研究进展 . 应用化工，47（3）：589-592.

陈润羊 . 2015. 核电公众接受性研究展望 . 华北电力大学学报（社会科学版），（3）：27-32.

程一步，孟宪玲 . 2016. 我国碳减排新目标实施和 CCUS 技术发展前景分析 . 石油石化绿色低碳，1（2）：4-11.

邓向辉，李惠民，齐晔，等 . 2012. 核电在中国低碳发展中的地位与作用分析 . 中国能源，34（6）：29-31.

杜祥琬 . 2015. 对中国能源战略全局的认识 . 光明日报，2015-06-26（10）.

杜祥琬，周大地 . 2011. 中国的科学、绿色、低碳能源战略 . 中国工程科学，13（6）：4-10.

段勇刚 . 2017. 新电改背景下 G 核电集团售电平台的商业模式重构研究 . 深圳：深圳大学 .

樊金璐 . 2017. 能源革命背景下中国洁净煤技术体系研究 . 煤炭经济研究，39（1）：11-15.

龚思宇，魏炜，徐元孚，等 . 2017. 面向分布式电源最大消纳的配电网重构 . 电力系统及其自动化学报，29（3）：7-11，41.

顾佰和，谭显春，穆泽坤，等 . 2015. 中国电力行业 CO_2 减排潜力及其贡献因素 . 生态学报，（19）：6405-6413.

郭健，谢萌萌，欧阳伊玲，等 . 2018. 低碳经济下碳捕集与封存项目投资激励机制研究 . 软科学，32

（2）：55-59.
郭扬，李金叶 . 2018. 我国新能源对化石能源的替代效应研究 . 可再生能源，36（5）：762-770.
郭勇，郑砚国 . 2008. 电力供求、环境保护与核电布局内陆化——基于中国 30 个省份核电需求的实证分析 . 系统工程,（8）：57-61.
国家发展和改革委员会能源研究所 . 2018. 我国实现全球 1.5℃目标下的能源排放情景研究 . 北京：国家发展和改革委员会能源研究所 .
国家能源局 . 2019. 我国已建成全球最大清洁煤电供应体系 . http://www.nea.gov.cn/2019-02/12/c_137815509.htm.[2019-05-30].
国家统计局 . 2018a. 中国能源统计年鉴 . 北京：中国统计出版社 .
国家统计局 . 2018b. 中国统计年鉴 . 北京：中国统计出版社 .
国家统计局 . 2019. 2018 年国民经济和社会发展统计公报 . http://www.stats.gov.cn/tjsj/zxfb/201902/t20190228_1651265.html.[2019-03-30].
国网能源研究院 . 2018. 中国能源电力发展展望 . 北京：中国电力出版社 .
国务院发展研究中心课题组 . 2013. 中国能源政策面临的问题与转型方向 . 中国经济报告，11：28-33.
胡杰，刘永谦，肖景，等 . 2013. 吉林电网建设核电站前景分析 . 吉林电力，41（5）：1-4.
胡雪琴 . 2009. 第三代核电技术 AP1000 已经成熟——中国将建成最先进的第三代核电站 . 中国经济周刊,（3-4）：65-67.
黄峰，岳林康 . 2019. 我国三代核电经济性问题研究与建议 . 中国能源报，2019-08-02（11）.
黄欢，丁文杰，郭海兵 . 2019. 影响我国内陆核电发展的关键性问题分析 . 南华大学学报（社会科学版），20（3）：9-15.
黄晓勇 . 2019. 2019 年世界能源发展报告 . 北京：社会科学文献出版社 .
霍沫霖，邢璐，单葆国，等 . 2014. 中国电力生产碳减排潜力自下向上测算及方法研究 . 中国电力，47（11）：155-160.
姜克隽，贺晨旻，庄幸，等 . 2016. 我国能源活动 CO_2 排放在 2020—2022 年之间达到峰值情景和可行性研究 . 气候变化研究进展，12（3）：167-171.
姜克隽，庄幸，贺晨旻 . 2012. 全球升温 2℃以内目标下中国能源与排放情景研究 . 中国能源,（2）：18-21，51.
姜子英 . 2018. 浅议核能、环境与公众 . 核安全，17（2）：1-5.
康重庆，夏清，徐玮 .2011. 电力系统不确定性分析 . 北京：科学出版社 .
康重庆，姚忠良 . 2017. 高比例可再生能源电力系统的关键科学问题与理论研究框架 . 电力系统自动化，41（9）：1-11.
康晓文 . 2014. 论我国核电发展的战略地位 . 中国能源，36（10）：27-29.
李昂，高瑞泽 . 2015. 激发电力产业市场潜能：对电网调度“虚拟集聚”的探索 . 经济管理,（5）：33-42.
李文汗，赵冬梅，王心，等 . 2017. 考虑分布式电源并网的配电网适应性评价方法 . 电网与清洁能源,（2）：117-123.
李小春，张九天，李琦，等 . 2018. 中国碳捕集、利用与封存技术路线图（2011 版）实施情况评估分析 . 科技导报，36（4）：85-95.

刘铠诚，何桂雄，王珺瑶，等 . 2018. 电力行业实现 2030 年碳减排目标的路径选择及经济效益分析 . 节能技术，36（3）：263-269.
鲁宗相，李海波，乔颖 . 2016. 含高比例可再生能源电力系统灵活性规划及挑战 . 电力系统自动化，49（13）：147-157.
鲁宗相，李海波，乔颖 . 2017. 高比例可再生能源并网的电力系统灵活性评价与平衡机理 . 中国电机工程学报，（1）：9-19.
罗立 . 2017. 基于计划行为理论的核电接受度模型研究 . 北京航空航天大学学报（社会科学版），30（2）：109-113.
罗佐县，许萍，邓程程，等 . 2019. 世界能源转型与发展——低碳时代下的全球趋势与中国特色 . 石油石化绿色低碳，（1）：6-16.
马丁，陈文颖 . 2017. 基于中国 TIMES 模型的碳排放达峰路径 . 清华大学学报（自然科学版），57（10）：1070-1075.
莫神星 . 2017. 促进生物质能源产业持续健康发展的路径 . 电力与能源，38（2）：162-166.
潘尔生，王新雷，徐彤，等 . 2017. 促进可再生能源电力接纳的技术与实践 . 电力建设，（2）：1-11.
沈军 . 2018. 氢能源替代石油能源的加氢站技术与相关产品研究 . 科技创新与生产力，（5）：68-72.
苏燊燊，赵锦洋，胡建信 . 2015. 中国电力行业 1990—2050 年温室气体排放研究 . 气候变化研究进展，11（5）：353-362.
王衍行，汪海波，樊柳言 . 2012. 中国能源政策的演变及趋势 . 理论学刊，（9）：70-73.
王仲颖，张有生 . 2016. 生态文明建设与能源转型 . 北京：中国经济出版社 .
吴刚，高晓峰，李群英 . 2007. 吉林省核电发展的思考 . 吉林电力，（3）：52-54，60.
伍浩松，戴定 . 2019. 2018 年世界核电工业发展回顾 . 国外核新闻，（2）：17-24.
相晨曦 . 2018. 能源“不可能三角”中的权衡抉择 . 价格理论与实践，406（4）：48-52.
肖新建 . 2012. 2011 年中国核电发展状况、未来趋势及政策建议 . 中国能源，34（2）：18-23.
肖新建，康晓文，李际 . 2017. 中国核电社会接受度问题及政策研究 . 北京：中国经济出版社 .
肖云鹏，王锡凡，王秀丽，等 . 2018. 面向高比例可再生能源的电力市场研究综述 . 中国电机工程学报，38（3）：663-674.
姚美齐，李乃湖 . 2014. 欧洲超级电网的发展及其解决方案 . 电网技术，38（3）：549-555.
叶邦角 . 2006. 安徽省发展核电的必要性和重要性 . 安徽电力，（1）：1-3.
袁家海 . 2019. 以中长期视角回看煤电地位和发展路径 . 电力决策与舆情参考，（2）：22-27.
曾慧娟 . 2014. 特高压，引领中国能源战略转型 . 科学世界，（2）：1.
曾鸣，杨雍琦，刘敦楠，等 . 2016. 能源互联网“源－网－荷－储”协调优化运营模式及关键技术 . 电网技术，40（1）：114-124.
曾志伟，蒋辉，张继艳 . 2014. 后福岛时代我国核电可持续发展的公众接受度实证研究 . 南华大学学报（社会科学版），15（1）：4-8.
翟明洋，林千果，马丽，等 . 2014. 电力行业碳捕集现状和发展趋势 . 环境科技，27（2）：65-69.
张博庭 . 2018. 能源革命下的水电发展机遇 . 能源，（1）：107-111.
张鸿翔，李小春，魏宁 . 2010. 二氧化碳捕获集与封存的主要技术环节与问题分析 . 地球科学进展，25（3）：335-340.

张宁，康重庆，肖晋宇，等 . 2015. 风电容量可信度研究综述与展望 . 中国电机工程学报，35（1）：82-94.

郑宝忠，颜岩，李颉，等 . 2014. 三代核电工程造价控制研究 . 建筑经济，（12）：47-50.

郑丁乾，常世彦，蔡闻佳，等 . 2020. 温升 2℃/1.5℃情景下世界主要区域 BECCS 发展潜力评估分析 . 全球能源互联网，3（4）：351-362.

中国核能行业协会 . 2019. 2018 年 1—12 月全国核电运行情况 . http://news.bjx.com.cn/special/?id=959920 . [2019-12-31].

中国能源模型论坛 · 中国 2050 低排放发展战略研究项目组 . 2021. 中国 2050 低排放发展战略研究：模型方法及应用 . 北京：中国环境出版集团 .

朱蓉，王阳，向洋，等 . 2020. 中国风能资源气候特征和开发潜力研究 . https://kns.cnki.net/kcms/detail/11.2082.TK.20200618.1136.002.html. [2020-12-31].

Abanades J C，Rubin E S，Mazzotti M，et al. 2017. On the climate change mitigation potential of CO_2 conversion to fuels. Energy Environmental Science，10（12）：2491-2499.

Arnulf G，Charlie W，Nuno B，et al. 2018. A low energy demand scenario for meeting the 1.5 ℃ target and sustainable development goals without negative emission technologies. Nature Energy，3（6）：515-527.

Blanco H，Nijs W，Ruf J，et al. 2018. Potential for hydrogen and power-to-liquid in a low-carbon EU energy system using cost optimization. Applied Energy，232：617-639.

BP. 2018. Statistical Review of World Energy. https://www.bp.com/en/global/corporate/energy-economics/statistical-review-of-world-energy.html. [2018-12-31].

Carbon Tracker Institute. 2016. Chasing the Dragon? China's Coal Overcapacity Crisis and What It Means for Investors. https://www.carbontracker.org/reports/chasing-the-dragon-china-coal-power-plants-stranded-assets-five-year-plan/. [2016-12-30].

Chen H D，Wang C，Ye M. 2016. An uncertainty analysis of subsidy for carbon capture and storage（CCS）retrofitting investment in China's coal power plants using a real-options approach. Journal of Cleaner Production，137（20）：200-212.

Daggash H A，Heuberger C F，Mac Dowell N. 2019. The role and value of negative emissions technologies in decarbonising the UK energy system. International Journal of Greenhouse Gas Control，81：181-198.

Dennis Y C，Leung A，Giorgio Caramanna B，et al. 2014. An overview of current status of carbon dioxide capture and storage technologies. Renewable and Sustainable Energy Reviews，39（1）：426-443.

Dong F，Hua Y，Yu B. 2018. Peak carbon emissions in China：Status，key factors and countermeasures-a literature review. Sustainability，10（8）：2895.

EIA. 2018. International Energy Outlook 2018（IEO2018）.Washington DC: U.S. Energy Information Administration.

Fan J L，Xu M，Wei S J，et al. 2018. Evaluating the effect of a subsidy policy on carbon capture and storage（CCS）investment decision-making in China—A perspective based on the 45Q tax credit. Energy Procedia，154：22-28.

Finley R J. 2014. An overview of the illinois basin-decatur project. Greenhouse Gases-Science and Technology，4（5）：571-579.

Forfia D, Knight M, Melton R.2016.The view from the top of the mountain: Building a community of practice with the Gridwise transactive energy framework. IEEE Power and Energy Magazine, 14 (3): 25-33.

Gracceva F, Zeniewski P. 2014. A systemic approach to assessing energy security in a low-carbon EU energy system. Applied Energy, 123: 335-348.

Grubler A, Wilson C, Bento N, et al. 2018. A low energy demand scenario for meeting the 1.5℃ target and sustainable development goals without negative emission technologies. Nature Energy, 3:515-527.

Guo M Y, Lu X, Nielsen C P, et al. 2016. Prospects for shale gas production in China: Implications for water demand. Renewable & Sustainable Energy Reviews, 66: 742-750.

He J K. 2015. China's INDC and non-fossil energy development. Advances in Climate Change Research, 6 (3): 210-215.

He J K. 2016. Global low-carbon transition and China's response strategies. Advances in Climate Change Research, 7: 204-212.

He J K. 2018. Situation and measures of China's CO_2 emission mitigation after the Paris Agreement. Frontiers in Energy, 12 (3): 353-361.

IEA. 2011. Harnessing Variable Renewables. Paris: International Energy Agency.

IEA. 2018a. World Energy Outlook 2018. Paris: International Energy Agency.

IEA. 2018b. IEA Statistics Data. Paris: International Energy Agency.

IEA. 2018c.World Energy Balances. 2018 ed. Paris: International Energy Agency.

IEA. 2019. CO_2 Emissions from Fuel Combustion.International Energy Agency. 2015. World Energy Outlook. Paris: International Energy Agency.

IPCC. 2014. Climate Change 2014: Mitigation of Climate Change. Contribution of Working Group III to the Fifth Assessment Report of the Intergovernmental Panel on Climate Change. Cambridge: Cambridge University Press.

IPCC. 2018. Global Warming of 1.5℃ An IPCC Special Report on the Impacts of Global Warming of 1.5℃ above Pre-Industrial Levels and Related Global Greenhouse Gas Emission Pathways, in the Context of Strengthening the Global Response to the Threat of Climate Change, Sustainable Development, and Efforts to Eradicate Poverty. Cambridge: Cambridge University Press.

IRENA. 2017. Untapped Potential for Climate Change Action: Renewable Energy in Nationally Determined Contributions. Abu Dhabi: International Renewable Energy Agency.

IRENA.2018. Global Energy Transformation: A roadmap to 2050. Abu Dhabi: International Renewable Energy Agency.

Jasmin K. 2015. Biomass and carbon dioxide capture and storage: A review. International Journal of Greenhouse Gas Control, 40: 401-430.

Jiang K J, He C, Dai H, et al. 2018a. Emission scenario analysis for China under the global 1.5℃ target. Carbon Management, 9 (2): 1-11.

Jiang K J, He C, Xu X, et al. 2018b. Transition scenarios of power generation in China under global 2℃ and 1.5℃ targets. Global Energy Interconnection, 1 (4): 477-486.

Jiang K J, Zhuang X, Miao R, et al. 2013. China's role in attaining the global 2℃ target. Climate Policy, 13: 55-69.

Khanna N , Fridley D , Zhou N , et al. 2019. Energy and CO_2 implications of decarbonization strategies for China beyond efficiency: Modeling 2050 maximum renewable resources and accelerated electrification impacts. Applied Energy, 242 : 12-26.

Khanna N Z, Zhou N, Fridley D, et al. 2016. Quantifying the potential impacts of China's power-sector policies on coal input and CO_2 emissions through 2050: A bottom-up perspective. Utilities Policy, 41: 128-138.

Lee S, Chewpreecha U, Pollitt H, et al. 2018. An economic assessment of carbon tax reform to meet Japan's NDC target under different nuclear assumptions using the E3ME model. Environmental Economics and Policy Studies, 20: 411-429.

Li J, Hu S Y. 2017. History and future of the coal and coal chemical industry in China. Resources Conservation and Recycling , 124: 13-24.

Li J F, Ma Z Y, Zhang Y X, et al. 2018. Analysis on energy demand and CO_2 emissions in China following the energy production and consumption revolution strategy and China Dream target. Advances in Climate Change Research, 9 (1): 16-26.

Li J J, Yang H R, Wu Y X, et al. 2013. Effects of the updated national emission regulation in China on circulating fluidized bed boilers and the solutions to meet them. Environmental Science & Technology, 47 (12): 6681-6687.

Li N, Zhang X L, Shi M J, et al. 2016. The prospects of China's long-term economic development and CO_2 emissions under fossil fuel supply constraints. Resources Conservation and Recycling, 121:11-22 .

Lilliestam J, Bielicki J M, Patt A G. 2012. Comparing carbon capture and storage (CCS) with concentrating solar power (CSP): Potentials, costs, risks, and barriers. Energy Policy, 47: 447-455.

Liu J K, Zhang N, Kang C Q, et al. 2017. Cloud energy storage for residential and small commercial consumers: A business case study. Applied Energy, 188: 226-236.

Liu Q, Chen Y, Tian C. 2016. Strategic deliberation on development of low-carbon energy system in China. Advances in Climate Change Research, 7 (1-2) :26-34

Liu Q, Gu A, Teng F, et al. 2017. Peaking China's CO_2 emissions: Trends to 2030 and mitigation Potential. Energies, 10 (2): 209.

Liu Q, Zheng X Q, Zhao X C, et al. 2018. Carbon emission scenarios of China's power sector: Impact of controlling measures and carbon pricing mechanism. Advances in Climate Change Research, 9 (1): 27-33.

Liu Z, Guan D, Moore S, et al. 2015. Steps to China's carbon peak. Nature, 522 (7556): 279-281.

Lugovoy O, Feng X Z, Gao J, et al. 2018. Multi-model comparison of CO_2 emissions peaking in China: Lessons from CEMF01 study. Advances in Climate Change Research, 9 (1): 1-15.

Majzoobi A, Khodaei A.2017. Application of microgrids in supporting distribution grid flexibility. IEEE Transactions on Power Systems, (99): 1.

Mandova H, Patrizio P, Leduc S. 2019. Achieving carbon-neutral iron and steelmaking in Europe through the deployment of bioenergy with carbon capture and storage. Journal of Cleaner Production, 218: 118-

129.

Mi Z F, Wei Y M , Wang B, et al .2017. Socioeconomic impact assessment of China's CO_2 emissions peak prior to 2030. Journal of Cleaner Production, 142: 2227-2236.

Ming Z, Shaojie O, Yingjie Z, et al. 2014. CCS technology development in China: Status, problems and countermeasures—Based on SWOT analysis. Renewable and Sustainable Energy Reviews, 39: 604-616.

Nan Z, Lynn P, Dai Y. 2019. A roadmap for China to peak carbon dioxide emissions and achieve a 20% share of non-fossil fuels in primary energy by 2030. Applied Energy, 239: 793-819.

Niu S W, Liu Y, Ding Y, et al. 2016. China's energy systems transformation and emissions peak. Renewable & Sustainable Energy Reviews, 58: 782-795.

Ozawa A, Kudoh Y, Murata A, et al. 2018. Hydrogen in low-carbon energy systems in Japan by 2050: The uncertainties of technology development and implementation. International Journal of Hydrogen Energy, 43 (39): 18083-18094.

Pan L W, Dai F, Huang P, et al. 2016. Study of the effect of mineral matters on the thermal decomposition of Jimsar oil shale using TG-MS. Thermochimica Acta, S627-S629: 31-38.

Peng W, Yuan J, Zhao Y, et al. 2017. Air quality and climate benefits of long-distance electricity transmission in China. Environmental Research Letters, 12 (6): 064012.

Pour N, Webley P A , Cook P J, et al. 2017. A sustainability framework for bioenergy with carbon capture and storage (BECCS) technologies. Energy Procedia, 114:6044-6056.

Pour N, Webley P A, Cook P J. 2018a. Potential for using municipal solid waste as a resource for bioenergy with carbon capture and storage (BECCS) . International Journal of Greenhouse Gas Control, 68: 1-15.

Pour N, Webley P A, Cook P J. 2018b. Opportunities for application of BECCS in the Australian power sector. Applied Energy, 224: 615-635.

Ren L, Liang X, Luo H, et al. 2018. Preliminary Design of CRP Carbon Capture Test Platform Research on Compatibility Design of Carbon Capture Units. Melbourne, Australia: 14th Greenhouse Gas Control Technologies Conference Melbourne 21-26 October 2018.

Rogelj J, Elzen M D, Hhne N, et al. 2016. Paris Agreement climate proposals need a boost to keep warming well below 2℃. Nature, 534: 631-639.

Salihu M D, Zhonghu T, Ibrahim A O, et al. 2018.China's energy status: A critical look at fossils and renewable options. Renewable and Sustainable Energy Reviews, 81 (2): 2281-2290.

Sara B, Samuel K, Niall M D, et al. 2018. An assessment of CCS costs, barriers and potential. Energy Strategy Reviews, 22: 61-81.

Shuai H, Chen H, Long R, et al. 2018. Peak coal in China: A literature review. Resources Conservation and Recycling, 129: 293-306.

Tabbi W, Ahmad B, Bassel S. 2019. Outlook of carbon capture technology and challenges. Science of the Total Environment, 657: 56-72.

Tollefson J. 2016. China's carbon emissions could peak sooner than forecast. Nature, 531 (7595): 425.

UNFCCC. 2018. Intended Nationally Determined Contributions (INDCs) . https://unfccc.int/documents/41077. [2018-12-31].

van Vuuren D P, van Soest H, Riahi K, et al. 2016. Carbon budgets and energy transition pathways. Environmental Research Letters, 11 (7): 75002.

Vikovi A, Franki V, Valenti V. 2014. CCS (carbon capture and storage) investment possibility in South East Europe: A case study for Croatia. Energy, 70(3): 325-337.

Walspurger S, Haije W G, Louis B, et al. 2014. CO_2 Reduction to substitute natural gas: Toward a global low carbon energy system. Israel Journal of Chemistry, 54: 1432-1442.

Wang C, Li B B, Liang Q M, et al. 2018. Has China's coal consumption already peaked? A demand-side analysis based on hybrid prediction models. Energy, 162: 272-281.

Wang Q, Li R. 2017. Decline in China's coal consumption: An evidence of peak coal or a temporary blip. Energy Policy, 108: 696-701.

Wang Y, Zhang N, Chen Q, et al. 2016. Dependent discrete convolution based probabilistic load flow for the active distribution system. IEEE Trans on Sustainable Energy, 8 (3): 1000-1009.

WB. 2018. World Bank Indicators. https://data.worldbank.org/indicator. [2018-12-31].

Wetenhall B, Aghajani H, Chalmers H, et al. 2014. Impact of CO_2 impurity on CO_2 compression, liquefaction and transportation. Energy Procedia, 63: 2764-2778.

Xiao X J, Jiang K J. 2018. China's nuclear power under the global 1.5 target: Preliminary feasibility study and prospects. Advances in Climate Change Research, 9 (2): 138-143.

Xu X Y, Liu Y, Zhang F, et al. 2017. Clean coal technologies in China based on methanol platform. Catalysis Today, 298: 61-68.

Xu Y, Yang K, Yuan J. 2020. China's power transition under the global 1.5℃ target: Preliminary feasibility study and prospect. Environmental Science and Pollution Research, 27 (4): 15113-15129.

Yao X, Zhong P, Zhang X, et al. 2018. Business model design for the carbon capture utilization and storage (CCUS) project in China. Energy Policy, 121: 519-533.

Yu S W, Zheng S, Li X. 2018. The achievement of the carbon emissions peak in China: The role of energy consumption structure optimization. Energy Economics, 74: 693-707.

Yuan J, Li P, Wang Y, et al. 2016. Coal power overcapacity and investment bubble in China during 2015—2020. Energy Policy, 97: 136-144.

Zhang S, Liu L, Zhang L. 2018. An optimization model for carbon capture utilization and storage supply chain: A case study in Northeastern China. Applied Energy, 231: 194-206.

Zhang W, Pan X. 2016. Study on the demand of climate finance for developing countries based on submitted INDC. Advances in Climate Change Research, 7 (1): 99-104.

Zhang X, Fan J, Wei Y. 2013. Technology roadmap study on carbon capture utilization and storage in China. Energy Policy, 59: 536-550.

Zhou S, Wang Y, Yuan Z, et al. 2018. Peak energy consumption and CO_2 emissions in China's industrial sector. Energy Strategy Reviews, 20: 113-123.

第5章 城　市

主要作者协调人：禹　湘、杨　秀
编　　　　审：庄贵阳
主　要　作　者：马红云、丛建辉、李　芬

▪ 执行摘要

城市是应对气候变化的重要领域之一。中国正处于快速城镇化阶段，处于不同社会经济发展阶段、不同资源禀赋的城市，其碳排放水平、特征和发展趋势也具有很大差异。影响城市碳排放的因素众多，城镇化水平、经济发展、能源结构、产业结构等都是影响城市碳排放的重要因素。城市形态、城市空间规划和城市基础设施对城市中交通运输、建筑、工业和家庭部门的碳排放产生有重要影响，未来城市结构的优化对于减缓气候变化十分重要。城市减缓技术的提升对于城市碳减排的作用也日益凸显，在城市能源供应、工业、建筑、交通、废弃物处理、城市绿地等主要城市部门均有一些关键技术表现出较大的减排能力或减排潜力。我国开展的三批低碳省市试点，在产业转型、能源转型、提升发展质量效益方面取得了积极成效，通过开展低碳试点，各地对低碳发展理念的科学认识有了较大提高，形成了对产业结构转型、能源结构优化、技术进步创新、生活方式转变的倒逼机制，政府、企业、社会公众的绿色低碳意识也得以提升，为通过理论指导实践推动实现绿色低碳发展奠定了良好基础。城市作为一个复杂的生态系统，在减缓气候变化方面所产生的综合影响具有协同效应，包括在空气质量、能源安全、社会经济、居民健康等相关领域所产生的积极效果。城市在应对气候变化的同时，加强区域大气污染联防联控，在保证能源安全、降低城市热岛效应、提高空气质量、提升健康质量、保障经济发展的可持续性方面取得了显著成效。

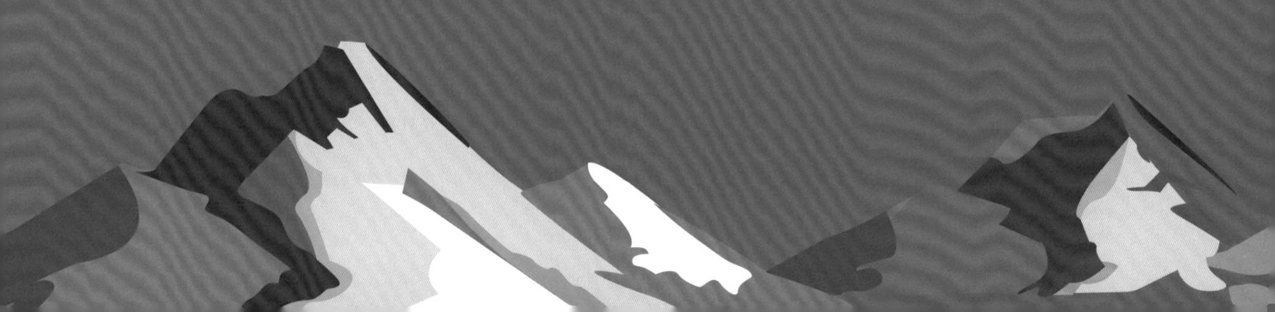

5.1 引　　言

城市是经济活动中心，也是温室气体排放的重要主体。城市承担着一个国家政治、经济、文化、社会等活动中心的职能，同时也是一个国家能源的主要消耗单位。中国正在经历全球最快速、最大规模的城镇化。2019 年末，我国城镇常住人口 84843 万人，城镇人口占总人口比重（城镇化率）约为 60.6%。随着中国城镇化的不断推进，城市的基础设施建设、工业活动、交通运输及居民生活都将消耗大量能源，城市将成为碳排放增长的最主要领域之一。城市碳排放约占中国碳排放总量的 70%（Cai et al.，2019a，2019b，2019c）。不仅如此，城市也是气候风险的高发地区，气候变化导致的干旱、海平面上升、热浪、极端天气等气候灾害对城市的威胁正逐步显现。IPCC 发布的《IPCC 全球 1.5℃温升特别报告》也指出，若将全球温升目标调整为 1.5℃，我们将能避免大量气候变化带来的损失与风险，要实现该目标，国家、城市、私营部门和个人等所有各方都必须立刻加强行动。建设低碳城市、海绵城市，提高城市的韧性，降低城市气候灾害的风险是城市应对气候变化的有效途径。随着全球工业化的推进，技术进步为城市的产业转型、能源转型提供了新的机遇。创新城镇化的低碳发展路径，打破高碳城镇化的“路径依赖”，成为新时期城市低碳发展的基本要求，必将产生明显的温室气体减排效果。

本章主要阐述应对气候变化给城镇化带来的挑战和机遇，评估城市实现减排的潜力。城市作为经济活动的核心地带，聚集了大量的人力、物力、金融、技术等资源，应当在应对气候变化中发挥至关重要的引领作用。本章将重点评估城市碳排放特征、驱动因素，城市形态、空间规划和基础设施与碳减排的关系，以及城市减缓气候变化影响的技术与潜力等，并对城市减排的体制机制和政策以及与其他政策的协同进行评估。城市通过实际行动降低温室气体排放，这对全球应对气候变化意义重大，城市也必须从自身气候安全出发，承担减排责任和应对气候变化。

5.2 城市碳排放特征

中国正处于快速城镇化阶段，处于以提升质量为主的发展转型期，很多城市面临着人口众多、资源相对短缺、生态环境比较脆弱、城乡和区域发展不均衡的现状。城市在减少碳排放和降低能耗的同时，要更加集约紧凑的发展，减少资源要素的投入，尽快实现峰值，最终实现经济社会发展与能源、二氧化碳脱钩，这对城市发展及城镇化建设的可持续性具有重大意义。

2017 年中国共有 4 个直辖市，294 个地级市，9 个台湾地区的城市和 2 个特别行政区（香港、澳门）（国家统计局，2018）。综述城市基本特征和碳排放水平的文献（Cai et al.，2019b；Chen et al.，2017）发现，这些城市处于不同社会经济发展阶段，其碳排放水平和发展趋势也具有很大差异。一些学者基于综合性的指标体系，对中国城市的碳排放特征进行了评价和比较。通过对人口、城镇化率、GDP、三产比重、主体功能区定位和人均碳排放、单位 GDP 碳排放等指标进行比较分析，可进一步分析我国城市的基本特征。

5.2.1 城市总体的碳排放特征

碳排放总量方面，300 余个城市的碳排放总量大致呈正态分布，高低值之间差异悬殊，居前十位的城市碳排放总量均超过 1 亿 t（图 5-1）（Cai et al.，2019a）。同时，城市碳排放总量分布与经济发展程度具有高一致性，总体来看，发达地区的碳排放总量高于欠发达地区。

人均碳排放方面，城市之间差异明显，介于 0~160t，大多集中在 30t 以下，总体呈现北方城市高、南方城市低的特征（Cai et al.，2019a），其中，矿产资源丰富、工业比重大是人均 CO_2 高排放城市的重要特征，而人均 CO_2 排放较低的城市则多为西南地区城市和大中型城市，其产业结构不以第二产业为主，森林和旅游资源丰富。

单位 GDP 碳排放方面，整体趋势与人均排放类似，即北方高、南方低，矿产资源丰富和工业比重较高的城市单位 GDP 碳排放也总体较高（Cai et al.，2019b；Yang et al.，2018）。但值得注意的是，单位 GDP 碳排放较低的城市可明显分为两类：一类是经济发达、技术先进、经济发展效率高的城市，如深圳、广州、厦门、北京、上海等；另一类是仍处在城镇化、工业化前期，碳排放总量较低的城市，如大兴安岭、广元、赣州、南充等。

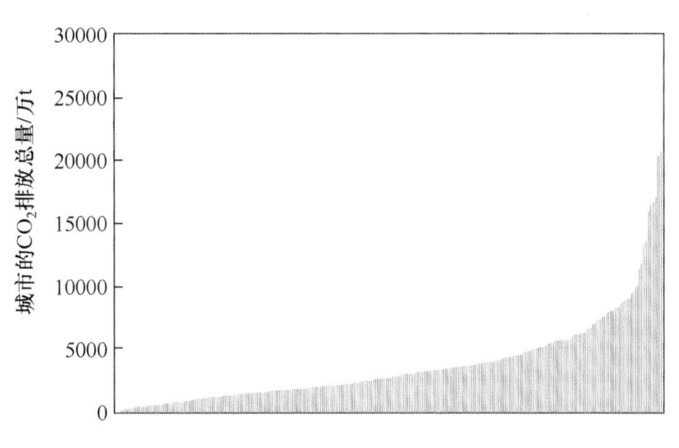

图 5-1 300 余个城市的 CO_2 排放情况

5.2.2 城市提出的碳排放峰值目标

2014 年我国首次在《中美元首气候变化联合声明》中提出计划 2030 年左右 CO_2 排放达到峰值且将努力早日达峰，2015 年向联合国提交的自主贡献报告中再次承诺该目标后，国内的一些城市也陆续提出了实现碳排放达峰的年份目标。2016 年底遴选第三批低碳试点城市时，国家要求申报试点的城市在试点实施方案中纳入碳排放峰值目标，并在第三批试点城市通知中公布了经审核的第三批 45 个试点城市的达峰年份目标。随后，除了第三批低碳试点城市外，一些第一批和第二批低碳试点城市也陆续提出了碳排放达峰年份的目标。表 5-1~ 表 5-3 为从公开渠道找到的各试点城市的碳排放峰值目标和相关文件（截至 2019 年 12 月，非完全统计）。

表 5-1　提出 2020 年及之前达峰的城市（共 9 个）

城市	峰值年份	发布渠道（年份，主体）
宁波市（2）	2018	《宁波市低碳城市发展规划（2016 年—2020 年）》（2017 年，市政府）
杭州市（1）	2020	《杭州市应对气候变化规划（2013—2020 年）》（2014 年，市政府）
深圳市（1）	2020	《深圳市应对气候变化“十三五”规划》（2016 年，市发展和改革委员会）
北京市（2）	2020	《北京市国民经济和社会发展第十三个五年规划纲要》（2018 年，市政府）
广州市（2）	2020	《广州市节能降碳第十三个五年规划（2016—2020 年）》（2017 年，市政府）
青岛市（2）	2020	《青岛市“十三五”规划纲要》（2016 年，市政府）
苏州市（2）	2020	《苏州市低碳发展规划》（2013 年，市政府）
南平市（2）	2020	《南平低碳城市试点实施方案》（2013 年，市政府）
烟台市（3）	2020	《山东省低碳发展工作方案（2017—2020 年）》（2018 年，山东省政府）

注：城市名称后的数字表示所属的试点批次，下同。

表 5-2　提出在 2021~2025 年达峰的城市（共 10 个）

地区	峰值年份	发布渠道（年份，主体）
武汉市（2）	2022	《武汉市碳排放达峰行动计划（2017—2022 年）》（2017 年，市政府）
赣州市（2）	2023	《赣州市人民政府关于建设低碳城市的意见》（2014 年，市政府）
天津市（1）	2025	《天津市“十三五”控制温室气体排放工作实施方案》（2017 年，市政府）
上海市（2）	2025	《上海市国民经济和社会发展第十三个五年规划纲要》（2017 年，市政府）；《上海市城市总体规划（2017—2035 年）》（2018 年，市政府）
成都市（3）	2025	《成都国家低碳城市试点实施方案》（2017，市发展和改革委员会）
济南市（3）	2025	《济南市低碳发展工作方案（2018—2020 年）》（2018 年，市政府）
潍坊市（3）	2025	《山东省低碳发展工作方案（2017—2020 年）》（2017 年，省政府）
兰州市（3）	2025	《兰州市 2025 年碳排放达峰实施方案》（2017 年，市政府）
株洲市（3）	2025	《株洲市低碳城市试点工作实施方案》（2018 年，市政府）
琼中黎族苗族自治县（3）	2025	《琼中黎族苗族自治县低碳发展规划》（2017 年，县政府）

表 5-3　提出在 2026~2030 年达峰的城市（共 6 个）

城市	峰值年份	发布渠道（年份，主体）
共青城市（3）	2027	《共青城市低碳城市试点实施方案》（2018 年，市发展和改革委员会）
安康市（3）	2028	《安康市国家低碳城市试点工作实施方案（2016—2020 年）》（2017 年，市政府）
延安市（2）	2029	《延安市低碳发展中长期规划（2015—2030 年）》（2018 年，市政府）
遵义市（2）	2030	《遵义市低碳城市试点工作初步实施方案》（2014 年，市政府）
桂林市（2）	2030 前	《桂林低碳城市发展“十三五”规划》（2017 年，市发展和改革委员会）
重庆市（1）	2030 前	《重庆市“十三五”控制温室气体排放工作方案》（2017 年，市政府）

5.3 城市碳排放驱动因素

城市碳排放驱动因素的研究对于实现城市碳减排具有十分重要的作用。对城市碳排放的驱动因素进行分解，可以进一步识别城市碳排放的主要驱动力，分析各驱动因素对城市碳排放在时间和空间尺度上的不同影响，有助于选择针对性强的减排路径，实现城市碳减排的目标。

城市碳排放驱动因素的相关研究中，采用的方法主要有因素分解分析法中的结构分解分析（structural decomposition analysis，SDA）法和指数分解分析（index decomposition analysis，IDA）法，其中IDA又包括Laspeyres IDA和Divisia IDA两类。还有一类主要基于Kaya恒等式和IPAT（impact of population，affluence，and technology）模型，其中IPAT模型可进一步扩展成ImPACT模型（impact of population，affluence，consumer and technology)和STIRPAT（stochastic impacts by regression on population，affluence and technology ）模型等。

目前，对城市碳排放影响因素的研究主要集中在城镇化本身以及城市规模、经济发展、产业结构、技术进步、对外开放水平、土地利用和空间结构等方面，虽然影响城市碳排放的驱动因素较多，但是这些驱动因素并不是孤立地对碳排放产生影响，而是在不同空间和时间尺度上相互作用，并且这些因素之间的相互作用和各自的相对重要性会因时间、空间而异。许多因素自身也在发生变化，随着时间的推移表现出显著的路径依赖。本节主要评估影响城市碳排放的各种驱动因素，以及通过识别不同的驱动因素来确定城市的减排政策。

5.3.1 城镇化与碳排放的相关性

城镇化表现出人口向城镇区域聚集的特征，城镇化进程导致生产、生活方式和土地利用的变化，进而影响碳排放。城镇化对碳排放的影响较为复杂。城镇化进程会导致人口由乡村向城市集中、基础设施等投入不断增加。基础设施建设会导致水泥、钢铁等高耗能产业的需求迅速增长，从而导致碳排放量增长。与此同时，城镇化进程也表现为农业活动向非农业活动的转换，从而导致三次产业结构的升级，由于三次产业的碳排放不同，三次产业结构的演变也会影响碳排放。城镇化进程还表现为城市数量的增加和城市地域范围的不断扩展，城市数量的增加和地域范围的扩展需要大量土地作为支撑，当土地类型发生变化时，各类土地所产生的碳排放不一样，如森林或草地转化为城市用地，也会引起“碳汇”向“碳源”的转变，进而影响碳排放。因此，城镇化会导致碳排放的增加（王锋等，2010；林伯强和刘希颖，2010；Wang et al.，2019；吴殿廷等，2011）。随着城镇化水平的提升，城镇化所带来的产业集聚、交通便利、土地高效利用、技术水平提升又使得人均能源利用效率大大增加，进而抑制碳排放的增长。可见，城镇化率的长期提升将对CO_2排放有抑制影响（臧良震和张彩虹，2015；赵红和陈雨蒙，2013）。通过以上分析可以看出，城镇化对碳排放的影响表现为双重作用，既有促进作用，也有抑制作用。在这两者的作用下，城镇化不同发展阶段对碳排放的影响也有所差异。

虽然城镇化进程对碳排放表现出双重性，但是人口规模、经济发展和能源强度等因素对碳排放的贡献程度相比城镇化更为直接和显著，但是城镇化与这些因素密切相关（徐丽杰，2014）。也有研究表明，碳排放受城镇化的影响较为复杂，涉及因素多、传导过程复杂，城镇化和碳排放尚未表现出规律性的变化趋势（周少甫和蔡梦宁，2017；Rafiq et al.，2016；董美辰，2014）。但是，绝大多数研究表明城镇化本身是促进碳排放的重要原因。

5.3.2 驱动因素对碳排放的影响

除了城镇化是影响城市碳排放的重要因素外，驱动因素还有城市规模、经济增长、工业化水平、居民消费、土地利用变化和空间结构等。这些因素对碳排放的影响机理见表 5-4。

表 5-4 驱动因素

驱动因素	含义
城市规模	城市规模涉及人口规模以及城市的基础设施等投入，建筑、交通等领域相关产业的发展将影响碳排放
经济增长	经济增长需要更多的资源和能源投入，其会带来碳排放的增长
工业化水平	工业革命以来的人为排放主要来源于工矿企业、发电企业、运输企业、热力供应、航空工业等部门，以及人为地毁林开荒、自然界的森林大火等
居民消费	主要涉及城市中的交通部门、生活排放等
土地利用变化	土地用途的改变引发的碳排放增加，如原有的农用地改变用途转变为建设用地，减少了碳汇的作用
空间结构	人口流、物质流、技术流、信息流、资本流共同影响城市地理空间的利用，进而影响碳排放

具体说来，在对城市规模对碳排放的影响研究中，大多学者通过人口规模来衡量城市规模对碳排放的影响。一种观点认为，人口的增加一方面直接导致对资源、能源需求的增加，另一方面间接导致各种基础设施、交通的增加，从而使得碳排放量增加（Xie et al.，2017；Shen et al.，2018）。有研究显示，城市人均能源消费量约为农村人均能源消费量的 3.9 倍，城镇居民消费水平提升所带来的碳排放远大于农村居民消费所带来的碳排放（王蕾和魏后凯，2014）。因此，城镇居民人均生活碳排放的不断增加是导致城市碳排放增加的重要因素之一（曲建升等，2014）。城镇居民的生活能源消耗在城市能源消耗总量中的占比日益增大，因此，不仅人口规模，人口结构也对碳排放具有显著影响（陆铭和冯皓，2014）。也有研究表明，人口的集聚会带来减排效率的提升，并且随着人口规模的扩张，能源强度会显著上升，但当人口规模超过一定数量时，人口规模增加对能源强度具有明显的负向影响（姚昕等，2017）。

经济增长与碳排放增加直接相关。大量研究表明，随着城镇化和工业化水平的提升，经济增长需要增加投入及能源、资源的使用，从而导致碳排放增加。从中国经济增长的情况来看，城镇化过程中投资、消费和出口的增长是经济增长的重要途径，城镇化与经济增长显示出显著的趋同性（Shan et al.，2017；关海玲等，2013；姬世东等，2013）。

工业化也是影响城市碳排放的重要因素之一。工业行业尤其是重工业行业是中国碳排放最主要的领域，工业的能源消费和碳排放占到全国能源消费总量的60%和碳排放量的80%（Shan et al.，2017）。城市中工业占比较高，尤其是煤炭开采和洗选业、石油加工、炼焦及核燃料加工业、化学原料及化学制品制造业、非金属矿物制品业、黑色金属冶炼及压延加工业等高耗能行业占比较高的，碳排放总量较高。而第三产业占比较高的城市，其碳排放量相对较低。因此，产业结构是影响城市碳排放的重要因素，并且其中起到关键驱动作用的主要是高耗能的产业在城市产业结构中所占的比重（赵巧芝和闫庆友，2017；Yu et al.，2018a，2018b）。

和城市居民生活相关的能源消耗也是导致城市碳排放变化的重要原因之一。与城市居民生活相关的碳排放主要涉及城市中的交通和其他生活排放等。从交通用能的能源消费构成来看，机动车能耗在交通部门能耗中占比较高。除城市交通部门的碳排放外，城市居民的生活排放也是碳排放的重要来源（彭水军和张文城，2013）。其中，能耗最大的领域是住宅能耗。影响城市居民能源消耗的因素主要有居民的责任感和生态价值观、能源使用的便捷性、相关产品价格以及政策感知效果等（彭迪云等，2014；付允等，2010）。

土地用途改变引发的碳排放也不可忽视，虽然土地利用变化导致的碳排放并不像工业生产过程的直接碳排放那样显著，但土地用途的改变也被认为是导致城市碳排放增加的驱动因素之一。例如，原有的农用地具有碳汇的作用，通过植物光合作用可以吸收和固定大气中的CO_2，一旦农用地用作建设用地或工地厂房时就丧失了土壤作为碳汇吸收CO_2的作用。城镇化过程中，土地用途的改变显著影响碳排放，然而相比经济增长和产业结构因素，它的影响相对较小（Zhang and Xu，2017）。

城市是由多种因素构成的复杂动态系统，城市受到其地理空间的人口流、物质流、技术流、信息流、资本流的共同影响，各种要素和资源在城市中的分布状态形成城市的空间地理结构，这些空间地理结构的改变均会影响城市的碳排放，碳排放的驱动因子存在明显的时空异质性（李丹丹等，2013）。研究指明，空间地理因素对能源相关的碳排放的影响日益显著（李建豹等，2015；Jiang Y et al.，2018），要实现中国2030年的城市碳排放达峰目标，需要综合考虑区域和空间地理的因素（Li et al.，2018）。

5.3.3 城市碳减排政策的选择

鉴于不同城市中影响其碳排放的因素具有趋同性与差异性，可将不同城市中各碳排放驱动因素的作用效应，以及城市发展不同阶段的碳排放及经济增长趋势，作为采取不同碳减排政策的依据。目前，根据不同模型对碳排放驱动因素的分析已形成了不同的减排政策建议，可将其归纳为以下几种主要的政策选择。

城市规模、产业结构、经济增长、工业化水平、空间结构等对城市的碳排放均有显著影响。大部分的研究结果均显示，城市规模的扩大有利于降低碳排放强度，产业结构向高级化演进有助于抑制碳排放，本地经济增长对减少本地及邻近城市的碳排放具有显著作用。

第一，人口较多的城市拥有更高水平的集聚效应和规模经济效应，有利于能源利用效率的提升，规划合理的大型城市可能更有利于能源利用效率的改善和碳减排目标的实现。第二，碳排放存在显著的空间交互效应，经济水平的提高也有助于减少当地及邻近城市的碳排放。这表明城市的碳减排不仅涉及城市规模结构、产业结构、贸易结构和技术水平的优化，还涉及区域间的协同联动，要想实现城市的减排目标，必须加快形成多领域的协同联动机制和地区间的节能减排政策（Yu et al.，2020）。第三，城市居民消费在未来将是影响碳排放的一个显著因素，合理引导居民消费，鼓励低碳生活方式将会是有效的减排政策。不仅如此，随着城市居民低碳意识的增强，他们会在消费中自主选择低碳、节能、清洁的产品，居民消费的选择将迫使厂商优化产品生产，改善能源结构，减少碳和其他污染物排放，因此，政府应该加强对居民消费的良性引导，倡导低碳生活方式，鼓励低碳产品消费，营造低碳社会氛围。在相关政策的推动下，城市居民的低碳生活方式的转变，能推动城市产业升级、能源结构优化，从而更有效地实现应对气候变化的目标。

5.4 城市结构与碳减排

在快速城镇化的过程中，城市正面临着大气污染、气候灾害、全球变暖等一系列生态环境问题。城市人口、空间、经济规模急剧扩张，也使城市结构发生着显著的变化。IPCC AR5 以来的多项研究显示，城市形态、空间规划与基础设施均对城市碳排放具有显著影响。因此，全球 1.5℃和 2℃温升目标下，需要充分考虑对这些城市结构要素的调整，提出减排措施，减缓气候变化。

在宏观层面，我国能源、水资源等相互关联的要素在空间分布上呈现不公平、不匹配的特征（赖玉珮，2019），这些资源要素禀赋及发展特征的空间差异对区域碳排放产生一定影响。对我国“一带一路”沿线 37 个节点城市的碳排放的研究表明，这些城市的单位 GDP 的碳排放水平呈现内陆—西南—沿海—东北—西北逐渐递增的趋势（孟凡鑫等，2019）。在中观层面，构建低碳城市形态，要求调整城市密度、紧凑度、功能单元等要素，使城市从粗放、无序、非均衡的蔓延发展方式，转向集约、有序、均衡的紧凑发展方式（李迅，2018），以对交通、建筑、家庭部门的能源消费和碳减排产生影响。规划低碳的城市空间发展模式要求适度开发城市土地资源、优化人口空间分布、合理布局和升级产业，以实现资源的高效集约利用；推广低碳基础设施，要求改进城市公共建筑、公共交通运输方式以及更新城市供水、供电、供气设施，以塑造绿色的生活生产模式。这些基于城市结构的减排措施将进一步有助于控制和减少城市碳排放，推动可持续的城镇化进程。

5.4.1 城市形态与碳减排

城镇化过程与大气中 CO_2 浓度增加有着较强的相关关系（Ribeiro et al.，2019），其中城市形态是综合分析城市碳排放的主要切入点之一（Fang et al.，2015）。对建筑样式混合、绿色居住空间、公共开发空间、公共设施配套等绿色建筑人文需求关系进行研究也将促进城市的绿色、低碳发展（Li et al.，2014）。城市的碳排放与城市形态并没有直接的联系，主要是通过相应的中介要素影响碳排放（Wang et al.，2017）。有证据表明，建筑环境类型和形状差异形成的城市形态差异可能导致城市交通和住宅温室气体排放量的差异达到 10 倍（Harrington and Otto，2018）。

1. 城市形态对微气候的影响

城市微气候是指由下垫面构造特性决定的发生在高度为 100m 以下的 1km 水平范围内近地面处的城市气候，包括太阳辐射强度、温度、湿度、风、降雨以及雾、霜等时空分布的局地差异（王振等，2016）。不同城市形态下的城市微气候有所差异，通过影响城市空间热量的传递，形成了相应城市形态下的微气候。已经有很多研究指出，城市地区升温 1.5℃或 2℃，其微气候不仅会影响家庭和居民的减排行为（例如，城市空间蓄热较多的情况下，居民会更多地使用制冷设备，从而增加碳排放），更会对人群健康带来风险，甚至引发气候灾害。IPCC AR5 以来，基于温度、空气质量、媒介传播的疾病发病率和死亡率研究在持续进行。预计全球升温 2℃时与热相关的发病率和死亡率会高于全球升温 1.5℃时，且由于各个地区和城市的城市形态有所差异，其受影响的程度也会存在差别（Edward et al.，2018；Harrington and Otto，2018）。与实现 1.5℃温升目标路径一致的城市形态设计要充分考虑城市的局地气候和天气条件，以减少气候灾害造成的一系列城市问题（Rogers and Tsirkunov，2010；Mitlin，2013）。

城市形态对于城市微气候的影响主要在于建筑密集阻碍城市通风、增加太阳辐射在城市空间中被反射与吸收的次数及城市下垫面的人工化蓄热强度等，其中，建筑密集阻碍城市通风，降低了城市空间内部热量散失的能力，其余几方面则增加了城市空间内部热量的蓄积（陈宏等，2015）。城市形态从中微观尺度上的城市肌理形态和城市街区形态两个维度直接影响城市微气候。城市肌理形态主要是两个层次：第一个层次包括表述肌理总容量和体量的地块控制的指标，如容积率、建筑布局、建筑密度和建筑高度等；第二个层次包括表述肌理几何结构形态的指标，如街区整合度、建筑群离散度、建筑朝向指标、体形系数等。城市肌理形态通过城市森林、建筑屋顶绿化、建筑组合群关系等影响城市微气候。城市街区形态主要是城市街区空间设计的街道断面的高宽比、街道的贴线率、街廓的整合度、街区界面性质、空调排热的方式与位置等。城市街区形态通过影响街区的通风换气性能、太阳辐射的吸收能力、下垫面高温、街区内部蓄热等来影响城市微气候。

2. 城市形态对交通碳排放的影响

城市形态通过影响居民的出行行为和居住选择，来对城市交通碳排放和建筑碳排放产生影响。与实现全球 1.5℃温升目标一致的情景方案表明，相比 2015 年，交通部门在 2025 年的终端能源使用量要有约 15% 的减少，该目标下，交通部门到 2030 年每年要减少 4.7Gt CO_2 排放。交通部门要实现这些目标取决于能够带来交通模式转变和缩短行程的城市形态，IPCC AR5 以来的证据表明，城市正在进行再城镇化，以协调交通部门的适应和减缓方案（Colenbrander et al.，2017；Salvo et al.，2017）。

影响城市交通碳排放的因素主要有三个：城市形态、出行行为、与燃料碳含量和利用效率相关的技术（Xie et al.，2017）。其中，城市形态不仅通过城市密度、城市功能单元布局等对交通碳排放产生直接影响，更主要的是通过影响居民出行行为间接影响交通领域碳排放。城市形态形成后短时间内难以改变，可以从根源上改变居民的出行行为。

城市形态从宏观和微观层面影响交通领域碳排放，分别以城市和社区为基准单元。宏观的城市尺度上，城市结构、城市大小、城镇化水平、城市功能布局、城市密度、城市公交可达性等都会对交通领域碳排放产生影响。例如，城市结构方面，多中心的城市结构可能因家庭或企业定期改变居住或工作地点进行“区位再选择”而减少通勤成本，但也可能由于各中心之间联系密切而使交通需求增加；城市功能布局方面，摒弃产业与居住相分离的传统模式，将产业园区与居住社区混合布局，促进职住平衡，减少通勤交通，降低交通碳排放（中国城市科学研究会，2019）；城市密度方面，较高的建筑密度、公交可达性较高的以公共交通为导向的开发模式下的城市对降低家庭出行碳排放水平的影响明显（马静等，2013）。微观的社区尺度上，居住区周围的密度（就业密度、商业密度、街道密度）、可达性（公交可达性、就业可达性、服务可达性）、土地混合利用度和路网设计是城市形态影响交通碳排放的主要维度。一般来说，居住区周围的密度高、可达性高、土地利用中就业类型用地与居住用地比值大、路网设计完善的社区形态对交通减排更加有利（刘志林和秦波，2013）。就中国城市形态对居民交通碳排放的影响而言，在经济发达的中国东部地区城市，城市密度和城市紧凑度对交通碳排放有正向影响，虽然在这类城市中私人小汽车的使用存在着刚性需求，但城市用地多样性的提升可以缩短居民出行出发地和目的地间的距离，是降低交通碳排放的有效手段。而中国大量功能较为单一的资源型城市或旅游型城市对私人汽车的发展往往有一定的抑制作用，如在资源型城市中，虽然城市密度较高，人口的分布较为分散，但居民出行有着较为固定的线路，对公共交通工具存在着很强的依赖性，而在旅游型城市中，由于游客数量较多，为保护旅游资源和保证交通畅通，往往会对私人汽车的发展提出诸多限制条件。因此，提高城市的公共交通通勤效率，可以有效地降低这类城市的交通碳排放。中国的直辖市和区域型中心城市规模较大，经济高度发达，在建成区密度和人口集中度已经趋近于饱和的情况下，城市内部的交通情况十分拥堵，城市密度和紧凑度越高，拥堵情况越为严重，由此带来的能源消耗和碳排放已远远超过了减少出行距离所降低的碳排放，这类城市可以通过丰富城市功能，提高城市用地的多样性，适度开发地下空间，建设形成“地铁枢纽、地下空间、地上业态”三位一体的综合空间，鼓励地下通勤方式（李迅等，2020），在城区范围内缩短通勤距离，将会对交通碳排放产生抑制作用。位于中国中西部的中小城市多、经济总量小但经济增速较快，对这类处于快速扩张期的城市，通过提高城市密度和紧凑度，可以缩短居民的出行距离，同时这类城市也可以通过提升公共交通通勤效率降低居民的交通碳排放（郭韬，2013）。

3. 城市形态对建筑碳排放的影响

城市形态对建筑碳排放的作用机理同样可以从城市和社区两个层次进行分析。从城市角度，城市用地开发强度分区、建筑周围的微气候、建筑密度分区、建筑高度分区通过影响建筑通风、建筑采暖、建筑能源供给，来影响建筑的碳排放。开发强度、建筑密度和建筑高度越高的地区，城市形态的布局越呈现“团块状”，其下垫面吸收的太阳辐射总量越多，通过该地区的风速越小，通风效果越弱，天穹可见度越低，地面通过长波辐射损失的热量越少，大量的热能无法散发，这些都不利于建筑减排（洪亮平和华翔，2015）。

从社区角度，城市形态主要影响居民建筑即住房的碳排放，通过影响居民的住房消费行为和城市热岛效应间接影响住宅的能耗。居民的住房消费行为与城市的蔓延程度显著相关，蔓延型城市的家庭与紧凑型城市的家庭相比，其住宅类型可能独栋更多，住宅面积也可能更大，住房在空调、取暖、炊事、照明等方面的能耗也就更大，从而增加了住房的碳排放（Mouzourides et al.，2019）。紧凑型城市的热岛效应更明显，热岛效应可能增加夏季住宅的空调能耗，但同时也可能降低冬季住宅的取暖能耗，其影响具有不确定性，同时，城市形态影响办公、商业金融、文化娱乐、学校等各种类型的建筑碳排放的作用机理也与住宅类似。紧凑或蔓延型城市的形态与城镇化进程有关。有研究显示，北京城镇化增加 1%，会引起建筑碳排放增加 1.66%；人均建筑面积增加 1%，建筑碳排放将增加 0.54%（杨艳芳等，2016）。就中国城市形态对居民交通碳排放的影响而言，集中在经济发达的中国东部地区城市，城市密度、紧凑度和城市用地多样性均对住宅碳排放有负向影响，提高城市紧凑度可以进一步降低住宅碳排放。中国大量功能较为单一的资源型城市或旅游型城市规模较小、人口总量较多、城市总体密度较高，提升城市紧凑度并不会降低住宅碳排放，城市的绿地在一定程度上增加了城市的碳汇水平，促进了碳减排。中国的直辖市和区域型中心城市的规模较大、经济高度发达、人口大量聚集，建成区内的密度已经接近饱和，城市只能向外扩张，对于这类城市提高城市密度和紧凑度非但不能有效降低住宅碳排放，反而会导致住宅碳排放增加，在这种情况下，在已接近饱和的建成区外合理规划新区，以促进形成多核心的城市形态以及“大疏大密”式的人口分布形态显得尤为重要。位于中国中西部的中小城市多、经济总量小但经济增速较快，这类城市的数量在中国最多，对这类处于快速扩张期的城市，控制城市边界是降低住宅碳排放的首要手段（郭韬，2013）。

5.4.2 空间规划与碳减排

随着城市规模的急速扩张，严格功能分区的城市空间规划已经难以适应全球升温的环境背景，热岛效应、“钟摆式”交通、工业污染等给城市发展带来了难题。城市需要将适应气候变化风险的规划技术融入城市规划设计、建设与更新中（Li et al.，2019）。本节讨论在应对气候变化背景下，划定生态控制线、采用组团式空间结构、推进低碳工业布局等低碳的城市空间规划措施对缓解碳排放压力的作用。

1. 划定生态控制线

抵抗全球升温 1.5℃的影响，规划城市的生态控制线，建设基于城市空间利用现状的绿色空间，整合多种生态要素的服务功能的城市空间规划方式可以丰富城市适应全球升温的选择集合，相较于传统基础设施的建设，这种方式在实现气候效益的同时更具有成本效益（Cartwright et al.，2013；Culwick et al.，2016）。

生态控制线的划定是控制城市非建设用地、保护城市生态资源化和生态格局、实现城市可持续发展的有效途径（任智超，2018）。基本生态控制线依据不同的景观生态要素可以被进一步地细化分解。基于农田、河流、林地、湿地等生态要素划定的生态控制线可以促进生态要素发挥生态服务功能，其对调节城市温度、改善城市气候有重要作用（表 5-5）。农田及耕地可以促进有机质的合成与生产（吸收 CO_2、释放 O_2），微生物在农田土壤碳转化中可以发挥消耗含碳温室气体的作用（郑慧芬等，2018）。城市河岸植被绿带承担着生态廊道的功能，可以将城市郊区的自然气流引入城市内部，阻隔和分散城市热岛效应（蒋倩颖等，2017），河道两侧一定宽度的绿带可以改善局部小气候，阻隔大面积热块的形成（邱海玲，2014）；森林每生长 $1m^3$ 生物量，平均吸收 1.83t CO_2，森林有很强的碳汇能力；湿地是重要的碳汇载体，碳储量为 770 亿 t，占陆地生态系统碳素的 35%（许霖峰，2013）。生物量储存在热带、亚热带、温带和北方生物群落，其目前分别拥有 1085Gt CO_2、194Gt CO_2、176Gt CO_2、190Gt CO_2。

表 5-5　城市生态系统要素及其功能（IPCC，2018）

生态要素	适应优势	减缓优势
城市植树、城市公园	减少热岛效应，有益于人体健康	减少水泥使用量和空调使用频率
透水表面	水补给	减少水泥使用量；减少抽水量和抽水耗能
森林保留、城市农业用地	调节洪水	减少空气污染
湿地恢复、河岸缓冲区	减少洪水	碳汇；减少水处理的能量耗费
生物栖息地		碳汇

2. 采用组团式空间结构

全球 1.5℃温升一致路径下，城市土地利用的情况和变革会影响各部门的能源使用强度、城市气候风险暴露程度和城市的适应性能力（Carter et al.，2015）。合理的城市土地利用规划可以促进气候减缓和适应，基于全球 1.5℃或 2℃温升目标，全球有越来越多的城市提出了包括土地利用模式变革在内的气候适应计划。

城市的组团式空间结构区别于传统的城市土地规划，其不依据严格的功能分区对土地进行功能区划，而是在规划区内依据土地混合开发、紧凑布局的原则，实现土地功能的有机混合。组团式的城市空间布局思路，充分利用自然地形地貌，既为城市空间发展预留了弹性，适应了城市高速发展的需求，又避免了“摊大饼”式的单中心城市结构，为低碳发展奠定了基础（唐杰和叶青，2019）。传统的基于土地功能的严格区划方法使得居民生活地与工作地距离较远，交通出行总量较大，给城市带来“钟摆式”交通、大量的交通能耗和温室气体排放。采用组团式空间结构，规划区活力较高，用地兼容性强，弹性开发潜力大，各个组团内既有生活用地，又有生产和服务设施用地，组团内部能提供一定数量的工作机会和岗位，以达到“职住平衡”的目标。居民在各个组团内能够就近工作，弱化和削减了长距离的机动车出行的动机和需要，居民会更多地使用公共交通，实现出行方式从机动车尤其是小汽车向公共交通和慢交通系统的转变。有分析指出，2035~2050 年以逐步淘汰化石燃料为动力的小汽车的销售被认为是与实现全球 1.5℃温升目标一致路径的一个标准（Haan et al.，2009）。此外，在组团式空间结构下，各个组团之间还可以建设形成城市生态廊道，有效增加城市组团与生态绿地的接触界面，从而扩大碳汇面积，加强城市吸碳固碳功能，组团间的城市生态廊道还可以作为极端天气事件的生态缓冲带应对气候变化，应对全球升温可能带来的城市洪水、热应激、火灾和海平面上升风险等（Araos et al.，2016）。

3. 推进低碳工业布局

传统的城市空间规划在产业结构上强调高碳排的第二产业的发展，在空间布局上过分注重功能分区。工业部门的减排需要从调整城市工业结构和发展循环经济两方面入手，并从城市规划的角度保障合理的空间布局。低碳工业的区位选择首先需要考虑区域内地形地貌、水体环境、气候等生态因素，基于承载力选择在该空间内适宜发展的工业种类，调整区域内的工业结构，从高能耗、高排放、高污染的褐色工业转向低能耗、低排放、低污染的绿色工业（李迅，2018），以控制工业的碳排放总量（董文芳，2014）。

4. 碳减排措施

要从城市空间形态出发实现碳减排，基于生态控制线划定、组团式空间结构和低碳工业布局，具体可以采取以下措施：①加强对生物群落的保护和恢复，减少对森林的砍伐、重新造林和加强森林管理，以更好地发挥自然碳汇的作用。在划定生态控制线后，还可以利用生态控制线内河流、湖泊、生态湿地、山林、基本农田等自然生态资源，规划形成城市外围导风界面，引导外围低温空气向城市内流动；使城市内部的河湖绿地等连通，形成城市与郊区的绿楔，将郊区凉爽的空气引入城市，激发城市内的局部小气候环流，提升城市通风和散热能力，使热岛效应得到缓解。②在未来，需要加强公共设施和交通基础设施建设，引导组团居住、就业、公共设施配置等相对平衡，要完善组团隔离带的规划，避免在发展组团城市时因无序扩张导致组团结构受到威胁，使组团式空间布局更能发挥解决城市交通拥堵和大量机动车出行导致的温室气体和污染物排放问题（陈可石等，2013）。③推行实施低碳工业布局，可以在碳汇丰富的地区发展生产过程中污染和碳排放较大的产业，在生态脆弱的地带要避免发展对环境破坏力大的产业。低碳工业布局要通过空间集聚和产业关联降低污染治理和运输能耗。空间集聚和产业关联就是发展城市的产业集群。集群内的企业一般属于同类竞争企业或相互关联企业，其在污染物排放种类和性质上也有相似性，关联企业在空间上的聚集为工业生产产生的 CO_2 和污染物的集中治理提供了便利。另外，要在整个集群内发展循环经济，采用“资源－产品－再生资源”的物流循环方式，实现对资源的重复高效利用，减少工业生产环节资源浪费带来的碳和污染物排放，同时降低污染治理的成本和能耗。

5.4.3 基础设施与碳减排

到 21 世纪中叶，全球每年大约将会增加 7000 万城市居民。这些新的城市居民大多数将居住在低收入和中等收入国家的中小城市，中国更是经历了前所未有的快速城镇化进程。到 2050 年，预计城镇化与基础设施发展的结合可能会增加 226Gt CO_2 排放（Bai et al.，2018）。但在长期的时间尺度下（2025 年以后），城市系统可以通过基础设施建设和资本投资促进建设智慧城市、绿色城市、韧性城市、可持续城市和适应性城市，建立实现全球 1.5℃温升目标所需的且与其具有一致性的城市系统变革途径（Lecocq and Shalizi，2013）。

1. 大规模推广绿色建筑

2018 年，建筑能源消耗占全球能源消耗的 32% 并具有很大的节能潜力。在全球 1.5℃温升目标一致的路径下，建筑到 2050 年需要较目前减排 80%~90%，到 2020 年建筑应不再依靠化石燃料供能，并实现建筑零排放，对现有建筑的节能改造率需要每年提高 5%（Kuramochi et al.，2018）。绿色建筑能够在全生命周期内，最大限度地节约资源，减少污染，为人们提供健康、适用和高效的使用空间（沈澄等，2019）。从基础设施角度，绿色公共建筑的大规模推广是节能减排的重要途径。绿色公共建筑通常能够在设计阶段就充分利用现有的可再生能源达到降低能耗的目的。根据当地的气候条件，选择能满足建筑能源需要的可再生能源种类。例如，在日照充足地区扩大太阳能技术的应用，使其成为建筑的主要可再生能源来源。在降水较多的地区，利用风能、地热能等满足建筑能源需要。绿色公共建筑还可以通过建筑布局设计、朝向设计等保证室内拥有充足的自然光照，从而减少冬季采暖能耗与室内照明能耗。绿色公共建筑也可以通过使用先进的蓄能技术装备和节能材料保持建筑的能量平衡，尽量减少能源的二次输入。经测算，深圳 167 个节能改造项目全部投入运行后，每年节约电力约 1.12 亿 kW · h，能耗强度平均下降约 13（kW · h）/（m^2 · a）。

2. 全方位建设绿色交通

交通基础设施的建设通常需要大量高能量、高碳密度的原材料产品，如钢材、水泥等，这使得交通建设的过程中会有大量的能源耗散。首先，道路交通网络是绿色交通建设的基础，根据各地区的功能定位和格局，建设功能明确、主次有序、四通八达的道路系统，可以增强交通可达性，缩短出行路程（苟广源，2013）。有研究对交通基础设施（公路、水路）建设节能减排潜力进行情景预测，结果显示，“十三五”期间交通基础设施（公路、水路）节约建材减排潜力设定为 10%、8% 和 6% 三种情景，“十三五”期间交通基础设施（公路、水路）建设年均减排量可分别达到 1143. 06 万 t CO_2、889. 68 万 t CO_2 和 636. 93 万 t CO_2，这将为我国实现 CO_2 减排目标和承诺做出重要贡献（方海等，2018）。

在未来，都市圈、城市群战略下的城市发展对建设一系列交通基础设施的需求会不断加大，1.5℃温升目标意味着城市交通向可持续运输系统的转变必须从现在开始实施，以实现深度脱碳。IPCC AR5 以来，交通领域的电气化趋势使低碳的城市交通更加容易实现，城市内部和城市之间的电气铁路范围不断扩张，电动交通工具的增长率很高，在 1.5℃温升路径下，2035~2050 年电力将取代化石燃料成为城市交通的动力（Newman et al.，2016）。但是仍要注意到，有研究显示小汽车的使用与财富的脱钩关系，上海和北京已经达到了小汽车使用量的最高峰，并且 IPCC AR5 以来虽然国际交通枢纽、机场和港口这些货运交通系统建设很迅速，但是其对减少甚至取代化石燃料使用的成效很小，有一些试验和工作仍面临挑战。在全球 1.5℃温升目标一致路径下，城市交通仍需克服包括金融、财政、制度、人口和法律在内的一系列障碍（Geels，2014），以减少碳排放，管理气候风险。

3. 建设其他市政设施

城市供水和污水处理是能源密集型的过程，该过程中产生的温室气体排放量很大，因此城市碳减排需要考虑能源 – 水资源的协同关系（赖玉珮，2019）。在 1.5℃温升目标下，城市面临的洪水风险有翻倍的可能性（Alfieri et al.，2017）。城市的水资源在综合利用过程中，区域共享的水资源供应网络、分质供水网络、供水管网效率建设、水资源渗漏控制装备都可以优化水资源在产业、交通、建筑等领域的配置，减少水资源和处理能耗浪费。高效的城市污水收集、处理和回收系统更能实现水资源的循环利用。通过整合可持续的水资源管理来支持减缓。通过废水回收和雨水开发转移增强供水服务来支持适应。废物处理工程方面，垃圾在收集、转运、日常护理过程中也会耗费能源并排放 CO_2（李智超，2018）。

4. 碳减排措施

建设绿色化的公共设施和公用设施是实现碳减排的重要措施，也是应对人口结构和市民需求变化的重要途径。要利用绿色基础设施建设实现碳减排，需要推进“微降解、微净化、微中水、微能源、微冲击、微交通、微更新、微绿地、微农场、微医疗、微调控”等绿色理念、技术、措施在传统市政基础设施规划建设中的应用（李迅，2018）。从碳排放的主要用能部门出发，在大规模推广绿色建筑、全方位建设绿色交通、建设其他市政设施方面具体可以采取以下措施：①建筑部门。建筑部门绿色基础设施的推广主要集中在绿色公共建筑领域。首先，提高公共建筑中体现能源和热性能的材料和直接能源的使用比例是促进碳减排的有效做法。经研究测算，全球 1.5℃温升目标下，采用该方法可以每年减少 1.9Gt CO_2 排放，如果配合使用高效的节能和照明设备可以每年减少 3Gt CO_2 排放。其次，可以将物联网和信息建模技术推广应用到公共建筑供暖和冷却系统设备中，以进一步提高建筑节能潜力，发展中国家的一些城市正利用这些技术，采用跨越式的建筑基础设施寻求低碳发展。最后，提升公共建筑围炉结构改造的保温技术，在建筑窗体、玻璃幕墙上使用高保温性能的玻璃等设施，提高建筑的保温性能，直接降低建筑采暖过程中的碳排放。在绿色建筑的施工阶段，使用无污染、可再生循环利用的材料以及碳捕获和储存建筑材料替代传统的木材、砖瓦等，这样能够减少对木材、土地等资源的消耗，尽可能降低对环境影响的施工方法也能够帮助减少施工过程中的碳排放和污染。实现全球1.5℃温升目标，需要大力新建高水平绿色建筑，结合城市更新，大规模、高水平推动既有建筑、社区、工业区和城区绿色化改造与可再生能源建筑，提高建筑领域能源利用效率，为抑制未来建筑能耗的增长奠定基础。②交通运输部门。交通运输部门首先通过基础设施建设实现碳减排，可以在道路建设过程中选择泡沫沥青、橡胶沥青等可再生、可循环的道路材料，这些新材料和技术能够削减建设能耗，并延长道路的使用寿命。其次，需要加大力度不断完善和发展交通走廊与公共交通枢纽，它们可以实现高速公路、轨道交通、城市快速路等不同交通设施的高效衔接，对空间资源进行整合和共同利用，使居民使用公共交通实现无缝换乘，降低对小汽车的依赖（马静等，2013），从而对实现碳减排产生积极作用。最后，要注重道路绿化和广泛布局低碳的交通附属设施。道路绿化可以调节路面及周围环境湿度、温度，吸收尾气排放的碳和污染物，交通附属设施包括道路路灯、信号灯、加油站、停车场等，由于数量众多，降低其能耗对交通碳减排也有重要意义（马静等，2013）。例如，LED灯应用在隧道中可以大幅度减少电能消耗；充电桩、加气站等配套设施的建设可以促进新能源汽车、小排量汽车的普及。③市政部门。集中建设废弃物处理工程可以对垃圾进行分类收集和处理。具体地，餐厨垃圾的就地资源化，建筑废弃物、危险废弃物、污水厂污泥的就近输送，再通过废弃物处理的区域性设施集中处理的方法可以减少垃圾实际处理量和运输处理过程中产生的二次排放（张炯，2016）。水资源利用系统在未来可以通过构建分质供水系统等现代设施，加强非常规水资源（再生水、雨洪、海水）的使用，利用低冲击的开发模式推广修复水文循环，整合可持续的水资源管理，支持减缓。低碳市政基础设施要对能源、建筑、交通、水和废弃物系统进行低碳技术的植入和结构模式的提升，构建循环化与高效率的系统，从而实现结构上的节能减碳。

5.5 城市减缓气候变化影响的技术与潜力

减缓气候变化技术有广义与侠义之分[①]（石敏俊和周晟吕，2010）。从广义上讲，所有可以减少化石能源消费和碳排放的技术都可以称为减缓气候变化技术（或低碳技术）；从狭义上讲，减缓气候变化技术可按减缓的途径和方式分为减碳技术（主要包括节能技术、煤的清洁高效利用技术等）、无碳技术（主要包括核能、太阳能、风能、生物质能等可再生能源技术）和去碳技术（主要包括碳汇技术和CCUS技术）。本节所评估的技术采用狭义上的减缓技术分类标准，煤改气、煤改电等能源替代技术更多地属于能源政策调整的内容，所以不纳入本节的评估范围。

城市减缓气候变化技术可概括为支撑城市低碳经济发展、控制和/或减少城市温室气体排放的技术（李晓勇等，2011）。城市减缓气候变化技术一般主要集中在新能源

① 气候组织.2009.中国低碳领导力：城市.

与可再生能源供能技术（电、热、燃料和热电）、非再生能源供能技术（电、热、燃料和热电）和供能监控技术、固体废弃物处理技术以及城市绿地增汇、CCS 等负排放技术领域。由于城市系统的特殊性，从部门角度看，城市减缓气候变化技术多集中在能源供应、工业、建筑、交通、废弃物处理、城市绿地等领域。

相对于城市适应气候变化技术，以中国城市为主体的城市减缓气候变化技术研究并不系统，且在大部分文献中与工业、交通等部门的减缓技术分析内容相互交叉，这给独立评估城市层面减缓技术的作用和潜力带来一定困难。

5.5.1 减缓技术在中国城市气候变化中的作用

减缓技术是中国城市实现低碳发展的核心，对提升未来城市竞争力、实现城市跨越式发展具有重要作用，但技术在短期内对抑制中国城市碳排放的作用非常薄弱或不显著（王少剑等，2019；邱立新和袁赛，2018；邓荣荣和詹晶，2017；邓荣荣，2016），这也说明减缓技术作用的发挥是一个长期的过程。

减缓技术在资源型城市、工业城市、特大规模城市、低碳试点城市中作用的发挥受到更多的关注，其在减缓气候变化中的作用具有区域异质性（陈艳春，2016；王美玲等，2012），能源结构、能源强度、经济结构、人均产出规模的差异，以及资源禀赋和外商投资等外部环境的区别是引致区域异质性的主要因素（冯冬和李健，2017；武义青和赵亚南，2014；金乐琴和吴慧颖，2013）。对不同城市群的评估表明，减缓技术对京津冀地区、东北地区等北方城市群的影响比南方城市群更为显著，这与各城市群内的城市发展状况紧密相关。在能源效率、减缓技术等因素同时发挥作用的前提下，珠江三角洲城市群、长江三角洲城市群能源效率相对较高，能源效率对减缓气候变化作用更为显著，而京津冀城市群因面临诸如大城市病、雾霾影响、产业结构分布不均等问题，能源效率低于其他两个城市群，但减缓技术产生的作用反而更显著（郭姣和李健，2019；孙秀梅等，2016）。

5.5.2 城市减缓气候变化技术的重点领域

城市是人口集聚的区域，城市建筑系统承载人口的经济社会活动，市内和城际交通构成了城市要素流通的网络和通道，城市能源供应系统则支撑了城市运行的各个环节。城市建筑、交通和能源系统，不仅是支撑城市运行的必要硬件，也是暴露于城市下垫面并直接扰动气候系统的重要因素。因此，这些领域都是城市减缓气候变化技术应用的重点领域。

中国能源消费结构以煤为主，高碳的能源消费结构决定了中国城市减缓气候变化最直接的方式是大量应用减碳技术和发展无碳技术，化石能源节能减碳技术和可再生能源技术在城市减缓气候变化各类技术中受关注度最高，特别是关于可再生能源技术的研究最多。

在化石能源和不可再生能源领域，我国在清洁煤炭燃烧利用所涉及的超超临界、煤电深度节水、煤电废物控制、碳捕获和封存等一些技术领域已处于世界先进甚至领先水平，短期内关注煤炭高效燃烧技术、煤电废物控制技术，中期内关注终端散煤利

用技术及 CO_2 捕集、传输和利用技术等前瞻性技术，长期开发磁流体联合循环发电技术等颠覆性技术，这些技术将大幅提升城市减排的效果。油气方面，常规勘探技术成熟，非常规油气探测技术以及智能传感技术仍存在不足，未来主要是应用一些低碳、安全的开采方式等，减少能源生产过程碳排放。核能应用方面，我国自主研发三代核电技术进入大规模应用阶段，四代核电技术进入全面研究阶段（李立浧等，2018）。

在可再生能源领域，我国已经是世界上最大的可再生能源生产国，风电、光电规模跃居世界第一。水能利用领域，主要是水力发电技术体系的应用，水力发电领域技术处于领先地位，但巨型水轮机及其系统的稳定性问题未得到很好的解决，超高水头、引水式电站开发技术仍需攻关，亟须开展超高水头超大容量冲击式机组、大容量高水头贯流式机组稳定性方面的关键技术和科学问题研究。风能利用领域，我国风电设备产业链形成，但风电场设计和智能运维技术与国外差距较大。太阳能利用领域，光伏发电和光热发电技术成熟，而太阳能光化学利用技术仍处于实验室研究阶段。受益于技术进步，目前的光伏发电成本为 2008 年的 10% 以下（李立浧等，2018），2019 年我国不少新建光伏发电项目的上网电价已经低于现有燃煤电厂（姜克隽和杨秀，2020），城市用电弃风弃光明显改善。生物质能利用领域，污水厂剩余污泥和城市有机质废弃物厌氧共发酵技术是生物质能利用的重要支撑。我国不少城市已经在城市生物质能利用领域取得进展，如内蒙古鄂尔多斯东胜区垃圾无害化处理厂首先将厕所和化粪池的粪便进行固液分离，然后与有机垃圾、剩余污泥进行联合厌氧发酵产沼发电，剩余的沼渣用于制肥（周玲玲等，2012）。但生物质能单独发电存在效率低的问题，许健等（2018）通过补燃设备调整天然气和生物质能电联产机组的运行状态，提出了适用于城镇综合能源系统的多种新能源高效消纳的综合能源运行双层优化方法。城市地热利用领域，显热（热水、地下蓄热）、潜热（相变蓄冰、微胶囊相变材料）和热化学蓄热等技术在未来有较大的应用前景。城市可再生能源规模的不断扩大和技术水平的不断提升，大幅降低了城市碳排放水平。

在电网与储能领域，电网与储能工程技术水平持续提升，能源互联网与储能产业处于国际领先水平（张博等，2020），电化学储能是目前最常用和成熟的化学储能技术，但需持续开展氢储能研究。抽水蓄能电站领域，仍需研究变速抽水蓄能技术、海水抽水蓄能电站关键技术、抽水蓄能与其他能源协调控制技术等。另外，我国城市正积极推动智能电网与能源网融合，融合趋势将向智能化、透明化、智慧化的三个层次递进发展。其发展趋势是构建以可再生能源为主体，终端能源以电能为主，多能多网融合互补的技术体系（李立浧等，2018）。

上述技术主要是通过提升传统能源利用效率，推动新能源、可再生能源电力化、清洁化发展，来降低城市碳排放、减缓气候变化，但关于上述技术的研究主要从政策建议角度鼓励该类技术的使用，而对利用该技术可实现的减排规模、减排潜力的估算等，尚缺乏相关信息。

能源领域的减缓技术还广泛应用于难以电力化的细分领域，工业余热利用于城市供暖项目被认为是可推广度较高的技术。例如，太原“太古长远距离输送及中继能源站集中供热项目”应用大温差技术、多级中继循环泵联动输热技术、电厂乏汽余热利用技术等先进技术，将难以电力化的电厂乏汽余热输送至城区，在解决城区采暖需求的同时，每年可节约93.1万t ce，减少CO_2排放244万t，如果该技术全面推广，可以减少全国大约2.1%的能源消费量和2.4%的CO_2排放量。在城市垃圾分类领域，有机物在填埋垃圾中会经过厌氧分解产生CH_4，将有机垃圾从填埋垃圾中分离并进行合理的堆肥处置，这样能够大量降低温室气体排放，同时提供有价值的园林和农业资源。中国在2019年6月设立了首批46个垃圾分类城市试点，通过垃圾分类投放、配套系列分类处理技术等手段，最大限度地降低了有机垃圾的填埋。例如，上海湿垃圾处理采用专门的运输装置、喷淋、除臭、压滤等技术环节，并配有专门的有机质处理厂。在市民饮食结构方面，降低肉食比例，提倡素食也是减少城市碳排放的一种有效手段。2016年中国城镇居民人均食物消费碳排放量是乡村的1.22倍，其中城镇居民肉食消费比重高为重要原因（曹志宏等，2020）。此外，城市园林如果设计得当，也可以发挥更大的碳汇作用。例如，上饶基于低碳理念的城市道路绿化景观改造策略，优先选用固碳能力强的乡土树种，应用低碳植物配置模式，生态化雨水管理设计，降低改造过程中的碳排放（杨远东等，2016）。我国城市特别是北方城市还要合理搭配落叶植物和常绿植物，以此来保障全年的固碳释氧作用，进一步提升城市空气质量（吴金国，2016）。

交通领域的减缓技术是文献提及度第二高的领域。交通基础设施的低碳化技术（如轨道交通技术）、交通工具的节能技术（发动机增压等先进节油技术、子午线轮胎、岸电技术等）及交通工具的能源替代技术（新能源汽车技术）、高效引擎和尾气治理技术等在未来低碳城市发展过程中将发挥关键性作用。共享单车作为近年来的新兴事物，可实现的减排潜力巨大（丁宁等，2018；朱天陆等，2020；Yu et al.，2020）。

我国城市建筑排放已与工业、交通并列成为三大“排放大户”，城市建筑减排主要强调可再生能源技术应用（仲继寿等，2016）。低碳建筑技术大致分为五大系统：绿化系统低碳技术、建筑能源供给低碳技术、建筑围护结构低碳技术、建筑设备低碳技术、建筑运营管理低碳技术（杜晓辉等，2015）。其中，建筑围护结构低碳技术是所有研究热点中关注度最高的（何清华等，2016）；建筑能源供给低碳技术则是低碳建筑技术应用最为广泛的领域，主要是可再生能源分布式应用，包括太阳能光热建筑、太阳能光伏建筑、地源热泵建筑等。现阶段成熟的太阳能热利用技术（包括各类太阳能热水系统和空气源热泵）、采用被动太阳能采暖或降温的建筑技术、屋顶或墙面安装光伏构件以及充分利用天然采光、自然通风策略等，四项技术可实现可再生能源综合贡献率30%以上。未来低碳建筑倾向于光热建筑技术应用（建筑立面系统的标准模块和组合模块光热构件等）、光伏建筑技术应用（区域建筑光伏系统）、多种可再生能源技术复合应用（太阳能跨季蓄热供热等）等（仲继寿等，2016）。此外，针对工业园区、商场等特定建筑（群）的低碳建筑技术也被关注，如我国城市绿色中央商务区（CBD）集成了供能优化技术、绿色建筑技术、绿色照明技术、节水和水环境优化技术、低碳交通技术、生态绿化技术、绿色施工推行和监管技术、产业优化技术、废弃物管理工程和低碳文化技术这“十大技术”，从规划期、建设期、运营期3个阶段全面实施低碳建设（尚丽等，2014）。

许多研究者注意到碳捕捉和储存技术在城市中的应用前景，但未单独就该类技术在城市中的发展做深入讨论。除此之外，城市废弃物处理技术以及作为软技术的城市规划技术也对减缓城市层面的气候变化具有重要意义，不过目前尚缺乏对这些技术类别的系统评估。

实现 1.5℃温升目标，需要城市发挥更进一步的减排作用。支撑 1.5℃目标实现的技术，包括零碳建筑技术、碳捕获和埋存技术等（叶祖达，2017）。但现有文献关于城市在 1.5℃目标下作用的研究刚处于起步阶段，缺少技术发展路线图、减排成本、减排潜力的相关信息，这也是该领域亟须取得突破的研究缺口。

5.5.3 城市减缓气候变化的潜力

城市碳减排潜力是指在考虑地区经济发展和实际二氧化碳排放量的基础上，最大限度地减少二氧化碳排放的能力（冯冬和李健，2017）。目前，独立测算城市碳排放潜力的文献并不多，更多的是与碳排放驱动因素、碳排放效率和减排贡献交叉进行，且研究范围主要集中在京津冀城市群、长江三角洲城市群、珠江三角洲城市群。对历史年度碳减排潜力的分析表明，城市群之间碳减排潜力存在显著差异，整体呈现“京津冀 > 长江三角洲 > 珠江三角洲”的发展格局（郭姣和李健，2019）。具体而言，在三大城市群内部，北京、上海、无锡、盐城、广州、深圳、佛山 7 个城市的减排潜力稍低，其余城市的减排潜力值高出 10% 以上。人口规模、碳强度、经济发展、固定资产投资、产业结构、能源消费结构、城镇化发展、对外贸易、有机废弃物资源化利用等，是影响城市碳减排潜力的主要因素，这些因素的影响效应在不同区域具有异质性（刘翔和陈晓红，2017）。东部地区作用最大的因素为人口规模，东北地区为固定资产投资，中部地区为能源消费结构，西部地区为产业结构（冯宗宪和高赢，2019）。平均碳减排潜力由大到小依次为东北地区、中部地区、东部地区、西部地区（冯宗宪和高赢，2019）。对未来年度城市碳减排潜力的测算，一般基于情景分析或以某城市为参照物采用比较分析方法进行，其重点关注职居关系调整、产业结构优化、能源利用效率提升等因素对未来城市碳减排潜力的巨大贡献（王慧慧等，2018；黄金碧和黄贤金，2012）。例如，北京减排潜力最大的前五项措施依次是增加绿电调入量、实现无煤化、推广新能源汽车、淘汰“散乱污”企业和提高第三产业比重，同时发展可再生能源、提高绿色出行比例以及减少交通拥堵的效果也比较显著（钟良等，2019）。控制人口增速、优化能源结构、注重技术进步等是北京、上海、广州、深圳、天津和重庆等超大城市发挥减排潜力的必要路径（王勇等，2019）。

充分发挥城市减缓气候变化潜力，其阶段性目标是城市碳排放达峰，最终目标为实现零碳排放。截至 2019 年 10 月，全国共有 71 个城市公开宣示了达峰目标，其中将峰值目标纳入城市发展规划、行动方案或相关文件的城市共有 32 个，宁波、杭州、深圳、北京、广州、青岛、苏州、烟台、南平 9 个城市将不晚于 2020 年碳排放达峰的目标通过政府文件正式发布（姜克隽和杨秀，2020）。例如，北京提出 2020 年达峰目标，达峰碳排放量约 1.6 亿 t；上海提出 2025 年之前达峰目标。梳理城市提出的达峰目标和方案，发现各城市之间达峰路径总体相似，亮点不多，且多为在自身现有的工作基础上的整合和总结，缺乏针对碳排放达峰的专项规划和行动（齐晔等，2020）。各城市共同的达峰路径包括加快产业低碳转型、促进服务业发展、强化节能管理、加强重点领域节能减排、优化能源消费结构、开展各领域低碳试点和行动、增加森林碳汇等，并普遍重视分解落实碳强度下降目标、参与全国碳排放权交易市场、提升温室气体排放数据统计核算、提升清单编制和基础研究能力等低碳相关重点工作。特色的达峰探索包括建立以峰值目标倒逼碳减排的新机制、以大数据支撑碳排放管理、主动开展近零碳排放区示范工程建设、探索低碳扶贫等新模式。但是，各城市达峰目标设置仍相对保守，部分城市高碳锁定效应、温室气体排放数据统计体系基础能力差等是达峰目标实现的重要障碍，各城市碳减排潜力有待进一步挖掘（曹颖等，2019）。

对不同类型城市达峰路径的分析发现，中国地级市只有 44% 的城市可以按正常发展模式实现 2030 年达峰目标，其他城市必须实施低碳发展战略才可以实现碳排放在 2030 年左右达峰（郑海涛等，2016）。沿海工业城市能否真正实现经济发展与碳排放绝对脱钩状态，关键在于能源结构的调整，这包括核能以及可再生能源在能源消费中比重的上升，也需要对城市工业进行技术改造以及提高能效（刘甜等，2015）。北京已经实现达峰，其中产品生产经济转向服务经济，城市能源结构出现根本性变化，交通、建筑多领域综合降碳等，是北京快速达到城市碳排放峰值的原因（钟良等，2019）。

由于我国 CO_2 排放在 2013 年之后进入平台期，因此也有一批城市碳排放开始下降。根据对国内 36 个典型大城市的研究，上海、深圳、重庆、石家庄、成都、武汉、杭州、昆明、东莞、宁波、唐山、青岛、郑州、佛山和厦门共计 15 个城市碳排放已达峰，南通和无锡处于平台期，其余 19 个城市综合来看尚未达峰。

城市碳排放达峰不仅要强调整体上能源结构、产业结构和技术水平的提升，还需要关注重点领域达峰，如昆明通过调整产业结构和控制小汽车发展，使交通能源低碳化，通过大力发展新能源和绿色交通来促进交通领域达峰（邱凯和唐翀，2019）；衢州将绿色生态理念融入城市综合规划，强化城市土地混合利用与紧凑发展，实现土地利用方式低碳化（吴洁珍等，2017）；合肥通过优化土地利用结构、控制建设用地扩展、低碳调控土地减量化手段促进碳排放达峰（於冉和黄贤金，2019）。

零碳城市作为达峰后的城市发展目标，近年来也被广泛关注和研究。根据联合国的统计，截至 2019 年 9 月联合国气候变化峰会，全球共有 102 个城市承诺将在 2050 年实现净零 CO_2 排放。据不完全统计，已有墨尔本、哥本哈根、斯德哥尔摩等十几个城市提出早于 2050 年实现城市零排放，如巴黎、伦敦、纽约、东京、悉尼、墨尔本、维也纳、温哥华等，都提出了要实现净零碳排放（姜克隽和杨秀，2020）。这些城市主要通过发挥建筑、交通、电力、工业、生物资源等领域的减排潜力，来最大限度地减少或抵消 CO_2 排放，从而实现城市零碳排放。

我国于 2016 年在马拉喀什气候大会上提出建设 50 个近零碳排放示范区。目前已经有一批省市开始研究和考虑提出零碳排放相关的目标。广东公布了《广东省近零碳排放区示范工程实施方案》和《广东省近零碳排放区示范工程试点建设指南（试行）》，在工业、建筑、交通、能源、农业、林业、废弃物处理等领域综合利用各种低碳技术、方法和手段，以及通过增加森林碳汇、购买自愿减排量等碳中和机制减少碳排放，使指定评价范围内的温室气体排放量逐步趋近于零并最终实现绿色低碳发展，并确立了两个近零碳排放城镇，一个近零碳排放园区和一个近零碳排放社区。甘肃在《甘肃省“十三五”控制温室气体排放工作实施方案》中也启动了敦煌近零碳排放区示范工程，主要路径是实施水泥、钢铁、有色、化工等高耗能、高排放产品替代工程，并通过开展低碳商业、低碳旅游、低碳企业试点来达到近零碳排放。厦门东坪山片区则是通过优化能源结构、改造照明系统、发展绿色建筑、加强林地保护、推行绿色交通、鼓励绿色消费等措施创建近零碳排放示范区。

上述零碳排放城市的建设都根据自身的产业结构、地理环境和发展规划等制定了特色化的零碳排放城市路线图，可见，实现零碳排放的路径是多种多样的。零碳城市的建设需要跳出以技术应用为核心的传统思维，不限于建筑尺度的设计手段，而要积极探讨城区空间尺度可以带来的外部性减碳手段，包括推动分布式能源建设、绿色出行、废物零填埋、建筑节能管理服务、城市森林等（叶祖达，2017），还需要以城市的特定模块为引领，实现城市零碳发展，如通过电力清洁化、清洁能源使用、高耗能行业的低碳化改造与绿色产业发展以及打造“近零碳排放”高新工业园区等，引领零碳城市建设（杨军等，2017）。根据兰考县农村能源革命规划，2021 年可再生能源占兰考县一次能源比重达到 60%，而在 2016 年，仅为 3%，因此兰考县有可能在 2035 年实现碳中和。大湾区城市利用广东大规模核电发展，以及调入绿色电力，也可以在 2050 年实现碳中和①。

实现我国碳中和目标，城市也必须实现碳中和。具有基础的发达城市可以先行设立碳中和目标，以实现社会经济发展目标和大气质量目标，同时提升城市竞争力（姜克隽和杨秀，2020）。我国实现 1.5℃温升目标下的能源转型有其可行性，因而在 2050 年左右近碳中和也可以实现，其中一些城市可以先行实现碳中和（Jiang K et al.，2018）。

5.6 体制机制与政策

中国已经建立了国家应对气候变化领导小组统一领导、有关部门和地方分工负责、全社会广泛参与的应对气候变化管理体制和工作机制（《中国应对气候变化的政策与行动 2016 年度报告》），在城市层面的气候变化目标主要由其上一级行政部门通过控制温室气体排放目标责任评价制度“自上而下”确定，并鼓励城市提出更高的减排目标，制定应对气候变化的战略规划和政策。城市实现低碳发展主要面临以下挑战：一是我国正处在工业化中期和城镇化关键发展阶段，需要寻求经济发展、提高人民生活和控制温室气体排放之间的平衡；二是相比发达国家在完成工业化和城镇化后实现低碳发展，中国的城市没有现成的低碳发展模式可供复制；三是各地区经济发展速度不一，排放强度存在较大差异，协调区域发展差异与碳排放控制工作难度大，没有现成的低

① 姜克隽，向翩翩，贺晨旻，等. 兰考县 2035 年实现碳中和路径研究（待发表）.

碳发展政策体系可以直接借鉴；四是缺乏保障低碳发展相关的资金支持、财税政策等激励措施，人才队伍亟须完善；五是缺乏完善的排放数据统计与核算体系，低碳发展规划的制定和相关工作的开展缺乏必要的数据支撑。因此，中央政府试图通过地方试点，探索并总结有效的政策和制度，充分调动各方面积极性，在不同自然条件、不同发展基础的地区探索符合实际、各具特色的发展模式，积累对不同地区和行业分类指导的政策、体制和机制经验，推动经济转型，实现可持续发展。

5.6.1　国家层面针对低碳城市的政策

城市是低碳发展的实践者，也是低碳政策的执行者。《国家应对气候变化规划（2014—2020年）》中提出控制城乡建设领域排放的总体要求，包括优化城市功能布局、强化城市低碳化建设和管理、发展绿色建筑、控制城市交通碳排放、控制商业和废弃物处理领域排放、倡导低碳生活等方面。以上相关方面的部门政策均有效推动了城市的低碳发展。

不过，在我国，专门针对城市应对气候变化的综合性目标、战略和行动的政策并不多，国家减排温室气体的目标主要通过国家—省—城市的政策体系进行责任传导，如温室气体排放目标责任考核评估机制，就是通过国家为省设定目标并考核、省再为城市设定目标并考核的方式来落实。国家层面并没有设定针对非直辖市的城市碳排放目标和政策措施，低碳城市的政策主要聚集在“自下而上”的引导，即试点政策方面。

试点是我国国家治理特别是改革创新中常用的政策手段。习近平在2015年6月主持召开中央全面深化改革领导小组第十三次会议时强调，试点是改革的重要任务，更是改革的重要方法。试点能否迈开步子、趟出路子，直接关系改革成效。要牢固树立改革全局观，顶层设计要立足全局，基层探索要观照全局，大胆探索，积极作为，发挥好试点对全局性改革的示范、突破、带动作用。

试点也是我国应对气候变化领域的重要政策形式。2010年国家发展和改革委员会发布的《关于开展低碳省区和低碳城市试点工作的通知》确定在广东、辽宁、湖北、陕西、云南五省和天津、重庆、深圳、厦门、杭州、南昌、贵阳、保定八市开展低碳省市试点探索性实践，明确了包括编制低碳发展规划、制定低碳发展配套政策、建立低碳特征产业体系、建立温室气体排放数据统计和管理体系、倡导低碳生活和消费模式在内的主体工作内容，国家低碳省区和低碳城市试点工作正式启动。2012年国家发展和改革委员会下发的《关于开展第二批低碳省区和低碳城市试点工作的通知》确定在北京、上海、海南等29个省市开展第二批低碳省区和城市试点，并在第一批试点要求的基础上，增加建立控制温室气体排放目标责任制为主体的工作内容。2017年国家发展和改革委员会下发的《关于开展第三批国家低碳城市试点工作的通知》新纳入了乌海、沈阳、大连等45个低碳城市试点，并在试点通知中明确了各个试点城市的碳排放达峰年份目标以及探索创新的重点。至此，低碳省市试点范围扩大至81个城市或区县，其分布见表5-6。

表 5-6 国家三批低碳省市区试点分布情况

地区	试点名称
东北	大兴安岭，逊克（黑龙江）；吉林（吉林）；沈阳，大连，朝阳（辽宁）
华北	北京；天津；保定，秦皇岛，石家庄（河北）；济源（河南）；晋城（山西）；呼伦贝尔，乌海（内蒙古）
华东	上海；池州，合肥，淮北，黄山，六安，宣城（安徽）；南昌，赣州，景德镇，共青城，吉安，抚州（江西）；杭州，温州，嘉兴，金华，宁波，衢州（浙江）；淮安，苏州，镇江，南京，常州（江苏）；厦门，南平，三明（福建）；青岛，济南，烟台，潍坊（山东）
华南	广州，深圳，中山（广东）；桂林，柳州（广西）；三亚，琼中黎族苗族自治县（海南）
华中	武汉，长阳土家族自治县（湖北）；长沙，株洲，湘潭，郴州（湖南）
西北	延安，安康（陕西）；金昌，兰州，敦煌（甘肃）；西宁（青海）；银川，吴忠（宁夏）；乌鲁木齐，昌吉，伊宁，和田（新疆）；第一师阿拉尔市（新疆生产建设兵团）
西南	重庆；广元，成都（四川）；贵阳，遵义（贵州）；昆明，玉溪，普洱思茅（云南）；拉萨（西藏）

低碳试点的选择在地域范围上具有广泛性，在城市类型上具有代表性（刘佳骏等，2016）。基于对试点低碳发展状况、政策创新等方面的综合评估，低碳试点政策取得了积极成效（Li et al.，2019；陈楠和庄贵阳，2018；杨秀等，2018；庄贵阳和周伟铎，2016），具体表现在以下几个方面：

（1）试点总体取得了较好的低碳发展绩效，试点城市的单位 GDP CO_2 排放下降率普遍高于非试点地区，碳强度的下降幅度也显著高于全国平均降幅。

（2）区域治理模式出现转变，试点地区不仅提出了更加严格的碳强度下降目标，而且率先提出了碳排放峰值目标和路线图，形成了对产业结构转型、能源结构优化、技术进步创新、生活方式转变的倒逼机制。

（3）各地对低碳发展的认识和能力建设大幅度提升，通过开展低碳试点，各地对低碳发展理念的科学认识有了较大提高，各地更加注重绿色低碳与经济社会发展的协调推进，这对转变传统的粗放型发展理念发挥了重要作用。同时，这些试点地区关于经济、社会、能源、碳排放、环境保护等方面的基础数据分析和路径研究方面的能力建设也得到了很大提升，政府、企业、社会公众的绿色低碳意识也得以提升，从而为通过理论指导实践推动实现绿色低碳发展奠定了良好基础。

（4）试点过程中涌现出一批好的做法和经验，包括产业转型、能源转型、技术进步、低碳生活方式引导以及推动绿色低碳发展、加强生态文明建设的体制机制创新等，通过试点经验交流会、宣传推广等诸多活动，促进了城市低碳政策创新的相互模仿与推广，有效推动了低碳发展政策“自下而上”的实施。

需要看到的是，由于没有中央财政的支持，作为一种弱激励弱约束的政策，在试点建设的过程中，地方政府的自主创新、自主行动具有很大挑战，导致试点政策目标缺少约束性和科学性、政策评价体系不清晰、地方落实低碳发展理念尚需深化、确定发展目标和研判排放峰值倒逼作用不足、排放数据基础不牢等（刘天乐和王宇，2019；杨秀等，2018）。

5.6.2 城市层面的体制机制与政策创新

在中央政府的指导下，各个试点城市积极开展体制机制与政策创新，涌现出大量好的做法和特色亮点，对应于试点通知中对试点创建的要求，城市层面的体制机制与政策创新可体现在以下几个方面（杨秀等，2018）。

1. 编制低碳发展规划

试点地区将低碳发展主要目标纳入国民经济和社会发展五年规划，将低碳发展规划融入地方政府的规划体系。大部分试点地区编制完成了低碳发展专项规划或应对气候变化专项规划，通过编制规划，充分发挥低碳发展规划的引领作用，试点地区明确低碳发展的重要目标、重点领域及重大项目，积极探索适合本地区发展阶段、排放特点、资源禀赋以及产业特点的低碳发展模式与路径。例如，云南率先建立全省低碳发展规划体系，将低碳发展纳入全省国民经济和社会发展中长期规划，率先由省人民政府印发实施了《低碳发展规划纲要（2011—2020年）》，组织完成了16个州（市）级低碳发展规划编制并由本地区人民政府印发实施。深圳探索建立低碳发展规划实施机制，出台《深圳市低碳发展中长期规划（2011—2020年）》，制定《深圳市低碳试点城市实施方案》，并对其中的考核指标和重点任务逐项分解落实，建立动态分类考核机制，强化督办督查。

2. 提出明确的碳排放目标

绝大部分试点地区都在规划中提出了不低于所在省份要求的量化的碳排放强度下降目标，特别是在提出碳排放峰值目标后，试点地区通过对碳排放峰值目标及实施路线图进行研究，不断加深对峰值目标的科学认识和社会共识，不断强化低碳发展目标的约束力，不断强化低碳发展相关制度与政策创新，加快形成促进低碳发展的倒逼机制。例如，北京、深圳、广州、武汉、镇江、贵阳、吉林、金昌、延安和海南等省市陆续加入了“率先达峰城市联盟”，向国际社会公开宣示了峰值目标并提出了相应的政策和行动。海南与生态环境部签订合作协议，提出探索“零碳岛”建设。上海积极探索峰值目标约束下的低碳发展“上海路径”，在“十三五”规划纲要中明确提出，到2020年全市二氧化碳排放总量控制在2.5亿吨、能源消费总量控制在1.25亿吨标准煤以内的目标，并将碳排放总量目标纳入城市总体规划。武汉市政府印发《武汉市碳排放达峰行动计划（2017—2022年）》，通过六大工程形成具有示范效应的武汉版低碳生产与生活模式。

3. 加快构建低碳发展的产业体系

试点省市大力发展服务业和战略性新兴产业，加快运用低碳技术改造提升传统产业，积极推进工业、能源、建筑、交通等重点领域的低碳发展，并以重大项目为依托，着力构建以低排放为特征的现代产业体系。多个试点省市设立了低碳发展或节能减排专项资金，为低碳技术研发、低碳项目建设和低碳产业示范提供资金支持。例如，海南在全国率先提出“低碳制造业”发展目标，把低碳制造业列为全省“十三五”规划的12个重点产业之一，并印发《海南省低碳制造业“十三五”发展规划指导意见》，出台专项扶持资金，使其成为新常态下经济提质增效的重要动力和新的增长点。杭州以智慧城市“一号工程”为抓手，以打造万亿级信息产业集群为目标，全力推进国际电子商务中心、全国云计算和大数据产业中心等建设，全面打造低碳绿色的品质之城。深圳通过政策与市场共同推动新能源汽车发展，通过示范试点、推广应用和规模发展三个阶段，目前已成为全球新能源汽车保有量和使用量最高的城市，并扶持了比亚迪、五洲龙、沃特玛等一批行业领军企业，形成国内最完善的新能源汽车产业链。

4. 构建低碳发展的创新制度

试点省市均成立了应对气候变化或低碳发展领导小组，部分试点省市成立了应对气候变化处（科）或低碳办。镇江成立了以市委书记为第一组长、市长为组长的低碳城市建设领导小组，同时还成立了区县低碳城市建设工作领导小组，形成了“横向到边、纵向到底”的工作机制。广元设立了正县级的市低碳发展局（与市发展和改革委员会合署办公），配备了专职副局长，并在市发展和改革委员会内部增设了低碳发展科。试点省市积极探索开展体制机制创新。例如，石家庄、南昌于2016年发布《低碳发展促进条例》，为低碳发展提供了法律保障。云南建立了完善的温室气体排放目标责任考核机制，省人民政府与16个州（市）人民政府签订了低碳节能减排目标责任书，将低碳发展目标完成情况列为常态化考核项目，通过印发目标完成情况考评办法、组织目标完成情况考评、安排200万元奖励金等措施，健全了目标责任评价考核机制。镇江探索碳排放强度目标与总量目标双分解、双控考核，并将考核结果纳入年度党政目标绩效管理体系，探索建立重大项目碳排放评价制度，从低碳角度综合评价项目合理性并划定用红、黄、绿灯表示的三个等级。

5. 建设低碳发展的管理平台

所有试点省市均开展了地区温室气体清单编制工作，二十余个试点省和直辖市建立了重点企业温室气体排放统计核算工作体系或碳排放数据管理平台，及时掌握区县、重点行业、重点企业的碳排放状况。例如，杭州建立常态化的清单编制机制，自2011年起开始编制市级温室气体清单，并率先建立了县区级温室气体清单编制常态化机制。镇江在全国首创了低碳城市建设管理云平台，深入推进产业碳转型、项目碳评估、区域碳考核、企业碳管理。广东加快建立重点企业温室气体排放统计报告制度，并建立了包括温室气体综合数据库、碳排放信息报告与核查系统、配额登记系统在内的信息化平台。

6. 大力倡导低碳生活方式

试点地区创新性地开展了低碳社区试点工作，通过建立社区低碳主题宣传栏、社区低碳驿站，试行碳积分制、碳币、碳信用卡、碳普惠制等方式，积极创建低碳家庭，探索从碳排放的"末梢神经"抓起，促进形成低碳生活的社会风尚，让人民群众有更多参与感和获得感。部分试点省市通过成立低碳研究中心、低碳发展专家委员会、低碳发展促进会、低碳协会等机构，加快形成全社会共同参与的良好氛围。例如，广元设立广元低碳日，并成立了广元市低碳经济发展研究会，积极倡导广大市民低碳旅游、低碳装修、低碳出行、低碳消费。镇江成功举办了镇江国际低碳技术与产品交易展示会，研究发布了低碳发展镇江指数，建立了"美丽镇江·低碳城市"机构微博和"镇江微生态"微信公众号，每周发送低碳手机报，并在市区重要地段、机关单位电子屏、公交车车身等投放低碳公益广告，不断提升市民的认同感与获得感。广东开展碳普惠制探索，尝试将城市居民的节能、低碳出行和山区群众生态造林等行为，以碳减排量进行计量，建立政府补贴、商业激励和与碳市场交易相衔接等普惠机制。

7. 积极参与国际合作

试点地区积极参与国际合作与交流，一是搭建国际交流平台。例如，北京通过成功主办第二届中美气候智慧型/低碳城市峰会，充分利用峰会的交流平台和交流机制，宣传中国近年来的低碳发展成果，借鉴美国州、市在低碳转型过程中的经验和教训，扩大中国城市管理者的国际化视野，触动城市低碳转型的内生动力。深圳通过每年举办一届国际低碳城论坛，广泛吸引国内外政府机构、国际组织和跨国企业参与，宣传试点示范经验，营造低碳发展氛围，凝聚低碳发展共识，使其逐步成为展示国家及省市绿色低碳发展的窗口和汇聚低碳国际资源的重要平台。二是开展项目合作。深圳与美国加利福尼亚州政府、荷兰阿姆斯特丹市和埃因霍温市、世界银行、全球环境基金、世界自然基金会、C40城市气候领导联盟、R20国际区域气候组织等签署低碳领域合作协议。上海将世界银行提供的1亿美元贷款和500万美元赠款，专项用于长宁区低碳发展实践区创建工作，提升城市低碳示范价值。三是对外宣示、讲述中国故事。深圳、广州、武汉、延安、金昌等城市参加了第一届中美气候智慧型/低碳城市峰会，签署了《中美气候领导宣言》，参加了达峰城市联盟。

8. 推进碳先锋城市

碳先锋城市是指有明确目标实现碳深度减排的城市，特别是能够在未来实现碳净零排放的城市。考虑我国的碳排放现状，可以鼓励一些城市提出在2050年或者之前实现深度减排的目标。一些具有雄心打造既有经济活力，又环境友好的城市，可以在碳减排方面先行一步（姜克隽和杨秀，2020）。

碳减排可以促进经济发展。国际碳减排领先城市一般都是全球或者地区经济领先城市。对碳减排投入可以拉动经济发展。为了提升产品在国际市场的竞争力，不少企业都提出了其碳减排目标，满足产品的碳排放标准，打造低碳和环境产品形象。他们在投资的时候，就寻找能够提供低碳产品的地区，特别是能够提供零碳产品排放的地区。例如，巴斯夫在中国的投资，就提出低碳甚至零碳的需求。未来打造深度减排的城市，会在国际国内投资方面更具有吸引力。同时，先行城市会在技术研发、技术服务、技术竞争方面处于前列。例如，由于北京治理雾霾天气在国内开始最早，目前北京的环保相关企业数量在国内遥遥领先。同时也促进本地的科研机构和高等院校的发展[①]。

我国倡议的人类命运共同体的理念，在气候变化应对方面采取切实行动可以为推动人类命运共同体提供契机。气候变化是一个典型的全球环境问题，积极推动气候变化应对，会使我国站在全球道义的制高点，可以更好地展现我国的国际合作、环境治理的方式，推进人类命运共同体理念的具体落实，为我国国际经济政治交往打造良好氛围。低碳先锋城市建设可以作为重点展示。

在国家的五年规划中，可以纳入低碳先锋城市行动，在现有国家低碳城市试点的基础上，进一步扩展到提出明确深度减排目标的碳先锋城市。在具体减排目标要求、配套机制、保障措施方面进行设计和规划，同时和城市雾霾天气治理目标相结合，促进碳减排和雾霾天气治理的协同，还可以和城市发展的总体目标相结合，打造有经济活力，同时环境友好、宜居的国际领先城市。

5.7 城市减缓的协同效应

据统计，在全球能源有关 CO_2 排放量中城市产生的 CO_2 排放量占 75% 左右（Revi et al.，2014），同时城市还带来大量的大气污染物排放。2018 年 10 月 IPCC 在韩国仁川发布的《IPCC 全球 1.5℃温升特别报告》提出，1.5℃温升目标将能避免大量气候变化带来的损失与风险，从 2.0℃到 1.5℃目标的调整，为城市节能减排和低碳发展提出新的要求和挑战，意味着需要做出比目前更大的减排努力。城市作为一个复杂的生态系统，其碳排放减缓所产生的综合影响包括很大程度的协同效应和一定风险，但这些风险不会带来与气候变化风险同样概率的严重、广泛和不可逆的影响，相反，通过提高能效和提高清洁能源水平等减排措施，减少空气污染物排放，不仅可以保证能源安全，降低城市热岛效应，提高空气质量，还可以提升健康质量，保障经济发展的可持续性（翟盘茂等，2019）。城市减缓的协同效应将会增加减缓努力带来的效益。本节将从城市空气质量、能源系统、健康与社会经济、热岛效应等几个方面，讨论城市碳排放减缓带来的综合效应。

5.7.1 城市空气质量的协同效应

气候变化与城镇化的叠加效应使得大气污染的影响越来越大。在我国，空气污染严重的雾霾天气主要集中在城市密集的东部大部分地区，尤其是经济发达、人口密集地区，如华南、江淮、黄淮、华北等地，并且近几十年内在这些地区雾霾日数一直呈增加趋势（丁一汇和柳艳菊，2014）。大气污染对交通、人群健康、社会经济发展等方面都会带来不利影响。同时，城市气溶胶和雾霾污染还可能进一步加剧城市热岛效应（Cao et al.，2016）。

当前我国大气污染的形势还相当严峻，正从单一的、局部的城市大气污染向跨区

① 姜克隽，向翩翩，贺晨旻，等. 兰考县 2035 年实现碳中和路径研究（待发表）.

域的“复合型的大气污染”转变，传统的属地管理模式已难以解决当前日趋严峻的大气污染问题。为加快解决我国严重的大气污染问题，切实改善空气质量，区域联合成为大气污染物防治的必经之路，区域大气污染联防联控机制是协调区际大气环境利益冲突的重要手段，也是改善空气质量的机制保障（Wang and Zhao，2018）。大气污染防治政策力度也开始向顶层设计集中，引导跨部门、跨区域合作共治和全社会共同参与，治理模式也逐步由属地管理模式向区域协同治理方式转变。

中国政府于2012年公布了《重点区域大气污染防治“十二五”规划》，2013年国务院颁布了《大气污染防治行动计划》，相关部门后续又出台了多项配套政策。这些政策的实施累计淘汰落后炼钢炼铁产能2亿t、水泥2.5亿t、平板玻璃1.1亿重量箱、电解铝130多万吨，以及整治了6.2万家“散乱污”工业企业。这些工程措施使得重点区域及大部分省份空气质量得到极大改善。根据环境保护部发布的2013年9月、2015年4月、2015年8月重点区域和74个城市空气质量状况，京津冀、长江三角洲和珠江三角洲“三区”推进联防联控政策后，空气质量达标天数比例增大，其中京津冀地区和珠江三角洲地区达标天数比例增大更为明显。2017年，全国地级及以上城市PM_{10}平均浓度比2013年下降22.7%，京津冀、长江三角洲和珠江三角洲等重点区域$PM_{2.5}$平均浓度分别比2013年下降39.6%、34.3%和27.7%，北京$PM_{2.5}$年均浓度降至58μg/$m^3$①。从环境健康效应进行评估，截至2017年，大气污染防治政策实施以来，全国280个城市避免过早死亡人数有所增加，58个城市避免过早死亡人数有所下降，大约避免60213人过早死亡，依据支付意愿法调查结果，估算增加的健康效益约为549.7亿元（武卫玲等，2019）。

此外，区域大气污染联防联控机制对重大活动空气质量保障也成效明显。2014年的“APEC蓝”，2015年的“阅兵蓝”“上合蓝”，2016年的“两会蓝”“G20峰会蓝”，2017年的“全运蓝”等，显示出联合管控等合力效果。

不同区域经济社会发展结构存在差异，导致区域大气污染减排的治理成本存在外部性、收益伴生性和分层异质性特征，未来大气污染防治政策需要考虑到大气污染减排的区域公平性与可行性，建立有区别的责任关系协调机制，而各地区发展诉求、减排技术储备、减排能力差异是其决定性因素（王迪等，2018）。

5.7.2 城市能源系统的协同效应

能源安全问题是关系国民经济发展和国家安全的重大战略问题，现代意义上的能源安全又与可持续发展紧密联系在一起，不仅包括能源供应的安全，也包括对能源生产与使用所造成的环境污染的治理，其是能源供应安全和能源使用安全的有机统一。城市能源安全的关键是在国家能源安全的前提下，实现可持续发展的城市能源供应体系的安全。

城市能源可持续发展是一个范围广泛的命题。从城市规划角度而言，首先应保证能源的持续供应和安全使用；其次，要将能源使用对生态环境的负面影响降低到最小；

① 生态环境部.2018.关于《大气污染防治行动计划》实施情况终期考核结果的通报.

再次，要使节能地方化、产业化；最后，城市节能要与发展可再生能源、改善城市大环境、推行生态设计等相结合。城市规划要与能源的可持续利用、节能和可再生能源的利用紧密结合，推行生态设计在城市形态方面的应用，强调城市的紧凑发展；在土地使用方式方面要与节能结合，强调土地使用功能的适当混合；在解决城市交通问题时，应优先发展公共交通；在建筑单体层面，要推进太阳能与建筑的一体化，提高建筑节能效率。

城市能源安全要与国家能源安全目标一致，要保障可靠稳定的能源供应和不损害环境的能源消费，但城市能源安全要更为具体和微观，应更注重供应渠道的稳定、基础设施的完善、用能结构的匹配。目前，智能能源网的开发和使用是城市能源安全发展的有效路径（刘惠萍，2012；刘惠萍等，2018）。智能能源网是涵盖燃气、电力、交通等在内各种能源形式的开放式互动体系，是建立基于新一代网络通信协议、可实现不同能源形式优化配置与市场化交易的智能体系，其可提高各类公共产品的能效。开展智能能源网关键技术和新产品的研发及应用示范，可以实现能源安全、节能、高效应用。上海发展“互联网 +”智慧能源的技术和应用走在全国前列，在智慧能源管理平台、园区分布式能源系统、微电网、电动汽车、智慧燃气等领域的布局已取得阶段性成果。

保证能源可持续发展需要有能源安全评价指标体系，能源安全评价指标体系的最终目的是实现能源安全预警。建立能源安全测度指标体系是实现能源安全评价的前提和基础。目前，国内外针对城市能源安全评价指标体系的研究并不多，能源安全指标的选择原则是普遍适用性，未考虑非特定城市的能源安全，所以，尚无法全面准确地评价具体城市的能源安全状况。未来要根据城市的实际情况，合理地选择适应实际情况的指标架构，建立逻辑关系，测算可比的评价指标，形成长效的、可复制的城市能源安全评价体系。

5.7.3 健康与社会经济的协同效应

城市是能源消费的主体，其能源需求主要为煤炭能源，在现代化进程中伴随能源需求的大幅上升，随之而来的是空气质量和环境污染状况的日益严重，尤以雾霾为重，其给人类健康、气候、环境、经济带来诸多负面影响。北京市卫生局统计信息显示，各大医院呼吸科患者就诊数量与 $PM_{2.5}$ 污染呈现显著比例关系，在重度雾霾天气可增加20%~50%。清华大学和亚洲开发银行共同发布的《迈向环境可持续的未来中华人民共和国国家环境分析》指出，“每年度内，空气污染给我国 GDP 带来的损失巨大，基于疾病成本估算损失会达到 1.2%，基于支付意愿估算则高达 3.8%。”

中国在 2013 年实施《大气污染防治行动计划》以来，根据流行病学综合研究成果，运用健康风险评估技术和损失寿命评估方法，发现在京津冀、长江三角洲、珠江三角洲三大重点区域内达到 $PM_{2.5}$ 减排目标，可极大地改善人群健康水平，实现寿命延长；女性及年轻人可避免的寿命损失年数超过男性与老年人（董战峰等，2017）；京津冀地区获得的健康效益大于长江三角洲与珠江三角洲地区；截至 2017 年，全国城市大约避免 60213 人过早死亡，依据支付意愿法调查结果，估算增加的健康效益约为

549.7 亿元。

针对空气污染控制成本 / 效益评估，国内外研发了很多相关模型，以便衡量一个控制策略 / 情景或选择最优控制策略常用的方法，如 BenMAP、GAINS 等模型可以为决策者快速提供大气污染控制策略的费效综合评估或费用、效益的单一评估，帮助决策者权衡实施方案的经济合理性。BenMAP 模型可以根据区域空气质量达标程度估算经济效益。例如，若上海地区 PM_{10} 浓度达到国家规定的 2016 年起实施的限值，每年可减少全因死亡 300~800 例，对应的经济效益高达 1.70 亿 ~12 亿元。京津冀地区 2009~2016 年（国家规定的 2016 年起实施的限值）空气质量改善带来的年均经济效益为 612 亿 ~2560 亿元，占地方生产总值的 1.7%~6.9%。GAINS 模型可以估算减排潜力和成本，并考虑各种污染物减排的交互作用，采用该模型对北京、上海、天津、重庆和香港地区对 SO_2 排放的减排潜力进行评估。

5.7.4 降低城市热岛效应的协同效应

研究表明，中国城市热岛效应对全国地面平均气温的增加趋势贡献可以达到 30%（Sun et al., 2016）。整体上，中国地区的热岛效应表现为东部城市高于中部和西部城市。此外，在大部分的大型城市中观测到的热岛强度有着显著的上升趋势，且这种上升趋势在夏季更为明显（Zhou et al., 2016）。受全球变暖和城市热岛效应的共同影响，中国 20 世纪 90 年代以来在长江中下游地区的大型城市群，高温热浪频次显著增加，强度也明显变强，由此引起的健康风险也更大（Ye et al., 2014；Jedlovec et al., 2017）。因此，在新的减排形势下，有效减缓城市热岛效应对于降低极端气候事件的风险有重要意义。若不考虑自然变率，通过生态优化、污染物控制、城市规划、建筑物设计等方面可有效减缓城市热岛效应。

生态优化：增加城市绿地和湿地是减缓城市热岛效应的有效措施，且具有净化空气、减轻污染的作用。绿地植被可通过夏季遮蔽房屋和冬季降低风速，大幅减少城市地区供暖和空调的能源消耗，此外，还可通过改变反照率，提高植物遮阴度和潜热通量等降低城市温度（徐洪和杨世莉，2018），特别是对于较干旱的城市而言将更有效（Manoli et al., 2019）。湿地因具有较大储热能力，能增加潜热通量降低城市温度，进而缓解城市热岛效应。湿地对城市热岛效应缓解的效果高于绿地，且湖库湿地降温效果大于河流湿地（康晓明等，2015）。

污染物控制：城市污染物的集中排放能加强热岛效应，而城市热岛环流会直接影响城市风场结构和污染物扩散路径，两者相互作用的研究有很多。除了减少污染物的排放，还能建立通风道，将污染物加快输送出城市。整合郊区农田湖泊和城市内部水系及交通干道，合理建立布局的通风道能有效将城市污染物和热量排出，降低城市温度和热岛效应（陈宏等，2014；Ketterer and Matzarakis, 2014）。

城市规划：将城市各功能区合理迁至远郊能使中心城区热岛强度和范围减弱，远郊出现分散型小热岛，由“摊大饼”演变为“中心 + 周边分散”的模式，从而有利于保护城市生态和减缓热岛效应（刘勇洪等，2013）。例如，“海绵城市”建设，通过运用雨水收集和利用系统开发和改造城市社区建筑物、道路、绿化等公共设施的蓄流水的生态功能，尽可能恢复城市原有河道、水塘等，这样不仅可以提高城市雨水渗透率，也可以减弱城市热岛效应（吴丹洁等，2016）。同时，城市建立低碳环保的排放政策和交通政策，以及绿色开发模式也能减弱城市热岛效应。

建筑物设计：将城市绿色开发的理念和增加绿地的生态优化相结合，使建筑物拥有绿色屋顶或者可透水表面，从而使城市的反照率、感热通量都增加，城市热岛效应减缓（Razzaghmanesh et al.，2016）。

▪ 参考文献

曹颖，李晓梅，刘强，等 . 2019. 推动部分区域碳排放率先达峰现状分析 . 环境保护，47（8）：27-30.

曹志宏，郝晋珉，邢红萍 . 2020. 中国居民食物消费碳排放时空演变趋势及其驱动机制分析 . 地理科学进展，39（1）：93-101.

巢清尘，胡国权，冯爱青 . 2019. 全球气候风险与中国防范策略 . 应对气候变化报告（2019）：防范气候风险 . 北京：社会科学出版社 .

陈宏，李保峰，张卫宁 . 2015. 城市微气候调节与街区形态要素的相关性研究 . 城市建筑，192（31）：41-43.

陈宏，周雪帆，戴菲，等 . 2014. 应对城市热岛效应及空气污染的城市通风道规划研究 . 现代城市研究，（7）：24-30.

陈可石，杨瑞，刘冰冰 . 2013. 深圳组团式空间结构演变与发展研究 . 城市发展研究，20（11）：22-26.

陈楠，庄贵阳 . 2018. 中国低碳试点城市成效评估 . 城市发展研究，25（10）：88-95，156.

陈艳春 . 2016. 中国低碳城市绿色技术创新的示范效应研究 . 河北经贸大学学报，194（1）：107-110.

邓荣荣 . 2016. 长株潭“两型社会”建设试点的碳减排绩效评价——基于双重差分方法的实证研究 . 软科学，30（9）：51-55.

邓荣荣，詹晶 . 2017. 低碳试点促进了试点城市的碳减排绩效吗——基于双重差分方法的实证 . 系统工程，35（11）：68-73.

丁宁，杨建新，逯馨华，等 . 2018. 共享单车生命周期评价及对城市交通碳排放的影响——以北京市为例 . 环境科学学报，DOI：10.13671/j.hjkxxb.2018.0244.

丁一汇，柳艳菊 . 2014. 近 50 年我国雾和霾的长期变化特征及其与大气湿度的关系 . 中国科学：地球科学，44（1）：37-48.

董美辰 . 2014. 我国城市化对碳排放影响的实证分析 . 经济视角，（1）：67-72.

董文芳 . 2014. 西部地区低碳工业发展路径研究 . 成都：西南财经大学 .

董战峰，高晶蕾，郝春旭，等 . 2017.《大气污染防治行动计划》实施的人体健康效应评估 . 环境污染与防治，（2）：116.

杜晓辉，夏海山，李美华 . 2015. 基于基本减排率的低碳建筑技术定量评价方法研究——以寒冷地区办公建筑为例 . 建筑科学，31（4）：96-101.

方海，马武昌，凤振华 . 2018.“十三五”期间交通基础设施建设节能减排潜力研究 . 公路交通科技（应用技术版），（11）：272-276.

冯冬，李健 . 2017. 京津冀区域城市二氧化碳排放效率及减排潜力研究 . 资源科学，39（5）：978-986.
冯相昭，蔡博峰，王敏，等 . 2017. 中国资源型城市 CO_2 排放比较研究 . 中国人口 · 资源与环境，（2）：5-9.
冯宗宪，高赢 . 2019. 中国区域碳排放驱动因素、减排贡献及潜力探究 . 北京理工大学学报（社会科学版），21（4）：13-20.
付允，刘怡君，汪云林 . 2010. 低碳城市的评价方法与支撑体系研究 . 中国人口 · 资源与环境，20（8）：44-47.
苟广源 . 2013. 绿色生态交通规划 . 交通世界，（5）：120-121.
关海玲，陈建成，曹文 . 2013. 碳排放与城市化关系的实证 . 中国人口 · 资源与环境，23（4）：68-76.
郭姣，李健 . 2019. 中国三大城市群全要素能源效率与节能减排潜力研究 . 干旱区资源与环境，33（11）：17-24.
郭韬 . 2013. 中国城市空间形态对居民生活碳排放影响的实证研究 . 合肥：中国科学技术大学 .
国家统计局 . 2018. 中国统计年鉴 2018. 北京：中国统计出版社 .
何清华，王歌，谢坚勋，等 . 2016. 建筑业低碳技术创新图谱分析及政策启示 . 科技管理研究，36（9）：216-220.
洪亮平，华翔 . 2015. 应对气候变化的城市规划 . 北京：中国建筑工业出版社 .
黄金碧，黄贤金 . 2012. 江苏省城市碳排放核算及减排潜力分析 . 生态经济，（1）：49-53.
姬世东，吴昊，王铮 . 2013. 贸易开放、城市化发展和二氧化碳排放：基于中国城市面板数据的边限协整检验分析 . 经济问题，（12）：31-35.
姜克隽，杨秀 . 2020. 我国低碳城市：推动城市碳先锋，实现碳净零排放 . 中华环境，69（4）：24-27.
蒋倩颖，王建民，王清清 . 2017. 长江经济带绿色廊道建设的低碳经济发展研究 . 宿州学院学报，（12）：30-34.
金乐琴，吴慧颖 . 2013. 中国碳排放的区域异质性及减排对策 . 经济与管理，27（11）：83-87.
康晓明，崔丽娟，赵欣胜，等 . 2015. 北京市湿地缓解热岛效应功能分析 . 中国农学通报，31（22）：199-205.
赖玉珮 . 2019. 中国水 – 能源 – 粮食协同需求的区域特征研究 . 北京规划建设，（1）：74277.
李丹丹，刘锐，陈动 . 2013. 中国省域碳排放及其驱动因子的时空异质性研究 . 中国人口 · 资源与环境，23（7）：84-92.
李芬，陆元元，赖玉珮 . 2014. 优地指数——探寻生态城市发展路径——中国城市生态宜居发展指数报告（2014）概述 . 建设科技，（23）：21-24.
李建豹，黄贤金，吴常艳，等 . 2015. 中国省域碳排放影响因素的空间异质性分析 . 经济地理，35（11）：21-28.
李立浧，饶宏，许爱东，等 . 2018. 我国能源技术革命体系战略研究 . 中国工程科学，20（3）：1-8.
李晓勇，周跃云，刘建文 . 2011. 我国城市低碳技术研究述评 . 科协论坛（下半月），（12）：122-125.
李迅 . 2018. 城市发展的新时代、新理念、新路径 . 中国建设信息化，76（21）：15-17.
李迅，陈志龙，束昱，等 . 2020. 地下空间从规划到实施有多远 . 城市规划，44（2）：39-43，49.
李迅，董珂，谭静，等 . 2018. 绿色城市理论与实践探索 . 城市发展研究，203（7）：13-23.
李智超 . 2018. 水资源综合利用与生态系统建设浅析 . 海峡科技与产业，230（8）：23-25.

林伯强，刘希颖 . 2010. 中国城市化阶段的碳排放影响因素和减排策略 . 经济研究，(8)：66-78.
刘惠萍 . 2012. 基于城市能源安全的上海智能气网发展路径与试点领域思考 . 上海节能，(12)：25-30.
刘惠萍，杨天海，周小玲 . 2018. 关于上海“互联网 +”智慧能源技术产业发展的思考 . 可再生能源，36 (1)：126-132.
刘佳骏，史丹，裴庆冰 . 2016. 我国低碳试点城市发展现状评价研究 . 重庆理工大学学报（社会科学），30 (10)：32-38.
刘天乐，王宇飞 . 2019. 低碳城市试点政策落实的问题及其对策 . 环境保护，47 (1)：39-42.
刘甜，王润，孙冰洁 . 2015. 中国典型沿海工业城市碳排放达峰分析 . 中国人口 · 资源与环境，(S2)：25-28.
刘翔，陈晓红 . 2017. 我国低碳经济发展效率的动态变化及碳减排潜力分析 . 系统工程，(5)：92-100.
刘勇洪，轩春怡，权维俊 . 2013. 基于卫星资料的北京陆表水体的热环境效应分析 . 湖泊科学，25 (1)：73-81.
刘志林，秦波 . 2013. 城市形态与低碳城市：研究进展与规划策略 . 国际城市规划，28 (2)：4-11.
陆铭，冯皓 . 2014. 集聚与减排：城市规模差距影响工业污染强度的经验研究 . 世界经济，(7)：86-114.
马静，刘志林，柴彦威 . 2013. 城市形态与交通碳排放：基于微观个体行为的视角 . 国际城市规划，(2)：19-24.
孟凡鑫，李芬，刘晓曼，等 . 2019. 中国“一带一路”节点城市 CO_2 排放特征分析 . 中国人口 · 资源与环境，29 (1)：35-42.
彭迪云，马诗怡，白锐 . 2014. 城镇居民低碳消费行为影响因素的实证分析——以南昌市为例 . 生态经济，30 (12)：119-122.
彭水军，张文城 . 2013. 中国居民消费的碳排放趋势及其影响因素的经验分析 . 世界经济，(3)：124-142.
齐晔，刘天乐，宋祺佼，等 . 2020. 低碳城市试点“十四五”期间需助力碳排放达峰 . 环境保护，676 (5)：11-13.
邱海玲 . 2014. 北京城市热岛效应及绿地降温作用研究 . 北京：北京林业大学 .
邱凯，唐翀 . 2019. 昆明城市交通碳排放达峰前瞻性思考 . 建筑与文化，188 (11)：155-156.
邱立新，袁赛 . 2018. 中国典型城市碳排放特征及峰值预测——基于“脱钩”分析与 EKC 假设的再验证 . 商业研究，495 (7)：56-64.
曲建升，刘莉娜，曾静静，等 . 2014. 中国城乡居民生活碳排放驱动因素分析 . 中国人口 · 资源与环境，24 (8)：35-43.
任智超 . 2018. 城市总体规划中生态控制线的划定方法探索 . 山西建筑，44 (7)：22-24.
尚丽，武佼佼，田英汉，等 . 2014. 可持续发展视角下的中央商务区低碳发展路径和策略探讨 . 环境污染与防治，36 (9)：106-110.
沈澄，庄昭重，刘道辉，等 . 2019. 绿色建筑和我国绿色建筑发展 . 环境与发展，31 (2)：233-234.
石敏俊，周晟吕 . 2010. 低碳技术发展对中国实现减排目标的作用 . 管理评论，22 (6)：48-53.
孙秀梅，王格，董会忠，等 . 2016. 基于 DEA 与 SE-SBM 模型的资源型城市碳排放效率及影响因素研究——以全国 106 个资源型地级市为例 . 科技管理研究，36 (23)：78-84.
唐杰，叶青 . 2019. 中国城市可持续发展模式研究：深圳绿色低碳实践 . 大连：东北财经大学出版社 .
王迪，向欣，聂锐 . 2018. 改革开放四十年大气污染防控的国际经验及其对中国的启示 . 中国矿业大学学报（社会科学版），(6)：57-69.
王锋，吴丽华，杨超. 2010. 中国经济发展中碳排放增长的驱动因素研究. 经济研究，(2)：123-136.
王慧慧，余龙全，曾维华. 2018. 基于职居分离调整的北京市交通碳减排潜力研究. 中国人口·资源与环境，28(6)：41-51.
王蕾，魏后凯. 2014. 中国城镇化对能源消费影响的实证研究. 资源科学，36(6)：1235-1243.
王美玲，郗凤明，薛冰，等. 2012. 工业城市（沈阳）能源消耗碳排放的影响因素分解及实证分析. 生态科学，31(5)：538-542.
王少剑，黄永源，周钰荃. 2019. 中国城市碳排放强度的空间溢出效应及驱动因素探究. 地理学报，29(2)：73-94.
王勇，许子易，张亚新. 2019. 中国超大城市碳排放达峰的影响因素及组合情景预测——基于门限-STIRPAT模型的研究. 环境科学学报，39(12)：4284-4292.
王振，李保峰，黄媛. 2016. 从街道峡谷到街区层峡：城市形态与微气候的相关性分析. 南方建筑，(3)：5-10.
吴丹洁，詹圣泽，李友华，等. 2016. 中国特色海绵城市的新兴趋势与实践研究. 中国软科学，(1)：79-97.
吴殿廷，吴昊，姜晔. 2011. 碳排放强度及其变化：基于截面数据定量分析的初步判断. 地理研究，30(4)：579-589.
吴洁珍，陈丽君，郑启伟. 2017. 衢州市创建低碳城市的碳峰值目标分析及对策研究. 中国工程咨询，(9)：35-37.
吴金国. 2016. 低碳经济背景下对城市园林绿化建设的一些思考. 现代园艺，(13)：121.
武卫玲，薛文博，王燕丽，等. 2019.《大气污染防治行动计划》实施的环境健康效果评估. 环境科学，40(17)：2961-2966.
武义青，赵亚南. 2014. 京津冀碳排放的地区异质性及减排对策. 经济与管理，28(2)：5-12.
徐洪，杨世莉. 2018. 城市热岛效应与生态系统的关系及减缓措施. 北京师范大学学报（自然科学版），54(6)：108-116.
徐丽杰. 2014. 中国城市化对碳排放的动态影响关系研究. 科技管理研究，315(17)：226-230.
许健，施锦月，张建华，等. 2018. 基于生物质热电混合供能的城镇综合能源双层优化. 电力系统自动化，42(14)：23-31.
许霖峰. 2013. 应对热岛效应的深圳低碳城绿色基础设施规划策略研究. 哈尔滨：哈尔滨工业大学.
杨军，裴彦婧，丛建辉，等. 2017. 高新工业园区"近零碳排放"路径探究——太原市的案例分析. 资源开发与市场，33(5)：559-563，583.
杨秀，田丹宇，周泽宇，等. 2018. 我国区域低碳发展的实践进展与建议. 环境保护，46(15)：16-22.
杨艳芳，李慧凤，郑海霞. 2016. 北京市建筑碳排放影响因素研究. 生态经济，32(1)：72-75.
杨远东，王志强，张绿水. 2016. 基于低碳理念的城市道路绿化景观改造——以上饶市凤凰大道为例. 福建林业科技，43(4)：207-210，214.
姚昕，潘是英，孙传旺. 2017. 城市规模、空间集聚与电力强度. 经济研究，(52)：177.
叶祖达. 2017. 中国城市迈向近零碳排放与正气候发展模式. 城市发展研究，(4)：28-34，40.
於冉，黄贤金. 2019. 碳排放峰值控制下的建设用地扩展规模研究. 中国人口·资源与环境，29(7)：

69-75.

臧良震，张彩虹 . 2015. 中国城市化、经济发展方式与 CO_2 排放量的关系研究. 统计与决策，(20)：124-126.

翟盘茂，袁宇锋，余荣，等 . 2019. 气候变化和城市可持续发展 . 科学通报，64 (19)：1995-2001.

张博，孙旭东，刘颖，等 . 2020. 能源新技术新兴产业发展动态与 2035 战略对策 . 中国工程科学，22 (2)：38-46.

张炯 . 2016. 城市生活垃圾分类处理现状与对策 . 智能城市，(12)：238-239.

赵红，陈雨蒙 . 2013. 我国城市化进程与减少碳排放的关系研究 . 中国软科学，(3)：184-192.

赵巧芝，闫庆友 . 2017. 基于投入产出的中国行业碳排放及减排效果模拟 . 自然资源学报，32 (9)：1528-1541.

郑海涛，胡杰，王文涛 . 2016. 中国地级城市碳减排目标实现时间测算 . 中国人口 · 资源与环境，26 (4)：48-54.

郑慧芬，曾玉荣，叶菁，等 . 2018. 农田土壤碳转化微生物及其功能的研究进展 . 亚热带农业研究，14 (3)：209-216.

中国城市科学研究会 . 2019. 中国低碳生态城市发展报告 . 北京：中国建筑工业出版社 .

钟良，王红梅，刘之琳 . 2019. 北京碳排放尽早达峰及未来路径研究 . 中国能源，41 (11)：42-47.

仲继寿，鞠晓磊，鲁永飞 . 2016. 分布式可再生能源建筑应用发展路径与政策导向 . 中国科学院院刊，31 (2)：216-223.

周玲玲，戴晓虎，陈功，等 . 2012. 城市有机质废弃物的生物质能源回收技术与工程案例 . 中国给水排水，28 (2)：21-24.

周少甫，蔡梦宁 . 2017. 城市化、碳排放与经济增长关系的实证分析 . 统计与决策，(2)：130-132.

朱天陆，岳涵，徐靖涵 . 2020. 共享经济理念下的可持续性设计研究——以共享单车为例 . 生态经济，(1)：224-229.

庄贵阳 . 2020. 中国低碳城市试点的政策设计逻辑 . 中国人口 · 资源与环境，30 (3)：19-28.

庄贵阳，周伟铎 . 2016. 中国低碳城市试点探索全球气候治理新模式 . 中国环境监察，(8)：19-21.

庄贵阳，朱守先，袁路，等 . 2014. 中国城市低碳发展水平排位及国际比较研究 . 中国地质大学学报 (社会科学版)，14 (2)：17-23，138.

Alfieri L, Bisselink B, Dottori F, et al. 2017. Global projections of river flood risk in a warmer world. Earth’s Future, 5 (2) :171-182.

Araos M, Berrang-Ford L, Ford J D, et al. 2016. Climate change adaptation planning in large cities: A systematic global assessment. Environmental Science & Policy, 66: 375-382.

Bai X, Dawson R J, Urge-Vorsatz D, et al. 2018. Six research priorities for cities and climate change. Nature, 555 (7694): 23.

Cai B, Cui C, Zhang D, et al. 2019a. China city-level greenhouse gas emissions inventory in 2015 and uncertainty analysis. Applied Energy, 253: 113579.

Cai B, Guo H, Ma Z, et al. 2019b. Benchmarking carbon emissions efficiency in Chinese cities: A comparative study based on high-resolution gridded data. Applied Energy, 242: 994-1009.

Cai B, Lu J, Wang J, et al. 2019c. A benchmark city-level carbon dioxide emission inventory for China in

2005. Applied Energy，233：659-673.

Cao C，Lee X，Liu S，et al. 2016. Urban heat islands in China enhanced by haze pollution. Nature Communications，7：12509.

Carter J G，Cavan G，Connelly A，et al. 2015. Climate change and the city：Building capacity for urban adaptation. Progress in Planning，95：1-66.

Cartwright A，Blignaut J，Wit M D，et al. 2013. Economics of climate change adaptation at the local scale under conditions of uncertainty and resource constraints：The case of Durban，South Africa. Environment and Urbanization，25（1）：139-156.

Chen Q，Cai B，Dhakal S，et al. 2017. CO_2 emission data for Chinese cities. Resources，Conservation and Recycling，126：198-208.

Colenbrander S，Gouldson A，Roy J，et al. 2017. Can low-carbon urban development be pro-poor? The case of Kolkata，India. SAGE Publications，29（1）：139-158.

Culwick C，Bobbins K，Cartwright A. 2016. A framework for a Green Infrastructure Planning Approach in the Gauteng City-Region. Johannesburg：Gauteng City-Region Observatory（GCRO）.

Edward B，Matthew G，Leclère D，et al. 2018. Global exposure and vulnerability to multi-sector development and climate change hotspots. Environmental Research Letters，13（5）：055012.

Fang C，Wang S，Li G. 2015. Changing urban forms and carbon dioxide emissions in China：A case study of 30 provincial capital cities. Applied Energy，158：519-531.

Geels F W. 2014. Regime resistance against low-carbon transitions：Introducing politics and power into the multi-level perspective. Theory Culture & Society，31（5）：21-40.

Haan P D，Mueller M G，Scholz R W. 2009. How much do incentives affect car purchase? Agent-based microsimulation of consumer choice of new cars-part Ⅱ：Forecasting effects of feebates based on energy-efficiency. Energy Policy，37（3）：972-983.

Harrington L J，Otto F E L. 2018. Changing population dynamics and uneven temperature emergence combine to exacerbate regional exposure to heat extremes under 1.5℃ and 2℃ of warming. Environmental Research Letters，13（3）：034011.

IPCC. 2018. Global Warming of 1.5℃：An IPCC Special Report on the Impacts of Global Warming of 1.5℃ Above Pre-industrial Levels and Related Global Greenhouse Gas Emission Pathways，in the Context of Strengthening the Global Response to the Threat of Climate Change，Sustainable Development，and Efforts to Eradicate Poverty. Cambridge：Cambridge University Press.

Jedlovec G，Crane D，Quattrochi D. 2017. Urban heat wave hazard and risk assessment. Results in Physics，7：4294-4295.

Jiang K，He C，Dai H，et al. 2018. Emission scenario analysis for China under the global 1.5℃ target. Carbon Management，9（2）：1-11.

Jiang Y，Bai H，Feng X，et al. 2018. How do geographical factors affect energy-related carbon emissions? A Chinese panel analysis. Ecological Indicators，93：1226-1235.

Ketterer C，Matzarakis A. 2014. Human-biometeorological assessment of heat stress reduction by replanning measures in Stuttgart，Germany. Landscape and Urban Planning，122：78-88.

Kuramochi T , Hoehne N , Schaeffer M , et al. 2018. Ten key short-term sectoral benchmarks to limit warming to 1.5℃. Climate Policy，18（1-5）：287-305.

Lamb W F，Callaghan M W，Creutzig F，et al. 2018.The literature landscape on 1.5℃ climate change and cities. Current Opinion in Environmental Sustainability，（30）：26-34.

Lawhon M，Mitlin D，Satterthwaite D. 2013. Urban poverty in the global south：Scale and nature. London and New York：Routledge.

Lecocq F，Shalizi Z. 2013. The economics of targeted mitigation in infrastructure. Climate Policy，14（2）：187-208.

Li F，Uthes S，Yang X，et al. 2019. Validating the usefulness and calibration of a two-dimensional situation model of urgency-adaptability for cities responding to climate change—Taking Shenzhen as case study. IOP Conference Series：Earth and Environmental Science，351：012025.

Li F，Yan T，Liu J，et al. 2014. Research on social and humanistic needs in planning and construction of green buildings. Sustainable Cities and Society，（12）：102-109.

Li F，Xu Z，Ma H. 2018. Can China achieve its CO_2 emissions peak by 2030？Ecological Indicators，84：337-344.

Manoli G，Fatichi S，Schlapfer M，et al. 2019. Magnitude of urban heat islands largely explained by climate and population. Nature，573: 55-60.

Mitlin D. 2013. Endowments, entitlements and capabilities—What urban social movements offer to poverty reduction. European Journal of Development Research，25（1）：44-59.

Mouzourides P , Kyprianou A , Neophytou M K A，et al. 2019. Linking the urban-scale building energy demands with city breathability and urban form characteristics. Sustainable Cities and Society，49：101460.

Newman P，Kosonen L，Kenworthy J. 2016. Theory of urban fabrics：Planning the walking，transit/public transport and automobile/motor car cities for reduced car dependency. Town Planning Review，87（4）：429-458.

Rafiq S，Salim R，Nielsen I. 2016. Urbanization，openness，emissions，and energy intensity：A study of increasingly urbanized emerging economies. Energy Economics，56：20-28.

Razzaghmanesh M，Beecham S，Salemi T. 2016.The role of green roofs in mitigating Urban Heat Island effects in the metropolitan area of Adelaide，South Australia. Urban Forestry & Urban Greening，15：89-102.

Revi A，Satterthwaite D E，Aragón-Durand F，et al. 2014. Urban areas//Field C B，Barros V R，Dokken D J，et al.Climate Change 2014：Impacts，Adaptation，and Vulnerability. Part A：Global and Sectoral Aspects. Contribution of Working Group II to the Fifth Assessment Report of the Intergovernmental Panel on Climate Change. Cambridge：Cambridge University Press：535-612.

Ribeiro H V，Rybski D，Kropp J P. 2019. Effects of changing population or density on urban carbon dioxide emissions. Nature Communications，10：3204.

Richardson，Harry W，Baie，et al. 2004. Urban sprawl in Western Europe and the United States. Journal of Social Issues，64（3）：431-446.

Rogers D, Tsirkunov V. 2010. Costs and Benefits of Early Warning Systems. New York: The World Bank and the United Nations Office for Disaster Risk Reduction(UNISDR).

Salvo A, Brito J, Artaxo P, et al. 2017. Reduced ultrafine particle levels in São Paulo's atmosphere during shifts from gasoline to ethanol use. Nature Communications, 8(1): 77.

Shan Y, Guan D, Liu J, et al. 2017. Methodology and applications of city level CO_2 emission accounts in China. Journal of Cleaner Production, 161: 1215-1225.

Shan Y, Guan D, Hubacek K et al. 2018. City-level climate change mitigation in China. Science Advances, 4(6): eaaq0390.

Shen L, Wu Y, Lou Y, et al. 2018.What drives the carbon emission in the Chinese cities?A case of pilot low carbon city of Beijing. Journal of Cleaner Production, 174: 343-354.

Sun Y, Zhang X, Ren G, et al. 2016. Contribution of urbanization to warming in China. Nature Climate Change, 6: 706-709.

Wang H, Zhao L. 2018. A joint prevention and control mechanism for air pollution in the Beijing-Tianjin-Hebei region in China based on long-term and massive data mining of pollutant concentration. Atmospheric Environment, 174: 25-42.

Wang S, Liu X, Zhou C, et al. 2017. Examining the impacts of socioeconomic factors, urban form, and transportation networks on CO_2 emissions in China's megacities. Applied Energy, 185: 189-200.

Wang Z, Cui C, Peng S. 2019. How do urbanization and consumption patterns affect carbon emissions in China? A decomposition analysis. Journal of Cleaner Production, 211: 1201-1208.

Xie R, Fang J, Liu C. 2017. The effects of transportation infrastructure on urban carbon emissions. Applied Energy, 196: 199-207.

Yang X, Wang X C, Zhou Z Y. 2018. Development path of Chinese low-carbon cities based on index evaluation. Advances in Climate Change Research, 9: 144-153.

Ye D X, Yin J F, Chen Z H, et al. 2014. Spatial and temporal variations of heat waves in China from 1961 to 2010. Advances Climate Change Research, 5(2): 66-73.

Yu Q, Zhang H, Li W, et al. 2020. Mobile phone data in urban bicycle-sharing: Market-oriented sub-area division and spatial analysis on emission reduction potentials. Journal of Cleaner Production, 254: 119974.

Yu X, Chen H, Wang B, et al. 2018a. Driving forces of CO_2 emissions and mitigation strategies of China's national low carbon pilot industrial parks. Applied Energy, 212: 1553-1562.

Yu X, Lu B, Wang R. 2018b.Analysis of low carbon pilot industrial parks in China: Classification and case study. Journal of Cleaner Production, 187: 763-769.

Zhang W, Xu H. 2017. Effects of land urbanization and land finance on carbon emissions: A panel data analysis for Chinese provinces. Land Use Policy, 63: 493-500.

Zhao Z Y, Gao L, Zuo J. 2019. How national policies facilitate low carbon city development: A China study. Journal of Cleaner Production, 234: 743-754.

Zhou D, Zhang L, Hao L, et al. 2016. Spatiotemporal trends of urban heat island effect along the urban development intensity gradient in China. Science of the Total Environment, 544: 617-626.

第6章 工 业

主要作者协调人：温宗国、田智宇
编　　　　审：白　泉
主 要 作 者：李　佳、张翼飞、曹　馨、李晶晶

▪ 执行摘要

工业是中国能源消耗和温室气体排放的主体，也是节能减排潜力最大的部门之一。当前，中国工业产出规模、能源消费和二氧化碳排放均居世界首位。2018年中国工业终端能源消费量达28.3亿t ce，占中国终端能源消费总量的64.8%，占全球工业终端能源消费总量的36.1%，比经济合作与发展组织国家工业终端能源消费总量高25%。从行业结构看，中国工业能源消费主要来自电力、钢铁、水泥、石化、化工、有色金属六大高耗能行业；中国工业二氧化碳排放主要来自能源工业，二氧化碳排放量高是工业能源消费总量大和以煤为主的能源结构等多种因素综合作用的结果。

在经济新常态和供给侧“去产能”背景下，中国工业能耗和排放未来将进入低速增长或高位平台发展阶段。从国际比较分析看，中国工业能源需求还有一定增长空间，但随着中国由粗放增长向高质量发展转型，工业和能源转型升级进一步加快，部分高耗能行业开始步入饱和甚至减量化发展阶段，工业能源需求和碳排放增长速度将明显放缓。2010~2015年，中国工业能源消费年均增速仅1.8%；2014~2016年，工业能源消费连续两年出现下降趋势。多数研究认为，中国工业部门终端能源消费将持续增长，在2035年左右趋于峰值并开始逐步下降（一致性中等，证据中等）。

中国工业部门能耗和排放的绝对量下降不仅需要依靠技术进步和工艺革新带来的能效水平提升，也需要发展方式转变和循环经济带来的需求减量，以及低碳能源在工业终端领域替代利用的综合作用。要实现 1.5℃温升目标，还需要难以减排产业的工艺变革、工业 CCUS 的大力推广（一致性高、证据确凿）。多个研究表明，调整和优化中国工业结构，降低对高耗能行业的依赖可以带来较大减排潜力。除提升单项技术设备能效之外，推动工厂各流程环节进行“整合设计”，在提升系统效率水平方面潜力很大。余热余压等二次能源的共生梯级利用，大宗固废实现原料替代工业，工业生产系统资源化处理城市、农村生活垃圾，以及工业余热供暖是跨行业协同节能减排的四大核心途径。在推广工业可再生能源方案下，2050 年中国的二氧化碳排放量达到 4.79Gt，在最大工业电气化方案下，二氧化碳总排放量将进一步减少为 4.72Gt，比参考情景下的总排放量低 60%（一致性中等、证据中等）。2℃温升目标下累积净负排放量为 50Gt（5~160Gt）CO_2，同时有不少情景可以在完全不依赖净负排放的情况下实现目标。而对于 1.5℃温升目标，累积净负排放量为 230Gt（165~310Gt）CO_2，且所有情景都需要依赖负排放技术的大规模应用。

6.1 引　　言

在过去较长时期内，中国工业排放持续增长，但在经济新常态和供给侧“去产能”背景下，中国工业排放出现新的趋势。本章将从减量化、结构调整、节能提效、能源结构优化等角度，分析中国工业减排贡献的来源，同时结合对中国未来工业转型趋势的研判，以及关键领域技术进步趋势，分析今后中国工业转型和减排的主要驱动力，进而预测不同发展模式下中国未来的排放情景，包括达峰时间、峰值水平、不同时间节点减排潜力等。

对应中国工业节能减排的主要路径，本章从产业结构调整与需求减量、工艺革新与技术进步、工业能源结构调整以及 CCUS 四个角度，分别详述工业节能减排的方向、重点措施、潜力空间及所需成本，阐述中国工业未来走向零碳 / 近零排放发展的技术潜力和能效提高前景。

6.2 中国的工业转型情景

6.2.1 中国工业能源消费和碳排放的现状与趋势

1. 工业能源消费与碳排放现状

过去几十年工业领域是中国经济增长的重要支柱，也是中国能源消费和二氧化碳排放的最主要来源。2017 年，中国工业增加值为 28.0 万亿元，占国内生产总值的 33.9%（国家统计局，2018）。工业能源消费既用作燃料燃烧，也用作原料材料等。2017 年，中国工业终端能源消费量为 28.3 亿 t ce，占终端能源消费总量的 64.8%（国家统计局，2018）。工业二氧化碳排放既包括能源活动排放，也包括工业生产过程排放。但受统计、核算等因素影响，中国工业二氧化碳排放统计相对滞后，并且与工业产出、能源消费等计算口径并不完全一致。根据《中华人民共和国气候变化第二次两年更新报告》，2014 年，中国工业、建筑业燃料燃烧和工业生产过程二氧化碳排放总量为 87.5 亿 t，占当年二氧化碳排放总量（包括土地利用变化和林业）的 95.9%；其中，工业和建筑业燃料燃烧二氧化碳排放为 74.2 亿 t，占能源活动二氧化碳排放总量的 83.1%。

从行业能源消费结构看，中国工业能源消费主要来自电力、热力生产和供应业，有色金属冶炼和压延加工业，黑色金属冶炼和压延加工业，非金属矿物制品业，化学原料和化学制品制造业，石油加工、炼焦和核燃料加工业六大高耗能行业（图 6-1）。2017 年，六大高耗能行业终端能源消费为 22.1 亿 t ce，占工业终端能源消费总量的 75.1%（国家统计局，2019a，2019b）。

2016 年，中国工业增加值占全球的比重为 24.1%，有 220 多种主要工业品产量居于世界领先水平[①]。根据国际能源署统计口径计算，2016年，中国工业终端能源消耗占全球工业终端能耗总量的36.1%，比经济合作与发展组织国家工业终端能耗总量高25%（IEA，2018）。中国工业二氧化碳排放高主要源于工业能源消费总量大，也与以煤为主的能源结构相关。2017年，煤炭占中国工业终端能源消费的比重为24.5%（国家统计局，2018）。

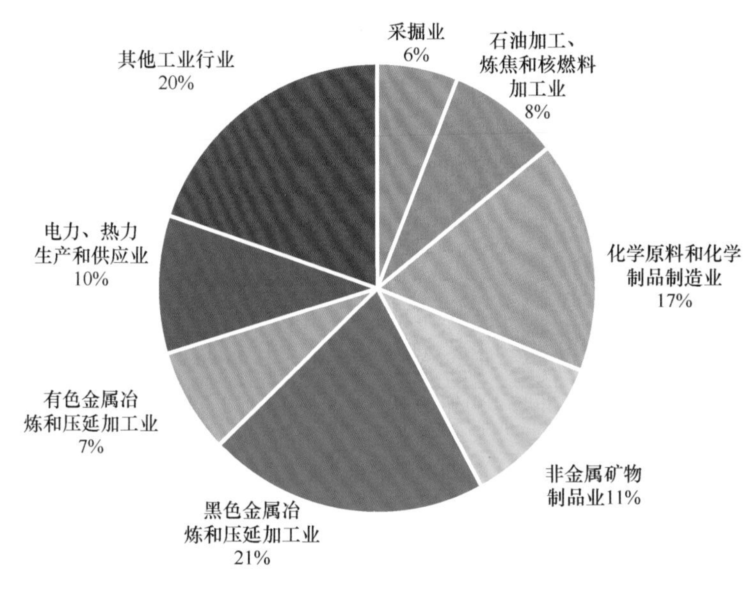

图6-1 中国工业能源消费结构情况（2017年）

2. 工业能源消费与碳排放历史回顾

伴随工业化、城镇化、全球化发展持续推进，中国工业产出规模不断增长，工业能源消费和碳排放持续上升。从能源消费情况看，2017年，中国工业一次能源消费量为29.4亿t ce，比2000年增长了1.9倍，年均增长速度达6.4%（图6-2）。从碳排放情况看，根据已公布的国家温室气体排放清单，2005~2014年，中国工业、建筑业燃料燃烧和工业生产过程二氧化碳排放总量增加了36.4亿t，年均增长6.2%，高于同时期工业能源消费6.1%的年均增速（国家统计局，2018）。究其原因，一方面，可能与工业能源结构调整缓慢有关；另一方面，可能与国家统计局调整修正2005年能源消费数据，但温室气体排放清单未相应更新计算有关。

在技术进步、结构优化、政策引导等推动下，中国工业能源利用效率水平不断提升，部分工业行业能效达到国际先进水平。2000~2016年，中国钢铁行业能源效率提高了约1/3，水泥行业能源效率提高了约1/2（IEA，2018）。2010~2015年，中国规模以上企业单位工业增加值能耗下降28%，实现节能量6.9亿t ce。1990~2014年，中国工业增加值能耗累计下降约70%，同期美国、印度分别下降约50%和44%，中国工业能效改善速度居于世界前列。

① UNIDO. 2018. Industrial Development Report 2018.

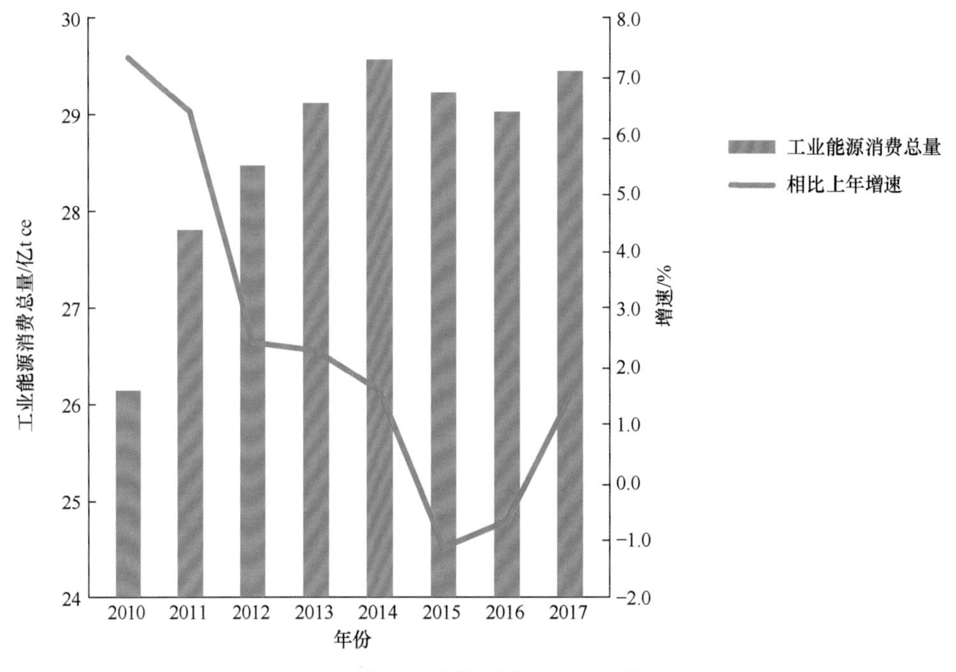

图 6-2 中国工业能源消费总量及增速

3. 工业能源需求与碳排放趋势展望

中国作为世界上最大的发展中国家，整体仍处在工业化中期发展阶段，工业发展仍有较大空间，工业能源需求将不断上升。2010~2017 年，中国工业能源消费增长有所放缓，但工业能源消费累计增量仍高达 3.3 亿 t ce，占中国同时期能源消费增量的 37.7%（国家统计局，2019a）。从人均工业产出看，2016 年，中国人均工业增加值是世界平均水平的 1.3 倍，但只有美国人均水平的 35.6%[①]。从人均工业能源消费数量看，2016 年，中国人均工业终端能源消费比世界平均水平高约 95%，比经济合作与发展组织国家平均水平高约 16%，但仍比美国人均水平低约 12%（IEA，2018）。从全球发展趋势看，尽管主要发达国家工业能源需求总量增长放缓甚至下降，但全球工业能源需求仍将持续增长。研究表明，2017~2040 年，全球工业用能需求年均增速将达 1.3% 左右（IEA，2017）。

从国际比较分析看，中国工业能源需求还有一定增长空间，但随着中国由粗放增长向高质量发展转型，工业和能源转型升级进一步加快，工业能源需求和碳排放增长速度将明显放缓。特别是随着中国成为世界第一制造大国，产能过剩已经成为工业发展的重大制约，部分高耗能行业开始步入饱和甚至减量化发展阶段。2010~2015 年，中国工业能源消费年均增速仅 1.8%，2014~2016 年，工业能源消费连续两年出现下降趋势（国家统计局，2018）。今后一段时期，在中国潜在经济增长速度放缓的情况下，在供给侧结

① UNIDO. 2018. Industrial Development Report 2018.

构性改革不断推进的背景下，中国工业能源需求和碳排放将进入低速增长或高位平台发展阶段。

6.2.2 中国工业转型与减排主要驱动力

1. 中国工业转型主要驱动力

伴随中国步入高质量发展阶段，工业发展与全球化融合进一步加深，工业转型发展既是中国可持续发展的内在要求，也是建设全球制造强国的客观需要。从国际情况看，全球工业产出规模不断增长，资源能源利用效率成为衡量国家制造业竞争力的重要因素。按照 2010 年不变价计算，1991~2014 年，制造业占全球 GDP 比重由 14.8% 提高到 16.0%[①]。从国内情况看，中国工业产出规模和技术水平不断提升，但总体上尚未摆脱高投入、高消耗、高排放的发展方式，资源环境问题成为工业发展的重大制约因素。从工业内部情况看，伴随中国步入工业化后期发展阶段，工业加快由劳动密集型制造业向资金密集型和技术密集型转变。中国在全球产业分工中的地位不断上升，2015 年高技术制造业在制造业中的比重接近 50%，已经略高于美国所占的比重[①]。

为加快工业转型升级发展，中国积极完善相关战略、制度和政策体系，并把促进工业高效、低碳发展作为其中的关键内容。《国家应对气候变化规划（2014—2020 年）》《"十三五" 节能减排综合工作方案》《工业绿色发展规划（2016—2020 年）》等政策文件中，中国明确了到 2020 年工业领域低碳发展、节能降耗、能源结构优化等发展目标、主要任务和保障措施，并分解落实到主要高耗能行业和重点用能企业。具体而言，到 2020 年中国单位工业增加值二氧化碳排放比 2005 年下降 50% 左右，单位工业增加值（规模以上）能耗比 2015 年下降 18%，2020 年钢铁行业、水泥行业二氧化碳排放总量基本稳定在 2015 年的水平，2020 年钢铁、水泥、电解铝、乙烯、合成氨等产品综合能耗相比 2015 年下降 2.4%~7.9%，绿色低碳能源占工业能源消费量比重由 2015 年的 12% 提高到 2020 年的 15%。

2. 中国工业减排主要驱动力

影响工业二氧化碳排放的因素众多，包括人口、经济发展、工业化程度、产业和能源结构、能源需求、技术水平、资源禀赋、贸易状况等。作为后发的发展中国家，中国工业行业先进与落后产能大量并存，在推广应用先进成熟节能低碳技术、探索前沿技术创新等方面具有较大潜力。例如，Wen 等（2014）利用 AIM 模型进行情景分析，结果表明，2010~2020 年中国钢铁行业技术进步带来的节能降碳潜力比结构优化更大。McKinsey Company（2018）研究表明，钢铁行业应用直接还原技术炼钢的吨钢二氧化碳排放只有高炉转炉炼钢的 1/3 左右，正在研发中的整合电解法炼钢和可再生电力工艺还可进一步实现近零碳排放。实现工业深度减排，支持国家碳中和目标，发展

① UNIDO. 2018. Industrial Development Report 2018.

氢基工业是一个重要的方面。氢作为还原剂或者原料在钢铁制造、熟料生产、合成氨、乙烯、苯、甲醇等部门可以实现 CO_2 的近零排放，这些部门成为实现碳中和的关键部门（Jiang et al.，2020）。

随着中国与发达国家技术差距不断缩小，中国在工业领域需求减量、用能结构调整、信息化与工业化融合、智能化升级等方面也具有较大的减排潜力。例如，转变传统生产消费模式，积极发展循环经济，能够从源头上减少工业产品需求。研究表明，提高废旧塑料回收利用水平，到 2050 年可以减少 1/3 的乙烯生产需求（McKinsey Company，2018）。通过提高工业电气化水平，利用低碳能源替代化石能源，能够直接减少工业领域碳排放。研究表明，到 2040 年利用热泵技术可以有效地满足全球工业领域 6% 的热力需求（IEA，2017）。

6.2.3 中国工业排放情景分析

1. 中国工业排放情景分析

在工业化发展驱动下，中国工业能源需求将持续增长，但增速明显放缓。多数研究认为，中国工业部门终端能源消费将持续增长，在 2025~2040 年趋于峰值并开始逐步下降，2050 年工业终端能源消费量为 23 亿 ~27 亿 t ce，是 2010 年水平的 1.4~2.0 倍（Zhou et al.，2019；IEA，2017；戴彦德等，2016；王勇，2017；Wen et al.，2015）。与过去高速发展阶段相比，工业能源需求增速将明显放缓。2016~2040 年，中国工业能源需求年均增长速度为 0.5%，相比 2000 年以来年均 7.7% 的增速大幅降低（IEA，2017）。在 2℃和 1.5℃温升目标的约束下，工业能源需求达峰将进一步提前，并且 2050 年工业能源需求水平可能有所降低（姜克隽等，2012；Jiang et al.，2013，2018）。

从具体能源品种看，工业能源需求增长主要源自电力和天然气需求增长，煤炭需求持续下降，石油需求增速趋缓，工业用能结构向电气化、低碳化方向不断发展。其中，电力需求增长主要来自化工和非高耗能行业，包括装备制造业以及新兴产业、新型业态和新商业模式“三新”经济，2040 年非高耗能行业电力占终端用能的比重将达到 47%（IEA，2017）。工业天然气需求增长主要来自化工和非高耗能行业，其驱动力主要源于环境治理重点地区天然气替代煤炭加快推进。工业煤炭需求持续下降，但用作原料的煤炭需求可能增长。2016~2040 年，中国工业煤炭需求将下降约 30%，但煤制烯烃等行业煤炭需求出现上升，2040 年石油化工行业用作原料的能源消费约 1/4 来自煤炭（IEA，2017）。

工业能源相关二氧化碳排放达峰与能源需求、能源效率、用能结构等因素相关，随着工业行业用能需求升级和全社会电力结构不断变化，工业二氧化碳排放将早于工业用能需求出现峰值。有研究认为，工业能源相关二氧化碳排放已经在 2014 年出现峰值（IEA，2017）；在参考情景下，中国工业能源相关二氧化碳排放在 2030 年左右达峰；在重塑能源情景下，工业能源相关二氧化碳排放在 2020 年左右达峰（Zhou et al.，2019；戴彦德等，2016；姜克隽等，2012）（图 6-3）。在 1.5℃温升目标约束下，工业能源相关二氧化碳排放在 2020 年左右达峰，并且达峰后需要持续快速降低，2050 年相比 2020 年降低 90% 以上（Jiang et al.，2018）。

随着工业化进程步入中后期，钢铁、水泥等传统制造业预计 2020 年前出现二氧化碳排放“拐点”（温宗国，2015）（图 6-4）。在工业行业中，建材和纺织行业将先于钢铁、石油化工等行业出现排放峰值（王勇，2017）。但由于烯烃等产量快速增长，抵消了能效水平进步效果，因此石油化工行业能源需求和二氧化碳排放可能持续增长（IEA，2017）。

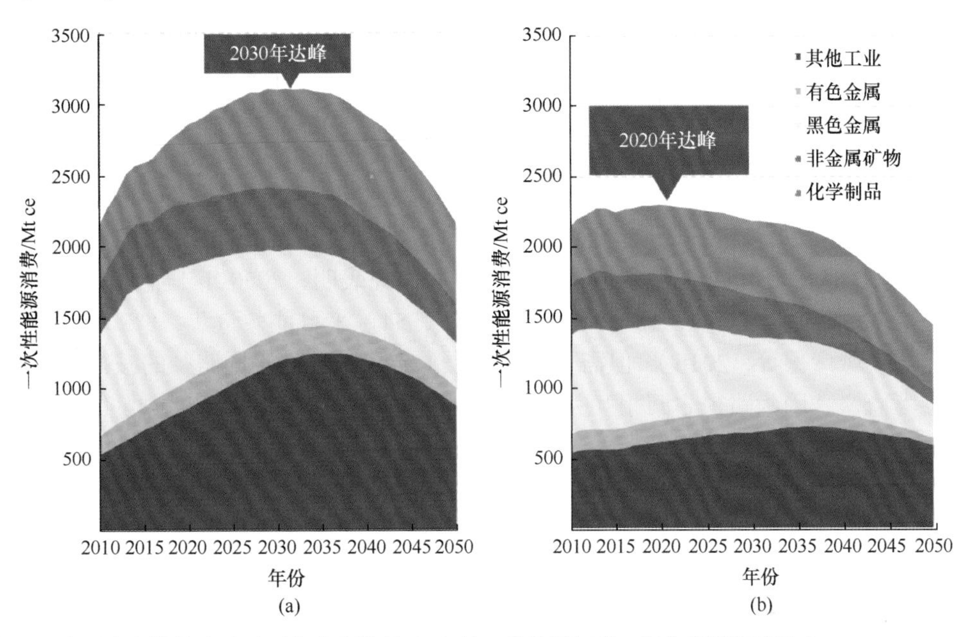

图 6-3　中国参考情景（a）和重塑能源情景（b）的工业能源相关二氧化碳排放展望（Zhou et al.，2019）

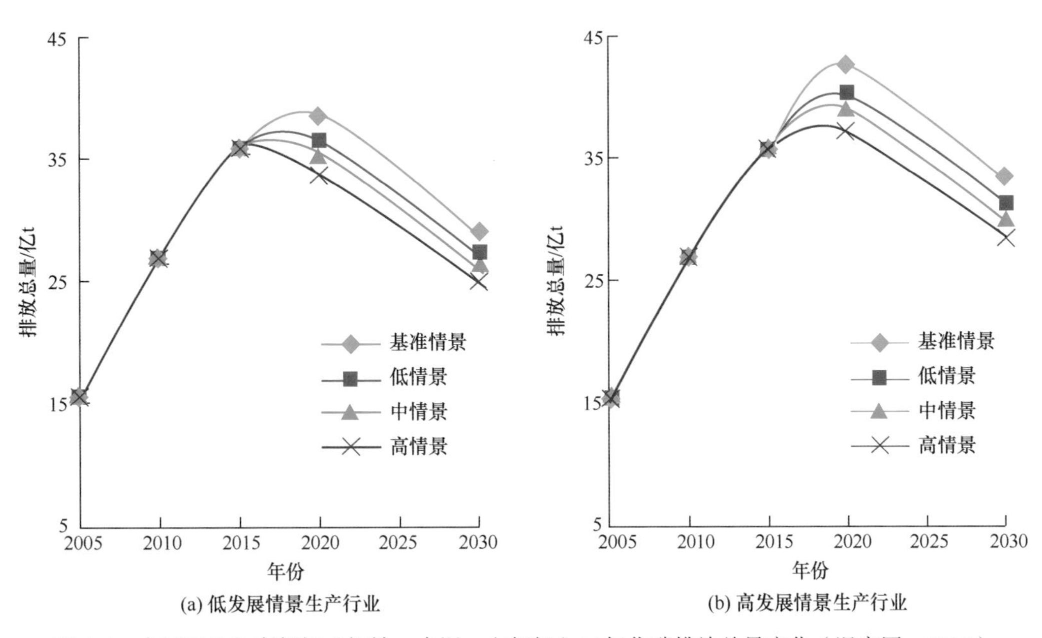

图 6-4　中国工业生产部门（钢铁、水泥、电解铝）二氧化碳排放总量变化（温宗国，2015）

2. 中国工业减排潜力分析

目前，工业领域在终端部门中减排空间最大，但随着高效节能降碳技术设备快速普及，未来减排空间将有所收窄。由于不同研究模型框架、情景设置、参数假设等存在差别，绝对量的减排潜力数据可比性不强。有研究认为，2020 年工业二氧化碳减排潜力为 54.12 亿 t，届时工业二氧化碳排放总量相比 2011 年下降约 1.3 亿 t（Yan and Fang，2015）；2050 年工业二氧化碳减排潜力为 29.7 亿 t，相比 2010 年工业二氧化碳排放总量下降 58%（Zhou et al.，2019）；2010~2030 年工业累积碳减排潜力为 83.8 亿 t（郭朝先，2014）；中国工业节能潜力巨大，占全球工业总潜力的 36%（Kermeli et al.，2014）。从挖掘减排潜力的路径看，其既包括技术进步和工艺革新带来的能效水平提升，也包括发展方式转变和循环经济带来的需求减量，以及低碳能源在工业终端领域的替代利用。利用 LEAP 模型和情景分析方法的研究表明，2050 年工业减排二氧化碳潜力的 25% 来自结构调整，13% 来自减量生产，54% 来自能效进步，8% 来自能源结构低碳化（戴彦德等，2016）。但需要说明的是，定量核算的不同路径的减排贡献比例只有参考意义，因为路径之间相互关联且不同核算次序会对结果产生影响（Pacala and Socolow，2004）。

多个研究表明，调整和优化中国工业结构，降低对高耗能行业依赖具有较大的减排潜力。IEA 分析在新政策情景下，伴随高耗能产品产量大幅和逐步下降，以及能效水平不断提升，2016~2040 年，钢铁、石化化工、电解铝、水泥等高耗能行业占工业能源消耗的比重由 3/4 下降到 2/3，其中，钢铁、水泥产量相比参考目标水平分别下降 1/4 和 1/3 左右，钢铁、水泥行业二氧化碳排放量相比目前减少 8.4 亿 t（IEA，2017）。工业内部结构调整，如利用新的高效产能代替旧产能、生产附加值更高的产品等也有较大减排潜力。利用动态因素分析方法研究表明，2015~2030 年，三次产业结构调整的减排量对比中，工业内部结构调整带来的减排潜力更大（Zhang J et al.，2018）。

尽管近年来工业能效水平明显进步，但与国际先进水平相比，中国整体工业能源生产力和碳生产力仍有较大提升空间。研究表明，中国工业增加值能耗延续“十一五”以来持续下降的态势，到 2040 年达到目前日本、美国等发达国家水平（IEA，2017）。温宗国（2018）比较了不同技术的减排成本，到 2030 年钢铁行业仍有数量众多的负成本减排技术。水泥行业，淘汰落后产能、普及现有成熟高效的技术具有较大的减排潜力，水泥窑燃料替代技术在 2020~2030 年具有较大的减排潜力，新型替代水泥技术尚不成熟，但减排潜力巨大，如图 6-5 所示。除提升单项技术设备能效之外，推动工厂各流程环节进行“整合设计”，在提升系统效率水平方面潜力很大。例如，应用一体化整合设计，将原有长、窄、弯的管道变为粗、短、直的管道，能够减少泵和风扇 80%~90% 的摩擦损耗，从源头节约数倍的电力消费（Lovins，2018）。此外，推动工业化与信息化融合发展，优化能源管理水平，能够带来额外的节能效果。美国一家工业节能改造提供商 Crowley Carbon 在利用设备节能改造的同时，应用诊断软件对生产运行进行优化，比单纯进行技术改造额外节能 30%~60%（Lovins，2018）。

发展氢能替代工业燃料和原料是实现工业碳中和的重要途径。钢铁、熟料、合成氨、乙烯、苯、甲醇等部门到2050年可以100%实现替代化石能源作为能源和原料的生产工艺，实现这些部门 CO_2 的近零排放。2050年这些部门需要氢2550万t，氢来自可再生能源或者核电电解水制氢，需要耗电918TW · h。未来可再生能源的价格将对这些产业的布局产生重大影响（Jiang et al.，2020；姜克隽等，2021）。

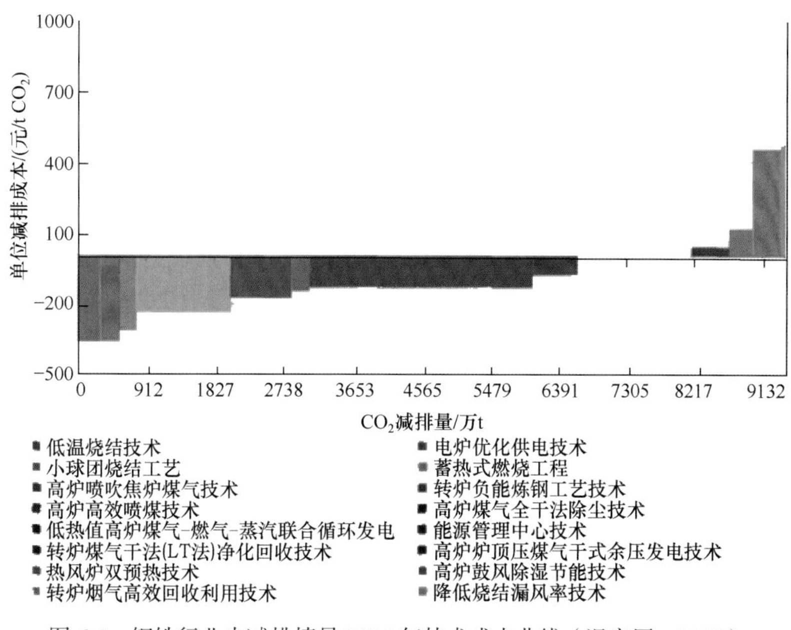

图6-5 钢铁行业中减排情景2030年技术成本曲线（温宗国，2018）

6.3 产业结构调整与需求减量

6.3.1 产业结构调整与升级

1. 三次产业结构合理化和高级化

改革开放以来，中国经济取得了平稳高速的增长，但与此同时也暴露出较多问题，其中最大的问题在于经济增长总体较为粗放，经济增长质量与效率相对较差，主要依靠要素积累而非科技创新发展（王锐，2019）。从产业结构来看，农业的基础水平比较薄弱，工业技术缺乏开发能力，服务业的发展水平明显滞后，产业的组织结构不合理，产业结构层次低和国际竞争力不足，同时环境问题比较突出（葛瑶，2015）。第二产业长期引领中国经济快速增长，工业部门增加值占国内生产总值的比重长期保持在40%甚至更高水平，2001年以前，轻重工业产值基本平分秋色，2001年以后开始出现分化，产业结构重型化特征明显，以钢铁、有色、建材、化工、石化等高耗能行业额为代表的重工业产值增速远超轻工业，产值比重由2001年的63.9%提高到2010年的 71.4%，产业结构出现失衡（熊华文和符冠云，2017）。2013 年中国人均 GDP 达到 6750 美元；服务业增加值比重首次超过第二产业，高出 2.2 个百分点。就总体趋势而言，当经济发展达到一定水平以后，随着经济发展水平的提高，服务业增加值占 GDP 的比重会上升，工业和农业的比重会下降。工业化初期，纺织服装等轻工业比重较大，成为经济增长的主导产业；工业化中期，主导产业体系从劳动密集型的纺织服装转向以资本密集型的重工业和制造业为主的综合体系，钢铁、水泥、电力等能源原材料工业比重较大，其是该阶段经济增长的主要动力；工业化后期，由资本密集型产业向资本与技术密集型产业转换，汽车工业综合体系，以及装备制造等高加工度的制造业比重明显上升，成为经济增长的主导产业；后工业化阶段，人们对休闲、旅游、教育等需求增加，推动经济增长的主导产业体系转向以服务业为载体的信息经济和知识经济，服务业处于主导地位。从整个工业化进程看，经济增长的主要动力呈现出农业—轻工业—能源原材料工业—高加工度工业—服务业的变化轨迹（许召元和张文魁，2015）。

根据国家统计局发布的数据，近十年来，中国的产业结构经过调整升级正在向合理化方向转变。量子通信和量子计算机、超级计算机、高速铁路、特高压输变电、杂交水稻、对地观测卫星、北斗导航、电子商务、人工智能、电动汽车等重大科技成果产业化取得突破，部分技术和产业已经进入世界先进行列（陈清泰，2018）。从经济发展水平看，创新在中国经济增长中发挥重要作用的时代正在临近。第一产业在 GDP 中的比重呈现持续下降的态势，从 2008 年的 10.2% 下降到 2018 年的 7.2%。第二产业仍引领中国经济快速增长，但是从 2008 年的 47.6% 下降到 2018 年的 40.7%，工业内部结构持续优化，2018 年工业新动能成长较快，高技术制造业增加值增长 11.7%，占规模以上工业增加值的比重为 13.9%。装备制造业增加值增长 8.1%，占规模以上工业增加值的比重为 32.9%。第三产业在国民经济中的比重处于不断上升的过程之中，增加值比重由 2008 年的 42.9% 大幅上升至 2018 年的 52.2%（表 6-1）。

表 6-1　中国三大产业增加值及比重

年份	国内生产总值 / 亿元	产业增加值 / 亿元			三大产业比重 /%		
		第一产业	第二产业	第三产业	第一产业	第二产业	第三产业
2012	538580.0	49084.5	244643.3	244852.2	9.1	45.4	45.5
2013	592963.3	53028.1	261956.1	277979.1	8.9	44.2	46.9
2014	641280.6	55626.3	277571.8	308082.5	8.7	43.3	48.0
2015	685992.9	57774.6	282040.3	346178.0	8.4	41.1	50.5
2016	740060.8	60139.2	296547.7	383373.9	8.1	40.1	51.8
2017	820754.3	62099.5	332742.7	425912.1	7.6	40.5	51.9
2018	900320	64734	366011	469575	7.2	40.7	52.2

注：由于数值修约所致错差，下同。

从三次产业结构变迁的角度看，依据增加值结构的变化，中国经济正处于从工业化阶段进入后工业化阶段。2000~2015 年，中国已经从产业结构欠发达国家升级为产业结构初等发达国家。2015 年中国服务业增加值比例达到 50.2%，就业比例达到 42.4%，中国完成了第一次产业结构现代化，正处于从工业经济向服务经济转型的阶段。

随着钢铁、水泥等重化工业的需求逐步见顶，以及东部沿海地区逐步进入后工业化时期，从全国总体上来看，2020~2025年基本实现工业化，高耗能工业比重将逐步降低，居民消费比重将有显著的提高。2006~2015年中国的产业结构变动几乎没有促进节能，而技术进步是节能的重要驱动因素，因为这10年间产业结构中工业占比几乎一直在增长，高能耗产业的结构调整效果不佳，这是结构变动效应并未体现节能效应的主要原因（李慧芳和聂锐，2018）。从中长期来看，工业化仍是中国发展的一个主要内容，从制造业大国转向制造业强国仍是未来中国工业发展的重要方向。从整个世界工业化过程来看，在可以预见的中长期，中国的工业还将持续快速增长，仍将使用大量钢、铁、铜、铝等自然资源，消耗大量石油、天然气、煤炭等能源。这是工业化不可逾越的阶段。基准情景下，能源消费总量将在2050年达峰，但是单位GDP能耗水平将显著减少（许召元和张文魁，2015）。

产业结构调整不仅是促进经济发展的重要因素，同时也是促进污染减排和二氧化碳减排的有力抓手。在产业结构向合理化调整的过程中，能源的利用率不断增加，使得单位产值的污染物排放量减少，污染减排效应提高。从中国目前的产业结构来看，大量低端的制造业仍然存在，这些产业在生产过程中严重依赖于能源资源，对自然环境造成巨大的影响。与此同时，由于中国在全球产业链内无法占据优势地位，从制造产业中获得的附加价值较低，这种产业结构已经极大地制约了中国经济的发展。“美丽中国”强调把生态文明放在突出位置，定位从“千年大计”上升为“根本大计”，并指出生态文明建设正处于压力叠加、负重前行的关键期、攻坚期和有条件有能力解决生态环境突出问题的窗口期。中国经济已经从高速增长过渡到中高速增长阶段，这正是提高发展质量、优化结构的良好契机。一方面，经济的合理增长提供了良好的现实基础，可以追求更高质量的、更长远的目标，有底气进行结构转型；另一方面，经济发展对能源需求的拉动，使得节能降耗成为总量控制和结构调整的重要支撑。高质量发展需要高效和绿色，必须抓紧当前契机，及时遏制能效提升速率的下降趋势。

由于环境、能源、气候变化的制约不断加剧，全球各国纷纷开始寻求产业结构的调整与优化，发达国家希望借此保持本国在国际竞争中的优势，新兴经济体则将其作为赶超发达经济体的重要途径。从发展方向看，各国都重点关注了发展可持续性，绿色低碳成为全球产业转型的主要方向。未来中国解决能源消费总量和能源安全及资源环境压力问题，既面临着经济减速和产业结构调整的机遇，也面临着能源消费总量持续增长，污染物排放和碳排放总量继续增加的挑战。

未来不同经济转型政策力度情况下，产业结构的调整将存在一定不确性。中国煤控研究项目在2015年研究了参照情景、节能情景、煤控情景和两度情景下，中国产业结构转型的问题。参照和节能情景下，如果不实施有针对性的转型政策，经济转型过程将是一个长期而缓慢的过程。中国产业结构将呈现缓慢转变的态势。第一产业的比重从2010年的9.6%下降至2050年的3.1%。第二产业未来仍是国民经济发展的主要领域，但在产业结构调整过程中其比重呈现先增后减的变化趋势，其所占比重从2010年的46.2%下降到2050年的36.7%，其中，工业和建筑业均呈现出比重先增后减的变化趋势。第三产业的比重从2010年的44.2%缓慢地增长至2050年的60.2%。在煤控和2℃情景下，中国产业结构调整将加速。优化投资流向，推进各项机制改革，进一步理顺市场关系，促进了第三产业的快速发展，2050年第三产业比重提升至65.2%左右。第一产业和第二产业所占比重下降速度进一步加快，分别从2010年的9.6%下降至2050年的2.9%和从2010年的46.2%下降至2050年的31.9%（王娟等，2015）。结构优化主要发生在2020年之后，而2010~2020年差别不大，这主要是由中国的发展阶段决定的：工业化和城镇化进程中，社会对工业产品，特别是高耗能工业产品存在一定刚性需求；待上述进程基本完成后，工业品需求的降低将为经济结构调整提供基础（王娟等，2015）。

目前必须加快产业结构快速转变，特别是加快工业化进程，推进高耗能工业比重持续下降，这样有利于减缓经济增长对能源的需求。大力发展第三产业、智能制造业、信息技术，低能耗产业的快速发展可以保证以较低的能源消费需求换取较高的产业经济增长。尽管由于GDP增速放缓和产业结构优化，能源增速降低，但中长期，特别是2030年前能源消费总量和其中的煤炭消费总量仍将持续增加，目前在大力推进绿色发展的基础上，仍然需要进一步推动煤炭消费总量的减少，加强能源节约，提高绿色清洁能源的比重。作为经济社会发展的基础产业，中国以煤炭等化石能源为主体的能源体系也是环境污染与温室气体排放的主要制造者，控制煤炭消费总量有着环境、健康和生态保护等多方面的好处。

从国际经验上看，中等偏上及高收入国家的工业比重是下降的，而中等偏下及低收入国家的工业比重仍在上升（许召元和张文魁，2015）。进入了后工业化阶段，以服务业为主体的虚拟经济占比越来越大，并且不同程度地出现了产业空心化现象。削弱实体经济和现代制造业，将产业重心放在服务业，带来的后果也是显而易见的。为此，西方国家的“再工业化”战略，德国的“工业4.0”计划都表明了工业发展对经济增长的重要意义，强调了工业创新对产业结构升级的积极影响（孙静，2019）。

2. 供给侧结构性改革

供给侧结构性改革的重要本质之一就是要转变经济发展方式，实现绿色发展。“十三五”时期，国家把供给侧结构性改革作为经济工作的主线，在适度扩大总需求的同时，通过“去产能、去库存、去杠杆、降成本、补短板”五大任务的实施，提高供给体系质量和效率，提高投资有效性，加快培育新的发展动能，改造提升传统比较优势，增强持续增长动力，这对行业转型升级发挥了积极促进作用。到2018年底，供给侧结构性改革效果不断显现，2018年11月末，工业企业资产负债率为56.8%，同比降低0.4个百分点。其中，国有控股企业资产负债率为59.1%，同比降低1.6个百分点，去杠杆成效继续显现。单位成本降低，降成本效果比较明显。2018年1~11月，每百元主营业务收入中的成本为84.19元，同比降低0.21元。在工业领域，针对煤炭、钢铁、电力等重点行业，具体地推动了“三去一降一补”各项政策措施。在行业发展规划中，制定了能效提升、污染物减排、结构调整等具体约束目标。煤炭和钢铁行业超额提前完成三年去产能目标，2018年煤炭开采和洗选业以及黑色金属冶炼和压延加工业产能利用率分别为70.6%和78.0%，分别比2017年提高2.4个百分点和2.2个百分点，均为近几年来最高水平（国家统计局，2019a）。企业的经营效益取得了明显改善，整体节能降耗水平不断提高，加快了行业转型升级的步伐，不仅为大气污染治理第一阶段目标（2013~2017年）的完成做出了贡献，而且对控制高耗能、高耗煤行业煤炭消费总量及碳排放产生了积极影响，还对国家统筹推进“五位一体”建设起到了重要的推动作用。但产品需求饱和和持续下降的态势没有改变，要坚决防范高耗能行业出现新一轮产能扩张，引导重点行业以节能环保国际领先为标杆实现减量升级发展。

3. 产业自身向价值链高端发展

改革开放特别是中国加入世界贸易组织以来，中国不断融入全球生产体系，深度参与了全球价值链，已成为全球最大的生产制造中心、“世界工厂”。2000年以后伴随着“中国制造”“世界工厂”的声名鹊起，中国基础设施和工业化程度得到了巨大提高，但“中国制造”从产业链、价值链、创新链、投入产出等方面都与发达国家存在着不小差距，在产业创新能力、关键核心技术、高技能人才比例、软环境等方面也面临诸多不足和短板，这使得中国制造业长期受困于“微笑曲线”低附加值的中底部区域，不仅制约了中国对外开放质量和效益的进一步提升，减弱了中国参与全球价值链分工的积极作用，而且不利于稳步提高中国在国际上的话语权和影响力（陈劲，2018）。加工贸易在中国的总体对外贸易中占比接近40%，而自有品牌输出相对偏低。以东亚地区产业链为例，较其他亚洲国家，中国仍处于中下游：日本、韩国占据了高端技术研发和高附加值产品的高端，而中国与东盟国家主要占据了劳动密集型产业、制造业、组装和包装产业的中低端，因此中国承担着较高的生态环境代价。同时，由于路径依赖、自主创新能力滞后及技术等因素限制，中国向价值链与国际分工的中高端进化的进程较为缓慢（张迎迎，2010）。高铁、核电、航天装备、电信和船舶等行业已经迈上全球价值链中高端水平；电子商务正在向全球价值链高端迈进；纺织品、皮革与鞋类和基本金属制造业处于中高端水平。但是制造业总体处于全球价值链终端，主要的原因是关键技术与核心技术的缺乏（郭旭红和李玄煜，2016）。

产业全球价值链升级不仅要实现国内价值链高端化，而且要相对于欧美等发达国家和地区提升产业在价值链中的地位。清华大学陈劲（2018）教授提出了四点建议：一是实现国内价值链与全球价值链的高效对接，构建国内价值链可以为拓展全球价值链提供重要支撑，参与全球价值链可以为国内价值链优化提供重要动力。二是逐步向全球价值链“微笑曲线”两端延伸优化产业价值链全球布局，积极参与全球资源深度整合，提升核心竞争力，更多嵌入高端环节，顺应全球制造–服务革命趋势，最终实现中国制造向全球价值链高端的跃升。三是引导重要产业优化全球价值链布局。四是推进产品制造向精品制造转变。培育一批有特色、有价值、有底蕴的“中国品牌”，以品牌建设引领产业迈向中高端，提升“中国制造”的附加值和竞争力。

6.3.2 跨行业协同节能减碳

随着全国范围内各行业节能减碳工作的持续深入，行业内部落后的生产工艺技术被不断淘汰，节能减碳先进适用技术的普及率不断提高。很多已达到先进生产水平的企业通过工艺技术改造进一步节能减碳的潜力空间有限。同时，经过“十一五”“十二五”期间节能减碳工作的持续推进，经济性相对较好的先进适用技术已被广泛推广应用，未来工业节能减碳的边际成本将不断攀升，进入节能减碳的“高成本”时代，给行业发展带来沉重的经济负担（Cao et al.，2016）。另外，以各单一行业为边界开展节能减碳工作的局限导致一些资源与能源的整体利用效率低下，行业生产过程中的部分废物、副产品未被利用或仅实现了低附加值利用，社会系统产生的废物未能在工业部门得到有效消纳，其中蕴藏了可观的节能减碳潜力空间。

因此，在以各单一行业为边界开展节能减碳工作的潜力空间逐渐收窄、边际成本不断攀升的现实压力下，通过跨行业的耦合共生实现协同节能减碳将成为一个新的突破口。而伴随工业组织形态的演进，产业集群式的多行业共存发展模式逐渐成为主流，各类型企业布局的地理区位临近性也为各行业共生节能减碳提供了基础。具体地，跨行业协同节能减碳主要有以下四种途径。

1. 余热、余压等二次能源的共生梯级利用

工业余热、余压资源十分丰富且广泛存在于各种生产过程中，特别在煤炭、石油、钢铁、化工、建材、机械和轻工等行业，工业余热、余压被视为继煤、石油、天然气、水利之后的第五大常规能源（孟欣和杨永平，2016）。美国能源部的研究显示，工业部门 20%~50% 的一次能源投入在生产过程中转化为余热、余压等二次能源。以钢铁行业为例，钢铁生产用能约有 70% 会转化为二次能源，其中燃煤能量的 34% 转化为各类副产煤气，15% 转化为炉顶余压和物料、烟气显热等余热、余压（王维兴和王寅生，2014），合理利用这些二次能源替代钢铁生产中的电能消耗将带来可观的节能减碳效果。

目前，钢铁行业是中国各工业部门中对余热、余压等二次能源利用率最高的行业之一（Cao et al.，2020）。然而，统计数据显示，中国钢铁行业余热、余压等二次能源的回收利用率仅为 30% 左右，远低于国际先进钢铁企业 50% 的平均水平（黄娟等，2018）。究其原因，一方面是各工序产生的各种余热资源回收效率低，回收数量不足；另一方面是对已回收的各种能量不能合理地加以使用，造成煤气、蒸汽、氧气等二次能源大量排放或低效利用。

余热、余压等二次能源转化、回收和利用的基本原则应是“就近回收、就近转换、就近使用、梯级利用、高质高用”，实现“能质全价开发”。

当前，针对工业余热的回收利用方式总体可分为热回收（直接利用热能）和动力回收（转变为动力或电力再用）两大类，根据具体的回收利用技术手段其又可细分为三类：第一类是利用余热锅炉进行回收，利用余热来制造水蒸气，然后将这些蒸汽用于发电；第二类是采用热泵或者溴化锂吸收式机组来对余热进行回收，利用余热制造热水或蒸汽，然后直接用于地区的采暖；第三类是利用螺杆膨胀机来对余热进行回收，将其转化为各种机械能，直接驱动各种机械设备（商敬超，2018）。

针对余压的回收利用技术主要包括“高炉煤气余压发电（TRT）”和“过热（或饱

和）蒸汽余压发电”两类。其中，TRT 是利用高炉炉顶煤气中的压力能及热能经透平膨胀做功来驱动发电机发电，再通过发电机将机械能变成电能输送给电网，其可以回收高炉鼓风能量的 30% 左右，是目前世界上最有价值的二次能源回收装置之一。采用 TRT 技术，一般吨铁发电量为 30~40kW · h。高炉煤气采用干法除尘可以使发电量提高 36%，且温度每升高 10℃，会使透平膨胀机出力提高 10%，进而使 TRT 装置最高发电量可达 54（kW · h）/t（Chen et al.，2015）。这种发电方式既不消耗任何燃料，也不产生环境污染，是高炉冶炼工序的重大节能项目，经济效益十分显著。过热（或饱和）蒸汽余压发电是利用企业生产过程中产生的高压蒸汽，采用小型背压机组，根据不同用户需要的蒸汽压力差，进行热能 – 电能的转换，以获取低成本的电能，实现能源的阶梯利用，减少钢铁厂自用电，增加外供电量。

目前，工业余热、余压在各行业应用的主要技术如下：钢铁行业，干法熄焦（CDQ）技术、TRT 技术、纯烧高炉煤气锅炉技术、低热值煤气燃气轮机技术、转炉负能炼钢技术、蓄热式轧钢加热炉技术等（Cao et al.，2020）；有色金属行业，烟气废热锅炉及发电装置、窑炉烟气辐射预热器和废气热交换器、回收其他装置余热用于锅炉及发电等；化工行业，焦炉气化工、发电、民用燃气、独立焦化厂焦化炉干熄焦、纯碱余热利用、硫酸余热发电等；其他行业，玻璃生产企业的余热发电技术，吸附式制冷技术，纺织、轻工等其他行业的供热锅炉压差发电技术等。

整体来看，我国工业余热、余压利用技术的发展现状是高温余热和高品质余压的利用技术目前已基本趋于成熟，而具有巨大潜力的中低温余热利用技术，除了在热泵系统中有少数应用之外，在其他方面尚处于尝试和成长阶段（曹馨等，2020）。以钢铁行业为例，钢铁工业余热总体回收率约为 25.8%，产品显热回收率约为 50.4%，烟气显热回收率约为 14.92%，冷却水显热回收率约为 1.9%，炉渣显热回收率约为 1.59%。其中，高温余热回收率为 44.4%，中温余热回收率为 30.2%，低温余热回收率不足 1%。相关研究评估了基准情景、成本有效情景、技术推广缓慢情景和技术加速推广情景下的钢铁行业余热、余压回收利用效果（图 6-6）：仅通过余热、余压回收利用，钢铁行业的能耗将从 2015 年的 17.72 GJ/t 下降到 2050 年的 13.77~14.74 GJ/t，年均节约一次能源投入 0.46%~0.64%（Zhang Q et al.，2018）。

2. 大宗固废共生利用实现原料替代

中国工业固体废物年产生量约 32.3 亿 t，由于中国废物处置能力相对不足，大量固体废物未得到及时有效的处理处置。通过对现有企业生产过程进行协同资源化处理，实现原材料替代，可以提高中国废物无害化处理能力，化解中国废物处理处置的难题，其也是实现工业节能减碳的重要途径。

目前，在美国、日本等发达国家和地区，跨区域专业化集中处置固体废物已经成为主要的固废处理方式。例如，日本实行了“广域再生利用指定制度”，几乎所有的水泥企业都将工业废物和城市垃圾作为水泥的配料或替代燃料。世界上有 100 多家水泥厂用可燃废物替代燃料，法国 Lafarge 水泥集团利用可燃废物代替矿物燃料的比率达 55% 左右，瑞士 Holcim 公司在比利时的湿法水泥厂中原料替代率高达 80% 左右。

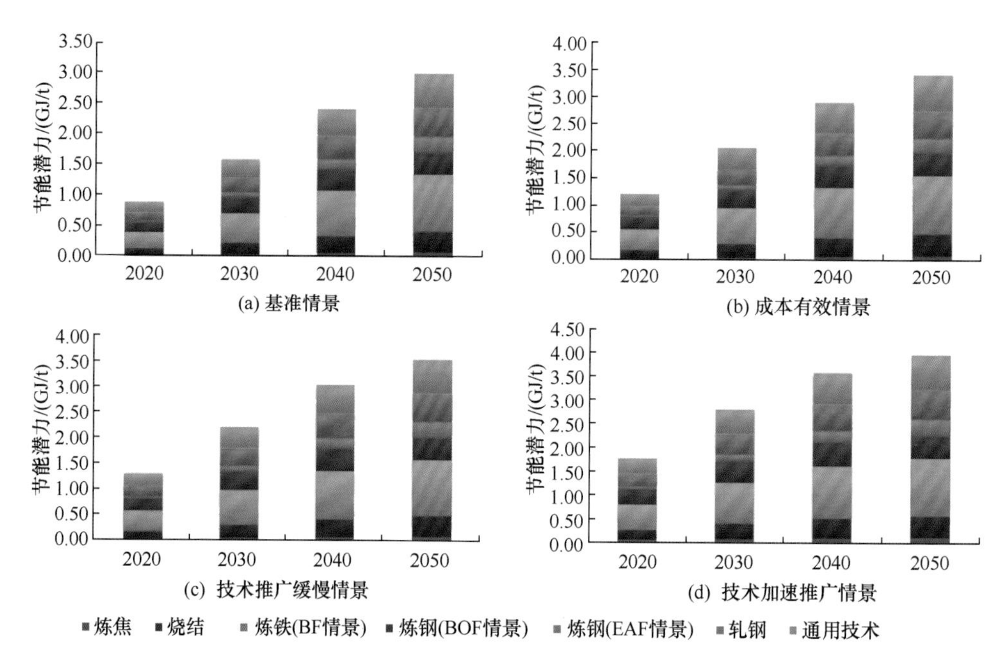

图 6-6 不同情景下 2020~2050 年钢铁行业余热、余压回收利用的节能潜力

在中国，由于各种原因，固体废物处理与利用受到地域的限制，造成处理成本高、再生利用水平低。当前，中国利用钢渣、粉煤灰、脱硫石膏、煤矸石、尾矿等大宗工业固体废物制备绿色无水泥熟料或少水泥熟料胶凝材料的技术已相对成熟（杜根杰，2018）。虽然大宗工业固废基绿色无水泥熟料或少水泥熟料胶凝材料并不能百分之百取代水泥，但由于中国水泥产量巨大，其中蕴含的节能减碳潜力仍然非常可观（Kosajan et al.，2020）。然而，由于认知、产品标准等方面的制约，大宗工业固废基绿色无水泥熟料或少水泥熟料胶凝材料市场远远未打开，目前只有河北出台并实施了相关标准。此外，目前还有一些大宗固废共生利用实现原料的高性能化和高值化利用技术未得到有效实践和应用，如利用大宗工业固废制作的透水砖、路面砖、免烧砖、蒸压砌块、石膏砌块、泡沫陶瓷、仿古砖、景观砖、防水防腐防火保温一体化的装配式墙材、屋面等。

以中国上海为例，当前通过大宗工业固废共生利用每年可节约 870 万 t ce，削减 CO_2 排放约 1681 万 t，占上海能源消费总量的 7%~8%、CO_2 排放总量的 6%~7%；若主要可回收工业固废的利用率提高至 100%，则可进一步节约 644 万 t ce，减排 CO_2 约 1002 万 t（Dong et al.，2018）。

3. 工业生产协同资源化处理城市、农村生活垃圾

据统计，中国城市生活垃圾年清运量约 1.71 亿 t，而垃圾处理率仅为 50% 左右，真正符合无害化处理要求的处理率更低（Song et al.，2018）。

为解决中国城镇化过程中的废物处理处置困难的问题，可以利用企业高温作业装置，协同处理城市危险废物、污水处理厂污泥、含能有机废物等；将城市生活污水经

过处理后引入用水企业的生产系统，实现水资源循环利用和城市水资源消耗减量化；利用城市周边农业废物和城市内部的园林废物等生物质资源，生产菌类食品、清洁能源或建筑装饰材料，使生产和生活之间实现资源、能源和废物统筹利用，降低城市能源与资源消耗和废物处理成本，实现城市功能与产业协调融合发展。

其中，钢铁、水泥、电力等行业具有高温、大容积的焚烧炉设备，具备消纳其他行业及社会部门废物的条件，在协同处理处置生活、农业部门垃圾方面具有明显优势。近年来，中国一些水泥企业开展了利用水泥窑协同处理污水处理厂污泥、污染土壤和危险废物的实践工作，同时开展了水泥窑协同处理生活垃圾和垃圾焚烧飞灰的探索；部分钢铁企业开发了利用铬渣等废物制作自熔性烧结矿冶炼含铬生铁工艺；一些电厂开展了协同处理污水处理厂污泥的工程实践[①]。

整体来看，中国利用工业生产协同资源化处理生活、农业部门废物取得了一定进展，但其仍面临突出问题：产业发展处于起步阶段，处理工艺和关键技术不成熟，企业运行管理经验不足，废物特性有待明确，缺乏针对性排放标准、污染控制标准、产品质量控制标准等风险控制相关标准和完善的控制措施，管理体制不够健全，缺乏政策激励。

《关于促进生产过程协同资源化处理城市及产业废弃物工作的意见》规定，下一阶段中国工业生产协同处置生活、农业部门垃圾的重点领域包括：水泥行业，推进利用现有水泥窑协同处理危险废物、污水处理厂污泥、垃圾焚烧飞灰等，利用现有水泥窑协同处理生活垃圾的项目开展试点；电力行业，推进现有火电厂协同资源化处理污水处理厂污泥，开发应用污泥干化、储运和电站锅炉煤炭与干化污泥或垃圾衍生燃料高效环保混烧等的成套技术和工艺，鼓励电力企业加大资源化利用污泥的升级改造力度；钢铁行业，推进钢铁企业消纳铬渣等危险废物，突破这类废物消纳利用的技术途径，规范环境安全措施。

定量研究结果表明，通过上述途径，推广城市和农村生活垃圾在工业生产过程中的协同资源化处理，每年可以替代中国约 2.9% 的煤耗，减少 CO_2 排放约 1.01 亿 t，约占中国 CO_2 年排放总量的 0.9%，其蕴含客观的节能减碳潜力（Guo et al.，2018）。

4. 工业余热供暖对基础设施的替代补充作用

如前所述，工业余热根据温度不同可分为高温余热、中温余热和低温余热三个等级。目前，前两者多用于回收发电，利用效率较高，而低温余热却难以在工业部门的生产过程中回收利用，常被作为“废热”排掉。实际上，北方地区电力、钢铁、水泥、石化等行业的余热资源均可回收用于供暖，且“成本远低于燃煤和天然气供暖，在经济和技术上均具有较好的可行性”，可以解决中国集中供暖热源紧缺、化石能源消耗过大的问题，其节能减碳潜力巨大。

目前，中国北方地区取暖使用的能源以燃煤为主，燃煤取暖面积约占总取暖面积的 83%，天然气、电、地热能、生物质能、太阳能、工业余热等合计约占 17%。取暖

① 国家发展和改革委员会、财政部. 关于印发国家循环经济试点示范典型经验的通知.

用煤年消耗约 4 亿 t ce，造成大量污染物排放，迫切需要推进清洁取暖。利用工业余热实现市政供暖是清洁取暖的一种重要形式。工业余热供暖是回收工业企业生产过程中产生的余热，经余热利用装置换热提质，向用户供暖的方式。截至 2016 年底，中国北方地区工业余热供暖面积约 1 亿 m^2。

根据《北方地区冬季清洁取暖规划（2017—2021 年）》，中国将统筹整合钢铁、水泥等高耗能企业的余热余能资源和区域用能需求，实现能源梯级利用，大力发展热泵、蓄热及中低温余热利用技术，进一步提升余热利用效率和范围，预计到 2021 年，工业余热（不含电厂余热）供暖面积目标达到 2 亿 m^2，可节约约 1 亿 t ce 及 30.4 亿 m^3 水资源（Luo et al.，2017）。

6.4 高耗能行业的工艺革新与技术进步

近年来，中国加大了工业领域的科技创新，工业节能减碳技术发展迅速，制造业主要产品中约 40% 的产品的生产工艺达到或接近国际先进水平，如我国电解铝综合交流电耗、大型钢铁企业综合技术装备水平等（温宗国，2017）。重点耗能行业也在节能减碳先进技术的开发和应用上取得了显著突破，主体技术装备大型化、自动化、高效化不断深入，推动了产品单位能耗和碳排放强度的持续下降（Tao et al.，2019）。统计显示，“十二五”期间，我国工业能源消费总量进入平台期，高耗能行业能源消费量整体增速持续下降（由“十一五”的 6.8% 下降到“十二五”的 1.2%），各行业能源利用效率均有不同程度的提高①。2018 年，我国重点耗能工业企业单位烧碱综合能耗下降 0.5%，单位合成氨综合能耗下降 0.7%，吨钢综合能耗下降 3.3%，单位铜冶炼综合能耗下降 4.7%，每千瓦时火力发电标准煤能耗下降 0.7%。全国万元国内生产总值二氧化碳排放下降 4.0%（国家统计局，2019b）。

在对我国工业节能减碳工作取得的阶段性显著成效进行科学回顾和经验总结的同时，也应对我国工业节能减碳当前工作存在的不足和下一阶段工作面临的主要瓶颈有清晰、明确的认识。第一，当前我国企业研发投入不足，鼓励科技创新和成果产业化的配套政策不健全，导致我国节能减碳技术创新的进程相对缓慢，很多节能减碳技术也没有真正实现市场化应用，自主科技创新对建材流程制造业的发展贡献有限。中国重点统计钢铁企业研发投入只占主营业务收入的 1.1%，建材工业甚至不足 1%，远低于发达国家 3% 的平均水平。第二，重点行业能耗强度仍然比较高，主要高耗能工业产品的单位能耗平均水平与国际先进水平相比，仍有 10%~30% 的差距，且产品技术水平参差不齐，先进与落后并存，部分行业落后技术仍占主导地位。第三，随着重点高耗能行业新增产能增速的减缓和落后产能的不断淘汰，通过主体技术装备大型化和高效化，实现节能减碳的空间收窄，产业整体技术装备水平的进步将主要依靠节能减碳先进技术改造。以下对我国各重点高耗能行业的具体情况进行分析讨论（图 6-7）。

① 中国能效经济委员会（CEEEE）. 2018. 中国能效 2018.

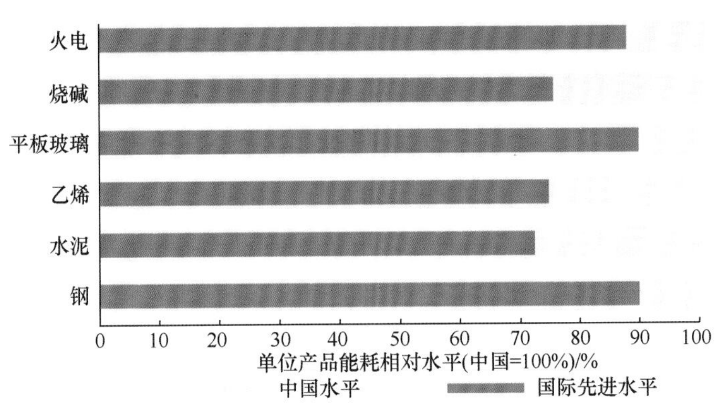

图 6-7　中国重点行业的单位产品综合能耗与国际比较
资料来源：《中国能源统计年鉴（2017）》

6.4.1　钢铁行业

2018 年中国钢铁行业粗钢产量创历史新高，总能耗约 5.85 亿 t ce，重点钢铁企业的吨钢综合能耗 553kg ce/ 吨钢。中国钢铁行业约占全球钢铁工业碳排放量的 51%，占中国总碳排放量的 15% 左右，在国内所有工业行业中碳减排量位居第二位[①]。截至 2015 年底，干熄焦技术和高炉煤气干法除尘技术在重点大中型钢铁企业的普及率均已达到 90% 以上，转炉煤气干法除尘在重点大中型钢铁企业的普及率已达到 20%（李新创，2016）；已建和在建的烧结余热发电机组数量超过 150 套，部分关键共性节能技术已达到世界领先水平（郜学和尚海霞，2017）。但是从整体来看，目前我国钢铁行业吨钢综合能耗与国际先进水平相比仍有 10% 左右的差距，其中约有 1/3 的钢铁企业技术装备和生产指标达到或接近国际水平，约有 1/4 的钢铁企业技术装备和生产指标相对落后（王维兴，2017）。

2015~2050 年，钢铁行业通过工艺革新与技术进步预计可削减能源消耗 36.7%~42.4%（Wen et al.，2019），主要途径包括：

第一，推广短流程电炉炼钢工艺，降低铁钢比。预计 2050 年该工艺革新措施可削减钢铁行业总能耗约 25.3%（以 2015 年为基准年），其是 2030 年后中国钢铁行业节能最重要的手段（Zhang et al.，2019a）。据统计，2016 年我国铁钢比为 0.8668，扣除中国后的世界平均铁钢比为 0.5734。铁钢比每升高 0.1，吨钢综合能耗约增加 50kg ce。仅因铁钢比高一项因素，就使我国吨钢综合能耗比国际先进水平升高 110~250kg ce/ 吨钢。目前，我国钢材主要是用于基本建设，废钢回吐社会周期长，且我国工业化和城市化进程较短，废钢资源量有限，废钢回收网点尚未能形成规范体系，废钢产品质量交叉等因素制约了短流程电炉炼钢工艺的发展。2015~2030 年，中国废钢资源预计将从 1.52 亿 t 增长至 2.50 亿 ~2.65 亿 t（卜庆才等，2016），从而推动电炉炼钢工艺发展，其成为降低钢铁行业能耗强度的重要推手。

第二，推广重点节能技术，提高钢铁厂生产工艺技术水平。预计 2050 年通过推广重点节能技术可削减钢铁行业总能耗约 14.5%（以 2015 年为基准年），其是中国钢铁行业节能的最重要的手段（Zhang et al.，2019a）。虽然我国宝钢、鞍钢等大型企业技术

① 中国节能协会冶金工业节能专业委员会，冶金工业规划研究院 . 2018. 中国钢铁工业节能低碳发展报告（2018）.

水平已达到国际先进水平，但行业集中度低，2016 年节能技术水平排名前十的企业产能仅占 35.9%，行业内技术发展很不均衡，仍有大量的中小型钢铁厂技术落后，能耗和碳排放水平较高（温宗国和李会芳，2018）。为实现 1.5℃和 2℃控制目标，需要大力推广重点节能技术，特别是更新升级中小型钢铁厂的生产工艺技术。据中国钢铁工业协会测算，“十三五”期间，18 项重点节能技术的推广保守估计可实现节能 943 万 t。2020 年后，钢铁行业的节能减碳重点研发及示范技术包括热渣制渣棉技术、冶金渣余热回收利用、烧结矿竖罐式余热回收、薄带连铸免酸洗热镀锌合金技术等。

第三，加强二次能源回收利用，重点突破低品质余热、余压的二次利用技术。预计 2050 年通过推广重点余热、余压利用技术可削减钢铁行业总能耗约 3.4%（以 2015 年为基准年）。钢铁行业以固体燃料为主，二次能源产生量较大，尽管在余能、余热的回收利用上取得很大进步，但能源回收效率有待进一步提高。中国钢铁企业当前仍有 30% 左右的二次能源尚未得到有效回收利用（Chen et al.，2015），国外钢铁企业的二次能源回收利用率已经超过 50%（新日铁 92%、宝钢 77%）。占余能余热总量 50% 以上的大量低品质余热和炉渣显热回收利用技术亟待解决（Zhang et al.，2017）。

基于相关研究测算得到节能供应曲线（conservation supply curve，CSC），2015~2050 年中国钢铁行业重点节能技术的潜力空间及所需成本如图 6-8 所示。

钢铁行业实现深度减排和零排放的主要技术包括工艺电力化、CCS 技术，以及氢还原工艺。在实现《巴黎协定》目标下的情景研究中，这些技术的应用可以使钢铁工业排放减排 80% 以上，甚至零排放（IPCC，2018；IEA，2020；Jiang et al.，2020）。

6.4.2 水泥行业

2020 年我国水泥熟料综合能耗将降至 105kg ce/t，但是企业能耗水平参差不齐。以 5000t/d 水泥生产线为例，不同企业生产线的可比熟料综合煤耗差距很大，部分 5000t/d 生产线的煤耗测试数据最高值为 108.31kg ce/t，最低值达到 89.80kg ce/t，两者相差 18.51kg ce/t（温宗国和李会芳，2018），且部分企业能效指标还不能达到新的能耗限额标准 [《水泥单位产品能源消耗限额》（GB16780—2012）] 的要求。与国际先进水平相比，中国单位水泥产品的能耗指标仍高出 15%~20%。

2015~2050 年，水泥行业通过工艺革新与技术进步预计可削减 CO_2 排放强度约 30.3%，综合排放强度于 2050 年可达到 342kg CO_2/t 水泥（基准情景下，2050 年中国水泥生产的综合排放强度为 491kg CO_2/t 水泥）。

我国水泥行业需要探索研发的节能减排关键技术包括新型水泥生产静态熟料煅烧技术、水泥窑低温 SCR 脱硝关键技术、水泥窑烟道气中 CO_2 捕集利用和储存技术等；需要示范的节能减排关键技术包括新型干法水泥窑协同处置城市生活垃圾、污泥技术；需要重点推广的节能减排关键技术包括水泥窑炉富氧燃烧节能减排技术、新型干法水泥窑低 NO_x 分级燃烧技术与装备、新型干法水泥生产线窑尾烟气智能实时监测系统技术等（Liu et al.，2017；Xu et al.，2016）。

基于相关研究测算得到节能供应曲线，2015~2050 年中国水泥行业重点节能技术的潜力空间及所需成本如图 6-9 所示。

水泥行业实现深度碳减排的主要方式包括CCS技术的使用与未来替代材料的利用，以此减少水泥的需求。

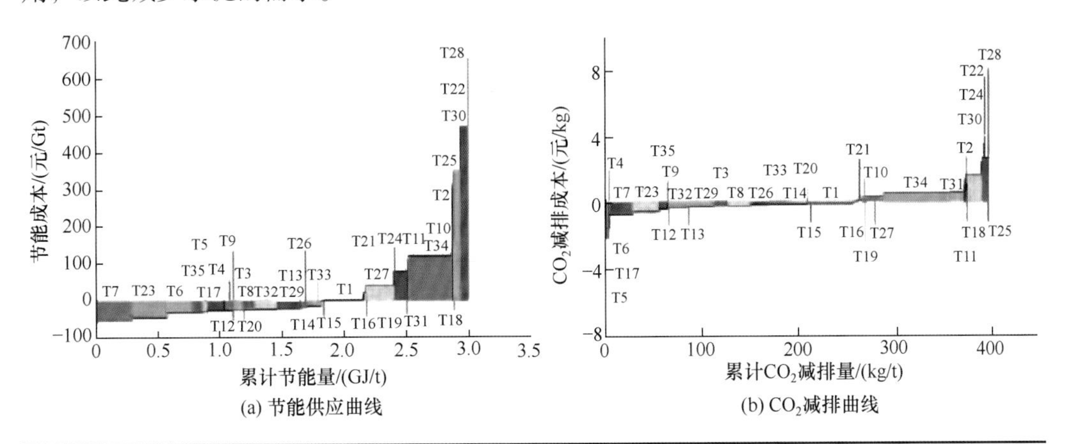

(a) 节能供应曲线
(b) CO_2减排曲线

序号	工序	节能技术	单位节能量/(GJ/t)	单位CO_2减排量/(kg/t)	当前市场普及率/%	技术类型
T1	焦化	干法熄焦(CDQ)	0.37	42.54	85	资源、能源回收利用技术
T2		煤调湿(CMC)	0.36	1.47	9	资源、能源回收利用技术
T3	烧结	烧结余热回收利用技术	0.35	14.77	20	资源、能源回收利用技术
T4		厚料层烧结技术	0.08	1.18	80	工艺过程节能技术
T5		降低烧结漏风率技术	0.18	0.20	70	工艺过程节能技术
T6		低温烧结工艺技术	0.35	3.15	60	工艺过程节能技术
T7	高炉炼铁	高炉高效喷煤技术(130kg/t)	0.70	24.16	40	工艺过程节能技术
T8		高炉煤气余压发电(TRT)	0.12	22.66	83	资源、能源回收利用技术
T9		热风炉烟气双预热技术	0.25	1.30	5	资源、能源回收利用技术
T10		高炉煤气回收技术	0.01	5.49	94	资源、能源回收利用技术
T11		高炉渣综合利用技术	0.18	0.19	1	资源、能源回收利用技术
T12		高炉喷吹焦炉煤气技术	0.39	0	0	资源、能源回收利用技术
T13		高炉喷吹废塑料技术	0.10	0.32	3	资源、能源回收利用技术
T14	转炉炼钢	转炉煤气显热回收技术	0.12	19.28	40	资源、能源回收利用技术
T15		转炉干法除尘技术(湿改干)	0.14	5.77	20	工艺过程节能技术
T16		转炉烟气高效利用技术	0.09	2.89	15	资源、能源回收利用技术
T17		转炉煤气干法电除尘	0.14	0.78	20	资源、能源回收利用技术
T18		转炉渣显热回收技术	0.06	0.69	5	资源、能源回收利用技术
T19	电炉炼钢	废钢预热技术	0.02	0.47	10	资源、能源回收利用技术
T20		电炉优化供电技术	0.01	2.31	15	工艺过程节能技术
T21		电炉烟气余热回收热核	0.06	0.77	10	资源、能源回收利用技术
T22		泡沫渣利用技术	0.01	0.46	30	资源、能源回收利用技术
T23	精炼和连铸	高效连铸技术	0.39	27.49	75	工艺过程节能技术
T24		钢包高效预热技术	0.02	0.08	15	工艺过程节能技术
T25	热轧	带钢集成连铸连轧技术	0.28	6.99	20	工艺过程节能技术
T26		加热炉蓄势式燃烧技术	0.15	18.60	40	资源、能源回收利用技术
T27		热轧厂过程控制技术	0.28	20.49	80	工艺过程节能技术
T28		冷却水余热回收技术	0.04	0.59	20	资源、能源回收利用技术
T29		连铸坯热装热送技术	0.23	26.78	80	资源、能源回收利用技术
T30	冷轧	在线热处理技术	0.11	16.83	55	资源、能源回收利用技术
T31		自动监控和识别系统	0.20	13.22	55	综合性节能技术
T32	综合性技术	预防性维护技术	0.45	19.68	40	综合性节能技术
T33		能源监测和管理系统	0.12	18.22	50	综合性节能技术
T34		热电联产技术	0.38	70.19	90	综合性节能技术
T35		燃气-蒸汽联合循环发电(CCPP)	0.51	8.19	15	综合性节能技术

图 6-8 中国钢铁行业节能供应和CO_2减排曲线

6.4.3 石化行业

石化行业全年综合能源消费量 4.73 亿 t ce，约占全国工业能耗总量的 18%，废气排放达 3.1 万亿 m^3，约占工业总排放的 4.8%，在全行业排名第四，也是中国能源消耗和污染物排放大户。2018 年，中国石化行业万元收入耗标准煤同比下降 10.0%，其中，化学工业降幅 6.3%，石油加工业下降 16.6%，油气开采业下降 11.3%。重点产品单位能耗多数继续下降，电石、纯碱、烧碱、合成氨等重点产品单位综合能耗分别同比下降 2.18%、0.6%、0.51% 和 0.69%。全行业单位工业增加值取水量和用水量持续下降，水资源重复利用率显著提升。但是中国石化行业技术装备工艺水平参差不齐，很多能效“领跑者”的水平已经居于国际先进水平乃至领先水平，大型合成氨、甲醇、乙烯等产品的生产技术大多采用国外先进工艺技术设计建设，但由于新建生产装置的运行稳定性较差、生产负荷较低，上述子行业的能效水平整体仍落后于国际先进水平。

研究表明，中国石化行业未来节能减排的首要途径是技术进步和工艺革新，贡献率为 40%~60%（Zhang et al.，2019a）。保守估计显示，通过原油加工、乙烯、合成氨、甲醇等 15 个重点耗能产品的工艺革新与技术进步可以实现每年 3000 万 t ce 的节能量（郁红等，2015）。2015~2020 年，节能减排效果最为突出的工艺技术包括高效节能换热技术（全行业共性节能减排技术），离子膜工艺技术、膜极距离子膜电解技术（氯碱行业），炼油装置生产过程优化及公用工程能量系统优化技术（炼油行业），裂解炉及压缩机等关键设备优化改造技术（乙烯行业），新型变换气制碱技术（纯碱行业），全低温变换工艺、低压低能耗氨合成技术、合成氨－尿素蒸汽自给技术（合成氨和氮肥行业），余热发电技术（炭黑行业）。

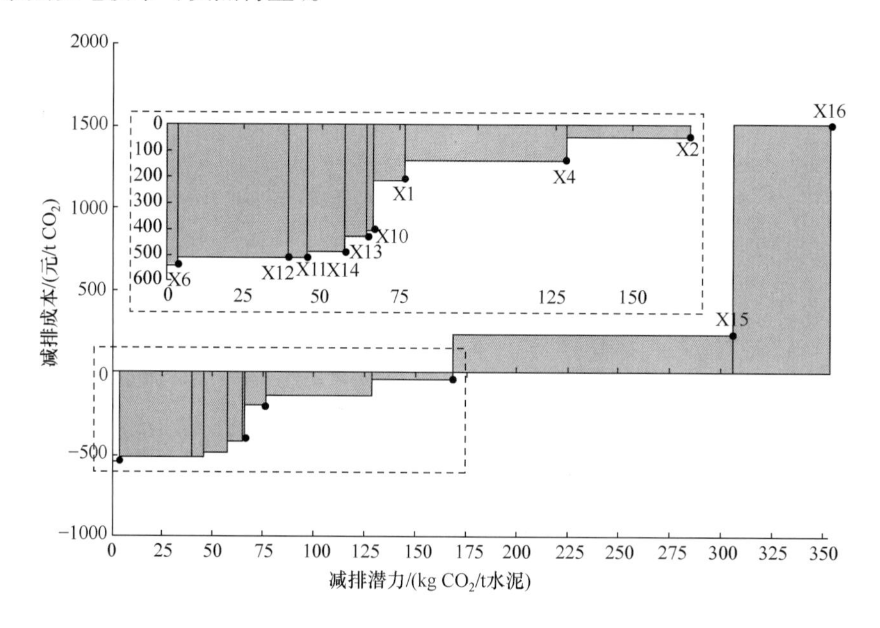

排放类别	技术名称	缩写	主要技术内容
燃料	大推力多通道燃烧节能技术	X1	采用热回流和浓缩燃烧技术,减少常温一次空气吸热量,达到节能和环保的目的
	高固气比水泥悬浮预热分解技术	X2	采用高固气比预热技术,大幅提高固气换热效率,提升余热利用水平
	水泥企业用能管理优化技术之一:新型干法水泥窑生产运行节能监控优化系统技术	X3	通过分析水泥窑炉废气成分监控能耗指导操作,实现节能减排
	水泥熟料烧成系统优化技术	X4	优化配置旋风筒、分解炉、换热管道系统，改善了燃烧及换热状况,改进了撒料装置和锁风阀,提高了换热效率，采用高效冷却机，提高了熟料冷却效率;利用旋喷结合、二次喷腾的分解炉技术，提高了分解炉容积利用率，使炉内燃烧更充分、物料分解更完全
	四通道喷煤燃烧节能技术	X5	大速差、大推力燃烧技术，四通道、周向均匀分布的小孔结构，周向均匀分布的旋流风和高带轴流风技术
电力	高效节能选粉技术	X6	采用第三代笼型转子高效选粉分级技术，对分选物料进行充分分散和多次分级分选，达到高精度、高效率分选
	高效优化粉磨节能技术	X7	采用高效冲击、挤压、碾压粉碎原理，配合适当的分级设备，使入磨物料粒度控制在3mm以下，并优化球磨机内部构造和研磨体级配方案，从而有效降低系统粉磨电耗
	辊压机粉磨系统	X8	采用高压挤压料层粉碎原理，配以适当的打散分级装置，明显降低能耗
	立式粉磨装备及技术	X9	采用料床粉磨原理，有效提高粉磨效率，减少过粉磨现象，降低能耗
	曲叶型系统离心风机技术	X10	采取等减速流型设计的曲叶片，从而其附面层损失、流动损失、出口混合损失和出口截面突扩损失均比普通叶片小，经初步验证可以达到提高2%~4%的效果
	水泥企业用能管理优化技术之二:水泥企业可视化能源管理系统	X11	对水泥企业生产全过程的煤电水气等能源数据、生产自动控制系统参数及产能参数进行实时采集，并进行加工计算。通过数据分析，对企业车间、工艺、工序、生产班组(个人)及重点耗能设备/系统的能源利用效率进行考核评价，为企业提供能源精细化管理的工具
	水泥窑纯低温余热发电技术	X12	利用水泥窑低于350℃废气余热生产0.8~2.5MPa低压蒸汽，推动汽轮机做功发电
	稳流进行式水泥熟料冷却技术	X13	通过自动调节冷却风量，利用步进式冷却方式，即对高温颗粒物料进行冷却的技术，对热熟料进行冷却和输送
	新型水泥预粉磨节能技术	X14	对物理进行高效碾磨，再通过后续的自流振动筛进行分级，使得进球磨机粒径控制在2mm以下，对球磨机内部衬板、隔仓及分仓长度进行优化改进，有效降低粉磨电耗
工艺	电石渣制水泥规模化应用技术	X15	通过开发电石渣预烘干装备、烘干与粉磨能力相匹配的立式粉磨以及适合于高掺电石渣生料的窑尾预分解系统的“干磨干烧”新型干法工艺，解决电石渣废气物的利用难题，减少石灰石用量，降低碳排放
	新型干法水泥窑无害化协同处置污泥技术	X16	将利用水泥窑废热烟气干化后的污泥入窑焚烧，并将其作为替代燃料，节约部分燃煤，实现二氧化碳减排

图 6-9 中国水泥行业节能供应和 CO_2 减排曲线

未来应重点发展的节能减排关键技术包括蓄热式电石生产新工艺，萃取结晶法生产硫酸钾产业化技术，芳纶原材料的清洁工艺生产技术，烷基酚清洁生产，副产资源化关键技术，硫酸工业新型钒催化剂技术，低碳橡胶材料连续液相反应制备技术，二氧化碳的捕集、应用和封存，智能内模自适应控制技术，能量控制技术产品生产过程智能化支持技术，新型免喷涂高光塑料及其成型工艺，含氟废气回收利用技术，VOCs减排与治理技术，离子液体的气体净化技术，铬铁碱溶氧化新工艺制铬酸盐清洁生产新工艺，生物质能清洁高效利用和过程强化关键技术等（史冬梅和张雷，2017a，2017b，2017c）。

基于相关研究测算得到节能供应曲线，2015~2050 年中国石化行业重点节能技术约可削减 CO_2 排放 8700 万 t，所需边际减排成本如图 6-10 所示（Yang et al.，2018）。

石化行业的一些创新性技术也出现在节能减碳的路径之中。未来，以氢为原料的生产工艺可以完全替代目前以石油、天然气为原料的生产工艺，以实现部分石化、化工产品生产过程的零碳排放，甚至零污染物排放（ETC，2018；Jiang et al.，2020；Keramidas et al.，2018）。近期适用于以氢为原料和能源的石化和化工产品包括合成氨、苯、甲醇、乙烯等。根据研究，2030 年前可能实现利用可再生能源电解水制氢。这将带来一系列根本性变革，也将推动产业布局出现重大变化，从而对区域工业减排产生重大影响。

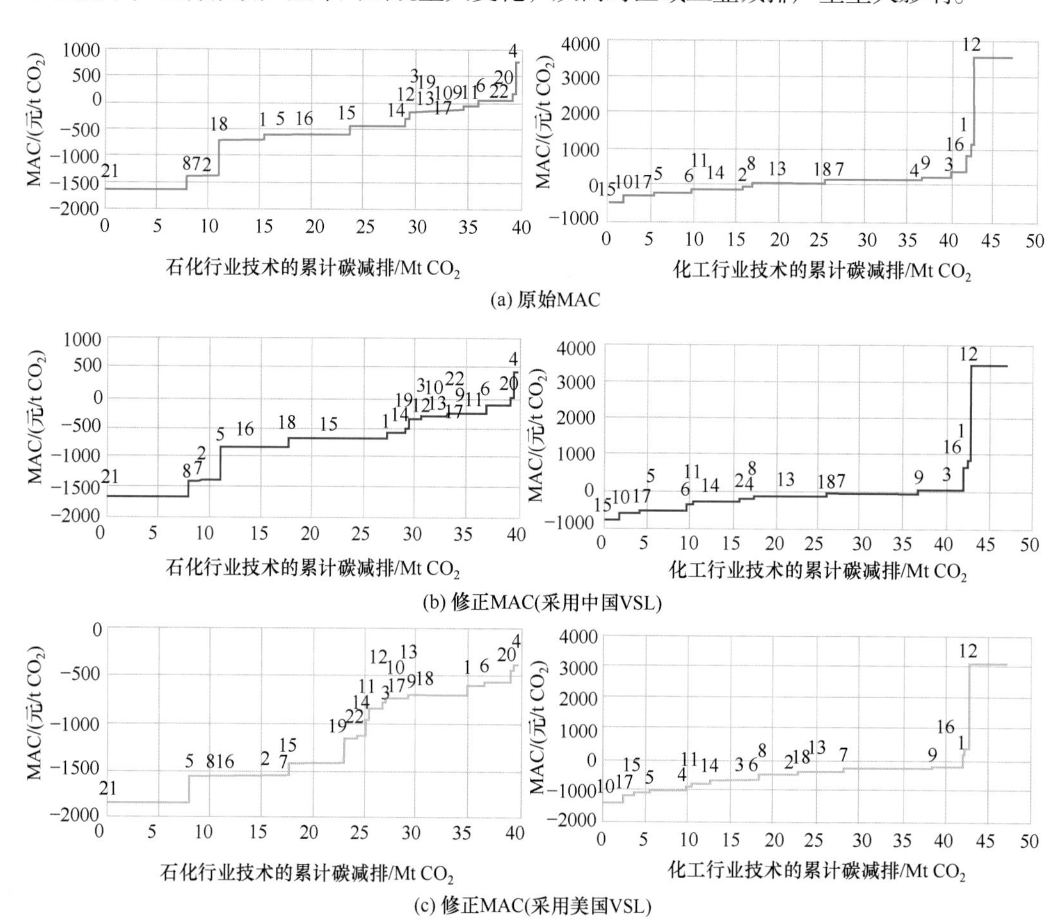

图 6-10 中国石化行业节能供应和 CO_2 边际减排曲线

6.4.4 有色金属行业

尽管有色金属行业在淘汰落后产能方面已取得积极进展，但从整体上看，能源消耗高、环境污染大的落后产能在中国有色金属行业中仍占相当比例，尤其是铅锌冶炼行业，中小企业居多，淘汰落后产能任务仍十分艰巨。2015 年我国铅冶炼综合能耗 400kg ce/t，与国外先进水平 300kg ce/t 相比，仍然存在较大差距（Zhang et al.，2019a）。我国电解铝工业整体技术与装备已达到国家先进水平，单位产品能耗比国外平均能耗要低 1000kW · h 以上，整体技术与装备已实现了出口，具备占领国际市场特别是发展中国家市场的能力（马琼和杨健壮，2016）。目前，我国电解铝新建及改造电解铝项目全部采用400kA及以上大型预焙槽，主要槽型结构向大型化发展，400~500kA槽型的生产线已成为电解铝行业的主流槽型，全球首条全系列600kA铝电解槽研制成功，具有很高的自主创新和产业化应用能力（Peng et al.，2019）。产业集中度不断提高，2016年底产量前11位的铝业集团及大企业占总产量的74%。400kA及以上槽型能力占50%，远远高于世界平均水平。我国有色金属行业需要探索研发的节能减排关键技术包括粉煤灰（酸法）提取的氧化铝、赤泥资源化利用与处置技术、创新串联法节能技术、高效绿色铝电解技术、湿法（原子经济法）再生铅技术、烟气脱汞技术、污酸渣无害化处理及资源化技术、酸熔渣处理及资源化技术、湿法冶金膜精炼工艺技术等；需要示范和重点推广的节能减排关键技术包括新型阳极结构铝电解槽节能技术、底吹连续炼铜技术、铅锌选矿废水臭氧高效菌填料生物膜处理回用技术、富氧侧吹精锑冶炼含汞废渣综合回收技术、低品位镍钴硫化矿生物堆浸－材料制备短流程技术、低浓度二氧化硫烟气综合利用制酸技术等（史冬梅和张雷，2017a）。

此外，实现有色金属深度减排的创新性技术包括两类：一类是在既有利用化石燃料的工艺中利用氢作为还原剂。另一类是当前既有用电工艺的深度减排，如电解铝等，依赖于未来电力零排放或者负排放技术推广应用。

6.4.5　玻璃、建筑卫生陶瓷、墙体材料等其他建材行业

与世界同行业水平横向相比，中国建材行业的生产能耗、污染物排放水平仍有一定的差距。建筑卫生陶瓷领域的综合热耗是国际先进水平的2倍，单件产品资源、能源浪费严重，个别生产工序能耗严重，且余热利用不够（Zhang Y et al.，2018）。我国建材行业需要探索研发的节能减排关键技术包括浮法玻璃熔窑负压澄清技术、建筑卫生陶瓷窑炉综合节能减排关键技术、陶瓷砖新型干法短流程工艺关键技术、高强低导耐腐蚀环保型耐火材料制备技术、保温型再生墙体材料生产和应用关键技术、二氧化硅气凝胶保温材料制备及应用关键技术、建材工业窑炉汞减排技术研究及装备开发、非金属矿物新型水处理剂的研制关键技术、新型功能化特种玻璃新材料制备关键技术、新型低碳水泥基新材料技术等（史冬梅和张雷，2017b）；需要示范的节能减排关键技术包括泡沫混凝土保温板产业化示范技术、高温气体净化用陶瓷膜材料技术、超高性能混凝土产业化关键技术、8万吨级玻璃纤维纯氧燃烧创新产业化技术、建筑卫生陶瓷废料回收利用产业化示范技术、玻璃熔窑节能环保技术一体化示范等；需重点推广的节能减排关键技术包括玻璃熔窑烟气余热发电、除尘、脱硫脱硝一体化技术及装备，建筑陶瓷砖薄型化重大技术及装备，低品位陶瓷矿产资源加工及瓷土废渣再利用技术，离线Low-E玻璃产业化关键技术及成套装备，浮法在线Low-E玻璃产业化关键技术及成套装备，挤出干挂空心陶瓷板节能高效辊道窑、真空玻璃规模化生产关键技术研究，保温与结构一体化墙体及屋面材料制造与应用技术研究等。

该行业的深度减排和零排放在于用能的电力化。目前陶瓷生产电力化已经具有成本效益。

6.5 工业能源结构调整效应

减缓全球气候变化的重要技术手段之一就是温室气体减排，而减少温室气体排放的核心是降低碳排放的强度。中国作为世界上最大的二氧化碳排放与能源消费国，大量的二氧化碳排放已成为未来可持续发展的制约因素。为了贡献、引导和实现全球温升2℃和1.5℃目标，中国政府制定了一系列政策，以控制经济发展带来的高二氧化碳排放，目标是与2005年的水平相比，到2020年碳强度（单位GDP的二氧化碳排放量）降低40%~45%，能源强度（单位GDP能耗）降低20%，非化石能源在一次能源消耗中的比例提高到15%。工业部门作为中国最大的能源终端消费者，工业能源结构调整可以有效控制温室气体排放，控制工业部门的能源消耗以及二氧化碳排放是节能减排的重点。工业用能结构调整是影响低碳经济最重要的因素，因此有必要对能源结构调整的减排绩效进行全面评估（IPCC SR1.5）。本节梳理总结2012年以来我国相关政策文件和文献，对能源结构调整的减排绩效进行定性和定量分析，评估工业电气化、可再生能源及氢能应用于工业的减排绩效。对工业能源结构调整减排绩效的评估可以有效地为我国实现全球温升2℃和1.5℃目标提供科学指引。

6.5.1 工业能源结构调整的减排绩效

工业作为中国一次能源消费比重最大的子行业，工业能源消费总量从1995年的9.6亿t ce增长到2016年的29亿t ce（国家统计局，2017）。从能源消费结构来看，中国工业一次消费结构长期以煤炭消耗为主。1980年煤、石油、天然气和可再生能源比例分别为74%、22%、3%和1%，到2016年分别为67%、20%、7%和3%（国家统计局，2017）。其中核电1994年开始投入运营，2016年占比3%。如图6-11所示，1980~2016年，中国工业用煤比例下降7个百分点，石油比例下降2个百分点，天然气、可再生能源和核能分别增加4个百分点、2个百分点和3个百分点。可再生能源比例日益增加，工业能源结构逐渐向低碳转型。1995~2016年中国工业能源消费中煤炭在能源结构中所占比例先增加后逐年减小，石油、天然气、电力的消费持续增长（图6-12）。

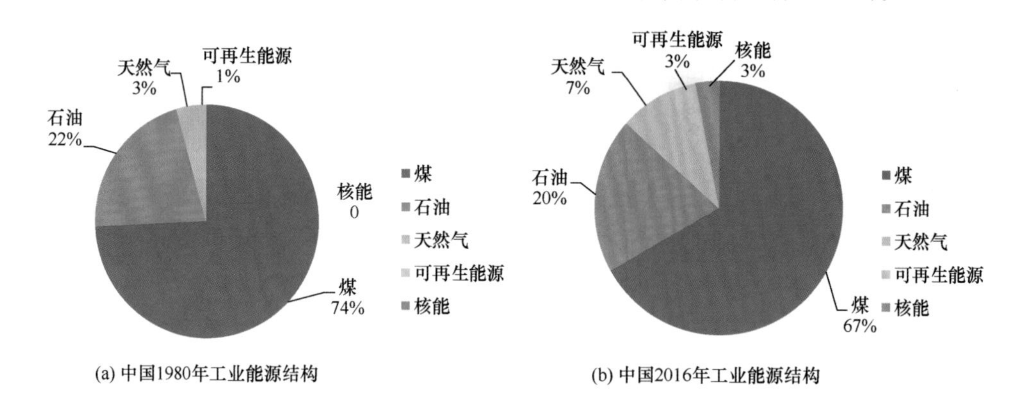

图6-11　中国工业能源结构

工业能源结构调整是影响低碳经济的最重要因素，目前国内外已有一些研究对工业能源结构调整的减排绩效进行定性和定量评估。评估结果表明，对于给定的能源消耗总量，能源结构的调整可有效减少碳排放量，煤炭在能源结构中所占比例越小，节能减排效果越好（朱成才，2014）。相关文献应用动态模拟模型预测未来中国工业能源结构调整可以在2020年实现能源强度和碳强度下降40%~50%（Yu et al.，2015；Xu et al.，2013；Xiang et al.，2013）。工业能源结构调整已在中国多省域和地区得到开展，极大地提高了能源使用效率及降低了碳排放量（宋梅等，2018；蔡小哩和丁志刚，2018；程文川，2015；Wang and Wei，2014；Mi et al.，2015；李霞，2014；孟晓等，2013；郭彩霞等，2012）。其中，重庆化工行业二氧化碳排放总量仍将保持高速增长的态势，2020年之前难以达到拐点，随着产品能效水平的改善，2020年各情景二氧化碳排放强度相比2005年降低57%~68%（顾佰和等，2013）。基于能源消费结构优化的研究结果表明，湖北要实现2020年二氧化碳排放限制目标，低碳（零碳）能源占能源消费总量的比重为18.5%~25.3%（胡晓岑和黄栋，2012）。工业能源结构调整在不同行业也得到了推广，现有文献评估了工业各子行业的能源结构调整的影响因素和减排绩效（Chen et al.，2014；Lin and Ouyang，2014；吕可文等，2012；Xu et al.，2012）。其中，对于冶金行业等以煤炭消费为主的高能耗产业来说，实施能源消费结构替代优化，尤其是对煤炭能源的替代，可以在短期内减少能源的消费量和二氧化碳的排放，达到节能减排的目标。到2020年冶金行业的煤炭、石油、天然气、电力的消费结构分别达到78.39%、0.46%、3.1%以及18.05%（樊晨，2017）。2020年水泥行业减排潜力主要源于淘汰落后产能，贡献率为57%，其次是既有产能改造，贡献率为31%，而新增产能的减排潜力贡献为12%（蒋小谦等，2012）。

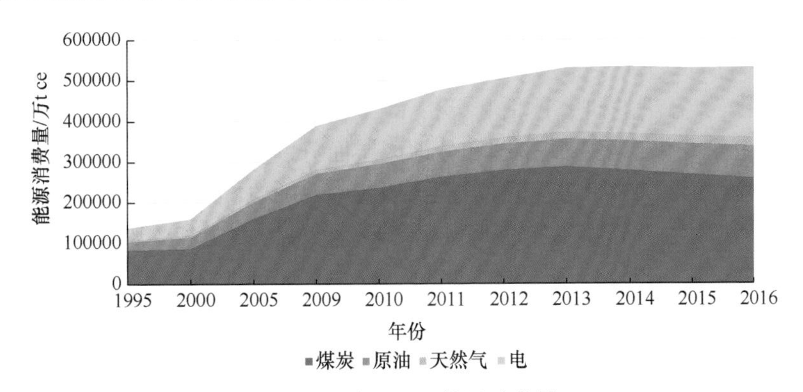

图6-12 中国工业能源消费量

为了进一步大幅度减少排放，特别是达到2050年全球温升2℃和1.5℃的目标，需要对工业消耗能源的方式进行重大调整。IPCC AR5指出，减少工业部门排放量，不仅要采取提高能效的措施，还需要部署一套广泛的减排方案。《欧盟零碳战略报告（2018年）》指出，工业界有很多深度脱碳选择，长期的工业深度脱碳选择包括转向低碳电力，但各子行业都没有统一的解决方案。每一个子行业不同的能源和材料需求导致含有温室气体的工业排放的类型、混合物、体积和浓度不同，因此工业深度脱碳选择也不同。该报告给出了提高能源使用效率、实现工业电气化以及使用可再生能源三个国际主流的工业深度脱碳选择。其他还存在一些间接途径，如氢能可以促进工业中电力对化石燃料的替代。氢可以以多种方式生产并用于多种用途：作为运输燃料、作为加热燃料、储能、发电和作为工业原料（Dodds et al.，2015；Dutta，2014；Viklund and Johansson，2014）。氢可以跨多个能源部门进行整合，提高能源系统灵活性，提高系统弹性，并减少环境影响（Deason et al.，2018；Andrews and Shabani，2012）。工业电气化，如果基于可再生技术，可能提供更大的二氧化碳减排潜力。此外，以可再生能源为基础的电解水可以生产富氢化学品，如氨或甲醇，也可以用于各种行业，如前体（如氮肥）、还原剂（如低碳排放炼钢）和燃料（Chaubey et al.，2013）。

中国发电以火力和水力为主（图 6-13），1995 年火力发电占总发电量的 82%，2016 年为 72%，下降 10 个百分点。2013 年起，可再生能源发电量逐渐增加，其中水力发电占总发电量的 19% 左右，趋于稳定。2016 年，风能和太阳能发电分别占总发电量的 4% 和 1%，可再生能源发电量日益增加，在中国具有巨大的减排潜力（国家统计局，2017）。电能替代是在终端能源消费环节，使用电能替代散烧煤、燃油的能源消费方式。电能替代目前已上升为国家战略，成为中国防治大气污染、改善环境质量、调整能源结构的重要切入点。《国民经济和社会发展第十三个五年规划纲要》明确提出，对中小型燃煤设施、城中村和城乡结合区域等实施清洁能源替代工程。《能源发展战略行动计划（2014—2020 年）》提出，积极发展能源替代；加快淘汰分散燃煤小锅炉，到 2017 年，基本完成重点地区燃煤锅炉、工业窑炉等替代改造任务，大幅减少城市煤炭分散使用。《关于推进电能替代的指导意见》提出，2020 年实现能源终端消费环节电能替代散烧煤、燃油消费总量约 1.3 亿 t ce，带动电能占终端能源消费比重提高约 1.5%，促进电能占终端能源消费比重提高到 27%，形成节能环保、便捷高效、技术可行、广泛应用的新型电力消费市场（蓝颖春，2016）。基于松弛变量的超效率数据包络分析模型（Super-SBM-DEA）方法的研究评估和分析了 2009~2014 年中国 30 个省（自治区、直辖市）生态环境效率变化趋势，从全国和分地区层面分别检验了用户终端电能替代对生态环境效率的影响，结果表明，提高终端能源消费中总的电能替代，特别是提高工业终端能源消费的电能替代水平能显著改善地区生态环境效率（谢里和梁思美，2017）。

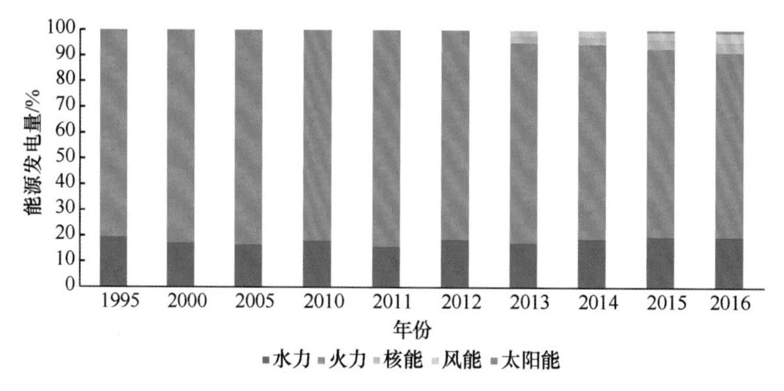

图 6-13　中国能源发电量

为了肩负大国责任，推动全球可持续发展，中国承诺二氧化碳排放2030年左右达到峰值并争取尽早达峰，单位国内生产总值二氧化碳排放比2005年下降60%~65%。虽然提高能源效率将继续发挥重要作用，但中国需要采取其他手段来降低二氧化碳排放，以帮助将全球平均气温上升限制在1.5℃。欧洲国家为了实现电力部门的脱碳，最大限度地推广工业电气化，以及最大限度地利用工业中的生物质能和低温可再生热、太阳能加热、冷却水加热技术，实现二氧化碳减排（Gude et al.，2012）。在中国推广的工业电气化和可再生能源技术具有很大的二氧化碳减排潜力。到2050年，中国的二氧化碳排放量将急剧下降，在推广工业可再生能源方案下，总排放量达到4.79Gt CO_2，而在最大工业电气化方案下，总排放量为4.72Gt CO_2。在这两种情景下，中国2050年的二氧化碳排放量将比参考情景下的总排放量低60%左右（Khanna et al.，2017）。6.5.2~6.5.4节将评估工业电气化、可再生能源和氢能在工业各子行业的应用及带来的减排绩效。

6.5.2 工业电气化的应用

电气化是指终端设备（如加热和冷却设备）直接由固体、液体或气体化石燃料（如天然气或燃料油）供电的过程。工业电气化是在工业生产中广泛而大量地发展和使用电力，使电力成为大机器生产的动力基础，并在工艺过程以及工业生产管理和控制中广泛应用电力。工业电气化可以有效减少二氧化碳排放，这一论点在国内外文献中已经得到论证，尽量在工业部门提高电力化水平是工业实现深度减排最为重要的路径之一。在实现《巴黎协定》目标的路径中，电力部门是首先实现零排放的部门之一，甚至实现负排放。因此，终端行业电力化是电力部门一个重要的减排措施。其中，美国加利福尼亚州工业电气化在2050年将带来80%的二氧化碳减排绩效（Lechtenböhmer et al.，2016；Wei et al.，2013；Sugiyama，2012）。工业电气化是2050年深度温室气体减排的关键技术途径，工业各子部门需要广泛的工业电气化（Lewis et al.，2014；Williams，2012；Wu et al.，2012）。在钢铁工业中，工业电气化可以有效提高能源使用效率并节省用电量，进而达到工业减排的目标（Morrow et al.，2014；Tian et al.，2013；Hasanbeigi et al.，2013）。电弧炉工艺占目前中国钢铁产量的15%，最大工业电气化方案假设到2050年，这一比例将达到40%，而参考方案为30%。化学工业是工业能源消费的大户，也是全球温室气体的主要排放源。化学工业脱碳将对全球二氧化碳排放产生重大影响，利用可再生能源实现工业电气化是减少化学工业碳足迹的一个可行途径（Schiffer and Manthiram，2017）。化学工业中用等离子体还原二氧化碳的研究表明，在化学工业中（间歇式）可再生能源份额的大幅增长势在必行，将排放的二氧化碳转化为纯一氧化碳流具有较大的减排潜力（van Rooij et al.，2017；Lee et al.，2012）。

工业用热能的电气化（依赖于脱碳电力）是一个有前景的减排选择。热泵（高达约100℃）或电锅炉（低于300℃）使用低温工业余热的电气化具有巨大的潜力。据国际能源署估计，2040年，热泵可以以一种经济有效的方式提供世界工业用热需求的6%。目前，工业供热和蒸汽生产的电气化是进一步减少能源相关工业排放最成熟的技术选择（Deason et al.，2018）。工业电气化具有很高的减排潜力，但并非在所有子部门都具有一致水平。如今，工业电气化被应用在有色金属和化学工业中，而在化学工业

（电化学过程）和钢铁工业（电解钢、电弧）中也存在进一步推动电气化应用的潜力。预计从 2030 年开始，中国玻璃行业将实现电熔，到 2050 年将达到 30% 的市场份额。从 2035 年起，中国食品饮料行业的电力燃烧机及中国纸浆和造纸行业的电力烘干机将投入市场，并在 2050 年前分别达到 10% 和 5% 的市场份额（Khanna et al.，2017）。

钢铁是第二大工业能源消费子行业，占全球工业最终能源需求总量的 23%，但它是最大的工业二氧化碳排放子行业，2014 年该行业占直接二氧化碳排放总量的 28%，原因是碳密集型燃料使用（主要是煤炭）和铁矿石冶炼过程中的大量二氧化碳排放。这一比例占能源相关二氧化碳排放总量的 7%，预计到 2050 年将增加到 10%（IEA，2017）。从铁矿石中生产粗钢的方法主要有两种。最常见的方法是用煤制成的焦炭在高炉中燃烧将铁矿石（主要是氧化物）熔化并还原为生铁。另一种方法是直接还原法，即用从天然气或煤气化中提取的一氧化碳和氢气制成的合成气还原固态铁矿石。钢铁生产过程中超过 90% 的二氧化碳直接排放源于这些主要炼钢方法，其中将铁矿石还原为铁约占排放量的 80%。中国钢铁行业的技术减排潜力约为 146.8 Mt CO_2、314.2kt SO_2、265.7kt NO_x 和 161.5kt PM_{10}，分别占钢铁行业 2012 年总排放量的 9.7%、13.1%、27.3% 和 8.9%；如果考虑节能收益，有 10 项措施具有经济可行性，累计减排潜力约为 98.0Mt CO_2、210.0kt SO_2、211.0kt NO_x 和 89.0kt PM_{10}；如果综合考虑节能收益和协同效益，有 14 项措施具有经济可行性，累计减排潜力约为 123.4Mt CO_2、264.0kt SO_2、234.0kt NO_x 和 130.0kt PM_{10}（马丁和陈文颖，2015）。

水泥是工业部门的第三大能源消费子行业，占全球工业最终能源使用总量的 7%，但由于大量的二氧化碳排放，水泥以 27% 的排放份额排工业二氧化碳排放榜第二，并且能源相关的二氧化碳排放占总量的 6.5%。预计到 2050 年，这一份额将翻一番，使水泥子行业成为二氧化碳排放总量排第一的工业子行业。通过使用太阳能、电加热或燃烧富氢合成燃料可以减少与水泥生产相关的排放（2.2Gt CO_2/a）。通过熔融碳酸盐电解二氧化碳，或溶解石灰石的直接电解，可以完全或几乎完全消除与水泥生产相关的排放（包括工艺中的二氧化碳排放）。例如，SOLPART 项目的目标是在中试规模上开发一种高温（950℃）太阳能工艺，其适用于能源密集型行业（通常是水泥或石灰，也包括磷矿石和其他行业）的颗粒煅烧，预计 SOLPART 将显著减少对可燃能源和相关二氧化碳排放的需求。中国水泥工业通过提高能效和燃料转换已经实现了减排，水泥工业电气化有很大的减排潜力（Liu et al.，2015；Shen et al.，2015；Xu et al.，2014；Ke et al.，2012）。

化工和石化子行业是全球最大的工业能源消费行业，占全球工业最终能源需求总量的 28%，其中一半以上与原料有关。氨、甲醇和高价值化学品几乎占化学品和石化产品子行业最终能源使用总量的 3/4，包括原料。该子行业是工业领域第三大二氧化碳排放子行业，占工业直接二氧化碳排放总量的 13%，即所有二氧化碳排放量的 3%（在 2℃情景下，这一比例在 2050 年增加到 8%）（IEA，2017）。化学工业中最终能源和原料使用的脱碳未来最有希望的选择是将相对丰富的风能和太阳能潜力转化为热能、化学品和燃料。在可再生电力作为能源资源的过渡中化学部门处于有利地位，能源部门也将受益，因为化学工业的电气化提供了能源转型所需的灵活性来源。德国化学工程和生物技术专家在网络上发布了一项名为“欧洲化学工业的低碳能源和原料”的技术研究（Bazzanella and Ausfelder，2017），该技术的实施使得2050年二氧化碳排放量最多减少2.1亿t。已有文献从技术角度分析我国有色金属行业节能减排潜力，二氧化碳减排潜力主要来自铝，其占总减排量的86%，见表6-2（Wang and Zhao，2016；Wen and Li，2014；Ren and Hu，2012）。

表6-2 工业子行业能源结构调整减排绩效

工业子行业	减排绩效	文献
钢铁	2050年将钢铁工业二氧化碳排放量减少约30%	马丁和陈文颖，2015
水泥	余热发电技术减排0.216亿~0.252亿t；生物质燃料替代减排0.042亿~0.052亿t	Liu et al.，2015；Sheng et al.，2015；Xu et al.，2014；Ke et al.，2012
化工	2050年二氧化碳排放量每年最多减少2.1亿t	Bazzanella and Ausfelder，2017
造纸	英国造纸厂吨纸产品二氧化碳排放量在7年内下降了1/3，从0.64 t减少到0.42 t	Peng et al.，2013
有色	到2020年，有色金属行业二氧化碳减排潜力主要来自铝，占总减排量的86%	Wang and Zhao，2017；Wen and Li，2014；Ren and Hu，2012
石油和天然气	2050年可再生能源替代化石燃料二氧化碳减排4.25Mt	Khanna et al.，2017

6.5.3 可再生能源的应用

《中国可再生能源发展报告2017》称，中国可再生能源发展将持续中高速增长态势，2020年，水电装机规模3.4亿kW，风电并网装机规模2.1亿kW以上，太阳能光伏发电装机规模2亿kW以上，生物质发电装机达1700万kW。自2012年起，全球可再生能源年新增发电装机容量连续5年高于其他能源品种。2017年，全球新增可再生能源装机1.62亿kW，其中水电新增装机2100万kW，风电新增装机4700万kW，太阳能发电新增装机9400万kW。2010年以来，中国可再生能源一直保持高速发展态势，可再生能源占一次能源消费比例从7.0%增加到11.7%。中国水电开发规模居世界第一、筑坝水平名列世界前茅；风电、光伏装机规模领跑全球，生物质发电规模居世界第二，行业装备制造水平不断提升，单位成本不断降低，政策支持体系日臻完善。《可再生能源中长期发展规划》指出，到2020年，中国可再生能源占一次能源供应的比重要提高到16%。

在工业部门，保持目前可再生能源的使用，并部署其他技术或行动以减少温室气体排放。例如，提高能源效率及碳捕获和储存远不能实现《联合国气候变化框架公约》《巴黎协定》的目标。在2017年发布的IEA参考技术方案（IEA，2017）中，工业部门的全球直接二氧化碳排放量（包括能源相关排放量和工业过程的二氧化碳排放量）预计将在2014~2050年增长24%。工业中的化石燃料使用及其相关的二氧化碳排放可以通过提高能源效率，利用碳捕获、再利用或储存技术，或新的制造工艺，甚至在工业和其他终端部门使用不同的燃料等各种方式而减少。然而，增加可再生能源在能源使用中的比重是降低化石燃料消耗和各种日益增长的工业部门排放的理想方法。各种可再生能源，如生物质能、太阳能和地热能，可作为生产工业用的热能。工业中使用的能源也可以通过可再生能源发电获得，其既可以来自专用设施，也可以来自电网，或者两者兼而有之。电力的储存成本比热能高，但如果与电网相连，则更容易运输。富氢化学品比热能和电力更容易储存和运输，如果所有载体都能发挥其最大优势，那么这种优势则可以弥补可再生能源连续转换过程中的能量损失（Hosseini and Wahid，2016）。

在可再生能源中，使用生物质能作为工业用能可以有效减少温室气体排放（Creutzig et al.，2015；Case et al.，2014；Ter-Mikaelian et al.，2014；Ahmadi et al.，2013；Zanchi et al.，2012）。据估计，2015 年生物质能的消耗量为 7.7EJ，是目前工业上使用率最高的可再生能源。其中，纸浆和造纸行业使用 2.4EJ，食品和烟草部门使用 1.2EJ，木材和木制品行业使用 320PJ，水泥行业使用 200PJ，钢铁行业使用 136PJ，化工行业使用 113PJ（其中 40% 用作原料）。生物质能在工业部门中最为显著的方面是可以在现场生产适合作为燃料使用的生物质残渣。生物质能燃料有固体、液体和气体形式，可产生热能，包括工业用高温热源，以及工业原料或还原剂。广泛的生物质原料可作为生物质能，包括湿有机废物、农林废弃物、种植能源作物（包括粮食作物）和非粮食作物（如多年生木质纤维素植物或含油作物），有许多选择可以将这些原料转化为工业部门使用的能源和工业原料（Röder et al.，2015；Gelfand et al.，2013；Repo et al.，2012）。

太阳能制热在工业上的使用正在日益增加，在小型太阳能热水系统发展缓慢的同时，大型太阳能供热系统及其在工业应用的发展在加快（Weiss et al.，2017）。在未来几年，太阳能制热的部署将会加速，与此同时，太阳能产业正将注意力和商业关注从传统市场（家庭级空间供暖和水加热系统）转移到新兴市场，如区域供暖系统和工业用户，尽管 2015 年它们仍仅占全球太阳能热市场的 3%。工业各子行业已与学术界和研究中心合作，探索高温太阳能的可行新用途，如在铝业中用太阳能煅烧氧化铝（Nathan，2016），在建筑工业中应用磷酸盐进行太阳能储能，在水泥工业中用太阳能加热和电解石灰石。各机构和公司也在合作开发一种可用于熔化和回收铝的太阳能回转窑。在工业上推广和使用太阳能有很大的减排潜力（Peng et al.，2013）。

预计到 2021 年，中国可再生能源年利用量折合 7.3 亿 t ce，其中商品化可再生能源利用量 5.8 亿 t ce。届时可再生能源年利用量相当于减少二氧化碳排放量约 14 亿 t，减少二氧化硫排放量约 1000 万 t，减少氮氧化物排放量约 430 万 t，减少烟尘排放量约 580 万 t，年节约用水约 38 亿 m^3，其环境效益显著。风能为石油和天然气工业提供可再生电力，具备与太阳能光伏发电相当或更高的电量。在使用可再生能源方面，炼油厂比石油和天然气开采更具有优势，因为它们都在陆地上。根据太阳能资源质量标准，可由太阳能作为热能供给的炼油厂占比在 44%~64%（IEA，2017）。

根据 IRENA 研究中的 AmbD2030 情景，在没有详细预测的情况下，假设从基准年到2050年，不同可再生能源的份额保持不变，到2050年，生物量占63%、太阳能占30%、地热占7%。该燃料组合结果来自IRENA的研究，在该研究中，所有工业部门的低温工艺热分别来自生物质16.5EJ/a、太阳能7.8EJ/a和地热1.9EJ/a[①]。据估计，在全球范围内，可再生能源占工业总用热的10%，其中99%是生物质能。在某些子部门，如纸浆和造纸以及食品工业，利用生物质加工后的残留物，为生产加工过程提供所需的热能。与经济合作与发展组织国家广泛使用天然气不同，2011年中国工业的热源以煤炭为主，占85%。到2050年，尽管可再生能源份额在下降，但可再生能源利用的大幅增长仍可归功于工业部门占中国终端能源消费量高达47%的主导地位，同时也得益于能够利用可再生能源的轻工业的增长。在参考情景下，中国的二氧化碳排放量将从2010年的8.35Gt增加到2050年的11.57Gt，2036年的二氧化碳排放量将达到14.64Gt，而可再生能源情景下，二氧化碳排放将在2023年达到10.43Gt的峰值（Khanna et al.，2017）。

6.5.4 氢的应用

氢能是可再生能源领域中正在积极开发的一种二次能源。氢气在氧气中易燃烧，其释放热量的过程中不会产生二氧化碳、二氧化硫、烟尘等大气污染物，同时与太阳能、风能相比，氢能又具有很强的可储存性，因此氢能被看作是未来最理想的清洁能源，发展氢能产业已经是人类摆脱对化石能源的依赖、保障能源安全的战略选择之一。从全球氢能源产业的利用来看，燃料电池汽车具有环保性能佳、转化效率高、加注时间短、续航里程长等优势，是氢能利用最有可能率先取得突破的领域，美国、德国和日本已经走在世界前列。近年来，中国新能源汽车产业发展迅速，年均增速突破50%，但燃料电池汽车的发展却相对缓慢，主要是因为技术尚不成熟，成本不具有比较优势。《氢能源未来发展趋势调研报告》预测，到2030年，燃料电池汽车实现商业化的运行，加氢站达到1000座的网络化目标；并且预计2050年进入氢能源时代（刘思明，2018）。

目前，全球约6000万t/a的氢产量中，95%以上来自化石燃料，如天然气经蒸气甲烷重整、炼油厂的裂解油产品以及煤气化。剩下的氢产量是通过电解产生的，可再生能源、生物质气化、核能等来源的氢能还非常有限。但有预测表明，2025年全球能源需求中可再生能源比重会提升至36%，其中氢能占11%；2050年可再生能源比重会提升至69%，其中氢能占34%。氢能的来源方面，目前中国焦炉气和工业副产气中含有大量的氢，同时超出电网接纳能力的弃风、弃光、弃水等可再生能源，也可以作为制取氢气的来源。大部分氢用于氨及化肥的生产。氨是生产化肥的重要前体物质，将氮从空气中带到土壤和植物中。氨也被用作制冷剂气体，用于生产碱性清洁剂，以及制造染料、纤维、塑料、炸药、尼龙和丙烯酸。仅氨气生产就产生了约4.2亿t二氧化碳排放量，其占全球能源相关二氧化碳排放量的1%以上。燃料成本（作为燃料和原料）是氨生产的主要成本因素，其中大部分用于制氢。电解水是一种众所周知的替代矿物燃料制氢的方法，到目前为止，电解水所需要的电力主要靠水力发电

① IRENA. 2015. A background paper to “Renewable Energy in Manufacturing”.

获得（Dincer，2012）。

即使是最乐观的估计，在氢能源需量激增的未来，高能量密度液体燃料的运输仍然具有较大需求。到2050年，石油基燃料仍可占全球运输燃料总需求的60%，包括生物质燃料在内的所有液体燃料的市场份额约为80%。这主要是由于公路货运、航空和航运依然高度依赖高能量液体燃料。而氢气或电力作为车辆替代燃料具有更高的效率，预计未来液体燃料在总运输中份额将进一步下降。由于所有液体燃料在生产过程中都需要氢气，因此脱碳可以产生显著的碳减排效应。用低碳氢代替化石氢，到2050年每年可减少约100Mt的二氧化碳排放量。

氢更重要的作用是在工业难以减排部门中实现工艺的转变，来达到深度减排。在中国实现1.5℃温升目标的路径中，氢作为原料或者还原剂使用，在工业中可以达到2800万t氢的需求量，实现钢铁、合成氨、苯、甲醇、乙烯行业的近零排放（Jiang et al.，2020）。未来可再生能源的价格将对这些产业的布局产生重大影响。2020年，晶科光伏发电有限公司在阿布扎比光伏发电的上网电价已经达到1.35美分/（kW · h），国内青海的一些项目的光伏发电的上网电价已经在0.2元/（kW · h）以下。未来预计在我国太阳能资源良好的地区光伏发电的上网电价可以达到0.15元/（kW · h）以下。这样的价格已经使得氢基工业具有竞争性。靠近消费中心的可再生能源富集地区有可能成为我国工业转型的引领地区（Jiang et al.，2021a）。

6.5.5 成本和减排潜力

工业部门可以在不同的时间段内、不同的子部门和国家，以不同的水平和不同的成本提供温室气体减排效益。目前与每个工业部门温室气体减排成本和潜力有关的、可比的、全面的、详细的定量信息和文献还很少。对于不同时间范围的单个工业子行业，有许多关于减排潜力绩效评估的研究，一些研究报告了能源效率措施与相关初始投资成本的减排潜力，这些初始投资成本不考虑投资的终身能源成本节约效益，而其他研究报告了基于选定技术选项的边际减排成本。许多特定部门或系统的减排潜力研究使用了节约能源成本的概念，该概念解释了年度初始投资成本、运营和维护成本以及使用社会或私人贴现率的能源节约。低于单位能源成本的减排方案称为“成本效益”。一些研究通过在减排成本计算中包括能源成本节约来确定“负减排成本”。本节利用文献资料和专家判断中提供的信息，对工业能源结构调整的潜力和相关成本估算进行评估，并区分二氧化碳和非二氧化碳排放的减排成本。

国际能源署估计，2050年整个工业部门的全球减排潜力为5.5~7.5Gt CO_2（IEA，2012）。IEA（2012）报告显示，四个关键行业（钢铁、水泥、化学品和纸张）的减排率为50%，铝的减排率为20%。从区域角度看，中国和印度占了这一潜力的44%。就不同的选择对行业减排潜力的贡献而言，终端使用燃料效率可达到40%，燃料和原料切换可达到21%，可再生能源可达到9%，而碳捕捉可以达到30%。2030年全球工业部门减排潜力估计为6.9Gt CO_2。2030年，钢铁行业的减排潜力最大，其次是化工业和水泥行业，分别为2.4Gt CO_2、1.9Gt CO_2和1.0Gt CO_2。联合国工业发展组织在普遍应用现有最佳技术的基础上，分析了节约能源的潜力。与发达国家（15%）相比，发展中国家（30%~35%）的所有潜在减排值都较高。

表6-3展示了各种发电形式的发电成本、减排量和减排成本。其中，部分减排方式在某些情况下的减排成本为0甚至为负值，表示相对于传统燃煤电厂平均水平而言，能够在发电成本不增加甚至降低的情况下，实现CO_2减排。从表6-3中可以看出，第一，几种化石燃料电厂减排方式中，应用节能技术（IGCC和超临界机组）的发电成本和减排成本较低，反映出其具有良好的经济性和可行性，安装有CO_2捕捉设备的普通燃煤电厂次之；燃机轮机联合循环（CCGT）包含一般供热，且气价较高，这也是阻碍其大规模应用的一个主要原因。第二，对于各种非化石能源发电而言，水电的成本最低，这是水电一直以来稳步发展、成为仅次于煤电的第二大发电方式的重要原因；核电和风电的成本较低且减排成果显著，近年来获得快速发展；生物质能成本较高但尚能接受；比较而言，目前光伏和太阳能热发电的成本相对较高，尚需依靠科技进步解决发展初期的高成本瓶颈；随着发电规模、转换效率和工艺水平的提高，全产业链的成本快速下降，太阳能发电的技术经济性将明显改善（马蓉等，2014）。

表6-3 CO_2减排成本的比较（马蓉等，2014）

技术	能源	发电成本/[元/(kW·h)]	减排量/[g CO_2/(kW·h)]	减排成本/(元/t)
燃煤及烟气脱硫	煤	0.3	875~894	—
IGCC和超临界机组（节能技术）	煤	0.3 ~ 0.42	750~777	0~111
CCGT	燃气	0.44 ~0.53	350~447	262~525
燃煤及烟气脱硫 + CO_2捕捉	煤	0.32 ~ 0.4	44~179	24~142
CCGT + CO_2捕捉	燃气	0.5~0.69	18~89	231~490
核电	铀	0.26~0.5	0	–45~226
水电	水	0.2~0.45	0	–113~170
风电	风	0.48~0.7	0	203~450
生物质能发电	生物质燃料	0.7	0	450
光伏和太阳能热发电	太阳能	0.9 /0.95 /1.0	0	678/735/790

6.5.6 小结

6.5节梳理总结2012年以来我国相关政策文件和文献，对工业能源结构调整的减排绩效进行定性和定量分析，评估工业电气化、可再生能源及氢能应用于工业的减排绩效。分析和评估结果表明，我国工业及相关子行业应大力推广电气化，尤其是在钢铁、陶瓷、玻璃等电气化潜力较大的行业，应加快提升减排绩效。通过研究风能、太阳能、生物质能及地热能等可再生能源在工业中的应用，揭示我国应加大对工业可再生能源的投资补助和贷款贴息等扶持力度，以有效增加减排绩效。同时，我国应增加氢能及氢能储能在航天、钢铁及化工中的应用，分析和评估显示，在工业中氢能对传统能源的替代可以提升减排绩效。同时，我国应加强对氢能储能以及对改善电力系统的调控，并且促进其他新能源大规模在工业上的开放应用。通过评估各种减排方式的发电成本、减排量和减排成本，发现我国应加大对水电、核电和风电等成本较低的发电方式的推广，在降低成本的同时减少二氧化碳的排放。

6.6 工业 CCUS

工业是经济发展的核心，工业生产是现代生活的基础。中国持续的经济增长和城市化，将对水泥、钢铁和化工行业带来强劲需求。但是，工业生产过程消耗大量化石燃料且产生大量 CO_2，为了实现气候目标，我们需要对工业部门的排放进行控制，同时支持行业的可持续发展，而 CCUS 技术可在其中发挥关键作用。本节首先对控温目标下的减排量进行评估，并探索 CCUS 减排成本，随后具体讨论 CCUS 在水泥、钢铁、煤化工行业的减排潜力。

6.6.1 1.5℃&2℃温升目标下的不同减排量评估

全球气候变化是当前人类面临的严峻挑战，到 2018 年全球温室气体每年约排放 553 亿 t CO_2 eq（包括土地利用变化）（United Nations Environment Program，2018）。为了控制全球气候变化所带来的影响，《巴黎协定》提出将全球升温限制在 2℃以内，并努力将全球升温控制在 1.5℃ 以内，以避免气候变化造成更严重的影响。2018 年，IPCC 发布了《IPCC 全球 1.5℃温升特别报告》，指出与升温 2℃相比，限制升温 1.5℃能够避免气候变化带来的众多风险和影响（IPCC，2018），但是对全球应对气候变化也提出了更高的减排幅度要求和更为紧迫的时间表。

为实现全球 2℃温升控制，多数情景要求全球排放在 2015 年左右达峰，少数情景下可以将达峰时间推迟到 2030 年。1.5℃温升目标下全球碳排放达峰的时间要求进一步提前，多数情景要求全球排放在 2015 年以前达到峰值，最晚不能超过 2020 年达峰，在碳中和时间上 1.5℃情景比 2℃情景提前 20 年左右，在最严格的情况下需要在 2050 年实现零排放（崔学勤等，2017）。

要实现碳中和，一种选项是减少化石能源的使用直至不使用，另一种选项是应用负排放技术（如生物质能附加 CCS 技术），抵消使用化石能源产生的碳排放。负排放技术的应用，将使得大气中 CO_2 存量减少、浓度下降，相当于产生了“负”的排放。与 2℃温升目标相比，实现 1.5℃温升目标对负排放技术的依赖更大，2℃温升目标下累计净负排放量为 50（5~160）Gt CO_2，同时有不少情景可以在完全不依赖净负排放的情况下实现目标。而对于 1.5℃温升目标，累计净负排放量为 230（165~310）Gt CO_2，且所有情景都需要依赖负排放技术的大规模应用（崔学勤等，2017）。

因此，2℃温升目标可以通过使经济发展与化石能源使用逐步“脱钩”来实现。由于 1.5℃温升目标对负排放技术的需求，1.5℃温升目标的实现不能仅仅依赖提高能源效率、增加可再生能源比重等现有常规的低碳措施，必须要大规模依赖目前尚不成熟且较为昂贵的负排放技术（IPCC，2014）。

6.6.2 CCUS减排成本

整个碳捕集与封存全过程包含碳捕集、运输及CO_2强化采油或地质封存三个部分。以IGCC碳捕集结合强化采油为例，对全过程CO_2减排成本进行分析，得出CO_2减排成本主要受井口油价及CO_2利用率影响，当井口油价变化范围为10~35美元/桶时，对应的CO_2减排成本变化范围为15~67美元/t CO_2（张建府，2011）。当井口油价超过14.642美元/桶时，CO_2减排成本为负值，即考虑增产原油的收入时，捕集CO_2的IGCC系统的发电成本不低于捕集CO_2的IGCC电站的发电成本。

我国CCUS的试验示范处于起步阶段，示范项目总体规模偏小，成本仍然较高。我国已建成的CCUS示范项目中只有3个年捕集量超过10万t CO_2，其余项目基本为1万t CO_2/a或以下。当前大部分CCUS项目的增量成本较高，如燃煤电厂项目在投资和运维成本方面需分别增加25%~90%及5%~12%，而煤化工项目则需分别增加1%~1.3%及7.5%~8%，如华能集团上海石洞口捕集示范项目的发电成本就从大约每千瓦时0.26元提高到0.5元。

6.6.3 水泥行业应用CCUS的减排潜力

1. 水泥行业发展现状

水泥行业是重要的基础原材料工业，也是资源密集型和能源密集型产业。作为世界第三大能源消耗行业和第二大工业二氧化碳排放行业（仅次于钢铁行业）（Brown, et al.，2012），水泥行业排放了占全球27%的人为工业碳排放。全球水泥行业每年生产4.1Gt水泥，造成3.9Gt二氧化碳排放（Leeson et al.，2017）。其中，中国是世界上第一大水泥生产国，年产量2.4Gt，占全球产量的58.5%。此外，从1980年起，中国的快速工业化和城市化使水泥生产量呈指数增长，水泥产量从799Mt以10%的年平均增长率，到2017年已经达到了2400Mt。考虑到短期内并不会出现一种大规模代替水泥的新型低碳胶凝材料，未来中国水泥行业的需求量和供给量仍将很大。

在中国水泥行业单位产品的能耗和排放情况方面，一直以来中国水泥行业更多地使用老式的垂直窑（约20%），而不是使用能源利用更高效的配备有预热器和预分解器的干燥回转窑（Wen et al.，2015），这导致单位产品的能耗水平较高。进入21世纪后，中国水泥行业产业结构调整的步伐加快，特别是2010年以后，单位产品能耗持续下降。2014年，中国水泥熟料产量14.17亿t，水泥产量24.76亿t，工艺过程CO_2排放量约7.5亿t；标准煤耗约1.56亿t，燃料燃烧CO_2排放约4.3亿t；电力消耗2400亿kW · h，间接CO_2排放约1.8亿t。尽管单位煤耗、电耗呈现逐年下降的趋势，但中国水泥（孰料）产量一直保持高增速，总体能耗不断上升，进而导致水泥行业CO_2排放总量仍然在不断上升。

2. 水泥行业CO_2的排放现状

在《京都议定书》列举的与气候变化有关的气体中，CO_2与水泥行业关系最为密切，而水泥行业排放的 CH_4 和 N_2O 量很少，两者之和不到温室气体总量的 1%，因此主要考虑水泥行业 CO_2 的排放现状。

在水泥行业三种 CO_2 排放源的排放范围中（温宗国，2018），工艺过程排放（煅烧过程）是水泥行业最大的排放源（占 50%~60%），其次是化石燃料燃烧（占 30%~40%），两者占水泥工业 CO_2 总排放量的 90% 左右。

制造水泥的主要原料是石灰石，煅烧过程是指将石灰石（碳酸钙）转变为氧化钙，同时释放 CO_2 作为副产品，在水泥生产过程中，煅烧每吨原料将产生 440kg CO_2。也正是因为大部分 CO_2 排放发生在煅烧过程中，所以 CCUS 能捕获煅烧产生的 CO_2，这是水泥厂减排最有效的方法。

3. 水泥行业 CO_2 减排途径

2009 年国际能源署与世界可持续发展工商理事会水泥可持续发展倡议（WBCSD-CSI）行动组织携手为水泥行业制定了一个技术路线图。该路线图也提出 CCUS 是除能效提高、替代燃料使用和熟料替代外，另一种重要的水泥行业减排方法。而 CCUS 工艺在水泥行业中的应用又分为燃烧后捕集（化学吸收或膜分离）、富氧燃烧（全部或部分）、LEILAC 直接分离法和钙循环四种路线。

燃烧后捕集是目前最成熟的，也是唯一已经实现商业化的技术。该技术可以在低压、低温条件下从废气中捕获 CO_2，且对现有水泥生产过程的改造要求最低（Li et al., 2013）。一个 1MPa 的水泥厂仅需要一个 0.6~0.7MPa 容量的碳捕集装置。化学吸收中的胺类吸收已经是一项商业化的成熟技术，其中重量分数为 30% 的乙醇胺（MEA）水溶液是燃烧后吸收 CO_2 的基准溶剂，但是已经被证实许多更复杂的溶剂在某些情况下可以改善吸收性能，相关研究正在进行中。燃烧后捕集是一种末端解决方案，它需要先对进气进行净化，防止气体进入 CO_2 洗涤器前二氧化硫、氮氧化物或灰尘等对胺溶剂的降解。在捕集过程中的旋转预热阶段，烟气与细磨碳酸钙反复接触，会有一个额外脱硫的副作用，因此烟气就不需要再进行脱硫处理了。新西兰水泥厂有最先进的回转窑工艺，每吨水泥仅排放 710kg CO_2。

在富氧燃烧中氧气代替了空气使用，从而提高了 CO_2 的浓度。为了防止高温对窑的损坏，含有大部分 CO_2 的烟气在煅烧炉和窑之间再循环。水泥生产过程可以全部或部分富氧燃烧。这两种工艺都需要添加的是空气分离装置、CO_2 碳净化装置、CO_2 再循环和冷却装置。

LEILAC 直接分离工艺目前仍然在建设中，该工艺改造煅烧炉，使其能从燃料燃烧和煅烧反应中分离出 CO_2。因为来自煅烧过程的 CO_2 和来自燃料燃烧的 CO_2 是分开的，所以使用 LEILAC 技术可以保证 60% 的 CO_2 捕集率。

将水泥厂和钙循环结合的技术目前仍在开发中。

4. 水泥行业的 CO_2 减排潜力

据数据统计，1Mt Pa 水泥厂燃烧后捕集（90% 捕集）投资为 590×10^6~720×10^6

美元；富氧燃烧（>90% 捕集）投资为 390×10^6 美元；部分富氧燃烧（60%~75% 捕集）投资为 365×10^6 美元。与现有燃煤发电厂碳捕集改造前景相比，水泥厂的碳捕集改造经济性较差（Liang and Li，2012）。

在应用时间线方面，目前燃烧后捕集是唯一成熟的捕集技术。重要的是要获得碳捕集的实际操作经验，而目前这个经验只有发电厂有。富氧燃烧可能比燃烧后捕集具有更低的资本成本和运营成本。如果有足够的动力推动富氧燃烧技术发展，那么到2030年以后，新的水泥厂就可以都运用这种技术，但现有的水泥厂要运用富氧燃烧技术需要对工厂内几乎所有的设备进行改造。对此，部分富氧燃烧技术可能会是一个更好的临时选择。LEILAC 技术是一项很有前途的技术，在通过试验工厂测试后，可能以后的新水泥厂能够运用这种技术。而钙循环技术仍在基础研究中，现在还很难预测它未来的发展。

6.6.4 钢铁行业应用 CCUS 的减排潜力

1. 钢铁行业发展现状

2016 年，世界钢铁产量达到 16.28 亿 t 粗钢，其中亚洲地区产量占总产量的 69%，中国产量占总产量的 49.7%。炼钢过程的平均能耗为 19.1GJ/t 粗钢，并伴随着平均 1.9t CO_2/t 粗钢的碳排放。据估计，全球钢铁产业的能耗约占全球工业能源消耗量的 20%，CO_2 排放量占全球化石燃料总 CO_2 排放量的 7%，是除化石能源发电行业外最大的排放源[①]。

据中国钢铁工业协会统计，中国粗钢产量自 1996 年突破 1 亿 t 之后迅速增长，2014 年已达到 8.277 亿 t。随着粗钢产量的大幅增长，钢铁行业的能耗和 CO_2 排放总量也迅速增加。2014 年全国重点钢铁企业的综合能耗为 586kg ce/t，年 CO_2 排放量为 15.28 亿 t。近年来，尽管整体来看 CO_2 排放量增长幅度略低于粗钢产量的增长幅度，在节能降耗方面取得了可观的进步，但 CO_2 排放量依然走高，因此在钢铁行业中使用 CCUS 技术减少生产过程中的碳排放尤为重要。

2. 钢铁行业 CO_2 的减排途径

钢铁行业排放 CO_2 的主要来源是燃烧过程产生的烟气。利用燃烧后捕集方法从烟气中捕集 CO_2 是钢铁工业最简单的碳捕集技术，如今常用的 CO_2 分离技术主要有化学吸收法（利用酸碱性吸收）、物理吸收法（变温或变压吸附）以及膜分离技术，然而正处于发展阶段的膜分离技术是在能耗和设备紧凑性方面被公认具有非常大潜力的技术。理论上燃烧后捕集工艺在现有的钢铁厂和计划捕集在建的钢铁厂中都可以应用。应用 CO_2 捕集技术的优先性应该基于避免 CO_2 排放的可能性和捕集的难易程度。而避免 CO_2 排放的可能性取决于 CO_2 的总排放量，捕集的难易程度取决于烟气中 CO_2 的浓度和其他污染物质的存在。在高炉 / 转炉钢铁厂中，烟气燃烧后捕集 CO_2 将有可能解决

① World Steel Association. 2017. Steel Statistical Yearbook 2017.

大约 40% 的总 CO_2 排放，并且从主机鼓风机废气中再增加 20% 的减排。

据数据统计，高炉煤气气流中的 CO_2 约占钢铁厂总 CO_2 排放的 35%，因此在高炉煤气燃烧前捕集 CO_2 也是一个可以考虑的选择。燃烧前捕集主要运用于 IGCC 系统中，将煤高压富氧气化变成煤气，再经过水煤气变换后产生 CO_2 和 H_2，气体压力和 CO_2 浓度都很高，将很容易对 CO_2 进行捕集。剩下的 H_2 可以被当作燃料使用。燃烧前捕集可以避免常规燃煤电站燃烧后捕集烟气流量大、CO_2 浓度低的缺点，其被认为是未来最有前景的碳捕集技术路线之一。目前可应用于燃烧前捕集的 CO_2 分离技术主要有物理吸收法及化学吸收法。但是，在高炉煤气中燃烧前捕集 CO_2 会降低燃烧后从烟气中捕集 CO_2 的可能性。

还有一种方式是对现有高炉进行改造变成富氧高炉。富氧燃烧通过制氧技术，将空气中大比例的 N_2 脱除，直接采用高浓度的 O_2 与抽回的部分烟气（烟道气）的混合气体来替代空气，这样得到的烟气中有高浓度的 CO_2 气体，可以直接进行处理和封存，减小燃烧后的捕集成本。

另外，通过对焦炉内 H_2 的分离，使得 H_2 除被直接燃烧外还可以应用于更高附加值的途径，在分离 H_2 的同时 CO_2 可被较便宜地分离，分离的 CO_2 也可直接用于炼钢过程中的冷却，实现资源的合理利用与温室气体收集的一体化处理。

3. 钢铁行业的 CO_2 减排潜力

目前在中国，钢铁厂安装一套 10 万 t/a 的 CO_2 捕集与封存装置，需要耗资约 2700 万美元。

要实现钢铁产业 CO_2 减排，碳捕集将会起重要作用，当然也有其他的方法，如使用焦炭和热电联产，生物炭及塑料垃圾的使用也可减少高炉 CO_2 排放。若结合最佳可用技术和 CCUS，正在进行的技术研发也能达到预期结果的话，到 2050 年钢铁产业减排将有望达到 90%/t。

6.6.5 煤化工行业应用 CCUS 的减排潜力

1. 煤化工行业发展现状

目前我国化学工业的耗煤产品大致可分为两类：一类是包括生产合成氨、电石、烧碱和甲醇等传统煤化工，另一类是以煤为原料通过技术和加工手段生产替代石化产品和清洁燃料的产业，包括煤制醇醚、煤制烯烃和煤制油等现代煤化工。

传统煤化工产品结构性过剩较为严重。我国传统煤化工产品产量多年来位居世界第一，但产业结构较为落后，竞争力较差。目前，传统煤化工产品均处于阶段性供大于求的状态，不同程度地存在结构性过剩问题，其中电石、烧碱、氮肥等重点行业产能过剩尤为明显。

我国现代煤化工产业规模化初步成型。截至 2018 年 4 月，煤制燃料方面，随着几个大型项目相继建成投产，直接液化产能达 108 万 t/a，间接液化产能达到 770 万 t/a。

煤制天然气产能达到 51.05 亿 m^2/a。煤制烯烃、甲醇制烯烃产能快速增长，产能分别达 779 万 t/a 及 550 万 t/a。煤制甲醇产能达到 5400 万 t/a，约占全国甲醇有效产能的 75%（袁建军等，2018）。

2. 煤化工行业 CO_2 的排放现状

当前，主要在以下煤化工工艺中会排放 CO_2：①煤制甲醇，该生产工艺中，一般要经过煤气化、合成气的有效净化及甲醇的合成等过程，其中以煤气化中的 CO_2 产生最多，原因在于煤炭在 H_2O、O_2 一同存在的状态下出现燃烧反应而产生 CO_2 和 H_2，而 H_2 是甲醇合成中不可或缺的一种原料，除极少部分 CO_2 应用到甲醇合成中外，绝大部分 CO_2 在合成净化中被排放。有数据显示，生产 1t 甲醇会排放 2~2.5t 的 CO_2。②煤炭液化，现阶段在高压、既定温度状态下可将固态煤和 H_2 反应生成液体油品，这就是煤炭液化工艺。相对而言，该工艺中的 CO_2 排放量较少，据估计产出 1t 液化油品会排放 1~1.5t 的 CO_2（蔡涛等，2018）。

就排放总量而言，基于产品产能 / 产量和排放因子等数据，经测算 2016 年包括煤制合成氨、甲醇、合成天然气、烯烃、煤制油等在内的新型煤化工产业，基于产品产能的 CO_2 排放量大约为 4.37 亿 t，而基于产品产量的 CO_2 排放量约为 2.61 亿 t（袁建军等，2018）。

就排放构成而言，2016 年煤化工行业的实际 CO_2 排放主要来自传统煤化工中的合成氨工业，CO_2 排放量约为 1.9 亿 t，占总排放量的 72.83%；甲醇行业排放量也较大，CO_2 排放量约为 0.52 亿 t，占总排放量的 20.10%；其次为煤制烯烃项目的排放，约为 0.11 亿 t，占比为 4.21%（巩旭，2016）。

3. 煤化工行业 CO_2 减排途径

1）捕集封存技术

收集保存是当前煤化工工艺中应用相对较多的 CO_2 减排技术，就是将 CO_2 统一收集后，再进行分离、压缩，然后把压缩后的 CO_2 通过专用管道输送到地下深层，最终实现 CO_2 和大气的长期性隔离，将 CO_2 妥善保存在地下深层。近年来，包括我国在内的煤化工生产企业把 CO_2 储存到无法长远使用或废弃的地质结构中，如已全部开采完的天然气、石油井中或无开采价值的煤层，采取这种技术可以将 CO_2 长期隔离。从研究情况看，向废弃油气田存入高压 CO_2 能够提升油气的回采率，实验数据显示，可提升大约 20% 的产量。另外，因海底深咸水层中有丰富的金属离子，在此存入 CO_2 能够和各种金属离子在高压下形成碳酸盐，进而更好地隔离和存储 CO_2（韩红梅，2018）。

2）化学转化技术

在煤化工工艺中可充分考虑 CO_2 的特殊化学性质，通过化学技术将它转变成其他物质，再投入利用，进而实现对碳氢原子经济效益的应用，这一过程就是 CO_2 化学转化。植物光合作用本质上就是化学转化。现阶段，相对成熟的化学转化技术就是用

CO_2生产碳酸盐、硼砂、双氰胺、对烃基等化工产品。近年来，在国内外CO_2化学转化技术中，应用CO_2制造降解塑料是一个热点。此外，可应用CO_2催化生产最为基本的化工原料（韩红梅，2018）。

4. 煤化工行业的CO_2减排潜力

估算显示，2015年煤化工行业的CO_2总排放量为9000万t，约占中国CO_2总排放量的5.71%。该数字大于加拿大（555万t）或巴西（486万t）等国家的年度CO_2总排放量。若将碳捕获、利用和储存同时应用于化工过程和能源系统时，CO_2排放量可减少31798万t（Zhang et al.，2019b）。

6.6.6 空气碳捕集技术的减排

1. 空气碳捕集技术发展现状

直接从空气中捕碳是碳捕集的一种重要方式，与传统CCS技术相比，它有许多优势：传统CCS设施只能建在化石燃料电厂、化工企业、钢铁企业等大型CO_2排放源附近，而空气碳捕集装置受地点约束较少，布置更加灵活；CO_2的捕集同封存密切相关，为了防止其封存时泄露，CO_2对封存地点有严格要求，空气碳捕集装置可以布置在适合封存的地点，从而减少封存过程中产生的运输成本，有利于推动碳捕集技术的发展；空气碳捕集可以解决小规模的、分散的排放源造成的碳排放问题；空气碳捕集能够直接降低空气中CO_2浓度，各个环节也可以独立控制。但是，空气中的CO_2的浓度远低于化石燃料电厂等大型排放源的CO_2浓度，空气碳捕集也需要消耗更多的能量（Chen et al.，2012）。从空气中将含量约为390ppm的CO_2移除并浓缩至纯净流（> 90%）意味着大量的能量输入，并且需要处理比从CO_2集中排放源捕集的大得多的气体。例如，从环境空气中捕集CO_2所需的热力学最小能量约为20kJ/mol，从65℃分别含有5%和15%的CO_2的天然气发电站和煤炭发电站的排放气体中捕集CO_2，所需的热力学最小能量分别约为8.4kJ/mol和5.3kJ/mol。此外，空气捕集技术实际消耗的能量必将大于热力学最小值。基于MEA浓缩源方式的大规模CO_2捕集过程所需能量为181kJ/mol，远大于热力学最小能量需求。

近几十年来，在航天和深潜领域，为了保持宇宙飞船和潜艇内CO_2含量的安全水平，直接空气碳捕集已经得到了小规模的应用，尽管这些空间内的CO_2浓度明显高于环境空气。根据吸附材料以及工作温度的不同，空气碳捕集可以分为高温化学吸收捕集和低温吸附捕集。虽然两个捕集过程都需要能量来再生吸附剂，但能量需求与捕集获得的CO_2的质量成正比，而与所需处理的空气体积大小无关。

2. 空气碳捕集技术的CO_2减排潜力

目前研究的空气碳捕集技术能耗相差很大，按目前已知的最少能耗计算，从空气中捕集1t CO_2大约需要3000kW · h的电能。如果开发利用1%的太阳能与风能资源驱动空气捕碳装置，以光伏发电的平均年利用小时数900h计算，风力发电平均年利用小时数2000h计算，一年能捕获约22.5Gt CO_2，约为全球2012年CO_2排放量的71%，这足以应对小规模的排放源，遏制气候变暖（IEA，2014）。

▪ 参考文献

卜庆才，吕江波，李品芳，等.2016. 2020—2030年中国废钢资源量预测.中国冶金，26（10）：45-49.
蔡涛，刘宏卫，包兴.2018.煤化工行业二氧化碳利用技术的分析研究.中国煤炭，44（1）：98-105.
蔡小哩，丁志刚.2018.社会福利视角下绍兴市节能减排绩效评价研究.产业与科技论坛，17（3）：78-79.
曹馨，张怀荣，陈庆华，等.2020.产业共生推进节能减排协同管理的不确定性分析.福建师范大学学报（自然科学版），172（2）：6-16，42.
陈超凡.2018.节能减排与中国工业绿色增长的模拟预测.中国人口·资源与环境，28（4）：145-154.
陈劲.2018.迎接高附加值产业的新时代.清华管理评论，（3）：1.
陈清泰.2018.创新与产业升级.北京：中信出版集团.
程文川.2015.云南省工业产业结构调整对能耗影响的分析.红河学院学报，（4）：34-39.
崔学勤，王克，傅莎，等.2017. 2℃和1.5℃目标下全球碳预算及排放路径.中国环境科学，37（11）：4353-4362.
戴彦德，田智宇，杨宏伟，等.2016.重塑能源：面向2050年能源消费和生产革命路线图.经济研究参考，（21）：3-14.
杜根杰.2018.我国大宗工业固废综合利用问题及未来发展趋势解读.混凝土世界，113（11）：14-18.
樊晨.2017.我国冶金产业低碳减排下的能源消费替代的优化分析.呼和浩特：内蒙古工业大学.
郜学，尚海霞.2017.中国钢铁工业"十二五"节能成就和"十三五"展望.钢铁，52（7）：9-13.
葛瑶.2015.国际产业结构转移新趋势与产业结构优化——基于中国视角.铜陵学院学报，（4）：10-13.
巩旭.2016.煤化工工艺中二氧化碳减排技术.化工设计通讯，（5）：8.
顾佰和，谭显春，池宏，等.2013.化工行业二氧化碳减排潜力分析模型及应用.中国管理科学，（5）：141-148.
郭彩霞，邵超峰，鞠美庭.2012.天津市工业能源消费碳排放量核算及影响因素分解.环境科学研究，（2）：232-239.
郭朝先.2014.中国工业碳减排潜力估算.中国人口·资源与环境，9（24）：13-20.
郭旭红，李玄煜.2015.大力发展战略性新兴产业.http://theory.people.com.cn/GB/n1/2015/1231/c40531-27997798.html. [2015-12-31].
国家统计局.2017.中国统计年鉴2017.北京：中国统计出版社.
国家统计局.2018.中国统计年鉴2018.北京：中国统计出版社.
国家统计局.2019a.国家统计局工业司何平博士解读2018年工业企业利润数据.http://www.stats.gov.cn/tjsj/sjjd/201901/t20190128_1647067.html. [2019-01-31].
国家统计局.2019b.中华人民共和国2018年国民经济和社会发展统计公报.http://www.stats.gov.cn/tjsj/

zxfb/201902/t20190228_1651265.html. [2019-03-01].
韩红梅 . 2018. 现代煤化工产业进展及发展建议 . 煤炭加工与综合利用，(10)：1-6，15.
胡晓岑，黄栋 . 2012. 湖北省 2020 年能源消费结构优化路径：基于碳夹点分析 . 统计与决策，(18)：131-133.
黄娟，任晓强，李香林，等 . 2018. 工业余热余能水蒸气循环发电系统热力方案优化 . 科技创新与应用，248(28)：148-151，153.
黄旭 . 2018. 产业结构升级影响因素及度量分析 . 昆明：云南财经大学 .
姜克隽，向翩翩，贺晨旻，等 . 2021. 零碳电力对中国工业部门布局影响分析 . 全球能源互联网，4(1)：5-11.
姜克隽，庄幸，贺晨旻 . 2012. 全球升温控制在 2℃以内目标下中国能源与排放情景研究 . 中国能源，34(2)：14-17，47.
蒋小谦，康艳兵，刘强，等 . 2012. 2020 年我国水泥行业 CO_2 排放趋势与减排路径分析 . 中国能源，34(9)：17-21.
孔祥忠 . 2018. 用标准化和智能化来引领水泥工业产品高质量发展 . 中国水泥，197(10)：16-17.
蓝颖春 . 2016. "电能替代"将在四大领域发力 . 地球，(7)：64-65.
李慧芳，聂锐 . 2018. 中国能耗变动影响因素的 LMDI 分解 . 统计与决策，34(13)：135-138.
李霞 . 2014. 中国省域节能减排绩效评价指标体系与实证分析 . 统计与决策，(13)：103-106.
李新创 . 2016. 钢铁工业"十二五"回顾和未来发展思考 . 钢铁，51(11)：1-6.
李月. 2016. 当前国际经济环境下我国产业结构优化策略探究 . 辽宁师专学报(社会科学版)，(2)：6-9.
刘思明 . 2018. 我国氢能源产业发展前景浅析 . 化学工业，36(5)：16-18.
刘振江 . 2017. 适应新时代，以科技创新推进钢铁工业转型升级——在 2017 年钢铁行业科技创新大会上的讲话 . 中国钢铁业，178(12)：7-10.
吕可文，苗长虹，尚文英 . 2012. 工业能源消耗碳排放行业差异研究——以河南省为例 . 经济地理，32(12)：15-20，33.
马丁，陈文颖 . 2015. 中国钢铁行业技术减排的协同效益分析 . 中国环境科学，35(1)：298-303.
马琼，杨健壮 . 2016. 我国电解铝工业技术发展现状 . 世界有色金属，(5)：55-57.
马蓉，甄金泉，刘信信 . 2014. 电力生产中化石燃料、核能和可再生能源间关于降低二氧化碳排放的成本比较 . 产业与科技论坛，13(19)：69-71.
孟晓，孔群喜，汪丽娟 . 2013. 新型工业化视角下"双三角"都市圈的工业能源效率差异——基于超效率 DEA 方法的实证研究 . 资源科学，35(6)：1202-1210.
孟欣，杨永平 . 2016. 中国工业余热利用技术概述 . 能源与节能，(7)：76-77.
商敬超 . 2018. 关于工业余热余压利用的思考与探讨 . 化工管理，501(30)：22.
史冬梅，张雷 . 2017a. 我国建材工业节能减排关键技术发展重点 . 科技中国，(2)：51-53.
史冬梅，张雷 . 2017b. 我国石化工业节能减排关键技术发展重点 . 科技中国，(3)：46-48.
史冬梅，张雷 . 2017c. 我国有色金属工业节能减排关键技术发展重点 . 科技中国，(4)：38-40.
宋亮 . 2012. 对我国三次产业节能降耗的实证研究——基于产业结构与能耗强度角度 . 生产力研究，(6)：160-162.
宋梅，张碧凝，杨焮 . 2018. 环渤海经济区碳减排绩效评价 . 煤炭技术，37(1)：329-331.

孙静 . 2019. 基于“德国制造”的工业 4.0 对中国创新的启示 . 重庆三峡学院学报，19（1）：107-114.
王娟，苗韧，周伏秋 . 2015.“十三五”能源与煤炭市场化改革与发展 . 煤炭经济研究，35（1）：9-13.
王莉 . 2017. 德国工业对中国制造的创新驱动研究 . 科学管理研究，35（5）：100-103，107.
王锐 . 2019. 新常态下我国产业结构变迁对经济增长方式的影响 . 商业经济究，768(5)：162-164.
王维兴 . 2017. 2017 年上半年中钢协会员单位能源利用评述 // 第十一届中国钢铁年会论文集——S15. 能源与环保 . 北京：中国金属协会：45-51.
王维兴，王寅生 . 2014. 钢铁行业二次能源回收利用现状和评述 // 2014 年全国冶金能源环保生产技术会论文集 . 北京：中国金属学会：224-248.
王雪莹 . 2019. 新时代中国产业结构优化研究 . 经济师，361（3）：27-29.
王勇 . 2017. 中国工业碳排放达峰的情景预测与减排潜力评估 . 中国人口 · 资源与环境，27（10）：131-140.
温宗国 . 2015. 工业部门的碳减排潜力及发展战略 . 中国国情国力，12: 14-16.
温宗国 . 2017. 工业节能技术进展及应用效果 // 中国工业节能与清洁生产协会 . 2017 全国电机能效提升产业联盟大会暨全国高效电机重点节能技术推广会论文集 . 日照：中国工业节能与清洁生产协会：34-36.
温宗国 . 2018. 行业减排路径与低碳发展 . 北京：中国环境出版社 .
温宗国，李会芳 . 2018. 中国工业节能减碳潜力与路线图 . 财经智库，3（6）：93-106.
吴海英 . 2016. 全球价值链对产业升级的影响 . 北京：中央财经大学 .
谢里，梁思美 . 2017. 电能替代与生态环境效率：来自中国省级层面的经验证据 . 中南大学学报（社会科学版），23（1）：91-100.
熊华文，符冠云 . 2017. 重塑能源：工业卷 . 北京：中国科学技术出版社 .
许召元，张文魁 . 2015. 国企改革对经济增速具有提振效应 . 党政干部参考，（19）：30-31.
郁红，张香，李军 . 2015. 进一步节能难点在哪儿？——石化节能“十二五”回顾与“十三五”展望（下）. 中国石油和化工，（11）：32-35.
袁建军，袁本旺，杜国强 . 2018. 煤炭清洁转化过程中二氧化碳的排放与捕集 . 现代化工，38（3）：1-3.
张建府 . 2011. 碳捕集与封存技术（CCS）成本及政策分析 . 中外能源，16（3）：21-25.
张迎迎 . 2010. 全球价值链下中国制造业企业的升级路径分析 . 现代商贸工业，22（13）：28-29.
赵昌文，许召元，朱鸿鸣 . 2015. 工业化后期的中国经济增长新动力 . 中国工业经济，（6）：44-54.
朱成才 . 2014. 我国工业部门能源结构调整的节能减排效果分析 . 河南科学，（10）：2145-2148.
Ahmadi P，Dincer I，Rosen M A. 2013. Development and assessment of an integrated biomass-based multi-generation energy system. Energy，56：155-166.
Andrews J，Shabani B. 2012. Re-envisioning the role of hydrogen in a sustainable energy economy. International Journal of Hydrogen Energy，37（2）：1184-1203.
Baruah P J，Eyre N，Qadrdan M，et al. 2014. Energy system impacts from heat and transport electrification. Energy，167（3）:139-151.
Bazzanella A，Ausfelder F. 2017. Low Carbon Energy and Feedstock for the European Chemical Industry: Technology Study. Frankfurt: DECHEMA，Gesellschaft für Chemische Technik und Biotechnologie.
Brown T，Gambhir A，Florin N，et al. 2012. Reducing CO_2 emissions from heavy industry: A review of

technologies and considerations for policy makers. Grantham Institute Briefing Paper，7：1-32.

Cao X，Wen Z，Chen J，et al. 2016. Contributing to differentiated technology policy-making on the promotion of energy efficiency technologies in heavy industrial sector：A case study of China. Journal of Cleaner Production，112：1486-1497.

Cao X，Wen Z，Xu J，et al. 2019. Many-objective optimization of technology implementation in the industrial symbiosis system based on a modified NSGA-III. Journal of Cleaner Production，245：118810.

Cao X ，Wen Z ，Zhao X ，et al. 2020. Quantitative assessment of energy conservation and emission reduction effects of nationwide industrial symbiosis in China. Science of the Total Environment，717：137114.

Case S D C，McNamara N P，Reay D S，et al. 2014. Can biochar reduce soil greenhouse gas emissions from a Miscanthus bioenergy crop . GCB Bioenergy，6（1）:76-89.

Chaubey R，Sahu S，James O O，et al. 2013. A review on development of industrial processes and emerging techniques for production of hydrogen from renewable and sustainable sources. Renewable and Sustainable Energy Reviews，23：443-462.

Chen L，Yang B，Shen X，et al. 2015. Thermodynamic optimization opportunities for the recovery and utilization of residual energy and heat in China's iron and steel industry：A case study. Applied Thermal Engineering，86：151-160.

Chen Q，Kang C，Xia Q，et al. 2012. Optimal flexible operation of CO_2 capture power plant in a combined energy and carbon emission market. IEEE Transactions on Power Systems，27（3）：1602-1609.

Chen W，Yin X，Ma D .2014. A bottom-up analysis of China's iron and steel industrial energy consumption and CO_2 emissions. Applied Energy，136：1174-1183.

Creutzig F，Ravindranath N H，Berndes G，et al . 2015. Bioenergy and climate change mitigation：An assessment. GCB Bioenergy，7：916-944.

Deason J，Wei M，Leventis G，et al. 2018. Electrification of Buildings and Industry in the United States: Drivers，Barriers，Prospects，and Policy Approaches. Berkeley：Lawrence Berkeley National Lab.

Dincer I. 2012. Green methods for hydrogen production. Fuel and Energy Abstracts，37（2）：1954-1971.

Dodds P E，Staffell I，Hawkes A D，et al. 2015. Hydrogen and fuel cell technologies for heating：A review. International Journal of Hydrogen Energy，40（5）：2065-2083.

Dong H，Geng Y，Yu X，et al. 2018. Uncovering energy saving and carbon reduction potential from recycling wastes：A case of Shanghai in China. Journal of Cleaner Production，205：27-35.

Dutta S. 2014. A review on production，storage of hydrogen and its utilization as an energy resource. Journal of Industrial and Engineering Chemistry，20（4）：1148-1156.

ETC. 2018. Mission Possible: Reaching Net-Zero Carbon Emissions from Harder-to-Abate Sectors by Mid-Century. London：Energy Transitions Commission.

Gelfand I，Sahajpal R，Zhang X，et al. 2013. Sustainable bioenergy production from marginal lands in the US Midwest. Nature，493（7433）：514.

Gude V G，Nirmalakhandan N，Deng S，et al. 2012. Low temperature desalination using solar collectors augmented by thermal energy storage. Applied Energy，91（1）：466-474.

Guo Y，Glad T，Zhong Z，et al. 2018. Environmental life-cycle assessment of municipal solid waste incineration stocks in Chinese industrial parks. Resources，Conservation and Recycling，139：387-395.

Hasanbeigi A，Morrow W，Sathaye J，et al. 2013. A bottom-up model to estimate the energy efficiency improvement and CO_2 emission reduction potentials in the Chinese iron and steel industry. Energy，50：315-325.

Hosseini S E，Wahid M A. 2016. Hydrogen production from renewable and sustainable energy resources：Promising green energy carrier for clean development. Renewable and Sustainable Energy Reviews，57：850-866.

IEA. 2012. Energy Technology Perspectives 2012: Pathways to a Clean Energy System. Paris: International Energy Agency.

IEA. 2014. Key World Energy Statistics 2014. Paris：IEA Publications.

IEA. 2017. World Energy Outlook2017. Paris：IEA Publications.

IEA. 2018. World Energy Outlook2018. Paris：IEA Publications.

IEA. 2020. World Energy Outlook 2020. Paris：IEA Publications.

IPCC. 2014. Climate Change 2014：Mitigation of Climate Change. Cambridge：Cambridge University Press.

IPCC. 2018. Summary for policymakers//Global Warming of 1.5℃. Cambridge：Cambridge University Press.

Jiang K，He C，Chen S，et al . 2020. Role of Hydrogen in China's Deep Cut of GHGs Scenarios Toward to Paris 1.5℃ Target：IPAC Analysis. Cambridge：Cambridge University Press.

Jiang K，He C，Dai H，et al. 2018. Emission scenario analysis for China under the global 1.5℃ target. Carbon Management，9（2）：1-11.

Jiang K，He C，Jiang W，et al.2021c. Transition of the Chinese economy in the face of deep greenhouse gas emissions cuts in the future. Asian Economic Policy Review，16（1）：142-162.

Jiang K，He C，Zhu S，et al. 2021a. Transport scenarios for China and the role of electric vehicles under global 2℃/1.5℃ targets. Energy Economics，（3）：105172.

Jiang K，Xiang P，He C，et al. 2021b. Impact analysis of zero carbon emission power generation on China's industrial sector distribution. Journal of Global Energy Interconnection，4（1）：5-11.

Jiang K，Zhuang X，Miao R，et al. 2013. China's role in attaining the global 2℃ target. Climate Policy，13：55-69.

Ke J，Zheng N，Fridley D，et al. 2012. Potential energy savings and CO_2 emissions reduction of China's cement industry. Energy Policy，45：739-751.

Keramidas K，Tchung-Ming S，Diaz-Vazquez A R，et al. 2018. Global Energy and Climate Outlook 2018: Sectoral Mitigation Options Towards a Low-Emissions Economy. Brussels：JRC Publications Repository.

Kermeli K，Graus W H J，Worrel E. 2014. Energy efficiency improvement potentials and a low energy demand scenario for the global industrial sector. Energy Efficiency，7（6）：987-1011.

Khanna N，Fridley D，Zhou N，et al. 2017. China's trajectories beyond efficiency：CO_2 implications of maximizing electrification and renewable resources through 2050. ECEEE Summer Study Proceedings，（6）：69-79.

Kosajan V，Wen Z，Fei F，et al. 2020. The feasibility analysis of cement kiln as an MSW treatment infrastructure：From a life cycle environmental impact perspective. Journal of Cleaner Production，267：122113.

Lechtenböhmer S，Nilsson L J，Åhman M，et al. 2016. Decarbonising the energy intensive basic materials industry through electrification-Implications for future EU electricity demand. Energy，115：1623-1631.

Lee M C，Seo S B，Yoon J，et al. 2012. Experimental study on the effect of N_2，CO_2，and steam dilution on the combustion performance of H_2 and CO synthetic gas in an industrial gas turbine. Fuel，102：431-438.

Leeson D，Dowell M N，Shah N，et al. 2017. A Techno-economic analysis and systematic review of carbon capture and storage（CCS）applied to the iron and steel，cement，oil refining and pulp and paper industries，as well as other high purity sources.International Journal of Greenhouse Gas Control，114：6297-6302.

Lewis A M，Kelly J C，Keoleian G A，et al. 2014. Vehicle lightweighting vs. electrification：Life cycle energy and GHG emissions results for diverse powertrain vehicles. Applied Energy，126：13-20.

Li J，Tharakan P，Macdonald D，et al. 2013. Technological，economic and financial prospects of carbon dioxide capture in the cement industry. Energy Policy. 61：1377-1387.

Liang X，Li J. 2012. Assessing the value of retrofitting cement plants for carbon capture：A case study of a cement plant in Guangdong，China. Energy Conversion and Management，64：454-465.

Lin B，Ouyang X . 2014. Analysis of energy-related CO_2（carbon dioxide）emissions and reduction potential in the Chinese non-metallic mineral products industry. Energy，68：688-697.

Liu X，Yuan Z，Xu Y，et al. 2017. Greening cement in China：A cost-effective roadmap. Applied Energy，189：233-244.

Liu Z，Guan D，Wei W，et al. 2015. Reduced carbon emission estimates from fossil fuel combustion and cement production in China. Nature，524：335-338.

Lovins A B. 2018. How big is the energy efficiency resource. Environmental Research Letters，13（9）：090401.

Luo A，Fang H，Xia J，et al. 2017. Mapping potentials of low-grade industrial waste heat in Northern China. Resources Conservation and Recycling，125：335-348.

McCollum D，Krey V，Kolp P，et al. 2014. Transport electrification：A key element for energy system transformation and climate stabilization. Climatic Change，123（3-4）：651-664.

McKinsey Company. 2018. Decarbonization of industrial sectors：The next frontier. https://www.mckinsey.com/business-functions/sustainability/our-insights/how-industry-can-move-toward-a-low-carbon-future.[2018-12-31].

Mi Z F，Pan S Y，Yu H，et al. 2015. Potential impacts of industrial structure on energy consumption and CO_2 emission：A case study of Beijing. Journal of Cleaner Production，103：455-462.

Morrow W R，Hasanbeigi A，Sathaye J，et al. 2014. Assessment of energy efficiency improvement and CO_2 emission reduction potentials in India's cement and iron & steel industries. Journal of Cleaner Production，65：131-141.

Nathan G. 2016. Future Markets for CST in Minerals Processing. Melbourne：University of South Australia.

Pacala S，Socolow R. 2004. Stabilization wedges：Solving the climate problem for the next 50 years with current technologies. Science，305：968-972.

Peng J，Lu L，Yang H，et al. 2013. Review on life cycle assessment of energy payback and greenhouse gas emission of solar photovoltaic systems. Renewable and Sustainable Energy Reviews，19：255-274.

Peng T，Ou X，Yan X，et al. 2019. Life-cycle analysis of energy consumption and GHG emissions of aluminium production in China. Energy Procedia，158：3937-3943.

Ren S，Hu Z. 2012. Effects of decoupling of carbon dioxide emission by Chinese nonferrous metals industry. Energy Policy，43：407-414.

Repo A，Känkänen R，Tuovinen J P，et al. 2012. Forest bioenergy climate impact can be improved by allocating forest residue removal. GCB Bioenergy，4（2）：202-212.

Röder M，Whittaker C，Thornley P. 2015. How certain are greenhouse gas reductions from bioenergy? Life cycle assessment and uncertainty analysis of wood pellet-to-electricity supply chains from forest residues. Biomass and Bioenergy，79：50-63.

Röeder M，Whittaker C，Thornley P. 2015. How certain are greenhouse gas reductions from bioenergy? Life cycle assessment and uncertainty analysis of wood pellet-to-electricity supply chains from forest residues. Biomass and Bioenergy，79：50-63.

Schiffer Z J，Manthiram K. 2017. Electrification and decarbonization of the chemical industry. Joule，1：10-14.

Shen W G，Cao L，Li Q，et al. 2015. Quantifying CO_2 emissions from China's cement industry. Renewable and Sustainable Energy Reviews，50：1004-1012.

Song G，Semakula H M，Fullana-i-Palmer P. 2018. Chinese household food waste and its' climatic burden driven by urbanization: A Bayesian Belief Network modelling for reduction possibilities in the context of global efforts. Journal of Cleaner Production，202: 916-924.

Sugiyama M. 2012. Climate change mitigation and electrification. Energy Policy，44：464-468.

Tao Y，Wen Z G，Xu L N，et al. 2019. Technology options：Can Chinese power industry reach the CO_2 emission peak before 2030? Resources，Conservation & Recycling，147：85-94.

Ter-Mikaelian M T，Colombo S T，Chen J，et al. 2014. The burning question：Does forest bioenergy reduce carbon emissions? A review of common misconceptions about forest carbon accounting. Journal of Forestry，113（1）：57-68.

Tian Y，Zhu Q，Geng Y，et al. 2013. An analysis of energy-related greenhouse gas emissions in the Chinese iron and steel industry. Energy Policy，56（2）：352-361.

United Nations Environment Program. 2018. The Emissions Gap Report 2018. https://www. unenvironment.org/resources/emissions-gap-report-2018. [2018-12-31].

van Rooij G J，Akse H N，Bongers W A，et al. 2017. Plasma for electrification of chemical industry：A case study on CO_2 reduction. Plasma Physics and Controlled Fusion，60（1）：1-12.

Viklund S B，Johansson M T. 2014. Technologies for utilization of industrial excess heat：Potentials for energy recovery and CO_2 emission reduction. Energy Conversion and Management，77（1）：369-379.

Wang J，Zhao T. 2016. Regional energy-environmental performance and investment strategy for China's nonferrous metals industry：A non-radial DEA based analysis. Journal of Cleaner Production，163:187-201.

Wang K，Wei Y M . 2014. China's regional industrial energy efficiency and carbon emissions abatement costs. Applied Energy，130：617-631.

Wei M，Nelson J H，Greenblatt J B，et al. 2013. Deep carbon reductions in California require electrification and integration across economic sectors. Environmental Research Letters，8（1）：014038.

Weiss W，Spörk-Dür M，Mauthner F. 2017. Solar Heat Worldwide，2017 Edition. Paris：IEA Solar Heating and Cooling Programme.

Wen Z，Chen M，Meng F，et al. 2015. Evaluation of energy saving potential in China's cement industry using the Asian-Pacific Integrated Model and the technology promotion policy analysis. Energy Policy，77：227-237.

Wen Z，Li H. 2014. Analysis of potential energy conservation and CO_2 emissions reduction in China's non-ferrous metals industry from a technology perspective. International Journal of Greenhouse Gas Control，28：45-56.

Wen Z，Meng F，Chen M. 2014. Estimates of the potential for energy conservation and CO_2 mitigation based on Asian-Pacific Integrated Model（AIM）：The case of the iron and steel industry in China. Journal of Cleaner Production，65（4）：120-130.

Wen Z，Wang Y，Li H，et al. 2019. Quantitative analysis of the precise energy conservation and emission reduction path in China's iron and steel industry. Journal of Environmental Management，246：717-729.

Williams J H. 2012. The technology path to deep greenhouse gas emissions cuts by 2050：The pivotal role of electricity. Science，336（6079）：296.

Wu Y，Yang Z，Lin B，et al. 2012. Energy consumption and CO_2 emission impacts of vehicle electrification in three developed regions of China. Energy Policy，48：537-550.

Xiang N，Xu F，Sha J. 2013.Simulation analysis of China's energy and industrial structure adjustment potential to achieve a low-carbon economy by 2020. Sustainability，5（12）：5081-5099.

Xu F，Xiang N，Nijkamp P，et al. 2013. Dynamic simulation of China's carbon intensity and energy Intensity evaluation focusing on industry and energy structure adjustments by 2020. Environmental Engineering & Management Journal（EEMJ），12（10）：1897-1901.

Xu J H，Fleiter T，Eichhammer W，et al. 2012. Energy consumption and CO_2 emissions in China's cement industry：A perspective from LMDI decomposition analysis. Energy Policy，50:821-832.

Xu J H，Fleiter T，Fan Y，et al. 2014. CO_2 emissions reduction potential in China's cement industry compared to IEA's Cement Technology Roadmap up to 2050. Applied Energy，130：592-602.

Xu J H，Yi B W，Fan Y. 2016. A bottom-up optimization model for long-term CO_2 emissions reduction pathway in the cement industry：A case study of China. International Journal of Greenhouse Gas Control，44：199-216.

Yan X，Fang Y P. 2015. CO_2 emissions and mitigation potential of the Chinese manufacturing industry. Journal of Cleaner Production，103：759-773.

Yang X，Xi X，Guo S，et al. 2018. Carbon mitigation pathway evaluation and environmental benefit analysis of mitigation technologies in China's petrochemical and chemical industry. Energies，11（12）：

3331.

Yu S, Zheng S, Ba G, et al.2015. Can China realise its energy-savings goal by adjusting its industrial structure. Economic Systems Research, 28 (2): 1-21.

Zanchi G, Pena N, Bird N. 2012. Is woody bioenergy carbon neutral? A comparative assessment of emissions from consumption of woody bioenergy and fossil fuel. GCB Bioenergy, 4 (6) :761-772.

Zhang J, Jiang H, Liu G, et al. 2018. A study on the contribution of industrial restructuring to reduction of carbon emissions in China during the five Five-Year Plan periods. Journal of Cleaner Production, 176: 629-635.

Zhang Q, Xu J, Wang Y, et al. 2018. Comprehensive assessment of energy conservation and CO_2 emissions mitigation in China's iron and steel industry based on dynamic material flows. Applied Energy, 209: 251-265.

Zhang Q, Zhao X, Lu H, et al. 2017. Waste energy recovery and energy efficiency improvement in China's iron and steel industry. Applied Energy, 191: 502-520.

Zhang Y, Ma S, Yang H, et al. 2018. A big data driven analytical framework for energy-intensive manufacturing industries. Journal of Cleaner Production, 197: 57-72.

Zhang Y, Tang W, Liu X, et al. 2019a. Analysis of energy saving technology and potential in China's key industries for the "Fourteenth Five-Year Plan" period. Advances in Engineering Research, 184: 22-24.

Zhang Y, Yuan Z, Margni M, et al. 2019b. Intensive carbon dioxide emission of coal chemical industry in China. Applied Energy, 236: 540-550.

Zhou N, Price L, Dai Y, et al. 2019. A roadmap for China to peak carbon dioxide emissions and achieve a 20% share of non-fossil fuels in primary energy by 2030. Applied Energy, 239: 793-819.

第7章 交 通

主要作者协调人：欧训民、李振宇
编 审：康利平
主 要 作 者：谭晓雨、周新军、李晓津

执行摘要

交通运输是社会经济发展的重要组成部分，同时交通部门在我国能源消耗和温室气体排放中都占有较大比重。近几年来，尽管在全国范围内积极推行了一系列的低碳发展政策和采用了能效更高的交通工具，但交通部门的 CO_2 排放仍保持快速增长。

目前，中国交通部门的 CO_2 排放占全国的比例较低，但上升速度较快。道路运输占主体地位，但未来航空部门 CO_2 排放总量占比会不断增大。汽油和柴油产生的 CO_2 排放在相当一段时间内仍占主体，其成为交通部门深度脱碳面临的主要挑战。

交通部门碳排放的主要驱动力包括交通活动、综合交通模式结构、各种交通工具的能耗强度和低碳燃料发展的所有影响因素。其中，交通活动的影响因素是最为重要的驱动力。

在现阶段，交通部门关键的 CO_2 减排措施可以主要归结为交通燃料低碳化、交通工具高效化、运输结构优化和交通需求引导（含交通模式创新，如共享模式、智能交通等）四大类。

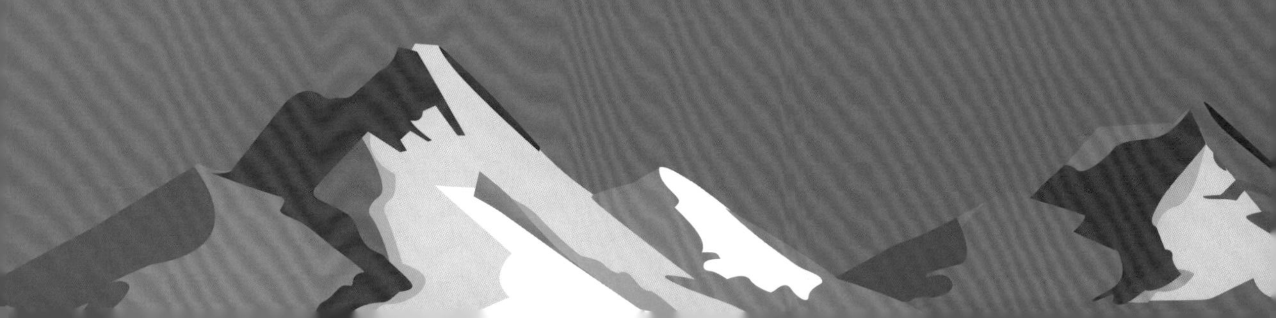

中国交通部门未来 CO_2 排放呈现近中期快速增长、远期缓慢增长的趋势。到 2050 年，大多数预估的基线 CO_2 排放量将增至 18.0 亿 ~24.0 亿 t CO_2/a，大多数预测和情景研究均呈现出明显增长的趋势。在不实行积极、持续的减缓政策的情况下，交通部门的 CO_2 排放增速会高于其他能源终端消费行业，与 2010 年相比，2050 年可产生 2~3 倍以上的 CO_2 排放（高信度）。

如果发挥足量的减缓潜力，则可实现交通部门的低碳转型。低碳燃料的组合、对改进型车辆和发动机性能技术的提升、鼓励从小汽车出行转向低碳交通方式（步行、自行车、公共汽车、轨道交通等）出行，可带来高度减缓潜力（高信度）。2030 年前后，中国交通部门碳排放仍将处在缓慢增长阶段，预计 CO_2 排放量将为 11.0 亿 ~17.0 亿 t（高信度）。在 2℃情景下，交通 CO_2 排放量将于 2025~2030 年达峰。在 1.5℃情景下，交通 CO_2 排放量将于 2025 年前实现达峰，并到 2050 年实现近零排放。

7.1 引　　言

交通运输是社会经济发展的重要组成部分，同时也是能源消耗和温室气体排放大户。目前，中国交通运输能源消耗和温室气体排放仍然占比不高，但正在快速增长，增长率约为 5%，交通运输能力、车辆燃油技术水平等尚有较大提升空间，这将对完成国家 2030 年前二氧化碳排放峰值目标造成很大压力。基础设施、客运量等多项指标表明，中国目前已是交通大国，已开始向 2035 年基本建成交通强国的建设目标迈进。中国政府也高度重视生态文明和低碳交通建设，因此加快推动交通部门低碳转型势在必行。

基于近期应对气候变化的主要进展，考虑《巴黎协定》相关的减排情景、全球 2℃情景、全球 1.5℃情景等，本章主要评述了 2012~2019 年中国交通部门的温室气体排放现状、主要特征和发展趋势以及实现低碳转型的发展路径，分析了各部门（道路运输、铁路运输、航空运输和水路运输）的减排措施、减排贡献、减排潜力、减排成本等。评估的主要结论是：由于目前整体发展水平不高、政策制度不完善、对低碳发展重视程度不够和认识不足等，交通运输能源消耗和温室气体排放占比小、各子部门中道路运输占比已是最大、减排措施较少及受技术水平限制减排效果有限、未来温室气体减排的潜力巨大但减排成本较高。

本章的主要内容包括交通碳排放现状、特征、驱动力与趋势，交通部门已有主要减排措施，交通低碳发展转型路径，交通减排技术措施的成本、潜力、障碍和机会，交通运输的碳减排政策等。

7.2 交通碳排放现状、特征、驱动力与趋势

7.2.1 排放总量与各子部门情况

1. 排放量

伴随着中国交通的快速发展，尽管积极推行了一系列的低碳发展政策和采用了能效更高的交通工具（汽车、火车、船舶和飞机），但中国交通运输业的 CO_2 排放仍出现快速增长。2018 年，中国交通运输业的能源消耗量是 4.58 亿 t ce，占总能源使用的 15.0%，按照能源类型测算，同时直接产生了 9.82 亿 t CO_2 排放，如图 7-1 所示（王庆一，2018）。

在现阶段，交通各子部门均呈快速发展的特征。道路交通近几年的迅速发展，尤其是道路货运和小型载客汽车（简称小汽车）的快速发展，使其成为耗能和 CO_2 排放最多的领域。中国已是交通大国，并正在努力向 2035 年基本建成交通强国的建设目标迈进，如果不积极采取有效控制温室气体排放措施的话，交通部门的能耗和 CO_2 排放也会随之快速增长，因此迫切需要交通部门实现低碳转型发展。

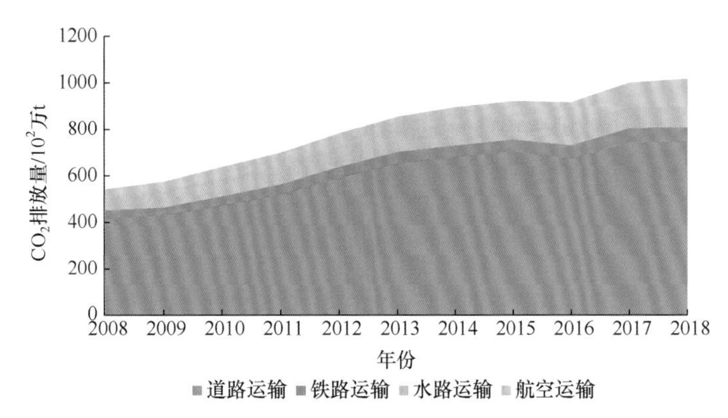

图 7-1 2008~2018 年交通各子部门的 CO_2 排放量

2. 道路运输

截至 2018 年底，中国拥有各级道路总里程 484.7 万 km。全国拥有公路营运汽车 1435.5 万辆，其中，拥有载客汽车 79.7 万辆，占 5.6%，拥有载货汽车 1355.8 万辆，占 94.4%。2018 年全年完成营业性公路客运量 136.7 亿人，旅客周转量 9279.7 亿人公里，与 2017 年相比，均处于下降趋势；全年完成货运量 395.7 亿 t，货物周转量 71249.2 亿吨公里，与 2017 年相比，均处于上升趋势。公路运输的能源类型主要是柴油、汽油、天然气、电力等，仍主要使用化石类能源①。

3. 铁路运输

截至 2018 年底，中国铁路营业里程 13.1 万 km，基本建成多层次的铁路网。全国铁路复线率达 56.5%，电气化率达 70.0%，电气化里程位居世界第一。全年完成铁路客运量 33.8 亿人次，周转量 14146.6 亿人公里；货运量 40.3 亿 t，货物周转量 28821.0 亿吨公里。高速铁路里程 2.9 万 km，高铁覆盖 65% 以上的百万人口城市。全国铁路路网密度 136.9km/ 万 km^2。目前，中国铁路客运周转量、货物周转量居世界第一位②。

铁路交通的技术主要是铁路机车，目前主要包括内燃机车和电力机车，分别采用燃油（主要是柴油）和电力作为驱动能源，合计 2.1 万台，其中，内燃机车占 38.1%，电力机车占 61.9%，蒸汽机车已基本淘汰。目前，全国铁路客运已全部实现电气化，内燃机车仅承担部分的货物周转②。

通过加强铁路电气化改造和建筑、设备节能改造等，2010~2017 年，电力消耗占比从 27.1% 上升至 56.5%，化石类能源占比大幅度降低，铁路能源消耗结构得到了很大的优化。铁路能源消耗总量和单位运输工作量综合能耗均呈下降趋势，与 2010 年相比，2017 年铁路运输总能耗减少 110.5 万 t ce，降幅达 6.4%，单位运输工作量综合能耗减少 0.67t ce/ 百万换算吨公里，下降了 13.4%，铁路整体能效水平逐步提高，铁路的节能工作取得了明显效果。

① 中华人民共和国交通运输部 . 2020. 2019 年交通运输行业发展统计公报 .
② 中华人民共和国交通运输部 . 2019. 2018 年交通运输行业发展统计公报 .

城市轨道交通里程日益增长。截至2019年底，全国共41个城市开通运营城市轨道交通线路，线路共计203条，完成客运量238.4亿人次，总里程6361.5km，比2015年增长了近一倍。2016~2019年每年全国城市轨道交通新增里程532.1km、855.7km、711.9km、1066.4km。全国在建城市轨道交通城市为46个。

4. 航空运输

截至2018年底，中国民航运输机场235个（不含香港、澳门和台湾地区），服务覆盖全国88.5%的地市、76.5%的县，民用机场布局体系基本形成。全年完成民航旅客运输量6.1亿人次，旅客周转量10712.3亿人公里，完成货邮运输量738.5万t，货邮周转量262.5亿吨公里。民航运输总周转量、客运量居世界第二位①。

从目前航空能源消耗结构上看，民航能源消耗种类较多，以航空煤油为主，按消耗量核算占比99%左右，其他能源还有电力、煤炭、汽油、柴油、电力、热力等。据行业统计，2018年全行业共消耗航油3534万t，相当于产生CO_2排放11132万t。从消耗主体上看，航空公司是最大的能源消耗主体，占比94%左右。从排放量看，航油燃烧是CO_2排放的最主要排放源，占比约71%。

5. 水路运输

截至2018年底，中国内河航道通航里程12.7km，内河千吨级及以上航道里程1.4万km，形成了干支衔接的水运网。全年完成客运量2.8亿人，旅客周转量79.5亿人公里；完成货运量70.3亿t，货物周转量99052.8亿吨公里，居世界第一位①。

水路运输的能源类型主要为柴油、天然气、电力等。自2012年起，中国推行了一系列有关推广应用液化天然气（liquid natural gas，LNG）的燃料政策，初步形成了一个较为完整的LNG水上应用产业链，并取得了显著效果（陈实，2016）。同时，港口行业在国家政策的大力支持下，目前正在按照既定发展目标，加快港口岸电推广应用，助力低碳发展。2017年，交通运输部印发的《港口岸电布局方案》明确提出，到2020年主要港口50%以上已建的集装箱、邮轮、客轮、3000t级以上客运和5万t级以上干散货五类专业化泊位将具备提供岸电的能力，节能减碳潜力巨大。

特别指出的是，由于海洋运输（包括沿海运输和远洋运输）相关数据分散、文献较少，本书不做重点分析。

7.2.2 主要排放特征

交通部门能耗和碳排放在全国总能耗和总排放中的占比较小，但由于社会经济和行业的快速发展，近十几年来其一直保持一个快速增长的速度，目前交通已成为全国能源消耗和碳排放增长速度最快的部门。交通部门的CO_2排放的主要特征包括以下几个方面。

① 中华人民共和国交通运输部. 2019. 2018年交通运输行业发展统计公报.

1. 交通碳排放占全国比例较低，但上升速度较快

根据国际能源署（IEA）研究，交通运输需求的强劲增长使其在中国终端能源消费量中的占比已从1980年5.0%上升为2005年11.0%，再继续上升到2017年的15.0%。在不考虑交通低碳转型的情况下，与2005年相比，2030年中国交通运输业的石油需求将会增长近3倍，占全国石油需求增量的40.0%以上（IEA，2017；王庆一，2018）。

2. 以道路交通碳排放为主，但航空排放增速最快

在交通运输业快速增长的CO_2排放中，道路运输占主体地位，但航空对未来CO_2排放总量贡献日益加大。2018年，中国交通运输业的能源消耗量是4.58亿t ce，占最终能源使用的15.0%，按照能源类型测算，产生9.82亿t CO_2直接排放。在交通部门的总排放量中，道路运输、铁路运输、水路运输和航空运输分别占76.3%、2.8%、9.5%、11.4%，道路运输占比最高。2005~2018年，四种运输方式CO_2排放的年均增长率分别为7.1%、3.3%、5.4%和11.0%，航空排放增速最快（王庆一，2018）。2017年，道路运输中公路货运、公路客运和乘用车的碳排放分别占46.0%、10.0%和44.0%，其中公路货运是最大的排放源，乘用车次之，且与公路货运相差不大①。

3. 以汽油和柴油产生的碳排放为主

目前，在基于能源类型的交通运输CO_2排放中，汽油、柴油、电力和煤油的CO_2排放占比分别为39.0%、49.6%、0和11.4%，由汽油和柴油产生的CO_2排放占88.6%，占绝对主体部分（王庆一，2018）。

目前，交通运输行业仍处于一个快速的发展阶段，以化石燃料为驱动的交通运输工具仍会在未来一段时期内存在，由此也导致汽油和柴油产生的CO_2排放在相当一段时间内仍占主体，这将是交通部门深度脱碳面临的主要挑战（IEA，2017）。未来随着清洁能源、新能源车辆及港口岸电的推广，交通能源向清洁能源转移以及能效进一步提升，由石油产品产生的CO_2排放占比将逐步下降。

4. 电力消耗的间接排放不容忽视

目前，尽管交通部门的电能消耗占比不高，但未来铁路运输、城市轨道、有轨电车、无轨电车和电动汽车消耗的电能快速增加，电力消耗对应的CO_2排放不容忽视。

中国政府正在大力发展新能源汽车，2010年，中国新能源汽车和纯电动汽车发展刚刚起步；2014年，新能源汽车和纯电动汽车保有量分别快速增长到22.0万辆和8.0万辆，到2018年，又分别快速增长到261万辆（占汽车总量的1.1%）和211万辆（占新能源汽车总量的81.1%）。从统计情况看，近五年新能源汽车保有量年均增加50万辆，呈加快增长趋势，电能消耗也会随之快速增长②。

① 世界资源研究所.2019.中国道路交通2050年“净零”排放路径研究报告.
② 中华人民共和国公安部.2019.2018年全国小汽车保有量首次突破2亿辆.

7.2.3 主要驱动力

交通部门碳排放的主要驱动力包括交通活动、综合交通模式结构、各种交通的能耗强度和低碳燃料发展。其中，交通活动的影响因素是最为重要的驱动力，如图 7-2 所示（Nakamura and Hayashi，2013）。

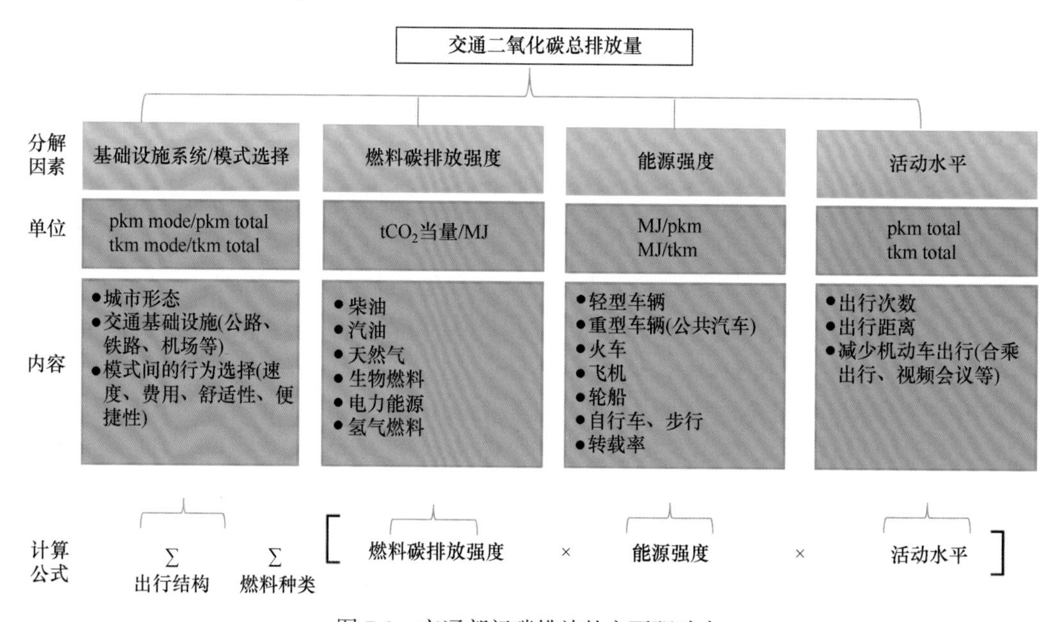

图 7-2 交通部门碳排放的主要驱动力

1. 城市形态与交通规划

制定土地与交通相互协调的整体发展规划在国际上被视为能够有效缓解城市拥堵、提高城市交通系统服务水平的一项重要举措，它能够起到减少交通用能、改善空气质量、降低交通系统的二氧化碳排放水平等作用。

科学制定城市总体规划和交通规划，倡导公交导向的城市发展模式（transit oriented development，TOD），密集程度高、空间布局紧凑并且有效防止无序扩张的城市规划能有效降低城市交通能源需求和降低二氧化碳排放，窄马路、密路网、密集程度高的城市更适宜以低碳方式出行，从而有效减少机动化出行的平均行驶里程，实现节能和碳减排的效果。

生活方式，尤其是城市居民日常的通勤交通方式，在减少二氧化碳排放中同样具有关键作用。国际经验表明，随着城市建成区密度的增加以及公共交通发展水平的提高，鼓励低碳出行，二氧化碳排放量会显著降低。有研究学者调查了 21 个城市，其中北美 8 个、澳大利亚 2 个、欧洲 6 个、亚洲 5 个，调查发现，人口密度越高，人均交通能耗越低，北美与欧洲人口密度差不多，但欧洲城市的人均交通能耗明显较低，原因在于欧洲城市实行了严格的土地使用政策，城市规划紧凑，而且欧洲城市公共交通十分发达，此外小汽车较高的使用成本也令其使用受到限制，如图 7-3 所示（Newman and Kenworty，2015）。城市人口密度的增加和城市经济发展将会对交通部门碳排放产生直接影响。人口增加和经济发展将直接带动交通活动水平的提高，从而使得交通部门碳排放增加。经济发展将带动旅游出行需求增加，未来民航和高铁运输服务量将大幅度增加。从发达国家发展经验来看，随着人均收入水平的提高，人们的出行需求也随之增加，交通碳排放也将快速增加。

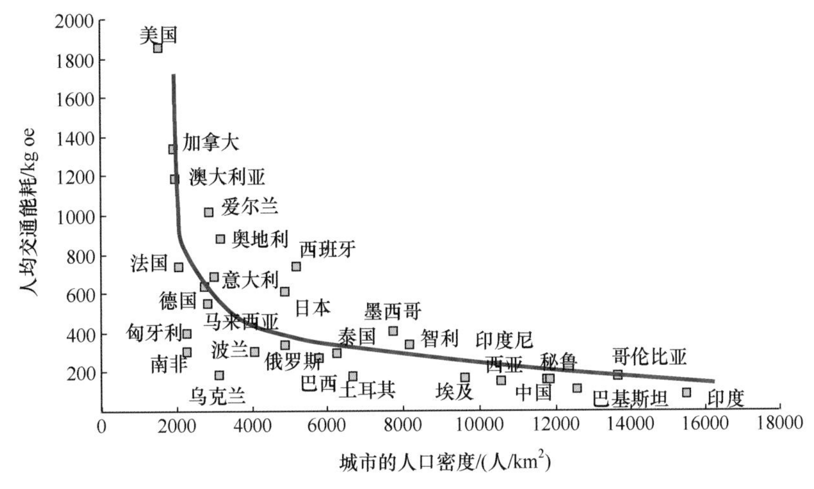

图 7-3 世界城市人口密度与人均交通能耗关系图

资料来源：中国环境与发展国际合作委员会 . 2019. 城市发展的能源效率政策——建筑和交通部门

2. 交通方式结构演变

在所有的交通运输方式中，道路和航空能源消耗强度较高，铁路、水路、管道较低。研究表明，在货物运输中，若将铁路运输所占比例增加 1%，同时道路运输所占比例减少 1%，可降低能源消耗 1.2%；而水路运输比例每增加 1%，同时道路运输比例减少 1%，可节约能源消耗 1.1%。在旅客运输中，铁路运输比例每增加 1%，同时道路非营运城际运输比例减少 1%，可减少能源消耗 1.5% 左右；而铁路运输比例每增加 1%，同时航空运输比例减少 1%，可减少能源消耗 1.2%（蔡博峰等，2012）。

建立低碳型的综合运输体系应统筹交通基础设施网络和重要运输通道的建设规划，充分发挥不同交通方式的特点与功能，提高碳排放强度较低的交通运输方式的出行量及出行分担率。在货物运输方面，应鼓励能耗强度较低的铁路承担煤炭、有色金属等大宗货物的长距离运输，同时加快发展内河航运、港铁联运等，发挥水运节能减排的优势，通过发展多式联运进一步提升运输效率。在旅客运输方面，应提倡资源节约、环境友好的出行方式，大力发展公共交通，积极推进实施公交优先战略，提高城市公共交通出行分担率，大型以上城市应加快建立以轨道交通为骨干，以公共交通为主体，出租汽车、私人汽车、自行车和步行等多种交通出行方式相互补充、协调运转的城市综合交通体系。

3. 交通能源类型

长期以来，汽油、柴油一直作为汽车发动机的主要燃料。但是，随着石油资源的枯竭、原油价格的高涨以及排放法规的严格，开发和利用经济性高、排放低以及能够保障持续供应的车用替代燃料越来越受到世界各国的高度重视，也是未来的发展方向。

传统的汽油、柴油等机动车燃料以及生物汽油、生物柴油和新型燃料类型都是由不同形式的一次能源经过不同渠道转化而来的。尽管当前出现了许多类型的机动车替代燃料，如压缩天然气等一些气体燃料和液化天然气、液化石油气等液体燃料，但其核心是对机动车本身的改造，而非新型的能源形式，燃料电池和氢能在短期内都尚不具备实现商业化推广应用的条件，生物乙醇和生物柴油是替代燃料中能适宜传统内燃机机动车且已实现商业化的燃料，但也受到不同条件的限制。

发展新能源汽车、培育新能源汽车产业正成为许多国家和地区在道路交通领域应对气候变化的一项战略选择。由于未来电力系统将会出现深度减排，到 2050 年甚至是负排放，大力发展电动汽车是交通深度减排的重要措施。因此，美国、日本、欧洲等发达国家和地区对新能源汽车技术高度重视，从汽车技术变革和产业升级的战略出发，颁布制定了一系列优惠政策措施，积极促进本国新能源汽车工业发展，提升本国汽车工业国际竞争力，在全球工业竞争中抢占有利地位，其成为近期发展的重点（李忠奎等，2017）。

4. 汽车工业发展

随着社会经济的快速发展，小汽车开始步入家庭，很多人将小汽车作为日常通勤工具的首选，导致全国小汽车“井喷式”发展。截至 2018 年底，全国汽车保有量达 2.4 亿辆，其中小型载客汽车保有量达 2.01 亿辆，首次突破 2 亿辆，私人小汽车保有量达 1.89 亿辆，近五年年均增长 1952 万辆，千人汽车保有量达到 180 辆。从分布情况看，全国有 61 个城市的汽车保有量超过 100 万辆，27 个城市超过 200 万辆[①]。从油耗来看，中国石油消耗总量首次突破 6 亿 t，汽车对石油的消耗量占石油消耗总量的比例超过 40%。

从当前发展技术水平来看，中国的燃油经济性水平还有较大的提升空间，即 2025 年新能源汽车推广目标为 20% 以上，这意味着还有近 80% 的汽车为燃油车，因此促使传统燃油车向节能、零排放转型成为主要解决方案。根据国家汽车中长期规划，要求到 2020 年传统乘用车新车平均燃料消耗量达到 5L/100km，2025 年较 2020 年下降 20%，即 4L/100km 的水平，其表现出显著的节能减排效果（图 7-4）[②]。

7.2.4 CO_2 排放趋势

中国交通部门未来 CO_2 排放呈现近中期快速增长、远期缓慢增长的趋势。到 2050 年，

① 中华人民共和国公安部 . 2019. 2018 年全国小汽车保有量首次突破 2 亿辆 .
② 能源与交通创新中心 . 2019. 中国乘用车双积分研究报告 .

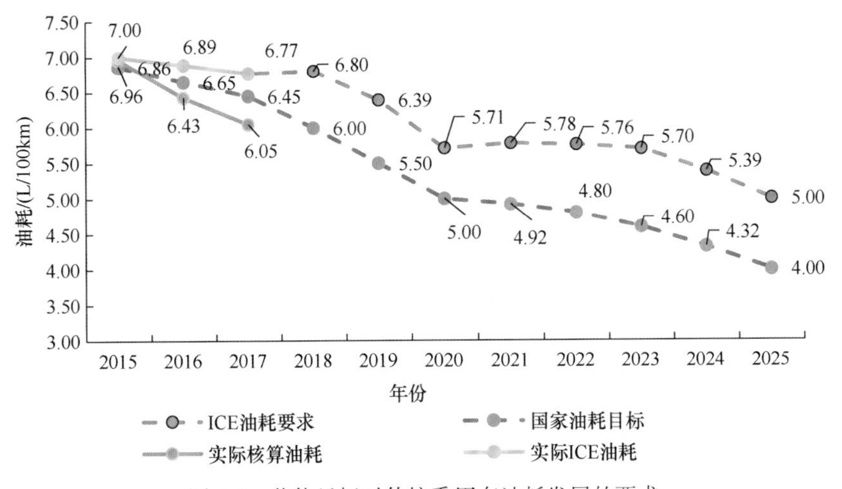

图 7-4 节能目标对传统乘用车油耗发展的要求

ICE 是指内燃机（internal combustion engine）

大多数预估的基线 CO_2 排放量将增至 18.0 亿 ~24.0 亿 t CO_2/a，大多数预测和情景研究均呈现出显著增长的趋势，如图 7-5 所示。在不实行积极、持续的减缓政策的情况下，交通运输业的排放增速会继续保持高于其他的能源终端使用行业，并到 2050 年时可导致 2~3 倍及以上的 CO_2 排放（Mao et al.，2012；Pan et al.，2018；Zhang et al.，2016；刘俊伶等，2018）。在 2℃情景下，交通 CO_2 排放量将于 2025~2030 年达峰（凤振华等，2019；Jiang et al.，2021）。在 1.5℃情景下，交通 CO_2 排放量将于 2025 年前实现达峰，并于 2050 年前实现近零排放（Jiang et al.，2020）。

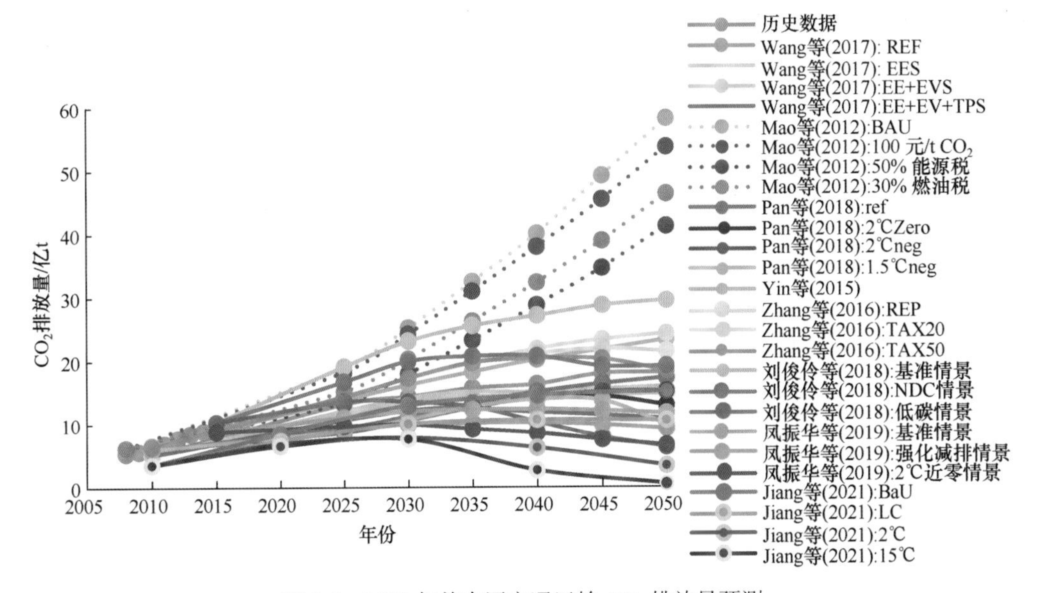

图 7-5 2050 年前中国交通运输 CO_2 排放量预测

随着工业化的完成、产业结构的升级，交通运输结构将不断优化调整，低碳交通运输方式比重不断增加，低碳交通运输装备技术得到创新和推广应用，太阳能、水能、电能等可再生能源比重逐渐提升，运输结构不断得到优化，低碳发展理念深入人心，低碳能力建设不断加强，这都会对交通运输的温室气体排放带来很大影响。

未来几十年中国道路货运需求将呈现缓慢增长态势，在需求结构中，比重将不断上升。2020 年，由于铁路运输能力增长带来铁路实际运输的需求释放，道路运输在各种运输方式中的结构比重略有下降。但 2020 年后，道路运输比重仍将不断上升。铁路运输中的大宗物资运输需求增长放缓，同时干线成品运输需求增长加快，铁路运输的货物结构出现结构性调整。综合分析，2020 年，中国铁路货运在各种运输方式中的需求比重略低于当前的需求比重，基于目前铁路货运需求高于实际货运规模的基本情况，同时随着铁路设施运输能力在未来几年的增长，尤其是高速铁路新建释放的大量货物运输能力，2020 年铁路实际承担的货运比重比当前略有提升。2020 年以后，随着工业化进程的逐步完成，原材料等大宗物资运输需求趋于稳定，甚至出现缓慢下降趋势，铁路货运结构将发生较大变化，在以重量计算的口径下，铁路货运将在各种运输方式中呈现比重逐步减少的需求态势。

结合自然条件，随着工业化的完成，中国货运结构不断调整，同时受航道整治发展因素多、出口贸易等影响，水运需求比重将在 2020 年后有所下降。随着产业的升级发展和高附加值产品的比重提升，结合航空货运的替代性较弱的特征，未来航空货运需求将长期呈现增长态势，需求比重结构将逐步提高。结合对未来客运空间结构调整的判断，以及对人们出行需求的质量结构总体趋势的判断，随着城镇化进程加快和人民收入水平提高，客运出行需求将增长迅速。其中，在铁路客运中，高铁运输将快速推进，铁路客运的分担比重将不断提升，航空在中长距离上的优势将进一步体现，同时考虑国民出国旅游的拉动作用，航空运输的比重也将不断上升，道路运输在中距离上受到高速铁路的挤压，短距离上私家车出行将分流部分运输需求，未来道路客运的需求增长将放缓，网约车、顺风车等共享汽车出行比重可能会有所上升。自动驾驶技术经过不断发展，也会占一定的出行比例。

7.3 交通部门已有主要减排措施

7.3.1 总体情况

交通运输的碳排放总量等于对应的活动总量、模式占比、分模式的能源强度、能源碳强度的连乘 [即 ASIF（activity，structure，intensity and emission factor）公式]。交通部门关键减排措施可归结为交通燃料低碳化、交通工具高效化、交通运输结构优化和交通需求引导（含交通模式创新，如共享模式、智能交通等）四大类。

下面将重点评述已有减排措施及其效果。

1. 交通需求增速放缓

2008~2018 年，中国交通运输需求增长速度逐渐放缓，交通需求引导作用明显

（图 7-6）。2018 年客运周转量较 2008 年有所增加，较 2008 年增加 47.5%，年均增长率为 4.0%。2018 年客运周转量增长率为 4.3%，较 2014 年的 4.9% 已经有所放缓。2018 年货运周转量较 2008 年增长 85.6%，年均增长率为 6.4%。2018 年货运周转量增长率为 3.7%，较 2014 年的 8.1% 已经明显放缓。中国客运和货运需求的增速放缓将有助于减轻交通部门的深度脱碳压力。

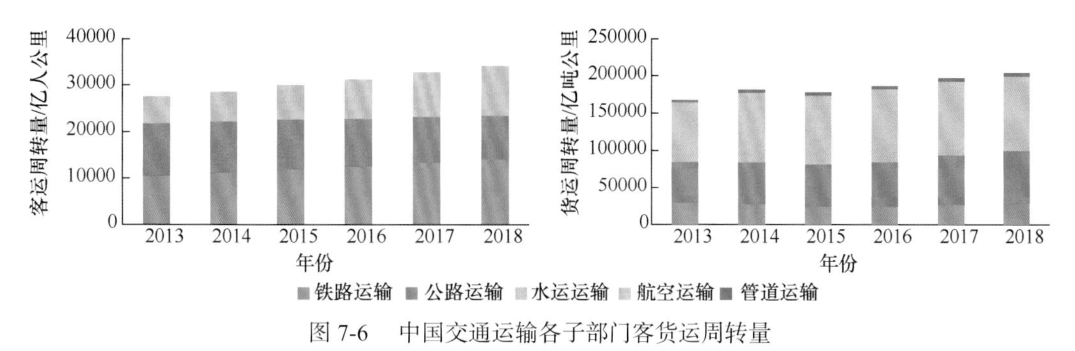

图 7-6 中国交通运输各子部门客货运周转量

2. 交通需求结构优化

过去十余年，中国交通需求结构持续优化。2013 年，交通运输客运周转量为 27571.7 亿人公里，2018 年交通运输客运周转量为 34218.2 亿人公里，增长率为 24.1%，详见表 7-1。

表 7-1 交通运输客运周转量发展变化

项目	2013 年	2018 年	变化率 /%
客运周转量 / 亿人公里	27571.7	34218.2	24.1
其中，铁路运输占比 /%	38.4	41.3	2.9
道路运输占比 /%	40.8	27.1	–13.7
水路运输占比 /%	0.2	0.2	0.01
航空运输占比 /%	20.5	31.3	10.8

注：由于数值修约所致误差，下同。

2013 年，交通运输货运周转量为 168014.0 亿吨公里，2018 年交通运输货运周转量为 204686.5 亿吨公里，增长率为 21.8%，详见表 7-2。

表 7-2 交通运输货运周转量发展变化

项目	2013 年	2018 年	变化率 /%
货运周转量 / 亿吨公里	168014.0	204686.5	21.8
其中，铁路运输占比 /%	17.4	14.1	–3.3
公路运输占比 /%	33.2	34.8	1.6
水路运输占比 /%	47.3	48.4	1.1
航空运输占比 /%	0.1	0.1	0.03
管道运输占比 /%	2.1	2.6	0.5

因此，从交通运输需求结构来看，交通部门客运周转量中道路运输占比显著下降，从2013年的40.8%下降至2018年的27.1%，铁路运输的占比从38.4%增加至41.3%，航空运输占比从20.5%增长至31.3%。运输结构倾向于从道路运输向更加高效的铁路运输转型，主要为高铁运输。与此同时，随着中国经济水平的发展，航空运输发展势头强劲。货运周转量方面，铁路运输承担的货运周转量比例有所下降，水路运输周转量占比略有增加。

3. 交通工具能效迅速提升

交通工具的高效化是至关重要的减排措施。其中，中国乘用车汽车能耗标准经历了第一阶段到第五阶段。第一阶段和第二阶段根据车辆整备质量对车辆能耗设置了最高限值要求。从第三阶段开始，除对单车油耗限值有要求外，还开始引入企业平均燃油消耗量的概念，相关车辆生产企业整体需要达到企业平均燃油消耗的目标。各阶段油耗标准不断加严，其中，第五阶段较第四阶段、第四阶段较第三阶段、第三阶段较第二阶段、第二阶段较第一阶段的同质量段油耗限值分别加严了21%、30%、19%、10%，如图7-7所示。

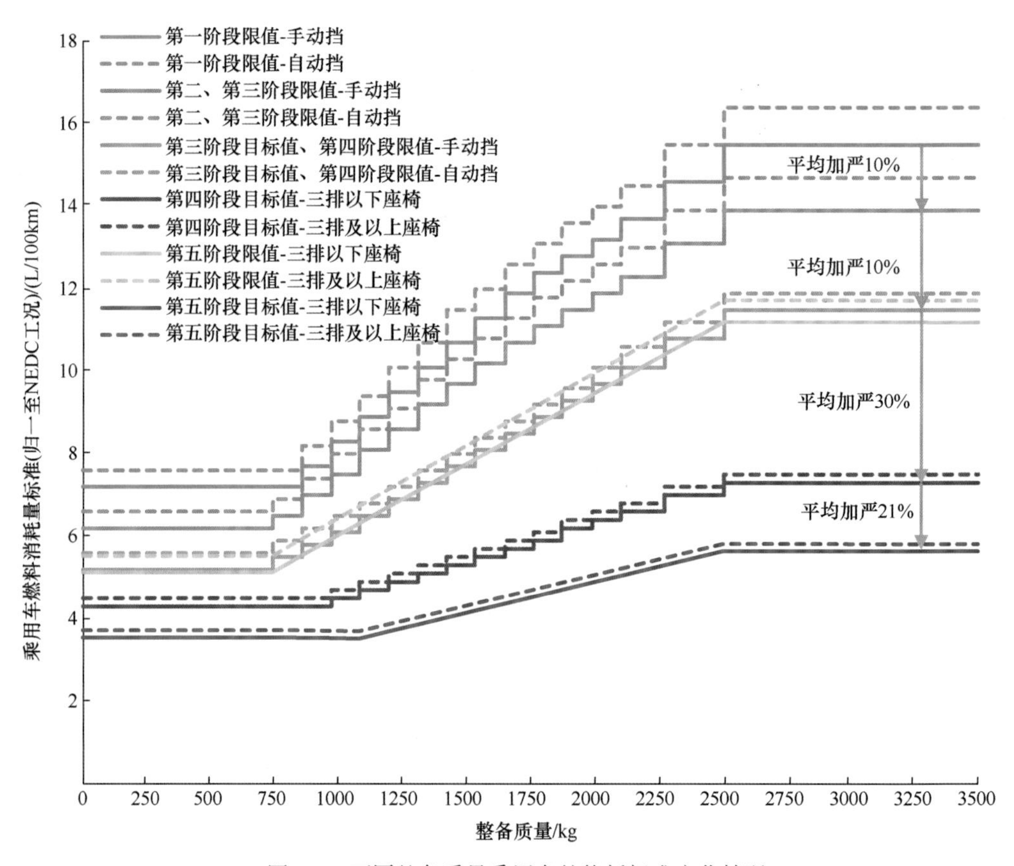

图7-7 不同整备质量乘用车的能耗标准变化情况

近十年来，全国乘用车新车工况油耗水平有所下降，从2008年的7.85L/100km下降至2017年的6.77L/100km，年均降幅约1.6%，但通过实际调研2008~2017年十年间中国道路运输所用乘用车的实际油耗数据后发现，2008~2017年款乘用车油耗平均值变化不大，基本稳定在8.5L/100km，实际油耗与工况油耗差异逐年增大，该趋势与全球情况一致，这主要是因为道路拥堵且企业节能技术在适应的工况条件下与道路的实际运行状况差异仍较大，如图7-8所示[1]。

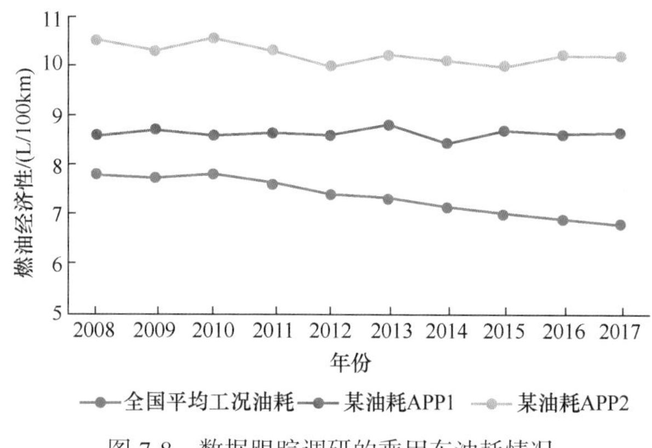

图7-8 数据跟踪调研的乘用车油耗情况

轻型商用车油耗标准目前已经进入第三阶段。2007年，《轻型商用车辆燃料消耗量限值》（GB 20997—2007）发布，旨在对轻型商用车能耗进行控制，并于2011年开始实施。考虑到轻型商用车的使用频率、高油耗和较低的技术水平，中国为实现《节能与新能源汽车产业发展规划（2012—2020年）》提出的节能目标，于2015年发布第三阶段油耗标准《轻型商用车辆燃料消耗量限值》（GB 20997—2015），要求自2018年1月1日起所有新注册车辆都必须达到第三阶段油耗标准的要求。具体来说，第三阶段标准要求轻型商用车能耗以欧盟发展目标为参照标准，须在2020年实现较2012年下降20%。在对轻型商用车达标情况进行核定时，将对不同类型不同燃料消耗的轻型商用车分别酌定。由于轻型商用车技术进步较乘用车缓慢，对N1类[2]柴油商用车的限制标准较乘用车会严格13%。

重型商用车燃料消耗量的管理主要参考国家发布的《重型商用车辆燃料消耗量限值》（GB 30510—2018），该强制性标准目前已经进展到第三阶段。重型商用车第三阶段燃料消耗量限值标准于2018年2月6日发布、2019年7月1日开始实施。第三阶段标准要求重型商用车在2020年实现燃料消耗较2015年下降15%。总体来看，不同类型重型商用车第三阶段标准较第二阶段标准加严了12.5%~15.9%。货车、半挂牵引车、客车、自卸汽车和城市客车分别加严了13.8%、15.3%、12.5%、14.1%和15.9%。

交通运输部与工业和信息化部分别出台了水运船舶的相关能耗及排放标准。交通运输部出台的船舶能耗标准以船舶总载重为基础，功能单位为每吨海里的燃料消耗量（Hao et al.，2017）。与道路运输能耗标准有所不同，船舶能耗标准不采用阶梯式，而是采用函数对能耗和总载重的关系进行刻画。值得注意的是，随着总载重增加，能耗

① 能源与交通创新中心．2018．中国乘用车实际道路行驶与油耗分析年度报告．
② N1类车型是指最大设计总质量不超过3500kg的载货车辆。

标准相应下降，具体函数参数由船型决定。沿海用船能耗标准如图 7-9 所示。

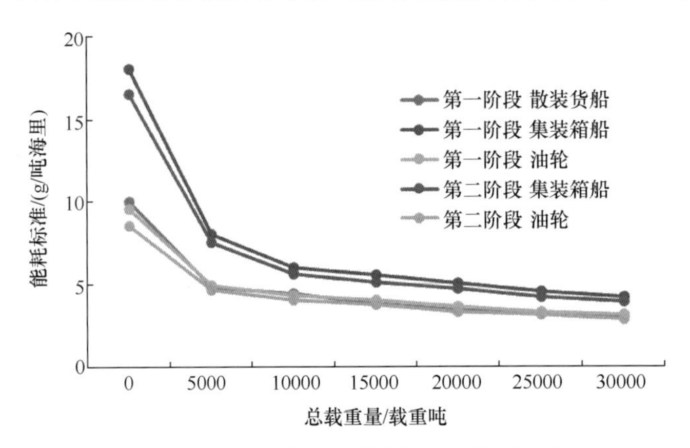

图 7-9 不同总载重量的沿海用船能耗标准

铁路部门主要是由政府部门运营，因此铁路运输能耗受国家要求影响较大。2010~2017 年，中国铁路运输能耗水平下降了约 6.4%。铁路运输能耗降低的目标由中国铁路总公司制定后向各地方铁路下达，并引入奖惩机制，是否实现能耗优化目标与地方铁路绩效挂钩（Hao et al.，2017）。高速铁路较普通电力机车和内燃机车的单位周转量能耗要高。以北京至石家庄的高速铁路为例，单程运行能耗情况与高铁上座率有关。上座率对单位周转量能耗情况影响较大，但是由于乘客质量较整车质量小，因而上座率对单程整体能耗情况影响较小（Chang et al.，2019）。不同上座率情况下单程高速铁路能耗情况见表 7-3。

表 7-3 高铁列车运行能耗情况（以北京至石家庄高速铁路列车为例）

项目	单位	CRH380B 高铁列车上座率 /%							
		30	40	50	60	70	80	90	100
乘客数量	人	167	222	278	334	389	445	500	556
整车质量	t	496	502	508	513	519	525	530	536
单程运输能耗	kW · h	5296	5360	5424	5334	5396	5311	5361	5422
能耗强度	Wh/PKT	113	86	69	57	49	42	38	35

注：PKT，passenger kilometers travelled。

4. 交通能耗结构变化

交通需求增加和需求结构的变化正在驱动交通能源的增长，也改变着能源结构。2012~2017 年，道路交通的快速增长、航空运输的快速发展以及高速铁路的快速普及使得中国交通部门能耗保持高速增长，其中航空运输的增长最快，达 68.9%，铁路运输和道路运输次之，水路运输最后，详见表 7-4。

表 7-4 交通运输各子部门能耗变化

运输方式		2012 年	2017 年	变化率 /%
道路运输	汽油 /10^2 万 t	85.1	120.4	41.5
	柴油 /10^2 万 t	96.9	108.6	12.1
铁路运输	柴油 /10^2 万 t	6.81	8.28	21.6
	电力 /（亿 kW · h）	428.4	595	38.9
水路运输	柴油和燃料油 /10^2 万 t	26.8	27.8	3.7
航空运输	煤油 /10^2 万 t	19.8	33.45	68.9

从以上能耗结构及变化可以看出，在道路运输和铁路运输中，电动化是重要的减排措施。目前，交通部门温室气体排放主要是源自道路、水路、航空和铁路运行的交通工具。电动汽车车辆运行周期为零排放。电动汽车能效比传统汽车高出 50.0%，即使考虑电力的燃料周期排放，电动汽车全生命周期排放较传统化石燃料汽车仍有明显优势（Peng et al.，2018）。以每公里运输距离的二氧化碳当量温室气体排放为功能单位，从全生命周期来看，电动汽车排放较传统化石燃料汽车要少 30.0%~60.0%。随着未来中国电力结构的低碳化、清洁化，电动汽车减排优势将更加明显。尽管目前电动汽车技术仍亟待发展，但随着未来动力电池等核心技术的发展，道路运输电动化将成为道路运输减排的重要措施。

电力机车全生命周期排放较内燃机车也有一定优势。电力机车的出现进一步增强了铁路运输在能效和减排方面的优势。电力牵引及车厢直供电大大提升了机车牵引能效，从而减少了全生命周期温室气体和污染物的排放（李冬，2017）。高速铁路是未来中国铁路运输的重要发展趋势，研究表明，以单位客运周转量的温室气体排放为功能单位，高速铁路全生命周期温室气体排放 54.0~178.0g，约为电动汽车的一半，约为民航飞机的 1/3（Chang et al.，2019）。

5. 减排效果的主要驱动因素分析

交通运输需求仍是中国交通部门碳排放增加的主要驱动因素。利用对数平均分解法的研究表明，2004~2010 年，交通运输需求变化对中国交通部门碳排放变化的贡献从 0.043 亿 t 增长至 3.473 亿 t，交通能源效率对碳排放总量的贡献从 –0.015 亿 t 变为 0.369 亿 t，交通运输结构对碳排放总量的贡献从 –0.006 亿 t 变为 0.776 亿 t（丁金学，2012）。

从运输结构来看，铁路运输和水路运输周转量占比都与中国交通部门总排放呈现明显的负相关性，航空运输周转量占比与交通部门总排放呈明显的正相关性，道路运输周转量变化对交通部门整体碳排放影响不大。研究表明，1990~2011 年，中国航空运输单位换算周转量碳排放增加了 17.0%，而同期水路运输周转量每增加 1.0%，中国交通部门单位周转量碳排放就下降约 2.0%。这主要是由于航空运输单位周转量碳排放量较高，而水路运输和铁路运输相对低碳。降低交通运输能耗强度是近年来交通部门碳排放的主要抑制因素，但自 2006 年来，抑制效果越来越不明显（柴建等，2017）。

交通运输工具的能效水平对交通部门的节能减排影响很大。研究表明，2003~2015

年，交通工具能效提升有效减少碳排放 3 亿 t 以上（王海燕和王楠，2019）。从目前技术发展差距来看，与发达国家相比，我国交通运输工具的能效水平仍有较大的提升空间。

从全国能源消耗和碳排放结构来看，煤炭生产产生的碳排放量正在逐年减少，已经从 2000 年的 8.3% 下降至 2015 年的 1.4%，天然气碳排放总量占比增长到 7.0%，石油的碳排放占比于 2007 年达到顶峰，随后下降至 83.4%。2007 年以来，清洁能源技术突破带来的石油替代有效减少了 1000 万 t 以上的交通部门的碳排放（潘秀，2018）。随着投入的不断加大和经济转型发展，能源消费结构不断得到优化，高碳的能源使用比重逐步下降，碳排放量快速下降，且清洁能源技术的发展与应用将对交通部门的低碳发展至关重要。

7.3.2 各子部门减排措施

1. 道路运输

随着中国城镇化的推进和公路网络的普及，道路交通客货运总量保持高速增长，道路运输业的温室气体排放上行压力巨大。中国也已经出台了多方面的节能减排措施，以推进道路运输业低碳化发展。

《“十三五”现代综合交通运输体系发展规划》提出，道路运输需与其他运输方式紧密配合衔接，在完成对常住人口超过 20 万人的城市的全覆盖的同时，加强智能技术的应用，从而降低道路运输能耗。智能技术包括：高速公路基础设施、汽车和驾驶员信息全面数字化，完成信息的智能交互；市内运行车辆加装 ETC 比例须大幅度提高，提高车辆过站效率等。与此同时，在城市公共交通、出租车和城市配送物流车中大力推广新能源汽车，降低汽车能耗水平，遏制汽车能耗带来的二氧化碳及污染物排放。

《交通运输节能环保“十三五”发展规划》提出，道路基础设施的主要节能减排措施包括：第一，加强新建公路基础设施生态保护。公路基础设施规划和建设过程中应按照国家环保相关法律法规要求，严格履行环保程序。将生态保护理念贯穿公路基础设施规划、建设、运营和养护的全过程。积极倡导生态选线、生态环保设计，减少对自然保护区等生态敏感区域的切割影响。综合应用先进的生态工程技术，降低公路基础设施对陆域、水生动植物及其生存环境的影响，严格落实生态保护和水土保持措施，加强植被保护与恢复，全面提升公路基础设施景观服务品质。推进一批生态友好型公路交通基础设施的建设。第二，加强废旧路面材料循环利用。积极引导并大力推广公路路面材料循环利用技术，综合考虑公路等级、工程性质及规模、路面旧料类型及质量、施工环境、交通与气候条件等因素，合理选用路面材料循环利用技术，面层材料与基层材料原则上应回收与循环利用，确保高价值的路面旧料得以科学高效的循环利用。

公路建设过程中的绿色、低碳、环保措施包括混拌沥青混合料应用技术、交通运输建设材料循环利用技术和主动除冰雪沥青路面技术三种。混拌沥青混合料，是在采用不同技术手段作用的情况下，拌和温度降低 30~60℃且路用性能不会下降的沥青混合料。混拌沥青混合料的优点包括：降低施工的温度，减弱温度过高对沥青老化的影响；

减少施工过程中的排放与能源消耗。中国已经将混拌沥青混合料应用技术作为公路建设节能减排的重点措施予以推广。交通运输建设材料循环利用技术旨在对中国现已存在的大量沥青路面、水泥混凝土路面和废旧轮胎等旧材料进行回收和再利用。近年来，天津和浙江的部分省道已经建设了沥青和混凝土回收的示范工程。据估算，若以每年生产 50 万 t 再生材料计算，每年可有效节省能耗 3300t ce，相应地，实现减少碳排放达到 6800t。主动除冰雪沥青路面技术，是为解决世界普遍存在的路面积雪结冰问题，有效提高道路交通的运行效率的技术。其中，弹性路面除冰技术在中国具有较好的应用前景，其施工简单、性能优良，且可以消耗大量弹性废弃物，可有效缓解废弃物带来的环境压力。

公路服务区、收费站和隧道等区域的低碳绿色环保措施主要包括地源热泵技术、太阳能光伏技术、红外辐射智能加热节能技术、LED 照明技术、微波离子灯照明节能技术等。地源热泵技术有效解决了高速收费站和公共服务区远离城镇供暖供热困难的问题，其利用地下浅层温度相对恒定来解决供暖和制冷的问题，目前该技术已经在全国高速公路多处收费站展开试点工程。据测算，使用地源热泵技术每 1 万 m^2 建筑面积每年可以节约 250t ce。太阳能光伏技术可以将日照辐射转化为电能供收费站和公共服务区使用，目前该技术已在河南多个路段开展试点工程。红外辐射智能加热节能技术使红外辐射波从热源表面直接发射并直达物体或者人体表面，从而避免了辐射蕴含的热能被空气分子吸收而降低热能的利用效率，该技术已经在京哈高速公路沈四段的 6 个收费站开展试点工程。LED 照明技术是一种利用发光二极管将电能转化为光能的技术，在同样的照明亮度的情况下，LED 灯的能耗仅为普通白炽灯的 1/10，可以有效降低照明能耗，目前 LED 照明技术已经广泛应用于隧道和服务区等区域。微波离子灯照明节能技术是一种无极放电灯照明技术，该技术已经在辽宁的 19 个综合服务区和 6 个收费站进行推广，有效地减少 30% 的照明所用的电耗。

实施汽车燃油经济性标准是降低道路运输运行能耗、减少碳排放的最有效方式。中国已经逐渐制定和实施了乘用车、轻型商用车和重型商用车的燃油经济性标准，力争在 2020 年实现汽车燃油经济性较 2015 年下降 15%~20%。目前，中国的汽车制造技术较国际先进水平尚有差距，实施的燃油经济性标准与欧盟、日本相比仍有差距。以轻型商用车为例，欧盟与 2011 年通过并确立了 2020 年轻型商用车发展目标，要求 2020 年燃油经济性达到约 5.5L/100km。日本提出的轻型商用车燃油经济性标准指出，到 2022 年，力争将燃油经济性控制到 5.59L/100km。

传统汽车的节能技术主要包括内燃机减排技术和非内燃机减排技术。对汽油机来说，内燃机减排技术包括燃油直喷技术、可变气门正时技术、稀薄燃烧技术和增压技术。柴油机减排技术包括涡轮增压技术、电控燃油喷射技术、稀薄燃烧技术等。

替代燃料技术和先进驱动技术也为中国道路运输节能减排提供了重要思路。2014 年，国家发展和改革委员会、财政部、工业和信息化部、科技部、交通运输部、国家机关事务管理局和国家能源局等部门先后出台了多项针对新能源汽车的支持政策，涉及用电价格、税收优惠、行业准入、运营补贴等多个方面。近年来，受政策激励等因素的影响，中国新能源汽车市场发展迅速。2015 年 3 月，交通运输部提出城市公交、出租和物流车的新能源汽车保有量需达到30万辆以上，新能源公交车保有量达到20万辆以上。全国各地均推出政策以推广新能源公交车和新能源出租车，新能源客车动力性和能耗水平逐渐提升，技术水平基本可以满足公交车使用需求。截至2018年底，新能源公交车保有量已经达到30万辆，提前完成了2015年提出的公交电动化目标。2018年，交通运输部将2020年新能源公交保有量推广目标提高至60万辆。但必须看到，中国新能源汽车发展仍具有显著的政策驱动特征，动力电池等关键技术仍需寻求进一步研发突破。2018年，国内三元材料动力电池单体比能量已经达到265Wh/kg，天津力神2019年研发的NCA三元高比能量动力锂电池能量密度达303Wh/kg。

2016年来，中国各部委出台了一系列产业发展规划、鼓励政策和标准法规，产学研合力推动智能网联汽车技术的发展。《中国制造2025》和《智能网联汽车技术路线图2.0》正指引智能网联技术快速发展，中国的智能网联车与发达国家的差距正在逐渐缩小。国产16线/32线/40线激光雷达技术实现突破，车载感知能力全面提升。未来，云端服务和自动驾驶也将成为现实。

2. 铁路运输

近年来，通过实施一系列政策措施，铁路运输业能源消耗总量和单位运输工作量的能耗均显著下降，与2010年相比，2017年铁路运输业能耗总量减少了110.5万t ce，单位运输工作量能耗下降0.67t ce/百万换算吨公里。数据表明，中国铁路整体节能减排效果显著。从用能比例角度看，2017年，电力在总能耗中所占比例从2010年的27.11%上升至56.49%，燃煤占比从26.37%下降至8.86%，燃油占比从44.54%下降至27.19%。铁路运输能源消费结构大幅优化，低碳化趋势明显，未来技术方向明确。

铁路运输业能源用途持续向好，铁路运输能耗的71%来自机车牵引能耗，非牵引能耗的比例持续降低，标志着运输企业能源使用效率的逐渐提高。2016年，国家铁路内燃机车用油236.2万t，电力机车用电352.3亿kW · h。中国正在加速牵引机车的结构优化和更新换代过程。传统的蒸汽机车能源效率一般为6%~9%，内燃机车能源效率一般为25%~26%，而电力机车的能源效率已经达到30%~32%。2017年，电力机车比例已经达到59.9%，采用直供电技术的电力机车逐渐取代了原有的原油发电供能的电力机车。未来随着内燃机车的逐步淘汰和高速铁路动车组的进一步普及，电力机车比例还会进一步提高。

内燃机车仍在铁路机车总量中占有一定比例，内燃机车燃油消耗与机车类型、牵引工作量、铁路情况、启停次数、停站时间等因素有关，采用水阻油耗仪和车载油耗分析仪能对内燃机车的运行油耗进行监测管理，建立不同条件下不同列车分类的燃油消耗量界定数据库，做到对内燃机车油耗的定额管理。电力机车消耗的电能来自其他形式的一次能源，目前中国发电结构仍以火电为主，火电仍占中国总发电量的72%，中国正在加大对可再生能源发电的支持力度，随着未来可再生能源发电比例的进一步提高，电力机车的全生命周期排放将进一步下降。

牵引变电所的能量损失主要包括牵引变电所自身造成的能量损失和电力系统电能传输过程中的能量损失。现有的电力牵引节能减排措施包括牵引变压器性能优化、降低负序电流的损失、降低谐波及低功率因素造成的能量损失和电压补偿等。不同类型和不同规格的变压器的能量损失各不相同，合理的变压器选择会有助于降低变电所的电能损失。中国铁路主线已经完成对高耗能变压器的更新和替代，引入变频设备，变压器能效水平显著提高。变电所采用换接相序等措施有助于减少进入电力系统的负序电流，能有效降低牵引变电所的能量损失。在牵引变电所的牵引侧加装并联电容补偿装置，能有效降低谐波并提高牵引侧的负荷功率。牵引接触网的电能损失也是牵引供电系统的主要组成部分。限制供电臂的长度与增加和加强导线的容量能有效减少牵引接触网的电能损失（周新军，2016）。

铁路机车车体的结构轻量化和车体形状流线化有助于减少铁路机车的运行能耗。优化车体结构设计和新车体材料的选取将有助于铁路机车车体的轻量化。中国铁路总公司各研究单位已经进行了理论分析和计算机模拟计算，通过合理优化铁路机车的结构设计，减轻高速铁路动车组的自重。与此同时，耐候钢、不锈钢和铝合金等材料的使用也将有助于减轻铁路机车的自重。采用普通的碳素钢材设计车身时，往往留有腐蚀余量，为保证较高的安全系数，会增加车体重量。耐候钢和不锈钢的优化设计不仅能够满足铁路运输的高速运行需求，还能有效增强乘客舒适性和减轻机车重量。铝合金材料制造工艺简单、全生命周期能耗和排放低，将有助于铁路运输的全生命周期能耗和排放。车体形状的流线化将有助于降低列车高速运行时的车头、车尾、侧面和底部的空气阻力。流线化车体设计已经应用到中国高速铁路动车组的设计制造当中。

铁路辅助设施的节能减排措施包括在大型车站采用综合能效管理系统，对铁路客运站的空调系统和照明系统的能耗和排放进行监控管理，使用LED灯对照明系统光源进行替代等（周新军，2016）。

3. 水路运输

水路运输主要包括内河运输、沿海运输和远洋运输，除了运输过程能耗之外，港口装卸作业等也会造成一定能源消耗，水路运输业的能源消耗类型主要包括柴油、重油、汽油和电力等。

推进港口结构升级和提升航道等级为水运基础设施的节能减排提供了思路。加快推进港口的结构调整，强化主要港口的核心地位，建设综合性港口区，能发挥主要港口的交通枢纽作用，推进新型港口的开发。加强水运港口的公共基础设施建设，重点建设主要港口的防洪防波堤坝，建设港口综合货物集疏体系，能推动港口结构调整，加快内河港口规模化和专业化进程。加强河道的养护和管理，能有效提高河道的运输服务能力。加快港口推广使用岸电，能提升岸电使用比例，降低船舶柴油消耗量，减少二氧化碳排放。

港区集中供热技术，可以通过集中供热技术，降低能源消耗及温室气体排放。集中供热技术已经在秦皇岛等港区试点运行，利用港区附近公司的发电余热，借助集中换热站和分散热力站，在保证供热稳定的前提下，年节省能耗约13600t ce。

空气源热泵技术是一种利用冷媒介质从空气中采集热量的技术，通过冷媒介质气液状态的转换来获取热量。例如，南通港口集团有限公司姚港港务分公司率先采用空气源热泵技术，有效解决了员工洗浴的供热问题，若以每天提供180t 55℃热水计算，该技术全年节约能耗约352t ce。

海水源热泵技术是一种利用海水作为冷热源的供冷供热技术。在克服了海水腐蚀设备及污垢堵塞设备等问题后，天津港采用海水源热泵技术累计节省能耗达2.7万t ce，减少粉尘和二氧化硫排放约300t。

无功动态补偿和滤波装置可以有效提升港区供电的电能质量，做到谐波治理，降低线损，提高电能利用效率。广州港集团有限公司运用动态无功补偿技术和谐波治理技术，有效提升了电能质量。广东中远船务公司每年耗电量高达6500万kW · h，通过谐波治理，年节约用电量达40万kW · h，有效减少年二氧化碳排放量约400t。该技术具有较大的推广潜力。

航标作为助航标志，也会消耗大量能耗，航标能耗可分为直接能耗和维护时的间接能耗。航标能源的合理选取能有效节约航标能耗，太阳能供电系统在经过反复试验和改进后已经得到了广泛应用，在太阳辐射不太稳定的地区，采用风光互补和海水电池等技术能够实现对太阳能的替代。新能源供能系统有效减少了能耗和全生命周期碳排放。航标的灯桩和浮标的材料选取采用LED灯，不仅能够降低能耗，增加灯丝使用寿命，还能提升航标灯的亮度，提高航标在夜间的可见度。

轮胎式集装箱门式起重机（rubber tyred gantry crane，RTG），是集装箱专业化码头的常见设备，在集装箱门式起重机中占比高达90%。该设备由于日常的转场需要，因而多采用柴油机发电供能，能源转换工序较为烦琐，供能效率低下。RTG的油改电技术能够有效减少柴油燃烧带来的污染。RTG的油改电方式主要包含电缆卷筒、高架滑触线和刚性滑触线三种。青岛港采用RTG油改电技术后，RTG只有在进行转场的时候才需要启动柴油发电机组，RTG在进行作业时均采用电网电能供能。RTG的油改电技术降低了柴油发电机的利用小时数，减少了柴油发电机组带来的温室气体和污染物的排放。RTG的锂电池供电节能技术也能够替代柴油发电机供能，满足RTG的功率需求。使用RTG锂电池供能，柴油发电机就可以被彻底取消，便完全消除了大功率柴油发电机带来的污染。目前已有试点案例，上港集团明东公司已有一台改造的锂电池供电的RTG投入使用，锂电池技术使得RTG的功率大幅度降低，节油率可达65%。

水路运输的船舶吨位结构调整和替代燃料的选取将有助于降低船舶运输作业期间的能耗。优化船队的吨位结构，使船队向大型化、规模化和专业化发展。大型集装运输船、原油运输船、散货运输船和液化天然气运输船的规模化发展，能有效降低船舶运输的能源消耗。重庆根据交通运输部的相关规程和要求，加快推进运输船队的淘汰和结构调整，淘汰吨位小、船舶技术落后和能效低的船舶，配属新型的标准化船舶，对客运船舶实施标准更新，有效减少了川江及三峡库区船队的运输能耗。近年来，液化天然气（LNG）和柴油双燃料船舶是一种新涌现的替代燃料技术，2014年，交通运输部发文核准了第一艘LNG燃料动力试点船舶，标志着中国第一艘以LNG作为动力的船舶试点工程正式开始。

新一代的节能型运输船舶技术主要包括电子控制式气缸注油器、新型标准箱（twenty-foot equivalent unit，TEU）节能集装箱船和船体减重与优化设计等。传统机械式气缸注油器的注油量与转速成正比。电子控制式气缸注油器的注油量与船舶发动机的平均有效压力成正比，这种控制方式有压油准确和布油均匀等优点，可有效降低柴油机的污染物排放。中远集团引进吸纳国外先进的电子气缸注油技术，已在20艘船舶上应用了该新型设备，实验证明，应用该技术后气缸油耗量减少约30%。新型325TEU节能集装箱船是重庆长江轮船公司研制的节能型船舶，它通过优化船型、开发节能主机、对船舶运行速度和功率进行优化配置和提升发电机组能效等方式，同时做到了节约成本和节能减排。目前已有12艘325TEU型节能集装箱船投入运营，每年节省能耗约4330t ce，减少二氧化碳排放量约1.06万t，减少氮氧化物排放量约67.55t，减少烟尘排放量约41.57t。玻璃纤维复合夹芯板、玻璃钢材料等轻质材料有助于减轻船体自重，从而减少船体运行过程中的阻力，提高船体的推进效率。

船舶岸电技术是指在船舶停靠期间使用陆地上的电源为船舶供电而不再使用船舶自带的发电机，码头提供的岸电的功率一般会达到船舶额定功率，从而满足船舶用电需求。船舶岸电系统主要包括三个部分：岸上供电系统、船岸连接设备和船舶受电系统。岸上供电系统主要是由变压器和变频设备组成，完成将电源电力转化为可用于船舶使用的电源电力。船岸连接设备是主要负责连接港口和船只受电设备的系统。船舶受电系统是指船上安装的固定的受电设备。相关研究表明，某港2个集装箱泊位年靠泊量为150艘次，其每艘次靠泊发电耗油约为3.6t，若采用岸电替代船舶副机发电，可实现每年减碳量1100t、氮氧化物减排约31t和二氧化硫减排约35t。假设岸电技术被推广至全国各港口，每年可实现的二氧化硫减排量约为12.6万t，氮氧化物减排量约为19.5万t，具有极其良好的节能减排效果（宋广阔等，2019）。然而，当前船舶岸电技术的推广仍然存在一些困难：电制不匹配，港口停靠的船舶来自世界各地，采用的电制可能与我国三相四线交流电制不匹配；操作安全问题，如果岸电通电时船舶发电机没有及时断电会造成二者的短暂并联，可能出现安全隐患；船只技术更替需要周期和时间。

4. 航空运输

民航业绿色发展是中国生态文明建设的重要组成部分，也是民航业高质量发展的必然要求。有数据显示，尽管航空运输排放的温室气体占人类活动排放的比例不大，但增速迅猛，且飞机CO_2排放多是高空平流层直接排放，温室效应要比地面排放大4倍（何吉成，2016）。

2008年，中国民用航空局成立节能减排办公室，重点研究减排的整体思路、组织架构等，在体制政策层面做了大量工作，并先后下发了《民航节能减排规划》和《关于全面开展民航行业节能减排工作的通知》，从政策层面加快推进了民航业节能减排工作进程。2012年中国民用航空局设立了民航节能减排专项资金，并且制定了《民航节能减排专项资金管理暂行办法》，支持1228个节能减排项目，累计投入大量资金，年减排能力超过90万t CO_2。2017年中国民用航空局下发了《民航节能减排“十三五”规划》，该规划依据《中国民用航空发展第十三个五年规划》、《国务院关于促进民航业发展的若干意见》以及《民航局关于加快推进行业节能减排工作的指导意见》等编制，主要阐明2016~2020年民航业绿色发展的指导思想、基本原则、目标要求和重要任务等，引领民航业节能减排工作的方向。《民航行业节能减排统计、监测、考核体系》等对民航运输业的节能减排目标做了规定，提出到2015年，吨公里能耗和吨公里二氧化碳排放量应较2005年下降15%。2011年，《民航业节能减排规划》提出力争在2020年实现能耗和碳排放较2005年下降22%。

中国航空基础设施的节能减排措施主要包括机场主动节能、机场被动节能、机场噪声和废水控制等。机场主动节能的思路包括航站楼空调系统节能、照明系统节能和地面保障用车节能等。航站楼的空调系统设计往往假定最大符合为运行工况，然而在绝大多数的现实情况中，空调符合实际很难达到最大符合，因而可能会造成较大的能源浪费。而采用新的制冷技术、用能回收技术和空调管理技术将有助于实现空调系统的节能减排。新的制冷技术包括冰蓄冷和冷水蓄冷系统等。加强主辅照明系统结合，并大规模应用新型照明技术，将有助于实现照明系统的节能减排。地面保障服务用车主要包括牵引车、客梯车、摆渡车、升降平台车和行李送达车等。对机场地面车辆的普查结果显示，全国机场地面车辆总量超过2万台。机场地面车辆主要分为用于航空器保障的地面车辆、用于旅客及行李货物保障的地面车辆，以及用于机场正常运行和安全保障的地面车辆3类。机场主要大气污染物排放来自飞机、地面车辆及建筑物等。据不完全统计，中国机场地面车辆消耗的汽油、柴油约占机场总能耗的13%，是行业地面能耗与排放的重要源头之一（赵风彩和尹力刚，2014）。在机场区域实施“油改电”工作、推广新能源汽车对落实党中央、国务院有关新能源汽车产业战略以及推进民航绿色发展具有重要意义。对各类地面保障服务用车的能耗和排放进行管控，优化车队构成，降低传统动力汽车的占比，大力推广新能源汽车，提升车队综合服务效率，科学调度、科学管理，将有助于减少地面保障服务用车的能耗和排放。此外，对机场的噪声污染进行控制，对机场废弃物进行有效的分类管理，加强机场绿化，对减少机场运转带来的环境污染有显著功效。

飞机的运行能耗在航空运输业的总能耗中所占比重最大，因此对飞机运行过程中的能耗和排放进行控制是实现航空运输业低碳化的关键一环。近年来，中国先后采用了研发新型供能技术、机型从优选择、飞机的节能化改造和减轻机身重量等措施，对机队能耗和排放进行管控。航空用生物燃料、燃料电池技术和太阳能等新兴能源的未来潜力为未来航空供能技术的替代提供了解决方案。2018年，中国民用航空飞机数量总计6134架，比2017年增加了9.67%。过去十年间，航空运输用飞机数量的快速增加降低了机队的平均机龄，每吨公里的能耗也随之下降。据统计，2000~2012年民用飞机的燃油效率平均每年提高2.6%。飞机的节能化技术改进包括对机翼、发动机和存取记录器等方面的改造。尖小翼是一种用于机翼翼尖的由碳纤维复合材料和铝合金制成的小翼面，它可以起到减小飞行阻力和提高飞机推力的作用，从而降低飞行油耗。目前该技术已经在上海航空28架波音737NG系列飞机上改造试行，节油效果达到3%。过去十年间，飞机发动机的能效提高了约25%，因此老机型的发动机改造和更新换代可以有效减少大龄飞机的能耗和排放。东方航空公司与英国罗尔斯·罗伊斯公司签署了先进发动机的购置协议，对原有发动机进行替换，每年可降低油耗2%。加装无线快速存取记录器（wireless quick access recorder，WQAR）可以连续记录飞机100~600h的飞行原始资料，对飞机飞行过程中绝大多数的参数进行记录，从而为飞行线路优化和飞行能耗管理提供有效的数据支持。上海航空部分飞机已加装了 WQAR 装置，航空飞机运输节能能力显著提升。减轻机身重量的措施包括减轻航空用燃料自重和减轻飞机内置设施自重等。李晓津和张蝶（2013）的研究认为，随着中国航空运输周转量不断增加，航油消耗量也在持续增加。然而，航油价格和环境成本（碳排放权交易或碳税）的增加使航空公司不得不大力节油。为了更加精确地评估航空公司的航油消耗，基于中国航空运输业 1981~2010 年的统计数据，运用最小二乘法对现有的油耗评价指标“单位吨公里油耗”进行研究，并在此基础上引入了“起飞爬升下降油耗”这个指标，同时运用岭回归法解决了回归过程中存在的多重共线性问题，最终得到标准化的岭回归方程。研究结果表明，飞机起飞爬升下降时耗油比巡航时要高，增加指标更符合中国航空运输业的实际情况。减少环境影响的目标需要研究革命性的新技术，这些技术有可能比传统的技术更加节能。然而，任何行业中的创新技术存在在早期阶段对于商业应用而言过于昂贵的风险。因此，重要的是在发展的早期阶段对新技术或政策的经济因素进行建模，说明该技术在经济上可行的区域。昂贵的新技术导致的运营成本增加与低能耗导致的成本降低相抵消，因此确定了成本利润。研究发现，可行性与燃料价格密切相关，低燃料价格限制了节能航空技术的可行性。相比之下，环境税收政策的变化被认为是有益的，引入碳税可以激励使用环境友好型的飞机机型。

7.4 交通低碳发展转型路径

7.4.1 交通部门未来总体的减排潜力

研究综述表明，与工业和建筑行业相比，中国交通部门未来的碳排放总量仍继续保持中长期快速增长、远期缓慢增长的趋势。2050 年中国交通部门碳排放量将增长到 2010 年的 2.8~5.1 倍（Wang et al.，2017）。

如果减排措施能发挥足量潜力，则可实现交通部门的低碳转型。低碳燃料的组合、对改进型车辆和发动机性能技术的提升、鼓励从小汽车出行转向低碳交通方式（步行、自行车、公共汽车、轨道交通）出行，这些可带来一个高度的减排潜力。

研究表明，2030 年前后，中国交通部门碳排放仍将处在缓慢增长阶段，预计碳排放将为 11.0 亿 ~17.0 亿 t。低碳发展路径下，中国交通部门碳排放达峰时间在 2040~2045 年（Pan et al.，2018；Wang et al.，2017；刘俊伶等，2018；Zhang et al.，2016）。而在实现 2℃温升目标和 1.5℃温升目标下，交通 CO_2 排放在 2025~2035 年达峰。

道路交通排放仍将是交通部门中碳排放的主要贡献者。2050 年，采用提升能效、着力推进道路交通电动化和提高燃油税三种策略将分别有效减少碳排放 0.7 亿 t、1.6 亿 t 和 3.2 亿 t。如果三种措施相结合，中国交通部门碳排放有望在 2042 年前后达峰，峰值为 11.30 亿 t。在充分发挥燃油经济性潜力的情况下，2050 年实现乘用车百公里油耗降低为 2013 年的 55%、客车火车的百公里能耗降低为 2013 年的 65% 的目标，2013~2050 年燃油经济性提升带来的累积减排量将达到总减排量的 27%。加快推进新能源汽车的应用，若汽、柴油在交通部门燃料消费比例由2013年的84%下降至2050年的26%、电力和可再生能源在燃料消费中占比增长至62%，则燃料结构调整带来的累积减排量在同期总减排量的占比将达到55%（刘俊伶等，2018）。

交通需求引导、能耗强度下降和燃料碳强度下降将成为未来中国交通部门低碳减排的重要驱动力。在考虑国家自主贡献目标的未来交通低碳发展路径下，交通需求引导和能耗强度下降对于2050年中国交通部门的碳减排贡献比例最高，其对客运部门碳减排的贡献比例分别为12%和60%，对货运部门碳减排的贡献比例分别为51%和48%。但若希望实现更加严格的交通部门的近零排放，燃料碳强度下降就变得尤为关键（Pan et al.，2018）。

在考虑碳税的情景下，由于燃料价格相对提升，中国交通部门碳排放将有所下降。虽然碳税无法对交通部门能耗总量产生影响，但可以显著改善能耗结构，从而达到减排目的。在考虑碳税的情景下，中国交通部门碳排放有望在2040~2045年实现达峰。2050年，碳税能有效减少碳排放3.0亿~6.0亿t（Zhang et al.，2016）。

如果考虑《巴黎协定》目标的实现，交通部门需要在2050年实现深度减排（2℃目标），以及零排放（1.5℃目标）。在电力实现零排放，甚至负排放的情况下，大幅度推进电力化是交通部门实现深度减排和零排放的重要因素。公路运输轻型车辆、部分重型车辆可以为电池电动汽车，部分重型运输车辆可以为燃料电池电动汽车。在水运中，中小型船舶以电池驱动为主，大型船舶以氢燃料驱动为主。部分无法电力化的铁路运输以燃料电池为主。而飞机中，支线飞机采用动力电池，大型飞机则走向氢燃料驱动，以及生物燃料驱动（Jiang et al.，2021，2020；IEA，2020）。

7.4.2 主要减排路径

1. 总体情况

交通部门主要减排路径，包括燃油经济性标准提升、促进低碳燃料的使用、优化交通运输结构和引导交通需求合理化。

为实现中国交通部门低碳化发展，交通部门需要采取下述三种措施（刘俊伶，2018）：其一，加快传统车队的技术性转型进程，进一步采用更加严格的燃油经济性标准，力争在2050年做到乘用车百公里燃油经济性较2013年降低45%，传统客货车燃油经济性降低35%，技术性转型有望在2013~2050年带来累积减排量约为照常情景下2050年排放量的27%。其二，加快节能低碳技术产品的推广进程，推进电力、生物质燃料等在汽车和船舶领域的应用，2050年，汽柴油消耗的占比将从2013年的84%下降至26%，电力和生物质燃料占比将分别达到24%和38%，通过能耗结构的调整将带来55%的累积二氧化碳减排量。其三，推动运输结构调整，提倡公共汽车、城市轨道交通等公共出行方式，重点挖掘公共交通的运输潜力，由此引发的出行比例调整将进一步带来17%的二氧化碳累积减排量。

技术转型是中国交通部门低碳化的主要路径，随着交通运输技术的发展和进步，新旧技术的更新换代是实现中国交通部门节能减排的关键因素。新技术包括新型飞机发动机设计制造、新的汽车动力技术、尾气回收装置等。加强管理体系的转型也是保障交通部门低碳化发展的重要举措。加强配套的交通运输法律体系建设和制度建立，促进交通运输体系的进一步优化，从而提升交通运输系统的整体运输效率。加快中国的文化转型，使人民认识提高，自觉采用低碳出行方式，从而实现运输结构的转型。实现文化和意识的转型，使消费者在购车时更多地选择新能源汽车，日常出行时更多地选择公共交通出行方式，才能从根本上实现交通运输低碳化。通过结构优化、技术升级和管理提升等方面的综合作用，中国交通部门未来的减排潜力巨大，2050 年绝对减排潜力将超过 8 亿 t。

交通部门最终实现深度减排的路径是电力化（包括动力电池和燃料电池）、利用生物燃料。2050 年时可以不再使用化石燃料（IPCC，2018；Jiang et al.，2021）。

2. 道路运输

近期应加快现有车队结构转型，推动车队能耗结构转型，推广应用替代能源，大力发展共享汽车和自动驾驶技术。“十三五”规划要求，燃料乙醇产量翻倍、生物柴油产量增长三倍。加强纯电动汽车和插电式混合动力汽车的市场推广，进一步推进电动汽车关键技术升级。IEA 的研究表明，2025 年电动汽车将占中国汽车销售量的 1/5，2040 年中国车队电动化率将达到 1/4，如果 2040 年中国的千人乘用车保有量达到 700 辆，届时中国将新增 4.6 亿辆汽车，而新能源汽车的推广和使用将有助于每天减少 240 万桶的燃油消耗量。对传统燃油汽车采用更加严格的燃油标准管控措施，汽车行业长期发展规划指出，2025 年，企业新乘用车平均燃油消耗量应为 4.0L/100km。此外，限号等车队总量控制措施也会起到一定辅助减排的作用，研究表明，在低汽车拥有量情景下，到 2040 年，每天的燃油消耗量有望进一步减少 90 万桶。与此同时，出行方式共享化、智能化、便捷化趋势明显，这种趋势将降低私家车出行频率并提高汽车燃油经济性，从而有效减少道路运输能耗。

一些研究表明，道路运输电动化发展迅速，城市公交发展最快，碳排放最多的小型乘用车是道路运输电动化的重点。不少国家已经确定 2030 年左右停止销售燃油汽车。而技术进步的速度有可能使得在不设置停售目标的情况下，燃油汽车就将退出市场。电动车技术的各种性能指标有可能在 2025 年全面超越燃油车，并且成本或者销售价格更低（庄幸和姜克隽，2012）。

3. 铁路运输

未来能效提升、节能减排路径主要包括四个方面：进一步提高铁路运输电气化率、推广关键铁路节能技术、完善节能低碳的管理制度等。

提高铁路运输电气化率的意义包括两个方面：其一，电气化铁路的运输量几乎是非电气化铁路的两倍，研究表明，一条四车道的电气化铁路每小时理论运输量可达 2 × 24000 人，而一个两跑道的机场的每小时运输能力约为 2 × 6000 人，可见一条电气化铁路的运输能力和运输效率是其他运输方式无法比拟的；其二，较非电气化铁路，电气化铁路没有车辆运行过程的直接排放，有助于实现铁路的低碳化。为实现铁路的电气化，中国应着力建设高速铁路和城际铁路，新建货运铁路也应当尽可能实现电气化（周新军，2016）。

推广关键铁路节能技术，加速运输工具的更新换代过程。目前，中国高速铁路快速普及、发展迅速，但也必须看到，其速度大幅提升的同时，能耗也会随之提高。因此，需要加大对新式车组的关键节能技术的研发工作，攻克技术难关，减少电气化动车组的全生命周期碳排放。

完善节能低碳的管理制度。铁路运输的低碳化转型对铁路运输的能耗监管、考核制度和途中的节能管理制度都提出了更为严格的要求。铁路运输能耗监管应推广实时监测的方式，避免人工监测的信息滞后、错报误报等问题。对节能减排现状进行测评和考核，建立有效的奖惩制度。采用信息化的手段对铁路运输途中的节能情况进行监控管理。

归结到最后，铁路运输实现近零排放的重点在于解决未来难以实现电气化的运输线路上运营的机车用能问题，其实现零排放的选择是采用氢燃料的燃料电池技术。目前欧洲的燃料电池机车已经投入使用。

4. 水路运输

应加强结构性转型，包括船舶设计类型优化、船舶吨位大型化替代和船舶类型的标准化等。据国际海事组织（International Maritime Organization，IMO）的研究和测算，从现有船舶技术来看，从船体结构改造、动力和推进系统升级等船舶设计出发的节能减排技术型转型措施可以带来 5%~15% 的减排潜力，中国主要船型的新造船舶的节能潜力可以达到 10%~25%（包括船体污染）。相关研究对船舶设计水平可能带来的节能潜力预测见表 7-5。船舶的大型化也是水路运输未来发展的趋势之一。未来货物运输需求必将随经济发展进一步增长，船舶的大型化也会日趋明显。随着中国内河航道的发展，中国船队平均净载重量仍有增长空间，而船舶的大型化会显著降低水路运输的能耗强度和排放强度，沿海运输船舶的净载重增加带来的节能减排潜力约为 5%，内河船舶则略高于 5%。与此同时，中国未来水路运输也将日趋标准化，内河结构将逐渐优化，运力结构调整和河道及船舶的标准化将带来约 5% 的节能潜力。船型标准化率的预测见表 7-6。替代燃料和可再生能源的推广能有效降低水路运输的传统燃料能耗，目前太阳能燃料电池、生物质燃料、LNG、风能、核能和船用岸电技术等的相关研究均取得了一定研究成果，部分技术已经在新造船舶上得到应用。2020 年，沿海 LNG 客货运船舶的试点将逐步展开，LNG 作为船舶燃料带来的水运减排潜力见表 7-7。

表 7-5 较 2015 年，2050 年船舶设计水平提升带来的水运节能潜力（单位：%）

情景设计	货运船舶		客运船舶
	沿海	内河	
常规情景	8.0	9.0	4.0
低碳情景	9.0	10.0	5.0

表 7-6 船型标准化率 （单位：%）

指标	2020 年	2030 年	2040 年	2050 年
船型标准化率	80.0	90.0	100.0	100.0

表 7-7 LNG 作为船舶燃料带来的水运减排潜力 （单位：%）

情景设计	船舶	2020 年	2030 年	2040 年	2050 年
常规情景	内河	2.5	4.9	6.1	7.3
	沿海	0.3	2.5	3.9	5.3
低碳情景	内河	3.7	7.3	8.5	9.8
	沿海	2.5	5.3	6.7	8.1

水路运输应加强技术性转型，主要措施包括改善燃油品质和在船体上应用防污技术等。提升水路运输使用的燃油品质，将有助于实现燃油的充分燃烧，提高水运的能源效率，从而达到节能减排的目的。运输船舶底部经常会附着一些海洋生物，从而会增加船舶行驶过程的阻力，船体的防污技术能有效避免海洋生物的附着，从而降低船行阻力，降低行驶能耗和排放。根据相关调研，船舶的防污技术能够有效减少 5% 的船舶运输能耗。

水路运输的管理性提升措施包括加强船舶运输的组织和管理、对船舶航行速度控制等。结合当代信息化服务技术和智能网联系统，对船舶运输线路进行优化，合理调配船队资源，提高船舶运输的载重量利用率，从而提高船队的整体运输效率，降低平均能耗，达到节能减排的目的。水路运输能耗与船行速度有显著相关性，航行速度的增加会导致运输能耗大幅度增加。船舶运行速度的降低，可以有效降低船行过程的燃料费用，同时也必须注意到，船舶降速导致的船舶运行寿命增加会提高船舶的固定运行费用，因此，应对航速变化带来的影响进行综合考虑，推广“经济航速”。研究表明，2050 年，采用经济航速的节能率可达 4.8%。

中国交通低碳发展战略研究课题组综合以上发展路径，对水运未来节能减排潜力进行了测算。研究表明，常规情景下，2050 年中国水路运输的能耗将达到 1.0 亿 t ce，二氧化碳排放量将达到 2.0 亿 t。采用上述政策和措施后，在低碳发展路径下，沿海、内河客运船舶能耗总量将分别在 2025 年和 2022 年前后达到峰值，水运能耗总量和碳排放总量未能在 2050 年前达峰，到 2050 年，能耗和二氧化碳排放量将分别为 7202.4 万 t ce 和 1.5 亿 t；强化低碳情景下，假设中国将采用更加严格的管控和激励措施，总体碳排放在 2047 年前后达峰，2050 年碳排放总量约为 1.1 亿 t。低碳发展政策的效果显著（李忠奎等，2017）。

水路运输未来实现深度减排或者零排放的技术选择为实现电动化和使用生物燃油（IPCC，2018；Jiang et al.，2021）。电动化是最为核心的技术选择。目前，2000t 级的电动船舶已经在试验运行中，国际上一些企业在测试生产燃料电池驱动的大型船舶。

5. 航空运输

应加快新型替代燃料技术的研发和推广。近年来，将生物燃料作为航空煤油为数不多的替代燃料是解决航空运输业化石燃料依赖问题的重要方案，受到欧美国家和地区的高度重视。美国、英国和德国等国家先后在战略轰炸机、波音 747 喷气客机和空中客车等飞机上试验生物质燃料。美国国家环境保护局（EPA）提出的可再生标准计划要求，从全生命周期的角度来看，先进生物质燃料必须具备较石油制品减少 50% 的温室气体排放的能力，这也为生物质燃料的未来发展提出了更高的要求。为实现航空业的节能减排目标，生物质燃料对传统化石燃料的替代是一个重要技术手段。除此之外，燃料电池技术、太阳能等其他清洁能源技术也为航空运输的燃料替代提供了可能的解决方案。

飞机自身的能效提升和技术升级也会对航空运输的能耗和排放产生决定性的影响。过去十年间，机型的更新换代促使机队的燃油效率大幅度提升，燃油效率年均提升约 2.6%。机翼和发动机的改造也为节能减排提供了重要思路。IEA 的研究认为，航空运输过去的能效提升主要源自喷气发动机的技术进步和每次航班人数的增加，这种激励在未来可能很难维持。飞机能效的提升可能还需要对飞机重新设计，并非改造，但考虑到投资成本的问题，这种改变在 2030 年前很难实现。

航空运输的管理性改进措施包括机场节能管理、飞机节能管理和航空运输综合管理等。机场的能耗也是航空运输不可忽视的部分，打造机场能源管理和监控的综合系统，对机场照明、空调等系统的供能情况进行综合管理，有利于提升机场的运行效率。加大机场老旧设施的改造和更新的力度，采用仪表对机场的用能情况进行监测，有助于实现机场的节能减排。飞机节能管理主要是指对飞行准备阶段、地面运行阶段和飞行阶段的能耗和排放进行管理。飞行准备阶段，可以对飞行线路进行优化选择，综合考虑气象、设备和航路等多个因素，选择最优路线，减少飞行时间，从而降低能耗；试行极地飞行，减少航线航程，达到节能减排的目的；通过“二次放行”，重置飞机上的剩余机载燃油，从而充分利用飞机上的机载燃油；创建电子飞行包，为航行提供文件、航图等关键信息，实现必备资料的全面电子化，降低运行成本。IEA 的研究表明，目前 6% 的航空运输能耗都消耗在飞机的地面运行阶段，控制飞机重心、慢车推力滑行、减少辅助电源的使用等措施可以有效降低飞机地面运行的能耗和排放。飞机运行阶段的节油措施包括运行节油优化和操纵节油等。航空运输综合管理是指提升空管部门的运行和保障效率，推进空管新技术的应用，增加空域有效供给，有效提升空管效率。

最终航空实现深度减排和零排放的技术为推广使用电动飞机、氢燃料驱动飞机、燃料电池飞机以及利用生物燃油。目前，35 座使用电池驱动的支线飞机航程为 500km，其已经在验证飞行。氢动力大型飞机正在研究设计中。根据欧盟规划，欧盟氢动力飞机将在 2035 年投入运营。

7.5 交通减排技术措施的成本、潜力、障碍和机会

7.5.1 主要节能减碳技术措施的综合比较

道路运输的车辆能效提升技术、航空节能减排技术和高铁技术都是未来交通部门重要的减碳措施。

道路运输中，能效提升技术对道路运输的节能减排有极大的促进作用。中国车辆能效提升措施主要包含对汽车制造商所产汽车进行严格能效限制管控和加大新型高效汽车的市场补贴力度。尽管中国对能效提升技术发展支持力度很大，但是相关车辆能效提升技术较国际先进水平仍有差距，节能减排技术仍有一定发展潜力。混合动力技术、先进内燃机技术和轻量化材料技术已经被《节能与新能源汽车产业发展规划（2012—2020 年）》列为核心技术（Peng et al.，2016）。

对不同车辆类型、技术路线和节能技术组合的减排成本和减排潜力进行分析可以发现，汽车节能技术的减排成本随着汽车行驶距离的增加而明显减少，火花点火、柴油和混合动力汽车上应用节能技术的减排成本较其他路线更低且具备一定减排潜力。中国私人乘用车能效提升技术的减排成本为 1324.6~5694.3 元 /t。汽车生产侧的节能减排措施普遍缺乏投资价值，亟须政府制定政策对其进行促进。火花点火、柴油驱动和混合动力技术适合应用于出租车或其他行驶里程数较高的车型上，车身技术应用在私人乘用车上潜力更大。长期来看，发展电动汽车将成为主导技术路线。具体减排成本和减排成本量化分析见表 7-8（Peng et al.，2016）。其中，低端紧凑型车和紧凑型车引擎替换技术包括直列四缸发动机、双凸轮轴、4 气门和 6 速自动变速器。中型车和大型车采用的技术包括六缸 V 型发动机、双凸轮轴和 4 速自动变速器。高性能车采用六缸 V 型发动机、双凸轮轴、4 气门和 6 速自动变速器。假设汽车寿命为 12 年、年均行驶里程为 15000km，当电池成本低于 1500~2000 元 /（kW · h）时，纯电动汽车减排成本为负，即可以在实现温室气体减排的同时降低全生命周期使用成本（齐兴达等，2017）。中国汽车技术研究中心（CATARC）和国际清洁交通委员会（ICCT）进行了不同经济性成本的测算，可以发现相似的结论。

日产 e-POWER 给电动汽车驱动提供了重要的思路，可以有效解决电动汽车充电慢的问题。车上加装一个发动机和电动机，发动机只需发电而不需要负责驱动，则可以长期保持最优工况运行，从而降低能耗。在日本 JC08 工况下百公里油耗仅为 2.94L，考虑到发动机并不驱动车轮，因此该检测结果不会过多地受到地形条件的影响（乐子，2017）。

另外，值得注意的是，英国相似研究表明，若结合电力部门的低碳化，发展电池汽车是最为经济有效的减排措施，减排成本为每吨 40~80 英镑。2030 年，英国车队的 43% 将有望变为电动汽车。电力部门的低碳化措施包括去火电、发展核电、生物质能发电、潮汐能发电以及碳捕捉与封存技术。若将交通部门用电的发电排放计入交通部门的碳排放，以每吨二氧化碳 40 英镑的成本即可实现电力上游排放减少 80% 的目标，

详见表 7-8（Kesicki，2013）。

表 7-8 单一技术路线层面能效提升技术减排成本和减排成本量化分析

汽车类型	减排技术	燃料技术路线	行驶里程 / 100 km	燃油经济性 /（L/100 km）	节能技术投资成本 / 元	全生命周期减排潜力 /t CO_2	减排成本 /（元 /t CO_2）
私人乘用车	低端紧凑型车	火花点火	162.9	5.5	18572.1	5.5	2301.1
私人乘用车	紧凑型车	纯电动	162.9	7.5	205719.6	26.8	6719.1
商用车	中型车	火花点火	211.8	9.0	20237.4	13.4	451.3
商用车	中型车	纯电动	211.8	9.0	243188.8	41.8	4868.0
商用车	大型车	柴油	211.8	12.0	39869	22.2	734.3
商用车	大型车	插电式混合动力	211.8	12.0	185856.6	45.6	3024.2
出租车	紧凑型车	混合动力	1000	7.5	15573.2	29.8	–963.4
出租车	紧凑型车	纯电动	1000	7.5	205719.6	102.8	724.0

注：以 2009 年人民币为不变价。

资料来源：Peng et al.，2016。

航空运输节能减排措施包括引擎和机身技术、运行优化及机队管理等。

目前，关于中国航空运输节能减排技术效果评估情况的研究较少，此处参考英国航空部门节能减排措施的相关研究表明，机身技术、引擎技术、新型燃料技术和飞机设计优化基本可以在 2020 年前后实现应用。机身减排技术主要包括翼尖小翼、沟纹薄膜、尾椎替换、轻量化材料、翼身融合和机翼抛光，应用机身减排技术的运行阶段节能比例为 2%~30%。飞机引擎的节能减排措施主要包括引擎替换和引擎升级，节能收益与引擎使用年限有关，使用年限每增加一年，每年引擎替换带来的节能收益便增加 0.5%。机身设计优化将有助于减少 30% 的运行能耗（Morris et al.，2009）。

假设燃料价格为 0.31 英镑 /L，有八种减排技术的应用可以实现成本为负，这主要是因为这些技术有效降低了运行能耗强度和增加了单次航班收益，从而降低了整体技术应用成本，如果单独考虑这八种技术，航空运输排放可减少 14%。负成本技术主要是飞机运行过程的优化技术。但是如果考虑不同减排技术在应用过程中的相互影响，这些技术的应用效益和减排收益会有所下降。这些技术在英国国内航空的减排潜力和减排成本见表 7-9。

表 7-9 不同减排技术在英国国内航空的减排潜力和减排成本

减排技术	技术减排潜力 /t CO_2	投资成本 / 英镑	单位减排成本 /（英镑 /t CO_2）	在总排放中占比 /%
客机容量优化	46740	–8277680	–177	2.0
减少辅助动力装置 APU 使用	14881	–1714597	–115	0.7
起飞降落过程优化	79776	–8037779	–101	3.5
涡轮螺旋桨发动机	68428	–6694757	–98	3.0
引擎保养及清洗	11554	–741404	–64	0.5

续表

减排技术	技术减排潜力 /t CO_2	投资成本 / 英镑	单位减排成本 /（英镑 /t CO_2）	在总排放中占比 /%
储备燃料减少	6000	–341090	–57	0.3
缩小飞机油箱	79351	–2737677	–35	3.5
飞机轻量化	11817	–22730	–2	0.5
持续下降法	10683	205450	19	0.5
翼尖小翼	9876	243835	25	0.4
移除辅助动力装置	8235	240259	29	0.4
速度和飞行高度优化	708	27157	38	0.03
机身抛光	3790	256382	68	0.2
老飞机退役	95111	11214219	118	4.1
引擎升级	5413	908946	168	0.2

注：假设英国国内航线碳排放为每年 229.9 万 t。

资料来源：Morris et al.，2009。

电动飞机被认为是一个具有很大市场潜力的领域。目前，电池驱动支线飞机已在测试运行，有望在 2025 年之前投入商用。而氢动力飞机和燃料电池飞机空客与波音已经在研发阶段。考虑其研发到商业飞行周期，以及飞机的寿命，到 2050 年机队只能有部分飞机使用氢驱动。根据美国能源部研发规划，2040 年氢动力飞机投入商业运行，而我国目前还没有相关研发计划。

高铁技术是中国未来铁路的重要发展方向。电力机车牵引方式使得高速铁路减排效益明显。研究表明，以京沪高速铁路为例，与内燃机车相比，京沪高速铁路全线每年可有效减少碳排放 74.3 万 t（周新军，2015）。以武广高铁为例，综合考虑直接效应和间接效应，高速铁路开通后比普通铁路每年减少碳排放 234.2 万 t，每公里高铁比普通铁路减少碳排放 2200t，高铁相对普通铁路的减排潜力主要体现在货运替代上，客运周转量替代的减排效益不明显（张汉斌，2011）。高速铁路单位周转量的全生命周期碳排放较道路运输和航空运输分别减少 10%~60% 和 46%~73%（Chang，2019）。中国高速铁路建设成本为每公里 1.2 亿 ~1.4 亿元，从减排成本角度考虑，高速铁路成本较高，但高速铁路在铁路运输提速等方面扮演着重要角色，其仍将是未来中国铁路运输的主要发展方向。

铁路部门难以减排的地方是一些不适合改造成电力化的运输线路，燃料电池驱动是未来主要的技术选择。欧洲已经开始投入使用无法改造成电力化线路的燃料电池机车。

从以上分析可以看出，各项减排措施的潜力和成本差异极大。

7.5.2 各子部门情况

1. 道路运输

中国道路交通能耗和碳排放仍在不断增加，能源需求总量保持高速增长，汽车保有量的持续增加给道路交通低碳化发展带来了巨大挑战。中国交通运输效率正在逐年提高，运输模式趋于整体化，运输工具趋于大型化，单位周转量能耗水平将在未来较长一段时间内呈持续下降趋势，甩挂运输、多式联运等先进的运输方式快速发展，ETC 等现代化和数字化的高新技术推广迅速，但是能耗水平仍有较大的下降空间。道路交通能源消费结构进入调整的关键期，电动汽车、天然气汽车等节能与新能源汽车市场渗透率逐年提高，发展新能源汽车将对未来道路交通能源消费结构转型起到非常重要的作用。

汽油机的节能技术包括燃油直喷技术、可变气门正时技术、稀薄燃烧技术和增压技术等。柴油机低耗能技术和构造包括涡轮增压技术、电控燃油喷射技术、稀薄燃烧技术、多气门技术和缩口环形燃烧室等。替代燃料也能有效降低道路交通的排放。混合动力汽车、电动汽车和燃料电池技术的可行性都已经得到证明，但其经济性还有待提升。基础设施的低碳发展问题也还未得到有效解决。

已有若干对纯电动汽车和插电式混合动力汽车的全生命周期温室气体排放的研究，见表 7-10。纯电动汽车和插电式混合动力汽车在中国当前发电结构情况下，较传统动力汽车仍有较大的温室气体排放优势。但是在考虑未来中国深度减排情景下，电力系统接近零排放，甚至负排放，因此交通部门推进电动化或者氢动力化是实现 CO_2 深度减排的有效路径。

表 7-10 电动汽车的全生命周期排放

相关研究	研究对象	基于车辆单位行驶里程的温室气体排放 /（g CO_2 eq/km）
Orsi 等（2016）	纯电动汽车	183
Shen 等（2012）	纯电动汽车	164
Peng 等（2018）	纯电动汽车	170
Orsi 等（2016）	插电式混合动力汽车	175
Shen 等（2012）	插电式混合动力汽车	167
Peng 等（2018）	插电式混合动力汽车	172

天然气私人乘用汽车的全生命周期温室气体排放分析结果见表 7-11。如果对天然气生产阶段的泄露和排放进行管控，天然气基燃料从全生命周期角度来看较石油基燃料仍具备竞争力。

表 7-11 天然气私人乘用汽车的全生命周期温室气体排放

相关研究	研究对象	车辆单位行驶里程的温室气体排放 /（g CO_2 eq/km）
Ou 等（2013）	CNG 汽车	175
	LNG 汽车	185
Peng 等（2017）	CNG 汽车	240
	LNG 汽车	243
Elgowainy 等（2017）	CNG 汽车	266
Curran 等（2014）	CNG 汽车	203

注：CNG 指压缩天然气。

燃料电池汽车技术正处在技术研发向商业应用的转型阶段，各国对该技术的重视程度也在逐渐增加。目前，燃料电池汽车还不具备大规模推广的条件，关键技术尚不成熟，燃料电池对化学材料、电子等多个领域的应用技术提出了较高的要求。燃料电池制造成本高，直接导致燃料电池汽车售价过高，以丰田 Mirai 为例，其售价合人民币约 45 万元，远远高于同档同类产品。燃料电池汽车在与电动汽车和柴油车对比时没有明显优势，部分燃料电池汽车技术路线的单位公里的全生命周期排放达到 1.5kg 以上（Hao et al.，2018）。

基于清华大学全生命周期分析模型（Tsinghua University life cycle analysis model，TLCAM），综合考虑燃料周期和车辆周期，对不同燃料技术路线的全生命周期温室气体排放进行了分析，见表 7-12（Peng et al.，2017）。

表 7-12 不同燃料和技术应用下的全生命周期能耗和温室气体排放

类别	车辆单位行驶里程消耗的总能量 /（MJ/km）	车辆单位行驶里程的温室气体排放 /（g CO_2 eq/km）
汽油车	3.4	242.3
柴油车	3.1	225.4
LPG 车	3.5	229.1
CNG 车	3.3	201.5
LNG 车（进口）	3.4	202.2
LNG 车（井口液化）	3.3	205.5
LNG 车（管输气液化）	3.4	208.1
GTL 车	4.7	318.2
甲醇（煤基）汽车	6.3	563.1
DME（煤基）汽车	6.3	569.6
CTL（煤基）汽车	5.0	456.3
ICTL（煤基）汽车	7.1	651.5
甲醇（煤基+CCS）汽车	7.4	447.9
DME（煤基+CCS）汽车	7.4	442.7
CTL（煤基+CCS）汽车	5.7	337.5
ICTL（煤基+CCS）汽车	8.9	516.9

注：LPG 指液化石油气；GTL 指天然气合成油；DME 指二甲醚；CTL 指合成柴油；ICTL 指间接液化。

将乘用车划分为 11 种类型，对火花点火、柴油汽车、混合动力汽车、插电式混合动力汽车和纯电动汽车 5 种技术路线以及车体技术等 7 种节能减排技术组合下的经济性进行了分析。对 246 种路线技术组合的分析结果显示，2016~2020 年中国乘用车平均减排成本为 2347.2 元/t，减排潜力约为 2.0 亿 t（Fan et al.，2017）。

2. 铁路运输

铁路运输的节能减排措施主要包括内燃机车节能措施和电力机车节能措施。与其他轨道交通方式相比，内燃机车仍具有它独特的优势，内燃机车仍在中国的轨道牵引中具有重要的作用。然而，内燃机车的能耗和排放较高，这也给未来一段时间内的铁路低碳化进程提出了挑战。柴油机低碳减排技术包括机内优化（米勒循环、废气再循环等）和后处理技术（柴油机颗粒过滤器等）。机内优化技术能有效降低氮氧化物排放量。内燃机车的行车节能装置、动力分散控制系统、柴油机自动启停系统、机车辅助动力装置、混合动力技术等措施可以有效降低内燃机车的排放，见表 7-13。电力机车的节能措施包括应用新型变压器、降低负序电流的损失、牵引网电压补偿和接触电网节能技术等。

表 7-13　内燃机车节能减排技术

机车类型	关键减排技术	技术减排率 /%
内燃机车	行车优化装置	6~10
	LOCOTROL 动力分散控制系统	4~6
	柴油机自动启停系统	约 10
	混合动力机车	10

3. 水路运输

中国水路运输业低碳发展良好。水路运输基础设施建设逐步落实，为水路运输低碳节能发展夯实了基础。在国家规划和相关政策的推动下，内河航道建设日趋完善，船舶的大型化和标准化进程逐渐加快，港区功能日趋专业化。在国家建设低碳交通运输体系的大趋势下，水路的运输量仍将大幅增长，运输规模化提高了运输的整体经济效益，集装箱、江海联运等较为先进的运输组织方式得到了不同程度的发展。LNG 等替代燃料试点工程逐渐展开。通过引入专项资金等方式，引导水路运输的低碳能源替代，全面推进了港区的低碳化，港区油改电、推广新能源车辆、改进港区供热供冷系统等措施，助力港区低碳化。

但也必须看到，中国水路运输低碳发展之路仍任重而道远。水路运输的结构亟待进一步优化，一方面，中国水路运输基础设施仍比较落后，内河航道仍需改进完善，船队需要尽快完成更新换代；另一方面，内河运输与其他运输方式的衔接不畅。内河运输的周转量在交通整体周转量中所占比例仍较小。水路运输的能源消耗结构仍需优化调整，应加快传统高能耗、高排放船舶的更新换代，加大替代燃料的研发力度。水路运输应加强节能减排管理，完善相关的运输节能减排政策，设立船舶节能减排标准，对用能设备实施准入机制，出台相关配套措施，引导和推广新型替代能源的使用，对船行过程加强节能监管，引入考核机制。综合来看，水运发展的地区不均衡、运输装备的结构不合理、清洁能源和新能源推广成本高和行业信息化水平不高等已成为水路运输低碳化面临的主要挑战。水路运输若干技术的减排成本和减排潜力见表 7-14。

表 7-14 水路运输节能技术的减排成本和减排潜力

关键减排技术	技术描述	成本信息	技术减排率 /%	绝对减排潜力 / 亿 t CO_2	
				2030 年	2050 年
船舶节能技术	从船舶自身出发的节能减排技术，主要包括动力装置的选择，船、机、桨和舵的优化配置	低—中	5~11	0.4	0.8
船舶大型化	增加船舶平均运输净载重，从而提高运输效率	低	4~8		
船行标准化	对内河行船的标准进行具体量化，规范内河航道的船型标准，优化内河运力结构	低—中	约 5		
燃油品质改进	燃料添加剂技术，促进燃油的充分燃烧，从而提高能效	高	3~4		
经济航速	航行速度和能耗有直接关系，综合考虑固定成本和运营成本得出船舶的最佳运行航速	低	4.8~7.5		
船舶运输组织管理	提高船舶运输的载重利用率，通过信息化手段，对船舶运输进行智能化管理，优化航线结构，合理组织和调配水路运输资源	中—高	7~16		
替代燃料技术	太阳能、生物质燃料、LNG、风能和核能技术对现有传统燃料技术的替代	低—中	8.1~13.4		

4. 航空运输

中国航空运输业燃油效率大幅度提高，随着民航重大专项，如机场地面车辆“油改电”、桥载设备替代 APU 等技术的不断进步和机型更新，以及组织管理能力的提高、各项节能减排政策的出台等各方面的综合努力，航空燃油经济性水平进步明显。同时，中国航空运输业的节能水平与发达国家和地区节能相比仍有差距。近年来，航空运输业对节能减排有了充分的认识，也已经开展了很多尝试，如加强了飞机维护保养技术的改进、完善和推广了基于计算机的飞行计划系统和改善机队构成等，但是由于航空运输业的系统性，节能减排工作需要航空公司、机场和政府的多方配合，节能减排工作进展比较缓慢。中国航空燃油效率已经处于较高水平，提升空间不大，未来将在一定程度上影响减排潜力。于敬磊（2014）的研究认为，在影响航空碳排放的运输规模效应、能源强度效应、运输结构效应、能源替代效应等因素中，能源强度效应是抑制碳排放增加的主要因素，而运输规模效应则是促进碳排放增加的主导因素，运输规模增加将继续推动中国航空碳排放的增加，而依靠能源强度下降实现行业减排的潜力将越来越小；替代能源目前尚未发挥作用且未来发展趋势尚不明朗。

航空运输节能技术的减排成本和减排潜力见表 7-15。新形势下中国航空正面临新的机遇和新的挑战，新技术的应用将有助于推进航空运输业的节能减排进程。

表 7-15　航空运输节能技术的减排成本和减排潜力

关键减排技术	成本信息	技术减排率 /%
航空生物质燃料技术	中—高	10~20
新型发动机和新型飞机	非常高	15~25
空管新技术	低—中	5~10

7.6　交通运输的碳减排政策

通过开展调查和资料梳理，从综合交通到各种交通方式，分经济手段、能耗管控、行业管理和环境污染等方面，总结分析了中国交通运输的低碳发展和生态环境保护的相关政策，见表 7-16。

表 7-16　中国主要低碳交通（相关）的政策矩阵

政策类型	综合交通相关政策	道路运输相关政策	铁路运输相关政策	水路运输相关政策	航空运输相关政策
经济手段	燃油税；交通运输节能减排专项资金	燃油税；车辆购置税；车船税；关税；新能源汽车购车补贴；燃料乙醇消费税减免；电动汽车消费税减免	燃油税	燃油税；车船税；船舶使用岸电补助	燃油税；飞机进口关税和增值税；民航节能减排专项资金（已纳入民航安全基金补贴、民航中小机场补贴等）
能耗管控	建设交通运输行业节能减排大数据管理平台	燃油经济性标准；油品质量标准；温室气体排放标准；节能与新能源技术路线图；发展混合动力	《中国铁路总公司节约能源管理办法》（铁总计统〔2015〕186 号）；《中国铁路总公司节能减排项目推广管理办法》（铁总计统〔2015〕364 号）		航油质量标准，国际航空碳抵消和减排计划，民航能源消费统计制度
行业管理	《交通运输节能环保“十三五”发展规划》；《推进运输结构调整三年行动计划（2018—2020 年）》；正在修订《交通运输节约能源管理办法》；交通运输部《关于全面深入推进绿色交通发展的意见》；《绿色出行行动计划（2019—2022 年）》	汽车总量控制；单双号限行；双积分政策；高承载率（high occupancy vehicle，HOV）车道；公交优先；新业态发展：网约车、顺风车、共享单车	《中长期铁路网规划》；《“八纵八横”高铁网规划》		民航贯彻落实《打赢蓝天保卫战三年行动计划》工作方案；《关于深入推进民航绿色发展的实施意见》；《民航节能减排“十三五”规划》
环境污染	交通运输部《推进交通运输生态文明建设实施方案》（交规划发〔2017〕45 号）；《交通运输部关于全面加强生态环境保护坚决打好污染防治攻坚战的实施意见》（交规划发〔2018〕81 号）	《柴油货车污染治理攻坚战行动计划》；《轻型汽车污染物排放限值及测量方法（中国第六阶段）》；《重型柴油车污染物排放限值及测量方法（中国第六阶段）》	《中国铁路总公司环境保护管理办法》（铁总计统〔2015〕260 号）；《铁路建设项目环境影响评价工作管理办法》（铁总计统〔2017〕226 号）	《船舶大气污染物排放控制区实施方案》；《船舶与港口污染防治专项行动实施方案（2015—2020 年）》	

交通低碳发展体系的政策包括综合性政策和专项性政策，这些政策措施在落实重点任务、鼓励技术创新、实现节能减排目标等方面发挥了重要作用。

长期来看，实现交通部门深度减排和零排放的政策则是推进节能、电力化以及采用交通用生物质燃料，加强技术创新，实现交通能源革命。

7.6.1　强化部门顶层设计，开展低碳交通试点

围绕“综合交通、智能交通、绿色交通、平安交通”发展目标，交通运输业不断完善工作机制，制定相关政策和制度。在国家应对气候变化的背景下，2011 年，交通运输部出台了首个行业的低碳发展政策，发布了《建设低碳交通运输体系的指导意见》，同时印发了《交通运输行业应对气候变化行动方案》。为加快低碳发展，交通运输部首次设立了“交通运输节能减排专项资金”，对企业深化推进行业低碳发展工作产生了很好的引导和促进作用。2013 年 5 月，交通运输部印发了《加快推进绿色循环低碳交通运输发展指导意见》，提出到 2020 年基本建成低碳交通运输体系的发展目标。与此同时，国家发展和改革委员会、交通运输部、财政部、工业和信息化部等以开展试点示范为重要抓手，取得了显著的节能减排效果。主要工作包括：开展了低碳城市、节能减排财政政策综合示范、低碳社区等试点工作；开展了绿色循环低碳交通运输体系试点工作，包括区域性试点（省区、市区）和主题性试点（低碳公路、低碳港口等）。制定的发展目标如下：到 2020 年，打造完成“十百千工程”，“十”是指建设 10 个低碳省区，“百”是指建设 100 个低碳城市，“千”是指建设 1000 个低碳示范项目。开展全国公交都市建设示范工程。倡导“公共交通引导城市发展”理念，到 2020 年打造 100 个公交都市，到 2018 年底已完成 87 个城市的遴选工作，覆盖大中小各类型城市，并有 12 个城市已通过交通运输部验收并授牌。开展新能源汽车推广工程。通过不断完善对车辆购置、充电设施建设等的补贴政策，调整城市公交车成品油价格补助政策，建立符合标准的车型目录，加快纯电动车辆在交通部门的推广和使用，并取得了显著效果。截至 2018 年底，新能源公交车已推广超过 34.19 万辆，已超过公交车总量的半数。出台绿色出行行动计划。为深入贯彻落实党的十九大关于开展绿色出行行动等决策部署，进一步提高绿色出行水平，2019 年 6 月，交通运输部等 12 部委联合制定了《绿色出行行动计划（2019—2022 年）》，明确了三年发展目标和重点任务。

2018 年 9 月，国务院办公厅印发《推进运输结构调整三年行动计划（2018—2020 年）》，以推进大宗货物运输“公转铁、公转水”为主攻方向，不断完善综合运输网络，切实提高运输组织水平，加快建设现代综合交通运输体系。

7.6.2　完善环境保护政策，促进生态文明建设

从《公路水路交通运输节能减排“十二五”规划》到《交通运输节能环保“十三五”发展规划》，再到《交通运输部关于全面加强生态环境保护坚决打好污染防治攻坚战的实施意见》（交规划发〔2018〕81 号），都明确了交通运输节能环保的目标、重点任务、保障措施等。2017 年，为加快推进交通运输生态文明建设，交通运输部又

出台了《推进交通运输生态文明建设实施方案》，阐述了交通运输生态文明建设的总体要求、目标及基本原则，从优化交通运输结构、加强生态保护和污染综合防治、推进资源节约循环利用、强化生态文明综合治理能力四个方面提出了推进交通运输生态文明建设的15项重点任务，并明确了强化组织领导、多渠道筹措资金、加强宣传教育3项保障措施。

在公路运输方面，2019年1月，生态环境部、国家发展和改革委员会、交通运输部等11部委联合印发了《柴油货车污染治理攻坚战行动计划》；国六标准由环境保护部、国家质检总局分别于2016年12月23日、2018年6月22日发布，《轻型汽车污染物排放限值及测量方法（中国第六阶段）》自2020年7月1日起实施、《重型柴油车污染物排放限值及测量方法（中国第六阶段）》自2019年7月1日起实施。国家相关汽车排放法规政策对于汽车排放污染物的控制与检测从定型（型式核准）、批量生产（生产一致性）、新生产汽车到在用汽车都有所覆盖。从2017年1月1日起，在全国实施第五阶段国家机动车排放标准，即国五标准。

在水路运输方面，2015年8月，交通运输部印发《船舶与港口污染防治专项行动实施方案（2015—2020年）》，提出设立珠三角、长三角、环渤海（京津冀）水域船舶大气污染物排放控制区，控制船舶SO_x、NO_x和颗粒物排放，与2015年相比分别下降65%、20%、30%。2015年交通运输部发布了珠三角、长三角、环渤海（京津冀）水域船舶排放控制区实施方案。2016年8月29日交通运输部办公厅印发《港口和船舶污染物接收转运及处置设施建设方案编制指南》。2018年12月10日，交通运输部公布了最新的《船舶大气污染物排放控制区实施方案》，对港口船舶的排放控制区地理范围、污染物控制范围、排放控制标准和实施时间、具体要求等方面进行了详细规范，该方案于2019年1月1日开始实施。

制定乘用车燃料消耗标准，建立交通节能的准入门槛，起到了显著的效果。现阶段，中国乘用车燃料消耗量标准体系主要包括单车油耗限值与目标值指标、能源消耗量标识等强制性标准，以及测试实验等推荐性方法标准。2013年12月，中国发布了《轻型混合动力电动汽车能量消耗量试验方法》（GB/T 19753—2013），并于2014年6月开始实施；2014年12月，发布了《乘用车燃料消耗量限值》（GB 19578—2014）和《乘用车燃料消耗量评价方法及指标》（GB 27999—2014），并于2016年1月开始实施；2015年5月，发布了《重型混合动力电动汽车能量消耗量试验方法》（GB/T 19754—2015），并于2015年10月实施。

2007年，中国发布了《轻型商用车辆燃料消耗量限值》并于2011年开始实施，开始对轻型商用车油耗进行管控，2015年12月，发布了《轻型商用车辆燃料消耗量限值》（GB 20997—2015），并于2018年1月开始实施。

2014年2月，中国发布了《重型商用车辆燃料消耗量限值》（GB 30510—2014），并于2014年7月开始实施。

2016年8月，中国发布了《轻型混合动力电动汽车污染物排放控制要求及测量方法》（GB 19755—2016），并于2016年9月开始实施；2017年5月，又发布了《轻型汽车能源消耗量标识 第1部分：汽油和柴油汽车》（GB 22757.1—2017）和《轻型汽车能源消耗量标识 第2部分：可外接充电式混合动力电动汽车和纯电动汽车》（GB 22757.2—2017），并于2018年1月开始实施。2017年9月，工业和信息化部牵头制定了《乘用车企业平均燃料消耗量与新能源汽车积分并行管理方法》，其核心目标就是建立一个长效机制，即提升汽车节能，也促进新能源汽车产业的健康快速发展。2018年12月28日，中国发布了《电动汽车能量消耗率限值》（GB/T 36980—2018），并于2019年7月开始实施。

7.6.3　采用经济激励政策，加快发展新能源汽车

自2009年以来，国家发展和改革委员会、财政部、工业和信息化部、科技部等在中国联合推广新能源汽车，出台了一系列相关的政策措施，制定了推广规划，完善了相关标准。新能源汽车的推广政策综合体现了国内汽车产业环保和减排、能源转型以及产业发展等战略意图。其大致分为三个阶段，在全国实施了一系列新能源汽车的发展政策，具体如下。

（1）2009~2012年：2009年，由科技部、财政部、国家发展和改革委员会、工业和信息化部共同启动了世界上规模最大的新能源汽车示范运行项目，即“十城千辆节能与新能源汽车示范推广应用工程”项目，发布了《节能与新能源汽车示范推广财政补助资金管理暂行办法》。此阶段包括混合动力、纯电动和氢燃料电池汽车，补贴直接给予车辆制造商。

（2）2013~2015年：中国政府发布了第二阶段的纯电动汽车补贴政策《关于继续开展新能源汽车推广应用工作的通知》。其主要变化是政府自2013年起将混合动力排除在接受补贴的范围之外。此外，从2013年开始，城市可以获得充电基础设施的补贴。自2013年起，中国政府直接向试点城市提供补贴，以开发电动汽车的充电基础设施。

（3）2016~2020年：中国政府发布了第三阶段的纯电动汽车补贴政策。2017年更新了补贴政策，包括削减纯电动汽车和充电基础设施的补贴，此外，还对城市公共交通运营企业实施了运营补贴，并减少了对柴油公交车辆的运营补贴，减免购置税，以鼓励对纯电动车辆的运营和推广。

7.6.4　加强铁路管理，提升环保与减碳协同效益

2012年以来，以提升铁路环境保护与节能减排协同效益为目标，中国铁路总公司颁布了一系列的铁路节能减排的规章和标准，进一步推进了铁路节能减排管理的标准化和规范化进程。这些政策文件主要包括：《建设项目节能评估工作管理暂行办法》（铁总计统〔2013〕182号）、《高速铁路环境保护、水土保持设施竣工验收工作实施细则》（铁计〔2012〕264号）、《中国铁路总公司环境保护管理办法》（铁总计统〔2015〕260号）、《铁路建设项目环境影响评价工作管理办法》（铁总计统〔2017〕226号）以及《铁路建设项目水土保持方案工作管理办法》（铁总计统〔2017〕227号），加强了对铁路建设项目的节能减排管理工作。此外，中国铁路总公司制定了《中长期铁路网规划》《“八纵八横”高铁网规划》等，明确了近、中、远期铁路发展的重点任务。

根据《中华人民共和国节约能源法》、《中华人民共和国铁路法》和《中国铁路总

公司章程》，中国铁路总公司于2015年发布了《中国铁路总公司节约能源管理办法》（铁总计统〔2015〕186号），从机构职责、节能管理、重点用能单位节能管理以及节能宣传培训等方面进行了详细的规定，推进了总公司节约能源工作。各铁路局及其下属站段均制定了相应的节能减排管理制度，节能方面包括能源统计、能源计量、机车用能管理、节能考核以及能源管理等。

7.6.5 设立节能减排资金，加快低碳民航发展

2012年以来，航空运输制定了一系列相关的节能减排政策措施，包括实施重点规划、建立专项资金、鼓励低碳技术创新、实施节能标准、低碳与环保协同发展等，取得了显著成效，在油改电、生物燃油、环境污染治理等方面的工作已初见成效。

近年来，中国民用航空局投入节能减排专项资金累计约20亿元，并带动行业投入数百亿资金，支持完成约1000个绿色发展项目。2018年，共有35.5万架次航班使用临时航路，缩短飞行距离1343万km，节省燃油消耗7.2万t，减少二氧化碳排放22.8万t。截至2018年，全国年旅客吞吐量500万人次以上机场APU替代设备安装率超过90%，使用率逐年提高，年减排二氧化碳能力近30万t。

7.6.6 设立2050年交通部门深度减排目标，促进交通技术转型

积极探索减碳难度大的子交通部门的技术应用潜力，设计交通部门净零排放方案，实现航空、水运交通部门2050年前后大规模生物燃料和氢能等新能源利用。到2050年前后，交通部门的CO_2排放量在实现达峰后开始下降，加快实现深度减排目标。

通过全面智能化和高效化管理，交通运输企业实现规模化、规范化、专业化和集约化经营，交通运输装备技术和交通能源实现了低碳转型，船舶、飞机、铁路等以动力电池、燃料电池为主，交通生物质燃料技术成熟，城市公交系统高度发达，环保理念深入人心，形成现代化的低碳交通治理体系。

7.7 本章结论

交通运输是中国能源消耗和温室气体排放的重点领域，且对中国是否在2030年左右实现达峰以及峰后走势有重要影响。伴随着中国交通的快速发展，尽管中国积极推行了一系列的低碳发展政策和采用了能效更高的交通工具（汽车、列车、船舶和飞机），但交通运输业的CO_2排放仍保持快速增长。2018年，中国交通运输业的能源消耗量是4.58亿t ce，占最终能源使用的15%，按照能源类型测算，同时直接产生了9.82亿t CO_2。

中国交通部门的CO_2排放占全国比例较低，但上升速度较快。道路运输占主体地位，但航空会在未来CO_2排放总量中呈现日益重要的作用。在道路运输中，乘用车是最大的碳排放源，排放占比46%，公路货运次之，排放占比44%。交通运输行业目前仍处于一个快速的发展阶段，未来一段时期内，使用以化石燃料为驱动的交通运输工具仍占主导地位，由此也导致由汽油和柴油产生的CO_2排放仍占主体，这将

是交通部门深度脱碳面临的主要挑战。目前，尽管交通部门的电能消耗占比不高，但未来铁路运输、城市轨道、有轨电车、无轨电车和电动汽车消耗电能快速增加，以及与这部分电力消耗产生的二氧化碳的间接排放问题不容忽视，电力清洁化将成为减排的重要发力点。

交通碳排放的主要驱动力包括交通活动、综合交通模式结构、各种交通的能耗强度和低碳燃料发展的所有影响因素。其中，交通活动的影响因素是最为重要的驱动力。

交通部门未来 CO_2 排放呈现近中期快速增长、远期缓慢增长的趋势。2050 年，大多数预估的基线 CO_2 排放量将增至 18 亿 ~24 亿 t CO_2/a，大多数预测和情景研究均呈现出显著持续增长的趋势。在不实行积极、持续的减缓政策的情况下，交通运输业的 CO_2 排放增速会高于其他能源终端使用行业，并到 2050 年时可导致 2~3 倍及以上的 CO_2 排放。

交通部门减排的关键措施可归结为交通燃料低碳化、交通工具高效化、交通运输结构优化和交通需求引导（含交通模式创新，如共享模式、智能交通等）四大类。

中国交通部门的未来碳排放总量增长趋势明显，多项减排措施如果发挥足量潜力，则可实现该部门的低碳转型。低碳燃料的组合、对改进型车辆和发动机性能技术的提升、鼓励从小汽车出行转向低碳交通方式（步行、自行车、公共汽车、轨道交通）出行、建成完善的城市公共交通体系和发达的慢行交通体系，这些可带来很大减缓潜力，能更好地助推实现 1.5℃温升目标、2.0℃温升目标和改善生态环境目标。

到 2050 年，交通运输行业争取实现近零排放。通过技术、管理、创新等方面的协同效应形成低碳交通发展合力，实现车辆、全产业链的清洁低碳，使管理效率全面提升；综合交通全环节、全生命周期绿色化，建成低碳的综合立体交通网；形成与资源环境承载力相匹配，与生产、生活和生态相协调的全天候交通基础设施绿色发展体系；进一步推动载运工具清洁低碳化，新增运载工具基本实现全面使用新能源或清洁能源。同时，需要尽早开展对于 2050 年实现近零排放下，所需新型电力驱动和氢驱动航空器以及在船舶和大型货车中应用氢动力技术的研发工作，以使这些技术能够在减排路径所需要的时间节点得到应用。

▪ 参考文献

蔡博峰，冯相昭，陈徐梅 . 2012. 交通二氧化碳排放和低碳发展 . 北京：化学工业出版社 .

柴建，邢丽敏，周友洪，等 . 2017. 交通运输结构调整对碳排放的影响效应研究 . 运筹与管理，26（7）：110-116.

丁金学 . 2012. 我国交通运输业碳排放及其减排潜力分析 . 综合运输，（12）：20-26.

凤振华，王雪成，张海颖，等 . 2019. 低碳视角下绿色交通发展路径与政策研究 . 交通运输研究，5（4）：37-45.

何吉成 . 2016. 50 多年来中国民航飞机能耗的生态足迹变化 . 生态科学，35（1）：189-193.

乐子 . 2017. 不用充电的电动车日产 Note-e-POWER. 汽车知识，3：94-99.

李冬 . 2017. 电力机车的节能减排成效分析 . 科技创新与应用，(3): 9-10.

李晓津，张蝶 . 2013. 基于岭回归法的航油消耗评价指标研究与修正 . 中国民航大学学报，3：62-64.

李忠奎，周晓航，郭杰，等 . 2017. 中国交通低碳发展战略研究 . 北京：人民出版社 .

刘俊伶，孙一赫，王克，等 . 2018. 中国交通部门中长期低碳发展路径研究 . 气候变化研究进展，14（5）：513-521.

潘秀 . 2018. 我国交通运输业碳排放影响因素及预测研究 . 北京：中国矿业大学 .

齐兴达，李显君，章博文 . 2017. 中国温室气体减排成本有效性分析——以纯电动汽车为例 . 技术经济，36（4）：72-78.

宋广阔，崔灵智，厉复兴 . 2019. 港口船舶岸电技术推广应用 . 中国水运，30（4）：11-20.

王海林，何建坤 . 2018. 交通部门 CO_2 排放、能源消费和交通服务量达峰规律研究 . 中国人口 · 资源与环境，28（2）：59-65.

王海燕，王楠 . 2019. 中国综合交通运输体系碳排放影响因素研究 . 物流技术，389（2）：85-90.

王庆一 . 2018. 2018 能源数据 . 北京：绿色创新发展中心 .

于敬磊 . 2014. 中国民航节能减排对策研究 . 资源节约与环保，1（10）：83.

张汉斌 . 2011. 我国高速铁路的低碳比较优势研究 . 宏观经济研究，(7)：17-19.

赵凤彩，尹力刚 . 2014. 低碳经济视角下中国航空公司竞争力评价 . 企业经济，(10): 26-31.

周新军 . 2015. 中国还需大力发展高铁吗？广西经济，(9): 67-68.

周新军 . 2016. 国外铁路节能减排发展新趋势 . 铁路节能环保与安全卫生，6（2）：90-94.

庄幸，姜克隽 . 2012. 我国纯电动汽车发展路线图的研究 . 汽车工程，34（2）：91-97.

Chang Y，Lei S，Teng J，et al. 2019. The energy use and environmental emissions of high-speed rail transportation in China：A bottom-up modeling. Energy，182：1193-1201.

Curran S，Wagner R，Graves R，et al. 2014. Well-to-wheel analysis of direct and indirect use of natural gas in passenger vehicles. Energy，75：194-203.

Elgowainy A，Wang M，Joseck F，et al. 2017. Life-cycle analysis of fuels and vehicle technologies. Encyclopedia of Sustainable Technologies，317-327.

Fan Y，Peng B B，Xu J H. 2017. The effect of technology adoption on CO_2 abatement costs under uncertainty in Chines passenger car sector. Journal of Cleaner Production，154：578-592.

Hao H，Liu Z ，Zhao F . 2017. An overview of energy efficiency standards in China's transport sector. Renewable and Sustainable Energy Reviews，67：246-256.

Hao H，Mu Z X，Liu Z，et al. 2018. Abating transport GHG emissions by hydrogen fuel cell vehicles：Chances for the developing world. Frontiers in Energy，12（3）：466-480.

IEA. 2017. World Energy Outlook 2017 China Insights. Paris：IEA Publication.

IEA. 2020. The COVID-19 Crisis and Clean Energy Progress. Paris：IEA Publication.

IPCC. 2018. An IPCC Special Report on the Impacts of Global Warming of 1.5℃ above Pre-Industrial Levels and Related Global Greenhouse Gas Emission Pathways. Cambridge：Cambridge University Press.

Jiang K，He C，Xiang P，et al. 2021. Transport scenarios for China and the role of electric vehicles under global 2℃/1.5℃ targets. Energy Economics，97:105172.

Jiang K，Tian X，Xu J. 2020. China's green economic transition toward 2049//China 2049：Economic

Challenges of a Rising Global Power. Washington DC：Brookings Institution：93-112.

Kesicki F. 2013. Marginal abatement cost curves：Combining energy system modelling and decomposition analysis. Environmental Modeling & Assessment，18（1）：27-37.

Li X，Zhao F，Hao H，et al. 2016. Analysis on China's fuel consumption standards and its influences on curb weight//Society of Automotive Engineers of China. Proceedings of SAE-China Congress 2016. Singapore：Springer：343-356.

Mao X，Yang S，Liu Q，et al. 2012. Achieving CO_2 emission reduction and the co-benefits of local air pollution abatement in the transportation sector of China. Environmental Science and Policy，21：1-13.

Morris J，Rowbotham A，Morrell P，et al. 2009. UK Aviation：Carbon Reduction Futures. London：Manchester Metropolitan University and Cranfield University.

Nakamura K，Hayashi Y. 2013. Strategies and instruments for low-carbon urban transport：An international review on trends and effects. Transport Policy，29：264-274.

Newman P，Kenworthy J. 2015. The End of Automobile Dependence. Washington DC：Island Press.

Orsi F，Muratori M，Rocco M，et al. 2016. A multi-dimensional well-to-wheels analysis of passenger vehicles in different regions：Primary energy consumption，CO_2 emissions，and economic cost. Applied Energy，169：197-209.

Ou X，Zhang X，Zhang X，et al. 2013. Life cycle GHG of NG-based fuel and electric vehicle in China. Energies，6：2644-2662.

Pan X Z，Wang H，Wang L，et al. 2018. Decarbonization of China's transportation sector：In light of national mitigation toward the Paris Agreement goals. Energy，155：853-864.

Peng B，Fan Y，Xu J. 2016. Integrated assessment of energy efficiency technologies and CO_2 abatement cost curves in China's road passenger car sector. Energy Conservation and Management，109：195-212.

Peng T，Ou X，Yan X. 2018. Development and application of an electric vehicles life-cycle energy consumption and greenhouse gas emissions analysis model. Chemical Engineering Research and Design，131：699-708.

Peng T，Zhou S，Yuan Z，et al. 2017. Life cycle greenhouse gas analysis of multiple vehicle fuel pathways in China. Sustainability-Basel，9（12）：2183.

Shen W，Han W，Chock D，et al. 2012. Well-to-wheels life-cycle analysis of alternative fuels and vehicle technologies in China. Energy Policy，49：296-307.

Wang H L，Ou X，Zhang X. 2017. Mode，technology，energy consumption and resulting CO_2 emissions in China's transport sector up to 2050. Energy Policy，109：719-733.

Yin X，Chen WY，Eom J，et al. 2015. China's transportation energy consumption and CO_2 emissions from a global perspective. Energy Policy，82：233-248.

Zhang H J，Chen W，Huang W. 2016. TIMES modelling of transport sector in China and USA：Comparisons from a decarbonization perspective. Applied Energy，162（6）：326-329.

第8章 建 筑

主要作者协调人：彭 琛、杨芯岩
编 审：张建国
主 要 作 者：谷立静、张时聪、郝 斌

▪ 执行摘要

随着城镇化发展，中国城乡建设增速和增量都非常可观，建筑规模不断攀升，建筑用能结构和强度也发生着显著的变化。发达国家建筑用能总量约占终端用能总量的35%，用能强度和人均建筑面积都明显高于中国，如果参照发达国家发展模式，中国建筑低碳发展将面临巨大的挑战，势必需要寻找一条既符合低碳发展要求，同时又满足人们生活、工作需求的技术道路。建筑与其他领域或部门有着密切的关系，水泥、钢铁等建材生产是工业生产排放的重要来源，建材运输需要交通支持，而建筑本身又是城市的重要构成，在城镇化过程中，建筑还占用了大量耕地，影响农林业等，这些问题在其他各章节都有涉及。本章重点关注建筑部门用能与碳排放趋势、障碍，以及技术与政策的突破口，对中国建筑规模、各类型建筑用能发展需求，以及几项重点低碳技术应用趋势等内容，并从符合国情和人民生活需求的角度进行了分析和评估。

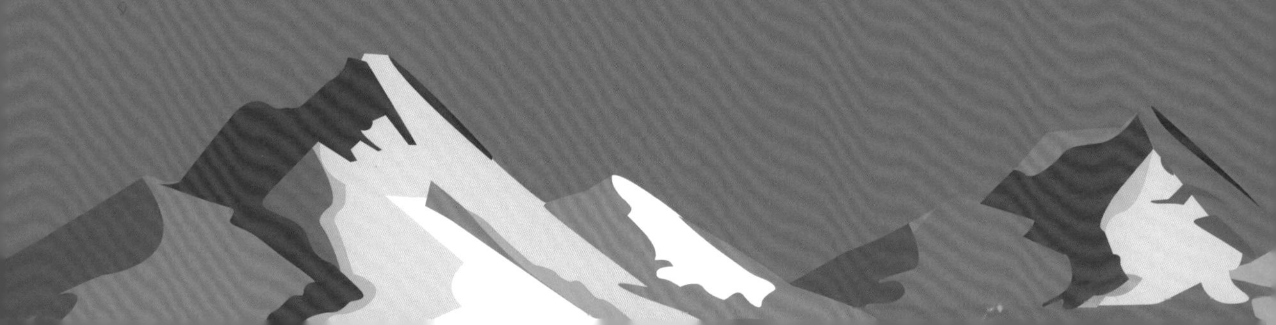

8.1 引　　言

建筑部门是能源消费和温室气体排放的大户。从全球看，2010 年全球建筑部门终端用能（117EJ）约占全球终端能源消费量的 32%，二氧化碳排放量约占全球能源消费中相关的二氧化碳排放总量的 19%，电力消费约占全球电力消费总量的 51%。随着经济社会发展，到 21 世纪中叶，全球建筑部门用能和温室气体排放将可能达到 2010 年水平的 2~3 倍。若能把国际上现有的经济可行的建筑节能最佳实践和技术推广普及，到 21 世纪中叶全球建筑用能水平可以维持在当前甚至更低的水平。

在中国，随着城镇化进程的快速推进，建筑部门能耗和温室气体排放将持续增加。按照有关机构估算，2017 年中国建筑部门运行的商品能耗为 9.63 亿 t ce，约占全国能源消费总量的 21%，若计入建筑用非商品能源，建筑能耗合计达 10.5 亿 t ce；2017 年中国建筑部门运行的与化石能源消耗相关的碳排放为 21.3 亿 t，其中电力消耗带来的碳排放为 9 亿 t，占建筑运行相关碳排放总量的 43%。中国建筑用能通常分为北方城镇采暖用能、城镇住宅用能（不含北方采暖）、公共建筑用能（不含北方采暖）和农村住宅用能四大类，2017 年这四类用能均占建筑能耗 1/4 左右，其碳排放比例依次分别为 26%、19%、26%、29%。2017 年中国的城镇化率为 58.5%，城镇化进程还处于窗口期，未来建筑面积总量将进一步增长；经济发展处于转型期，主要依托建筑提供服务场所的第三产业将快速发展；人民群众生活水平处于提升期，对居住舒适度及环境健康性能的要求不断提高，大量新型用能设备将进入家庭，建筑能耗和温室气体排放增长的压力不断加大，建筑节能减碳的重要性和紧迫性更加凸显。

中国政府高度重视建筑节能减碳工作，在推进新建建筑执行建筑节能标准、既有建筑节能改造、可再生能源建筑应用、公共建筑节能管理、绿色建筑发展、北方地区冬季清洁取暖等方面出台了一系列政策措施。2017 年 2 月，住房和城乡建设部发布的《建筑节能与绿色建筑发展“十三五”规划》明确了“十三五”时期建筑节能与绿色建筑发展的总目标，从城市到农村，从单体建筑到城市街区（社区），从规划、设计、建造到运行管理，从节能绿色建筑到装配式建筑、绿色建材，把节能及绿色发展理念延伸至建筑全领域、全过程及全产业链。

本章重点从建筑碳排放的范围界定、城乡发展与建筑规模的控制、中外建筑运行能耗的比较、建筑减排的目标和路径、建筑实现深度减排、零排放的技术和政策路径等方面进行评估，涉及标准、技术、政策机制等内容，呈现了中国建筑节能减碳领域的工作成效和主要观点。

8.2 建筑碳排放的范围界定

8.2.1 建筑碳排放定义

随着中国城镇化进程的不断深入和人民生活水平的日益提高，建筑能耗不断攀升。提升建筑能效，降低建筑能耗，发展可再生能源在建筑中的应用技术是未来建筑领域低碳减排的必要途径，也将是中国实现碳减排目标的重要手段。中国应对气候变化国家自主贡献文件《强化应对气候变化行动——中国国家自主贡献》确定二氧化碳排放2030年左右达到峰值并争取尽早达峰，单位国内生产总值二氧化碳排放比2005年下降60%~65%。

2019年4月9日，住房和城乡建设部发布国家标准《建筑碳排放计算标准》（GB/T 51366—2019），自2019年12月1日起实施。该标准定义建筑碳排放是指建筑在与其有关的建材生产及运输、建造及拆除、运行阶段产生的温室气体排放的总和，以二氧化碳当量表示。建筑在材料开发、生产、运输、施工及拆除、运行及维护等各阶段均产生碳排放，其对环境造成影响，因此应进行全寿命期碳排放计算，全面了解建筑对自然界产生的影响。建筑全寿命期有多种不同划分方法，该标准将其划分为建筑材料（简称建材）生产及运输、建造与拆除、建筑运行三个阶段，根据所需计算的建筑全寿命期的不同阶段的碳排放量，选择该标准中规定的计算边界和方法进行计算。该标准考虑建筑全寿命期，将建筑材料生产及建筑建造过程中碳排放纳入建筑总的碳排放中。图8-1显示了不同标准中建筑能耗与碳排放边界。

<table>
<tr><td colspan="10">建筑全寿命期</td></tr>
<tr><td colspan="8">建筑运行</td><td colspan="2"></td></tr>
<tr><td>供热</td><td>通风</td><td>空调</td><td>照明</td><td>生活热水</td><td>电梯</td><td>插座</td><td>建筑功能(炊事、数据中心等)</td><td>建筑材料生产及运输</td><td>建造与拆除</td></tr>
<tr><td colspan="5">建筑节能标准[1]</td><td colspan="5"></td></tr>
<tr><td colspan="6">超低能耗及近零能耗建筑[2]</td><td colspan="4"></td></tr>
<tr><td colspan="8">零能耗建筑[2]</td><td colspan="2"></td></tr>
<tr><td colspan="10">全寿命期零碳排放建筑</td></tr>
</table>

图8-1 不同标准中建筑能耗与碳排放边界①

1由《公共建筑节能设计标准》（GB 50189—2015）、《严寒和寒冷地区居住建筑节能设计标准》（JGJ 26—2018）、《夏热冬冷地区居住建筑节能设计标准》（JGJ 134—2010）以及《夏热冬暖地区居住建筑节能设计标准》（JGJ 75—2012）规定。

2由《近零能耗建筑技术标准》（GB/T 51350—2019）规定

8.2.2 建筑碳排放构成

1. 建筑材料生产及运输

建筑材料是建筑的基础，建材的生产、运输等过程消耗的能量在建筑能耗中占有

① Zhang S C，Yang X Y，Xu W，et al. 2021. Contribution of nearly-zero energy buildings standards enforcement to achieve carbon neutral in urban area by 2060. Advances in Climate Change Research. Accept.

相当大的比重。不同材料的选择对于建筑的环境负荷的影响非常大。建材、构件、部品从原材料开采、加工制造直至产品出厂并运输到施工现场，各个环节都会有温室气体排放，这是建材的内含碳排放，可以通过建筑的设计、建材供应链的管理进行控制和削减。

现行国家标准《环境管理 生命周期评价 原则与框架》（GB/T 24040—2008）、《环境管理 生命周期评价 要求与指南》（GB/T 24044—2008）为建材的碳排放计算提供了标准方法。根据上述标准规定，建材生产及运输阶段碳排放计算的生命周期边界可选取“从摇篮到大门”，即从建材的上游原材料、能源开采开始，包括建材生产全过程，到建材出厂。

建材生产及运输阶段的碳排放应至少包括主体结构材料、围护结构材料、粗装修用材料，如水泥、混凝土、钢材、墙体材料、保温材料、玻璃、铝型材、瓷砖、石材等。绿色建材是指在全寿命期内可减少对资源的消耗、减轻对生态环境的影响，具有节能、减排、安全、健康、便利和可循环特征的建材产品。例如，高性能混凝土、高强钢、低辐射镀膜玻璃、断桥隔热门窗等建材。绿色建材是绿色建筑的重要物质基础，是建造绿色建筑不可缺少的重要材料，发展绿色建材就是推进建材产品的绿色化。目前，我国建筑业中绿色建材应用的范围较小、比例较低，据专家估算，绿色建材约占所用建材总量的 10%，产业规模仅 3500 亿元左右，未来推广应用空间很大。

由于建筑建造阶段的碳排放主要来自所消耗建材的碳排放，这与建材消耗量和单位建材生产的 CO_2 排放因子密切相关，减少单位建筑面积的建材消耗量，如采用高性能的钢筋、水泥替代传统的钢筋、水泥，在满足同样性能要求的前提下，其可以减少钢筋、水泥的消耗量，从而减少所耗建材产生的碳排放，或者采用含碳低的建材替代含碳高的建材，采用绿色建材替代普通建材，提高含碳低的建材在所需建材总量中的占比，如采用木材替代混凝土的木结构建筑，因为单位建材生产的 CO_2 排放因子相对较低，所以这样也可以减少所耗建材产生的碳排放（张建国，2019）。

建材运输阶段是指建材从生产厂家运到施工现场的阶段，该阶段的能耗及 CO_2 排放主要是因为交通运输工具的能源消耗。建材的运输一般都是公路运输。能源运输主要包括以下几种方式：铁路、公路、船舶以及管道等。不同运输方式的能源消耗不同。目前，国内研究建材环境负荷通常只包括其生产阶段，运输阶段的数据尚缺。《建筑碳排放计算标准》中指出，主要建材的运输距离宜优先采用实际的建材运输距离。当建材实际运输距离未知时，混凝土的默认运输距离值应为 40km，其他建材的默认运输距离值为 500km。此外，国内相关学者也对内地的建材运输阶段能耗和 CO_2 排放清单进行过研究（燕艳，2011）。

2. 建造及拆除

建筑建造阶段是根据建筑设计文件、施工组织设计或施工方案，按相关标准，通过一系列活动将投入项目施工中的各种资源（包括人力、材料、机械、能源和技术）在时间和空间上合理组织，变成建筑实体的过程。建造阶段的能耗是在建造阶段各种施工机械、机具和设备使用的能耗，主要由两部分组成：一是构成工程实体的分部分项工程的建造能耗；二是为完成工程施工，发生于该工程施工前和施工过程中技术、生活、安全等方面非工程实体的各项措施的能耗。相应地，建筑建造阶段碳排放分为两部分：一是分部分项工程施工过程消耗的燃料、动力产生的碳排放；二是措施、项目实施过程消耗燃料、动力产生的碳排放。建筑拆除阶段碳排放主要是场地内拆除设备及运输设备在建筑拆除过程中产生的能耗。建筑拆除方式包括人工拆除、机械拆除、爆破拆除和静力破损拆除等。

3. 建筑运行

根据国家标准《建筑碳排放计算标准》（GB/T 51366—2019），建筑运行阶段的碳排放量涉及暖通空调、生活热水、照明等系统能源消耗产生的碳排放量及可再生能源系统产能的减碳量、建筑碳汇的减碳量。在建筑碳排放边界，将不同的能量消耗换算为建筑的碳排放量并进行汇总，最终获得建筑的碳排放量。变配电、建筑内家用电器、办公电器、炊事等受使用方式影响较大的建筑碳排放不确定性大，这部分碳排放量对建筑设计阶段碳排放不产生影响，因此没有纳入《建筑碳排放计算标准》中。

根据国家标准《民用建筑设计统一标准》（GB 50352—2019），将建筑设计使用年限划分为四类，其中普通建筑设计寿命为 50 年。因此，碳排放计算中采用的建筑设计寿命应与设计文件一致，当设计文件不能提供时，按 50 年计算。

8.2.3 建筑碳排放总量及发展趋势

从全寿命期的角度来看，建筑运行碳排放占全寿命期的比例为 80%~90%；其次为建筑材料碳排放，为 10%~20%；建材运输、建造和拆除阶段碳排放占比较小，可以忽略（Adalberth，1997）。因此，在对建筑领域碳排放进行分析时，可以根据建筑运行阶段碳排放进行考虑。目前，国际上所说的建筑碳排放主要是指建筑运行阶段的碳排放。建筑运行阶段消耗的能源类型主要包括电、煤、天然气、液化石油气以及生物质能源，也有从热电厂或锅炉房来的热力。热力与电相同，可以通过追溯其一次能源来源来分析计算其碳排放量。因此，大量研究针对建筑运行阶段的一次能源消耗展开。

一直以来，中国都有许多研究人员探讨了降低建筑运行阶段的节能措施在应对气候变化减缓方面的作用（Li，2008）。近年来，研究从可再生能源在建筑中的应用（Zhang et al.，2015）、建筑供热策略（Xiong et al.，2015）和建筑总体能耗（Tan et al.，2018；张建国和谷立静，2017；McNeil et al.，2016；彭琛和江亿，2015；国家发展和改革委员会能源研究所，2014）等方面对建筑运行能耗的中长期发展和影响展开。利用 IPAC-LEAP 模型研究中国建筑的低碳发展及节能政策路线图，研究表明，建筑一次能源需求将在 2040 年达到峰值，达到近 8 亿 t ce（国家发展和改革委员会能源研究所，2014）。《重塑能源：中国》的研究显示，建筑能耗将在 2031 年达到峰值，达到 13.7 亿 t ce（张建国和谷立静，2017）。近期又有研究显示，尽管建筑行业的终端能源消耗在协同减排情景下保持低增长率，但直到 2050 年中国才会出现能源需求高峰（Tan et al.，2018）。建筑用电导致的间接碳排放由电力供应结构决定，如果全部开发建筑屋顶和可接收足够太阳光的垂直表面，每年可发电约 2 万亿 kW · h，超过了当前全国民用建筑用电量（江亿，2020a）。清洁取暖仅是农村能源革命的开始，全国农村都面临用能结构和用能方式的变革。在农村大力发展新能源系统，推动各类生物质材料的充分利用，解决农村发展风、光电的蓄电和微电网问题，将进一步降低建筑用能碳排放，实现建筑的低碳发展（江亿，2020b）。总体来看，推动光伏、生物质能的利用，是建筑低碳发展的重要途径。

为解决当前关于宏观建筑能耗分析模型直接从能耗强度出发，不能分析使用方式和技术因素对建筑能耗影响的问题，针对中国建筑能耗特点，将北方城镇采暖单独作为一类建筑用能，区分城镇住宅和农村住宅的差异，考虑人群的生活方式对建筑能耗的特点，通过利用宏观建筑能耗分析模型分析研究表明，中国建筑能耗应控制在 11 亿 t ce 以下（彭琛和江亿，2015；杨秀，2009）。

将超低能耗建筑、近零能耗建筑和零能耗建筑作为中国未来中长期建筑节能发展的目标，以人口、人均住宅面积、城镇化率、不同形式建筑的能耗水平参数为依据，随着发展零能耗建筑的逐渐推进，从缓慢发展情景到跨越式发展情景，建筑能耗的峰值将会下降，峰值出现的时间将会提前，并且峰值后的建筑能耗下降速度将会增快。此外，与基准情景相比，到 2050 年跨越式情景可实现累计节能 93.8 亿 t ce（Yang et al.，2019）。

随着中国城市化的快速发展和城市居民的日益富裕，预计建筑物的能源使用量将会增加。为了理解如何减缓这种增加，探索从没有新能源政策的高能源需求情景到技术经济潜力情景下中国建筑能耗的最低能源需求。在高能源需求情景中，建筑能源需求的平均年增长率约为 2.8%，二氧化碳排放量在 2045 年左右达到峰值，而在低能源需求情景下，峰值将提前至 2030 年。研究显示，虽然通过技术提升等方式可以非常有效地减少建筑能耗，但仍需要严格的政策来克服多个实施障碍（Zhou et al.，2018）。

通过采用“自下而上”模型进行预测，分别考虑低碳建筑政策和能源结构转型两方面影响，对建筑领域碳排放的中长期发展进行研究（图 8-2）。研究表明，在政策情景中，建筑行业碳排放的增长速度将会减缓，但不能完全抑制二氧化碳的排放。在考虑能源结构转型的协同减排情景中，二氧化碳排放将在 2030 年以前达峰。此外，绿色建筑、可再生能源以及区域供热等节能政策将对建筑部门减排有较大影响。

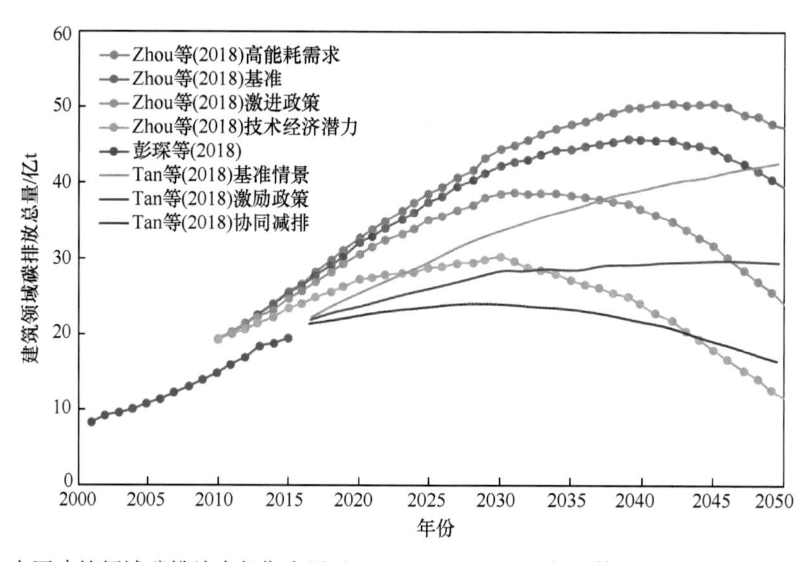

图 8-2 中国建筑领域碳排放中长期发展（Zhou et al.，2018；彭琛等，2018；Tan et al.，2018）

减少能源需求并且调整能源结构，大幅度增加可再生能源的使用比例，将有效减少建筑部门碳排放。不同分析情景模型中，到 2050 年可再生能源比例为 43%~81%。此外，虽然到 2100 年，1.5℃情景的能源消费约是同期 2℃情景的 2.37 倍。但是，由于可再生能源、CO_2 捕获等技术的使用，1.5℃情景路径对能源消费没有加以明显限制。根据第 3 章的研究结果，建筑能源消费量将自 2020 年起呈现上升趋势，并在 2030 年后趋于平稳，并基本维持不变。2050 年 INDC、2℃和 1.5℃的建筑能源消费中位数分别为 9.6 亿 t ce、8.8 亿 t ce 和 11.2 亿 t ce，这一结果与建筑能耗应控制在 11 亿 t ce 以下（彭琛和江亿，2015；杨秀，2009）以及建筑一次能源需求将在 2040 年达到峰值 8 亿 t ce（国家发展和改革委员会能源研究所，2014）等相关研究的结果基本一致。

根据第 3 章研究结果，对于建筑领域碳排放量，三种情景均呈现先上升后下降的趋势，建筑碳排放峰值出现在 2030 年左右，INDC、2℃和 1.5℃三种情景的峰值中位数分别为 13.98 亿 t、7.38 亿 t 以及 9.17 亿 t。到 2050 年，INDC、2℃和 1.5℃三种情景下，碳排放中位数分别为 11.63 亿 t、4.59 亿 t 以及 7.38 亿 t。Zhou 等（2018）的研究指出，在实施最有力的建筑碳减排措施下，2030 年将出现碳排放峰值，约为 30 亿 t CO_2，2050 年建筑领域碳排放约为 12 亿 t CO_2。彭琛等（2018）也指出，到 2030 年中国建筑领域碳排放总量应控制在 30 亿 ~35 亿 t CO_2，未来建筑碳排放总量应控制在 10 亿 t CO_2。Tan 等（2018）的研究指出，在利用协同减排的情景下，在建筑领域提出低碳发展政策的同时，调整能源结构，将有效降低建筑部门碳排放，并于 2030 年达峰，约 24 亿 t CO_2。与第 3 章研究结果相比，运用“自下而上”模型的研究显示，建筑部门碳排放达峰时间将出现在 2030 年左右，并能够较大概率地实现 2℃温升目标下的 2050 年碳排放目标，但减排路径将会有明显差别。建筑部门的碳排放峰值明显高于第 3 章研究结果，建筑部门的减排效果需要较长时间才能显现。

8.3 城乡发展与建设规模的控制

建筑部门的碳排放情况与建筑面积存在正相关性，而建设规模的多少和布局又与城乡建设规划情况密切相关。本节综合已有研究成果，分析了中国建筑面积现状和未来发展趋势，并剖析了中国城乡规划和建设模式中的问题。

8.3.1 中国建筑面积现状

改革开放以来，中国每年新建建筑面积持续增长，从 1995 年的 14.6 亿 m^2 增长到 2017 年的 28.6 亿 m^2（国家统计局固定资产投资统计司，2018）。2011~2015 年，中国每年新建建筑面积均超过 30 亿 m^2，最高达到 35.5 亿 m^2，其推动中国既有建筑面积持续快速增长，拉动建筑部门能源消费和碳排放不断攀升。2016 年起，中国新建建筑面积方出现回落。

截至目前，中国仍没有权威的、全口径的全国既有建筑面积统计数据。国家统计局与住房和城乡建设部发布的年鉴和公报中的面积数据均不是全国全口径数据，且二者统计口径也不尽相同。一些研究机构基于不同渠道的基础数据，采用不同方法，对全国既有建筑面积进行了测算。所用方法主要有两类：一类是将人均建筑面积与人口相乘得到全国民用建筑总面积，部分研究对统计局公布的城镇人均建筑面积数据进行了合理修正；另一类是基于部分年份的非全口径建筑面积统计数据，再根据每年新建规模统计数据、拆除量测算数据及其他相关统计数据，分析得到全国民用建筑总面积，具体测算结果见表 8-1，可以看到，不同机构对 2010 年全国建筑面积的测算结果差异较大，但对近年全国建筑面积的测算结果相差不大。多方测算显示，2016 年全国民用建筑总面积为 600 亿 m^2 左右。

表 8-1 中国既有建筑面积测算结果汇总 （单位：亿 m^2）

研究机构	数据年份	全国建筑	城镇住宅	农村住宅	公共建筑
清华大学建筑节能研究中心	2017	592	238	231	123
中国建筑节能协会	2016	635	279	241	115
住房和城乡建筑部科技与产业化发展中心	2015	615	226	264	城镇：112 农村：13
住房和城乡建筑部标准定额研究所	2010	465	117	247	101
国家发展和改革委员会能源研究所	2010	527	179	229	119
国家发展和改革委员会能源研究所姜克隽团队	2010	588	203	232	153

8.3.2 中国城乡规划和建设中的主要问题

建筑面积的增长将直接拉动建筑能耗和碳排放增加，因此，合理引导建筑面积发展是实现建筑部门低碳发展的必要措施。城乡规划与建筑面积发展密切相关。改革开放以来，中国城镇和乡村发展成就举世瞩目，这离不开城乡规划的科学引导。然而，随着城镇化的快速推进，中国城乡规划暴露出的问题也越发凸显。这些问题如果不尽快解决，必将影响中国建筑面积合理发展。

1. 城乡建筑建设规划的统筹性不够

首先，从垂直层面看，各地规划与中央总体规划没有充分衔接。各地区都期望未来能有更大的发展规模，对人口、人均建筑面积都设置了较高目标，规划了较多新区。部分地区也提出了较高的人均建筑面积发展目标。由于国家层面缺乏全国建筑规模总量现状数据，更没有发展或控制目标，因此也在一定程度上导致了地方对建设规模规划的盲目性。研究人员指出，很多城市在规划时对城市发展缺乏明确清晰的定位，盲目对城市进行拔高，而实际发展能力却达不到相应的水平，最终情况和预期效果相差甚远，导致大量财力、物力、人力浪费。近年来，一批盲目建造的新城和新区最终沦为“空城”“鬼城”就是很好的例证。高涨的造城热潮也带来了较高的房屋空置率。研究人员汇总了不同研究机构关于中国房屋空置率的研究结果，为 10%~29%，但总的来说，都显著高于发达国家同期水平，处于危险区间[①]。

其次，从水平层面看，城镇和乡村规划统筹不充分。有研究认为，中国城乡规划以对城镇建设地管控为主，对村庄建设用地的实际管控不足，城与乡的规划统筹不够充

① 朱振鑫，杨芹芹 . 2018. 中国式房地产空置之谜：这城市那么空？

分，城镇建设用地按照规划增长较快，村庄建设用地则大多呈无序蔓延态势发展（常青，2018）。此外，中国村镇发展自身也存在一系列问题，如理论体系不健全、管理不完善、工作不到位等，则难以通过规划实现合理用地和节约土地的目标（卢沛昭，2019）。

2. 建设模式总体较为粗放

中国城市大拆大建造成大量能源资源浪费。长期以来，中国对城市规划的前瞻性、严肃性和连续性重视不够。一些地方规划缺少前瞻性，建筑新建不久后就发现满足不了需求提升的速度，只得拆除重建；一些地方盲目建设不切实际的“形象工程”项目，建筑外形“贪大、求怪”，缺乏特色，缺乏传统文化传承；更多的是无视规划的严肃性和连续性，按照“一任市长一张蓝图”的模式建设，导致大拆大建乱象丛生，建筑寿命过短，能源、资源和资金、人力严重浪费。

中国《民用建筑设计通则》规定，重要建筑和高层建筑主体结构的耐久年限为100年，一般性建筑为50~100年。但早在2010年，时任住房和城乡建设部副部长的仇保兴就指出，中国被拆除建筑的平均寿命只有30年。2012年，重庆大学调查了3255幢拆除建筑，平均寿命仅38年。2014年，中国建筑科学研究院发布的报告指出，“十一五”期间中国有46亿m^2建筑被拆除，其中20亿m^2建筑在拆除时寿命小于40年。该机构对2001~2010年公开报道的54处过早拆除建筑的调查显示，90%为不合理拆除，其中功能滞后、有商业利益和形象政绩等导致的严重不合理拆除案例占55%。

拆除建筑还会形成大量污染物和废弃物，据《建筑拆除管理政策研究》统计，中国每年过早拆除建筑将增加建筑垃圾约4亿t，约占中国年产垃圾总量的40%，同时为全国每年增加约10%的碳排放。

中国城市节约集约程度不高，引发各类“城市病”蔓延。我国很多城市盲目追求规模扩张，城市功能布局不合理、不紧凑，导致公共产品和服务供给不足，环境污染、交通拥堵等“城市病”突出。

常青（2018）对中国十几个超大和特大城市的研究显示，中国城乡建设用地在平面增长和竖向增容上都呈现粗放扩张态势，供给规模远高于人口城镇化需求。2009年这些城市人均城乡建设用地达到150m^2，远高于发达国家和发展中国家水平；近十年建成区面积增速整体高于城镇人口增速50%以上。从竖向增容看，这些超特大城市近十年新竣工房屋建筑面积与新增常住人口的比值整体超过80m^2/人，中西部地区更为突出。这些超特大城市的规划建设还存在产业过度供给问题。近十年来，这些城市竣工房屋中非住宅比重较高，大量城市超过40%。产业过度供给造成职住用地供给结构失衡，容易引发住宅价格高涨，配套的公共设施则不能满足实际需求，形成公共服务短缺的隐患。

此外，中国很多城市在规划布局上也存在不集约的问题。不少城市在盲目扩张的过程中没有采用紧凑型城市布局，而是采取了“摊大饼”的粗放模式，人为造成了职住分离的格局，造成了交通严重拥堵，增加了水、电、热等能源资源的输送能耗，加剧了城市空气污染，降低了城市宜居程度和居民生活品质。

3. 建造施工技术水平有待提高

中国建设规模巨大，是全球最大的建设工地，但与发达国家相比，建造施工技术水平还有待提升。中国建筑工业化水平目前还较低，建筑建造大量依靠人工，而工人大多为农民工，人员素质整体偏低，培训时间有限，很多工程还存在赶工期现象，所以大多建筑工程的施工质量一般，高质量工程较少。高质量的建造工艺有利于延长建筑使用寿命，从而减少建设需求，降低钢材、水泥等建材的需求和生产能耗。因此，建筑部门的低碳发展也需要建筑质量的提升作为保障。

建筑工业化是建造施工技术水平改进提升的一个重要途径，它是指采用大工业生产方式建造建筑。研究显示，建筑主体结构按照工业化生产方式采用预制装配式混凝土，与采用传统现浇混凝土相比，工程质量更优，建筑寿命可提高 10~15 年；施工过程可节水 60%、节材 20%、节能 20%，减少建筑废弃物 80%，减少脚手架、支撑架 70%；施工现场无扬尘、无废水、无噪声，对环境影响小；可在提高建筑质量的同时大幅缩短工期，并减少人力成本（张建国和谷立静，2017）。中国已有一些以工业化方式建造的建筑案例。例如，湖南湘阴一栋 30 层的酒店，采用了钢架和幕墙结构，90% 的建造工作在工厂中预制完成，在现场仅用 15 天就完成了建造，其钢铁耗材量比同类建筑降低了 10%~20%，混凝土耗材量下降了 80%~90%，施工过程无火、无水、无尘、无焊接操作、无混凝土、无砂布抛光，建筑垃圾不到传统建筑施工方式的 1%，平均建造成本也比国内同地区同类建筑低 30% 左右。

8.3.3 未来建筑面积发展趋势

建筑面积是建筑能耗和碳排放的重要影响因素，建筑部门低碳发展也与建筑面积发展趋势密切相关。2017 年，中国城镇人均住宅建筑面积约为 29m^2（清华大学建筑节能研究中心，2019），与发达国家中的较低水平（40m^2）还有一定差距，广大人民对人均居住面积的提升仍有需求；人均公建面积约为 9m^2，也低于发达国家水平（10~15m^2），未来教育、医疗、休闲娱乐、旅游文化等产业的发展对公共建筑还有较多需求。为此，相关研究机构均认为，未来中国人均建筑面积还有一定上升空间，总建筑面积也将进一步增长，但对于未来建筑面积具体规模的判断，各研究机构的结果存在较大差异。

对于未来建筑面积的研究，在不同因素考虑下有不同的研究结果，2050 年为 720 亿 ~910 亿 m^2（清华大学建筑节能研究中心，2016；中国煤控项 1.5 度能源情景课题组，2018；Yang et al.，2019；张建国和谷立静，2017）。国家发展和改革委员会能源研究所姜克隽研究团队结合中国建筑节能和低碳发展要求，对中国建筑低碳发展情景进行了研究分析，对 2020 年、2030 年建筑面积进行了情景预测（国家发展和改革委员会能源研究所，2014）。结果显示，2030 年，全国建筑总面积将达到 891 亿 m^2，其中城镇住宅面积和农村住宅面积将分别达到 440 亿 m^2 和 184 亿 m^2。

清华大学建筑节能研究中心（2015）研究团队认为，应该对中国建筑能源消费总量设置一个天花板，并努力在 2030 年左右实现建筑能源消费总量的峰值，之后将其控制在一个平台期，避免进一步的上涨。该研究团队同时认为要控制建筑能源消费总量，也需要合理控制建筑面积的增长，在2030年左右，将中国建筑总面积尽量控制在720亿m^2左右，其中城镇住宅358亿m^2、农村住宅179亿m^2、公共建筑191亿m^2。

基于对人口及二胎政策、城镇化率、人均建筑面积的系统分析，中国建筑科学研究院测算了2020~2050年中国不同气候区各类建筑面积。结果显示，2030年中国建筑面积为670亿m^2，其中城镇住宅、农村住宅以及公共建筑面积分别为317亿m^2、171亿m^2和182亿m^2；2050年中国建筑面积为745亿m^2，其中城镇住宅、农村住宅以及公共建筑面积分别为387亿m^2、109亿m^2和249亿m^2。

住房和城乡建设部标准定额研究所（2017）研究团队也认为中国应实施建筑能耗总量控制，为此应对人均建筑面积增长进行合理管控。该研究团队对建筑面积测算设置了“城镇化较快发展+人均建筑面积常规发展”和“城镇化稍缓发展+人均建筑面积严格控制”两个情景。在第一个增长较快的情景下，2030年全国建筑总面积将达到801亿m^2，其中城镇住宅、农村住宅和公共建筑面积将分别达到373亿m^2、222亿m^2和206亿m^2；2050年全国建筑总面积将达到888亿m^2，其中城镇住宅、农村住宅和公共建筑面积将分别达到471亿m^2、155亿m^2和262亿m^2。而在第二个增长较慢的情景下，2030年全国建筑面积只有698亿m^2。

国家发展和改革委员会能源研究所重塑能源课题组（张建国和谷立静，2017）同样认为，合理控制建筑面积增长是建筑部门重塑用能模式的重要措施之一。课题组参照发达国家中人均建筑面积的较低水平设置了重塑情景下未来中国人均建筑面积的发展目标，测算了未来中国建筑面积的发展趋势。结果显示，2030年全国建筑面积将达到为767亿m^2，其中城镇住宅、农村住宅和公共建筑面积分别为355亿m^2、185亿m^2和227亿m^2；2050年全国建筑面积将达到为863亿m^2，其中城镇住宅、农村住宅和公共建筑面积分别为490亿m^2、139亿m^2和234亿m^2。图8-3显示了各研究机构关于2030年和2050年中国建筑面积的预测结果。就2030年面积而言，中国建筑科学研究院的预测结果最低，只有670亿m^2；国家发展和改革委员会能源研究所

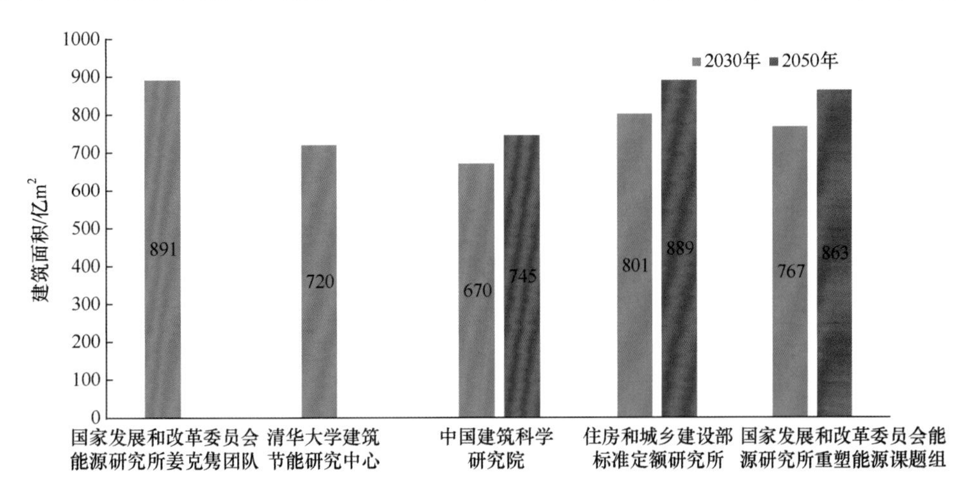

图8-3 各研究机构对2030年和2050年中国建筑面积预测结果的对比

姜克隽团队的预测结果最高，为 891 亿 m^2，已接近其他研究机构预测的 2050 年结果；其余三个单位预测结果基本在 700 亿 ~800 亿 m^2。就 2050 年面积而言，仍然是中国建筑科学研究院的预测结果最低，为 745 亿 m^2；国家发展和改革委员会能源研究所重塑能源课题组与住房和城乡建设部标准定额研究所的预测结果比较接近，分别为 863 亿 m^2 和 889 亿 m^2。

尽管各研究机构对未来中国建筑面积的具体预测数值不尽相同，但各机构基本都认为中国当前人均建筑面积与发达国家中低水平相比还存在一定差距，未来还有进一步提升的空间，中国建筑面积总体规模也将在未来较长一段时间内保持增长态势。同时，各研究机构也都认为，科学开展城乡规划，转变粗放建设模式，合理控制建筑面积增长，是实现建筑部门低碳发展的重要途径之一。

8.4 中外建筑运行能耗的比较

8.4.1 能耗总量和强度的比较

中国人均建筑运行能耗是美国的 1/6，是英、法、德、意四国人均水平的约 1/3；单位面积运行能耗是美国的 1/3，是英、法、德、意四国的 1/2（图 8-4）。无论是从能源角度看还是从碳排放角度看，发达国家应该更加重视节能低碳，承担更多的对世界持续发展的责任①。

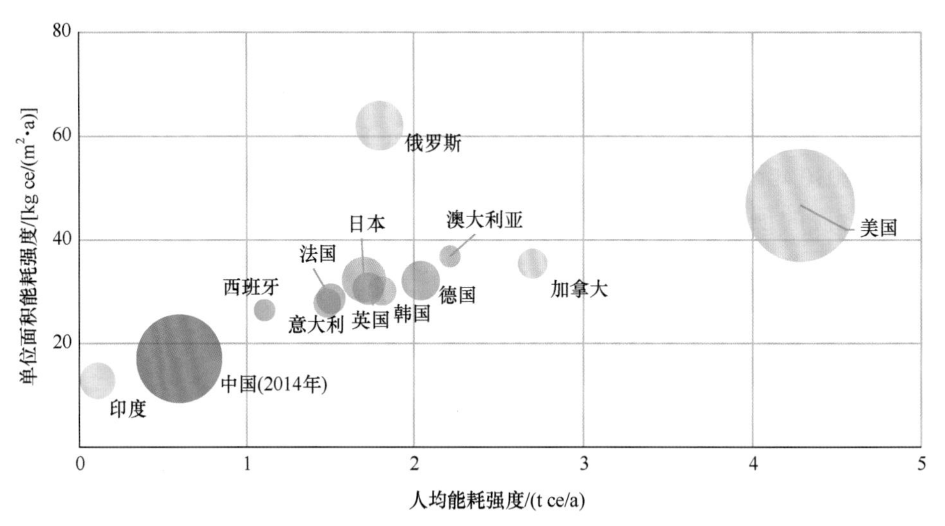

图 8-4 各国建筑运行能耗强度比较

各国建筑能耗总量用圆圈大小表示

1. 采暖能耗

比较有采暖需求的国家和地区，芬兰采暖能耗强度最大，单位面积采暖能耗超过

① Building Energy Research Center of Tsinghua Hua University. 2018. China Building Energy Use 2018.

60kg ce/ m^2，波兰、俄罗斯和韩国采暖能耗强度均约为30kg ce/ m^2，丹麦、加拿大和中国采暖能耗强度均为15~20kg ce/ m^2（EuroHeat & Power，2013）。

采暖能耗强度与气候条件、建筑围护结构性能、采暖系统类型及性能等因素有关。从气候条件来看，上述各个国家冬季气候寒冷，均有较大的采暖需求，提高围护结构保温性能是采暖节能的关键技术。各国采暖方式有较大的差异，除瑞典、芬兰、丹麦和斯洛伐克有较大量的集中供热比例（占总供热量的30%以上）外，其他国家集中供热的比例均不到20%；美国、英国、日本和加拿大等国家几乎没有集中供热；各国供热总量中只有3.8%的热量由集中供热提供。天然气、油类和可再生能源的供热量占22个国家中总供热量的80.7%，这与中国的供热方式与热源结构有较大的差异。

2013年中国北方城镇地区集中供热量占总供热量的76%。比较来看，中国北方供热模式与OECD国家有很大的差别，中国北方地区城镇供热节能目标和途径，应重点关注集中供热系统的特点和节能措施，即集中热源、供热输配过程和建筑围护结构性能（清华大学建筑节能研究中心，2015）。

2. 住宅能耗

中国正处在城镇化高速发展阶段，相对于发达国家，中国城乡住宅用能状况有着显著的差异，城镇住宅能源结构、终端用能分项与发达国家住宅用能情况更为接近。因此，进行中国与发达国家住宅用能对比时，宜选择城镇住宅。

住宅户均能耗强度大致分为三个水平：①美国的户均能耗大大高于其他国家，超过7t ce/a；②其他发达国家住宅能耗强度水平接近，为2~4t ce/a；③发展中国家的户均能耗强度基本在1t ce/a以下。单位面积能耗强度也存在三个差异明显的水平：美国等发达国家（俄罗斯除外）能耗强度约为35kg ce/（m^2 · a）；俄罗斯单位面积能耗大大超过其他发达国家，由于其人均住宅建筑面积仅为其他发达国家的一半，而且俄罗斯气候寒冷，采暖需求远大于其他国家；发展中国家单位面积能耗强度约为15kg ce/（m^2 · a），户均和单位面积住宅能耗强度都明显低于发达国家（彭琛，2014）。

中国住宅建筑能耗低于美国、日本等发达国家的主要原因包括较小的住宅面积、用能方式较为节约、能耗大的电器普及度低等。“省着用”与“用着省”可以概括为中外居民用能方式的显著差别（Hu et al.，2017）。

3. 公共及商业建筑能耗

中国公共建筑能耗强度处于较低的水平，即使考虑供暖能耗，中国公共建筑单位面积能耗仅为27.2 kg ce/m^2（2012年）；俄罗斯和韩国的公共建筑单位面积能耗非常高，分别达到157 kg ce/（m^2 · a）和98 kg ce/（m^2 · a），这与其气候寒冷、有大量的供暖需求有关；其他发达国家单位面积能耗强度为60~80 kg ce/（m^2 · a）。在相同服务量的情况下，单位面积建筑能耗高低可以体现技术水平的差异；由于各国气候条件不同，空调和采暖能耗需求差异较大，其他各类终端用能需求也存在差异，难以通过单位面积能耗强度高低说明各国技术水平的高低（彭琛等，2018）。

目前，中国人均公共建筑面积仅为美国的一半，如果建筑面积与系统形式、各项技术措施以及运行方式沿袭美国的发展路线，未来中国公共建筑能耗强度将增长为当前的3倍，能耗总量将达到目前的6倍（约12亿t ce），仅此公共建筑能耗就超过了当前的建筑能耗总量。为避免建筑能耗大幅增长，中国不能照搬发达国家的发展模式。

对比发达国家之间人均公共建筑能耗强度，美国人均能耗强度为1.85t ce，明显高于其他发达国家。如果认为美国和欧洲各国的技术水平和建筑形式相近，那么人均享受的服务量的差异造成美国人均公共建筑能耗约为欧洲发达国家的2倍。从经济水平和消费能力来看，美国与英、德、法、意等欧洲国家公共建筑服务水平不会有显著差异，服务量（含服务水平、服务空间和运行时间）是造成发达国家能耗强度差异的主要原因。

8.4.2 关于用能差异的研究

影响建筑能耗的宏观参数主要包括人口、建筑面积、户数、城镇化率和各类电器拥有率等，不同国家宏观参数有较大差异，比较能耗总量难以发现各国用能方式的差异，选择对建筑形式、各类终端用能项的比较，则可以看出不同国家的用能差异（彭琛，2014）。

1. 住宅形式的差异

中国城镇住宅以集合住宅为主，比较常见的为28~30层的高层住宅，16~18层、22~24层的中高层住宅，10~12层的小高层住宅，6~7层的集合式多层住宅，联排式低层住宅，还有少部分分户式独幢住宅（别墅）。大城市中心城区的住宅容积率很高，大多是高层或多层，标准层平面为12户、14户的塔楼屡见不鲜。

在美国一共有五种住宅形式：独立住宅（又称别墅），有连排的（attached）或者是独栋的（detached），以独栋居多；多层住宅，一般住有2~4户家庭；中高层住宅，住有5户或者更多的家庭；另外一种就是移动式的家庭（mobile homes）。从统计数据来看，美国主要的住宅形式是独栋住宅建筑，占住宅总量的65%；其次是集合式中高层住宅，每幢公寓里有5户以上的家庭，占住宅总量的15%，一般分布于城市中心区。目前美国存有住宅，83%的住宅建于2000年以前，其中20%建于1950年以前[①]。

2. 户均面积大小的差异

住宅建筑形式不同，住宅的单元面积会有很大差异，对住宅能耗也会有很大影响，尤其是照明、空调和采暖这几项能耗，与户均面积直接相关。中国城镇住宅户均面积仅为美国的1/4，为欧洲国家和日本水平的1/2~2/3。住宅户型面积较小，户均采暖、空调、照明的能耗就相对较低。

3. 空调的差异

（1）空调设备形式：目前中国城镇住宅里房间式的分体空调占绝对主导地位；美

① U.S. Energy Information Administration. 2015. Structural and geographic characteristics of U.S. homes by year of construction，2015.

国住宅中大多使用户式中央空调或楼宇中央空调，少数家庭使用分体空调。

（2）新风的获取方式：中国居民大多采用开窗通风和卫生间、厨房的排风机间歇排风来实现室内通风换气，全年排风机电耗不超过100（kW·h）/户；美国典型住宅要全面通风换气，风机电耗的耗电量为2768（kW·h）/户。

（3）不同的降温方式和开窗方式：中国住宅在室外温度适当的季节和夏季天气适宜的情况下是通过开窗自然通风来排除室内热量，不需要运行任何机械的空调与通风设备，即使在炎热的夏季也只是间歇式地使用分体空调，对人员所在房间进行降温；美国典型住宅全年固定通风换气量、固定新风量、全年基本不开外窗，所以室外温度适当的季节仍依靠空调系统来排热降温。

（4）空调运行模式：中国大多数住宅的空调、通风为部分时间运行模式，也就是家中有人时开机，无人时全部关闭，某个房间有人时开启这个房间的设备，离开时关闭；美国典型的单体住宅建筑的通风空调采用全自动控制模式，全年连续运行，即使全家外出度假，通风空调系统也不关闭。

4. 夏热冬冷地区采暖的差异

目前，中国和日本的采暖设备和方式基本相同，都是分体空调加局部采暖设备和间歇运行采暖方式，由此导致冬季采暖的能耗水平也基本在同一个数量级，采暖能耗的特点也相似。由于气候条件相似，日本的采暖方式对于中国夏热冬冷地区采暖有较大的参考价值，分体机加局部采暖设备，“房间有人时间歇使用分体机＋人员附近使用局部采暖设备”的使用方式，是最适合夏热冬冷地区住宅的采暖设备形式和使用方式。

中国夏热冬冷地区城镇采暖能耗平均值为2.4kg ce/m^2，日本目前的采暖能耗平均值基本稳定在4.2 kg ce/m^2，能耗差异主要由于中国夏热冬冷地区的居民许多冬季不使用或很少使用采暖设备，选择忍受或者其他方式来取暖，因此有一部分采暖需求是被抑制的，如果维持目前的设备和采暖方式不变，随着该地区经济水平的增长和居民生活水平的提高，冬季采暖能耗会随着采暖设备使用的增加和室内温度水平的上升有小幅上涨，但整体水平不会超过日本目前的水平，即采暖耗电量将增长至3~5kg ce/m^2。

5. 生活热水的差异

中国城镇住宅的生活热水能耗与美国、日本、意大利等发达国家相比还非常低，主要是生活方式的差异导致热水用量的差异，中国居民普遍采用淋浴形式，而发达国家居民盆浴比例相对较高，此外洗衣、厨房使用生活热水量也较大；美国居民家庭大量使用大体积水箱来储存热水，以满足即开即用的需求也使得能耗较高。

6. 家用电器的差异

中国城镇住宅平均每户全年家电耗电量为400~500kW·h，美国家庭全年户均家电耗电量为4000~5000kW·h，日本和意大利家庭全年户均家电耗电量为2000~3000kW·h；中国城镇居民家庭全年户均家电能耗仅为美国的1/10，为日本和意大利的1/5。造成能耗差异的原因主要包括：美国家庭使用大体积的冰箱，并且使用电热型衣物烘干机来干衣而非自然晾干；意大利家庭使用热水来洗衣；日本家庭中吸尘器的普及率和使用频率远高于中国，并且还使用电热喷水式马桶，这些不同造成了中国家庭和这些国家家庭 1500~3000kW · h 用电量差异。

8.5 建筑减排的目标和路径

8.5.1 宏观目标和路径

国家通过不断增加国内能源产量和扩大能源进口量，“以需定供”满足国内能源消费需求，这种敞口式的能源消费方式引发的能源安全问题、环境和气候变化问题严重妨碍中国持续和稳定发展（苏铭等，2013；丛威等，2012）。具体表现为：由于资源储量、安全生产和技术水平等原因，国内能源生产已不能满足能源消费需求，需要不断扩大进口，石油对外依存度已接近 60%；能源进口受到能源生产国、运输路线安全以及一些霸权国家的限制（史丹，2013），能源不能自给，这些将严重威胁国家安全。从建筑运行整体部门提出建筑总量控制目标，是实现国家能耗总量控制的重要保障。

在能源资源有限和碳排放控制的约束下，中国建筑能耗总量（不含生物质）应该控制在 11 亿 t ce 以内，通过对各项技术的分析，认为在技术和政策充分落实的情景下，北方城镇采暖能耗、公共建筑（除北方采暖外）能耗、城镇住宅（除北方采暖外）能耗以及农村住宅能耗分别可以控制在 1.5 亿 t ce、2.4 亿 t ce、2.9 亿 t ce 和 1.5 亿 t ce 的水平，总量为 8.3 亿 t ce，可以实现总量控制的要求（Peng et al., 2015）。

住房和城乡建设部在 2017 年发布的《建筑节能与绿色建筑发展“十三五”规划》中提出了“十三五”期间建筑节能整体目标，包括：“到 2020 年，城镇新建建筑能效水平比 2015 年提升 20%，部分地区及建筑门窗等关键部位建筑节能标准达到或接近国际现阶段先进水平。城镇新建建筑中绿色建筑面积比重超过 50%，绿色建材应用比重超过 40%。完成既有居住建筑节能改造面积 5 亿平方米以上，公共建筑节能改造 1 亿平方米，全国城镇既有居住建筑中节能建筑所占比例超过 60%。城镇可再生能源替代民用建筑常规能源消耗比重超过 6%。经济发达地区及重点发展区域农村建筑节能取得突破，采用节能措施比例超过 10%”。

住房和城乡建设部对建筑节能的目标任务进行了拆解，如新建建筑和既有建筑，把节能标准提升、绿色建筑推广和节能改造作为主要工作内容；城镇居住建筑、公共建筑和农村住宅，针对不同的用能特点和现状，提出相应的重点工作；将北方城镇采暖作为一项重点工作，将新建建筑节能标准执行、既有建筑节能改造等作为减少采暖能耗的主要路径。

1. 北方城镇采暖

从北方城镇采暖的节能政策措施来看，主要包括严格要求新建建筑执行节能标准、推广既有供热计量和节能改造、推动供热体制改革和开展供热系统节能改造。通过行政管理和财政补贴等途径，从宏观政策和规划层面推动北方城镇采暖，并拟定包括推动供热计量、城市供热管网和建筑节能改造等工作的量化目标。

针对北方城镇采暖用能三个重要环节：提高热源效率，大力发展工业余热、热电联产等高效率热源；推动供热改革，在进行供热机制和体制改革的基础上，降低输配在时间和空间上的不平衡造成的损失和过量供热，将各种因素导致的过量供热损失从目前的15%~30%，降低到10%以下；改善围护结构保温，保证节能设计标准的执行率，北方城镇建筑需热量范围为28（kW · h）/m^2（郑州）至80（kW · h）/m^2（哈尔滨）（江亿等，2012）。

从支持北方城镇采暖节能技术条件来看，已有一大批针对北方城镇采暖节能的技术与措施，如基于吸收式换热的热电联产集中供热系统（李岩，2012）和低品位工业余热利用技术（方豪等，2013），能够充分利用工业余热，大大提高热源侧效率。

2. 公共建筑

办公建筑能耗影响因素包括设备性能、使用方式和使用条件（张硕鹏和李锐，2013）。室内设定温度、设备和照明功率密度、外窗类型是影响夏热冬冷地区高层办公建筑能耗的显著因素（李莹莹等，2013）。气候变暖，直接的影响是增加空调能耗，减少采暖能耗（李明财等，2013），对于建筑能耗总量的影响取决于采暖和空调需求变化的大小。有较大连续供冷需求的公共建筑中，大型直流变频离心制冷机可以显著降低空调能耗（王宇，2013）。

通过这些研究来看，公共建筑节能的主要技术途径包括：第一，严格控制“采取机械通风配合集中系统”的建设规模，鼓励建筑进行被动式设计和采用便于独立调节的系统；第二，按照不同类型的公共建筑，通过政府监管、政策激励、宣传引导和市场服务等途径，降低各功能建筑能耗强度，并以当前优秀的实践案例为引导目标，推动以降低能耗为导向的公共建筑节能；第三，重视运行与使用方式的节能作用，在建筑设计、技术选择以及建筑运行使用阶段，充分考虑推动运行和使用方式节能，同时，研究与绿色使用方式相适宜的节能技术，支撑使用方式节能；第四，通过节能技术措施和节能使用方式，降低照明、空调、设备和热水等各个终端用能项的能耗量，“自下而上”地实现能耗指标控制目标。

3. 城镇住宅

气候变暖将大幅减少采暖能耗，而同时增加空调能耗（刘大龙等，2013）。家庭小型化、消费水平提高导致建筑运行阶段的能耗（如采暖、空调及其他家电能耗）将保持持续上升趋势，其占总能耗的比例也将持续升高（周伟等，2013）。在人均住房面积达到35m^2以前，城镇住宅建设期能耗还会进一步提高，推动城镇住宅建筑节能，应从优化住宅设计实现住宅设计的标准化，采用工业化的建造方式促进住宅产业化，提高住宅节能的意识，引导合理的城镇住宅规模需求等方面进行努力（李珊珊和吴开亚，2014）。生活方式的不同是造成家庭用能量差异的主要原因。同时，户均面积不同也使得照明、空调和采暖的需求有所差异（胡姗，2013）。城镇住宅中空调室内温度25~26℃，采暖室内温度14~16℃，人均日用水量30~60L；无论住宅还是办公建筑中，使用者普遍有开窗通风的习惯；夏热冬冷地区冬季采暖以分散独立的设备、间歇使用为主；夏季空调以分体机、间歇使用为主；生活热水以独立热水器、淋浴使用为主，这些技术和使用方式基本能够满足人们的需求（胡姗，2017）。

（1）夏热冬冷地区采暖。夏热冬冷地区城镇采暖能耗约占该地区城镇住宅用能的10%，近年来能耗也在持续快速增长；该地区围护结构性能较差，尤其是隔热问题值得关注；该地区户均采暖能耗强度仅为北方地区的1/10，由于气候条件、建筑和使用需求特点，不建议在该地区推广集中采暖形式（Hu et al., 2016）。该地区住宅供暖，宜考虑采取分散式供暖方式，这样既符合该地区供暖期短、供暖负荷小且波动大的特点，又满足不同住户的需求差异，可节约能源和费用（曹彬等，2014）。

（2）空调。不同地区空调能耗水平的差异甚至小于同一城市同一建筑中不同住户之间的能耗水平（简毅文等，2012）。使用行为是空调能耗的关键影响因素，而窗、外墙等性能对夏季空调能耗影响较小，无论在哪种模式下，即使窗的传热系数降低20%，空调能耗变化都不超过1%，即窗的传热系数对空调能耗强度的影响有限（谢子令等，2012）。

总体来看，城镇住宅的节能，一方面，应尽可能地控制城镇住宅建筑面积，减少空置率，降低人均建筑面积；另一方面，通过引导生活方式和技术应用，控制能耗强度增长。

4. 农村住宅

从农村建筑用能特点和发展趋势来看，由于城乡住宅建筑形式、用能类型和居民生活方式的巨大差异，城镇和农村住宅建筑用能应区别分析，农村节能建设应该走一条与城镇发展不同的道路。针对南北方用能需求、自然环境和资源条件的特点，在南北方农村分别确立相应的技术措施：在北方农村，通过对房屋改造，加强保温和气密性，从而减少采暖需热量；发展新型火炕或土暖气技术，充分利用炊事余热，提高采暖能效；同时推广太阳能生活热水系统，发展适宜的太阳能采暖技术，充分利用太阳能；研究推进秸秆薪柴颗粒压缩技术的应用，实现高密度储存和高效燃烧，并探索合适的市场运作模式以降低成本，使得生物质得到推广应用。在南方农村，在传统农居的基础上进一步改善，依靠加强遮阳和通风条件，通过被动式方法获得舒适的室内环境；积极发展沼气池，来解决炊事和生活热水需求；解决燃烧污染、污水等问题，营造优美的室外环境（单明，2012；李沁笛，2012）。

对现有农村采暖技术进行改进或创新，在改善采暖效果的同时，降低采暖能源消耗（李丽珍，2013）。家电下乡并没有根据农民需要明显提高其生活品质，给农民的实惠有限（例如，农村常年有丰富的新鲜农产品，对于大部分农户而言，冰箱的作用有限），比较而言，国家更应该大力支持解决农村住宅中迫切需要解决的环境卫生问题和室内舒适问题（寇娅雯和张耀东，2013）。近年来又有如新型百叶型集热蓄热墙和新型孔板型太阳能空气集热墙出现，其可以通过吸收和释放热量调节冬季和夏季的室内温度，改善室内热环境（江清阳，2012）。

归纳农村住宅节能技术途径，应通过宣传引导尽可能保持当前农村居民的生活方式，并发展与之相适应的、充分利用自然资源条件的技术。具体包括：以被动式节能为主，改善采暖设施并充分利用可再生能源，降低北方地区住宅采暖能耗强度；充分利用生物质能解决40%的炊事需求；积极发展太阳能生活热水，解决约40%的用能需求；推广节能灯具，使得照明能耗强度在3（kW·h）/（m^2·a）左右；根据农民实际需求引导农村家电市场，避免高能耗家电进入农村家庭；积极发展隔热、遮阳和自然通风的技术措施，营造良好的农村住宅周围环境。考虑未来中国农村住宅中各类终端用能项的需求，并分析各项技术因素和使用与行为因素的发展趋势，可以发现未来农村住宅有较大的节能空间。

5. 建筑在实现《巴黎协定》目标下的减排空间

为实现《巴黎协定》碳排放总量控制目标，建筑部门一方面应从建筑用能的特点和发展需求进行规划，尽量控制能源消耗量；另一方面，应在能源供应结构方面推动低碳转型，加大低碳能源应用比重。

（1）提升建筑节能标准。随着中国城镇化发展水平的提高、人均建筑面积的增加以及对室内舒适度要求的提升，中国建筑面积及其能耗将会进一步增加。自2014年起，中国民用建筑每年的竣工面积基本稳定在40亿m^2左右。对新建建筑推行更加严格的节能标准，对超低能耗、近零能耗及零能耗的发展提出要求，大幅度降低建筑领域供暖、供冷及照明的能耗强度，并充分利用可再生能源，大幅度减缓建筑领域能耗需求的增幅。同时，根据建筑节能标准提升，大力推进既有建筑节能改造。有研究认为，到2050年在全面采用具有成本效益的最高效率节能措施下，建筑部门的减碳潜力为28亿t CO_2。如果仅通过发展近零能耗建筑，在高速发展情景下，到2050年，建筑部门暖通空调和照明系统的碳排放（不含生活热水、家电等其他用能）将较基准情景降低7.7亿t CO_2。

（2）推动北方供暖热源改革。研究表明，消除燃煤或燃气锅炉房，杜绝各种形式的直接电采暖，通过热电联产、工业余热、核能供热形式满足基础供热需求，通过各种形式的热泵技术满足末端调峰需求，因此供暖消耗的化石能源将大幅减少，可控制在1亿t ce以内（彭琛等，2018）。

（3）加强可再生能源建筑应用。目前，太阳能光伏电池成本大幅下降，转换效率逐步提升。建筑光伏一体化产品，如光伏瓦、光伏玻璃等，成为太阳能光伏电池技术的发展方向。中国城乡建筑总量逾600亿m^2，若所有建筑表面全部被开发利用，每年可发电约2万亿kW·h，占目前中国全年发电量的28%（江亿，2020a）。另外，考虑可再生能源的波动性和随机性，利用蓄能技术能够更好地满足建筑用能需求。积极发展建筑用电需求侧相应技术、蓄能技术和相应的市场机制，能够有效减小电网负荷峰值，提高风电和光电可再生能源利用量。

（4）实现国家碳中和目标，需要建筑近零排放。其主要途径包括除采暖以外全部实现电力化，北方采暖地区推行采暖电力化、低温核电供热，以及燃煤和天然气大型锅炉供热采用CCS技术，最终实现建筑用能的近零排放。在全国碳中和情景下，热电联产和工业余热均明显减少，无法满足建筑用热需求（Jiang et al.，2018）。

8.5.2 重点技术讨论

1. 北方集中供暖：发展低品位工业余热技术

中国电力行业和其他制造业的工艺过程会产生大量余热，其中一些低品位余热不能再被工艺过程回收利用，但可以用于建筑采暖。在各种供热方式中，燃煤锅炉直接供热的煤耗为40kg ce/GJ，常规热电联产供热煤耗为25kg ce/GJ，而充分回收乏汽余热（属于低品位余热）的热电联产供热煤耗可降至15~20kg ce/GJ，其他各类低品位工业余热供热的煤耗仅为5~25kg ce/GJ。所以，大规模发展低品位工业余热供热是降低北方城镇采暖能耗和碳排放的重要途径。2015年，中国出台了《余热暖民工程实施方案》，要求充分回收利用低品位余热资源，减少煤炭消耗，改善空气质量。2017年，十部委联合印发的《北方地区冬季清洁取暖规划（2017—2021年）》也将热电联产和工业余热作为重要的清洁取暖措施。未来中国北方城镇采暖应建立以热电联产和低品位工业余热承担供热基荷，以燃气锅炉负责调峰，以各种热泵采暖及其他高效分散供热方式为辅的供热模式，并通过统一规划，明确余热回收技术要求，完善热源与热网结算机制等措施，从而促进低品位工业余热供暖的规模化发展。

2. 南方采暖：发展分散式采暖技术

夏热冬冷地区包括山东、河南、陕西部分不属于集中供热的地区和上海、安徽、江苏、浙江、江西、湖南、湖北、四川、重庆，以及福建部分需要采暖的地区。该地区的气候特点是夏季闷热潮湿、冬季阴冷，最冷月平均气温0~10℃，平均相对湿度80%，日最低气温低于5℃的天数达2个多月。冬季日照率低，室内湿度大，需要时常开窗通风换气，室内外温度几乎相同。长期以来，“冬冷”问题没有解决，即使有一些采暖措施，大多也效率低下，舒适性差。随着生活水平的提高，该地区居民要求冬季取暖的呼声日渐强烈，冬季取暖能耗需求将呈增长趋势，这成为中国建筑能耗的潜在增长点。

夏热冬冷地区建筑围护结构多为轻型结构和中型结构，保温隔热性能较差，蓄热性能也较差，而且住户在冬季普遍有开窗的习惯，间歇供暖方式更适合该地区。从节能角度看，辐射采暖优于对流采暖，局部分散采暖优于整体采暖，间歇采暖优于连续采暖。另外，该地区居民对于热舒适性的心理期望较低，对于冷感觉的承受范围更大，因此该地区冬季采暖温度可比北方严寒和寒冷地区适当低一点（洪玲笑等，2015）。

夏热冬冷地区城镇住宅采暖能耗在2001~2015年从不到200万t ce增长为1652万t ce，增量大、增长快；2015年该地区平均采暖一次能耗强度约为1.84kg ce/m^2，折合184kg ce/（户·a），仅为北方地区采暖能耗强度的1/10左右，并远低于国外相同气候区的住宅冬季采暖能耗，住宅采暖能耗占该地区住宅总能耗的18%。目前，该地区绝大部分家庭都有采暖设备，以分体式热泵空调和局部的电热采暖设备为主，60%~70%的家庭采用二者结合的方式进行冬季采暖，近年来户式燃气壁挂炉和小区集中供热也开始在该地区应用，但占比低于10%。生活方式和采暖习惯不同可能会造成能耗将近10倍的差异，使用分散式电热泵采暖的平均耗电量为3~5（kW · h）/（m^2 · a），折合到一次能耗为1~1.6kg ce/（m^2 · a），采用燃气壁挂炉对整户进行连续采暖的能耗强度为6~12kg ce/（m^2 · a），一旦采用小区集中的供热系统，采暖能耗强度平均为15~20kg ce/（m^2 · a）（清华大学建筑节能研究中心，2017）。

关于长江流域居住建筑采用地源、水源热泵采暖空调的适宜性问题仍然存在争议。该地区居住建筑采用地源、水源热泵系统进行采暖，无论末端是采用地板采暖还是风机盘管采暖均能在需要的时候达到采暖室内设计温度18℃，满足居民采暖需求，但是二者能耗差别大，地板采暖容易形成“全时间、全空间”的采暖模式，采暖能耗高，而风机盘管采暖末端可以分房间开启关闭采暖设备，形成“部分时间、部分空间”的采暖模式，采暖能耗低。地源、水源热泵系统与传统分体空调（空气源热泵）比较，若从冷热源角度看，在设计工况下，其热泵的效率高于传统分体空调（空气源热泵）的效率，但是由于系统长期处于低负荷运行，再加上集中系统的输配水系统电耗，最终地源、水源热泵系统的平均效率与传统分体空调相当，最终的采暖空调能耗也与传统分体空调相当。

总之，随着人民群众收入和生活水平不断提高，夏热冬冷地区居民要求冬季采暖的呼声日渐强烈，一些地方也开始了积极探索。较多的观点认为，解决该地区采暖问题应坚持市场驱动的原则，不宜采用类似北方地区的大规模集中采暖方式，需要“采暖”并非等同于需要“集中采暖”，可采用空气源热泵、燃气壁挂炉等各种分散采暖方式，同时考虑到该地区建筑围护结构保温隔热性能较差的现状，做好建筑节能工作，逐步改善建筑围护结构保温、气密性等，以降低冬季建筑采暖的热需求。

3. 太阳能生活热水：以实际常规能源消耗量为依据

太阳能热水系统是目前应用最为广泛的建筑可再生能源技术之一。很多地区为了响应政府节能政策，推行强制安装太阳能热水系统的地方性政策。据不完全统计，2005年以来，有14个省、3个自治区、3个直辖市、50余个城市相继发布了太阳能热水推广应用政策。特别是2006年颁布《可再生能源建筑应用专项资金管理暂行办法》之后，在利好政策的拉动下，太阳能从农村走向城市，由零售市场转向工程市场，向着集中式太阳能系统、阳台壁挂分户式太阳能系统发展。然而长期以来，太阳能热水应用的用户口碑却差强人意，太阳能热水系统收费高、实际应用效果用户满意度低下、用水体验舒适性差等问题没有解决。随着人们生活水平的提高，居民生活热水需求进一步提升，生活热水能耗需求将呈增长趋势，其成为未来中国建筑能耗可预期的增长点之一。

中国城镇住宅的生活热水能耗与美国、日本、意大利等发达国家相比还非常低，有上升趋势（胡姗，2013）。住宅生活热水系统的能耗占整个建筑能耗的比例达到22 %，属于住宅中的能耗大户（邹敏华等，2013）。太阳能热水系统在实际工程应用中发挥的作用十分有限，普遍存在太阳能热水舒适性与价格不匹配、运行维护负担重等现象，致使开发商不敢轻易采用太阳能热水系统。然而，为了响应节能与强制安装政策，选择低价太阳能产品或通过租赁安装，导致安装却不投入使用或使用体验差等问题，其中既有技术问题，也有市场机制问题（王珊珊等，2016）。

一些太阳能热水工程未能取得良好的节能效果或经济效益在于其设计参数的选择存在问题：设计日均用水量取值偏大、水箱内设计温度较用热水温度偏高、设计小时耗热量与用热水逐时规律存在差异以及不同气候区辐射条件与温度的影响等（彭琛等，2016a）。从实际使用需求来看，不同气候区不同季节居民热水负荷需求量要低于各类设计标准或规范中的下限值（王珊珊等，2015）。减少住宅公寓楼太阳能热水系统运行能耗，需要重视设计用热水时段，从而优化系统容量及运行策略的设计（郭嘉羽等，2016）。

太阳能热水系统评价是影响实际应用以及技术进一步提升的重要因素。然而，现有太阳能热水系统的评价指标对于各部件热性能、经济性等有比较明确的参数要求，却难以全面准确评价整个系统的热性能，以及实际系统产生的能源节约量。有研究指出，基于热量平衡、以减少常规能源消耗为首要目标的系统评价指标包括常规能源有效替代率、太阳能有效利用率、系统热损比，其能够全面并唯一描述系统热性能（彭琛等，2016b）。

为准确进行太阳能热水系统工程测评，不仅仅需要关注集热系统集热量，还应该从“跟踪太阳能”转变为“跟踪常规能源”（陈希琳等，2015）。同时，检测思路应从追踪太阳能、主要关注集热侧转变为追踪常规能源、主要关注用热侧，同时从短期检测为主转变为长期监测（全年模拟）为主（彭琛和郝斌，2018），并将重点由仅检测集热系统热量转变为检测“整个系统”热量状况，关注长期监测数据（全年模拟），更接近实际地反映系统运行中的“热”性能和能耗水平。

总体来说，太阳能热水系统应用中上述问题的出现并非仅仅是太阳能热水系统的集热效率不高、集热量不够或者经济性不佳等技术原因，而是在系统设计、评价、运维管理方面还存在着很大的提升空间。较多的观点认为，解决太阳能热水系统实际应用问题应坚持市场导向，对实际运行能耗与成本进行评价，让太阳能热水应用回归到如何更好地设计系统、更好地满足用户需求、更好地实现可再生能源有效利用上来，避免劣币驱逐良币，促进太阳能热水应用良性发展。

4. 低温核供热技术

核供热主要有两种方式：第一种是核电站在发电的同时采用抽气供热，称为核热电站。核热电站反应堆工作参数高，必须按照核电站选址的相关法规标准要求建在远离居民区的地点，从而在一定程度上导致其发展受限。第二种是建设专用的小型低温核供热堆，仅提供低压蒸汽和热水，称为低温核供热站。该类型反应堆工作参数低、安全性好，可以紧临城市建设。

低温核供热堆可长期在低温下运行，具有安全性高、技术成熟、系统简单、运行稳定、占地面积小等优点，并且建造成本低、运行维护方便。一座 400MW 的低温核供热堆，供暖建筑面积可达约 2000 万 m^2，相当于 20 万户居民的采暖需求。目前，中国已经有数个项目在推进中，2020~2021 年就会有实际运行的低温核供热堆为城市提供热能，其成本低于现有天然气和燃煤采暖。目前的问题是中国针对低温核供热的技术和安全标准缺乏，这些标准正在制定中。如果这些障碍得到解决，未来低温核供热会有很大潜力，是中国实现碳中和目标下建筑用能实现近零排放的重要途径。

8.6 建筑实现深度减排、零排放的技术和政策路径

8.6.1 近零能耗建筑

1. 近零能耗建筑概念

“近零能耗建筑”（nearly zero energy building）一词源于欧盟。欧盟于 2010 年 7 月 9 日发布了《建筑能效指令》（修订版）（*Energy Performance of Building Directive Recast*），要求各成员国确保从 2018 年 12 月 31 日起，所有政府持有或使用的新建建筑达到近零能耗建筑要求；从 2020 年 12 月 31 日起，所有新建建筑达到近零能耗建筑要求。由于欧盟成员国经济不平衡、气候区跨度大，成员国可以以本国实际情况为基础，以充分考虑节能技术成本效益比为前提，提出其近零能耗建筑量化目标，但并没有统一明确的量化节能目标。对于近零能耗建筑，欧洲各国也存在不同的具体定义。例如，瑞士的“近零能耗房”（也称迷你能耗房或迷你能耗标准），要求按此标准建造的建筑其总体能耗不高于常规建筑的 75%（即节能 25%），化石燃料消耗低于常规建筑的 50%（可理解为节省一次能源 50%）。又如，意大利的“气候房”（climate house），指建筑全年供暖通风空调系统的能耗在 30（kW · h）/（m^2 · a）以下。再如，德国被动房研究所（Passive House Institute）提出的“被动房”（也称被动式房屋、被动式住宅，passive house），指通过大幅度提升围护结构热工性能和气密性，利用高效新风热回收技术，将建筑供暖需求降低到 15（kW · h）/（m^2 · a）以下，从而可以使建筑摆脱传统的集中供热系统，技术路线为通过被动式手段达到近零能耗，其也属于近零能耗建筑的一种类型。

总之，近零能耗建筑是以能耗为控制目标，首先通过被动式建筑设计降低建筑冷热需求，提高建筑用能系统效率降低能耗，在此基础上再通过利用可再生能源，实现超低能耗、近零能耗和零能耗。近零能耗建筑以超低能耗建筑为基础，是达到零能耗建筑的准备阶段。近零能耗建筑在满足能耗控制目标的同时，其室内环境参数应满足较高的热舒适水平，健康、舒适的室内环境是近零能耗建筑的基本前提。

迈向零能耗建筑的过程根据能耗目标实现的难易程度表现为三种形式，即超低能耗建筑、近零能耗建筑及零能耗建筑，它们属于同一技术体系。其中，超低能耗建筑节能水平略低于近零能耗建筑，是近零能耗建筑的初级表现形式；零能耗建筑能够达到能源产需平衡，是近零能耗建筑的高级表现形式。超低能耗建筑、近零能耗建筑、

零能耗建筑三者之间在控制指标上相互关联，在技术路径上具有共性要求。因此，除控制指标及特殊说明外，近零能耗建筑设计、施工质量控制与验收及运行管理的技术措施和评价相关条文均适用于超低能耗建筑和零能耗建筑。

近零能耗建筑是指适应气候特征和场地条件，通过被动式建筑设计最大幅度降低建筑供暖、空调、照明需求，通过主动技术措施最大幅度提高能源设备与系统效率，充分利用可再生能源，以最少的能源消耗提供舒适的室内环境，其建筑能耗水平应较2016年国家建筑节能设计标准降低60%~75%及以上。

超低能耗建筑是近零能耗建筑的初级表现形式，其室内环境参数与近零能耗建筑相同，能效指标略低于近零能耗建筑，其建筑能耗水平应较2016年国家建筑节能设计标准降低50%以上。

零能耗建筑是近零能耗建筑的高级表现形式，其室内环境参数与近零能耗建筑相同，充分利用建筑本体和周边的可再生能源资源，使可再生能源年产能大于等于建筑全年全部用能（图8-5）。

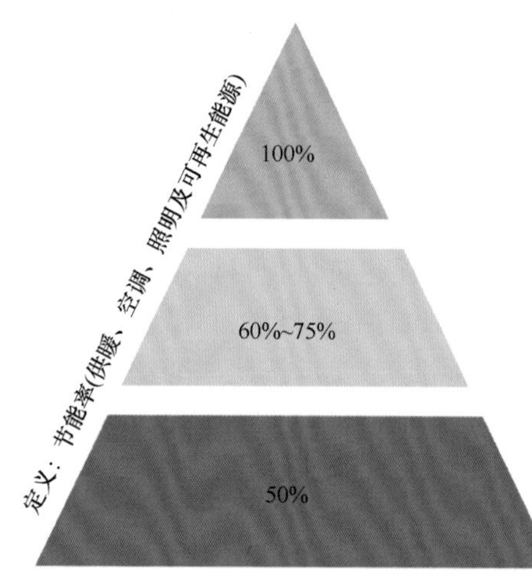

零能耗建筑：**可再生能源大于等于建筑自身用能**
适应气候特征和自然条件，通过被动式技术手段，最大幅度降低建筑供暖供冷需求，最大幅度提高能源设备与系统效率，充分利用建筑物本体及周边或外购的可再生能源，使可再生能源全年供能大于等于建筑物全年全部用能

近零能耗建筑：**利用可再生能源**
适应气候特征和自然条件，通过被动式技术手段，最大幅度降低建筑供暖供冷需求，最大幅度提高能源设备与系统效率，利用可再生能源，优化能源系统运行，以最少的能源消耗提供舒适的室内环境

超低能耗建筑：**可不借助可再生能源，主被动技术能达到的水平**
适应气候特征和自然条件，通过被动式技术手段，大幅降低建筑供暖供冷需求，提高能源设备与系统效率，以更少的能源消耗提供舒适的室内环境

图8-5 零能耗建筑、近零能耗建筑、超低能耗建筑定义

2. 近零能耗建筑发展现状

2002年开始的中瑞超低能耗建筑合作，2010年上海世博会的英国零碳馆和德国汉堡之家是中国建筑迈向更低能耗的初步探索（张时聪和陈七东，2019）。2011年起，在中国住房和城乡建设部与德国联邦交通、建设及城市发展部的支持下，住房和城乡建设部科技发展促进中心与德国能源署引进德国建筑节能技术，建设了河北秦皇岛在水一方等建筑节能示范工程（徐伟等，2018）。2013年起，中美清洁能源联合研究中心建筑节能工作组开展了近零能耗建筑、零能耗建筑节能技术领域的研究与合作，建造完成中国建筑科学研究院近零能耗建筑、珠海兴业近零能耗示范建筑等示范工程，取得了非常好的节能效果和广泛的社会影响。2015年，住房和城乡建设部颁布《被动式超低能耗绿色建筑技术导则（居住建筑）》。2019年，全球首部以国家标准形式初探的技

术文件《近零能耗建筑技术标准》(GB/T 51350—2019)正式颁布，极大地推动了中国近零能耗建筑的发展。虽然中国近零能耗建筑起步较晚（徐伟等，2018），但是近年来发展迅速。到2020年底，中国近零能耗建筑建成或正在建设的面积约1200万 m^2[①]。

2017年2月，住房和城乡建设部发布的《建筑节能与绿色建筑发展“十三五”规划》提出，积极开展超低能耗建筑、近零能耗建筑建设示范，提炼规划、设计、施工、运行维护等环节共性关键技术，引领节能标准提升进程，在具备条件的园区、街区推动超低能耗建筑集中连片建设。鼓励开展零能耗建筑建设试点。2021年，《中华人民共和国国民经济和社会发展第十四个五年规划和2035年远景目标纲要》中指出，要实施重大节能低碳技术产业化示范工程，开展近零能耗建筑、近零碳排放、碳捕集利用与封存等重大项目示范。中央财经委员会第九次会议中提到，建筑领域要提升节能标准。“十三五”时期，各地方为推进近零能耗建筑发展相继出台了激励政策47项，主要分为政府规划文件、建筑技术发展文件、近零能耗激励政策文件以及其他类型文件四种形式[①]。截至2020年6月，近零能耗建筑激励政策在各省市的应用情况如图8-6所示。

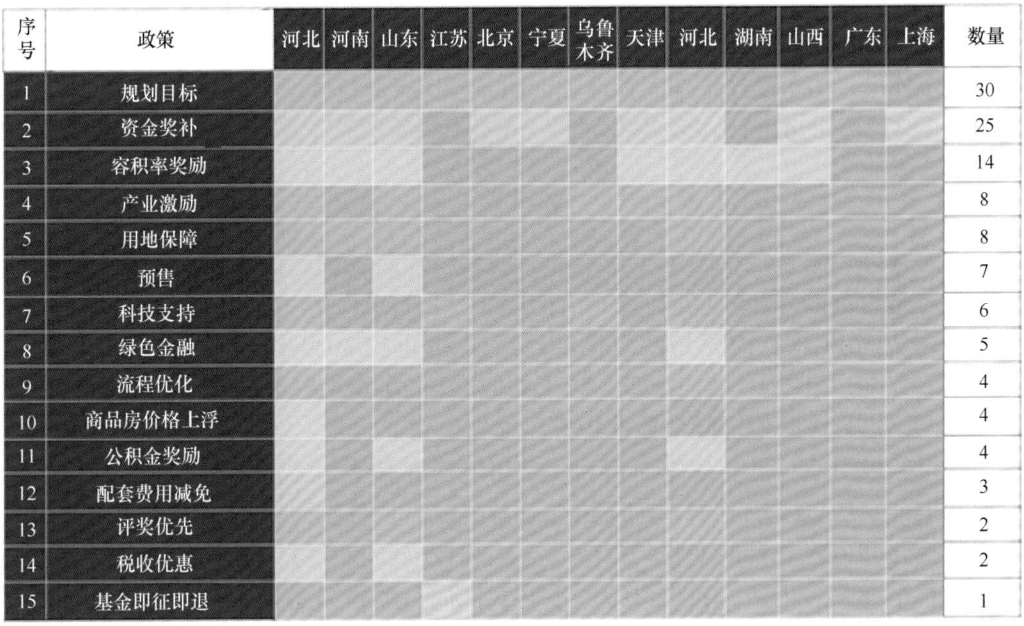

序号	政策	河北	河南	山东	江苏	北京	宁夏	乌鲁木齐	天津	河北	湖南	山西	广东	上海	数量
1	规划目标														30
2	资金奖补														25
3	容积率奖励														14
4	产业激励														8
5	用地保障														8
6	预售														7
7	科技支持														6
8	绿色金融														5
9	流程优化														4
10	商品房价格上浮														4
11	公积金奖励														4
12	配套费用减免														3
13	评奖优先														2
14	税收优惠														2
15	基金即征即退														1

图8-6 “十三五”时期中国近零能耗建筑激励政策的应用情况[①]

3. 近零能耗建筑节能潜力及经济性分析

目前，中国超低/近零能耗示范工程涵盖严寒、寒冷、夏热冬暖和夏热冬冷四个气候区，包括居住建筑、办公建筑、商业建筑、学校、展览馆、体育馆、交通枢纽中心等不同建筑类型，并呈现由建筑单体向近零能耗社区发展的趋势（Liu et al., 2021）。

① Zhang S C, Yang X Y, Xu W, et al. 2021. Contribution of nearly-zero energy buildings standards enforcement to achieve carbon neutral in urban area by 2060. Advances in Climate Change Research. Accept.

严寒和寒冷地区示范项目外墙保温性能较现行节能标准提升 65%~80%，外窗保温性能较现行节能标准提升 58%~60%。夏热冬冷和夏热冬暖地区外窗传热系数也控制在 1.2 W/（$m^2 \cdot a$）以下，较现行节能标准提升 40%（张时聪等，2020）。此外，地源热泵、太阳能光伏等可再生能源的应用，进一步降低了建筑能耗水平（Liu et al.，2019；Xu et al.，2020；Zhang et al.，2016）。根据已有的示范案例，严寒和寒冷地区示范工程供热、供冷和照明的能耗为 20.7~35.3（kW · h）/（$m^2 \cdot a$），平均为 28.7（kW · h）/（$m^2 \cdot a$）。2016 年北方供暖的能耗为 39（kW · h）/（$m^2 \cdot a$），示范建筑比现有建筑平均节能 70%（Yang et al.，2019）。对中国第一幢近零能耗示范建筑进行分析，其是位于寒冷气候区的四层办公楼，建筑面积为 4025m^2，包括供暖、制冷和照明在内的年能耗设计目标为 25（kW · h）/m^2。通过高性能建筑围护结构、热回收通风系统、LED 照明和可再生能源可以分别节省 33.2%、16.1%、17.5% 和 39.4% 的能源需求，总共可节省 70.8% 的能耗（Li et al.，2021）。

中国超低能耗示范项目的增量成本呈逐年下降的趋势。其中，居住建筑由于技术和市场逐渐成熟，增量成本从 1300 元 /m^2 降至 600 元 /m^2，降幅 53.8%，办公建筑增量成本从 2500 元 /m^2 降至 800 元 /m^2，降幅 68%，学校类建筑增量成本从 1900 元 /m^2 降至 1000 元 /m^2，降幅 47.4%，公共建筑建筑形式、建筑体量变化较大，增量成本可能由于建筑外形、功能设计复杂而存在较大的差异性，但整体增量成本仍呈现明显下降趋势（张时聪等，2020）。

4. 近零能耗建筑对中长期建筑能耗的影响

目前，许多国家已经制定了建筑部门的碳中和路线图，国际上一直认为近零能耗建筑将是解决能源和环境问题的可行方案（Zhang et al.，2020）。经过 30 年的发展，中国 2016 年施行的建筑能效标准已经较 20 世纪 80 年代提升了 65%（中国建筑科学研究院，2017）。面向未来，为了响应中国 2030 年碳达峰、2060 年碳中和目标，需要制定具体的建筑能效标准提升路线图。

建筑领域用能总量与建筑面积和建筑用能强度有关。建筑用能强度是指单位建筑面积用能，所以要研究未来建筑用能总量，就需要分别研究未来可能的建筑用能强度的变化和建筑总量的变化。以人口、人均住宅面积、城镇化率、不同形式建筑的能耗水平参数为依据，通过对中国不同气候区、不同类型建筑的用能强度以及面积的中长期发展进行预测，将超低能耗建筑、近零能耗建筑和零能耗建筑作为中国未来中长期建筑节能的发展目标，计算并分析不同发展情景下，近零能耗建筑对中国中长期建筑领域能耗与碳排放的影响。研究结果表明，随着发展零能耗建筑的速度逐渐推进，从缓慢发展情景到跨越式发展情景，建筑能耗的峰值将会下降，峰值出现的时间将会提前，并且峰值后的建筑能耗下降速度将会加快。总体而言，当超低能耗、近零能耗以及零能耗建筑占比超过 50% 时，中国建筑领域能耗才会下降。与基准情景相比，到 2050 年跨越式情景可实现累计节能 93.8 亿 t ce（Yang et al.，2019）。此外，由于超低能耗、近零能耗及零能耗建筑的发展，建筑电气化水平提升显著，并且未来中国电力部门的碳排放强度将进一步下降，在此双重作用下，与建筑能源消费相比，中国建筑领域碳排放达峰前的增幅将减小、达峰时间将提前、达峰后的下降速率将加快。在稳步发展情景下，城市中建筑部门暖通空调、照明和生活热水碳排放将在 2030 年达峰，峰值为 17.2 亿 t。为了实现 2060 年碳中和目标，建筑领域能效标准提升的贡献率为 50.1%，电网零碳排放的贡献率为 49.9%。此外，为了响应中国碳排放目标，建筑部门应分别在 2025 年、2030 年和 2035 年强制提升建筑能效标准至超低能耗建筑、近零能耗建筑和零能耗建筑（图 8-7）[①]。

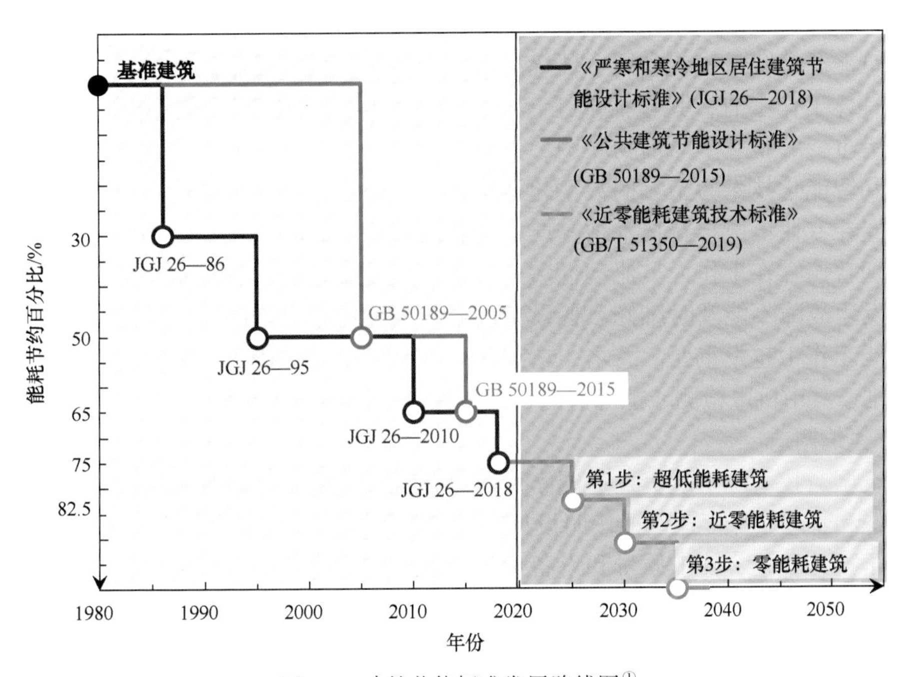

图 8-7　建筑节能标准发展路线图[①]

5. 政策建议

（1）中国所有省市和地区都应制定建筑部门碳排放路线图。所有省市和地区都应抓紧时间制定碳排放行动计划，并将碳排放目标延伸至建筑领域。到 2035 年，所有新建建筑应强制施行近零能耗建筑标准。到 2050~2060 年，各地区应根据经济水平，每年对超过 1% 的建筑存量按照近零能耗建筑标准进行改造。

（2）建立严格的建筑标准和法规政策，并逐步将强制性建筑节能标准提升至近零能耗建筑标准。强制性管理手段包括法律、法规和标准的制定。更严格的建筑能效标准和相关的法规是控制建筑部门碳排放的最有效措施。从现在到 2035 年，强制性标准应逐步升级到超低能耗建筑、近零能耗建筑和零能耗建筑。

（3）建立以市场为导向的产业和新技术金融支撑系统。近零能耗建筑应用各种技术手段达到较高的能效水平。在近零能耗建筑发展的早期阶段，政府需要对增量成本

① Zhang S C，Yang X Y，Xu W，et al. 2021. Contribution of nearly-zero energy buildings standards enforcement to achieve carbon neutral in urban area by 2060. Advances in Climate Change Research. Accept.

进行补贴才能开拓市场。应建立包括绿色信贷、债券、基金、股票市场投融资和其他渠道在内的绿色金融体系，以保证近零能耗建筑中长期可持续发展。

8.6.2 精细化运维

1. 概念

建筑精细化运维，是指围绕建筑运行管理目标，基于各类技术工具和管理方案，实现建筑能源持续最优化利用、环境品质合理控制、设备设施高效健康运行的整体效果。从具体工作上看，其包括依托专业技术的机电运行诊断、节能咨询和调适工作，同时，更重要的是基于当前物联网、大数据技术，建立起来的以量化指标为目标，以信息化和智能化技术为工具的数字化运维体系。前者是节能低碳运行的专业基础，后者是建立在专业上，与新技术结合产生的新的管理工具和方法。中国的公共建筑设备设施管理普遍存在工作人员流动性大、系统运行效率较低、管理水平低、设备资料不齐全、发生故障不能及时维修、各设备的维护成本比较大等问题，精细化运维在当前建筑节能工作中越发重要。总之，精细化运维是一个整体概念，重点为建筑调适和数字化运维，其中机电检测、能源监测可以视作其工作的构成部分。

1）建筑调适

建筑调适技术源于欧美发达国家，通过在设计、施工、验收和运行维护阶段的全过程监督和管理，保证建筑能按照设计和用户的要求，实现安全、高效的运行和控制，避免由于设计缺陷、施工质量和设备运行问题，影响建筑的正常使用，甚至造成系统的重大故障，在保障建筑室内环境健康舒适的条件下，实现各类系统高效运行，避免能源浪费，达到能源节约且环境舒适的效果（ASHRAE，1996）。公共建筑存在运行能耗浪费明显、维护费用高、建筑寿命短、工程质量安全问题频发等问题。建筑机电全过程调适工作对建筑节能和安全运营有至关重要的作用，是解决这些问题的必要措施（牛利敏等，2018）。从调适技术内涵发展来看，质量控制一直是非常重要的内容，质量控制的目的很大程度是为了控制建筑运营过程中产生的各类风险（叶肖敬，2015）。由于调适技术在各个阶段的重要性，包括调适与建设行业管理体系的关系、调适与竣工验收的关系，以及调适与绿色建筑的关系三个方面，调适技术在建筑节能和绿色建筑工作中的应用越来越普及（曹勇等，2013；聂悦等，2016；刘辉等，2017）。

2）数字化运维

建筑的运维管理主要包括设备设施维护管理、空间和客户管理、能源和环境管理、安防消防与应急管理四个部分。数字化运维采用数字化技术，结合运维管理系统，提高了整体运维的管理效率。其除包括建筑信息模型（building information model，BIM）技术外，还包括先进的运维管理系统、地理信息系统、激光扫描技术、物联网技术、虚拟现实和增强现实技术等。

数字化运维的方案随着技术发展而不断丰富。随着信息化和BIM等数字化技术在建筑的设计、施工阶段的应用愈加普及，数字化技术的应用覆盖建筑的全寿命期成为可能。因此，在建筑竣工以后，通过继承设计、施工阶段所生成的BIM竣工模型，利用BIM模型优越的可视化3D空间展现能力，以BIM模型为载体，在将各种零碎、分散、割裂的信息数据，以及建筑运维阶段所需的各种机电设备参数进行一体化整合的同时，进一步引入建筑的日常设备运维管理功能，产生了基于BIM等数字化技术进行建筑空间与设备运维管理的方案。

从数字化运维的管理工具来看，其通常由三个数据层组成：整个数字化运维系统的底层为各种数据信息，包含BIM模型数据、设备参数数据，以及设备在运维过程中所产生的设备运维数据；中间层是系统的功能模块，通过3D浏览来实现对BIM模型的查看，点击BIM模型中的相应构件，实现对设备参数数据的查看，中间层中的设备运维管理可以允许用户发起各种设备报修流程，制定设备的维护保养计划等；最顶层的系统门户，类似于办公系统中的门户概念，是对各类重要信息、待处理信息的一个集中体现和提醒。

2. 政策条件和现状

1）技术支持政策

2007年开始发布相关管理要求，包括《关于加强国家机关办公建筑和大型公共建筑节能管理工作的实施意见》《国家机关办公建筑和大型公共建筑节能专项资金管理暂行办法》；2011年进一步发文，《财政部住房城乡建设部关于进一步推进公共建筑节能工作的通知》，推广和加强能耗监测平台的建设。2008年，制定相关技术导则，《关于印发国家机关办公建筑和大型公共建筑能耗监测系统建设相关技术导则的通知》，包括能耗监测系统分项能耗数据采集技术导则，传输技术导则，楼宇分项计量设计安装技术导则，数据中心建设与维护技术导则，系统建设，验收与运行管理规范。

2016年，针对各省建设的能耗监测平台进行验收，住房和城乡建设部办公厅印发了《省级公共建筑能耗监测平台验收和运行管理暂行办法》，2017年发布了《省级公共建筑能耗监测系统数据上报规范》。2016年，住房和城乡建设部发布《民用建筑能耗标准》（GB/T 51161—2016），该标准是首个以实际运行能耗数值为指标的国家标准，针对北方城镇采暖、公共建筑和城镇住宅的运行能耗提出了约束指标值和引导指标值，为建筑的实际节能效果评价提供了依据。

随着《国务院办公厅关于促进建筑业持续健康发展的意见》、《建筑业发展“十三五”规划》和《住房城乡建设科技创新“十三五”专项规划》等国家各项政策不断落地，“数字建筑”将重新定义建筑业，在为人们提供个性化定制、工业级品质、绿色健康建筑产品的同时，进一步推动数字城市乃至数字中国建设，从而构建全面的数字经济场景，实现建筑业的数字化变革。BIM得到了各地政策不同程度的支持。例如，上海市人民政府办公厅印发的《关于促进本市建筑业持续健康发展的实施意见》的通知明确提出：“到2020年，本市政府投资工程全面应用BIM技术，实现政府投资项目成本下降10%以上，项目建设周期缩短5%以上，全市主要设计、施工、咨询服务、运营维护等企业普遍具备BIM技术应用能力，新建政府投资项目在规划设计施工阶段应用比例不低于60%。”

2）模式支持政策

2012 年发布的《"十二五"建筑节能专项规划》提出，"鼓励采用合同能源管理等多种融资管理模式支持可再生能源建筑应用""支持采用合同能源管理方式，能效限额下的能效交易机制""加强建筑节能服务能力建设，在建筑节能运行和改造中大力推行合同能源管理方式，引进和培育专业服务管理公司""鼓励采用合同能源管理的方式进行改造，对投资回收期长的基础改造及难以有效实现节能收益分项的领域，要通过财政资金补助的方式推进改造工作"。

2013 年,《"十二五"绿色建筑和绿色生态城区发展规划》,"二是积极推进住房城乡建设领域的合同能源管理。规范住房城乡建设领域能源服务行为，利用国家资金重点支持专业化节能服务公司为用户提供节能诊断、设计、融资、改造、运行管理一条龙服务，为国家机关办公楼、大型公共建筑、公共设施和学校实施节能改造"。

2017 年,《绿色建筑后评估技术指南》(办公和商店建筑版)，将合同能源管理作为"能源资源管理激励机制是否有效，管理业绩与节约能源资源、提高经济效益是否挂钩"的评价指标；2017 年 9 月，住房和城乡建设部、国家发展和改革委员会、财政部、国家能源局在发布的《关于推进北方采暖地区城镇清洁供暖的指导意见》中明确指出，鼓励采取第三方提供改造、运营、维护一体化服务的合同能源管理模式实施改造。

2017 年,《建筑节能与绿色建筑发展"十三五"规划》中，将开展合同能源管理作为公共建筑能效提升行动的重要内容。2017 年，住房和城乡建设部、银监会共同发布《关于批复 2017 年公共建筑能效提升重点城市建设方案的通知》，要求重点城市在 2020 年底完成"通过合同能源管理模式实施的节能改造项目不低于 40%"的任务目标，"重点研究推动合同能源管理未来收益权质押的融资服务"。2017 年,《公共建筑节能改造节能量核定导则》推动完善合同能源管理等市场机制。

3. 发展趋势

空调系统调适的思想和方法在国内的引入始于 20 世纪 90 年代清华大学与日本的交流与合作，其以北京某高档写字楼变风量空调系统改造工程为对象，较为全面地对其实施了既有建筑空调系统改造调适过程，并以此为例，在国内详细介绍了既有建筑空调系统实施调适的步骤及实施过程中业主、咨询方、控制公司和设计单位的相互关系，从能耗状况出发，分析了变风量空调系统调适的实施效果，并在实测分析的基础上提出了对该工程进行进一步调适的必要性，从中总结了对既有建筑空调改造工程开展调适的方法。

由于经济的快速发展，中国每年新建包括酒店、办公楼、医院、商场等大量公共建筑，但大部分存在运行能耗高、维护费用大、建筑寿命短的特点。但是，由于受发展规模同建设速度等因素的制约，中国对系统优化调试的重要性尚未引起足够重视，仅由施工单位在项目竣工时进行简单的调试。尽管调适已经引起国内建筑行业专家们的重视，但缺乏相应的标准规范进行指导。有关建筑调适的概念还未被广泛接收，也未建立相应的技术规范，急需在此方面开展研究。

自 2008 年开始，中国建筑科学研究院在建筑系统的调适方面展开了大量研究、应用和积累。2010年以国外标准规范为指导，结合自身的研究积累，完成了国内第一个机电系统调适项目——杭州西子湖四季酒店。结合变风量空调系统机电专业耦合性强的特点，将调适技术体系成功地应用在变风量系统调试中，完成了国内第一个基于调适技术调试的变风量系统项目——国家开发银行项目。

2011年由中国建筑科学研究院负责的，由科技部、国家能源局和美国能源部共同成立的中美清洁能源联合研究中心建筑节能合作项目——“先进建筑设备系统技术的适应性研究和示范课题”顺利开展，建筑暖通空调系统的调适是该课题的主要组成部分。

2014年，由美国劳伦斯伯克利国家实验室、住房和城乡建设部科技发展促进中心及中国建筑科学研究院牵头，联合多家科研院所、高校和企业，在中美清洁能源联合研究中心建筑能效联盟的科研合作项目中设立了建筑调适的课题。中美双方的科研团队将在此平台上开发适应中国的建筑调适技术导则与调适技术。至此为止，标志着中国建筑调适技术体系应用示范已取得了一定的实践经验和技术支撑。

8.6.3 直流建筑与柔性供电

1. 直流建筑的概念

1）直流与交流

直流是电荷的单向流动，电池是直流电源的很好例子。电流沿恒定的方向流动，这使它有别于交流电。缩写AC和DC经常被用来表示交流和直流。直流电可以通过整流器从交流电源中获得，整流器包含电子元件，这些元件允许电流只向一个方向流动。直流电可以用逆变器转换成交流电。

直流电是1800年由意大利物理学家亚历山德罗·伏特的伏特堆电池产生的。当白炽灯被发明之后，低压直流电被广泛应用于商业和家庭的室内照明。由于在使用变压器升降电压交流电比直流电有明显的优势，交流电在近百年来占据了主导地位。

直流电被广泛应用于铝的生产和其他电化学过程，在地铁、船舶等领域应用也较广泛。近年来，直流电通常出现在许多特低压应用和一些低压应用，特别是这些应用由电池或太阳能供电的地方。

2）直流建筑

通过优化和最大化现场太阳能光伏系统和能源存储的性能，增加直流电力系统可以提高家庭和建筑的能源弹性和可靠性（图8-8）。

2. 发展现状

当发电和消费都越来越多地涉及直流时，我们为什么还要继续通过交流输电？在这样的背景下，国际电工委员会（International Electrotechnical Commission，IEC）于2009年正式启动了相关的标准化工作，从标准体系、市场、电压等级、保护等多个角度开展研究与评估，指导IEC未来相关标准制定工作的开展。

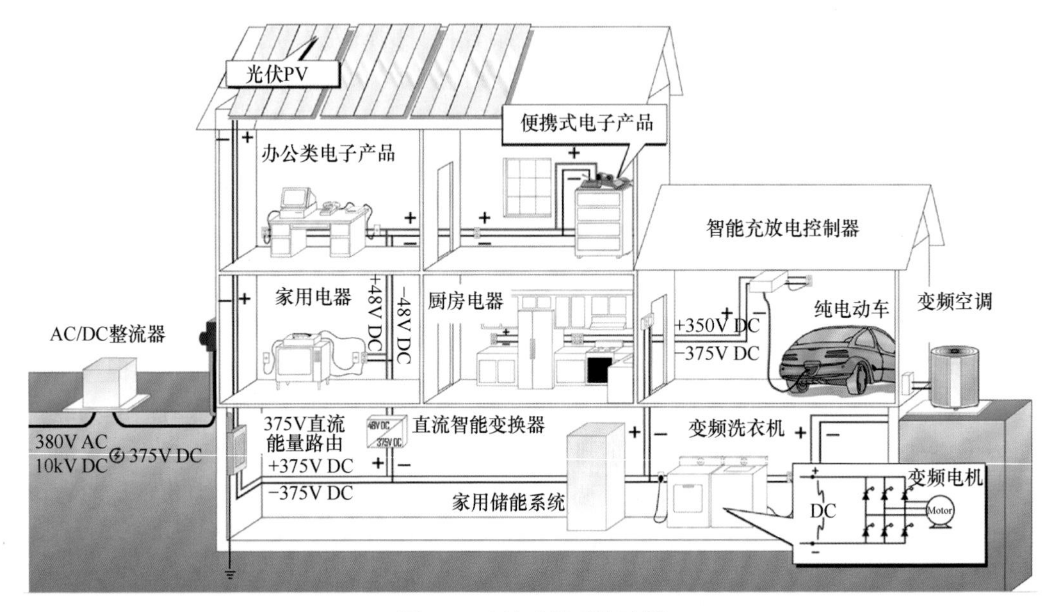

图 8-8 直流建筑系统示例

2009 年 7 月，瑞典国家委员会向 IEC 标准化管理局（Standardization Management Board，SMB）提出建立“能效相关的 1500 V 及以下 LVDC 配电系统战略组”。同年 8 月，SMB 同意建立 IEC/SMB/SG4，成员国包括瑞典、中国、瑞士、德国、法国、意大利、日本等 14 个国家。SG4 于 2014 年向 SMB 提出了 LVDC 配电系统相关的技术委员会、标准、发展路线图等。

2014 年，IEC 成立 IEC/SEG4“（发达与发展中经济体）的低压直流应用、配电与安全系统评估组”，SEG4 的主要工作任务涉及标准化、市场、利益相关者、电压等级、安全、农网电力普及等，来自世界各地的 165 位专家花了大量的时间进行研究和开发、会议、对话和分析，形成了涵盖 LVDC 过去、现在和未来的技术报告。

2017 年，IEC 成立 LVDC 及其电力应用系统委员会，其主要任务是开展系统层面的 LVDC 标准化工作，收集并为其他 TC/SC 提供相关方面的信息、支持和指导（黄兢业等，2018）。

为了应对建筑内部空间用途或功能变化的需求、建筑内设备装置快速变化的需求，以及分布式可再生能源在建筑中广泛应用的需求，EMerge 联盟开发了商业建筑中低压直流配电标准，来提高居住者舒适度，降低运营成本，有效控制建筑环境。EMerge 标准的目标包括使用高效直流配电系统减少能量损失并简化可再生和其他直流电能（如燃料电池、蓄电池）的整合。很多大学开展了直流微网的实验研究，并在一些工程项目中尝试采用直流配电技术（Planas et al.，2015）。

3. 政策

健全的政策体系是新能源及直流化应用的保障。支持性政策的空缺和错位将导致创新技术发展过程中存在风险和不确定性。在法律规范、技术标准、财税金融以及价格等方面建立的政策措施，对于促进新能源及直流化应用的产业化发展具有积极的作用。

目前，国内外为促进节能和可再生能源发展，在建设阶段实施了多种税收优惠，同时并网发电的电价政策也得到了积极的响应。总体来说，在促进可再生能源应用方面的政策相对完善，然而通过创新技术驱动或牵引可再生能源应用的政策基本缺失（李潇雨和黄珂，2015；黄碧斌等，2013；袁航，2017）。

例如，为解决能源利用低效的问题，无网解决方案（NWS）越来越多地得以应用。NWS是指在特定位置或区域利用分布式能源来提供可靠的电力服务，减少对传统电线、电缆等基础设施的高额投资。NWS还可以为纳税人节省成本，支持智能技术和人性化理念结合，使得电网更清洁、灵活、富有弹性。然而，目前的监管环境并没有鼓励NWS发展（Dyson et al.，2018）。

再如，除电动车行业以外的储能技术应用、直流技术建筑应用，以及建筑电气化等领域，目前政策鲜有涉及。

为了促进直流电技术规模化发展，进一步提高建筑能效，美国绿色建筑委员会（USGBC）于2019年2月设立了新的试用得分项——直流电系统，满足该得分项要求的项目可以在USGBC推行的《绿色建筑评估体系》（国际上简称LEEDTM体系）中的创新（innovation）章节获得相应得分。这一新的激励建筑设计师将直流电源集成到建筑中，将有助于激发人们对直流系统规范的兴趣，从而促进制造商生产直流系统。

4. 发展趋势

在现代社会能源体系中，电力已经占据了主导地位，电气化的发展给现代工业文明提供了源源不断的动力。新一轮能源转型是从油气资源时代向可再生清洁能源转型的过程，这一过程的目标就是构建环保、高效的能源，根本途径是实现再电气化。电气化是现代工业文明发展的助推器，在实现路径与终极目标上再电气化不是单纯的能源转型与新能源普及，而是要实现能源发展理念的创新，推动再电气化进程（刘聪，2018）。

由于电气化需要管理的数据信息量非常庞大，数字化技术应用成为近几十年来的一个重要趋势。智能仪表、传感器、物联网、大数据以及人工智能的发展也为电力系统电气化创造了机遇。数字化促进了生产过程中相关数据信息转化效率的提高，为信息数据的保存与使用提供了便利，而且提高了数据信息存储的安全性与可靠性，也为其在电气自动化领域中的推广和应用提供了强有力的支持（郝懿和杨三春，2018）。

2017年，全球可再生能源占总发电量的1/4，然而可再生能源系统发电的波动性、间歇性和不可准确预测性，给现有电力系统运行带来了巨大挑战，因此迫切需要额外的备用容量来实现动态供需平衡。储能作为解决大规模可再生能源发电接入电网的一种有效技术而备受关注（丁明等，2013）。

目前，常见的储能技术有抽水蓄能电站、压缩空气储能、飞轮储能、蓄热储能、制氢储能以及电池储能。电池具有模块化、响应快、商业化程度高的特点，是目前最有投资/成本效益的储能技术之一。随着技术革新和新型电池研制成功，电池的效率、功率、能量和循环寿命均得到了显著提高（吴中华，2014）。

传统电力系统的弹性通常依赖于供电侧调节满足用户需求，储能技术更是实现整个电力系统灵活供电的关键，既可以增加供电侧灵活性，也可以通过数字化调控末端需求，帮助减轻电网负担（IRENA，2019）。

5. 应用潜力

1）供给侧

A. 分布式可再生能源

2017年可再生能源发电增长了17%，是有记录以来年增长最大的（6900万t ce）。发电量增长的近一半来自可再生能源（49%），剩下的主要来自煤炭（44%）[①]。

传统的交流配电结构涉及在大容量发电厂发电。长距离的电力分配是通过高压架空线路实现的，高压架空线路为变电站提供中压电源。然后，中压架空线将电力分配到较小的区域，最后进行低压转换，为公共配电网的“最后一公里”供电。

分布式电源的出现对这种传统的自顶向下的结构提出了挑战。直流可以改变未来的配电结构，实现就地发电、就地用电。未来配电系统的结构将是一种网络式结构，涉及大量的分布式电源和负载，并进行电力交易。这些实体中的大多数将能够根据自己的需要发电，并将通过电力交易来解决产能过剩或不足的问题。

建筑将从用能侧转变成供能侧，在直流发电、储能与电能利用条件下实现自主运行。建筑仍将与公共电网相连，在电力需求侧峰值和发电产能侧峰值过程中进行电力平衡。能源交易可以在社区一级、城镇一级甚至更大一级进行。

B. 储能电源

储能是优化全直流供电的关键技术之一，有利于实现柔性供电。区别于传统交流建筑负荷峰谷值大、用电负荷不可调节的既有缺陷，全直流建筑通过引入蓄电池储能作为能量缓冲器，可实现电网取电由实时取电向延时取电的有效调节。

储能协同可再生能源、直流和优化控制技术，可实现降低建筑用电负荷和装机容量50%以上，甚至达80%，这对于电网的负荷特性具有良好的调节作用。常见的储能运行策略有：①基于电网恒功率或准恒功率输出的储能动态调节策略，控制电池按照“电网以恒功率或准恒功率取电”的目标进行动态充放电。恒功率取电的优势在于从电网侧看本栋建筑为恒功率负载，因此可以有效减少电网侧预装式变电站的安装容量，同时有效降低电网调峰储备容量和电网建设成本。由于储能电池在长期工况下收纳能量与释放能量平衡，因此恒功率取电策略的控制目标通常以24h内恒功率为控制目标。②基于实时电价的储能动态调节策略，市政电网根据用电负荷状态，制定分时电价。建筑直流供电系统可根据市政电网的价格信号，对电池充放电功率进行动态管理，调整从电网取电的功率，达到建筑供电系统运行的经济性最优化。③基于需求侧响应的储能动态调节策略，为了提高电力系统运行效率、安全性和能源资源利用水平，通过各种激励手段促使电力用户改变用电行为，实现负荷的调节和转移（廖闻迪等，2018）。

---

① BP. 2018. 世界能源统计年鉴（第67版）.

2）需求侧——末端电器电气化和直流化

建筑物中越来越多的设备包括电脑、移动电子设备和LED灯都使用直流电。这意味着交流电源必须转换成直流电源才能被这些直流兼容设备使用。目前，其转换过程的低效导致5%~20%的能源浪费。

直流驱动的设备无处不在。除了LED照明、电脑和移动电子产品外，它们还包括电动汽车充电器，以及越来越多的供暖、通风和空调（HVAC）设备。此外，直流驱动设备的数量还将进一步增加，目前直流消耗约占总能源负荷的32%，在使用电动汽车和带有直流电机的HVAC设备的家庭中，这一比例可能高达74%。

集成直流配电系统不仅有助于避免这些不断增加的直流终端使用带来的转换损耗，而且许多直流用电设备本身的效率也更高。例如，直流驱动的LED灯比交流驱动的白炽灯使用的能源少75%。因此，直流配电的一体化为能够提高建筑物内部效率的直流供电技术创造了市场吸引力。

8.7 小 结

中国建筑节能和低碳发展面临着巨大的挑战。2017年中国建筑部门运行的商品能耗约占全国能源消费总量的21%，化石能源消耗相关的碳排放为21.3亿t CO_2。建筑领域能耗量及碳排放量短期内仍将呈现上升趋势。中国正处于城镇化快速发展阶段，城镇各类建筑面积快速增长；城乡居民生活水平提高，居民空调、采暖、电器和热水等生活用能需求不断提高，对商品能源需求也明显增加；产业转型，第三产业总量和比重显著提高，商业、写字楼、酒店和各类文娱建筑用能需求增加。

建筑建设阶段的低碳发展，重点在对建筑面积规模进行控制。其具体为对建筑形式的引导，对炒房问题和住房控制问题的管控。建筑是城市的主要元素，建筑规模的控制与城乡规划也存在密切关系。

从中外建筑用能对比来看，无论是人均建筑能耗还是单位面积建筑能耗，中国目前都远低于发达国家，使用方式的差异是造成能耗强度差异的主要原因。引导节能低碳的生活热水、空调、采暖和通风使用模式，是住宅建筑低碳发展的关键措施；空调和通风系统形式，控制目标温度、运行时间和服务空间，是公共及商业建筑能耗差异的主要原因，也是其低碳发展的关键点。

不同类型建筑用能的节能低碳发展有不同的重点。中国北方地区的城镇采暖以大规模的集中采暖为主，集中热源规模大，具有很好的工业余热利用条件，可以解决热力失调，以及输配过程中的损失，从而将有效地实现北方地区采暖用能的低碳发展；公共及商业建筑节能和低碳的关键点在提高设计与运行需求匹配度、提高各类系统和设备的技术效率、提升运行管理的精细化水平；城镇住宅低碳发展的重点在引导绿色的生活方式，控制高能耗的电器推广，提升各类电器的能效；由于气候条件差异，农村建筑低碳发展路径有南北方差异，北方重点在解决冬季供暖问题，提高建筑的保温性能，减少采暖煤耗，南方农村则是需要充分利用优越的自然环境，降低建筑对空调的需求，发展太阳能技术，减少热水能耗需求等。在充分考虑各类技术和政策支持下，可以实现建筑低碳发展。

从建设、运行和与能源结合的角度看，发展近零能耗建筑、提升建筑精细化管理水平、发展直流建筑和储能设备应用，将在建筑低碳发展中起到越来越重要的作用。发展近零能耗建筑，提升建筑物性能、自然通风与采光利用，以及与可再生能源利用技术的结合，能够积极地促进新建建筑在全寿命期内的低碳发展；推动建筑信息化建设、提升建筑精细化管理水平，是促进建筑运行期内，在提升整体服务水平的情况下，尽可能地控制能耗和碳排放的有效措施；积极推动直流建筑和储能设备的应用，是将能源系统与建筑用能特点结合，充分利用可再生能源，调整建筑能源使用结构，降低能源使用碳排放。

建筑行业的节能减排也需要工业、电力部门的协同。工业部门通过技术进步减少水泥、钢材等单位建材生产的二氧化碳排放因子，提供含碳低的高性能建材，电力部门提供更加清洁的电力，从而可以间接地减少建筑行业的碳排放。

总而言之，中国建筑低碳发展，首先应当重视对建筑规模的控制，在保障住房需求的条件下，严格控制大拆大建；其次，应当以实际能耗数据为导向，在能耗总量和强度双控目标的要求下，重视各类建筑用能需求差异，倡导绿色生活方式，推动节能服务市场化发展，鼓励近零能耗等技术、楼宇精细化运维、直流建筑和柔性供电技术创新。

建筑部门可以实现近零排放。主要途径包括提高建筑节能标准、发展低碳清洁供热技术、推进电气化、加强可再生能源建筑应用等。

▪ 参考文献

曹彬，李敏，欧阳沁，等 . 2014. 基于实际建筑环境的人体热适应研究（2）——集中供暖与分户独立供暖住宅对比 . 暖通空调，44（10）：79-83.

曹勇，刘刚，刘辉，等 . 2013. 国内外建筑调适技术的研究进展与现状 . 暖通空调，43（4）：18-29.

常青 . 2018. 我国超特大城市建设利用情况反思与规划建议 . 杭州：2018 中国城市规划年会 .

陈希琳，郝斌，彭琛，等 . 2015. 住宅太阳能生活热水系统测试与调查研究 . 建筑科学，31（10）：154-161.

丛威，屈丹丹，孙清磊 . 2012. 环境质量约束下的中国能源需求量研究 . 中国能源，34（5）：35-38.

丁明，陈忠，苏建徽，等 . 2013. 可再生能源发电中的电池储能系统综述 . 电力系统自动化，37（1）：19-25.

方豪，夏建军，宿颖波，等 . 2013. 回收低品位工业余热用于城镇集中供热——赤峰案例介绍 . 区域供热，（3）：28-35.

郭嘉羽，郝斌，彭琛，等 . 2016. 银川市某住宅居民洗浴热水使用时段研究 . 建设科技，（16）：36-39.

国家发展和改革委员会能源研究所 . 2014. 中国低碳建筑情景和政策路线图研究 . http://www.efchina.org/Attachments/Report/reports-20140706-zh/reports-20140706-zh/at_download/file. [2019-04-13].

国家统计局固定资产投资统计司 . 2018. 中国建筑业统计年鉴 2018. 北京：中国统计出版社 .

郝懿，杨三春 . 2018. 电气化技术在生产运行电力系统中的运用 . 山东工业技术，（17）：160.

洪玲笑，丁勇，喻伟，等 . 2015. 夏热冬冷地区住宅建筑采暖现状研究 . 绍兴：第五届夏热冬冷地区绿色建筑联盟大会 .

胡姗 . 2013. 中国城镇住宅建筑能耗及与发达国家的对比研究 . 北京：清华大学 .

胡姗 . 2017. 生态文明视角下的中国建筑节能路径研究 . 北京：清华大学 .

黄碧斌，李琼慧，王乾坤 . 2013. 国内外分布式电源政策法规研究 . 太阳能，(14)：19-33.

黄兢业，栗惠，陈雪琴，等 . 2018. 低压直流国内外标准化综述 . 电器与能效管理技术，22：6-11.

简毅文，李清瑞，白贞，等 . 2012. 住宅夏季空调行为对空调能耗的影响研究 . 建筑科学，27(12)：16-19.

江清阳 . 2012. 与新型百叶集热墙结合的复合太阳能炕系统实验和理论研究 . 合肥：中国科学技术大学 .

江亿 . 2020a. 农村新能源系统：分布式革命第一步 . 农村 · 农业 · 农民（A 版），529(4)：43-45.

江亿 . 2020b. 柔性直流用电：建筑用能的未来 . 中国科学报，2020-03-04(3).

江亿，彭琛，燕达 . 2012. 中国建筑节能的技术路线图 . 建设科技，(17)：12-19.

寇娅雯，张耀东 . 2013. 家电下乡补贴政策的经济学分析：基于信息不对称视角 . 生态经济，1(1)：131.

李丽珍 . 2013. 吊炕开创农村绿色能源新格局 . 农业工程技术，11：37-38.

李明财，熊明明，任雨，等 . 2013. 未来气候变化对天津市办公建筑制冷采暖能耗的影响 . 气候变化研究进展，9(6)：398-405.

李沁笛 . 2012. 基于能耗与碳排放计算的农村建筑节能技术评价研究 . 北京：清华大学 .

李珊珊，吴开亚 . 2014. 中国城镇住宅建设期能耗的估算和预测 . 建筑节能，(2)：78-82.

李潇雨，黄珂 . 2015. 分布式能源发展政策研究文献综述 . 华北电力大学学报（社会科学版），(1)：20-25.

李岩 . 2012. 基于吸收式换热的热电联产集中供热系统配置与运行研究 . 北京：清华大学 .

李莹莹，廖胜明，饶政华 . 2013. 高层办公建筑能耗影响因素的研究 . 建筑热能通风空调，(3)：23-25.

廖闻迪，李雨桐，郝斌，等 . 2018. 全直流供电建筑储能最优运行策略研究 . 智能电网，8(6)：555-564.

刘聪 . 2018. 清洁能源对再电气化进程的促进 . 电子世界，(21)：172-173.

刘大龙，刘加平，杨柳 . 2013. 气候变化下我国建筑能耗演化规律研究 . 太阳能学报，34(3)：439-444.

刘辉，曹勇，魏景姝 . 2017. 五星级酒店暖通空调系统调适典型问题 . 暖通空调，47(3)：129-132.

刘会民 . 2007. 设施设备管理存在的部分问题及解决方法 . 中国物业管理，(8)：58-59.

刘幼光，黄正 . 2005. 浅析设备管理存在的问题与对策 . 江西冶金，25(1)：46-48.

卢沛昭 . 2019. 新农村建设中村镇规划问题分析与对策研究 . 农家参谋，609(3)：52-53.

聂悦，卜震，郑竺凌，等 . 2016. 绿色建筑中调适技术发展及其相关技术标准综述 . 绿色建筑，(4)：22-26.

牛利敏，魏峥，宋业辉，等 . 2018. 建筑机电系统调适的必要性 . 建设科技，4(354)：43-45.

彭琛 . 2014. 基于总量控制的中国建筑节能路径研究 . 北京：清华大学 .

彭琛，郝斌 . 2018. 从“太阳能”到太阳“能”——太阳能热水系统的效能与设计 . 北京：中国建筑工业出版社 .

彭琛，郝斌，郭嘉羽，等 . 2016a. 关于太阳能热水系统热性能评价指标体系研究 . 建设科技，(16)：40-44.

彭琛，郝斌，王珊珊，等 . 2016b. 住宅太阳能热水系统工程标准问题研究 . 建设科技，16：12-15.

彭琛，江亿 . 2015. 中国建筑节能路线图 . 北京：中国建筑工业出版社 .
彭琛，江亿，秦佑国，等 . 2018. 低碳建筑和低碳城市 . 北京：中国环境出版集团 .
清华大学建筑节能研究中心 . 2015. 中国建筑节能年度发展研究报告 2015. 北京：中国建筑工业出版社 .
清华大学建筑节能研究中心 . 2016. 中国建筑节能年度发展研究报告 2016. 北京：中国建筑工业出版社 .
清华大学建筑节能研究中心 . 2017. 中国建筑节能年度发展研究报告 2017. 北京：中国建筑工业出版社 .
清华大学建筑节能研究中心 . 2019. 中国建筑节能年度发展研究报告 2019. 北京：中国建筑工业出版社 .
单明 . 2012. 我国农村建筑能耗特征分析及节能对策研究 . 北京：清华大学 .
史丹 . 2013. 中国能源安全的国际环境 . 北京：社会科学文献出版社 .
苏铭，杨晶，张有生 . 2013. 敞口式能源消费难以为继——试论我国合理控制能源消费总量的必要性 . 中国发展观察，(3)：24-27.
王婧，张旭，黄志甲 . 2007. 基于 LCA 的建材生产能耗及污染物排放清单分析 . 环境科学研究，20(6)：149-153.
王珊珊，郝斌，陈希琳，等 . 2015. 居民生活热水需求与用能方式调查研究 . 给水排水，(11)：73-77.
王珊珊，郝斌，彭琛，等 . 2016. 太阳能生活热水工程应用现状与应对策略 . 建设科技，16(16)：9-11.
王松庆 . 2007. 严寒地区居住建筑能耗的生命周期评价 . 哈尔滨：哈尔滨工业大学 .
王宇 . 2013. 格力中央空调技术成为国家重点节能技术 . 机电信息，(7):51.
吴中华 . 2014. 电池储能技术在可再生能源电站并网中的应用综述 . 南通职业大学学报，28(2)：94-99.
谢子令，孙林柱，杨芳 . 2012. 窗的传热系数对浙南住宅采暖空调能耗的影响 . 建筑热能通风空调，31(6)：5-8.
徐伟，杨芯岩，张时聪 . 2018. 中国近零能耗建筑发展关键问题及解决路径 . 建筑科学，34：165-173.
燕艳 . 2011. 浙江省建筑全生命周期能耗和 CO_2 排放评价研究 . 杭州：浙江大学 .
杨秀 . 2009. 基于能耗数据的中国建筑节能问题研究 . 北京：清华大学 .
叶肖敬 . 2015. 机电安装工程项目风险管理研究 . 杭州：浙江工业大学 .
袁航 . 2017. 我国分布式发电法律制度的现状及完善 . 济南：山东师范大学 .
张建国 . 2019. 建筑行业温室气体减排机会指南 . 北京：中国经济出版社
张建国，谷立静 . 2017. 重塑能源：中国——建筑卷 . 北京：中国科学技术出版社 .
张时聪，陈七东 . 2019. 瑞士近零能耗建筑的发展实践及启示 . 建设科技，398：20-24.
张时聪，吕燕捷，徐伟 . 2020. 64 栋超低能耗建筑最佳案例控制指标和技术路径研究 . 建筑科学，36：7-13.
张硕鹏，李锐 . 2013. 办公类建筑能耗影响因素与节能潜力 . 北京建筑工程学院学报，(1)：33-37.
郑万钧，李壮 . 2008. 浅析大厦型综合楼物业设备设施的管理 . 黑龙江科技信息，(19)：98-98.
中国建筑科学研究院 . 2017. 中国建筑节能标准回顾与展望 . 北京：中国建筑工业出版社 .
中国煤控项 1.5 度能源情景课题组 . 2018. 中国实现全球 1.5℃目标下的能源排放情景研究 . http://coalcap.nrdc.cn/pdfviewer/web/?15306856261452779958.pdf.[2019-04-13].
仲平 . 2005. 建筑生命周期能源消耗及其环境影响的研究 . 成都：四川大学 .
周伟，米红，余潇枫，等 . 2013. 人口结构变化影响下的城镇建筑能耗研究 . 中国环境科学，(10)：1904-1910.
住房和城乡建设部标准定额研究所 . 2017. 基于能耗总量控制的建筑节能设计标准研究技术报告 .

http://www.efchina.org/Attachments/Report/report-20170707-4/report-20170707-4/at_download/file. [2019-04-13].

邹敏华，杨静，杜宇 . 2013. 蓄热水箱在住宅建筑中的应用分析 . 住宅产业，(4)：68-71.

Adalberth K. 1997. Energy use during the life cycle of buildings：A method. Building and Environment，32 (4)：317-320.

ASHRAE. 1996. ASHRAE Guideline 1-1996 the HVAC Commissioning Process. Atlanta：ASHRAE.

Dyson M，Prince J，Shwisberg L，et al. 2018. The non-wires solutions implementation playbook-A practical guide for regulators，utilities，and developers. New York：Rocky Mountain Institute.

EuroHeat & Power. 2013. District Heating and Cooling Country by Country Survey 2013. Vienna：EuroHeat & Power.

Hu S，Yan D，Cui Y，et al. 2016. Urban residential heating in hot summer and cold winter zones of China-Status，modeling，and scenarios to 2030. Energy Policy，92：158-170.

Hu S，Yan D，Guo S，et al. 2017. A survey on energy consumption and energy usage behavior of households and residential building in urban China. Energy and Buildings，148：366-378.

IRENA. 2019. Innovation Landscape for a Renewable-Powered Future：Solutions to Ntegrate Variable Renewables. Abu Dhabi：International Renewable Energy Agency.

Jiang K，He C，Dai H，et al. 2018. Emission scenario analysis for China under the global 1.5℃ target. Carbon Management，9 (2)：1-11.

Li H，Zhang S，Yu Z，et al. 2021. Cooling operation analysis of multienergy systems in a nearly zero energy building. Energy and Buildings，234：110683.

Li J. 2008. Towards a low-carbon future in China's building sector-A review of energy and climate models forecast. Energy Policy，36 (5)：1736-1747.

Liu C，Xu W，Li A，et al. 2019. Energy balance evaluation and optimization of photovoltaic systems for zero energy residential buildings in different climate zones of China. Journal of Cleaner Production，235：1202-1215.

Liu Z，Guo J，Wu D，et al. 2021. Two-phase collaborative optimization and operation strategy for a new distributed energy system that combines multi-energy storage for a nearly zero energy community. Energy Conversion and Management，230：113800.

McNeil M A，Feng W，Du C，et al. 2016. Energy efficiency outlook in China's urban buildings sector through 2030. Energy Policy，97：532-539.

Peng C，Yan D，Guo S，et al. 2015.Building energy use in China：Ceiling and scenario. Energy and Buildings，102：307-316.

Planas E，Andreu J，Gárate J I，et al. 2015. AC and DC technology in microgrids：A review. Renewable and Sustainable Energy Reviews，43：726-749.

Tan X，Lai H，Gu B，et al. 2018. Carbon emission and abatement potential outlook in China's building sector through 2050. Energy Policy，118：429-439.

Xiong W，Wang Y，Mathiesen B，et al. 2015. Heat roadmap China：New heat strategy to reduce energy consumption towards 2030. Energy，81：274-285.

Xu W，Liu C，Li A，et al. 2020. Feasibility and performance study on hybrid air source heat pump system for ultra-low energy building in severe cold region of China. Renewable Energy，146：2124-2133.

Yang X，Zhang S，Xu W. 2019. Impact of zero energy buildings on medium-to-long term building energy consumption in China. Energy Policy，129：574-586.

Zhang J，Gu L. 2017. Reinventing fire：China—A roadmap for China's revolution in energy consumption and production to 2050. Beijing：China Science and Technology Press.

Zhang S，Fu Y，Yang X，et al. 2021. Assessment of mid-to-long term energy saving impacts of nearly zero energy building incentive policies in cold region of China. Energy and Buildings，241：110938.

Zhang S，Jiang Y，Xu W，et al. 2016. Operating performance in cooling mode of a ground source heat pump of a nearly-zero energy building in the cold region of China. Renewable Energy，87：1045-1052.

Zhang S，Xu W，Wang K，et al. 2020. Scenarios of energy reduction potential of zero energy building promotion in the Asia-Pacific region to year 2050. Energy，213：118792.

Zhang W，Liu S，Li N，et al. 2015. Development forecast and technology roadmap analysis of renewable energy in buildings in China. Renewable and Sustainable Energy Reviews，49：395-402.

Zhou N，Khanna N，Feng W，et al. 2018. Scenarios of energy efficiency and CO_2 emissions reduction potential in the buildings sector in China to year 2050. Nature Energy，3：978-984.

第 9 章 农业、林业和其他土地利用（AFOLU）

主要作者协调人：李玉娥、朱建华
编　　　　审：董红敏
主 要 作 者：朱志平、秦晓波、张骁栋、曾立雄

■ 执行摘要

农业、林业和其他土地利用（AFOLU）在本卷评估报告中处于非常特殊的地位，因为该系统的减排潜力不仅来自优化土地和家畜管理导致的减排，还得益于增强的温室气体移除。相比气候变化，AFOLU 对粮食安全的贡献在中国显得尤为重要，因此对 AFOLU 减排技术的选择更多地要基于它们对土地服务功能潜在影响的评价。2014 年中国农业活动温室气体排放量为 8.30 亿 t CO_2 eq，占中国温室气体排放总量 [不包括土地利用、土地利用变化和林业（LULUCF）] 的 6.7%，而 2014 年中国 LULUCF 净吸收温室气体 11.15 亿 t CO_2 eq，2014 年 AFOLU 为净吸收汇，净吸收量为 2.88 亿 t CO_2 eq。目前，AFOLU 适用的减排技术措施包括：农田水肥优化管理、畜禽饲喂提升技术、畜禽粪便处理与资源化利用、造林和林产品管理、湿地植被恢复与重建等，其筛选均围绕激发土地潜在服务功能和确保粮食安全等核心问题。在最大技术减排情景下，2020 年中国农业部门减排量为 402 Mt CO_2 eq，同时，减排措施的执行将为中国农民节约支出 1110 亿元。而随着中国的造林工程的推进，2010~2040 年中国森林生物质碳储量将增加 88.9 亿 ~103.7 亿 tC。针对 1.5℃温升目标，在 AFOLU 部门的减排和固碳潜力贡献估算方面的研究相当缺乏，且不确定性很大。综合来看，实施 AFOLU 减排技术措施，需要克服社会经济、机制、生态和技术等层面的障碍，与此同时，还需要政府加大相关政策的制定和推行，如降低农田氮素盈余，提高畜禽粪污资源化利用比例；对减排增汇技术措施进行专项补贴；优先将农业减排增汇项目纳入自愿减排碳市场；推进农业产品加工、储存、运输以及消费全链条减排行动。

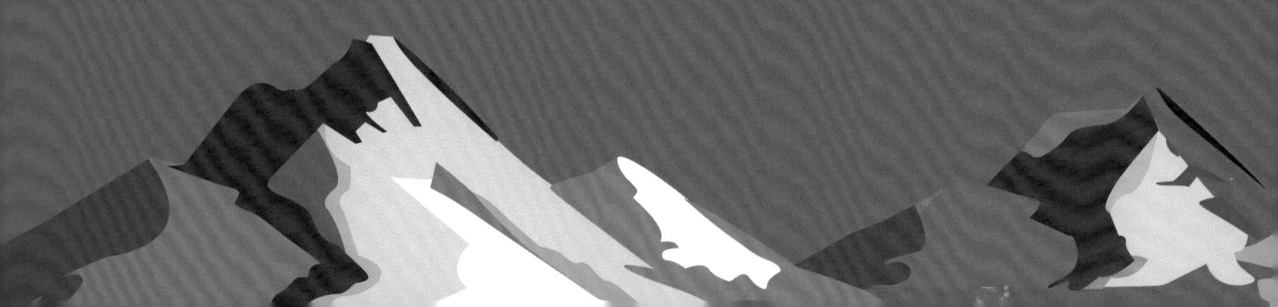

9.1 引 言

AFOLU 对粮食安全和可持续发展起着至关重要的作用。在自然和人为活动的影响下，AFOLU 既是重要的 CO_2 吸收汇，也是 CO_2、CH_4 和 N_2O 的重要排放源。厌氧条件下的稻田、动物肠道、动物粪便和湿地产生大量 CH_4，土壤和肥料中氮在硝化和反硝化过程中产生 N_2O。据 IPCC 评估，2007~2016 年 AFOLU 温室气体排放占人为温室气体排放总量的 22%。农业年均温室气体排放量为 62 亿 ±14 亿 t CO_2 eq；林业和其他土地利用方式年均温室气体排放量为 58 亿 ±26 亿 t CO_2 eq，其中扩大农业生产、土地利用变化造成的年均温室气体排放为 49 亿 ±25 亿 t CO_2 eq（IPCC，2019）。改善农田水肥管理、改善动物管理和放牧管理、提高畜禽粪便资源化利用比例、减少草地开垦、增加农林复合系统等技术措施具有较高的 CH_4 和 N_2O 减排潜力和固碳潜力；造林和森林经营管理、防止毁林和森林退化是增加森林生态系统碳储量的重要举措（IPCC，2019；Smith and Bustamante，2014；《第三次气候变化国家评估报告》编写委员会，2015）。在 1.5℃情景下，AFOLU 的减排潜力分别为 9 亿 ~205 亿（中值为 91 亿）t CO_2 eq/a；利用“自下而上”的方法，估算 2020~2050 年供给侧的减排潜力为 20 亿 ~368 亿（中值为 106 亿）t CO_2 eq/a（Roe et al.，2019），这一估算结果的上限值高于 IPCC AR5 给出的 2030 年减排成本为 100 美元 /t CO_2 时的减排潜力（71.8 亿 ~106.0 亿 t CO_2 eq/a）（Smith and Bustamante，2014），但与 Griscom 等（2017）估算的 2030 年技术减排潜力接近（238 亿 t CO_2 eq/a）。需求方通过减少食物浪费、改变膳食结构、用木材替代钢筋水泥、使用节能灶具等的减排潜力为 18 亿 ~143 亿（中值为 65 亿）t CO_2 eq/a。农林业较低成本的减排技术其减排固碳潜力巨大，且具有降低空气、水体和土壤等环境污染的协同效应。

本章简要概述了中国 AFOLU 生产与消费现状和温室气体排放现状，详细论述了种植业、畜牧业、林业等行业的温室气体减排技术措施，主要包括：农田水肥管理、放牧草地管理、饲料管理、动物粪便处理与利用、造林和森林经营、退耕还林、重大林业工程、湿地恢复。本章还分析了减排成本和减排潜力、温室气体减排的协同效益，最后分析了农林业温室气体减排增汇的障碍，提出了政策建议。

9.2 中国 AFOLU 现状

9.2.1 中国土地利用现状

2010~2016 年，中国耕地和草地面积呈减少趋势，而城镇村及工矿用地呈逐年增加趋势（图 9-1）。2016 年中国耕地面积 13492.09 万 hm^2，其中水田 3323.29 万 hm^2，水浇地 2819.83 万 hm^2，旱地 7348.97 万 hm^2。2016 年中国园地面积 1426.63 万 hm^2，其中，果园 881.43 万 hm^2，茶园 142.30 万 hm^2，其他园地 402.89 万 hm^2。2016 年中国草地面积 28628.21 万 hm^2，其中天然牧草地 21754.26 万 hm^2，人工牧草地 181.66 万

hm^2，其他草地 6692.29 万 hm^2[①]。

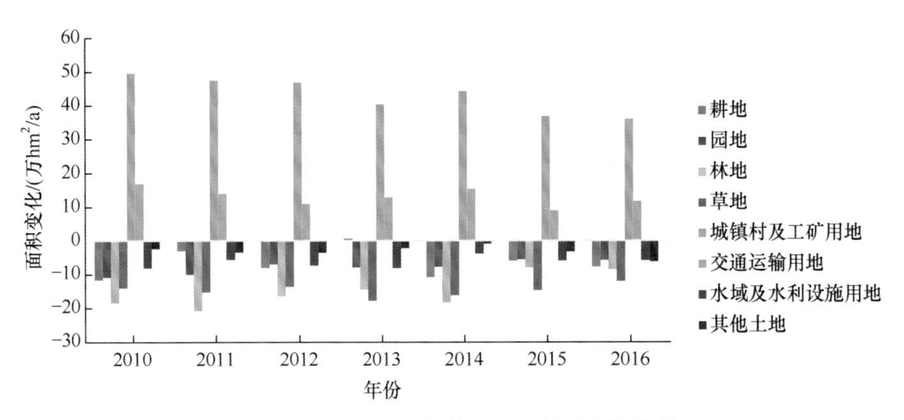

图 9-1　2010~2016 年中国土地利用变化状况

资料来源：自然资源部。数据不含台湾省、香港和澳门特别行政区

中国森林面积和森林覆盖率逐年增加（图 9-2）。根据第九次全国森林资源清查（2014~2018 年）统计结果（不含台湾省、香港和澳门特别行政区），中国森林面积 21822.05 万 hm^2，森林覆盖率 22.96%，其中，乔木林地 17988.85 万 hm^2，竹林地 641.16 万 hm^2，国家有特别规定的灌木林地 3192.04 万 hm^2（国家林业和草原局，2019）。

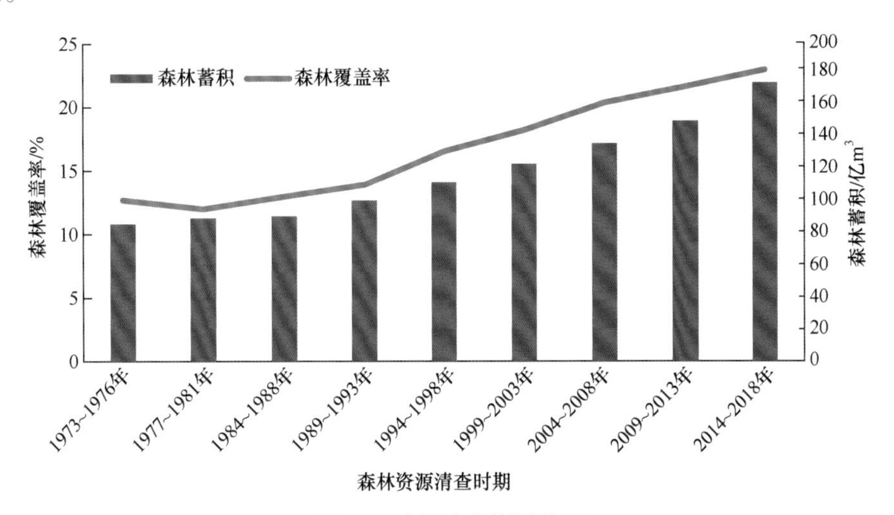

图 9-2　中国森林资源状况

资料来源：国家林业和草原局，2019。数据不包括台湾省、香港和澳门特别行政区

中国湿地面积 5360. 26 万 hm^2，包括香港、澳门和台湾湿地面积 18.20 万 hm^2，占国土面积的比例约为 5.58%。中国内地湿地面积 5342.06 万 hm^2，其中自然湿地面积 4667.47 万 hm^2，占中国内地湿地面积的 87.37%。近海与海岸湿地 579.59 万 hm^2，河

① 由于数值修约所致误差，下同。

流湿地 1055.21 万 hm^2，湖泊湿地 859.38 万 hm^2，沼泽湿地 2173.29 万 hm^2，人工湿地 674.59 万 hm^2（国家林业局，2014）。

9.2.2 AFOLU 生产现状

1. 农业

2005~2017 年中国粮食播种面积略有上升，2017 年比 2005 年增加 13%，蔬菜面积增加 12%，果园面积增加 11%，牛存栏量降低 24%，猪存栏量增加 2%，羊存栏量增加 1%（图 9-3）。2005~2017 年中国粮食产量增加 37%，肉类产量增加 20%，禽蛋产量增加 27%，奶产量增加 10%。2005~2017 年灌溉面积由 5503 万 hm^2 增加到 6782 万 hm^2，约增加了 23%。2017 年氮肥用量与 2005 年持平，磷肥用量增加了 7%，钾肥用量增加了 26%，复合肥用量增加了 70%。2015 年农业部制定了《到 2020 年化肥使用量零增长行动方案》后，化肥使用量逐渐下降。与 2015 年相比，2017 年中国氮肥使用量下降 6%，磷肥使用量下降 5%，钾肥使用量下降 3%，复合肥使用量增加 2%。

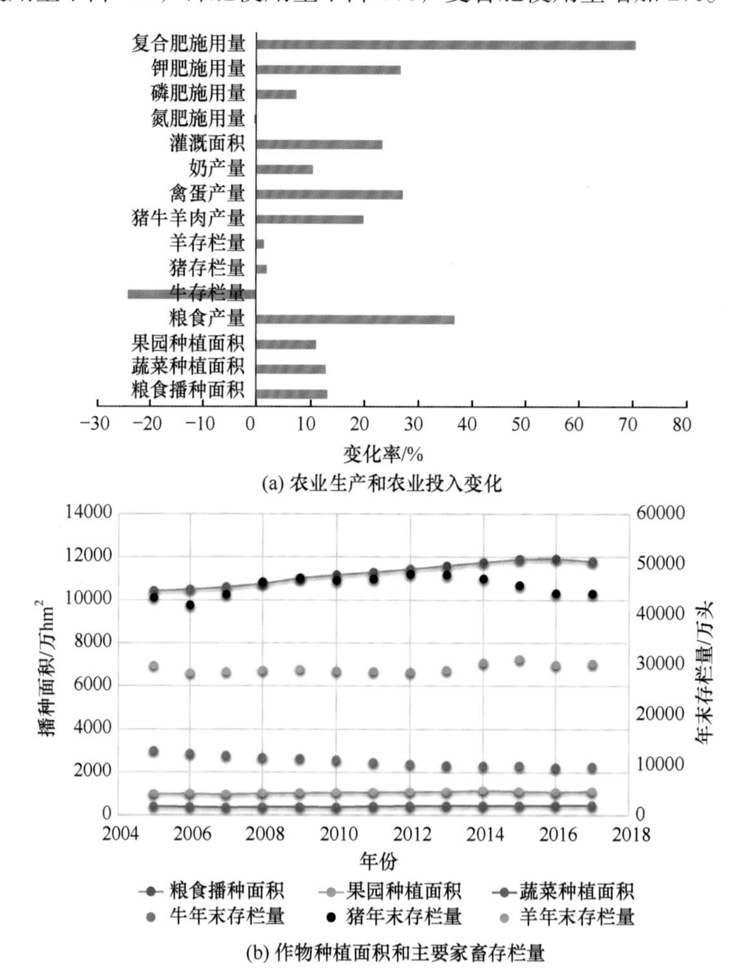

(a) 农业生产和农业投入变化

(b) 作物种植面积和主要家畜存栏量

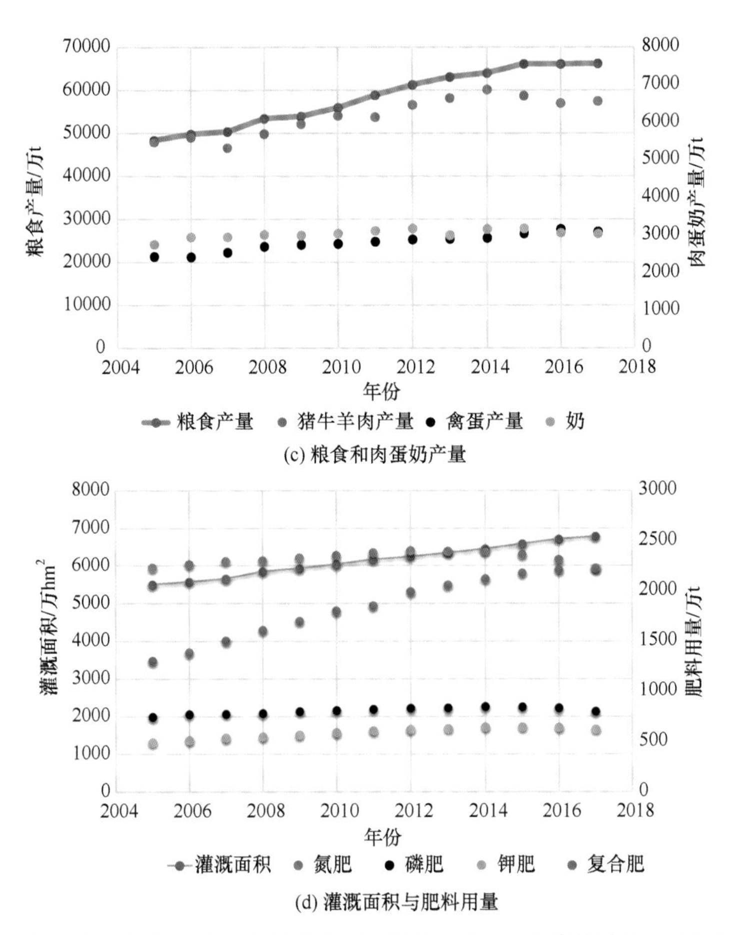

图 9-3　2005~2017 年中国农业生产和农业投入（国家统计局，2018）

2. 林业资源

中国大陆森林覆盖率 22.96%，森林面积 22044.62 万 hm^2，天然林面积和人工林面积分别占 63.55% 和 36.45%；中国现有活立木蓄积 190.07 亿 m^3，森林蓄积 175.60 亿 m^3，天然林蓄积和人工林蓄积分别占 80.14% 和 19.86%（国家林业和草原局，2019）。中国森林类型多样，树种丰富，面积位居前 10 位的优势树种（组）为栎、杉木、落叶松、桦木、杨树、马尾松、桉树、云杉、云南松和柏木。内蒙古、黑龙江、云南、西藏和四川天然林面积较大。人工林面积较大的有广西、广东、内蒙古、云南、四川和湖南等省份。

2018 年中国木材产量 8432 万 m^3（国家统计局，2019）。根据联合国粮食及农业组织（FAO）最新统计数据，2018 年中国工业原木生产量 18024 万 m^3，进口工业原木 5980 万 m^3，出口工业原木 11 万 m^3；生产锯材 9025 万 m^3，进口锯材 3755 万 m^3，出口锯材 19 万 m^3；人造板生产量 20343 万 m^3，进口量 157 万 m^3，出口量 1446 万 m^3；

纸和纸板生产量 10435 万 t，进口量 614 万 t，出口量 517 万 t[①]。

9.3 AFOLU 温室气体排放和碳汇现状

AFOLU 活动既是 CO_2 的排放源（如毁林、泥炭地排干等），又是 CO_2 的吸收汇（如造林、土壤碳固持管理等）。农业活动是主要的非 CO_2 排放源，如畜禽养殖、粪便管理、水稻种植产生的 CH_4 排放，粪便管理、农田土壤以及生物质燃烧排放的 N_2O。2014 年中国农业活动温室气体排放量为 8.30 亿 t CO_2 eq，占中国温室气体排放总量（不包括 LULUCF）的 6.7%。其中，农业活动 CH_4 排放量 4.67 亿 t CO_2 eq，占中国 CH_4 排放总量的 40.2%，N_2O 排放量 3.63 亿 t CO_2 eq，占中国 N_2O 排放总量的 59.5%。2014 年中国 LULUCF 净吸收温室气体 11.18 亿 t CO_2 eq，其中 CO_2 净吸收量 11.54 亿 t CO_2 eq，CH_4 排放量 0.36 亿 t CO_2 eq（图 9-4）。

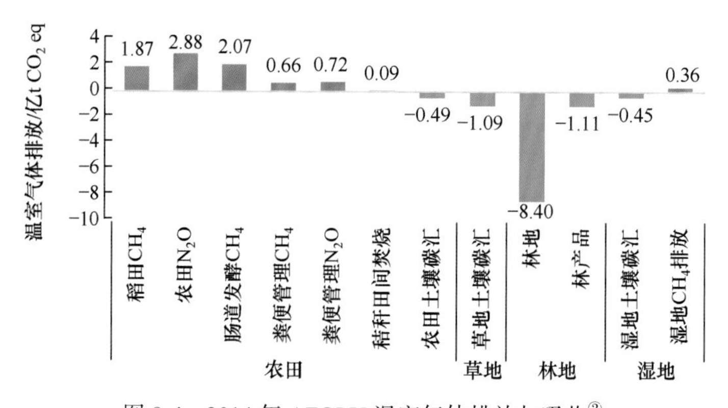

图 9-4 2014 年 AFOLU 温室气体排放与吸收[②]

9.3.1 农业温室气体排放现状

2014 年中国稻田 CH_4 排放量为 891.1 万 t，约占中国 CH_4 排放总量的 16.1%，农田 N_2O 排放量为 121.8 万 t，占中国 N_2O 排放总量的 47.3%。2014 年中国畜牧业温室气体排放量为 3.45 亿 t CO_2 eq，其中动物肠道发酵 CH_4 排放量为 985.6 万 t，约占中国 CH_4 排放总量的 17.8%；动物粪便管理 CH_4 排放量为 315.5 万 t，约占中国 CH_4 排放总量的 5.7%；动物粪便 N_2O 排放量为 23.3 万 t，约占中国 N_2O 排放总量的 9.0%[②]。

9.3.2 林业温室气体排放和固碳现状

2014 年中国林地温室气体清单结果为净吸收 8.40 亿 t CO_2 eq，不确定范围为 6.91 亿 ~ 9.89 亿 t CO_2 eq。其中，“一直为林地的林地”吸收 3.99 亿 t CO_2 eq（3.44 亿 ~4.54 亿 t CO_2 eq）；“转化为林地的土地”净吸收 3.60 亿 t CO_2 eq（2.82 亿 ~4.38 亿 t CO_2 eq）；其他生物质净吸收 0.81 亿 t CO_2 eq（0.71 亿 ~0.90 亿 t CO_2 eq）。此外，2014 年中国木产品碳储量增

① FAO. http：//www.fao.org/forestry/95632/en/.
② 中华人民共和国气候变化第二次两年更新报告 . 2018.

加 1.11 亿 t CO_2 eq（0.77 亿 ~1.55 亿 t CO_2 eq）[①]。

9.3.3　其他土地利用温室气体排放和固碳现状

2014 年中国农地通过秸秆还田、农家肥和外源有机碳投入，以及免耕等措施，农地土壤碳储量有所增加，净吸收 0.49 亿 t CO_2 eq（0.39 亿 ~0.60 亿 t CO_2 eq）。2014 年中国草地通过禁牧、休牧、轮牧、围栏、改良和人工种草等管理措施，草地土壤有机碳储量有所增加，净吸收 1.09 亿 t CO_2 eq（0.84 亿 ~1.34 亿 t CO_2 eq）。2014 年中国湿地吸收 CO_2 约 0.44 亿 t CO_2 eq，CH_4 排放量约为 127 万 t CH_4。2014 年其他类型土地转化为建设用地导致碳排放约 253 万 t CO_2 eq（215 万 ~291 万 t CO_2 eq）[①]。

中国湿地类型多样，湿地温室气体排放受气候区域、植被和微生境等多重因子的影响。目前，对中国国家尺度湿地碳收支的研究较少，且不同研究结果差异较大，但基本一致认为中国湿地整体上表现为净碳汇，湿地碳汇能力的强弱与气候因子和人类干扰活动密切相关。Xiao 等（2019）的研究认为，中国，不包含台湾、香港和澳门湿地（估算面积为 5342 万 hm^2，包含沼泽、湖泊、河流、沿海和人工湿地）的生态系统净吸收为 4.41 亿 t CO_2/a，而中国湿地中实际水域面积占湿地总面积超过 50%。Xiao 等（2019）的研究中未严格区别水域和陆域温室气体的排放系数，可能造成最终碳汇能力估算偏高。对于中国湿地 CH_4 排放量的估算大多基于 2010 年以前的遥感或统计数据，通过模型的方法得出中国湿地的年 CH_4 排放量为 157 万 ~234 万 t CH_4（Zhu et al.，2016；Li et al.，2015；Chen et al.，2013；Xu and Tian，2012）。这些研究采用的湿地类型多数仅包括内陆和滨海的沼泽湿地，研究结果的变异范围较 CO_2 估算的要小。

9.3.4　AFOLU 温室气体排放变化

2005~2012 年农业温室气体排放呈上升趋势，农业温室气体排放量由 1994 年的 6.05 亿 t CO_2 eq 增加到 2012 年的 9.38 亿 t CO_2 eq，2014 年农业温室气体排放量较 2012 年有所下降，降至 8.30 亿 t CO_2 eq（表 9-1）。

表 9-1　中国 AFOLU 温室气体排放量　　（单位：亿 t CO_2 eq）

<table>
<tr><th colspan="2">排放源</th><th>1994 年</th><th>2005 年</th><th>2010 年</th><th>2012 年</th><th>2014 年</th></tr>
<tr><td rowspan="7">农业</td><td>稻田 CH_4 排放</td><td rowspan="5">6.05</td><td rowspan="5">7.88</td><td rowspan="5">8.28</td><td rowspan="5">9.38</td><td>1.87</td></tr>
<tr><td>农田 N_2O 排放</td><td>2.88</td></tr>
<tr><td>动物肠道 CH_4 排放</td><td>2.07</td></tr>
<tr><td>动物粪便管理 CH_4 和 N_2O 排放</td><td>1.38</td></tr>
<tr><td>生物质焚烧</td><td>0.1</td></tr>
<tr><td>农田土壤碳汇</td><td>—</td><td>—</td><td rowspan="2">−9.93</td><td>—</td><td>−0.49</td></tr>
<tr><td>草地土壤碳汇</td><td>—</td><td>—</td><td>—</td><td>−1.09</td></tr>
</table>

① 中华人民共和国气候变化第二次两年更新报告 . 2018.

续表

排放源		1994 年	2005 年	2010 年	2012 年	2014 年
林业	林业碳汇	– 4.07	−7.66		−5.98	−8.40
	林产品	—	—		—	−1.11
湿地	湿地土壤碳汇	—	—		—	−0.45
	湿地 CH_4 排放	—	—		—	0.36
AFOLU 净排放		1.98	0.22	−1.65	3.40	−2.88

注：1994 年和 2012 年林业碳汇只评估了生物质碳汇；2005 年、2010 年和 2014 年林业碳汇包括了生物质、死有机质和土壤有机碳。

资料来源：中华人民共和国气候变化第二次两年更新报告 . 2018.

2010 年和 2014 年，中国 AFOLU 表现为温室气体净吸收汇。2005 年农业活动温室气体排放总量为 7.88 亿 t CO_2 eq，其中 CH_4 和 N_2O 排放量分别为 4.31 亿 t CO_2 eq 和 3.57 亿 t CO_2 eq。LULUCF 碳汇量为 7.66 亿 t CO_2 eq。2005 年中国 AFOLU 表现为弱排放源，净排放量为 0.22 亿 t CO_2 eq，上述估算没有考虑农田、林地、湿地和草地土壤碳汇的变化，也没有考虑林产品碳储量的变化。2014 年中国农业活动温室气体排放量为 8.30 亿 t CO_2 eq，LULUCF 碳汇量为 11.54 亿 t CO_2 eq。2014 年中国 AFOLU 碳汇量为 2.88 亿 t CO_2 eq。

9.4 AFOLU 减排固碳技术选择和措施

9.4.1 农田温室气体减排技术措施

1. 减少稻田 CH_4 排放的技术措施

间歇性灌溉、生物炭添加、有机物料腐熟、缓控释肥和硝化抑制剂、水稻品种选择均能显著地减少稻田 CH_4 排放。与普通化肥相比，缓控释肥和添加抑制剂化肥均能减少 CH_4 排放；与新鲜有机肥和秸秆还田相比，腐熟后的有机肥显著减少 CH_4 排放；生物炭添加有助于减少稻田 CH_4 排放（石生伟等，2010；Linquist et al.，2012；张卫红等，2018）。氮肥的施入会提高稻田 N_2O 排放，但同等施氮情况下，化肥、有机肥和秸秆还田对 N_2O 排放的影响不存在显著差异，而缓控释肥、添加抑制剂化肥和生物炭则有助于减少 N_2O 排放（Sun et al.，2019；Yue et al.，2019；Qin et al.，2020a，2020b；周胜等，2020）。合理的节水控制管理能有效减少稻田 CH_4 排放，但会提高 N_2O 排放（Liu X et al.，2019）。由于稻田 N_2O 排放只占温室气体排放量的 10%~20%（Wang B et al.，2016；Qin et al.，2019），间歇灌溉对 CH_4 排放的抑制作用能完全抵消对 N_2O 排放的促进作用，因此，间歇灌溉相比长期淹灌能显著降低稻田温室气体排放。

氮肥的施用对稻田温室气体减排效果不一，但添加剂的使用可以有效降低其温室气体排放。周旋等（2018）研究了不同脲酶 / 硝化抑制剂单用及其组合对稻田温室气体排放的影响，发现硝化抑制剂不仅显著降低稻田 N_2O 排放峰值，还能

减少 CH_4 和 N_2O 排放总量，而脲酶抑制剂配施硝化抑制剂更能有效减少稻田温室气体排放和排放强度。Sun 等（2018）研究了常规氮肥添加改良剂对稻田温室气体的减排效应，发现 3 种使用改良剂的处理能显著降低稻田温室气体排放强度 12.4%~21.3%。胡翔宇等（2018）研究了脱硫石膏的使用对稻田 CH_4 的影响，结果发现，不同用量的脱硫石膏显著降低了稻田 CH_4 排放（31.56%~90.66%）。Wang B 等（2016）和 Li J 等（2018）将节水灌溉技术与新型氮肥及添加剂结合使用，发现节水灌溉可以减少 42%~52% 的稻田 CH_4 排放，而两种技术的结合可以有效减少稻田总体温室气体排放 12%~49%。

作为农田有机废弃物资源化利用的一种形式，生物炭添加已被众多研究识别为一项有效的稻田温室气体减排技术措施。Qin 等（2016）和 Wang X 等（2018）通过 4 年的连续田间试验发现，生物炭的添加有效降低了稻田温室气体净排放（156%~264%），同时提升了土壤有机碳含量。秦晓波等（2015）的研究也发现了类似结果。各种技术措施的结合也可以有效减少稻田温室气体排放，如 Xiao 等（2019）将生物炭的应用与节水灌溉措施结合，发现在 $20t/hm^2$ 和 $40t/hm^2$ 的生物炭添加量条件下，稻田 CH_4 排放分别减少 29.7% 和 15.6%。除施用量对温室气体排放有影响外，生物炭的加工温度也影响其减排效果，如 Sun 等（2019）经过 2 年的田间试验，发现生物炭添加有效降低了 13.3%~92.6% 的 CH_4 排放和 24.6%~71.2% 的 N_2O 排放，并且相对低量和低温，高量生物炭和较高的加工温度可以增强减排效果。张向前等（2018）得出了相似的温度对生物炭减排效应影响的结论，他们试验发现生物炭添加可以降低 10.38%~65.29% 的稻田 CH_4 排放。吴震等（2018）经过 3 年的田间试验，发现不同年限的生物炭对稻田温室气体排放影响不同，陈化生物炭处理具有更好的减排效应，平均分别能降低 CH_4 和 N_2O 排放 9.0% 和 34%。刘成等（2019）通过 Meta 分析方法汇总了有关生物炭对土壤固碳减排潜力的影响，发现全国范围内，生物炭施用显著降低了 15.2% 的稻田 CH_4 排放。

耕作措施的改善也可以有效降低稻田温室气体排放，如 Yang 等（2019）把春季耕作提前到冬季休闲期进行，再配合残茬的施入，有效降低了双季稻田的净增温效应（46%~82%）和温室气体排放强度（49%~84%）。种植模式的生物多样性也是一项潜在的稻田温室气体减排技术，Sheng 等（2018）通过 2 年的“稻鸭”系统田间试验发现，相比传统稻田耕作系统，该系统能分别有效降低稻田净增温效应（28%）和温室气体排放强度（30.2%）。Sun 等（2019）研究了江汉平原“水稻 – 小龙虾”系统上稻草还田和饲喂对温室气体排放的影响，结果发现，相比单一水稻种植系统，“稻虾”系统显著降低了稻田 CH_4 排放（18.1%~19.6%）和总体增温潜势（16.8%~22.0%）。

研究表明，90% 以上的稻田 CH_4 是通过水稻植株传输的，因此水稻品种对 CH_4 排放有重要影响，如 Su 等（2015）利用转基因技术培育了高淀粉含量低 CH_4 排放的新水稻品种，与传统品种相比，该品种对 CH_4 有明显的抑制作用（–80%）。Qin 等（2015）通过小区试验和大田示范，发现华南稻区 3 个主推水稻品种具有显著的高产低排放特征，能够有效减少稻田温室气体排放（52.7%）。Jiang 等（2017）则通过实验研究和 Meta 分析相结合的方法，研究了 33 个不同水稻品种对 CH_4 排放的影响，他们发现在高有机碳含量（>12 g/kg）的水稻土上，通过种植高产水稻品种，水稻生物量每升高10%，将会减少 7.1% 的稻田 CH_4 排放。

2. 减少农田 N_2O 排放的技术措施

氮肥减量、缓控释肥和硝化抑制剂及脲酶抑制剂、推广机械肥料深施及施用生物炭等技术措施均能有效减少农田 N_2O 排放。过量施用氮肥是中国农田 N_2O 排放大的首要原因，氮素的施用量超过玉米和小麦的最佳施用量时，累积和单位产量 N_2O 排放均呈指数增长（Song et al.，2018），而对菜地的一项汇总分析则发现二者之间的线性响应形态（Wang X et al.，2018）。其他相关研究也发现了 N_2O 排放量对氮素输入的线性和多项式响应形态（表 9-2 和图 9-5）。尽管研究区域、作物和年限等的影响，使得上述响应形态各异，但各研究均表明了降低施氮量将是减排农田 N_2O 的有效手段。Zhang 等（2020）的评估更是认为，针对当前严重过量施用的问题，减少 1/3 的氮素输入不但不会影响作物产量，还能减少 29.60%~32.50% 的 N_2O 排放。实际上，中国农田存在较高的氮素盈余现象（Chen et al.，2014），而且 N_2O 排放主要来自过量施氮导致的氮盈余，Li 等（2020）结合 Chen 等（2014）的结果，总结了中国主要农田 N_2O 排放对氮素盈余量的指数响应形态，并提出了中国主粮作物小麦和玉米的氮盈余量，分别为 40kg N/hm^2 和 75kg N/hm^2，目前，这两种主要作物的氮盈余量分别达到 57~222kg N/hm^2 和 119~236kg N/hm^2。可见，在保证作物生长和产量之外，氮盈余量有极大的降低空间，合理控制氮盈余是农田 N_2O 减控的优先措施。氮肥类型也对 N_2O 排放有重要影响，新型肥料和抑制剂的快速发展为此提供了更多选择，研究表明，相比常规尿素，添加硝化抑制剂可以有效降低 35%~38% 的小麦玉米轮作系统 N_2O 排放（Liu et al.，2013）。生物炭施用也能显著降低旱地农田氧化亚氮排放（13.6%~30%）（刘成等，2019；Liu X et al.，2019）。此外，肥料深施也可有效控制农田 N_2O 排放，如 Gao 等（2014）和徐钰等（2015）发现，肥料深施可降低 21%~28.86% 的小麦季 N_2O 排放。由上可见，每种氮素管理措施均会影响农田 N_2O 排放，只有综合考虑各种措施，整合氮素用量调控、养分输入类型并考虑氮素盈余及其真实利用率才可制定有效的减排措施，如 Ma 等（2014）通过综合模拟，发现到 2030 年，相比基线情景，综合养分管理可有效降低 26.98% 的 N_2O 排放。最新研究也表明，农田 N_2O 减排的关键是合理施氮（李玥和巨晓棠，2020），该观点是基于合理施肥的“4R”（正确的氮素用量、类型、施用时间和位置）理念和技术提出的，该理论的实施可实现产量、品质、效益与环境效应相协调的可持续集约化作物生产目标，同时也指出最近一段时期关于减排农田 N_2O 的“盲目减氮”的误区。

表 9-2 与农田 N_2O 排放量对氮素输入的响应关系

研究方法	作物类型	拟合形态	拟合方程	决定系数（R^2）	参考文献
汇总分析	小麦	指数	$y = 0.33\exp(0.0048x)$	—	Cui et al.，2014
	玉米	指数	$y = 0.48\exp(0.0058x)$	—	

续表

研究方法	作物类型	拟合形态	拟合方程	决定系数（R^2）	参考文献
田间试验	玉米	指数	$y = 0.5872\exp(0.0073x) - 0.201$	0.82	Song et al.，2018
	小麦	多项式	$y = 1.2 \times 10^{-6}x^2 + 0.0010x + 0.2331$	0.71	
			$y = -6.8 \times 10^{-6}x^2 + 0.0148x + 0.2614$	0.93	
	玉米	线性	$y = 0.0053x + 0.45$	0.57	Meng et al.，2013
	小麦	线性	$y = 0.0017x + 0.59$	0.48	
	玉米	线性	$y = 0.53 \times 10^{-2}x + 0.45$	0.57	Gao et al.，2014
	小麦	线性	$y = 0.17 \times 10^{-2}x + 0.59$	0.48	
	玉米	线性	$y = 0.0058x + 0.1107$	0.62	Huang et al.，2017
			$y = 0.0067x + 0.1364$	0.63	
			$y = 0.0051x + 0.0743$	0.62	
	小麦	线性	$y = 0.0037x + 0.2958$	0.65	
			$y = 0.0038x + 0.4094$	0.69	
			$y = 0.0035x + 0.1822$	0.79	
	蔬菜	线性	$y = 0.019x + 16.61$	0.98	Zhang et al.，2016
	小麦	线性	$y = 0.0017x + 0.41$	0.94	Liu et al.，2012
	玉米	线性	$y = 0.0073x + 1.01$	0.97	
			$y = 0.023\exp(0.0175x) + 1.27$	0.95	

注：x 为施氮量，kg N/hm^2；y 为农田 N_2O 排放量，kg N/hm^2。

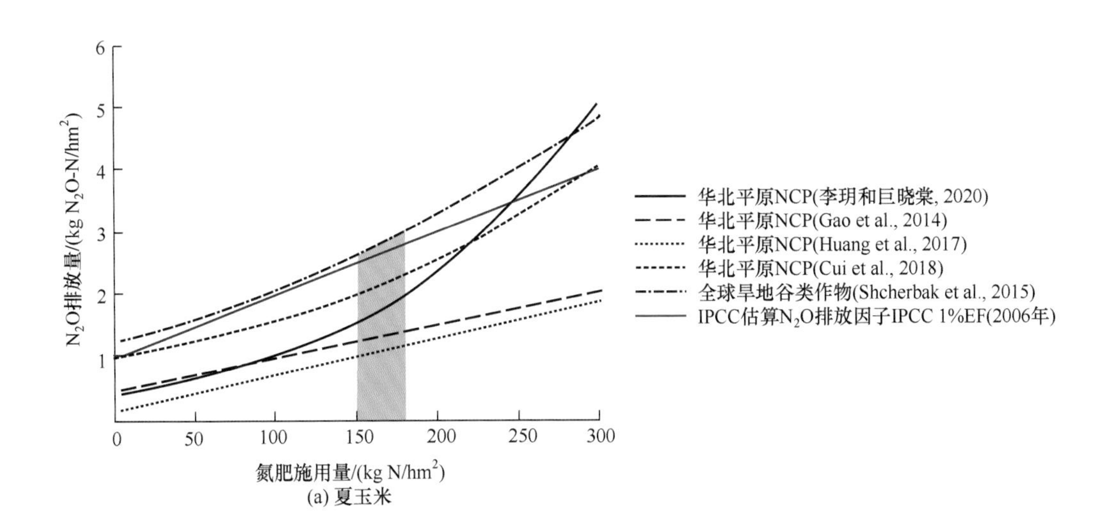

(a) 夏玉米

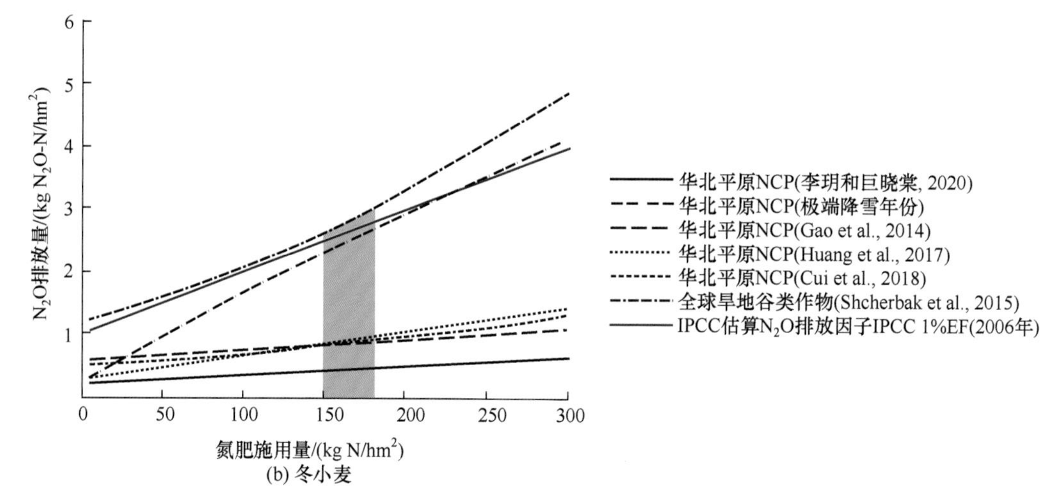

图 9-5　夏玉米－冬小麦轮作系统 N_2O 排放量对氮素输入的响应关系（李玥和巨晓棠，2020）

图中绿色填充图为合理施氮量区间：150~180 kg N/hm^2

9.4.2　畜牧业温室气体减排技术措施

对于畜禽养殖业气体减排领域，各国科学家一直致力于开发多源的温室气体减排技术，主要开发了优良品种选育技术，同时结合从饲养源头到粪便管理，以及粪便农田施用初步形成了全链条的减排技术，包括畜禽舍内的日粮优化饲喂技术，舍外粪便管理过程中开发的污水酸化、覆盖、降温技术等，这些技术对于温室气体减排均具有一定的效果。

1. 日粮优化

对于反刍动物的日粮可以采用秸秆青贮、秸秆氨化等技术进行处理，提高饲料消化率，同时采用提高精粗比，使用低碳水化合物日粮等减少肠道温室气体排放；对于非反刍动物，可以采用低蛋白日粮等进行减排。在生猪、肉牛以及家禽的饲养中，通过 Meta 分析显示，当饲料粗蛋白含量平均降低 2% 时，可以显著减少最终粪便中的氮排泄（猪减少 17.0%；肉牛减少 10.3%；鸡减少 17.4%）（图 9-6）（Wang Y et al., 2017，2018）。由于氮排泄量的降低从源头上减少了后续粪污储存及处理等环节 NH_3、N_2O 含氮气体的排放，因而该技术对于温室气体减排有重要作用。

在奶牛肉牛等反刍动物中，采用饲料添加剂的目的主要是通过降低反刍作用减少肠道 CH_4 排放。Wang Y 等（2018）采用 Meta 分析方法对肉牛饲养过程中应用到的各种饲料添加剂包括油脂、莫能菌素、电子受体、抑制剂等对肉牛肠道 CH_4 减排效果进行了评估，发现各种饲料添加剂对 CH_4 的综合减排效率为 12.7%（$P<0.001$）。在各种饲料添加剂中，所用的油脂种类包括椰子油、粗甘油、菜籽油等，添加各类油脂对 CH_4 减排效率为 14.9%（$P<0.05$）（图 9-7）。添加莫能菌素 CH_4 减排效率为 11.1%（$P<0.01$）；添加电子受体类物质包括硝酸盐、富马酸和苹果酸等，CH_4 减排效率为

15.2%（$P<0.001$）（图 9-7）；添加抑制剂物质如溴氯甲烷对瘤胃 CH_4 形成有很强的抑制作用，但是一般认为抑制剂和电子受体类物质对环境和动物健康都有较大的风险（Tomkins et al.，2009；Leng，2008），故不推荐。

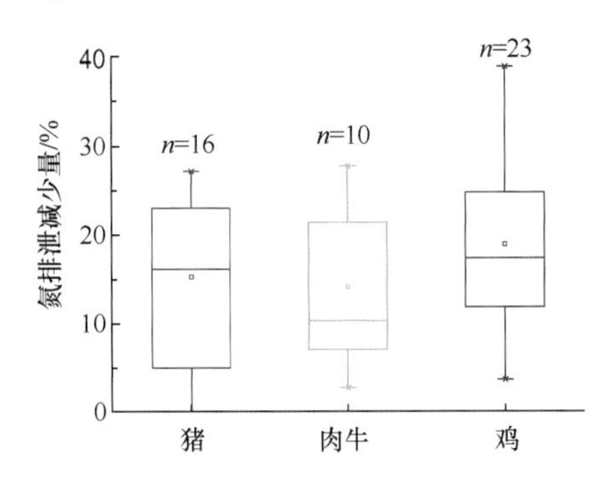

图 9-6　低蛋白日粮对氮排泄的影响（Wang Y et al.，2017，2018，2019）

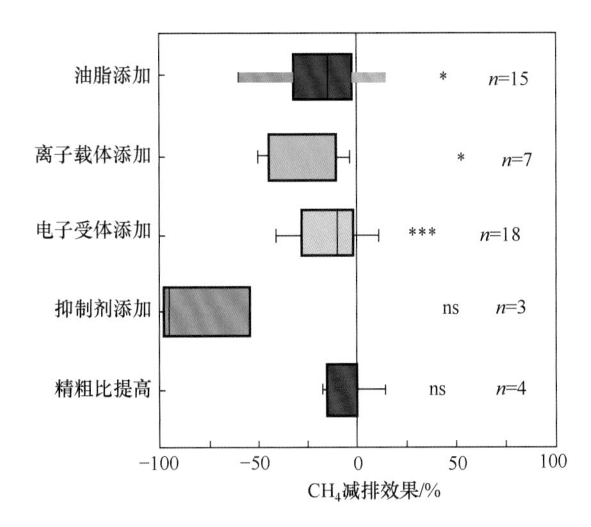

图 9-7　饲料添加剂以及精粗比提高对于肠道 CH_4 减排效果（Wang Y et al.，2018）

*** 表示 $P<0.001$；* 表示 $P<0.05$；ns 表示不显著；n 表示观测样本量

通过提高饲料精粗比，肉牛 CH_4 排放可以降低 3.8%（$P=0.221$）（Wang Y et al.，2018），主要原因是精饲料可降低瘤胃 pH，低 pH 不利于 CH_4 产生；精饲料发酵后促使瘤胃内丙酸含量更高，丙酸可以抑制 CH_4 排放；而粗纤维（粗饲料成分）分解后乙酸含量较高，CH_4 产生量更高（韩继福等，1997）。但是精饲料具有更佳的适口性，可能导致反刍动物摄入量增多，因而导致整体 CH_4 排放增加。

改善粗饲料质量也能显著降低动物肠道 CH_4 排放，Na 等（2013）比较了不同的秸秆型粗饲料和青贮玉米型粗饲料对奶牛肠道 CH_4 排放的影响，研究结果表明，在相同的精粗比条件下，青贮玉米型日粮的 CH_4 排放比秸秆型日粮排放降低 19.8%（图 9-8），减排效果显著，但是若进一步提高精饲料的比例，可进一步降低肠道 CH_4 排放，但是减排效果不明显。

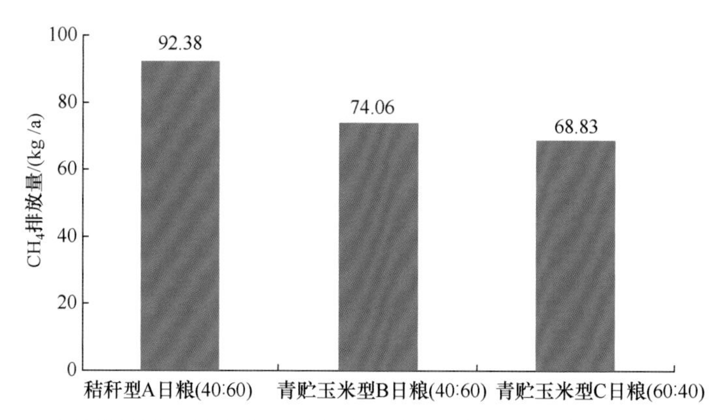

图 9-8　不同粗饲料类型和精粗比对奶牛肠道 CH_4 排放的影响（Na et al.，2013）

近年来，中国持续推进农业供给侧结构性改革，调整粮经饲结构，采取以养带种方式推动种植结构调整，促进青贮玉米、苜蓿、燕麦、甜高粱和豆类等饲料作物种植，其收获加工后以青贮饲草料产品形式由牛羊等草食家畜就地转化，引导试点区域牛羊养殖从玉米籽粒饲喂向全株青贮饲喂适度转变。2019 年中央一号文件明确提出合理调整粮经饲结构，发展青贮玉米、苜蓿等优质饲草料生产。自 2015 年以来，农业农村部实施了“粮改饲”试点行动，当年试点计划种植 10 万 hm^2，实际落实 19.1 万 hm^2，收储优质饲草料 995 万 t，近两年粮改饲面积不断扩大，全国粮改饲试点范围已扩大到 17 个省区 500 多个县，2017 年、2018 年连续两年突破 86.7 万 hm^2，每年新增优质饲草料达到 6500 万 t，可以为 600 万头泌乳奶牛提供优质饲草料，全株青贮玉米在提高奶牛奶产量水平的同时，也显著地降低了奶牛肠道 CH_4 排放，全株青贮玉米饲料较传统粗饲料单位动物 CH_4 排放因子降低 10% 以上（图 9-8），据此估算，推广使用上述优质牧草年减少肠道 CH_4 气体排放约 6 万 t（折合 126 万 t CO_2 eq）。

2. 粪便管理过程温室气体减排措施

1）液体粪污储存过程减排

Wang Y 等（2017）利用 Meta 分析方法量化分析了养殖场污水储存过程中 CH_4 和 N_2O 减排潜力。研究系统评估了覆盖、降温和酸化等污水储存主要减排技术的减排效果，认为污水储存 CH_4 减排潜力可达 9%~88%，而 N_2O 在合适的减排技术下可以降低 80% 以上。

Wang Y 等（2017）综合分析认为，采用覆盖可使 CH_4 减排 10%~50%，同时进一步区分了各种不同覆盖物的减排效果。各种覆盖物对 CH_4 的减排效果不同，覆盖物自身特性的差异，以及覆盖的厚度、覆盖所处的环境、覆盖时间等均可能对 CH_4 的减排效果产生影响。采用塑料膜对储存池进行较好的覆盖可以取得较好的 CH_4 减排效果，但是采用稻草、油脂等生物材料则可能由于生物性材料的分解造成 CH_4 排放的升高，如 Berg 等（2006）和 Guarino 等（2006）发现稻草或油脂的使用使 CH_4 排放增加了 8%~60%。对于 N_2O 的排放，稻草和黏土小球均有可能诱发更高的排放量，相应条件下 N_2O 分别增排了 28.9 倍和 2.7 倍（Petersen et al.，2013；Hansen et al.，2009），主要是由于储存池表面覆盖材料后更易于形成好氧厌氧兼性环境，从而诱发更多的 N_2O 排放。

由于甲烷菌对温度极其敏感，因而低温储存是 CH_4 减排的有效手段，低温可使污水储存过程中 CH_4 减排 15%~93%。Wang Y 等（2016）比较了 5~25℃条件下污水储存过程中 CH_4 和 N_2O 的排放特性，发现当环境温度低于 15℃时 CH_4 产生量很少。在寒冷季节将舍内污水转移到舍外储存可使 CH_4 减少 23%~46%（Groenestein et al.，2012）；将污水从 25℃的储存温度降低到 20℃可以使 CH_4 减排 15%，储存温度继续降低到 15℃以下则可以使 CH_4 减排 83%~93%（Wang Y et al.，2016）。N_2O 来源于硝化反硝化作用，硝化反硝化细菌活性受温度影响，研究发现，一般只有温度超过 25℃时才有可能出现较高的 N_2O 排放（Wang Y et al.，2016，2014）。因而降温同样可以有效减少 N_2O 排放，将污水储存温度降低到 20℃以下可以使 N_2O 排放降低 80% 以上（Wang Y et al.，2016）。

粪污酸化被证明不仅可以大幅减少氨气排放，同时也可以有效减少 CH_4 排放。污水酸化至 5.5~6.0，内部 CH_4 菌活性大大降低，CH_4 排放可以降低 31%~99%（图 9-9）（Shin et al.，2019；李路路等，2016；Wang K et al.，2014）。

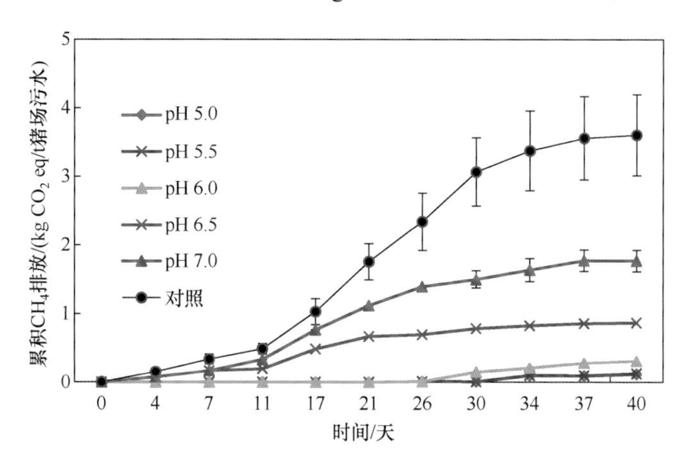

图 9-9　猪场污水酸化至不同 pH 后储存 40 天内累积 CH_4 排放（Shin et al.，2019）

2）好氧堆肥温室气体减排

堆肥过程中部分添加剂的使用可以减少堆肥过程的 CH_4 和 N_2O 排放，Wang Y 等（2017）采用 Meta 分析方法分析发现，畜禽粪便堆肥过程使用添加剂 CH_4 可以减排 16%、N_2O 可以减排 32%。

常用的添加剂一般包括一些无机添加剂，如改性赤泥、过磷酸盐、改性镁橄榄石，此外也包括生物炭、微生物添加剂等。各种添加剂在不同适用对象，或者操作环境下使用效果存在一定的差异。例如，在鸡粪、牛粪堆肥中添加磷石膏可使 CH_4 减排 32%~97%（杨岩等，2015；Hao et al.，2005）；磷石膏的添加带入了 SO_4^{2-} 离子，而 SO_4^{2-} 离子对产甲烷菌有一定的毒性，导致产生的 CH_4 减少（Shin et al.，2019；Hao et al.，2005），但是也有部分研究发现在猪粪堆肥中添加磷石膏可能使 CH_4 增加 4%~15%（罗一鸣等，2012）。此外，添加生物炭可使堆肥 CH_4 减排 78%~84%（Chowdhury et al.，2014），主要是由于生物炭性质较为稳定，很难作为碳源被微生物降解；生物炭添加可能增加了堆体孔隙度，堆体内较好的通风状况也可降低 CH_4 排放（Agyarko-Mintah et al.，2017）。在粪便堆肥中添加镁盐、磷酸等使堆体内形成鸟粪石结晶可以减少氮的损失，使 N_2O 减排 9%~80%（Fukumoto et al.，2011）；粪便中添加过磷酸钙可以使堆肥 N_2O 减排 2%~32%（杨岩等，2015；罗一鸣等，2012）。但是在牛粪堆肥中添加磷石膏可以使 N_2O 排放增加 78%~156%（Hao et al.，2005），主要是由于磷石膏的添加显著降低了 NH_3 排放，可能致使有更多的氮源参与到硝化反硝化作用中，因而 N_2O 排放增加。

3）沼气发酵

沼气厌氧发酵过程中微生物将有机质分解产生 CH_4、CO_2 以及一些其他气体副产物，其已被认为是最具发展前景的温室气体减排措施。沼气发酵可以生产能源，沼气替代化石燃料燃烧可以显著减少温室气体排放，同时发酵处理后粪污可以减少臭味，回收有机营养物质，并且沼渣施肥提高了粪便的利用率，因而沼气工程在畜牧业生产中被广泛利用。

2017 年 6 月，国务院办公厅印发《关于加快推进畜禽养殖废弃物资源化利用的意见》，其提出到 2020 年，建立科学规范、权责清晰、约束有力的畜禽养殖废弃物资源化利用制度，构建种养循环发展机制，全国畜禽粪污综合利用率达到 75% 以上，规模养殖场粪污处理设施装备配套率达到 95% 以上，大型规模养殖场粪污处理设施装备配套率提前一年达到 100%。近年来，农业农村部、财政部与国家发展和改革委员会等部委加大对畜禽粪污资源化利用的支持力度，启动了畜禽粪污资源化利用整县推进行动、果菜茶有机肥替代化肥行动等，这些行动的实施极大地提高了畜禽粪污资源化利用水平。据测算，2017 年全国畜禽粪污综合利用率达到 70%，规模养殖场粪污处理设施装备配套率达到 63%，分别比 2015 年提高了 10 个百分点和 13 个百分点；截至 2018 年底，全国已有超过 300 个畜牧大县开展整县推进行动，占养殖大县的一半以上，4 万多个规模养殖场废弃物处理和利用设施得到改造，150 个果菜茶有机肥替代化肥项目试点县有机肥施用比例达到 20%。随着畜禽粪污资源化利用行动的不断深入，畜禽粪污资源化利用比例不断提高，从而能有效降低畜禽养殖粪便管理过程中的温室气体排放。

9.4.3 林业温室气体增汇技术措施

1. 植树造林

自 20 世纪 70 年代末开始，中国政府开始实施大规模植树造林工程，以应对日益严重的环境灾害、保护人类健康和保障长期环境安全。植树造林同时也产生了显著的全球碳效益。基于国家森林资源连续清查数据的评估结果表明，截至 2008 年，中国通过植树造林累计增加碳储存 10.2 亿 t C；1981~2008 年平均每年增加 2800 万 t C，约相当于同期中国工业碳排放量的 2%（He et al.，2015）。2010 年中国人工林碳储量为 78.94 亿 t C，其中生物质碳储量 16.89 亿 t C，土壤有机碳储量 62.05 亿 t C。预计到 2050 年，中国人工林碳储量将达到 103.95 亿 t C，其中生物质碳储量 30.55 亿 t C，土壤有机碳储量 73.4 亿 t C（Huang et al.，2012）。除了在抵减工业碳排放增长方面的贡献外，植树造林工程产生的碳汇还可以产生市场价值。据估算（He et al.，2015），1981~2008 年植树造林产生的碳汇价值约 1900 亿元，相当于投资成本的 43.4%。

2. 退耕还林

退耕还林工程始于 1999 年，是迄今为止世界上最大的生态建设工程。退耕还林从保护和改善生态环境出发，将易造成水土流失的坡耕地有计划、有步骤地停止耕种，按照适地适树的原则，因地制宜地植树造林，恢复森林植被。

大规模生态修复工程有助于增强碳储存。研究表明，黄土高原区通过退耕还林，可以使 0~20cm 土层中的土壤有机碳以 71.2 万 t C/a 的速率增加，且能持续增加 60 年（Chang et al.，2011）。中国退耕还林区土壤有机碳储量平均年增速为 1200 ± 800 万 t C，2013~2050 年土壤有机碳储量将由 1.56 亿 ± 1.08 亿 t C 增加到 3.83 亿 ± 1.88 亿 t C（Shi and Pan，2014）。2010 年中国退耕还林区森林碳储存（包括森林生物量、林下植被和土壤有机碳）约为 6.82 亿 t C，当年的固碳量能抵消中国碳排放量的 3%~5%（Deng et al.，2017）。2020 年和 2050 年退耕还林工程区森林碳储存将分别达到 16.97 亿 t C 和 41.15 亿 t C（Deng et al.，2017）。至 2100 年，退耕还林工程将累计产生经济效益 442.0 亿美元，超过当前的工程总投资 389.9 亿美元（Liu et al.，2014）。

3. 其他生态工程

三北防护林体系工程是在中国三北地区（西北、华北和东北）建设的大型人工林业生态工程。《三北防护林体系建设 40 年综合评价报告》结果显示，三北防护林森林生态系统固碳累计达到 23.1 亿 t，相当于 1980~2015 年全国工业二氧化碳排放总量的 5.23% [①]。

自 1978 年三北防护林体系工程实施以来至 1990 年，三北防护林累计吸收 6.98 亿 t C。其中，乔木林固碳 4.96 亿 t C，约占 71%；灌木林固碳 1.12 亿 t C，稀疏灌丛固碳 0.67 亿 t C，其他林木固碳 0.23 亿 t C。至 2015 年，乔木林固碳量达到 4.83 亿 t C，灌木林固碳 1.16 亿 t C，稀疏灌丛固碳 0.66 亿 t C，其他林木固碳 0.18 亿 t C。但总体而言，1990~2015 年三北防护林固碳量已逐步趋于饱和，年固碳量呈下降趋势，人为活动导致林地转化为建设用地或农地，林地面积减少是主要原因；单一树种的新造纯林由于病虫害或干旱导致的死亡也是原因之一。1990~2015 年，三北防护林固碳的经济价值以每年 3.5% 的速率增长，与此同时成本投入量的年增长率为 10.30%（Chu et al.，2019）。

“京津风沙源治理工程”是为了固土防沙和减少京津沙尘天气而出台的一项针对京津周边地区土地沙化的治理措施。第一期工程（2002~2010 年）期间，工程共计净固碳 6375 万 ~6438 万 t C，年固碳量为 638 万 ~644 万 t C，为中国温室气体减做出了显著的贡献（Liu B et al.，2019）。

① http://www.cas.cn/cm/201812/t20181225_4674896.shtml.

“天然林保护工程”第一期（1998~2010 年）实施期间，固碳量达到 0.34 亿 t C，其中主要是防护林的贡献（0.30 亿 t C）。2011~2020 年可以达到 0.96 亿 t C，碳储量年增长量约为 624 万 t C（Zhou et al.，2014）。

4. 森林管理

改善林分结构，将纯林改造为混交林往往具有更好的固碳效益。16 年生杉木纯林通过下层疏伐和上层疏伐改造形成杉木－枫香混交林后，单木平均生物质碳储量增加、林木死亡率降低、幼树生长加快（Zhang et al.，2019）。27 年生红锥－马尾松混交林生态系统碳储量明显高于红锥和马尾松纯林（He et al.，2013）。

选择固碳能力强的造林树种，可以增强森林的固碳能力。不同造林树种的固碳能力存在差异。中国东北地区的研究表明，榆树、云杉、落叶松等树种的固碳能力要高于油松、栎类和桦木。大面积（44.5%）种植杨树不仅固碳能力较低，还具有土壤物理性状退化、土壤肥力下降等潜在风险（Wang W et al.，2017）。在中国亚热带地区，营造具有经济价值的乡土树种，不仅能增强固碳能力，同时也能生产具有经济价值的木材，不失为一种好的营造林措施（He et al.，2013）。红树林具有较高的总生态系统生产力和较低的生态系统呼吸能力，因而比相邻的陆生树种具有更高的固碳能力（Cui et al.，2018）。

适当的管理措施（施肥结合中度采伐）相比传统的管理方式（不施肥结合低强度采伐）能提高毛竹林土壤有机碳储量，但施肥结合高强度采伐则会降低土壤有机碳储量（Li C et al.，2018）。适当保留采伐剩余物能促进亚热带地区杉木人工林生长，提高生态系统碳储量（Huang et al.，2013）。

人工用材林的种植密度、轮伐周期以及采伐方式都会影响其固碳能力。楠木人工林种植密度为 2000~3000 株 /hm^2 时具有最大的固碳能力。80 年轮伐期相比 20 年或 30 年轮伐期更有利于保持林地生产力，但 40~60 年轮伐期具有最佳的固碳效果同时也能保持林地生产力，而只采伐主干相比全株具有更大的固碳潜力（Wang et al.，2013）。

9.4.4 其他土地利用的温室气体增汇技术措施

1. 农田土壤碳增汇的技术措施

1）不同施肥处理土壤固碳因子

采用 Meta 分析方法对不同长期定位施肥试验中的数据进行整合，得到了中国各种管理措施下土壤有机碳（SOC）的累计增加量和增加比例（表 9-3），括号中数字为 95% 的置信区间。从结果可以看出，化肥有机肥配施情况下土壤累积 SOC 增加量为 17.00 t C/hm^2，其次是只施有机肥，累积有机碳增加 12.27 t C/hm^2，秸秆还田累积增加土壤有机碳 10.74 t C/hm^2，只施化肥土壤碳储量略增，在 20 多年期间共增加 3.32 t C/hm^2。不施肥的农田土壤有机碳储量降低 1.01 t C/hm^2。Meta 分析得出不施肥、只施化肥、只施有机肥、化肥有机肥配施、秸秆还田在连续 20 多年的试验期间固碳因子分别为 0.94、1.08、1.38、1.48 和 1.28。

表 9-3　长期定位施肥试验对土壤有机碳储量的影响

处理	观测数	平均试验年限 / 年	累积碳储量变化 /（t C/hm²）	固碳因子
不施肥	68	24.9	−1.01（−3.11~1.08）	0.94（0.89，0.99）
只施化肥	165	24.4	3.32（1.97~4.66）	1.08（1.01，1.14）
只施有机肥	36	24.8	12.27（8.21~16.32）	1.38（1.30，1.47）
化肥有机肥配施	127	25.5	17.00（14.81~19.91）	1.48（1.35，1.63）
秸秆还田	38	24.4	10.74（8.15~13.33）	1.28（1.19，1.36）

2）不同土壤类型的土壤有机碳储量累积

对于所有处理，黑土的土壤有机碳储量降低最多或者增加最少。不施肥处理，黑土土壤有机碳储量累积降低 15%，只施有机肥黑土土壤有机碳储量累积增加 16%，只施化肥和秸秆还田不能抵消耕作造成的土壤有机碳损失。除只施有机肥处理外，在不施肥、只施化肥、化肥有机肥配施、秸秆还田处理下的潮土土壤有机碳储量的累积增加比例均高于其他土壤类型（图 9-10）。

2. 湿地减排增汇的技术措施

1）湿地植被恢复与重建

恢复滨海湿地的红树林、盐沼和海草床是提高蓝碳能力的重要途径。“蓝碳”是由海洋生物捕获的碳，占全球自然生态系统光合作用捕获的碳的 1/2，特别是海岸带的红树林、海草床和盐沼能够捕获和储存大量的碳，海岸带也是提高湿地碳汇功能的最具潜力的区域（Tang et al.，2018）。中国海岸带蓝碳生态系统生境总面积为 1623~3850km^2，年平均碳封存量为 0.349~0.835Tg C（周晨昊等，2016）。至 2011 年，海岸基干林带总长度达到 1.7 万 km，沿海地区累计造林 419 万 hm^2，森林覆盖率达到 35.6%（张华等，2015）。截至 2013 年，黄河口滨海湿地恢复面积已达 2.33 万 hm^2，河口生态状况明显改善。一系列的红树林恢复工程，使中国南部沿海的红树林面积由 1997 年的 1.49 万 hm^2 增至 2013 年的 3.28 万 hm^2（Sun et al.，2015），中国红树林面积从 2000 年的 2.20 万 hm^2 快速增加到 2013 年的 3.45 万 hm^2（但新球等，2016）。不同地区红树林的碳汇能力为 2.09~6.61t C/（hm^2 · a）（张莉等，2013），新增红树林湿地每年能固碳 26014 ~ 82274t C。

海草生态系统的碳埋藏速率为 41~66g C/（m^2 · a）（Kennedy et al.，2010），全球海草生长区占海洋总面积不到 0.2%，但其每年封存于海草沉积物中的碳相当于全球海洋碳封存总量的 10%~15%（Fourqurean et al.，2012；Duarte et al.，2005）。我国有着漫长的海岸带，海草分布范围广，从我国南端的南沙群岛到北部的辽宁均有分布，中国现有查明的海草场的总面积约为 8765.1 hm^2，其中海南、广东和广西分别占 64%、11% 和 10%，此外许多海草分布点确切的面积仍未知（郑凤英等，2013）。同时，对海草床固碳机制及其与环境关系等方面的研究几乎处于空白，因而无法对我国海草床的碳汇潜力进行准确评估（邱广龙等，2014）。中国的海草研究和恢复尚处在起始阶段，移植法应是目前中国海草床恢复的首选方法（李森等，2010）。海草生态恢复区位于广西珍珠湾的正北部，工程面积共计 4hm²。尽管海草床目前的碳汇功能较弱，但具有较大的潜力。

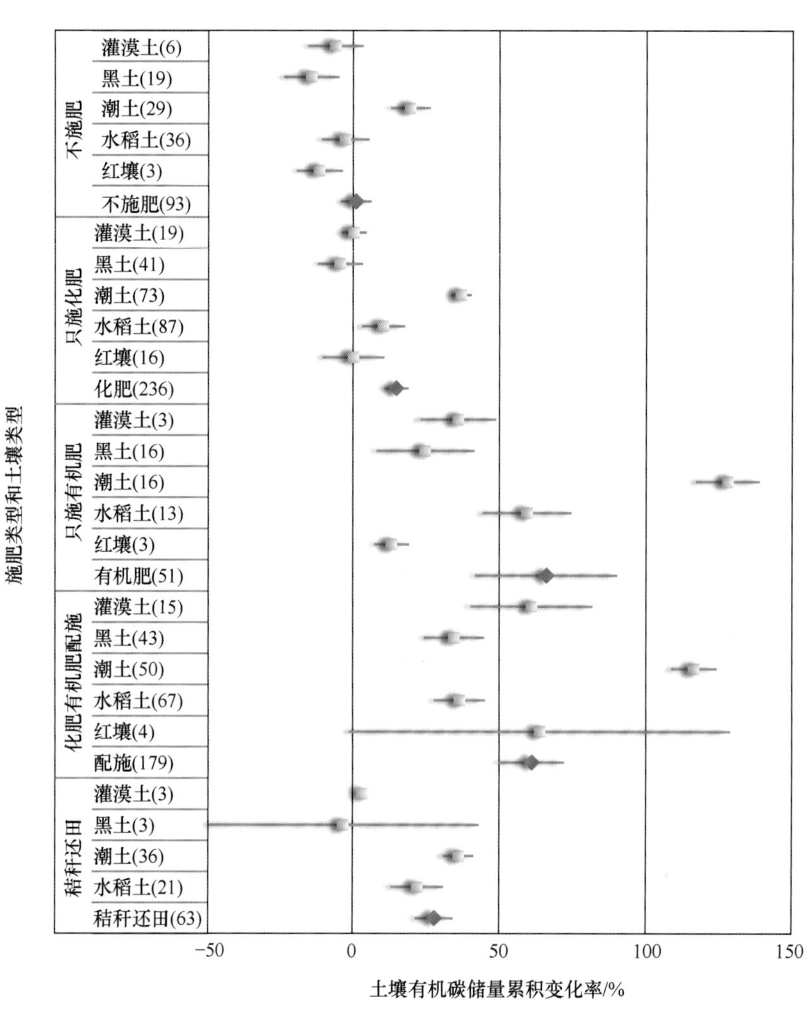

图 9-10 不同土壤类型的固碳因子（Li Y et al.，2018）

括号内数值为研究结果数目

2）湿地水文修复

湿地水文过程是维持湿地生态系统功能的关键要素，决定了湿地植物、动物区系和土壤生物地球化学循环特征，湿地水文修复是湿地修复的关键（Mitsch et al.，2008）。关于水文修复对湿地固碳功能提升的定性研究较少，少数研究表明，水位升高降低湿地的土壤呼吸，增加 CH_4 排放，但总碳释放量降低（Cui et al.，2017）。湿地水位的消长有助于碳累积，特别是处于洪峰期的河滩湿地，由于受外部水文动力学过程的驱动，生态系统中的营养盐迅速增加，从而促使湿地生物量和碳积累速率增加（Schelker et al.，2011）。湿地土壤因长期处于水分过饱和状态而具有厌氧的特性，土壤中微生物活性较弱，植物残体分解不充分，经过长时间的积累形成有机质含量较高的湿地土壤（Voss et al.，2017）。因此，湿地水文特征的恢复与重建改变湿地水体对碳元素吸收与转化的条件，使生态系统向碳汇功能转移。

3）湿地基质改良

添加生物炭、菌剂等，能够活化退化湿地土壤中的微生物，从而有利于提高湿地的碳汇功能（王桂君和李玉，2014）。滨海滩涂湿地的土壤多为盐渍土，土壤改良剂、水文调节，结合植被恢复，是修复滨海盐碱地的常用技术。滨海盐碱地通过改良，可生长碱蓬、柽柳等典型盐生植被。盐生植被由于干旱和土壤盐渍化，植物固碳能力低于全国陆地植被平均固碳能力，如黄河三角洲的植被固碳能力为 0.35kg/（$m^2 \cdot a$）（张绪良等，2012）。李晓光等（2017）在滨海盐渍区的研究表明，栽种柽柳 10 年可固碳 1182g/m^2，平均每年的固碳量 0.1kg/m^2 。因此，盐碱地恢复的长期效应仍有助于提高湿地的碳汇功能。

9.4.5 AFOLU 部门减排技术汇总

根据上述分析，本节汇总了目前中国 AFOLU 部门的优先减排技术（表 9-4）。减排技术的筛选原则如下：①排除有可能导致减产的技术；②排除技术、政策和其他明显的社会障碍导致不能广泛推广的技术；③排除目前已经得到推广但却增加温室气体排放的技术。

表 9-4 中国 AFOLU 部门的优先减排技术

行业	名称	技术说明	减排潜力	参考文献
种植业	氮肥减量	针对小麦、玉米、水稻、蔬菜等作物，根据科学施肥推荐，合理降低氮肥用量，提高氮素利用率	10%~45% N_2O	Qin et al.，2020a；Zhang et al.，2019；Song et al.，2018；Nayak et al.，2015
	肥料深施	通过机械的应用实现肥料深施	30% N_2O	Qin et al.，2020b
	稻田水肥管理	由淹灌改为中期晒田加间歇灌溉或湿润灌溉	45%~70% CH_4	Nayak et al.，2015；Li J et al.，2018；Liu X et al.，2019
	稻田施用添加硝化抑制剂的肥料	稻田施用添加脲酶抑制剂、硝化抑制剂、脲酶 + 硝化抑制剂，施用缓控释肥	>10%CH_4；>8%N_2O	Nayak et al.，2015；Li J et al.，2018；Zhou et al.，2018；Sun et al.，2018；Li Y et al.，2018；Wang B et al.，2016
	稻田施用腐熟有机肥	稻田施用沼渣、沼液和经过堆腐的有机肥，替代施用新鲜有机肥	40%CH_4	石生伟等，2010；Nayak et al.，2015
	旱地施用高效肥料	旱地施用添加脲酶抑制剂、硝化抑制剂、脲酶 + 硝化抑制剂，施用缓控释肥	>40%N_2O	Nayak et al.，2015；
	有机肥替代化肥	有机肥替代化肥可增加土壤碳储量	0.36t C/（$hm^2 \cdot a$）	Li Y et al.，2018

续表

行业	名称	技术说明	减排潜力	参考文献
种植业	高产低排放品种选育	培育或优选高淀粉含量、根系庞大的水稻品种，减少 CH_4 排放	>52% GWP	Jiang et al.，2017；Qin et al.，2015；Su et al.，2015
	生物多样性	改变单独水稻种植为“稻鸭”“水稻－小龙虾”等共生系统，可有效提高养分利用率、作物产量，并抑制温室气体排放	16%~30%CH_4	Sheng et al.，2018；Sun et al.，2018
	优化耕作时间	将春季耕作提前到冬季休闲期实施，再配合残茬的施入，可有效降低双季稻田的净增温效应	46%~82%	Yang et al.，2018
	生物炭	农田秸秆废弃物高温（300~700℃）热裂解后炭化为生物炭，施入农田可有效降低温室气体排放	10%~264%GWP	Sun et al.，2019；刘成等，2019；Wang X et al.，2018；Xiao et al.，2018；张向前等，2018；吴震等，2018；Qin et al.，2016；秦晓波等，2015
	保护性耕作	保护性耕作（少、免耕和秸秆还田的组合）通过不同的耕作和土壤扰动措施的结合，可保证 30% 以上的残茬进入土壤，增强土壤碳库，同时减少温室气体排放	0.40t C /（$hm^2 \cdot a$）	Li Y et al.，2018
	节水灌溉	通过节约地表和地下抽水能耗、水分运输能耗和灌溉设施能耗等，提高用水效率，减少温室气体排放	总减排当量 ~683.04 万 t CO_2 eq	邹晓霞，2013；Zou et al.，2012，2013，2015
	秸秆还田	相比保护性耕作，只包括秸秆还田一项措施，可有效增强土壤肥力和改善土壤物理属性	0.28t C/（$hm^2 \cdot a$）	Li Y et al.，2018
畜牧业	低蛋白日粮	降低饲料中蛋白质含量	12%~25%	Wang Y et al.，2017，2018
	家畜育种改进	采用人工授精，在降低瘤胃 CH_4 排放的同时，可以提高饲料吸收率、产奶率、增重和生产效率	—	—
	饲料添加剂	常见的饲料添加剂包括油脂、莫能菌素、电子受体、抑制剂等	12%	Wang Y et al.，2018
	提高饲料精粗比	提高精饲料可降低瘤胃 pH，精饲料发酵后促使瘤胃内丙酸含量升高，低 pH 和较高的丙酸浓度可以抑制 CH_4 产生	3.8%	Wang Y et al.，2018
	改善粗饲料的质量	秸秆青贮和秸秆氨化可提高饲料消化率，降低 CH_4 排放	20%	Na et al.，2013
	液体粪便覆盖	利用塑料薄膜覆盖粪便储存池具有较好的减少 CH_4 排放的效果，采用生物质材料覆盖可能会导致较高的 CH_4 和 N_2O 排放	—	Wang Y et al.，2017
	低温储存	将污水的储存温度从 25℃降到 20℃，可以降低 CH_4 和 N_2O 排放	15%	Wang Y et al.，2016

续表

行业	名称	技术说明	减排潜力	参考文献
畜牧业	粪污酸化	将粪污的 pH 降到 6 以下，可降低粪污中甲烷菌的活性	30%	Shin et al., 2019；李路路等, 2016；Wang K et al., 2014
	好氧堆肥添加剂	堆肥过程中添加改性赤泥、过磷酸盐、改性镁橄榄石和生物炭，可以降低温室气体排放	30% 及以上	杨岩等, 2015, Hao et al., 2005；Shin et al., 2019；Chowdhury et al., 2014
	户用沼气	主要包括粪便、秸秆等生物质能利用，主要类型包括散户小型沼气	90%	IPCC, 2019
	沼气工程	主要包括粪便、秸秆等生物质能利用，主要类型包括小规模 / 中等规模 / 大型沼气工程（农业废弃物处理）	90%	IPCC, 2019
	禁牧	针对退化草地，禁牧 35% 将确保植被的有效恢复，增加土壤碳储量		
	中牧	在目前载畜量水平下，降低至中等放牧密度，草地利用率降到 50%，将提升草地干物质 10%，同时提升土壤碳储量		
	轻牧	在中牧措施基础上，继续降低载畜量到 35% 的轻牧水平，干物质生产将提高 3%，同时将大幅提升土壤碳储量		
林业	人工造林	苗木选育、优化造林方法		Zhang et al., 2019；Wang W et al., 2017；He et al., 2013
	林地管理	养分综合管理和施肥；林内凋落物管理		Li C et al., 2018；Huang et al., 2012
	森林采伐	优化选择抚育采伐时间、强度和采伐木；优化择伐、间伐、皆伐和其他采伐作业		Wang et al., 2013
	森林灾害管理	病虫害防治、火灾预警与扑救；灾后拯救伐与更新		
	林产品管理	能源林生产，林产品生产、储存与回收利用		
湿地	湿地植被恢复与重建	红树林、海草床恢复	0.35~45.68kg/（$m^2 \cdot a$）	唐博等, 2014
	湿地水文恢复	堤坝和土地工事、沟渠和水道、水流和水位控制设施	减少碳排放	Cui et al., 2017
	湿地基质改良	地形改造、客土、清淤，添加生物炭、菌剂等	0.1~2.11kg/（$m^2 \cdot a$）	李晓光等, 2017；张绪良等, 2012

9.5 AFOLU 减排成本和减排潜力

我国未来 AFOLU 具有较大的减排潜力（Roe et al.，2019；Griscom et al.，2017）。在 1.5℃温升目标情景下，中国通过稻田管理、森林管理、草地管理、泥炭地恢复、减少毁林、减少湿地开垦等措施可减少温室气体排放或固碳 4.83 亿 t CO_2 eq，通过植树造林可以增加碳汇量 12.57 亿 t CO_2 eq，农田和草地管理可以增加土壤碳汇 0.57 亿 t CO_2 eq（Griscom et al.，2017）。Roe 等（2019）根据 FAOSTAT 估算中国农业温室气体排放，并假设农田管理、家畜管理、粪便管理、肥料管理的减排潜力分别为 30%、40%、70% 和 30%，得出 2020~2050 年中国农田管理、家畜管理、粪便管理、肥料管理的温室气体减排潜力为 1.79 亿 t CO_2 eq。由此可见，估算 AFOLU 部门温室气体减排和碳汇潜力的不确定性很大。

9.5.1 农业减排成本及减排潜力

农业温室气体减排效益的评估需充分考虑优先技术措施、未来可能实施情景、单项技术减排率、减排成本等（Wang W et al.，2014）。利用农业农村部、生态环境部和《国家统计年鉴》的数据估算了中国农业 2005~2020 年的基线排放量（Wang W et al.，2014），从中可以看出，2005~2020 年，畜牧业和农田温室气体排放均呈上升趋势，2020 年的基线温室气体排放量将达到 1195 Mt CO_2 eq，相比 2010 年增加 28.6%，其中农田温室气体排放量将达到 422 Mt CO_2 eq，由于化学肥料的施用，农田 N_2O 排放将在 2010 年的基础上增加 18.5%，但稻田 CH_4 排放将出现下降。相比 2005 年，畜牧业温室气体排放将有大幅提升，增幅达 50%，达到 742 Mt CO_2 eq。对于农田来讲，平均减排率范围为小麦和玉米优化氮肥用量后的 0.201 t CO_2 eq/hm^2 到优化施肥和灌溉后水稻田的 1.337 t CO_2 eq/hm^2。

边际减排成本曲线（MACC）是通用的减排成本分析工具，主要分为基于专家的 MACC、基于模型的 MACC、基于供给侧 / 生产侧的 MACC 和距离方程框架（distance function frameworks，DDF）MACC 分析（Du et al.，2015；Wu et al.，2018），可以通过非参数数据包络分析（Wang et al.，2011；Wei et al.，2012）研究，也可以用参数估计方法，如线性程序（LP）法和随机边界分析（stochastic frontier analysis，SFA）法（Wei et al.，2012）来开展。这些方法各有优缺点且均已有较多应用，但是专门涉及中国农业部门减排成本分析的研究却极少。

Wang W 等（2014）利用基于专家的 MACC 方法（“自下而上”的专家评估模式），对中国农业各部门进行了边际减排成本分析，结果表明，在最大技术减排情景下，2020 年中国农业部门最大减排量为 402 Mt CO_2 eq，占基线排放量的 34%，其中农田和畜牧业两部分分别可以减排 149 Mt CO_2 eq 和 253 Mt CO_2 eq。如果仅考虑 CH_4 和 N_2O 两种温室气体，减排潜力将下降为 207 Mt CO_2 eq，可见，通过技术措施优化，可实现减少 135 Mt CO_2 eq 的排放量而不需额外的支出（负的成本收益值），这个值占 2020 年基线排放量的 11%。如果成本收益负值的各技术措施能得到全部应用，这些双赢（环保和节本）措施将为中国农民节约支出 1110 亿元（按照 2010 年物价水平估算）。进一步分析可知，在 176 Mt CO_2 eq 的减排量范围内（总减排潜力的 44%），可实现碳价低于 100 元 / t CO_2 eq。农业减排技术成本和减排潜力对比详见表 9-5。

表 9-5　农业减排技术成本和减排潜力对比

措施	减排率（2020 年）		成本（2020 年）		成本 – 收益（2020 年）	推广面积（2020 年）	减排潜力（2020 年）
	（t CO_2 eq/hm^2）	（CO_2 eq，%/SU）	（元 /hm^2，2010 年价格）	（元 /SU，2010 年价格）	（元 /t CO_2 eq，2010 年价格）	（Mhm^2）	（Mt CO_2 eq/a）
氮肥用量优化	0.412		–228		–435	58.63	30.65
分次施肥及深施	0.201		–620		–3085	56.65	11.38
稻田优化水肥管理	1.337		464		347	17.93	23.98
经济作物优化施肥	1.219		–2295		–1883	17.94	21.86
高效氮肥及添加剂	0.271		63		231	57.23	15.54
有机肥循环利用	0.596		527		1576	120.11	40.19
保护性耕作	0.489		–107		–1692	22.98	1.46
旱地秸秆还田	0.21		70		2209	30.06	0.95
生物炭	0.329		1804		5478	9.9	3.26
厌氧发酵	2		–500		–32		58.66
家畜育种		4.1		–29	–2571		4.4
添加茶皂素		15.4		–3.4	–56		5.53
益生菌添加剂		0.6		–17	–7079		1.09
油脂添加剂		14.3		109	1950		30.76
禁牧	1.067		300		281	56.98	60.78
中牧	0.705		45		64	57.85	40.77
轻牧	0.877		283		322	57.85	50.72

注：SU 为绵羊单位，是比较不同动物的标准单位，换算当量为绵羊：1；山羊：0.9；牛：5；奶牛：7；猪：0.8。
资料来源：Wang W et al.，2014。

Wu Y 等（2018）通过应用方向距离函数和非参数方法（“自上而下”的数据包络分析），估算了中国农业碳排放的影子价格。其评估包含了土地供给、劳动力、化肥和农药生产、地膜应用、机械耗能及农业排放（CO_2 eq）。结果表明，1993~2014 年，中国农业碳排放影子价格范围为 6.78~557.83 元 /t，均值为 62.50 元 /t（10.18 美元 /t），且具有显著的省份和年份变异特征。另一项重要发现是农业种植结构对影子价格有重要影响，如稻田，其产量减少 1%，会导致影子价格 0.31% 的提升，也就是说稻田增产或种植面积扩大，有助于中国碳排放影子价格的降低。

另外，针对玉米秸秆还田等保护性耕作技术，Hou 等（2016，2019）开展了单项农业技术减排成本的分析，其方法是非参数 DDF MACC 分析结合参数化 LP 评估，结果发现，1996~2013 年，中国玉米主产区玉米秸秆燃烧 CO_2 排放的影子价格为 0.45 元 /kg（75 美元 /t），他们也发现了此影子价格的区域变化为 0.00~1.37 元 /kg，并提出在考虑边际减排成本模式的情况下，与实施保护措施（耕作）相关的交易成本不应超过 335 元 /hm^2，以确保农民不受损失。

Zhang 等（2013）认为，通过降低氮肥施用量等手段，相比 2010 年（4.5 亿 t CO_2 eq）可以减排温室气体 1.02 亿 ~3.57 亿 t CO_2 eq。另一项研究得出了相近的减排量。Xia 等（2016）利用生命周期分析（LCA）方法估算了 2010 年中国三大主粮（稻谷、小麦和玉米）的温室气体排放及其减排潜力，结果表明，三大主粮温室气体排放为 5.64 亿 t CO_2 eq（4.04 亿 ~7.01 亿 t CO_2 eq），采取氮肥优化和中期晒田等措施后的减排潜力可达 0.93 亿 t CO_2 eq。邓俊杰（2016）则对化肥施用的减排潜力进行了估算，发现在 2013 年，进行氮肥用量优化后，中国三大主粮作物可减排温室气体 12550 万 t CO_2 eq/a（125.5 Mt CO_2 eq/a）。上面几项研究结果虽然有差异，但都证明了氮肥减施的巨大减排潜力。另有研究评估了氮肥优化的减排潜力（汤勇华，2010；Lun et al.，2016），农田温室气体减排潜力范围为 3220 万 ~14200 万 t CO_2 eq/a。除了氮肥减施，Zhang 等（2017）对秸秆还田这一项措施的减排潜力进行了估算，发现在 2011 年，中国 23 个省区秸秆还田的最大减排潜力为 1000 万 t CO_2 eq/a。Huang 和 Tang（2010）认为，提高氮素利用率，可以有效减排农田 N_2O 及化肥生产导致的温室气体 6000 万 t CO_2。另外，Shang 等（2019）通过新的“数据驱动”的估算，重新计算了 1990~2014 年中国农田 N_2O 排放，发现通过氮肥减施等措施的实施和相关政策的干预，中国农田 N_2O 排放增速已经出现下降。因此我们相信，随着政策措施的进一步加强，中国农田温室气体减排潜力将进一步增加，但是已有研究也表明，综合研究较少，针对某项具体措施减排潜力的评估较多，利用科学方法和数据集进行中国农田温室气体减排潜力的综合评估势在必行。

9.5.2 林业减排成本及减排潜力

中国的造林工程、持续的气候变化以及 CO_2 浓度升高，有助于保持未来中国森林生物质碳储存（Yao et al.，2018）。总体而言，21 世纪 10~40 年代中国森林生物质碳储量将增加 88.9 亿 ~103.7 亿 t C。其中，林龄因子导致的中国森林生物质固碳量平均约为 66.9 亿 t C（或 1.7 亿 t C/a），气候变化导致的增量为 5.2 亿 ~6.0 亿 t C，CO_2 浓度升高导致的增量为 16.8 亿 ~31.2 亿 t C（Yao et al.，2018）。

中国森林植被固碳速率将在 2020 年左右达到峰值，但植被碳储量将保持持续增加（He et al.，2015）。2010~2050 年中国森林植被碳储存将增加 139.2 亿 t C，年固碳速率约为 3.4 亿 t C（2.8 亿 ~4.2 亿 t C）。不同森林类型之间差异显著，贡献最大的是落叶阔叶林（37.8%），最小的是落叶针叶林（2.7%）。中国森林植被固碳量可能会抵减未来排放量的 6%~8%。此外，各省的植被固碳速率与碳排放速率呈显著的负相关，这意味着发达省份可能需要通过碳排放权交易来补偿欠发达省份（He et al.，2015）。

随着森林面积和生物量碳密度的增长，2010~2050 年中国森林生物质固碳速率将从 1.31 亿 t C/a 增加到 1.60 亿 t C/a，且在 2030 年左右达到峰值约 2.30 亿 t C/a（Zhang et al.，2018）。幼龄林和中龄林固碳速率将分别增加 0.65 亿 t C/a 和 0.15 亿 t C/a，但近熟林、成熟林和过熟林将抵消幼、中龄林增长率的 187.8%。中国森林的龄级都将趋近于成熟林直至过熟林，生物质碳储量将持续增加，但增速逐步减缓（李奇等，2018）。除华北地区外，中国其他地区生物质固碳速率均保持增长。增长贡献最大的属华南地区（52.5%），其次是西南、东北、西北和华东地区。森林生物质固碳速率的增加，主要是由于森林面积的增加，以及造林和再造林形成的幼龄林和中龄林的生长。森林生物质固碳速率下降的省份主要有内蒙古（638 万 t C/a），主要原因是森林面积以及不同龄组森林的生物质碳密度增速放缓（Zhang et al.，2018）。

森林碳汇能有效地降低中国各省区的减排成本（Lin and Ge，2019）（图 9-11）。假定低经济增长率（2016~2020 年，GDP 增速 6.8%；2021~2025 年，GDP 增速 5.5%；2026~2030 年，GDP 增速 4.5%）和高经济增长率（2016~2030 年，GDP 增速 8%）两种情景。在没有碳排放权交易市场时，低经济增长率情景（情景Ⅰ）下，不考虑森林碳汇的减排成本约为 41741.1 亿元，而考虑森林碳汇的减排成本则为 14134.3 亿元，只占 34% 左右；高经济增长率情景（情景Ⅱ）下，不考虑森林碳汇的减排成本约为 51956.0 亿元，而考虑森林碳汇的减排成本则为 23142.3 亿元，只占 45% 左右。当有碳排放权交易市场时，低经济增长率情景下，不考虑森林碳汇的减排成本约为 19017.4 亿元，而考虑森林碳汇的减排成本则仅为 16.65 亿元；高经济增长率情景下，不考虑森林碳汇的减排成本约为 24492.5 亿元，而考虑森林碳汇的减排成本则仅为 168.91 亿元。

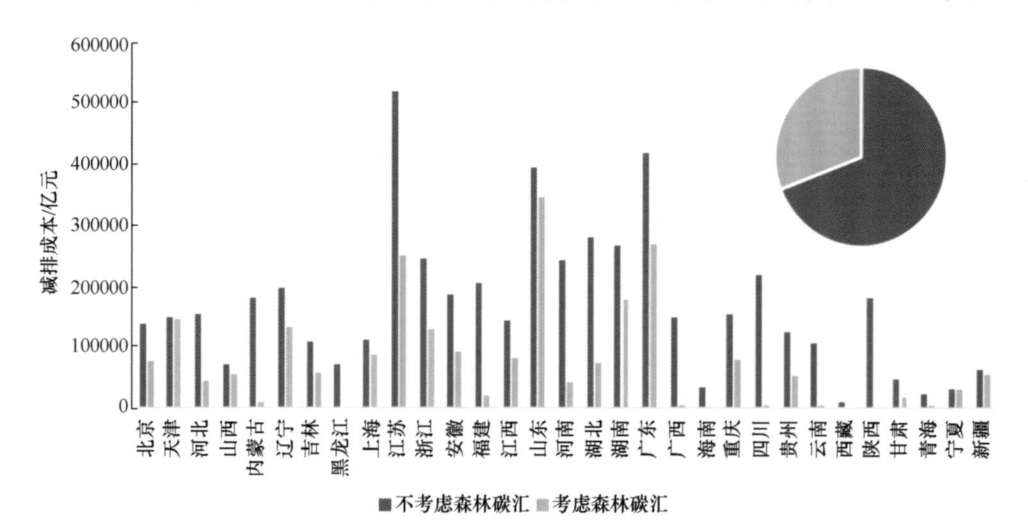

图 9-11　高经济增长率情景下的林业减排成本（Lin and Ge，2019）

较低的经济增长速率更有助于森林碳汇实现其经济价值（Lin and Ge，2019）。在低经济增长率情景下考虑森林碳汇的减排成本，仅为高经济增长率情景下的 61%（图 9-12）。而当有碳排放权交易市场时，这个比值仅为 1%。当没有碳排放权交易市场时，低经济增长率情景下森林碳汇的减排成本约为高经济增长率情景下的96%；而当有碳排放权交易市场时，这个比值为83%。相比于高经济增长率，低经济增长率情景下的森林面积、森林碳储量均较低。然而，高经济增长率情景下势必具有更高的碳排放，减排成本也比低经济增长率情景下要高。考虑到环境成本，未来经济增长率需要保持合理，以实现经济可持续发展。

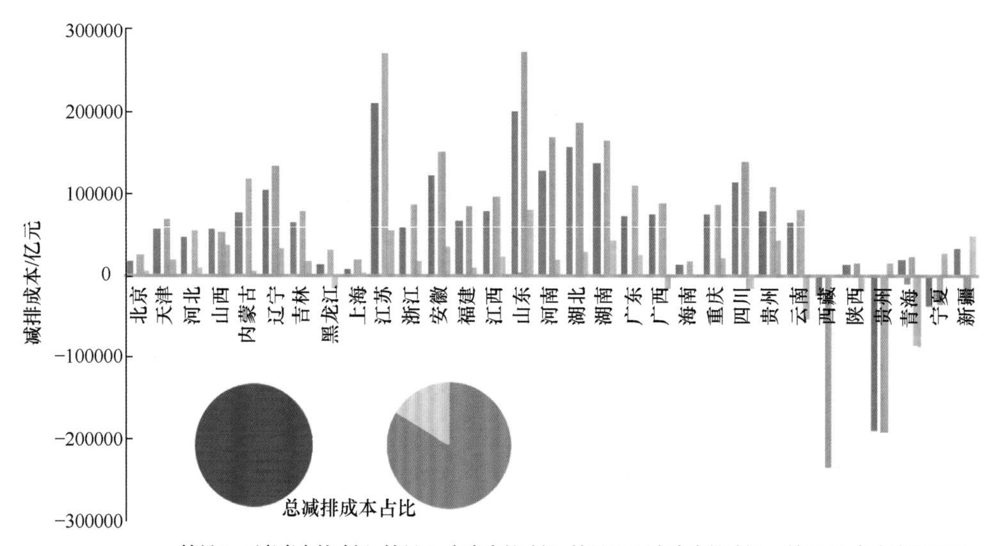

图 9-12 碳排放权交易情景下的林业减排成本（Lin and Ge，2019）

碳排放权交易市场有助于大幅降低中国各省区的减排成本（Lin and Ge，2019），即使不考虑森林碳汇，所有省区的减排成本也会因此降低（图 9-13）。在中国建立中国性碳排放权交易市场有益于经济发展，尤其是一些经济落后地区会从中受益。得益于资源和环境优势，经济落后地区具有较大的碳排放空间。

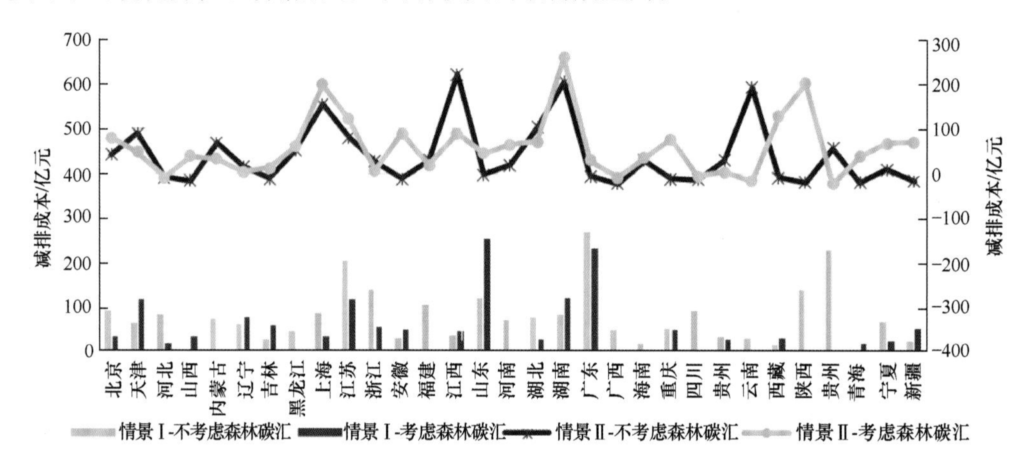

图 9-13 有无碳排放权交易市场下的林业减排成本差异（Lin and Ge，2019）

柱形图对应左侧数轴，线条图对应右侧数轴

9.5.3　湿地减排成本及减排潜力

湿地是陆地生态系统的重要有机碳库，碳储量为 300~600Gt（IPCC，2001）。与其他陆地生态系统相比，湿地的生物生产力较高，净初级生产力（NPP）平均约为 1000 g/（$m^2 \cdot a$），最高可达 2000g/（$m^2 \cdot a$）以上，仅次于热带雨林。然而，人类活动范围不断扩大使天然湿地生态系统遭到破坏，湿地的土地利用方式转变使湿地有机碳不同程度释放（刘子刚，2004）。湿地恢复与重建能有效遏制湿地转化引起的温室气体释放，因此湿地减排技术与湿地恢复应协同发展。

在各种湿地类型中，滨海湿地蓝碳具有较高的增汇减排潜力。蓝碳是指沿海生态系统捕获的碳，沿海红树林、盐沼、海草等具有强大的光合作用能力和微小的分解作用，因此也具备很高的单位面积生产力和固碳能力，是蓝碳的主力军（唐剑武等，2018）。中国沿海地区的沿海防护林体系是重要生态屏障，其功能除了抵御自然灾害和防风固沙，还有助于提高滨海湿地蓝碳。中国已经制定并实施了《全国沿海防护林体系建设工程规划（2006—2015 年）》和《全国沿海防护林体系建设工程规划（2016—2025 年）》，其设计和造林水平不断提高，形成了由消浪林带、海岸基干林带、内陆纵深防护林带组成的多层次的建设结构（张华等，2015）。

9.6　协同效应

9.6.1　环境效果

我国种植业温室气体排放与氮素输入有直接关系，我国是世界上氮肥生产和消费大国，优化氮素管理可以有效控制温室气体排放、氮磷流失引起的面源污染及大气污染。因此，控制温室气体减排的技术措施大都同时具有减少面源污染和大气污染的协同效应，也只有通过综合养分管理才能有效提高作物生产力并减少环境污染。例如，生物炭的施用可以有效降低农田氧化亚氮排放、氨挥发和氮淋失，具有较强的气候变化、面源污染和大气污染的协同减排效应（Liu X et al.，2019）。Gu 等（2019）提出了基于 4 个标准因子的活性氮可持续管理目标框架体系，包括氮素利用率、氮素循环率（如畜禽粪便利用到农田的比率）、人类饮食形态和食品浪费率，该框架体系的应用，可以有效提高氮素的利用，减少面源和大气污染在内的环境代价。Wu 等（2018）经综合分析后，认为中国某些政策的解读出现错误，导致农场规模仍没有较大的增加，引起氮素等化学品投入和浪费仍然较高，如果能消除对农场规模增大而带来环境效益增加这一政策的误解，中国农业化学品投入将减少 30%~50%，其环境影响（温室气体排放、大气污染和面源污染）将减少 50%，同时农民的收入将增加一倍。

湿地恢复不仅是降低区域温室气体排放的有效措施，湿地生态系统的众多生态服务功能也随之提升。湿地具有供给、调节、支持和文化四大方面的生态服务功能（Finlayson et al.，2005）。供给功能指湿地为人类提供食物、淡水资源和原材料。调节功能包含调节区域气候（温度和降水过程），可储存过量的降水，减弱洪水对下游的危害，在沿海地区能抵御风暴潮的侵袭；蓄积的降水和地表水能够补给地下水（肖笃宁等，2003）；湿地生物通过沉淀、吸附、分解、转化等物理和生物过程净化经过湿地的水体污染物。其中，湿地调节地表水和地下水的功能在干旱、半干旱地区显得尤为重要（Uluocha and Okeke.，2004）。湿地的支持功能包括为众多野生动植物提供栖息地，维持生物多样性和保留丰富的基因库；湿地的淹水环境有利于保留沉积物和富集有机物促进土壤形成。由于自古人类文明随着湿地流域而繁荣，湿地对人类社会的文化支持功能不可忽视。许多湿地已成为集航运、观光和休闲等功能于一体的优良景观，同时不少湿地包含着丰富的历史文化遗产，具有科学研究及教育价值。因此，通过各种湿地恢复措施增加湿地面积、提高湿地生态系统稳定性具有多重良好的环境和社会效应。

9.6.2 适应效果

中国应对气候变化战略以适应气候变化并确保粮食安全为优先政策选择，目前有关农业减排技术措施多具有较强的适应气候变化协同效果。例如，节水灌溉技术，通过节约灌溉过程中地表和地下抽水、水分运输过程和灌溉设施建设等方面的能耗，在减少温室气体排放的同时，提高用水效率，可节约 12.97% 的农业用水并增产 3015 万 t（邹晓霞，2013）；另外，保护性耕作措施可提高土壤水分利用率，减少土壤侵蚀，提高或保持土壤肥力，实现增加粮食产量 172.30 万 t（邹晓霞，2013）；上述两种措施均可有效提升经济效益，节水灌溉和保护性耕作可分别实现 1783.68 元 /hm^2 和 2192.53 元 /hm^2 的经济收益（Zou et al.，2013），取得了很好的适应效果（Zou et al.，2015）。此外，秸秆还田作为一项有效的增碳减排措施，同样具有保肥保墒、提升有机质和稳定作物产量的适应效果（Li Y et al.，2018）。另有研究表明，高产低排放水稻品种具有高肥料吸收率、高用水效率等优势（Qin et al.，2015；Li Y et al.，2018），同样也具有较强的适应效应。

可持续的森林经营，尤其是人工林经营，需要考虑气候变化的适应性。Dai 等（2016）研究表明，多种未来气候变化情景下，中国南方亚热带典型林区的常绿阔叶树种和落叶阔叶树种的分布面积将明显增加，将取代原本以针叶纯林为主的区域，同时地上生物量年初级生产力也明显增加。这一方面有利于固定和储存更多的碳以减缓气候变化，另一方面也是适应气候变化的表现。在保证木材生产的前提下，可以通过选择合适的树种，来提高对气候变化的适应性。对林区按照生态分区进行管理，在不同的生态区采用不同的空间密度是应对气候变化的有效途径。林业政策的制定也需要考虑气候变化的适应性，尤其是国有林区，更容易受到林业政策的直接影响（Dai et al.，2016）。在湿润的热带地区，气候变化使得橡胶林的分布区域扩展到具有明显季节性干旱且温度较低的区域。Yang 等（2019）模拟多种未来气候变化情景下西双版纳橡胶林的分布和生产力。当前气候条件下 40 年轮伐期的结果表明，相对低海拔（900m 以下）区域的橡胶林地上、地下生物量分别比相对高海拔（900m 以上）区域高出 9% 和 18%。未来气候变暖使相对高海拔区域的总生物量和产胶量分别提高 28% 和 48%，而相对低海拔区域仅分别提高 8% 和 10%（Yang et al.，2019）。该地区需要综合考虑气候变化减缓和适应策略，以获得最大固碳量和橡胶产量。

9.7　减排政策建议

实施 AFOLU 减排技术或措施，需要克服社会经济、机制、生态和技术等层面的障碍。在社会经济层面，制定和实施金融机制是能否成功实现 AFOLU 减排潜力的关键，资金来源和渠道是另一个障碍因素；贫困问题则限制了实施 AFOLU 减排技术或措施。此外，文化价值和社会认知度决定了减排技术或措施的可行性。在机制层面，建立透明、高效的管理机制对于可持续地实施 AFOLU 减排措施至关重要，尤其是对于小规模的农户（林农），如明确土地所有权和使用权、强化监督、明确碳所有权等。在生态层面，资源短缺是重要的生态限制因子，因此需要从短期和长期优先的角度，权衡可利用的土地和水资源。土壤条件、水资源、温室气体减排潜力以及自然变率和韧性也是能否实现 AFOLU 减排技术或措施的影响因素。在技术层面，考虑已经成熟的减排技术（如造林、农地和牧草地管理、改进畜禽饲养等）以及尚处于研发阶段的技术（如畜禽饲料添加、作物特性管理等）。另外，还需要加强科学交流、技术资料与学习，提升监测、报告与核查能力，推进技术升级与技术转让等。

9.7.1　农业减排增汇政策建议

降低农田氮素盈余。中国过量施肥严重，2000~2016 年农田氮盈余总量为 1810 万 ~ 2160 万 t N/a（刘晓永，2018），氮盈余量为 156~204kg N/（$hm^2 \cdot a$），远远超过德国肥料条例规定的 2030 年农田氮素盈余量不能超过 50kg N/（$hm^2 \cdot a$）的规定（Kuhn，2017），造成氮肥浪费和环境污染。建议中国强制性要求计算粪肥和秸秆还田中的有机氮量，制订粪便综合养分管理计划，根据不同区域土壤条件和作物产量潜力制订施肥计划，合理制定各区域、作物单位面积施肥限量标准，增加氮肥利用率，降低农田氮素盈余，减少农田 N_2O 和 NH_3 排放，减少肥料的淋溶等损失。

对减排增汇技术措施进行专项补贴。大量的试验证明，施用缓释肥、肥料添加硝化抑制剂、肥料深施等具有很好的降低农田 N_2O 排放的效果，秸秆还田和有机肥施用能够显著增加土壤碳汇和减少化肥生产排放的 CO_2，对畜禽粪便进行好氧堆肥和厌氧沼气处理，替代化肥和化石能源使用，从而降低温室气体排放。建议政府出台相关政策，完善补贴方式，结合对农户采取减排行动的监测报告，对采取减排增汇措施的农户进行补贴，激发农民应对气候变化的积极性。

制定减排增汇的监测、报告和核查指南。中国政府非常重视农业领域应对气候变化，制定和实施了一系列减排增汇政策措施和行动，国内外也已经开发了核算农业温室气体排放的方法和减排评估工具，但中国尚缺乏一套有效的监测和评价工具，建议中国尽快对减排技术开展评估，针对单项或者集成减排技术，开发监测、报告和核查指南，以跟踪减排行动的进展，提高减排效果的透明度，更好地履行《巴黎协定》。

优先将农业减排增汇项目纳入自愿减排碳市场。农业温室气体减排项目可减少水体、土壤和大气的污染，有些项目还可减少农民投入和增加农民收入，农业土壤增汇项目还具有提高土壤生产力和改善土壤健康、改善生物多样性等多重效应，建议优先将农业减排增汇项目纳入自愿减排碳市场，使农民获得环境效益，增强农民应对气候变化的意识。

推进农业产品加工、储存、运输以及消费全链条减排行动。目前，中国制定和实施的减排增汇措施和行动主要是针对农业生产环节，需要制定农产品加工、储存、流通体系的低碳、低耗、循环、高效的政策措施。减少作物产后损失和食物消费环节的浪费也是降低温室气体排放的主要途径，建议制定作物收获、粮食收购、储存、运输、加工和消费过程中减损的具体措施，推进食品废弃物资源化利用。

9.7.2 林业减排增汇政策建议

以落实中国应对气候变化总体部署和实现林业“双增”为总任务，扎实推进造林绿化，着力加强森林经营，强化森林与湿地保护，同步加强增加林业碳吸收与减少林业碳排放。

大力增加林业碳汇。组织开展大规模国土绿化行动，推进天然林资源保护、退耕还林、防护林体系建设等林业重点工程，突出旱区造林绿化，深入开展全民义务植树，统筹部门绿化和城乡绿化，积极开展碳汇造林，扩大森林面积，增加森林碳汇；实施全国森林经营规划，大力开展森林抚育，加强森林经营基础设施建设，全面提升森林经营管理水平，促进森林结构不断优化、质量不断提升、固碳能力明显增强；严格自然湿地保护，建立湿地保护制度，加强湿地保护体系建设，完善湿地保护基础设施，遏制湿地流失和破坏，稳定湿地碳库；积极推进木竹工业“节能、降耗、减排”和木材资源高效循环利用，改善和拓展木竹使用性能，提高木竹综合利用率，健全木竹林产品回收利用机制，增强木竹产品的储碳能力。

最大限度减少林业排放。加强森林资源管理，遏制林地流失，实施科学采伐，严厉打击滥采乱伐，减少林地流失、森林退化导致的碳排放；提升森林火灾监测、火源管控和应急处置能力，减少火灾导致的碳排放；强化林业有害生物监测预警、检疫御灾和防灾减灾体系建设，减少有害生物灾害导致的碳排放；建设培育能源林，推进林业剩余物能源化利用，提升林业生物质能源使用比重，部分替代化石能源。

强化能力建设和科技支撑。加强林业应对气候变化基础设施建设，进一步完善基础数据库和参数模型库，制定林业碳计量技术规范；探索建立林业碳汇交易制度，发挥林业碳汇抵减排放的作用；积极探索推进各类林业增汇减排项目试点，鼓励通过中国核证自愿减排量机制开展林业碳汇项目交易；深入调查研究，不断完善森林、湿地生态补偿机制，为实现中国增汇减排目标做出贡献。开展 2020 年后林业增汇减排行动目标研究，加强林业碳汇技术标准管理。推进生态定位观测研究平台建设，不断提升应对气候变化科技支撑能力。

9.8 主要结论

AFOLU 对于中国粮食安全和生态环境保护而言处于至关重要的地位。经历了几十年的高速发展，AFOLU 部门在供给中国人民饮食和美好居住环境的同时，在国际气候治理的舞台上也发挥着越来越重要的作用。

然而，AFOLU 部门仍面临较大的减排压力，2014 年中国农业活动温室气体排放量为 8.30 亿 t CO_2 eq，占中国温室气体排放总量（不包括 LULUCF）的 6.7%，即使 LULUCF 净吸收温室气体 11.15 亿 t CO_2 eq 可作为补偿，但 AFOLU 排放量较大、计量及减排潜力存在较大不确定性的问题仍相当突出。

目前，AFOLU 适用的减排技术措施包括：农田水肥优化管理、畜禽饲喂提升技术、畜禽粪便处理与资源化利用、造林和林产品管理、湿地植被恢复与重建等，其筛选均围绕激发土地潜在服务功能和确保粮食安全等核心问题进行。在最大技术减排情景下，2020 年中国农业部门减排量为 402Mt CO_2 eq，同时，减排措施的执行将为中国农民节约支出 1110 亿元。而随着中国的造林工程的推进，2010~2040 年中国森林生物质碳储量将增加 88.9 亿 ~103.7 亿 t C。

综合来看，实施 AFOLU 减排技术措施，需要克服社会经济、机制、生态和技术等层面的障碍，与此同时，还需要政府加大相关政策的制定和推行，如降低农田氮素盈余；对减排增汇技术措施进行专项补贴；优先将农业减排增汇项目纳入自愿减排碳市场；推进农业产品加工、储存、运输以及消费全链条减排行动。采取这些相应的政策措施之后，AFOLU 才能更好地服务于国家粮食安全和绿色低碳发展。

▪ 参考文献

但新球，廖宝文，吴照柏，等 . 2016. 中国红树林湿地资源、保护现状和主要威胁 . 生态环境学报，25（7）：1237-1243.

邓俊杰 . 2016. 我国三大粮食作物化肥施用的碳氮排放及减排潜力研究 . 湘潭：湖南科技大学 .

《第三次气候变化国家评估报告》编写委员会 . 2015. 第三次气候变化国家评估报告 . 北京：科学出版社 .

国家林业和草原局 . 2019. 中国森林资源报告 2014—2018. 北京：中国林业出版社 .

国家林业局 . 2014. 中国森林资源报告 2009—2013. 北京：中国林业出版社 .

国家统计局 . 2018. 中国统计年鉴 2018. 北京：中国统计出版社 .

国家统计局 . 2019. 2018 年国民经济和社会发展统计公报 . 北京：国家统计局 .

韩继福，冯仰廉，张晓明，等 . 1997. 阉牛不同日粮的纤维消化、瘤胃内 VFA 对甲烷产生量的影响 . 中国兽医学报，17（3）：278-280.

胡翔宇，向秋洁，木志坚 . 2018. 脱硫石膏对稻田 CH_4 释放及其功能微生物种群的影响 . 环境科学，39（8）：3894-3900.

李晶，雷茵茹，崔丽娟，等 . 2018. 中国滨海滩涂湿地现状及研究进展 . 林业资源管理，（2）：24-28，137.

李路路，董红敏，朱志平，等 . 2016. 酸化处理对猪场原水和沼液存储过程中气体排放的影响 . 农业环境科学学报，35（4）：774-784.

李奇，朱建华，冯源，等 . 2018. 中国森林乔木林碳储量及其固碳潜力预测 . 气候变化研究进展，14（3）：287-294.

李森，范航清，邱广龙，等 . 2010. 海草床恢复研究进展 . 生态学报，30（9）：2443-2453.
李晓光，郭凯，封晓辉，等 . 2017. 滨海盐渍区不同土地利用方式土壤 – 植被系统碳储量研究 . 中国生态农业学报，（11）：1580-1590.
李玥，巨晓棠 . 2020. 农田氧化亚氮减排的关键是合理施氮 . 农业环境科学学报，39（4）：842-851.
刘成，刘晓雨，张旭辉，等 . 2019. 基于整合分析方法评价我国生物质炭施用的增产与固碳减排效果 . 农业环境科学学报，38（3）：696-706.
刘晓永 . 2018. 中国农业生产中的养分平衡与需求研究 . 北京：中国农业科学院 .
刘子刚 . 2004. 湿地生态系统碳储存和温室气体排放研究 . 地理科学，24（5）：634-639.
罗一鸣，李国学，Schuchardt F，等 . 2012. 过磷酸钙添加剂对猪粪堆肥温室气体和氨气减排的作用 . 农业工程学报，28（22）：235-242.
秦晓波，李玉娥，Hong W，等 . 2015. 生物质炭添加对华南双季稻田碳排放强度的影响 . 农业工程学报，31（5）：230-231.
邱广龙，林幸助，李宗善，等 . 2014. 海草生态系统的固碳机理及贡献 . 应用生态学报，25（6）：1825-1832.
石生伟，李玉娥，刘运通，等 . 2010. 中国稻田 CH_4 和 N_2O 排放及减排整合分析 . 中国农业科学，（14）：2923-2936.
汤勇华 . 2010. 中国农田化学氮肥施用和生产中温室气体（N_2O，CO_2）减排潜力估算 . 南京：南京农业大学 .
唐博，龙江平，章伟艳，等 . 2014. 中国区域滨海湿地固碳能力研究现状与提升 . 海洋通报，33（5）：481-490.
唐剑武，叶属峰，陈雪初，等 . 2018. 海岸带蓝碳的科学概念、研究方法以及在生态恢复中的应用 . 中国科学：地球科学，48（6）：661-670.
王桂君，李玉 . 2014. 菌根菌剂及土壤改良剂对退化生态系统的修复潜能分析 . 生态经济，30（7）：179-184.
吴震，董玉兵，熊正琴 . 2018. 生物炭施用 3 年后对稻麦轮作系统 CH_4 和 N_2O 综合温室效应的影响 . 应用生态学报，29（1）：141-148.
肖笃宁，裴铁，凡赵羿 . 2003. 辽河三角洲湿地景观的水文调节与防洪功能 . 湿地科学，1（1）：21-25.
徐钰，江丽华，孙哲，等 . 2015. 玉米秸秆还田和施氮方式对麦田 N_2O 排放的影响 . 农业资源与环境学报，32（6）：552-558.
杨岩，孙钦平，李妮，等 . 2015. 添加过磷酸钙对蔬菜废弃物堆肥中氨气及温室气体排放的影响 . 应用生态学报，26（1）：161-167.
张华，韩广轩，王德，等 . 2015. 基于生态工程的海岸带全球变化适应性防护策略 . 地球科学进展，30（9）：996-1005.
张莉，郭志华，李志勇 . 2013. 红树林湿地碳储量及碳汇研究进展 . 应用生态学报，24（4）：1153-1159.
张卫红，李玉娥，秦晓波，等 . 2018. 长期定位双季稻田施用生物炭的温室气体减排生命周期评估 . 农业工程学报，34（20）：132-140.
张向前，张玉虎，赵远，等 . 2018. 不同裂解温度稻秆生物炭对土壤 CH_4、N_2O 排放影响分析 . 土壤通报，49（3）：630-639.
张绪良，张朝晖，徐宗军，等 . 2012. 黄河三角洲滨海湿地植被的碳储量和固碳能力 . 安全与环境学报，12（6）：145-149.
郑凤英，邱广龙，范航清，等 . 2013. 中国海草的多样性、分布及保护 . 生物多样性，21(5)：517-526.
周晨昊，毛覃愉，徐晓，等 . 2016. 中国海岸带蓝碳生态系统碳汇潜力的初步分析 . 中国科学（生命科学），46（4）：475.
周胜，张鲜鲜，王从，等 . 2020. 水分和秸秆管理减排稻田温室气体研究与进展 . 农业环境科学学报，296（4）：196-206.
周旋，吴良欢，戴锋，等 . 2018. 生化抑制剂组合与施肥模式对黄泥田稻季 CH_4 和 N_2O 排放的影响 . 生态与农村环境学报，34（12）：1122-1130.
邹晓霞 . 2013. 节水灌溉与保护性耕作应对气候变化效果分析 . 北京：中国农业科学院 .
Agyarko-Mintah E，Cowie A，Singh P，et al. 2017. Biochar increases nitrogen retention and lowers greenhouse gas emissions when added to composting poultry litter. Waste Management，61（3）：138-149.
Berg W，Brunsch R，Pazsiczki I. 2006. Greenhouse gas emissions from covered slurry compared with uncovered during storage. Agriculture Ecosystems & Environment，112（2-3）：129-134.
Chang R，Fu B，Liu G，et al. 2011. Soil carbon sequestration potential for "Grain for Green" project in Loess Plateau，China. Environmental Management，48（6）：1158-1172.
Chen H，Zhu C，Peng C，et al. 2013. Methane emissions from rice paddies natural wetlands，lakes in China：Synthesis new estimate. Global Change Biology，19（1）：19-32.
Chen X，Cui Z，Fan M，et al. 2014. Producing more grain with lower environmental costs. Nature，514（7523）：486-489.
Chowdhury A，Neergaard A，Jensen S. 2014. Potential of aeration flow rate and bio-char addition to reduce greenhouse gas and ammonia emissions during manure composting. Chemosphere，97：16-25.
Chu X，Zhan J，Li Z，et al. 2019. Assessment on forest carbon sequestration in the three-north shelterbelt program region，China. Journal of Cleaner Production，215：382-389.
Cui L，Kang X，Li W，et al. 2017. Rewetting decreases carbon emissions from the Zoige Alpine peatland on the Tibetan Plateau. Sustainability，9（6）：948.
Cui X，Liang J，Lu W，et al. 2018. Stronger ecosystem carbon sequestration potential of mangrove wetlands with respect to terrestrial forests in subtropical China. Agricultural and Forest Meteorology，249：71-80.
Cui Z，Wu L，Ye Y，et al. 2014. Trade-offs between high yields and greenhouse gas emissions in irrigation wheat cropland in China. Biogeosciences，11（8）：2287-2294.
Dai E，Wu Z，Ge Q，et al. 2016. Predicting the responses of forest distribution and aboveground biomass to climate change under RCP scenarios in southern China. Global Change Biology，22：3642-3661.
Deng L，Liu S，Kim D G，et al. 2017. Past and future carbon sequestration benefits of China's grain for green program. Global Environmental Change，47：13-20.
Du L，Hanley A，Wei C. 2015. Estimating the marginal abatement cost curve of CO_2 emissions in China：Provincial panel data analysis. Energy Economics，48：217-229.
Duarte C，Middelburg J，Caraco N. 2005. Major role of marine vegetation on the oceanic carbon cycle. Biogeosciences，2：1-8.
Finlayson C，d'Cruz R，Davidson N. 2005. Ecosystem Services and Human Well-being：Water and

Wetlands Synthesis. Washington DC：World Resources Institute.

Fourqurean J W，Duarte C M，Kennedy H，et al. 2012. Seagrass ecosystems as a globally significant carbon stock. Nature Geoscience，5（7）：505-509.

Fukumoto Y，Suzuki K，Kuroda K，et al. 2011. Effects of struvite formation and nitratation promotion on nitrogenous emissions such as NH_3，N_2O and NO during swine manure composting. Bioresource Technology，102（2）：1468-1474.

Gao B，Ju X，Su F，et al. 2014. Nitrous oxide and methane emissions from optimized and alternative cereal cropping systems on the North China Plain：A two-year field study. Science of the Total Environment，472：112-124.

Griscom B，Adamsa J，Ellisa P，et al. 2017. Natural climate solutions. Proceedings of the National Academy of Science of the United States of America，114（44）：11645-11650.

Groenestein K，Mosquera J，Sluis S V D. 2012. Emission factors for methane and nitrous oxide from manure management and mitigation options. Journal of Integrative Environmental Sciences，9（sup1）：139-146.

Gu B，Lam S K，Reis S，et al. 2019. Toward a generic analytical framework for sustainable nitrogen management：application for China. Environmental Science & Technology，53（3）：1109-1118.

Guarino M，Fabbri C，Brambilla M，et al. 2006. Evaluation of simplified covering systems to reduce gaseous emissions from livestock manure storage. Transactions of the ASAE，49：737-747.

Hansen R，Nielsen A，Schramm A，et al. 2009. Greenhouse gas microbiology in wet and dry straw crust covering pig slurry. Journal of Environmental Quality，38（3）：1311-1319.

Hao X，Larney J，Chang C，et al. 2005. The effect of phosphogypsum on greenhouse gas emissions during cattle manure composting. Journal of Environmental Quality，34（3）：774-780.

He B，Miao L，Cui X，et al. 2015. Carbon sequestration from China's afforestation projects. Environmental Earth Sciences，74（7）：5491-5499.

He N，Wen D，Zhu J，et al. 2017. Vegetation carbon sequestration in Chinese forests from 2010 to 2050. Global Change Biology，23（4）：1575-1584.

He Y，Qin L，Li Z，et al. 2013. Carbon storage capacity of monoculture and mixed-species plantations in subtropical China. Forest Ecology and Management，295：193-198.

Hou L，Hoag D，Keske C. 2016. Abatement Costs of Emissions from Crop Residue Burning in Major Crop Producing Regions of China：Balancing Food Security with the Environment. Boston：2016 Annual Meeting.

Hou L，Keske C，Hoag D，et al. 2019. Abatement costs of emissions from burning maize straw in major maize regions of China：Balancing food security with the environment. Journal of Cleaner Production，208：178-187.

Huang L，Liu J，Shao Q，et al. 2012.Carbon sequestration by forestation across China：Past，present，and future. Renewable and Sustainable Energy Reviews，16：1291-1299.

Huang T，Yang H，Huang C，et al. 2017. Effect of fertilizer N rates and straw management on yield-scaled nitrous oxide emissions in a maize-wheat double cropping system. Field Crops Research，204：1-11.

Huang Y，Tang Y. 2010. An estimate of greenhouse gas（N_2O and CO_2）mitigation potential under various scenarios of nitrogen use efficiency in Chinese croplands. Global Change Biology，16（11）：2958-2970.

Huang Z，He Z，Wan X，et al. 2013. Harvest residue management effects on tree growth and ecosystem carbon in a Chinese fir plantation in subtropical China. Plant and Soil，326：163-170.

IPCC. 2001. Climate Change 2001. Cambridge：Cambridge University Press.

IPCC. 2019. Summary for Policymakers，Climate Change and Land. An IPCC Special Report on Climate Change，Desertification，Land Degradation，Sustainable Land Management，Food Security，and Greenhouse Gas Fluxes in Terrestrial Ecosystems. Cambridge：Cambridge University Press.

Jiang Y，van Groenigen K J，Huang S，et al. 2017. Higher yields and lower methane emissions with new rice cultivars. Global Change Biology，23：4728-4738.

Kennedy H，Beggins J，Duarte C M，et al. 2010. Seagrass sediments as a global carbon sink：Isotopic constraints. Global Biogeochemical Cycles，24（4）：GB4026.

Kuhn T. 2017. The Revision of the German Fertiliser Ordinance in 2017. Bonn：Institute for Food and Resource Economics University of Bonn.

Leng A. 2008. The Potential of Feeding Nitrate to Reduce Enteric Methane Production in Ruminants. Canberra：Commonwealth Government of Australia.

Li C，Shi Y，Zhou G，et al. 2018. Effects of different management approaches on soil carbon dynamics in Moso bamboo forest ecosystems. Catena，169：59-68.

Li J，Li Y E，Wan Y，et al. 2018. Combination of modified nitrogen fertilizers and water saving irrigation can reduce greenhouse gas emissions and increase rice yield. Geoderma，315：1-10.

Li T，Zhang W，Zhang Q，et al. 2015. Impacts of climate and reclamation on temporal variations in CH_4 emissions from different wetlands in China：from 1950 to 2010 . Biogeosciences，12（23）：6853-6868.

Li T，Cao H，Ying H，et al. 2020. Region-specific nitrogen management indexes for sustainable cereal production in China. Environmental Research Communications，2（7）：075002.

Li Y E，Shi S W，Waqas M A，et al. 2018. Long-term（≥ 20 years) application of fertilizers and straw return enhances soil carbon storage：A meta-analysis. Mitigation and Adaptation Strategies for Global Change，23（4）：603-619.

Lin B，Ge J. 2019. Valued forest carbon sinks：How much emissions abatement costs could be reduced in China. Journal of Cleaner Production，224：455-464.

Linquist B A，Adviento-Borbe M A，Pittelkow C M，et al. 2012. Fertilizer management practices and greenhouse gas emissions from rice systems：A quantitative review and analysis. Field Crops Research，135：10-21.

Liu B，Zhang L，Lu F，et al. 2019. Greenhouse gas emissions and net carbon sequestration of the Beijing-Tianjin Sand Source Control Project in China. Journal of Cleaner Production，225：163-172.

Liu C，Wang K，Zheng X. 2012. Responses of N_2O and CH_4 fluxes to fertilizer nitrogen addition rates in an irrigated wheat-maize cropping system in northern China. Biogeosciences，9（2）：839-850.

Liu C，Wang K，Zheng X. 2013. Effects of nitrification inhibitors（DCD and DMPP）on nitrous oxide emission，crop yield and nitrogen uptake in a wheat-maize cropping system. Biogeosciences，10（4）：2427-2437.

Liu D，Chen Y，Cai W，et al. 2014. The contribution of China's grain to green program to carbon

sequestration. Landscape Ecology，29（10）：1675-1688.
Liu X，Zhou T，Liu Y，et al. 2019. Effect of mid-season drainage on CH_4 and N_2O emission and grain yield in rice ecosystem：A meta-analysis. Agricultural Water Management，213：1028-1035.
Lun F，Canadell J G，He L，et al. 2016. Estimating cropland carbon mitigation potentials in China affected by three improved cropland practices. Journal of Mountain Science，13（10）：1840-1854.
Ma L，Velthof G L，Kroeze C，et al. 2014. Mitigation of nitrous oxide emissions from food production in China. Current Opinion in Environmental Sustainability，9：82-89.
Meng Q，Hou P，Wu L，et al. 2013. Understanding production potentials and yield gaps in intensive maize production in China. Field Crops Research，143（1）：91-97.
Mitsch W J，Zhang L，Fink D F，et al. 2008. Ecological engineering of floodplains. Ecohydrology & Hydrobiology，8（2-4）：139-147.
Na R，Dong H，Zhu Z，et al. 2013. Effects of forage type and dietary concentration to forage ratio on methane emissions and rumen fermentation characteristics of dairy cows in China. Transactions of the ASABE，56（3）：1115-1122.
Nayak D，Saetnan E，Cheng K，et al. 2015. Management opportunities to mitigate greenhouse gas emissions from Chinese agriculture. Agriculture，Ecosystems & Environment，209：108-124.
Petersen O，Dorno N，Lindholst S，et al. 2013. Emissions of CH_4，N_2O，NH_3 and odorants from pig slurry during winter and summer storage. Nutrient Cycling in Agroecosystems，95（1）：103-113.
Qin X B，Li Y E，Goldberg S，et al. 2019. Assessment of indirect N_2O emission factors from agricultural river networks based on long-term study at high temporal resolution. Environmental Science & Technology，53（18）：10781-10791.
Qin X B，Li Y E，Wan Y F，et al. 2020a. Multiple stable isotopic signatures corroborate the predominance of acetoclastic methanogenesis during CH_4 formation in agricultural river networks. Agriculture，Ecosystems and Environment，296C：106930.
Qin X B，Li Y E，Wan Y F，et al. 2020b. Diffusive flux of CH_4 and N_2O from agricultural river networks：Regression tree and importance analysis. Science of the Total Environment，717：1-10.
Qin X B，Li Y E，Wang H，et al. 2015. Effect of rice cultivars on yield-scaled methane emissions in a double rice field in South China. Journal of Integrative Environmental Sciences，12：47-66.
Qin X B，Li Y E，Wang H，et al. 2016. Long-term effect of biochar application on yield-scaled greenhouse gas emissions in a rice paddy cropping system：A four-year case study in south China. Science of the Total Environment，569-570：1390-1401.
Roe S，Streck C，Obersteiner M，et al. 2019. Contribution of the land sector to a 1.5℃ world. Nature Climate Change，9：817-828.
Schelker J，Burns D A，Weiler M，et al. 2011. Hydrological mobilization of mercury and dissolved organic carbon in a snow-dominated，forested watershed：Conceptualization and modeling. Journal of Geophysical Research：Biogeosciences，116（G1）：1-17.
Shang Z，Zhou F，Smith P，et al. 2019. Weakened growth of cropland-N_2O emissions in China associated with nationwide policy interventions. Global Change Biology，25（11）：3706-3719.

Shcherbak I，Millar N，Robertson G P. 2015. Global metaanalysis of the nonlinear response of soil nitrous oxide（N_2O）emissions to fertilizer nitrogen. Proceedings of the National Academy of Sciences of the United States of America，111（25）：9199-9204.

Sheng F，Cao C G，Li C F. 2018. Integrated rice-duck farming decreases global warming potential and increases net ecosystem economic budget in central China. Environmental Science and Pollution Research，25：22744-22753.

Shi S，Han P. 2014. Estimating the soil carbon sequestration potential of China's Grain for Green Project. Global Biogeochemical Cycles，28（11）：1279-1294.

Shin S R，Im S，Mostafa A，et al. 2019. Effects of pig slurry acidification on methane emissions during storage and subsequent biogas production. Water Research，152：234-240.

Smith P，Bustamante M. 2014. Agriculture，Forestry and Other Land Use（AFOLU）in Climate Change 2014：Mitigation of Climate Change. Cambridge：Cambridge University Press.

Song X，Liu M，Ju X，et al. 2018. Nitrous oxide emissions increase exponentially when optimum nitrogen fertilizer rates are exceeded in the North China plain. Environmental Science & Technology，52：12504-12513.

Su J，Hu C，Yan X，et al. 2015. Expression of barley SUSIBA2 transcription factor yields high-starch low-methane rice. Nature，523：602-606.

Sun L，Ma Y，Li B，et al. 2018. Nitrogen fertilizer in combination with an ameliorant mitigated yield-scaled greenhouse gas emissions from a coastal saline rice field in southeastern China. Environmental Science and Pollution Research，25（16）：15896-15908.

Sun X，Che Y，Xiao Y. 2019. Increased N fertilizer input enhances CH_4 and N_2O emissions from soil amended with low amount of milk vetch residues. Paddy and Water Environment，17（4）：597-604.

Sun Z，Sun W，Tong C，et al. 2015. China's coastal wetlands：Conservation history，implementation efforts，existing issues and strategies for future improvement. Environment International，79：25-41.

Tang J，Ye S，Chen X，et al. 2018. Coastal blue carbon：Concept，study method，and the application to ecological restoration. Science China Earth Sciences，61（6）：5-14.

Tomkins N，Colegate S，Hunter R A. 2009. Bromochloromethane formulation reduces enteric methanogenesis in cattle fed grain-based diets. Animal Production Science，49（12）：1053-1058.

Uluocha N，Okeke I. 2004. Implications of wetlands degradation for water resources management：Lessons from Nigeria. GeoJournal，61（2）：151-154.

Voss B M，Wickland K P，Aiken G R，et al. 2017. Biological and land use controls on the isotopic composition of aquatic carbon in the Upper Mississippi River Basin. Global Biogeochemical Cycles，31（8）：1271-1288.

Wang B，Li Y E，Wan Y，et al. 2016. Modifying nitrogen fertilizer practices can reduce greenhouse gas emissions from a Chinese double rice cropping system. Agriculture Ecosystems & Environment，215:100-109.

Wang K，Huang D，Ying H，et al. 2014. Effects of acidification during storage on emissions of methane，ammonia，and hydrogen sulfide from digested pig slurry. Biosystems Engineering，122：23-30.

Wang Q，Cui Q，Zhou D，et al. 2011. Marginal abatement costs of carbon dioxide in China：A nonparametric analysis. Energy Procedia，5：2316-2320.

Wang W, Koslowski F, Nayak D R, et al. 2014. Greenhouse gas mitigation in Chinese agriculture: Distinguishing technical and economic potentials. Global Environmental Change, 26: 53-62.

Wang W, Lu J, Du H, et al. 2017. Ranking thirteen tree species based on their impact on soil physiochemical properties, soil fertility, and carbon sequestration in Northeastern China. Forest Ecology and Management, 404: 214-229.

Wang W, Wei X, Liao W, et al. 2013. Evaluation of the effects of forest management strategies on carbon sequestration in evergreen broad-leaved (*Phoebe bournei*) plantation forests using FORECAST ecosystem model. Forest Ecology and Management, 300: 21-32.

Wang X, Zou C, Gao X, et al. 2018. Nitrous oxide emissions in Chinese vegetable systems: A meta-analysis. Environmental Pollution, 239: 375-383.

Wang Y, Dong H, Zhu Z, et al. 2014. Comparison of air emissions from raw liquid pig manure and biogas digester effluent storages. Transactions of the ASABE, 57 (2): 635-645.

Wang Y, Dong H, Zhu Z, et al. 2016. CH_4, NH_3, N_2O and NO emissions from stored biogas digester effluent of pig manure at different temperatures. Agriculture, Ecosystems & Environment, 217: 1-12.

Wang Y, Dong H, Zhu Z, et al. 2017. Mitigating greenhouse gas and ammonia emissions from swine manure management: A system analysis. Environmental Science & Technology, 51 (8): 4503-4511.

Wang Y, Li X, Yang J, et al. 2018. Mitigating greenhouse gas and ammonia emissions from beef cattle feedlot production—A system meta-analysis. Environmental Science & Technology, 52: 11232-11242.

Wang Y, Xue W, Zhu Z, et al. 2019. Mitigating ammonia emissions from typical broiler and layer manure management—A system analysis. Waste Management, 93: 23-33.

Wei C, Ni J, Du L. 2012. Regional allocation of carbon dioxide abatement in China. China Economic Review, 23 (3): 552-565.

Wu X, Zhang J, You L. 2018. Marginal abatement cost of agricultural carbon emissions in China: 1993—2015. China Agricultural Economic Review, 10 (4): 558-571.

Xia L, Xia Y, Ma S, et al. 2016. Greenhouse gas emissions and reactive nitrogen releases from rice production with simultaneous incorporation of wheat straw and nitrogen fertilizer. Biogeosciences, 13(15): 4569-4579.

Xiao D, Deng L, Dong-Gill K, et al. 2019. Carbon budgets of wetland ecosystems in China. Global Change Biology, 25 (6): 2061-2076.

Xiao Y, Yang S, Xu J, et al. 2018. Effect of biochar amendment on methane emissions from paddy field under water-saving irrigation. Sustainability, 10 (5): 1-13.

Xu X, Tian H. 2012. Methane exchange between marshland and the atmosphere over China during 1949—2008. Global Biogeochemical Cycles, 26 (2): 1-14.

Yang X, Blagodatsky S, Marohn G, et al. 2019. Climbing the mountain fast but smart: Modelling rubber tree growth and latex yield under climate change. Forest Ecology and Management, 439: 55-69.

Yang Z, Wang W, He Y, et al. 2018. Effect of ammonia on methane production, methanogenesis pathway, microbial community and reactor performance under mesophilic and thermophilic conditions. Renewable Energy, 125: 915-925.

Yao Y，Piao S，Wang T. 2018. Future biomass carbon sequestration capacity of Chinese forests. Science Bulletin，63（17）：26-35.

Yue Q，Wu H，Sun J，et al. 2019. Deriving emission factors and estimating direct nitrous oxide emissions for crop cultivation in China. Environmental Science & Technology，53：10246-10257.

Zhang C，Ju W，Chen J，et al. 2018. Sustained biomass carbon sequestration by China's Forests from 2010 to 2050. Forests，9（11）：689.

Zhang G，Wang X，Zhao H，et al. 2017. Extension of residue retention increases net greenhouse gas mitigation in China's croplands. Journal of Cleaner Production，165：1-12.

Zhang H，Zhou G，Wang Y，et al. 2019. Thinning and species mixing in Chinese fir monocultures improve carbon sequestration in subtropical China. European Journal of Forest Research，138（3）：433-443.

Zhang J，Tian H，Shi H，et al. 2020. Increased greenhouse gas emission intensity of major croplands in China：Implications for food security and climate change mitigation. Global Change Biology，26（11）：6116-6133.

Zhang M，Chen Z Z，Li Q L，et al. 2016. Quantitative relationship between nitrous oxide emissions and nitrogen application rate for a typical intensive vegetable cropping system in Southeastern China. Clean-Soil Air Water，44（12）：1725-1732.

Zhang W F，Dou Z X，He P，et al. 2013. New technologies reduce greenhouse gas emissions from nitrogenous fertilizer in China. Proceedings of the National Academy of Sciences of the United States of America，110（21）：8375-8380.

Zhou W，Lewis B J，Wu S，et al. 2014. Biomass carbon storage and its sequestration potential of afforestation under Natural Forest Protection program in China. Chinese Geographical Science，24（4）：406-413.

Zhou W，Ma Y，Well R，et al. 2018. Denitrification in shallow groundwater below different arable land systems in a high nitrogen-loading region. Journal of Geophysical Research：Biogeosciences，123（3）：991-1004.

Zhu Q，Peng C，Liu J，et al. 2016. Climate-driven increase of natural wetland methane emissions offset by human-induced wetland reduction in China over the past three decades. Scientific Reports，6：38020.

Zou X，Li Y E，Cremades R，et al. 2013. Cost-effectiveness analysis of water-saving irrigation technologies based on climate change response：A case study of China. Agricultural Water Management，129（6）：9-20.

Zou X，Li Y E，Gao Q，et al. 2012. How water saving irrigation contributes to climate change resilience-a case study of practices in China. Mitigation and Adaptation Strategies for Global Change，17（2）：111-132.

Zou X，Li Y E，Li K，et al. 2015. Greenhouse gas emissions from agricultural irrigation in China. Mitigation & Adaptation Strategies for Global Change，20（2）：295-315.

第10章 可持续消费与低碳生活

主要作者协调人：陈　莎、张志强
编　　　　审：孙振清
主 要 作 者：雷洁琼、王　丹、温丹辉
贡 献 作 者：张孟蓉

▪ 执行摘要

无论是世界范围还是中国，人们消费行为产生的碳排放都是人类活动产生的碳排放的重要组成部分，消费侧的碳减排是实现《巴黎协定》目标和可持续发展的重要路径；中国城乡居民的消费行为造成的碳排放总量已经占总排放量的 1/4 左右。随着人民生活水平的不断提高，居民的消费行为和生活方式对碳排放的影响会越来越大。本章从可持续消费的角度出发，从全球消费与中国消费基本趋势入手，分析了目前中国碳排放的结构变化，随着经济发展和收入水平的提高，消费领域中的食品消费带来的碳排放最大，而其中肉禽蛋奶类消费随着社会经济发展与城市化进程的加快，其带来的碳排放还会较快增加。本章就个人的衣食住行各个方面的消费选择以及相应的低碳生活方式对减少温室气体排放发展目标的作用进行了评价，减少食品浪费、绿色低碳出行方式和生活方式对减少个人消费碳排放有着重要贡献；消费者的消费观念、国家政策引导和技术进步是影响个人消费方式的主要因素；消费者对低碳产品的选择可以改变减排路径的选择。可持续消费政策体系的构建对建立低碳可持续消费社会具有重要作用，现有政策主要为宏观方面，以政府推动为主，缺少家庭和个人消费环节的相关约束或激励政策，还未在全社会形成可持续消费和低碳的理念、态度和行动。

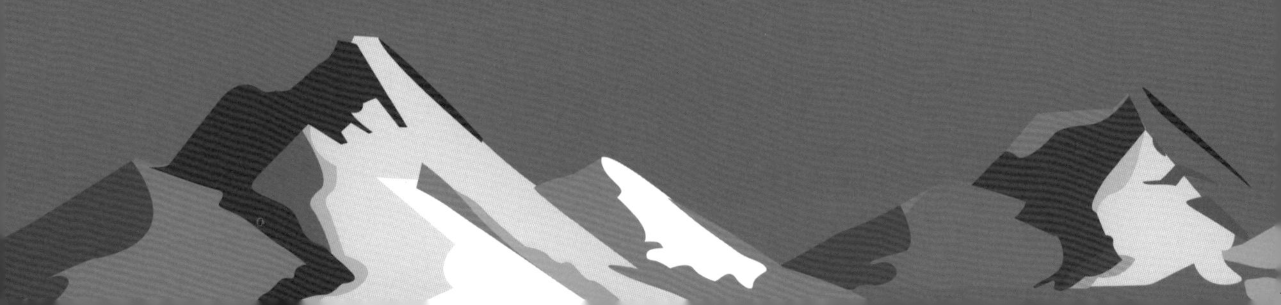

10.1 引　言

人类的消费活动正在耗尽地球的资源，并且产生越来越严重的污染与排放。居民生活带来的碳排放已成为中国碳排放的重要组成部分，而家庭间接能源需求的消费量远高于直接能源需求。由于社会的生产活动基本上都是为了消费服务的，因此消费的选择可以决定生产活动。随着我国城市化进程的加快，城乡居民生活水平不断提高，推动经济向内需转型的各项政策不断落实，由消费产生的碳排放将进一步快速增长。因此，在应对气候变化、减少温室气体排放方面，消费侧的减排越来越重要，消费者对产品选择可以推动供应侧的结构变化、改变减排路径。国家政策的推进和主要的能源转型因为需要立法和基础设施的改变，往往需要花上数十年时间，而来自生活方式的转变可以起到快速和广泛的效果，如选择了低碳的出行方式，乘坐公共交通减排效果可以立刻体现。如果居民消费选择零碳产品，则可以深远影响整个生产活动流程。因此建设可持续消费社会，倡导低碳和可持续消费的生活方式，对于实现《巴黎协定》的温升目标、保护环境和生态文明建设具有重要意义。

10.2 推动可持续消费的必要性

10.2.1 全球消费趋势分析

以化石燃料为主的能源消费推动世界经济高速发展，因此全球碳排放总量也在逐年上升，使得环境问题日益受到国际社会的广泛关注。全球气候变暖除了自然因素之外，更大程度上是由人类活动所造成的。其中，消费是人类活动的最终表现形式。人类的消费活动正在耗尽地球的资源，并且产生了严重的污染与排放[①]。

自 20 世纪 70 年代以来，全球人口增长了一倍，全球经济活动增长了四倍，提高了世界许多地区人们的生活水平和人类福祉。1970~2017 年，全球每年的材料采掘量从 271 亿 t 增加到 921 亿 t（年均增长率 2.6%）。全球人均物质需求由 1970 年的 7.4t 增加到 2017 年的 12.2t。人口的增长和全球经济的扩张推动了材料供应和开采数量的快速增加，增加了对土地、水、大气的环境压力[①]。

在生产端往往采用国内材料消费（DMC）衡量一个区域国民经济的材料消费。DMC 的计算方法是国内开采（DE）加上实物贸易差额，因此，它直接衡量从一国领土开采或进口的物质的实物数量（减去实物出口）。这是一个国家领土内必须直接管理的全部物资的直接指标。近 50 年来，该指标所反映的全球物质消费格局正迅速发生变化。1970 年，亚洲和太平洋、欧洲和北美都需要同等份额的初级材料，大约各占全球总量的 1/4。然而，1970~2017 年，欧洲和北美的 DMC 分别以 0.6% 和 0.5% 的速度增长，而亚太地区的 DMC 则以 4.5% 的速度增长。2017 年，亚太地区 DMC 占全球近 60%，人均 DMC 也从 1970 年的人均 3t 上升至 2017 年的人均 13t 左右，全球平均水平

① UNEP. 2019. Global Resource Outlook.

基本相当（北美地区最高，人均 20t 左右）[①]。

从消费侧看，消费是拉动全球资源消耗的重要因素。生态足迹分析是衡量国家居民消费带来的生态压力的研究方法，所有物质消耗和废弃物排放处理都归于最终消费者，而不是简单地按地域划分。在可持续发展目标的背景下，生态足迹分析通过确保支持一国消费的物质流动（虽然这些物质消耗和环境成本可能发生在其他国家的领土上）归因于最终消费者的账户，从而补充了可持续发展管理（IPCC，2014）。

全球足迹网络（global footprint network，GFN）一直致力于生态足迹核算方法的标准化，建立了国家生态足迹账户计算方法，为世界各国采取标准化核算方法核算可比较的生态足迹提供了有效工具。世界自然基金会（World Wide Fund for Nature，WWF）和 GFN 等机构合作，自 2000 年起每两年发布一次 *Living Planet Report*，公布世界各国人均生态足迹，受到广泛关注。2015 年，全球的生态承载能力大约为 120 亿全球公顷（ghm^2），比 1960 年大约上升了 27%。但是，同期全球的生态足迹超过 200 亿 ghm^2，同期上升了 190%，1970 年以后，人类消费活动的生态足迹已超过全球生态容量[②]，如图 10-1 所示。

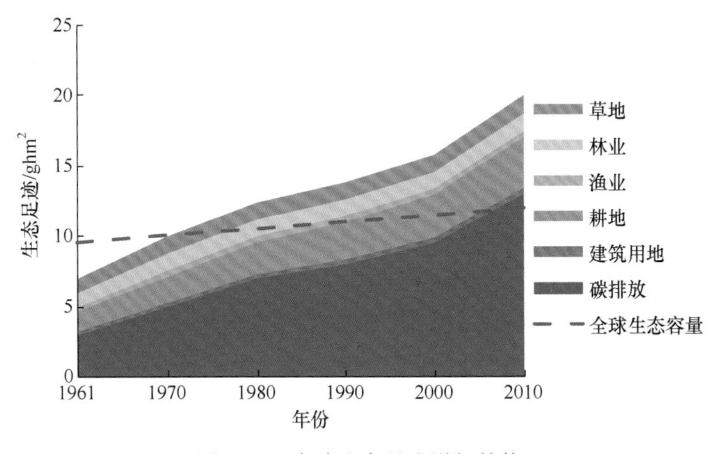

图 10-1　全球生态足迹增长趋势

从地域上看，全球的生态足迹分布很不均匀，最高的是美国、加拿大等发达国家，人均超过 $7ghm^2$，而非洲大陆普遍人均低于 $1.75ghm^2$。

在生态足迹的计算中，往往还计算物料足迹（material footprints，MF）、碳足迹、水足迹、耕地足迹等各类生态足迹。物料足迹、碳足迹和水足迹往往以吨为单位，耕地足迹往往以面积为单位，如 hm^2、m^2。

可用的 MF 数据的时间序列为 1990~2017 年。从总体趋势来看，相对于 DMC 指标，MF 在较富裕地区和国家集团的份额要高得多。直到全球金融危机爆发，中等偏上收入群体的 MF 才超过高收入群体。到 2017 年，高收入群体仍占全球 MF 的 35% 以上。在人均基础上，高收入群体一直维持在 27t 左右的 MF 消费量水平（比中等偏上收入群体高出 60%），是低收入群体的 13 倍以上（人均 2t）[①]。这个数据表明，发达国家

① UNEP. 2019. Global Resource Outlook.
② WWF. 2018. Living Planet Report 2018：Aiming Higher.

高收入群体不合理的消费结构和模式是影响世界资源消耗和废物排放的重要因素。不同收入组别的材料消耗趋势如图 10-2 所示。

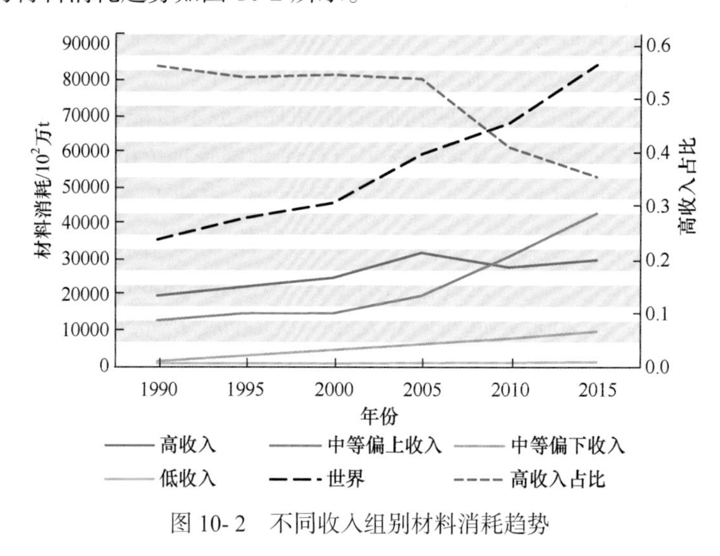

图 10-2 不同收入组别材料消耗趋势

资料来源：UNEP. 2019. Global Resource Outlook

10.2.2 中国消费发展基本趋势

随着中国经济不断发展，居民消费也在不断增长。受条件所限，当前有关中国消费额增长的文献数据相对陈旧。按不变价格估算，中国 2010 年的居民人均消费量大约为 2000 年的 1.7 倍，中国城镇居民人均消费金额十年增长了 110%，即 2010 年人均消费约为 2000 年的 2.1 倍（Zhang，2017；唐琦等，2018）。

使用 2000 年全球平均生产力估算 2000~2010 年我国生态足迹，结果显示，2000~2010 年，我国生态足迹由 17.69 亿 ghm^2 增加到 32.59 亿 ghm^2。10 年间，生态足迹年均增长 6.30%，明显快于同期世界各国生态足迹增长速度，也明显快于已有研究核算的 1990 ~2000 年我国生态足迹的增长速度。生态足迹的增加意味着对自然资源的利用程度加大和生态环境压力的加剧（黄宝荣等，2016），如图 10-3 所示。

可以看出，碳足迹是 10 年间增长最快的生态足迹类型，由 7.42 亿 ghm^2 增加到 18.05 亿 ghm^2，年均增长 9.29%；占全国生态足迹的比重由 41.92% 增加到 55.38%。社会经济发展对能源需求的急剧增加是碳足迹增加的主要原因，2000~2019 年我国能源消费量由 14.55 亿 t ce 增加到 48.3 亿 t ce，而能源结构没有得到有效优化，高碳能源煤炭占能源消耗总量的比例一直维持在 58% 左右。耕地足迹的绝对量也大幅增加，由 6.78 亿 ghm^2 增加到 8.91 亿 ghm^2，年均增长 2.77%，十年来我国谷物、豆类、猪肉消费量的大幅增加是耕地足迹增幅较大的主要原因。林地足迹由 0.61 亿 ghm^2 增加到 1.23 亿 ghm^2，主要由木材的消费量急剧增加驱动；草地足迹由 1.39 亿 ghm^2 增加到 2.08 亿 ghm^2，主要由奶类和牛羊肉消费量的快速增加驱动。渔业用地生态足迹略有增加，由 0.21 亿 ghm^2 增加到 0.30 亿 ghm^2。

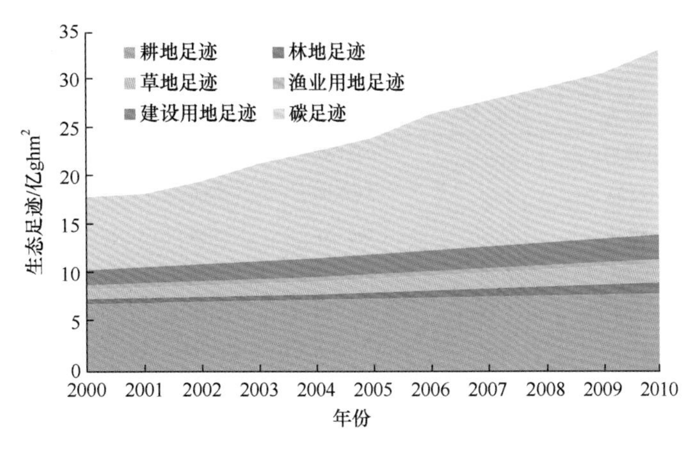

图 10-3　2000~2010 年我国生态足迹组成与变化（黄宝荣等，2016）

中国的人均生态足迹不高，一般认为大约是全球平均水平（黄宝荣等，2016），人均为 2.5~3.5ghm^2。也有研究（Ivanova et al.，2016）认为，中国人均生态足迹无论是碳足迹、水足迹还是耕地足迹，均显著低于全球平均水平。

尽管人均生态足迹不高，但由于中国人口众多、环境资源有限，普遍认为当前中国的生态足迹已经超过了生态容量。无论是国际研究①，还是国内的相关研究（黄宝荣等，2016；谭德明和何红渠，2016），均表明在当前的消费模式下，中国除了新疆、云南、贵州等区域，绝大部分区域已出现比较严重的生态赤字，从整体上看，中国至少超过生态容量的 150%。

10.2.3　中国主要消费品类的生态足迹

1. 总体趋势

中国居民消费经历了两个阶段。第一个阶段是，居民将收入转化为消费的意愿不强。1995~2002 年，虽然家庭收入水平的年增长率有 6.07%，但由此带来的总消费年增长率仅有 0.88%，消费并没有跟随收入一起增长。在这个阶段，居民食品、服装消费量保持稳定并有轻微下降，家庭用品出现了大幅下降，原因在于家电产品生产效率提升、价格大幅下降，而医疗保健、交通和通信、文化教育则出现了大幅的上升。

2002 年以后，各种类别的消费都保持了较高的增长率，各类消费金额的年增长率仅比家庭总收入及人均收入略低，收入的增加已经能够较多地转化为家庭消费。家庭总消费及人均总消费差异不大，不同消费占比的变化量也不大，家庭消费结构趋于稳定。年增长率最高的是交通和通信消费（唐琦等，2018）。中国城镇居民消费结构见表 10-1。

因此，2002 年可以被认为是中国消费的一个分水岭，之后中国的生态足迹进入了快速上升阶段（黄宝荣等，2016）。

① UNEP. 2019. Global Resource Outlook.

表 10-1　1995~2013 年中国城镇居民消费结构调查

类别	1995 年		2002 年		2013 年	
	金额 / 元	比重 /%	金额 / 元	比重 /%	金额 / 元	比重 /%
食品消费	10157.87	34.07	9421.94	29.72	16817.50	23.87
服装消费	2472.34	8.29	2407.90	7.60	5122.24	7.27
家庭用品消费	3755.41	12.60	1603.34	5.06	3714.93	5.27
医疗保健消费	702.09	2.36	1729.37	5.46	3444.40	4.89
交通和通信消费	407.44	1.37	2465.82	7.78	6938.07	9.85
教育文化消费	1064.69	3.57	3762.66	11.87	6507.83	9.23
居住消费	6832.38	22.92	9490.77	29.94	26328.57	37.36
其他消费	4420.23	14.83	819.19	2.58	1595.72	2.26
家庭总消费	29812.45		31700.99		70469.27	
家庭总收入	26217.55		39594.12		95115.23	

注：根据唐琦等（2018）进行修改。

2. 不同品类商品生态影响

如果以“衣、食、住、行、其他”来划分，以生态足迹来界定不同品类商品的生态环境影响，居住、交通、食物、其他杂项是中国消费带来环境压力的重要组成部分，其中，增长迅速的是交通（Tian et al.，2014；张琼晶等，2019；马晓微等，2016），服装消费的生态影响占比较小且相对稳定。

1）食物消费

中国膳食模式以植物性食物和谷类为主。中国食物消费生态影响的主要驱动力一方面是食物消费数量，另一方面来自饮食结构变化。

1978~2013 年居民人均食物消费不断增加，由 1978 年的 2080kcal/d 增加到 2013 年的 3108kcal/d（林永钦等，2019）。

将中国食物消费分为八大类，从食物消费结构对生态足迹的贡献率看，贡献率最大的是肉禽蛋奶类消费，达 38.84%，其次是谷物类达 19.68%；植物油、水果类、蔬菜类、水产品类和薯类分别占 6.22%、4.84%、10.53%、9.71% 和 2.60%。2013 年食物消费人均生态足迹比 2003 年提升了大约 23%。

中国居民食物消费领域 2008 年开始出现生态赤字，其中，耕地自 1978 年起就处于生态赤字状况，且生态赤字逐步增加，2013 年人均生态赤字达 0.2664ghm^2；水域在 1993 年出现生态赤字，2013 年人均生态赤字为 0.0213ghm^2；草地和林地的食物消费生态压力也逐年加剧，虽处于生态盈余状态，但却分别由 1978 年的 0.3168ghm^2 和 0.1193ghm^2 减少到 2013 年的 0.194ghm^2 和 0.0232ghm^2。中国目前食物消费对食物生产性资源的占用已远远大于食物生产性资源所能提供的承载力，食物消费的生态环境压力越来越大，中国食物生产性资源可持续利用面临巨大的挑战。中国食物消费人均生态足迹变化趋势见表 10-2。

表 10-2　食物消费人均生态足迹变化趋势　　（单位：ghm^2）

年份	谷物类	植物油	肉禽蛋奶类	水果类	蔬菜类	水产品类	薯类	其他类	合计
1978	0.1216	0.0127	0.0359	0.0023	0.0254	0.0093	0.0263	0.0111	0.2446
1983	0.1457	0.0205	0.0506	0.003	0.0256	0.0096	0.02	0.016	0.2910
1988	0.1393	0.0245	0.0747	0.0047	0.0291	0.0157	0.0142	0.0228	0.3250
1993	0.1393	0.03	0.1049	0.0077	0.0322	0.0246	0.0159	0.0232	0.3778
1998	0.1372	0.0329	0.1502	0.0123	0.0403	0.038	0.017	0.0294	0.4573
2003	0.1269	0.0375	0.1814	0.0166	0.0526	0.044	0.0183	0.0296	0.5069
2008	0.1227	0.04	0.2147	0.022	0.0596	0.0516	0.0163	0.0393	0.5662
2013	0.1224	0.0387	0.2416	0.0301	0.0655	0.0604	0.0162	0.0471	0.6220

资料来源：林永钦等，2019。

2）出行消费

交通能耗造成化石能源间接生态足迹贡献比例不断增加，人均交通生态足迹也逐渐增加，对交通环境的压力状况不断恶化。以北京、上海、天津、杭州、沈阳、成都等城市为样本，其城市道路面积、人均道路面积、机动车保有量、人均机动车保有量如图 10-4 所示（王中航等，2015）。可以看出，除了少数限购城市，大部分城市的机动车保有量均在快速上升。

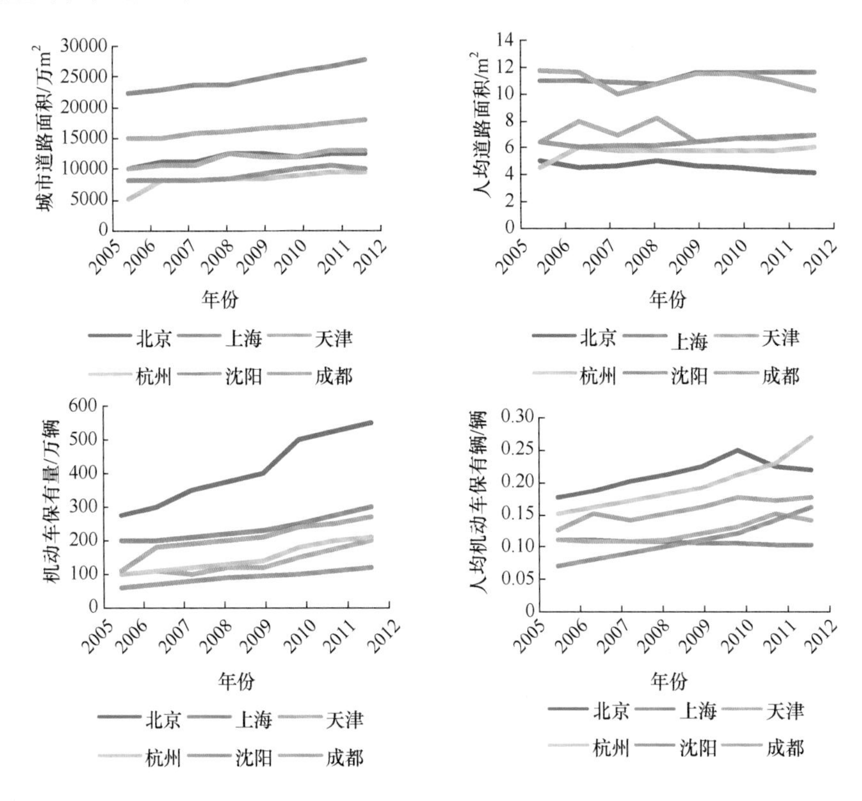

图 10-4　中国典型城市交通发展基本状况（王中航等，2015）

民航是另一个增长较快的领域。1960~2013 年，我国民航飞机能耗生态足迹不断增长，由 1960 年的 0.86 万 hm^2 增至 2013 年的 450.97 万 hm^2，年均增长 8.5 万 hm^2。其中 1960~1989 年生态足迹年均增长仅有 0.76 万 hm^2，1990~2013 年年均增长高达 18.4 万 hm^2（何吉成，2016）。但从占比上看，与机动车能耗生态足迹相比，民航飞机能耗生态足迹较小，平均比重仅有前者的 4.35%。与铁路机车相比，伴随着民航飞机能耗生态足迹的快速增长，其能耗生态足迹逐步接近并超过铁路机车（何吉成，2016）。

3）居住消费

我国对居住消费环境影响的整体研究较少，但对典型城市的研究仍具有一定代表性。肖雅心和杨建新（2016）依据 1990~2010 年每 5 年的中国能源与建材生命周期清单数据，对北京 20 年间住宅建筑系统开展生命周期评价和碳足迹核算，以揭示北京住宅建筑系统的环境负荷变化特征。结果表明，北京住宅建筑生命周期碳足迹随时间推移呈现降低趋势，主要来自建筑使用和建材生产系统的碳减排贡献（表 10-3），单位面积生命周期从 1990 年至 2010 年减碳比 24.9%。不同结构建筑的碳足迹尽管有差异，但也呈现了相似的下降趋势。从生命周期阶段看，建筑碳足迹主要体现在建筑使用阶段和建材生产阶段。

尽管单位面积住宅的碳足迹呈现下降趋势，然而，由于中国人均住房面积快速上升，仅在 2002~2013 年，中国人均居住面积就上升了 50%（朱梦冰和李实，2018），因此，居住消费带来的生态压力也呈现较快增长的态势。

表 10-3　1990~2010 年 100m^2 住宅生命周期碳足迹（以北京为例）

类别	碳足迹 /（kg CO_2/a）					减碳比 /%
	1990 年	1995 年	2000 年	2005 年	2010 年	
建材生产	1457.97	1192.58	1142.63	1007.57	815.86	44
建筑建设	174.18	176.05	153.03	149.29	138.11	20.7
建筑使用	7034.10	7018.10	6549.60	5949.30	5551.90	21.1
建筑拆除	13.44	13.08	12.17	12.59	12.78	4.9
合计	8679.69	8399.81	7857.43	7118.75	6518.65	24.9

资料来源：肖雅心和杨建新，2016。

4）服装及其他消费

总体来说，无论是农村还是城市，服装消费产生的环境影响都是各类消费中最小的。虽然随着收入增加，服装消费会增加，但整体看，中国纺织服装行业已经实现了碳脱钩（卢安和马月华，2016），即产业的碳排放已经实现了零增长甚至负增长。

从碳足迹的角度来审视中国消费，服务业是另外一项对环境产生重要影响的消费项目。随着收入增长和城镇化的进程，服务业所占比重将持续增长，有学者甚至认为（Tian et al.，2014）服务业带来的碳足迹占消费碳足迹的 1/3 左右，如图 10-5 所示。

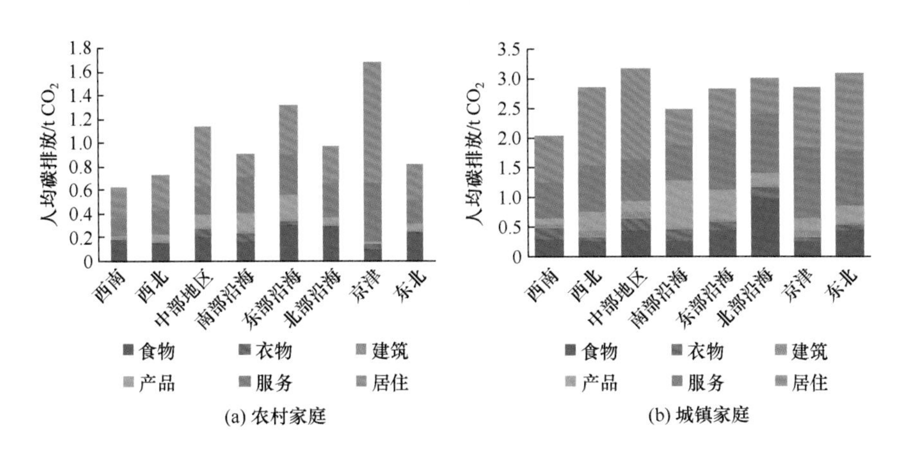

图 10-5　中国的各项消费碳足迹分布（Tian et al.，2014）

10.2.4　消费对碳排放的影响

消费碳排放包括直接排放与间接排放。一般认为，直接排放是指居民直接消耗能源所产生的排放，如家中烹饪燃烧天然气时产生的温室气体排放；间接排放是指发生在消费品前端生产过程中的排放，虽然其一般先于消费活动产生，但归根结底却是由消费活动间接造成的。直接排放通过直接能源消耗量乘以排放因子得到。间接排放需要考察生产环节与贸易流动环节，一般采用投入产出表计算。但在计算的时候，有些只考察了二氧化碳排放（马晓微等，2016；王会娟和夏炎，2017），计算中国消费产生的碳排放约为 15 亿 t CO_2；也有研究参考环境投入产出表，考察了 CH_4 等其他温室气体排放。根据这些测算，中国城乡居民的消费行为带来的碳排放十年间增长了 60%~80%，碳排放总量为 20 亿 ~30 亿 t CO_2 eq，已经占中国排放总量的 30% 左右（姚亮等，2017；Zhang et al.，2017；Mi et al.，2016；张琼晶等，2019）。

中国城乡居民消费碳排放的直接排放与间接排放见表 10-4。

表 10-4　中国城乡居民的消费碳排放量（2012 年）

分类	碳排放			人均碳排放 /t		
	直接	间接	总计	直接	间接	总计
城镇	185.86	1441.58	1627.44	0.26	2.03	2.29
农村	160.16	414	574.16	0.25	0.64	0.89
合计	346.02	1855.58	2201.6	—	—	—

资料来源：张琼晶等，2019。

2012 年城镇人均碳排放约为农村的 3 倍，这在一定程度上也反映城乡居民在生活水平和生活方式上的差距。按照《中国统计年鉴》的分类，所有家庭分为低收入、中低收入、中等收入、中高收入和高收入 5 组。从图 10-6 中可知，无论是城镇居民还是农村居民，随着收入水平的提高，各消费类别的间接碳排放都呈增加趋势。其原因主要是收入的增加会拉动居民消费的增长，进而拉动相应消费碳排放的增加。如果不采取相应的措施，未来随着城镇化进程不断深化、居民收入水平的不断提高，居民消费对碳排放的拉动作用会越来越大（张琼晶等，2019）。2030年之后，农村居民能源消费总体上有可能会超过城市居民（Jiang et al.，2013）。

从不同消费类别看，食品、其他消费、交通和通信的碳排放占比随收入水平的增加而迅速增加，农村居民其他消费类别的人均碳足迹也随收入的增加呈现较稳定的增长趋势。各消费类别的构成基本上保持不变，即食品 > 其他消费 > 交通和通信 > 服装 > 家庭设备用品≈医疗保健≈居住 > 文教娱乐服务，食品对农村人均碳排放的拉动作用始终最显著。城镇居民不同消费类别的隐含碳足迹随收入水平的增加也呈增加趋势（张琼晶等，2019）。与农村一样，城镇居民消费排放排在前三位的依然是食品、其他消费、交通和通信，增长趋势显著。间接碳排放份额如图10-6所示。

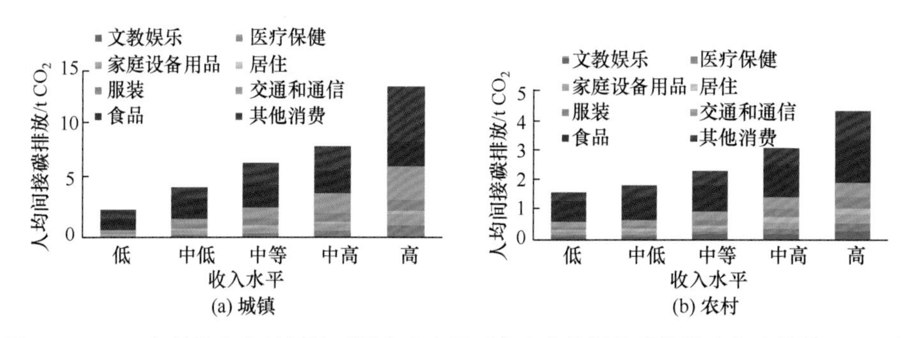

图10-6 2012年城镇和农村居民不同收入水平下家庭人均间接碳排放（张琼晶等，2019）

由于测算口径不同，不同学者对于消费排放的组成存在一定争议。中国居民间接碳排放主要集中在居住方面，约50%并且不断攀升，在文教娱乐、交通和通信方面，2010年占比分别仅为2.28%、2.48%（马晓微等，2016）。

消费排放的驱动力包括人口因素、城市化进程、消费水平、经济结构、消费结构、排放强度。这6个因素可看作两类相互对抗的正负驱动力量。人口增长、城市化进程加快、消费水平提高是推动碳足迹增长的主要正向力量，另外3个因素则发挥着延缓增长趋势的作用。随着中国环保技术的发展和节能减排措施的大力推进，排放强度降低带来的减排效应是最为显著的。消费结构与经济结构也起着延缓作用，表示它们都正朝着更加可持续的方向进行演进。尤其自2004年后，这一趋势更加明显（姚亮等，2017）。

总结以上分析可以得到以下结论：根据将所有物料与废弃物归因于消费者的生态足迹研究方法，在全球范围内，消费导致了物料消费与污染快速增长，当前人类的消费模式已经超过地球的生态承载能力。其中，北美与欧洲国家和地区高收入人群的消费是重要的组成部分。

中国虽然人均消费水平和生态足迹不高，但由于人口数量大，在很多方面，中国已经成为生态足迹影响的第一大国，包括碳足迹和物料足迹。居住、交通、食品等项目的生态足迹仍在以较高的速度增长，服务业也是一个重点领域。

中国消费拉动的碳排放达到20亿~30亿t，高收入人群的人均排放是低收入人群的 3 倍左右，城市人群人均排放为农村人口人均排放的 3 倍左右，随着收入增长和城市化进程的加快，消费排放将继续增长，由此带来持续增长的生态环境压力。中国需要立刻开始部署推进可持续消费与生产模式。

10.3　控制消费排放过程中关键因素

为了推进可持续的消费与生产模式，既需要控制消费数量和改善消费结构，还需要结合消费与生产侧，推进高效节能和生态友好的技术发展，鼓励消费者购买绿色产品、低碳产品、零碳产品。消费已经成为中国碳排放增长的重要来源和驱动力。控制消费排放的过程中可以依靠技术进步的力量，然而技术本身并无法自动实现消费排放的下降，在控制消费排放的过程中，需要考虑以下三个关键因素：经济发展、消费公平和回弹效应。

10.3.1　经济发展

根据经济的一般发展规律，中国今后的经济增长将更加依赖于消费驱动。在以前，最终消费对中国经济增长贡献度并不稳定，出现起伏变化。从当前形势来看，消费对经济推动作用十分重大。2018 年上半年我国消费对经济增长的贡献达到了 78.5%，比去年同期提高了 14.2 个百分点（王蕴和卢岩，2017）。

我国居民消费增长与 GDP 的差距仍然低于世界平均水平。虽然我国居民消费水平不断增长，居民消费增速与 GDP 增速的差距不断缩小，但是由于居民消费增速与 GDP 增速相比仍明显滞后，这个差距不仅低于主要发达国家和地区，也低于世界平均水平。以美国和日本为代表的发达国家，居民消费增速与 GDP 增速的差距分别为 0.3 和 0.1，印度、俄罗斯和巴西三者的差距分别为 –0.5、2.6 和 0.9，世界平均水平为 0，而我国与这些国家以及世界平均水平还有相当大的差距。居民消费增速与 GDP 增速的国际对比见表 10-5。

表 10-5　1990~2016 年居民消费增速与 GDP 增速的国际对比

国家	居民消费增速平均值 /%	GDP 增速平均值 /%	两者差距 /%
中国	8.8	9.6	–0.8
美国	2.8	2.5	0.3
日本	1.2	1.1	0.1
巴西	3.2	2.3	0.9
俄罗斯	3.3	0.7	2.6
印度	6.1	6.6	–0.5
世界平均	2.8	2.8	0

资料来源：王蕴和卢岩，2017。

中国发展研究基金会从终端产品视角出发，通过跨国、跨时比较的方法分析中国经济增长的潜力、结构和路径。终端产品是“GDP 当中不再直接进入下一个生产过程的产品”（中国发展研究基金会“博智宏观论坛”中长期发展课题组，2018），具体包括：居民消费、政府消费和非生产性投资。终端产品消费是经济增长的出发点和最初驱动力，能够更好地判断一个经济体的增长规模、质量和效率。在整个国民经济循环流程中，终端产品具有源头性质。

前面的分析表明，随着人均 GDP 的提高，不同类型经济体的终端产品结构会逐渐趋同。这一现象对预判中国经济增长潜力和经济结构演进路径具有重要意义。通过构建发达经济体终端产品分阶段演进的标准结构，分析中国终端产品消费结构与发达经济体间的差距，如图 10-7 所示。

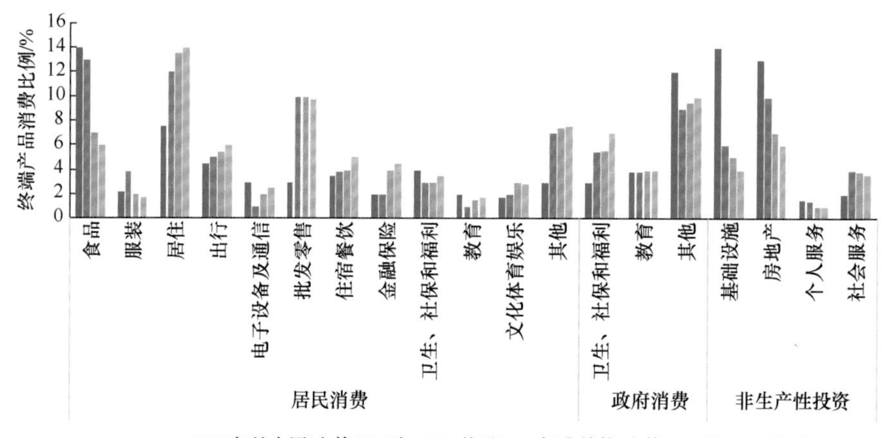

图 10-7　中国终端产品消费结构与标准结构的对比

由图 10-7 可以发现以下几个方面的差异：在终端产品的消费中，中国房地产投资和基础设施投资占比明显偏高。而在居民消费部门，除了食品、电子设备及通信产品的消费占比较高外（其他经济体在人均 GDP 达到 14000 美元时，大多处于 20 世纪 70 年代乃至更早时期，而中国在 2016 年才达到此水平，不同时代背景下的技术条件差异明显），中国居民在批发零售、出行、住宿餐饮和文化体育娱乐消费方面存在一定差距，表明中国在由快速增长经济体向成熟经济体转变的过程中，很有可能较多地依赖居民消费增长来拉动经济发展，其中，很大部分为服务消费。

近年来中国服务业规模不断增大，在国民经济中的份额已经超过 50%，其中生产性服务业比重接近 1/3。随着中国步入工业化后期阶段，服务业以及生产性服务业比重仍会继续提高。因此，在中国经济发展进入新常态后，作为国民经济主体的服务业发展能否支撑中国经济中高速增长备受关注。

将国民经济划分为第一产业、第二产业、生产性服务业、生活性服务业四个部门。在既有的总体资本要素投入和劳动要素投入的基础上，可以采用“自上而下”的方式将二者分别合理拆分至四个部门之中，1980~2019 年宏观经济增长来源见表 10-6。

表 10-6　1980~2019 年宏观经济增长来源　　（单位：%）

类别	1980~1985 年	1985~1990 年	1990~1995 年	1995~2000 年	2000~2005 年	2005~2010 年	2010~2014 年	2015~2019 年
GDP 增长率	10.14	7.53	11.55	8.26	9.30	10.61	7.67	6.66
第一产业	3.33	1.71	1.75	0.88	0.78	0.68	0.45	0.28
第二产业	2.65	2.44	5.18	3.73	4.34	5.09	3.66	2.41
第三产业	4.16	3.37	4.62	3.64	4.18	4.85	3.55	3.97
其中：生产性服务业	2.71	2.43	3.03	2.33	2.50	3.08	2.46	
生活性服务业	1.45	0.94	1.59	1.31	1.68	1.77	1.09	

注：1980~2014 年数据来自李平等，2017；2015~2019 年数据来自中国统计局。由于数值修约所致误差，下同。

由表 10-6 可以看出，第二产业一直是中国 GDP 增长的主要动力，但第二产业的驱动作用正在慢慢弱化。第三产业的驱动作用已经和第二产业接近（李平等，2017）。

对 1980~2014 年宏观经济增长的来源进一步细分（表 10-7）可以看出，对于中国宏观经济，资本要素投入是推动 GDP 长期增长的最重要力量，1980~2014 年的平均贡献率高达 55.38%；进入 2000 年以后，中国经济依靠投资驱动的态势日趋明显，表现为资本要素对 GDP 增长的贡献率逐阶段递增，2010~2014 年的平均贡献率更是高达 84.88%。全要素生产率（TFP）对中国经济增长也发挥了重要作用，平均贡献率为 39.57%；自 2000 年以来，TFP 的增长贡献程度呈逐阶段递减趋势，2000~2005 年、2005~2010 年、2010~2014 年三个发展阶段的贡献率分别为 54.02%、35.92% 和 26.80%。劳动投入的平均贡献率仅为 5.05%，2000 年以后的贡献率甚至降为负值。

表 10-7　1980~2014 年宏观经济增长来源分解　　（单位：%）

类别	1980~1985 年	1985~1990 年	1990~1995 年	1995~2000 年	2000~2005 年	2005~2010 年	2010~2014 年	1980~2014 年
GDP 增长率	10.14	7.53	11.55	8.26	9.31	10.60	7.66	9.33
其中：TFP	5.13	0.83	6.48	2.32	5.03	3.81	2.05	3.69
资本投入	3.61	4.05	4.68	4.93	5.54	7.06	6.51	5.17
劳动投入	1.4	2.65	0.39	1.01	−1.26	−0.27	−0.9	0.47
第一产业增加值增长率	7.7	4.55	5.2	3.7	4.09	4.56	4.18	4.86
其中：TFP	1.12	−2	5.88	0.44	7.87	7.55	10.64	4.41
资本投入	1.5	1.78	1.67	1.34	1.58	0.89	0.28	1.35
劳动投入	5.08	4.77	−2.35	1.92	−5.36	−3.88	−6 .74	−0.9
第二产业增加值增长率	9.19	8.94	17.16	9.64	10.5	11.56	8.04	10.76
其中：TFP	4.27	2.25	9.22	5.02	3.39	1.94	−1.39	3.64
资本投入	5.7	6.04	6.44	5.9	7.3	9.16	7.58	6.86
劳动投入	−0.78	0.65	1.5	−1.28	−0.19	0.46	1.85	0.26

续表

类别	1980~1985年	1985~1990年	1990~1995年	1995~2000年	2000~2005年	2005~2010年	2010~2014年	1980~2014年
生产性服务业增加值增长率	14.94	10.35	12.51	10.44	10.77	12.88	9.26	11.64
其中：TFP	10.48	3.44	5.16	3.3	4.1	3.69	1.99	4.65
资本投入	4.86	5.22	5.78	6.01	6.39	8.44	6.7	6.19
劳动投入	–0.4	1.69	1.57	1.13	0.28	0.75	0.57	0.8
生活性服务业增加值增长率	13.02	8.33	10.38	8.19	9.54	9.29	6.24	9.36
其中：TFP	7.62	0.11	1.78	–1.69	1.91	1.85	1.48	1.85
资本投入	5.97	6.39	6.66	6.85	6.57	6.84	6.9	6.61
劳动投入	–0.57	1.83	1.94	3.03	1.06	0.6	–2.14	0.9

资料来源：李平等，2017。

第二产业（制成品部门）经济增长呈现出资本投入与TFP的双驱动特征，二者的平均贡献率分别为63.75%和33.80%，劳动投入的平均贡献率仅为2.45%。分阶段看，TFP对第二产业的贡献1995年后连续下降，2010年后甚至降为负值。资本投入的贡献程度自1990年以来一直稳步提升，但是分阶段的第二产业增加值增速及整个GDP增速却呈现下降趋势，这说明大量资本投入推动了第二产业增长，但这种投入是边际效用递减的、低效率的，资本驱动型或投资驱动型增长缺乏后劲。可见，支撑经济增长的旧动能（如资本、劳动等要素）逐步减弱，亟须加快培育壮大新动能，实现新旧动能的接续转换，以支撑经济的可持续增长（李平等，2017）。

生产性服务业和生活性服务业增长均表现出资本投入与TFP的双驱动特征。1980~2014年，资本投入对生产性服务业和生活性服务业增长的平均贡献率分别为53.16%和70.64%，TFP的平均贡献率分别为39.94%和19.76%，第三产业TFP提升对本部门增加值的平均贡献率高于建筑业、采矿业、制造业组成的第二产业。因此，第三产业能够承担相当大的促进经济增长任务。

10.3.2 消除贫困与消费公平

在全面建成小康社会和坚持共享发展理念的背景下，提高居民生活水平和实现生活水平趋同，需要努力保持经济中高速增长和缩小居民生活差距。

与收入不平等相比，消费不平等具有更丰富的含义。在缩小不平等的视域下，消费不平等具有两个层面的含义：一是结果意义上的不平等，二是过程意义上的不平等。在结果意义上的不平等，消费是在财富、收入、信贷等条件下进行消费决策的结果。在过程意义上的不平等，消费是对社会资源索取的过程，是人力资本积累的过程，也是收入能力形成的过程。缩小消费不平等，既要缩小结果意义上的不平等，又要缩小过程意义上的不平等。

对于当前中国而言，消费公平问题体现在两方面：国际消费公平问题和国内区域平衡问题。在国际消费公平问题上，中国整体的消费公平问题应该予以考虑。当前中国整体消费水平还不高，在 189 个经济体中，中国所处的位置仍然靠后。

在国内区域平衡问题上，消费不平衡的现象还普遍存在，相对落后地区的人民有提升消费的需求。当前，中国城乡居民消费仍然存在较大差距，而且不同收入阶层消费差距显著。我国城乡居民存在较大的消费差距，根本原因在于历史上形成的城乡二元经济结构模式。事实上，改革最初从农村农业农民开始。改革初期，城乡居民消费差距逐年下降，城乡居民收入差距逐年缩小。但是毕竟我国农业基础薄弱，农产品附加值较低，随后的改革开始倾斜到工业，重视城市发展，忽略农村建设，使得城乡消费倍率（比值）进一步扩大。自 1990~2003 年城乡居民消费差距出现扩大势头，城乡居民消费倍率在 2003 年出现 3.35 的峰值。此后，随着完善农村经济体制以及一系列支农、惠农政策的相继出台，特别是农业税取消之后，农民收入逐步增长，农民消费能力进一步释放出来，农村建设大大改观。2005~2017 年城乡居民消费倍率逐年下降，城乡消费差距有所缓解。事实上，2017 年城乡居民消费倍率达到了近 10 年来最低水平，但是维持在 2 倍以上水平，这表明城乡居民消费对比仍然存在较大差距，还有着较大的下降空间。此外，城乡居民不同收入阶层的消费差距也呈扩大趋势。由于不同收入阶层的需求偏好和消费倾向不同，城乡居民消费差距的扩大易造成消费断层，进而影响整体消费结构的优化，因此应当引起足够的重视（王蕴和卢岩，2017）。

用宏观分组数据估算和分解消费基尼系数，并基于消费基尼系数进行了社会福利分析。研究表明：第一，中国的消费基尼系数处于 0.4 左右（表 10-8），低于收入基尼系数，但仍处于较高水平；第二，中国消费不平等的来源依次是城乡之间消费不平等、城镇内部消费不平等、农村内部消费不平等和剩余项，四者的贡献率分别约为 66%、23%、9% 和 2%，其中，2002~2012 年，城乡之间消费不平等和农村内部消费不平等的贡献率呈现下降趋势，城镇内部消费不平等和剩余项的贡献率呈现上升趋势；第三，消费分布影响居民社会福利，2002~2012 年，经济增长对总体居民社会福利增长的贡献率约为 95%，消费分配改善对总体居民社会福利增长的贡献率约为 5%（孙豪等，2017）。

表 10-8　消费基尼系数分解结果及各部分贡献率

年份	总体	城乡之间		城镇内部		农村内部		剩余项	
		数值	贡献率 /%	数值	贡献率 /%	数值	贡献率 /%	数值	贡献率 /%
2002	0.4050	0.2875	71.01	0.0652	16.10	0.0509	12.58	0.0013	0.32
2003	0.4178	0.2901	69.45	0.0767	18.35	0.0479	11.46	0.0031	0.74
2004	0.416	0.2845	68.4	0.0815	19.58	0.0437	10.51	0.0063	1.51
2005	0.4052	0.271	66.89	0.0862	21.26	0.0391	9.64	0.0089	2.20
2006	0.4055	0.2666	65.76	0.0898	22.16	0.04	9.87	0.009	2.22
2007	0.4009	0.2656	66.25	0.0917	22.88	0.0366	9.14	0.0069	1.72
2008	0.4052	0.2615	64.53	0.0977	24.11	0.0351	8.67	0.0109	2.69

续表

年份	总体	城乡之间		城镇内部		农村内部		剩余项	
		数值	贡献率 /%	数值	贡献率 /%	数值	贡献率 /%	数值	贡献率 /%
2009	0.4038	0.2584	64.01	0.101	25.02	0.033	8.18	0.0113	2.80
2010	0.3996	0.2547	63.74	0.1053	26.36	0.0303	7.58	0.0092	2.30
2011	0.3811	0.2407	63.15	0.1057	27.73	0.0259	6.80	0.0088	2.31
2012	0.3700	0.2321	62.73	0.1047	28.30	0.0248	6.69	0.0084	2.27

资料来源：孙豪等，2017。

能源消费的公平性具有典型意义。不同区域人均电力消费如图 10-8 所示（张金良等，2015）。发达的东部地区人均电力消费是中部和西部地区的 2 倍多，表明随着经济的发展和收入的提高，西部欠发达地区的居民能源消费有可能向东部看齐。

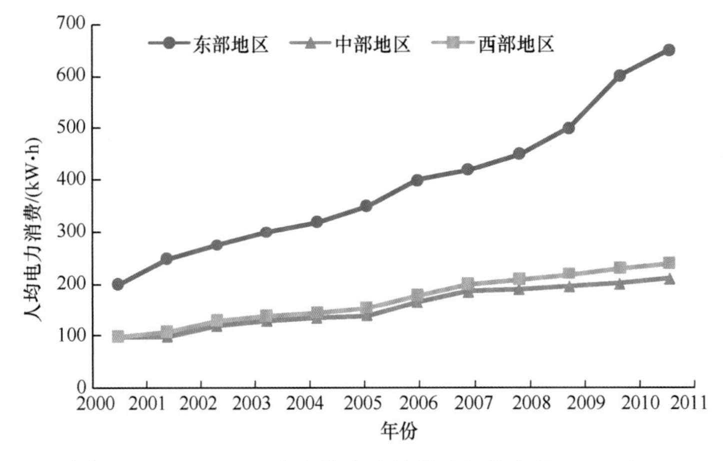

图 10-8　2000~2011 年人均电力消费（张金良等，2015）

居住不平等的情况同样存在。这一期间，无论是城镇还是农村地区，人均住房面积都有较大幅度的增长（表 10-9）。具体来看，2002~2013 年，全部住户的人均住房面积从 28.14m^2 增长到 41.66m^2，年均增长率达 3.63%。其中，城镇人均居住面积增长了近 14m^2，年均增长率达到 4.14%。相应地，农村人均住房面积的年均增长率也达到 3.55%。这反映了中国住房市场化改革以来家庭人均居住面积有了很大的改善（朱梦冰和李实，2018）。

表 10-9　住房面积及住房面积不平等的描述性统计（2002~2013 年）

指标	2002 年			2013 年		
	城镇	农村	全部样本	城镇	农村	全部样本
均值 /m^2	25.16	30.31	28.14	39.33	44.48	41.66
标准差 /m^2	13.75	19.63	17.59	29.04	30.88	29.99
基尼系数	0.2685	0.3094	0.2974	0.3213	0.3345	0.3301
泰尔指数	0.1198	0.1656	0.1523	0.1915	0.1905	0.1929

资料来源：朱梦冰和李实，2018。

但从不平等指标来看，2013 年人均居住面积的不平等程度要高于 2002 年。在这一时期，全部住户人均住房面积的基尼系数从 0.2974 上升到 0.3301，增长了约 11 个百分点。特别是城镇居民人均住房面积的不平等程度（基尼系数）从 0.2685 上升到 0.3213，增长了约 20 个百分点；而农村家庭人均居住面积的基尼系数从 0.3094 上升到 0.3345，增长了约 8 个百分点。有关中国住房面积及住房面积不平等的描述性统计见表 10-9。

在全面建成小康社会和坚持共享发展理念的背景下，提高居民生活水平和实现生活水平趋同是未来的发展趋势，必然要求缩小居民消费不平等的差距。然而，这种消费趋同也必然对发展可持续消费、控制消费排放带来新的挑战。

10.3.3　回弹效应

回弹效应（rebound effect，RE）的研究始于 19 世纪英国经济学家杰文斯在 *The Coal Question* 一书中提出的“杰文斯悖论”（Jevons paradox）。20 世纪以来，回弹效应受到了学术界的广泛关注。Berkhout 等（2000）首次对回弹效应的定义进行了系统的研究，并对回弹效应做了以下定义：技术进步带来生产效率的提高，导致单位服务成本下降，从而增加额外的能源消耗，这一额外增加的部分就是回弹效应。

提高能源效率是减少能源消费的重要措施，政府通过立法、技术创新、财政政策以及政府规划目标等一系列措施积极改善能源效率，以期减少电力消耗总量。然而，居民的电力消费并未得到有效控制，主要表现为居民电力消费增速回落较慢，以及居民家用电器增长率的持续攀升。

《中国统计年鉴》显示，1986 年以来居民电力消费增长率在 5%~15% 持续波动，2014 年电力消费增长率出现低点，2015 年又有所反弹。中国居民的能源消耗呈现持续上升状态（图 10-9）。此外，2016 年居民平均每百户洗衣机、电冰箱、空调的拥有量同比增长分别达到 3.94%、5.06%、11.53%，均高于 2014 年的同比增长率。

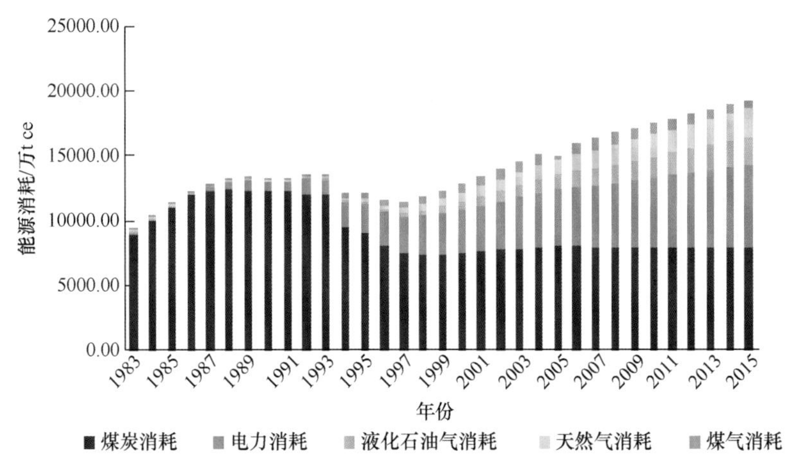

图 10-9　1983~2015 年中国居民生活能源消耗变化情况（陈洪涛等，2019）

可见，能源效率的提高往往无法完全实现预期节能效果，会有部分节约的能源被新增能源消费所抵消。这是因为能源效率的提高降低了消费者的能源消费成本，进一步扩大了居民能源需求，导致新一轮的能源消费增长。这种削减节能效果的现象被广泛称为能源的回弹效应。因此，减少居民能源消费不可忽视回弹效应的存在。

首先，根据测算，居民的用电消费存在部分回弹效应，用电效率提高时，预期节电量的 43.51% 被新增用电需求抵消，实际节电效果仅达 56.49%。住房面积、制冷天数以及城市化均对居民电量消费有显著的正向影响。其中，城市化对居民电量消费量的影响最大，住房面积的影响次之，制冷天数的影响最小。其次，收入水平对居民电力消费回弹效应具有显著的影响作用。低收入组、中等收入组以及高收入组的家庭均存在回弹效应，人均收入对居民能源消费回弹效应的影响作用呈现倒“V”形趋势（图 10-10）。最后，性别差异对居民用电的回弹效应存在显著影响。男性消费者的用电回弹效应明显高于女性消费者。

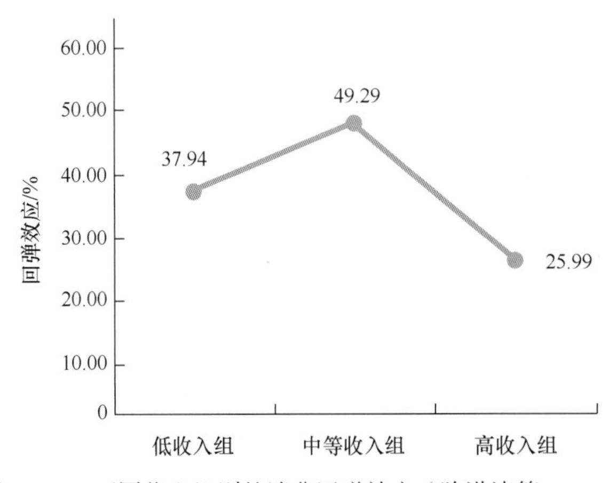

图 10-10　不同收入组别的消费回弹效应（陈洪涛等，2019）

（1）通过以上分析可以得到以下结论：尽管在中国推动可持续消费模式对于控制排放、应对气候变化至关重要，但也面临一系列困难，主要包括：中国经济需要刺激消费来保持适当的增长速度；中国居民人均消费量在全球仍处于较低水平，国内消费仍不均衡；对于能源政策起至关重要的能源回弹效应在中国同样起显著作用。

（2）中国正在由高速增长的经济体向成熟经济体转变，经济增长模式正在发生改变，无论是历史数据纵向比较和国际横向比较，居民消费对于经济增长的驱动将变得越来越重要。

（3）在全面建成小康社会和坚持共享发展理念的背景下，提高居民生活水平和实现生活水平趋同是未来的发展趋势，必然要求缩小居民消费不平等的差距，欠发达地区居民的消费水平和消费结构将向东部发达地区趋同，从而给消费排放控制带来新的压力。

（4）回弹效应在中国同样起显著作用。政府不能仅依靠技术本身来解决应对气候变化这一难题。

知识窗

能源回弹效应

一般认为，随着技术进步，能源使用效率会提高，意味着消费和生产同样的产品，需要耗费的能源量是下降的。但是从实践中发现，能源使用效率的提高并没有产生这样令人欣喜的结果。相反，国内外许多研究者却发现一个国家或地区的能源使用效率提高将增加其能源消费的总量而不是降低能源消费的总量，这就是英国经济学家杰文斯于 19 世纪提出的"杰文斯悖论"（Jevons paradox），研究者将此现象称为能源回弹效应。

能源回弹效应作为能源使用效率和能源消费关系的重要内容，引起了国内外研究者的兴趣，并被认为是一个普遍问题。学者 Brookes 甚至认为，能源政策是否会满足既定的目标最终取决于能源回弹效应。关于能源回弹效应的内涵有很多不同的讨论。Greening（2000）做了较为详细的论述，根据能源回弹效应发生的作用机制，能源回弹效应一般包括直接回弹效应、间接回弹效应和经济范围的能源回弹效应。直接回弹效应是指，随着能源效率的提高，能源价格降低，能源价格下降可能就会导致对该种能源需求的进一步增加。间接回弹效应是指能源产品和服务价格的下降使得能源消费者相对收入增加，导致对其他产品和服务需求的增加，而这些产品或服务有的同样也消耗能源，从而进一步增加对能源的消费。经济范围的能源回弹效应主要是指宏观层面的能源问题。一方面，能源效率提高以后，对能源的投入减少，成本降低，从而提高了高耗能部门的利润，刺激了能源密集型行业的发展，使能源需求增加。另一方面，能源效率改善也可能带动整个经济的增长，反过来又增加对能源的消费。

英国绿色和平组织首席科学家道·帕尔（Doug Parr）表示，能源回弹效应的研究表明，技术本身不能解决气候变化这一难题，学者们普遍认为，各国政府在制定气候政策时应该更重视考虑能源回弹效应，尤其要确保他们的思考重点不完全局限于能源使用效率措施。

10.4　可持续消费的宏观影响因素

10.4.1　基于碳排放的消费总量和结构变化

随着扩大内需、推动经济向内需转型的各项政策不断落实，由消费产生的碳排放将进一步快速增长。

居民能源消费带来的直接碳排放已成为中国碳排放的重要组成部分，而家庭间接能源需求的消费量远高于直接能源需求。2012 年中国家庭消费活动引起的能源消费占全部能源消费总量的 24.7%，家庭消费活动的间接能源消费是直接能源消费的 1.35 倍（Ding et al.，2017）。近些年，中国居民生活消费间接碳排放量呈逐年快速上涨趋势，找到直接和间接碳排放增长的原因将对节能减排起到重要作用（王勤花等，2013；马晓微等，2015）。

目前，国际上关于居民消费碳排放的研究中，对家庭碳排放的计算方法主要包括碳排放系数法、碳足迹计算模型、消费者生活方式法、投入产出法和生命周期评价法（曾静静等，2012）。而国内对我国居民消费碳排放的预测研究较少，常用的研究方法主要有投入产出法和生命周期法，在计算居民直接二氧化碳排放量的过程中，主要考虑的能源品种包括煤炭、焦炭、汽油、煤油、柴油和天然气等。间接二氧化碳排放量主要由碳排放强度、城镇居民人口数和消费额计算得到。其中，居住和食品引致的二氧化碳排放量所占比重较大，在2007~2013年逐年上升，其次交通和通信及教育文化娱乐方面的间接二氧化碳排放量占比也相对较大（李银玲，2016）。城乡居民生活消费结构发生很大变化，以居住、食品、文教娱乐、交通、通信消费类型为主。因此，从城乡消费结构来看，应持续引导低碳消费模式，降低家庭生活的能源资源消耗强度（曲建升等，2014）。

居民直接与间接消费方式的差异导致影响其排放量的因素也不同，根据中国居民直接碳排放LMDI模型与数据，得出影响居民直接碳排放的重要因素有经济效应、能源强度和人口效应（马晓微等，2015）。目前，中国处于工业化与城镇化进程中，经济发展仍然是中国发展的首要因素，因此在未来一段时间内经济发展仍将是碳排放量增长的主要推动因素。经济增长促使人均GDP的增长，人们生活水平和收入不断提高，人们对生活舒适度、交通便利程度等方面的要求越来越高，直接导致了居民直接能耗的增长和碳排放量的增加。人口效应在一定的程度上促进了居民直接碳排放增长，尤其农村人口效应导致农村居民人均生活碳排放量的增加，城镇人口效应对城镇居民人均生活碳排放量的减排意义重大（王勤花等，2013；曲建升等，2014；马晓微等，2015）。

在能源总消费量中，虽然煤炭占比一直处于下降趋势，但煤炭仍是最主要的直接碳排放能源类型。相比清洁的能源种类，石油、天然气、电力等非清洁能源消费量在逐渐上升，因此能源结构中碳减排潜力依然巨大，加强力度调整能源结构，使用潮汐能、太阳能、风能等清洁能源代替传统能源，将会是减排的重要手段（马晓微等，2015）。此外，城市化、扩大内需和消费结构升级使中国家庭碳排放持续增加，但作用较弱（徐新扩和韩立岩，2017；马晓微等，2015）。其中，在消费结构升级方面，互联网时代的电子商务的发展促使各类产品信息集中化，从而对消费者行为具有积极的促进作用（庄筠，2019）。

10.4.2 城镇化发展中农村与城市消费的差异

拉动城乡碳排放类别差异的原因来自城乡居民能源消费结构、生活方式、生活质量的差距，对城乡消费碳排放的研究主要致力于揭示以家庭为单元的消费主体的碳排放行为特征、区域差异以及排放需求和影响因素（刘莉娜等，2013；曲建升等，2014）。

城镇居民的直接和间接能源消费及二氧化碳排放水平均明显高于农村居民；城镇

居民的能源消费结构相对合理，农村居民的能源消费过多依赖煤炭等化石能源（李银玲，2016）。在城市煤炭作为直接碳排放主要来源，消费量呈快速下降趋势，燃油和电力消费则持续增加；在农村则仍然以煤炭以及非商业化能源作为其家庭的主要能源。在间接排放方面，农村与城市家庭的间接排放总体均高于其直接排放，居民消费碳排放以居民间接消费碳排放为主。城市家庭的间接碳排放远高于农村，其中城镇居民间接消费碳排放占城镇居民消费碳排放总量的 85% 左右，乡村居民间接消费碳排放占乡村居民消费碳排放总量的 75%（王勤花等，2013；付云鹏等，2016）。

许多学者应用 LMDI 模型对碳排放的影响因素进行了分析，确定消费碳排放强度、消费结构、城乡消费比重、消费水平、经济水平、城乡结构等影响因素对我国城乡居民人均生活碳排放影响较为明显（沈家文和刘中伟，2013）。其中，城镇化带来的人口城市化扩张以及人均家庭消费增加是碳排放的重要影响因素。采用面板数据回归分别对中国东、中、西部城镇化水平与碳排放之间的关系进行研究，发现东部和中部地区城镇化对碳排放的影响较大，但是西部地区的影响作用不显著（Xu and Lin，2015；Qu et al.，2013）。随着城镇化的不断发展，城镇化产业结构等因素对居民消费间接碳排放有促进作用（Wang et al.，2015；Li et al.，2015；Yuan et al.，2015）。基于中国 30 个省市的面板数据，研究发现，城镇化与碳排放之间存在双向因果关系（Wang et al.，2014）。一方面，城镇化将居民从农村自给自足的生活推向城镇的商品化生活，基础设施和居民消费的先进性导致能源的生产性和生活性消费均增加，进而导致碳排放增加；另一方面，城镇住房和人口的高度密集性使得能源消费具有规模效应，进而制约碳排放（黄芳和卢愿清，2017；Yuan et al.，2015）。随着城镇化的不断推进，大量人口涌入城市，城市的生活方式消费习惯不断普及，尤其是更加节能的能源消费结构以及能源的高效使用会让居民消费水平对生活碳排放的增长出现减缓趋势（佟金萍等，2017）。

居民消费水平效应对中国城乡居民人均碳排放有着一定的促进作用，城镇消费水平效应远大于农村消费水平效应，这一差距可以进一步在城乡居民不同收入水平家庭的消费支出中得到体现。研究表明，我国城乡消费结构的年贡献值呈现波动上涨趋势，我国居民消费对碳排放的影响主要来自城镇居民人均生活碳排放的不断增加。因此，减少生活碳排放，就要优化居民生活能源消费结构，降低煤炭消费比例（佟金萍等，2017）。此外，农村居民收入的增加是中国农村居民能源消费增长的主要原因，而能源强度的降低则是延缓农村能源消费增长的关键因素（曲建升等，2014；马晓微等，2015）。

城乡消费比重和城乡结构对居民人均生活碳排放产生积极影响。城乡消费比重效应对我国城镇居民人均生活碳排放的年贡献值为正值，对我国农村居民人均生活碳排放的年贡献值为负值。城乡结构效应正好相反，城乡结构即城乡人口比重的不同对城镇和农村的居民人均生活碳排放的影响不同，对我国城镇居民人均生活碳排放的年贡献值为负值，对我国农村居民人均生活碳排放的年贡献值为正值。城乡结构因素对居民人均生活碳排放的影响主要有两方面：一是城乡结构改变，深刻影响并改变城乡居民的生活方式、消费方式、生活水平、消费水平，进而改变城乡消费结构，从而对城乡居民人均生活碳排放的增加起到积极的推动作用；二是城乡结构改变，深刻影响并改变城乡土地利用方式，城镇过度扩建以及空心村导致森林土地被破坏，改变土地利用方式，同时也给碳减排带来了巨大的压力（曲建升等，2014；朱勤和魏涛远，2013；刘莉娜等，2013）。

我国城乡的消费水平、经济水平及消费结构是我国城乡居民人均生活碳排放量的主要驱动因素，随着时间推移，城乡结构达到一定程度时，我国城乡居民人均生活碳排放的变化趋于相对稳定。

由于农村居民居住模式更多是独体住宅，随着收入水平上升，农村居民生活用能会超过城市居民。由于农村有更好的条件采用可再生能源电力，因而其碳排放有可能维持较低水平，甚至零碳（Jiang et al.，2018）

10.4.3 影响消费碳排放水平的行业因素

从不同消费类别看，对发展中国家来讲，家庭间接碳排放量最大的项目依次是食品、各种商品与服务、交通和通信、服装、医药、住宅、烟草、家庭设备及教育与文化娱乐等。该类研究虽然已经开展多年，但由于家庭生活方式的多样化，家庭生活碳排放受诸多自然和文化因素影响，加之家庭生活碳排放评估模型的复杂性，家庭生活碳排放的研究评估和国际比较工作到目前为止仍处于不断发展和完善阶段（王勤花等，2013；Golley and Meng，2012）。

总体来看，家庭不同消费内容对家庭碳排放的影响存在很大差异。城镇居民消费直接碳排放中电力和热力产生的碳排放所占比重较大，分别占直接碳排放的 50% 和 17% ，城镇居民直接消费碳排放主要来源于供热和电力消费；乡村居民直接消费碳排放主要来源于电力和煤炭消费，分别占直接消费碳排放的 50% 和 25%，煤炭主要用于农村居民的取暖，电力用于日常家用电器、照明灯。城镇居民间接碳排放中食品和居住消费产生的碳排放比重较大，分别为 26% 和 23%；乡村居民间接消费碳排放中居住产生的碳排放比重最大，为 40%，其次是食品消费，比重为 28%（付云鹏等，2016）。食品消费是城乡居民的主导消费类型，也是居民生活碳排放的主要来源（张琼晶等，2019）。而文化娱乐、交通和通信成为城镇的主要碳排放源，居住、交通和通信成为农村的主要碳排放源，城乡居民消费结构因素对居民生活碳排放的影响具有差异性（曲建升等，2014）。近些年，居民生活消费间接碳排放量呈逐年快速上涨趋势，居民间接碳排放主要集中在居住方面，约占 50%，文化娱乐、交通和通信以及家庭设备方面占比小，由前几年迅速增长发展到目前的相对稳定水平（马晓微等，2016）。

从居民消费碳排的影响因素看，人口规模、消费结构和收入水平是影响居民消费碳排放的主要因素，其中人口规模和收入水平对居民消费碳排放的影响是正的，收入水平对居民消费碳排放的影响程度要大于人口规模对碳排放的影响程度；消费结构对居民消费碳排放的影响是负的（付云鹏等，2016；张琼晶等，2019）。居民消费能力也是要考虑的影响城市生活碳排放的因素。居民消费能力越高的城市，对交通、用电、供暖等高碳排能源的消费能力也相对越强，而需求的高水平进一步诱发了这类高能耗高碳排行业的产品供给，导致大量能源消耗与废弃物的排放，在需求与供给间造成环境污染的恶性循环，使城市碳排放水平不断恶化（丁凡琳等，2019；Xu et al.，2016）。城乡居民不同消费类别的间接消费碳排放随收入水平的增加呈增加趋势，主要是食品、其他消费、交通和通信增长趋势显著。因此，食品、交通和通信以及其他消费是未来减排的重点（张琼晶等，2019）。

10.4.4　影响消费模式的科技因素和信息化水平

信息化已经成为中国经济发展的一个新机遇，信息技术和科技进步为推动经济增长尤其是消费需求上升带来了巨大的发展空间（刘湖和张家平，2016）。国内外学者也对技术引进在内的科学技术创新对二氧化碳减排的贡献做了研究，其成果总体表明，技术引进与我国的二氧化碳排放总量存在负效应，技术引进有利于改善我国的大气环境质量，实现绿色或清洁生产，降低污染排放（刘卫东等，2016）。

按照我国碳排放量的大小划分区域，再加上科技作为影响碳排放的因素，分析不同因素对我国区域碳排放的影响得出，不是所有科技进步都有利于碳排放的减少。由各国发展历程可以看出，一些科技进步，如汽车、空调和冰箱的发明，一方面提高了人的生活水平，另一方面导致碳排放的急剧增加。目前，我国低碳技术水平还比较低，科技进步所带来的碳排放的增加量比利用科技手段减少的碳排放要多。尽管碳排放强度下降，但能源消费的增幅远大于碳排放强度的降幅（宋佳和杨朝峰，2014）。

技术进步一般可以通过三种途径影响温室气体排放：第一，大量节能产品的生产和应用减少了人类对化石能源的消费，进而减少了温室气体的排放；第二，利用新技术，如整体煤气化联合循环技术、风力发电技术、生物质能技术等，提高能源利用效率，增加对可再生等非化石能源的利用；第三，随着技术水平的提高，经济增长方式会逐渐发生改变，从以能源为物质要素投入的经济增长方式向以知识为信息要素投入的经济发展方式转变（刘卫东等，2016）。

技术创新在提高能源利用效率、间接降低碳排放的同时，也可以通过开发利用先进的生产工艺技术和生产方法等直接减少碳排放量。正向的一般生产技术对经济增长具有直接的作用，但同时也付出了一定的环境代价；正向的能源相关技术不仅不会对经济发展制约，还能抵消掉由一般生产技术进步带来的副作用。因此，能源相关技术要与一般生产技术同步增强，这样不仅可以实现经济的增长，还能有效控制经济增长对环境的破坏（龚瑶和严婷，2014）。另外，对科技创新投资越多，或对减排技术关注度越高的城市，碳排放量越少。随着地级市政府对供电、供暖等基础能耗行业清洁化投资的增加，如实施煤改气以降低温室气体排放量，推广电动公交、节能私家车等补贴措施等，区域内的碳排放得到大大改善。改进垃圾处理技术，对城市废弃物进行及时有效的回收与处理，从终端大大降低了城市的碳排放水平。相反，未采取技术支持政策或政策效果不佳的地级市仍具有较高的碳排放量，这也在一定程度上体现了政府节能减排政策在城市环境治理方面的带动性和有效性（丁凡琳等，2019）。

技术进步、经济发展和人口规模与中国的碳排放存在长期稳定的协整关系，技术进步会在一定程度上抑制碳排放，技术进步带来的能源利用率提高则是能源强度下降的主要原因。人均 GDP 反映了一国的经济发展水平，未来经济增长仍是中国当前的主要任务，由此带来的碳排放会不断增加；而现阶段，我国的人口问题不可能在短时间内解决，对碳排放的影响不可能很快降低；新技术研发后的广泛使用需要较长时间，短期内技术进步对碳排放的影响相对较小，技术要经过一段时间的积累才能起到减排的作用。因此，推动技术创新，尤其是环保技术和低碳技术的投入和研发会对减少碳排放起到积极作用（郑凌霄和周敏，2014；马晓微等，2015；刘卫东等，2016）。

10.5 消费行为与碳减排

10.5.1 可持续消费、低碳生活与减排

人为温室气体排放量主要受人口规模、经济活动、生活方式、能源利用、土地利用模式、技术和气候政策的驱动。随着人民生活水平的不断提高，人们的消费行为和生活方式对碳排放的影响会越来越大，如 2014 年北京居民生活能源消费量达到 1504.6 万 t ce，占北京能源消费量的比重为 22%。而随着居民消费水平的提高，消费结构的升级，也将进一步推动消费侧的能源消费（陈莎等，2017）。

人的行为、生活方式和文化对于能源利用及相关排放具有很大影响，并且在某些领域存在很高的减缓潜力，如果辅以技术和结构调整时尤其如此。因此，低碳生活、可持续消费行为等不仅可以在满足人民对幸福生活的向往的同时，大大减缓能源消费量的上升，促进温室气体减排，而且对绿色、低碳产品的选择，还可以促进生产端的产品升级和低碳转型。IPCC AR5 已经指出，采取更具气候意识的生活方式来减少温室气体排放，以及消费者选择低碳足迹的产品 / 服务，有助于实现脱碳途径的多样化（IPCC，2014）。

为此，要实现这一转变，则应充分认识人们的生活方式、消费行为与碳排放对环境的影响。IPCC《IPCC 全球 1.5℃温升特别报告》中更是指出，如果要实现 1.5℃的温升控制目标，在气候政策的讨论和制定中要把消费者的需求和权利置于中心地位，让市场接受低碳解决方案在交通、建筑或食品行业的多种好处，从而刺激社会创新，改变生活方式，减少我们的碳足迹（IPCC，2018）。

1. 消费行为和生活方式的碳排放

随着社会经济的发展，个人消费行为产生的碳排放不容忽视，其特点是：发展快、变化大，居民衣、食、住、行的碳排放变化趋势成为探究减排潜力的重要部分。调查显示，2017 年，我国 GDP 的 53.6% 属于最终消费（张琳玲，2019）。研究表明，中国居民生活碳排放可能将在 2040~2045 年达到峰值（刘莉娜，2017）。居民消费二氧化碳排放的百分比见表 10-10（Yoshikawa et al.，2014）。随着我国人民生活水平的提高，消费行为的碳排放也将成为减排的重要部分。

表 10-10　居民消费二氧化碳排放的百分比（Yoshikawa et al.，2014）

项目	百分比 /%
食物	15
住房	1
燃油、电能和水等	49
家具和家用器具	2
服装、鞋类	2
医疗保健	2
交通和通信	14
教育	1
文化娱乐	5
其他	12

其他主要包含宠物饲养等个性化消费，因此来自居民的消费行为和生活方式的碳排放主要为购物消费、食物消费、交通消费和居住消费四个方面。

1）购物消费

购物的可选择性是决定碳排放的重要因素，因此各项购物消费活动所占比例是影响其碳排放的重要因素。研究显示，生活必需品所排放的温室气体仅占总量的 14%，在购物消费中，频繁购买非耐用型商品、过度包装商品、非季节性商品等额外的不必要消费是高排放项目。

如表 10-11 所示，更改购物中食物一项的消费模式，可以极大地减少碳排放（Yoshikawa et al.，2014）。

表 10-11　消费模式对减排的影响

场景	商品	假设	减排量 /%
当地生产 / 消费	蔬菜	从农场到消费区的总运输距离最小化	3.4~4.4
季节性生产 / 消费	蔬菜	非季节性消费减少 20%，保持蔬菜总消费不变	
减少化肥使用	米饭 / 蔬菜	蔬菜和大米化肥用量分别减少 50% 和 90% 以上	
减少食品包装	肉类	从出售托盘上的食品（材料：PSP）转移到不带托盘的销售（材料：高密度聚乙烯）	

购物消费有着明显的区域性特征，不同产品的温室气体排放由于消费结构和销售环境的不同随国家或地区而异。中国正在陆续建立有关低碳产品、绿色产品的标准体系，其中产品的温室气体排放核算方法都要求基于生命周期的思想，如《中国发电企业温室气体排放核算方法与报告指南（试行）》和《建筑碳排放计算标准》等。但是目前基于地区特征的估算方法和数据还不够充分，这方面的研究和工具还需要进一步开

发，才能为政府的政策制定和消费者的选择提供更好的支撑。

2）食物消费

居民生活消费中来自食物消费的碳排放所占的比例总是名列前端，消费领域 42% 的碳排放都与食物消费行为有直接或间接的关系。无论是食物本身的生产，还是食物原材料的加工、运输、销售，以及食物烹调方式的选择等各个环节都直接或间接产生碳排放，其中生产过程和运输行为为二氧化碳的主要来源，运输环节的碳排放有时可占到食物碳排放的 30% 左右（Zhi and Qiao，2012）。

同时，可以看到，食物的浪费造成的额外碳排放也不容忽视。FAO 报告显示，每年约有 13 亿 t 食物被浪费，中国的食物浪费量约占总食物消费量的 19%。中国消费者的食物浪费所带来的碳足迹为 30~96 kg CO_2/（人 · a）（Wu et al.，2019）。

食物消费结构也是影响食物消费的重要因素。有不少研究认为，肉类消费比例的增加会大大增加来自食物消费的额外碳排放，因为有 70% 的森林因畜牧业而被砍伐。1995~2011 年，全球肉类人年均消费量增长了 15%，达到 42.3kg/ 人（Mccullum-Gomez，2011）。而肉类的消费可能会产生更多的碳排放或对可持续发展产生重要影响。

影响食物碳排放的因素很多，如政治和经济因素、基础设施、交通环境、社会文化因素文化与宗教、社会认同与生活方式等。中国的饮食结构具有与其他地区不同的显著特征，因此需要对中国的饮食环境进行分析，制定出适合中国的减排模型，同时制定科学的符合中国文化和习惯的减排措施。

3）交通消费

2010 年全球运输部门产生的温室气体排放中 72.06% 来自交通运输部门，中国城市客运公路运输产生了 3.96 亿 t CO_2，随着城市化进程的加快和发展以及经济共同体的建立，城市客运公路运输产生的碳排放不断增加，到 2030 年，城市客运部门的能源使用包括 2320 万 t 汽油、17.2 万 t 柴油、33.6 亿 m^3 天然气和 6.2 亿 kW · h 电力（Li et al.，2017）。

除客运公路运输外，随着居民生活水平的提高，机动车保有量也在不断增加。研究预测表明，到 2030 年中国民用机动车保有量可能为 183725.6783 万辆。居民出行方式的选择对消费端的碳排放有着重要影响。

4）居住消费

狭义的居住消费在消费行为引起的碳排放中所占比例不大，特别是在直接碳排放中。其主要表现为广义的家庭能源消耗，如空调、冰箱和燃气等家用电器的能源消耗产生的碳排放，由于我国人民生活水平的提高，对生活舒适度要求的提高，特别是城市化进程的加快，来自居住的碳排放，特别是其中的间接碳排放不容忽视。但是随着科学技术的提升和绿色建筑、绿色生活方式的推广，这方面也有着巨大的减排潜力。

其中，冰箱利用选用超高效压缩机、制冷方式的改进、运行状态的控制和选用新型保温材料等手段，可以实现节能 30% 以上（甄泽康等，2019）。空调采用热力回收再利用工艺、水蓄冷技术、太阳能能源和人工智能技术（王兵，2019）减少能耗，提高环境友好程度。

从建筑整体而言，2000~2017 年，中国建筑制冷的能源消耗处于迅速增长中，平均年增长率达到 13%，2017 年，中国建筑总能耗接近 4000 亿 kW · h，占全社会用电量的约 6%[①]。而其存在的主要问题为住宅集中空调系统的耗能高，但是其温度不能按照区域单独调节，造成制冷系统的低效运行，从而导致制冷耗能高。

在不同的环境情景下，采用不同的减排方式，在经过适宜的发展路径的前提下，空调等家用电器的能效可以得到进一步的提升。例如，假设空调在 2030 年高效制冷情景下，通过提升制冷设备能效，与 2010 年的情景相比，可以减少用电量 2000 亿 kW · h[①]。

2. 可持续消费行为对减排的贡献

1）食物的碳减排

由于来自食物消费产生的碳排放在消费中所占比例大，减少来自食物的碳排放成为减少消费领域碳排放、实现可持续发展目标的重要措施之一。

目前，食物的碳减排最重要的是减少食物浪费。食物浪费所造成的碳排放可占到食物总碳排放的 11%~13%。在我国，食物浪费现象尤其严重，浪费的食物占到食物浪费总量的大约 19%（Wu et al.，2019）。为此，政府提倡的“光盘行动”等对于减少食物消费的碳排放具有重要意义，如减小餐盘尺寸，有可能减少高达 30% 的餐盘剩余垃圾（Ravandi and Jovanovic，2019）。

鼓励居民多选择来自本地生产的食物是减少食物碳排放的另一个潜在途径。研究表明，基于生命周期的碳排放评价中，食物碳排放中来自食物供应的运输环节是构成食物碳排放的重要部分。2010 年，中国交通运输业的能源消耗为 2.61t，比 2000 年增长 1.61t（高晶等，2018）。改变食物消费结构、提倡素食的消费方式也被认为是食物碳减排的重要途径。有研究显示，不同饮食结构的碳排放量有着较大差异：杂食碳排放量为 3.24~3.92kg CO_2 eq/（人 · d），纯素食碳排放量为 2.61~3.13 CO_2 eq/（人 · d）（Corrado et al.，2019）。肉类消费的碳排放主要是来自对畜牧业碳排放的认识，FAO 在一份题为《畜牧业长期的阴影：环境问题与选择》的报告中指出，目前畜牧业发展迅速，其碳排放已经可以媲美交通领域。全球约 14.5% 的人为温室气体排放量是畜牧业排放的（Stoll-Kleemann and Schmidt，2017）。但是消费结构的改变和社会经济，特别是宗教、文化息息相关，同时和人群健康密不可分，不少的研究也表明，完全的素食可能会增加癌症等疾病的风险，不利于人群健康。同时也有个别研究表明，素食消费导致的碳排放也许会更大。因此，虽然在中国越来越多的人因为健康在减少肉类的消费，选择素食，但是是否要作为一个消费方式大力推动还值得商榷。

2）低碳出行方式减排

由于交通产生的碳排放量大，因此低碳出行方式在经济和汽车工业快速发展的当今对于中国所承诺的 2030 年前碳排放的目标实现尤其重要。现有的低碳出行方式主要为选择公共交通出行、选用新能源汽车及共享的出行方式，如共享单车、共享汽车等。

选择公共交通出行可以提高交通资源使用效率，大幅减少居民出行的碳排放。美国能源基金会的统计结果见表 10-12（张琳玲，2019）。

① 清华大学建筑节能研究中心，国际能源署 ETP 团队 . 2019. 中国建筑制冷展望。

表 10-12 城市主要交通出行方式的能耗和污染物排放测算

指标	私家车	出租车	摩托车	普通公交	快速公交	轨道交通
二氧化碳 /[t/（10^2 万人 · km）]	140.2	116.9	62	19.8	4.7	7.5
氮氧化物 /[kg/（10^2 万人 · km）]	746	662	90	168.4	42	17.5
油耗 /[t/（10^2 万人 · km）]	49.2	41	21.8	6.9	1.6	2.6

新能源汽车主要包括纯电动汽车、混合动力汽车、燃料电池电动汽车、氢发动机汽车和其他新能源汽车，有关电动汽车是否可以实现碳减排，现在由于碳排放核算方式的不同，还存在一定的争议，根据生命周期思想的碳排放核算，要求对燃料周期、车辆周期等全生命周期的能源消费进行分析和评价（阎柄辰等，2019）。不少研究显示，由于我国目前的能源结构中清洁能源（低碳能源）所占的比例还不够高，选择电动汽车只是减少了汽车运行区域的直接碳排放，但是其间接碳排放并没有减少，加之汽车电池的生产消耗的资源、能源以及电池废弃后的处理可能会带来更大的碳排放。新能源汽车的电池主要是锂离子电池、铅酸蓄电池和镍氢蓄电池，正常电池的寿命为2~3 年，具体情况随使用频率而异。废旧电池对环境有着严重的危害，如果外壳锈蚀腐烂后内部的重金属和酸碱会发生泄露，酸碱能污染土壤和水体的 pH，使土壤和水体酸性化或碱性化。在输出 1000kW · h 电能的情况下，磷酸铁锂电池的碳足迹为 12.7kg CO_2 eq，镍氢电池的碳足迹高达 124kg CO_2 eq，这相当于自驾车消耗了 50 L 汽油。太阳能电池的碳足迹则为 95. 8kg CO_2 eq（王译萱等，2015）。未来单位电力 CO_2 排放明显降低，甚至为零排放，直至负排放，推进交通电动化是一个重要的减排选择，因此需要大力发展电动车和电动移动工具（Jiang et al.，2021）。

除此之外，共享单车和共享汽车等共享式出行方式也在被不断摸索来适合中国的经营模式。共享单车经历了爆发性增长、陷入危机直至逐渐复苏的过程，中国无疑为共享出行大国，但对于其与低碳可持续关系的研究还有欠缺。

3）其他生活方式的减排

消费行为的能源消耗不同于工业，其间接碳排放略高于直接碳排放，消费行为的能源减排主要通过前文所述的食物碳减排、低碳出行方式来实现，而其他的低碳生活方式，如选择节能产品、节水节电、减少生活垃圾产生、进行垃圾分类等也能有效降低居民生活的碳排放。

当今消费市场上电能质量类、电机节能类、照明路灯类、中央空调类、系统安全类和太阳能地暖等节能产品种类繁多，节电效果明显，如节能灯可以节约 80% 的电量。同时采用大数据管理等宏观调控方式，建立节能服务运营云平台，可以实现综合节电（王晓雯等，2015）。

废物处理行业的碳排放量为世界总碳排放量的 3.3%，废物处理行业是第五大碳排放行业。根据 2017 城市垃圾热点论坛披露，我国生活垃圾产生量在 4 亿 t 以上。在2019 年 3 月 28 日生态环境部的新闻发布会上，生态环境部表示，为了最终实现城市固体废物产生量最小、资源化利用充分、处置安全的终极目标，我国启动“无废城市”试点的筛选工作，5 月 13 日下午在深圳宣布试点启动，包括深圳、包头以及河北雄安新区等的“11+5”个城市将率先启动试点。以深圳为例，深圳通过建立“绿色学校”442 所和“绿色社区”78 个（李军等，2015），推动绿色理念深入千家万户，同时严格控制污染物排放，高标准严要求，通过制度体系、技术体系、市场体系和工程体系的建设，推进“无废城市”的建设、总结切实可行的建设经验，以实现 2020 年在全国推广。

数据显示，2018 年，上海的人均日垃圾总产量约为 1.1kg，并且数值有不断上升趋势。而固废处理较好的日本，这一数值仅为 0.8kg，垃圾分类回收迫在眉睫。2019 年 7 月 1 日，上海正式实施垃圾分类，将垃圾区分为可回收物、有害垃圾、湿垃圾和干垃圾。随后包括北京、天津等 46 个重点城市将在 2020 年底前建成基本的垃圾分类系统。

垃圾分类的减排效果十分显著。对宜宾市孝儿镇的研究表明（连宏萍和王德川，2019），在孝儿镇开展垃圾分类处理后，每年碳排放共减少 2081t，相当于三口之家用电量，其中 1244t 的碳减排来自垃圾的循环利用。在可预估的结构方法优化后，孝儿镇每年减少的碳排放可以达到 4482t。

同时，减少垃圾排放对环境污染物有着显著作用。其中，年降雨径流量减少 4.98%；化学需氧量（COD）、TN 和 TP 年排放量分别减少 5.32%、8.50% 和 13.85%；COD、TN 和 TP 最大日排放负荷则分别减少 6.28%、5.98% 和 12.18%（徐钢等，2019）。

10.5.2　影响消费行为的因素

消费行为是消费者的需求心理、购买动机、消费意愿等方面心理的与现实诸多表现的总和，因此其极易受到各种因素的影响，分析表明，影响消费行为的因素主要包括三个方面：社会经济因素、技术因素和个人因素。

1. 社会经济因素

近年来，社会经济的发展和经济模式的调整为公民的消费行为提供了新途径。其中，以共享经济和循环经济为代表的可持续消费正在改变每个人原有的消费习惯。

2016 年由国家发展和改革委员会等 10 个部门制定的《关于促进绿色消费的指导意见》提出，加快推动消费向绿色转型。到 2020 年，绿色消费理念成为社会共识，长效机制基本建立，奢侈浪费行为得到有效遏制，绿色产品市场占有率大幅提高，勤俭节约、绿色低碳、文明健康的生活方式和消费模式基本形成。

在国家的宣传和相关政策下，可持续发展理念逐渐深入人心。研究发现，近年来的社会经济模式可分为以下进程：2009~2012 年的社会经济模式由“消费者”主导；2012~2014 年的社会经济模式由“商业与调控”主导；2013~2014 年提出了“可持续消费与生产”；2014 年和 2015 年提出了“城市生活与政策”，以及 2015 年至今的“家庭能源”。

自 1978 年发表的《社区结构与协同消费：一种日常活动的方法》中引入“协同消费”这一新型概念以来，从世界到中国，如今共享经济已经成为一项重要的经济模式。

共享经济通过使用权的共享，达到节约资源、提高人类生活质量的目的，共享经济已经渗入生活的方方面面，为人所熟知利用，如共享单车、共享汽车、共享雨伞、共享空间、共享儿童车、共享充电宝，甚至在2017年出现了共享马扎、共享座位等，它们都应用了共享经济模式。数据显示，2015年我国共享经济市场规模约为19.600亿元，直接或间接参与共享经济的人数超过5亿人，而这些共享服务可以有效减少与消费有关的碳排放。

循环经济提出从生命周期的角度，实现以资源节约和循环利用为特征、与环境和谐的经济发展模式。通过将经济活动组织成一个“资源—产品—再生资源”的反馈式流程来影响消费者的消费选择。

2. 技术因素

中国的经济不断发展和文化教育水平不断提升，节能技术也在不断推陈出新。这些新兴的技术，通过拓展消费方式、拓宽消费领域以影响消费行为。

随着技术手段的进步，互联网和节能减排技术的结合使得减排领域从原来的点扩展到面，数据的时效性得到提升。运用新技术进行数据分析、监测环境变化和对未来预测，极大地提高了减排效率。官方网站实时公示各项环境参数，使公众的环保参与意识得到增强。互联网技术对于公司企业的监管起着重要作用，运用信息化的手段帮助重点单位实现减排，通过交互连接以实现区域间的系统化减排。

再如，信息与通信技术对于信息高速发展的当今社会至关重要，可以直接或间接影响碳排放。研究发现（Zhou et al.，2019），信息与通信技术部门的隐含碳排放量是其直接碳排放量的几十倍，而建立综合投入产出分析框架来评估信息和通信技术部门的减排贡献可以有效地规划减排方式，预测减排结果。

除此之外，人工智能（artificial intelligence，AI）技术作为一门高度融合、系统应用的交叉型综合技术，是人工智能的数字化延伸，通过综合数学、仿生学、生物学、系统论、信息论、控制论等方面的知识、理论和技术等多方面领域，来促进社会、经济、文化的进步。通过潜移默化的方式改变居民的消费习惯。

3. 个人因素

个人因素主要包括：年龄、性别、职业、教育、经济收入、生活方式、个性和社会影响。

不同年龄的消费者的关注点是不同的，年龄结构对于消费目标有着显著差异，幼儿抚养负担和老龄化问题有助于消费升级（徐雪和宋海涵，2019）。国家统计局数据显示，截至2017年，我国16~59周岁的劳动年龄人口为90199万人，占总人口的64.9%；60周岁及以上人口为24090万人，占总人口的17.3%。《人口老龄化及其社会经济后果》的标准规定，国家或地区65岁及以上老年人口数量占总人口的比例超过7%时，就象征着该国家或地区进入老龄化社会。老年抚养比变动对居民消费率变化影响严重（杨风，2017）。我国老龄化问题日趋严重的同时也影响着消费结构。

男性消费者和女性消费者对产品的需求以及网络消费行为习惯都存在着差异，男性购物时较为理性，觉得自己必要和合适时才进行购买，而女性更具感性，倾向于凭借自身的兴趣爱好进行消费。

不同职业的消费者所感兴趣的内容不同，信息来源也会有所不同。普遍来说，教育程度和经济收入有较强的正相关，所以两个因素应放在一起考虑。消费者的受教育程度越高，在了解和掌握互联网知识方面的困难就越小，也就越容易接受网络购物的观念和方式，越是受过良好的教育，网络购物的频数也就越高，国民教育水平对居民消费结构有显著的正向作用且受教育程度与消费结构系数之间具有完全中介效应（李军等，2015）。

不同消费者的消费观念是不同的，消费者在生活用品、书籍、娱乐等消费中的支出比例是不同的，对低碳型商品和共享型经济的依赖程度差异也相当明显，此外，消费者的行为受到动机、知觉、学习以及信念和态度等主要心理因素的影响。

个性是指一个人的心理特征，不同个性的消费者的消费习惯和偏好也不同。例如，追随型或依赖性强的消费者会比较易于接受宣传，也较容易对固有的消费模式产生忠诚，此类消费者不易于接受新型的低碳产品。社会其他人员也会对消费者产生影响。

10.5.3　国际消费侧减排的主要路径和政策

1. 欧盟及主要国家的消费侧减排战略

2018 年 11 月，欧盟发布了题为 *A Clean Planet for All-A European Strategic Long-Term Vision for A Prosperous*，*Modern*，*Competitive and Climate Neutral Economy* 的研究报告，报告中给出了 2050 年实现低碳经济的碳中和优先行动计划，其中不仅提出了数字化的、循环的碳综合的工业，在钢铁和化学工业中完全去碳化，而且提出了在建筑领域实现碳的零排放（包括其建设和使用阶段）。

以建筑领域使用阶段为例，在欧洲的住宅建筑中空间供暖、热水生产和制冷所消耗的能量最多，其中 71% 的能源仅用于空间供暖。保温材料会对建筑物的整体能源性能产生很大的影响，因此建筑物保温材料的选择和改进是建筑使用中减少碳排放的关键。除此之外，还有使用高效设备、在加热和冷却中使用燃油开关、智能化建筑和引导社会与消费者的选择等措施可以实现建筑零排放。

除此之外，运输约占欧盟最终能源消耗的 1/3。目前占主导地位的运输技术依赖于液体化石燃料。根据目前的趋势和政策，预计到 2050 年，这种情况会逐渐改变。采用低排放和零排放车辆、提高车辆效率和基础设施、使用替代和净零碳燃料、提高运输系统的效率、引导社会与消费者的选择等措施，可以有效降低交通运输带来的温室气体排放。

在考虑生活方式时更多地考虑该方式所造成的气候影响，以及消费者选择低碳足迹的产品和服务，有助于实现脱碳途径的多样化。如果消费者的生活方式和选择不能以一种低碳足迹的方式进行，就需要更多的技术解决方案。

从需求方面探究消费者的选择可以有效地减少碳足迹。同时加强信息宣传活动和碳标识等标签计划，可以在更广泛的产品和服务中发挥重要作用，使得消费者可以根据自己的偏好和产品的性能进行消费。

对于低碳消费，日本出台了一系列的法律法规，通过立法的形式，实现绿色消费，如《循环型社会推进基本法》、《废弃物处理法》、《资源有效利用促进法》、《绿色消费法》、《家电再生利用法》、《容器包装再生利用法》、《食品再生利用法》、《汽车再生利用法》和《家电再生利用法》等，并以《绿色消费法》为基础，采取加大补贴、推行绿色税制和建立绿色采购网等形式，培养消费者低碳消费意识（施锦芳和李博文，2017）。

2. 国际消费侧减排的路径与政策

1）碳标识，碳足迹

碳标识是一种特殊的环境标志。碳标识制度是消费者选择低碳产品时的重要参考依据，其执行步骤为：由需求企业向具有碳标识的管理职能机构提出申请，该机构委托有资质的第三方碳足迹盘查机构对企业进行碳足迹盘查，通过后，向企业颁发企业产品或服务全生命周期温室气体排放总量的标识和证书（刘启凡，2017）。

最早的碳标识制度可追溯到英国，2007 年英国率先提出了碳标识制度，并在 2008 年 10 月，正式颁布了 PAS 2050《商品和服务在生命周期内的温室气体排放评价规范》，对产品和服务的碳足迹进行评价（黄进，2010）。

而碳足迹的评价方法出现更早，其中欧盟成员国的产品碳足迹方法论成熟度较高。1992 年欧盟出台了自愿性的生态标签制度，基于生命周期的角度，从产品设计、生产、销售、使用直至最后的处理阶段对产品的环境友好程度进行评定。其主管机构为欧盟生态标签委员会（European Ecolaballing Board，EUEB）（刘尊文等，2017）。

除此之外，法国、日本、德国、韩国和美国等国已经建立起了较为完善的碳标识制度。2007 年开始，法国可持续发展与能源部提出引进可持续消费的方法学；2008 年 4 月，日本经济产业省成立“碳足迹制度实用化、普及化推动研究会”；2008 年，德国开展碳足迹项目的试点工作；韩国从 2008 年 7 月起试行有关碳足迹与标识的制度；美国推出了 CarbonFree 等三种碳标识制度。

碳标识的作用主要包括两方面：首先，缓解全球气候变化趋势；其次，在发达国家和发展中国家之间建立贸易壁垒。

在商品上增加碳标识的标注频率，可以提高消费者对标签的关注度，从而影响消费者消费习惯，使消费者更倾向于购买有碳标识标注的商品。刻度和信号灯颜色系统的碳标识更容易被消费者接受。但是，碳标识在消费者的决策过程中并不是主要因素。环保意识较强的消费者更倾向于购买碳足迹较低的农产品（Emberger-Klein and Menrad，2018）。而注重价格的消费者不愿意为碳标识支付更高的价格（Canavari and Coderoni，2020）。在对餐厅菜单和碳标识的研究中发现，碳标识放在菜单中对于消费者消费选择的影响很小。但是如果消费者选择碳排放较低的菜品，可以显著减少旅游业和酒店业的碳排放（Babakhani et al.，2020）；2007 年，英国乐购公司宣布对约七万种商品标示碳标识，但是在随后的调查随访中发现，消费者对碳标识缺乏了解；而我国消费者对于碳标识的认识还处于初期阶段，消费者对于碳标识的认知程度还有不足

（刘尊文等，2017）。

碳标识可以用消费者的选择影响制造业，从而对未来的减排产生明显影响。碳标识将是一个重要的政策选择。

2）生活方式改变

研究显示，不同饮食结构的温室气体排放量有着明显差别：杂食温室气体排放量为 3.24~3.92kg CO_2 eq/(人 · d)，纯素食温室气体排放量为 2.61~3.13kg CO_2 eq/(人 · d)。Corrado 等（2019）在对北京某经营北京风味中等规模餐厅的调查发现，温室气体排放量为 1.728 kg CO_2 eq/ 人次，浪费量为 97.2 g/ 人次。在容易产生剩余的类型中，请客吃饭“好面子”所造成的浪费不容小视，朋友聚餐以及公共消费的食物剩余量均明显高于普通日常就餐。学历、年龄较低的消费者更容易产生食物浪费。而在不产生食物浪费的情景下，减少食物浪费的减排率为 10.461%。

选择公共交通出行、选用新能源汽车及共享的出行方式，如共享单车、共享汽车等，可以提高交通资源使用效率，大幅减少居民出行的碳排放。

因此，选择素食、减少食物剩余和选择低碳的出行方式等，可以较好地减少消费侧温室气体排放。

3）教育的作用

IPCC 报告指出，知识、教育和人力资源的不足会降低国家、机构和个人对气候变化风险以及不同适应方案的成本效益认知。教育关乎人类发展，进而影响消费者对于低碳行为的适应速度和程度，因此，教育体制和教育行为的改变或者加强尤为重要。要将低碳转型意识纳入教育体制，增强消费者环境友好型消费意识，通过参与式行动研究、知识共享和学习平台提高消费者的低碳意识。

4）总结

居民消费行为在可持续发展中占有重要地位。

其涉及的门类众多，主要可分为购物消费、食物消费、交通消费和居住消费四个方面，目前中国的各项碳排放减排潜力均很大。购物消费的区域性特征明显，不同地区由于生活习惯、经济水平等不同，其碳排放差异较大。食物和交通领域碳排放量大，减排潜力大。狭义的住房消费在消费行为引起的碳排放中所占比例不大，主要表现形式为广义的家庭能源消耗，如空调、冰箱和燃气等家用电器的碳排放。

消费行为受到社会经济、技术水平和个人因素制约。各类碳排放模型和计算方式重合率低，没有统一标准，说明碳排放的影响要素多，这一领域还有待发展，目前各项研究以生命周期评估方法为主。各项研究表明，目前中国碳排放量还有很大提升空间和减排潜力。

10.6　可持续消费的制度体系与政策选择

10.6.1　可持续消费政策类型及全球实施概况

学者们把可持续消费政策分为强硬和软弱两种类型（谢颖和刘穷志，2018）。

在经济持续增长的前提下，软弱的可持续消费政策（weak policies of sustainable consumption）也可以称为绿色发展政策，强调资源利用的效率提高和技术创新，主张通过技术方案和市场途径实现可持续消费，但却无法保证生态、环境、资源、社会和经济的可持续消费发展。相反，强硬的可持续消费政策（strong policies of sustainable consumption）要求进行社会变革，强调自给自足地促进经济增长，呼吁生产和消费环保产品，寻求解决消费的公平公正，实行能源消费的总量限制，避免可持续消费的反弹效应（Hobson，2013；Lorek and Fuchs，2013）。

软弱的可持续消费政策往往是“自上而下”形成的，而强硬的可持续消费政策更多是“自下而上”产生的（Akenji，2014）。1994 年联合国环境规划署在内罗毕发表了《可持续消费的政策因素》报告，报告中关于可持续消费的定义将关注点放在地球承载能力范围内实现全人类的幸福生活，并提出“强”可持续消费概念，强调社会创新路径，通过消费层级和结构的变革实现可持续消费，并对仅仅依赖科技发展解决可持续消费问题持怀疑态度。在这一路径下，人们不仅仅只是消费者的身份，而是公民消费者的角色，被赋予变革的责任和权力（李潇然等，2017）。2003 年 7 月，联合国环境规划署根据全球各地区资源需求量制定了行动方案，进一步推动了十年可持续消费和生产计划框架制定，强调通过经济增长和自愿主义来解决可持续消费不足的问题。在 2012 年里约热内卢召开的联合国可持续发展大会上，各国元首则通过了《可持续消费和生产模式十年方案框架》（*The 10-year Framework of Programme (10YFP) on Sustainable Consumption and Production Patterns*），但是其未能协调好近十年来提出的目标（Tukker，2013）。国际组织内部也存在一些观点分歧，许多国际计划框架并无法律约束力[①]。例如，包括《21 世纪议程》在内的全球可持续发展计划只是行动蓝图，要把强硬的可持续消费政策纳入国际治理仍存在很大困难。由于各国政府实施“可持续消费治理”需要政府各部门具体负责，而政府各部门利益大多集中在生产领域，往往只关注生产而忽视消费对环境的影响。在这种情况下，各国企业界和民间团体等组织“自下而上”提出的可选择的可持续消费方案非常重要，有可能极大地推动可持续消费政策实现。

国际政府间组织对软弱的可持续消费政策实施发挥了一定的推动作用，如联合国可持续消费决策是在“分析、决定、指导”理念下“自上而下”产生的（Hajer，2011），同时，各国企业界和民间团体等组织通过“自下而上”提出的可选择的可持续消费方案，对强硬的可持续消费政策实现也做过一些尝试，但是总体上对可持续消费的推动力度不够。尽管如此，学者们仍然认为人类的聪明才智能够促进这两种可持续消费政策的实现，要为软弱的可持续消费政策提供技术解决方案，为强硬的可持续消费政策完成社会制度创新。

10.6.2 中国可持续消费的政策目标

党和政府多次强调在中国构建可持续消费模式的重要意义，但有些只限于一般号

① 里约会议之前的几十年中，联合国环境规划署着手开展了四项主要的、全面的可持续性倡议：绿色经济倡议、联合国可持续消费和生产十年计划框架、联合国环境规划署/联合国工业发展组织资源高效和清洁生产计划以及诸如资源面板等其他活动。

召。而 1994 年发布的《中国 21 世纪议程》对于“引导建立可持续的消费模式”进行过较为系统和较详细的论述，并为此提出了具体目标和行动准则。《中国 21 世纪议程》的第一个目标涉及资源环境的约束问题；第二个目标涉及基本满足不同层次消费需求的问题；第三个目标涉及公平消费问题，包括代内公平和代际公平。《中国 21 世纪议程》发布 20 年来，中国社会经济发生了巨大变化，《中国 21 世纪议程》中的一些内容已经不能适应现实，但还有一些内容远未落实。例如，《中国 21 世纪议程》所提出的目标和行动从解决贫困造成的不可持续消费角度考虑得较多，从过度消费角度考虑得较少（郑玉歆，2015）。2005 年以来中央对于可持续消费的部分文件表述见表 10-13。可以看出，中央对可持续消费问题越来越重视，要求也越来越明确（王建明，2011）。

表 10-13　2005 年以来中央对于可持续消费的部分文件表述

时间	文件名称	可持续消费的相关内容
2005 年 10 月	《中共中央关于制定国民经济和社会发展第十一个五年规划的建议》	强化节约意识，鼓励生产和使用节能节水产品、节能环保型汽车，发展节能省地型建筑，形成健康文明、节约资源的消费模式
2006 年 10 月	《中共中央关于构建社会主义和谐社会若干重大问题的决定》	完善有利于环境保护的产业政策、财税政策、价格政策，建立生态环境评价体系和补偿机制，强化企业和全社会节约资源、保护环境的责任
2007 年 10 月	《高举中国特色社会主义伟大旗帜 为夺取全面建设小康社会新胜利而奋斗——在中国共产党第十七次全国代表大会上的报告》	建设生态文明，基本形成节约能源资源和保护生态环境的产业结构、增长方式、消费模式；必须把建设资源节约型、环境友好型社会放在工业化、现代化发展战略的突出位置，落实到每个单位、每个家庭
2010 年 10 月	《中共中央关于制定国民经济和社会发展第十二个五年规划的建议》	要合理引导消费行为，发展节能环保型消费品，倡导与我国国情相适应的文明、节约、绿色、低碳消费模式

尽管中国政府的可持续消费的政策目标非常清晰，也有相关法律的某些条款做出了有利于可持续消费的规定，但至今没有一部法律将可持续消费载入立法宗旨、原则、制度、责任等程序规定和实体内容，导致具有约束力的长效机制缺失。完善可持续消费的法律法规，并加强建设环境法、生产法、消费法以及消费制度，将各项法律法规和可持续消费政策协调配合，使产品的生产、运输、消费和回收都有章可循，有法可依，引导全社会的可持续消费行为（李霞和蓝艳，2014）。

10.6.3　中国的可持续消费政策体系

多数学者认为可持续消费的内涵包括低碳消费。有学者提出低碳消费政策体系，如图 10-11 所示，认为每种具体的低碳消费政策在政策类型上可以用以下两种划分标准来判定：从具体政策的范围来划分，可分为宏观政策和微观政策；从具体政策的属性角度划分，可分为低碳消费文化政策、经济激励政策、社会保障政策三类横向政策（崔风暴，2015）。

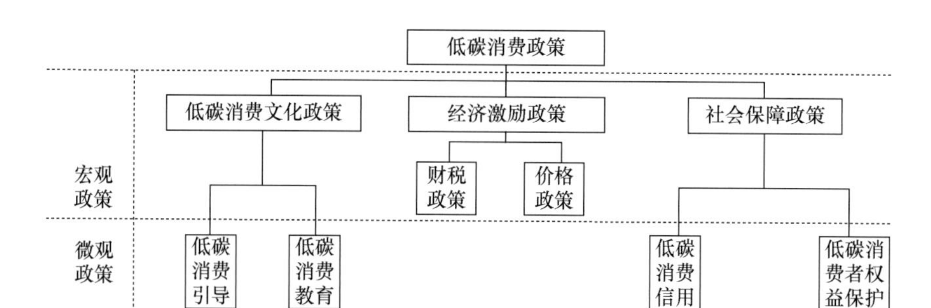

图 10-11 低碳消费政策体系

1. 宏观政策

虽然尚未形成完整的政策体系，但近几年国务院有关部门发布了许多与消费相关的激励政策，如新能源财政补贴、节能服务产业投资、可再生能源发展专项资金、新能源汽车补助、调整小汽车税率结构等。这些政策体现了政府运用财政补贴手段鼓励消费节能和新能源产品，如 2007 年财政部、商务部发布的《家电下乡试点工作实施方案》规定，对下乡家电产品按销售价格 13% 给予财政补贴，其中 80% 由中央财政、20% 由地方财政承担，从而有力地促进了农村居民对家电的消费（表 10-14）（李霞和蓝艳，2014）。

表 10-14 2007~2013 年各类家电补贴政策与效果

项目	时间	补贴品种	补贴额度	实施效果
家电下乡	2007.12~2013.01	电视机、电冰箱、洗衣机、空调机、手机、电脑等	13%（有上限）	累计销售家电下乡产品 2.98 亿台，共计 7204 亿元
以旧换新	2009.06~2011.12	彩电、电冰箱、洗衣机、空调机等	10%（有上限）共计销售家电产品	以旧换新家电 9248 万台，共计 3420 亿元
节能惠民	2012.06~2013.05	平板电视、电冰箱、洗衣机、空调机等	单台 70~600 元	拉动家电销售，共计 2500 亿元

从税收政策来看，为了促进可持续消费模式的建立，各国的税收激励政策都着力于“消费和生产”两端的运用，既对资源节约与环保行动实施税收鼓励政策，又对资源浪费和污染行为采取税收惩罚制度，一方面通过税收优惠政策鼓励居民参与可持续消费活动，如鼓励居民购置资源节约型产品，引导居民减少废弃物排放，另一方面设计生产端的税收激励机制，保证从源头上提供可持续消费产品。比较之下，我国促进可持续消费模式建立的税收政策体系还很不完整，其侧重于正向激励，负向激励运用较少；倾向于引导工业企业节能降耗，忽视了建筑、交通企业节能降耗的重要性；扶持的对象偏重企业，直接引导居民消费行为的税收政策不多（席卫群，2015）。

2009 年以来，中央财政开始对新能源汽车给予购置补贴（表 10-15）。在补贴等政策的促进下，我国新能源汽车产销量快速增长，2018 年我国新能源汽车产销分别达到 127 万辆和 125.6 万辆，同比增长 59.9% 和 61.7%，连续四年位居全球首位。新能源汽车补贴政策及《新能源汽车推广应用推荐车型目录》深度影响了企业技术研发、产品规划、市场销售以及企业生产经营等多个方面，是推动我国新能源汽车产业发展最重要的政策。2016 年 12 月，财政部、工业和信息化部、科技部、国家发展和改革委员会联合发布了《关于调整新能源汽车推广应用财政补贴政策的通知》(财建〔2016〕958 号)，建立了新能源汽车补贴政策技术体系。2018 年 2 月和 2019 年 3 月又分别发布了《关于调整完善新能源汽车推广应用财政补贴政策的通知》(财建〔2018〕18 号)、《关于进一步完善新能源汽车推广应用财政补贴政策的通知》(财建〔2019〕138 号)，在原补贴政策技术体系的基础上，又进行了调整完善，补贴力度下降明显（李社宁等，2019）。目前，我国新能源汽车补贴政策体系的显著特点是：从整车、动力电池等方面规定了一系列技术指标，并将补贴标准与关键技术指标值挂钩（姚占辉等，2019）。

表 10-15　新能源乘用车补贴标准和技术要求

<table>
<tr><th>类别</th><th colspan="3">指标</th><th>2018 年补贴政策</th><th>2019 年补贴政策</th></tr>
<tr><td rowspan="18">纯电动</td><td rowspan="6">纯电动续驶里程段补贴金额（工况法）</td><td colspan="2">100km ≤ R<150km</td><td>—</td><td>—</td></tr>
<tr><td colspan="2">150km ≤ R<200km</td><td>1.5 万元</td><td>—</td></tr>
<tr><td colspan="2">200km ≤ R<250km</td><td>2.4 万元</td><td>—</td></tr>
<tr><td colspan="2">250km ≤ R<300km</td><td>3.4 万元</td><td rowspan="2">1.8 万元</td></tr>
<tr><td colspan="2">300km ≤ R<400km</td><td>4.5 万元</td></tr>
<tr><td colspan="2">R ≥ 400km</td><td>5 万元</td><td>2.5 万元</td></tr>
<tr><td rowspan="5">不同电池系统能量密度补贴比例</td><td colspan="2">105~120Wh/kg</td><td>60%</td><td rowspan="2">—</td></tr>
<tr><td colspan="2">120~125Wh/kg</td><td rowspan="2">1 倍</td></tr>
<tr><td colspan="2">125~140Wh/kg</td><td>80%</td></tr>
<tr><td colspan="2">140~160Wh/kg</td><td>1.1 倍</td><td>90%</td></tr>
<tr><td colspan="2">≥ 160Wh/kg</td><td>1.2 倍</td><td>1 倍</td></tr>
<tr><td rowspan="6">按整车能耗较现行门槛提升程度设定补贴比例</td><td colspan="2">满足 2018 年能耗门槛条件</td><td>50%</td><td></td></tr>
<tr><td colspan="2">优于 5%（含）~10%</td><td rowspan="3">1 倍</td><td>—</td></tr>
<tr><td colspan="2">优于 10%（含）~20%</td><td>80%</td></tr>
<tr><td colspan="2">优于 20%（含）~25%</td><td rowspan="2">1 倍</td></tr>
<tr><td colspan="2">优于 25%（含）~35%</td><td rowspan="2">1.1 倍</td></tr>
<tr><td colspan="2">优于 35%（含）以上</td><td>1.1 倍</td></tr>
<tr><td colspan="3">单位电池电量补贴上限（不考虑补贴倍数）</td><td>1200 元 /(kW · h)</td><td>550 元 /（kW · h）</td></tr>
<tr><td rowspan="4">插电式</td><td rowspan="3">纯电动续驶里程介于 50~80km</td><td rowspan="3">B 状态燃料消耗量相比标准限值的比例</td><td>60% ~ 65%（含）</td><td>1.1 万元</td><td>—</td></tr>
<tr><td>55% ~ 60%（含）</td><td rowspan="2">2.2 万元</td><td>0.5 万元</td></tr>
<tr><td>优于 55%</td><td>1 万元</td></tr>
<tr><td>纯电动续驶里程不低于 80km</td><td colspan="2">A 状态百公里耗电量</td><td>2018 年纯电动乘用车能耗门槛条件</td><td>较 2018 年纯电动乘用车能耗门槛条件加严 10%</td></tr>
</table>

总体而言，中国的新能源汽车财政补贴政策目前处于退坡直至完全退出的势态，虽然在 2019 年补贴退坡幅度较大，但从新政策上仍然可以解读出中国扶持新能源汽车

产业的决心以及坚持以先进技术、可靠的质量及安全作为保障的原则，进一步优化结构，促进产业升级（成洁等，2019）。

2. 微观政策

相比较而言，我国现有针对公众生活消费领域的温室气体减排、资源节约和环境保护手段较为单一，主要采取社会精神道德层面引导和公众自我约束控制相结合的方式，导致公众生活消费领域的节能减碳潜力尚未被有效挖掘出来，未能对我国温室气体减排目标实现和新时代生态文明建设形成有效支撑。近年来，中国出现了综合性的碳普惠制，利用市场化机制来挖掘非工业领域，尤其是家庭和个人生活消费环节等微观领域的节能减排潜力。

1）政府推动型碳普惠制

碳普惠制是聚焦于公众生活消费领域的一种新型减排机制，2015 年广东开展的碳普惠制试点是政府推动型的综合性碳普惠制的典型代表，是推动全社会绿色低碳发展的有益尝试。表 10-16 展示了广东碳普惠制试点建设的主要模式（刘航，2018）。

表 10-16 广东碳普惠制试点建设的主要模式

试点模式	建设思路	低碳行为数据来源
社区（小区）试点	以每户居民为普惠对象。选择节约用电、节约用水、节约用气、减少私家车出行、垃圾分类回收等低碳行为，制定减碳量核算规则、奖励政策	①用电信息从社区所属区供电局处获取。②用水信息从自来水公司获取。③用气信息从燃气公司获取。④私家车出行从物业管理处获取车辆进出记录。⑤垃圾分类信息来源为社区（小区）给居民发放的垃圾分类积分卡
公共交通试点	以公交出行的市民为普惠对象，选择 BRT、公共自行车、清洁能源公交、轨道交通等低碳行为，制定减碳量核算规则、奖励政策	通过公交公司、交通卡发行公司、交通运营公司或者交通数据中心获取乘客出行信息
旅游景区试点	以旅客为普惠对象，选择乘坐环保车（船）、购买非一次性门票等低碳行为，制定减碳量核算规则、奖励政策	①购买非一次性门票、乘坐环保车（船）、景区周边酒店低碳住宿等可通过扫码获得信息。②植物认养由景区管理处提供认养信息
节能低碳产品试点	以低碳产品消费者为普惠对象，可选择购买节能冰箱、节能空调等节能电器或者购买低碳认证产品，试行“碳币 + 现金 = 产品 + 返碳币”模式	在节能产品包装上张贴二维码，扫码获取购买信息，或由销售员记录消费者的购买行为，并定期反馈给平台运营方

资料来源：根据《广东省碳普惠制试点建设指南》有关内容整理。

为推广碳普惠机制、协助推进试点工作，广东于 2016 年 6 月设立了碳普惠创新发展中心，建立了碳普惠网站、APP 程序、微信公众号等一系列碳普惠平台。碳普惠平台主要实现以下功能：一是记录并核算用户减碳量，通过获取注册用户的相关低碳数据，自动折算成碳币发放给用户，如节约 1t 水可获得 1.67 个碳币、公交出行 1 次可获得 1. 35 个碳币；二是认证注册低碳联盟商家或组织，鼓励其用优惠、服务等换取公众减碳产生的碳币，履行减少碳排放的社会责任；三是发布碳普惠核证自愿减排量（PHCER）的有关信息。目前，碳普惠平台的减碳量主要来源于企业赠送减碳量，即企业将节能减碳项目产生的减碳量捐赠到平台，赠送给注册用户。截至 2017 年 10 月，碳普惠平台共有会员 4600 余人，低碳联盟商家超过 100 家，累计实现减碳量 4800 多吨[①]。为协调碳普惠制与碳排放权交易机制，深化碳普惠制交易激励发展，广东进一步将省级 PHCER 与广东碳排放权交易市场链接，用于抵消纳入碳市场范围控排企业的实际碳排放。据统计，在广东碳市场 2016 年度履约中，用于配额抵消的省级 PHCER 量共有 23.9 万 t，占当年度用于抵消的减排量的 44%[②]。同时，广东积极推广碳普惠机制经验，目前已在河南、浙江、海南、河北、江西、内蒙古、青海 7 省（自治区）设立了碳普惠运营中心，在北京、上海、四川、陕西、湖南、云南、香港、澳门等 12 个地区开展了碳普惠的交流推广工作[③④]（刘海燕和郑爽，2018）。

除了像广东推动的这种综合性碳普惠制以外，近年来也出现了一些特定领域的碳普惠制。在垃圾分类领域，我国部分城市，如北京、上海、广州、深圳、成都、杭州等已开始通过垃圾分类获得绿色积分的碳普惠制试点活动，其具体做法是：公众主动把生活垃圾进行分类后投送到社区、街道指定的地点，并获得相应的绿色积分，当绿色积分累积到一定数量后，可兑换一定数量的生活用品。这种试点旨在用正向激励的引导来提高公众垃圾分类的参与度、成就感和环保意识。在出行领域，南京的碳普惠制度鼓励市民在污染天不开私家车，乘坐公交、地铁，租借公共自行车，或选择步行等低碳方式出行，通过积攒绿色积分的方式兑换碳币，并最终获取小额回报。这一低碳出行公共服务平台被列为南京低碳城市建设的一项主推举措。基于补贴机制的碳普惠制度增加了居民低碳出行的动力，其对于提升全民低碳意识、引导绿色行为具有重大意义，是城市低碳软实力建设的潜在突破口（杨建勋等，2018）。

2）企业推动型碳普惠制

近年来，随着"互联网 +"、移动 APP、移动支付等新技术应用的涌现，共享经济迅速发展，许多互联网企业也开始积极探索借助自身业态优势来促进公众绿色生活方式的形成。在移动支付领域，已有支付平台开始尝试为其每一个用户提供"碳账户"，该账户的作用在于记录用户步行、绿色办公、线上支付（节省小票纸张）、在线缴纳水电煤气费、网购火车票、网购电影票、在线预约挂号、ETC 缴费、开具电子发票等，运用一定的方法计算出各类低碳行为的碳减排量，并根据系数转换为绿色能量，当绿色能量累积到一定数量时，可申请在现实中某个特定区域种下一棵具有唯一身份编号的实体树，提升用户成就感和满足感，一方面培养其用户移动支付的消费习惯，另一方面促使用户养成绿色生活方式的习惯。

在出行领域同样出现了企业推动的碳普惠制。我国新涌现的网约车、共享单车、健身运动以及计步领域的互联网企业，记录用户的出行、运动里程，并反馈给用户相应的碳积分，这些碳积分能实现一定的商业优惠和经济价值，在提高用户满意度和黏性的同时，引导用户绿色出行方式的形成（刘航，2018）。

3. 政策效果评估

可持续消费政策效果评估的研究相对较少，定量研究更是鲜见。目前，国内的研

① 广州碳排放权交易所（广碳所）. 2017. 2017 年广东省省级碳普惠制核证减排量（PHCER）项目首次竞价情况 .
② 广东省发展和改革委员会 . 2017. 关于广东省 2016 年度碳排放配额履约工作的公告 .
③ 广东省发展和改革委员会 . 2015. 广东省碳普惠制试点工作实施方案 .
④ 广东省发展和改革委员会 . 2018. 广州市碳普惠制管理暂行办法（征求公众意见稿）.

究多数集中在新能源汽车领域及家电领域的宏观政策评估。

1）新能源汽车领域

2012~2017 年的实证结果显示，财政补贴对新能源汽车产业研发投入有显著促进作用，而税收优惠的促进作用效果不佳，即在促进研发投入方面，财政补贴的激励作用更为明显。因此，可采取财政补贴为主、税收优惠为辅的财税政策（李社宁等，2019）。进一步分析政府补贴金额和研发支出可以看出，当补贴金额上升时，企业研发支出也相应上升；反之，当补贴金额下跌时，企业研发支出则基本保持着原有的水平。可见，政府补贴对企业研发有着很强的推动作用，企业研发也对政府补贴具有一定的依赖性（韩馨凝，2019）。通过典型车企的案例研究发现，政府的财政补贴对企业研发有着较强的推动作用，但是补贴政策没有及时完善，同时企业也盲目追寻利润，引发高额应收账款过度增大进而影响企业经营（韩馨凝，2019；朱晓艳和胡庆十，2019）。

新能源汽车产业补贴在拓展市场、加快产业发展上起到了积极作用，但过度补贴会使企业的竞争提前进入分岔或混沌状态，企业的研发平均投入和平均利润低于均衡状态。2018 年的补贴标准规定，2019~2020 年补贴标准将在 2016 年的基础上下降 40%，直到完全退出。仿真结果显示，如此大幅度的市场补贴变化会对市场稳定、行业健康发展产生一定不利影响。因此，财政推广应用退坡的同时，应增加对其他技术路线以及高端产品的市场补贴，如对燃料电池汽车以及高技术参数电动汽车的购置补贴等，并对应企业的研发投入进行“研发投入间隔梯度补贴”，减少电动汽车购置补贴退坡对市场稳定性的影响（李社宁等，2019）。

2）家电领域

中国已经实施了废旧家电补贴政策，政府对废旧家电实施拆解补贴的根本目的是提高规范回收率，以尽可能弱化甚至消除非规范回收对环境的危害。研究表明，支付给消费者的回收价格越高，拆解企业就越容易回收到废旧家电，不仅中国如此（蓝英和朱庆华，2009a），发达国家同样如此（Bouvier and Wagner，2011）。同时，像废旧家电这种具有较大回收难度的废弃物，能否提供上门回收服务以及服务时间等服务因素会对消费者参与规范回收产生实质影响（蓝英和朱庆华，2009b；Keramitsoglou and Tsagarakis，2013；Mueller，2013）。而在其他条件一定的情况下，消费者的环境素质越高就越支持废旧家电的规范回收行为（彭远春，2013）。规范回收与非规范回收是相对的。此外，拆解企业运行成本还与其数量有关。研究表明，很难有一种方案既能提高规范回收率又能同时降低净补贴支出。国家对拆解企业的净补贴支出会随着单位基金收入和新家电增长率的增减呈正向变化，单位基金收入和新家电增长率增加对净补贴支出的影响程度是不同的，且呈现明显的规律性，即随着时间的推移，它们增加或减少对净补贴支出的影响程度是递减的。当废旧家电再用率和废旧家电平均再用年限分别增加 10%、废旧家电增长率减少 10% 时，净补贴支出大幅下降，反之则上升；规范回收率与净补贴支出正好相反，当净补贴支出下降时规范回收率会上升，反之亦然。如果同时增加或者同时减少补贴和非补贴调整系数，均会对规范回收率和净补贴支出产生较大影响，且二者同时减少比同时增加产生的调控效果更优：对于前者，当它们同时减少 10% 时，在规范回收率平均降低 1.35% 的条件下，净补贴支出则减少了

3.31%；如果它们同时提高 10%，净补贴支出平均增加 3.16%，而规范回收率却只有 1.30% 的增幅（吴刚等，2017）。

除了废旧家电补贴政策外，“家电下乡”“节能家电补贴”等政策也对激发农村消费市场、提高农民生活水平、消化过剩产能、降低我国对外依存度等方面起到积极作用（付一夫，2019）。家电价格补贴除了能改善家庭物质生活条件之外，还在劳动力市场上产生正向的溢出效应，尤其是提升女性家庭成员，特别是已婚女性的劳动参与水平方面（姜大伟，2018）。收入和消费信贷对不同类型家电消费都具有促进作用，其中收入为影响农村居民购买家电的最主要因素，消费信贷影响力虽然只有收入三分之一到一半水平，但在促进农村消费需求方面能发挥很大作用。消费信贷对计算机消费影响程度最大，在 2016 年农村居民平均每百户家电拥有量中，空调和计算机拥有量还处在较低水平，但实证结果表明，计算机消费对消费信贷具有较高的敏感性，消费信贷可能对新兴家电影响程度更高（陈帅和吴学康，2019）。从对企业的影响来说，“家电下乡”政策实施以来，中标企业的规模效率有所下降；规模越小，财务绩效越好的上市家电企业规模效率越高；企业的全要素生产率有所下降，而且政策会使得企业的科技进步受到阻碍（张硕，2017）。在生产者责任延伸制度的约束下，政府环境效益最优时的补贴和基金征收标准，对企业实施以旧换新回收策略的产品销量、总利润和废旧产品回收量的影响取决于企业成本结构、消费者结构、消费者效用和废旧产品回收处理能力。企业决策者需根据不同情形决定是否参与以旧换新回收实践（李春发和朱浪梅，2017）。

10.6.4　促进可持续消费的政策建议

1. 法制保障与政策引导

多数学者都认同促进可持续消费的长效保障机制的重要性。一是将可持续消费法律化和制度化，明确可持续消费的法律地位，除了对可持续消费单独立法外，还应该废止或者修改、补充、完善那些不适应可持续消费发展的法律、法规和规章（张建平等，2015；周国梅和李霞，2012；郑玉歆，2015）。二是借鉴国际经验，成立推进可持续消费的政府协调机构，负责管理、协调、监督可持续消费法律法规的贯彻执行。三是重视经济政策手段以及其他配套制度在推进可持续消费中的作用（张建平等，2015）。另外，完善政府可持续采购制度，制定政府绿色采购标准和清单，增强政府绿色采购的技术支撑能力，加强监管，进行可持续采购绩效评估。分地区、分行业、分产品，加强可持续采购对可持续消费的引导推动作用（陈燕平，2012；张建平等，2015）。除传统宏观领域外，也有学者认为微观领域，如广东碳普惠制的推进过程中，相关政策法规和技术体系的建立为碳普惠的实施提供了重要保障。

2. 标准建立与产品标识

有学者提出可持续消费的标准与产品标识必不可少。标准体系包括国际标准、国家标准、地方标准和行业标准等；有些标准是强制执行的，有些是自愿性标准。不同标准体系能弥补法律法规和政策规定的过度笼统，其更加具体，能够适应本行业特殊性，并能够根据本行业的发展趋势适时做出调整（张建平等，2015）。

目前，中国消费者对绿色食品和有机产品的需求量迅速上升，但相关产品标识的公信力严重不足，制约了相关产品消费规模的上升。提升绿色产品标识和生态标识的公信力、建立相应的监督机制迫在眉睫。通过推行环境标志认证和低碳认证，推进节约型消费、低碳消费和可持续消费。通过试点示范制定食物可持续消费标准体系，完善食物可持续消费各领域的认证体系，如在餐饮领域设立绿色餐饮示范企业，在社区层面开展食物零垃圾示范小区、示范家庭等（王灵恩等，2018）。

3. 财政补贴与税收优惠

多数学者都认为应该建立与持续消费驱动型经济发展相适应的财政制度。合理调整财税补贴政策，如新能源汽车的财政补贴逐渐“退坡”政策和新能源汽车产业发展的阶段不协调则会对新能源汽车产业的发展产生冲击，从而影响新能源汽车产业的稳定和可持续发展。因此，构建促进新能源汽车产业发展的可持续性财税政策应需综合考虑新能源汽车产业的发展规模及利润率、新能源汽车生产的技术水平、财政预算约束、限制性行政政策等因素，以减缓财政补贴的“退坡”政策对新能源汽车产业可持续性发展的冲击（李社宁等，2019）。

在税收政策体系方面，学者们认为应该深化相关税种改革，改变传统的生产模式，引导和调节居民消费。对使用再生资源、生产绿色产品的厂家和废旧物资回收与综合利用企业必须给予更大的税收减免，对节能和节约资源的技术和设备投资给予政策优惠，对循环经济产品的出口则给予全面退税（周景彤，2011）。进一步完善调整增值税和消费税等流转税，如通过降低进口资源性产品的增值税率、提高高耗能高污染产品的消费税等方式，积极引导生产和消费；同时完善企业所得税和个人所得税，如通过消费者购买节能家电给予退税等方式来鼓励可持续消费；还应该深化环境税改革，改革资源税、财产税等税种，促进消费模式的转换（席卫群，2015；李建军和王雯，2012）。

4. 宣传培训与公众参与

学者们都注意到宣传培训对消费者的教育和引导意义，因此应鼓励半官方机构、第三方组织、企业、行业组织和公众参与，达到构建、影响和传播可持续消费政策的目的（Paterson and Stripple，2010；Hinton，2011）。政府和行业协会、中介组织要向企业和居民宣传可持续消费的理念，使广大消费者理解可持续消费的意义，推动全民采取可持续消费模式，让消费者积极履行可持续消费义务，抵制买卖不利于保护资源环境的有关商品，把消费选择转变为一种集体行动，以便推动政府的消费政策变革（李祝平，2012）。对产品的环境信息和环境标准进行公开，对污染严重、超标违规、损害消费者权益的企业进行曝光，并鼓励公众参与监督。建立可持续消费的教育和资源共享平台，记录消费政策实施过程中出现的良好行为及最佳范例，使所有消费者可以在区域内或者跨区域共享可持续消费的教材与其他信息资源（张新宁等，2012；张建平等，2015）。在环保监督方面保证公众参与，保证可持续消费的管理实施公开透明。

5. 国际合作与经验交流

有学者提出要加强国际合作与经验交流。一是在国际合作和地区合作平台上，中国要积极参与可持续消费和生产等框架的制定和执行，努力做好框架中国资源承担和选择的可持续消费努力方式和路径，积极参与地区范围内或者全球范围内的环境治理和可持续消费倡导行动。二是通过国际交流，借鉴他国成功经验，加强国际技术交流，推动可持续消费模式的建立。三是加强与国际标准化组织（ISO）和国际可持续发展标准联盟（ISEAL）的合作与交流（张建平等，2015）。

一直以来中国政府都高度重视可持续消费，并制定较为明确的政策目标和要求，但是尚未形成长效保障机制。现行的可持续消费政策主要是由政府推动，以宏观政策为主，初步构建的以激励为主的财政税收和补贴政策，这种软弱型政策的效果有限且尚未形成完整的政策体系。微观领域出现了以碳普惠制为代表的市场化机制来挖掘非工业领域，尤其是家庭和个人生活消费环节等微观领域的节能减排潜力。尽管整体而言，尚未在全社会形成可持续消费和低碳消费的理念、态度和行动，但是在某些地区、某些群体，如大学生的可持续消费呈现出积极的因素。随着中产阶级的持续扩大，随着有利于可持续消费政策，如阶梯电价、阶梯水价等政策的实施，随着社会保障体系走向健全，越来越多的消费者的消费能力提升，可持续消费将进一步弘扬，可持续消费产品，如新能源汽车、节能家电、有机食品将迎来快速发展时期（李霞和蓝艳，2014）。

10.7　实现巴黎协议目标下的消费政策选择

《巴黎协定》达成后，中国政府于 2015 年 6 月 30 日提交了国家自主贡献，其设定的目标与《巴黎协定》提出的 2℃温升目标的减排要求基本一致。中国国家自主贡献对其 2020 年后的强化应对气候变化行动政策和措施做出了安排。随着中等收入人口占比的逐年提升，交通、建筑等方面的消费排放压力会持续增大，甚至在中长期会超过制造业的排放压力。如何塑造年轻一代消费者的低碳消费模式和生活方式，对中国实现国家自主贡献目标至关重要[①]。其中，对可持续消费的理解对于激发可持续消费行为非常有必要——环保意识和态度可以带来对产品的环保处理和处置。中国青少年可以通过教育了解可持续发展概念，然后购买可持续产品。只有可持续产品能够显示出节能减排的优势，中国青少年才愿意使用这些产品（Gen et al.，2017）。

（1）完善废旧商品回收体系和垃圾分类处理体系。促进建筑垃圾资源循环利用，强化垃圾填埋场 CH_4 收集利用。

（2）加快城乡低碳社区建设，推广绿色建筑和可再生能源建筑应用，完善社区配

① 傅莎，邹骥，刘林蔚 . 2015. 对中国国家自主贡献的几点评论 .

套低碳生活设施，探索社区低碳化运营管理模式。2020年，城镇新建建筑中绿色建筑占比达到50%。

（3）构建绿色低碳交通运输体系，优化运输方式，合理配置城市交通资源，优先发展公共交通，鼓励开发使用新能源车船等低碳环保交通运输工具，提升燃油品质，推广应用新型替代燃料。2020年，大中城市公共交通占机动化出行比例达到30%。推进城市步行和自行车交通系统建设，倡导绿色出行。加快智慧交通建设，推动绿色货运发展。

（4）倡导低碳生活方式。加强低碳生活和低碳消费全民教育，倡导绿色低碳、健康文明的生活方式和消费模式，推动全社会形成低碳消费理念。发挥公共机构率先垂范作用，开展节能低碳创建活动。引导适度消费，鼓励使用节能低碳产品，遏制各种铺张浪费现象。

（5）推行碳标识，鼓励公众选择低碳零碳产品。在政府采购中以低碳零碳产品、设施、工具为标准，排斥高碳排放活动。

（6）进一步采用价格机制引导居民节能行为和低碳消费，如加大阶梯电价价差等。

知识窗

可持续消费与生产

可以看出，无论是世界范围还是中国，控制消费已经成为控制气候变化和防止生态恶化的重要一环。1994年联合国环境规划署奥斯陆会议上首次提出了可持续消费（sustainable consumption）的概念，即“人类的消费服务及相关产品可以满足人类的基本需求，提高生活质量，同时使自然资源和有毒材料的使用量最少，使服务或产品的生命周期中所产生的废物和污染物最少，从而不危及后代的需求”。

可持续消费概念被提出后，其内涵与外延也在随着可持续发展目标的变化而不断演变。2015年9月，各国领导人在联合国召开会议，通过了旨在为下一个15年世界发展服务的可持续发展目标（图10-12）。该目标涵盖“经济增长”“社会包容”“环境保护”三个方面17项分目标，“采用可持续的消费和生产模式”是其中第12个分目标。该目标有时候也会表述为：负责任的消费与生产，因此，将可持续消费纳入可持续目标以后，其内涵应该包括：经济可持续、社会可持续和环境可持续三个方面。

逐渐形成共识的是，从消费侧入手，可以提供一个深度减排的机会。然而，推动可持续消费与生产不能仅依靠市场手段。可持续消费政策与绿色消费政策的区别在于，当前的绿色消费（green consumption）政策主张以市场手段鼓励消费者购买绿色健康产品，“自下而上”推动技术变革，提升资源利用效率。然而，这种绿色消费政策被认为是“软弱”的。由于存在“消费反弹”效应（如小排量汽车导致驾驶里程数上升），市场手段无法保证社会、经济、资源与生态环境的可持续发展。推动可持续消费与生产，需要政府干预下的国家、生产者、市场、家庭、社区、社团等多主体参与的、相互适应和动态反馈下的系统管理模式，“自上而下”促进社会变革，生产和消费环保产品，寻求消费公平公正，实行能源与资源消费总量限制，避免消费反弹效应（Liu et al.，2016；Wang et al.，2019）。

图 10-12　联合国 17 个可持续发展目标

生命周期评估

生命周期评估（life cycle assessment，LCA）是一项自 20 世纪 60 年代开始发展的重要环境管理工具，生命周期是指某一产品（或服务）从取得原材料，经生产、使用直至废弃的整个过程，即从摇篮到坟墓的过程。按 ISO14040 的定义，生命周期评估是用于评估与某一产品（或服务）相关的环境因素和潜在影响的方法，它是通过编制某一系统相关投入与产出的存量记录，评估与这些投入、产出有关的潜在环境影响，根据生命周期评估研究的目标解释存量记录和环境影响的分析结果来进行的。

依据标准条文，生命周期评估包括以下四个阶段：

（1）目的与范围确定：清楚确定生命周期评估研究的目的及范围，使其与预期的应用相一致。

（2）清单分析：编制一份与研究的产品系统有关的投入产出清单，包含资料搜集及运算，以便量化一个产品系统的相关投入与产出，这些投入与产出包括资源的使用及对空气、水体及土地的污染排放等。

（3）影响评估：采用生命周期清单分析的结果，来评估与这些投入产出相关的潜在环境影响。

（4）解释说明：将清单分析及影响评估所发现的与研究目的有关的结果合并在一起，形成结论与建议。

▪ 参考文献

边潇，宫徽，阎中，等 . 2019. 餐厨垃圾不同“收集 – 处理”模式的碳排放估算对比 . 环境工程，(2)：449-456.

陈昊，吴琼 . 2019. 深圳率先探路“无废城市”建设 . 环境，6：36-38.

陈洪涛，岳书敬，朱雨婷 . 2019. 居民用电消费回弹效应研究：基于人均收入和性别差异的视角 . 中国环境管理，11 (1)：39，49-54.

陈莎，向翩翩，姜克隽，等 . 2017. 北京市能源系统气候变化脆弱性分析与适应建议 . 气候变化研究进展，13 (6)：614-622.

陈帅，吴学康 . 2019. 区域消费信贷对农村低能耗产品消费的影响研究——以家电产品为例 . 农场经济管理，275 (2)：40-43.

陈燕平 . 2012. 以绿色采购推进可持续消费 . 企业党建，(4)：21.

成洁，靳洪玲，马欣怡，等 . 2019. 中国新能源汽车消费财政补贴政策分析 . 中国商论，(18)：64-67.

崔风暴 . 2015. 低碳消费与低碳消费行为的差异性及对政策干预设计的影响 . 宜宾学院学报，(2)：47-54.

丁凡琳，陆军，赵文杰 . 2019. 城市居民生活能耗碳排放测算及空间相关性研究——基于 287 个地级市的数据 . 经济问题探索，(5)：40-49.

付一夫 . 2019.“家电下乡 2.0”箭在弦上，新一轮农村消费热潮要来了 . 营销界：农资与市场，(7)：71-73.

付云鹏，马树才，宋宝燕 . 2016. 中国城乡居民消费碳排放差异及影响因素——基于面板数据的实证分析 . 经济问题探索，(10)：43-50.

高晶，唐增，李重阳 . 2018. 中国城乡居民食物消费碳排放的对比分析 . 草业科学，35 (8)：2022-2030.

龚瑶，严婷 . 2014. 技术冲击、碳排放与气候环境——基于 DICE 模型框架的模拟 . 中国管理科学，(S1)：801-809.

韩馨凝 . 2019. 新能源汽车补贴政策效应评估——以比亚迪汽车为例 . 经济研究导刊，经济研究，395 (9)：155-159.

郝睿 . 2000. 论可持续消费 . 生态经济，(6)：19-21.

何吉成 . 2016. 50 多年来中国民航飞机能耗的生态足迹变化 . 生态科学，35 (1)：189-193.

黄宝荣，崔书红，李颖明 . 2016. 中国 2000—2010 年生态足迹变化特征及影响因素 . 环境科学，37 (2)：420-426.

黄芳，卢愿清 . 2017. 中国城镇化对碳排放的影响研究：基于居民消费的视角 . 数学的实践与认识，(12)：84-91.

黄进 . 2010. 碳标识和环境标志 . 标准科学，(7)：4-8.

姜大伟 . 2018. 家电产品价格补贴对农村居民劳动供给的影响研究 . 中国物价，(8)：67-69.

蓝英，朱庆华 . 2009a. 废旧家电回收管理中消费者参与影响因素实证研究 . 生态经济，(7)：52-55.
蓝英，朱庆华 . 2009b. 用户废旧家电处置行为意向影响因素分析及实证研究 . 预测，(1)：65-70.
李春发，朱浪梅 . 2017. EPR 制度下的家电以旧换新回收策略优化模型 . 运筹与管理，26 (8)：67-75.
李建军，王雯 . 2012. 构建可持续消费驱动型经济的财税政策研究 . 税务研究，2 (11)：14-18.
李军，黄园，谢维怡 . 2015. 教育对我国城镇居民消费结构的影响研究 . 消费经济，(1)：56-59.
李平，付一夫，张艳芳 . 2017. 生产性服务业能成为中国经济高质量增长新动能吗？中国工业经济，(12)：5-21.
李社宁，张哲，李喜宁 . 2019. 促进新能源汽车产业发展的可持续性财税政策探析 . 西安财经学院学报，32 (4)：46-52.
李霞，蓝艳 . 2014. 中国可持续消费现状及其发展趋势 . 林业经济，(5)：117-119.
李潇然，刘文玲，张磊 . 2017. 置于社会实践研究框架中的可持续消费 . 世界环境，(4)：55-57.
李银玲 . 2016. 居民消费对能源消费及二氧化碳排放的影响研究——以北京市为例 . 北京：北京理工大学 .
李祝平 . 2012. 湖南城镇居民可持续消费评估分析 . 长沙理工大学学报 (社会科学版)，27 (3)：79-84.
连宏萍，王德川 . 2019. 乡镇生活垃圾分类处理对碳减排的贡献 . 中国人口 · 资源与环境，(1)：70-78.
林永钦，齐维孩，祝琴 . 2019. 基于生态足迹的中国可持续食物消费模式 . 自然资源学报，34 (2)：338-347.
刘海燕，郑爽 . 2018. 广东省碳普惠机制实施进展研究 . 中国经贸导刊 (理论版)，(8)：23-25.
刘航 . 2018. 碳普惠制：理论分析、经验借鉴与框架设计 . 中国特色社会主义研究，(5)：86-94.
刘湖，张家平 . 2016. 互联网对农村居民消费结构的影响与区域差异 . 财经科学，(4)：80-88.
刘莉娜 . 2017. 中国居民生活碳排放影响因素分析与峰值预测 . 兰州：兰州大学 .
刘莉娜，曲建升，曾静静，等 . 2013. 灰色关联分析在中国农村家庭碳排放影响因素分析中的应用 . 生态环境学报，22 (3)：498-505.
刘启凡 . 2017. 我国碳标识制度研究 . 重庆：西南政法大学 .
刘世锦 . 2018. 2035：中国经济增长的潜力、结构与路径 . 管理世界，34：1-12，183.
刘卫东，许晓敏，牛东晓 . 2016. 技术引进与技术创新对我国碳排放峰值的影响研究 . 技术经济与管理研究，(9)：3-9.
刘尊文，宋红茹，陈莎，等 . 2017. 产品碳足迹评价研究与实践 . 北京：中国质检出版社，中国标准出版社 .
卢安，马月华 . 2016. 我国纺织服装行业碳排放量与产业 GDP 的脱钩关系研究 . 毛纺科技，(4)：65-70.
罗晓予 . 2017. 基于碳排放核算的乡村低碳生态评价体系研究 . 杭州：浙江大学 .
马晓微，叶奕，杜佳 . 2015. 中国居民消费直接碳排放影响因素研究——基于 LMDI 方法 . 中国能源，35 (6)：30-35.
马晓微，叶奕，杜佳，等 . 2016. 基于投入产出中美居民生活消费间接碳排放研究 . 北京理工大学学报 (社会科学版)，18 (1)：24-29.
彭远春 . 2013. 国外环境行为影响因素研究述评 . 中国人口 · 资源与环境，23 (8)：140-145.
曲建升，刘莉娜，曾静静，等 . 2014. 中国城乡居民生活碳排放驱动因素分析 . 中国人口 · 资源与环境，24 (8)：35-43.
沈家文，刘中伟 . 2013. 促进中国居民服务消费的影响因素分析 . 经济与管理研究，(1)：53-58.

施锦芳，李博文 . 2017. 日本绿色消费方式的发展与启示——基于理念演进、制度构建的分析 . 日本研究，(4)：56-62.
宋佳，杨朝峰 . 2014. 科技对我国区域碳排放的影响分析 . 全球科技经济瞭望，29（6）：52-57.
孙豪，胡志军，陈建东 . 2017. 中国消费基尼系数估算及社会福利分析 . 数量经济技术经济研究，34（12）：41-57.
谭德明，何红渠 . 2016. 基于能值生态足迹的中国能源消费可持续性评价 . 经济地理，36（8）：176-182.
檀菲菲，江象君 . 2016. 京津冀能源消费碳排放与水资源消耗双重分析 . 水土保持通报，(6)：231-246.
唐琦，夏庆杰，李实 . 2018. 中国城市居民家庭的消费结构分析：1995—2013. 经济研究，(2)：35-49.
佟金萍，陈国栋，杨足膺，等 . 2017. 居民消费水平对生活碳排放的门槛效应研究 . 干旱区资源与环境，31（1）：38-43.
童庆雪，张露，张俊飚 . 2018. 基于生命周期评价法的碳足迹核算体系：国际标准与实践 . 华中农业大学学报：社会科学版，(1): 46-57.
王兵 . 2019. 暖通空调制冷系统中的环保节能技术研究 . 低碳世界，(6)：22-23.
王会娟，夏炎 . 2017. 中国居民消费碳排放的影响因素及发展路径分析 . 中国管理科学，25（8）：1-10.
王建明 . 2011. 可持续消费管制的基本理论问题研究——内涵界定、目标定位和机制设计 . 浙江社会科学，(12)：56-62，155.
王灵恩，侯鹏，刘晓洁，等 . 2018. 中国食物可持续消费内涵及其实现路径 . 资源科学，40（8）：1550-1559.
王勤花，张志强，曲建升 . 2013. 家庭生活碳排放研究进展分析 . 地球科学进展，28（12）：30-37.
王晓雯，谢仁标，王玉根 . 2015. 大数据在用电节电应用中的路径探索 . 上海节能，(8)：431-434.
王译萱，郁亚娟，梁雨晗，等 . 2015. 锂离子电池与镍氢电池、太阳能电池碳足迹比较 . 环境工程，(S1)：634-637.
王蕴，卢岩 . 2017. 居民收入增长与经济发展同步关系的国际比较与启示 . 社会科学辑刊，(5)：125-133.
王中航，周传斌，王如松，等 . 2015. 中国典型特大城市交通的生态足迹评价 . 生态学杂志，(4)：1129-1135.
吴刚，陈兰芳，张仪彬，等 . 2017. 废旧家电拆解补贴模型与策略优化研究 . 系统科学学报，25（4）：54-59.
席卫群 . 2015. 可持续消费模式与我国税收政策体系 . 税务研究，(9)：30-34.
肖雅心，杨建新 . 2016. 北京市住宅建筑生命周期碳足迹 . 生态学报，36（18）：5949-5955.
谢颖，刘穷志 . 2018. 可持续消费理论研究新进展 . 经济学动态，690（8）：121-135.
徐钢，李相儒，屠翰，等 . 2019. 杭州市农村生活垃圾分类减量资源化模式经济性分析 . 环境污染与防治，41（2）：240-245，251.
徐新扩，韩立岩 . 2017. 消费模式如何影响家庭碳排放？——来自中国城市家庭的微观证据 . 东南学术，(3)：154-163.
徐雪，宋海涵 . 2019. 中国人口年龄结构变化对城乡居民消费水平的影响 . 首都经济贸易大学学报，(1)：15-23.
薛静静，史军 . 2019. 中国能源碳减排评价研究 . 资源节约与环保，(1)：116-117.
阎柄辰，王娟，胡开建，等 . 2019. 新能源汽车节能减排效益分析 . 合作经济与科技，(17)：41-43.

杨风 . 2017. 人口年龄结构变动对居民消费率影响的实证研究 . 创新，11（6）：95-104.
杨建勋，刘逸凡，刘苗苗，等 . 2018.“互联网 +”时代城市绿色低碳交通的挑战与对策 . 环境保护，11：43-46.
杨源 . 2016. 基于居民出行规律实证研究的城市低碳交通政策模拟 . 北京：清华大学 .
姚亮，刘晶茹，袁野 . 2017. 中国居民家庭消费碳足迹近 20 年增长情况及未来趋势研究 . 环境科学学报，37（6）：2403-2408.
姚占辉，周玮，刘可歆 . 2019. 基于补贴政策的新能源乘用车技术效应评价及建议 . 时代汽车，（10）：52-56.
曾静静，张志强，曲建升，等 . 2012. 家庭碳排放计算方法分析评价 . 地理科学进展，31（10）：1341-1352.
张建平，季剑军，晋晶 . 2015. 中国可持续消费模式的战略选择与政策建议 . 宏观经济研究，（8）：65-75.
张金良，李慷，盖姝 . 2015. 基于基尼系数的中国居民电力消费公平性研究 . 北京理工大学学报（社会科学版），17（6）：54-60.
张琳玲 . 2019. 碳减排目标下城市交通出行结构优化与调控研究 . 徐州：中国矿业大学 .
张琼晶，田聿申，马晓明 . 2019. 基于结构路径分析的中国居民消费对碳排放的拉动作用研究 . 北京大学学报（自然科学版），55（2）：377-386.
张硕 . 2017. 基于 DEA 的家电下乡政策对我国家电制造业效率变动的影响研究 . 广州：华南理工大学 .
张新宁，包景岭，王敏达 . 2012. 构建可持续消费政策框架研究 . 生态经济（学术版），（1）：41-43.
甄泽康，闫铭铭，苏晨雨，等 . 2019. 浅谈家用冰箱的节能环保技术 . 计算机产品与流通，（7）：92-169.
郑凌霄，周敏 . 2014. 技术进步对中国碳排放的影响——基于变参数模型的实证分析 . 科技管理研究，34（11）：215-220.
郑玉歆 . 2015. 政府引导可持续消费模式的责任与路径 . 学习与实践，（1）：5-11.
中国发展研究基金会“博智宏观论坛”中长期发展课题组 . 2018. 2035：中国经济增长的潜力、结构与路径 . 管理世界，8：1-12.
周国梅，李霞 . 2012. 以可持续消费促进绿色转型 . 环境保护，（11）：16-19.
周景彤 . 2011. 中国坚持扩大消费与可持续消费并举 . 国际金融，（6）：27-29.
朱梦冰，李实 . 2018. 中国城乡居民住房不平等分析 . 经济与管理研究，（9）：91-101.
朱勤，魏涛远 . 2013. 居民消费视角下人口城镇化对碳排放的影响 . 中国人口 · 资源与环境，23（11）：21-29.
朱晓艳，胡庆十 . 2019. 新能源汽车补贴对企业应收账款影响分析——以比亚迪公司为例 . 现代商贸工业，40（13）：124-125.
庄筠 . 2019. 消费者行为的未来趋势 . 城市发展，商业管理研究，22（3）：498-505.
Akenji L. 2014. Consumer scapegoatism and limits to green consumerism. Journal of Cleaner Production，63：13-23.
Babakhani N，Lee A，Dolnicar S. 2020. Carbon labels on restaurant menus：Do people pay attention to them. Journal of Sustainable Tourism，（3）：1-18.
Berkhout P H G，Muskens J C，Velthuijsen J W. 2000. Defining the rebound effect. Energy Policy，28（6-7）：425-432.

Bouvier R，Wagner T. 2011. The Influence of collection facility attributes on household collection rates of electronic waste：The case of televisions and computer monitors. Resources，Conservation and Recycling，55（11）：1051-1059.

Canavari M，Coderoni S. 2020. Consumer stated preferences for dairy products with carbon footprint labels in Italy. Agricultural and Food Economics，8（1）：4.

Corrado S，Luzzani G，Trevisan M，et al. 2019. Contribution of different life cycle stages to the greenhouse gas emissions associated with three balanced dietary patterns. Science of the Total Environment，660：622-630.

Corsini F，Laurenti R，Meinherz F，et al. 2019. The advent of practice theories in research on sustainable consumption：Past，current and future directions of the field. Post-Print. Sustainability，11（2）：1-19.

Ding Q，Cai W，Wang C. 2017. Impact of household consumption activities on energy consumption in China—Evidence from the lifestyle perspective and input-output analysis. Energy Procedia，（105）：3384-3390.

Emberger-Klein A，Menrad K. 2018. The effect of information provision on supermarket consumers' use of and preferences for carbon labels in Germany. Journal of Cleaner Production，172 : 253-263.

Gen D Y，Liu J，Zhu Q. 2017. Motivating sustainable consumption among Chinese adolescents：An empirical examination. Journal of Cleaner Production，141：315-322.

Golley J，Meng X. 2012. Income inequality and carbon dioxide emissions：The case of Chinese urban households. Energy Economics，34：1864-1872.

Greening L A，Greene D L，Difiglio C. 2000. Energy efficiency and consumption—The rebound effect—A survey. Energy Policy，28（6-7）：389-401.

Hajer M. 2011. The Energetic Society in Search of a Governance Philosophy for a Clean Economy. Hague：PBL Netherlands Environmental Assessment Agence.

Hinton E D. 2011. Vertual Spaces of Sustainable Consumption：Govermentality and Third Sector Advocacy in the UK. London：King's College.

Hobson K. 2013. "Weak" or "strong" sustainable consumption in efficiency，degrowth，and the 10 Year Framework of Programmes. Environment and Planning，31（6）：1082-1098.

IPCC. 2014. Climate Change 2014: Synthesis Report. Cambridge: Cambridge University Press.

IPCC. 2018. Global Warming of 1.5℃. Cambridge: Cambridge University Press.

Ivanova D，Stadler K，Steen-Olsen K，et al. 2016. Environmental impact assessment of household consumption. Journal of Industrial Ecology，20（3）：526-536.

Jiang K，He C，Dai H，et al. 2018. Emission scenario analysis for China under the global 1.5℃ target. Carbon Management，9（2）：1-11.

Jiang K，He C，Xiang P. 2021. Transport scenarios for China and the role of electric vehicles under global 2℃/1.5℃ targets. Energy Economics，97：105172.

Jiang K，Zhuang X，Miao R，et al. 2013. China's role in attaining the global 2℃ target. Climate Policy，13：55-69.

Keramitsoglou K M，Tsagarakis K P. 2013. Public participation in designing a recycling scheme towards maximum public acceptance. Resources Conservation and Recycling，70：55-67.

Li P，Zhao P，Brand C. 2017. Future energy use and CO_2 emissions of urban passenger transport in China：A travel behavior and urban form based approach. Applied Energy，211：820-842.

Li Y，Zhao R，Liu T，et al. 2015. Does urbanization lead to more direct and indirect household carbon dioxide emissions? Evidence from China during 1996—2012. Journal of Cleaner Production，102：103-114.

Liu W，Oosterveer P，Spaargaren G. 2016. Promoting sustainable consumption in China：A conceptual framework and research review. Journal of Cleaner Production，134：13-21.

Lorek S，Fuchs D. 2013. Strong sustainable consumption governance-precondition for a degrowth path. Journal of Cleaner Production，38：36-43.

Mccullum-Gomez C. 2011. 2011 State of the world: Innovations that nourish the planet. Journal of Nutrition Education & Behavior，44（3）：280.e5.

Mi Z，Zhang Y，Guan D，et al. 2016. Consumption-based emission accounting for Chinese cities. Applied Energy，184：1073-1081.

Michelozzi P，Lapucci E，Farchi S. 2015. Meat consumption reduction in Italian regions：Health co-benefits and decreases in GHG emissions. PLoS One，106（8）：354-357.

Mueller W. 2013. The effectiveness of recycling policy options：Waste diversion or just diversions. Waste Management，33（3）：508-518.

Paterson M，Stripple J. 2010. My space：Governing individuals carbon emissions. Environment and Planning，28（2）：341-362.

Qu J，Zeng J，Li Y，et al. 2013. Household carbon dioxide emissions from peasants and herdsmen in Northwestern Arid-Alpine Regions，China. Energy Policy，57（6）：133-140.

Ravandi B，Jovanovic N. 2019. Impact of plate size on food waste: Agent-based simulation of food consumption. Resources，Conservation & Recycling，149 : 550-565.

Shui B，Dowlatabadi H. 2015. Consumer lifestyle approach to US energy use and the related CO_2 emissions. Energy Policy，33（2）：197-208.

Stoll-Kleemann S，Schmidt U J. 2017. Reducing meat consumption in developed and transition countries to counter climate change and biodiversity loss：A review of influence factors. Regional Environmental Change，17（5）：1-17.

Tian X，Chang M，Lin C，et al. 2014. China's carbon footprint：A regional perspective on the effect of transitions in consumption and production patterns. Applied Energy，123：19-28.

Tukker A. 2013. Knowledge collaboration and learning by aligning global sustainability programs：Reflections in the context of Rio+20. Journal of Cleaner Production，48：272-279.

Wang C，Ghadimi P，Lim M K，et al. 2019. A literature review of sustainable consumption and production：A comparative analysis in developed and developing economies. Journal of Cleaner Production，206：741-754.

Wang S，Fang C，Guan X，et al. 2014. Urbanization，energy consumption，and carbon dioxide emissions in China：A panel data analysis of China's provinces. Applied Energy，136：738-749.

Wang Z，Liu W，Yin J. 2015. Driving forces of indirect carbon emissions from household consumption in China：An input-output decomposition analysis. Natural Hazards，75：257-272.

Wu Y，Tian X，Li X，et al. 2019. Characteristics，influencing factors，and environmental effects of plate waste at university canteens in Beijing，China. Resources，Conservation and Recycling，149：151-159.

Xu B，Lin B. 2015. How industrialization and urbanization process impacts on CO_2 emissions in China：Evidence from nonparametric additive regression models. Energy Economics，48：188-202.

Xu X，Han L，Lv X. 2016. Household carbon inequality in urban China，its sources and determinants. Ecological Economics，128：77-86.

Yoshikawa N，Fujiwara N，Nagata J. 2014. Scenario analysis of greenhouse gases reduction by changing consumer's shopping behavior. Energy Procedia，61：1532-1535.

Yuan B，Ren S，Chen X. 2015. The effects of urbanization，consumption ratio and consumption structure on residential indirect CO_2 emissions in China：A regional comparative analysis. Applied Energy，140：94-106.

Zhang Y J，Bian X J，Tan W，et al. 2017. The indirect energy consumption and CO_2 emission caused by household consumption in China：An analysis based on the input-output method. Journal of Cleaner Production，163：69-83.

Zhi J，Qiao Q. 2012. Carbon footprint analysis on food consumption life cycle: An empirical analysis of China's residents. Energy Education Science & Technology，30（2）：547-552.

Zhou X Y，Zhou D，Wang Q，et al. 2019. How information and communication technology drives carbon emissions：A sector-level analysis for China. College of Economics and Management，81：380-392.

第 11 章　低碳发展的政策选择

主要作者协调人：陈诗一、王文军
编　　　　　审：段茂盛
主　要　作　者：邵　帅、李志青、张翼飞、刘瀚斌

▪ 执行摘要

本章从政策机制层面对中国自 2012 年以来在低碳发展方面的政策类型、政策应用效果、低碳发展政策的交互关系，以及低碳发展政策对部门和国家减碳目标的贡献进行梳理和评估。面对低升温目标如 1.5℃目标，要求人类社会进行前所未有的减排行动，其带来的挑战将是空前的，需要政策和制度的多维创新支持。

11.1 引　　言

为了应对气候变化的严峻挑战，中国在污染治理、节能减排、环境保护等领域出台了一系列低碳发展政策，旨在控制温室气体排放，积极响应国际减缓气候变化目标。低碳发展政策是指在实现社会经济发展的同时以保护生态环境为目标而制定的一种发展政策，其根本上是为了代表人类生存发展的利益，全球各地主要在实现低碳排放的共同目标的指引下，通过制定技术、产业、能源等相关低碳政策，利用强制、引导和激励等方式减少煤炭、石油等化石能源消耗产生的温室气体排放，在保护环境的同时，促进经济平稳快速地实现低碳转型，形成新的经济增长点，其符合社会全体成员的生存发展需要。

11.2 低碳发展政策的评估边界与方法

11.2.1 低碳发展政策的概念与评估边界

1. 低碳发展政策的概念与内涵

低碳发展政策是为了实现温室气体减排目标而制定的一系列社会经济、产业和能源政策。随着全球应对气候变化进程的不断深入，实现减缓气候变化的目标也在不断变化中。2015 年通过的《巴黎协定》确定了 2℃和 1.5℃温升目标，我国也签署了《巴黎协定》，因而《巴黎协定》目标也是我国要实现的低碳发展目标。低碳政策是为实现这些目标而制定的相关政策。

目前，世界各国的低碳发展政策主要以低碳经济政策、财政政策、金融政策、税收政策、能源政策、消费政策、产业政策、市场政策、交通政策等气候变化政策为基础，它们相互融合以形成不同层次结构和政策作用机制，满足政府、企业、社区和个人的政策诉求。

通常而言，低碳发展政策工具主要包含以下四类：一是命令控制型政策，其主要表现为提出具体的减排指标并具有较强的行政约束力；二是市场机制型政策，其通过市场的力量实现控制碳排放的目标；三是财税金融型政策，即通过政府出台的财税或金融政策控制碳排放；四是公共参与型政策，这类政策通过某些激励手段推动全民推行低碳生产和消费行为。

各个国家基本都采用了上述四类政策工具或不同政策工具的组合，但是政策主题、政策工具的使用略有不同。发达国家以及中国的政策已经比较全面，具有很强的相似性。这些国家和地区基本都采用了规划的目标、节能标准、排放标准、准入标准，以及补贴、税收、投资等政策，但是政策强度不同。欧盟则较多依赖碳排放权交易政策。中国和美国则更多依赖标准、补贴等政策。

实现《巴黎协定》目标的减排途径主要包括：能源系统的转型，实现能源活动排放的深度减排，实现 1.5℃温升目标则需要电力系统实现零排放甚至负排放；终端能源需求部门大力推进节能以及电力化，利用可再生能源；推进土地利用的变革，减少农业生产的温室气体排放，强化林业碳汇（IPCC，2014）。实现这样的减排途径的政策就是低碳政策的努力方向。

1）英国低碳政策

英国也是气候变化行动的引领者。20 世纪末，大量化石能源消耗使得英国开始反思经济模式转变和政策体制变革，也正是在这个变革时期，英国提出了发展低碳经济的战略构想，对传统产业进行结构调整和变革升级，尤其对其长期缺乏创新的部门，诸如煤炭、钢铁、能源等丧失经济活力的传统产业进行淘汰、合并、调整，并刺激创新产业和高技术集群产业活力。在政策制定方面，政府大力推行气候变化税，以能源用量为计税依据，将企业是否使用清洁能源作为减免条件，企业是否符合减免条件以及税收减免多少由当地的工商部门和公共部门负责，其减免的税款一方面用于企业减免社会保险，另一方面用于节能投资；政府成立由其投资并以企业运行的碳基金管理公司，其资金来源主要是气候变化税，这些资金用于低碳技术的研发、打通低碳技术商业链、投资孵化器等，其为促进碳技术产学研一体化、加速低碳技术商业化进程提供了资金支持。英国的低碳政策主要是以挖掘用能潜能、减少能耗成本、提升能耗性能、健全国家能源体系建设和降低煤炭能源比重为政策目标的制度体系。

2007 年，英国着重在低碳社会构建上进行规划，伦敦开展减少二氧化碳排放量的全面行动。该计划设置了 2025 年的目标，该计划由四个主要部分组成：绿色家庭、绿色组织、绿色能源和绿色运输。绿色家庭项目能够削减近一半的二氧化碳排放量，主要借助住房绝缘和高效能源设备。绿色组织项目旨在鼓励公司通过简单的管理方法节约能源，如关灯和关 IT 设备来提高建筑的能源效率。绿色能源的目标是从国家电网中节省掉 1/4 的伦敦供电，再寻找更为有效的当地能源系统。绿色运输项目鼓励人们去乘坐公共交通工具，采取奖励有效使用清洁燃料的车辆的方法，免除这些使用清洁燃料车辆的停车费用。

2020 年，为支持欧盟设立的 2050 年温室气体中和的目标，英国提出要提前于欧盟的时间实现温室气体中和。目前，英国已经在针对 2040 年左右实现碳中和目标制定全面的政策，来促进能源转型、产业转型，以尽早实现碳中和目标。

2）欧盟低碳政策

欧盟一直是全球发展低碳的领先者。欧盟设定了 2050 年的减排目标，气候变化战略也是欧盟社会经济发展战略的顶层战略，其他的发展政策都以碳排放目标为引导，包括经济发展战略。

由于欧盟有明确的碳减排目标，欧盟采用碳排放权交易对大的排放源按照减排目标进行约束。对于没有纳入碳排放权交易的小型排放源，建筑部门则是制定了 2016 年后新建建筑要达到超低能耗标准，到 2040 年既有建筑改造实现超低能耗，对于建筑内的电器制定了能耗标准，对于交通则实施了碳排放标准措施，对于没有纳入碳排放权交易的工业部门则推进电力化。同时，欧盟也鼓励城市公布零排放日程、推进碳标识等消费侧的低碳政策。根据欧盟要求，所有的这些政策都要和欧盟的长期减排目标一致。

欧盟在 2006 年的报告中指出了能源效能在成本效益上的瓶颈，并提出了技术应对策略。2007 年，欧盟制定了未来的政策目标，即到 2020 年将温室气体排放量减少 1990 年排放量的 20% 以上，把清洁能源在总能源消耗中所占比例至少提高 20%。同年，制定欧盟能源技术战略规划，为低碳技术的发展提供平台，突破低碳技术瓶颈是欧盟在世界上领先的先决条件。2008 年欧盟制定了气候一揽子计划，涵盖欧盟排放权交易机制修正案、碳捕捉和封存的法律框架、欧盟成员国配套措施任务分配、可再生能源指令和汽车碳排放法规及燃料质量指令的法规等，这些法律法规将引领世界向节能减排的低碳方向延伸。2010 年通过“欧洲 2020 战略”，计划 2020 年能源消费总量中可再生能源比重达到 20.7%。2014 年，欧洲委员会提出欧盟各国减排 40% 的目标。

欧盟已经开始全面推进全球 1.5℃温升目标。2019 年 12 月欧盟通过了绿色新政，明确了 2050 年实现碳中和的目标。2020 年 1 月欧盟提出了绿色新政投资计划，还提出了未来十年将有 1 万亿欧元的可持续投资。2020 年 3 月欧盟向 UNFCCC 正式提交了欧盟低排放长期战略，目标是 2050 年实现碳中和，同月欧盟提交了欧洲《气候变化法》草案。2020 年 5 月欧盟出台了欧洲绿色复兴计划建议，提出了未来七年近 8000 亿欧元的投资规模。2020 年 7 月欧盟通过艰难的讨论之后，提出了 1.82 万亿欧元的绿色复兴计划。其中，30% 的投资直接用于气候变化相关项目，全部投资都要与 2050 年碳中和目标相一致。这些投资是未来七年的投资计划，也就意味着，其中大概有 6000 亿欧元直接用于气候变化相关项目（康艳兵等，2020）。

欧盟的行动具有变革性意义，将会改变国际上针对气候变化的国际合作、政策制定、技术发展、经济转型、产业布局等，会将气候变化的减排责任、负担转变为经济竞争。其他发达国家预计会很快跟上，如美国、日本等（康艳兵等，2020）。

3）日本低碳政策内涵

2006 年，日本政府发布《新国家能源战略》以应对多变的能源市场和地缘政治风险的不确定性。该战略中提到至 2030 年，能效提高 30%，石油占一次能源供应比降低 10%，交通领域的石油依赖减低 20%，核电利用率近半，石油的海外开发增加 30%。这样的能源情景集结了多项政治举措，融合了发掘新型交通运输能源、能源创新、敦促节能、核能为本、开辟能源技术领域、增进能源战略储备等发展理念，以亚洲能源环境合作计划为蓝本实现其目标。日本的低碳政策主要是以提高能源效率为能源政策的首要目标。

日本在低碳社会的构建上，着力从生活方式的改变上进行引导，2019 年 Shiga 县提出恢复 Biwa 湖水质量，将垃圾容量减少至 75%，并且到 2030 年将二氧化碳排放量减少至 50%。这项计划需要得到市民、商务以及当地政府的配合。目标是合作者们通过“可持续性税收”和“可持续性金融”来分享经济和环境的利益。具体措施包括环境条例、关于使用土地以及建设的条例、对于先进科技的补贴、自愿的环境行动计划和意识 / 教育项目。

和其他发达国家类似，日本已经提交的减排目标是 2050 年减排 80%。近期日本政府也在考虑 2050 年实现碳中和的目标。日本加大了能源转型的力度和战略设计，大力发展可再生能源，并考虑发展新一代核电，同时计划进口氢替代进口石油、天然气和煤炭，日本的能源变革也开始呈现出来。

4）美国低碳政策

自 2010 年以来，美国政府致力于驱动页岩气技术革命和推行气候政策，2013 年，美国政府公布《总统气候行动计划》，表明实施气候行动计划可以不经国会批准直接行使行政权，这意味着行政体制改革迈入了新时期。在计划中，美国制定了到 2030 年温室气体减少 30 亿 t 排放量的政策目标，并责令美国国家环境保护局在 2016 年之前制定完成发电厂碳排放标准，同时部署了建筑、交通领域的能效提升计划。

为了保障清洁能源的经济支持，联邦政府引入金融工具，吸纳风险资本和私人融资，并辅以立法保障和税收减免等数项举措护航。在政策干预和激活市场的共同作用下，美国温室气体减排技术发展飞快。2007 年美国国会提交了数项应对气候变化的立法草案，其中《美国气候安全法案》明确了控制温室气体排放总量，《低碳经济法案》对温室气体零排放技术的研发设立了经济激励机制。可见，在研发清洁能源及煤炭发电的碳捕捉和封存技术、鼓励新型能源应用等政策激励的积极引导下，发展清洁能源已经成为美国各个阶层的共识。

近年来，以美国为代表的国际都市着力打造低碳交通体系建设，坚持公共交通优先发展的战略方向，完善大运量轨道交通系统，减少机动车运行量，如巴黎通过市区和郊区轨道交通网络建设，有效减少了私家车出行量；采用经济性政策加强私人汽车的使用管理，如美国提出 2016 年新生产的客车和轻型卡车百公里耗油将不超过 6.62L，单车 CO_2 排放将减少 1/3。

2020 年 6 月美国众议院气候危机特别委员会提出了 2050 年实现净零排放的路线图。尽管美国众议院的 2050 年净零排放路线图现在还不具有法律效力，但是这个 500 多页的行动方案已经很清晰地展示了国家和各个行业的减排技术、措施、政策路线图。美国之前的行动方案在形成法令的时候均有很详细的措施。2021 年，拜登正式就任美国总统，将气候变化作为重要执政议题，拟投入约 1650 亿美元改善公共交通设施及进行维护；1740 亿美元用于减少拥堵，从而减少污染和温室气体排放、促进交通电动化等。

2. 低碳发展政策的评估

对于低碳政策评估，主要根据对低碳政策的理解不同产生不同的派别，总体来看可分为以下几种：

政策工具观点。将低碳政策评估主要作为一种针对政策内容的分析工具，主要作用就是为决策者提供有关政策执行过程和执行结果的相关信息，决策者可以利用这些信息对下一阶段政策进行设计。

政策方案观点。政策评估主要是针对政策的“事前评估”，通过比较不同政策方案的优缺点，选择高质量方案。

政策过程观点。主要是将低碳政策进行全生命周期的评估，即从政策的设计制定到政策的落地执行，直至政策的监督终结的每一个环节予以评估。

政策效果观点。主要对政策执行的结果进行评估，通过对政策执行后的结果进行核实、分析，判断政策执行结果是否满足预期的目标。

政策多要素观点。将政策方案比选、全生命周期的评估、政策效果评估融合整合，将政策评估作为效果和过程的评估。

低碳发展政策的评估起步较早，但随着可持续发展理论、绿色发展理论等创新理论的丰富和完善，低碳发展政策评估的内容和对象日益系统化和复杂化。越来越多的利益相关者参与，不同的价值判断使得评估主体、评估标准向多样化演变；评估对象的广泛性与针对性也间接反映了各国在低碳发展方面的重视程度和利益主张。评估方式也从最初的政策实施后的仅看效果评估演化为对政策全生命周期的评估；评估方法也呈现出多元化特点，多学科的交叉融合为低碳发展政策评估提供了多种相互独立也相互融合的途径。

低碳政策评估领域逐渐成为关注热点，现有研究主要从以下两类视角对低碳政策工具展开研究和讨论。第一类视角是研究现有低碳政策工具的分类构成，如通过对风能政策文本量化统计分析，指出目前我国的风能政策供给型政策工具占据主导地位，环境型和需求型政策工具使用不足（黄萃等，2011），采用共词分析对低碳政策进行梳理，将低碳政策工具划分为五大类，并认为低碳政策强制性过强，投资政策与交易政策结构不匹配，低碳专利政策具有分散、关联性低等特点（罗敏和朱雪忠。2014）。赵海滨（2016）分析了清洁能源发展政策，发现我国现有清洁能源政策存在需求型政策工具相对缺失、产业过程不结合的问题。第二类视角是政策工具与技术创新研究，主要集中于单一其他领域政策工具对低碳技术创新的影响且影响结果各不相同，如其从金融发展知识产权和金融市场化角度分别对我国低碳技术效率起正向和负向影响（李后健和张宗益，2014）；通过研究发现，金融支持对于提升技术效率具有积极的推动作用（荣婷婷和赵峥，2015）；环境管制中低碳管制对全球工业贸易点计划改进具有推动作用。研发补贴与碳减排相结合是实现绿色增长的最佳途径，通过运用空间杜宾模型检验了强制性环境规制和自愿性环境规制对低碳工业生产率的影响，发现前者对政治属性较高的城市具有显著的正向影响，但对政治属性不显著的城市影响甚微；后者对所有类型的城市都具有直接和间接的正向影响（Ploeg and Withagen，2013；Telle and Larsson，2007）。

低碳发展是一种以低耗能、低污染、低排放为特征的可持续发展模式。低碳经济的实质是以低碳技术为核心、低碳产业为支撑、低碳政策制度为保障，通过创新低碳管理模式和发展低碳文化，实现社会发展低碳化的经济发展方式。

从低碳、气候政策的评估方法研究现状看，其集中于定量研究方法，但国外学者注重于构建评估模型，包括“自上而下”与“自下而上”模型及混合模型也都对各国的实际低碳政策进行了模拟，所使用模型以 CGE 模型居多；而国内学者则注重评估指标体系的构建，也结合国内的低碳规划、低碳政策等进行了实证分析；少数定性研究主要运用调查法、比较法等定性分析方法。

11.2.2 低碳发展政策的评估方法

1. 政策评估的概念、框架发展

政策评估是随着政策实践与理论研究的发展而产生的，是政策科学研究的重要内

容之一。政策评估在政策学习和政策调整方面具有十分重要的作用，是无法被取代的（Howlett and Ramesh，2003）。

政策评估始于 20 世纪初期，随着行政环境和政府理念的转变、政策科学的不断发展、研究和实践范围不断扩展，研究者对政策评估的研究也不断深入，政策评估的理论和方法也在不断发展和创新，对政策评估的内涵的理解也从实证本位（定量）向规范本位（定性）转变。政策评估的发展分为四个阶段（Guba and Lincoln，1987）：第一代政策评估是一种测量取向模式，即重点关注政策实施效率和政策目标实现程度的效果评估。测量取向模式兴起于 20 世纪初期，主要受到两个情景因素的影响：第一个是社会科学行为主义的兴起，重视量化研究方法；第二个是科学管理运动对于测验行为的激发。第二代政策评估是一种描述取向的评估模式。这种模式出现在 20 世纪 40 年代，强调的是对明确目标的优缺点模式进行描述。第三代政策评估是一种判断取向的评估模式，其出现于 20 世纪 60 年代中期，重点关注政策价值和实用性的使用取向评估。作为对前两代评估的修正，判断取向评估模式认为，不仅政策的绩效，而且政策目标本身也应当被看作是存在的问题而需要评估的。第四代政策评估是 20 世纪 70 年代中期的回应与建构主义的评估模式，其重点关注政策的社会公平与公正性评估。

政策评估方法论的重点在于不断发展演化和完善，从实证主义开始，逐渐向价值多元主义发展。同时，价值多元主义的政策评估并不完全否定实证主义，而是强调实证主义研究无法满足现实社会价值判断和伦理的需要，应该有新的政策评估方法能考虑多元利益主体的诉求和政治因素，以弥补实证主义研究的不足。

2. 政策评估方法及其在低碳发展政策领域的发展

最近几十年来，政策评估的理论和方法研究在环境与气候变化政策领域发展迅速。20 世纪 70 年代初环境经济学快速发展，应用经济理论和经验研究方法的最新成果不断呈现，引起人们对环境公共政策的广泛关注。

基于环境质量的改善或退化一般都是多种环境政策组合作用的结果，不能简单归因于某项环境政策的成功或失败，欧盟一般采用由欧洲环境署（EEA）开发的驱动力 – 压力 – 状态 – 影响 – 响应（DPSIR）框架，将人类行为的变化与环境经济产出相结合，分析研究环境政策的效果。在确定环境政策的效果后，评价一项环境政策经济效益主要采用成本效益分析法。欧盟在进行环境政策的成本效益分析时，将环境政策的成本分为直接成本和间接成本两种类型。其中，直接成本包括合规成本和政策执行成本，间接成本包括间接合规成本和其他间接成本。环境政策的效益分为直接效益和间接效益两种类型。其中，直接效益包括社会福利效益和市场效率效益，间接效益包括溢出效益和宏观经济效益。

20 世纪 90 年代起，随着气候变化问题逐渐成为国际关注的焦点，气候变化政策和低碳发展政策也受到各界广泛关注。同时，针对气候变化政策和低碳发展政策评估，以环境政策评估方法为基础的研究也快速发展。

与欧盟的环境政策评估方法相似，美国根据环境保护局颁布的《准备经济分析的导则》，将成本效益分析和经济影响分析作为环境政策的主要评估方法。为了进一步对气候变化政策以及低碳发展政策的社会经济影响进行深入评估，美国在进行成本效益分析时引入了碳排放的社会成本（social cost of carbon，SCC），即以货币价值测算增加排放 1t 二氧化碳或者其他温室气体所带来的损害。SCC 贯穿于美国低碳发展政策的制定与评估中，通过对碳排放的外部性大小进行衡量，并测度相关的政策法规如何将该外部性进行内化，从而为政策制定提供依据，为政策评估提供标准。

虽然中国发展晚于其他国家，但最近十几年来在低碳发展政策评估领域也取得了长足的进展。基于对相关文献的梳理，中国低碳发展政策评估一般使用三大类评估方法：环境经济学评估方法、社会学评估方法和数学评估方法（刘俊秀，2012）。表 11-1 给出了中国环境政策评估问题及评估方法。

表 11-1　中国环境政策评估问题及评估方法

主要评估问题		评估方法	方法的应用
低碳发展政策的设计	政策的必要性、政策目标明确可行、政策执行人员机构是否明确、政策监督机制是否科学等	社会调查分析法	运用调查问卷向被调查人了解政策设计的相关情况与意见
低碳发展政策的结果	政策目标达成程度	对比分析法	通过对比政策实施前后的变化情况等，对比低碳发展政策执行前和执行后、试点或非试点的联系与区别
		倍差法	将政策实施看作一个“准自然”实验，通过比较实施政策的地区的前后差异，评估低碳发展政策净效益
低碳发展政策的效率水平	低碳发展政策的成本收益	成本收益法	通常用价值评估法将低碳发展政策所产生的成本与效益货币化，从而评估低碳发展政策的效率
低碳发展政策的经济影响	评估低碳发展政策经济影响主要包括：经济结构的调整、产业结构的变化、企业技术的创新、居民的福利以及消费水平等方面	CGE 模型	利用 CGE 模型评估低碳发展政策与经济活动之间的关系
		计量经济模型	采用面板数据等计量经济模型等，分析低碳发展政策实施等系列因素对经济活动的影响
低碳发展政策的社会影响	评估低碳发展政策的社会影响主要包括：社会公平、人口、就业、公民的健康水平以及行为变化等方面	社会调查分析法	运用调查问卷向各个被调查人了解低碳发展政策社会影响的相关情况与意见
低碳发展政策的时间效应	低碳发展政策实施前后在时间范围上产生的影响	时间滞后变量模型	通过建立“时间滞后变量模型”，将时间因素作用考虑在内，评估低碳发展政策在实施前后产生的影响
低碳发展政策的空间效应	低碳发展政策实施在空间范围上产生的影响	空间计量经济法	通过空间面板数据模型、等空间计量模型分析低碳发展政策的空间效应
		地理加权回归法	将低碳发展政策数据的空间位置引入回归系数中，利用非参数估计方法，分析回归系数随空间的变化情况

3. 低碳发展政策评估方法在中国的应用

随着政策评估理论及方法的发展，以及政府对污染防治、低碳发展政策的重视，越来越多的研究开始关注中国环境治理及绿色低碳发展的政策评估。

目前，中国污染控制政策总体执行效果一般，在环境保护中的作用显著和执行效果较好的环境政策是环境法律法规、标准以及环境影响评价制度、“三同时”制度、环境规划制度、排污收费制度等（蒋洪强等，2008）；在环境保护中的作用显著和执行效果较差的环境政策是环境保护责任制度、排污申报登记制度、排污许可证制度和公众参与制度等。2017 年环境经济政策建设取得了重要进展：一是经济政策的绿色化水平进一步提升；二是企业环境治理经济激励机制进一步健全；三是绿色消费政策不断完善。但环境经济政策还存在很多不足：一是服务于生态文明建设的环境经济政策存在结构性短缺；二是经济政策与环保政策严重脱节，呈现“两张皮”问题；三是解决突出生态环境问题的环境经济政策有效供给不足；四是重制定、轻评估、轻实施严重影响了政策有效性（董战峰等，2018）。

低碳试点区域与非低碳试点区域的碳排放量在低碳试点政策实施后并不存在显著差异。部分研究指出，我国目前的低碳发展政策仍存在较多问题，总体执行效果有待进一步提升（陆贤伟，2017）。但是也有研究认为，低碳试点政策对城市的碳排放强度下降具有显著且持续的推动作用（周迪等，2019）。

模型评估是低碳政策评估的重要研究方法。情景分析方法是一个广泛采用的低碳政策评估方法（IPCC，2014）。对不同温升目标下实现减排途径的分析，给出实现这些减排途径的主要政策措施，并和国家其他社会经济发展目标相结合，实现多种目标下政策相互关联。模型工具有不同的方法，包括综合评估模型、技术经济分析模型、一般均衡模型等。

11.3　低碳发展政策类型与应用效果

通常而言，低碳发展政策工具主要包含以下四类：一是命令控制型政策，其主要表现为提出具体的减排指标并具有较强的行政约束力；二是市场机制型政策，其通过市场的力量实现控制碳排放的目标；三是财税金融型政策，即通过政府出台的财税或金融政策控制碳排放；四是公共参与型政策，这类政策通过某些激励手段推动全民推行低碳生产和消费行为。

11.3.1　命令控制型政策

命令控制型政策工具在世界各国被广泛采用。我国的命令控制型政策主要包括规划目标、节能标准、排放标准、准入标准等。

碳减排目标的实现在很大程度上依赖于有效的环境政策工具，而命令控制型政策因具有较强的行政约束力而被广泛采用。现有研究对中国碳减排的命令控制型政策效果进行了评估，其中，CGE 模型或者倍差法（difference-in-differences，DID）模型应用较多。总体而言，这些研究发现命令控制型政策是实现碳减排的重要和有效手段，但也可能会降低全要素生产率，产生较高的福利成本。

为实现中国政府制定的2020年减排40%~45%的目标，减少电力和制造业部门的煤炭消耗至关重要（Dai et al.，2011）。同时，判断低碳发展政策的成败应该关注其减排成本（Wang et al.，2009），选择不同的低碳发展政策将产生减排成本的差异，不同的评估方法对命令控制型政策的成本分析结果不尽相同。一些命令控制型政策的实施可以减少市场失灵，解决那些市场失灵导致成本有效措施难以快速推进的问题。但大多数技术经济分析结果显示，命令控制型政策是一种成本有效的政策工具。而采用CGE模型或者其他经济模型评估方法，将新的措施作为一个对经济活动的外生冲击，一般会产生额外的社会经济成本（IPCC，2014；Huebler et al.，2014）。此外，低碳发展政策成本的大小也取决于创新模式（Gans，2012；Huebler et al.，2012；Allcott and Greenstone，2012）。

1. 命令控制型政策对碳排放量的影响

命令控制型政策一般可以带来直接的减排效果。命令控制型政策一般采用具有明确措施目标的方式来实施，其带来的减排效果也很具体，如节能标准、电动汽车推广目标等，使得减排效果可以容易核算和观察。这是命令控制型政策被广泛采用的原因之一。命令控制型政策已经有很长的应用历史和很好的经验，在政府管理体系和政策实施进程中已经较为体系化（IPCC，2014）。命令控制型政策仍然是实现《巴黎协定》目标的主要政策类型之一，特别是各国国情不同，命令控制型政策仍将是一个主要的政策选项。

在利用CGE模型进行评估的情况下，对于外生的末端污染排放技术政策冲击，能源行业和重工业行业的生产规模均会缩小，尤其是钢铁产量规模的收缩更为显著。相对而言，服务业反而是唯一直接受益于该项政策冲击的部门，这是因为环保部门对末端污染处理技术产生了额外的服务需求。当政府将额外的税收用于研发时，其对服务的额外需求刺激了服务业部门的增长。同时，在面临终端污染排放处理技术的冲击时，钢铁行业的增加值损失更为严重，这主要源于该技术具有较高的引进和运营成本（Liu et al.，2014）。

此外，终端污染控制技术的应用对二氧化碳排放的控制与其他污染物排放的控制可能存在一定的冲突，因此减排效果呈现单一化，该技术无法同时有效控制其他污染物的排放。换句话说，虽然命令控制型政策的实施有利于碳减排，但却不利于其他污染物的减排。相对而言，碳税等市场机制型政策在控制多种污染排放方面具有更加明显的效果。因此，命令控制型政策可以实现更快、更有效但成本更高的减排效果。鉴于其他多项研究（Hille and Shahbaz，2019）均得到了类似的结论，上述研究结论具有高信度。

因此，在考察不同低碳发展政策的实施效果时，经济特征应该成为重要的判断标准之一。对于那些成本较低的节能减排技术而言，强制执行这些技术的命令控制型政策显然具有成本优势。同时，政府在制定低碳发展政策时，应该在以碳减排为核心目标的同时兼顾各种大气污染排放的关联性，以期实现碳减排与污染减排的协同效应。另外，不同政策间的相互协调尤为重要，空气污染和二氧化碳减排政策的制定与实施是一个跨部门的过程，涉及传统的环境保护部门和气候部门，因此有必要通过顶层设计，以协调不同政策间的实施策略，以期同时实现环境污染与二氧化碳的协同减排，而缺乏协同目标的单一政策方案可能会破坏低碳发展政策和环境治理政策之间的协同有效性。

2. 命令控制型政策对社会福利损失的影响

对低碳发展政策实施效果评估时，特别是以中国这样正经历快速发展的大国为研究样本时，尤其需要准确识别相关政策对经济增长及社会福利的影响，才可能对低碳发展政策的实施效果进行有效评估。Bretschger 和 Zhang（2017）基于 CGE 模型，将能源要素纳入多部门内生增长框架，以 Romer（1990）的理论框架作为其 CGE 模型的理论基础，利用中国的投入产出数据考察了未来不同情景下低碳发展政策对宏观经济的潜在影响。其中，内生的技术创新和资本投资增加了产品数量和知识存量，并且通过提高生产率来实现经济的快速增长。同时，将内生增长理论框架在能源和对外贸易等多个部门的扩展，实现了每个经济部门的内生增长机制设定。

具体地，碳减排政策对能源密集型中间产品的生产被认为存在负面影响，但对企业低碳投资则具有积极影响。进一步地，低碳投资会带来积极的“干中学”效应而产生明显的技术溢出效应。碳减排政策会引发不同要素间的替代效应变化，主要表现为减排政策会增加替代化石能源要素的动力。除了这种替代效应外，企业还会积极寻求新的生产技术来提高能源的利用效率或生产率（邵帅等，2019）。这样，碳减排政策会引致能源税率提高，而资本价格相对于能源价格也会变得更加便宜，从而促进经济体中所有部门的投资增长。这将在整个国家层面产生积极的溢出效应，有助于增加低碳发展政策的福利收益。碳减排政策对创新和技术改进可以产生积极作用。相反，如果没有实施低碳发展政策，上述积极影响将无法实现。显然，知识的外溢效应所表现出的积极外部性是上述理想效果能否发生的关键。

然而，从长期来看，除能源价格上涨的负面影响外，低碳发展政策也可能创造福利收益，这主要源于技术创新所带来的积极影响。由于技术知识的外溢效应具有积极的外部性（邵帅等，2019），因此如果未实施减排政策，就难以产生上述积极影响。并且，处于快速增长中的经济体更容易实现严格的减排强度目标。对于中国而言，与 2005 年相比，在 2030 年碳排放强度下降 65% 的目标下其福利损失相对较小。

此外，政策成本也会受到经济增长的强烈影响（Huebler et al.，2014）。随着碳减排政策的严格实施，福利成本将大幅增加，这表明在经济体处于不断变化的创新和投资能力的条件下，对于较高的经济增长率而言，碳减排政策的经济成本不能被忽视。当然，能源行业技术的快速发展、“干中学”效应的加强、能源价格上涨所引发的诱导性创新等因素，在很大程度上会降低低碳发展政策实施的经济成本。既有研究表明，1.5℃温升目标要求 2010~2100 年中国的平均能源消费量降至 2010 年的 65.1%，且负排放技术将成为能源重构的重要力量（段宏波和汪寿阳，2019）。然而，城市化水平的提高却会产生与之相反的影响。在行业层面上，对于机械制造和电力部门等高碳部门而言，增加单位碳减排的投资水平可以更加有效地提高资本的回报率，从而有助于降低低碳发展政策的经济成本。

11.3.2 市场机制型政策

市场机制型政策主要包括碳排放权交易制度、绿证交易及用能权交易等政策。受限于发展阶段，市场机制型政策在我国的应用仍处于探索阶段。其中，碳排放权交易等市场化措施被认为是一种重要的政策手段，有可能是成本较小的推进碳减排的政策措施（IPCC，2014）。

1. 碳排放权交易制度的政策目标及效果评估

碳排放权交易体系（emission trading system，ETS）是一种利用市场的力量来达到控制二氧化碳等温室气体排放量的政策。将环境纳入市场机制中，最早由美国经济学家 Dales 在《污染，财产与价格：一篇有关政策制定和经济学的论文》（1968 年）一书中提出。Dales（1968）依据科斯定理，将产权的概念引入环境污染的控制研究中，进而提出了排污权交易的设计。1997 年通过的具有法律约束力的《京都议定书》建立了以《联合国气候变化框架公约》（UNFCCC）为依据的温室气体排放权市场交易机制，即清洁发展机制和联合履约机制，以帮助缺乏资金难以减排的国家。

政府利用 ETS 对一个或多个行业的碳排放总量实施控制时需遵循“总量控制与交易”的原则。纳入碳排放权交易体系的企业每排放 1t 温室气体（通常是二氧化碳），就需要有一个单位的碳排放配额。企业可以获取或购买这些配额，也可以和其他企业进行配额交易。政府设定碳排放权交易体系中各行业所允许排放温室气体总量的最大值。碳排放权交易总量控制的限额应提前设定，应随着时间推移逐步下降，并且碳排放权交易的总量应该和该地区的总体节能减排目标相匹配，进而向市场传递出长期的价格信号，帮助企业更好地规划和投资，从高碳排放高能耗向绿色低碳领域转型。并且，总量控制一旦确定，政府需要在履约机构（如企业）中分配可交易的碳排放配额。一个配额代表 1t 温室气体的排放权。政府可以决定给企业免费发放配额（基于企业的历史排放或者基于行业或产品的排放基准），政府也可以对配额进行拍卖。配额分配方式的选择和设定会影响企业控制碳排放的路径和方法，也会影响市场的碳配额价格。政府需要决定哪些行业以及哪类温室气体会被纳入碳排放权交易市场当中。理论上讲，覆盖较大范围的行业和气体种类的碳排放权交易市场是更有效的。实际操作中，一些行业的气体排放监测和报告可能比较困难，或成本较高，而其他一些行业的减排可能很困难，因此碳排放权交易体系的范围需要因地制宜。目前，世界范围内大部分碳排放权交易体系均涵盖了能源和工业行业。作为最常见的温室气体，二氧化碳基本上被涵盖。其他被涵盖的温室气体还包括甲烷、一氧化二氮，以及其他氟化气体（如六氟化硫、氢氟烃和全氟碳化物）。

目前，国外实施主要的碳排放权交易制度有：欧盟温室气体排放权交易体系（European Union greenhouse gas emission trading scheme，EU ETS）、美国的加利福尼亚州排放权交易制度（California cap-and-trade program，California CAT）和区域温室气体减排倡议（regional greenhouse gas initiative，RGGI，包括美国东北部和东海岸线中部的九个州）、新西兰碳排放权交易制度（New Zealand emissions trading scheme，NZ ETS）。

我国的碳排放权交易机制始于 2011 年国家发展和改革委员会颁布的《关于开展碳排放权试点工作的通知》。该通知为之后建立全国碳排放权交易市场做了准备，该通知批准北京、天津、上海、重庆、广东、湖北和深圳开展碳排放权交易市场先期试点，试点于 2013 年启动。除此之外，福建自主开展碳排放权交易试点工作，且自 2016 年 12 月 22 日开市以来，福建碳排放权交易市场运行平稳。2017 年底，国家正式启动全国范围的中国碳排放权交易制度（China carbon emission trading system，CN ETS），目前的覆盖范围是年能源消耗量大于 1 万 t ce 的电力行业企业。未来中国碳配额将是欧盟的 3 倍，预计高峰成交量可达到 260 亿 t 以上，成为全球最大规模的碳排放权交易市场（叶楠，2018）。目前我国碳排放权交易机制仍然处于试点阶段。

根据 IPCC AR5，碳排放权交易机制在不同国家和地区导致的温室气体减排效果有很大不同。在 EU ETS 之下，温室气体总排放量在 2005~2007 年下降了 2%~5%，且温室气体排放强度在 2008~2009 年也下降了 3.25%。在美国 RGGI 下，二氧化碳排放量降低了 19%~24%，二氧化硫排放量降低了 38%（Chan and Morrow，2019；Murray and Maniloff，2015）。而在 NZ ETS 下，温室气体总排放量仅有轻微的下降。

在我国的碳排放权交易制度先期试点市场下，试点地区的二氧化碳排放量与其他地区相比降低了 16.2%，并且呈现东部减排效应显著、中西部减排效应较弱的趋势（Zhang et al.，2020）。我国碳排放权交易市场试点启动对碳排放效率有一定的提升作用（王勇和赵晗，2019），在促进试点地区碳排放强度下降的同时还促进了试点地区绿色发展，调动了区域和产业部门的内在积极性，改善了能源结构，提升了技术水平，进而减少了 CO_2 排放，同时碳协同减排作用对试点地区绿色全要素生产率具有正向促进作用，其有利于促进试点地区整体绿色发展（任亚运和傅京燕，2019）。随着碳价水平的提高，中国碳排放路径曲线逐步下移，当碳价为 50 元 /t CO_2 时，可使碳排放 2035 年达峰；当碳价水平为 150 元 /t CO_2 时，2030 年附近碳排放基本达到峰值（莫建雷等，2018）。

除二氧化碳的排放之外，碳排放权交易市场对空气污染物的排放具有一定的协同减排效应。碳排放权交易市场在降低温室气体排放量的同时也会降低空气污染，带来可观的公共健康方面的收益，这方面收益也在一定程度上抵消了碳排放权交易市场的成本，对包括中国和美国在内的不同地区的观察都验证了该结论（Chang et al.，2020；Chan and Morrow，2019；Li M et al.，2018；Thompson et al.，2014；West et al.，2013）。

碳排放权交易市场有较大可能对企业的技术创新尤其是对与低碳相关的技术创新产生促进作用。在欧盟的碳排放权交易制度下，管控企业的低碳技术专利申请数量增加了 10%（Calel and Dechezlepretre，2016）。在我国的碳排放权交易先期试点市场下，与非管控行业或没有非试点地区相比，试点地区管控行业的低碳技术专利申请数量上升了 5%~17.7%（Zhu et al.，2019；Cui et al.，2018）。与之相关的是，基于低碳技术专利申请数据计算得到的碳排放效率指标，碳排放权交易试点市场的实施使得碳排放效率有正向提升，但是该政策效应逐年递减，且显著性水平也逐年下降，表明政策的影响力逐渐下降、不确定性逐渐上升（钱浩祺等，2019）。总体而言，碳排放权交易市场对企业创新活动的促进作用较为显著。

在对经济发展的影响方面，我国碳排放权交易市场对GDP、就业和投资的负面影响非常有限，并且能够促使生产要素进行更有效的配置，提高工业产值并降低区域经济发展不平衡（Zhang et al.，2020；Fan et al.，2016；Liu et al.，2017；Wu et al.，2016）。在深圳碳排放权交易试点市场下，管控企业的股票收益率有所上升，体现了碳溢价（Wen et al.，2020）。

碳泄漏（carbon leakage）是与碳排放权交易制度息息相关的一种现象，通常指碳排放从被管控的部门或地区转移到不受或较少受管控的部门或地区，从而导致碳排放权交易市场整体减排效果的下降。碳泄漏也可能发生在微观主体（企业）内部，如企业更多投资于低碳技术、更少投资于非低碳技术，进而可能影响企业的整体经营状况。从数据来看，碳泄漏现象可能反映在污染物的排放、企业的创新活动、跨国公司的资产配置和产业活动的转移等方面。欧盟碳排放权交易市场的碳泄漏问题都并不显著。在我国的碳排放权交易先期试点市场下，非管控企业的专利申请数量也有提高，且非低碳技术的专利申请数量并未降低（Zhu et al.，2019；Cui et al.，2018），这说明至少从企业的角度来看，从中国的碳排放权交易试点市场并未观察到十分显著的碳泄漏现象。然而，在美国区域温室气体排放倡议交易市场下，电力生产被转移到管控地区内二氧化硫的边际损害更大的地区，且临近管控地区的非管控区域内的碳排放有所上升，这说明RGGI存在一定的碳泄漏现象，降低了该交易制度的减排效果（Chan and Morrow，2019）。总体而言，能否发现碳泄漏现象既取决于碳排放权交易市场的设计和实际执行状况，也依赖于是否能获得较高质量的微观数据，该结论具有高信度。在碳排放权交易市场运行时间较短的情况下，难以对是否存在碳泄漏现象下定论，在有更多相关研究积累之后再进行总结会较为合适。

鉴于当前碳排放权交易市场的建设还面临较多的挑战（潘家华，2016；卫志民，2015；李志学等，2014），我国碳排放权交易制度未来可以在以下几个方面做出调整和优化：①推进全国碳市场建设，扩大市场交易范围，通过协同减排作用促进区域环境改善，从而缓解国内外的双重压力（任亚运和傅京燕，2019；王勇和赵晗，2019）；②健全碳排放权交易立法，明确产权，提高社会减排意识（易兰等，2019；邹骥等，2019）；③通过竞争充分的市场环境，实现碳市场的价格发现能力最大化，运用财政或金融手段，以经济有效的方式降低减排成本，提高市场活力（邹骥等，2019；王文军等，2018）。

由于碳排放权交易的一个重要前提是需要一个减排目标，因此我国如果要进一步推进碳排放权交易，实现碳排放权交易的减排效果，则需要尽快明确减排目标。

2. 绿证交易的政策目标及效果评估

为推动可再生能源产业的发展，缓解补贴压力，作为可再生资源开发利用的市场机制性政策之一的绿色电力证书（简称绿证）制度受到了关注和重视。绿证是国家对发电企业每兆瓦时非水可再生能源上网电量颁发的具有唯一代码标识的电子凭证，一般由独立的第三方颁发。2017 年 1 月 18 日由国家发展和改革委员会、财政部、国家能源局联合发布了《关于试行可再生能源绿色电力证书核发及自愿认购交易制度的通知》，其中提出了我国自 2017 年 7 月 1 日起正式开展绿证的认购工作并发布了《绿色电力证书核发及自愿认购规则（试行）》。2019 年 1 月，国家发展和改革委员会、国家能源局发布《关于积极推进风电、光伏发电无补贴平价上网有关工作的通知》，积极通过多种措施引导绿证市场化交易。

目前，我国的绿证交易市场才刚刚起步。自绿证交易以来，截至 2019 年 2 月 1 日，据绿证认购官方平台统计，绿证累计核发量已达 24810703 张，其中累计风电核发量 21939616 张，累计光伏核发量 2871087 张。绿证累计交易量为 30026 个，其中累计风电交易量为 29866 个，累计光伏交易量为 160 个。绿证交易量仅占核发量的 0.12%。因此，绿证交易市场还需要进一步的推广和完善。

为了推广可再生能源，我国采取了可交易的绿证和上网电价补贴两种主要政策（Ciarreta et al.，2017；Requate，2015；Fagiani et al.，2013）。上网电价补贴政策所带来的巨大财务负担，使得可交易的绿证这一市场机制政策成为解决问题的方法。西班牙电力系统 2008~2013 年的数据表明，绿证既可以实现 2020 年可再生电力的目标又可以减少监管成本。但是，在这一过程中，监管机构起到了至关重要的作用。监管不当将会使成本显著增加（Ciarreta et al.，2017）。若要维持绿证市场的稳定发展，就要尽量避免绿证市场的价格波动所造成的市场风险。绿证市场的价格波动主要反映了未来价格的不确定性，这也是主要的风险来源。

在考虑允许跨成员国进行绿证交易的情况下，对于欧盟成员国的研究表明，有区别的国家目标不能确保以具有成本效益的价格有效地实现欧盟绿色能源消费的总体目标。绿证贸易可以确保绿色能源生产的成本效益，但国家目标阻碍了能源消费的具有成本效益的分配。然而，我们的数值模型表明，与无贸易的情况相比，欧盟在全欧盟范围内的绿证贸易可能将实现可再生目标的总成本降低多达 70%。然而，绿证市场的设计可能对各国成本的分配产生很大影响（Aune et al.，2012）。

在政策效果方面，可交易绿证制度不仅可以影响中国电力市场的上网电价，而且可通过设定合理的规划目标组合来促进中国发电产业的发展，同时可交易绿证制度与碳排放权交易制度具有协同作用（谭忠富等，2014）。在不同的配额要求下，可再生能源发电商会选择在不同市场中行使市场力。证书价格会随着配额百分比的增加而增加（安学娜等，2017）。关于绿证交易政策具体产生的效益影响，以 2016 年华北某地区的用电数据为依据，从经济和环境效益两方面对绿证、排污费及可再生能源发展基金联合优化模型模拟，结果表明，引入绿色证书交易机制，可以为可再生能源行业的发展提供支撑，从而促进可再生能源的消纳与发电上网（田雪沁等，2019）。

3. 用能权交易的政策目标及效果评估

为实现节能减排，国家陆续推出了一系列关于用能权交易的政策。用能权的概念是在能源消费总量控制的背景下提出的。用能权交易，是指在区域用能总量控制的前提下，企业对依法取得的用能总量指标进行交易的行为。用能单位根据自身情况可在公开的市场中交易。

1）用能权交易试点效果

为开展用能权有偿使用和交易，推动绿色发展，按照《用能权有偿使用和交易制度试点方案》的要求，浙江、福建、河南和四川四个试点地区积极推进试点各项工作。结合各省自身经济社会发展和能源状况，各试点地区均发布了关于用能权有偿使用和交易试点实施方案和管理办法。2018 年 12 月 29 日，国家发展和改革委员会的工作动态中指出，福建、浙江正式启动用能权有偿使用和交易，启动首日，福建成交额 725 万元，浙江成交额超 3000 万元。用能权交易市场的启动有利于激发市场主体活力，促进能源要素高效配置，其可以为推动完成能耗“双控”目标任务，促进绿色发展、高质量发展，加快生态文明建设提供重要支撑。浙江在 2018 年 12 月 26 日正式启动全省统一的用能权有偿使用和交易工作。该省用能权交易市场分三个阶段进行：第一阶段为 2019 年，以增量交易为主；第二阶段为 2020 年，存量与增量交易并存；第三阶段为 2020 年底，设立租赁市场。

用能权交易是中国一项重要的制度创新。该制度能否实现能耗总量和强度“双控”的任务目标，成为评估这一政策效果的重要问题。通过使用 2001~2015 年 30 个省份三大产业的投入产出数据，量化分析中国能源强度的变化及其影响因素，研究表明，引入可交易用能权的能源强度比实际的能源强度下降约 14.02%，总耗能下降 7.07%。通过用能权交易制度，能源在省际产业内进行跨期流通，实现资源合理利用，从而用能权交易能实现能耗总量和强度“双控”的任务目标（王兵等，2019）。但是，该研究采用的是历史数据进行分析，并不能预测实施用能权交易能够达到的节能减排效果。用能权交易政策产生的经济与环境效应的研究，以 2006~2014 年中国 38 个二位数工业行业为研究对象，通过构造非参数优化模型进行模拟得出，从工业整体层面，用能权交易政策的平均经济潜力和节能潜力均高于命令控制型政策。尽管用能权交易政策的节能潜力高于命令控制型政策，但是完全市场化的用能权交易政策会为了经济利益过度购买用能权，从而挤出一些节能潜力。因此，应该坚持以市场交易为主、政府调控为辅，两种政策相结合的政策机制（张宁和张维洁，2019）。

2）国际能源有偿交易机制——白色证书实施效果

为了节能减排，很多国家设计了基于市场的能源有偿交易机制。建立节能交易市场的政策措施正在受到越来越多国家和地区的关注，并已在包括欧洲、美国和澳大利亚在内的国家和地区施行。这些政策措施成为解决能源市场失灵的基于市场的能效方案。欧洲国家和地区鼓励提高能源效率实现节能目标，引入了基于市场的政策工具——白色证书（或节能证书）。研究人员对供应商义务、白色证书制度是否是最佳市场工具等问题进行了探讨（Wirl，2015；Bertoldi et al.，2013）。白色证书制度分别于 2002 年在英国、2005 年在意大利和 2006 年在法国实施。基于统一框架估算政策，对这些国家能源成本和收益的研究表明，英国节省了 0.009 欧元 /（kW · h），法国节省了 0.037 欧元 /（kW · h），与这些国家的能源价格相比是非常有利的。同时，由此节省的能源费用和减少二氧化碳的排放产生的收益超过了白色证书计划的成本，所以该机制是有效的（Giraudet et al.，2012）。意大利白色证书计划是激励工业部门能效的主要国家政策工具，白色证书的节省量相当于意大利 2012 年一次能源消耗的 2%。该机制为电力和燃气经销商设定了具有约束力的节能目标，其至少有 50000 名客户，并包括一个自愿的选择参与模式供其他方参与。与其他政策相结合，该机制还提高了对能效投资机会的认识，从而有助于克服信息不足的市场失灵（Stede，2017）。

3）国际能源有偿交易机制——白色证书评估

为了实现绿色发展，除了白色证书外，还有绿色证书、黑色证书等多个市场存在。这些市场之间是否兼容，是否能减少二氧化碳的排放，增加可再生资源的份额，增加节能的份额，成为重要的问题。在所有目标（例如，绿色电力的份额和节能份额或能效提高）都能满足的情况下，市场会良好运作。随着既定目标的改变，各个市场形成的均衡也会改变，但是我们无法判断在电力市场上引入可交易的绿证和白证市场是否会增加绿色电力的发电能力并节约电量。因此，如果政府的长期目标是扩大绿色电力的发电能力并节约电量，那么这些市场的引入可能并不是最有效的方式，反而直接补贴有可能更有效（Amundsen and Bye，2018）。基于成本收益分析，随着更深入的能效改进，能效义务的成本不可避免地会增加。

11.3.3　财税金融型政策

财税金融型政策包括税收、补贴、融资等政策。

1. 财税金融型政策的分类

生态环境和气候条件所具有的公共产品属性及其显著的外部性特点，导致在低碳经济和环境保护领域普遍存在市场失灵现象，根据外部性理论，在市场失灵的情况下，政府可以对特定市场活动进行财政干预。因此，政府财政应当承担起提供环境保护和气候变化保护等公共产品、有效配置资源的职能。

目前，中国绿色金融政策体系下的财税金融型政策主要可以分为两大类：一是推动绿色金融本身发展的政策，即绿色金融型政策，主要包括绿色信贷、绿色保险、绿色证券等；二是绿色金融发展所依托的配套政策，即公共财政型政策，以财政支出政策和税收政策为主。

财政支出政策的作用方向是通过财政补贴、减免税款、税收奖励、政府采购等方式，降低企业提高能效的成本、购买节能产品的支出成本和开发节能减排技术、产品的成本等。目前，中国代表性的支持低碳发展的财政支出政策包括清洁能源价格补贴机制、生态补偿制度、政府绿色采购政策、新能源汽车购置补贴等。

税收政策的作用方向是通过税收或收费的方式，增加市场主体的耗能和污染排放成本，以此来鼓励企业节约能源、减少排放（白洋，2014）。中国现行税制中有很多税种或多或少地会影响到低碳发展，其中最主要的包括环保税和资源税等。

2. 绿色金融与气候投融资

绿色金融是一个广义的术语，包括为各种能够产生环境效益或减少环境损害的项目提供资金的投融资活动。G20绿色金融研究小组认为，绿色金融是指能产生环境效益，从而支持可持续发展的投融资活动。国际金融公司（IFC）将绿色金融定义为“在可持续发展的更广泛背景下提供环境效益的投融资”，涉及“将外部因素内部化和调整风险承受能力，以支持有利于环境的投资”。2016年中国七部委发布的《关于构建绿色金融体系的指导意见》指出，“绿色金融是指支持环境改善、应对气候变化和资源节约高效利用的经济活动，即对环保、节能、清洁能源、绿色交通、绿色建筑等领域的项目投融资、项目运营、风险管理等所提供的金融服务”。相比于基于宏观可持续发展背景的绿色金融，气候投融资则更加侧重于应对气候变化。

气候投融资的概念源自应对气候变化挑战的资金需求，其从联合国应对气候变化框架公约关于资金机制的谈判中衍生而来。世界银行认为，优惠的气候融资对于支持发展中国家建立对日益恶化的气候影响的恢复能力并促进私营部门开展气候投资至关重要。气候政策倡议组织（CPI）提出资金流动应是多方向的，并且不仅包括跨国流动，也包括国内流动。从相对广义的角度来讲，气候投融资应包括为应对气候变化而进行的一切投融资活动，其涵盖了融资和投资两个方面的活动，涉及应对气候变化资金的筹措、决策和使用，具有财政与金融两种特性，其在工作开展中的职能定位为弥补商业性投融资过程中对气候变化领域的空隙和市场机制缺陷，实现经济效益与应对气候变化目标的协同发展。

3. 财税金融型政策的成效

鉴于中国近年来对环境保护和绿色发展的关注，特别是绿色金融领域的热度持续上升，陆续出台的推广可持续发展的政策如何推动中国低碳发展成为研究热点。财税金融型低碳发展政策在中国的成效成为学术界的研究重点，同时研究内容也针对绿色金融型政策和公共财政型政策有所区分。

1）绿色金融型政策的成效

中国的绿色金融型政策目前发展较为积极，绿色债券、保险、信贷等政策在逐步推进，其对于中国绿色金融产品的发行和市场规模的扩大起到了推动作用（许文，2016）。

绿色金融型政策有助于降低工业污染强度。邹锦吉（2017）认为中央部委与地方政府部门发布的绿色金融型政策都有助于降低工业污染强度，且地方绿色金融型政策降低工业污染强度的效果更显著；而中央与地方的绿色金融型政策的协同性更加有助于降低工业污染强度。

绿色金融型政策推动的绿色金融发展可以支持传统产业升级改造。国家出台的多项绿色信贷相关指引文件推动了绿色信贷的发展，其在大力支持绿色农业开发、绿色林业开发、工业节能节水环保等绿色项目和企业的同时，对技术落后、产能过剩、环保不达标的项目和企业也施加了信贷限制，从而通过绿色金融型政策倒逼传统产业转型升级，间接地促进了当地环境污染治理和改善（薛湘民和袁萍萍，2017）。

可见，绿色金融型政策的应用和推广直接促进了绿色金融体系的建设，同时也间接对产业转型升级、资金优化配置以及环境污染治理起到了积极的辐射作用（高信度）。

2）公共财政型政策的成效

1978~2018 年，排污收费制度作为公共财政激励型工具，一直是中国环境规制工具的重要组成部分。现有文献针对排污费征收对于企业生产率的影响的实证研究发现，企业环境绩效与财务绩效之间存在正相关关系（胡曲应，2012）。与此同时，一部分学者发现排污费与企业生产率呈现出“U”形关系，超过一定适宜强度的排污费才能促进企业生产率的提升，他们从促进生产率的角度找出了不同产业最优环境规制强度的拐点（李玲和陶锋，2012）。

碳税是国际上典型的财税金融型低碳发展政策，虽然国内目前尚未正式推出碳税征收制度，但是现有文献利用政策评估模型对碳税制度进行了情景分析并发现，实施碳税不仅有利于实现二氧化碳排放量减少的政策目标，同时还可以促进中国能源结构优化（钟帅等，2017；王书平等，2016；赵文会等，2016；时佳瑞等，2015；郭正权等，2014）。毕清华等（2013）基于中国动态能源 CGE 模型对中国的能源需求进行了情景分析，并发现在对化石能源排放征收统一碳税的情景下，2020 年中国 CO_2 排放强度相对于 2005 年将下降 45%，能源强度则会降低 40%。卓骏等（2018）利用递归动态 CGE 模型，针对征收碳税对可再生能源在能源结构中占比的影响进行了研究并发现，2030 年在节能情景下（即满足 2030 年碳排放量达峰），可再生能源的能源结构比重较基准情景提升 3.87% 达到 32.61%，且煤炭的消费比重下降 3.64%~44.79%。需要注意的是，大部分研究中所设置的碳税情景在一定程度上高估了碳税政策的影响效应，需要对企业进行深入调研，从而为下一阶段的碳税模拟提供更符合实际的模拟设计（高信度）。

总体而言，中国的财税金融型政策在多层面、多领域取得了广泛的成效，尤其在绿色金融体系建设、生态文明建设两个方面（高信度）。首先，财税金融型政策推动了中国绿色金融体系的建设。绿色金融型政策对于中国绿色信贷、绿色保险、绿色证券等产品的建设和发行规模的扩大都起到了推动作用。同时，公共财政型政策和绿色金融型政策在不同程度上直接或间接地促进了污染治理、节能减排、环境改善和生态文明建设。

不论是国内还是国外，能够以定量结果体现财税金融型低碳发展政策的实际减排效果，或是国际气候变化协议及相关政策推动全球在 2℃/1.5℃温升目标上前进的研究较少（刘强等，2017；黄青，2016；Mikael et al.，2014）。正如 UNEP 在 *Global Environment Outlook* 6 中提到的，迄今为止，几乎没有证据可以衡量政策工具的实际结果。一方面是因为环境问题本身的复杂性，难以在不引入偏差的情况下量化政策措施和环境变化的对应关系，同时同一项政策在运用于不同区域时，受到地区异质性影响，所产生的效果也有所不同；另一方面，统一的评估体系和数据的缺失也在很大程度上影响了定量结果的产出，而政策预期的经济社会影响则相对容易估算。欧盟目前要求 20% 的预算用于与气候相关的项目；欧洲投资计划（Investment Plan for Europe）将环境、资源和能源效率列为重点领域，鼓励更多的私人和机构投资。*Going Climate-Neutral by* 2050 报告中指出，目前欧盟将自身大约 2% 的 GDP 投资于能源系统及其相关基础设施，为实现净零排放目标，该支出比例预计将增加至 2.8%，即增至 5200 亿~

5750亿美元/年。通过实施该政策，到2050年，欧盟经济总量预计将比1990年增长一倍以上，同时向气候中立的过渡预计将对GDP产生积极影响，到2050年的效益估计将达到GDP的2%。这些估计不包括气候变化避免的损害，也不包括改善空气质量等共同利益。

由此可见，在不断出台低碳财税政策推动绿色发展的同时，低碳发展政策评估研究的发展同样任重而道远，科学、可靠、量化的评估结果可以更好地支撑未来气候变化目标和政策的制定和发展（高信度）。

11.3.4 公共参与型政策

公共参与型政策一般包括碳普惠政策和碳标识，并已有相关理论研究和实践案例。

1. 碳普惠政策

碳普惠政策的理论研究和试点实践目前处于起步阶段，核心在于运用市场机制和经济手段，对公众绿色低碳行为进行普惠性质的奖励，最大限度地激发全社会参与节能减碳的积极性。碳普惠政策是碳排放权交易制度的延伸、拓展和创新，也是对现有碳排放权交易制度的重要补充。其主要表现在三方面：第一对于实施对象，碳普惠政策的实施对象主要是小微企业、社区家庭和个人，这与碳排放权交易于工业企业的特征不同；第二从实施范围来看，碳普惠政策的实施领域主要集中于生活消费领域，而非工业生产领域；第三从激励机制看，碳普惠政策主要是以正向激励机制为导向，其和碳排放权交易以约束和惩罚为导向的机制也存在差异（表11-2）。

表11-2　碳普惠政策与碳排放权交易的区别

机制名称	碳普惠政策	碳排放权交易
理论基础	对绿色低碳行为进行正向激励引导和行为改造	以科斯定理为理论依据
政策目标	涵盖温室气体减排和资源节约、环境保护等目标	集中于降低工业生产领域的温室气体排放
主体对象	小微企业、社区家庭和个人	企业，特别是高排放的重点排放企业
启动对象	侧重从消费端入手推动绿色生活方式	侧重从生产端入手推动绿色生产方式
激励约束	“自愿+激励”形式	“强制+自愿”形式

碳普惠政策是市场机制型和公众参与型环境政策工具的组合创新。其主要内涵在于：一方面，碳普惠政策是一种基于市场价值信号的激励机制，旨在解决践行绿色低碳行为中个体、社会利益冲突的问题，实现个体、社会环境利益激励相容的创新性制度安排；另一方面，碳普惠政策能充分调动公众主动践行绿色低碳行为的能动性，扩大和加快绿色低碳生活方式的覆盖范围和行为频率。

碳普惠政策的效益主要体现在三方面：一是经济层面的效益，指碳普惠政策实施中给利益相关主体带来的经济效益，如小微企业、社区家庭和个人实施碳普惠政策行为中获得的碳积分，部分企业通过落实碳普惠政策，为拥有碳积分的顾客给予更多的商品折扣，这也进一步促进了商品的销量和企业商业利润的增加。二是社会层面的效益，指碳普惠政策实施后所形成的相关产业链，所吸纳的劳动力及相关产品、服务提供者收入的增加。三是环境层面的效益，是指小微企业、社区家庭和个人的绿色低碳生活方式所减少的资源消耗、温室气体排放对环境质量改善以及对生态文明建设的促进作用。

2. 碳普惠政策类型

通过分析一些国内外碳普惠实践和经验，基于不同的目标导向，可将政策实践分为以下几种类型。

1）政府推动型碳普惠政策

政府推动型碳普惠政策的具体政策建设方案见表 11-3。

表 11-3　政府推动型碳普惠政策

试点领域	普惠对象	建设思路	激励办法
低碳社区（小区）	社区（小区）家庭或居民	选择家庭或居民的节约行为作为切入点，通过相关方法对以上低碳行为的减碳量进行量化核算，家庭或居民可根据减碳量获得相应的碳积分	“商业＋政策＋交易”激励
低碳出行	选择公共交通工具出行的居民	根据数据可获得情况及当地实际情况，选择 BRT、公交车、轨道交通等工具的减碳量进行量化核算，居民可根据减碳量获得相应的积分	
低碳旅游	践行低碳旅游的游客	在条件成熟的景区，对购买非一次性门票、乘坐环保车船的游客产生的减碳量进行量化核算，游客可根据减碳量获得相应的碳积分	
节能低碳产品购买	低碳产品消费者	对购买低碳节能产品，如节能电视、冰箱、空调等电器或者其他低碳认证产品的消费者，制定以上产品减碳量核算规则，消费者可根据减碳量获得相应的碳积分	

2）企业推动型碳普惠政策

近年来，随着“互联网 +”、移动 APP、移动支付等新技术应用的涌现，共享经济迅速发展，许多互联网企业也开始积极探索借助自身业态优势来促进公众绿色生活方式的形成。在移动支付领域，已有支付平台开始尝试为其每一用户提供“碳账户”，该账户的作用在于记录用户步行、绿色办公、线上支付（节省小票纸张）、在线缴纳水电煤气费、网购火车票、网购电影票、在线预约挂号、ETC 缴费、开具电子发票等行为，运用一定的方法学计算出各类低碳行为的碳减排量，并根据系数转换为绿色能量，当绿色能量累积到一定数量时，可申请在现实中某个特定区域种下一棵具有唯一身份编号的树木，提升用户成就感和满足感，一方面培养其用户移动支付的消费习惯；另一方面促使用户形成绿色生活方式（图 11-1）。

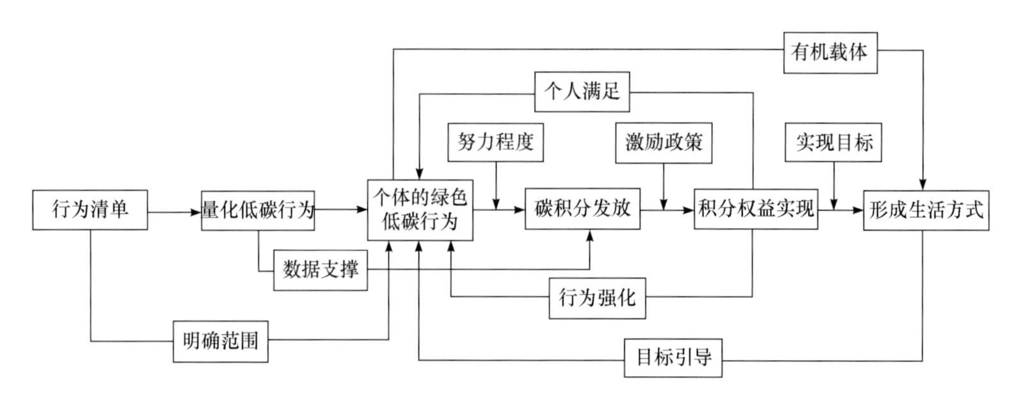

图 11-1　中国碳普惠政策的运行机制

3. 碳标识政策

碳标识是引导低碳消费行为的一种政策手段，可以披露产品在全生命周期中的碳排放信息（罗英和王越，2017），具有促进节能减排市场化机制活跃成长、发挥环境保护效益的重要功能（祝睿和秦鹏，2020；张艺玮等，2017）。

从 2007 年 3 月英国推出世界上第一个碳标识开始，到 2018 年已经有十多个国家推出了碳标识制度，其中以发达国家为主（申娜，2019），2016 年国家发展和改革委员会印发《关于切实做好全国碳排放权交易市场启动重点工作的通知》（发改办气候〔2016〕57 号），中国正式开始了对碳标识制度的摸索，《关于建立统一的绿色产品标准、认证、标识体系的意见》（国办发〔2016〕86 号）对产品的低碳排放因素提出了要求，进一步推动了我国碳标识的政策发展。虽然广泛借鉴了发达国家的经验，但中国国情复杂，相关的碳足迹核算标准、碳标识颁发方案以及立法工作并不完善，缺乏碳标识方向的统一行业标准，政策进展较为缓慢（张雄智等，2017）。

碳标识制度的推行有利于推进低碳消费行为以及低碳贴标产品购买，并进一步传导至生产端促进绿色产业发展（Zhao et al.，2018；Emberger and Menrad，2017；Mostafa，2016）。Feucht 和 Zander（2018）在六个欧洲国家进行碳标识产品支付意愿研究，结果表明，碳标识的存在增加了购买概率，消费者愿意支付价格溢价高达 20%。

11.4　低碳发展政策的交互关系

11.4.1　低碳发展政策与环保政策的协同与竞争

低碳发展政策与环保政策紧密相关、互相影响。其中，最主要的方面是其中学界对低碳发展与空气污染的关系较为关注。目前，低碳发展与非空气污染物控制之间的关系学界研究较少。从环境保护的角度看，主要大气污染物 SO_2、NO_x 和 $PM_{2.5}$ 的主要来源均为化石燃料的燃烧，低碳经济所要求的提高能源效率、减少化石能源使用等环保政策对低碳经济显然有帮助。例如，碳排放权交易政策被证明具有减少 SO_2 和氮氧化物排放的协同效应（Cheng et al.，2015）。而从低碳经济的角度看，诸多环保要求实际上也将协同带来二氧化碳排放的降低，故低碳发展与环保政策之间有较大的协同潜力（高信度）。同时，低碳经济和环保政策又有不容忽视的竞争（高信度）。学界研究均认为协调两类政策可减少两类政策的实施成本，更加高效地达成既定政策目标。

充分考虑到两者之间协同与竞争关系的协调政策需要强有力的科学证据。来自不同领域的研究者分行业对两者之间的协同作用和竞争做出了分析测算。而国际应用系统分析研究所（International Institute for Applied Systems Analysis，IIASA）开发的温室气体 - 大气污染协同效益（greenhouse gas-air pollution interactions and synergies，GAINS）模型提供的对温室气体和污染物排放之间的交互分析工具并被广泛采用。

1. 低碳发展与环境保护的协同作用

低碳发展与环境保护的协同主要有两个方面：一方面是低碳发展政策的实施和低碳技术的应用对环境保护，特别是空气污染物控制有促进作用。另一方面是环境污染治理措施带来的额外温室气体减排。针对这两个方面，来自诸多学科的学者进行了广泛的研究。

1）低碳发展促进污染物减排

大量科学证据表明，无论是在国家宏观层面还是在行业、企业层面，多数情况下，降低碳排放的政策对污染物减排，尤其是对大气污染物减排方面有一定的促进作用。其主要原因是主要大气污染物与温室气体的排放均来自化石燃料的燃烧。中国煤炭消费是雾霾主要污染物 $PM_{2.5}$ 的首要贡献者（陈诗一和陈登科，2016）。国家发展和改革委员会发布的《国家应对气候变化规划（2014—2020 年）》明确提出了“合理控制煤炭消费总量”“大气污染防治重点地区实现煤炭消费负增长”等目标。在跨行业领域，模拟结果表明，温室气体减排会显著降低空气污染物，如 NO_x 等的排放，具有显著的经济价值（Xie et al.，2018；Bollen and Brink，2014）。

对具体行政区的低碳发展政策进行评估发现，广东的碳排放权交易机制到 2020 年相对无政策情景将协同减少 11.7% 的 NO_x 和 12.4% 的 SO_2 排放（Cheng et al.，2015）。而在具体行业中，国内外存在大量证据表明低碳发展目标可促进污染物减排。

在工业领域，研究表明，CO_2 是 SO_2 的总互补品和净替代品，即在工业领域 CO_2 与 SO_2 中一项的减排也将带来另一项的减排（Li et al.，2017）。在具体行业中，如水泥行业（Tan et al.，2016；Zhang et al.，2015a；庞军等，2013；Hasanbeigi et al.，2013），冶金行业（Li et al.，2019；Zhang S et al.，2014；毛显强等，2012；刘胜强等，2012；金涌，2008）等，实证和模拟研究均表明温室气体和空气污染物减排具有较强的协同作用。尤其是钢铁行业中提高能源效率的措施对温室气体和空气污染物具有显著的协同减排效果。2020 年，空气污染物减排目标的 CO_2 协同减排会比 CO_2 减排目标带来更多的 CO_2 减排。到 2030 年，CO_2 减排目标会比空气污染物减排目标带来更多的 SO_2、NO_x 和 $PM_{2.5}$ 减排（中等信度）。

电力行业将承担很大的碳减排责任（Shrestha and Pradhan，2010）。电力行业的碳减排既可经由热力发电中的措施实现，也可经由改变电力行业的能源结构来实现。这两种方式均有潜力带来污染物的协同减排。在热力发电中的多种减排措施，如淘汰小容量机组、提高可再生能源比重、清洁煤技术、热电联产等，对其他污染物，如 SO_2、COD、NO_x 以及工业固体废弃物均具有协同减排效应（周颖等，2013；毛显强等，2012）。风电的发展也减少了 CO_2、SO_2、NO_x 和 $PM_{2.5}$ 的排放量（Yang J et al.，2017）。

在交通领域，碳税、能源税、燃料税、新能源汽车补贴、降低票价等多种政策工具均可以有效减少 CO_2 排放，并在减轻本地空气污染方面具有协同作用，其中能源税和燃料税作用较强、补贴作用较差（Mao et al.，2012）。推广新能源汽车可以较大程度地实现机动车尾气与温室气体的协同减排，在减少 CO_2 排放的同时减少了 CO、NO_x、碳氢化合物（HC）以及颗粒物（PM）的排放（许光清等，2014）。中国实施更高的汽车排放标准，到 2030 年也可以显著降低交通对空气污染的贡献（Kishimoto et al.，2017）。交通运输部门的电气化同样具有对温室气体和空气污染物的协同控制效果，但是大小取决于电力的来源。在燃煤发电占 75% 的情况下，运输和居民部门的电气化不能带来碳减排，但是可以有效控制空气污染，在低碳电力（50% 燃煤发电）的情况下，电气化能够显著带来空气污染和二氧化碳的同时减排（Peng et al.，2018）。

除污染物减排外，低碳发展政策涉及的能效和能源结构改进还能够带来水资源的节约。传统火电对水资源消耗较多，能效的提升可以带来显著的水资源节约（Zhou et al.，2018）。此外，部分可再生能源耗水较少，风能发电的广泛使用可以带来较多的水资源节约（Li et al.，2012）。

2）环境治理政策带来温室气体排放减少

控制空气污染物、提升空气质量和能源效率的政策具有温室气体减排的效果（Zhao et al.，2017；Nam et al.，2013）。不同类型的环境政策法规及其松紧程度对绿色生产力（Xie et al.，2018；Albrizio et al.，2017）、企业性质（Liu et al.，2017）、企业市场敏感度（Cai et al.，2016）等都会产生不同的作用，进而影响企业生产的碳减排。其中，碳税、碳限额、交易管制、排污许可证制度和绿色技术投资等都是遏制碳排放的有效方法（Bai et al.，2019；Murray and Rivers，2015；Chang and Wang，2010）。在实施此类政策的过程中，相当数量的污染物减排将源自能源使用效率提升、燃料替代和经济结构改变。这些改变将同时带来更低的温室气体排放，降低抑制气候变化政策的成本，并降低碳价格（Bollen et al.，2009）。在中国 2030 年碳排放到达峰值的政策情景下，协同带来的更优空气质量将带来公共健康收益，此收益将部分甚至完全补偿碳减排的成本（Li M et al.，2018）。然而，在宏观层面上，目前证据存在一定冲突（Brunel and Johnson，2019）。此外，环境创新被公认为是解决环境问题的有效途径。

值得注意的是，空气污染物减排措施对温室气体减排的协同作用在中国各省份存在异质性，分省份分析结果认为，在中国约 60% 的省份，空气污染物减排能够带来温室气体减排。但在某些地区，如上海、江苏、浙江等，由于工业发展水平和能效水平已经相对较高，空气污染物减排难以进一步带来温室气体减排。但在全国水平上，相关的研究结论依旧支持空气污染物减排与温室气体减排的协同作用（Dong et al.，2018），但政府环境政策对遏制碳减排的影响也存在着滞后效应（Zhang et al.，2017）。

2. 低碳发展与环境保护的竞争

除协同作用之外，低碳发展与环境保护有一定的竞争关系。温室气体排放与污染物排放存在权衡关系，即“低碳不环保”和“环保不低碳”问题（田春秀等，2012）。温室气体的减排在某些时候会带来更多污染物的排放，包括光伏发电产业中多晶硅生产产生四氯化硅污染物问题、节能灯的汞污染问题。开发水电可能带来对动植物生态产生负面影响、水资源被破坏和风景被破坏等问题（Botelho et al.，2017）。碳捕获和封存技术通常会降低火电厂的能效，带来更高的化石能源使用、更高的电价和可能的空气污染（Wilberforce et al.，2019）。将 CO_2 排放与机动车税联系起来可导致显著的新车碳减排，然而减排主要来自消费者购车行为转向柴油车，从而导致 NO_x 排放的上升（Leinert et al.，2013）。水泥行业中某些节能技术会增加粉尘和 NO_x 排放（Tan et al.，2016）。另外，还有一些环保不低碳情况，以电厂、钢铁厂加装一些治理装置使能耗上升为例，用湿法脱硫工艺减少 1t SO_2 排放将增加 5.4t 的 CO_2 排放（田春秀等，2012）。CO_2 虽然是 SO_2 的总互补品，却可能是净替代品，严格的 SO_2 减排要求在消除产出效应的情况下导致更高的 CO_2 排放（Li et al.，2017）。

除空气污染治理措施外，部分着眼于节水水资源的措施同样有低碳方面的顾虑。在火电行业中，气冷技术可以节约水资源，并得到中国政府的推广。然而，此类技术通常会带来发电效率的下降（Zhou et al.，2018；Huang et al.，2017；Zhang C et al.，2014）。

3. 协调低碳发展与环境政策

当前广泛的研究表明，低碳发展和环境保护政策之间具有较强的协同作用和一定的竞争效应（高信度）。两类政策之间的协调十分重要。基于不同的减排措施，低碳发展和环保政策之间的协同效应深度是不同的。着眼于空气污染的末端治理（end of pipe，EOP）措施在短期内对治理空气污染有效，但较难实现协同减排（高信度）。在长期，能源结构性改进能够同时有效控制空气污染和温室气体排放，减少采用 EOP 措施的需求（Wang et al.，2019；Gu et al.，2018）。协同效应强、针对协同污染密度高的污染源的措施可以更加高效、经济地同时应对空气污染和气候变化问题，应当对其优先推广（Boyce and Pastor，2013）。中国政府应当考虑发展协同控制两类问题的规制和政策，提高排放控制的效果，同时避免在两类问题上重复投资。

11.4.2　低碳发展与适应气候变化政策的协同

气候变化是典型的具有复杂性、长期性和外部性的全球环境问题，低碳发展与适应气候变化都是人类社会为应对气候变化所做出的政策响应行为（郑艳等，2016）。对于大多数发展中国家而言，减缓全球气候变化是一项长期的挑战，而对气候变化的适应是一项务实和迫切的任务。减缓温室气体排放作为低碳发展的重要内容，与适应气候变化有千丝万缕的联系。由于减缓行动效果的滞后性，即使现在采取最严格的低碳措施也不能避免未来气候系统发生变化，因此适应行动迫在眉睫；同样，适应行动只能暂缓或减轻气候变化造成的损失，随着温室气体排放的增加，剧烈的气候变化可能使人类社会发展难以持续，因此减缓行动势在必行。在资源有限的条件下，如何兼顾减缓温室气体排放、实现低碳发展和适应气候变化双重目标，是气候脆弱性高、温室气体排放量大的地区或部门面临的急迫而现实的问题（IPCC，2014；傅崇辉等，2014）。低碳发展与适应气候变化的协同就是要寻求减缓与适应之间的“双赢”方案，开发既能控制温室气体排放又有利于适应气候变化的政策措施，通过减少行动成本或提高行动效率，增加社会总福利水平（郑艳等，2013）。

“适应与减缓并重”是我国应对气候变化的战略方针。《中国应对气候变化的政策与行动年度报告》（2009~2018 年）对我国每年在低碳发展与适应气候变化领域的行动进行综述，但两者协同关系的研究尚不多见。我国相关研究侧重于对温室气体减排与环保政策的协同（侯小菲，2017；田春秀等，2012）、适应气候变化与减灾防灾的协同进行研究，由于适应与减缓行动在行动目标、领域、利益相关者等方面存在一定区别，主要通过制度设计实现，因此出现了协同管理的制度成本，只有协同行动的效益超过了管理成本，才具有协同管理的经济性。对此，国际社会有两种不同的观点：一些学者对协同行动持乐观态度，认为协同行动存在且有可能通过制度设计取得行动的倍增效应（高信度）（王文军和赵黛青，2011；Biesbroek et al.，2009；Goklany，2007；Venema and Cisse，2006）。英国 Tyndall Center 在对减缓和适应活动的协同管理的可能性进行仔细研究后，认为两者是由一组共同的因素驱动，在区域和部门层面是有可能发挥协同效应的（Richard et al.，2003）。实践证实了适应与减缓行动能够通过协同管理大幅度降低社会应对气候变化的成本。例如，德国通过拆除水泥堤岸拓宽了城市水系，恢复了城市河道的天然生态，改善了河流的生态功能和防洪泄洪能力，同时也减少了维护水泥堤岸而产生的碳排放（Martens et al.，2009）。在低纬度地区，对公共建筑、厂房进行太阳能光伏建筑改造，太阳能资源取之不竭，不容易受到极端天气的影响，能增强人类适应气候变化的能力，同时，太阳能的应用提高了可再生能源在能源结构中的比例，有助于实现减排政策目标（Wang and Zheng，2014；傅崇辉等，2014）。核电是减缓气候变化的有效措施之一。

有学者从减缓和适应两个方面研究了核电在应对气候变化中生产的影响，发现存在“适应－减缓困境”（adaptation-mitigation dilemma）现象。由于核电生产需要大量的冷却水，其厂址一般选在靠江近海的地方，正在发生变化的气候系统可能通过对气温、水资源的数量和质量的影响，对现有核电厂的安全和运行造成威胁。因此，对于那些可能因气候变化而发生干旱的地区而言，核电并不是一项良好的减缓措施（Kopytko and Perkins，2011）。

表 11-4 中，“+”代表有协同行动的可能，“–”代表减排与适应此消彼长，“±”代表不同的具体项目有不同的效应，“0”代表无法协同行动。“+，+”代表减排行动可以通过某种设计提高适应能力，同时适应行动也可以通过某种方式减少排放，表示强的协同效应；“+，0”或者“0，+”代表减排行动 / 适应行动可以通过某种方式提高适应能力 / 减少排放，却得不到相应的反馈，表示弱的协同效应；“±，±”代表无法从现有结果判断是否可以协同行动，需要针对具体项目进行分析；“0，0”代表无法协同行动；“–，–”代表负的协同效应，在现有技术条件下，两者无法同时实现目标，是零

和博弈的关系。

表 11-4 广东减排与适应行动的协同效应分析（王文军和郑艳，2011）

适应行动	减排措施				
	低碳能源生产	低碳能源消费	提高能效	节约减排成本	节约能源
工程性适应项目	（+，+）	（+，+）	（0，+）	（±，±）	（-，-）
海岸带适应措施	（+，0）	（0，0）	（0，0）	（+，0）	（+，0）
农田抗旱措施	（0，+）	（+，+）	（0，+）	（+，0）	（+，0）
城市绿化措施	（+，0）	（0，0）	（0，0）	（+，+）	（+，0）

欧洲减缓与适应综合气候政策（adaptation and mitigation：an integrated climate policy approach，AMICA）研究小组从行动可否获得收益的角度构建适应与减缓行动协同工具矩阵（matrix of integration measures），在对欧洲部分城市的适应与减缓行动进行研究后发现，能源、建筑和城市规划三个领域存在大量的协同关系，通过协同行动规划可以取得协同效益。适应与减缓的交互关系主要有以下几种情况：减缓措施对适应目标的影响；适应行动对低碳目标的影响；适应与减缓行动互不影响；适应与减缓行动效果交互影响，除了“互不影响”行动外，其他行动都可以通过政策设计进行优化管理。到目前为止，对适应与减缓行动协同关系的研究已经取得了一些成果，在协同概念、协同关系发生的领域和协同关系的可管理性等方面都达成了基本共识，即协同关系存在且有可能通过制度设计取得行动效果的倍增效应（薛冰等，2013）。

1. 协同关系的文献回顾与评估

减缓行动“自上而下”的政策路径与适应“自下而上”的行动特点决定了协同行动不可能自动发生，只有通过制度设计才能实现。成功的协同管理并非在减排和适应行动之间进行简单的权衡取舍，而是需要因地制宜，发挥地方决策者的领导力，明确优先议题，进行综合规划，从而将适应和减排战略纳入总体发展目标（郑艳等，2013）。协同管理包括以下内容。

1）目标协同

协同管理目标设计应该促进应对气候变化的能力建设，其有助于建立可持续的生态型城市，促进社会公平发展。应对气候变化使共识性目标在具体领域及目标上会有差异。例如，适应与减缓行动的具体目标不同，适应行动是为了减少气候变化风险，减缓行动是为了减缓温室气体排放。适应必须依赖于有效的减缓行动，才能减小未来气候变化的风险及应对成本。不同领域的协同目标也可以有所侧重，如建筑和交通领域，以减缓为主，兼顾防灾减灾、减缓热岛效应等适应目标。不同城市功能区也可以有不同侧重点的目标，如城市中心区适应与减缓并重，生态涵养区以适应为主兼顾减缓，园区以减缓为主兼顾适应。

2）政策协同

某些政策技术既是适应对策也是减缓技术，需要积极加以利用，如可再生能源、节能建筑、森林保护、土地利用规划、流域管理等。协同政策必须科学有效，在政策设计中确保目标一致性，避免顾此失彼，不同部门的政策设计需要有效衔接，避免相互矛盾，同时将适应政策、减缓政策与城市规划和可持续发展协同考虑，必要的时候通过机制设计予以保障。

3）手段协同

推动相关部门参与协同治理，一方面体现在决策过程、科学评估、监督及评估体系等治理过程中；另一方面体现在资金、财政税收、科普宣传、科学研究等保障机制方面协同考虑适应与减缓需求。例如，涉及生态环境、减排、适应、社会发展等多方面目标的综合考核体系兼顾生态城市、低碳城市、韧性城市等不同侧重点。

协同效应主要发生在以下四个方面：第一，新建适应性工程与低碳能源供需相结合，在应对气象风险的同时可以减少适应性排放；第二，农田抗旱措施和能源领域的各项减排措施有着不同程度的协同效应；第三，海岸带适应性措施中考虑减排行动，可以起到节约减排成本、节约能源和促进低碳能源生产的作用；第四，低碳城市建设中的适应与节能可以通过各种政策和措施得以实现（中等信度）（Wang and Zheng，2014）。适应与减缓的决策具有不同的操作层次，这些层次既有联系也有交叉和跨越。从减缓行动看，家庭、企业、国家是落实减缓行动的主体；适应行动主要发生在局部和地区层面，也需要家庭、企业、国家参与。

减缓行动产生的收益是全球性的，但减排成本需要地方政府支付，而适应气候变化行动的收益与成本都在地区或国家层面。这就需要协同管理协调好各方利益，在同时面临减缓温室气体与适应气候变化的地区更容易形成协同管理的局面。在协同管理过程中还需要注意，对减缓与适应气候变化的重要性认识不足及人类制度和组织能力的缺陷会降低协同管理的效率。适应与减缓行动包括各种措施，既有工程技术类的，也有制度和行为的考量，在制定应对气候变化战略时，应该对各种减缓和适应行动的效果、不确定性、外部效应等进行综合分析，把适应与减缓纳入一个具有协同发展的可持续发展战略中进行统筹安排（表 11-5）。

表 11-5　适应与减缓行动在不同领域的协同管理措施（郑艳等，2013）

重点领域 / 适应措施	减缓热岛效应	应对城市水灾
城市生态系统	沿海防护林、城市湿地、城市森林、水源涵养、碳汇林等	沿海防护林、城市湿地、城市森林、水源涵养林、道路绿化带等
水资源和流域管理	引水工程、城市水道、中水回用及雨洪利用技术、阶梯水价机械等	城市水道、城市地下排水管网改造、城市水系自然改造、水库调蓄、农田水利设施、小流域治理、泄洪及蓄洪工程等
能源电力	社区屋顶太阳能利用，能效及节能技术，风电、潮汐、地热、垃圾发电等可再生能源发电技术，电力需求侧管理，智能电网技术等	可再生能源发电技术，电网和电器防雷电、防漏电技术
公共交通	道路立体绿化，公共交通（城市快速公交、太阳能汽车、免费自行车）等	提升城市交通综合管理能力（公路、铁路、航空的换乘能力）
建筑及人居环境	建筑节能改造、可再生能源建筑应用技术、屋顶绿化、绿色低碳社区	立体绿化、屋顶绿化、透水砖、社区雨洪利用及储水技术、集雨型绿地等
城市规划	土地利用、人口政策、产业布局、编制低碳城市规划、低碳韧性城市考核目标（如城市中心区绿地覆盖率）等	编制城市气候变化规则，低碳韧性城市考核目标（如城市中心区绿地覆盖率、城市防洪排涝设计标准、灾害损失占 GDP 比重）等

2. 竞争关系的文献回顾与评估

从国内外应对气候变化政策研究和实践看，减缓与适应行动通常被划分为两个相对独立的领域，在具体部署上通常也分属于不同的部门，在成本效益分析和政策效果评估时尚未能充分考虑两者的相互影响。例如，在《中国应对气候变化国家方案》《中国应对气候变化的政策与行动年度报告》(2009~2016 年)，国家第一、第二次《气候变化 国家信息通报》等政策文件中对减缓与适应行动分别进行了规划和指导。从行动领域看，我国减缓温室气体的重点部门是能源和工业部门，适应气候变化的重点部门是农林、水资源等部门；从管理机构看，尽管国家发展和改革委员会是减缓和适应气候变化行动的主管部门，但减缓行动由省经济和信息化委员会、能源局等单位负责执行工作；适应行动一般被纳入国家防灾减灾工作中，执行部门主要是民政部下的减灾中心管理、气象局和农林部门等机构。由于决策部门不同，决策者在进行减缓（适应）政策设计或行动部署时，往往从行动本身的效果最大化出发，很少考虑到对其他应对气候变化行动的影响，甚至包括减缓行动之间也会出现行动效果相互抵消的情况，从而造成应对气候变化的“重复行动”或“事倍功半”现象，如水电是我国能源部门主要的减排措施，但大型水电站建设有可能与当地灌溉用水形成竞争，如果水环境系统失衡，则会降低地方适应气候变化能力；太阳能光伏发电和风力发电是非常重要的减缓措施，如果将发电设施建设在沿海气候脆弱地区，就需要特别考虑当地的气象条件和适应气候变化能力，在气候脆弱地区，台风可能会导致设施受损，不仅无法实现清洁发电、减少温室气体排放，还会影响城市供电安全，增加城市气候脆弱性（如宁波 2016 年出现太阳能光伏设施被台风毁损事件）；修建防洪堤（适应行动）对水泥生产形成新的需求，造成水泥生产碳排放增加，从而对减缓目标产生负面影响。

11.4.3　低碳发展与区域均衡发展的协同

区域发展不平衡是我国经济社会发展面临的一个重要问题，从“十一五”末开始，国土空间开发格局、主体功能区与区域经济发展越来越紧密地联系起来（朱松丽等，2017）。在本次评估报告之前的研究中，低碳发展和经济增长往往被当成两个独立问题来考虑，这与中国所面临的经济形势有所矛盾，而协调发展低碳消费和经济增长可以避免资源浪费，促进产业转型，达成经济社会发展与生态环境保护双赢，实现我国经济持续健康发展（于萌萌和权英，2018）。

1. 主体功能区建设与低碳发展具有协同关系

董祚继（2018）提出，优化国土空间布局，推动城市低碳发展，构建基于低碳导向的国土空间组织体系，是优化国土空间开发格局的基本指向。从全国层面看，各地区建设用地碳排放强度差异很大，华北、华东地区最高，东北、中南和西南地区次之，西北地区最低。引导人口和产业均衡发展，可以促进国土均衡开发，减少跨区域、远距离物流，防止社会经济总量与国土自然基础之间过度失衡。从碳增汇和碳减排两方面出发，调整优化国土空间利用结构。通过低碳发展促进区域均衡发展、采取差异化的低碳发展方式增强不同区域的主体功能、发挥协同效应，是中国实现区域协调发展、低碳转型的重要途径。

研究显示，随着优化开发区中高能耗行业的转出，优化开发区的碳排放增速持续放缓、产业结构进一步优化，但重点开发区和生态发展区的碳排放增速有所上升（王容等，2019），说明在区域均衡发展的同时，低碳发展出现区域竞争关系。朱慧珺和唐晓岚（2019）选取 2007~2016 年长江中下游沿江八市作为研究对象，运用熵值法确定权重，引入协调度和协调发展度模型，构建协调发展度评价指标体系并对其生态环境与经济协调的发展状况进行实证分析。研究发现：①长江中下游城市生态环境与经济质量大幅度提升，并且长江下游沿江城市的经济发展均优于中游城市，生态环境发展则相反；②长江中下游沿江城市的生态环境和经济协调发展在 2012 年之前基本处于失调状态，2012~2014 年从低级向中级协调发展过渡，2014 年之后长江下游城市处于良好、中级协调之间，长江中游城市均达到优质协调发展水平。

现有区域低碳发展研究侧重于主体功能区的低碳发展模式、路径，碳排放驱动力，低碳发展指标等方面的研究（谭显春等，2018；禹湘，2018；蒋金荷，2018；朱友平，2014；赵荣钦等，2014），区域协同治理研究侧重于多元主体的协同管理及主体功能区规划与其他城市建设规划的协同（袁军，2018；吕红亮等，2016；杨露茜等，2015），以及更微观尺度的社区协同治理研究（肖丹，2018；李汉华等，2016），但对区域发展与低碳协同性研究相对不足。

不同城市化地区所承载的城市（镇）化任务不同，低碳发展协同方式也有差异。例如，优化开发区应以稳定和疏解人口为主，争取尽早达到排放峰值并下降；重点开发区应是承接非城市化地区人口（特别是重点生态功能区）的主要地区。但是这些地区普遍存在发展后劲不足或发展粗放的问题，进一步吸纳经济和人口的能力可能受限。在低碳发展的大背景下，寻找新的增长点和产业低碳化转型是重点开发区承担新型城市（镇）化任务的前提条件（朱松丽，2016）。

从低碳试点城市看，低碳发展与新型城镇化耦合协调具有以下几个特征：第一，低碳试点城市碳排放 – 新型城镇化系统耦合协调度总体水平不高；第二，城镇化过程中，人均 CO_2 排放量、公共服务、基础设施建设和资源环境水平不同程度地对低碳城镇化产生影响（高信度）；第三，系统的协调度和协调发展度上表现出较强的空间地域性；第四，系统的协调度与协调发展度总体来说有很强的正相关性；第五，系统的新型城镇化水平、协调度、协调发展度指标和区域经济发展水平存在很强的对应关系，而城市碳排放系统、协调度、协调发展度指标与区域经济的关系并不明显（宋祺佼和吕斌，2017）。

2. 区域经济增长与低碳发展的竞争关系

我国整体处于工业化中期阶段，经济发展与能源消费还没有实现脱钩，未来随着工业化、城镇化的持续推进，到 2030 年之前我国碳排放总量还将有所增长。根据世界银行 2015 年的标准，人均 GDP 低于 1045 美元为低收入国家，1045~4125 美元为中等偏下收入国家，4126~12735 美元为中等偏上收入国家，高于 12736 美元为高收入国家。2017 年，我国除甘肃外，其他各省（自治区、直辖市）的人均 GDP 均高于 4126 美元低于 12735 美元，整体处于中等偏上收入水平，但区域之间的人均 GDP 差距较大，除香港、澳门以外，内地人均 GDP 最高的是北京，2017 年人均 GDP 为 12.89 万元，最低的是甘肃，2017 年人均 GDP 为 0.41 万元。有关研究显示，经济增长导致的能源消费规模变动对中部六省 2005~2016 年能源消费碳排放的影响最大，累积贡献率达 187.09%；能源强度的影响程度位居第二，累积贡献率达 –110.77%；产业结构的影响程度位居第三，累积贡献率达 16.03%；人口规模的影响程度位居第四，累积贡献率为 6.46%；能源结构对碳排放量的影响最小，累积贡献率仅为 1.19%（刘玉珂和金声甜，2019）。能源消费结构是影响区域碳排放量的重要因素。从广东的主体功能区碳排放数据看（王容等，2019），优化开发区、重点开发区、生态发展区这三类主体功能区的能源结构仍然以煤炭为主，煤炭消费产生的碳排放量占 60% 以上，是主要碳排放源。不同功能区中能源碳排放的结构存在一定差异：优化开发区的能源结构最优，2016 年天然气排放占比达到 17%，石油消费产生的碳排放占比为 15%~30%；重点开发区的能源结构相对优化，以煤炭和石油为主，有少量天然气消费，石油消费产生的碳排放占比为 30%~40%；生态发展区中煤炭消费产生的碳排放占比平均在 98% 左右，远远大于其他两类能源消费产生的碳排放。在生态发展区中，工业部门除煤炭消费排放外，几乎不存在其他能源消费排放（石油消费产生的碳排放只占不到 2%，天然气排放几乎为 0），相对于石油和天然气而言，煤炭消费成本最低，生态发展区大都处于欠发达地区，其有工业发展需求，低碳意识较为薄弱，基础设施有待加强，能源运输成本高，工业生产有寻求廉价能源的冲动。

11.5　低碳发展政策对减碳目标的贡献

11.5.1　部门低碳发展政策

由于各行业部门在能源消费量和能源强度、碳排放量和碳强度上均存在巨大差异，中国的低碳发展政策也具有明显的行业侧重性。其中，工业、交通、公共机构等碳排放主要来源领域的节能减碳是中国低碳发展的重点工作。2015 年开始，中国强化了应对气候变化行动，其低碳发展政策目标逐渐从碳强度约束过渡到总量控制与碳强度控制并重，这一转变也体现在重点行业的低碳发展政策上。除了命令控制型的低碳发展政策外，中国的市场机制型低碳发展政策也在重点减排行业有所侧重，一个典型的事实是中国统一的碳排放权交易市场第一阶段计划将主要涵盖石化、化工、建材、钢铁、造纸、电力、航空等重点排放行业，并于 2017 年末在数据基础较好的电力行业率先启动，标志着中国的碳排放权交易由此进入了一个新的阶段。由此可见，重点行业部门的节能减碳是中国实现碳减排目标的主要突破口。本小节将重点对能源、城市、工业、交通等行业部门低碳发展政策的影响进行阐述。

1. 能源部门

碳排放路径的变化很大程度上取决于能源消费量及能源结构的动态演变。既有研究表明，若要控制碳排放以实现 1.5℃温升目标，2010~2100 年的平均能源消费量需要降至 2010 年的 65.1%，同时还需要采用负排放技术进行能源重构（中等信度）（段宏波和汪寿阳，2019）。毫不夸张地说，能源部门承担着中国能否有效达成减排和温升目标的巨大压力。电力行业是能源部门碳排放量最多的行业，电力行业的低碳发展政策效果也因此备受关注。作为中国率先启动统一碳排放权交易市场的部门，碳排放权交易对于电力部门的减排无疑具有至关重要的作用。在电力部门的碳排放权交易制度设计中，碳配额分配是与企业关系最密切的环节，直接关系到碳排放市场价格的形成及企业参与碳市场的成本。通常而言，碳排放权交易按照历史法（grandfathering rule）、基准法（benchmark rule）或通过拍卖进行初始配额分配，中国的碳排放权交易市场试点时期主要采用历史法，即基于历史碳排放数据和碳强度，结合碳强度下降目标来确定免费的碳配额。倘若继续按照历史法分配碳配额，在多种情形下 [如基于上一期碳排放量和碳强度，再分别考虑 0、1% 和 2% 的年度递减率（annual decline factor，ADF）进行初始碳配额分配]，碳排放权交易将使中国经济达到一个新的平衡，中国电力供应量将有所减少，电力价格将有所上升，同时碳排放权交易将对 GDP 产生负面影响，但有助于碳减排，其预期可以成为中国促进碳减排的有效政策工具。关于 ADF 设置对碳排放的影响并无定论，但已有证据表明设置一个较小的 ADF 值（如 0 或 0.5%）将最有益于达到经济发展和碳减排的双赢，且最易于实现碳排放总量控制和碳强度控制的双重目标（中等信度）（Lin and Jia，2019；Zhang L et al.，2018）。若以基准法，即给定单位产品排放量情况下确定碳配额，碳排放权交易将会促进中国的产业结构及能源消费结构的调整，并对整体经济造成负面影响，且在碳配额免费分配的情况下，碳排放权交易对经济的负面影响更大，但这一负面影响会随时间的推移而缓解。同时，尽管中国有能力实现碳排放达峰目标，但若按照 2020 年的碳强度目标进行碳排放配额分配，则无法在 2030 年或之前达到碳排放峰值（中等信度）（Li W et al.，2018）。

对于电力行业自身的发展而言，碳排放权交易也将改变该行业现有的产出及碳排放增长路径。如前文所言，在以历史法进行配额分配的情况下，碳排放权交易将降低电力行业规模并推动电价提升，但有助于电力行业的减排。若以基准法进行配额分配，并考虑配额以每年 2% 的速度减少，以实现中国 2020 年碳强度较 2015 年减少 18% 的“十三五”碳减排目标，相比无碳排放权交易的情形，无论采取何种基准确定碳配额，碳排放权交易均将促使电力部门的碳排放下降，同时也会导致发电量的下降和电价的上升；若逐年降低碳排放配额，则将促进电力行业进行清洁能源生产技术投资，进而减少行业碳排放总量，使得电力行业于 2025 年达到碳排放峰值；若令碳配额每年以 2.5% 和 3% 的速度降低，更高的碳强度约束将促使电力行业的碳排放更早达到峰值（中等信度）（Li W et al.，2018）。

2. 城市发展

2010 年开始执行的低碳城市试点政策可以说是中国城市层面最关键和最具代表性的低碳发展举措。低碳城市的建设改变了城市原有的发展轨迹、生产模式及人们的生活方式（Cheng et al.，2019）。得益于产业结构的及时优化调整，在首批有试点城市的省级地区中，重庆和陕西取得了较为明显的减排效果（中等信度）（陆贤伟，2017）。当然，仅从省级层面来评判低碳城市试点政策的减排效果难免有失公允。从城市层面来看，8 个试点城市的碳排放增长率在试点前后均表现出明显的下降趋势，其中南昌和杭州的下降幅度最大。同时，各试点城市的碳强度也具有持续下降的趋势，且下降速度明显加快。与碳强度不同，试点城市的人均碳排放量仍然保持增长趋势，但增速下降至试点前增速的 1/2 左右。与全国水平相比，低碳试点城市碳排放总量增速下降的幅度要高于全国平均水平，且其碳强度的降幅也要领先于全国平均水平。与试点城市所在省份的其他城市相比，试点城市的碳排放总量及人均碳排放增速总体上要低于其所在省份的平均水平，碳强度降幅则要高于其所在省份的平均水平。因此，就碳排放总量、碳强度及人均碳排放量而言，低碳城市试点政策取得了一定的成效，推动了试点城市的低碳发展（中等信度）（邓荣荣，2016）。

需要进一步指出的是，相对于碳排放总量、碳强度及人均碳排放量三种指标而言，以碳排放为环境非期望产出的绿色全要素生产率指标综合考虑了经济、能源及环境要素，能够更加准确地反映低碳转型发展的程度，而低碳试点城市的建设正是提升城市绿色全要素生产率的有效手段。低碳城市试点政策对绿色全要素生产率增长的积极影响来源于低碳城市建设过程中产生的技术进步效应、资源重配效应及结构优化效应。构建低碳城市意味着城市经济增长模式的转变，短期来看，这可能会增加企业的生产成本，进而影响短期经济增长。但长期看来，低碳城市建设通常伴随着政府对低能耗、低排放产业部门的政策倾斜（如针对相关产业部门的专项补贴、低息贷款等政策），从而将有助于技术（尤其是绿色低碳技术）进步。同时，企业运作成本的提高将会促进市场优胜劣汰而优化资源配置，使生产要素从高污染、高排放的行业部门流向低碳部门，进而形成与低碳城市相匹配的最优产业结构和要素结构，最终实现城市的低碳转型（高信度）（Cheng et al.，2019）。

3. 工业部门

工业是中国重要的经济增长动能，也是碳排放“第一大户”。基于碳强度约束目标的命令控制型碳减排措施是权衡经济和环境协调发展的权宜之计，具有明显行业偏向性的碳强度约束目标对工业部门的碳强度及行业规模具有举足轻重的影响。以石化行业（包括油气开采、石油加工和化学产品制造业等 9 个子行业）为例，若以 2010 年的实际情况为基准情形，中国总体的碳强度约束目标对石化行业的增加值总量在短期内会产生一定负面影响，这主要归咎于该行业面临的低端产品供给过剩和高端创新产品供给不足这一结构失衡问题（高信度）。然而，与碳强度约束目标在一定程度上阻碍石化行业增速不同，碳强度约束目标会降低石化行业碳强度水平。具体而言，在2020年较2010年碳强度下降18%和25.9%的总目标（该目标分别等同于2020年碳强度较2005年下降45%和50%）下，由于碳强度约束目标对高碳能源的需求产生了较为明显的约束效应，石化行业2020年的碳强度较2005年分别下降60.63%和64.78%这一下降幅度大于同期的45%的国家碳强度减排目标（中等信度）（刘学之等，2017）。

不同于碳强度约束目标，碳排放于2030年达峰是中国2020年后应对气候变化行动的碳排放总量控制目标，体现了更高的节能减碳要求。就工业部门最庞大的门类——制造业整体来说，在不采取新的减排措施、经济因素遵循路径依赖"惯性"变化的基准情景，以及政府加强对气候变化干预、能源结构与节能技术优化的绿色发展情景下，制造业碳排放在2030年之前将持续增长，2016~2030年碳排放潜在年均增长率范围分别为3.94%~7.09%和0.81%~2.22%，并不能实现制造业行业碳排放的达峰目标；在能源技术实现突破的情景下，制造业碳排放则有很大可能在2024年达到32.13亿t的峰值。碳排放总量控制通常也伴随着碳强度目标的实现。上述三种情景下的制造业产出碳强度均可实现2020年下降40%~45%的目标和2030年下降60%~65%的目标，但绿色发展情景难以实现"中国制造2025"提出的下降40%的目标，如果低碳技术有所突破，制造业将有可能实现这一目标，在严格执行节能减排措施和大力发展低碳技术创新的条件下，制造业将具有可观的碳减排潜力（高信度）（邵帅等，2017）。

除了上述以目标约束为导向的命令控制型的低碳发展政策外，以碳排放权交易为代表的市场机制型和以碳税为代表的财税金融型低碳发展政策对工业部门的碳减排同样具有重要影响。中国自2013年先后在7个省市建立了碳排放权交易试点，有证据表明，在排除人均生产总值、人口规模、能源强度和产业结构等其他影响碳排放因素的基础上，碳排放权交易对试点地区工业部门的碳排放量和碳强度均有显著的抑制作用（高信度），可分别使两者下降4.8%和5.2%，而这一抑制作用主要来源于碳排放权交易对试点地区能源技术效率的改进效应（中等信度）（李广明和张维洁，2017）。与碳排放权交易采用市场手段实现碳排放的环境负外部性内部化有所不同，碳税通过财政手段增加企业的能耗成本及碳排放成本。研究显示，若以能源产品价格的一定百分比来征收碳税，确实可以对工业企业的能源消费产生抑制效应，且由于各行业对能源消费的依赖程度不同，其影响具有行业异质性。其中，化学原料及化学制品制造业、非金属矿物制品业、黑色金属冶炼及压延加工业对碳税更为敏感，同时伴随着税率增加（如税率从能源产品价格的1%上升至50%），这些行业能源消费的下降幅度也最大（高信度）（李岩岩等，2017）。

4. 交通部门

交通运输业是中国碳排放量增速最快的行业，同时也具有很强的碳减排潜力（Zhang R et al.，2018）。发展新能源汽车、推广生物燃料的使用、完善公共交通设施是交通部门常用的减排措施。可以考虑如下四种具体的鼓励低碳出行的政策设计：①政府大力推广新能源汽车，新能源汽车市场份额至2030年达到30%；②通过限速（到2030年汽车行驶速度削减20%）鼓励民众将非机动车或公共交通作为通行工具；

③交通规划遵循“行人友好”的原则，借此鼓励徒步出行而非采用机动车辆出行；④自行车使用导向的城市交通规划。上述四种情形均将对城市交通需求结构产生重要影响，并将有助于中国城市层面的碳减排。其中，推广新能源汽车的减排效果最强，到2030年，相较于无低碳出行政策的基准情景，新能源汽车份额的提升可以削减34%的碳排放；交通规划遵循“行人友好”原则的碳减排效果最弱，到2030年，与基准情景相比只能实现9%的减排量（Zhang R et al.，2018）。

若直接对交通运输业整体开征碳税，由于各交通工具的能源消费种类存在差异，碳税将对不同的交通行业产生异质性影响，其中对公路运输的影响最为明显，其次是铁路、航空，而对城市客运的影响最小。这主要源于开征碳税直接增加了化石能源消费成本，而公路运输主要使用汽油和柴油，这两类化石能源本身具有较高的碳排放因子，其使用量的减少会使公路运输的碳排放降低更为明显。同时，征收碳税可以鼓励商业运输（尤其是公路运输）部门使用清洁能源，从而减少公路运输的碳排放。开征碳税对城市客运碳排放影响较小源于城市客运对化石能源消费的依赖程度相对较小。需要进一步指出的是，碳税对能源消费、碳排放及其他宏观经济变量的影响会随着碳税税率的增加而改变。如果考虑20元/t、30元/t、40元/t、50元/t、60元/t 5种税率，总体而言，交通运输部门的能源消费和碳排放减少幅度会随税率水平的提高而增大；但当税率达到60元/t时，部门总产出、社会福利等其他宏观经济因素会受到较大冲击，下降幅度明显增大，同时一些对化石能源消费依赖程度相对较低的交通行业（如城市客运交通），其能源消费量反而会增加（中等信度）。因此，鉴于不同交通行业能耗特征的差异性及碳税对碳排放和其他经济变量影响的复杂性，对不同的交通行业应该制定不同水平的碳税税率（Zhou et al.，2018）。

综上所述，中国目前的低碳发展政策在重点行业部门具有明显的侧重。同时，在各类低碳发展政策的影响下，即使实行不同的低碳发展政策方案设计，部门低碳发展政策也很可能会对行业产出、增加值或就业产生负面影响。但不可否认的是，相对于无低碳发展政策的情形，执行低碳发展政策有助于降低行业碳强度或碳排放总量，有利于部门的低碳转型，并有益于实现中国碳强度约束目标和碳排放总量控制目标。需要指出的是，不同行业发展现状的迥异、能源相关技术的更迭、负排放技术的发展必然要求低碳发展政策设计有的放矢、因时而异、循序渐进，并且应该更加注重各部门内部及部门间的命令控制型、市场机制型及财税金融型等各类低碳发展政策的联合实施及协调配合，才可能达到最佳的节能减排效果，以实现低碳发展及减缓气候变化的政策目标。

11.5.2　国家低碳发展政策

气候变化是全球面临的共同挑战。《巴黎协定》下各缔约方就21世纪末在工业化前水平上要把全球平均气温升幅控制在2℃之内达成共识，并提出努力将气温升幅限制在1.5℃之内的目标。值得注意的是，虽然《巴黎协定》是具有法律约束力的国际条约，它要求缔约方有固定承诺，同时规定完善的透明度框架、促进与执行机制以及争端解决机制，但是其中关于减排机制的规定（即提交的国家自主贡献）原则上是没有法律约束力但可能产生实际效力的“软法”性质条款（熊倩云，2016）。因此，不管是2℃还是1.5℃温升目标，并没有直接对各国的减排行为产生法律约束力。已有多个研究表明，目前全球已递交的国家自主贡献与实现2℃温升目标下的排放路径仍然存在一定差距（王利宁等，2018）。面对低温升目标如1.5℃，将要求人类社会进行前所未有的减排努力，其带来的挑战是空前的。目前，对于2℃或1.5℃温升目标下的碳预算和排放路径研究主要在全球尺度上，尚且缺乏定量的国别研究（Smith et al.，2019；Luderer et al.，2018；Rogelj et al.，2018，2016；Millar et al.，2017；崔学勤等，2017）。为此，本节主要在文献总结的基础上讨论中国低碳发展政策对于温室气体控制的贡献，并且进一步讨论中国现行的低碳发展政策与全球温升目标的关系。

1. 国家低碳发展的重要政策及取得的成绩

中国现行的低碳发展政策主要来自三个层面：国家制定的整体战略规划、部门行业制定的政策法规及标准和地方出台的各种办法和规定。本节主要对中国国家层面的政策进行梳理和分析，部门行业的政策在11.5.1节中已经进行了总结，本节不再赘述。

图11-2总结了“十一五”以来，中国国家层面在低碳发展方面的重要政策。从政策效果来看，中国的低碳发展政策从目标设定到完成取得了较好的成绩。“十一五”期间单位GDP能源强度下降19.1%，扭转了“十五”期间GDP能源强度上升的趋势。能源消费弹性也由“十五”期间的大于1.0下降到0.59。新能源和可再生能源的供应量增长74%，其增长速度、增长数量和投资规模均居世界前列，在能源消费构成中的比例也由6.8%提高到8.6%（齐晔，2011，2010）。“十二五”时期，中国碳排放强度下降了21%左右，超额完成“十二五”规划纲要中“单位GDP碳排放下降17%”的目标；中国万元GDP能耗比2010年下降了18.4%，超额实现规划中提出的16%的目标；能源领域也发生了重大的变革，能源结构低碳化趋势明显。2016年煤炭占能源消费总量的比重下降到62%，提前四年实现了原定的2020年的目标；非化石能源消费占比已达13.3%（张希良和齐晔，2017）。2017年，中国碳强度比2005年下降约46%，提前三年实现了哥本哈根气候大会上承诺的到2020年碳强度比2005年下降40%~45%的目标。

2. 中国低碳发展政策与全球温升目标

目前，中国低碳发展政策的制定和执行主要是为了我国低碳发展、能源转型、能源革命、大气雾霾治理等国家战略的实现。在国家自主贡献上，中国确定了四个2030年的行动目标，同时承诺将继续主动适应气候变化，在农业、林业、水资源等重点领域和城市、沿海、生态脆弱地区形成有效抵御气候变化风险等机制和能力。为了实现应对气候变化自主贡献目标，中国进一步提出了在国家战略、区域战略、能源体系、产业体系等共15个领域采取强化行动的政策和措施（柴麒敏等，2018）。中国现行低碳发展政策的绩效评估也主要体现在能否保证国家行动目标的实现。

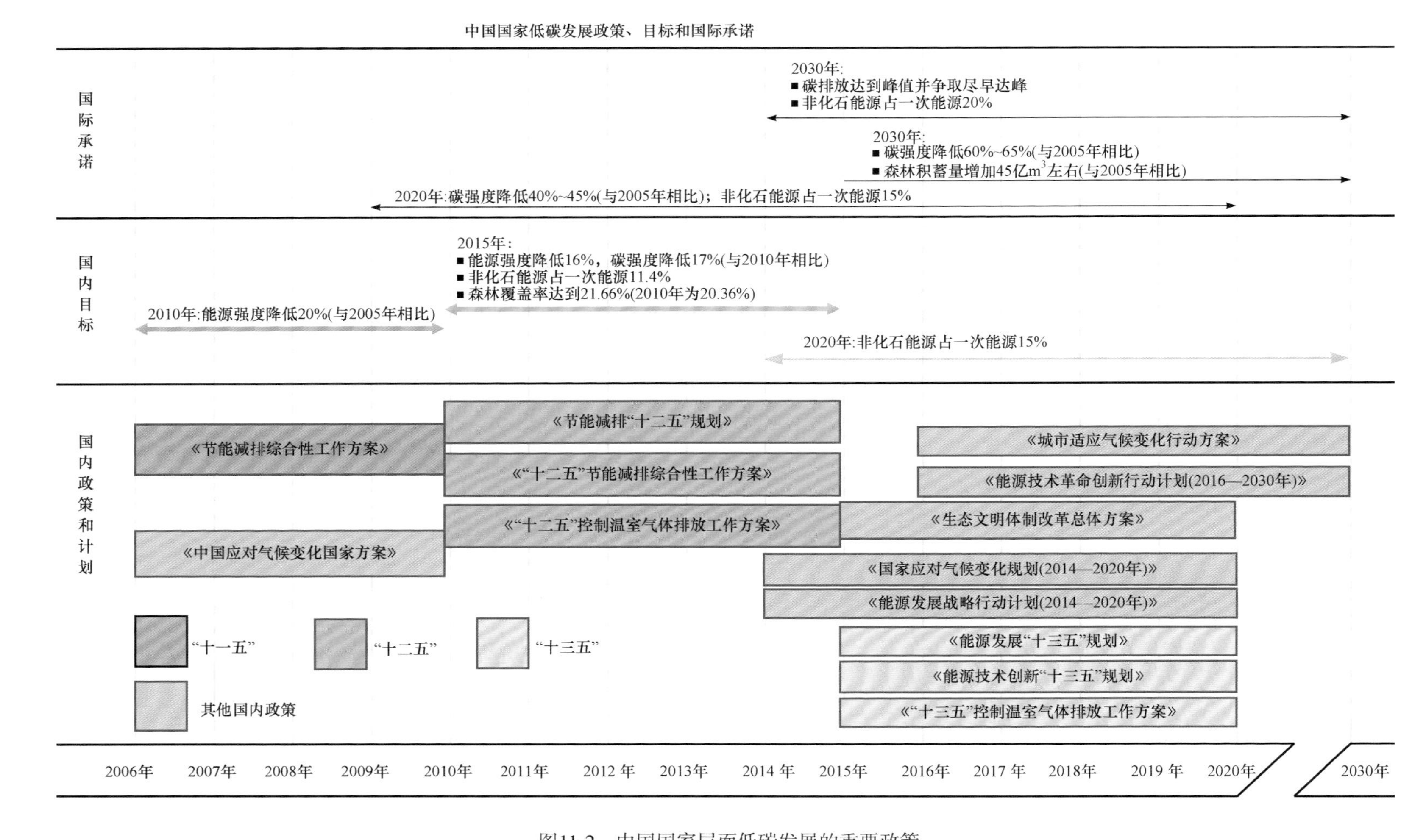

图11-2　中国国家层面低碳发展的重要政策

图片来源于Song等(2015)，并根据Gallagher等(2019)进行了补充在合理的经济发展速度，以及保证能源强度下降指标和碳强度下降指标能顺利完成的情况下，中国可以确保2030年碳排放达峰，达峰总量预估在9~12Gt，并且，如果中国经济保持新常态发展的方向以及继续出台更严格的气候政策，中国有望提前达峰（Jiang et al.，2019）。值得指出的是，碳排放达峰时间受到很多不确定性的影响，包括人口发展、经济转型速度、政策的执行、未来气候政策的强度、国际合作等。若要兑现《巴黎协定》的承诺，中国还要全面有效落实所有现行政策，成功完成电力行业改革，并在此基础上进一步发挥全国碳排放权交易体系在碳减排方面的作用（Gallagher et al.，2019）。中国是世界上最大的发展中国家，也是碳排放第一大国。中国若能实现国家自主贡献目标，将为其在2030年后进一步向符合2℃温升目标所要求的路径转型提供较大的可能性并奠定坚实的基础。

目前，各国国家自主贡献的减排力度尚不足以实现全球2℃的温升目标（王利宁等，2018；Rogelj et al.，2016；IPCC，2014）。根据联合国环境规划署2017年的评估，即使国家自主贡献都能实现，21世纪末全球温升仍可能达到2.9~3.4℃（UNEP，2017）。此外，由于各个国家和地区历史累积排放不同，经济发展水平不同，受到气候变化影响的程度也不一样，如何把全球碳排放空间公平有效地分解到各个主权国家面临很大的困难。并且，分析各国碳减排贡献的综合模型在公平原则选择、分配方案的选取以及参数设定方面都有很大的差异，结果往往也差别很大（林洁等，2018；腾飞等，2013）。因此，亟须评估中国低碳发展政策与全球温升目标关系的贡献，更重要的是，面对温升目标差距中国如何提升和加强现行的低碳发展政策。

2℃温升目标要求全球人为温室气体在21世纪下半叶实现中和（Rogelj et al.，2016）。IPCC AR5指出，实现2℃温升目标的关键措施包括：脱碳（即降低发电的碳强度）以及增效和行为改变，以便与基线情景相比，在不影响发展的情况下降低能源需求。近期发布的《IPCC全球1.5℃温升特别报告》进一步强调了将全球变暖限制在1.5℃将需要在土地、能源、工业、建筑、交通和城市方面进行“快速而深远”的转型（姜克隽，2018）。有研究表明，在中等可能性的2℃目标下，中国的二氧化碳排放量将于2030年前达到峰值，峰值水平较照常情景下降低20亿t左右，而1.5℃温升目标则要求碳排放从当下开始急剧下降，且最早到2060年前后实现近零排放（段洪波和汪寿阳，2019）。尽管中国过去十几年间在碳强度控制方面取得了显著的成绩，但是与发达国家相比，中国经济的能源强度依然很高，能源消费以煤炭为主的特点决定了中国在一定时期内碳排放总量控制仍然很困难，面对2℃或1.5℃温升目标所需要进行的能源结构转型具有很大挑战。结合目前对于温升目标实现措施的讨论，以下主要从国际合作、政策制定和管理、能源供给低碳化及行为改变角度讨论中国低碳发展政策提升和强化的方向。

首先，鉴于各国国家自主贡献与2℃温升目标的缺口问题，中国需要与其他国家一起进一步研究和探讨提升2030年自主行动目标及实现的可能性，做出长远、充分和有效率的准备。中国应该根据公平分配研究给出的提高国家自主贡献力度要求的区间，提前准备《巴黎协定》后关于全球盘点和国家自主贡献更新议题与新一轮谈判的应对策略（崔学勤等，2016）。

其次，中国作为全球最大的温室气体排放国和煤炭消费国，也需要从本国应对策略角度考虑，为依据当前国情提出更大力度的减排目标做好准备。从政策覆盖范围来看，目前主要聚焦于 CO_2 排放，没有对其他非 CO_2 的温室气体（如 CH_4、N_2O 等）做出硬性的排放限制；在未来的政策制定中，中国应该更加关注 CH_4 和 N_2O 排放（Liu and Wu，2016）。此外，政策协同增效也是未来政策制定过程中应该关注的重点。中国的能源消费以煤炭为主，煤炭同时又是空气污染的主要来源之一。过去几年，中国在大气治理和应对气候变化的目标措施上具有很好的协同效应。目前，应对气候变化的职能转入了新成立的生态环境部，从而为中国进一步加强应对气候变化和大气污染治理的统筹、协同、增效提供了体制和机制保障。下一步，中国应该在应对气候变化、温室气体排放的监测与控制、大气污染治理以及更广泛的生态环境保护工作中，在监测观测、目标设定、制定政策行动方案、政策目标落实的监督检查机制等方面进一步统筹融合、协同推进[①]。

温升目标下，可再生能源和新能源是可持续发展的关键。在过去十几年间，中国的可再生能源技术得到了极大的发展；同时中国也是全球最大的可再生能源投资国，拥有最大的市场。中国应该利用可再生能源发展的经验和技术，继续推动并引领全球的可再生能源转型。在中国，应继续推动可再生能源在能源供给中的渗透力度，积极有效地解决弃风弃光问题，保证既定目标的实现，并且进一步探讨提升目标的可能性。此外，结合电力市场化改革，充分发挥市场机制在可再生能源领域的作用，转变能源结构，推进能源低碳化变革。中国是煤炭消费的大国，应该继续采取切实行动，严控新增煤电项目投资，加速淘汰落后产能，逐步减少煤炭消费，着力推动可再生能源的大规模应用。同时采取更多积极的政策和行动方案推动能源转型，实现我国二氧化碳的尽快减排和大幅度减排。

但是，在评估低碳发展政策的减排绩效时应对潜在的碳泄露及回弹效应加以关注。一方面，对可再生能源发电项目的补贴，尤其是电价补贴可能会因行业间的碳泄露效应增加碳排放（Jarke，2017）。另一方面，清洁能源政策导致的回弹效应也值得关注，短期来看，生产者在清洁能源政策正式实施之前存在加速使用化石能源的激励，从长期来看，由清洁能源推广带来的能源效率的提升会刺激消费者和生产者使用包括化石能源在内的更多的能源，从而抵消清洁能源发展所实现的减排量（Qiu et al.，2019）。

此外，中国正处在城市化进程中，随着城市居民的增加和居民生活水平的提高，城市的碳排放也将进一步增加。在全球共同应对气候变化及减少碳排放的紧迫形势下，强化城市居民的节能行为，不仅有利于整个社会碳排放的减少，更是推动能源消费革命、实施能源战略的共同选择（何建坤，2015）。城市居民的低碳消费行为也明显受到政策效果感知的影响（谢守红等，2013），因此，在未来的政策制定中，可以进一步加强低碳产品标识，促进低碳产品研发，同时加强低碳宣传与教育，充分发挥低碳发展政策对城市居民低碳行为的引导作用，以有效降低中国城市层面的碳排放。

尽管目前国家自主贡献与实现温升目标还有缺口，但有研究指出，现在的国家自

---

① 生态环境部 2018 年 10 月例行新闻发布会实录 . 2018. http://www.mee.gov.cn/xxgk2018/xxgk/xxgk15/201811/t20181101_672093.html.

主贡献提出的目标相对保守，并且很多国家尤其是发展中国家在国家自主贡献的编制过程中，在国家层面的气候政策制定上，能力得到很大提升；与《巴黎协定》下的定期盘点制度相结合，最终的国家减排行动需要实现《巴黎协定》的温升目标（Höhne et al.，2017）。

2020 年 9 月，习近平主席在联合国大会发言中提出，中国将提高国家自主贡献力度，采取更加有力的政策和措施，二氧化碳排放力争于 2030 年前达到峰值，努力争取 2060 年前实现碳中和。全球主要国家和地区中欧盟和中国走在了减排目标的前列。欧盟和中国的目标使得全球 1.5℃温升目标的实现有了很大的可能性（Jiang，2020）。欧盟已经实施了具体的短期行动计划，在能源系统、工业氢基生产、先进交通技术（氢动力飞机等）等方面已经有了具体的策略和研发计划。我国在这个目标公布后，也会推出相应的政策。

▪ 参考文献

安学娜，张少华，李雪，等 . 2017. 考虑绿色证书交易的寡头电力市场均衡分析 . 电力系统自动化，41（9）：84-89.

白洋 . 2014. 促进低碳经济发展的财税政策研究 . 蚌埠：安徽财经大学 .

毕清华，范英，蔡圣华，等 . 2013. 基于 CDECGE 模型的中国能源需求情景分析 . 中国人口 · 资源与环境，23（1）：41-48.

柴麒敏，傅莎，祁悦，等 . 2018. 应对气候变化国家自主贡献的实施、更新与衔接 . 中国发展观察，190（10）：27-31.

陈诗一，陈登科 . 2016. 能源结构、雾霾治理与可持续增长 . 环境经济研究，1（1）：59-75.

崔学勤，王克，傅莎，等 . 2017. 2℃和 1.5℃目标下全球碳预算及排放路径 . 中国环境科学，37（11）：4353-4362.

崔学勤，王克，邹骥 . 2016. 美欧中印“国家自主贡献”目标的力度和公平性评估 . 中国环境科学，36（12）：3831-3840.

邓荣荣 . 2016. 我国首批低碳试点城市建设绩效评价及启示 . 经济纵横，（8）：41-46.

董战峰，李红祥，葛察忠，等 . 2018. 国家环境经济政策进展评估报告 2017. 中国环境管理，10（2）：14-18.

董祚继 . 2018. 优化国土空间布局，推动城市低碳发展 . 环境经济，（13）：50-51.

段宏波，汪寿阳 . 2019. 中国的挑战：全球温控目标从 2℃到 1.5℃的战略调整 . 管理世界，（10）：50-63.

傅崇辉，王文军，赵黛青，等 . 2012. 我国珠三角地区经济社会系统对海平面上升的敏感性分析——属性层次模型的应用与扩展 . 中国软科学，（12）：103-113.

傅崇辉，郑艳，王文军 . 2014. 应对气候变化行动的协同关系及研究视角探析 . 资源科学，36（7）：1535-1542.

郭正权，郑宇花，张兴平 . 2014. 基于 CGE 模型的我国能源 – 环境 – 经济系统分析 . 系统工程学报，（5）：581-591.

何建坤 . 2015. 中国能源革命与低碳发展的战略选择 . 武汉大学学报（哲学社会科学版），68(1)：5-12.
侯小菲 . 2017. 气候变化政策的协同效应的影响和不确定性分析 . 理论与现代化，(5)：81-84.
胡曲应 . 2012. 上市公司环境绩效与财务绩效的相关性研究 . 中国人口 · 资源与环境，22（6）：23-32.
黄萃，苏竣，施丽萍，等 . 2011. 基于政策工具视角的中国风能政策文本量化研究 . 科学学研究，(6)：876-882.
黄青 . 2016. 我国政府政策的量化研究综述 . 消费导刊，(2)：19-21.
姜克隽 . 2018. IPCC 1.5℃特别报告发布，温室气体减排新时代的标志 . 气候变化研究进展，14（6）：640-642.
蒋洪强，王金南，葛察忠 . 2008. 中国污染控制政策的评估及展望 . 环境保护，12：2090-2095.
蒋金荷 . 2018. 中国区域低碳发展评价及影响因素研究：基于面板数据模型 . 重庆理工大学学报（社会科学），32（9）：32-46.
金涌，王垚，胡山鹰，等 . 2008. 低碳经济 : 理念 · 实践 · 创新 . 中国工程科学，(9)：4-13.
康艳兵，熊小平，赵盟 . 2020. 欧盟绿色新政要点及对我国的启示 . 中国发展观察，237-238（Z5）：116-119.
李广明，张维洁 . 2017. 中国碳排放权交易下的工业碳排放与减排机制研究 . 中国人口 · 资源与环境，27（10）：141-148.
李汉华，申越发，夏强 . 2016. 探索“一核为主 · 多元共治”新兴社区治理机制 . 理论与当代，(12)：15-17.
李后建，张宗益 . 2014. 金融发展、知识产权保护与技术创新效率——金融市场化的作用 . 科研管理，(12)：160-167.
李科 . 2013. 我国城乡居民生活能源消费碳排放的影响因素分析 . 消费经济，(2)：73-76.
李玲，陶锋 . 2012. 中国制造业最优环境规制强度的选择——基于绿色全要素生产率的视角 . 中国工业经济，(5)：70-82.
李岩岩，兰玲，陆敏 . 2017. 碳税对工业企业节能减排影响的模拟分析 . 统计与决策，(16)：174-177.
李志学，张肖杰，董英宇 . 2014. 中国碳排放权交易市场运行状况、问题和对策研究 . 生态环境学报，23（11）：1876-1882.
梁鹤年 . 2009. 政策规划与评估方法 . 丁进锋译 . 北京：中国人民大学出版社 .
林洁，祁悦，蔡闻佳 . 2018. 公平实现《巴黎协定》目标的碳减排贡献分担研究综述 . 气候研究进展，14（5）：529-539.
刘俊秀 . 2012. 环境公共政策评估方法分析 . 内蒙古财经学院学报，(4)：81-86.
刘明明 . 2017. 论构建中国用能权交易体系的制度衔接之维 . 中国人口 · 资源与环境，27（10）：217-224.
刘强，田川，郑晓奇，等 . 2017. 中国电力行业碳减排相关政策评价 . 资源科学，39（12）：2368-2376.
刘胜强，毛显强，胡涛，等 . 2012. 中国钢铁行业大气污染与温室气体协同控制路径研究 . 环境科学与技术，35（7）：168-174.
刘学之，黄敬，郑燕燕，等 . 2017. 碳排放权交易背景下中国石化行业 2020 年碳减排目标情景分析 . 中国人口 · 资源与环境，(10)：103-114.
刘玉珂，金声甜 . 2019. 中部六省能源消费碳排放时空演变特征及影响因素 . 经济地理，39（1）：182-191.
刘竹，耿涌，薛冰 . 2011. 基于“脱钩”模式的低碳城市评价 . 中国人口 · 资源与环境，21（4）：19-

24.
陆贤伟．2017. 低碳试点政策实施效果研究——基于合成控制法的证据．软科学, 31（11）：98-109.
罗敏，朱雪忠．2014. 基于共词分析的我国低碳发展政策构成研究．管理学报,（11）：1680-1685.
罗英，王越．2017. 强制性抑或自愿性：我国碳标识立法进路之选择. 中国地质大学学报（社会科学版),（6）：93-104.
吕红亮，周霞，刘贵利．2016. 城市规划与环境规划空间管制协同策略研究．环境保护科学, 42（1）：7-11.
马景富．2017. 用能权交易中用能单位的履约行为奖惩机制研究．节能,（11）：4, 9-12.
毛显强，曾桉，刘胜强，等．2012. 钢铁行业技术减排措施硫、氮、碳协同控制效应评价研究．环境科学学报, 32（5）：1253-1260.
莫建雷，段宏波，范英，等．2018.《巴黎协定》中我国能源和气候政策目标：综合评估与政策选择．经济研究, 53（9）：168-181.
潘家华．2016. 碳排放权交易体系的构建、挑战与市场拓展．中国人口 · 资源与环境, 26（8）：1-5.
庞军，石媛昌，冯相昭，等．2013. 实施低碳水泥标准的影响及协同减排效果分析．气候变化研究进展, 9（4）：275-283.
齐晔．2010. 2010 中国低碳发展报告．北京：科学出版社．
齐晔．2011. 中国低碳发展报告（2011~2012）. 北京：社会科学文献出版社．
钱浩祺，吴力波，任飞州．2019. 从"鞭打快牛"到效率驱动：中国区域间碳排放权分配机制研究．经济研究，54（3）：88-104.
任东明，陶冶．2013. 我国可再生能源绿色证书交易系统运行模式研究．中国能源,（7）：10-13.
任亚运，傅京燕．2019. 碳交易的减排及绿色发展效应研究．中国人口 · 资源与环境, 29（5）：11-20.
荣婷婷，赵峥．2015. 区域创新效率与金融支持的实证研究．统计与决策,（7）：159-162.
芮雪琴，李亚男，牛冲槐．2015. 科技人才聚集的区域演化对区域创新效率的影响．中国科技论坛,（12）：126-131.
邵帅，张可，豆建民．2019. 经济集聚的节能减排效应：理论与中国经验．管理世界，35（1）：36-60, 266.
邵帅，张曦，赵兴荣．2017. 中国制造业碳排放的经验分解与达峰路径——广义迪氏指数分解和动态情景分析．中国工业经济,（3）：44-63.
申娜．2019. 碳标签制度对中国国际贸易的影响与对策研究．生态经济，35（5）：21-25.
沈鹏，傅泽强，高宝．2012. 钢铁行业大气污染物协同减排研究 // 中国环境科学学会．2012 中国环境科学学会学术年会论文集（第三卷）. 北京：中国环境科学学会：444-447.
时佳瑞，汤铃，余乐安，等．2015. 基于 CGE 模型的煤炭资源税改革影响研究．系统工程理论与实践,（7）：1698-1707.
宋祺佼，吕斌．2017. 城市低碳发展与新型城镇化耦合协调研究——以中国低碳试点城市为例．北京理工大学学报（社会科学版),（2）：20-27.
谭显春，赖海萍，顾佰和．等．2018. 主体功能区视角下的碳排放核算——以广东省为例．生态学报, 38（17）：6292-6301.
谭忠富，刘文彦，刘平阔．2014. 绿色证书交易与碳排放权交易对中国电力市场的政策效果．技术经济, 33（9）：74-84.
腾飞，何建坤，高云，等 . 2013.2℃温升目标下排放空间及路径的不确定性分析 . 气候变化研究进展，9（6）：414-420.
田春秀，於俊杰，胡涛 . 2012. 环境保护与低碳发展协同政策初探 . 环境与可持续发展, 37（1）：20-24.
田雪沁，吴静，张予燮，等 . 2019. 计及外部性转移机制的绿色证书交易制度效益研究 . 现代电力，36（1）：12-17.
王兵，赖培浩，杜敏哲 . 2019. 用能权交易制度能否实现能耗总量和强度“双控”. 中国人口 · 资源与环境, 29（1）：107-117.
王锋 . 2018. 中国碳排放峰值及其倒逼机制研究等发展动态 . 中国人口 · 资源与环境，28（2）：141-150.
王军锋，邱野，关丽斯，等 . 2017. 中国环境政策与社会经济影响评估——评估内容与评估框架的思考 . 未来与发展,（2）：1-8.
王利宁，杨雷，陈文颖，等 .2018. 国家自主决定贡献的减排力度评价 . 气候变化研究进展，14（6）：613-620.
王强，谭忠富，谭清坤，等 . 2018. 我国绿色电力证书定价机制研究 . 价格理论与实践,（1）：74-77.
王容，王文军，赵黛青 . 2019. 广东省主体功能区碳排放特征及驱动因素研究 . 新能源进展，7（4）：365-373.
王书平，戚超，李立委 . 2016. 碳税政策、环境质量与经济发展——基于 DSGE 模型的数值模拟研究 . 中国管理科学,（S1）：949-952.
王伟光，郑国光 . 2011. 应对气候变化报告 2011：德班的困境与中国的战略选择 . 北京：社会科学文献出版社 .
王文军，谢鹏程，李崇梅，等 . 2018. 中国碳排放权交易试点机制的减排有效性评估及影响要素分析 . 中国人口 · 资源与环境，28（4）：26-34.
王文军，赵黛青 . 2011. 减排与适应协同发展研究：以广东为例 . 中国人口 · 资源与环境，21（6）：89-94.
王文军，郑艳 . 2011. 低碳发展与适应气候变化的协同管理研究 // 王伟光，郑国光 . 气候变化绿皮书：应对气候变化报告（2011）——德班的困境与中国的战略选择 . 北京：社会科学文献出版社：296-310.
王勇，赵晗 . 2019. 中国碳交易市场启动对地区碳排放效率的影响 . 中国人口 · 资源与环境，29（1）：50-58.
王自亮，陈卫锋 . 2013. 低碳政策制定的核心原则与模型设计：基于“限塑令”的研究 . 中共浙江省委党校学报,（5）：111-115.
卫志民 . 2015. 中国碳排放权交易市场的发展现状、国际经验与路径选择 . 求是学刊,（5）：64-71.
肖丹 . 2018. 打造共建共治的社区治理格局 . 人民论坛,（16）：78-79.
谢守红，陈慧敏，王利霞 .2013. 城市居民低碳消费行为影响因素分析 . 城市问题,（2）：53-58.
熊倩云 . 2016.《巴黎协定》的法律效力及国内应对 . 河南司法警官职业学院学报, 14（4）：96-99.
徐保昌，谢建国 . 2016. 排污征费如何影响企业生产率：来自中国制造业企业的证据 . 世界经济，39（8）：143-168.
许光清，温敏露，冯相昭，等 . 2014. 城市道路车辆排放控制的协同效应评价 . 北京社会科学,（7）：

82-90.
许士春，何正霞，龙如银 . 2012. 环境政策工具比较：基于企业减排的视角 . 系统工程理论与实践，32（11）：2351-2362.
许文 . 2016. 促进绿色金融发展的财税政策研究 . 财政科学，(4)：128-135.
薛冰，任婉侠，马志孝，等 . 2013. 应对气候变化的协同效应研究综述 . 阅江学刊，5（2）：30-35.
薛湘民，袁萍萍 . 2017. 新疆绿色金融支持传统产业升级改造研究——以新疆昌吉州为例 . 金融发展评论，(11)：85-92.
杨静，刘秋华，施建军 . 2015. 企业绿色创新战略的价值研究 . 科研管理，36（1）：18-25.
杨露茜，姚建，徐瑞，等 . 2015. 基于生态文明建设的乡镇国土空间格局优化探讨 . 四川环境，34（5）：61-66.
叶楠 . 2018. 中日韩碳排放权交易体系链接的评估与路径探讨 . 东北亚论坛，27（2）：116-126，128.
易兰，贺倩，李朝鹏，等 . 2019. 碳市场建设路径研究：国际经验及对中国的启示 . 气候变化研究进展，15（3）：232-245.
于凤光，蒋霞，韩宜康 . 2014. 我国引入欧美国家可交易证书机制的相关研究——基于绿色证书和白色证书机制的研究 . 工业安全与环保，(9)：90-92.
于萌萌，权英 . 2018. 基于 DEA 的低碳消费与经济增长的协同研究 . 中国商论，(29)：63-64.
余顺坤，周黎莎，李晨 . 2013. 基于可再生能源配额制的绿色证书交易 SD 模型设计 . 华东电力，41（2）：281-285.
禹湘 . 2018. 国家试点工业园区低碳发展分类模式研究 . 中国人口 · 资源与环境，28（9）：32-39.
袁军 . 2018. 主体功能区规划与城乡规划、土地利用总体规划相互关系研究 . 工程技术研究，(15)：231-232.
张国兴，高秀林，汪应洛，等 . 2014. 政策协同：节能减排政策研究的新视角 . 系统工程理论与实践，34（3）：545-559.
张海滨，张龙 . 2018. 国内外用能权有偿使用和交易最新进展及政策建议研究 . 石油石化节能，8（6）：38-43.
张坤民，温宗国，彭立颖 . 2007. 当代中国的环境政策：形成、特点与评价 . 中国人口 · 资源与环境，(2)：1-7.
张宁，张维洁 . 2019. 中国用能权交易可以获得经济红利与节能减排的双赢吗？经济研究，54（1）：165-181.
张希良，齐晔 . 2017. 中国低碳发展报告（2017）. 北京：社会科学文献出版社 .
张雄智，王岩，魏辉煌，等 . 2017. 碳标签对中国农产品进出口贸易的影响及对策建议 . 中国人口 · 资源与环境，27（S2）：15-18.
张艺玮，许铨昂，朱冉 .2017. 国际产品碳标识体系发展实践浅析 // 第十四届中国标准化论坛论文集 . 北京：中国标准化协会：1223-1230.
张兆国，靳小翠，李庚秦 . 2013. 低碳经济与制度环境实证研究——来自我国高能耗行业上市公司的经验证据 . 中国软科学，(3)：109-119.
赵黛青，王文军，骆志刚 . 2017. 广东省碳排放权交易试点机制解构与评估 . 北京：中国环境出版社 .
赵海滨 . 2016. 政策工具视角下我国清洁能源发展政策分析 . 浙江社会科学，(2)：140-144，160.

赵荣钦，张帅，黄贤金，等 . 2014. 中原经济区县域碳收支空间分异及碳平衡分区 . 地理学报，69（10）：1425-1437.

赵文会，毛璐，王辉，等 . 2016. 征收碳税对可再生能源在能源结构中占比的影响——基于 CGE 模型的分析 . 可再生能源，（7）：1086-1095.

郑艳，潘家华，谢欣露，等 . 2016. 基于气候变化脆弱性的适应规划：一个福利经济学分析 . 经济研究，51（2）：140-153.

郑艳，王文军，潘家华 . 2013. 低碳韧性城市：理念、途径与政策选择 . 城市发展研究，20（3）：10-14.

钟帅，沈镭，赵建安，等 . 2017. 国际能源价格波动与中国碳税政策的协同模拟分析 . 资源科学，39（12）：2310-2322.

周迪，周丰年，王雪芹 . 2019. 低碳试点政策对城市碳排放绩效的影响评估及机制分析 . 资源科学，41（3）：546-556.

周颖，刘兰翠，曹东 . 2013. 二氧化碳和常规污染物协同减排研究 . 热力发电，42（9）：63-65.

朱慧珺，唐晓岚 . 2019. 沿长江城市生态环境与经济协调发展研究 . 中国国土资源经济，32（4）：63-68.

朱松丽 . 2016. 基于国土空间开发格局的城市化地区和其他功能区碳排放现状——黑黔粤案例研究 . 气候变化研究进展，12（2）：132-138.

朱松丽，汪航，王文涛，等 . 2017. “十二五”期间中国区域低碳经济与国土空间开发格局的协调发展研究 . 中国人口 · 资源与环境，27（9）：135-142.

朱友平 . 2014. 主体功能区视阈下江西省低碳经济发展模式 . 南昌：江西师范大学 .

祝睿，秦鹏 . 2020. 中国碳标识内容规范化的原则与进路 . 中国人口 · 资源与环境，30（2）：60-69.

卓骏，刘伟东，丁文均 . 2018. 碳排放约束对我国经济的影响——基于动态 CGE 模型 . 技术经济，37（11）：102-109.

邹骥，柴麒敏，陈济，等 . 2019. 碳市场顶层设计路线图 . 气候变化研究进展，15（3）：217-221.

邹锦吉 . 2017. 绿色金融政策、政策协同与工业污染强度——基于政策文本分析的视角 . 金融理论与实践，（12）：71-74.

Albrizio S，Kozluk T，Zipperer V. 2017. Environmental policies and productivity growth：Evidence across industries and firms. Journal of Environmental Economics and Management，81：209-226.

Allcott H，Greenstone M. 2012. Is there an energy efficiency gap? Journal of Economic Perspectives，26（1）：3-28.

Alun G，Fei T，Feng X Z. 2016. Effects of pollution control measures on carbon emission reduction in China：Evidence from the 11th and 12th Five-Year Plans. Climate Policy，18：198-209.

Amundsen E S，Bergman L. 2012. Green certificates and market power on the Nordic power market. Energy Journal，33（2）：101-117.

Amundsen E S，Bye T. 2018. Simultaneous use of black，green，and white certificate systems. Energy Journal，39（4）：103-125.

Aune F R，Dalen H M，Hagem C. 2012. Implementing the EU renewable target through green certificate markets. Energy Economics，34（4）：992-1000.

Aurelia F，Laura D M，Pegels A，et al. 2018. Show me（more than）the money! Assessing the social and psychological dimensions to energy efficient lighting in Kenya. Energy Research & Social Science，47：

224-232.

Bai Q G, Gong Y M, Jin M Z, et al. 2019. Effects of carbon emission reduction on supply chain coordination with vendor-managed deteriorating product inventory. International Journal of Production Economics, 208: 83-99.

Bertoldi P, Rezessy S, Oikonomou V. 2013. Rewarding energy savings rather than energy efficiency: Exploring the concept of a feed-in tariff for energy savings. Energy Policy, 56: 526-535.

Biesbroek G R, Swart R J, van der Knaap W G M, et al. 2009. The mitigation-adaptation dichotomy and the role of spatial planning. Habitat International, 33 (3): 230-237.

Bollen J, Brink C. 2014. Air pollution policy in Europe: Quantifying the interaction with greenhouse gases and climate change policies. Energy Economics, 46 (1): 202-215.

Bollen J, Zwaan B, Brink C, et al. 2009. Local air pollution and global climate change: A combined cost-benefit analysis. Resource and Energy Economics, 31 (3): 161-181.

Botelho A, Ferreira P, Lima F, et al. 2017. Assessment of the environmental impacts associated with hydropower. Renewable and Sustainable Energy Reviews, 70: 896-904.

Boyce J K, Pastor M. 2013. Clearing the air: Incorporating air quality and environmental justice into climate policy. Climatic Change, 120: 801-814.

Bretschger L, Zhang L. 2017. Carbon policy in a high-growth economy: The case of China. Resource and Energy Economics, 47: 1-19.

Brunel C, Johnson E P. 2019. Two birds, one stone? Local pollution regulation and greenhouse gas emissions. Energy Economics, 78: 1-12.

Cai X Q, Lu Y, Wu M Q, et al. 2016. Does environmental regulation drive away inbound foreign direct investment? Evidence from a quasi-natural experiment in China. Journal of Development Economics, 123: 73-85.

Calel R, Dechezlepretre A . 2016. Environmental Policy and Directed Technological Change: Evidence from the European Carbon Market. London: Grantham Research Institute on Climate Change and the Environment.

Cao J, Ho M, Jorgenson D, et al. 2019. China's emissions trading system and an ETS-carbon tax hybrid. Energy Economics, (81): 741-753.

Carley S. 2011. Decarbonization of the U.S. electricity sector: Are state energy policy portfolios the solution? Energy Economics, 33 (5): 1004-1023.

Chae Y. 2010. Co-benefit analysis of an air quality management plan and greenhouse gas reduction strategies in the Seoul metropolitan area. Environmental Science & Policy, 13 (3): 205-216.

Chan N W, Morrow J W. 2019. Unintended consequences of cap-and-trade? Evidence from the regional greenhouse gas initiative. Energy Economics, 80: 411-422.

Chang S, Yang X, Zheng H, et al. 2020. Air quality and health co-benefits of China's national emission trading system. Applied Energy, 261: 114226.

Chang Y C, Wang N N. 2010. Environmental regulations and emissions trading in China. Energy Policy, 38: 3356-3364.

Chen A, Groenewold N. 2015. Emission reduction policy: A regional economic analysis for China. Economic Modelling, 51: 136-152.

Chen S, Golley J. 2014. 'Green' productivity growth in China's industry economy. Energy Economics, (44): 89-98.

Cheng B B, Dai H C, Wang P, et al. 2015. Impacts of carbon trading scheme on air pollutant emissions in Guangdong Province of China. Energy for Sustainable Development, 27: 174-185.

Cheng J, Yi J, Dai S, et al. 2019. Can low-carbon city construction facilitate green growth? Evidence from China's pilot low-carbon city initiative. Journal of Cleaner Production, 231: 1158-1170.

Chi U S, Wankeun O. 2015. Determinants of innovation in energy intensive industry and implications for energy policy. Energy Policy, 81: 122-130.

Chiu C H, Choi T M, Li X. 2011. Supply chain coordination with risk sensitive retailer under target sales rebate. Automatica, 47: 1617-1625.

Chung Y H, Färe R, Grosskopf S. 1997. Productivity and undesirable outputs: A directional distance function approach. Journal of Environmental Management, 51: 229-240.

Ciarreta A, Espinosa M P, Pizarro-Irizar C. 2017. Optimal regulation of renewable energy: A comparison of feed-in tariffs and tradable green certificates in the Spanish electricity system. Energy Economics, 67: 387-399.

Cui J, Zhang J, Zheng Y. 2018. Carbon pricing induces innovation: Evidence from China's regional carbon market pilots. AEA Papers and Proceedings, 108: 453-57.

Dai H, Masui T, Matsuoka Y, et al. 2011. Assessment of China's climate commitment and non-fossil energy plan towards 2020 using hybrid AIM/CGE model. Energy Policy, 39 (5): 2875-2887.

Dai J, Chen B, Hayat T, et al. 2015. Sustainability-based economic and ecological evaluation of a rural biogas-linked agro-ecosystem. Renewable & Sustainable Energy Reviews, 41: 347-355.

Dales J H. 1968. Pollution, Property and Prices. Toronto: University of Toronto Press.

Dong F, Wang Y, Zhang X. 2018. Can environmental quality improvement and emission reduction targets be realized simultaneously? Evidence from China and a geographically and temporally weighted regression model. International Journal of Environmental Research and Public Health, 15 (11): 2343.

Du S, Ma F, Fu Z, et al. 2015. Game-theoretic analysis for an emission-dependent supply chain in a 'cap-and-trade' system. Annals of Operations Research, 228 (1): 135-149.

Duscha V, Río P. 2017. An economic analysis of the interactions between renewable support and other climate and energy policies. Energy & Environment, 28 (1-2): 11-33.

Duzgun B, Komurgoz G. 2014. Turkey's energy efficiency assessment: White certificates systems and their applicability in Turkey. Energy Policy, 65: 465-474.

Emberger K A, Menrad K. 2017. The effect of information provision on supermarket consumers' use of and preferences for carbon labels in Germany. Journal of Cleaner Production, 172: 253-263.

Fagiani R, Barquín J, Hakvoort R. 2013. Risk-based assessment of the cost-efficiency and the effectivity of renewable energy support schemes: Certificate markets versus feed-in tariffs. Energy Policy, 55 (4): 648-661.

Fagiani R, Hakvoort R. 2014. The role of regulatory uncertainty in certificate markets: A case study of the Swedish/Norwegian market. Energy Policy, 65: 608-618.

Fan M T, Shao S, Yang L L. 2015. Combining global Malmquist-Luenberger index and generalized method of moments to investigate industrial total factor carbon emission performance: A case of Shanghai (China). Energy Policy, 79: 189-201.

Fan Y, Wu J, Xia Y, et al. 2016. How will a nationwide carbon market affect regional economies and efficiency of CO_2 emission reduction in China? China Economic Review, 38: 151-166.

Feucht Y, Zander K. 2018. Consumers' preferences for carbon labels and the underlying reasoning. A mixed methods approach in 6 European countries. Journal of Cleaner Production, 178: 740-748.

Gallagher K S, Fang Z R, Jeffrey R, et al. 2019. Assessing the policy gaps for achieving China's climate targets in the Paris Agreement. Nature Communications, 10 (1): 1256.

Gans J S. 2012. Innovation and climate change policy. American Economic Journal: Economic Policy, (4): 125-145.

Ghaffari M, Hafezalkotob A, Makui A. 2016. Analysis of implementation of Tradable Green Certificates system in a competitive electricity market: A game theory approach. Journal of Industrial Engineering International, 12 (2): 185-197.

Giraudet L G, Bodineau L, Finon D. 2012. The costs and benefits of white certificates schemes. Energy Efficiency, 5 (2): 179-199.

Goklany I M. 2007. Integrated strategies to reduce vulnerability and advance adaptation, mitigation, and sustainable development. Mitigation and Adaptation Strategies for Global Change, 12 (5): 755-786.

Gu A, Teng F, Feng X. 2018. Effects of pollution control measures on carbon emission reduction in China: Evidence from the 11th and 12th Five-Year Plans. Climate Policy, 18 (1-5): 198-209.

Guba E G, Lincoln Y S.1987. The countenances of fourth generation evaluation: Description, judgement and negotiation//Palumbo D. The Politics of Program Evaluation. Newbury Park, USA: Sage: 202-234 .

Gupta K. 2017. Do economic and societal factors influence the financial performance of alternative energy firms. Energy Economics, 65: 172-182.

Hasanbeigi A, Lobscheid A B, Lu H, et al. 2013. Quantifying the co-benefits of energy-efficiency policies: A case study of the cement industry in Shandong Province, China. Science of the Total Environment, 458-460: 624-636 .

Hille E, Shahbaz M. 2019. Sources of emission reductions: Market and policy-stringency effects-Science Direct. Energy Economics, 78: 29-43.

Höhne N, Takeshi K, Carsten W, et al. 2017. The Paris Agreement: Resolving the inconsistency between global goals and national contributions. Climate Policy, 17(1): 16-32.

Howlett M, Ramesh M. 2003. Studying Public Policy: Policy Cycles and Policy Subsystems. 2nd Edition. Toronto: Oxford University Press.

Huang W, Ma D, Chen W. 2017. Connecting water and energy: Assessing the impacts of carbon and water constraints on China's power sector. Applied Energy, 185: 1497-1505.

Huebler M, Baumstark L, Leimbach M, et al. 2012. An integrated assessment model with endogenous growth. Ecological Economics，83：118-131.

Huebler M，Voigt S，Loeschel A. 2014. Designing an emissions trading scheme for China—An up-to-date climate policy assessment. Energy Policy，75：57-72.

IPCC. 2014. Climate Change 2014: Synthesis Report. Contribution of Working Groups I，II and III to the Fifth Assessment Report of the Intergovernmental Panel on Climate Change. Cambridge: Cambridge University Press.

Jaccard M K，Nyboer J，Bataille C，et al. 2003. Modeling the cost of climate policy：Distinguishing between alternative cost definitions and long-run cost dynamics. The Energy Journal，（1）：49-73.

Jacobsson S，Lauber V. 2009. The politics and policy of energy system transformation-explaining the German diffusion of renewable energy technology. Energy Policy，34（3）：256-276.

Jarke J. 2017. Do renewable energy policies reduce carbon emissions? On caps and intra-jurisdictional leakage. Journal of Environmental Economics and Management，84：102-124.

Jeffrey M L，Vicki N. 1999.Technology policy and renewable energy：Public roles in the development of new energy technologies. Energy Policy，27（2）：85-97.

Jiang J，Ye B，Liu J. 2019. Research on the peak of CO_2 emissions in the developing world：Current progress and future prospect. Applied Energy，235：186-203.

Jiang K . 2020. Energy transition toward Paris Targets in China//Letcher M T. Future Energy: Improved，Sustainable and Clean Options for Our Planet. 3rd ed. New York：Elsevier：693-709.

Kishimoto P N，Karplus V J，Zhong M，et al. 2017.The impact of coordinated policies on air pollution emissions from road transportation in China. Transportation Research Part D：Transport and Environment，54：30-49.

Kopytko N，Perkins J. 2011. Climate change，nuclear power，and the adaptation-mitigation dilemma. Energy Policy，39（1）：318-333.

Krikke H. 2011.Impact of closed-loop network configurations on carbon footprints：A case study in copiers. Resources Conservation and Recycling，55（12）：1196-1205.

Kyung M N，Caleb J，Waugh S P，et al. 2013. Synergy between pollution and carbon emissions control: Comparing China and the united states. Energy Economics，46：186-201.

Leinert S，Daly H，Hyde B，et al. 2013. Co-benefits? Not always：Quantifying the negative effect of a CO_2-reducing car taxation policy on NO_x emissions. Energy Policy，63：1151-1159.

Lewis J，Wiser R. 2007. Fostering a renewable energy technology industry：An international comparison of wind industry policy support mechanisms. Energy Policy，35：1844-1857.

Li B，Wu S. 2016. Effects of local and civil environmental regulation on green total factor productivity in China：A spatial Durbin econometric analysis. Journal of Cleaner Production，153：342-353.

Li H，Tan X，Guo J，et al. 2019. Study on an implementation scheme of synergistic emission reduction of CO_2 and air pollutants in China's steel industry. Sustainability，11（2）：352.

Li M，Zhang D，Li C T，et al. 2018. Air quality co-benefits of carbon pricing in China. Nature Climate Change，8：398-403.

Li W，Zhang Y W，Lu C. 2018. The impact on electric power industry under the implementation of national carbon trading market in China：A dynamic CGE analysis. Journal of Cleaner Production，200：511-523.

Li X，Feng K，Siu Y，et al. 2012. Energy-water nexus of wind power in China：The balancing act between CO_2 emissions and water consumption. Energy Policy，45：440-448.

Li X，Qiao Y，Li S. 2017. The aggregate effect of air pollution regulation on CO_2 mitigation in China's manufacturing industry：An econometric analysis. Journal of Cleaner Production，142：976-984.

Lin B，Jia Z，2019. What will China's carbon emission trading market affect with only electricity sector involvement? A CGE based study. Energy Economics，78：301-311.

Linnerud K，Simonsen M. 2017. Swedish-Norwegian tradable green certificates：Scheme design flaws and perceived investment barriers. Energy Policy，106：560-578.

Liu L C，Wu G. 2016. The effects of carbon dioxide，methane and nitrous oxide emission taxes：An empirical study in China. Journal of Cleaner Production，142：1044-1054.

Liu Y，Gao C，Lu Y. 2017. The impact of urbanization on GHG emissions in China：The role of population density. Journal of Cleaner Production，157：299-309.

Liu Z，Mao X，Tu J，et al. 2014. A comparative assessment of economic-incentive and command-and-control instruments for air pollution and CO_2 control in China's iron and steel sector. Journal of Environmental Management，144：135-142.

Luderer G，ZoiVrontisi C B，Oreane Y，et al. 2018. Residual Fossil CO_2 Emissions in 1.5-2℃ Pathways. Nature Climate Change，8(7)：626-633.

Maione M，Fowler D，Monks P S，et al. 2016. Air quality and climate change：Designing new win-win policies for Europe. Environmental Science & Policy，65：48-57.

Mao X，Yang S，Liu Q，et al. 2012. Achieving CO_2 emission reduction and the co-benefits of local air pollution abatement in the transportation sector of China. Environmental Science & Policy，21：1-13.

Martens P，McEvoy D，Chang C. 2009. The climate change challenge：Linking vulnerability，adaptation，and mitigation. Current Opinion in Environmental Sustainability，1（1）：14-18.

Mikael H，Andrew J，Tim R. 2014.Climate policy innovation：Developing an evaluation perspective. Environmental Politics，23（5）：884-905.

Millar R J，Fuglestvedt J S，Friedlingstein P，et al. 2017. Emission budgets and pathways consistent with limiting warming to 1.5℃. Nature Geoscience，10(10)：741-747.

Mostafa M. 2016. Egyptian consumers' willingness to pay for carbon-labeled products：A contingent valuation analysis of socio-economic factors. Journal of Cleaner Production，135：821-828.

Muller N Z. 2012. The design of optimal climate policy with air pollution co-benefits. Resource and Energy Economics，34（4）：696-722.

Murray B，Rivers N. 2015. British Columbia's revenue-neutral carbon tax: A review of the latest "grand experiment" in environmental policy. Energy Policy，86：674-683.

Murray B C，Maniloff P T. 2015. Why have greenhouse emissions in RGGI states declined? An econometric attribution to economic，energy market，and policy factors. Energy Economics，51：581-589.

Nam K，Waugh C J，Paltsev S，et al. 2013. Carbon co-benefits of tighter SO_2 and NO_x regulations in China. Global Environmental Change，23（6）：1648-1661.

Nemet G F, Holloway T, Meier P. 2010. Implications of incorporating air-quality co-benefits into climate change policymaking. Environmental Research Letters, 5（1）: 014007.

Nick J, Hascic I, Popp D. 2010. Renewable energy policies and technological innovation: Evidence based on patent counts. Environmental and Resource Economics, 45（1）: 133-155.

Nordhaus R R, Danish K W. 2003. Designing a Mandatory Greenhouse Gas Reduction Program for the US. Washington DC: Pew Center on Global Climate Change.

Nunn N, Qian N. 2011. The potato's contribution to population and urbanization: Evidence from a historical experiment. Quarterly Journal of Economics, 126（2）: 593-650.

Patton C, Sawicki D. 2012. Basic Methods of Policy Analysis and Planning. 3rd ed. London: Routledge.

Peng W, Yang J N, Lu X, et al. 2018. Potential co-benefits of electrification for air quality, health, and CO_2 mitigation in 2030 China. Applied Energy, 218: 511-519.

Pineda S, Bock A. 2016. Renewable-based generation expansion under a green certificate market. Renewable Energy, 91: 53-63.

Ploeg R V D, Withagen C. 2013. Green Growth, Green Paradox and the global economic crisis. Environmental Innovation & Societal Transitions, 6: 116-119.

Qiu Y L, Kahn M E, Xing B. 2019. Quantifying the rebound effects of residential solar panel adoption. Journal of Environmental Economics and Management, 96: 310-341.

Recalde M. 2011. Energy policy and energy market performance: The Argentinean case. Energy Policy, 39（6）: 3860-3868.

Requate T. 2015. Green tradable certificates versus feed-in tariffs in the promotion of renewable energy shares. Environmental Economics and Policy Studies, 17（2）: 211-239.

Richard S J T. 2003. Adaptation and mitigation: Trade-offs in substance and methods. Environmental Science and Policy, 8（6）: 572-578.

Rogelj J, Alexander P, Katherine V, et al. 2018. Scenarios towards limiting global mean temperature increase below 1.5℃. Nature Climate Change, 8（4）: 325-332.

Rogelj J, Michel D E, Hhne N, et al. 2016. Paris agreement climate proposals need a boost to keep warming well below 2℃. Nature, 534: 631-639.

Romer P M. 1990. Endogenous technological change. Journal of Political Economy, 98（5）: 71-102.

Rosenow J, Bayer E. 2017. Costs and benefits of energy efficiency obligations: A review of European programmes. Energy Policy, 107: 53-62.

Schwartz E. 2016. Developing green cities: Explaining variation in Canadian green building policies. Canadian Journal of Political Science, 49（4）: 1-21.

Shao S, Yang Z, Yang L, et al. 2019. Can China's energy intensity constraint policy promote total factor energy efficiency? Evidence from the industrial sector. The Energy Journal, 40（4）: 101-128.

Shrestha R M, Pradhan S. 2010. Co-benefits of CO_2 emission reduction in a developing country. Energy Policy, 38（5）: 2586-2597.

Smith C J, Piers M, Forster M A, et al. 2019. Current fossil fuel infrastructure does not yet commit us to 1.5℃ warming. Nature Communications, 10（1）: 101.

Song R P, Dong W J, Zhu J J, et al. 2015. Assessing Implementation of China's Climate Policies in the 12th 5-Year Period (Working Paper). Washington DC: World Resource Institute.

Sorrell S, Harrison D, Radov D, et al. 2009. White certificate schemes: Economic analysis and interactions with the EU ETS. Energy Policy, 37 (1): 29-42.

Stede J. 2017. Bridging the industrial energy efficiency gap—Assessing the evidence from the Italian white certificate scheme. Energy Policy, 104: 112-123.

Stufflebeam D. 2001. The meta evaluation imperative. American Journal of Evaluation, 2: 183-209.

Sun C, Zheng S, Wang R. 2014. Low carbon policy for better traffic and clearer skies: Did it work in Beijing? Transport Policy, 32: 34-41.

Sun Y. 2016. The optimal percentage requirement and welfare comparisons in a two-country electricity market with a common tradable green certificate system. Economic Modelling, 55: 322-327.

Tan Q, Wen Z, Chen J. 2016. Goal and technology path of CO_2 mitigation in China's cement industry: From the perspective of co-benefit. Journal of Cleaner Production, 114: 299-313.

Telle K, Larsson J. 2007. Do environmental regulations hamper productivity growth? How accounting for improvements of plants' environmental performance can change the conclusion. Ecological Economics, 61 (2): 438-445.

Thompson T M, Rausch S, Saari R K, et al. 2014. A systems approach to evaluating the air quality co-benefits of US carbon policies. Nature Climate Change, 4 (10): 917-923.

Traber T, Kemfert C. 2009. Impacts of the German support for renewable energy on electricity prices, emissions, and firms. The Energy Journal, 30 (3): 155-178.

Tseng S C, Huang S W. 2014. A strategic decision-making model considering the social costs of carbon dioxide emissions for sustainable supply chain management. Journal of Environmental Management, 133: 315-332.

Tursun H, Li Z, Liu R, et al. 2015. Contribution weight of engineering technology on pollutant emission reduction based on IPAT and LMDI methods. Clean Technologies and Environmental Policy, 17 (1): 225-235.

UNEP. 2017. The Emissions Gap Report 2017. Nairobi: United Nations Environment Programme.

Vedung E. 1997. Public Policy and Program Evaluation. London: Transaction Publishers.

Venema H, Clsse M. 2006. Seeing the Light: Adapting to Climate Change with Decentralized Renewable Energy in Developing Countries. Winnipeg: International Institute for Sustainable Development.

Wang G, Wang Y, Zhao T. 2008. Analysis of interactions among the barriers to energy saving in China. Energy Policy, 36 (6): 1879-1889.

Wang K, Wang C, Chen J. 2009. Analysis of the economic impact of different Chinese climate policy options based on a CGE model incorporating endogenous technological change. Energy Policy, 37 (8): 2930-2940.

Wang L, Chen H, Chen W. 2019. Co-control of carbon dioxide and air pollutant emissions in China from a cost-effective perspective. Mitigation and Adaptation Strategies for Global Change, (7242): 1-21.

Wang P, Yang J, Lu X, et al. 2018. Potential co-benefits of electrification for air quality, health, and CO_2

mitigation in 2030 China. Applied Energy，218：511-519.

Wang W J，Zheng Y. 2014. Analysis of synergistic effects of low-carbon actions and climate change adaptative measures//Wang W J，Zheng G G，Pan J H. Chinese Research Perspectives on the Environment：Annual Report on Actions to Address Climate Change（2012）. Leiden，The Netherlands：Brill：86-103.

Wen F，Zhao L，He S，et al. 2020. Asymmetric relationship between carbon emission trading market and stock market: Evidences from China. Energy Economics，91：104850.

West J J，Smith S J，Silva R A，et al. 2013. Co-benefits of mitigating global greenhouse gas emissions for future air quality and human health. Nature Climate Change，3（10）：885-889.

Wilberforce T，Baroutaji A，Soudan B，et al. 2019. Outlook of carbon capture technology and challenges. Science of the Total Environment，657：56-72.

Wirl F. 2015. White certificates—Energy efficiency programs under private information of consumers. Energy Economics，49：507-515.

Wu R，Dai H，Geng Y，et al. 2016. Achieving China's INDC through carbon cap-and-trade: Insights from Shanghai. Applied Energy，184：1114-1122.

Xie X，Weng Y，Cai W. 2018. Co-benefits of CO_2 mitigation for NO_x emission reduction：A research based on the DICE model. Sustainability，10（4）：1109.

Yang J，Song D，Wu F. 2017. Regional variations of environmental co-benefits of wind power generation in China. Applied Energy，206：1267-1281.

Yang X，Teng F，Wang G. 2013. Incorporating environmental co-benefits into climate policies：A regional study of the cement industry in China. Applied Energy，112：1446-1453.

Yang Z，Fan M，Shao S，et al. 2017. Does carbon intensity constraint policy improve industrial green production performance in China? A quasi-DID analysis. Energy Economics，68：271-282.

Yaqian M，Samuel E，Wang C，et al. 2018. How will sectoral coverage affect the efficiency of an emissions trading system? A CGE-based case study of China. Applied Energy，227：403-414.

Yu Y C，Ginger Z J，Naresh K. 2013. The promise of Beijing：Evaluating the impact of the 2008 Olympic Games on air quality. Journal of Environmental Economics and Management，66（3）：424-443.

Zhang C，Anadon L D，Mo H ，et al. 2014. Water-carbon trade-off in China's coal power industry. Environmental Science &Technology，48（19）：11082-11089.

Zhang D，Rausch S，Karplus V，et al. 2013. Quantifying regional economic impacts of CO_2 intensity targets in China. Energy Economics，40（2）：687-701.

Zhang J，Zhong C，Yi M. 2016. Did Olympic Games improve air quality in Beijing? Based on the synthetic control method. Environmental Economics and Policy Studies，18（1）：21-39.

Zhang L，Li Y，Jia Z. 2018. Impact of carbon allowance allocation on power industry in China's carbon trading market：Computable general equilibrium based analysis. Applied Energy，229：814-827.

Zhang R，Long Y，Wu W C，et al. 2018. How do transport policies contribute to a law carbon city? An integrated assessment using an urban computable general equilibrium model. Energy Procedia，152：606-611.

Zhang S，Worrell E，Crijns-Graus W. 2015a. Mapping and modeling multiple benefits of energy efficiency and emission mitigation in China's cement industry at the provincial level. Applied Energy，155：35-58.

Zhang S，Worrell E，Crijns-Graus W. 2015b. Synergy of air pollutants and greenhouse gas emissions of Chinese industries：A critical assessment of energy models. Energy，93：2436-2450.

Zhang S，Worrell E，Crijns-Graus W，et al. 2014. Co-benefits of energy efficiency improvement and air pollution abatement in the Chinese iron and steel industry. Energy，78：333-345.

Zhang T. 2019. Which policy is more effective，carbon reduction in all industries or in high energy-consuming industries? From dual perspectives of welfare effects and economic effects. Journal of Cleaner Production，216：184-196.

Zhang Y F，Li S，Luo T Y，et al. 2020. The effect of emission trading policy on carbon emission reduction: Evidence from an integrated study of pilot regions in China. Journal of Cleaner Production，265：121843.

Zhang Y J，Peng Y L，Ma C Q，et al. 2017. Can environmental innovation facilitate carbon emissions reduction? Evidence from China. Energy Policy，100：18-28.

Zhang Y X，Wang H K，Liang S，et al. 2015. A dual strategy for controlling energy consumption and air pollution in China's metropolis of Beijing. Energy，81：294-303.

Zhao H，Ma W，Dong H，et al. 2017. Analysis of co-effects on air pollutants and CO_2 emissions generated by end-of-pipe measures of pollution control in China's coal-fired power plants. Sustainability，9（4）：499.

Zhao R，Geng Y，Liu Y，et al. 2018. Consumers' perception，purchase intention，and willingness to pay for carbon-labeled products：A case study of Chengdu in China. Journal of Cleaner Production，171：1664-1671.

Zheng X，Yang J，Zheng M，et al. 2013. Energy consumption analysis of animation-park in Sino-Singapore Tianjin Eco-City. Applied Mechanics and Materials，316-317：176-180.

Zhou Y，Fang W，Li M，et al. 2018. Exploring the impacts of a low-carbon policy instrument：A case of carbon tax on transportation in China. Resource，Conservation & Recycling，139：307-314.

Zhu J，Fan Y，Deng X，et al. 2019. Low-carbon innovation induced by emissions trading in China. Nature Communications，10（1）：1-8.

第12章 全球气候治理与中国的作用

主要作者协调人：巢清尘、高　翔
编　　　　审：高　云
主　要　作　者：张永香、薄　燕、刘　哲、谢来辉

■ 执行摘要

当前全球气候治理体系是一种以国际气候变化法为核心的复合机制（一致性高、证据确凿）。国际气候变化法体系因确立了全球各国合作应对气候变化的基本原则，对缔约的主权国家具有法律约束效果，所以处于全球气候治理的核心地位（一致性高、证据确凿），然而各类非国家行为体近年来更加积极参与全球气候治理，其参与主体、参与领域、合作形式多样，行为不受国际法约束，在积极贡献于各国履行国际条约义务的同时，也给国际气候变化法体系带来一定的挑战（一致性高、证据中等）。国际气候变化法体系在近30年的发展过程中发生了变化。《联合国气候变化框架公约》建立的“公平、共同但有区别的责任和各自能力原则”（CBDR-RC）出现了动态演变（一致性高、证据确凿），但这一原则所主张的依据各国对全球气候变化的历史责任和各自能力来承担共同但有区别的义务的指导思想仍然适用（一致性中等、证据中等）。各缔约方履约规则发生了显著变化，主要体现在减排义务承担方式、提供资金支持的主体、履约的程序性规则等方面（一致性高、证据确凿）。

科学研究和评估对全球气候治理政策决策起到了重要的指导作用，并与政策决策形成往复互动关系（一致性高、证据中等）。以IPCC为代表的综合科学评估，在给出全球学界对气候变化及其应对的整体判断之外，也为各个层面政策决策提供了不同情景和倾向性引导。政策决策者在响应学界判断的同时，也从实践中提出新的问题，要求学界研究、评估、解答，从而共同推动全球气候治理向前发展。

中国在推动《巴黎协定》及其后续实施细则的谈判、生效过程中发挥了积极的建设性作用（一致性高、证据确凿）。中国认真落实作为缔约方在国际气候变化法下承担的各项义务，但行动力度距离各方预期还有较大差距（一致性高、证据确凿）。中国在国际气候变化法体系之外，也通过参与“二十国集团”等政府间合作平台，发起“一带一路”倡议等，积极推动绿色、低碳、可持续发展（一致性中等、证据中等）。在美国2017年宣布退出《巴黎协定》后，各方更加期待中国在全球气候治理中发挥引领作用（一致性高、证据确凿）。2020年9月，习近平主席在联合国大会发言中提出我国将在2060年前实现碳中和。这样欧盟和中国已经在减排目标设置方面引领全球。欧盟和中国的目标使得《巴黎协定》中1.5℃温升目标的实现具有很大可能性。

12.1　引　　言

12.1.1　全球气候治理的机制构架和演变

全球气候治理是指从全球到区域、国家和地方以及个人应对气候变化政策与行动的集合。其不仅关系到国际形势稳定，同时也涉及各行为主体的权力和利益。作为全球治理的重要方面，全球气候治理对国际关系有重要影响并已经超越了传统的地缘政治范畴，逐渐成为全球治理的关键领域。

全球气候治理的核心是通过建立原则、规范和规则，形成具有制度化和法律化的渠道，实现有效的全球气候变化集体行动（徐宏，2018；高翔和高云，2018；薄燕和高翔，2017；巢清尘等，2016）。国际社会 1992 年达成了《联合国气候变化框架公约》，确定了“公平、共同但有区别的责任和各自能力原则”，为后续规则的谈判奠定了基础。在《联合国气候变化框架公约》下，全球气候治理体系经历了由“自上而下”向“自下而上”转变的过程。《京都议定书》是“自上而下”治理模式的集中体现，随着部分附件一国家先后拒绝批准（美国）、退出《京都议定书》（加拿大）或拒绝在《京都议定书》下承担量化减排指标（俄罗斯、日本等），这种“自上而下”的强制性目标的实现机制逐渐失去了效果。

《巴黎协定》是在全球经济社会发展的背景下，谈判各方的利益诉求不断调整和高度平衡的结果。基于多边或分散治理范式，它以“自下而上”形式将全球大部分国家纳入具有法律约束力的治理框架中，使治理主体更为多元，约束目标更为宽泛，以期实现混合目标（赵斌，2018；孙永平和胡雷，2017）。全球气候治理逐步演变为一种由各类气候制度或机制组成的松散集合体，也有学者将其称为复合机制（Keohane and Victor，2011；Victor，2011），抑或为一个以公约机制为中心的同心圆，外圈依次由国际、国家 / 区域和地区圈层构成，多边机制、双边机制、其他联合国执行机构、环境公约机制等分属不同圈层或多个圈层，但均与公约机制直接或间接相连，共同组成全球气候治理的集合体（IPCC，2014）。由于各国在气候治理中的利益和能力均有差异，因此全球治理的层面很难建立一个全面有效的机制体系。这种复合的机制则能够适应当前形势，具有较强的灵活性，既能够保证小范围的磋商有效达成，又可以使已达成的成果逐步扩散。当然，也有学者认为全球气候治理不存在核心，而是一种多中心治理的体系（Ostrom，2012）。以追求缔约方一致同意的大多边领导模式在全球气候治理体系中占据了重要地位，但其因巨大的妥协性和国与国之间利益的鸿沟难以弥合，不免效率低下。

由两个及以上的大国或集团在气候领域共同合作的双边模式也是气候治理体系中的重要方式。不同于多边机制，这种由大国主导的双边模式在气候治理中效率更高。合作各方具有全球气候治理的共同意愿，合力促成有代表性、有约束力、有实施性的行动方案和条约，各尽所长，共同向国际社会提供气候治理所需的包括资金、技术等在内的诸多要素（关孔文和房乐宪，2017；薄燕，2016b）。作为全球气候治理的积极力量，中国、欧盟和美国都曾依靠其大国（集团）的能力和合作意愿，通过双边模式在全球气候治理中发挥了重要作用（张自楚和郑腊香，2016；王联合，2015）。当然，双边机制也会随着参与方国内政治变动影响发生变化（宋亦明和于宏源，2018）。

在国际条约外，一些主要国家还通过二十国集团、主要经济体能源和气候变化论坛、气候行动部长级会议等渠道讨论如何更好地推进全球应对气候变化合作，凝聚政治共识，为国际条约下的谈判和各国开展务实行动提供政治指导（雷丹婧等，2018；李慧明，2015；许琳和陈迎，2013；高翔等，2012；Keohane and Victor，2011）；另外，地方政府、企业、非政府组织、土著人和地方社区等非国家行为体也积极参与全球气候治理，既在其所属缔约方范围内开展和推动应对气候变化行动，促进缔约方履约，也越来越多地参与国际条约内外的国际性活动，得到缔约方会议的认可（李昕蕾，2018；董亮，2017a）。然而，从条约主体的角度来看，非国家行为体不能与主权国家一样参与条约下的谈判和决策。

12.1.2 上次评估主要观点和本轮评估框架结构

《中国气候与环境演变：2012》评估了国际合作减缓气候变化，强调了减缓气候变化的国际合作已形成以联合国为中心、二十国集团等其他多边机制为补充的多层次治理模式，但其成效有限。在“共同但有区别的责任”的原则上，发达国家与发展中国家依然存在重大分歧。中国以积极和建设性姿态参与国际应对气候变化合作，正在展示出一个负责任的大国形象。但如何找到维护国家的基本发展权益与对世界做出更大贡献之间的最佳平衡点仍是中国面临的重大挑战。

全球气候治理自上轮评估之后又发生了较大的变化，《巴黎协定》的生效标志着全球气候变化治理进入了新时代。无论是治理的主体，还是治理的模式和结构；无论是治理特点与内涵，还是治理的工具和指标都发生了前所未有的变化。详细总结分析全球气候治理模式的变化，特别是中国在推动《巴黎协定》付出的努力对于发挥大国治理作用具有借鉴意义。另外，上轮评估以来，各种公约外机制、我国推动的“一带一路”倡议都蓬勃开展，我国从科学评估入手在推动气候治理方面发挥了重要作用，继而开展评估分析，进一步推动后巴黎进程的前行。

从时间尺度考虑，全球气候治理有科学与政治两种属性，学界、主权国家、非国家行为体三类参与主体，并区分法律条约或国际组织和政治平台两类机制类型，全球气候治理体系在过去30年的发展大致如图12-1所示。其中，气候变化科学的进展主要以全球学者和IPCC成员国的综合评估为代表，与政治决策之间形成往复互动关系，12.3节评估了这一关系。全球气候治理政治的进展以国际气候变化法体系为核心，12.2节评估了其演变历程和主要特征。其他国家间和非国家行为体组织、参与的各类政治平台性活动，对国际气候变化法体系起到了促进落实和推动演变的作用，主要在12.4节做了评估。其中，中国发起的“一带一路”倡议成为近年来全球治理的亮点，其对绿色、低碳、可持续发展的贡献也备受国际社会关注，12.5节对此做了评估。12.6节展望了后巴黎进程可能的发展方向，并分析了认知和技术差距。

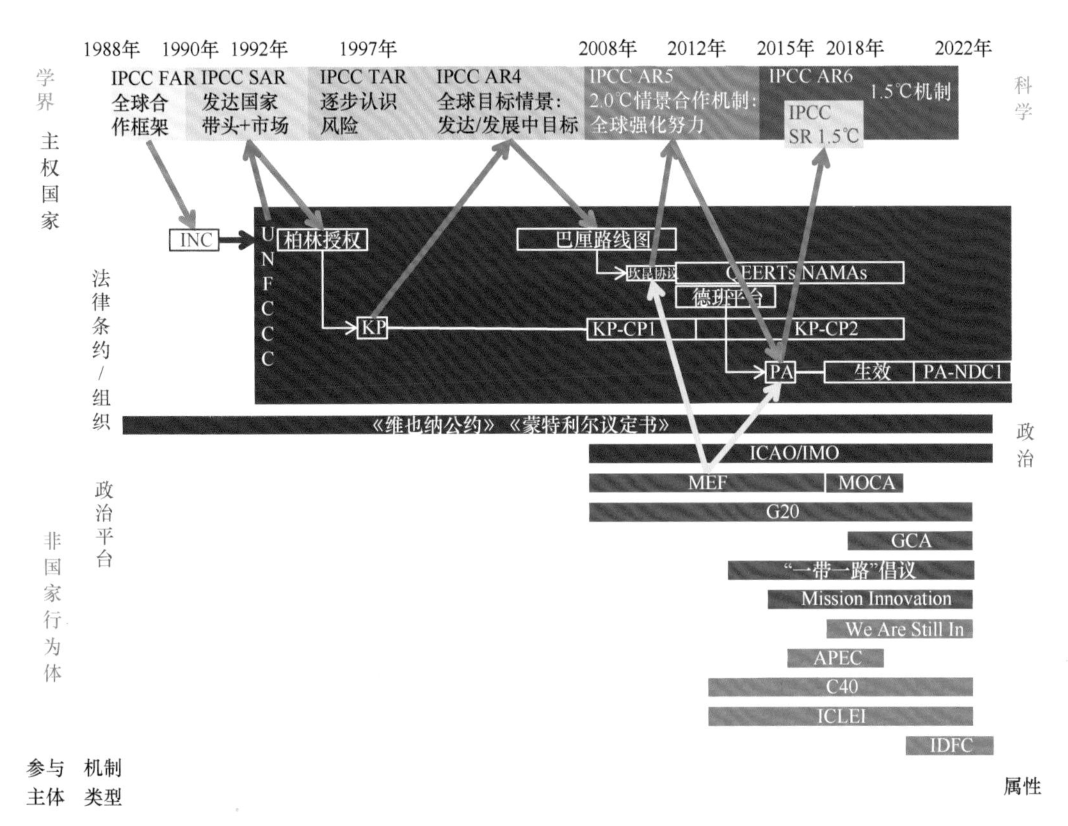

图 12-1　全球气候治理体系

INC，政府间谈判委员会；UNFCCC，《联合国气候变化框架公约》；KP，《京都议定书》；QEERTs，全经济范围量化减排目标；NAMAs，国家适当减缓行动；KP-CP，《京都议定书》承诺期；PA，《巴黎协定》；PA-NDC，《巴黎协定》国家自主贡献；ICAO，国际民航组织；IMO，国际海事组织；MEF，主要经济体论坛；MOCA，气候行动部长级会议；G20，二十国集团；GCA，全球适应中心；Mission Innovation，创新使命；We Are Still In，我们仍在坚守；APEC，亚太经济合作组织；C40，城市气候领导联盟；ICLEI，倡导地区可持续发展国际理事会；IDFC，国际开发金融俱乐部

12.2　《巴黎协定》及中国对全球气候治理进程的推动

自哥本哈根气候大会以来，中国积极参与《联合国气候变化框架公约》进程，从全球气候治理的关键参与者转变为核心引领者，对《联合国气候变化框架公约》进程发挥了重要的推动作用（庄贵阳等，2018；何建坤，2018；薄燕和高翔，2017；李昕蕾，2017）。

《巴黎协定》是全球气候治理的里程碑，也标志着全球气候治理发展到新的阶段（巢清尘等，2016；何建坤，2016；薄燕，2016a）。该协定在 2015 年 12 月 12 日于《联合国气候变化框架》第 21 次缔约方大会上获得通过，并于 2016 年 11 月 4 日正式生效。《巴黎协定》重申了《联合国气候变化框架公约》所确定的“公平、共同但有区别的责任和各自能力原则”，更加具体地提出了全球气候治理的目标是“公平合理、全面平衡、富有雄心、持久有效、具有法律约束力的协定”。

12.2.1 《巴黎协定》在全球气候治理进程中的意义

《巴黎协定》是在《联合国气候变化框架公约》下的新发展，保证了2020年后全球气候治理的连续性和普遍性。自2007年巴厘路线图通过以来，如何为“后京都”时代的全球气候治理做出制度安排成为《联合国气候变化框架公约》历次缔约方会议的重要议题。《京都议定书》第一承诺期自2008年开始至2012年结束，其实质约束力有限。《京都议定书》的第二承诺期自2013年1月1日开始至2020年结束。第二阶段承诺期的控制范围仅涉及全球温室气体排放的15%，发达国家第二承诺期的减排力度明显不够，并且加拿大、日本、新西兰、俄罗斯并未参与，以致该承诺期中仅有欧盟等少数国家和区域经济体进行减排。这既不符合从事减排的发达国家的利益，也严重威胁着气候变化国际合作的未来。与此同时，包括中国在内等一批新兴的发展中国家在国际政治经济舞台上扮演着越来越重要的角色，如何重新界定它们的责任和能力，成为后京都时代的谈判焦点，客观上也需要一种新的国际合作模式，有效推动气候变化的国际合作和共同行动（安树民和张世秋，2016；吕江，2016）。根据2011年通过的《德班决议》，联合国第21届气候变化大会将通过一份法律文书或某种具备法律约束力的议定结果，并使之自2020年开始生效及付诸实施。《巴黎协定》是执行《德班决议》的直接结果，在《联合国气候变化框架公约》下正式构建了2020年后全球气候治理的制度安排。这一进程无疑将有助于全球气候治理走出自哥本哈根气候变化大会的低潮，成为应对气候变化制度安排的新起点（巢清尘等，2016；吕江，2016）。

《巴黎协定》要求所有缔约方承担减排义务，而且根据《巴黎协定》第3条，“所有缔约方的努力将随着时间的推移而逐渐增加”。除非有国际法上国家责任的免除情形和《巴黎协定》中的特殊规定，所有缔约方，包括发展中国家的减排都应是增加，而不是减少（安树民和张世秋，2016；吕江，2016）。《巴黎协定》坚持了共同但有区别的责任原则，保持了全球气候治理机制的公平特征（巢清尘等，2016；薄燕，2016a；何建坤，2016）。坚持“共区原则”，实际上是坚持了对发达国家与发展中国家缔约方之间不同责任和义务的区分，这延续了该国际机制“公平承诺”的基本特征。《巴黎协定》明确规定，“发达国家缔约方应当继续带头，努力实现全经济绝对减排目标。发展中国家缔约方应当继续加强它们的减缓努力，应鼓励它们根据不同的国情，逐渐实现全经济绝对减排目标”。这意味着发展中国家当前根据国情，仍可采用不是全经济尺度的、部分温室气体的非绝对量减排或限排的目标，如单位GDP的二氧化碳排放强度下降的相对减排目标。在资金问题上，《巴黎协定》也规定，“发达国家缔约方应为发展中国家缔约方减缓和适应两方面提供资金，以便继续履行《联合国气候变化框架公约》下的现有义务”，并“鼓励其他缔约方自愿提供或继续提供这种支助”，进而明确了发达国家为发展中国家适应和减缓气候变化出资的义务（巢清尘等，2016；何建坤，2016；薄燕，2016a）。

《巴黎协定》从总体上将促进全球应对气候变化的进程，全球长期减排目标的紧迫性极大地推动了全球经济的低碳转型。《巴黎协定》的生效将从机制上对各国经济发展、能源消费、环境治理、金融机制、技术创新等方面产生深远的影响，其是推动全球发展转型的重要机会。《巴黎协定》的实施将以缔约方自主提出的国家贡献为蓝本，以减缓、适应及其支撑手段为依托，共同描绘出到 2030 年全球低碳发展的路径，并提出新的模式、规制、政策和市场手段。协定的生效和实施将极大地提振工商业的绿色低碳转型的信心，显著增加绿色投资、供给和就业，传递出全球将实现绿色低碳、气候适应型和可持续发展的强有力的积极信号，推动世界低碳发展的潮流，形成新的竞争机制和规则，使低碳发展不仅是国际气候协议下的要求和承诺，更是提升自身可持续发展竞争力的主动行为，从而变负担和挑战为发展机遇，实现共同发展、永续发展、合作共赢（李俊峰和柴麒敏，2017；何建坤，2016；于宏源，2016）。

《巴黎协定》将提速全球的能源革命。《巴黎协定》确立了“到 21 世纪下半叶实现温室气体人为排放和汇的清除之间平衡的碳中和”目标，相比此前更为明确地强调能源低碳化乃至无碳化的作用。由于能源消费的二氧化碳排放占全部温室气体排放的约 2/3，21 世纪下半叶净零排放也意味着要结束化石能源时代，建立并形成以新能源和可再生能源为主体的低碳甚至零碳能源体系，这将加速世界范围内能源体系的革命性变革（何建坤，2016）。

12.2.2 《巴黎协定》确立了新的气候治理模式

《巴黎协定》适用“共区原则”的方式出现新的变化。《巴黎协定》明确表明要遵循“共区原则”，但在“公平、共同但有区别的责任和各自能力的原则”后面增加了“同时要根据不同的国情”。《巴黎协定》虽然区分了发达国家与发展中国家的不同责任与义务，但更加强调那些最不发达国家、小岛屿发展中国家的脆弱性。这一方面体现了该项国际治理机制延续了原有的区别对待的公平特征，标志着国际气候变化法机制内部的变迁（薄燕，2016a），另一方面标志着“共区原则”的适用出现了动态的变化，表明应对全球气候变化治理模式的“创新”或“重大变化”（李慧明，2016）。这种变化为强化发展中大国的责任和义务提供了依据，也为发达国家不能有效履行相应的责任和义务提供了借口，可能出现发展中国家与发达国家区别日益模糊的局面（巢清尘等，2016；于宏源，2016；田慧芳，2015）。

《巴黎协定》对减缓、适应、资金、技术、能力建设、透明度和全球盘点等各要素做了相对平衡的安排，所确立的减缓机制具有崭新特征和重要意义。《巴黎协定》提出的实现全球长期目标是以各方国家自主贡献（NDC）为基础的。《巴黎协定》要求“所有缔约方的努力随着时间推移而逐渐增加”，并要求在核算 NDC 中的排放量时“应促进环境完整性、透明、精确、完整、可比和一致性”，以增强透明度，保障国家自主决定贡献的准确性。《巴黎协定》还规定定期总结本协定的执行情况，以评估实现本协定宗旨和长期目标的集体进展情况，2023 年开始第一次总结，此后每五年进行一次。总结结果将显示全球减排进展及各国 NDC 目标与实现全球长期目标排放情景间的差距，为各方提供信息，以进一步促使各方更新和加强其 NDC 目标及行动和支持的力度，促进加强国际合作（巢清尘等，2016；何建坤，2016；吕江，2016）。

与《京都议定书》不同，国家自主贡献的减排模式不是一种“自上而下”的安排，而是一种“自下而上”的安排，是对全球温室气体减排既有模式的突破。这种模式的优势在于，在尊重国家主权的基础上，通过非强制、对抗、非侵入、非惩罚的行动策略，在尊重各国国情、意愿和能力的基础上，由各国自行决定能够做出的减排贡献，赋予国家更多的减排灵活性，并鼓励各缔约方加强行动雄心。《巴黎协定》以“自下而上”、更加灵活、不断递进的方式联合各国共同减缓气候变化，体现了广泛参与、逐步递进的特征（安树民和张世秋，2016；高翔，2016a，2016b；吕江，2016；秦天宝，2016）。

《巴黎协定》支撑了新的可持续发展目标。《巴黎协定》强调“气候变化行动、应对和影响与平等获得可持续发展和消除贫困有着内在的关系”，强调经济发展的低碳转型，实现“气候适宜型的发展路径”，把应对气候变化与保障粮食安全、消除贫困和可持续发展密切结合起来，实现多方共赢的目标。《巴黎协定》第 6 条第 4 款规定，将在作为《巴黎协定》缔约方会议的《联合国气候变化框架公约》的授权和指导下，建立一个机制，供缔约方自愿使用，以促进温室气体排放的减缓，支持可持续发展。这一机制的设立显然与《巴黎协定》中国家自主贡献模式的形成直接相关，且从其产生的背景看，可持续发展机制亦与联合国 2015 年通过的 2030 年可持续发展议程联系密切。此外，从《巴黎协定》的第 6 条第 8 款的要求看，可持续发展机制将包括市场方法和非市场方法两个方面（何建坤，2016；吕江，2016）。

《巴黎协定》倡导除国家层面外非缔约方的社会各界积极参与和自觉行动。当前各种类型的由地方政府、城市、行业、企业和社会团体组成的应对气候变化的联盟和合作组织层出不穷。这些组织一方面“自下而上”地提出并制定了共同的低碳目标和行动计划，另一方面倡导城市层面、行业和企业层面、金融投资及社会层面的行为准则，推荐先进技术标准，推广产品碳标识和低碳产品认证，强化绿色金融的投资导向，加强自律行动和相互合作，进行交流和经验分享，其成为促进《巴黎协定》落实和实施的有生力量（李昕蕾，2018；何建坤，2016）。另外，成功的跨国活动可以激励更多政府雄心勃勃的气候行动，推动气候治理进程（Hermwille，2018）。也有研究表明，跨国城市网络不是人们所认为的那种具有代表性、雄心勃勃和透明的气候行动的贡献者（Bansard et al.，2016）。《巴黎协定》实施有待加强建设和完善。《巴黎协定》“自下而上”的机制促成了全球气候治理共识的达成，促使全球气候治理步入了新的阶段，但“自下而上”的机制产生的直接弊端则是《巴黎协定》法律约束力的弱化。《巴黎协定》将强制性主要设立在各缔约方完成动作的“技术规范和要领”方面，对行动的实质内容和力度均没有强制性要求。此外，非对抗性、非惩罚性的特点使得温升目标存在失败风险；很多发展中国家仍然没有建立规范的温室气体统计核算体系，很难满足全球盘点和透明度需要的技术标准；技术和资金援助的相关细节仍然处于模糊状态；各国参与全球气候治理的诉求差异较大（孙永平和胡雷，2017；秦天宝，2016）。

12.2.3 中国在《巴黎协定》达成和生效过程中的作用

中国是全球气候治理的重要参与者。中国在哥本哈根气候变化大会上显示了其在联合国气候变化谈判中日益提升的地位。在《巴黎协定》的达成和生效过程中，中国不仅继续发挥重要作用，而且已经走到了世界舞台的中央，在该协定的达成过程中发挥了核心作用（薄燕和高翔，2017；刘振民，2016）。可以说，中国已经从哥本哈根气候变化大会的重要参与者提升为巴黎气候大会的关键引领者（李昕蕾，2017）。

中国对《巴黎协定》的重要积极作用，一是体现在“公平、共同但有区别的责任和各自能力原则”，资金、技术支持，协议的法律效力等谈判议题谈判过程中发挥的推动、引导甚至领导作用，其有助于联合国多边气候谈判取得实质性进展（徐崇利，2018；李昕蕾，2017；汤伟，2017；李慧明，2015）。二是体现在推动《巴黎协定》尽快生效。在 2016 年 9 月举行的二十国集团领导人峰会上，中国发挥主场外交优势促成中美共同签署声明，极大地推动了该协定于当年 11 月 4 日的生效（李俊峰和柴麒敏，2017；张晓华和祁悦，2016）。

中国积极通过双边进程推动《巴黎协定》的通过和生效。中国通过与大国加强合作，达成政治共识来推进全球多边气候大会的顺利进行。中美元首发表了四个联合声明，每个联合声明都在《巴黎协定》的达成、签署、生效和实施过程中发挥了非常重要的作用，中国与欧盟、英国、法国等主要发达国家也达成双边元首声明凝聚共识，对巴黎气候大会的成功召开起到积极的推动作用（徐崇利，2018；李昕蕾，2017；薄燕和高翔，2017；田慧芳，2015）。中国加强与发达国家沟通交流，持续与美国、欧盟、澳大利亚、新西兰、英国、德国等开展部长级和工作层的气候变化对话磋商，推动专家层面的沟通交流。在巴黎气候大会前，中国注重落实中法两国领导人共识，推动建立中法气候变化磋商机制，加强与巴黎会议主席国法国对话沟通，为巴黎会议做好准备和铺垫，共同推动巴黎会议取得成功（庄贵阳和周伟铎，2016）。

中国在国际和国内都展现了为应对气候变化所做的努力。在国际层次上，中国参与全球气候治理的态度发生根本变化，开始积极主动承担越来越多的节能减排国际责任。中国在巴黎大会之前提出了有雄心、有力度的国家自主贡献目标，包括 2030 年单位 GDP 的 CO_2 排放比 2005 年下降 60%~65%，非化石能源在一次能源消费中的比例提升到 20% 左右，森林蓄积量比 2005 年增加 45 亿 m^3，以及 CO_2 排放到 2030 年左右达到峰值并努力早日达峰。这是中国统筹国内突破资源环境制约，转变经济发展方式与应对全球气候变化，减缓 CO_2 排放国内国际两个大局，内促发展、外树形象的协同目标和战略决策，需要为此付出极大努力（何建坤，2016）。中国还于 2015 年承诺捐助 200 亿元建立“中国气候变化南南合作基金”，帮助发展中国家提升应对气候变化的能力。中国已经和 36 个国家签署了合作备忘录，到目前为止已经办了 20 多期培训，为 120 多个国家的 2000 多名政府官员和技术员开展了培训。2019 年已经开始和绿色气候基金（GCF）合作，帮助发展中国家提高融资能力，同时和《联合国气候变化框架公约》秘书处合作，培训各国的一些官员提高应对气候变化规划和透明度方面的能力。

中国国内的气候行动是其全球气候治理积极作用的基础和体现。中国优化国内气候政策，强化能力建设，使国内气候治理成效显著，促进国内低碳转型（薄燕和高翔，2017；田慧芳，2015）。其具体包括加强决策机构建设、注重完善宏观指导体系、加强顶层设计、开展重大战略研究和规划制定、加强和健全法律法规和标准、加强基础统计体系及能力建设、提高国内减缓气候变化的能力（薄燕和高翔，2017；杨飞虎和何源明，2016）。实践证明，“十二五”以来，中国的国内气候变化治理取得了非常显著的成效。十多年来，煤炭占一次能源的比重已经从 72% 下降到 59%，淘汰了高消耗、高排放、高污染的火电机组。中国还采取措施提高能源效率。根据世界银行的数据，中国在最近20年累计节省的能源占全球总量的58%。中国大力发展可再生能源，其占总发电装机容量的38%、占全球可再生能源装机容量的30%、占全球可再生能源增量的44%。中国不光从工业、能源、建筑、交通，还要从农业、林业、水资源的保护和利用，海洋和湿地生态系统改善等这些自然生态保护以及增加生物多样性方面来实现碳中和。

2017年，美国宣布退出《巴黎协定》，中国为《巴黎协定》巩固全球气候治理多边机制发挥了中坚作用。习近平主席在2017年1月联合国日内瓦总部发表的主旨演讲中指出，《巴黎协定》的达成是全球气候治理史上的里程碑。我们不能让这一成果付诸东流。各方要共同推动协定实施。中国将继续采取行动应对气候变化，百分之百承担自己的义务。中国将继续发挥负责任大国作用，积极参与全球治理体系改革和建设，不断贡献中国智慧和力量。在上述背景下，中国在全球气候治理中发挥引领作用，并不意味着要做出超越国情、发展阶段和自身能力的贡献，更不需要额外分担美国所放弃的义务而付出更大代价，而是要正确把握和引领全球气候治理的原则和走向，引导公平、公正的国际治理制度变革和建设。但同时在国内也必须努力采取行动，把应对气候变化作为实现可持续发展的重要机遇，走上《巴黎协定》倡导的气候适宜型低碳经济发展路径，以实际行动和成效，展现在促进能源低碳化变革和经济发展方式低碳转型中的影响力和引领作用（何建坤，2018）。

有的观点认为，当前中国已经初步具备了引领全球气候变化治理的能力，未来中国将坚持多边主义，担当全球气候治理的“引领者”（庄贵阳等，2018）。但重要的是在复杂的国际形势下精准定位中国特色的领导力，做到既满足国际社会的期待，又彰显中国的大国外交风范（王彬彬和张海滨，2017）。另外，应该从中国的国情出发，讨论中国的具体情况是否具备发挥引领作用的能力和意愿。

12.2.4 中国对全球气候治理进程的理念贡献

中国除了积极参与全球气候治理的实践外，还提出了具有鲜明中国特色的全球治理观（薄燕和高翔，2017；刘振民，2016）。中国国家主席习近平指出，全球治理体制变革离不开理念的引领，要推动全球治理理念创新发展，积极发掘中华文化中积极的处世之道和治理理念同当今时代的共鸣点。2015年11月30日，习近平主席出席巴黎气候变化大会开幕活动，发表题为《携手构建合作共赢、公平合理的气候变化治理机制》的重要讲话，明确提出各尽所能、合作共赢、奉行法治、公平正义、包容互鉴、共同发展的全球气候治理理念，同时倡导和而不同，允许各国寻找最适合本国国情的应对之策。这些主张形成了具有鲜明中国特色的全球气候治理观。具体地说，一是合作共赢。中国文化的精髓强调“和合”，追求和谐、和平、合作、融合。基于中国的传统文化，中国提出构建以合作共赢为核心的新型国际关系。面对气候变化威胁，各方应休戚与共。为此，中国主张各方通力合作，同舟共济，共迎挑战，共商应对气候变化大计，维护全人类的共同利益。这有利于扩展各国自愿合作的领域和空间，扩大各方利益的交汇点，促进气候谈判由“零和博弈”转向合作共赢。二是公平正义。公平正义一向是中国传统文化的价值追求。在气候变化问题上，发达国家和发展中国家的历史责任、发展阶段和应对能力不同，中国坚持共同但有区别的责任原则，强调发达国家应向发展中国家提供资金和技术支持，保障发展中国家的正当权益，这正是为了维护全球气候治理中的公平正义。三是包容互鉴。各国在气候变化问题上的国情和能力都不同，很难用一个统一标准去规范。因此，中国主张各国间加强对话，尊重各自关切，允许各国寻找最适合本国国情的应对之策。中国在气候治理理念和合作方式上展现出不同于美国、欧盟的新型领导力和引领作用，在世界范围内得到了越来越多的认同。合作应对气候变化是各国一致的利益取向，存在巨大合作空间和广阔前景，可成为中国构建共商、共建、共享的新型国际关系，打造人类命运共同体的重要领域和成功范例（何建坤，2016，2018）。《巴黎协定》最终确立的以“国家自主贡献”为主体、“自下而上”的减排机制正是这种包容精神的体现（刘振民，2016）。

此外，中国对气候问题的认知也在发生转变，由原来的“应对气候变化会限制中国的发展”转变到“应对气候变化会促进中国的发展”，这一点既可以从相关的政府文件中找到依据，也可以从参与气候谈判的专家学者那里得到印证。这种观念的变化成为中国在世界气候谈判大会上政策立场发生转变的重要原因，也就是说，在气候问题上形成了新观念，这种观念最终推动了国内政策和国际气候外交的转变（刘元玲，2018）。同时，中国也通过国内一系列行动的实施，如生态文明理念的推广、生态红线工作的实施为全球气候治理贡献中国智慧。

中国在全球气候治理中面临着挑战。在国际层面，国际气候谈判格局的变化使中国协调各方利益冲突更加困难；国际气候谈判引发中国“负责任的发展中大国”的身份认同危机。自身发展阶段的特殊性对中国参与全球气候治理的限制包括：长远利益与短期发展空间的冲突，治理意愿与治理能力之间的矛盾，言语与行动间存在差距等（刘雪莲和晏娇，2016）。从大的背景看，中国的气候治理面临三重困境：一是后危机时期全球治理面临困境，即受金融危机影响，西方大国越来越难以承担公共品供应的责任，但影响全球治理的能力仍非常强大；新兴大国群体性崛起，正在成为全球治理机制变革的重要参与者和推动者，但治理能力和制度准备却显著不足。二是作为全球治理重要内容的气候治理自身的特殊性引致的困境，即气候治理主体在国际上如何公平地分摊应对气候变化的责任和义务方面存在巨大分歧，导致全球气候进程停滞不前，暴露出现有气候治理全球机制的重大缺陷。三是中国自身存在的低碳转型能力和低碳外交困境。破解全球气候治理僵局，中国作为南北合作和南南合作的重要参与者，需要站在更高的全球治理视角进行战略布局，平衡各方利益，增强主要经济体之间的合作意愿，通过灵活方式推动全球气候治理进程。同时，立足国情，扶持低碳技术开发和引进低碳技术，创新多元化融资平台，切实稳步推进中国的国内外经济战略（田慧芳，2014）。

12.3　国际科学评估及中国的作用

12.3.1　国际科学评估体系

为应对气候变化带来的挑战，从 20 世纪 70 年代开始，国际社会采取了积极的响应行动，开始了一系列从科学研究到气候变化科学评估和制定相关国际条约的行动。1988 年，时任世界气象组织主席、中国气象局局长邹竞蒙推动了政府间气候变化专门委员会（IPCC）的创建，并在 IPCC 最初的制度建设中发挥了重要作用，历任中国气象局局长都是 IPCC 的中国政府首席代表。1990 年，IPCC FAR 发布，由此推动了 1992 年《联合国气候变化框架公约》的制定，并从此揭开了与气候变化国际谈判密切相关的评估历程。

IPCC 的工作遵循了一系列的规范流程。从启动评估报告编写到评估报告的最终发布，包括规划、确定大纲、作者提名、专家及政府评审、全会批准、正式出版等 10 个程序。2010 年之后，IPCC 进一步规范有关管理规则，制定通过了《利益冲突政策》（*IPCC Conflict of Interest Policy*）和《沟通战略》（*Communications Strategy*）等政策。2013~2014 年随着 IPCC AR5 的陆续发布，关于 IPCC 如何调和报告使用者与评估参与者之间的需求矛盾，强化自身的严谨性与实用型成为广泛关注的重点（董亮，2017a）。其具体包括未来产品形式、组织架构以及如何提高发展中国家参与度等问题。中国参与了 IPCC 改革的各项进程，促进形成了保持 IPCC 现有产品形式和周期，通过联合工作会、研讨会等形式提高了各工作组之间的协作，基本保持了 IPCC 现有的组织架构，提高了发展中国家在主席团和技术支撑组的参与能力，提高了使用非英文文献的频率，加强了对发展中国家青年科学家的支持与培训等方面的共识。

虽然 IPCC 一直以独立的、科学权威的姿态出现，但由于其先天的政府背景以及为应对气候变化政策制定和国际谈判提供科学依据的目标，IPCC 的各种评估产品和相关活动不可避免地打上政治烙印，成为各国和各利益集团体现各自利益诉求、从科学上赢得国际气候外交主动权的重要平台。

各种国际科学评估越来越显示出科学与政策更为紧密的联系（一致性中等、证据中等）。IPCC AR6 内容更加紧扣《巴黎协定》涉及的控制温升 2℃和力争 1.5℃以及气候适应能力提升的目标，并加强与联合国可持续发展目标的联系，突出以为全球可持续发展所面临的实际问题提供解决方案为导向，力图提高对气候变化影响和政策认知的理解（Kowarsch et al.，2016），评估与其他经济和社会风险有关的气候风险以及与气候政策最相关的风险及其不确定性，更好地了解不确定性来源等。在评估进程中更加关注跨学科、跨领域的研究成果，更加关注如与温室气体排放有关的风险评估、适应与减缓的权衡、碳循环、海洋酸化、水资源、城市化等众多交叉问题（Beck and Mahony，2017）。IPCC 在关注新知识的同时也强调科学不确定性，力求更好地了解不确定性的来源，明确我们确切知道了什么，确切未知的是什么（Otto et al.，2015）

一些国际机构或科学计划也开展全球性、大规模的与气候变化有关的科学评估，如联合国环境规划署（UNEP）的全球水资源评估、全球环境展望、千年生态系统评估，联合国生物多样性大会开展的本土农业生物多样性等。近些年，比较有影响的要首推 UNEP 自 2012 年开展的年度排放差距报告、2014 年开始的适应差距报告、资金差距报告以及生物多样性和生态系统服务政府间科学政策平台开展的有关评估报告等。这些报告的服务目标非常明确，2015 年后的报告都紧扣《巴黎协定》和联合国可持续发展目标要求，评估现有和未来可能的努力与目标要求的差距。同时，其组织方式也仿照 IPCC，以公开、透明和基于同行评议的文献为原则。

12.3.2　科学评估与全球气候治理的政策互动关系

从认知共同体理论出发，科学评估对国际气候谈判的影响路径主要表现在政策创新、政策扩散、政策选择和政策支持等方面（董亮和张海滨，2014）。IPCC 作为气候变化领域最具影响力的科学评估组织，其国际影响主要通过知识的设计和生产、知识的传播和知识的消费 / 接受三种途径来实现。IPCC 历次评估报告的结论对联合国气候谈判进程产生了重要影响，体现为科学与政治的紧密性与独立性相伴而行。首先，IPCC 的科学研究为国家间气候谈判的政治和利益博弈提供问题维度和争辩领域，即 IPCC 的评估报告作为国际气候谈判中利益角逐的前提条件。其次，IPCC 研究推动全球气候治理的共识形成并为不断演进的国际气候治理进程提供科学支撑，同时联合国气候谈判从需求侧为气候变化科学研究划了重点。最后，在气候谈判中，IPCC 的研究成果无法保持完全独立性，一定程度上会受到政治博弈的影响（巢清尘等，2018；张永香等，2018）。这种互动影响关系可以分为积极互动与消极互动两种类型。积极互动又包括从催生模式到推动模式以及两者相互配合的模式。而消极互动模式中存在三种发展方向，即并行发展模式、制约模式和相互破坏模式，见表 12-1（董亮，2018b）。

表 12-1　国际气候评估与国际气候谈判的互动关系和模式

关系	模式	特征
积极关系	催生	评估科学问题引起公众兴趣，从而催生政治谈判与治理的
	推动	评估产生的重要科学共识促使谈判取得重要进展，谈判依赖评估
	配合	科学共识不足以进一步推动谈判，转而配合谈判的进程，从属于谈判
消极关系	并行发展	评估框架与谈判框架独立发展，相关性不足，难以相互影响
	制约	评估暂时无法满足谈判的要求或谈判的主要矛盾反作用于评估进程
	破坏	谈判或评估发生重大事件，导致一方的进程受到破坏

国际科学评估与全球气候治理有着紧密的联系（一致性高、证据确凿），IPCC 历次报告的主要内容与公约谈判重要进程的关系如图 12-2 所示（张永香等，2018）。IPCC AR5 关于气候系统的变化、变化的归因、气候变化的风险、适应气候变化的紧迫性，以及实现温升目标的路径等结论越来越聚焦于《联合国气候变化框架公约》目标的实现（姜克隽，2018；邹骥等，2014；巢清尘等，2014a；张晓华等，2014a）。一是进一步强化了应对气候变化的科学基础和紧迫性。从最初的地表温度、海平面高度、温室气体浓度几个要素扩展到气候系统五大圈层几十个气候指标，确认了全球气候系统变暖，并且未来气候系统将继续变暖这一事实。二是深化了 20 世纪中叶以来全球变暖的主要原因是人类活动，强化了减少人为排放的必要性。除了地表温度、海平面高度、积雪和海冰等要素外，一些极端气候事件变化中也检测出人类活动的干扰，并且对人类活动干扰的信度不断提高。三是对气候变化影响和风险的认识进一步夯实了 2℃温升目标的重要性。从全球尺度的影响到区域尺度、行业领域范围，给出了 1~4℃不

同温升情景下的 8 类关键风险。四是适应气候变化领域存在大量工作机会，也存在赤字。这种局限性为损失与损害谈判提供了理论基础，并且适应问题的普遍性和区域性对“共区”原则落实产生影响。五是不断聚焦《联合国气候变化框架公约》提出的实现可持续目标的转型路径，给出了实现 2℃温升目标的总体产业、技术布局、社会经济成本，以及支持实现路径转型的体制与政策选择。IPCC AR5 中还提出了一些具有重要价值的概念、实施手段。例如，IPCC SAR 提出了采用碳市场机制促进全球减缓合作的设想。IPCC TAR 试图回答一些重要问题，如发展模式将对未来气候变化产生怎样的影响？适应和减缓气候变化将怎样影响未来的可持续发展前景？气候变化的响应对策如何整合到可持续发展战略中去？2016 年后为满足《巴黎协定》目标，IPCC 又开展了 1.5℃风险和实现路径的评估，提出建立一个有效的碳预算综合管理框架，努力避免人为温室气体排放导致危害气候系统，并利用其科学和政策的双重内涵，来推动谈判进程和加大行动力度，在新型气候治理模式下推动全球减排目标的实现（陈晓婷和陈迎，2018）。

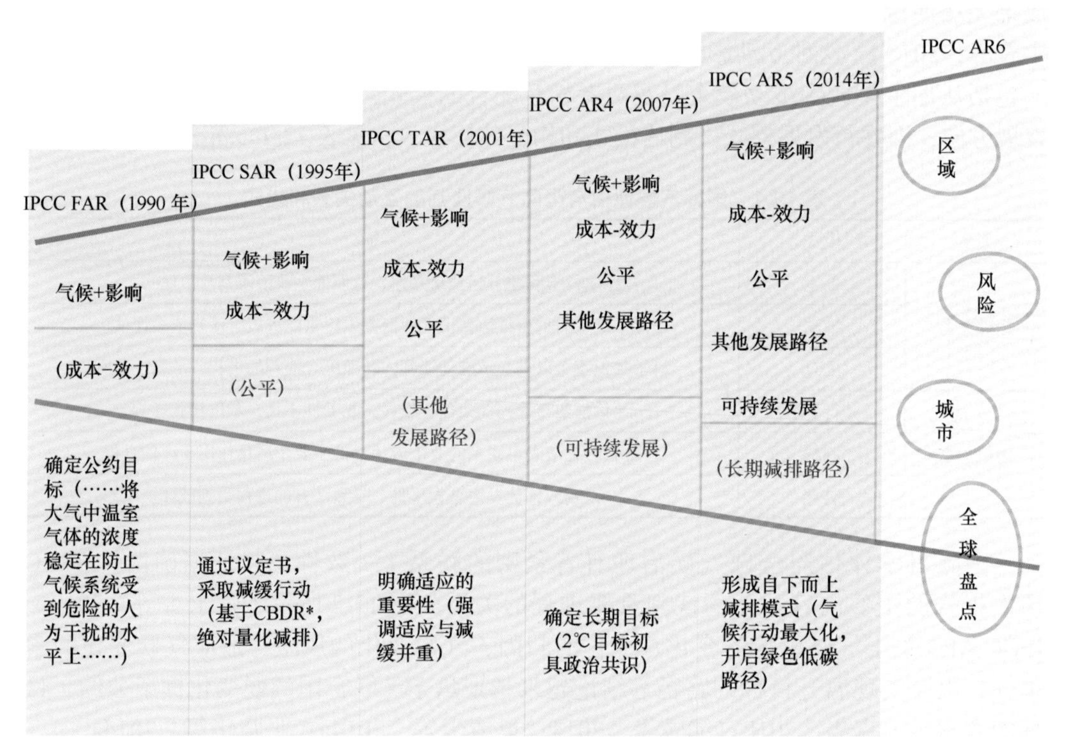

图 12-2 IPCC 历次报告的主要内容及与公约谈判重要进程的关系（张永香等，2018）

* 表示共同但有区别的责任原则

上述科学评估的不断深化，推动了 1992 年《联合国气候变化框架公约》的签署和 1994 年《联合国气候变化框架公约》的生效，1997 年的《京都议定书》通过，使《联合国气候变化框架公约》谈判中增加了“气候变化的影响、脆弱性和适应工作所涉及的科学、技术、社会、经济方面内容”以及“减缓措施所涉的科学、技术、社会、经济方面内容”两个新的常设议题。2007 年制定了巴厘路线图，其为各方启动谈判、在

2009 年之前达成新的全球变暖协定铺平了道路，为《京都议定书》第一承诺期 2012 年结束后有关减排温室气体的国际谈判奠定了基础。IPCC AR4 对所有国家共同但有区别的量化减排设想的提出奠定了科学基础，在《哥本哈根协议》中明确了 2℃目标，并在 2015 年《巴黎协定》中确认了温控 2℃和力争 1.5℃、提高适应能力以及绿色低碳资金流动的三大目标。

12.3.3　中国对国际科学评估的作用

作为最大的发展中国家，中国参与了 IPCC 的历次评估活动，参与度一直在提升（一致性高、证据确凿）。首先，中国参与 IPCC 评估报告的专家绝对数量呈上升趋势。六次评估报告中国专家参与三个工作组的总数 [包括主要作者协调人（CLA）、主要作者（LA）、编审（RE）] 分别为 9 人、11 人、19 人、28 人、44 人和 37 人。其次，中国专家的队伍结构逐渐优化，对评估报告的影响力也不断加强。继丁一汇院士任第三次评估第一工作组的联合主席后，秦大河院士担任了第四次和第五次评估第一工作组的联合主席，翟盘茂研究员担任了第六次评估报告第一工作组的联合主席。虽然六次评估报告中国专家占总专家人数的比例均在 2%~3.5%，但对章节内容贡献较高的主要作者协调人和主要作者的比例均明显增加。其中，主要作者协调人在前三次评估报告都仅有 1 人，IPCC AR4 上升到 4 人，IPCC AR5、IPCC AR6 中进一步分别上升到 6 人和 5 人。主要作者上升趋势尤为明显，IPCC AR5 的中国主要作者人数在三个工作组均为历次评估最多。由于 IPCC AR6 更强调广泛参与，各国参与活跃，参与的国家数更多，如第一工作组从 IPCC AR5 的 39 个国家上升到 IPCC AR6 的 60 个国家，作者数中国与澳大利亚位列第三位（第一位为美国，第二位为英国）。

尽管中国在 IPCC 报告的参与度有所提升，但与发达国家尤其是与美国相比，中国在 IPCC 报告的参与度仍处于一定劣势。无论是主要作者协调人、主要作者、贡献作者，还是编审，美国的参与人员数量均远远超过中国，这无疑决定了中国在影响报告内容方面与美国等发达国家相比处于弱势地位。在 IPCC AR6 中，尽管特朗普担任总统期间的美国政府不支持气候变化，但科研实力仍旧很强。

中国政府在参与 IPCC 评估上的能力不断提升（一致性中等、证据中等）。中国气象局是中国 IPCC 首席代表所在部门，承担了组织中国参加 IPCC 活动的职责，对于报告中的核心问题组织专家研讨评估，提出中国政府意见。IPCC AR5 期间，中国组织动员上千人次的中国专家进行了 16 次政府评审，提交了近万条中国政府和专家意见，在涉及历史排放责任、未来排放空间、应对气候变化长期目标等重要结论上据理力争，始终强调评估结论的科学性、全面性和客观性，强调可持续发展的重要性，从科学角度维护了发展中国家的权益，为气候变化谈判赢得了空间，所发挥作用高于以往的评估过程。

分析 IPCC AR5 三个工作组报告引文情况可以看到，中国在科学成果的质量以及对气候政策的支撑上总体处于第二阵营（一致性中等、证据有限）：①中国引文在各领域（章节）分布严重不均衡，优势领域少，仍存在很多弱势领域，甚至空白领域。②与第一工作组相比，对第二、第三工作组贡献整体偏弱。③中国引文内容高度集中，影响面窄。④中国气候变化研究拥有广泛的国际合作基础，美国是中国气候变化研究国际合作最为密切的国家（郑秋红等，2020）。

提升中国气候变化研究国际影响力的实质是提升中国的制度性影响力，需要从知识的生产、传播和消费接纳三个环节系统性提升中国气候变化研究影响，特别是通过多元影响工具以及基于认知共同体的学术联盟的建构来全面提升知识供给的权威性、知识传播的多维性以及知识接纳的规范性程度。一是加强中国研究的知识生产，提升影响机制的产品供给视角。通过国内制度性和项目性资源协调保障知识生产的权威性，明确自身研究优势和劣势，通过关键领域的突破来提升知识生产的权威性，强化专家团队和后备人才培育，通过学术联盟建设来提升知识生产的科学性、系统性和权威性。二是加强知识的传播，构建基于过程性和空间性的影响视角。三是拓展知识的消费和接纳，发掘基于施动者和被影响者互动的视角。加强针对施加影响维度的参与性影响，针对关键性被影响对象的学术联盟型复合影响，以及通过学术联盟的对外拓展来提升基于权威建构的规范性影响（巢清尘等，2018；董亮和张海滨，2014）。

12.4 公约外多边进程及中国的作用

中国强调多边主义、包容发展，注重区域合作。党的十八大以来，中国积极调整外交定位，奋发有为（曹德军，2017），在变动的国际政治经济格局下砥砺前行（苏格，2019），在《联合国气候变化框架公约》外气候变化多边合作进程中发挥了越来越重要的作用。1992 年以来，全球气候治理始终坚持以 UNFCCC 为主渠道，IPCC 为主要科学交流平台。但哥本哈根会议之后，各国合作应对气候变化的政治意愿在逐步减退，行动能力也受到经济危机和地缘政治掣肘，因此在《联合国气候变化框架公约》之外也逐步出现了较有代表性的气候治理平台，为全球气候治理提供了更多的选项。本节选取中国参与的、具有影响力和代表性的《联合国气候变化框架公约》外多边机制，综述其开展气候治理的进展和中国在其中发挥的作用。

12.4.1 二十国集团在全球气候治理中的大国作用

二十国集团作为国际经济合作主要论坛，在国际经济事务中继续发挥着不可或缺的重要作用（陈素权，2010；郭树勇，2016）。二十国集团国家的煤炭消费总量约占全球的 95%，石油和天然气使用量占全球的 70% 以上，温室气体排放约占全球的 80%，可再生能源投资占全球的 85%（IRENA，2017；Sikder et al.，2019）。在 2008 年全球金融危机之后，二十国集团将主要增长经济体纳入原本以发达国家为主的八国集团，形成了旨在引导全球经济复苏的新型治理结构（Teker and Yuksel，2016）。从 2009 年起，二十国集团会议升级为领导人级别（王宗美，2020），并日益高度重视气候变化问题，欧盟国家在二十国集团框架下主导气候议题，二十国集团成为气候议题与经济贸易议题挂钩较紧密的多边平台，为 UNFCCC 的多边气候谈判提供了额外的空间和时间，也为气候议题的政治性宣誓提供了更多的机会和选择（董亮，2017c）。二十国集团对不同议题的把控程度和治理有效性存在差异（项南月和刘宏松，2017），气候议题中发展中国家是重要的谈判力量，而二十国集团成员国缺乏发展中国家代表，无法关照和回应广大发展中国家的呼声，反而容易被欧盟和伞形集团国家所利用，为分散 77 国集团的统一立场创造机会。在气候议题上，二十国集团仍然面临着对其合法性、内部凝聚力和有效性的质疑（巩潇泫，2018）。

在 2009 年 9 月 24~25 日的二十国集团领导人匹兹堡峰会上，气候变化融资首次成为气候变化领域的重要议题（朱世龙，2011；巩潇泫，2018）。二十国集团在全球应对气候变化政治意愿消极的阶段，为个别议题的突破注入了新的政治动力（崔绍忠，2011）。2016 年 9 月 3 日二十国集团领导人杭州峰会期间，中美两国向联合国秘书长潘基文交存了各自参加《巴黎协定》的法律文书（二十国集团，2016），为推动《巴黎协定》快速达成和生效做出了历史性贡献（李东燕，2016），发挥了不可替代的作用。中国主办二十国集团领导人峰会是非西方国家在现代国际社会中崛起的一个表现，证明国际社会中非西方国家的兴起并在全球治理中发挥日益重要的作用。2017 年德国汉堡二十国集团领导人峰会上，时任美国总统特朗普在宣布退出《巴黎协定》的背景下，拒绝在气候变化问题上与其他 19 个国家达成共同立场（刘燕春子，2017），但其他 19 个国家仍在美国缺席的情况下形成了关于合作应对气候变化的成果文件，为稳定全球气候治理的信心发挥了重要作用。2018 年 12 月二十国集团领导人布宜诺斯艾利斯峰会期间，中国和法国外长与联合国秘书长在此次峰会期间重申合作应对气候变化的坚定承诺和决心[①]，为《巴黎协定》实施细则的谈判顺利达成注入了强大的政治动力。2019 年 6 月，二十国集团领导人第十四次峰会在日本大阪召开，在名为《G20 大阪首脑宣言》的成果文件中，各国领导人普遍认识到气候变化问题的重要性，并特别强调实施《巴黎协定》的重要性（赵瑾，2019）。

二十国集团国家的碳排放主要靠经济增长来拉动，人口是二十国集团中新兴国家碳排放增长的重要驱动因素（Yao et al.，2015）。金砖国家[②]的碳排放效率整体偏低，碳排放效率提升潜力巨大（Wang et al.，2019）。管理的低效，甚于技术的低效，成为中国碳福利表现差的重要原因，提高管理效率能够极大地提升碳排放效率（Wang et al.，2019）。加强环境规制和增加教育投入也有利于二十国集团国家减少碳排放（Wang and Shao，2019）。

二十国集团在为实现《巴黎协定》的 2℃和 1.5℃目标做出积极努力。研究显示，二十国集团各成员国正在积极出台政策和行动履行各自在《巴黎协定》框架下提出的国家自主贡献目标承诺。

中国、印度、印度尼西亚、日本、俄罗斯和土耳其六国有望实现其国家自主贡献目标；阿根廷、澳大利亚、加拿大、欧盟、韩国、南非和美国仍需进一步出台新的政策措施来保障国家自主贡献目标的如期达成，美国需要进行的减排努力还很多。此外，巴西和墨西哥的排放预测存在较大的不确定性，按照当前政策情景预测，沙特阿拉伯和南非的碳强度和人均碳排放数据到 2030 年都将在 2015 年水平上持续增长（Elzena et

① 法国外长、中国国务委员兼外长、联合国秘书长气候变化会议新闻公报 . 2018. http://www.xinhuanet.com/world/2018-12/01/c_1123794666.htm.

② 金砖国家指中国、俄罗斯、印度、巴西、南非。

al.，2019）。

二十国集团为中国提供了一个 UNFCCC 之外的多边平台，一方面中国在二十国集团平台可以听到气候领域之外的利益主体对气候议题的看法和认知；另一方面，中国也多了一个表达气候议题立场和主张的国际平台，增进了各方在更广泛的议题框架下讨论气候议题的可能性。中国是全球第二大经济体、最大的发展中国家，也是全球第一大货物贸易国、第二大外资流入国，对推动二十国集团进行全球经济治理体系改革具有重要作用（赵瑾，2019）。中国参与二十国集团议题协调的频率日益增加，议题也日益深入，中国领导人参与二十国集团领导人峰会更是在推动二十国集团从应急性机制向常设性经济治理机制转型方面发挥了重要作用（张海泳，2016）。

12.4.2 上合组织与生态环境保护合作

上海合作组织（简称上合组织），是现代国际关系体系中具有影响力的参与者，为维系欧亚关系搭建了多维平台。2018 年的上合组织青岛峰会将气候变化影响加剧作为外部环境恶化的大背景之一，凝聚扩容后的各成员国提出了“上海精神”（张文锋，2018）。上合组织成员国重视在环保、生态安全、应对气候变化消极后果领域合作，是中国推动“一带一路”倡议的重要依托（Alimov，2018；伍睿，2019；张培，2018；Golobokov，2015），也是中国提供全球性、区域性公共物品的重要平台（曹德军，2017）。中俄两国在上合组织框架下的能源合作一度成为各方关注的议题，但是目前尚不能取代石油输出国组织（OPEC）在国际能源合作中所发挥的作用[①]。气候变化为非传统安全尚未成为上合组织的主要议题，中国要在全球气候治理中团结有合作意愿和合作能力的国家，充分利用现有机构和制度的优势，特别是加强能源气候变化领域的合作，进一步开发和依托上合组织的机制优势（孙永平和胡雷，2017）。

12.4.3 亚太经合组织与应对气候变化和清洁发展合作

亚太经济合作组织（简称亚太经合组织，APEC）是亚太地区重要的经济合作论坛，为地区的和平稳定发展做出了重要贡献（王艳，2018；高帆，2018）。

APEC 成员的经济效率高于环境效率，提高能源使用效率和碳排放效率能够有效提高 APEC 成员的环境经济效率（Wu et al.，2018）。目前，APEC 成员的能源效率在显著提升，但还未达到预期（Samuelson，2014）。APEC 成员在制定能效提高政策时要谨慎使用能源强度的目标，若按照一次能源需求来计算能源强度，则使用核电和地热的经济体的能源强度会上升；若按照终端能源需求来计算能源强度，则会忽略电力生产部门效率的提高；此外，用汇率折算还是用购买力平价法来折算国民生产总值会对碳强度指标产生巨大影响（Samuelson，2014）。APEC 成员中存在巨大的减排潜力，提高能源利用效率和碳排放效率能够极大地促进 APEC 成员减少碳排放（Wang et al.，2017）。APEC 成员中有很多发展中国家，除了经济贸易问题之外，人权、安全、反腐败、环境治理等问题也是重要的议题。APEC 成员中，低碳排放国的碳排放与腐败指数

---

① EEDI（Electric Power and Energy Saving Development Institute）. 2014. SCO Energy Club will not be able to create a counterweight to OPEC.

呈高度负相关，而高碳排国的碳排放与腐败指数相关性不显著（Zhang et al.，2017）。

中国一贯重视并积极参与 APEC 各领域多边合作，并开始主动有所作为（盛斌和高疆，2018；贺鉴和王璐，2018）。APEC 在 2007 年 9 月的第 15 次领导人非正式会议上首次将气候变化议题作为核心议题加以讨论，通过了《关于气候变化、能源安全和清洁发展的悉尼宣言》（高帆，2018）。在 APEC 平台下，气候变化议题的显示度日益凸显，中国也扮演着日益重要的角色（宫占奎和于晓燕，2014）。随着全球贸易保护主义、拟全球化、民粹主义的抬头，各国普遍将亚太地区的经济贸易稳定寄希望于 APEC，并希望中国能够发挥更大的作用（高行，2016；郑先武，2016）。

12.4.4 中非合作论坛及南南合作

中非合作论坛成立于 2000 年，是中华人民共和国和非洲国家之间在南南合作范畴内的集体对话机制。中非合作论坛是南南合作的典范（孙超，2018；周志伟，2018），是团结和巩固中非友谊的桥梁（张永宏，2018）。中非合作论坛是中国开展特色外交、共建中非命运共同体和构建人类命运共同体的最佳机制（贺文萍，2018）。中国通过这一机制，将基础设施、可再生能源等领域的能力输送到非洲，切实加强非洲国家减缓和适应气候变化的能力（张建新和朱汉斌，2018），并在某种程度上与欧美形成在非洲利益的平衡（王磊，2018）。

中国政府通过无偿赠送节能低碳产品和开展气候变化研修班等形式积极与非洲国家开展应对气候变化的南南合作，取得了积极成效。自 2012 年开始，中国政府投入 2 亿元开展为期 3 年的国际合作，帮助小岛屿国家、最不发达国家、非洲国家等应对气候变化，并在 2014 年宣布从 2015 年起把每年的资金支持翻一番。2015 年 9 月，习近平主席在纽约联合国总部主持南南合作圆桌会时宣布，中国设立南南合作与发展学院。同年，中国政府启动了南南气候合作“十百千”项目，在发展中国家开展 10 个低碳示范区、100 个减缓和适应气候变化项目及 1000 个应对气候变化培训名额的合作项目。截至 2015 年底，国家发展和改革委员会已与 20 个发展中国家签署了 22 个应对气候变化物资赠送谅解备忘录，累计对外赠送发光二极管灯 120 余万支、发光二极管路灯 9000 余套、节能空调 2 万余台、太阳能光伏发电系统 8000 余套。其中，与多米尼克、马尔代夫、汤加、斐济、萨摩亚、安提瓜和巴布达、缅甸、巴基斯坦 8 个国家的谅解备忘录分别由习近平主席和李克强总理见证签署，共举办 11 期应对气候变化与绿色低碳发展培训班[①]。

12.4.5 中国参与极地治理

中国参与北极事务的主体包括科学家和政府。科学家参与北极治理的任务，一是从自然科学和治理需求深入认识北极；二是科学家通过提供技术工具和治理方案来保护好北极；三是科学家将科学发现和科学信息转化为制度方案和政策工具，推动北极的可持续利用。长期以来，中国积极参与了国际北极科学委员会联合大会。话语权与

① 中华人民共和国气候变化第三次国家信息通报 . 2019. https://unfccc.int/documents/197660.

参与治理的领导力相联系，体现在议题的设置、规则和标准的制定，以及对治理状况和其他行为体执行情况的评估方面。从2009~2013年涉南极的相关治理活动看，各国提交给《南极条约》协商国的文件有248份，提交给南极环境保护委员会的有178份，美国、英国和其他极地大国是提交文件较多的国家，中国、日本等侧重于局部性、回应式提案。可靠能力和科技规划能力上，北极国家研究基础更扎实，研究硬件条件好，但近些年中国的实力提升很快（杨剑，2018）。我国已分别在南极、北极开展了大量科研活动，建立了南极“五站一船”平台，开展了数次北极科考。2013年中国正式成为北极理事会观察员国，中国将努力推动北极国家与非北极国家建立相互尊重、相互信任、互利共赢的合作伙伴关系（唐国强，2013）。

12.5 “一带一路”倡议对全球气候治理的贡献

中国积极通过“一带一路”倡议和南南合作加强对气候变化问题的考虑，通过国际合作共同推动绿色低碳转型，参与全球气候治理。中国现有的政策和实践活动内容丰富，而且不断创新，其中的经验和问题成为国内外研究的重要议题。

12.5.1 “一带一路”倡议明确要求绿色低碳发展

“一带一路”倡议是指中国领导人习近平分别在2013年9月和10月先后提出的两项合作倡议：“丝绸之路经济带”和“21世纪海上丝绸之路”。“一带一路”倡议旨在加强中国与沿线国家之间的国际合作，涵盖政策沟通、设施联通、贸易畅通、资金融通、民心相通等多个领域。“一带一路”倡议是推动构建人类命运共同体的重要平台。“一带一路”倡议以古代“丝绸之路”作为历史文化依托，高举和平发展的旗帜，主动搭建与沿线国家的经济合作伙伴关系，共同打造政治互信、经济融合、文化包容的利益共同体、命运共同体和责任共同体，最终推动构建持久和平、普遍安全、共同繁荣、开放包容、清洁美丽的人类命运共同体。“一带一路”倡议已经得到了国际社会的广泛支持和热烈响应，目前已有130多个国家和30多个国际组织同中国签署了“一带一路”合作文件。

“一带一路”倡议把绿色低碳作为基本要求来推动全球生态文明建设，为全球应对气候变化做出贡献（柴麒敏等，2017）。2015年3月国务院授权发布了《推动共建丝绸之路经济带和21世纪海上丝绸之路的愿景与行动》白皮书。作为一个规划性的纲领文献，白皮书明确提出要“在投资贸易中突出生态文明理念，加强生态环境、生物多样性和应对气候变化合作，共建绿色丝绸之路”。建设绿色“丝绸之路”意味着要在“一带一路”建设规划、项目建设的各方面和全过程都体现生态文明和绿色发展的理念。2017年5月14日，在“一带一路”国际合作高峰论坛开幕式上的演讲中，习近平主席指出，中国将与来自全球的合作伙伴一道，把“一带一路”建成和平之路、繁荣之路、开放之路、创新之路、文明之路。其中，在论述“创新之路”的内涵时，习近平（2017）强调：我们要践行绿色发展的新理念，倡导绿色、低碳、循环、可持续的生产生活方式，加强生态环保合作，建设生态文明，共同实现2030年可持续发展目标。

"一带一路"与 2030 可持续发展议程之间存在对接的必要性与可能性，其中的重要理论和政策问题主要体现在内涵、目标和实现路径三个方面，提出可以通过理念、领域和机制三种途径实现对接（朱磊和陈迎，2019）。

12.5.2 "一带一路"沿线主要国家绿色低碳发展现状

"一带一路"沿线主要国家生态环境保护形势严峻，面临着环境基础差、负担人口多、环保能力弱的现状（刘卫东等，2019）。"一带一路"沿线国家多为发展中国家，这些国家大多面临着突出的生态问题和安全挑战，但是因为自身的资金和技术匮乏，难以凭借自身力量实现在发展经济的同时应对环境变化。同时，"一带一路"沿线国家在生态环境保护领域存在发展阶段差异大、合作制度缺失、环境制度壁垒等问题（田颖聪，2017）。海上丝绸之路沿线国家资源丰富、物种繁多，旅游贸易在其经济中占据重要地位。但全球变暖和生态系统的人为破坏对这些国家造成了不利影响，这对构建绿色"一带一路"合作框架不利。丝绸之路经济带中的中亚各国，自然环境脆弱、水资源短缺、环境污染和土地荒漠化严重。中国与这些国家在基础设施建设和资源开采等方面有着密切合作，从而对当地环境承载力形成考验（张建平等，2017）。"一带一路"倡议通过国际合作，互联互通，通过绿色"一带一路"的建设，极大地助益中国与沿线国家共同实现绿色与发展并重的可持续发展之路（张建平等，2017）。

绿色低碳发展是"一带一路"沿线国家实现可持续发展的需求（柴麒敏等，2017；丁金光和张超，2018）。"一带一路"沿线国家能源禀赋相对高碳，未来发展低碳清洁能源面临较大挑战（Ma and Zadek，2019；傅京燕和司秀梅，2017；王志芳，2015）。"一带一路"沿线国家人口规模大，经济发展阶段较低，而且社会经济发展政策的影响较为复杂（姜彤等，2018）。其中，西亚北非以及中亚地区是"一带一路"沿线国家中碳排放形势较为严峻的地区。西亚北非地区是世界主要的产油区，石油化工是传统的支柱产业，对石化行业的依赖导致人均碳排放和单位 GDP 碳排放都居于中高水平。受制于自然条件和技术水平，西亚北非依赖石油资源的格局短期内难以改变。中亚地区虽然人口规模不大，但也是典型的粗放式高耗能发展模式。中亚地区在 2010 年左右迎来了经济高速增长的时期，伴之而来的便是高速增长的碳排放。据统计，2010~2014 年，中亚地区的碳排放量增长 34.22%，单位 GDP 碳排放和人均碳排放分别居于各区域中的第 1 位、第 2 位（田颖聪，2017）。南亚和东南亚地区的人口规模和密度都很大，而且工业化水平还处于较低阶段，未来排放压力较大，而且受气候变化影响时脆弱性较高。南亚由于人口众多，碳排放总量较大，目前总体水平已经接近西亚北非地区，并且增长速度（16.49%）远高于西亚北非地区，单位 GDP 碳排放（0.84kg/ 美元）也处于相对高位。因此，在可预期的未来，南亚将成为"一带一路"碳排增长量最大区域之一（田颖聪，2017）。东南亚也面临类似的局面，预计未来排放还有较大增长。只有中东欧地区已经完成工业化进程，没有以资源开发和重化工为主导，因此碳排放水平相对较低，增速也相对缓慢。

"一带一路"沿线国家总体上还处于经济增长与资源消耗和污染物排放的挂钩阶段，处于绿色低碳转型的关键时期（傅京燕和司秀梅，2017）。"一带一路"沿线国家处于人均能源消费量随人均 GDP 增长而降低、人均二氧化碳排放量随人均 GDP 的增长而增长的阶段（邬娜等，2018）。不过，从“一带一路”沿线国家人均二氧化碳排放量与人均 GDP 的脱钩情况来看，整体上“一带一路”沿线国家正从负脱钩向脱钩逐步转变，且目前平均水平应在弱脱钩阶段（邬娜等，2018）。从 1980~2016 年的碳排放情况看，许多沿线国家经济增长、能源消费、固定资本形成以及城市化等因素都是推动排放增长的重要驱动力量，但是贸易开发程度与之呈负相关关系（Rauf et al.，2018）。近年来，“一带一路”沿线国家的碳排放增长显著。在考察期的 5 年中，“一带一路”沿线国家的二氧化碳排放总量占全球的 53.9%，5 年总增长率为 23.1%，远高于全球 13.1% 的平均增速。虽然人均排放量略低于全球平均水平，但“一带一路”沿线国家的平均单位 GDP 碳排放量比全球平均水平高 50%。

“一带一路”沿线国家在经济发展和生态环境保护的目标之间面临明显的矛盾（田颖聪，2017）。在 2016 年 4 月《巴黎协定》的签署仪式上，“一带一路”沿线国家中有超过 10 个国家没有签署，其中中亚五国，西亚地区如沙特阿拉伯、也门、伊拉克、叙利亚、约旦、科威特等重要产油国没有参与《巴黎协定》的签署。

12.5.3 中国的绿色海外投资政策

中国政府高度重视绿色发展在“一带一路”建设过程中的重要意义，提出要将其建设为“绿色之路”（丁金光和张超，2018）。习近平主席特别强调：“我国企业走出去既要重视投资利益，更要赢得好名声、好口碑，遵守驻在国法律，承担更多社会责任。”“要规范企业投资经营行为，合法合规经营，注意保护环境，履行社会责任，成为共建‘一带一路’的形象大使。”在 2015 年 3 月发布的《推动共建丝绸之路经济带和 21 世纪海上丝绸之路的愿景与行动》文件中，中国政府提出要建设绿色“一带一路”，并且专门发布了《关于推进绿色“一带一路”建设的指导意见》。2017 年 5 月，环境保护部发布了《“一带一路”生态环境保护合作规划》（简称《规划》），为中国当前和今后一段时期推进“一带一路”生态环保合作工作明确了“行动方案”。在 2017 年 5 月召开的“一带一路”国际合作高峰论坛上，习近平主席又提出“设立生态环保大数据服务平台，倡议建立‘一带一路’绿色发展国际联盟”。2018 年 11 月，中英两国有关机构共同发布了《“一带一路”绿色投资原则》。该原则在现有的“责任投资倡议”的基础上，将低碳和可持续发展议题纳入“一带一路”倡议，以提升投资环境和社会风险管理水平，推动“一带一路”投资的绿色化。习近平在 2019 年 4 月召开的第二届“一带一路”国际合作高峰论坛上再次强调“绿色丝绸之路”的重要性：“把绿色作为底色，推动绿色基础设施建设、绿色投资、绿色金融，保护好我们赖以生存的共同家园”。

12.5.4 “一带一路”倡议绿色化的现状和争议

西方学者和媒体批评中国通过“一带一路”框架下的产能合作对外输出污染（Alkon et al.，2019；Zhang et al.，2017），但是需要看到的是，中国企业投资为沿线发展中国家建设了许多燃煤电厂，为这些国家摆脱能源短缺危机提供了重要帮助。而且，满足发展中国家的合理能源需要也正是联合国 2030 年可持续发展目标的一项重要内容。根据《巴黎协定》，“一带一路”多数沿线发展中国家并没有强制约束碳排放的承诺和责任。“一带一路”沿线国家经济社会发展需要必要的能源供给保障，当前化石能源仍是这些国家保障能源安全的重要依托，相应地导致碳排放增加。OECD 国家对此有所异议。因为 OECD 为了应对气候变化促进减排，在 2015 年设置了对外援建和运营燃煤电站的能效和排放标准。因此，中国在“一带一路”投资中遵循哪种标准是需要慎重把握的。

与一些西方媒体报道的中国只把清洁能源项目留在国内的情况相反，中国并没有仅仅是把高排放的化石能源项目推向海外，而是通过南南合作推动低碳发展（柴麒敏等，2017；祁悦等，2017）。根据美国约翰斯 · 霍普金斯大学学者的统计，2000~2015 年，中国在非洲的投资大部分都是投资于可再生能源产业，其中 100 亿美元投资于水电，大约 15 亿美元投资于太阳能、风电和地热能发电；只有 22 亿美元投资于煤电，以及 19 亿美元投资于燃气发电。这意味着在电力产业，中国对非洲各国政府在非化石能源项目上的投资其实要远远多于化石能源项目（Brautigam，2018）。

目前的研究认为，“一带一路”对沿线国家能源效率趋同问题的影响是正面的（Qi et al.，2019；Han L et al.，2018）。其中，贸易一体化和区域合作会促进能源效率改善，基于 89 个国家在 2000~2014 年存在的能源效率趋同情况，发现“一带一路”对能效趋同会有正面作用，而不大可能产生环境破坏效果。有研究采用数据包络分析法（DEA）计算了“一带一路”沿线 60 个国家 1995~2015 年的全要素能源效率，发现“一带一路”沿线全要素能源效率呈上升趋势（除 2009 年和 2010 年期间受全球金融危机影响外），而且明显存在收敛的趋势。其中，低全要素能源效率的“一带一路”国家正在追赶高全要素能源效率的国家，全要素能源效率增长率越大，追赶越明显；而且高收入“一带一路”国家和东欧、西亚国家全要素能源效率收敛速度较快。不过研究也指出，创新能力不足和研发吸收能力薄弱可能会减缓“一带一路”国家特别是低收入国家的能效收敛速度（Qi et al.，2019）。

气候环境领域的非绿色因素或将成为“一带一路”倡议建设中的重大挑战和风险。有模型预测，“一带一路”沿线 17 个重点国家的碳排放在全球总排放中的占比将从 2015 年 14% 上升到 2050 年的 44%，届时这些国家的排放量将远超《巴黎协定》规定的目标温控水平（Ma and Zadek，2019）。考虑到未来几十年“一带一路”国家在全球温室气体排放中的“贡献”比例将会大幅增加，该报告认为：“从前瞻性角度来看，目前最大的气候风险和机遇在于我们能否支撑一个超过 120 国家组成的集团走上低碳发展道路。”在“一带一路”建设中，中国和沿线国家都必须从顶层设计的角度预估到跨境经济合作对生态环境造成的压力，提前准备好相应的政策应对措施，缓解生态环境可能带来的负面影响，使“一带一路”最终服务于构建共同繁荣的可持续发展的命运共同体。绿色“一带一路”应分别针对“带”与“路”提出有针对性的解决方案。海上丝绸之路沿线国家资源丰富、物种繁多，旅游贸易在其经济中占据重要地位。但全球变暖和生态系统的人为破坏对这些国家造成了不利影响，这对构建绿色“一带一路”合作框架不利（刘卫东等，2019）。丝绸之路经济带中的中亚各国，自然环境脆弱、水资源短缺、环境污染和土地荒漠化严重。中国与这些国家在基础设施建设和资源开采等方面有着密切合作，从而对当地环境承载力形成考验（张建平等，2017）。

12.6 后巴黎进程中的气候治理展望

在《巴黎协定》达成后，中国明确表示要坚持环境友好，引导应对气候变化国际合作；实施积极应对气候变化国家战略，推动和引导建立公平合理、合作共赢的全球气候治理体系，彰显负责任大国形象，推动构建人类命运共同体（习近平，2019）。

12.6.1 后巴黎进程中的关注要素

2016~2018 年开展的《巴黎协定》实施细则谈判虽然覆盖了国家自主贡献、减缓、适应、资金、技术、能力建设、透明度、全球盘点、遵约等《巴黎协定》的所有领域，但从各领域谈判进程和产出的具体内容看，无论是国家自主贡献信息报告与核算导则、适应信息通报导则、资金支持报告方法学，还是透明度模式程序和指南、全球盘点导则、促进履行和遵约机制模式和程序，其核心是信息透明度和履约规则。

透明度规则是全球治理中建立互信和敦促履约的必要手段。透明度制度化与国际协议的履约责任具有强关联性。通过确立透明度原则实现对缔约方履约的约束被视为可以完成国际制度一整套机制流程的基础条件（Gupta，2010；Grant and Keohane，2005）。《巴黎协定》采用了行动力度由各国自主决定的国家自主贡献模式，各国的减缓、适应、提供支持等目标力度本身及其是否实现并不是缔约方在《巴黎协定》下的义务，这与《京都议定书》"自上而下"为缔约方设定量化减排承诺目标不同（高翔，2016a，2016b）。相应地，《巴黎协定》的促进履行和遵约机制也无法像《京都议定书》一样对未实现量化减排承诺的缔约方进行法律问责（Voigt，2016；秦天宝，2016），对于缔约方履行实质性义务的进展只能是基于透明度程序性义务的政治性问责（Kong，2015）。因此，强化透明度成为确保《巴黎协定》体系有效的基础和关键（Winkler et al.，2017；Bodansky，2016）。

各国在过去二十余年的履约实践中已经适用了透明度和遵约规则，但发展中国家实施《巴黎协定》需要强化的规则来指导。《联合国气候变化框架公约》第 12 条明确规定了各缔约方需承担履约信息报告的义务，第 4 条第 2 款规定附件一缔约方提交的信息需接受审评。在过去二十余年间，透明度规则已经发生了明显演变，主要表现在发达国家相应规则比发展中国家更加细致，更新和强化频率比发展中国家高，发达国家和发展中国家的透明度规则呈对称趋同的演变趋势；但相比发达国家，发展中国家在制度能力、技术能力和国际经验三方面都有较大欠缺（高翔和滕飞，2014）。强化透明度在《巴黎协定》谈判过程中就已经成为主要国家的政治共识，气候谈判主要缔约方均对透明度原则持接纳态度，改变了以往在此问题上的对立态势（董亮，2018b）。2018 年底达成了《巴黎协定》实施细则，尤其是国家自主贡献信息导则、核算导则，适应信息通报导则，透明度模式、程序与指南，全球盘点模式，以及促进遵约模式与程序等规则，为各国尤其是发展中国家履约提供了明确和强化的指导。

12.6.2　后巴黎进程的核心问题

《巴黎协定》确立了可量化的全球行动目标，但国别目标与全球目标之间未建立起强制性量化联系。《巴黎协定》明确提出了可量化的集体行动目标，即“把全球平均气温升幅控制在工业化前水平以上 2℃以内，并努力将气温升幅限制在工业化前水平以上 1.5℃以内”，尽管不是直接的全球温室气体排放控制目标，但是 IPCC 已经在控制全球温室气体排放和实现温升控制目标之间建立起了典型排放路径关系（傅莎等，2014），这使得国际社会可以量化预期和评判《巴黎协定》目标是否实现，从而其成为评估这一条约有效性的重要维度。这一量化目标需要所有缔约方履行减缓气候变化的实质性义务来实现。然而，《巴黎协定》确立的缔约方“自下而上”承担义务模式，无法将全球量化目标分解落实到各个国家，其为全球目标能否实现带来了不确定性（高翔，2016a，2016b；柴麒敏等，2018a，2018b）。

提高应对气候变化的力度应该有三个维度，分别是行动目标的力度、落实行动的力度，以及为行动提供资源保障，尤其是为发展中国家提供资金、技术、能力建设支持的力度。当前的研究主要集中在对行动目标的力度方面，而忽略了对后两者的研究和报道。

当前各国行动目标之和与全球行动需求之间存在差距。全球 2℃温升目标能否实现取决于能否将其落实为各国具体减排目标（王利宁和陈文颖，2015a，2015b）。巴黎气候大会前后，各国依据自身国情，提交和批准了国家自主贡献，针对 2020 年后减缓和适应气候变化做出承诺。但是，目前已有多个研究结果表明，目前全球汇总的国家自主贡献与实现全球 2℃温升目标下的排放路径仍存在差距（一致性高、证据确凿）（潘勋章和王海林，2018；IEA，2015；Fawcett et al.，2015；Boyd et al.，2015）。联合国环境规划署指出，2030 年排放的温室气体较实现 2℃温升（>66% 概率）的目标情景将多排放 11~13.5Gt CO_2 eq（UNEP，2016）；按照国家自主贡献的减排力度，2100 年全球温升将达到 2.6~3.1℃（Rogelj et al.，2016）。荷兰环境评估署（PBL）分析了 25 个国家 / 地区国家自主贡献情景与现有政策情景的差距，发现仅有 9 个国家 / 地区在现有政策情景下可以实现国家自主贡献目标（PBL，2017）。2019 年 12 月，欧盟委员会发布《欧洲绿色新政》，明确到 2050 年欧盟经济社会全面绿色发展的增长战略。近期，欧盟再次表示新冠肺炎疫情之后欧洲将继续遵循绿色发展道路。应该看到《欧洲绿色新政》设立的 2050 年欧盟温室气体实现“净零排放”和经济增长与资源消耗脱钩两大目标对于欧盟乃至全球低碳转型的积极意义。

落实《巴黎协定》还需强化向发展中国家提供支持的机制和措施。研究表明，为实现全球 2℃目标，发展中国家每年需要 3000 亿 ~10000 亿美元的资金支持。根据历史排放量等指标核算，美国应是最大的资金来源国，但美国退出《巴黎协定》后终止履行出资义务会影响其他发达国家出资的意愿和力度，使《巴黎协定》下到 2025 年前发达国家每年负责筹集 1000 亿美元资助发展中国家减缓和适应气候变化的目标难以实现，也使小岛屿国家、最不发达国家及非洲国家应对气候变化的影响和损失面临更大困难。目前，虽然有全球环境基金（GEF）、绿色气候基金（GCF）等融资机制，但资金规模有限，延缓了应对气候变化的相关行动（王文涛等，2018）。在损失损害方面，

《巴黎协定》锁定了《联合国气候变化框架公约》下的华沙损失损害国际机制，并基本确定了一个各国通过可持续发展和国际合作共同解决损失损害问题的框架，但是《巴黎协定》仍然没有解决很多技术性问题和缔约方之间关键性和实质性的分歧（陈敏鹏等，2016）。

全球盘点机制不具有约束力，提高行动力度仍需各国自主决定。早在《巴黎协定》的谈判过程中，各国决策者和学术界就已经确认“自下而上”模式难以保证全球集体行动目标得以满足，因此《巴黎协定》建立了全球盘点机制，旨在通过定期盘点集体行动进展，敦促各国提高行动力度。全球盘点将对各国已经提出的目标、已经采取的行动及其效果、已经获得的经验与好的做法等进行集体评议，总结集体经验。一方面，盘点识别出的行动力度不足，将为各国提高行动力度带来压力和敦促；另一方面，盘点识别出好的做法，也将为各国提高行动力度带来动力与方向。然而，全球盘点的结果如何应用到各国提高国家自主贡献力度上，国际社会还没有形成共识，但是普遍的认识是全球盘点不可能形成具有约束力的效果，迫使任何一个国家提高行动力度。因此，提高行动力度仍需要各国自行决策，也需要主要国家带头做出表率。

从当前的学术研究看，虽然学者们普遍认同当前的全球气候治理，但也存在许多问题，尤其是国际气候变化法体系下的气候治理缺乏减排和适应行动，资金、技术和能力建设支持力度，对于提高力度的解决方案还停留在强化国别减排目标上，忽视了技术进步对提高减排目标的基础性，忽视了技术应用的成本，尤其是资源禀赋、工业化和城镇化阶段、基础设施、人力资源等造成的技术应用成本差异性，致使科学评估得出的情景结论有时候缺乏实际操作性或有失公允，难以被政策决策所接受。这是学界研究需要强化的方面。

但是，2019 年 12 月欧盟公布绿色新政，明确 2050 年实现温室气体中和的目标，并在近几个月采取了措施进行落实。2020 年 7 月欧盟决定投入 1.82 万亿欧元绿色复兴资金到气候变化和绿色发展中。美国众议院气候变化危机委员会 2020 年 6 月发布了美国 2050 年碳中和报告。可以看出，一些国家和地区已经在实施实现 1.5℃温升目标的措施和行动。特别是欧盟的相关措施实施进展，有可能会改变国际合作格局，使其走向更加积极合作的方面（姜克隽和冯升波，2020）。

2020 年习近平主席在联大发言中提出，中国将提高国家自主贡献力度，采取更加有力的政策和措施，二氧化碳排放力争于 2030 年前达到峰值，争取在 2060 年前实现碳中和。全球主要国家和地区中欧盟和中国走在了减排目标的前列。欧盟和中国的目标使得全球 1.5℃温升目标的实现有了很大的可能性。欧盟已经实施了具体的短期行动计划，在能源系统、工业氢基生产、先进交通技术（氢动力飞机等）等方面已经有了具体的策略和研发计划。我国在这个目标公布后也会推出相应的政策。

欧盟和中国的目标有可能改变了国际合作和谈判格局，由于实现碳中和目标需要新的技术和产业转型，这将更多是技术竞争和经济竞争，主要国家将从新的角度去看待未来的减排。零碳技术的迅猛发展已经对国际技术和产业格局产生了影响。在应对气候变化大的方向上，社会经济、技术、国际地缘政治都会出现变化，国际合作需要全新的战略和策略。

12.6.3　主要大国对后巴黎进程的作用

《巴黎协定》在最大程度上尊重了国家主权，反映了科学与政治的平衡、激励与约束的平衡，得到了全球各国的认同，全球所有国家都已经签署或批准《巴黎协定》，但美国宣布退出《巴黎协定》又给全球带来不确定性。为实现《巴黎协定》确立的全球目标，主要国家发挥积极引领作用更加必要。

美国退出《巴黎协定》将使全球原本已经不足的集体减排和资金支持力度进一步出现赤字。按照美国国家自主贡献，其 2025 年排放量将比 2005 年降低 26%~28%，减排量约为 12 亿 t CO_2 eq（苏鑫和滕飞，2019），美国如果完全不减排，相当于全球减排缺口又增加了 10%。考虑到各个州、城市的积极气候治理政策以及非政府组织的作用，现有政策情景下 2025 年美国的温室气体排放会在 2005 年的基础上下降 12%~19%（The America's Pledge Initiative on Climate Change，2019；Kuramochi et al.，2017），到 2030 年降低 24%（The America's Pledge Initiative on Climate Change，2019），缩小一部分减排缺口。但总的来说，考虑到美国退出《巴黎协定》和一系列后续政策及碳汇发展趋势的影响，2030 年美国的排放会达到 57.9 亿 t CO_2 eq 左右，额外增加 8.8%~13.4% 的全球减排赤字（傅莎等，2017）。近年来，美国向发展中国家提供的应对气候变化资金占到发达国家提供资金支持总数的 12%（Standing Committee on Finance，2016；U.S. Department of State，2016），美国不再履行向发展中国家提供资金支持的义务，这将对发展中国家履约和全球应对气候变化造成困难。在美国退出的自身效应、资金效应、对伞形国家的政治效应、对发展中国家的政治效应的影响下，2030 年全球温室气体净排放量将分别上升 20 亿 t CO_2 eq、10 亿 t CO_2 eq、10 亿 t CO_2 eq 和 19 亿 t CO_2 eq，与之对应，2015~2100 年累积排放量分别上升 2469 亿 t CO_2 eq、1453 亿 t CO_2 eq、1020 亿 t CO_2 eq 和 2702 亿 t CO_2 eq，这将极大地增加全球气候变化的风险（苏鑫和滕飞，2019）。

欧盟在后巴黎进程中有可能发挥更大的领导力。欧盟在《巴黎协定》签署的过程中扮演了重要角色。作为国际气候政治中的领导者，欧盟运用主场优势，通过提升政治意愿与完善谈判管理，实现了巴黎大会的预期目标（董亮，2018c；刘宏松和解单，2019）。面对美国宣布退出《巴黎协定》，欧盟立刻进行了坚决回应，强调《巴黎协定》不容重新谈判，欧盟会继续全面落实其承诺并发挥领导作用。欧盟在美国退约背景下高调积极推动全球气候治理，其主要的战略考量仍然是立足于全球低碳转型潮流，试图确保欧盟在低碳经济时代的战略优势，主导和塑造全球气候治理的巴黎进程，并积极回应欧洲民众对气候变化问题的高度关切，在欧洲复杂的内外安全形势下继续推动欧洲一体化向前发展（李慧明，2018a）。欧盟在 2019 年 12 月发布了《欧洲绿色新政》，明确提出 2050 年温室气体中和的目标。在新冠肺炎疫情后积极推动全球进行“绿色复苏”，反映了欧盟重新领导全球绿色低碳发展的意愿和行动。然而，欧盟在未来气候治理中的领导力还面临局限性和不确定性，包括欧盟自身政策过于激进，欧盟内部成员国之间矛盾和博弈形成的结构性缺陷，英国“脱欧”对欧盟气候政策的影响，美国退出《巴黎协定》给全球气候治理格局带来的变局，中美欧能否形成合作领导关系等（董亮，2018c；傅聪，2019；巩潇泫和贺之杲，2016；李庆，2019；刘宏松和解单，2019；康晓，2019；塞巴斯蒂安·哈尼施等，2019）。

中国等其他主要参与方也应发挥更加积极的引领作用，才能推动全球气候治理目标的实现。由于《巴黎协定》制度本身的不足，以及美国退出《巴黎协定》后全球气候治理体系面临领导力缺口，国际社会希望中国与欧盟等主要参与方一道承担更大的责任，发挥更加积极的作用。中国表示将深入参与和引领全球治理，推动气候变化《巴黎协定》生效落实（王毅，2019），但推进“巴黎气候进程”，中国不会急于求成，而是有限担当，顺势作为（一致性中等、证据中等）（苏鑫和滕飞，2019；周亚敏和王金波，2018；庄贵阳等，2018；潘家华，2017）。在这种情况下，中国首先应以构建人类命运共同体作为全球气候治理的理念和话语基础。其次要寻求具有气候协同效应的、符合中美共同利益的领域继续保持和美国的合作，如加强在能效、天然气、洁净化石能源使用等方面的合作。最后，还应持续加强与欧盟、基础四国、七十七国集团、二十国集团等的沟通、交流和协作。同时，中国也应积极利用“一带一路”、南南合作、C5（中国、欧盟、印度、巴西、南非）、金砖国家等中国可以发起和引领的战略平台，传播、推广和输出应对气候变化的理念、技术、产业、标准，推动务实合作（一致性高、证据确凿）（薄燕，2018；何彬，2018；李慧明，2018b；赵行姝，2018；傅莎等，2017；刘哲等，2017；张海滨等，2017）。

中国签署了《巴黎协定》，因此《巴黎协定》的目标也将是中国未来的减排目标。需要在国内和国际合作中逐步落实。我国公布的2060年之前碳中和的目标和《巴黎协定》中的1.5℃温升目标相一致。

中国为推动《巴黎协定》的达成和生效做出了积极的贡献（一致性高、证据确凿）（孔锋，2019；徐崇利，2018；Gao，2018；薄燕和高翔，2017；高云，2017；李慧明，2017；解振华，2017；刘振民，2016；安树民和张世秋，2016；张中祥，2016；庄贵阳和周伟铎，2016），也通过积极落实、保质保量实现所做出的2020年减缓承诺引领着全球气候治理的进程，甚至超过了欧盟等国家的贡献（一致性中等、证据中等）（吕江，2019；Engels，2018；He，2018），但在后巴黎进程中如何发挥参与者、贡献者和引领者的作用，学界尚有不同认识。一些研究认为，中国应当更加积极承担减排义务，在促进国内经济和能源转型、技术发展的同时，树立负责任大国的形象，并维护多边机制、推动双边合作，为全球提供更多的公共产品，包括填补美国退出《巴黎协定》所产生的空缺（一致性中等、证据确凿）（冯帅，2019；康美美和赵文武，2019；Liu et al.，2019；华炜，2018；李慧明，2018b；罗丽香和高志宏，2018；邹晓龙和崔悦，2018；Shrivastava and Persson，2018；Yu，2018）；也有研究认为，中国需充分发挥自己的软硬实力，确保对“根据不同的国情”这一新“规范”做出的解释公平合理，以防给自己造成过大的减排压力（徐崇利，2018）；还有研究认为，中国目前在领导全球气候治理方面既存在战略准备不充分，无法取代美国的地位（涂明辉，2019；Trombetta，2019），也存在能力不足，如与适应相关的监测和评估方法同发达国家相比还有很大差距（刘硕等，2019）、对气候变化与国际贸易和技术转让等方面的研究和政策实践尚不健全等（吕江，2019），因此应当积极有为，但要量力而行。

从当前的学术研究看，虽然学者们普遍认为中国应当在全球气候治理中发挥更大的作用，但中国是不是有能力发挥引领作用，中国希望在哪些方面、以何种形式发挥引领作用，尚缺乏足够的分析。

欧盟的 2050 年温室气体中和目标，以及中国 2060 年之前碳中和目标，会改变国际合作格局。以往谈判中推诿强调责任的做法，可能会被经济竞争带来的驱动力而改变，形成竞相积极发展新的技术、新的产业，推进深度减排的格局。但是，实现碳中和又会带来新的地缘政治问题，碳中和目标下，化石能源需求明显下降，使传统石油供应带来的国际地缘政治问题发生了变革，中国和其他国家需要针对这样的变革制定新的国际合作战略。

参考文献

安树民，张世秋 . 2016.《巴黎协定》下中国气候治理的挑战与应对策略 . 环境保护，(22): 43-48.

白卫国，庄贵阳，朱守先 . 2013. 中国城市温室气体清单研究进展与展望 . 中国人口 · 资源与环境，23 (1): 63-68.

薄燕 . 2016a.《巴黎协定》坚持的“共区原则”与全球气候治理机制的变迁 . 气候变化研究进展，12 (3): 243-250.

薄燕 . 2016b. 中美在全球气候变化治理中的合作与分歧 . 上海交通大学学报（哲学社会科学版），24 (1): 17-27.

薄燕 . 2018. 全球气候治理中的中美欧三边关系：新变化与连续性 . 区域与全球发展，(2): 79-93.

薄燕，高翔 . 2017. 中国与全球气候治理机制的变迁 . 上海：上海人民出版社 .

曹德军 . 2017. 中国外交转型与全球公共物品供给 . 中国发展观察，(5): 34.

柴麒敏，樊星，徐华清 . 2018a. 百分之百承担全球气候治理义务的论述与建议 . 中国发展观察，(1): 28-31.

柴麒敏，傅莎，祁悦，等 . 2018b. 应对气候变化国家自主贡献的实施、更新与衔接 . 中国发展观察，190 (10): 27-31.

柴麒敏，祁悦，傅莎 . 2017. 推动“一带一路”沿线国家共建低碳共同体 . 中国发展观察，(Z2): 35-40.

巢清尘，胡婷，张雪艳，等 . 2018. 气候变化科学评估与政治决策 . 阅江学刊，(1): 28-45.

巢清尘，刘昌义，袁佳双 . 2014a. 气候变化影响和适应认知的演进及对气候政策的影响 . 气候变化研究进展，10 (3): 167-174.

巢清尘，张永香，高翔，等 . 2016. 巴黎协定——全球气候治理的新起点 . 气候变化研究进展，12 (1): 61-67.

巢清尘，周波涛，孙颖，等 . 2014b. IPCC 气候变化自然科学认知的发展 . 气候变化研究进展，10(1): 7-13.

陈敏鹏，张宇丞，李波，等 . 2016.《巴黎协定》适应和损失损害内容的解读和对策 . 气候变化研究进展，12 (3): 251-257.

陈素权 . 2010. 二十国集团在全球治理结构中的角色分析 . 东南亚纵横，(10): 91-95.

陈晓婷，陈迎 . 2018. 从科学和政策视角看碳预算对全球气候治理的作用 . 气候变化研究进展，14(5):

632-639.
陈迎，刘哲 . 2013. 应对全球气候变化B计划引发的思考 . 科学与社会，(2)：34-44.
程翠云，翁智雄，葛察忠，等 . 2017. 绿色丝绸之路建设思路与重点任务——《"一带一路"生态环保合作规划》解读 . 环境保护，(18)：53-56.
崔绍忠 . 2011. 论二十国集团作为气候外交平台的优势与挑战 . 创新，(6)：16-19.
崔学勤，王克，邹骥 . 2016. 2℃和 1.5℃目标对中国国家自主贡献和长期排放路径的影响 . 中国人口 · 资源与环境，26 (12)：1-7.
丁金光，张超 . 2018. "一带一路"建设与国际气候治理 . 现代国际关系，(9)：53-59.
董亮，张海滨 . 2014. IPCC 如何影响国际气候谈判——一种基于认知共同体理论的分析 . 世界经济与政治，(8)：64-83.
董亮 . 2017a. 跨国气候伙伴关系治理及其对中国的启示 . 中国人口 · 资源与环境，(27)：127.
董亮 . 2017b. 科学认知、制度设计与国际气候评估改革 . 中国地质大学学报 (社会科学版)，17 (3)：12-21.
董亮 . 2017c. G20 参与全球气候治理的动力、议程与影响 . 东北亚论坛，26 (2)：59-70.
董亮 . 2018a. 全球气候治理中的科学与政治互动 . 北京：世界知识出版社 .
董亮 . 2018b. 透明度原则的制度化及其影响：以全球气候治理为例 . 外交评论，(4)：106-131.
董亮 . 2018c. 欧盟在巴黎气候进程中的领导力：局限性与不确定性 . 欧洲研究，(3)：74-92.
杜祥琬 . 2015. 以低碳发展促进生态文明建设的战略思考 . 环境保护，(24)：17-22.
二十国集团 . 2016. 二十国集团领导人杭州峰会公报 . 中国经济周刊，(36)：98-105.
冯帅 . 2019. 美国气候政策之调整：本质、影响与中国应对——以特朗普时期为中心 . 中国科技论坛，(2)：179-188.
傅聪 . 2019. 欧盟气候能源政治的新发展与新挑战 . 当代世界，3：42-47.
傅京燕，司秀梅 . 2017. "一带一路"沿线国家碳排放驱动因素、减排贡献与潜力 . 热带地理，37 (1)：1-9.
傅莎，柴麒敏，徐华清 . 2017. 美国宣布退出《巴黎协定》后全球气候减缓、资金和治理差距分析 . 气候变化研究进展，13 (5)：415-427.
傅莎，邹骥，张晓华，等 . 2014. IPCC 第五次评估报告历史排放趋势和未来减缓情景相关核心结论解读分析 . 气候变化研究进展，10 (5)：323-330.
高帆 . 2018. APEC 在国际关系中的作用与贡献——基于政治与经济视角 . 时代金融，702 (20)：27-28，34.
高翔 . 2016a.《巴黎协定》与国际减缓气候变化合作模式的变迁 . 气候变化研究进展，12 (2)：83-91.
高翔 . 2016b. 中国应对气候变化南南合作进展与展望 . 上海交通大学学报 (哲学社会科学版)，24(1)：38-49.
高翔，高云 . 2018. 全球气候治理规则体系基于科学和实践的演进 // 谢伏瞻，刘雅鸣 . 应对气候变化报告 (2018)——聚首卡托维兹 . 北京：社会科学文献出版社：128-141.
高翔，滕飞 . 2014. 联合国气候变化框架公约下"三可"规则现状与展望 . 中国能源，36 (2)：28-31.
高翔，王文涛，戴彦德 . 2012. 气候公约外多边机制对气候公约的影响 . 世界经济与政治，(4)：59-71.
高行 . 2016. TPP 黯然，中国会"主导"亚太区域经济合作吗？中国外资，(23)：32-33.
高云 . 2017. 巴黎气候变化大会后中国的气候变化应对形势 . 气候变化研究进展，13 (1)：89-94.

宫占奎，于晓燕 . 2014. APEC 演进轨迹与中国的角色定位 . 改革，(11)：5-16.
巩潇泫 . 2018. G20 在全球气候治理中的表现分析 . 东岳论丛，291 (9)：149-157.
巩潇泫，贺之杲 . 2016. 欧盟行为体角色的比较分析——以哥本哈根与巴黎气候会议为例 . 德国研究，(4)：17-29.
关孔文，房乐宪 . 2017. 中欧气候变化伙伴关系的现状及前景 . 现代国际关系，(12)：49-56.
郭树勇 . 2016. 二十国集团的兴起与国际社会的分野 . 当代世界与社会主义，(4)：10-16.
何彬 . 2018. 美国退出《巴黎协定》的利益考量与政策冲击——基于扩展利益基础解释模型的分析 . 东北亚论坛，27 (2)：104-115.
何建坤 . 2016. 全球气候治理新机制与中国经济的低碳转型 . 武汉大学学报 (哲学社会科学版)，69 (4)：5-12.
何建坤 . 2018.《巴黎协定》后全球气候治理的形势与中国的引领作用 . 中国环境管理，10 (1)：9-14.
何霄嘉，郑大玮，许吟龙 . 2017. 中国适应气候变化科技进展与新需求 . 全球科技经济瞭望，(2)：58-65.
贺鉴，王璐 . 2018. 中国参与全球经济治理：从“被治理”、被动参与到积极重塑 . 中国海洋大学学报 (社会科学版)，(3)：80-86.
贺文萍 . 2018.“中非命运共同体”与中国特色大国外交 . 新华月报，(16)：88-94.
华炜 . 2018. 全球气候公共治理双重困境、发展动向与中国应对建议 . 环境保护，(13)：75-79.
姜克隽 . 2018. IPCC1.5℃特别报告发布，温室气体减排新时代的标志 . 气候变化研究进展，14 (6)：640-642.
姜彤，王艳君，袁佳双，等 . 2018.“一带一路”沿线国家 2020—2060 年人口经济发展情景预测 . 气候变化研究进展，14 (2)：155-164.
康美美，赵文武 . 2019.《巴黎协定》实施细则：卡托维兹气候变化大会介评 . 生态学报，39 (12)：4587-4591.
康晓 . 2019. 全球气候治理与欧盟领导力的演变 . 当代世界，(12)：57-63.
孔锋 . 2019. 新时代国家发展战略下中国应对气候变化的透视 . 北京师范大学学报 (自然科学版)，55 (3)：389-394.
雷丹婧，高翔，王灿 . 2018. 中美两国全球气候治理行动模式的对比分析 . 中国能源，40 (2)：27-31.
李东燕 . 2016. G20 与联合国全球议题的积极互动及中国的贡献 . 当代世界，(10)：26-29.
李慧明 . 2015. 全球气候治理制度碎片化时代的国际领导及中国的战略选择 . 当代亚太，(4)：128-156.
李慧明 . 2016.《巴黎协定》与全球气候治理体系的转型 . 国际展望，6 (2)：1-20.
李慧明 . 2017. 全球气候治理新变化与中国的气候外交 . 南京工业大学学报 (社会科学版)，(1)：29-39.
李慧明 . 2018a. 特朗普政府“去气候化”行动背景下欧盟的气候政策分析 . 欧洲研究，36 (5)：43-60.
李慧明 . 2018b. 构建人类命运共同体背景下的全球气候治理新形势及中国的战略选择 . 国际关系研究，34 (4)：5-22，154-155.
李俊峰，柴麒敏 . 2017.《巴黎协定》生效的意义 . 世界环境，(1)：16-18.
李庆 . 2019. 领导力类型视角下的欧盟多层气候治理体系研究——以德国和英国为例 . 德国研究，(2)：49-68.
李昕蕾 . 2017. 全球气候治理领导权格局的变迁与中国的战略选择 . 山东大学学报 (哲学社会科学版)，(1)：68-78.

李昕蕾．2018. 治理嵌构：全球气候治理机制复合体的演进逻辑．欧洲研究，(2)：91-116.
刘宏松，解单．2019. 再论欧盟在全球气候治理中的领导力．国际关系研究，(4)：94-116.
刘硕，李玉娥，秦晓波，等．2019.《巴黎协定》实施细则适应议题焦点解析及后续中国应对措施．气候变化研究进展，15(4)：436-444.
刘卫东，等．2019. 共建绿色丝绸之路：资源环境基础与社会经济背景．北京：商务印书馆．
刘雪莲，晏娇．2016. 中国参与全球气候治理面临的挑战及应对．社会科学战线，(9)：171-177.
刘燕春子．2017. G20：气候分歧中显现贸易共识．中国金融家，(7)：114-116.
刘元玲．2016. 巴黎气候大会后的中美气候合作．国际展望，(2)：40-58.
刘元玲．2018. 新形势下的全球气候治理与中国的角色．当代世界，(4)：50-53.
刘哲，冯相昭，田春秀．2017. 美国退出《巴黎协定》对全球应对气候变化的影响．世界环境，(3)：46-47.
刘振民．2016. 全球气候治理中的中国贡献．求是，(7)：56-58.
罗丽香，高志宏．2018. 美国退出《巴黎协定》的影响及中国应对研究．江苏社会科学，(5)：184-193.
吕江．2016.《巴黎协定》：新的制度安排、不确定性及中国选择．国际观察，(3)：92-104.
吕江．2019. 卡托维兹一揽子计划：美国之后的气候安排、法律挑战与中国应对．东北亚论坛，28(5)：64-80.
马翠梅，王田．2017. 国家温室气体清单编制工作机制研究及建议．中国能源，(4)：20-24.
潘家华．2012. "地球工程" 作为减缓气候变化手段的几个关键问题．中国人口·资源与环境，(5)：22-26.
潘家华．2017. 负面冲击正向效应——美国总统特朗普宣布退出《巴黎协定》的影响分析．中国科学院院刊，(9)：1014-1021.
潘家华，张莹．2018. 中国应对气候变化的战略进程与角色转型：从防范 "黑天鹅" 灾害到迎战 "灰犀牛" 风险．中国人口·资源与环境，28(10)：1-8.
潘勋章，王海林．2018. 巴黎协定下主要国家自主减排力度评估和比较．中国人口·资源与环境，28(9)：8-15.
彭斯震，何霄嘉，张九天，等．2015. 中国适应气候变化政策现状、问题和建议．中国人口·资源与环境，25(9)：1-7.
彭斯震，张九天．2012. 中国 2020 年碳减排目标下若干关键经济指标研究．中国人口·资源与环境，22(5)：27-31.
祁悦，樊星，杨晋希，等．2017. "一带一路" 沿线国家开展国际气候合作的展望与建议．中国经贸导刊(理论版)，(17)：40-43.
秦天宝．2016. 论《巴黎协定》中 "自下而上" 机制及启示．国际法研究，(3)：64-76.
塞巴斯蒂安·哈尼施，玛蒂娜·维特罗夫索娃，于芳．2019. 论欧盟的气候治理责任．欧洲研究，220(6)：6，48-65.
盛斌，高疆．2018. 中国与全球经济治理：从规则接受者到规则参与者．南开学报(哲学社会科学版)，265(5)：23-32.
宋亦明，于宏源．2018. 全球气候治理的中美合作领导结构：源起、搁浅与重铸．国际关系研究，32(2)：139-154，160.
苏格．2019. 2018：世界变局与中国外交．当代世界，(1)：4-9.
苏鑫，滕飞．2019. 美国退出《巴黎协定》对全球温室气体排放的影响．气候变化研究进展，15(1)：

74-83.
孙超 . 2018. 中非合作论坛是南南合作典范——访南非驻华大使多拉娜 · 姆西曼 . 中国发展观察，（18）：31-34，39.
孙永平，胡雷 . 2017. 全球气候治理模式的重构与中国行动策略 . 南京社会科学，（6）：29-37.
汤伟 . 2017. 迈向完整的国际领导：中国参与全球气候治理的角色分析 . 社会科学，（3）：24-32.
唐国强 . 2013. 北极问题与中国的政策 . 国际问题研究，（1）：15-25.
滕飞，朱松丽 . 2015. 谁的估计更准确？评论 *Nature* 发表的中国 CO_2 排放重估的论文 . 科技导报，33（22）：112-116.
田慧芳 . 2014. 中国参与全球气候治理的三重困境 . 东北师大学报（哲学社会科学版），（6）：92-93.
田慧芳 . 2015. 国际气候治理机制的演变趋势与中国责任 . 经济纵横，（12）：99-105.
田颖聪 . 2017. "一带一路" 沿线国家生态环境保护 . 经济研究参考，（15）：104-120.
涂明辉 . 2019. 全球治理的中国力量——以气候治理为例 . 法制与社会，（23）：122-123.
王彬彬，张海滨 . 2017. 全球气候治理 "双过渡" 新阶段及中国的战略选择 . 中国地质大学学报（社会科学版），17（3）：1-11.
王磊 . 2018. 中美在非洲的竞争与合作 . 国际展望，（4）：16-33.
王利宁，陈文颖 . 2015a. 全球 2℃温升目标下各国碳配额的不确定性分析 . 中国人口 · 资源与环境，25（6）：30-36.
王利宁，陈文颖 . 2015b. 不同分配方案下各国碳排放额及公平性评价 . 清华大学学报（自然科学版），55（6）：672-677.
王联合 . 2015. 中美应对气候变化合作：共识、影响与问题 . 国际问题研究，（1）：114-128.
王洛忠，张艺君 . 2016. "一带一路" 视域下环境保护问题的战略定位与治理体系 . 中国环境管理，8（4）：60-64.
王文涛，滕飞，朱松丽，等 . 2018. 中国应对全球气候治理的绿色发展战略新思考 . 中国人口 · 资源与环境，28（7）：1-6.
王艳 . 2018. 中国与亚太经合组织的互动关系研究 . 南京：南京师范大学 .
王毅 . 2014. 应对能源和气候变化挑战：政策导向型研究 . 中国科学院院刊，29（6）：694-695.
王毅 . 2019. 以习近平外交思想为引领，不断开创中国特色大国外交新局面 . 求是，（1）：20-24.
王志芳 . 2015. 中国建设 "一带一路" 面临的气候安全风险 . 国际政治研究，（4）：56-72.
王宗美 . 2020. G20 大阪峰会对于中国经济发展的现实意义 . 中国市场，（2）：18-19.
邬娜，傅泽强，王艳华，等 . 2018. "一带一路" 沿线国家碳排放 EKC 检验及脱钩关系分析 . 环境工程技术学报，8（6）：671-678.
吴绍洪，罗勇，王浩，等 . 2016. 中国气候变化影响与适应：态势和展望 . 科学通报，61（10）：1042-1054.
伍睿 . 2019. 探析 "一带一路" 视域下上海合作组织未来发展路径 . 现代交际，（2）：61.
习近平 . 2017. 携手推进 "一带一路" 建设——在 "一带一路" 国际合作高峰论坛开幕式上的演讲 . 习近平论治国理政（第 2 卷）. 北京：外文出版社 .
习近平 . 2019. 推动我国生态文明建设迈上新台阶 . 求是，（3）：4-19.
项南月，刘宏松 . 2017. 二十国集团合作治理模式的有效性分析 . 世界经济与政治，（6）：122-147.

解振华 . 2017. 应对气候变化挑战，促进绿色低碳发展 . 城市与环境研究，(1)：3-11.
谢来辉 . 2017. 巴黎气候大会的成功与国际气候政治新秩序 . 国外理论动态，(7)：116-127.
徐崇利 . 2018.《巴黎协定》制度变迁的性质与中国的推动作用 . 法制与社会发展，24(6)：198-209.
徐宏 . 2018. 人类命运共同体与国际法 . 国际法研究，27(5)：5-16.
徐新良，王靓，蔡红艳 . 2016.“丝绸之路经济带”沿线主要国家气候变化特征 . 资源科学，38(9)：1742-1752.
许琳，陈迎 . 2013. 全球气候治理与中国的战略选择 . 世界经济与政治，(1)：116-134.
杨飞虎，何源明 . 2016. 全球气候治理发展新趋势及中国战略选择 . 现代经济探讨，(9)：63-67.
杨剑 . 2018. 科学家与全球治理——基于北极事务案例的分析 . 北京：时事出版社 .
于宏源 . 2016.《巴黎协定》、新的全球气候治理与中国的战略选择 . 太平洋学报，(11)：88-96.
张海滨，戴瀚程，赖华夏，等 . 2017. 美国退出《巴黎协定》的原因、影响及中国的对策 . 气候变化研究进展，13(5)：439-447.
张海冰 . 2016. G20 的转型与 2016 年杭州峰会展望 . 国际关系研究，(3)：26-38，153.
张建平，张燕生，陈浩，等 . 2017. 建设绿色“一带一路”的愿景和行动方案研究框架 . 行政管理改革，9(9)：15-22.
张建新，朱汉斌 . 2018. 非洲的能源贫困与中非可再生能源合作 . 国际关系研究，36(6)：45-59，153-154.
张培 . 2018. 上海合作组织：中国“一带一路”倡议的关键战略支点 . 兵团党校学报，(6)：65-67.
张文锋 . 2018. 新时期上海合作组织发展研究 . 财经问题研究，(12)：28-34.
张晓华，高云，祁悦，等 . 2014a. IPCC 第五次评估报告第一工作组主要结论对《联合国气候变化框架公约》进程的影响分析 . 气候变化研究进展，10(1)：14-19.
张晓华，高云，祁悦 . 2014b. IPCC 第五次评估报告第二工作组主要结论对 2015 协议谈判的影响分析 . 气候变化研究进展，10(3)：175-178.
张晓华，祁悦 . 2016.“后巴黎”全球气候治理形势展望与中国的角色 . 中国能源，38(7)：6-10.
张雪艳，何霄嘉，孙傅 . 2015. 中国适应气候变化政策评价 . 中国人口 · 资源与环境，25(9)：8-12.
张永宏 . 2018. 守望相助的中非关系 . 人民论坛，(26)：142-144.
张永香，巢清尘，李婧华，等 . 2018. 气候变化科学评估与全球治理博弈的中国启示 . 科学通报，63(23)：9-15.
张中祥 . 2016. 巴黎协定：中国贡献了什么 . 中国经济报告，75(1)：53-55.
张自楚，郑腊香 . 2016. 中欧在气候变化问题上的合作研究 . 战略决策研究，(4)：68-83.
赵斌 . 2018. 全球气候政治的碎片化：一种制度结构 . 中国地质大学学报（社会科学版），(5)：94-103.
赵瑾 . 2019. G20 大阪峰会的“中国智慧”：合力打造高质量的世界经济 . 旗帜，8(8)：91-92.
赵行姝 . 2016. 透视中美在气候变化问题上的合作 . 现代国际关系，(8)：47-56.
赵行姝 . 2018. 美国对全球气候资金的贡献及其影响因素——基于对外气候援助的案例研究 . 美国研究，32(2)：68-87.
郑季良，王希希，王少芳 . 2019. 科技创新促进节能减排了吗？——基于高耗能产业群的实证研究 . 生态经济，35(2)：72-77.
郑秋红，巢清尘，吴灿，等 . 2020. 气候变化研究的中国知识贡献及其影响局限 . 中国人口 · 资源与环境，(3)：10-18.

郑先武 . 2016.“亚洲安全观”制度建构与“中国经验”. 当代亚太，(2): 4-27，155-156.

周大地，高翔 . 2017. 应对气候变化是改善全球治理的重要内容 . 中国科学院院刊，32（9）: 1026-1027.

周国梅，解然，周军 . 2017. 明确目标，抓住重点，推动“一带一路”绿色发展 . 环境保护，45 (13): 9-12.

周国梅 . 2017. 我们将建设怎样的绿色丝路 ?——绿色“一带一路”建设的内涵、进展与展望 . 中国生态文明，(3): 20-22.

周国梅，周军 . 2018. 绿色“一带一路”建设与落实可持续发展议程如何协同增效 . 中国生态文明，26（4）: 56-58.

周亚敏，王金波 . 2018. 美国重启《巴黎协定》谈判对全球气候治理的影响分析 . 当代世界，(1): 50-53.

周志伟 . 2018. 中拉论坛与中非合作论坛比较研究：基于地区差异性分析 . 拉丁美洲研究，40 (3): 35-54，159.

朱磊，陈迎 . 2019.“一带一路”倡议对接 2030 年可持续发展议程——内涵、目标与路径 . 世界经济与政治，(4): 79-100.

朱世龙 . 2011. 二十国集团与世界经济秩序 . 世界经济与政治论坛，(2): 42-56.

朱松丽，蔡博峰，朱建华，等 . 2018. IPCC 国家温室气体清单指南精细化的主要内容和启示 . 气候变化研究进展，(1): 86-94.

朱松丽，高翔 . 2016. 从哥本哈根到巴黎：国际气候制度的变迁和发展 . 北京：清华大学出版社 .

庄贵阳，薄凡，张靖 . 2018. 中国在全球气候治理中的角色定位与战略选择 . 世界经济与政治，(4): 4-27.

庄贵阳，周伟铎 . 2016. 全球气候治理模式转变及中国的贡献 . 当代世界，(1): 44-47.

邹骥，滕飞，傅莎 . 2014. 减缓气候变化社会经济评价研究的最新进展——对 IPCC 第五次评估报告第三工作组报告的评述 . 气候变化研究进展，10（5）: 313-322.

邹晓龙，崔悦 . 2018. 美国退出《巴黎协定》的原因及影响与中国的应对策略 . 中北大学学报（社会科学版），34（2）: 59-65.

Alimov R. 2018. The Shanghai Cooperation Organisation：Its role and place in the development of Eurasia. Journal of Eurasian Studies，9：114-124.

Alkon M，He X，Paris A，et al. 2019. Water security implications of coal-fired power plants financed through China's Belt and Road Initiative. Energy Policy，132：1101-1109.

Bansard J S，Pattberg P H，Widerberg O. 2016. Cities to the rescue? Assessing the performance of transnational municipal networks in global climate governance. International Environmental Agreements，17（2）：229-246.

Beck S，Mahony M. 2017. The IPCC and the politics of anticipation. Nature Climate Change，7（5）: 311-313.

Bodansky D. 2016. The legal character of the Paris Agreement. Review of European Community & International Environmental Law，25（2）: 142-150.

Boyd R，Cranston-turner J，Ward B. 2015. Intended Nationally Determined Contributions：What are the Implications for Greenhouse Gas Emissions in 2030? London：ESRC Centre for Climate Change Economics and Policy（CCCEP）and the Grantham Research Institute on Climate Change and the

Environment.

Brautigam D. 2018. More Bad Data on Chinese Finance in Africa. China Africa Real Story. http://www.chinaafricarealstory.com/. [2018-12-31].

Du X W. 2016. Responding to global changes as a community of common destiny. Engineering，2（1）：52-54.

Elzena M，Kuramochib T，Hohneb N，et al. 2019. Are the G20 economies making enough progress to meet their NDC targets. Energy Policy，126：238-250.

Engels A. 2018. Understanding how China is championing climate change mitigation. Palgrave Communications，4（1）：1-6.

Fawcett A A，Iyer G C，Clarke L E. 2015. Can Paris pledges avert severe climate change? Science，350（6265）：1168-1169.

Gao X S. 2018. China's evolving image in international climate negotiation from Copenhagen to Paris. China Quarterly of International Strategic Studies，4（2）：213-239.

Gao Y，Gao X，Zhang X. 2017. The 2℃ global temperature target and the evolution of the long-term goal of addressing climate change—From the United Nations framework convention on climate change to the Paris Agreement. Engineering，3（2）：272-278.

Golobokov A S. 2015. Various forms and mechanisms of Chinese-Russian cooperation in the energy sphere and the role of non-governmental structures. Pacific Science Review B：Humanities and Social Sciences，1（1）：45-48.

Grant R，Keohane R. 2005. Accountability and abuses of power in world politics. American Political Science Review，99（1）：29-43.

Gupta A. 2010. Transparency in global environmental governance：A coming of age. Global Environmental Politics，10（3）：1-9.

Han L，Han B，Shi X P，et al.2018. Energy efficiency convergence across countries in the context of China's Belt and Road initiative. Applied Energy，213：112-122.

Han M Y，Yao Q，Liu W，et al. 2018. Tracking embodied carbon flows in the belt and road regions. Journal of Geographical Sciences，28（9）：1263-1274.

He J K. 2018. Situation and measures of China's CO_2 emission mitigation after the Paris Agreement. Frontiers in Energy，12（3）：353-361.

Hermwille L. 2018. Making initiatives resonate：How can non-state initiatives advance national contributions under the UNFCCC. International Environmental Agreements，18（4）：1-20.

IEA. 2015. World Energy Outlook Special Report on Energy and Climate Change. Paris：International Energy Agency.

IPCC. 2013. Climate Change 2013：The Physical Science Basis. Contribution of Working Group I to the fifth assessment report of the Intergovernmental Panel on Climate Change. Cambridge：Cambridge University Press.

IPCC. 2014. Climate Change 2014: Synthesis Report. Contribution of Working Groups I，II and III to the Fifth Assessment Report of the Intergovernmental Panel on Climate Change. Cambridge: Cambridge University Press.

IPCC. 2018. Global Warming of 1.5℃. An IPCC Special Report on the Impacts of Global Warming of 1.5℃

Above Pre-Industrial Levels and Related Global Greenhouse Gas Emission Pathways, in the Context of Strengthening the Global Response to the Threat of Climate Change, Sustainable Development, and Efforts to Eradicate Poverty. Cambridge: Cambridge University Press.

IRENA. 2017. Perspectives for the Energy for the Energy Transition: Investment Needs for a Low-Carbon Energy System. Paris & Bonn: International Renewable Energy Agency.

Keohane R O, Victor D G. 2011. The regime complex for climate change. Perspectives on Politics, 9 (1): 7-23.

Kong X . 2015. Achieving accountability in climate negotiations: Past practices and implications for the post-2020 agreement. Chinese Journal of International Law, 14 (3): 545-565.

Kowarsch M, Jennifer G, Pauline R, et al. 2016. Scientific assessments to facilitate deliberative policy learning. Palgrave Communications, 2: 16092.

Kuramochi T, Höhne N, Sterl S, et al. 2017. States, Cities and Businesses Leading the Way: A First Look at Decentralized Climate Commitments in the US. Jan 2, 2017. Berlin: NewClimate Institute.

Liu L, Wu T, Wan Z . 2019. The EU-China relationship in a new era of global climate governance. Asia Europe Journal, 17 (2): 243-254.

Liu Z, Guan D B, Wei W, et al. 2015. Reduced carbon emission estimates from fossil fuel combustion and cement production in China. Nature, 524 (7565): 335-338.

Ma J, Zadek S. 2019. Decarbonizing the Belt and Road: A Green Finance Roadmap. Beijing: The Tsinghua University Center for Finance and Development.

McBee J D. 2017. Distributive justice in the paris climate agreement: response to Peters et al. Contemporary Readings in Law and Social Justice, 9 (1): 120-131.

Ostrom E. 2012. Nested externalities and polycentric institutions: Must we wait for global solutions to climate change before taking actions at other scales. Economic Theory, 49 (2): 353-369.

Otto F E L, Frame D J, Otto A. 2015. Embracing uncertainty in climate change policy. Nature Climate Change, 5: 917-920.

PBL. 2017. Greenhouse Gas Mitigation Scenarios for Major Emitting Countries: 2017 Update. Hague: PBL Netherlands Environmental Assessment Agency.

Qi S, Peng H, Zhang X, et al. 2019. Is energy efficiency of belt and road Initiative countries catching up or falling behind? Evidence from a panel quantile regression approach. Applied Energy, 253 (1): 113581.1-113581.16.

Rauf A, Liu X, Amin W, et al. 2018. Energy and ecological sustainability: Challenges and panoramas in belt and road initiative countries. Sustainability, 10 (8): 2743.

Rogelj J, Den E M, Höhne N, et al. 2016. Paris Agreement climate proposals need a boost to keep warming well below 2℃. Nature, 543 (7609): 631-639.

Samuelson R D. 2014. The unexpected challenges of using energy intensity as a policy objective: Examining the debate over the APEC energy intensity goal. Energy Policy, 64: 373-381.

Shrivastava P, Persson S. 2018. Silent transformation to 1.5℃—With China's encumbered leading. Current Opinion in Environmental Sustainability, 31: 130-136.

Sikder A, Inekwe J, Bhattacharya M. 2019. Economic output in the era of changing energy-mix for G20 countries: New evidence with trade openness and research and development investment. Applied Energy, 235: 930-938.

Standing Committee on Finance. 2016. 2016 Biennial Assessment and Overview of Climate Finance Flows Report. Bonn: United Nations Framework Convention on Climate Change.

Teker S, Yuksel A H. 2016. G20: On behalf of the rest. Procedia Economics and Finance, 38: 219-223.

The America's Pledge Initiative on Climate Change. 2019. Accelerating America's Pledge: Going All-in to Build a Prosperous, Sustainable Economy for the United States. New York: Bloomberg Philanthropies with University of Maryland Center for Global Sustainability, Rocky Mountain Institute, and World Resources Institute.

Trombetta M J. 2019. Securitization of climate change in China implications for global climate governance. China Quarterly of International Strategies Studies, 5 (1): 97-116.

U.S. Department of State. 2016. Second Biennial Report of the United States of America under the United Nations Framework. Washington DC: U.S. Department of State.

UNEP. 2016. The Emissions Gap Report 2016. Nairobi: United Nations Environment Programme.

Victor D G. 2011. Global Warming Gridlock: Creating More Effective Strategies for Protecting the Planet. Cambridge: Cambridge University Press.

Voigt C. 2016. The compliance and implementation mechanism of the Paris Agreement. Review of European Community & International Environmental Law, 25 (2): 161-173.

Wang X, Shao Q. 2019. Non-linear effects of heterogeneous environmental regulations on green growth in G20 countries: Evidence from panel threshold regression. Science of the Total Environment, 660: 1346-1354.

Wang X , Shao Q , Nathwani J, et al. 2019. Measuring well-being performance of carbon emissions using hybrid measure and meta-frontier techniques: Empirical tests for G20 countries and implications for China. Journal of Cleaner Production, 237: 117758.

Wang Z, He W, Wang B. 2017. Performance and reduction potential of energy and CO_2 emissions among the APEC's members with considering the return to scale. Energy, 138: 552-562.

Winkler H, Mantlana B, Letete T. 2017. Transparency of action and support in the Paris Agreement. Climate Policy, 17 (5-8): 853-872.

Wu T H, Chen Y S, Shang W, et al. 2018. Measuring energy use and CO_2 emission performances for APEC economies. Journal of Cleaner Production, 183: 590-601.

Yao C, Feng K, Hubacek K. 2015. Driving forces of CO_2 emissions in the G20 countries: An index decomposition analysis from 1971 to 2010. Ecological Informatics, 26: 93-100.

Yu H . 2018. The U.S. withdrawal from the Paris Agreement challenges and opportunities for China. China Quarterly of International Strategic Studies, 4 (2): 281-300.

Zhang N, Liu Z, Zheng X, et al. 2017. Carbon footprint of China's belt and road. Science, 357 (6356): 1107.

Zhang Z H, Jones A, Crabbe M J. 2018. Impacts of stratospheric aerosol geo-engineering strategy on Caribbean coral reefs. European Geophysical Union, 10 (4): 523-532.

第 13 章　应对气候变化与可持续发展

主要作者协调人：滕　飞、蔡闻佳
编　　　　审：朱　婧、贺晨旻、朱守先、侯　静
主　要　作　者：翁宇威

执行摘要

积极应对气候变化是实现可持续发展的内在要求和保障，可持续发展则是应对气候变化、降低气候风险的战略选择和动力。《2030 年可持续发展议程》提出包含 17 个维度的可持续发展目标（SDGs）体系，表征着世界各国到 2030 年的可持续发展共识和愿景。应对气候变化与 SGDs 多维目标之间存在着复杂的交互影响。减缓与适应气候变化的行动可能具有实现可持续发展目标的协同效益，但不当的减缓和适应措施也有可能与可持续发展目标相冲突。适应气候行动的关键环节是降低对未来气候变化的脆弱性和暴露度，农业、水资源、陆地生态系统等领域适应技术的创新应用，能够促进应对气候变化与可持续发展的协同推进，有效降低气候变化导致的气候风险、生态风险和社会经济风险。减缓气候行动广泛而多元，来自能源供应侧（煤炭、可再生能源、生物质能、核电）和需求侧（工业、建筑、交通）、土地利用（森林、海洋、畜牧业）等部门的减缓措施，对与可持续发展密切相关的人类健康、水资源、能源安全、生态环境、生物多样性、社会生产和生活、经济与就业等方方面面有着或正或负且不同程度的影响。正确处理应对气候变化与可持续发展之间的关系，需要在统一的框架下评估各项气候适应和减缓措施的综合效益，全面考虑气候行动与 SDGs 目标之间的内在联系，并结合国家社会经济发展和自然资源条件的实际情况以及区域间差异，明确不同阶段的主要矛盾和工作优先级，统筹考虑，协调部署，最大限度地寻求协同增效、避免权衡冲突。我国需要以生态文明思想为指导，立足长远，统筹国内国际大局，在实现建成社会主义现代化强国目标的同时，实现与全球应对气候变化目标、可持续发展目标均相适应的低排放发展路径，为全球应对气候变化和全人类可持续发展提供中国智慧、方案和经验。

13.1 引　　言

本章围绕应对气候变化与可持续发展之间的关系进行评估，评估内容包括以下4个主题：应对气候变化与可持续发展的关系；适应行动与可持续发展；减缓行动与可持续发展；生态文明思想指导下具有气候可恢复性的低排放发展路径。本章的核心基础是应对气候变化与可持续发展领域2012年以来的科学、技术和社会经济文献，且以中国学者研究为主，必要处亦有援引IPCC最新系列报告中的相关内容进行佐证，提供了有关应对气候变化与可持续发展之间的综合性观点。

13.2 应对气候变化与可持续发展的关系

13.2.1 可持续发展目标

可持续发展强调经济、社会和环境三个层面的协调，涵盖内容较广（张晓玲，2018；Zhu et al.，2015）。2015年，联合国可持续发展峰会通过了《2030年可持续发展议程》，意味着全球可持续发展进入了一个全新的机制框架。《2030年可持续发展议程》面向所有发达国家和发展中国家可持续能力的提升，以人为中心，以全球环境安全、经济持续繁荣、社会公正和谐以及提升伙伴关系为宗旨，是到2030年实现全球可持续发展的路线图（Donaires et al.，2019；Fang et al.，2018）。

《2030年可持续发展议程》包括政治宣言、实现可持续发展的17项目标和169项具体目标、执行手段以及后续行动，提倡国家自主贡献，并为各国制定可持续发展战略提供了普适性的目标。其中，目标和具体目标是《2030年可持续发展议程》中的重要内容，涉及无贫穷，零饥饿，良好健康与福祉，优质教育，性别平等，清洁饮水和卫生设施，经济适用的清洁能源，体面工作和经济增长，产业、创新和基础设施，减少不平等，可持续城市和社区、负责任消费和生产，气候行动，水下生物，陆地生物，和平、正义与强大机构，促进目标实现的伙伴关系等诸多方面，实质上明确了全球到2030年的发展愿景（薛澜和翁凌飞，2018）。

SDGs是一个具有多用途评价功能的系统，多项目标之间、目标与指标之间并非独立领域，一项目标可分解为多个指标，同时单个指标也可以适用于多项不同目标的进展评价，指标本身的概念、评价方法和标准、相应的统计数据情况各有差异。就已有研究来看，SDGs存在着逻辑架构和具体应用的问题。从逻辑架构层面上讲，指标未做优先领域的差异区分，实际上实现各个目标的差距和难度是不同的；指标之间存在重复和交叉，一个指标可能对应多个目标和具体目标的评价；指标本身的属性差别很大，既有定量和定性评价的指标，又有难以做评估的指导性、预期性的指标（薛澜和翁凌飞，2018；Schmidt-Traub et al.，2017；Lu et al.，2015；Sachs，2012）。

SDGs综合评估和动态监测全球可持续发展进程，目标是到2030年实现在行星边界（planetary boundary）内多系统、多目标的可持续发展（Steffen et al.，2015），与未来地球计划（Future Earth）的研究对象统一。未来地球计划围绕动态星球、全球可持续发展、可持续性转变这 3 个主题开展研究（Future Earth Interim Secretariat，2013），以地球系统为对象，涉及资源能源安全、经济转型发展、绿色发展、可持续生计等内容，其目标与 SDGs 的 17 项目标是一致的（刘凯和任建兰，2016；吴绍洪等，2015；秦大河，2014）。未来地球计划是面向多学科交叉融合的平台，通过整合现有的多领域研究，积极发挥协同作用，使自然科学和社会科学研究的理论知识、研究手段和研究方法（周天军等，2019；曲建升等，2016）在统一的框架下为可持续发展服务（刘源鑫和赵文武，2013），其是针对全球可持续发展的整体解决方案，也符合《2030 年可持续发展议程》中为人类、地球、繁荣、和平、伙伴关系制定行动计划的根本原则（表 13-1）。

表 13-1　未来地球计划与可持续发展目标的主要内容

分类	未来地球计划（Future Earth）	可持续发展目标（SDGs）
前提	全球环境变化加速，人类发展的可持续性受到挑战	完成千年发展目标未竟事业，到 2030 年实现全球可持续发展愿景
对象	全球环境变化，自然和人文驱动，人类福祉，全球可持续性的理论、手段和方法	无贫穷，零饥饿，良好健康与福祉，优质教育，性别平等，清洁饮水和卫生设施，经济适用的清洁能源，体面工作和经济增长，产业、创新和基础设施，减少不平等，可持续城市和社区，负责任消费和生产，气候行动，水下生物，陆地生物，和平、正义与强大机构，促进目标实现的伙伴关系
目标	解决全球可持续发展的“预测—监测—管制—响应—创新”事项	全球实现行星边界内的可持续发展
方法	学者、政府、企业、出资机构、用户等多利益攸关方的协同研究	区别于单一部门的研究，SDGs 更加强调多部门关联性研究

资料来源：李想，2019；樊杰和蒋子龙，2015。

13.2.2　以往评估进展

SDGs 是在联合国千年发展目标（millennium development goals，MDGs）的基础上提出的，旨在指导 MDGs 到期后全球可持续发展的新目标和新议程（薛澜和翁凌飞，2018；Sachs，2012）。为了动态监测 SDGs 目标和具体目标的落实情况，可持续发展目标各项指标机构间专家组（inter-agency and expert group on sustainable development goals，IAEG-SDGs）制定了一套全球指标框架，用 232 个指标量化评估区域及各国可持续发展目标指数和指示板（Schmidt-Traub et al.，2017）。表 13-2 中总结了一些有关 SDGs 的研究概要，但目前国内关于可持续发展评估的研究还更多地集中在指标本身的应用上（周新等，2018；陈军等，2018）。

表 13-2　一些有关 SDGs 的研究概要

研究方法	研究成果	主要结论
定性分析	Fu et al.，2019	将 SDGs17 个目标分为基本需求、目标需求、治理 3 类，气候变化属于治理层面
综合评估	Nilsson et al.，2016，2018	将 SDGs 的具体目标之间协同和权衡关系的差异分为 7 类
建模分析	Collste et al.，2017	基于系统动力学构建了 iSDG 模型
投入产出分析	Castillo et al.，2019	从部门间投入产出的角度量化权衡与协同关系

从评估应对气候变化与可持续发展二者关系的角度看，IPCC AR5 指出，气候变化与可持续发展存在双向互动关系，气候变化适应和减缓行动是多目标的，很难区分与可持续发展目标之间的作用，二者之间可能存在正向协同效应，也可能存在负向削减影响，适应和减缓气候变化政策关系着可持续发展的路径（高信度）（IPCC，2014；秦大河，2014；陈迎，2014）。IPCC 发布的《IPCC 全球 1.5℃温升特别报告》中进一步分析了温室气体减排和可持续发展目标的关联性，从能源供给、能源消费、土地利用变化等气候减缓的角度，量化与可持续发展目标之间的协同关系（IPCC，2018；Jiang，2018）。

气候变化与可持续发展之间存在复杂的关联关系，从系统性角度考虑，二者之间既存在权衡关系，同时也存在协同关系（Gupta and Arts，2018）。其中，气候适应和气候减缓对可持续发展的影响也存在差异（Dooley and Kartha，2018），如能源系统、城市生态系统与可持续发展之间以协同作用为主，有利于促进应对气候变化（Maes et al.，2019；Nerini et al.，2018），但不合理的气候政策也可能导致气候系统的脆弱性（Irsyad et al.，2018）。就 SDGs 具体指标而言，协同和权衡关系按差异程度大致分为 7 类（Nilsson et al.，2018），基于 IAEG-SDGs 提供的可持续发展目标数据库研究量化关系发现（Pradhan et al.，2017），约有 65% 的具体指标与能源系统相关，约有 85% 的具体指标与 SDG7（经济适用的清洁能源）目标相关，其中呈现协同关系的具体指标多于权衡关系（Nerini et al.，2018）。从可持续发展目标实现的紧迫性，以及政策空白等角度来看，SDG7 和 SDG13（气候行动）是应当被优先考虑的目标（Reyers et al.，2017）。

13.2.3 气候变化与可持续发展的双向影响

气候变化与可持续发展的其他目标之间存在双向的相互影响（高信度）。一方面，气候变化的不利影响将削弱全球实现可持续发展的努力，特别是针对易受气候变化影响的发展中国家和贫困人群，气候变化将使得实现可持续发展目标更具挑战。另一方面，应对气候变化的措施也同可持续发展目标相互影响。适应与减缓气候变化的行动可能具有实现可持续发展目标的协同效益，但一些不当的适应和减缓措施也有可能与可持续发展目标相冲突（高信度）。

在 SDGs 框架下，讨论气候适应与减缓对可持续目标的影响，各个指标的情况不同，但总体评估结果认为气候变化与可持续发展之间是相互协同的（Nash et al.，2020；Akinsemolu，2018；Pradhan et al.，2017；Reyers et al.，2017；Hák et al.，2016）。关于协同关系的量化研究主要包括基于计量分析工具量化气候变化指标与经济社会指标间的关系（Sarkodie et al.，2020；Zhang et al.，2015）、从投入产出效率角度应用建模工具模拟协同效应（Li et al.，2018；Virto，2018），也有学者对节能减排政策的措施与目标协同进行量化分析，且以构建计量模型分析为主（Mao et al.，2019；张国兴等，2017）。

适应和减缓气候变化的各种措施手段与可持续发展的要求一致，这种同源性导致二者之间存在协同效应。已有研究对无贫穷（SDG1）、零饥饿（SDG2）、良好健康与福祉（SDG3）与气候政策的协同效应研究较多，但由于量化指标代表性不强，气候变化对这几个目标评价的信度不高（Zisopoulos et al.，2017；Fitzpatrick and Engels，2016）；经济适用的清洁能源（SDG7）既存在协同作用，也存在权衡作用；气候行动

（SDG13）与 SDGs 的部分目标（SDG7）之间是协同促进的，但也与 SDGs 的其他部分目标（SDG8、SDG9）是反向作用的，即使是对 SDG7 的协同，从全生命周期角度看也存在增加温室气体排放的可能（Nerini et al.，2018）；清洁饮水和卫生设施（SDG6）也存在着不同程度的协同和权衡作用。

《2030 年可持续发展议程》的核心是 SDGs 目标的全面实现，由于 SDGs 本身是一个复杂的系统，指标繁多，且目标间存在着不同的协同和权衡关系，在可持续发展目标实现的紧迫程度、系统影响和政策空白等方面均存在着差异，因此识别 SDGs 目标间的关系，明确各国的优先事项成为当前亟待解决的问题。SDG13 采取紧急行动应对气候变化及其影响这一目标与多个目标的实现相关，从各国的综合评估进展结果来看，当前适应和减缓气候变化的行动仍无法保证《2030 年可持续发展议程》的实现。

SDGs 是世界各国到 2030 年可持续发展的共识和愿景，将可持续发展定量测度为 17 个方面，旨在系统化跟踪 SDGs 的全球进展。可持续发展目标之间相互关联，应对气候变化的适应和减缓行动，对目标实现存在着协同和权衡作用，识别并化解气候变化的权衡作用是促进可持续发展的重要途径。

13.3　适应行动与可持续发展

13.3.1　适应行动的可持续发展影响

采取气候变化适应措施是应对气候变化的一个积极的解决方案。尽管减排增汇是遏制全球气候变化的根本途径，但由于气候系统的巨大惯性，即使人类能够实现将温室气体排放降低到工业革命前的水平，全球气候仍将持续变暖二三百年。人类必须采取措施以最大限度地去适应气候变化，最大限度地减轻气候变化对生态系统和经济社会的不利影响，保障人类社会在气候变化条件下的可持续发展。

以中国和欧盟合作为例，2015 年 6 月发布的《中欧气候变化联合声明》提出，在应对全球气候变化这一人类面临的重大挑战方面，采取气候变化适应措施具有重要作用，该挑战的严重性需要双方为了共同利益、在可持续的经济社会发展框架下建设性地一起努力。双方为了人类长远福祉，有效地推动可持续的资源集约、绿色低碳、气候适应型发展，有力度地应对气候变化行动在本国、本区域和全球层面带来的保障能源安全、促进增长、增加就业、保障健康、推动创新、实现可持续发展等一系列协同效应。

积极适应气候变化是实现可持续发展、推进生态文明建设的内在要求。适应行动的关键环节是降低对未来气候变化的脆弱性和暴露度（翟盘茂等，2019），这样不仅可以在气候变化的大环境下达到“将损失降到最低”的目的，甚至还可以充分利用气候变化带来的某些有利因素，变“负值”为“正值”，来促进经济增长方式的转变和经济社会的可持续发展（许吟隆，2016）。

气候变化是一个长期过程，会对社会和环境产生预见性后果，因此鼓励制定具有前瞻性的政策非常关键。提前预见潜在问题并规避减少实质性危害远比生态系统出现重大危机之后再挽救更有效（赵琪，2015）。政府应尽早地拿出相应政策，制定出一个适应环境变化的可持续发展路径。为了适应气候变化，需要能源部门、生产部门、渔业、林业、卫生部门等多方协作，才能避免严重后果的产生。

应对气候变化技术包括“减缓”和“适应”两个方面，相比较而言，减缓技术措施的经济成本较高，适应技术的应用和推广成本相对较低，见效更快。适应气候变化技术需求包括：喷灌、滴灌等高效节水农业技术，工业水资源节约与循环利用技术，工业与生活废水处理技术，居民生活节水技术，高效防洪技术，农业生物技术，农业育种技术，新型肥料与农作物病虫害防治技术，林业与草原病虫害防治技术，速生丰产林与高效薪炭林技术，湿地、红树林、珊瑚礁等生态系统恢复和重建技术，洪水、干旱、海平面上升、农业灾害等观测与预警技术等。

关于适应气候变化技术分类方式，从气候变化影响过程来看，可以将适应气候变化技术分为气候变化影响发生前、发生过程中、发生后三类；从最终目的来看，适应气候变化技术措施主要分为两个方面：趋利与避害。趋利适应是指以充分利用气候变化带来的有利因素和机遇为主要目标的适应措施；避害适应则是以规避和减轻气候变化不利影响为主要目标的适应措施。根据适应机制，其还可以分为主动适应技术与被动适应技术。主动适应技术是指人类针对气候变化及其带来的影响，主动采取措施应对气候变化，包括目前绝大多数已知的适应技术，适应概念本身就包含“调整人类行为”；被动适应技术是指针对人类未能预测到也未能预先做出反应并采取有效措施的气候变化及其影响，只能在其发生时被动地根据具体情况采取应对措施，如部分针对突发事件的适应技术与措施（李阔等，2016）。

气候变化对我国江河径流和需水过程及需水量产生一定影响。在考虑水资源承载能力及用水总量控制目标时，要考虑未来水资源的变化，特别是在多情景下河川径流均呈减少的地区和时段。同时要重视气候变化对需水和耗水过程的影响，重视气候变化对作物生育期及灌溉需水量、工业冷却用水、生活用水量的影响以及对水资源供需态势的影响（张建云，2018）。

受特殊地理和气候条件影响，我国是一个水资源短缺的国家。在变化环境下，我国北方河流总体上呈现径流减少的趋势，导致北方地区水资源供需矛盾更加突出，部分地区水资源过度开发成为制约经济社会可持续发展的突出瓶颈。但我国当前用水效率与发达国家仍存在一定差距，节水潜力很大。因此，加快推进国家节水行动、全面建设节水型国家，是一项非常必要和及时的适应性措施（张建云，2018）。

针对水资源日益紧缺的严峻形势，大到调整经济产业布局，小到扩大灌溉面积等活动都需量水而行，要实行最严格的节水管理制度，杜绝掠夺性开采地下水资源的行为；旱作农业大力推广微地形就地集雨技术，旱季利用的深层土壤水分不能超出雨季补偿水量；最大限度抑制土壤水分无效蒸发，推广通过适度休闲轮耕和深松耕实现土壤水库的扩蓄增容；城市园林和退耕还林还草应以地方特色耐旱物种为主，严禁过量开采地下水，盲目扩大城市水景（郑大伟，2016）。

13.3.2　适应行动与可持续发展间的协同与权衡关系

IPCC（2014）发布的报告《气候变化 2014：影响、适应和脆弱性》进一步提升了国际社会对适应气候变化和可持续发展的认识水平，主要表现在：适应气候变化的研究视角从自然生态脆弱性转向更为广泛的社会经济脆弱性及人类的响应能力；阐明了气候风险与社会发展的关系，明确了适应在气候灾害风险管理中的积极作用；提出了减少脆弱性和暴露度及增加气候恢复能力的有效适应原则；提出了适应极限的概念，指出这一概念对于适应气候变化的政策含义；提出了保障社会可持续发展的气候恢复能力路径；强调要注重适应与减缓的协同作用和综合效应，指出转型适应是应对气候变化影响的必要选择。该报告认为，气候变化、影响、适应及社会经济过程不再是一个简单的单向线性关系，需要纳入统一的系统框架下予以认识和理解（段居琦等，2014）。

适应行动的可持续发展影响有几个要点：利益相关方的参与；明确的目标和共识；基于不确定性设计未来政策情景，强调政策的可变性和灵活性；注重监测与评估过程对政策改进的重要性。《2030 年可持续发展议程》涉及消除贫困、改善人类福祉、共同应对气候变化等多方面内容，是推动人类可持续发展的行动指南，然而大家对可持续发展目标之间的相互作用、是否存在冲突了解甚少（赵琪，2017）。

对联合国 SDGs 目标之间相互作用的现有相关研究主要采用定性分析方法，且仍局限在少数国家、个别领域。德国波茨坦气候影响研究所通过涉及 200 多个国家、122 个指标的大量数据，分析了不同 SDGs 目标间的协同效应。研究发现，SDGs 目标之间存在一定冲突，但不同目标间的协同效应潜力巨大。例如，负责任消费和生产（SDG12）与其他可持续发展目标之间存在部分冲突，增加消费会导致环境污染和材料消耗，这些具有冲突性的目标需要被识别、管理和解决。但无贫穷（SDG1）及清洁饮水和卫生设施（SDG6）等目标会对良好健康与福祉（SDG3）目标产生积极影响；一个国家在气候行动（SDG13）上取得的成绩越好，其城市越能得到可持续城市和社区（SDG11）的发展（赵琪，2017）。因此，SDGs 目标体系代表了一个全面的、多维度的发展视角，它并非各种目标的集合，而是一个协同的执行系统，需要各个目标相互协调增效才能形成完整体系（赵琪，2017）。

气候变化和生态系统问题纳入国家发展主流，因此在国家、区域乃至国际层面促进应对气候变化与生态系统保护工作的协同就显得十分重要。气候变化不仅影响生态系统自身的结构、功能和稳定性（如气候变化影响物种分布且其生态系统过程、气候要素时空分布模式的改变会增加对自然生态系统及其演替过程的干扰程度等），还使得生态系统服务之间的关系发生了动态变化，如过多强调供给服务、削弱调节及支持服务等。反过来，生态系统对气候变化也有一定的适应和调节能力，并主要通过增加地表植被覆盖度和生产力等途径发挥其减排增汇功能。但是，当气候变化幅度过大、胁迫时间过长或短期干扰过强，超出生态系统本身的调节和修复能力时，生态系统的结构功能和稳定性就会遭到破坏，不再能继续适应和调节气候变化，甚至有可能从“碳汇”演变成“碳源”，这对气候变化的影响不可估量。因此，气候变化和生态系统问题错综复杂地交织在一起，发生相互联系，并产生相互作用，这就决定了应对气候变化和生态系统保护目标既有共性，又有个性，具备协同学的研究基础，契合协同理论的研究对象和方法论，需协同开展应对气候变化和生态系统保护工作（冯相昭等，2018）。

在科技发展路径方面，适应科技工作需要把握适应“趋利避害”的核心要义，发现国民经济发展中与变化了的气候条件不相协调的部分，甄别重大关键问题，进行重点攻关，实现适应科技的重点突破。通过适应科技创新，解决国民经济发展与气候变化不协调的重大问题，降低气候变化导致的气候风险、生态风险和社会经济风险，促进生态系统和国民经济的全面可持续发展，促进绿色低碳经济发展和气候适应型社会转型（何霄嘉等，2017）。

适应行动与可持续发展间的协同发展目标。对于发展中国家而言，适应气候变化是更加迫切的任务，按照UNFCCC的要求，在现有减排框架协议下，发展中国家不承担全球减排责任，但是可以开展自愿减排行动，减缓不能削弱适应气候变化的能力。适应行动与可持续发展协同管理的目标就是实现全球和国家应对气候变化的战略目标。减缓与适应的协同治理有助于实现可持续发展的目标。在此过程中，需要充分考虑到SDGs目标的优先性问题，在不同发展目标发生冲突时需要明确进行政策选择的原则和依据，并进行科学的评估。

适应气候变化特别是极端气候事件是世界可持续发展面临的一项迫切任务。但相对于已具备较高灾害管理能力的发达国家，发展中国家在气候灾害中的暴露度和脆弱性更显著，其适应性建设也更具有现实性和紧迫性。

区域可持续发展能力也是气候减缓和适应建设能力的决定性因素。人力资本（健康、教育）、物质资本（交通、防灾减灾基础设施等）、自然资本（水、土地等）、经济资本和社会资本（文化、社会保障、风险管理机制等）既是国家福利的重要因素，也是影响社会脆弱性的主要因素。一个地区的人均收入和教育程度越高、财政经济体系和社会制度体系越完善、社会公共服务越健全，该地区遭受自然灾害的损失会越低。良好的经济、社会和环境可持续发展，特别是粮食安全、减贫扶贫、教育和医疗均等化、生态环境、城市规划和公共服务、男女平等等特定发展领域，也会降低自然灾害的脆弱性和风险性。

SDGs中的17个目标中有11个目标均直接涉及应对气候变化行动，包括提高粮食安全，保障人人享有能源、水资源以及生态环境供给，呼吁使用清洁能源，建立抗御型城市，提高生产生态和社会的可恢复性及抗灾能力，可持续利用海洋资源，恢复生态系统等内容。但气候政策与SDGs目标并非完全重叠，二者之间存在一定冲突性。例如，沿海地区的发展和人口移入会增加这些地区对海平面上升、洪涝、台风等气候灾害的脆弱性；气候减缓行动可能增加欠发达地区的发展机会损失等（宋蕾，2018）。

从适应气候变化与可持续发展量化视角分析，无论是综合性规划还是专项规划，都应该在规划环评中进行气候变化影响和风险量化评估；从专项规划的覆盖领域来看，工业、农业、畜牧业、林业、能源、水利、交通、城市建设、旅游和自然资源开发等“十个专项”几乎涵盖所有气候变化的脆弱领域，因此特别需要强化气候变化脆弱领域评价，对气候变化的影响和风险进行量化分析，进而开展适应能力的科学决策（陈思宇，2019）。

13.4　减缓行动与可持续发展

13.4.1　能源需求侧管理的措施对可持续发展的影响

能源需求侧管理是指从能源需求方进行系统管理，对能源使用开展节能减排，其是未来能源系统的重要组织形式，对实现可再生能源分布式就地消纳、提升终端能源利用效率等具有重要意义（王成山等，2018）。整体来讲，能源需求侧管理的措施可以极大地减少能源消耗，同时能够在可持续发展方面带来一定的协同效益。本节将能源需求侧管理的措施分为提升能效、改变居民行为两大类进行讨论。

1. 提升能效措施对可持续发展的影响

大量证据表明，提升能效对减少能源使用、保障能源安全供给、减少温室气体排放有显著的正面影响（Dunlop，2019）。对提升能效的研究几乎已经覆盖了所有行业（Cao et al.，2019）。因而，各个国家极其重视通过提升能效来减少能源使用。国际能源署报告的数据显示，2017 年全球对提升能效方法领域的投资达到 2.36×10^3 亿美元，相较 2016 年增加了 3%（IEA，2018）。近些年来，中国的节能降耗成效巨大，能效水平得到显著提升。“十二五”期间单位 GDP 能耗共下降 19.71%，最新数据显示，2018 年单位 GDP 能耗下降到 0.52t ce/ 万元，比上年下降 8.8%（国家统计局，2019）。

现有文献表明，提升能效可以直接减少对能源的使用和消耗，且其优点在于直接减少能源消耗量而无须改变相关用能行为（Oikonomou et al.，2009）。通常情况下，改变能源消耗需要极大限度地改变消费者的能源使用习惯，但是通过提升能效可以直接从消费侧减少对一次能源的使用，减排二氧化碳及其他空气污染物，进而减少与之相关的气候与生态环境影响。Selvakkumaran 和 Limmeechokchai（2013）对能效提升和能源安全的研究表明，随着能效的提升，能源安全可以提高 30% 左右。此外，提升能效带来的环境协同效益也给可持续发展带来正面影响，如减少氮氧化物和硫化物的排放以及对当地环境的影响（Selvakkumaran and Limmeechokchai，2015）。总体来看，提升能效的气候效益和生态环境效益都是毋庸置疑的，有助于实现多维度的 SDGs。目前未有研究指出提升能效在可持续发展方面的负面影响。

提高能源效率是中国减缓气候变化、改善生态环境、实现可持续发展的重要途径之一。目前，中国已在能效提升方面取得了诸多进展，但作为发展中国家，这方面的提升潜力仍然很大。

2. 改变居民行为的减排措施对可持续发展的影响

居民消费部门是中国第二大能源终端消费部门，仅次于工业部门。每年有大约四分之一的能源最终消费来自居民消费。由于家庭直接能源消费和个人消费活动也间接影响着能源消费总量，因此家庭部门是挖掘减排潜力和控制排放总量不可忽视的重要部门（Ding et al.，2017）。由于生活行为的不同，城镇居民和农村居民的消费结构和总量差异明显（Cao et al.，2019）。因此，生活行为方式的改变可以导致能源消耗和使用的变化，鼓励居民在吃穿住行方面采用更加节能的方式，可以大幅度影响居民消费部门的能源使用，从而促进能源使用和用能结构向更加可持续的方向发展，这也与多个可持续发展目标紧密相连。

1）调整食品消费对可持续发展的影响

调整食品消费是指以改变饮食结构、减少食物浪费为主要举措的减排措施。FAO和国际生物多样性组织联合提出了“可持续饮食”（sustainable diets）的概念，即“那些有助于粮食和营养安全，造福于当代和子孙后代健康生活，且环境影响较小的饮食结构”（Burlingame and De Ynini，2012）。随着经济发展和收入水平的提高，中国居民食品消费的碳排放对生态和环境的压力日益增大，与居民食品消费相关的碳排放总量约为3亿t，占中国碳排放总量的20%左右（安玉发等，2014）。《“十三五”控制温室气体排放工作方案》指出，我国要提倡低碳餐饮、推行“光盘行动”、遏制食品浪费，以此助力碳减排。

国外学者较早指出，食品消费不仅与气候变化有关，也与人类健康、水土资源消耗、粮食安全等问题息息相关（Auestad and Fulgoni，2015；Hallström et al.，2015；Reynolds et al.，2014；Heller et al.，2013）。回顾近期国内的相关研究，食品消费的调整同样为应对气候变化、非传染性疾病、环境恶化、自然资源枯竭等多重挑战提供了新的机会，将多个SDGs紧密联系在一起，包括零饥饿（SDG2）、良好健康与福祉（SDG3）、气候行动（SDG13）、水下生物（SDG14）和陆地生物（SDG15）。

A. 调整食品消费对温室气体排放的影响

优化食品消费结构可减少温室气体排放的观点已经得到了学界的普遍认同，即认为优化食品消费结构有助于实现气候行动（SDG13）。不同食物生产供应链的差异使得消费单位质量食物的温室气体排放量差别很大。一般来说，肉类和乳制品的排放量明显高于植物源食品（李明净，2016），因此通过调整食品消费结构来达到减排目的是可能的。

有学者对中国通过调整饮食行为可实现的减排潜力进行了评估，并给出了优化建议（Song，2017；安玉发等，2014；王晓和齐晔，2013）。例如，在满足居民营养膳食参考摄入量的基础上，饮食结构优化能够减少中国成年男性7%~28%的碳排放和成年女性5%~26%的碳排放（Song，2017）。黄葳等（2015）通过生命周期分析与环境投入产出方法发现，不同食物在膳食能量、营养供应和气候变化等方面具有不同的属性特质，为促进食物消费和农业生产过程的减排，建议适当提高蛋类、水产品、禽类和鲜奶的消费比重，减少猪牛羊肉的消费比重。

B. 调整食品消费对人群健康的影响

改变食品消费结构、减少食物浪费对人群健康[良好健康与福祉（SDG3）]的正面影响已经在众多研究中被证实（徐文川，2018；李明净，2016；Tilman and Clark，2014）（高信度）。在全球尺度上，Tilman和Clark（2014）通过对各类食物的生命周期研究进行Meta分析发现，到2050年，改变饮食结构能够减少30%~60%的全球农业温室气体排放，同时能够降低全球16%~41%的Ⅱ型糖尿病发病率、7%~13%的癌症发病率、20%~26% 的心脏病死亡率和 0%~18% 的总死亡率。目前还比较缺乏针对中国的此类量化评估，但有研究指出，尽管饮食结构调整对人群健康的影响还存在诸多不确定因素，但如果中国居民的膳食结构朝着更低碳的方向发展，对人群健康的积极影响是毋庸置疑的（徐文川，2018；李明净，2016）。

C. 调整食品消费对生态环境影响

近年来，调整食品消费对于生态环境的影响也备受重视（林永钦等，2019；Sun L et al.，2018；胡越等，2013），当前研究主要集中在评估调整食品消费对土地资源和水资源的影响方面。例如，胡越等（2013）的研究显示，我国食物浪费总量达到 1.2 亿 t，相当于浪费 2.76 亿亩播种面积、458.9 万 t 化肥以及 316.1 亿 m^3 农业用水；Sun S K（2018）研究发现，2010 年我国在消费环节的粮食浪费量约占粮食总产量的 14.5%，其中植物性粮食浪费占绝大部分，由此造成的水资源损失占全国用水总量的 10% 以上。

因此，减少食物浪费能够在很大程度上缓解国内耕地资源、水资源紧张问题，减少食物浪费也有利于保障我国粮食安全，缓解国内食物价格上涨的压力，其为控制通货膨胀做出一定的贡献（胡越等，2013）。

2）其他居民行为减排措施对可持续发展的影响

居民日常出行方式的改变、穿着的改变、建筑能源消费的减少以及共享经济的出现也对可持续发展有一定的影响。

居民日常出行方式的改变对碳排放的影响主要包括私家车使用减少、机动车碳排放因子降低、电动汽车推广力度加大等。研究显示，若改变北京居民交通出行方式，日常出行交通每年可减排二氧化碳 430 万 t（杨源，2016）。若北京居民人均交通二氧化碳排放量减少 10%，则带来的减排效益将是巨大的。有预测显示，如果中国的居民交通出行方式能够改变，轨道出行方式的比例升高，那么交通产生的二氧化碳排放量可以减少约四分之一，从而减缓气候变化，达到可持续发展的目的（Pan et al.，2018）。

直接改善居民建筑能源消费可以对能源消耗产生巨大影响（贾君君，2018）。具体方式如通过改善城镇居民的电力和热力设施的使用，减少其生产和运输过程中的能源损耗；通过政府补贴引导家用节能减排产品应用，宣传倡导绿色节能的生活方式等（方齐云等，2013）。

共享经济的兴起为居民行为减排提供了另一个可行思路，使得闲置资源的使用增多，减少了资源浪费，从而促进可持续发展。然而，共享经济制度的不完善也间接衍生出了一系列环境问题。例如，共享单车超额投放造成的资源浪费，填埋式回收造成的环境污染等。如果能够解决这些问题，共享经济的推广将会极大程度地减少居民日常行为带来的能源消耗和排放，从而实现节能减排的目的。

13.4.2　能源供应侧的减排措施对可持续发展的影响

1. 优化煤炭利用对可持续发展的影响

煤炭是中国储量、产量以及消费量最大的化石能源资源，同时，煤炭消费也是中国二氧化碳排放的最大来源。2018 年煤炭消费占中国一次能源消费量的比重为 59%

（国家统计局，2019）。众多研究表明，减排措施有助于煤炭的高效清洁利用，降低能源消费中的煤炭消费强度，拓宽中国能源供给的渠道，进而优化煤炭在整个能源消费结构中的作用，其对中国实现多个 SDGs 目标有积极影响，主要体现在改善环境污染[良好健康与福祉（SDG3）]、缓解水资源压力[清洁饮水和卫生设施（SDG6）]和保证能源安全[经济适用的清洁能源（SDG7）]三个方面。

1）优化煤炭利用对提升人类健康效益的影响

众多研究显示，为实现减排目标而实行能源替代、降低煤炭消费总量、提高煤炭利用效率等措施对改善大气污染等环境问题有明显的协同效益，其与提升人类健康显著相关。2010~2018 年，煤炭在中国能源结构中的占比从 69.2% 降至 59.0%，煤炭消费的增长低于能源消费及经济发展的增速（国家统计局，2019）。能源替代使得煤炭消费需求增长减缓，减少了煤炭生产过程中水、甲烷、废弃物的产生，以及煤炭利用过程中温室气体和空气污染物的排放。

众多学者围绕提高煤炭生产利用效率、实现煤炭清洁利用对减少环境污染的影响路径进行了研究，并提出了应对建议，包括减少并改进散煤利用形式（Tang et al.，2017）；提高电煤等煤炭集中消费比重、调整火电结构、提高大通量高效率煤电机组比例、淘汰小容量落后机组、推广末端排放污染控制技术应用（袁家海等，2018；Zhao et al.，2017；Chang et al.，2016）；发展碳捕捉、利用与封存技术（叶云云等，2018；聂立功，2017）；提高煤炭－电力全生命周期的能源转化效率（Yu et al.，2014）；通过可再生能源满足新增电力需求（Yu et al.，2016；Christiaensen and Heltberg，2014）；通过减缓煤炭需求增长、提高煤炭的集中利用程度及利用效率等措施，降低煤炭产生的水、气排放，改善水和空气质量，减少煤炭生产、消费过程中导致的健康损害，使居民健康效益得到提升（Cai et al.，2018；Li et al.，2018；GBD Maps Working Group，2016）。研究显示，不同强度的散煤改造对京津冀地区的居民健康效益改善可以达到 GDP 的 0.38%~0.51%（闫祯等，2019）。

2）优化煤炭利用对水资源的影响

大量研究显示，降低煤炭消费总量、提升煤炭利用效率、改进利用方式有助于减轻水资源污染、缓解水资源压力。煤炭的生产、运输和利用过程往往会对水资源质量产生负面影响，其开采、储运过程中产生的矿井水开采和排放、煤炭的淋滤等因素会对地表水及地下水资源产生破坏，对水资源质量造成负面影响（Chen et al.，2014）。同时，煤炭利用也将产生大量的水需求，主要体现在燃煤发电行业对水资源的需求。

煤电等行业对水资源的需求的改变将影响中国总体的水资源利用效率。2018 年中国直流火电用水量达到 488.3 亿 m^3，占全部工业用水总量的 37.7%①。以京津冀地区为例，在常规情景下，若不进行电力结构调整，到 2030 年该地区总体的基准水压力可能达到 259%~494%，而在减排目标约束情景下，采用低水耗发电技术或通过电力传输满足地区电力需求，节水潜力将达到 2 亿 ~2.5 亿 m^3，从而对区域水压力有一定的缓解作用（Sun L et al.，2018）。

① 水利部.2019. 2018 年中国水资源公报.

另外，由于节水煤电技术的应用与老旧技术的淘汰，2000~2015 年电力系统与水资源之间呈现出逐渐解耦的趋势（Zhou et al.，2018）。通过发展非煤发电技术，如核电、风电、太阳能等，中国减少了 14.46 亿 m^3 的水需求；通过改进冷却技术，水需求减少了 140.07 亿 m^3（Liao et al.，2018）。减排措施使得电力行业发生结构上的变化，风电、太阳能发电等低碳电力的推广应用使得电力更加清洁，虽然这些非水电可再生能源对水资源的需求并非为零，但从对水资源的消耗强度来比较，其对水的直接需求远低于煤电（Yang and Chen，2016；Li et al.，2012），因而促进了电力行业与水资源之间的解耦。

3）优化煤炭利用对能源安全的影响

优化煤炭利用有助于保证长期能源安全，拓宽能源供给来源，促进能源安全供给全覆盖的实现。中国未来的能源需求仍将保持增长态势（郑新业等，2019；马丁等，2017），而煤炭等化石能源的数量有限且分布存在空间差异性，风能、太阳能等可再生能源蕴藏量巨大、在空间上分布广泛，因此可再生能源推广应用措施有助于实现能源的多元供给，进而对能源安全产生积极影响。有研究证明，太阳能发电、风电等可再生能源在煤炭替代中具有实现能源普及、保证能源长期稳定安全的作用（Dong et al.，2019；Zhou et al.，2018；Wang et al.，2014）。但同时也有研究指出，优化煤炭在整个能源结构中的作用难以依靠单一技术来实现（Duan，2017），而且尽管中国有很大的潜力实施“风电代替煤电”，但全面实现能源替代还需要对中国电力部门进行包括电网升级、电源结构优化等更为深入的改革（Zhao et al.，2017；Yu et al.，2016）。

2. 发展可再生能源对可持续发展的影响

以水电、风电和太阳能等为代表的非生物质可再生能源，近年来在中国发展迅速，装机规模不断增长，在一次能源消费中的比重也持续上升。发展可再生能源，可能在经济与就业 [无贫穷（SDG1）]、[体面工作和经济增长（SDG8）]、生态环境 [清洁饮水和卫生设施（SDG6）、水下生物（SDG14）、陆地生物（SDG15）]、能源与气候 [经济适用的清洁能源（SDG7）、气候行动（SDG13）] 等方面对中国的可持续发展产生协同或者冲突的影响。已有较多针对发展可再生能源对中国可持续发展的影响的相关研究。

1）发展可再生能源对经济与就业的影响

对于可再生能源发展是否能够促进中国经济增长，许多研究采用面板数据回归等计量经济学方法，从中国国家、区域以及省级尺度进行了研究。不同研究关于可再生能源发展和经济增长之间因果关系的结论并不一致。一部分研究发现，在中国或省级层面可再生能源发展能够促进经济发展（国家统计局，2019；Bhattacharya et al.，2016；Lin and Moubarak，2014）；另一部分研究则认为，不存在或仅在部分省份存在可再生能源促进经济发展的因果关系（Bao and Xu，2019；Ozcan and Ozturk，2019；Fang，2011）。除了计量经济学方法之外，也有研究应用动态可计算一般均衡模型评估可再生能源发展的经济影响，认为发展可再生能源不会带来显著的宏观经济成本，但会促进上游产业发展（Dai et al.，2016）。

总体而言，以单位发电量所需劳动力数量衡量的可再生能源直接就业系数通常要高于传统化石能源电力技术（Mu et al.，2018；Tang et al.，2017），因此可再生能源发展会带来更多就业，尽管不同可再生能源技术之间的直接就业系数差异很大。此外，风电和太阳能的扩张还会通过供应链带来农业、机械制造、交通、建筑等关联部门的就业增长（Mu et al.，2018；Dai et al.，2016）。然而，由于可再生能源对传统化石能源的替代，化石能源及其相关部门的产出水平和就业水平将呈现下降趋势，因此可再生能源发展的净就业效应在某些情况下可能为负（Mu et al.，2018）。同时，可再生能源发展的就业影响存在分配效应，如具有较高知识和技能水平的劳动力可能获益，而具有较低文化水平的劳动力将会面临更为严峻的失业问题（Cai et al.，2018），进而可能引起收入差距的进一步扩大。

2）发展可再生能源对生态环境的影响

由于风电和太阳能等可再生能源在使用过程中不直接产生空气污染物排放，因此现有研究的共识是用其替代煤电等化石能源，这样能够带来显著的SO_2、NO_x、$PM_{2.5}$等空气污染物排放削减和人群健康改善（Cai et al.，2018；Li et al.，2018）。即使考虑了包括设备制造过程在内的生命周期排放，相比煤电等化石能源，风电和太阳能仍然能够显著改善空气质量（Yu et al.，2017；Fu et al.，2015）。

相比煤电对水资源的消耗，风电、太阳能等可再生能源对水的直接需求几乎可以忽略不计，因此在碳减排压力下，未来可再生能源的发展将对减轻水资源压力有积极作用（Yang and Chen，2016；Li et al.，2012）。另外，风能、太阳能和水电在偏远农村地区替代传统生物质能源，如燃料木、粪便、秸秆和草等，可以使森林破坏和草地退化得以缓解，在这些地区产生显著的生态效益（Kong et al.，2016；Wang et al.，2015）。

但也有研究指出，可再生能源的发展可能对局地生态环境造成一定的负面影响。由于风力和太阳能的时空能量密度相对传统能源较低，风力和太阳能发电厂的建设通常需要大量土地，如集中式光伏发电对土地占用达到6.15hm^2/MW，而煤电仅有0.02~0.05hm^2/MW（张天中等，2017）。风电场的建设和运行对于风机所在地表环境也可能产生影响，抑制所在区域的植被生长以及土壤温度和地表水分的变化，从而增加当地水压力。

3）发展可再生能源对能源与气候的影响

几乎所有关于中国电力部门低碳转型的研究都一致认为可再生能源对中国电力部门脱碳和实现温室气体减排目标具有至关重要的作用（高信度）（Cheng and Yao，2021；Chen et al.，2019；姜克隽等，2009）。风电、太阳能、水电等可再生能源在提供电力的同时，几乎不产生直接碳排放。即便考虑生命周期排放，非生物质可再生能源的碳足迹也很低（Arvesen et al.，2015）。可再生能源的发展使中国能源供给多元化，减少了对煤炭、石油等化石能源的依赖，有利于保障能源安全（Wang et al.，2018；Chalvatzis and Rubel，2015）。在1.5℃情景下，2050年中国可再生能源将占一次能源总量的32%（Jiang et al.，2018）。

也有研究发现，风电场和太阳能光伏电站建设会对局地气候，如气温、风速等产生一定程度的影响（Chang et al.，2020，2016）。对中国西北地区的案例研究发现，大规模风电场周围100m高度风速会下降，夜间地表温度会上升，尤以夏、秋、冬季显著，但其影响幅度远小于年际间的气候波动，也小于城镇化带来的夜间升温（Chang et al.，2016）。尽管中国当前的风电场建设规模对气温、风速等气候的影响尚不显著，但随着风电场的不断兴建和运行，其潜在影响值得进一步关注。

3. 发展生物质能对可持续发展的影响

生物质能源是一种清洁、低碳的可再生能源，其原料种类丰富、分布广泛，利用现代技术可将其转化成替代化石燃料的多种能源产品。根据《生物质能发展“十三五”规划》，2020 年我国生物质能利用量将达到 58000 万 t ce。目前，生物质发电和液体燃料产业已初具规模。2018 年，生物质能年发电量约 900 亿 kW · h，燃料乙醇年产量约 310 万 t；生物质成型燃料、生物质天然气等产业尚处于起步阶段。中国生物质资源丰富，未来大规模能源化利用的潜力巨大。

由于生物质能的商业化生产在中国仍处于发展初期，目前关于该产业的发展对中国实现可持续发展目标的正面或负面影响存在较大的争议。回顾已有研究，生物质能开发利用对中国可持续发展的影响主要体现在经济与就业 [无贫穷（SDG1）、零饥饿（SDG2）、体面工作和经济增长（SDG8）]、生态环境 [清洁饮水和卫生设施（SDG6）、可持续城市和社区（SDG11）、水下生物（SDG14）、陆地生物（SDG15）]、能源与气候 [经济适用的清洁能源（SDG7）、气候行动（SDG13）] 三个方面。由于生物质能的原料来源广泛、能源利用形式多样，且能源转化方式与技术各不相同，加之受到局地自然和人文条件的影响，因此针对不同对象及不同区域的研究往往得出不一样的结论。

1）发展生物质能对经济与就业的影响

总体来看，在现有技术水平下，生物质能开发利用的经济成本较高，经济效益不显著。大部分研究（约 70%）认为，应加大补贴力度并提供相关优惠政策，以促进该产业在中国的发展（Man et al.，2017；Chen，2016；Deng et al.，2012；Wang et al.，2011a）。与其他生物质原料类型（如粮食作物、麻疯树等）相比，秸秆的利用具有比较明确的经济效益（Wang et al.，2018；Clare et al.，2015）。对于先进的生物质转换技术与利用方式，其在未来达到商业化生产规模后的经济效益值得期待。当前研究中对于中国先进沼气生产所能带来的经济效益是明确的（Jin et al.，2017；Liu et al.，2017；Song et al.，2014；Wu et al.，2014）。例如，Wu 等（2014）评估了中国湖北省的“猪－沼气－鱼类”综合系统，肯定了其具有显著的生态经济性（Wu et al.，2014）。

除了产业自身的经济效益外，生物质原料与其他农作物对于土地资源的竞争将对农业部门的生产产生一定冲击，进而影响农产品的市场价格（Weng et al.，2019；Acosta et al.，2016；Koizumi，2013）。中国耕地面积有限、人口众多，以牺牲粮食供应来发展生物质能显然是不合理的。对比以小麦、玉米等粮食作物为原料的一代生物质能源，二代生物质能源以纤维素类物质为原料，对粮食价格的负面影响较小，有利于保障粮食安全（Weng et al.，2019；Koizumi，2013）。

此外，已有研究普遍认为生物质能开发利用能够创造就业岗位，带动社会就业（Auestad and Fulgoni，2015；Hallström et al.，2015；Reynolds et al.，2014；Heller et al.，2013）。例如，家庭沼气的利用可以解放中国农村家庭生产力，尤其是女性劳动力

（Christiaensen and Heltberg，2014；Gosens et al.，2013）。此外，生物质能产业的发展还能带动其他行业的就业。Cai（2014）基于投入产出模型的研究发现，生物质发电技术直接带动的就业岗位数量为 3.222×10^5/万kW，间接就业岗位数量为 5.17×10^3/万kW。

2）发展生物质能对生态环境的影响

全生命周期分析、生态足迹核算、综合指数分析等方法常被用于评估生物质能开发利用的生态环境影响，目前大部分研究结果（60%~70%）显示，中国生物质能开发利用具有积极的生态环境影响。例如，在空气污染物减排方面，秸秆的资源化利用可以减少空气污染物 SO_2、NO_x、$PM_{2.5}$ 的排放（Wang et al.，2018）；废食用油制生物柴油可以减少 $PM_{2.5}$ 的排放（Yang et al.，2017）；农村家庭沼气的使用可以提高室内空气质量（Gosens et al.，2013）。进一步地，这些影响能够减少空气污染对人体的危害，有利于人类健康（Christiaensen and Heltberg，2014；Gosens et al.，2013）。

然而，许多研究（90%以上）发现，生物质原料作物的种植将对中国某些地区的水资源产生一定的负面影响，包括水资源的数量（Yang et al.，2018；Hao et al.，2017；Feng et al.，2016）与质量（富营养化、酸化、生态毒性等）（Yang et al.，2018；Wang et al.，2015）。具体的影响程度与当地自然条件、作物生长特性有关。未来，耐旱能源作物将是支撑中国生物质能大规模发展的重要选择。此外，因地制宜地进行生物质能工厂选址、作物种类选择也是缓解当地水资源压力的关键方法。

3）发展生物质能对能源与气候的影响

绝大多数研究（95%以上）显示，发展生物质能对于中国能源安全问题的缓解和温室气体的减排都具有积极的意义（高信度）。然而，不同研究中对于生物质能的能源供应效率和温室气体减排比例的评估结果具有较大差异。其原因除了方法学的差异外，很大程度上综合地取决于生物质原料类型、种植区域、生产加工技术以及最终能源使用形式的区别。例如，对比中国西南五省种植麻疯树的能源效率及减排潜力，研究发现，广西和云南的减排潜力最大（Liu et al.，2013）；比较基于不同原料作物生产生物柴油的能源、气候和环境综合效益，结论显示，为追求最大综合效益，麻疯树、蓖麻和废油是短期内的首选原料，而藻类是长期的合理选择（Liang et al.，2013）。对中国深度减排路径的情景分析的结果显示，在全球温升2℃和1.5℃的背景下，BECCS是一项关键的负排放技术，其大规模发展对于深度脱碳目标的达成至关重要（Wang et al.，2019；Jiang et al.，2018）。

此外，值得注意的是，生物质原料作物的种植可能引起土地利用的变化，进而影响土壤碳封存量，这部分由土地利用变化引致的间接温室气体排放是不容忽视的。然而，目前中国的研究大多没有考虑这一部分的间接排放，从而可能导致对生物质能减排潜力的估计偏于乐观。

4. 发展核电对可持续发展的影响

核能作为一种清洁、高效的能源，在全世界范围内得到广泛应用。2019年中国核电发电量为3483.5亿kW·h，约占全国总发电量的5%，这个比例低于10.3%的世界平均水平（陈桦，2019），因此中国核电还有较大的上升空间。国家发展和改革委员会能源研究所发布的《中国实现全球 1.5℃目标下的能源排放情景研究》报告指出，要实现 1.5℃温升目标，中国在 2050 年的核电装机容量需达到 5.4 亿 kW，届时核电发电量占比将达到 28%，相比 2020 年增加 10 倍。虽然自福岛核泄漏事故以来，中国出于安全考虑放慢了国内开发核电的进程，但安全高效发展核电仍是我国的一项重要能源政策。

回顾已有的研究，核电发展对中国可持续发展的影响主要体现在人群健康 [良好健康与福祉（SDG3）]、生态环境 [清洁饮水和卫生设施（SDG6）、水下生物（SDG14）]、能源与气候 [经济适用的清洁能源（SDG7）、气候行动（SDG13）] 三个方面。

1）发展核电对人群健康的影响

目前学界对于中国发展核电对人群健康的正面或负面影响尚无统一定论，已有文献往往从以下两个视角切入分析并得出不同的结论。

一部分文献认为，通过发展核电替代传统煤电可以减少常规空气污染物的排放，从而缓解空气污染对公众健康的不利影响，支持良好健康与福祉（SDG3）的实现。例如，Kharecha 和 Hansen（2013）的研究表明，若核能完全取代化石能源，1971~2009 年中国可以避免 4 万人死亡，由核能本身造成的死亡人数（40 人）远低于发展核能可避免的死亡人数。

然而，核事故的发生会对群体健康产生严重的影响，部分国家和地区以及国际组织对重大核事故导致的健康效应开展了研究。由于我国尚无此类事故发生，因此目前缺乏对国内核安全事故的研究。除了核事故以外，发展核电使用的铀矿的采冶和乏燃料的处理也会对人群健康造成不利影响。铀矿采冶过程中产生的大量具有放射性的低品位废石和废渣，经过自然风化、大气降水淋滤等作用形成放射性废水，通过饮用被污染的水或食用被污染水体中的水生物等，放射性核素便会进入人体，对肾脏、大脑、肝脏等器官造成损害（Xing et al.，2017；孙占学等，2014；Brugge and Buchner，2011）。另外，铀矿开采过程中排出大量放射性氡气，会给当地居民的身体健康带来潜在危害。

2）发展核电对生态环境的影响

核能发电几乎没有温室气体产生，也不会产生氮氧化物、硫氧化物等有害气体。且相对于化石燃料来说，核燃料的后处理技术可以实现核能的循环利用，核能是一种可持续发展的能源（陈桦，2019）。然而也有研究显示，铀矿采冶和核设施运行都会对生态环境产生不利影响（高信度）。

铀矿采冶过程中产生的放射性低品位废石和废渣以及废弃铀矿残存的尾矿渣等也会对水质造成一定的影响。周程和赵福祥（2011）对中国某废弃铀矿的放射性元素进行检测发现，该废弃铀矿的水质中放射性 β 元素超标。

核设施运行过程中冷却水排放造成的水热污染问题是核电发展面临的主要污染问题之一。目前我国在运行的核电站都是采取普通水冷却的方式，冷却水排放对周围海域水体造成了严重的热污染问题（Raptis et al.，2017；王韶伟等，2012）。水体热污染导致水温急剧升高，水中溶氧量减少，进一步影响水生生物。大量关于中国核电站实地采样调查的结果表明，核电站造成的周围海水温度上升引发了相关海域的浮游生物群落结构和底栖生物种群的变化（Hao et al.，2012；Wang et al.，2011b）。

3）发展核电对能源与气候的影响

发展核电对中国应对气候变化、解决当前能源供应问题均具有积极的作用。用生命周期分析方法从能源生产燃料循环链进行测算，核电链的温室气体排放系统远低于煤电链。据测算，一个装机容量100万kW的核电站与同等规模的火电厂相比，每年可减少煤炭消耗300万t，减少二氧化碳排放741万t（陈桦，2019）。IPCC在2018年发布的《IPCC全球1.5℃温升特别报告》中指出，大规模发展核电有助于将全球温升控制在1.5℃以下，中值情景下的核电发电量将达到当前的6倍（张焰和伍浩松，2019）。《核电中长期发展规划（2005—2020年）》指出，发展核电对保障中国能源安全具有积极作用。此外，与其他清洁能源相比，核电具有稳定性特点，这更有利于中国实现应对全球气候变化的碳减排目标。

13.4.3 基于土地的减排措施对可持续发展的影响

1. 基于森林的减排措施对可持续发展的影响

由森林砍伐和森林退化所导致的温室气体排放已成为全球变暖的第二大主因，其总量占人为温室气体碳排放总量的15%（van der Werf et al.，2009）。国际社会正积极探索保护森林、实现温室气体减排的措施，包括造林、再造林、REDD+机制（减少森林砍伐和森林退化、保护森林、对森林的可持续经营以及增加森林碳汇）等，这些措施在本书中统一称为“基于森林的减排措施”。受益于长期的大规模植树造林和封山育林，截至2013年底，中国森林覆盖率已达到21.6%，人工造林面积达到6933.38万hm^2，居世界第一位（盛济川等，2015）。2018年，全国完成造林面积707万hm^2，比2000年增长38.5%。在减排的同时协同多个可持续发展目标的实现，是基于森林的减排措施能够在中国长期开展的关键。然而，随着人为干扰的增加，其对经济、社会和生态环境错综复杂的影响也开始突显出不利的一面。

基于森林的减排措施对中国实现可持续发展目标的影响主要体现在以下三个方面：经济与就业[无贫穷（SDG1）、零饥饿（SDG2）、体面工作和经济增长（SDG8）]、生物多样性[陆地生物（SDG15）]、能源与环境[经济适用的清洁能源（SDG7）、气候行动（SDG13）]。

1）基于森林的减排措施对经济与就业的影响

总体来看，基于森林的减排措施对于经济增长具有积极作用，尤其是促进农林业部门的生产。一方面，森林中的野生水果、蔬菜蘑菇等食品能够作为农产品出售，木材的生产能够增加林业部门产出；另一方面，林业管理能通过保护土壤肥力、调节水流量和气候，为传粉者和有益于生态调控的生物提供栖息地，从而促进农业生产（Katila et al.，2017）。

在促进经济产出的同时，基于森林的减排措施还能够创造就业岗位，带动农民就业，提高收入水平。当前中国正处于脱贫攻坚时期，造林和再造林项目能够为农户带来新的增收途径，也为我国推进实施精准扶贫、绿色化反贫困等国家战略提供了新手段（曾维忠等，2018）。研究显示，造林和再造林项目可以增加林区就业量。例如，黑龙江开发清洁发展机制（CDM）造林和再造林项目，在项目建设期提供的直接就业量达到 33.163 万人，间接就业量预计达到 82975 人（黄颖利等，2012）。

2）基于森林的减排措施对生物多样性的影响

大部分研究结果显示，基于森林的减排措施对于维护生物多样性具有积极的影响，但少部分研究对此持有不同观点。一方面，保护森林、增加林木的种类和数量可以恢复和改善退化森林林分的结构，增加野生动植物及微生物群落的栖息地和可利用资源，同时林区管理能够保护濒危物种免遭采伐、偷猎等非法活动，从而达到保护生物多样性的目的（Katila et al.，2017；Lima et al.，2015；雪明等，2013）。

然而，有研究指出，不当的造林行动，包括植物物种选择不当和过度造林等，也会威胁到生物多样性。例如，在减少发展中国家毁林及森林退化排放（REDD+）机制的推动下，部分地区可能采用速生树种营造人工林替代天然林；从而给生物多样性带来负面影响（Katila et al.，2017；雪明等，2013）；广西地区桉树造林和再造林活动引发了杂草种类增加、外来入侵物种取代当地原有优势物种的现象（梁宏温等，2011）。

3）基于森林的减排措施对能源与气候的影响

基于森林的减排措施对减源增汇的积极作用是被绝大多数研究所肯定的；但近年来，部分学者对森林减排措施在能源供应、气候减缓方面的积极影响提出了质疑。

利用森林实现碳减排固然是一种低耗高效的手段，尤其是对于经济较发达的东部地区来说，加大 REDD+ 机制的力度能够实现经济发展和森林碳减排之间的有效平衡（盛济川等，2015）。然而，也有研究指出，林业部门作为生物质能原料的重要来源部门，减少森林砍伐也意味着未来生物质能的大规模生产利用将受到限制，同时森林也会与能源作物一起竞争有限的土地资源，这可能使得 1.5℃温升目标下生物质能的重要作用无法得以发挥，进而影响全球应对气候变化进程的推进（Katila et al.，2017；Bonsch et al.，2016）。

2. 基于海洋的减排措施对可持续发展的影响

基于海洋的减排措施主要包括发展蓝色碳汇和增强风化两种，蓝色碳汇主要包括红树林、海草、盐沼三种形式。目前，中国发展蓝色碳汇主要集中在碳汇渔业方面，并在多省市开展了贝类和藻类的产业化生产。中国拥有宽阔的陆架海域，广阔的浅海滩涂为未来蓝色碳汇的发展提供了坚实的基础。风化是碳循环中一个重要但却非常缓慢的环节，在这个环节中，岩石通过化学分解将 CO_2 锁定在海底的碳酸盐中，增强风化主要是通过增加这种碳汇以抵消人为的碳排放。

发展蓝色碳汇和增强风化对中国可持续发展的影响主要体现在经济与就业 [无贫穷（SDG1）、体面工作和经济增长（SDG8）]、饮食与健康 [零饥饿（SDG2）、良好健康与福祉（SDG3）]、生态环境 [水下生物（SDG14），陆地生物（SDG15），产业、创新和基础设施（SDG9）] 三个方面。

1）基于海洋的减排措施对经济与就业的影响

绝大多数研究显示，海洋减排对于经济和就业具有积极的促进作用。发展蓝色碳汇在为渔民带来显著经济报酬的同时，也通过产业的发展带动了相关就业的增加（邵桂兰和阮文婧，2012）。有研究表明，1999~2008 年，中国海藻养殖对减少大气 CO_2 的贡献相当于造林 500 多万公顷，直接节省造林成本 400 多亿元（许冬兰，2011）；2014 年中国海藻养殖床中海藻的经济价值达到 20 亿美元（Sondak，2017）。此外，红树林和盐沼的建设和发展也推动了当地旅游业的发展，带动了经济的增长。据估算，福建东南部红树林每年带来的海岸保护、养分保留、重金属保留和碳封存四种生态服务的价值达到了 29 万美元（Wang et al.，2018）；2016 年辽河口红海滩旅游收入增长了 15.5%（Lu et al.，2018）。

2）基于海洋的减排措施对饮食与健康的影响

当前研究中，海洋减排对于人类饮食和健康的影响是不明确的。一方面，海藻养殖、渔业的发展可以提供更多的食物，给消费者提供更多的优质蛋白（徐敬俊等，2018）；另一方面，增强风化过程中释放的 Si、P、K 等元素也会增加农作物的产量，保障中国的粮食安全。然而，增强风化过程中释放的 Ni、Cr 等有毒微量元素则有可能进入植物体内，并通过食物链的积累对公众健康造成不利影响。

3）基于海洋的减排措施对生态环境的影响

大部分研究认为，基于海洋的减排措施对于生态环境保护具有正面作用。发展蓝色碳汇和增强风化可以在一定程度上缓解海洋酸化，改善海洋生态环境。例如，红树林可以为幼鱼和成年鱼提供生育环境和食物（Gao et al.，2016），有利于促进海洋资源的可持续发展；强化风化过程中形成的碳酸氢盐可以调节海水和陆地水系统的 pH，从而降低海洋酸化的程度（Taylor et al.，2016；Hartmann et al.，2013）。

然而，也有少量研究表明，红树林的过度增长或过度扩张有可能会增加洪水暴发的风险（Shih et al.，2015），不利于产业、创新和基础设施（SDG9）的实现。

3. 基于畜牧业的减排措施对可持续发展的影响

畜牧业排放占全球人为温室气体排放的 15%，改进畜牧业生产对减缓气候变化至关重要（Wellesley et al.，2015）。目前，实现畜牧业生产可持续集约化是一种关键手段。在中国，随着经济增长和人们饮食结构的转变，对畜牧产品需求的增加推动着大规模集约化畜牧业迅速发展，但温室气体排放增加、畜禽粪便污染加重等问题也日益显现。因此，中国需要在促进畜牧业集约化发展的同时科学管理畜禽粪便，这不仅有利于减少人为温室气体排放，也能促进其他可持续发展目标的实现。

从已有研究来看，基于畜牧业的减缓措施（畜牧业生产改进及粪便管理）对可持续发展的影响主要体现在以下四个方面：社会生产和生活 [零饥饿（SDG2）、体面工作和经济增长（SDG8）、负责任消费和生产（SDG12）]、生态环境 [清洁饮水和卫生设施（SDG6）、陆地生物（SDG15）]、能源与气候 [经济适用的清洁能源（SDG7）、气候行动（SDG13）]，以及健康 [良好健康与福祉（SDG3）]。

1）基于畜牧业的减排措施对社会生产和生活的影响

总体而言，畜牧业的生产改进和粪便管理能够促进粮食系统的可持续发展，促进农村经济的增长，促进消费和生产模式的改变。中国人口基数大、经济增速快，为了满足饮食需求，当前畜牧业生产急剧扩张，特别是单胃动物急剧增加，因此需要大幅改变消费和生产模式（Schader et al.，2015）。许多研究指出，借助畜牧生产集约化能够提高土地生产力、提高奶产量（马林等，2018；Duguma et al.，2014），还能利用作物的产量差异间接提高畜牧业生产效率（Herrero and Thornton，2013），从而促进该部门的可持续发展。同时，在中国的种植系统中更好地利用肥料、堆肥，可以减少病虫害的发生、保证粮食生产、提高农民收入（Chadwick et al.，2015）。

2）基于畜牧业的减排措施对生态环境的影响

目前，基于畜牧业的减排措施对生态环境的影响尚不明确。有文献指出，畜牧系统集约化能够兼顾生产力提高和土地保护（Herrero and Thornton，2013；Herrero et al.，2013）。然而，过去几十年，中国畜牧业的集约化发展导致农牧分离问题严重，畜禽粪尿作为有机肥的还田率仅有 40%~50%，其余部分流失到环境中引起水体污染、温室气体排放增加（马林等，2018；Herrero et al.，2013）。此外，为减少水资源竞争、保护土地生态，畜牧生产的可持续集约化需要考虑饲料、粪便等多方面的改进，在提高生产力的同时改善每单位水资源可以服务的人口数量（Ran et al.，2016）。对于中国而言，需要在种植系统中更好地利用粪便中的营养物质，减少土壤中营养物质向水体的流失，改善水质（Chadwick et al.，2015）。

3）基于畜牧业的减排措施对能源与气候的影响

实施可持续集约化畜牧生产、进行科学的畜禽粪便管理对维护能源安全、减缓气候变化都具有积极作用。中国畜牧业增速快、饲料效率低、禽畜粪便还田率低，导致畜牧业排放强度高。因此，畜牧系统转型能提高土地生产力，进而提高减缓政策的有效性和效率。中国是发展中国家，不同于其他发达国家能推动饮食变化有效减排温室气体，相反，如果畜牧产品消费减少，很有可能出现营养不良的社会问题，因此减缓政策应该从排放源头着手。此外，畜牧业系统转型在减排中的作用大小取决于碳价水平和排放部门（Duguma et al.，2014；Herrero and Thornton，2013）。为了更好地理解影响牲畜系统行为变化的机制，中国可以与其他国家协作，在不同地区同时实行奖励和税收政策的组合（Herrero and Thornton，2013）。

4）基于畜牧业的减排措施对人群健康的影响

基于畜牧业的减排措施很有可能威胁人类健康。中国快速增长的城镇化，使得城市周边的畜牧业集约化对人类健康的不利影响日益突出。许多研究指出，畜牧系统集约化可能增加流感和其他人畜共患疾病暴发的风险及严重程度，尤其是增加发展中国家新病原体暴发的可能性（Herrero and Thornton，2013）。Wei 等（2018）通过分析北京周边的产业发现，城市周边畜牧业生产的快速工业化可能导致人畜共患病传播风险增大。

13.4.4　协同促进减缓气候变化和可持续发展的政策建议

13.4.1~13.4.3 节详细回顾和评估了不同类型的气候减缓措施对中国实现可持续发展目标的影响，汇总的评估结果如图 13-1 所示。可以看到，每一项减缓措施对实现可持续发展目标往往既存在正面的协同作用，也存在负面的权衡关系；且由于技术水平不同、地域间异质性、发展规模差异等不确定因素的存在，影响的正负、程度以及在地域和人群中的分布情况等都会随之改变。在不确定性条件下，如何协调气候减缓措施与诸多可持续发展目标之间的协同与权衡关系，更大限度地实现多目标共赢，成为中国在应对气候变化和实现可持续发展进程中一个亟须回答的重要决策问题。

影响类型	社会影响						环境影响								经济影响					
SDGs影响	1 无贫穷		2 零饥饿		3 良好健康与福祉		6 清洁饮水和卫生设施		12 负责任消费和生产		14 水下生物		15 陆地生物		7 经济适用的清洁能源		8 体面工作和经济增长		11 可持续城市和社区	
能源需求侧的减排																				
提高能效措施						++				+							–	++		+++
改变居民行为				++		++						+		+						++
能源供应侧的减排																				
优化煤炭利用						+++		++								+++				
发展可再生能源	–	+				++	–	++				+	–			+++	–	++		++
发展生物质能			––				––				–			+		++	–	++		+
发展核电					–	+					––					++				
基于土地的减排																				
基于森林的减排		++		+									–	++	–	+		+++		
基于海洋的减排		+			–	+						++		+				++		
基于畜牧业的减排				+	––		–	+		++			–	+		+		++		

图 13-1 减缓措施对中国可持续发展目标的影响

蓝色框“+”表示正面影响，绿色框“–”表示负面影响；符号数量表示影响的程度

基于前文的总结归纳，为了最大限度地发挥气候减缓措施与多个 SDGs 目标之间的协同效益，减少负面影响，本书提出如下政策建议：

在统一的框架下评估各项减排措施的综合效益，全面考虑气候减缓措施与 SDGs 目标之间的关系，以及多个 SDGs 目标之间的内部联系。建立起一致、可比的量化评估体系，避免孤立地讨论单一措施或单方面影响。

明确各项减排措施对于不同 SDGs 目标的影响，包括影响的正负及影响的程度。对于可能出现严重经济、环境或社会风险的减排措施给予特别关注，科学、合理地设计其实施的路径和规模。

结合国家社会经济发展和自然资源条件的实际情况，明确当前气候减缓与可持续发展之间的主要矛盾和工作优先级，从而利用好不同目标之间的协同效益，并对可能出现的目标之间的权衡关系做出合理、必要的取舍。

中国幅员辽阔，区域间社会经济发展和生态环境条件差异大，在部署减缓措施时需要因地制宜，充分考虑当地社会经济和自然条件，明确减排与可持续发展之间可协同的部分，从而制定合理高效的具有区域特色的低碳发展路径。

明确近期与中长期减排的重点工作，灵活处理不同阶段可能面临的潜在问题与风险；在不同阶段开展能源供应侧减排的同时，充分重视能源需求侧管理的作用，采取多元化的气候减缓组合方案，避免过度依赖单一措施而造成不可逆的可持续发

展风险。

13.5　生态文明思想指导下具有气候可恢复性（climate-resilient）的低排放发展路径

13.5.1　生态文明与可持续发展

2015 年 4 月，中共中央、国务院发布的《关于加快推进生态文明建设的意见》明确指出，要以全球视野加快推进生态文明建设，促进全球生态安全。有学者认为我国提出的生态文明理念既是对可持续发展的继承，又是对可持续发展理论的延伸和拓展。一方面，生态文明理论与可持续发展观高度契合，在发展脉络与实施途径上高度统一，都强调绿色经济是实现可持续发展的必由之路，通过绿色、低碳和包容性的经济增长实现可持续发展（高信度）；另一方面，生态文明强调人与人、人与自然关系的和谐，从文明变迁兴亡的角度看待人与生态之间的关系，更强调价值观的塑造与改变，通过思想观念和伦理价值的转变引导发展理念和行为方式的转变，进而促进产业结构、增长方式和消费方式的一系列转变，因而其不仅是发展路径的转型更是发展思想的转型（郇庆治，2020；张永亮等，2015）。

“生态文明”作为中国提出的一项关于生态环境的全面行动议程，具有一系列变革意义的变化，可以充分利用许多机会和政策干预来加快发展，如污染防治攻坚战和蓝天、碧水、净土保卫战，各种能源和环境倡议。促进和加速行动的主要原因包括：现在就需要解决全球环境变化问题，以避免灾难性时刻和未来高昂的成本；利用协同效应和效益的全面改善；向消费者和企业提供更多更好的绿色产品和技术，从而避免锁定高碳的生产和生活方式；利用协同效益降低公共卫生风险；通过实现工业和建筑节能来节约能源；统筹生产、生活、生态三大空间布局，建设人与自然和谐相处、共生共荣的宜居城市；促进生态环境治理体系构建和治理能力的现代化。生态文明的思想正在与经济、金融、技术等方面的因素紧密结合，从而实现生态环境与经济社会的高质量、协同、可持续发展。

13.5.2　可持续发展目标背景下具有气候可恢复性的低碳发展路径

1. 减缓、适应与 SDGs 的协同权衡关系及应对策略

SDGs 体系是一个发展目标体系，涉及经济发展、社会进步和环境保护三大支柱，相互之间密切关联。其中，气候变化作为 SDGs 的 17 个平行目标之一，看似是一个环境问题，实际上是一个发展和公平问题，涉及发展权利、义务分担、生活品质、能源安全、气候安全等诸多方面。因此，气候变化的影响及应对对于平衡社会福祉、经济繁荣、环境保护进而整体实现 SDGs 至关重要（董亮和杨晓华，2018；Heinberg，2018）。

从可持续发展的角度来看，减缓和适应可能同时有助于提高资源利用效率，减少人类对当地和区域生态系统的压力，改善人类健康和福祉（Munasinghe and Swart，2005），因此可以理解为它们之间也存在着一定的协同作用（synergies）（Duguma et al.，2014；Klein et al.，2007；Rosenzweig and Tubiello，2007）。但作为应对气候变化的两个策略选择，减缓和适应与SDGs之间也存在潜在的权衡取舍。Klein等（2007）将减缓与适应的权衡（trade off）定义为“当不可能同时完全开展这两项活动时（如由于财政或其他约束），适应和减缓之间的平衡”。这个定义包括两种完全不同类型的约束。第一种约束是指无法获得支持手段和条件，可能妨碍选定的适应和减缓措施的全面实施。这种约束的例子包括缺乏足够的财力或人力资源、缺乏信息、政治领导不足、法律不相容、体制障碍、物理可行性限制或缺乏社会可接受性（Moser and Ekstrom，2010）。在这一情况下，对减缓措施可能有足够的政治和社会支持，但对拟议的适应措施则可能没有。第二种约束是指对措施引发的不必要结果的担心，可能会妨碍适应和减缓措施的全面实施，如负面的环境后果、不良的社会影响、政治影响、公平问题（如分配或代际影响）等。表13-3和表13-4列出了已知权衡的示例，分别是适应行动可能对减缓目标产生的负面影响，以及减缓措施可能对适应目标产生的负面影响。

表13-3 可能破坏减缓目标的适应措施的例子

适应措施	对减缓目标的潜在负面影响
脱盐，水的再利用，地下水存抽，跨流域调水（若基于化石燃料）	燃料水泵送、储存和调配过程中的能耗增加，温室气体排放量增加
增加空调的使用	季节性能耗增加，温室气体排放量增加（取决于燃料的碳含量）
基础设施的重新安置和涝原的保护	重建而导致的一次性温室气体排放量增加；可能增加与运输有关的排放
建造大型水坝或大型海岸保护结构	增加（一次性）与建筑有关的能源使用和温室气体排放（水泥）
增加氮肥的使用以抵消潜在的产量损失	农业部门的排放量增加

资料来源：Bedsworth and Hanak，2012；Klein et al.，2007。

表13-4 可能破坏适应目标的减缓措施的例子

减缓措施	对适应目标的潜在负面影响
用一些生物燃料替代液体化石燃料	影响生态系统多样性，可能对粮食生产和安全产生负面影响
用非本地和/或高需水物种进行造林或再造林	供水竞争，损害生物多样性，限制生态系统服务价值
快速切换到低或无温室气体排放的能源	较高的能源价格可能会减缓经济发展，并对低收入人群造成不成比例的影响，增加其脆弱性
用低碳燃料代替煤	煤炭开采社区的生计减少，因此脆弱性增加
碳捕获和储存	可能增加对水的使用和竞争
更紧凑的城市设计	城市热岛效应增加，洪泛区增加
水力发电，在炎热干燥的季节利用雨季保留的水库	可能增加泄漏和溃坝的风险，减少水电站坝下游的防洪能力

资料来源：Bedsworth and Hanak，2012；Klein et al.，2007。

在上述背景下，减缓、适应与 SDGs 之间的协同权衡关系主要体现在两个方面。一方面，减缓和适应与 SDGs 的其他多个维度目标之间存在大量的重叠和交互影响，主要体现在减贫、人类健康、空气质量、粮食安全、生物多样性、局地环境质量、能源、水、全球与地区治理等领域。例如，气候变化可能导致的温度升高将进一步影响淡水湖泊和河流的物理、化学和生物学特性，并对许多淡水物种、群落成分和水质产生不利影响；暴雨、洪涝、干旱等极端事件频率和强度的增加，会对经济社会、有形基础设施和水质带来挑战；地下水盐碱化严重的海岸带地区，海平面的上升将进一步加剧水资源的短缺等。通过减缓避免、减轻或延迟一些不利影响，或者通过适应降低暴露度和脆弱性，都有利于产生协同效益，促进 SDGs 目标体系的实现。例如，通过替代能源，减少室内空气污染而降低死亡率和发病率，减轻妇女和儿童的劳动负担，减少对薪柴的不可持续利用和与之相关的毁林。反之，直接增加不利影响或是间接削弱适应能力都会产生不良副作用，放缓迈向可持续发展的步伐将阻碍国家实现 SDGs 的能力。例如，某些减缓措施可能会削弱为促进可持续发展权利以及为实现消除贫困和公平性所采取的行动。另一方面，通过 SDGs 能够减少排放和降低脆弱性，提高适应能力和减缓能力。首先，面向其他 SDGs 的政策与行动能够产生直接或间接地降低敏感性和 / 或受影响程度的效果，从而降低对气候变化的脆弱性。例如，SDGs 对诸如贫困、资源获取不公、空气污染、干旱和水资源短缺、粮食安全困境、生物多样性丧失、生态环境破坏、冲突与疾病、基础设施薄弱等问题逐步改善。其次，SDGs 是应对气候变化减缓与适应能力所扎根的总体背景，其多维目标在动态发展中的不确定性也会对减缓和适应所依赖的实施基础和行动能力造成影响。此外，可持续发展和公平性为评估气候政策奠定基础，并突显了通过减缓和适应应对气候变化的必要性，且 SDGs 虽属政治意愿性文件，不具备国际法的强制约束属性，但其所蕴含的积极政治意愿和影响力有助于推动全球气候协议谈判以及各个层面减缓和适应行动的实施（IPCC，2018；董亮和张海滨，2016）。

基于减缓和适应与 SDGs 之间所存在的协同和权衡关系，寻求以可持续发展（即以实现 SDGs）为目标，考虑可以全面应对气候变化的减缓和适应战略和行动，这些战略和行动同时能够帮助改善生计和公平、加强社会和经济福祉以及有效的环境管理，从而发挥最大的协同共生效益，其是理论上的最优路径选择（高信度）（IPCC，2018；巢清尘，2009）。因此，当下及未来的行动重点应是将减缓和适应与 SDGs 有效联结，在公平、贫困、水、能源、粮食安全、生物多样性、农业、林业、生态系统、治理等气候变化与其他 SDGs 目标交叉重叠最多的领域，实施将减缓、适应与追求其他 SDGs 目标相结合的综合响应战略或方案（诸大建，2016）。

2. 减缓、适应与 SDGs 之间协同增效的机会和工具

在气候减缓、气候适应和实现 SDGs 的各类措施之间，存在很多可以相互结合、协同发展的机会。IPCC AR5 表明，可通过综合响应将减缓、适应及追求可持续发展目标相结合（高信度）（IPCC，2014）。例如，普及能源服务不应该是化石能源，而应该是低碳、零碳能源；欠发达地区的可再生能源替代能减少室内空气污染，降低发病率

和死亡率，减轻妇女和儿童的劳动负担以及毁林。生物能的开发利用能够产生与土地温室气体排放、粮食安全、水资源、生物多样性保护和生计等相关的共生效益。水和粮食安全必须考虑气候变化的影响和适应（Morita and Matsumoto，2018）。在有些区域，具体的生物能源方案，如改进的炉灶、小规模的沼气和生物电力生产可以减少温室气体排放，并改善生计和健康的协同效益。林业部门通过设计和实施与适应措施相配套的减缓方案，如造林、可持续森林管理、减少毁林和森林退化，能够在就业、保护生物多样性、减少流域的径流和水源保护、减少土壤侵蚀、可再生能源和消除贫困方面带来可观的共生效益。农业部门实施耕地管理、牧场管理和恢复有机土壤最具成本效益，还能够产生水土保持、粮食安全等协同效益。工业部门的许多减排方案都具有成本效益、利润而且涉及多种与环境、健康相关的协同效益（IPCC，2018，2014；Morita and Matsumoto，2018）。城市绿化和水的回收利用可减少城市地区的耗能和耗水，使减缓行动产生适应效益及对其他 SDGs 的协同效益。即使是看似直接关联不显著的减贫，也要明确低碳减贫、适应性减贫，因为不考虑气候变化的减贫或将不能持续（巢清尘，2009）。

此外，规划和决策作为工具可以创造或者进一步放大减缓、适应和 SDGs 的协同效应，且多目标整合策略更有助于获取和扩大支持。例如，基于空间规划和高效基础设施供应的减缓策略能够避免高排放模式的锁定。以综合使用进行区划、以交通为导向进行开发、增加密度以及工作家庭同地化，这些做法可以减少各部门的直接和间接能源使用（IPCC，2018，2014）。具有多个驱动因子的适应行动，具有包括基础设施和服务的可及性得到改善、教育和卫生系统得到扩大、灾害损失有所减少、治理结构得到改善等协同效益。例如，减少基本服务的不足、改善住房、建设具有气候可恢复性的基础设施系统，可以显著减少城市居住区和城市本身对沿海洪水、海平面上升和其他气候应力的脆弱性，有利于可持续城市和社区、基础设施等 SDGs 目标的实现。城市空间紧凑型发展和智能高密化发展可保护土地碳储量以及农业和生物能源用地。因此，这些行动可以与寻求经济发展和消除贫困的行动有效结合，一并纳入更广泛的发展计划、部门/行业计划、区域和地方规划中，如水资源规划、海岸带防护和降低灾害风险战略等（潘家华，2014；Roy，2009）。

这样的综合响应战略、规划和方案能够通过优化资源配置、多层次的风险管理、政策和激励措施结合、政府与社区及私营部门互动，以及适当的融资和体制发展而促进、保障和放大减缓、适应与可持续发展的协同效益（Roy，2009）。需要注意的是，减缓、适应与 SDGs 之间协同增效的原理和途径虽然相同，但具体的行动和方案也不能一概而论，必须结合局地实际情况进行科学决策，才能取得预期效果。

13.5.3 实施低排放发展战略，引领全球生态文明建设

党的十九大报告提出我国要“积极参与全球治理体系改革和建设，不断贡献中国智慧和力量”，也特别提到“坚持环境友好，合作应对气候变化，保护好人类赖以生存的地球家园”。应对气候变化是为了全人类共同利益，各国有强烈的合作意愿、广泛的合作空间和利益交汇点，但也存在复杂的矛盾和各国及国家利益集团间的博弈。应对

气候变化领域为我国在全球治理改革和建设中发挥国际领导力提供了舞台，可成为践行新时代构建相互尊重、公平正义、合作共赢的国际关系，打造人类命运共同体的先行端和成功范例。气候变化问题是人类社会面临的最具挑战的国际和代际外部性问题，中国倡导的“人类命运共同体”概念也超越了仅限于一国政策优先领域的常规决策视野，力促国际社会形成相互依存的共同义利观，努力从社会价值角度重塑全球化的伦理基石。

中国在《巴黎协定》达成、签署和生效进程中展现出的国际领导力有目共睹，已成为促进全球气候治理体系变革的重要贡献者和引领者。我国要以构建人类命运共同体的理念为指引，以多方协作、包容互鉴和合作共赢的方式，引领和促进各国独立或合作解决应对气候变化问题，进而实现各国对中国国际领导力的认同，为我国在其他重要国际事务领域发挥影响力和领导力奠定基础。这也是打造实现中国梦必不可少的国际和平稳定秩序的必由之路，是实现维护国家自身利益与世界共同利益相一致的战略选择。

党的十九大提出新时代中国特色社会主义现代化建设目标、基本方略和宏伟蓝图，进一步强调我党为中国人民谋幸福、为中华民族谋复兴的初心和使命，同时也强调始终把为人类做出新的更大贡献作为自己的使命。党的十九大报告把气候变化列为全球重要的非传统安全威胁和人类面临的共同挑战。从当前到 21 世纪中叶是落实联合国气候变化《巴黎协定》、实现全球控制温升不超过 2℃目标的关键时期，我国需要以习近平新时代中国特色社会主义思想为指导，统筹国内国际大局，在实现建成社会主义现代化强国目标的同时，实现与全球应对气候变化减排目标相适应的低碳经济发展路径。积极引领和推动公平正义、合作共赢的全球气候治理体系改革和建设，为全球应对气候变化提供中国智慧和中国方案，为地球生态安全和全人类共同发展做出与我国不断上升的综合实力和国际影响力相称的贡献。不断提升我国在解决全人类面临的共同问题和化解全球性风险领域的影响力、领导力和国家软实力。

《巴黎协定》要求各国 2020 年前提交 2050 年温室气体低排放战略，建议由国家发展和改革委员会牵头，组织力量，认真研究，提出与我国新时代社会主义建设的目标和进程相契合，与我国不同发展阶段国情和能力、国际地位和影响力相称的低排放的积极目标和战略，外树形象和领导力，内促发展和转型。

党的十九大确立了到 2050 年我国建设现代化强国的目标和战略，《巴黎协定》也提出了到 21 世纪下半叶全球实现温室气体净零排放的应对气候变化目标，要把这两个目标放在同一框架内统筹考虑，协调部署。我国当前在坚持新的发展理念、推进生态文明建设、打好污染防治攻坚战等一系列政策措施的实施进程中，在解决近期环境改善问题的同时，要统筹长期低碳化的目标，充分发挥协同效应，取得多方共赢的效果。我国“十三五”规划中实施 GDP 能源强度、二氧化碳强度和能源消费总量控制目标，在当前新增能源消费主要来自非化石能源的新形势下，应逐渐整合为二氧化碳排放总量控制目标，同时结合全国碳排放权交易市场发展，把现行对企业的用能权管理逐渐统一为二氧化碳排放权管理，以控制和减少二氧化碳排放为抓手和着力点，体现促进节能和能源替代的双重目标和效果，并为可再生能源快速发展提供更为灵活的空间和政策激励。

根据新时代社会主义现代化建设两个阶段的目标，以及《巴黎协定》确定的全球温室气体减排目标，统筹国内国际两个大局，研究并制定我国 2035 年和 2050 年温室气体减排目标和低碳发展战略，制定 2035 年前落实并强化《巴黎协定》下自主减排承诺的实施规划和行动计划，研究制定 2050 年低排放总体目标和能源革命与低碳发展的战略措施。

2020~2035 年，基本实现社会主义现代化的第一阶段，我国要实现生态环境根本好转，美丽中国建设目标基本实现，这与我国在《巴黎协定》下提出的 2030 年国家自主减排承诺时间上契合、政策措施相一致。在这一阶段，我国主要立足于国内可持续发展的内在需求，努力发挥资源节约、环境治理、能源安全与碳减排的协同效应，统筹部署，不断强化低碳转型的目标导向，在实现现代化建设第一阶段目标的同时，可争取二氧化碳排放峰值在 2030 年之前早日实现，我国《巴黎协定》下其他各项自主贡献承诺目标也均有望提前和超额实现，这也将为我国 2035 年后第二阶段实施更加紧迫的减排进程奠定基础。

2035~2050 年是我国建成社会主义现代化强国的第二阶段，我国要成为综合国力和国际影响力领先的国家。而在这一阶段，全球温室气体减排进程将更加紧迫，年减排率需达 4% 以上，远超过当前发达国家的减排速度。我国在这一阶段应对气候变化的目标和战略，将不可能主要从可持续发展的协同对策出发，而要更多地考虑实现全球减排目标和路径的需求，为全球生态安全做出与我国综合国力、国际地位和国际影响力相称的更大贡献，体现出我党、国家和人民对全人类共同利益的责任担当和领导作用。从全球 21 世纪中叶后近零排放的目标出发，确立我国 2050 年温室气体排放比峰值年份大幅度下降的减排目标和对策，进一步加快能源革命和经济发展低碳转型的步伐。到 2050 年，我国要基本建成以新能源和可再生能源为主体的新型能源体系，使其成为体现我国综合竞争力和占据先进技术创新制高点的重要领域的同时，走上气候适应型低碳经济发展路径，为全球实现应对气候变化和可持续发展双赢目标贡献中国方案、中国智慧和中国经验，进而引领全球能源变革和经济转型。

参考文献

安玉发，彭科，包娟 . 2014. 居民食品消费碳排放测算及其因素分解研究 . 农业技术经济，(3)：74-82.

巢清尘 . 2009. 气候政策核心要素的演化及多目标的协同 . 气候变化研究进展，5 (3)：151-155.

陈桦 . 2019. 推动清洁能源时代的核能可持续发展 . 中国电力企业管理，559 (10)：36-38.

陈军，任惠茹，耿雯，等 . 2018. 基于地理信息的可持续发展目标（SDGs）量化评估 . 地理信息世界，25 (1)：1-7.

陈思宇 . 2019. 论将适应气候变化的要求纳入建设项目环境影响评价制度 . 重庆理工大学学报（社会科学），33 (4)：27-37.

陈迎 . 2014. 对 IPCC 第五次评估报告中可持续发展与公平相关问题的解读 . 气候变化研究进展，10

（5）：348-354.
董亮，杨晓华 . 2018. 2030 年可持续发展议程与多边环境公约体系的制度互动 . 中国地质大学学报（社会科学版），18（4）：69-80.
董亮，张海滨 . 2016. 2030 年可持续发展议程对全球及中国环境治理的影响 . 中国人口 · 资源与环境，26（1）：8-15.
段居琦，徐新武，高清竹 . 2014. IPCC 第五次评估报告关于适应气候变化与可持续发展的新认知 . 气候变化研究进展，10（3）：197-202.
樊杰，蒋子龙 . 2015. 面向"未来地球"计划的区域可持续发展系统解决方案研究——对人文 – 经济地理学发展导向的讨论 . 地理科学进展，34（1）：1-9.
方齐云，陈艳，李卫兵 . 2013. 居民生活行为对能源消费及 CO_2 排放的影响——来自江西省的数据检验 . 江西财经大学学报，（1）：16-23.
冯相昭，王敏，吴良 . 2018. 应对气候变化与生态系统保护工作协同性研究 . 生态经济，34（1）：134-137.
高晶 . 2018. 中国城乡居民食物消费碳排放研究 . 兰州：兰州大学 .
何霄嘉，许吟隆，郑大玮 . 2017. 中国适应气候变化科技发展路径探讨 . 干旱区资源与环境，（8）：7-12.
胡越，周应恒，韩一军，等 . 2013. 减少食物浪费的资源及经济效应分析 . 中国人口 · 资源与环境，23（12）：150-155.
黄葳，胡元超，任艳，等 . 2015. 满足城市食物消费需求的农业生产碳排放研究——以宁波为例 . 环境科学学报，35（12）：4102-4111.
黄颖利，于佩延，李爱琴，等 . 2012. 开发 CDM 造林和再造林项目的预期就业效应分析——基于黑龙江省的研究 . 生态经济（学术版），2（2）：6.
贾君君 . 2018. 居民部门节能和碳减排：消费者行为、能效措施和政策工具 . 合肥：中国科学技术大学 .
姜克隽，胡秀莲，刘强，等 . 2009. 2050 低碳经济情景预测 . 环境保护，24：28-30.
李阔，何霄嘉，许吟隆，等 . 2016. 中国适应气候变化技术分类研究 . 中国人口 · 资源与环境，（2）：18-26.
李明净 . 2016. 中国家庭食物消费的碳 – 水 – 生态足迹及气候变化减缓策略优化研究 . 大连：大连理工大学 .
李想 . 2019. 未来地球计划与风险管理 . 西华大学学报（自然科学版），38（1）：79-88.
梁宏温，杨健基，温远光，等 . 2011. 桉树造林再造林群落植物多样性的变化 . 东北林业大学学报，39（5）：40-43.
林永钦，齐维孩，祝琴 . 2019. 基于生态足迹的中国可持续食物消费模式 . 自然资源学报，34（2）：338-347.
刘凯，任建兰 . 2016. 基于"未来地球"科学计划的绿色经济研究启示 . 生态经济，32（3）：25-27.
刘源鑫，赵文武 . 2013. 未来地球——全球可持续性研究计划 . 生态学报，33（23）：7610-7613.
马丁，单葆国，朱发根 . 2017. 基于 CO_2 排放达峰目标的中长期能源需求展望 . 中国电力，50（3）：180-185.
马林，柏兆海，王选，等 . 2018. 中国农牧系统养分管理研究的意义与重点 . 中国农业科学，51（3）：406-416.

聂立功 . 2017. 气候目标下中国煤基能源与 CCUS 技术的耦合性研究 . 中国煤炭，43（10）：15-19.
潘家华 . 2014. 气候协议与可持续发展目标构建 . 中国国情国力，（3）：17-19.
秦大河 . 2014. 气候变化科学与人类可持续发展 . 地理科学进展，33（7）：874-883.
曲建升，宋晓谕，廖琴 . 2016. 中国未来地球计划的协同推广机制建设初探 . 气候变化研究进展，12（5）：382-388.
邵桂兰，阮文婧 . 2012. 我国碳汇渔业发展对策研究 . 中国渔业经济，30（4）：45-52.
盛济川，周慧，苗壮 . 2015. REDD+ 机制下中国森林碳减排的区域影响因素研究 . 中国人口 · 资源与环境，25（11）：37-43.
宋蕾 . 2018. 气候政策创新的演变：气候减缓、适应和可持续发展的包容性发展路径 . 社会科学，（3）：29-40.
孙占学，刘媛媛，马文洁，等 . 2014. 铀矿区地下水及其生态安全研究进展 . 地学前缘，21（4）：158-167.
王成山，王丹，李立涅，等 . 2018. 需求侧智慧能源系统关键技术分析 . 中国工程科学，20（3）：132-140.
王韶伟，岳会国，熊文彬，等 . 2012. 我国内陆核电发展过程中水资源安全相关问题 . 南水北调与水利科技，10（3）：113-117.
王晓，齐晔 . 2013. 食物全生命周期温室气体排放特征分析 . 中国人口 · 资源与环境，23（7）：70-76.
王溢文 . 2014. 我国居民肉类消费碳足迹研究 . 南京：南京农业大学 .
吴绍洪，赵艳，汤秋鸿，等 . 2015. 面向“未来地球”计划的陆地表层格局研究 . 地理科学进展，34（1）：10-17.
徐敬俊，覃恬恬，韩立民 . 2018. 海洋“碳汇渔业”研究述评 . 资源科学，40（1）：161-172.
徐文川 . 2018. 中国居民饮食消费的温室气体排放研究 . 南京：南京大学 .
许冬兰 . 2011. 蓝色碳汇：海洋低碳经济新思路 . 中国渔业经济，29（6）：44-49.
许吟隆 . 2016. 气候适应规划有利于经济可持续发展 . 中国气象报，2016-02-22（003）.
薛澜，翁凌飞 . 2018. 关于中国“一带一路”倡议推动联合国《2030 年可持续发展议程》的思考 . 中国科学院院刊，33（1）：40-47.
雪明，安丽丹，武曙红，等 . 2013. REDD+ 活动对生物多样性保护的潜在影响 . 生物多样性，21（2）：238-244.
郇庆治 . 2020. 生态文明建设与可持续发展的融通互鉴 . 可持续发展经济导刊，11（Z1）：61-64.
闫祯，金玲，陈潇君，等 . 2019. 京津冀地区居民采暖“煤改电”的大气污染物减排潜力与健康效益评估 . 环境科学研究，32（1）：101-109.
杨源 . 2016. 基于居民出行规律实证研究的城市低碳交通政策模拟 . 北京：清华大学 .
叶云云，廖海燕，王鹏，等 . 2018. 我国燃煤发电 CCS/CCUS 技术发展方向及发展路线图研究 . 中国工程科学，20（3）：80-89.
袁家海，徐燕，纳春宁 . 2018. 煤电清洁高效利用现状与展望 . 煤炭经济研究，37（12）：18-24.
曾维忠，成蓥，杨帆 . 2018. 基于 CDM 碳汇造林再造林项目的森林碳汇扶贫绩效评价指标体系研究 . 南京林业大学学报（自然科学版），42（4）：9-17.
翟盘茂，袁宇锋，余荣，等 . 2019. 气候变化和城市可持续发展 . 科学通报，64（19）：35-41.
张国兴，张振华，管欣，等 . 2017. 我国节能减排政策的措施与目标协同有效吗 ?——基于 1052 条节能减排政策的研究 . 管理科学学报，20（3）：161-181.

张建云 . 2018. 充分重视气候变化影响加快推进国家节水行动 . 中国水利，(6)：11-13.

张天中，赵强军，郭思岩，等 . 2017. 建设项目土地节约集约利用评价研究——以甘肃省 106 个光伏项目为例 . 中国农业资源与区划，38（7）：153-158.

张晓玲 . 2018. 可持续发展理论：概念演变、维度与展望 . 中国科学院院刊，33（1）：10-19.

张焰，伍浩松 . 2019. 核电对于可持续发展十分重要 . 国外核新闻，(5)：1-2.

张永亮，俞海，高国伟，等 . 2015. 生态文明建设与可持续发展 . 中国环境管理，7（5）：38-41.

赵琪 . 2015. 制定适应气候变化的可持续发展路径 . 中国社会科学报，2015-03-27（A01）.

赵琪 . 2017. 德国气候研究专家呼吁注重保持可持续发展目标间的协同关系 . http://www.cssn.cn/hqxx/201712/t20171205_3769417.shtml. [2019-06-12].

郑大伟 . 2016. 适应气候变化的意义、机制与技术途径 . 北方经济，(3)：73-77.

郑新业，吴施美，李芳华 . 2019. 经济结构变动与未来中国能源需求走势 . 中国社会科学，(2)：92-112，206.

周程，赵福祥 . 2011. 某废弃铀矿区环境放射性污染现状调查 . 核技术，34（4）：278-282.

周天军，陈晓龙，吴波 . 2019. 支撑“未来地球”计划的气候变化科学前沿问题 . 科学通报，64（19）：7-14.

周新，冯天天，徐明 . 2018. 基于网络系统的结构分析和统计学方法构建中国可持续发展目标的关键目标和核心指标 . 中国科学院院刊，33（1）：20-29.

诸大建 . 2016. 世界进入了实质性推进可持续发展的进程 . 世界环境，1：19-21.

Acosta L A，Magcale-Macandog D B，Kumar K S K，et al. 2016. The role of bioenergy in enhancing energy，food and ecosystem sustainability based on societal perceptions and preferences in Asia. Agriculture，6（2）：19.

Akinsemolu A A. 2018. The role of microorganisms in achieving the sustainable development goals. Journal of Cleaner Production，182：139-155.

Arvesen A，Hauan I B，Bolsøy B M，et al. 2015. Life cycle assessment of transport of electricity via different voltage levels：A case study for Nord-Trndelag county in Norway. Applied Energy，157：144-151.

Auestad N，Fulgoni V L. 2015. What current literature tells us about sustainable diets：Emerging research linking dietary patterns，environmental sustainability，and economics. Advances in Nutrition，6（1）：19-36.

Bao C，Xu M. 2019. Cause and effect of renewable energy consumption on urbanization and economic growth in China’s provinces and regions. Journal of Cleaner Production，231：483-493.

Bedsworth L，Hanak E. 2012. Preparing California for a changing climate. Climatic Change，111（1）：1-4.

Bhattacharya M，Paramati S R，Ozturk I，et al. 2016. The effect of renewable energy consumption on economic growth：Evidence from top 38 countries. Applied Energy，162：733-741.

Bonsch M，Humpenöder F，Popp A，et al. 2016. Trade-offs between land and water requirements for large-scale bioenergy production. GCB Bioenergy，8（1）：11-24.

Brugge D，Buchner V. 2011. Health effects of uranium：New research findings. Reviews on Environmental Health，26（4）：231-249.

Burlingame B，Dernini S. 2012. Sustainable Diets and Biodiversity: Directions and Solutions for Policy，Research and Action. Rome：FAO Headquarters.

Cai W, Hui J, Wang C, et al. 2018. The *Lancet* Countdown on $PM_{2.5}$ pollution-related health impacts of China's projected carbon dioxide mitigation in the electric power generation sector under the Paris Agreement: A modelling study. The Lancet Planetary Health, 2 (4): e151.

Cai W, Mu Y, Wang C, et al. 2014. Distributional employment impacts of renewable and new energy—A case study of China. Renewable and Sustainable Energy Reviews, 39: 1155-1163.

Cai W, Wang C, Chen J, et al. 2011. Green economy and green jobs: Myth or reality? The case of China's power generation sector. Energy, 36 (10): 5994-6993.

Cao Q, Kang W, Xu S, et al. 2019. Estimation and decomposition analysis of carbon emissions from the entire production cycle for Chinese household consumption. Journal of Environmental Management, 247: 525-537.

Castillo R M, Feng K, Sun L, et al. 2019. The land-water nexus of biofuel production in Brazil: Analysis of synergies and trade-offs using a multiregional input-output model. Journal of Cleaner Production, 214: 52-61.

Chadwick D, Wei J, Tong Y, et al. 2015. Improving manure nutrient management towards sustainable agricultural intensification in China. Agriculture, Ecosystems & Environment, 209: 34-46.

Chalvatzis K J, Rubel K. 2015. Electricity portfolio innovation for energy security: The case of carbon constrained China. Technological Forecasting and Social Change, 100: 267-276.

Chang R, Luo Y, Zhu R. 2020. Simulated local climatic impacts of large-scale photovoltaics over the barren area of Qinghai, China. Renewable Energy, 145: 478-489.

Chang S, Zhuo J, Meng S, et al. 2016. Clean coal technologies in China: Current status and future perspectives. Engineering, 2 (4): 447-459.

Chen J, Liu G, Kang Y, et al. 2014. Coal utilization in China—Environmental impacts and human health. Environmental Geochemistry and Health, 36 (4): 735-753.

Chen X. 2016. Economic potential of biomass supply from crop residues in China. Applied Energy, 166: 141-149.

Chen Y, Wang Z, Zhong Z. 2019. CO_2 emissions, economic growth, renewable and non-renewable energy production and foreign trade in China. Renewable Energy, 131: 208-216.

Cheng Y, Yao X. 2021. Carbon intensity reduction assessment of renewable energy technology innovation in China: A panel data model with cross-section dependence and slope heterogeneity. Renewable and Sustainable Energy Reviews, 135: 110157.

Christiaensen L, Heltberg R. 2014. Greening China's rural energy: New insights on the potential of smallholder biogas. Environment and Development Economics, 19 (1): 8-29.

Clare A, Shackley S, Joseph S, et al. 2015. Competing uses for China's straw: The economic and carbon abatement potential of biochar. GCB Bioenergy, 7: 1272-1282.

Collste D, Pedercini M, Cornell S E. 2017. Policy coherence to achieve the SDGs using integrated simulation models to assess effective policies. Sustainability Science, 12 (6): 921-931.

Dai H, Xie X, Xie Y, et al. 2016. Green growth: The economic impacts of large-scale renewable energy development in China. Applied Energy, 162: 435-449.

Deng X, Han J, Yin F. 2012. Net energy, CO_2 emission and land-based cost-benefit analyses of jatropha biodiesel：A case study of the Panzhihua Region of Sichuan Province in China. Energies，5（7）：2150-2164.

Ding Q，Cai W，Wang C，et al. 2017. The relationships between household consumption activities and energy consumption in China—An input-output analysis from the lifestyle perspective. Applied Energy，207：520-532.

Donaires O S，Cezarino L O，Caldana A C F，et al. 2019. Sustainable development goals—An analysis of outcomes. Kybernetes，48：183-207.

Dong Y，Jiang X，Ren M，et al. 2019. Environmental implications of China's wind-coal combined power generation system. Resources，Conservation and Recycling，142：24-33.

Dooley K，Kartha S. 2018. Land-based negative emissions risks for climate mitigation and impacts on sustainable development. International Environmental Agreements：Politics，Law and Economics，18（1）：1-20.

Duan H. 2017. Emissions and temperature benefits：The role of wind power in China. Environmental Research，152：342-350.

Duguma L A，Minang P A，Noordwijk M V. 2014. Climate change mitigation and adaptation in the land use sector：From complementarity to synergy. Environmental Management，54（3）：420-432.

Dunlop T. 2019. Mind the gap：A social sciences review of energy efficiency. Energy Research & Social Science，56：101216.

Fang X，Zhou B，Tu X，et al. 2018. "What kind of a science is sustainability science?" An evidence-based reexamination. Sustainability，10（5）：1478.

Fang Y. 2011. Economic welfare impacts from renewable energy consumption：The China experience. Renewable and Sustainable Energy Reviews，15（9）：5120-5128.

Feng X，Fu B，Piao S，et al. 2016. Revegetation in China's Loess Plateau is approaching sustainable water resource limits. Nature Climate Change，6（11）：1019-1022.

Fitzpatrick C，Engels D. 2016. Leaving no one behind：A neglected tropical disease indicator and tracers for the Sustainable Development Goals. International Health，8（S1）：i15-i18.

Fu B，Wang S，Zhang J，et al. 2019. Unravelling the complexity in achieving the 17 sustainable-development goals. National Science Review，6（3）：386-388.

Fu Y，Liu X，Yuan Z. 2015. Life-cycle assessment of multi-crystalline photovoltaic（PV）systems in China. Journal of Cleaner Production，86：180-190.

Future Earth Interim Secretariat. 2013. Future Earth initial design. Paris：International Council for Science.

Gao Y，Yu G，Yang T，et al. 2016. New insight into global blue carbon estimation under human activity in land-sea interaction area：A case study of China. Earth-Science Reviews，159（159）：36-46.

GBD Maps Working Group. 2016. Burden of Disease Attributable to Coal-Burning and Other Air Pollution Sources in China. https://jukuri.luke.fi/bitstream/handle/10024/538934/Harnessing.pdf?sequence=2.[2021-04-10].

Gosens J，Lu Y，He G，et al. 2013. Sustainability effects of household-scale biogas in rural China. Energy Policy，54：273-287.

Gupta J，Arts K. 2018. Achieving the 1.5℃ objective：Just implementation through a right to（sustainable）development approach. International Environmental Agreements，18：11-28.

Hák T，Janousková S，Moldan B. 2016. Sustainable development goals：A need for relevant indicators.

Ecological Indicators, 60: 565-573.

Hallström E, Carlsson-Kanyama A, Börjesson P. 2015. Environmental impact of dietary change: A systematic review. Journal of Cleaner Production, 91: 1-11.

Hao M, Jiang D, Wang J, et al. 2017. Could biofuel development stress China's water resources. GCB Bioenergy, 9: 1447-1460.

Hao Y, Tang D, Boicenco L. 2012. Variations of phytoplankton community structure in response to increasing water temperature in the Daya Bay, China. Journal of Environmental Protection and Ecology, 13 (3A): 1721-1729.

Hartmann J, West A J, Renforth P, et al. 2013. Enhanced chemical weathering as a geoengineering strategy to reduce atmospheric carbon dioxide, supply nutrients, and mitigate ocean acidification. Reviews of Geophysics, 51: 113-149.

Heinberg R. 2018. The Big Picture. https://www.resilience.org/stories/2018-12-17/the-big-picture/. [2020-3-29].

Heller M C, Keoleian G A, Willett W C. 2013. Toward a life cycle-based, diet-level framework for food environmental impact and nutritional quality assessment: A critical review. Environmental Science & Technology, 47 (22): 12632-12647.

Herrero M, Havlík P, Valin H, et al. 2013. Biomass use, production, feed efficiencies, and greenhouse gas emissions from global livestock systems. Proceedings of the National Academy of Sciences of the United States of America, 110 (52): 20888-20893.

Herrero M, Thornton P K. 2013. Livestock and global change: Emerging issues for sustainable food systems. Proceedings of the National Academy of Sciences of the United States of America, 110 (52): 20878-20881.

Huang H, Roland-Holst D, Wang C, et al. 2019. China's income gap and inequality under clean energy transformation: A CGE model assessment. Journal of Cleaner Production, 251: 119626.

IEA. 2018. Market Report Series: Energy Efficiency 2018. https://webstore.iea.org/market-report-series-energy-efficiency-2018. [2021-04-10].

IPCC. 2014. Climate Change 2014: Mitigation of Climate Change. Contribution of Working Group III to the Fifth Assessment Report of the Intergovernmental Panel on Climate Change. Cambridge: Cambridge University Press.

IPCC. 2018. Special Report on Global Warming of 1.5℃. Cambridge: Cambridge University Press.

Irsyad M I, Halog A, Nepal R. 2018. Renewable energy projections for climate change mitigation: An analysis of uncertainty and errors. Renewable Energy, 130: 536-546.

Jiang K. 2018. 1.5℃ target: Not a hopeless imagination. Advances in Climate Change Research, 9 (2): 93-94.

Jiang K, He C, Dai H, et al. 2018. Emission scenario analysis for China under the global 1.5℃ target. Carbon Management, 9 (2): 1-11.

Jin Q, Yang Y, Li A, et al. 2017. Comparison of biogas production from an advanced micro-bio-loop and conventional system. Journal of Cleaner Production, 148: 245-253.

Katila P, Jong D W, Galloway G, et al. 2017. Building on Synergies: Harnessing Community and Smallholder Forestry for Sustainable Development Goals. https://jukuri.luke.fi/bitstream/handle/10024/538934/

Harnessing.pdf?sequence=2.[2021-04-10].

Kharecha P A, Hansen J E. 2013. Prevented mortality and greenhouse gas emissions from historical and projected nuclear power. Environmental Science & Technology, 47 (9): 4889-4895.

Klein R J T, Huq S, Denton F, et al. 2007. Inter-relationships between adaptation and mitigation//Parry M L, Canziani O F, Palutikof J P, et al. Climate Change 2007: Impacts, Adaptation and Vulnerability. Contribution of Working Group II to the Fourth Assessment Report of the Intergovernmental Panel on Climate Change. Cambridge: Cambridge University Press: 745-777.

Koizumi T. 2013. Biofuel and food security in China and Japan. Renewable and Sustainable Energy Reviews, 21: 102-109.

Kong Y, Kong Z, Liu Z, et al. 2016. Substituting small hydropower for fuel: The practice of China and the sustainable development. Renewable and Sustainable Energy Reviews, 65: 978-991.

Li H, Chen H, Wang H, et al. 2018. Future precipitation changes over China under 1.5℃ and 2.0℃ global warming targets by using CORDEX regional climate models. Science of the Total Environment, 640-641: 543-554.

Li X, Feng K, Siu Y L, et al. 2012. Energy-water nexus of wind power in China: The balancing act between CO_2 emissions and water consumption. Energy Policy, 45: 440-448.

Liang S, Xu M, Zhang T. 2013. Life cycle assessment of biodiesel production in China. Bioresource Technology, 129: 72-77.

Liao X, Zhao X, Hall J W, et al. 2018. Categorising virtual water transfers through China's electric power sector. Applied Energy, 226: 252-260.

Lima M G B, Ashely-Cantello W, Visseren-Hamakers I, et al. 2015. Forests Post-2015: Maximizing Synergies between the Sustainable Development Goals and REDD+. World Wide Fund for Nature. http://d2ouvy59p0dg6k.cloudfront.net/downloads/brief_3_sdgs_sept2015.pdf.[2021-04-10].

Lin B, Moubarak M. 2014. Renewable energy consumption-Economic growth nexus for China. Renewable and Sustainable Energy Reviews, 40: 111-117.

Liu L, Zhuang D, Jiang D, et al. 2013. Assessment of the biomass energy potentials and environmental benefits of *Jatropha curcas* L. in Southwest China. Biomass and Bioenergy, 56: 342-350.

Liu Z, Wang D, Li G, et al. 2017. Cosmic exergy-based ecological assessment for farmland-dairy-biogas agroecosystems in North China. Journal of Cleaner Production, 159: 317-325.

Lu W, Xiao J, Lei W, et al. 2018. Human activities accelerated the degradation of saline seepweed red beaches by amplifying top-down and bottom-up forces. Ecosphere, 9 (7): e02352.

Lu Y, Nakicenovic N, Visbeck M, et al. 2015. Policy: Five priorities for the UN Sustainable Development Goals. Nature, 520 (7548): 432-433.

Maes M J A, Jones K E, Toledano M B, et al. 2019. Mapping synergies and trade-offs between urban ecosystems and the Sustainable Development Goals. Environmental Science and Policy, 93: 181-188.

Man Y, Xiao H, Cai W, et al. 2017. Multi-scale sustainability assessments for biomass-based and coal-based fuels in China. Science of the Total Environment, 599-600: 863.

Mao Z, Xue X, Tian H, et al. 2019. How will China realize SDG 14 by 2030?—A case study of an institutional approach to achieve proper control of coastal water pollution. Journal of Environmental Management, 230: 53-62.

Morita K , Matsumoto K I. 2018. Synergies among climate change and biodiversity conservation measures and policies in the forest sector: A case study of Southeast Asian countries. Forest Policy and Economics, (87): 59-69.

Moser S C, Ekstrom J A. 2010. A framework to diagnose barriers to climate change adaptation. Proceedings of the National Academy of Sciences of the United States of America, 107 (51): 22026-22031.

Mu Y, Cai W, Evans S, et al. 2018. Employment impacts of renewable energy policies in China: A decomposition analysis based on a CGE modeling framework. Applied Energy, 210: 256-267.

Munasinghe M, Swart R. 2005. Primer on climate change and sustainable development: Facts, policy analysis and applications. Cambridge: Cambridge University Press.

Nash L K, Blythe L J, Cvitanovic C, et al. 2020. To Achieve a sustainable blue future, progress assessments must include interdependencies between the Sustainable Development Goals. One Earth, 2 (2): 161-173.

Nerini F F, Tomei J, To L S, et al. 2018. Mapping synergies and trade-offs between energy and the Sustainable Development Goals. Nature Energy, 3: 10-15.

Nilsson M, Chisholm E, Griggs D, et al. 2018. Mapping interactions between the Sustainable Development Goals: Lessons learned and ways forward. Sustainability Science, 13 (6): 1489-1503.

Nilsson M, Griggs D, Visbeck M. 2016. Policy Map the interactions between Sustainable Development Goals. Nature, 534: 320-322.

Oikonomou V, Becchis F, Steg L, et al. 2009. Energy saving and energy efficiency concepts for policy making. Energy Policy, 37: 4787-4796.

Ozcan B, Ozturk I. 2019. Renewable energy consumption-economic growth nexus in emerging countries: A bootstrap panel causality test. Renewable and Sustainable Energy Reviews, 104: 30-37.

Pan X, Wang H, Wang L, et al. 2018. Decarbonization of China's transportation sector: In light of national mitigation toward the Paris Agreement goals. Energy, 155 (15): 853-864.

Pradhan P, Costa L, Rybski D, et al. 2017. A systematic study of Sustainable Development Goal (SDG) interactions. Earth's Future, 5: 1169-1179.

Ran Y, Lannerstad M, Herrero M, et al. 2016. Assessing water resource use in livestock production: A review of methods. Livestock Science, 187: 68-79.

Raptis C E, Boucher J M, Pfister S. 2017. Assessing the environmental impacts of freshwater thermal pollution from global power generation in LCA. Science of the Total Environment, 580: 1014-1026.

Reyers B, Stafford-Smith M, Erb K H, et al. 2017. Essential variables help to focus Sustainable Development Goals monitoring. Current Opinion in Environmental Sustainability, S26-S27: 97-105.

Reynolds C J, Buckley J D, Weinstein P, et al. 2014. Are the dietary guidelines for meat, fat, fruit and vegetable consumption appropriate for environmental sustainability? A review of the literature. Nutrients, 6 (6): 2251-2265.

Rosenzweig C, Tubiello F N. 2007. Adaptation and mitigation strategies in agriculture: An analysis of potential synergies. Mitigation and Adaptation Strategies for Global Change, 12 (5): 855-873.

Roy M.2009. Planning for sustainable urbanization in fast growing cities：Mitigation and adaptation issues addressed in Dhaka，Bangladesh. Habitat International，33（3）：276-286.

Sachs J D. 2012. From millennium development goals to sustainable development goals. The Lancet，379（9832）：2206-2211.

Sarkodie A S，Owusu A P，Leirvik T. 2020. Global effect of urban sprawl，industrialization，trade and economic development on carbon dioxide emissions. Environmental Research Letters，15（3）：034-049.

Schader C，Muller A，Scialabba E H，et al. 2015. Impacts of feeding less food-competing feedstuffs to livestock on global food system sustainability. Journal of the Royal Society Interface，12（113）：20150891.

Schmidt-Traub G，Kroll C，Teksoz K，et al. 2017. National baselines for the Sustainable Development Goals assessed in the SDG Index and Dashboards. Nature Geoscience，10（8）：547-555.

Selvakkumaran S，Limmeechokchai B. 2013. Energy security and co-benefits of energy efficiency improvement in three Asian countries. Renewable and Sustainable Energy Reviews，20：491-503.

Selvakkumaran S，Limmeechokchai B. 2015. Low carbon scenario for an energy import-dependent Asian country：The case study of Sri Lanka. Energy Policy，81：199-214.

Shih S，Hsieh H，Chen P，et al. 2015. Tradeoffs between reducing flood risks and storing carbon stocks in mangroves. Ocean & Coastal Management，105：116-126.

Sondak C F A，Ang P O，Beardall J，et al. 2017. Carbon dioxide mitigation potential of seaweed aquaculture beds（SABs）. Journal of Applied Phycology，29（5）：2363-2373.

Song G，Li M，Fullana-i-Palmer P，et al. 2017. Dietary changes to mitigate climate change and benefit public health in China. Science of the Total Environment，577：289-298.

Song Z，Zhang C，Yang G，et al. 2014. Comparison of biogas development from households and medium and large-scale biogas plants in rural China. Renewable and Sustainable Energy Reviews，33：204-213.

Steffen W，Richardson K，Rockström J，et al. 2015. Planetary boundaries：Guiding human development on a changing planet. Science，347：1259855.

Sun L，Pan B，Gu A，et al. 2018. Energy-water nexus analysis in the Beijing-Tianjin-Hebei region：Case of electricity sector. Renewable and Sustainable Energy Reviews，93：27-34.

Sun S K，Lu Y J，Gao H，et al. 2018. Impacts of food wastage on water resources and environment in China. Journal of Cleaner Production，185：732-739.

Tang B，Wu D，Zhao X，et al. 2017. The observed impacts of wind farms on local vegetation growth in northern China. Remote Sensing，9（4）：332.

Taylor L L，Quirk J，Thorley R M S，et al. 2016. Enhanced weathering strategies for stabilizing climate and averting ocean acidification. Nature Climate Change，6（4）：402-406.

Tilman D，Clark M. 2014. Global diets link environmental sustainability and human health. Nature，515（7528）：518-522.

van der Werf G R，Morton D C，DeFries R S，et al. 2009. CO_2 emissions from forest loss. Nature Geoscience，2（11）：737-738.

Virto L R. 2018. A preliminary assessment of the indicators for Sustainable Development Goal（SDG）14

"Conserve and sustainably use the oceans, seas and marine resources for sustainable development." Marine Policy, 98: 47-57.

Wang H, Chen W, Zhang H, et al. 2019. Modeling of power sector decarbonization in China: Comparisons of early and delayed mitigation towards 2-degree target. Climatic Change, 162: 1843-1856.

Wang M, Pan X, Xia X, et al. 2015. Environmental sustainability of bioethanol produced from sweet sorghum stem on saline-alkali land. Bioresource Technology, 187: 113-119.

Wang X, Li K, Song J, et al. 2018. Integrated assessment of straw utilization for energy production from views of regional energy, environmental and socioeconomic benefits. Journal of Cleaner Production, 190: 787-798.

Wang Y, Sun C, Lou Z, et al. 2011. Identification of water quality and benthos characteristics in Daya Bay, China, from 2001 to 2004. Oceanological and Hydrobiological Studies, 40 (1): 82-95.

Wang Y, Zhou S, Huo H. 2014. Cost and CO_2 reductions of solar photovoltaic power generation in China: Perspectives for 2020. Renewable and Sustainable Energy Reviews, 39: 370-380.

Wang Z, Calderon M M, Lu Y. 2011a. Lifecycle assessment of the economic, environmental and energy performance of *Jatropha curcas* L. biodiesel in China. Biomass and Bioenergy, 35 (7): 2893-2902.

Wang Z, Mu D, Li Y, et al. 2011b. Recent eutrophication and human disturbance in Daya Bay, the South China Sea: Dinoflagellate cyst and geochemical evidence. Estuarine, Coastal and Shelf Science, 92 (3): 403-414.

Wei S, Bai Z H, Qin W, et al. 2018. Nutrient use efficiencies, losses, and abatement strategies for peri-urban dairy production systems. Journal of Environmental Management, 228: 232-238.

Wellesley L, Froggatt A, Happer C, et al. 2015. Changing Climate, Changing Diets: Pathways to Lower Meat Consumption. London: Chatham House Report.

Weng Y, Chang S, Cai W, et al. 2019. Exploring the impacts of biofuel expansion on land use change and food security based on a land explicit CGE model: A case study of China. Applied Energy, 236: 514-525.

Wu X F, Wu X D, Li J S, et al. 2014. Ecological accounting for an integrated "pig-biogas-fish" system based on emergetic indicators. Ecological Indicators, 47: 189-197.

Xing W, Wang A, Yan Q, et al. 2017. A study of China's uranium resources security issues: Based on analysis of China's nuclear power development trend. Annals of Nuclear Energy, 110: 1156-1164.

Yang J, Chen B. 2016. Energy-water nexus of wind power generation systems. Applied Energy, 169: 1-13.

Yang S, Yang Y, Kankala R K, et al. 2018. Sustainability assessment of synfuels from biomass or coal: An insight on the economic and ecological burdens. Renewable Energy, 118: 870-878.

Yang Y, Fu T, Bao W, et al. 2017. Life cycle analysis of greenhouse gas and $PM_{2.5}$ emissions from restaurant waste oil used for biodiesel production in China. BioEnergy Research, 10 (1): 199-207.

Ye Y . 2018. Research on technology directions and roadmap of CCS/CCUS for coal-fired power generation in China. Chinese Journal of Engineering Science, 20 (3): 80-89.

Yu S, Wei Y, Guo H, et al. 2014. Carbon emission coefficient measurement of the coal-to-power energy chain in China. Applied Energy, 114 (2): 290-300.

Yu S, Zhang J, Cheng J. 2016. Carbon reduction cost estimating of Chinese coal-fired power generation units: A perspective from national energy consumption standard. Journal of Cleaner Production, 139: 612-621.

Yu Z, Ma W, Xie K, et al. 2017. Life cycle assessment of grid-connected power generation from metallurgical route multi-crystalline silicon photovoltaic system in China. Applied Energy, 185: 68-81.

Zhang H, Wu K, Qiu Y, et al. 2020. Solar photovoltaic interventions have reduced rural poverty in China. Nature Communications, 11 (1): 1-10.

Zhang S, Worrell E, Crijns-Graus W. 2015. Synergy of air pollutants and greenhouse gas emissions of Chinese industries: A critical assessment of energy models. Energy, 93: 2436-2450.

Zhao X, Cai Q, Zhang S, et al. 2017. The substitution of wind power for coal-fired power to realize China's CO_2 emissions reduction targets in 2020 and 2030. Energy, 120: 164-178.

Zhou L, Duan M, Yu Y, et al. 2018. Learning rates and cost reduction potential of indirect coal-to-liquid technology coupled with CO_2 capture. Energy, 165: 21-32.

Zhu D, Zhang S, Sutton D B. 2015. Linking Daly's proposition to policymaking for sustainable development: Indicators and pathways. Journal of Cleaner Production, 102: 333-341.

Zisopoulos F K, Overmars L, Jan V D G A. 2017. A conceptual exergy-based framework for assessing, monitoring, and designing a resource efficient agri-food sector. Journal of Cleaner Production, 158: 38-50.